Handbuch der experimentellen Pharmakologie
Handbook of Experimental Pharmacology

Heffter-Heubner   New Series

XXXV/1

Herausgeber   Editorial Board

O. Eichler, Heidelberg · A. Farah, Rensselaer, NY
H. Herken, Berlin · A.D. Welch, Princeton, NJ

Androgene I

Bearbeitet von

H. E. Voss und G. Oertel

Mit 117 Abbildungen

Springer-Verlag Berlin · Heidelberg · New York 1973

Dr. Hermann E. Voss, 6800 Mannheim, Erzbergerstr. 19
Professor Dr. G. Oertel, 6500 Mainz-Lerchenberg, Regerstraße 6

ISBN-13:978-3-642-80667-4   e-ISBN-13:978-3-642-80666-7
DOI: 10.1007/978-3-642-80666-7

Dem Andenken

des Pharmakologen und Endokrinologen

Professor Dr. med. W. S. Loewe

gewidmet

Vorwort

Die in der chemischen, biologischen, physiologisch-pharmakologischen und klinischen Literatur zeitlich und räumlich weit verstreuten Beobachtungen und experimentellen Ergebnisse ließen eine Berücksichtigung der *Entwicklung* der Androgenforschung geboten erscheinen, die von der Mitte des 19. Jahrhunderts bis zur Gegenwart reicht und in keinem ihrer Teilgebiete als abgeschlossen betrachtet werden kann.

Der weite Umfang des Tatsachenmaterials aus sehr verschiedenen Disziplinen der naturwissenschaftlichen und medizinischen Forschung machte eine Aufteilung unter einer größeren Zahl von Fachgelehrten und die Verteilung ihrer Beiträge auf 2 Bände notwendig, die beide über ein eigenes Namen- und Sachregister verfügen.

Der vorliegende 1. Band enthält, außer der allgemeinen Einleitung und einem kurzen Rückblick auf die bisherige Entwicklung der Androgenforschung, die grundlegenden Kapitel über die physiologische und experimentelle (pharmakologische) Regelung der Androgenproduktion im Organismus, die Chemie der Androgene, ihre Beziehungen zu den anderen endokrinen Drüsen und die Darstellungen einer großen Reihe biologischer Vorgänge, bei denen das Eingreifen der Androgene eine mehr oder weniger entscheidende Rolle spielt.

Die Auswahl dieser Schilderungen und kritischen Besprechungen gewährleistet, wie wir glauben, daß nicht nur der Hormonspezialist, sondern weite Kreise der biologischen, der veterinär-medizinischen und besonders der human-medizinischen Forschung und Praxis auf ihre Rechnung kommen dürften.

Mannheim, im März 1973   Dr. H. E. Voss

Inhaltsverzeichnis

Einleitung

H. E. Voss

„Die Hormone sind die „giftigen" = pharmakodynamischen Tränke, Pillen und Pulver, ohne die der Organismus nicht auskommen kann. Sie sind die *Eigenarzneien* des Körpers, die (sie erzeugenden) Blutdrüsen seine Hausapotheke und häusliche pharmazeutische Fabrik. Dieser Vergleich deckt den Doppelsinn der Endokrinologie auf: Physiologie — normale und pathologische — und Arzneilehre haben Anteil an ihr. „Glanduläre" und pharmakologische Betrachtung kommen ihr zu: Dort: Lage, Anordnung, Aufbau, Betrieb, Bilanz der Fabrik, ihre Beziehung zum Verbraucherkreis (den hormonal abhängigen Organen). Hier: chemische und biologische Eigenschaften der Fabrikerzeugnisse, Ein- und Auswirkung der hormonalen Pharmaka, ihr Wirkungsmechanismus, ihre Wirkungsbedingungen, ihr Verhalten und Schicksal bei ihrer pharmakodynamischen Wanderung."

Mit diesen Worten leitete LOEWE im Jahre 1930 seinen grundlegenden Aufsatz über die Wirkstofferzeugung der Blutdrüsen als Betrachtungsgrundlage der klinischen Endokrinologie und über die Stellung der Hormone in der Arzneilehre ein. In den seither vergangenen 40 Jahren hat sich der Anteil der physiologisch-pharmakologischen Betrachtung der Hormone im Vergleich zur anatomischen Untersuchung gewaltig vergrößert und dementsprechend wird seiner Darstellung in der Anwendung auf das männliche Hormon der Hauptteil des vorliegenden Bandes gewidmet sein, während die anatomisch-histologischen Grundlagen im allgemeinen als bekannt vorausgesetzt und nur ausnahmsweise behandelt werden sollen.

Wenn man als Biologe gewohnt ist, nicht nur in morphologischen Fragen, sondern auch bei Untersuchung der verschiedenen Funktionen des Organismus phylogenetisch zu denken, so überrascht es den vergleichend Forschenden immer wieder, daß im allgemeinen, soweit bekannt, in der chemischen Struktur der Hormone keine überzeugende „Entwicklung" von den niederen Wirbeltieren bis hinauf zu den Säugetieren und dem Menschen festzustellen ist, jedenfalls soweit es die Wirkstoffe der Gonaden, der Nebennieren und der Hypophyse anbetrifft. Das ist umso erstaunlicher, als die Aufgaben, die den Hormonen gestellt werden, sich sowohl in den einzelnen Wirbeltierklassen als auch innerhalb der Klassen bei den Ordnungen und Arten außerordentlich stark unterscheiden: So übt z. B. das Prolactin [das luteotrope (LTH) oder lactogene Hormon] des Hypophysenvorderlappens (HVL) nach GAUNT und LEATHEM (1967) folgende Funktionen aus:

bei den Säugern: Förderung der Milchsekretion
Förderung des mütterlichen Verhaltens
Förderung der Corpus luteum-Funktion bei gewissen, aber nicht allen Arten
Förderung der accessorischen Geschlechtsdrüsen bei gewissen Nagetierarten

bei den Vögeln: Bildung der „Kropfmilch" bei einigen Arten
Förderung der Brütigkeit
Bildung des Brutfleckes bei einigen Arten
Wachstumshormon-ähnliche Wirkung

bei den Amphibien: Förderung in der Paarungszeit des Triebes zum Übergang vom Land- zum Wasserleben.

Mit der Gleichheit oder Ähnlichkeit der chemischen Struktur steht die weitgehende *Art-Unspezifität* dieser Hormone offenbar in Zusammenhang, was aber nicht ausschließt, daß leichte Abwandlungen der Struktur zu einer gewissen Spezifität führen können, so daß z. B. das Hauptandrogen gewisser Fischarten, das 11-Ketotestosteron, im Kükenkammtest zur Messung der androgenen Wirksamkeit nur etwa 50% der Aktivität von Testosteronpropionat, der Propionsäureverbindung des Hauptandrogens der Säuger besitzt, während es im Hochzeitskleid-Test bei Fischen etwa 10mal wirksamer ist als Testosteron (ARAI, 1967).

Als endogene Eigenarzneien des Körpers teilen die Hormone im allgemeinen und die Androgene im speziellen mit exogenen Arzneimitteln die Abhängigkeit ihrer Wirkung von der Dosis und von der Art der Zuführung und sind wie diese mit Nebenwirkungen behaftet, die manchmal am gleichen Organsystem wie die Hauptwirkung zum Ausdruck kommen können: man denke z. B. an die Förderung des Bartwuchses beim Mann als eines der Zeichen seiner männlichen Prägung und daneben an die fast gleichzeitige Hemmung des Haarwachstums bei Ausbildung der sogenannten „Geheimratsecken". Daß die Beziehungen zwischen Hormondosis und -wirkung keinesfalls dem „Gesetz der Alles- oder Nichts-Wirkung" unterstehen, wird gerade bei der Untersuchung der quantitativen Verhältnisse der Haupt- und Nebenwirkungen der Hormone besonders deutlich.

Zur Stoffklasse der „Androgene", mit denen sich der vorliegende Band beschäftigt, gehören, *chemisch* betrachtet, Substanzen mit dem Cyclopentenperhydrophenanthren-Kern aus 3 Benzolringen A, B und C mit einem anhängenden Fünferring D und mit zwei Methylgruppen an den C-Atomen 10 und 13. Sie enthalten also, im Unterschied zu den Oestrogenen mit 18 C-Atomen, in ihrem Grundskelet 19 C-Atome (Abb. 1):

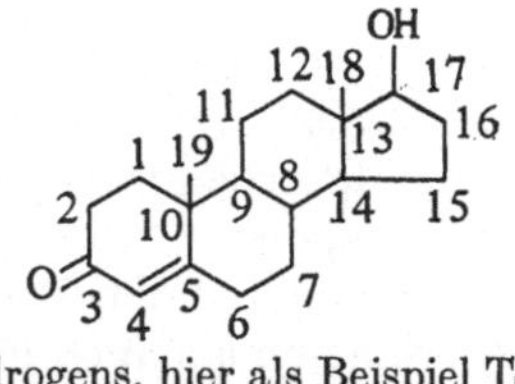

Abb. 1. Strukturformel eines Androgens, hier als Beispiel Testosteron, wie üblich unter Fortlassung der H-Atome und unter Angabe der gebräuchlichen Numerierung der C-Atome 1—19

Suchen wir nach einer für unsere pharmakologisch-physiologischen Betrachtungen passenden *biologischen Definition* der Androgene, so stoßen wir auf sehr verschiedene Umschreibungen dieses Begriffes.

CHR. BOMSKOV hat es in seiner „Methodik der Hormonforschung" (1939) vermieden, eine Definition zu geben: das betreffende Kapitel trägt die Überschrift: „Die männlichen Sexualhormone (Hodenhormon, Testikelhormon, Testishormon, Androkinin)". Auch W. DIRSCHERL beschränkt sich in dem von ihm bearbeiteten Kapitel des Ammon-Dirscherl'schen Handbuches (1960) auf die Überschrift „Die männlichen Sexualhormone (Androgene)", ohne sie zu definieren. Eine etwas abgeänderte Überschrift bringt VELARDO in seinem Buch "The Endocrinology of Reproduction" (1958): "The male sex hormone and androgens", wohl in der Absicht das natürliche, im Hoden erzeugte Hormon des männlichen Organismus seinen Derivaten und den synthetischen Produkten gegenüberzustellen.

In diesem Handbuch haben E. HOWARD und CL. MIGEON (1961) bei der Besprechung der in den Nebennieren erzeugten Sexualhormone die folgende Definition der Androgene gegeben: "An androgen is considered to be a substance that promotes the growth or the structural and functional maintenance of the male reproductive tract or of other structures having a pronounced sex dimorphism . . .". Sie zählen dann verschiedene Erfolgsorgane und Funktionen auf, die dem Einfluß der Androgene unterworfen sind. Diese Definition ist nicht vollkommen befriedigend, weil sie nur einen Teil der Androgen-Kennzeichen umfaßt und auch die nachfolgende Aufzählung nicht vollständig ist.

DANOWSKI hat in seinem Lehrbuch der Klinischen Endokrinologie (1962) die Androgene folgendermaßen definiert: "Androgens are protein anabolic steroids, which bring about the full maturation of the penis and accessory structures other than the testes and of male secondary sex characteristics such as the voice pitch, sex hair, thickness and tanning potentiality of the skin, secretory activity of sebaceous glands, acne, configuration of the skeleton, the size of the muscle mass, the distribution of body fat, the prominence of veins, the erythrocyte count, the onset and intensity of atherosclerosis etc." Diese Definition ist entsprechend den Aufgaben des Buches ganz klinisch ausgerichtet und kann daher gewissen experimentellen Anforderungen nicht genügen.

Sehr viel kürzer fassen sich DORFMAN u. SHIPLEY (1956) in ihrer Androgen-Monographie, wenn sie schreiben: "An androgen may be defined as a substance, which is capable of stimulating male secondary sex characteristics." Es kann wohl nicht zweifelhaft sein, daß manche unter dem fördernden Einfluß der Androgene stehenden Organe nicht zu den sekundären männlichen Sexualmerkmalen s. str. gehören; auch werden von dieser Definition die metabolischen Wirkungen und andere Funktionen der Androgene nicht erfaßt. Auch MIGEON (1960), der diese Definition von DORFMAN u. SHIPLEY zitiert, weist darauf hin, daß die Androgene auch auf andere Systeme des Körpers eine Wirkung ausüben und daß möglicherweise manche dieser Wirkungen von größerer biologischer Bedeutung sein könnten als die Wirkungen auf die Geschlechtsorgane.

BERSIN (1959) hat sich in seiner „Biochemie der Hormone" wie folgt geäußert: „Alle biologischen Sexagene[1] . . . lassen sich als Wachstumsstoffe mit spezifischer Wirkung auf spezifisch ansprechende Organe bezeichnen, die vorwiegend das sexuelle Verhalten und die primären bzw. sekundären Geschlechtsmerkmale beeinflussen... *Androgene* sind Steroidhormone mit virilisierender, anabolischer und gonadotropinhemmender Wirkung." Es ist begrüßenswert, daß in dieser Definition die anabole und gonadotropinhemmende Wirkung der Androgene berücksichtigt sind; der Ausdruck „virilisierend" für die spezifisch androgenen Wirkungen ist nicht glücklich gewählt, da man darunter im allgemeinen die vermännlichenden Wirkungen an weiblichen Individuen zu verstehen gewöhnt ist. Wichtig ist der Hinweis auf die Wachstumswirkungen der Sexagene im allgemeinen, der aber besser in die spezielle Definition der Androgene aufzunehmen wäre. Die gonadotropin-ähnliche Wirkung der Androgene auf die Spermatogenese wird von dieser Definition nicht erfaßt.

Wie aus dieser Auswahl von Definitionen, bei der nur wenige der bekannteren Hand- und Lehrbücher berücksichtigt wurden, hervorgeht, genügt keine von ihnen den Anforderungen, die wir für die Zwecke des vorliegenden Handbuches stellen müssen. Wir haben daher die Androgene folgendermaßen definiert:

Als Androgene bezeichnen wir Substanzen, physiologischer oder synthetischer Natur, welche Entwicklung, Morphologie, Funktion und Stoffwechsel des Organismus in einer für das männliche Individuum typischen Art und Richtung beeinflussen, mit anderen Worten das Individuum männlich prägen. Wir können daher die Androgene als „Stoffe zur männlichen Prägung" oder kurz als „*männliche Prägungs-*

---

1 Sexagene = Sexualhormone, nach W.P.U. JACKSON u. R. HOFFENBERG (1956).

1*

stoffe" bezeichnen. Diese Definition umfaßt sowohl die physiologischen als auch die experimentellen und klinisch-therapeutischen Wirkungen der Androgene, präjudiziert ihre Herkunft in keiner Weise und läßt daher die Aufnahme auch nicht steroider synthetischer Substanzen in den Kreis der Androgene zu[2].

Sehr beachtliche Ausführungen zur Terminologie der Hormone im allgemeinen und speziell zu derjenigen der Androgene haben QUERIDO u. KASSENAAR (1965) veröffentlicht. Unter Hinweis auf die männlichen Testorgane, den Kamm beim Hahn und die accessorischen Geschlechtsdrüsen beim Rattenmännchen, erläutern sie, daß a) *der gleiche Stimulus offenbar sehr verschiedene Formen von Gewebewachstum auslösen kann*; andererseits werden b) *zwei identische Formen von Gewebewachstum*, die Schwellung der Sexualhaut bei gewissen Affen und das Wachstum des Kapaunenkammes, *durch essentiell verschiedene Steroide hervorgerufen*, nämlich durch Oestrogene beim Affen und durch Androgene beim Kapaun: In beiden Fällen, a) und b) wird die Wachstumswirkung der Steroide durch den vorgegebenen Gewebetyp bestimmt. Im Gegensatz zu diesen anabolen Wirkungen der Androgene stehen ihre *katabolen Einflüsse* auf die Organe des Müllerschen Systems. Zweifelhaft ist es ferner, ob man die *Wirkungen der Androgene auf das ZNS* (Hypothalamus u. a.) als eine Wirkung auf ein sekundäres Geschlechtsmerkmal bezeichnen kann. Die Gesamtheit dieser und anderer Wirkungen der Androgene läßt nach QUERIDO u. KASSENAAR folgende Schlüsse zu:

1. Die Wirkungen der Androgene erstrecken sich über das Gebiet der sogenannten sekundären Sexualmerkmale hinaus; die Struktur der beeinflußten Gewebe ist je nach Art und Geschlecht verschieden.

2. Die Wirkungen der Androgene auf die verschiedenen Gewebe wird durch den Gewebetyp bestimmt: das Wachstum kann durch Bildung von Grundsubstanz (beim Kapaunenkamm), durch Hypertrophie und Hyperplasie (accessorische Geschlechtsdrüsen, M. levator ani) erfolgen.

3. Die Bezeichnung „Androgen-empfindliche Gewebe" ist solchen Ausdrücken wie „Erfolgsorgane" oder „sekundäre Organe" vorzuziehen.

Die Frage, was die Gewebe „Androgen-empfindlich" macht, beantworten QUERIDO u. KASSENAAR in dem Sinne, daß diese Gewebe die androgenen Substanzen offenbar in anderer Weise verstoffwechseln als die sonstigen Körpergewebe: neben einer bevorzugten Aufnahme und längerer Speicherung mag auch der verlangsamte Abbau der Androgene in diesen Geweben daran beteiligt sein.

Dabei ist es, um der Definition zu genügen, unerheblich, ob der Einfluß der Androgene nur an einigen wenigen Sektoren des Prägungsspektrums, im extremen, aber wohl kaum verwirklichten Fall nur an einem einzigen Merkmal zur Geltung kommt, oder ob die „Gesamtheit" dieser Charakteristika betroffen ist; auch diese letzte Möglichkeit dürfte nur theoretisch denkbar sein, praktisch aber nicht vorkommen.

Generell von „starken" bzw. „schwachen" Androgenen zu sprechen, erscheint wenig sinnvoll, wenn mit dieser Qualifikation das Ausmaß, der *Grad der Wirkung* gekennzeichnet werden soll. Denn nicht selten ist eine „starke" Wirkung auf eines der Androgen-empfindlichen Gewebe oder auf eine der androgen-abhängigen Funktionen mit einer „schwachen" Wirkung auf ein anderes Organ oder eine andere Funktion gekoppelt. Es ist zum mindesten zu fordern, daß die Epitheta ornantia „stark" bzw. „schwach" durch Angabe des Bezugsobjekts ergänzt wer-

---

2 Sie ist daher weiter als die zu Anfang angeführte chemische Definition des Androgenbegriffs, die sich, unseren gegenwärtigen Kenntnissen entsprechend, auf die steroiden Androgene beschränkt; man wird aber in den folgenden Darlegungen einige erste Hinweise auf die Möglichkeit der Existenz nicht-steroider Androgene finden (s. Kap. III, Anhang).

den, also z. B. „Substanz X mit starker Wirkung auf die accessorischen Geschlechtsdrüsen" oder „Substanz Y mit schwacher anaboler Wirkung". Es ist zu bemerken, daß diese Ergänzungen bei Angaben über unterschiedliche Wirkungsgrade bei verschiedenen Zuführungswegen der Androgene bereits allgemein üblich sind; man spricht z. B. von „gleichstarker Wirkung bei subcutaner und intramuskulärer Injektion" oder macht die Angabe „nur halb so stark wirksam bei oraler Gabe mit der Schlundsonde wie bei intramuskulärer Injektion" usw.

Eine allgemeine Bezeichnung mit „stark" bzw. „schwach" könnte man mit einer gewissen Berechtigung für die *Ausdehnung der Wirkung* auf sehr viele bzw. auf sehr wenige Einflußgebiete der Androgene gelten lassen. Aber auch hier ist der subjektiven Einschätzung viel Raum gegeben, indem der eine Untersucher nur die klinische Bedeutung im Test am (kranken oder gesunden) Menschen, der andere die Wirksamkeit am Säugetier, der dritte vielleicht auch die Wirkung am Vogel oder an niederen Wirbeltieren als entscheidend für die Bewertung ansieht, während der erstgenannte diese letzten Wirkungen ganz außer Acht läßt.

Sehr gebräuchlich ist, besonders bei der Beschreibung von neuen Substanzen mit androgener Wirkung, ein Vergleich mit der Wirksamkeit allgemein bekannter und viel untersuchter androgener Stoffe; einen solchen inoffiziellen Standard[3] stellte über viele Jahre der Propionsäure-Ester des Testosterons dar, der mit einer hohen Wirksamkeit auch die leichte Zugänglichkeit verband, da er als Wirksubstanz in den Handelspräparaten vieler Firmen enthalten war. So nützlich ein solcher Vergleich sein kann, genügt es doch nicht, wenn gesagt wird, die Prüfsubstanz sei im Kapaunenkamm-Test ebenso wirksam wie Testosteronpropionat, wenn nicht gleichzeitig angegeben wird, ob die Zuführung subcutan, intramuskulär oder lokal durch Auftragung auf den Kamm erfolgt, da sich die verschiedenen androgenen Substanzen je nach der Zuführungsweise sehr stark unterscheiden können (s. u. Kapitel V, 2).

Die ursprüngliche Bezeichnung der Androgene als „männliche Sexualhormone" wurde schon früh abgelehnt, so von LAQUEUR, der diese Stoffe als „männliche Hormone" bezeichnete, weil im Eigenschaftswort „männlich" der Begriff des Sexuellen bereits enthalten sei, und von LOEWE, der den Namen „Androkinine" prägte, der das wesentliche Merkmal dieser Stoffklasse, die das Männliche prägt, fördert oder stimuliert, besser zum Ausdruck bringt als der später empfohlene und allgemein angenommene Terminus „Androgene", der in Anlehnung an die „Oestrogene", die brunsterzeugenden Stoffe des weiblichen Geschlechts entstand; von einer „das Männliche erzeugenden" Wirkung wie sie der Stamm „gen" andeutet, kann man bei den Androgenen wohl kaum sprechen, aber da der Name „Androgene" für die C_{19}-Steroide sich seit Jahren international eingebürgert hat, ist es offenbar zu spät, um eine Umbenennung durchzuführen, und auch wir werden uns daher an diese Bezeichnung halten.

Der Begriff „männlich" als Bezeichnung eines bestimmten tierischen Entwicklungs- oder Ausbildungstyps ist ganz unmißverständlich, solange es sich um Kennzeichnung menschlicher oder tierischer Individuen handelt, die durch den Besitz von bestimmten sekundären Seuxualmerkmalen ausgezeichnet sind, die

---

3 Das offizielle Internationale Androgen-Standard-Präparat (vgl. Voss, 1952) bestand aus Androsteron, 0,1 mg davon entsprach der Internationalen Einheit; die Wahl fiel seinerzeit (1935) auf diese Substanz, weil sie als erste in reiner, kristallisierter Form und in größerer Menge vorlag; sie hat sich aber keiner Beliebtheit als Vergleichssubstanz erfreut, wohl wegen ihrer relativ geringen Wirksamkeit an den Erfolgsorganen der gebräuchlichen Androgen-Tests am Säugetier. Im Jahre 1952 wurde der Internationale Androgen-Standard kassiert und die Wirksamkeit fortan in μg oder mg angegeben.

wir gewohnheitsmäßig mit dem Begriff des Männlichen verbinden, wie Größe, Stärke u. ä. Daß bei niederen Tieren („Zwergmännchen"), aber auch bei sehr hochstehenden Organismen auffallende Ausnahmen vorkommen, wie z. B. bei den Weibchen gewisser Greifvogelarten, die bedeutend größer und stärker sind als ihre männlichen Partner, mag als Hinweis auf die beschränkte Geltung solcher Merkmale quantitativer Natur erwähnt sein, ebenso wie die Tatsache, daß bei vielen getrenntgeschlechtlichen Organismen überhaupt keine oder nur sehr geringe Unterschiede dieser Art zwischen den Geschlechtern bestehen. Daraus folgt, daß der Wert dieser Merkmale zur Kennzeichnung des Begriffes der Männlichkeit durch die Ausnahmen erheblich herabgesetzt und sogar weitgehend illusorisch gemacht wird. Wenn wir als „männlich" jene Individuen bezeichnen, die männliche Gonaden besitzen und männliche Geschlechtszellen produzieren, ohne daß sie daneben auch über weibliche Gonaden verfügen und weibliche Geschlechtszellen hervorbringen, dürften unter diese Definition die allermeisten tierischen Repräsentanten des männlichen Geschlechts fallen. Solche Begriffe, wie die „männlichen Kastraten", die weder Hoden besitzen noch Spermatozoen produzieren und doch die Bezeichnung „männlich" zur Unterscheidung gegenüber den „weiblichen Kastraten" zu Recht tragen, sind nur scheinbare Ausnahmen, weil diese Bezeichnung durch die unüberlegte Umkehr der einwandfreien Benennung solcher Individuen als „kastrierte Männchen" entstanden ist.

Als echte Hormone sind die physiologischen Androgene, aber auch die synthetischen Derivate im allgemeinen grundsätzlich *artunspezifisch*, d. h. daß ihre aus den Hoden oder anderen Organen der Säuger gewonnenen Zubereitungen oder kristallinen Formen an den entsprechenden Erfolgsorganen nicht nur anderer Säugerarten sondern auch der Vertreter aller anderen Wirbeltierklassen spezifisch wirksam sind. *Diese Artunspezifität gilt aber nur innerhalb des Wirbeltierstammes* und läßt sich auf die Wirbellosen nicht übertragen, auch nicht auf solche wie die Crustaceen (Krebstiere), bei denen das Vorhandensein echter Androgene, aber von chemisch vermutlich abweichender Natur nachgewiesen ist. Ob für die Androgene der Crustaceen eine interne Unspezifität innerhalb dieser Wirbellosenklasse gilt, ist, meines Wissens, nicht geklärt, heteroplastische Überpflanzungen der sogenannten „androgenen Drüse" von einer Krebsart in die andere scheinen nicht versucht worden zu sein; Transplantationen vom Krebs zum Insekt waren unwirksam (s. Kapitel über Androgene bei wirbellosen Tieren, S. 208 ff.).

Es ist nützlich, zum bessern Verständnis des folgenden schon hier darauf hinzuweisen, daß bei der pharmakodynamischen Betrachtung der Hormone, also auch der Androgene der oft, aber nicht immer mit voller Berechtigung gebrauchte Terminus der „Spezifität" der Wirkung sich mit dem viel exakteren Begriff der pharmakologischen „Elektivität" deckt (LOEWE, 1930). Er kann sich daher jeweils nur auf jene Teilwirkungen aus dem vielgestaltigen Wirkungsspektrum des in Rede stehenden Hormons beziehen, die in diesem Ausmaß, d. h. in solcher Bevorzugung vor seinen anderen Teilwirkungen, bei keinem anderen Stoff zu finden sind. Oder, m. a. W.: „spezifische Wirkungen kommen schon bei Anwendung von Dosen, bei Anwesenheit von Konzentrationen zur Geltung, bei denen alle anderen (daher: „unspezifischeren") Teilwirkungen des Stoffes noch unterschwellig bleiben ... Diese *Wirkungsspezifität* ist wesentlich wichtiger als z. B. die Herkunftsspezifität." Wenn wir im folgenden öfters von der *„spezifisch androgenen" (im Gegensatz z. B. zur „anabolen") Wirkung der Androgene* sprechen werden, so soll darunter stets jene Teilwirkung dieser Wirkstoffe verstanden werden, die sich in der Stimulierung der Organe des männlichen Sexualtraktus (unter Ausschluß des Hodens) äußert.

Literatur

ARAI, R.: Annot. Zool. Jap. **40**, 1—5 (1967).
BERSIN, TH.: Biochemie der Hormone. Leipzig: Akad. Verlagsanstalt 1959.
BOMSKOV, CHR.: Methodik der Hormonforschung, Bd. 2, S. 343. Leipzig: Georg Thieme 1939.
DANOWSKI, T.S.: Clinical Endocrinology, vol. I, S. 312. Baltimore: Williams & Wilkins Co. 1962.
DIRSCHERL, W.: Die männlichen Sexualhormone (Androgene); in AMMON-DIRSCHERL, Fermente, Hormone, Vitamine, 3. Aufl., Bd. 2, S. 308. Stuttgart: Georg Thieme 1960.
DORFMAN, R.I., SHIPLEY, R.A.: Androgens. New York: J. Wiley & Sons, Inc., 1956.
GAUNT, K., LEATHEM, J.H.: Fed. Proc. **26**, 1192—1196 (1967).
HOWARD, E., MIGEON, CL.: Sex hormone secretion by the adrenal cortex. In: Handbuch exp. Pharmakol., Heidelberg: Springer, Erg.-Werk Bd. XIV/1, S. 570, 1962.
JACKSON, W.P.U., HOFFENBERG, R.: Lancet **1956** II, 1237—1239.
LOEWE, S.: Zbl. inn. Med. **1930**, 257—271.
QUERIDO, A., KASSENAAR, A.A.H.: Proc. kon. ned. Akad. Wet. C, **68**, 265—269 (1965).
VELARDO, J.TH.: The endocrinology of reproduction, S. 280. New York: Oxford University Press 1958.
VOSS, H.E.: Die Wertbestimmung von Hormonpräparaten mit Hilfe der Internationalen Standards; Boehringer Studienreihe 1952.

NB! Viele der oben angeführten Schriften können als Nachschlagewerke für Einzelfragen der Androgen-Biologie dienen.

Zur Geschichte der Androgenforschung

H. E. Voss

Die männlichen Geschlechtsdrüsen haben in der Geschichte der Endokrinolo
gie eine bedeutsame Rolle gespielt. Die nachweislich seit Jahrtausenden geübte
Kastration sowohl bei menschlichen wie bei tierischen männlichen Individuen
stellte das erste, wenn auch anfänglich in Unkenntnis der ursächlichen Zusammenhänge angestellte Experiment dar, in dem durch Ausschaltung eines innersekretorischen Organs bestimmte biologische Ziele erreicht wurden, die sich zunächst
zwar auf die Unfruchtbarmachung von Feinden und Sklaven bezogen haben
dürften (ARISTOTELES, HERODOT), also auf die Ausschaltung der generativen
Funktion der Hoden, dann aber bei Übertragung auf die landwirtschaftlichen
Nutztiere der Gewinnung ruhiger Arbeitstiere oder fetterer, zarterer Schlacht-
tiere dienten, d. h. zu rein innersekretorischen Erfolgen führten. Ohne Zweifel
wird die exponierte, einer Entfernung leicht zugängliche Lage der Hoden beim
Menschen und verschiedenen Haustieren diesen Zwecken entgegengekommen
sein, aber auch die bedeutend schwierigere Kastration beim Geflügel war schon
frühzeitig im Gebrauch.

Diese Sonderstellung der Hoden als innersekretorisches Versuchsobjekt beschränkte sich aber nicht auf ihre Ausschaltung, sondern auch der Ersatz im Fall
ihres Fehlens oder ihre Ergänzung im Fall ihrer Unterfunktion hat eine geradezu
entscheidende Rolle in der Entwicklung der Lehre von der inneren Sekretion gespielt. Bereits in der 2. Hälfte des XVIII. Jahrhunderts hat der englische Veterinärmediziner und Zoologe JOHN HUNTER (1776, 1779, 1786, 1794) über
Kastrationen und Hodentransplantationen berichtet, die den Forscher zur richtigen Auffassung von der (innersekretorischen) Abhängigkeit des männlichen
Sexualtraktus, des Penis und der Anhangsdrüsen (Vesiculardrüsen, Prostata,
Cowper'sche Drüsen) vom Hoden führten; er erkannte auch, daß das einseitige
Fehlen des Hodens nicht die Ausfallserscheinungen hervorrief, die als Folge der
beidseitigen Kastration auftraten[1], und wies auch auf die Wirkung des Kryptorchismus „auf die natürliche Funktion des Hodens" hin. Die ersten erfolgreichen
experimentellen Hodentransplantationen gelangen dem Göttinger Anatomen und

---

1 Wie ich einer dankenswerten persönlichen Mitteilung von Herrn Konsul CHR. v. OIDT-
MAN, Basel, entnehme, der sich als Ethnologe eingehend mit den Initiationsriten der Natur-
völker beschäftigt hat, liegt eine recht große Literatur über die Semikastration („monorchism,
monorchidism" der angelsächsischen Autoren) vor, besonders auch aus den älteren Reise-
werken. In keiner dieser Beschreibungen findet man [wie aus dem zusammenfassenden Aufsatz
von ST. LAGERCRANTZ (Z. Ethnologie **70**, 199—208, 1938) zu ersehen ist] Hinweise vor, daß
dieser meist mit sehr primitiven Methoden ausgeführte Eingriff eine Abnahme der Zeugungsfähigkeit oder der sexuellen Prägung der Halbkastraten zur Folge hätte, *in klarer Bestätigung
der Beobachtungen von* HUNTER. Auch G. BUSCHAN (Kinderärztl. Prax. **6**, 72—81, 1935) und
AD. E. JENSEN (Beschneidung und Reifezeremonien bei den Naturvölkern, Frankfurt 1933,
S. 44—51) gehen auf die Semikastration ein, erwähnen aber nichts von etwaigen Kastrationsfolgen, z. B. etwa einen eunuchoidalen Hochwuchs: Da auch die experimentellen Erfahrungen
beim Tier in dem gleichen Sinne sprechen (vgl. die neue Veröffentlichung von H.R. LINDNER u.
L.E.A. ROWSON, J. Endocr., Lond., **23**, 167—170, 1961), kann m. E. die Diskussion über diese
Frage mit voller Berechtigung ad acta gelegt werden. Etwaige scheinbar gegenteilige Beobachtungen am Menschen sind ohne Zweifel auf beim Eingriff entstandene Schädigungen des zweiten Hodens zurückzuführen, welche die beabsichtigte Semikastration zur ungewollten Totalkas-
tration werden lassen und dann natürlich von den bekannten Kastrationsfolgen begleitet sind.

Zoologen BERTHOLD[2] (1849), der bei erwachsenen Hähnen sowohl Autotransplantationen als auch Homoiotransplantationen der Hoden ausführte, die Entstehung des Kapaunentypus bei Entfernung der Hoden beschrieb und die Regeneration des Kammes und der Bartlappen beim Kapaun als Folge der Hodentransplantation beobachtete. BERTHOLD zog aus seinen Versuchen den Schluß, daß die die sexuelle Reife charakterisierenden Merkmale ,,bedingt werden durch das produktive Verhältnis der Hoden, d. h. durch die Einwirkung auf das Blut und dann durch die entsprechende Einwirkung des Blutes auf den allgemeinen Organismus überhaupt, wovon allerdings das Nervensystem einen sehr wesentlichen Teil ausmacht.‘‘ Wie LIPSCHÜTZ (1919) hervorhebt, ist die ganze Lehre von der inneren Sekretion der Geschlechtsdrüsen in diesem Satz im Keime enthalten.

Die Ergebnisse der BERTHOLD’schen Versuche und seine grundlegenden Folgerungen blieben jahrzehntelang unbeachtet. BROWN-SÉQUARD kam 40 Jahre später (1889a, b; BROWN-SÉQUARD u. D’ARSONVAL, 1893), wiederum auf Grund seiner Versuche über die Wirkungen von Kastration, von Hodentransplantation und von Hodenextraktinjektionen (zum Teil im Selbstversuch) zu der allgemeinen Formulierung des Prinzips der inneren Sekretion:

«Nous admettons que chaque tissue, et plus généralement chaque cellule de l’organisme, excrète pour son propre compte des produits ou des ferments spéciaux qui sont versés dans le sang et qui viennent influencer, par l’intermédiaire de ce liquide, toutes les autres cellules, rendues ainsi solidaires les unes des autres par un mécanisme autre que le système nerveux.»

BROWN-SÉQUARD spricht nirgends von den Wirkungen auf die sekundären Geschlechtsmerkmale und bezieht die günstigen Einflüsse seiner wäßrigen, mit Hilfe von Glycerin, Erhitzung oder Filtration durch D’ARSONVAL’sche Kerzen stabilisierten Extrakte aus den Hoden von Meerschweinchen und Hunden auf den alternden Organismus auf ihre ,,dynamogene Wirkung‘‘ auf das Nervensystem und auf die Zufuhr der im Hoden produzierten Materialien. Er erkannte auch schon die fehlende Artspezifität der Wirkstoffe aus den Hoden.

Einen entscheidenden Fortschritt in der Erforschung der Androgene brachten die Arbeiten von ANCEL u. BOUIN aus dem Anfang dieses Jahrhunderts (1903, 1904; BOUIN u. ANCEL, 1903a, b): sie wiesen in ihren Untersuchungen an Hunden, Kaninchen, Meerschweinchen und Schweinen nach, daß die innere Sekretion des Hodens einzig und allein an die interstitiellen Zellen (Leydigschen Zwischenzellen) des Hodens gebunden sei und nicht an die spermatogenetische Substanz oder an die Sertolizellen der Samenkanälchen. Im gleichen Jahr noch äußerte LOISEL (1903) auf Grund der in den Zwischenzellen seit LEYDIG’s Originalbeschreibung bekannten Lipidgranula die Vermutung, daß das innere Sekret des Hodens lipider Natur sei, eine Annahme, die in den folgenden Jahren durch die Herstellung wirksamer ,,lipoid-löslicher‘‘ Fraktionen aus Hodengewebe eine wesentliche Unterstützung erhielt (ISCOVESCO, 1913; PÉZARD, 1918), noch bevor die Steroidnatur der Androgene nachgewiesen war.

In die Zeit zu Beginn dieses Jahrhunderts fallen auch die wichtigen Veröffentlichungen von STEINACH (1910, 1912 u. a.) über seine Transplantationsversuche zur Geschlechtsumwandlung bei verschiedenen Tierarten, die ihn zur Bezeichnung der interstitiellen Drüse des Hodens als ,,Pubertätsdrüse‘‘ veranlaßten; im Zusammenhang damit entstand eine höchst unerfreuliche, mit wenig fairen Mitteln

---

2 Eine wortgetreue Übertragung des Aufsatzes von BERTHOLD (1849) ins Französische und zugleich eine Würdigung der Bedeutung von BERTHOLD für die Begründung der Endokrinologie bringt ein spezieller historischer Aufsatz von M. KLEIN in der Festschrift für J. BENOIT (Arch. Anat. [Strasbourg] **51**, 379—386, 1968).

von Seiten der „Zwischenzellen-Gegner" geführte Polemik, die seitdem längst mit dem wissenschaftlichen Sieg der Verfechter der „Zwischenzellen-Theorie" von BOUIN u. ANCEL geendet hat.

Die Verfolgung des Schicksals der Androgene im Organismus veranlaßte LOEWE, VOSS, LANGE u. WÄHNER (1928) zu ihren Versuchen, in denen es ihnen erstmalig gelang, die Androgenwirksamkeit zunächst im männlichen, später auch im weiblichen Harn (LOEWE, VOSS u. E. ROTHSCHILD, 1931) nachzuweisen. Diese Befunde (und die vorausgegangenen Feststellungen der gleichen Forschergruppe hinsichtlich des weiblichen Hormons) wurden zur Grundlage einer Flut von Untersuchungen in den Laboratorien der ganzen Welt in den folgenden Jahrzehnten, die das Schicksal der Androgene im Organismus weitgehend klärten und die Voraussetzungen für ihre therapeutische Anwendung schufen.

Es hat sich erst kürzlich (1963) herausgestellt, daß diese experimentellen Untersuchungen von LOEWE u. VOSS offenbar klinische Vorgänger hatten, die viele Jahrhunderte zurücklagen und unbekannt geblieben waren. Nach GWEI-DJEN u. NEEDHAM (1963) geht aus den mittelalterlichen chinesischen medizinischen Veröffentlichungen hervor, daß die chinesischen Ärzte im XI.—XVI. Jahrhundert n. Chr. Geb. *Konzentrate und Extrakte aus dem Harn* von erwachsenen und jugendlichen Personen herstellten und sie ihren Patienten mit Hypogonadismus verabreichten. Es wurden auch Zubereitungen hergestellt, die vom unangenehmen Geruch des Ausgangsmaterials befreit waren. Die Wirksamkeit dieser Präparate kann man aus den Beschreibungen der Fälle erschließen, bei denen sie angewandt wurden. Ihre Herstellung geht auf die Auffassung der klassischen chinesischen medizinischen und physiologischen Theorie zurück, daß eine *ständige Wechselbeziehung zwischen den verschiedenen Organen des Körpers durch das zirkulierende Blut* bewerkstelligt werde; da der Harn von den damaligen Ärzten als "of the same category as the blood" betrachtet wurde, konnte man auch in ihm die von den Organen ausgehenden Kräfte erwarten.

Soviel mir bekannt, ist eine ausführlichere Wiedergabe der chinesischen Originale, auf die sich GWEI-DJEN u. NEEDHAM in ihrer kurzen Mitteilung stützen, bisher nicht erfolgt; aber wir sind wohl berechtigt anzunehmen, daß die „Patienten mit Hypogonadismus" sich in der Hauptsache aus dem männlichen Geschlecht rekrutierten und daß dementsprechend im wesentlichen auch der männliche Harn der Gewinnung der Heilmittel diente, und dessen Extrakte mehr Androgene als Oestrogene enthalten haben dürften.

LOEWE u. VOSS hatten zunächst die Entstehung der Androgene im Hoden (1925—1927), dann (1928) ihre Ausscheidung im Harn untersucht; 1930 gelang ihnen auch die Erfassung der androgenen Wirksamkeit im Blut (LOEWE, F. ROTHSCHILD, RAUDENBUSCH u. VOSS, 1930), zunächst beim Tier, später auch im Blut des Menschen (LOEWE u. VOSS, 1932). Damit war das Schicksal der Androgene im Organismus von ihrem hauptsächlichen Bildungsort, dem Hoden, über das Transportmedium, das Blut, zu den Erfolgsorganen bis zu ihrer Ausscheidung im Harn klargelegt.

PÉZARD (1911) hatte ein Wachstum des Kammes und der Bartlappen beim Kapaun beobachtet, dem er einen Rohextrakt aus Schweinehoden injizierte. Die ersten exakten Hinweise auf die chemische Natur des „Androkinins" brachten die Untersuchungen von LOEWE u. VOSS aus den Jahren 1925 und 1926, die sie im Januar 1927 in einem Schreiben an die Wiener Akademie der Wissenschaften niederlegten und im Anzeiger dieser Akademie (vom Jahre 1929, Nr. 20) veröffentlichten. Gleichzeitig schufen sie ein quantitatives Androgen-Auswertungsverfahren am Säugetier, den „Loewe-Voss-Test" in seinen verschiedenen Modifikationen, der neben der gröberen Wägemethode und dem von Pézard (1911, 1918) inaugurierten, von Moore, Gallagher u. Koch (1929) vervollkommneten und von Fussgänger (1934) und von Voss (1937) durch lokale Applikation in seiner Empfindlichkeit hoch gesteigerten Kapaunenkammtest in den nächsten Jahrzehnten die großen Fortschritte der chemischen Erforschung der Androgene ermöglichte. Diese erreichten ihren ersten Höhepunkt durch die von Butenandt (1931) durchgeführte Isolierung und Identifizierung von Androsteron aus Männerharn und diejenige von Testosteron aus Stierhoden durch David, Dingemanse, Freud u. Laqueur (1935). Die synthetische Darstellung von Testosteron erfolgte fast gleichzeitig durch Butenandt u. Hanisch (1935) und Ruzicka u. Wettstein (1935).

In der Folgezeit wurde eine große Zahl von Isomeren und Verwandten der in der Natur gefundenen Androgene synthetisiert und auf ihre verschiedenen Wirkungen untersucht; sie sind in den Kapiteln über die Chemie der Androgene (S. 98) erschöpfend beschrieben. Eine besondere Bedeutung, vor allem in therapeutischer Hinsicht erlangten die durch eine hohe anabole Wirksamkeit und eine relativ geringe spezifisch androgene Wirkung ausgezeichneten Derivate.

Literatur

Ancel, P., Bouin, P.: C. R. Acad. Sci. (Paris) **137**, 1289—1291 (1903).
— — C. R. Acad. Sci. (Paris) **138**, 231—233 (1904).
Berthold, A. A.: Arch. Anat. Physiol., Physiol. Abt. **1849**, 42.
Bouin, P., Ancel, P.: C. R. Soc. Biol. (Paris) **55**, 1397—1400, 1688—1690 (1903).
Brown-Séquard, C. E.: Arch. de Physiol. 21, 651, 740 (1889a).
— C. R. Soc. Biol. (Paris) **41**, 415, 420, 430, 454 (1889b).
— d'Arsonval, A.: C. R. Soc. Biol. (Paris) **43**, 265—268 (1891).
Butenandt, A.: Z. angewandt. Chem. **44**, 905—907 (1931).
— Hanisch, G.: Z. physiol. Chem. **237**, 89—97 (1935).
David, K., Dingemanse, E., Freud, J., Laqueur, E.: Z. physiol. Chem. **233**, 281—282 (1935).
Dirscherl, W., Kraus, J., Voss, H. E.: Z. physiol. Chem. **241**, 1—10 (1936).
Dorfman, R. I., Shipley, R. A.: Androgens, J. Wiley & Sons, Inc., N.Y., 1956.
Fussgänger, R.: Medizin u. Chemie 2, 194—204 (1934).
Gwei-Djen, L., Needham, J.: Nature (Lond.) **200**, 1047—1048 (1963).
Hunter, J.: Observations on certain parts of the animal oeconomy; London 1776.
— Phil. Trans. B **69**, 279—293 (1779).
— Account on the freemartin; London 1786.
— A treatise on the blood, inflammation and gunshot wounds, p. 224, G. Nicoll, London 1794; zit. n. Dorfman and Shipley 1956.
Iscovesco, I.: C. R. Soc. Biol. (Paris) **75**, 445—447 (1913).
Lipschütz, A.: Die Pubertätsdrüse und ihre Wirkungen. Bern: Ernst Bircher Verlag 1919.
Loewe, S., Rothschild, F., Raudenbusch, W., Voss, H. E.: Klin. Wschr. **9**, 1407 (1930).
— Voss, H. E.: Anzeiger d. Akad. d. Wissensch., Wien, **1929**, Nr. 20.
— — Paas, E., Lange, F., Wähner, A.: Klin. Wschr. **7**, 1376 —1377 (1928).
— — Rothschild, E.: Biochem. Z. **237**, 214—225 (1931).
Loisel, G.: C. R. Soc. Biol. (Paris) **55**, 1009—1012 (1903).
Moore, C. R., Gallagher, T. F., Koch, F.: Endocrinology **13**, 367—372 (1929).
Pézard, A.: C. R. Acad. Sci. (Paris) **153**, 1027—1029 (1911).
— Thèse Sci. natur., Paris, 1918.
Ruzicka, L., Wettstein, A.: Helv. chim. Acta 18, 1264—1275 (1935).
Sand, Kn.: Die Physiologie des Hodens; Handbuch d. Inn. Sekretion, Bd. 2, S. 2017—2272. Leipzig: Verlag Curt Kabitzsch 1933.
Simonnet, H., Robey, M.: Les Androgènes. Paris: Masson et Cie. 1941.
Steinach, E.: Zbl. Physiol. **24**, 551—570 (1910).
— Pflügers Arch. ges. Physiol. **144**, 71—98 (1912).
Voss, H. E.: Klin. Wschr. **16**, 769—771 (1937).

I. Die Regelung der Hodenfunktionen

H. E. Voss

Wie alle endokrinen Funktionen kann auch die innersekretorische Leistung des Hodens nur im Zusammenhang mit anderen Regulationsvorgängen, seien sie endokriner oder nervöser Natur betrachtet werden. Das bezieht sich sowohl auf die Wirkungen, welche die männlichen Hormone auf ihre Erfolgsorgane ausüben, als auch auf die Rückwirkungen, die von diesen (oder von anderen) Organen ausgehen und die Bildungsstätten der männlichen Hormone treffen. Wir werden in einem besonderen Kapitel (S. 253) die reziproken Beziehungen besprechen, die zwischen dem Hoden als innersekretorischem Organ und den anderen endokrinen Drüsen bestehen; hier sollen zunächst die Einflüsse untersucht werden, die von *Zentralnervensystem und Hypophyse* ausgehen und die, wie die Forschungen der letzten Jahrzehnte gezeigt haben, für die *Regelung der innersekretorischen Funktion des Hodens* von ganz besonderer, entscheidender Bedeutung sind. Im Hinblick darauf, daß auch die *Spermatogenese*, also die *exkretorische Tätigkeit des Hodens* unter dem Einfluß der inneren Sekretion des Hodens steht, müssen die von ZNS und Hypophyse ausgehenden Wirkungen auf die Samenkanälchen in die Betrachtungen dieses Kapitels einbezogen werden. Es wird sich daher nicht vermeiden lassen, daß schon hier die Einflüsse der Androgene auf den generativen Anteil des Hodens gestreift werden, die in einem späteren Kapitel über die orchidotrope Wirkung der Androgene (S. 287 ff.) ausführlich dargestellt werden sollen.

Die gesonderte Betrachtung der Regelung der Hodenfunktion in einem eigenen Kapitel und ihre Vorausnahme, sozusagen als Einleitung zu den übrigen Ausführungen hat auch insofern ihre Berechtigung, als in der letzten zusammenfassenden Darstellung der inneren Sekretion des Hodens im deutschen Schrifttum durch KN. SAND (1933) diese Seite des Problems unberücksichtigt geblieben ist. Gewisse Teile dieser Beziehungen sind von ANSELMINO u. HOFFMANN (1941) kurz erwähnt worden; die seit jener Zeit erzielten Fortschritte lassen eine breitere Besprechung notwendig erscheinen.

A. Die neuroendokrinologische Beeinflussung der Hodenfunktion[1]

Das vielzellige Tier, mit seinen den verschiedenen Lebensfunktionen speziell zugeordneten Organen bedarf einer zentralen Regelung und Koordinierung dieser Organtätigkeiten, um geordnete, dem ganzen Organismus dienliche Reaktionen auf akute oder chronische, äußere oder innere Reize zu gewährleisten. Diese Regelung wird im allgemeinen von 2 Systemen besorgt, dem *Nervensystem* und dem *System der endokrinen Drüsen*, von denen das erste bis hinunter zu den primitivsten Vertretern der Metazoen, den Schwämmen, nachgewiesen ist, während die Existenz innersekretorischer Organe zwar noch nicht bei allen Vertretern der vielzelligen Tiere festzustellen gelungen ist, grundsätzlich aber angenommen werden

---

1 Vgl. dazu die zusammenfassende Übersicht über die Neuroendokrinologie von A. B. ROTHBALLER (Excerpta med. III, Bd. 11, 1957; Res. Publ. Ass. nerv. ment. Dis. **43**, 86—131, 1966) und den Aufsatz von J. C. SLOPER (Brit. med. Bull. **22**, 209—215, 1966) über die hypothalamische Neurosekretion. Von besonderem Wert für die Erörterung aller neuroendokrinologischen Probleme sind die soeben erschienenen Verhandlungen des „Symposium of the International Society for Neurovegetative Research, Amsterdam, 1967" (Springer Verlag Wien, 1969), deren Ausnutzung an dieser Stelle aus zeitlichen Gründen leider nicht mehr möglich ist.

muß, umso mehr als Stoffe, die mit Adrenalin und Acetylcholin, also typischen Vertretern endokrin wirkender Substanzen, wirkungsgleich sind, im Plasma von Protozoen und niederen Wirbellosen festgestellt wurden (vgl. KOLLER, 1960). Dort, wo diese beiden großen Regulationssysteme nebeneinander bestehen, müssen Querverbindungen zwischen ihnen angenommen werden, die ihre regelnden Funktionen untereinander abstimmen und koordinieren. Die Untersuchung der Gesamtheit dieser Beziehungen kann man unter dem gemeinsamen Begriff der *Neuroendokrinologie* zusammenfassen, die (soweit es die Wirbeltiere anbetrifft) sowohl die Untersuchungen über die Beeinflussung der endokrinen Drüsen durch das Nervensystem als auch des Nervensystems durch die Wirkstoffe der endokrinen Drüsen umfaßt. Die Beeinflussung des Nervensystems durch die endokrinen Drüsen wird praktisch in gewisser Hinsicht seit Jahrtausenden ausgenutzt (Änderung des Charakters und des Verhaltens bei Männern, Knaben, Hengsten, Stieren usw. durch die Kastration), doch ist ihr Mechanismus noch weitgehend ungeklärt (s. u. S. 79ff.). Demgegenüber sind die Erkenntnisse über die Beeinflussung der endokrinen Drüsen durch das Nervensystem relativ jüngeren Datums; sie beziehen sich bei den Wirbeltieren[2] nicht so sehr auf die direkte Innervation der innersekretorischen Drüsen, bei denen sekretorische Nerven angeblich nicht vorkommen[3], als auf die besonderen Verhältnisse, die zwischen dem Hypothalamus als Teil des ZNS, dem Hypophysenvorderlappen (HVL) und gewissen „peripheren" endokrinen Drüsen vorliegen[4].

Die entscheidende Bedeutung der Verbindung zwischen Hypothalamus und Hypophyse für Wachstum und Funktionsfähigkeit der endokrinen Organe im allgemeinen und der Gonaden im besonderen geht aus den Versuchen von DAIKOKU u. SHIMIZU (1970) hervor, die am Hypophysenstil und an der Eminentia mediana bei Ratten frühe postnatale Läsionen setzten (20—24 Std nach der Geburt durch Elektrokauterisierung) und 20—23, 40—43, 60—70 Tage nach dem Eingriff das Endokrinium untersuchten. Der Nucleus arcuatus wies degenerative Veränderungen nach Läsionen der Eminentia mediana auf. Die Nuclei supraoptici und paraventriculares zeigten degenerative Veränderungen nach Kauterisierung des Hypophysenstils. Bei allen diesen Versuchstieren waren das Wachstum und die Entwicklung der Gonaden stark reduziert, ebenso war die funktionelle Aktivität der Schilddrüse und der Nebennieren beeinträchtigt. Aus diesen Ergebnissen ist ersichtlich, daß das normale Wachstum und die Entwicklung der endokrinen Organe auf eine intakte vasculäre und neurale Koordination zwischen Hypothalamus und Hypophyse für den Transport der die Sekretion der hypophysären tropen Hormone fördernden Faktoren angewiesen sind.

---

2 Wir müssen hier auf die Berücksichtigung der wirbellosen Tiere verzichten, bei denen die neurosekretorischen Zellen zwar eine weite Verbreitung besitzen, bei denen aber die Beziehungen des ZNS zu den Gonaden ganz andere sind und daher für unser Thema der Regelung der Hodenfunktion keine unmittelbare Bedeutung haben.

3 Die Ansichten darüber weichen bei den einzelnen Untersuchern erheblich voneinander ab (Literatur s. bei KÁSA, 1963). Immerhin lehnt die Mehrzahl der Autoren die Existenz sekretorischer Nerven in den endokrinen Drüsen ab. Doch konnte KÁSA (1963) an Gefrier- und Paraffinschnitten von in 10%igem Formol fixierten Hypophysen von Ratten, Meerschweinchen und Schweinen Nervenfasern nachweisen, die aus dem Tractus hypophysohypothalamicus stammten und teils über die Pars intermedia, teils über die Pars tubularis in die Pars distalis der Hypophyse eintreten und ihren Lauf direkt zu den glandulären Zellen der Pars distalis nehmen, wo sie in einem speziellen pericellulären Netz rund um die Drüsenzellen endigen.

4 Vgl. dazu die zusammenfassende Übersicht von COWIE u. FOLLEY (1955) über die Physiologie der Gonadotropine und des lactogenen Hormons (S. 309—387).

Es hat sich zeigen lassen[5], daß die sogenannten *Hypophysenhinterlappen-Hormone* Vasopressin und Oxytocin in den neurosekretorischen Nervenzellen der Kerne des Hypothalamus (vornehmlich im Nucleus supraopticus und N. paraventricularis) erzeugt werden, längs den Fasern der hypothalamisch-hypophysären Stränge in den HHL eintreten, hier gespeichert und im Bedarfsfall in die Gefäße abgegeben werden. Die direkte nervöse Verbindung *zwischen dem Hypothalamus und dem HVL* scheint relativ spärlich und für eine Versorgung des HVL mit den neurosekretorischen Produkten des Hypothalamus keinesfalls ausreichend zu sein (BARGMANN, 1954). Allerdings hat METUZALS (1955) beim Pferd ausgedehnte nervöse Formationen beschrieben, die aus dem Hypothalamus zur Pars distalis (HVL) über das Infundibulum und die Pars tuberalis (Hypophysenstiel) ziehen; er deutet sie als Überträger *nervöser* Impulse aus den vegetativen Kernen des Zwischenhirns zur Pars distalis. Immerhin wird von der Mehrzahl der Untersucher angenommen, daß die neurosekretorischen Wirkstoffe des Hypothalamus auf humoralem Weg, und zwar durch das hypothalamisch-hypophysäre *Pfortadersystem* zum HVL gelangen und hier die Bildung und Abgabe einer Reihe von HVL-Hormonen regeln, zu denen sowohl das Corticotropin (ACTH), als auch das Thyreotropin (TSH) und die Gonadotropine (FSH und ICSH) gehören[6]. Da diese ihrerseits die Synthese und Sekretion der Nebennierenrinden-Hormone (wenn auch nur zum Teil!) bzw. der Schilddrüsenhormone bzw. der Keimdrüsenhormone steuern, so hängt offenbar die hormonale Tätigkeit dieser „peripheren" endokrinen Drüsen letzten Endes ganz oder zum überwiegenden Teil von der Regulierung durch das ZNS ab. Diese hochgradige Abhängigkeit vom Nervensystem ist gerade bei den Keimdrüsen besonders ausgesprochen und es kann bei der Bedingtheit ihrer Tätigkeit durch die äußeren Verhältnisse nicht wundernehmen, wenn man z. B. an die Bedeutung jahreszeitlicher Veränderungen der Umwelt für die Fortpflanzung denkt, die ja nicht „ein vitales oder ständiges Bedürfnis des Individiums darstellt, sondern eine Reaktion auf die äußeren Verhältnisse, die rasch und in koordinierter Form ablaufen muß, wenn die günstigen Bedingungen dafür gegeben sind" (ROTHBALLER, 1957, S. IX).

Die nervöse Beeinflussung der Keimdrüsenfunktion ist im weiblichen Geschlecht besonders deutlich, wie man am komplexen Vorgang der Ovulation erkennen kann, die bei den Säugetieren teils spontan, cyclisch und unabhängig von der Jahreszeit (Primaten, Mensch), teils cyclisch, aber in Abhängigkeit von der Jahreszeit (Frettchen) oder sogar von der Tageszeit (Ratte), teils acyclisch, aber jahreszeitlich beschränkt und in direkter Abhängigkeit vom Coitus (Kaninchen, Katze) eintritt. Sie kann beim Kaninchen experimentell durch Reizung des Gebiets des Tuber cinereum unmittelbar oberhalb der Eminentia mediana ausgelöst werden, ebenso durch Injektionen von Adrenalin oder Histamin in den dritten Ventrikel; andererseits wird sie durch Zerstörungen im Gebiet der Eminentia mediana oder des ventralen Hypothalamus oder auch durch massiven Ausfall in der retikulären Formation des Mesencephalon blockiert. Eine pharmakologische

---

5 Vgl. dazu die Monographie von BARGMANN (1954) über das Zwischenhirn-Hypophysensystem.

6 MAZZI u. PEYROT (1960) untersuchten die Wirkungen von chronischen Hypothalamusschädigungen auf die Schilddrüse und den Hoden von Triturus cristatus carnifex Laur.-Männchen, die mit Thioharnstoff behandelt wurden. Die Ergebnisse wiesen darauf hin, daß die thyreotrope Funktion der Hypophyse mindestens zum Teil von der Regelung durch den Hypothalamus unabhängig ist, doch kann die Hypophyse auf Änderungen des Gehalts an Schilddrüsenhormon im Blut nur dann maximal reagieren, wenn die Hypothalamusfunktion normal ist. Dagegen ist die gonadotrope Funktion der Hypophyse von der hypothalamischen Kontrolle mehr direkt abhängig.

Blockade wird durch Morphin, Pentobartital oder auch durch hohe Atropindosen bewirkt, d. h. durch Substanzen, die in den gleichen Dosierungen auch die elektrische Aktivität des Gehirns herabsetzen. Es ist zwar im Hinblick auf die obigen Versuche vermutet worden, daß Acetylcholin oder Adrenalin oder Histamin jene hypothalamische Überträgersubstanz sein könnte, welche als Neurosekret durch die Pfortadervenen in den HVL gelangt; aber die neueren Auffassungen gehen doch dahin, daß alle diese Stoffe am ZNS selber angreifen und nicht erst an den Zellen des HVL.

Bei den Vögeln, die jahreszeitlich bedingte große Schwankungen der Gonadengewichte aufweisen, kann man auch im männlichen Geschlecht die vom ZNS (Hypothalamus) ausgehende Wirkung auf die hypophysäre Gonadotropinproduktion[7] überzeugend nachweisen. Der Forscherkreis um BENOIT hat sich um die Aufklärung dieser Verhältnisse durch Versuche am Enterich besonders bemüht. Als Beweis für die hypothalamische Steuerung der gonadotropen Funktion des HVL beim Hausenterich kann auf Grund dieser Versuche folgendes angeführt werden:

1. die Zuleitung eines gezielten Lichtstrahls durch einen Quarzstab direkt in den Hypothalamus führt beim Enterich mit enukleierten Augenbulbi zur gleichen Genitalstimulierung wie diejenige, die man beim intakten Tier durch Belichtung mit einer natürlichen oder künstlichen Lichtquelle erreicht (BENOIT, 1938; BENOIT, WALTER u. ASSENMACHER, 1950);

2. die experimentelle Zerstörung der neuro-vasculären Verbindungen zwischen Hypothalamus und HVL, die Durchschneidung der hypophysären Pfortadervenen (ASSENMACHER u. BENOIT, 1953), die Zerstörung der Eminentia mediana (BENOIT u. ASSENMACHER, 1952) führen zu Genitalatrophie und zur Unempfindlichkeit der Gonadotropinfunktion des HVL gegenüber dem Lichtreiz;

3. die experimentelle Zerstörung des supraoptico-paraventriculären Gebiets des Hypothalamus führt ebenfalls zur Genitalatrophie (ASSENMACHER, 1957).

Aus diesen Befunden kann man den Schluß ziehen, daß die Intaktheit des Hypothalamus anterior und seiner neurosekretorisch-vaskulären (und neuralen) Verbindungen mit dem HVL sowohl für die Erhaltung der Geschlechtsfunktionen als auch für die Stimulierung durch Lichtreize unumgänglich ist[8]. In weiteren Versuchen konnte ASSENMACHER (1957) dann zeigen, daß die kompensatorische Hypertrophie des restierenden Hodens nach einseitiger Kastration beim Enterich ausbleibt, wenn die Portalvenen durchschnitten oder bedeutende Zerstörungen im obengenannten supraoptico-paraventrikulären Gebiet des Hypothalamus ge-

---

7 Wir werden in diesem Beitrag durchgehend von den „gonadotropen" und nicht von den „gonadotrophen" Wirkstoffen sprechen, da uns der Hinweis auf die auf eine bestimmte Drüse *gerichtete* Wirkung wesentlicher erscheint, als die Betonung einer eventuellen „trophischen" Wirkung.

8 Im Gegensatz zu den Vögeln scheint bei den Amphibien weder die Spermatogenese noch die Spermiation (Ausstoßung der Spermatozoen in die Kloake) einer Beeinflussung durch die Belichtungsverhältnisse unterworfen zu sein, wie die Versuche von VAN OORDT (1956) an Rana temporaria und diejenigen von WILLE (1957) an Rana ridibunda perezi zeigten, bei denen neben der Schilddrüse das Körpergewicht und die Außentemperatur eine wichtige Rolle spielen dürften. Aber auch bei den Vögeln dürfte das Licht keine unabdingbare Bedingung der Sexualentwicklung und ihrer Aufrechterhaltung sein, wie die Versuche von VAUGIEN u. VAUGIEN (1961) am Haussperling (Passer domesticus L.) zeigten: das sexuelle Verhalten des Sperlingmännchens (ebenso auch des Wellensittich-Männchens) in voller Dunkelheit scheint von der Ausweitung der täglichen Periode des Wachseins und Fressens abzuhängen; die Zeit, die der Vogel täglich auf seine Ernährung verwendet, stellt einen wesentlichen Faktor der Entwicklung des photo-sexuellen Phänomens dar, so daß z. B. bei *ständigem* Futterangebot die sexuelle Reifung (Wachstum der Hoden, Spermatogenese) durch die ständige Belichtung beschleunigt, durch die zeitliche Beschränkung des Futterangebots auf 10 Std täglich bei gleicher Belichtungsdauer aber stark herabgesetzt wird (VAUGIEN, 1959).

setzt werden: wenn man als gegeben annimmt, daß die kompensatorische Hypertrophie des restierenden Hodens (mindestens zum Teil) die Folge einer kompensatorischen Hypergonadotropinämie und diese selbst wiederum die Folge der verminderten Sexualhormonkonzentration im Blut nach Hemikastration ist, so erscheint es nach den Ergebnissen dieser Versuche als bewiesen, daß es der Hypothalamus und nicht der HVL selber ist, der auf Änderungen des Sexualhormonspiegels im Blut reagiert und auf diese Weise auch den rückläufigen Bogen der gonadal-hypothalamischen Beziehungen demonstriert.

Die genauere Lokalisation der die Gonadotropinsekretion regelnden ventralen Hypothalamusgebiete scheint je nach Tierart verschieden zu sein. DIERICKS hatte in früheren Untersuchungen nachgewiesen, daß bei Rana temporaria die Pars ventralis des Tuber cinereum des Hypothalamus ein wichtiges gonadotropes Zentrum enthält, das auf dem Weg über die Eminentia mediana und die Pars distalis der Hypophyse die jahreszeitliche Entwicklung der Ovarien, Eier und Ovidukte bei den Weibchen beherrscht. In neueren Untersuchungen zeigte er dann (1966), daß das gleiche Hirngebiet beim gleichen Frosch auch für die saisonbedingte Entwicklung der Hoden und der männlichen sekundären Sexualmerkmale (Daumenschwielen) verantwortlich ist.

Aber schon einige Jahre früher hatten DAVIDSON u. SAWYER (1961) in Versuchen an Hunden nachgewiesen, daß die Implantation minimaler Mengen von Testosteronpropionat-Kristallen ins Gebiet: hintere Eminentia mediana — hinterer Teil des Tuber im Hypothalamus zu einer Atrophie der Hoden (Aspermie) und der Prostata führt. Kontrollimplantationen von Testosteronpropionat in die Hypophyse, den Thalamus oder auch in den ventro-medialen Teil des Hypothalamus riefen keine atrophischen Veränderungen der Hoden oder der Prostata hervor. Damit war in Ergänzung zur negativen feed back-Wirkung der Oestrogene die gleiche Rückkoppelungswirkung auf die gonadotrope Hypophysenfunktion auch für die Androgene des Hodens nachgewiesen. Beim Hund ist es also das Gebiet direkt hinter der Eminentia mediana, beim Kaninchen ist es offenbar mehr in der vorderen Wand der Eminentia mediana gelegen, während bei der Ratte das nukleäre Gebiet direkt unter den Nuclei paraventriculares verantwortlich sein dürfte[9]. Beim Menschen ist mehrfach beobachtet worden, daß an sich geringfügige Zerstörungen im Gebiet der Eminentia mediana zu einem Fröhlich-Syndrom beim Jugendlichen oder zu Amenorrhoe und Libidoverlust bei Erwachsenen führen können (ROTHBALLER, 1957, VIII—IX). Es ist aber noch unentschieden, ob diese Hypothalamusgebiete von den adaequaten Reizen, z. B. vom Spiegel der im Blut zirkulierenden Sexualhormone direkt beeinflußt werden, oder ob andere, eventuell multiple Hirngebiete gegenüber diesen Reizen empfindlich sind und ihrerseits erst die genannten Hypothalamusgebiete beeinflussen. Die Untersuchung dieser Verhältnisse befindet sich noch in ihren Anfängen, doch scheint es möglich zu sein, durch die direkte Einführung von Sexualhormonen (Androgenen und Oestrogenen, durch Injektion oder Implantation) in den Hypothalamus das Sexualverhalten von kastrierten Versuchstieren (Ratten, Katzen, Kaninchen, Hunden) zu beeinflussen, wobei die angewandten Dosen zu gering sind, um auf dem Weg über den allgemeinen Körperkreislauf zu wirken. Wir hätten hier ein Beispiel für die direkte und spezifische Beeinflussung nervöser Strukturen durch Hormone der „peripheren" endokrinen Drüsen vor uns (s. S. 14/15).

---

9 NIKITOVITCH-WINER u. EVERETT (1958) konnten bei Hypophysentransplantaten in der Niere, die unwirksam waren, durch ihre Re-Transplantation in die Eminentia mediana die erneute Bildung von FSH und LH (auch von ACTH und TSH) hervorrufen.

BARRY, LEONARDELLI, TORRE, MAZZUCA u. LEFRANC (1964) haben eine histo-cytologische Untersuchung des Nucleus hypothalamicus latero-dorsalis inter-stitialis (NHLDI) des Meerschweinchens nach der Kastration beim Männchen und im Verlauf des oestrischen Cyclus beim Weibchen und ferner der Folgen der Zerstörung des NHLDI beim erwachsenen Weibchen durchgeführt: Die Gesamt-heit ihrer Befunde spricht für eine Regelung der gonadotropen HVL-Funktion, insbesondere der Sekretion des Gonadotropins LH (ICSH) durch die Produkte der Zellen des NHLDI. Auch die Untersuchungen dieses Nucleus mittels der Elektronenmikroskopie unterstützten die obigen experimentellen Beobachtungen.

Wie „spezifisch" diese Hormonwirkungen auf die nervösen Strukturen bei dieser lokalen Anwendung sind, muß noch weiter geprüft werden. FISHER (1956) beobachtete bei Rattenmännchen bei intracerebraler Injektion von Testosteron-sulfat sowohl ein mütterliches Verhalten als auch einen gesteigerten Geschlechts-trieb, je nach dem ob die Injektion in das eine oder ins nah benachbarte andere Gebiet erfolgt war; ja, in einem Fall, als die Injektion das Grenzgebiet zwischen „Mütterlichkeitszentrum" und „Sexualzentrum" traf, kam es zu einer gleich-zeitigen Stimulierung beider Triebe, indem das Männchen, ein Junges im Maul tragend, zweimal Kopulationsversuche mit einem nicht brünstigen Weibchen unternahm. Vielleicht kam hier die von SELYE (1949) angenommene progestative Wirkungskomponente von Testosteron zur Geltung (auf die Bedeutung von Pro-gesteron für das mütterliche Verhalten ist verschiedentlich hingewiesen worden). In einem anderen Fall versuchte ein mit Testosteron intracerebral injiziertes Männchen in Ermangelung von Jungen seinen eigenen Schwanz oder ein brünsti-ges(!) Weibchen in der Art zu „verschleppen", wie es die Rattenmütter mit ihren Jungen tun; und erst als ihm Junge zur Verfügung gestellt wurden, ließ das Männchen von den Versuchen am untauglichen Objekt ab und „verschleppte" die Jungen. Kontrollversuche mit Injektion von anderen Substanzen blieben stets erfolglos.

JUSTISZ, BÉRAULT, NOSELLA u. RIBOT (1967) arbeiteten mit einem 1600fach gereinigten LRF (LH releasing factor) aus dem Hypothalamus des Schafes: wenn sie diesen LRF mit Hypophysengewebe inkubierten, so ließ 1,22 μg LRF *in vitro* etwa 5 μg LH/mg Hypophyse sezernieren, d. h. etwa das Doppelte der ursprüng-lich in der Hypophyse enthaltenen Menge (2,7 μg/mg): offenbar wurde der Über-schuß während der Inkubation unter dem Einfluß von LRF synthetisiert.

Die Benutzung des Ausdruckes „*Sexualzentrum*" (s. o.) für die Kennzeichnung eines hypothalamischen Gebiets, dessen Reizung durch die lokale Anwendung von Testosteron zu einem gesteigerten Geschlechtstrieb beim Rattenmännchen führt, bedarf einer kurzen Erläuterung[10]. Durch Ausschaltung umschriebener Bezirke im Tuber cinereum infantiler Kaninchen mittels Diathermiestrom erzielten BUSTAMANTE, SPATZ u. WEISSCHEDEL (1942) Veränderungen im Verhalten der Männchen zur Zeit der Pubertät (sie machten keine Begattungsversuche), ein Zurückbleiben des Penis im Wachstum und ein Fehlen des Hodendescensus und der Spermatogenese; erfolgte der hypothalamische Eingriff im geschlechtsreifen Alter, so trat Hodenatrophie ein. Auf Grund der histologischen Untersuchung des Gehirns dieser Männchen machten die Autoren *Läsionen im hypophysennahen Abschnitt des markarmen Hypothalamus* für diese Ausfallserscheinungen verant-wortlich. Im gleichen Sinn sprachen auch Versuche von HILLARP (1949) an Ratten-

---

10 Eine eingehende kritische Besprechung der experimentellen Untersuchungen, die zur Aufstellung des Begriffes eines „hypothalamischen Sexualzentrums" führten, findet man in der Monographie von W. BARGMANN, Das Zwischenhirn-Hypophysensystem, Springer-Verlag Heidelberg 1954, besonders auf S. 100 ff.

weibchen und ferner die mit anderer Methodik (Kernmessungen) gewonnenen Ergebnisse an der Maus von HERTL (1953). Fügen wir zu diesen Beobachtungen noch die Resultate der Hypophysenstieldurchtrennung (z. B. von WESTMAN u. JACOBSOHN, 1940, u. a.) und die Untersuchungen über die Bedeutung des hypothalamisch-hypophysären Pfortadersystems (s. o.), so kommen wir mit BARGMANN (1954) zur Feststellung, daß das Vorhandensein eines hypothalamischen Sexualzentrums durch morphologische, physiologische, aber auch durch pathologische und klinische Beobachtungen belegt ist, dessen Sitz in den Kernen des markarmen Hypothalamus vermutet wird[11].

Neben dem Hypothalamus spielen auch andere Hirngebiete eine regulatorische Rolle in der Sekretion der HVL-Hormone; vor allem die Kerne des Amygdaloidgebietes, ein Teil des rhino-encephalen Systems, sind in dieser Hinsicht von Bedeutung. ELEFTHERIOU, ZOLOVICK u. NORMAN (1967) berichten über die Folgen von Läsionen durch elektrocoagulatorische Eingriffe im basolateralen Amygdaloidkern-Komplex der männlichen Maus Peromyscus maniculatus bairdii: eine Woche nach Setzung der Verletzungen stieg der LH-Gehalt in der Hypophyse um etwa 170% und im Plasma um etwa 220% an; die Zunahme ging in den folgenden Wochen noch weiter. Als sekundäre Folge wurde eine signifikante Gewichtszunahme von Hoden, Vesiculardrüsen und Prostata festgestellt. Die scheinoperierten Tiere (mit alleiniger Einführung der Elektroden ins Gebiet der Amygdaloidkerne) zeigten keine Wirkung auf den LH-Gehalt.

B. Die hormonalen Beziehungen zwischen Hypophysenvorderlappen und Hoden

Die experimentelle Erforschung der Beziehungen zwischen Hypophyse und Hoden nahm von Versuchen ihren Anfang, in denen das eine oder andere beteiligte Organ operativ entfernt wurde. Vorausgegangen waren klinische Beobachtungen, die einen Zusammenhang zwischen der Hypophyse und Störungen der Genitalfunktionen bei gewissen Erkrankungen (z. B. der Akromegalie) vermuten ließen[12]; aber erst die durch ASCHNER (1910) u. a. entscheidend verbesserte Technik der Hypophysenexstirpation beim Tier (vor allem beim Hund) gestattete es, zwischen den Folgen der Hypophysenentfernung und den sie häufig begleitenden Erscheinungen einer Verletzung des Gehirns scharf zu unterscheiden. ASCHNER konnte als erster zeigen, daß die totale Hypophysenentfernung weder mit dem Weiterleben des Versuchstieres unvereinbar ist, wie ein großer Teil der Experimen-

---

11 Nicht unerwähnt sollen die folgenden Beobachtungen von BOGDANOVE u. SCHOEN (1959) bleiben, obgleich sie meines Wissens bisher keine Bestätigung gefunden haben: Die Verff. sahen bei Rattenweibchen von 18—19 Tagen, bei denen ausschließlich im Hypothalamus anterior bilaterale Verletzungen gesetzt wurden, eine vorzeitige Follikelentwicklung in den Ovarien, mit Anzeichen einer Oestrogenproduktion an Uterus und Vagina; umfaßten die Läsionen aber auch Teile des Nucleus arcuatus, so kam es zusätzlich auch zu einer Luteinisierung der Ovarien (Corpora lutea atretica): es scheint also zur Beseitigung eines FSH-hemmenden Mechanismus bei der Läsion im Hypothalamus anterior zu kommen, während die Läsion des N. arcuatus nach Meinung der Verff. sowohl die Beseitigung eines LH-hemmenden Mechanismus als auch die Förderung der Gonadotropinproduktion bedeuten könnte. Unerklärlicher Weise fehlte eine entsprechende Reaktion bei den in gleicher Weise operierten infantilen Männchen der gleichen Würfe, was umso unverständlicher ist, als bei erwachsenen Männchen eine Hypertrophie der accessorischen Geschlechtsdrüsen als Folge solcher Eingriffe beschrieben wurde; nur bei einem Teil der Männchen, deren N. arcuatus größtenteils zerstört war, fand sich eine Hodenatrophie.

12 Einen erschöpfenden Überblick über die Entwicklung der Kenntnisse in der Erforschung der Beziehungen Hypophyse-Soma gibt der Beitrag von ASCHNER von 1929, der aber nur bis etwa zum Jahre 1923 reicht.

tatoren meinte, noch auch, wie andere Forscher auf Grund ihrer *unvollständigen*
Exstirpationsversuche glaubten, ohne weittragende Folgen für das Versuchstier
bleibt. Aschner machte auch die wichtige Feststellung, daß die Folgen der Hypophysen-Entfernung am infantilen Tier (Hund) sehr viel klarer in Erscheinung
treten als beim erwachsenen Tier, ein Befund, der für die späteren Versuche mit
Hypophysen-Entfernung und mit Hypophysenextrakten am hypophysektomierten
Tier von großer Bedeutung war. Aschner fand 14 Monate nach der Hypophysektomie beim nun 16 Monate alten Versuchshund das äußere Genitale seit der
Operation wohl etwas in der Entwicklung vorgeschritten (Abb. 2), es erreichte
aber lange nicht dieselbe Größe wie beim Kontrollhund aus dem gleichen Wurf
(Abb. 2 und 4). Auch die volle Ausbildung der sekundären Geschlechtscharaktere

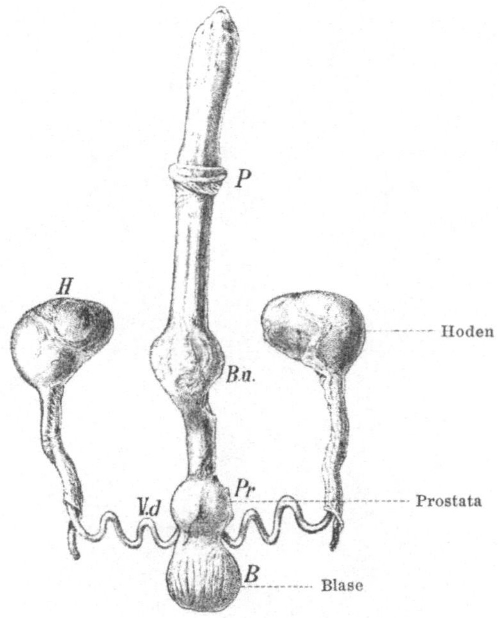

Abb. 2. Männliches Genitale des im Alter von 2 Monaten hypophysektomierten Hundes
Nr. 71, der 14 Monate später obduziert wurde (Abb. 2—5 nach Aschner, 1929). *B* Blase,
B.u. Penisbulbus, *H* Hoden, *P* Penis, *Pr* Prostata, *Vd* Vas deferens

war nicht erfolgt. Der Hoden des hypophysektomierten Hundes war etwa halb
so groß wie der des normalen Bruders und zeigte ein ganz atypisches Verhalten
der Samenkanälchen (Abb. 3 und 5); die Zwischenzellen waren schwach entwickelt.
Am männlichen Genitale *erwachsener* Hunde bewirkte nach Aschner die totale
Hypophysektomie pathologische Veränderungen mäßigen Grades an den Samenkanälchen und konnte vorübergehend (? des Ref.) zum Aufhören der Spermatogenese führen; weniger bedeutend sollten die Veränderungen an den Zwischenzellen sein.

Diese grundlegenden Beobachtungen von Aschner haben in der Folgezeit
eine wesentliche Erweiterung durch die Ausdehnung auf eine Reihe anderer Tierarten und durch andere Untersuchungen, aber auch gewisse Korrekturen, hauptsächlich hinsichtlich der Wirkung der Hypophysektomie am erwachsenen Tier
erfahren. Was Aschner (1910) seinerzeit für die Technik der Operation am Hund

geleistet hatte, wurde an der Ratte vom SMITH (1927, 1930) herausgearbeitet und damit erst die Forschung an diesem gängigen Laboratoriumstier ermöglicht. Die für die Ratte gültigen Vorschriften lassen sich mutatis mutandis geringen Grades auch auf das Meerschweinchen, die Maus (vgl. BAHNER u. v. GRAFF, 1957), das Frettchen u. a. übertragen. Die als Folge der Hypophysektomie[13] auftretenden Veränderungen am männlichen Genitale des erwachsenen Tieres sind bei allen untersuchten Arten (auch aus anderen Klassen der Wirbeltiere, außerhalb der Säugetiere) im allgemeinen grundsätzlich die gleichen: Es kommt zu einer mehr

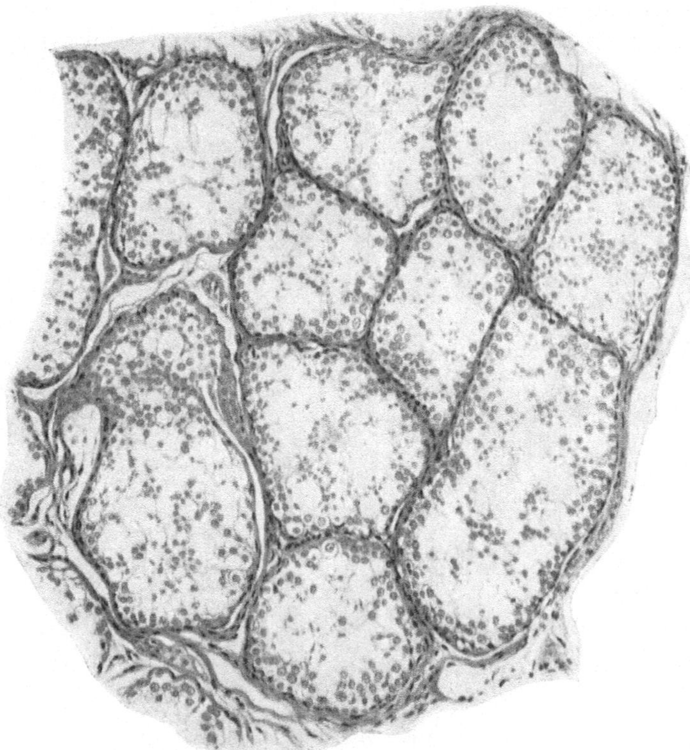

Abb. 3. Schnitt durch den Hoden von Hund Nr. 71, mit weiten Kanälchen, niedrigem Epithel, größtenteils leerem Lumen und seltenen regellos verteilten Spermatozoen und schwach entwickelten Zwischenzellen

oder weniger raschen Atrophie der Hoden, mit Aufhören der Spermatogenese und Sistieren der innersekretorischen Funktion der Leydig-Zellen; dieses Sistieren äußerst sich in einer Rückbildung der primären und sekundären Geschlechtsmerkmale bis zu einem Zustand, der demjenigen nach der Kastration entspricht

------

13 COURRIER, JUTISZ u. COLONGE (1963) haben darauf aufmerksam gemacht, daß gewisse Teile des Hypothalamus (beim Schaf), die häufig zur Herstellung von Extrakten aus diesem Hirnteil dienen und die Eminentia mediana und den Hypophysenstiel enthalten, eine ansehnliche Menge von Zellen des tuberalen Gewebes umfassen können, die durchaus nicht als indifferente Hirnzellen zu betrachten sind und die Kennzeichen von Drüsenzellen aufweisen können. Diese Verhältnisse sind sowohl bei Untersuchungen über die Wirksamkeit von Hypothalamus-Extrakten als auch über die Auswirkungen der Hypophysektomie zu beachten: um z. B. zu behaupten, daß diese „total" ist, muß nicht nur die Sella turcica auf Serienschnitten kontrolliert werden, sondern ebenso auch die Hirnbasis.

(Nebenhoden, ableitende Geschlechtswege, Penis, accessorische Geschlechtsdrüsen usw.). Im einzelnen ist das Ausmaß der Hodenatrophie (auf $^1/_5$ der Norm bei der Ratte[14], auf $^1/_{20}$ der Norm beim Hahn) ein verschiedenes; auch die Schnelligkeit des Eintritts und Verlaufes der atrophischen Veränderungen wechselt von Art zu Art (rascher beim Hahn, langsamer z. B. beim Frettchen und beim Affen).

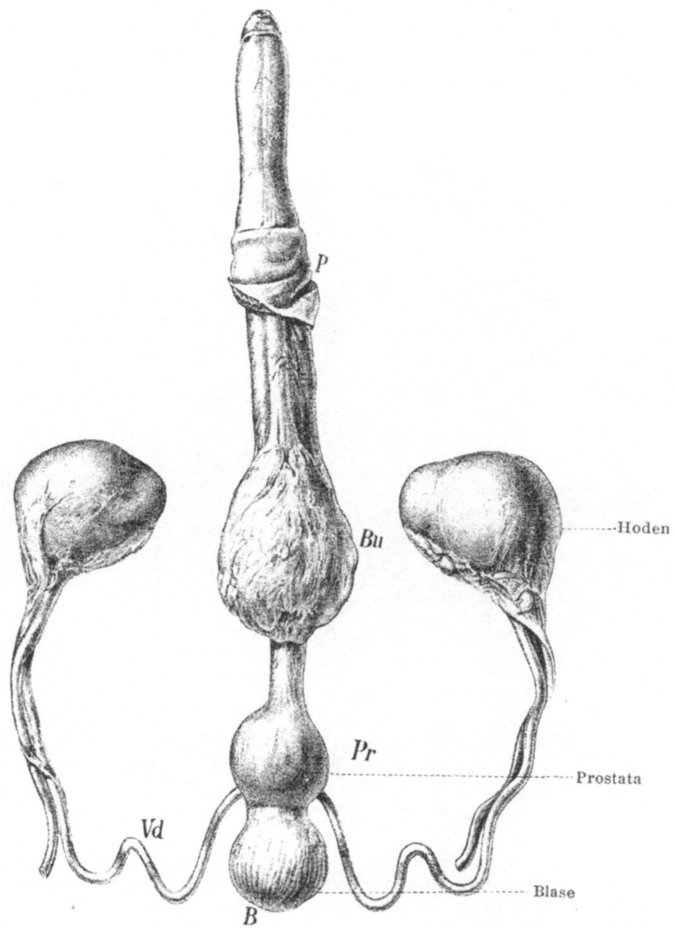

Abb. 4. Männliches Genitale des normalen Kontrollhundes Nr. 72 (Wurfbruder des hypophysektomierten Hundes Nr. 71)

Es ist hervorzuheben, daß die *Abhängigkeit* der spermatogenetischen wie der innersekretorischen Funktion des Hodens von der stimulierenden Wirkung der hypophysären Gonadotropine eine *absolute* ist: in ihrer Abwesenheit erlöschen die Hodenfunktionen vollkommen und bleiben nicht etwa, wie andere vom HVL abhängige Drüsenfunktionen auf einem erniedrigten Niveau bestehen (z. B. Thy-

---

14 Während das Feuchtgewicht eines Hodens normaler unbehandelter Sprague-Dawley-Ratten 1,44 ± 0,23 g (n = 57) betrug, ging es nach Hypophysektomie auf 0,27 ± 0,06 g (n = 38) zurück (BRÄNDLE, WRBA u. RABES, 1966); ähnliche Zahlen geben auch NELSON u. MERKEL (1937) für *beide* Hoden der Ratte an: beim intakten erwachsenen Männchen 2,432 g, beim vor 21 Tagen hypophysektomierten Männchen 0,527 g.

reoidea oder NNR). Wohl ist aber eine 100%ige Integrität des HVL nicht eine conditio sine qua non der Hodenfunktionen; diese können nach partieller Entfernung oder Zerstörung des HVL fortbestehen, doch scheint das Vorhandensein einer je nach der Tierart wechselnden Mindestmenge von etwa 10—25% des HVL für eine ausreichende Gonadotropinsekretion notwendig zu sein: BAHNER u. VON GRAFF (1957) sahen bei der Maus gonadotrope Wirkungen schon bei kleinen HVL-Resten, während die thyreotrope und die Wachstums-Wirkung erst bei sehr viel größeren HVL-Resten erkennbar waren; dagegen waren nach GANONG u. HUME (1956) bei Hunden gerade die Gonaden am empfindlichsten gegen die Verluste an HVL-Substanz, weniger die Schilddrüse und die Nebennierenrinde.

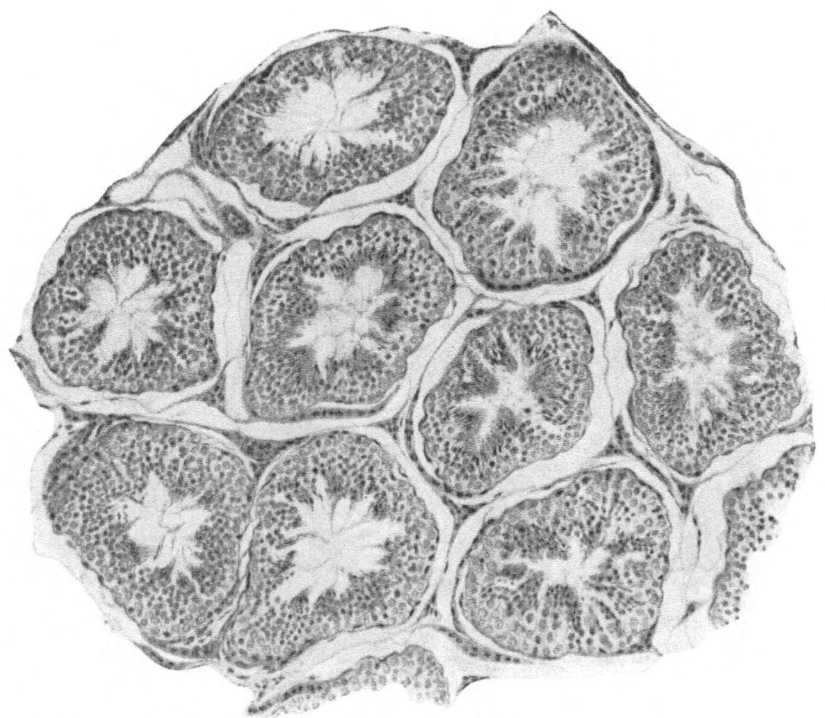

Abb. 5. Schnitt durch den Hoden des Kontrollhundes Nr. 72, mit regulärem mehrschichtigem Epithel der Samenkanälchen, welches das Lumen fast ganz ausfüllt und nach der Mitte zu die regelmäßig angeordneten reifen Spermatozoen trägt; die Zwischenzellen sind gut entwickelt

Es ist aber zu beachten, daß die verschiedenen Regionen des Hypophysenvorderlappens hinsichtlich der Produktion der einzelnen tropen Hormone nicht gleichwertig sind: die Verteilung der besonderen Zelltypen, die für die Produktion der Gonadotropine, des Thyreotropins usw. verantwortlich sind, ist bei den einzelnen Wirbeltierklassen, aber auch je nach den Arten eine unterschiedliche, und es ist daher verständlich, daß die partielle oder unvollkommene Hypophysektomie quantitativ oder qualitativ zu sehr verschiedenen Ergebnissen führen kann, je nach dem, welche Regionen des Hypophysenvorderlappens entfernt wurden und welche mehr oder weniger intakt bestehen blieben. Über die Beteiligung der für die Produktion der Gonadotropine verantwortlichen Zelltypen am Aufbau des Hypophysenvorderlappens unterrichtet die Zusammenstellung

von Voss (1960) für Säugetiere und den Menschen, für Vögel die Untersuchung
von HERLANT u. Mitarb. (1960) an der Entenhypophyse.

Die histologischen Veränderungen nach Hypophysektomie im Hoden der
Ratte zeigen die Abb. 6—12. Als erste verschwinden die reifen Spermatozoen und
die Spermatiden aus den Kanälchen, dann die Spermatocyten II, während die
Spermatocyten I, wenn auch in verminderter Zahl erhalten bleiben. Die Spermatogonien bleiben bei der Ratte in teilungsfähigem Zustand bestehen (TONUTTI,
1955)[15], eine Atrophie ihrer Zellkerne ist nicht nachweisbar (Abb. 6, 7). Man kann
also annehmen, daß die Spermatogonienteilungen und bis zu einem gewissen
Grad auch die Bildung der Spermatocyten I von den Gonadotropinen des HVL
unabhängig sind, aber mit dem gelegentlichen Erreichen der Stufe der reifen
Spermatocyten I hört die spermatogenetische Entwicklung auf, die Möglichkeit
zur Durchführung der Reifeteilungen ist blockiert und damit auch zur Bildung
der weiteren Stadien bis zu den reifen Spermatozoen. Ob das rasche Verschwinden
der reifen Spermien aus dem Kanälchenbild des Hodens nach der Hypophysektomie nur auf dem mangelnden Nachschub oder auch auf einer besonders hohen
Empfindlichkeit der Reifestadien für den durch die Hypophysektomie bedingten
Androgenmangel beruht, scheint noch nicht endgültig entschieden zu sein.

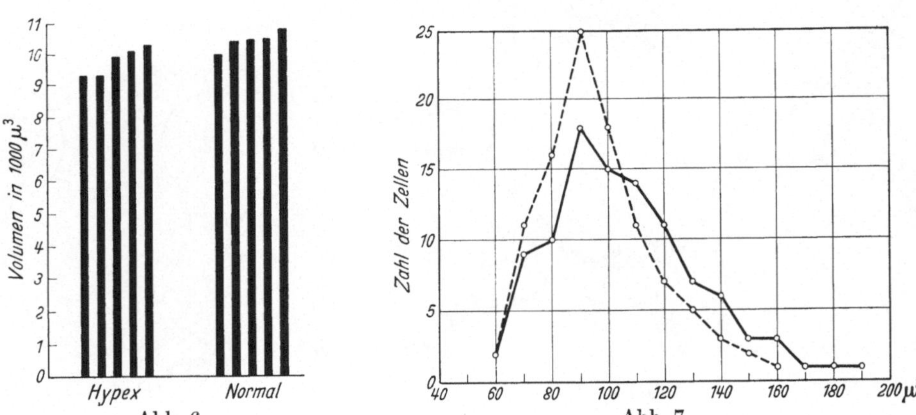

Abb. 6   Abb. 7

Abb. 6. Gesamtvolumen von je 100 Spermatogonienkernen (Ratten von 140—150 g). *Hypex*
= 4 Wochen nach Hypophysektomie. *Normal* = unbehandelte Normaltiere. (Nach TONUTTI,
1955)

Abb. 7. Häufigkeitsverteilung der Kernvolumina der Spermatogonienpopulation im Rattenhoden. Gestrichelte Kurve: 4 Wochen nach Hypophysektomie (Mittelwertskurve aus 2000
Kernmessungen bei 10 Tieren). Ausgezogene Kurve: Normaltiere (Mittelwertskurve aus
2000 Kernmessungen bei 10 Tieren). (Nach TONUTTI, 1955)

---

15 Man findet bei der Ratte zahlreiche Spermatogonienkerne im Teilungsstadium, nicht
aber beim Frosch (Rana temporaria), bei dem die Entfernung der Adenohypophyse stets von
einem Verlust der mitogenetischen Fähigkeit der Spermatogonien gefolgt ist (VAN OORDT,
1956). Im gleichen Sinn wie bei der Ratte sprechen auch Beobachtungen von JOHNSEN (1964),
der bei einem weitgehend eunuchoiden Patienten (ohne Gonadotropinausscheidung im Harn)
Spermatogonien und Spermatocyten in beschränkter Zahl in der Hodenbiopsie feststellte;
der Patient war nie behandelt worden; der Hoden enthielt keine Leydig-Zellen (soweit das
auf Grund einer bioptischen Hodenprobe behauptet werden kann). Wenn auch eine unterhalb
der Nachweisbarkeit liegende Gonadotropinproduktion und -abgabe in diesem und anderen
ähnlichen Fällen nicht ausgeschlossen werden kann, so liegt doch die Annahme nahe, daß die
frühen Stadien der Spermatogenese von der Höhe der Gonadotropinproduktion bzw. -abgabe
weitgehend unabhängig sind.

Die *Sertoli-Zellen* weisen nach Hypophysektomie bei der Ratte nur geringe morphologische Veränderungen auf; auch ihre Kerne bleiben im wesentlichen unverändert. Dagegen erscheinen die apicalen Plasmaanteile der Sertoli-Zellen eingezogen; dies ist verständlich, da die Schichtdicke des Keimepithels stark reduziert ist (TONUTTI, 1955). Nach ROLSHOVEN (1940) scheint das Ausmaß der im Samenkanälchen ablaufenden Spermatogenese die Gestalt des Sertoli-Syncytiums zu bedingen, wenn auch eine Abhängigkeit der Sertoli-Zellen von den Androgenen der Leydig-Zellen von mancher Seite (NELSON, 1951) vertreten wird.

Neben der grundlegenden Veränderung, die das Bild der Tubuli contorti des Hodens nach Hypophysektomie erfährt und das durch das Verschwinden der Spermatogenese und das Übrigbleiben einer 1—2—3 schichtigen Epithelauskleidung charakterisiert ist, zeigt auch die *Kanälchenwand* typische Ausfallserschei-

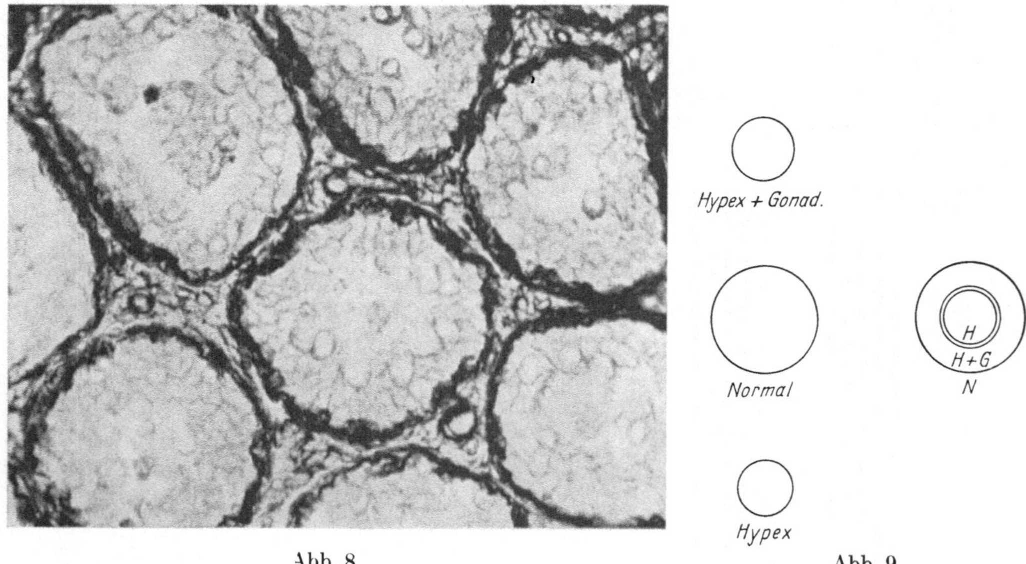

Abb. 8   Abb. 9

Abb. 8. Bindegewebsvermehrung im Rattenhoden 10 Wochen nach Hypophysektomie. Tannin-Eisen. Vergr. 360×. Fibröse Verdickung der Tubuluswand. Im intertubulären Raum: Maschenwerk von Bindegewebe, das die atrophischen Leydigschen Zellen einschließt. Zellen färberisch nicht dargestellt. (Nach TONUTTI, 1955)

Abb. 9. Größe der Tubuli contorti im Rattenhoden (mittlere Werte nach Messungen von je 50 Tubulusdurchmessern bei je 5 Tieren). *Normal* = Normaltiere. *Hypex* = 4 Wochen nach Hypophysektomie. *Hypex + Gonad.* = 5 Wochen nach Hypophysektomie und 12 Tage nach je 16 E Choriongonadotropin. (Nach TONUTTI, 1955)

nungen: Die Tunica propria wird durch mehrere Lagen kollagener Fibrillen beträchtlich verdickt, die Zahl der Bindegewebskerne ist vermehrt; kennzeichnend ist nach TONUTTI (1955) das leistenartige Vorspringen von Bindegewebe gegen das Kanälchenlumen (Abb. 8). Die Abnahme des Kanälchendurchmessers etwa auf die Hälfte der Norm geht aus der Abb. 9 deutlich hervor. Wie mit diesen Befunden die Beobachtungen von MUKHERJI (1966) in Einklang zu bringen sind, ist ungeklärt: nach ihm sind in der Inaktivitätsperiode des Froschhodens in der kalten Jahreszeit die Lamina propria der Kanälchenwand stark verdünnt und entbehren der kollagenen Stützlamellen von beiden Seiten; durch Injektion von

PMS (PMS = Pregnant Mare Serum-Gonadotropin) (25 IE/Tag/Tier im Lauf von 7—10 Tagen) konnte der Normalzustand, wie er in der Fortpflanzungsperiode besteht, wiederhergestellt werden. MUKHERJI folgert daraus, daß die dank der Wirkung von PMS zur Verfügung stehende erhöhte Menge von Androgen die Bildung von Bindegewebe beeinflußt haben dürfte (?).

Die Geschwindigkeit, mit der die Spermatogenese abläuft, ist von Art zu Art verschieden und schwankt zwischen 8 Tagen beim Eber, 10 Tagen beim Widder, 14 Tagen beim Stier und 16 Tagen beim Manne. Für die einzelne Art scheint sie aber konstant zu sein, wenigstens konnten ORTAVANT (1958) beim Widder die Dauer des spermatogenetischen Cyclus und HARVEY u. CLERMONT (1962) bei der Ratte die Dauer der meiotischen Prophase durch Eingriffe in die spermatogenetische Aktivität (Hypophysektomie, Injektionen von Testosteronpropionat, von HCG) nicht verändern. Dem stehen aber andere Beobachtungen gegenüber, die für eine durch Gaben von FSH und von ICSH erzielte Beschleunigung der Spermatogenese sprechen (vgl. WOODS u. SIMPSON, 1961; DESCLIN u. ORTAVANT, 1963, hier weitere Literatur). DESCLIN u. ORTAVANT (1963) haben daher den Einfluß der Hypophysektomie und der Injektion von Gonadotropin auf die Dauer der meiotischen Prophase und der Spermiogenese erneut untersucht und fanden, daß zwar eine Stimulierung bzw. Hemmung der Spermatogenese durch die genannten Eingriffe zustandekommt, aber keine Beschleunigung bzw. Verlangsamung ihres Ablaufes; die Gonadotropine beschleunigen die Entwicklungsgeschwindigkeit der männlichen Keimzellen nicht, sondern verhindern nur den Eintritt gewisser degenerativer Prozesse im Verlauf der Spermatogenese und ermöglichen dadurch einer größeren Zahl von Keimzellen die Erreichung des Reifestadiums.

Es sei an dieser Stelle auf den Einfluß der Hypophyse auf die *Geschwindigkeit des Testosteronabbaues* hingewiesen, wie er sich aus den Versuchen von LAWRENCE (1965) ergibt. Während bei der intakten männlichen Ratte nach i. v. Injektion von markiertem Testosteron die nach 1—2 Std im Blut noch nachzuweisende Radioaktivität praktisch gleich Null ist und zu 100% in der Galle gefunden wird, stellt man bei der hypophysektomierten männlichen Ratte nach der gleichen Behandlung zur selben Zeit nur etwa 60% der Radioaktivität in der Galle fest. Auch der Übergang der Radioaktivität in den Harn ist entsprechend verzögert. Vermutlich ist diese Beeinflussung des Testosteronstoffwechsels auf eine Störung des Abbaus und der Ausscheidung von Testosteron in der Leber bei den hypophysektomierten Tieren zurückzuführen. Ob aber diese Störung der Leberfunktion eine spezifische Folge des Ausfalls der Gonadotropine und sekundär der Androgene des Hodens ist oder (auch) vom Ausfall anderer hypophysärer Wirkstoffe und der Hormone anderer endokriner Drüsen (z. B. der Thyreoidea!) abhängt, müssen weitere Versuche klären.

Sehr ausgesprochen sind nach TONUTTI die Abwandlungen der *Leydig-Zellen* nach der Hypophysektomie: Die Lipoide, die auch bei der normalen Ratte nur spärlich in den Zwischenzellen vorhanden sind, fehlen gänzlich; die chemisch faßbare Ascorbinsäure, normalerweise in allen gut ausgebildeten Zwischenzellen vorhanden, findet sich nur noch in ganz wenigen Zellen, die vermutlich Histiocyten sind; in zahlreichen Zellen im Zwischengewebe läßt sich Eisen nachweisen (das sich aber auch bei tubulären Rückbildungsprozessen anderer Genese findet). Der normale große epitheloide Plasmaleib der Leydig-Zelle verschwindet so weitgehend, daß sich nur mit Mühe ein feiner Plasmasaum um die Zellkerne ausmachen läßt; dadurch kommt es zu einer Zusammendrängung und *scheinbaren* Vermehrung der Leydig-Zellkerne. Die Struktur dieser Kerne ändert sich vollkommen: während sie normalerweise rundlich-bläschenförmig sind und fein verteiltes Chromatin neben 1—2 gröberen Nukleolen beherbergen, sind sie nach Hypophysektomie plump oval geformt und stark verkleinert; ihr Chromatin weist eine „Schachbrettmuster"-artige Verteilung auf (Abb. 10). Eine gewisse fibröse Entartung des gesamten intertubulären Gewebes findet sicher statt, aber eine völlige Entdifferenzierung zu von Bindegewebszellen nicht mehr zu unterscheidenden Elementen erfahren die Leydig-Zellen der Ratte nach Hypophysektomie nicht; man findet auch keine Anzeichen eines Zellunterganges.

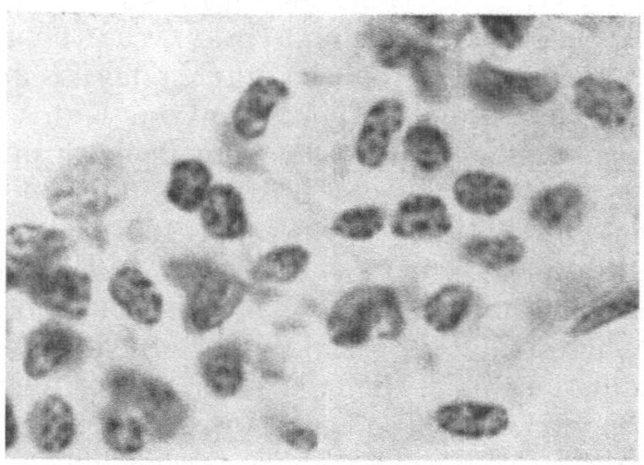

Abb. 10. Leydigsche Zellen des Rattenhodens 10 Wochen nach Hypophysektomie. „Schachbrettmuster" der Kerne. Vergr. 1200×. (Nach TONUTTI, 1955)

TONUTTI (1955) und seine Schüler MUSCHKE (1953) und HERCHEN (1954) haben diese qualitative Charakterisierung der Leydig-Zellen durch quantitative Untersuchungen bei normalen und bei hypophysektomierten Rattenmännchen vertieft. *Kernmessungen* (Abb. 11, 12) ergaben eine Abnahme des Kernvolumens der Leydig-Zellen nach Hypophysektomie bei der Ratte auf die Hälfte: während das Häufigkeitsmaximum beim Normaltier bei 100—110 μ^3 liegt, geht es nach Hypophysektomie im Lauf von 4 Wochen auf 50—55 μ^3 herunter; die Kurve erfährt eine Linksverschiebung, wobei der Kurvengipfel ausgeprägter und die Kurven-

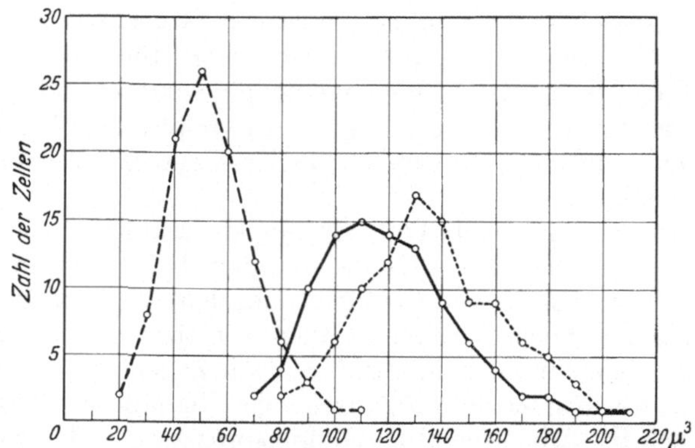

Abb. 11. Häufigkeitsverteilung der Kernvolumina der Leydigschen Zellen bei der Ratte. ------- 4 Wochen nach Hypophysektomie (Mittelwertskurve aus 3000 Kernmessungen bei 10 Tieren). ———Normale Ratten (Mittelwertskurve aus 2000 Kernmessungen bei 10 Tieren). ...... 5 Wochen nach Hypophysektomie und zwölftätiger Choriongonadotropinbehandlung (16 E pro Tag) (Mittelwertskurve aus 1200 Kernmessungen bei 6 Tieren). (Nach TONUTTI, 1955)

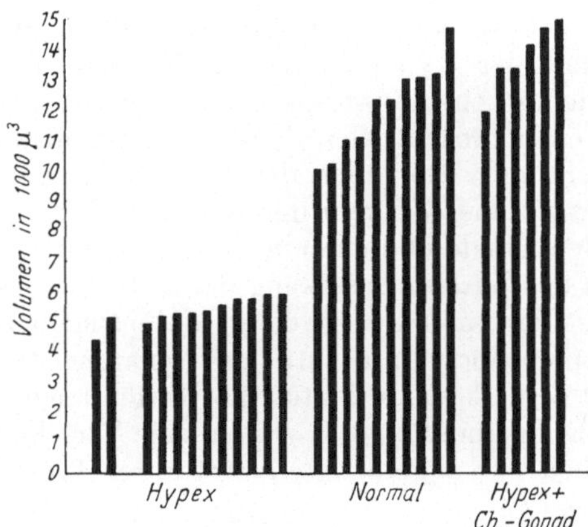

Abb. 12. Gesamtvolumen von je 100 Leydig-Zellkernen pro Ratte von 140—150 g. *Hypex* = 4 Wochen nach Hypophysektomie, die 2 Säulen ganz links 4 Monate nach Hypophysektomie. *Normal* = unbehandelte Normaltiere. *Hypex + Ch.-Gonyd.* = 5 Wochen nach Hypophysektomie und 12 Tage nach täglich 16 E Choriongonadotropin. (Nach TONUTTI, 1955)

basis schmäler wird. Bemerkenswert ist die Schiefheit des Kurvenbildes (nach rechts), die bei den hypophysektomierten Tieren als Ausdruck mangelnder Wachstums- und Differenzierungstendenz nach der Operation geringer ist als bei den Normaltieren. Auch die *Plasmaentfaltung* der Leydig-Zellen erfährt nach Hypophysektomie eine drastische Verringerung: die Plasmastrecke der Leydig-Zellen der Ratte beim Passieren von 100 Leydig-Zellkernen im Meßgerät beträgt bei Normaltieren von 200 g 1068 μ, bei vor 4 Wochen hypophysektomierten Tieren aber nur 101 μ.

Die oben beschriebenen qualitativen und quantitativen Veränderungen der Leydig-Zellen unter dem Einfluß der Hypophysenentfernung haben einen *vollkommenen Ausfall ihrer innersekretorischen Funktion* zur Folge, der in einer weitgehenden Atrophie der accessorischen Geschlechtsdrüsen zum Ausdruck kommt. Vesiculardrüsen und Prostata des erwachsenen Rattenmännchens von 150—190 g degenerieren sehr rasch nach der Hypophysenentfernung: 1—2 Wochen nach der Operation sind sie nur noch halb so groß wie bei den intakten Kontrolltieren, dann verlangsamt sich das Tempo der Rückbildung, die nach etwa 6 Wochen abgeschlossen ist und in ihrem Ausmaß derjenigen nach Kastration gleicht. Die Abnahme des Hodengewichts geht im allgemeinen etwas langsamer vonstatten, ist aber nach 6 Wochen ebenfalls komplett (LIU u. NOBLE, 1939).

Den Einfluß der Hypophysektomie auf den *Stoffwechsel des Hodens* untersuchten JENSEN u. PRIVETT (1969) an der infantilen Ratte, mit besonderer Berücksichtigung der Hodenlipide. Normale und 1 Tag nach der Entwöhnung hypophysektomierte Rattenmännchen des Sprague-Dawley-Stammes wurden, beginnend 3 Wochen nach dem Eingriff, also im Alter von 6 Wochen, gruppenweise zu bestimmten Terminen im Lauf von 41 Wochen getötet und Hoden, Leber, Herz, Nieren und Nebenhoden-Fettpolster zur Untersuchung entnommen. Die hypekt. Ratten erreichten nur etwa $^1/_3$ der Größe der Normaltiere. Herz, Leber, Nieren und Nebenhoden-Fettpolster hatten etwa das gleiche Gewicht (prozentual!) wie diese Organe bei den Kontrollen, dagegen betrug das Gewicht der Hoden der hypekt. Tiere nur etwa $^1/_{10}$ des Hodengewichts der Normaltiere. 18 Wochen nach dem Eingriff war die Haut bei den meisten hypekt. Tieren schuppig, ebenso die Schwänze und Pfoten, sie zeigten also die typischen Symptome eines Mangels an essentiellen Fettsäuren. 3 Wochen nach dem Eingriff (im Alter von 6 Wochen) zeigte sich die Wirkung der Hypophysektomie in einer Abnahme der Gesamtmenge der Hodenlipide, mit einer ausgesprochenen Veränderung ihrer Zusammensetzung, und zwar in einer prozentualen Zunahme der neutralen Lipide und einer entsprechenden prozentualen Abnahme der Phosphorlipide. Mit zunehmendem Alter der Tiere kam es zu einer Umkehr der Wirkung, d. h. zu einer prozentualen Abnahme der neutralen Lipide und einer relativen Zunahme der Phosphorlipide. Zu Veränderungen in der Zusammensetzung der Fettsäuren kam es auch in den Organen der hypekt. Tiere, nämlich zu einer prozentualen Zunahme der Linolsäure und einer entsprechenden prozentualen Abnahme der $C^{20}:4^-$ und $C^{22}:5$-Säuren (die Zahl vor dem Colon bedeutet die Kettenlänge, die Zahl nach dem Colon die Anzahl der Doppelbindungen), was auf eine Verschlechterung der gegenseitigen Überführbarkeit der ungesättigten Fettsäuren hinwies.

Beim *vor der Pubertät hypophysektomierten Rattenmännchen* verharrt der Hoden über unbegrenzte Zeit auf dem infantilen Zustand, der im Augenblick der Operation bestand, der Tubulusdurchmesser nimmt im Verlauf der postoperativen Zeit noch etwas ab, die Entwicklung der Leydig-Zellen fehlt und die Ausbildung der accessorischen Geschlechtsdrüsen und sonstigen sekundären Geschlechtsmerkmale bleibt infolge dieses Ausfalls der innersekretorischen Funktion der Zwischenzellen aus. Auch die psychosexuelle Entwicklung, das Interesse für das weibliche Geschlecht und das normale sexuelle Verhalten fehlen.

Die Frage, wann die gonadotrope Funktion des HVL einsetzt, ist weder experimentell im Tierversuch noch durch klinische Beobachtungen beim Menschen endgültig geklärt. Es scheint allerdings, daß die Annahme, die gonadotropen Hormone seien im präpuberalen Alter, wenigstens beim Kind nicht nachzuweisen, einer systematischen Untersuchung nicht standhält: KULIN, RIFKIND, ROSS u. ODELL (1967) fanden bei mehrfacher bzw. vielfacher Bestimmung der Gesamtgonadotropin-Wirksamkeit im 24 Std-Harn von 44 Kindern (459 Harne) zwischen $4^9/_{12}$ und $10^7/_{12}$ Jahren bei 75% der Probanden *mindestens einen positiven Versuchsausfall* in der individuellen Serie der Prüfungen, d. h. 10 MUE (Mäuseuterus-Einheiten) oder darüber. Das steht zwar im Gegensatz zu den negativen Ergebnissen der früheren Untersuchungen von Kinderharn, aber die Verff. weisen mit Recht darauf hin, daß man aus (wie üblich) einer einzigen, mehr oder weniger zufälligen Gonadotropinbestimmung im Harn keine sicheren Hinweise auf den endokrinen Status eines Kindes in der Präpubertät zu entnehmen berechtigt ist, umsomehr als auch bei Frauen im gebärfähigen Alter immer wieder negative (d. h. unter 10 MUE/24 Std-Harn) Harnproben festgestellt wurden. In einem Anhang zu ihrer Arbeit haben die Verff. ein Schema für das Vorgehen bei der statistischen Auswertung der Ergebnisse von mehrfachen Bestimmungen der Gonadotropine in getrennten 24 Std-Harnportionen gegeben.

Einen Monat nach der *Hypophysektomie infantiler, 10—12 g schwerer Mäuse* erweist sich (nach MAY, 1965) der nun entnommene rechte Hoden als atrophisch, er enthält keine Spermatiden oder Spermatozoen und das Zwischengewebe ist stark rückgebildet; die scheinoperierten Kontrollmäuse haben normal entwickelte Hoden. Vorgreifend auf die im nächsten Absatz zu schildernde Regeneration der Hoden beim hypophysektomierten Tier sei schon hier erwähnt, daß die intracerebellare Transplantation von 2 oder 4 Hypophysen neugeborener Mäuse der gleichen Rasse zu diesem Zeitpunkt in den Versuchen von MAY ein Wachstum des zurückgebliebenen linken Hodens bewirkte, mit voller Spermatogenese und Entwicklung des Zwischengewebes, wie es die Untersuchung 2 Monate nach der Hypophysentransplantation zeigte.

Diese Ausfallserscheinungen am männlichen Geschlechtsapparat nach Hypophysektomie lassen sich durch die Behandlung der hypophysektomierten Tiere mit den Gonadotropinen des HVL rückgängig machen. So konnte PH. E. SMITH (1927) in seiner grundlegenden Veröffentlichung zeigen, daß die atrophischen Veränderungen am Genitalapparat der hypophysektomierten männlichen Ratte durch die Implantation von HVL-Gewebe verhindert oder, wenn sie infolge längeren Zurückliegens der Hypophysenentfernung bereits voll zur Ausbildung gelangt sind, wieder aufgehoben werden. Diese restitutio ad integrum betrifft sowohl die Kanälchen mit ihrer spermatogenetischen als auch die Leydig-Zellen mit ihrer inkretorischen Funktion: Die nach Hypophysektomie durch Aufhören der Spermatogenese auf etwa die Hälfte verringerte Tubulusweite nimmt mit fortschreitender Neuentwicklung des spermatogenetischen Prozesses wieder bis zur Norm zu; die verdickte Tubuluswand wird wieder dünn und normal strukturiert, wobei anzunehmen ist, daß diese Wiederherstellung eine *indirekte* Folge[16] der Gonadotropineinwirkung ist, die über die Leydig-Zellen geht und unter dem Einfluß der in ihnen gebildeten Androgene abläuft [TONUTTI (1955) spricht von der örtlichen „androgenen Kontaktwirkung" der Leydig-Zellen auf die Kanälchenwand und sieht in der Permeabilitätsregulation der Kanälchenwand die biologische Bedeutung der Androgenwirkung auf die Samenkanälchen[17]]. Auch hier konnten die qualitativen Feststellungen, die seither vielfach und bei verschiedenen Tierarten bestätigt wurden, durch Messungen an Kernen und Plasma der Leydig-Zellen quantitativ vervollständigt werden (TONUTTI, MUSCHKE, HERCHEN): Aus den oben wiedergegebenen Abb. 11 und 12 geht die Volumenzunahme der Leydig-Zellkerne auf das Doppelte, von 50—55 μ^3 auf 100—110 μ^3 oder mehr deutlich hervor, die nach Behandlung der hypophysektomierten Rattenmännchen mit einem Choriongonadotropinpräparat erzielt wurde; die Plasmameßstrecke der Leydig-Zellen, die bei Normaltieren von 200 g Körpergewicht 1068 μ und bei vor 4 Wochen hypophysektomierten Ratten nur 101 μ betrug, stieg bei den mit je 1,5 E Choriongonadotropin an 6 Tagen behandelten Tieren auf 1063 μ wieder an. Da gleichzeitig auch die atrophischen Vesiculardrüsen und Prostatae der hypophysektomierten Ratten größen- und sekretionsmäßig zur Norm zurückkehren, kann man mit Recht annehmen, daß die Volumzunahme der Leydig-Zellen von einer Wiederaufnahme ihrer inkretorischen Funktion begleitet ist. Die bei den vor 4 Wochen hypophysektomierten Rattenmännchen atrophierten Samenkanälchen wurden in diesen mit Choriongonadotropin (HCG) durchgeführten Versuchen nicht regeneriert, eine Spermatogenese lag nicht vor (TONUTTI, 1954). Nach BRINK-JOHNSEN u. EIK-NES (1957) kommt es beim Hund schon eine halbe Stunde nach der Injektion von HCG zu einer vermehrten Bildung von androgen wirksamen Hormonen. Auch YAMASHITA (1967) fand, daß die einmalige i. v. Injektion von 20 IE HCG/kg beim Hund einen starken Anstieg der Sekretion von 17-Oxosteroiden des Hodens bewirkte, der etwa 4 Std anhielt. Die Injektion von 25 oder 100 mg Methylendianilin/kg setzte diese Sekretion testiculärer 17-Oxosteroide bereits 15 min nach der Injektion stark, aber reversibel herab; vermutlich beruhte diese Reaktion auf einer Blockierung der Biosynthese von Androgenen im Hoden.

Auch bei *infantilen* Mäuse- und Rattenmännchen kann man durch die Zuführung von Gonadotropinen eine vorzeitige Entwicklung des männlichen Geschlechtsapparats, eine „Pubertas praecox hypophysärer Genese" auslösen (Voss

---

16 Daß es sich nur um eine Annahme handelt und eine *direkte* Beeinflussung der Spermatogenese durch ICSH nicht ausgeschlossen ist, geht aus den Beobachtungen von SIMPSON, LI u. EVANS (1944) hervor, die auf S. 30 wiedergegeben sind. Gegen die indirekte, über die Sekretion der Leydig-Zellen gehende fördernde Wirkung der Gonadotropine auf die Spermatogenese sprechen auch die Beobachtungen von PETROVIČ u. Mitarb. (1953, 1954, 1956) bei der Implantation von Hypophysenfragmenten in den Hoden von Meerschweinchen oder Goldhamstern: sie fanden trotz einer intensiven Hypertrophie der Leydig-Zellen eine mehr oder weniger deutliche Hemmung der Spermatogense im mit dem Implantat belegten Hoden.

17 Daß sie damit nicht erschöpft sein dürfte, werden wir an anderer Stelle (s. Kapitel über die orchidotrope Wirkung der Androgene, S. 287) zu erörtern haben.

u. Loewe, 1928; Steinach u. Kun, 1928; Borst, Döderlein u. Gostimirowic, 1930). Bei *intakten erwachsenen* Männchen (Mäuse, Ratten, Affen) kommt es nach Implantation von HVL-Gewebe zu einer deutlichen Vergrößerung der Hoden; Steinach u. Kun (1928) konnten bei senilen Rattenmännchen eine Wiederherstellung der Funktion der Zwischenzellen mit Auswirkung auf die sekundären Geschlechtsmerkmale und Normalisierung des sexuellen Verhaltens nach Behandlung mit HVL-Extrakten feststellen und bei „eunuchoiden" Rattenmännchen die Ausbildung der vor der Behandlung fehlenden inkretorischen Funktion und einer normalen Spermatogenese beobachten; wurde die Behandlung abgebrochen, so verfielen die Tiere innerhalb kurzer Zeit wieder in ihren „eunuchoiden" Zustand.

Bei Verwendung von HVL-Gewebe oder von Rohextrakten, wie sie in den älteren Untersuchungen ausschließlich zur Anwendung kamen, handelt es sich immer um den Gonadotropin-Gesamtkomplex aus dem HVL, der zur Wirkung gelangt. Die damit gemachten Beobachtungen haben insofern auch heute noch ihre Gültigkeit, als wir es physiologischer Weise mit eben dieser Gesamtwirkung zu tun haben. Ob in der lebenden Hypophyse *ein* gonadotropes Hormon mit dem Gesamtwirkungsspektrum der hypophysären Gonadotropine vorliegt oder ob wir es im lebenden Organ bereits mit einer Trennung in 2 hypophysäre Gonadotropine zu tun haben, ist noch nicht endgültig entschieden (vgl. M. u. Cl. Aron, 1950; Evans u. Simpson, 1950; Voss, 1960). Chemisch und biologisch lassen sich 2 Gonadotropine des HVL unterscheiden, von denen das eine nach seiner beim weiblichen Versuchstier im Vordergrund stehenden Eigenschaft als das „*F*ollikel *s*timulierende *H*ormon" = FSH bezeichnet wird, das beim Männchen eine stimulierende Wirkung ausschließlich auf die Spermatogenese besitzen soll; das andere Gonadotropin, das früher, zum Teil aber auch heute noch im Hinblick auf seine luteinisierende Wirkung am Ovarialfollikel „*l*uteinisierendes *H*ormon" = LH genannt wurde, wird wegen seiner stimulierenden Wirkung auf Wachstum und Funktion der interstitiellen Zellen in den Keimdrüsen *beider* Geschlechter als das „*I*nterstitial *c*ell *s*timulating *h*ormone" = ICSH bezeichnet. Diese letzte Bezeichnung als ICSH hat sich zwar allgemein eingebürgert, sie läßt aber die Erfahrungen von Simpson, Li u. Evans (1944) außer Acht, daß man mit außerordentlich geringen Mengen ICSH beim hypophysektomierten Männchen unter gewissen Versuchsbedingungen eine Entwicklung der Spermatogenese bis zur Bildung von Spermatozoen auslösen kann, während gleichzeitig die accessorischen männlichen Geschlechtsdrüsen atrophisch bleiben, die interstitiellen Leydig-Zellen also bei dieser minimalen Dosierung von ICSH noch nicht zur Produktion von männlichem Hormon angeregt werden: den genannten Autoren zufolge genügt zur Anregung der Spermatogenese bereits ein Viertel der Dosis ICSH, die für die Normalisierung der Leydig-Zellen-Funktion bei der infantilen hypophysektomierten Ratte notwendig ist.

Die respektive Wirksamkeit von FSH und ICSH auf die Spermatogenese und auf den inkretorischen Apparat des Hodens ist noch nicht vollkommen geklärt; jedenfalls scheint aber eine strenge Scheidung der Wirkungen: „FSH — Spermatogenese" und „ICSH — Leydig-Zellen" nicht vorzuliegen, sondern vielmehr eine quantitativ wechselnde *Kombination* der Wirkungen von FSH und ICSH für beide Anteile des Hodens das Wesentliche zu sein. Für diese Auffassung sprechen unter anderen die Untersuchungen von Woods u. Simpson (1961) an hypophysektomierten Rattenmännchen, die mit den neuerdings verfügbaren hochgereinigten HVL-Hormonen behandelt wurden. Die Beobachtungen betrafen einerseits die *Erhaltung* des Fortpflanzungsapparats durch eine unmittelbar nach der Hypophysektomie beginnende Verabreichung der Hormone und andererseits die *Wie-*

derherstellung der Morphologie und Funktion der Fortpflanzungsorgane nach ihrer durch eine 14tägige Pause nach der Hypophysektomie bedingten Rückbildung.

Erhaltungstherapie: Wurde mit der ICSH-Behandlung sofort nach dem Eingriff begonnen, so wurde das Hodengewicht und der physiologische Status der Kanälchen und Leydig-Zellen erhalten und weiter entwickelt, das Samenepithel war besonders empfindlich gegenüber ICSH, Spermatozoen wurden gebildet; aber auch bei hohen Dosen von ICSH entsprach das Gewicht der Hoden und der accessorischen Drüsen nicht vollkommen dem chronologischen Alter der Versuchsmännchen. Dagegen hatte FSH, in Dosen, die eine Verunreinigung mit ICSH nicht erkennen ließen, nur eine schwache Wirkung auf das Gewicht und die Entwicklung des Hodens und auch die höchsten FSH-Dosen stimulierten die accessorischen Drüsen in kaum merklicher Weise. Wurden aber geringe Dosen von FSH mit ICSH kombiniert, so nahm die Hodengröße zu und die Entwicklung wurde gefördert. Auch Dosen von LTH (Prolactin) und STH (Wachstumshormon) aus der Hypophyse, die allein gegeben keinen Einfluß auf das Fortpflanzungssystem hatten, erhöhten die Reaktion auf ICSH und auch auf die Kombination von ICSH + FSH. TSH (Thyreotropin) und ACTH (Adrenocorticotropin) hatten weder allein noch in Kombination mit den Gonadotropinen einen Einfluß auf die Fortpflanzungsorgane. Es muß aber hervorgehoben werden, daß keines der HVL-Hormone die Hodenkanälchen beim hypophysektomierten Männchen zu erhalten vermochte, wenn ICSH in der Kombination fehlte.

Wiederherstellungstherapie: Bei der Wiederherstellung des infolge der Hypophysektomie rückgebildeten Hodens erwies sich ICSH nicht als komplett wirksames Gonadotropin; wenn es auch die Leydig-Zellen morphologisch und funktionell wiederherzustellen vermochte, so hatte es doch auf die Samenkanälchen auch in hohen Dosen nur eine schwache Wirkung. FSH war allein ohne Wirkung, aber sehr wirksam in der Kombination mit ICSH: diese Kombination löste eine tubuläre Differenzierung aus, mit Auftreten von Spermatozoen in einigen Fällen, und die Förderung des Wachstums der accessorischen Drüsen war ausgesprochen; der Zusatz von LTH oder STH erhöhte noch die Wirksamkeit der Kombination FSH + ICSH, und die gleichzeitige Verabreichung aller 4 Hormone des HVL war noch wirksamer und tatsächlich die einzige Behandlungsform mit den hochgereinigten Hormonen, die bei allen Versuchstieren das Auftreten von Spermatozoen garantierte. Es ist beachtenswert, daß Extrakte von Rattenhypophysen in ähnlicher Weise wie die Kombination der 4 Hormone wirkten. Auch bei der Wiederherstellungstherapie waren alle Kombinationen nur dann wirksam, wenn ICSH anwesend war. FSH wirkte auch mit Testosteronpropionat in der gleichen Weise synergistisch wie in der Kombination mit ICSH.

Die Bedeutung der Kombinationswirkung von FSH + ICSH für die inkretorische Hodenleistung ergibt sich auch aus Versuchen von YAMASHITA (1965) an erwachsenen Hundemännchen, die FSH, LH oder HCG i. v. injiziert erhielten: FSH hatte eine leichte Erhöhung der 17-Ketosteroid-Sekretion aus den Hoden zur Folge (gemessen im Blut der V. spermatica), doch war die Wirkung vorübergehender Natur. Dagegen bewirkte die Injektion von LH (ICSH) bzw. HCG merkliche Zunahmen der Sekretion, die 2—4 Std anhielten. Die kombinierte Gabe von FSH und LH ließ die Sekretion beträchtlich über die bei der alleinigen Gabe von LH festzustellende Erhöhung ansteigen.

STEINBERGER u. WAGNER (1961) untersuchten die endogene Atmung des Hodengewebes bei der Ratte unter verschiedenen experimentellen Bedingungen, unter anderem auch unter dem Einfluß von Gonadotropinen, und fanden positive Korrelationen zwischen den experimentellen Zuständen, der Hodenhistologie und der Gewebsatmung; sie schlossen daraus auf eine ursächliche Beziehung zwischen den Veränderungen des O_2-Verbrauches und dem Blutspiegel der hypophysären Gonadotropine. Für eine ausschließliche Wirkung von FSH auf den spermatogenen Anteil des Hodens sprechen die Versuche von COURRIER, COLONGE, HERMIER u. JUTISZ (1964), in denen Extrakte aus dem HVL des Schafes mit hochgereinigtem FSH und anscheinend zu vernachlässigenden Mengen von LH in Dosen von 2—4 μg/Tag im Lauf von 20—39 Tagen bei hypophysektomierten Rattenmännchen injiziert wurden und eine erhebliche bis vollkommene Spermio- und Spermatogenese sich entwickelte, während die accessorischen Geschlechtsdrüsen nur einen kaum feststellbaren Grad der Reparation aufwiesen.

Immerhin ist in diesen Versuchen von COURRIER u. Mitarb. eine Mit-Wirkung der „Verunreinigungen" mit LH nicht ganz auszuschließen. In dieser Hinsicht sind daher die Ergebnisse der Versuche von PETRUSZ, ROBYN u. DICZFALUSY (1970) wohl noch überzeugender, in denen die Verff. die biologischen Effekte des menschlichen follikelstimulierenden Hormons (FSH) aus Menopausenharn an infantilen hypophysektomierten Rattenmännchen studierten: Das gesamte, in der ursprünglichen Gonadotropinzubereitung enthaltene Luteinisierungshormon (LH) wurde durch Zusatz von anti-menschlichem Choriongonadotropin-Serum vom Kaninchen mit bekannter Anti-LH-Potenz neutralisiert, wobei die zugesetzte Anti-LH-Menge das 1,5—750fache der für die 100%ige Neutralisierung notwendigen Menge betrug. Die Gaben der auf diese Weise gewonnenen „LH-freien" FSH-Zubereitungen führten bei den hypophysektomierten Rattenmännchen zu einer Hodenvergrößerung und Stimulierung der Spermiogenese, aber ohne jede Stimulierung der interstitiellen Zellen im Hoden und ohne jedes Wachstum der ventralen Prostata und der Vesiculardrüsen; die gleichen Effekte wurden auch erzielt, wenn die Behandlung mit dem FSH-Präparat auf 3 Wochen ausgedehnt wurde; die Spermiogenese wurde stimuliert, aber wie im kurzdauernden Versuch fehlten die reifen Spermatozoen und die Zwischenzellen des Hodens blieben atrophisch. Im Gegensatz dazu bewirkten die gleichen „LH-freien" FSH-Zubereitungen mit Zusatz von LH eine Stimulierung der Leydig-Zellen und eine vollkommene Spermatogenese mit reifen Spermatozoen. Aus untenstehender Tab. 1, in der diese Versuche zusammengefaßt sind, ist aber auch ersichtlich, daß die alleinige Gabe von choriogenem HCG mit ausschließlicher ICSH-Wirkung wohl zu einer Stimulierung der Spermiogenese und in hohem Grade der Zwischenzellen des Hodens führt, daß aber die Bildung von reifen Spermatozoen ausbleibt: für diese ist offenbar die *kombinierte Wirkung* von FSH und ICSH notwendig.

Als Beispiel für die Wirksamkeit der Gonadotropine auch bei niederen Wirbeltieren seien die Untersuchungen von BURGOS u. LADMAN (1957) referiert. Erhalten normale oder hypophysektomierte Männchen des Frosches Rana pipiens im Lauf von 20 Tagen jeden zweiten Tag Injektionen von gereinigten Gonadotropinen, von hypophysärem LH oder von Choriongonadotropin (HCG), so kommt es zur Spermiation, d. h. zum Austritt von Spermatozoen ins Lumen der Samenkanälchen, in die ausführenden Kanälchen und in die Kloake und zu einer Stimulierung der Leydig-Zellen der Hoden, wobei die Stärke der Reaktion der verabreichten Hormonmenge direkt proportional ist. Die Verabreichung einer ausreichenden Menge von FSH stimulierte die frühen Stadien der Spermatogenese, kenntlich an der signifikanten Zunahme der Zahl der primären Spermatogonien; höhere Dosen von FSH führten (dank der in ihnen als Verunreinigung enthaltenen Mengen von LH) auch zu einer Spermiation; auch konnte unter FSH-Applikation die spezifische Ablagerung von Glykogen in den follikulären Zellen nachgewiesen werden, welche die Frühstadien der Spermatogenese umgeben. Ebenso trat auch Glykogen in den Sertoli-Zellen nach Behandlung mit LH auf. Die Hodenfunktion wird also beim Frosch durch 2 Gonadotropine geregelt: FSH stimuliert die spermatogene Proliferation und LH induziert die Spermiation und die Stimulierung der Leydig-Zellen.

Auch bei Fischen ist die Abhängigkeit der Gonaden von der Gegenwart der Hypophyse mehrfach nachgewiesen worden: in Untersuchungen am Knochenfisch Ophiocephalus punctatus fand BELSARE (1965) nach Entfernung der Hypophyse atrophische Veränderungen der Gonaden, von denen im Hoden nur die Spermatogonien und im Ovarium nur die unreifen Eier verschont blieben (hier weitere Literatur über die Wirkung der Hypophysektomie auf die Gonaden bei Fischen).

Die große Bedeutung, die den *quantitativen Verhältnissen* bei der Einwirkung der Gonadotropine auf die männlichen Keimdrüsen zukommt, erhellt aus den Versuchen von PETROVIČ (1954) am präpuberalen und erwachsenen Meerschweinchen-Männchen: Dosen von Hypophysen-Extrakten, die unterhalb des Aequivalents von 0,025 g Hypophyse lagen, hatten bei viermaliger Verabreichung keine Wirkung, weder auf die Leydig-Zellen noch auf die Spermatogenese; Dosierungen zwischen 4 mal 0,025 und 4 mal 0,125 g führten zu einer mehr oder weniger ausgesprochenen Stimulierung der Samenkanälchen-Entwicklung und einer leichten Hypertrophie der Zwischenzellen; die Behandlung mit mehr als 0,125 g/Dosis ergab eine bedeutende Hypertrophie der Leydig-Zellen und eine Hemmung der Samenkanälchen-Entwicklung beim präpuberalen bzw. eine Involution der Samenzellen beim erwachsenen Meerschweinchen. Grundsätzlich das gleiche beobachtete PETROVIČ auch bei der Implantation von HVL-Gewebe in den Hoden: in allen Fällen, sowohl beim präpuberalen wie beim erwachsenen Männchen eine ausgesprochene Stimulierung der interstitiellen Zellen und eine Involution des Samenepithels beim erwachsenen bzw. eine Hemmung der Entwicklung der Samenkanälchen beim infantilen Männchen. Dabei sind diese Prozesse in unmittelbarer Nachbarschaft der Implantate am stärksten ausgeprägt und ihre Intensität verringert sich mit zunehmender Entfernung vom Implantationsort, doch bleibt die fördernde Wirkung auf die Leydig-Zellen auch an der Peripherie immer noch auf einer beträchtlichen Höhe (mittlere Größe der Leydig-Zellen direkt um das Implantat 184—201 μ^2, an der

Tabelle 1. *Biologische Effekte von choriogenem HCG und von HMG (Gonadotropin aus Menopausenharn) mit und ohne Zusatz von LH-Antiserum auf den Hoden und die accessorischen Geschlechtsdrüsen bei infantilen hypophysektomierten Rattenmännchen. Nach* PETRUSZ, ROBYN u. DICZFALUSY *(1970)*

Benutztes Gonadotropin bzw. Anti-Gonadotropin	Gesamt-dosis FSH in IE	Gesamt-dosis LH oder HCG in IE	Anzahl der Ratten	Ventrale Prostata in mg (Mittel ± SD)	Vesic. Drüsen in mg (Mittel ± SD)	Hodengewicht in mg (Mittel ± SD)	Hodenhistologie	
							Spermiogenese	Leydig-Zellen
Kontrollen (NaCl-Lösung)	—	—	6	4,4 ± 0,7	2,7 ± 0,4	151,6 ± 24,2	Atrophisch	Atrophisch
HCG	0	150,0	5	212,6 ± 108,3	189,6 ± 104,8	414,1 ± 48,4	Stimul., keine Spermatozoen	Stark stimul.
HMG	60,0	49,5	6	137,8 ± 28,2	114,2 ± 30,4	925,8 ± 46,2	Reife Spermatozoen	Stimul.
HMG+Anti-Serum	56,0	0	6	5,0 ± 1,3	2,7 ± 0,5	249,2 ± 61,0	Stimul., keine Spermatozoen	Atrophisch

Peripherie 138—139 μ^2, beim unbehandelten Kontrolltier 82—85 μ^2) und der für eine Stimulierung der Samenkanälchen notwendige erniedrigte Gonadotropinspiegel wird nicht erreicht. Die gleichen Erfahrungen wie beim Meerschweinchen wurden auch bei der Hormonimplantation in den Hoden des Goldhamsters (Cricetus auratus) gemacht (PETROVIČ u. KAYSER, 1956), mit dem zusätzlichen Befund, daß sich Sommer- und Winter-Hypophysen in ihrer Wirksamkeit nicht unterschieden.

In der gleichen Richtung weisen auch die Versuche von HITZEMAN (1971) an infantilen, 10—25 Tage alten Mäusemännchen, an denen sie die Enzymaktivität in den Leydig-Zellen unter dem Einfluß von FSH, ICSH und Testosteron maß, wobei der eine Hoden zum Schluß des Versuches homogenisiert und zum Studium der Enzymverhältnisse verwandt wurde, während der andere Hoden an Gefrierschnitten der histo-cytologischen Prüfung diente. Auf beide Gonadotropine reagierten die Leydig-Zellen mit vermehrter Zellteilung und Enzymaktivität, und zwar sowohl die Generation von Leydig-Zellen, die als vor der Geburt funktionierend betrachtet werden, als auch die interstitiellen Zellen, die zur Differenzierung in den ersten Wochen post partum befähigt sind. Spezifischer sind die Fähigkeiten der beiden Gonadotropine hinsichtlich der Förderung gewisser Enzyme: Während ICSH wirksamer ist als FSH in der Stimulierung von 3β-SDH (3β-Hydroxysteroid-Dehydrogenase) bei 25 oder 10 Tage alten Mäusen (vorausgesetzt daß im letzten Fall das Hormon bei neugeborenen Tieren angewandt wird), fördert FSH die G_6PDH-(Glucose-6-Phosphat-Dehydrogenase-)Aktivität während der Frühstadien der ersten Spermatogenesewelle, ein Effekt, zu dem ICSH nicht befähigt ist. Die Wirkungen der beiden Gonadotropine überlagern sich also bis zu einem gewissen Grade, ohne daß alle Wirkungen von FSH etwa auf eine Beimengung von ICSH rückführbar wären. Die Induktion der Proteinsynthese durch FSH dürfte endogen durch die Konzentration von antagonistischem Testosteron geregelt werden.

Nach den Untersuchungen von SHEDLOVSKY, ROTHEN, GREEP, VAN DYKE u. CHOW (1940) und von GREEP, VAN DYKE u. CHOW (1942) stimuliert das reine ICSH die Leydig-Zellen beim hypophysektomierten Rattenmännchen, erhöht das Gewicht der Prostata (den ventralen Anteil) in einer Dosis von 6,7 μg und vergrößert das Gewicht des Hodens beim Doppelten dieser Dosis; nach FRAENKEL-CONRAT, LI, SIMPSON u. EVANS (1940) und SIMPSON, LI u. EVANS (1942) stellt ICSH die histo-cytologische Integrität der Leydig-Zellen[18] und ihre Sekretion wieder her, unter deren Einfluß die accessorischen Fortpflanzungsorgane an Gewicht zunehmen (Prostata usw.), und läßt die zum Stillstand gekommene Spermatogenese bei vor der Pubertät hypophysektomierten Ratten wieder in Gang kommen und in normaler Weise ablaufen. Mit Hilfe einer immunologischen Bestimmungsmethode konnten WIDE u. GEMZELL (1962) im Harn geschlechtsreifer Männer zwischen 50 und 160 E hypophysären Luteinisierungshormons/Liter feststellen, im Harn postklimakterischer Frauen zwischen 100 uud 400 E/Liter.

Wenn auch verschiedene experimentelle Befunde vorliegen, die auf eine Beteiligung von adrenergischen und cholinergischen Stoffen an der Stimulierung des HVL durch den Hypothalamus hinweisen, so sind wir doch über die Natur und den chemischen Aufbau der vom Hypothalamus in den HVL übergehenden Wirk-

---

18 Einen Hinweis auf den Mechanismus der ICSH-Wirkung auf die Leydig-Zellen kann man den Versuchen von LIU (1960) entnehmen, der die Wirkung von ICSH auf den Gehalt an DNS im Kern der Leydig-Zellen bei erwachsenen Rattenmännchen histophotometrisch gemessen hat. Er stellte bei i. m. Verabreichung von 50 IE ICSH/Tag im Lauf von 14 Tagen eine signifikante Vermehrung der DNS um 8,7% (P ≪ 0,001) fest. Die Bestimmung der DNS erfolgte nach der Vorschrift von LISON (1950).

stoffe noch im Unklaren[19]. Dagegen ist die Zusammensetzung der vom HVL gebildeten Gonadotropine FSH und ICSH bis zu einem gewissen Grad aufgeklärt worden. Sicher ist, daß es sich um Glykoproteine handelt, die je nach der Tierart, aus deren Hypophysen sie gewonnen wurden, mehr oder weniger große Verschiedenheiten in ihrer Zusammensetzung aufweisen (Tab. 2 und 3).

Tabelle 2. *Zusammensetzung von FSH aus Schafshypophysen, nach* LI *u.* PEDERSEN *(1952) und* MORRIS *(1955), ergänzt nach* VOSS *(1960). Mengenangaben in g/100 g Protein*

Arginin	5,3	Lysin	11,1	Hexose	1,23
Asparaginsäure	9,3	Methionin	1,0	Hexosamin	1,51
Cystein	4,3	Phenylalanin	5,8	Gesamt-N-Gehalt	15,1
Glutaminsäure	13,4	Prolin	5,2	Gesamt-S-Gehalt	1,54
Histidin	3,7	Threonin	4,7	Iso-elektr. Punkt	4,5
Isoleucin	3,3	Tyrosin	3,8	Mol.-Gew.	67000
Leucin	9,2	Valin	5,8		

Das von VAN DYKE, P'AN u. SHEDLOWSKY (1950) dargestellte FSH aus Schweinehypophysen scheint die gleichen Eigenschaften und den gleichen iso-elektr. Punkt zu haben, wie das obige FSH aus Schafshypophysen, ist aber immunologisch von ihm verschieden.

Genauere Daten über die Aminosäuren-Zusammensetzung des menschlichen FSH, sowohl des aus der Hypophyse als auch des aus dem Harn extrahierten, sind von Roos auf dem 3. Int. Kongreß für Endokrinologie (1969) mitgeteilt worden (Tab. 2a).

Tabelle 2a. *Aminosäuren-Zusammensetzung von menschlichem FSH aus Hypophyse und aus Harn (nach* ROOS, *1969)*

Aminosäuren	Reste pro Mol	
	aus Hypophyse	aus Harn
Lysin	16	7
Histidin	8	4
Arginin	11	8
Asparaginsäure	19	27
Threonin	27	12
Serin	20	16
Glutaminsäure	25	21
Prolin	16	19
Glycin	14	25
Alanin	15	12
Halb-Cystin	26	32
Valin	18	11
Methionin	4	1
Isoleucin	10	5

---

19 Immerhin liegen gewisse Anfänge einer Charakterisierung dieser Wirkstoffe vor: So haben COURRIER, GUILLEMIN, JUTISZ, SAKIZ u. ASCHHEIM (1961) mit Hilfe einer saueren Extraktion frischen Hypothalamusgewebes von Ratte und Schaf oder eines Acetontrockenpulvers des Schafshypothalamus eine Substanz gewonnen („LRF"), die zu einer Stimulierung der Sekretion von Luteinisierungshormon (LH) bei der Ratte führt; LRF (= LH-releasing factor) ist weder mit Oxytocin oder Lysin-Vasopressin, noch mit Acetylcholin, Bradykinin, Histamin, Serotonin, Adrenalin, Nor-Adrenalin, α-MSH, β-MSH und Substanz P identisch; die Wirkung geht über die Hypophyse, denn sie verschwindet nach der Hypophysektomie. Verff. weisen auf einige weitere Versuche anderer Autoren zur Identifizierung von LRF hin; es wird betont, daß es sich zunächst nur um die *Möglichkeit* handelt, daß dieses LRF den endgültigen neuro-humoralen Vermittler der diencephalischen Regelung der Sekretion des Ovulationshormons LH darstellt.

3*

Tabelle 2a (Fortsetzung)

Aminosäuren	Reste pro Mol	
	aus Hypophyse	aus Harn
Leucin	12	11
Tyronin	13	4
Phenylalanin	9	7
Tryptophan	4	2
Total[a]	254	208
Mol.-Gew. des Protein-Anteils	29800	23600

[a] Halb-Cystin ist einbezogen als 13 (hypoph. FSH) und 16 (Harn-FSH) Cystin-Reste

Kohlenhydrat-Komponente von menschlichem FSH	Reste pro Mol	
	aus Hypophyse	aus Harn
Hexose	39	14
Glucosamin	30	8
Sialonsäure	8	2
Mol.-Gew. des Kohlenhydrat-Anteils:	13000	4100
Mol.-Gew. (Ultrazentrifuge)	44000	28000
Biol-Aktivität (IE/mg)	14000	700
Radioimmunol. LH-Aktivität (IE/mg)	18	15

Eine Zusammenstellung eigener und anderer Untersuchungen über die Bestandteile des menschlichen hypophysären FSH brachte auch CROOKE (1969) auf dem gleichen Kongreß (Tab. 2b).

Tabelle 2b. *Analyse der Aminosäuren-Reste im menschlichen hypophysären FSH (nach* CROOKE, *1969)*

Aminosäuren	Reste, nach Untersuchungen von			
	a	b	c	d
Asparaginsäure	20	20	12	15
Threonin	17	17	17	13
Serin	34	28	12	13
Glutaminsäure	23	19	13	19
Prolin	8	10	10	12
Glycin	27	25	9	13
Alanin	17	14	9	12
Halb-Cystin	3	5	8	5
Valin	19	9	11	12
Methionin	1	2	2	2
Isoleucin	6	5	6	5
Leucin	12	11	7	12
Tyronin	7	5	8	3
Phenylalanin	8	7	6	7
Lysin	10	10	10	10
Histidin	5	6	5	5
Arginin	6	6	7	7
Tryptophan	2	—	3	—

Kohlenhydrat-Komponente von menschlichem FSH:

	a	b	c	d
Galactose	11,3	—	19,6	11,6
Fucose	1,7	—	—	—
Hexose	4,5	—	15,0	9,1
NANA	3,4	—	7,0	5,2

a nach AMIR (unveröff.); b nach GRAY (unveröff.); c nach ROOS (1967; d nach REICHERT u. Mitarb. (1968).

Das hypophysäre ICSH ist sowohl aus Schafs- (LI, SIMPSON u. EVANS, 1940) wie aus Schweinehypophysen (SHEDLOVSKY, ROTHEN, GREEP, VAN DYKE u. CHOW, 1940) dargestellt worden, doch fehlen bisher komplette Aminosäurenanalysen; der oben zitierten Arbeit von MORRIS (1955) entnehmen wir folgende Angaben:

Tabelle 3. *Chemische und physikalische Daten für ICSH, nach* MORRIS *(1955)*

	Schaf	Schwein
Molekulargewicht	40000	100000
Iso-elektr. Punkt	4,6	7,45
Tryptophan-Gehalt (%)	1,0	3,8
Mannose-Gehalt (%)	4,5	2,8
Hexosamin-Gehalt (%)	5,8	2,2
Gesamt-N-Gehalt (%)	14,2	14,93

In einer neueren zusammenfassenden Darstellung der Daten über das hypophysäre ICSH von Schaf und Mensch von LI (1968) finden sich die in Tab. 4 wiedergegebenen Zahlen, die in manchen Punkten von den MORRIS'schen Angaben abweichen:

Tabelle 4. *Vergleich zwischen den Eigenschaften von ICSH vom Schaf und vom Menschen; nach* LI *(1968)*

Eigenschaften	Schaf	Mensch
Molekulargewicht	16300[a]	26000
Isoelektrischer Punkt	7,3	5,4
E 0,1% 1 cm bei 275 mμ	0,423	0,63
Tryptophan %	0	0,85
Hexose %	6,5	5,9
Hexosamin %	7,8	5,1
Fucose %	0,6	1,4
Sialonsäure %	nil	0,68

[a] Dieser Wert wurde von LI u. STARMAN (1964) nach Messungen auf Grund von Bestimmungen des Sedimentierungsgleichgewichts in Puffern bei pH 1,3 angegeben; in neutralen und leicht alkalischen Lösungen dagegen liegt das Schafs-ICSH in dimerer Form mit Mol.-Gew. von etwa 30000 vor. Die Bestimmung des Mol.-Gew. von ICSH vom Menschen erfolgte bei pH 3,6 mittels ultracentifugaler Methoden. Der isoelektrische Punkt liegt beim menschlichen ICSH bedeutend mehr im sauren Bereich als beim Schafs-ICSH, auch enthält es einen Tryptophan-Rest, das Schafs-ICSH keinen solchen. Der Unterschied im Kohlenhydrat-Gehalt des menschlichen ICSH gegenüber demjenigen des Schafs-ICSH ist signifikant.

Nach Untersuchungen von WARD, SWEENAY, HOLCOMB, LAMKIN u. FUJINO (1969), über die sie auf dem 3. Int. Kongreß für Endokrinologie berichteten, enthält das ICSH aus Schafshypophysen folgende Aminosäuren (Tab. 4a).

Zur Klärung dieser verwickelten Verhältnisse, und zwar im Sinne eines synergistischen Zusammenwirkens von ICSH (LH) und FSH bei der Regelung der endokrinen Funktionen des Hodens haben neue Untersuchungen von JOHNSON u. EWING (1971) entschieden beigetragen, nachdem sie sich schon früher mit diesen Problemen beschäftigt hatten (EWING u. EIK-NES, 1966; JOHNSON u. EWING, 1970): Sie durchströmten isolierte Kaninchenhoden von der Hodenarterie aus mit einer Krebs-Ringer-Bicarbonatpufferlösung (meist im Laufe von 6 Std), in der die zu prüfenden Mengen ICSH und/oder FSH gelöst waren, untersuchten die aus der Hodenvene abfließende Flüssigkeit in stündlichen Abständen auf ihren Gehalt an Testosteron und wiesen nach, daß FSH die Testosteron-Sekretion im ICSH-perfundierten und stimulierten Hoden erhöht, woraus man schließen kann, daß FSH synergistisch mit ICSH bei der Regelung der Testosteron-Sekretion wirkt. Die Tatsache, daß FSH die Sekretion von Testosteron auch in Gegenwart von ICSH-Konzentrationen stimuliert, die den Bedarf des Hodens an ICSH „absättigen", spricht dafür, daß FSH und ICSH an unterschiedlichen Stellen oder auf verschiedenen Bahnen ihre stimulierenden Wirkungen ausüben.

Tabelle 4a. *Zusammensetzung der Aminosäuren im ICSH aus Schafshypophysen (nach* WARD *u. Mitarb., 1969)*

Aminosäuren	Reste in Mol/100 Mol Aminosäuren
Lysin	6,0
Histidin	2,6
Arginin	4,8
Asparaginsäure	5,3
Threonin	7,3
Serin	6,7
Glutaminsäure	6,8
Prolin	12,5
Glycin	5,8
Alanin	7,1
Cystin	9,7
Valin	6,4
Methionin	3,4
Isoleucin	2,9
Leucin	6,1
Tyronin	3,3
Phenylalanin	2,7

In den bisherigen Ausführungen sind fast ausnahmslos nur die hypophysären Gonadotropine und ihre Wirkungen auf den Hoden berücksichtigt worden; sie dürften physiologischer Weise auch in fast allen Fällen allein in Betracht kommen. Im Hinblick aber auf die ausgedehnte experimentelle und klinische Anwendung der extra-hypophysären Gonadotropine, des HCG = *h*uman chorionic *g*onadotropin, aus menschlichem Schwangerenharn oder menschlicher Placenta, und des PMS = *p*regnant *m*are *s*erum — Gonadotropin, aus dem Serum trächtiger Stuten, müssen auch ihre Beziehungen zum männlichen Hormon und seinen Bildungsstätten besprochen werden.

Als ASCHHEIM u. ZONDEK als erste den hohen Gonadotropingehalt des Schwangerenharns feststellten, nahmen sie zunächst den hypophysären Ursprung ihres „Prolan" als sicher an. Erst die nachfolgende Forschung (PHILIPPS u. a.) hat die Placenta als ihre Erzeugungsstätte erkannt[20] und eine Reihe von Unterschieden biologischer und chemischer Art zwischen den hypophysären und placentaren Gonadotropinen festgestellt[21]. Lange Zeit hat man geglaubt, daß die Wirkung von HCG im wesentlichen derjenigen des hypophysären ICSH entspräche; das hat

---

20 Die für die Erzeugung von HCG verantwortlichen Elemente der Placenta sind noch nicht eindeutig festgestellt; nach einer zusammenfassenden kritischen Übersicht von BARGMANN (1957) sollte man besonders die persistierenden Elemente des Cytotrophoblasten in den Zellinseln und den Umlagerungszonen ins Auge fassen. Hier weitere Literatur zu dieser Frage.

21 Nach neuen Erfahrungen kann man als gesichert betrachten, daß die Gonadotropinproduktion in der Hypophyse (bei der Frau) während der Schwangerschaft nicht völlig erlischt und besonders im ersten Monat noch einen relativ hohen Anteil am Gesamtgonadotropingehalt des Schwangerenharns ausmacht. EVANS u. SIMPSON (1950) beobachteten einen qualitativen Übergang vom hypophysären Typus der Gonadotropine zum choriogenen in einem Fall zwischen dem 27. und 32., in einem anderen Fall zwischen dem 32. und 36. Tag nach Beginn der letzten Menses.

sich aber als irrig erwiesen und die Existenz von FSH-ähnlichen Fraktionen (HCG-A) neben den ICSH-ähnlichen (HCG-B) konnte sichergestellt werden (DRESCHER, 1954; RAACKE, LI u. LOSTROH. 1954; DRESCHER u. STANGE, 1955; LYON, SIMPSON u. EVANS, 1953). SCHNEIDER u. FRAHM (1956) sind dafür eingetreten, daß die schwangere Frau einen Komplex von Gonadotropinen ausscheide, unter denen sie einen LH-Faktor (Luteinisierungsfaktor) neben einem ICSH-Faktor beschrieben, die beide bei männlichen Tieren zu einer starken Androgenproduktion führten, sich aber in ihren Wirkungen auf die Ovarien unterschieden.

Tabelle 5. *Zusammensetzung von HCG, nach* MORRIS *u.* MORRIS, *unveröffentlichte Daten aus* MORRIS *(1955)*

Molekulargewicht	ca. 100000
Wirksamkeit des Präparats pro mg	12000 IE
Gehalt an: Galaktose	12,2%
Hexosamin	4,9%
Tyrosin	5,1%
Arginin	3,84%
Tryptophan	0,8%

Außerdem wurden qualitativ nachgewiesen: Glycin, Alanin, Valin, Leucin, Asparaginsäure, Glutaminsäure, Serin, Threonin, Cystin, Lysin, Phenylalanin, Prolin, Isoleucin und Methionin.

Bemerkenswert ist, daß das Hexose:Hexosamin-Verhältnis bei etwa 2:1 liegt, also doppelt so hoch, wie beim FSH oder ICSH aus HVL (vgl. Tab. 5). Auch bei den höchstgereinigten Zubereitungen von MORRIS handelt es sich aber um nicht homogene Präparate.

Auf dem 3. Int. Kongreß für Endokrinologie (1969) nannten CANFIELD u. BELL folgende vorläufige Schätzungen der Zahl der Aminosäuren im menschlichen Choriongonadotropien (HCG) (Tab. 5a).

Tabelle 5a. *Schätzungen der Zahl der Aminosäuren und Kohlenhydrate im menschlichen Choriongonadotropin (HCG)[a] (nach* CANFIELD *u.* BELL, *1969)*

Aminosäuren		Kohlenhydrate	
Lysin	7	Galactose	9
Histidin	3	Mannose	9
Arginin	11	Fucose	1
Asparaginsäure	13—14	NANA	8—10
Threonin	12—13	Glucosamin-NAc	9—12
Serin	15—16	Galactose-NAc	2—3
Glutaminsäure	14		
Prolin	20—21		
Glycin	10		
Alanin	10		
Halb-Cystin	12—14		
Valin	12—13		
Methionin	2		
Isoleucin	4—5		
Leucin	11		
Tyronin	4—5		
Phenylalanin	4—5		
Tryptophan	1		

[a] Mol.-Gew. 25200—27000

Bei der subcutanen oder intramuskulären Injektion von HCG am hypophysektomierten Rattenmännchen beherrscht die Wirkung auf die Leydig-Zellen des

Hodens das Bild, als deren Folge nicht nur die Entwicklung der sekundären Geschlechtsmerkmale und -drüsen, sondern auch eine Erhaltung des spermatogenen Gewebes zustandekommt (EVANS u. SIMPSON, 1950). Das Kernvolumen der Leydig-Zellen nimmt nach Hypophysektomie um 50% ab: HCG restauriert die Kerngröße gleichzeitig mit der Androgenproduktion; die Normalisierung der nach Hypophysektomie verdickten Tunica propria der Samenkanälchen ist auf diese Androgenproduktion zurückzuführen, nicht auf eine direkte Wirkung von HCG (TONUTTI, 1954; MUSCHKE, 1953). Nach SMITH u. LEONARD (1934) wird bei jugendlichen hypophysektomierten Rattenmännchen, die 20—30 Tage lang in unmittelbarem Anschluß an die Operation mit HCG behandelt werden, die Spermatogenese so vollständig im Gang erhalten, daß diese Tiere befruchtungsfähig sind; auch hier handelt es sich um eine sekundäre, über die Leydig-Zellen gehende Wirkung von HCG. Beim nicht hypophysektomierten Versuchstier wirkt sich der Synergismus von HCG[22] mit den endogenen hypophysären Gonadotropinen aus und es kommt beim Rattenmännchen zu einer Stimulierung aller Zellelemente des Hodens, der als Ganzes stark hypertrophiert[23]. Auch das infantile Rattenmännchen reagiert nach JOHNSON (1962) auf eine kontinuierliche Behandlung mit HCG im Lauf von 15 Tagen mit einer Zunahme des Hodengewichts (Stimulierung des spermatogenen Gewebes) und der Androgenausschüttung als Zeichen der Stimulierung der Leydig-Zellen, deren Entwicklung nach 15 Tagen einen Höhepunkt erreicht, auf dem sie dann auch bei weiter fortgesetzter HCG-Verabreichung verharren. HCG wirkt stärker auf die Leydig-Zellen und damit auf die sekundären Geschlechtsorgane als die gonadotropen HVL-Extrakte; damit stimmt es auch überein, daß bei infantilen Affen die Injektion von HCG eher einen Descensus testiculorum[24] hervorruft, als die Verabreichung von hypophysären Gonadotropinen (ENGLE, 1932). Ein bemerkenswerter Unterschied zwischen dem hypophysären ICSH und HCG liegt darin, daß der Hoden des infantilen Vogels (Taube, Küken, Ente) gegenüber HCG sehr unempfindlich ist, während er auf die Zuführung von ICSH mit starkem Wachstum reagiert (RIDDLE u. POLHEMUS, 1931; SCHOKAERT, 1933; DINGEMANSE u. KOBER, 1933; EVANS u. SIMPSON, 1934, 1950). Nach HILL u. PARKES (1935) soll auch die Testisatrophie von hypophysektomierten Leghorn-Hähnen durch HCG-Zufuhr nicht beeinflußt werden, während durch HVL-Extrakte eine volle Restitution der atrophischen Hoden erreicht wird (ANSELMINO u. HOFFMANN, 1941, S. 269).

BRINCK-JOHNSEN u. EIK-NES (1957) stellten fest, daß bei Hunden die i. v. Injektion von mindestens 1—8 IE HCG/kg Körpergewicht notwendig war, um eine merkliche Erhöhung des Testosteron- und Androstendion-Spiegels im Blut der Vena spermatica herbeizuführen; unter solchen Bedingungen genügte eine einmalige Injektion, um den erhöhten Gehalt im Lauf einiger Stunden aufrecht zu erhalten. Die primäre Wirkung der HCG-Injektion dürfte auf die Erhöhung der Androgensekretion in den Leydig-Zellen gerichtet sein; die vermehrte Proteinsynthese, die sich in der Hyperplasie des innersekretorischen Hodengewebes äußert, muß als sekundärer HCG-Effekt gedeutet werden.

---

22 SCHNEIDER u. FRAHM (1956) fanden bei der Fraktionierung von HCG neben anderen Fraktionen (s. o.) einen die hypophysäre Gonadotropinproduktion stark stimulierenden Anteil von HCG. — Nur bei sehr jungen, 6—8 Tage alten Rattensäuglingen ist ein solcher Synergismus nicht zu beobachten: hier ist die Wirkung von HCG ausschließlich auf die Leydig-Zellen beschränkt (KUSCHINSKY u. TANG-SÜ, 1935).

23 Das Meerschweinchen macht darin eine Ausnahme, indem es keinen Synergismus der endogenen Gonadotropine der Hypophyse *in situ* mit dem exogenen HCG zeigt, sondern wie ein hypophysektomiertes Tier reagiert (LEONARD, 1934).

24 Vgl. dazu das Kapitel über den Kryptorchismus, S. 350.

Zu beachten ist, daß die Reaktion der verschiedenen Anteile des Hodens auf die einzelnen Gonadotropine je nach der Tierart unterschiedlich sein kann. Im Bestreben einen Ersatz für das wenig zugängliche und sehr teure reine FSH aus den Hypophysen zu schaffen, hat JOHNSEN (1966) menschliches Gonadotropin aus dem Harn postmenopausischer Frauen (HMG) angewandt (das nur FSH oder jedenfalls nur Spuren von LH enthält), um den hypogonadotropen Hypogonadismus beim Manne zu behandeln. Er fand in langdauernden Versuchen, daß HMG (= FSH) allein auch in hohen Dosen keine Wirkung auf die spermatogenen Elemente hatte, aber auch keine Stimulierung der Leydig-Zellen bewirkte. Nur bei Kombination mit HCG (= LH) in mäßigen Dosen, das allein gegeben gewisse, aber auf die Dauer unbefriedigende Erfolge bewirkte, kam es zu einer kompletten Reifung der Hoden, mit voller Funktion der spermatogenen und endokrinen Funktion. *Es besteht also beim Mann ein enges direktes Zusammenwirken der beiden Gonadotropine FSH + LH auf alle Anteile des menschlichen Hodens.*

Ein weiterer auffallender Unterschied gegenüber dem ICSH des HVL liegt darin, daß dieses bei intraperitonealer Injektion die Wirkung von anderen gleichzeitig subcutan injizierten Gonadotropinen antagonistisch beeinflußt, während HCG bei intraperitonealer Injektion diese antagonistische Wirkung nicht besitzt; es ist möglich, daß sie über die Hypophyse zustandekommt, denn bei hypophysektomierten Tieren wird sie nicht beobachtet.

Als zweites extrahypophysäres Gonadotropin ist das *PMS aus dem Serum trächtiger Stuten* zu nennen. Es ist in seiner Wirkung den hypophysären Extrakten ähnlich und enthält neben dem ICSH-wirksamen Anteil eine FSH-Fraktion, die sich durch fermentative Behandlung abtrennen läßt (DRESCHER, 1954).

Tabelle 6. *Zusammensetzung von PMS, nach* LI, EVANS u. WONDER *(1940) und* EVANS u. HAUSCHILD *(1942)*

Molekulargewicht	ca. 30000
Iso-elektr. Punkt	2,6
Gesamt-N-Gehalt %	10,6—10,8
Gesamt-S-Gehalt %	0,5—0,85
Tryptophan-Gehalt %	1,37
Tyrosin-Gehalt %	3,54
Cystin-Gehalt %	1,96—2,78
Hexose-(Galaktose-)-Gehalt %	16,9[a]
Hexosamin-Gehalt %	8,4[a]

[a] nach RIMINGTON u. ROWLANDS (1941).

Das Hexose:Hexosamin-Verhältnis ist 2:1 wie beim HCG. Unter PMS-Behandlung kommt es beim hypophysektomierten Rattenmännchen zu einer Stimulierung sowohl der Spermatogenese als auch der Leydig-Zellen (EVANS, PENCHARZ, SIMPSON u. MEYER, 1933; NELSON u. GALLAGHER, 1936; WALSH, CUYLER u. MCCULLAGH, 1934) und auch beim hypophysektomierten Affenmännchen konnte SMITH (1942) durch 20tägige Behandlung mit PMS die Spermatogenese aufrechterhalten, doch war die Restitution nicht komplett, wenn zwischen die Hypophysektomie und den Beginn der PMS-Behandlung eine Pause eingeschaltet wurde. PMS wirkt nach EVANS u. Mitarb. wie ein HVL-Extrakt mit zwar überwiegender FSH-Wirkung, aber auch deutlicher ICSH-Wirkung. Sowohl die chemische Zusammensetzung als auch die biologische Wirkung lassen die verbreitete Meinung, daß PMS ein einheitliches Hormon sei, nicht gesichert erscheinen. RAACKE, LOSTROH, BODA u. LI (1957) konnten durch Zonenelektrophorese auf Stärke aus 2 vorgereinigten Gonadotropinzubereitungen von PMS mit einer Wirksamkeit von 950 bzw. 5000 IE/mg eine Fraktion abtrennen, die 30000 IE/mg enthielt; bezeichnender Weise war aber das Verhältnis von FSH- zu

ICSH-Wirksamkeit in allen Reinigungsstufen bis zur höchsten unverändert das gleiche. Es liegen jedoch Arbeiten vor, in denen eine ausschließliche ICSH-Wirkung von PMS-Zubereitungen beschrieben wird. So behandelten BISHOP u. LEATHEM (1946) infantile Mäusemännchen im Alter von 5, 10, 15 oder 20 Tagen mit einer einmaligen Injektion von 50 IE PMS und sahen eine sichere Zunahme des interstitiellen Gewebes, bei Abwesenheit irgendeiner Beeinflussung der Spermatogenese und des Hodengewichts; die Leydig-Zellen produzierten genügend männliches Hormon, um das Gewicht der Vesiculardrüsen auf mehr als das Doppelte zu erhöhen und die X-Zone in der Nebennierenrinde verschwinden zu lassen, die bei den Kontrolltieren stets anwesend war. Auch DÖRNER u. HOHLWEG (1961) kamen auf Grund ihrer Kombinationsversuche mit PMS + FSH, HCG + FSH und PMS + HCG zur Überzeugung, daß PMS eine überwiegende ICSH-Wirkung besitzt. Es liegen aber auch anderslautende Ergebnisse vor: Bei Rattenmännchen, deren Genitalfunktionen durch die Injektion von 0,05 mg Reserpin/Tag blockiert wurden, verhinderte die gleichzeitige Gabe von PMS (40 IE jeden zweiten Tag im Lauf von 16 Tagen) den Gewichtsverlust der Hoden und die histologisch nachweisbare Hodenatrophie durch Reserpin. PMS ist in seinen Wirkungen dem hypophysären FSH vergleichbar: man kann also annehmen, daß die Wirkung von Reserpin in einer Hemmung der FSH-Sekretion besteht (MÄKINEN, LATHINEN u. NÄÄTÄNEN, 1962). Da die Vesiculardrüsen der mit PMS behandelten Tiere erheblich an Gewicht zunahmen, ist zu vermuten, daß die Sekretion von Androgenen unter dem Einfluß von PMS erhöht war; möglich wäre auch eine Retention des Sekrets in den Vesiculardrüsen unter dem Einfluß von Reserpin oder eine Kombination der beiden Wirkungen.

Zum Unterschied gegenüber dem HCG kann man mit PMS auch beim Vogel (junge Hähne) eine Gewichtszunahme der Hoden, als Ausdruck der gesteigerten Ausbildung der Samenkanälchen, und zugleich ein starkes Kammwachstum, als Zeichen der stimulierten endokrinen Hodenfunktion beobachten (HAMBURGER, 1934; MARTINS, 1935).

Interessant ist eine Beobachtung von SARVELLA (1971) an den Bastarden ausschließlich männlichen Geschlechts aus der Kreuzung von Hähnen der Dark Cornish Hühnerrasse mit Weibchen der Japanischen Wachtel (Coturnix coturnix japonica), die nicht wie die normalen Männchen der Wachtel eine Vergrößerung der Cloacaldrüse, eines sekundären Geschlechtsmerkmals, aufweisen, sondern eine wenig ausgebildete Drüse wie sie die Hähne der Hühnerrasse besitzen. Die Injektionen von PMS konnten die allgemeine Sterilität der Bastarde nicht reparieren, führten zwar zu einer Größenzunahme der Hoden, vermutlich durch eine unvollkommene Förderung der Spermatogenese, doch kam es nicht zur Ausbildung von reifen Spermien. Die Entwicklung der von der väterlichen Hühnerrasse eventuell vererbten Kamm-Anlagen wurde nicht beobachtet, wohl aber eine starke Stimulierung der Cloacaldrüse. Eine deutliche Förderung der Entwicklung der bei den normalen Männchen beider Elternrassen rückgebildeten Ovidukte trat bei den mit PMS behandelten Bastarden ein, wenn auch nur bei einem Teil der Tiere (Stimulierung der Produktion des Zweiten Hodenhormons durch PMS? vgl. S. 294ff.).

Im Gegensatz zu CLARINGBOLD u. LAMOND (1957), die keine Unterschiede in den Wirkungen von PMS und HCG auf die Uterusgewichtszunahme bei der infantilen Maus feststellen konnten, fanden BROWN, CUNNINGHAM u. FINEGAN (1959) sowohl im gleichen Testverfahren als auch im Vergleich mit anderen Prüfungsverfahren Verschiedenheiten in der Neigung der Wirkungsgeraden von PMS und HCG. Von DONNELLY u. STONE (1961) wurden aber die Versuchsergebnisse von CLARINGBOLD u. LAMOND voll bestätigt: sie beobachteten keine Hinweise auf die Gegenwart verschiedener Gonadotropine in HCG und PMS. Im Hinblick auf diese entgegengesetzten Versuchsresultate erscheint die Feststellung von FRAZER (1956) besonders beachtenswert, daß man nur bei strikter Einhaltung standardisierter Versuchsbedingungen wirklich vergleichbare Resultate bei der Auswertung von Gonadotropinen erhalten kann: sowohl chemische als auch physikalische Unterschiede in den Extrakten (z. B. verschiedenes pH) als auch die äußeren Versuchsbedingungen (z. B. die Außentemperatur der Versuchsräume) können zu signifikanten Verschiedenheiten führen (vgl. dazu die Untersuchungen von PERSSON u. MELANDER, 1960).

Es sei an dieser Stelle auf Untersuchungen von LEGAIT (1969) hingewiesen, deren Ergebnisse in ihrer Bedeutung durch die geringe Zahl der Versuchstiere allerdings beeinträchtigt sind: Wenn er bei infantilen Rattenmännchen täglich oder jeden zweiten Tag eine Suspension der Pars tuberalis der Hypophysen von 3 gleichalten Ratten s. c. injizierte und diese Injektionen 10 oder 36mal wiederholte, beobachtete er als Folgen dieser Behandlung eine Hodeninvolution, die sich im wesentlichen auf das spermatogene Gewebe beschränkte, während das interstitielle Gewebe eine mehr oder weniger ausgeprägte Hypertrophie erkennen ließ. (Bei den Versuchsweibchen wurde eine allgemeine Hypertrophie des gesamten Genitalapparats festgestellt). Die eigene Pars tuberalis der injizierten Versuchsratten wies eine Involution auf; die Schilddrüse erschien normal, die Nebennieren waren bei einem Teil der Versuchsratten hypertrophiert. Das Wachstum schien beschleunigt zu sein. Es ist möglich, daß die Hypertrophie der Leydig-Zellen durch die Involution der Samenkanälchen nur vorgetäuscht war, doch äußerst sich der Verfasser nicht zu dieser Frage.

Es wäre noch zu fragen, ob das sogenannte „dritte Gonadotropin", das *luteotrope Hormon (LTH) oder Prolactin* auch im männlichen Organismus produziert wird und eine Rolle bei der Regelung der männlichen Genitalfunktionen spielt, wie es das im weiblichen Organismus sicher tut, in dem es (wenigstens bei gewissen Tierarten, z. B. Ratten und Schafen) eine das Corpus luteum erhaltende Wirksamkeit ausübt, ferner das mütterliche Verhalten auslöst und die Milchsekretion beeinflußt (vgl. Voss, 1960). Durch Extraktion der Hypophysen sichergestellt ist die Produktion von LTH in absteigender Stärke bei den Männchen von Meerschweinchen, Ratten, Kaninchen und beim Kater, auch beim Mann (aber nicht bei über 60 Jahre alten Personen); der Gehalt der Hypophysen an LTH scheint bei den Männchen stets geringer zu sein als bei den Weibchen der betreffenden Art (Tab. 7):

Tabelle 7. *LTH-Gehalt der Hypophyse bei Männchen und Weibchen verschiedener Tierarten*

Tierart	Geschlecht	Taubeneinheiten (TE) pro mg Frischhypophyse
A. Nach REECE u. TURNER (1937) aus Voss (1960)		
Ratte	weiblich	0,471
	männlich	0,143
Meerschweinchen	weiblich	0,520
	männlich	0,348
Kaninchen	weiblich	0,420
	männlich	0,074
Katze, nicht brünstig	weiblich	0,063
Katze, brünstig	weiblich	0,224
Kater	männlich	0,037
B. Nach HORST u. TURNER (1942) aus Voss (1960)		
Maus, 16,6 g	weiblich	0,009 IE/mg
Maus, 21,3 g	weiblich	0,010 IE/mg
	männlich	0,006 IE/mg

Durch Untersuchung der Progesteronproduktion in den transplantierten Rattenovarien unter dem Einfluß von Reserpin, das die Sekretion von LTH auslöst, konnte ZEILMAKER (1963) nachweisen, daß auch die männliche Hypophyse LTH zu produzieren vermag, wobei das Reserpin wie beim Weibchen die Tätigkeit höherer nervösen Zentren unterdrückt, welche die Gonadotropin-Funktion der Hypophyse beherrschen und die LTH-Sekretion hemmen. Es bestehen aber Unterschiede gegenüber den Verhältnissen beim Weibchen: ein echter „Scheinschwangerschaftszustand", wie er beim Weibchen entsteht und sich über längere Zeit erhält, wird beim Männchen durch die Reserpininjektionen nicht erreicht.

Die physiologische Rolle des, wenn auch in geringerer Menge als beim Weibchen, beim Männchen produzierten LTH ist noch ungeklärt: unter dem Einfluß von LTH-Injektionen werden die Hoden beim Täuberich um etwa 90% verkleinert, eine Gewichtsabnahme, wie sie sonst nur nach Hypophysektomie beobachtet wird (RIDDLE u. BATES, 1933) oder während der Brutzeit beim (mitbrütenden!) Täuberich, d. h. eine physiologische LTH-Wirkung, die der experimentell hervorgerufenen entspricht (RIDDLE u. BATES, 1939).

Wir haben schon in der „Einleitung" (S. 1) auf das LTH als Beispiel für die Verschiedenartigkeit der den gleichen Hormonen in den verschiedenen Tierklassen zukommenden physiologischen Aufgaben und Leistungen hingewiesen und dabei auch den durch LTH ausgelösten Trieb zum Aufsuchen des Wassers zur Zeit der Eiablage bei gewissen Molchen (Triton cristatus) erwähnt. Der Schwanzkamm bei diesen Molchen ist ein ambisexuelles von den Sexualhormonen unabhängiges Saisonmerkmal. Das Wachstum des Kammes in der Zeit der sexuellen Aktivität und der zur gleichen Zeit sich entwickelnde Trieb zum Aufsuchen des Wassers, in dem die Eier abgelegt werden, sind beide ausschließlich vom LTH des HVL abhängig: weder die anderen HVL-Hormone, noch die Sexualhormone beider Geschlechter oder die NNR-Hormone sind in irgendeiner Weise *direkt* an diesen Vorgängen beteiligt, wie aus Versuchen an normalen, kastrierten, thyreoidektomierten und hypophysektomierten Molchen oder bei Kombinationen dieser Eingriffe gezeigt wurde. Werden aber normale Sommer-Molche (= Landtiere) mit Testosteron implantiert, so entwickelt sich der rückgebildete Kamm und die Versuchsmolche gehen bis zum 12. Tag nach der Testosterongabe alle zum Wasserleben über, um dann mit dem Versiegen der Testosteronquelle bis zum 21. Tag zu 100% wieder das Land aufzusuchen. Da Androgene bei hypophysektomierten Molchen unwirksam sind, während LTH bei ihnen beides, Kammwachstum und Wassertrieb auslöst, beruht die Wirkung des implantierten Testosterons in den obigen Versuchen offenbar auf der Förderung der LTH-Sekretion, was auch in in-vitro-Versuchen mit den Hypophysen der mit Testosteron behandelten Molche bestätigt wurde (MAZZI, VELLANO u. MERLO, 1970; MAZZI, VELLANO, PEYROT u. LODI, 1970). Die Stimulierung der Sekretion von LTH durch Testosteron ist vermutlich eine indirekte Wirkung, die über den Hypothalamus geht, in dem die Produktion und/oder Sekretion des die „Produktion von Prolactin hemmenden Faktors" (PIF) sistiert wird. In der gleichen Richtung weisen die Versuche von ROGER (1970) an erwachsenen Rattenmännchen mit der Injektion von 19-nor-Androstenolon-Phenylpropionat, das eine beschränkte Hypertrophie der Brustdrüsen und den Beginn einer Milchsekretion auslöst, was auf eine Enthemmung der Sekretion von LTH zurückzuführen ist, auch hier vermutlich durch eine Hemmung des PIF herbeigeführt.

Ob die LTH-fördernde Wirkung von Testosteron mit den folgenden Beobachtungen in Zusammenhang steht, ist noch ungeklärt. KRAGT u. MEITES (1965) haben im Hypothalamus der beiden Tauben-Eltern von frisch geschlüpften Taubenküken in in-vitro-Versuchen einen Stoff nachgewiesen, dessen Zugabe zur

Kultur von Hypophysen wenige Tage alter Taubenküken die Sekretion von LTH auf das Doppelte bis Vierfache erhöhte, eine hypothalamische Wirkung, die in krassem Gegensatz zu derjenigen von PIF, dem hypothalamischen, die Sekretion von LTH hemmenden Faktor steht. Die Bedeutung dieser die LTH-Sekretion bei den Küken fördernden biologischen Wirkung liegt auf der Hand, und es ist umso bemerkenswerter, daß dieser Stoff weder in den Hypophysen von Tauben außerhalb dieser Periode noch in den Hypophysen anderer Vögel oder von Säugetieren nachzuweisen war.

Interessante Parallelen ergeben sich, wie Fiedler (1962) schreibt, zwischen dem Brüten der Vögel und gewissen Brutpflegehandlungen bei manchen Fischen. Die Männchen des mediterranen Lippfisches Crenilabrus ocellatus bauen in der Laichzeit etwa jeden 7. Tag ein neues Algennest. Ihr Fortpflanzungscyclus hat zwei Phasen: in den ersten drei Tagen ist das Männchen überwiegend mit Nestbau, Balzen und Laichen beschäftigt; vom 4. bis 5. Tag fächelt es lange Zeit und nur mit kurzen Pausen mit den Brustflossen den Gehegen im Nest Frischwasser zu. Diese Brutpflegehandlung kann man durch s. c. oder i. m. Injektionen von LTH auch bei isolierten Männchen ohne Nest auslösen. Vermutlich ist das LTH auch normalerweise an der Kontrolle dieser Brutpflegehandlung beteiligt. Beim Stichling Gasterosteus aculeatus hemmt der Brutdrang, der unter dem Einfluß von LTH steht, den sexuellen Drang (van Jersel, 1953). Auch beim Braunen Diskusfisch (Symphysodon aequifasciata axelrodi L. P. Schultz) vermag das injizierte LTH einen komplexen Brutpflegecyclus auszulösen, wobei gleichzeitig die Testosteron-bedingte Kampfintensität gegenüber unbehandelten Testfischen abnimmt (Blüm u. Fiedler, 1964).

Gegenüber einer Reihe von negativen Ergebnissen an verschiedenen Knochenfischen (Teleostiern) gelang es den gleichen Autoren (Nicoll u. Bern, 1965) beim Lungenfisch Protopterus aethiopicus in der Hypophyse eine die LTH-Wirkung am Taubenkropf stimulierende Aktivität nachzuweisen. Dieser Befund ist paläontologisch umso interessanter als der Protopterus-Fisch auch sonst in mancher Hinsicht den deszendenstheoretisch höher stehenden Amphibien ausgesprochen näher steht, bei denen ein hypophysäres LTH mit stimulatorischer Wirkung auf den Taubenkropf mehrfach festgestellt wurde (neben der für die Amphibien charakteristischen Wirkung auf den Wassertrieb).

Diese widerspruchsvollen Mitteilungen über die Wirkungen von LTH bei Fischen wurden auch durch die Untersuchungen von Sundararaj u. Goswami (1965) nicht restlos geklärt, die am Knochenfisch Heteropneustes fossilis (Bloch) die Wirkungen von Testosteronpropionat, LTH und STH (Wachstumshormon) auf die rückgebildeten „Samenblasen" von intakten Individuen in der sexuellen Ruheperiode und von kastrierten bzw. hypophysektomierten Exemplaren prüften: Während alleinige Gaben von Testosteronpropionat oder LTH keinen signifikanten Einfluß ausübten, kam es bei mit dem Androgen sensibilisierten („primed") und anschließend mit LTH behandelten Fischen zu einer Gewichtszunahme und sekretorischen Aktivität der „Samenblasen"; auch STH war bei den androgen-sensibilisierten Fischen im gleichen Sinn wirksam. Maximale Reaktionen beobachtete man bei gleichzeitiger Gabe aller 3 Hormone. Eine indirekte Sensibilisierung der „Samenblasen" konnte auch mit vorausgehenden Injektionen von HCG, die offenbar zu einer endogenen Androgenproduktion führten, erzielt werden.

Im Gegensatz zu den Befunden bei Vögeln konnten Riddle, Lahr, Bates u. Moran (1934) beim Rattenmännchen zunächst keine Hemmungswirkung von LTH auf den Hoden feststellen; diese Angaben wurden aber von Coujard u. Coujard-Champy (1941) korrigiert, die bei Ratte und Maus unter einer Behandlung mit 2 mg LTH, dreimal im Lauf von 6 Tagen gegeben, Veränderungen an den Leydig-Zellen des Hodens (Hyperplasie mit amitotischer Kernvermehrung und Bildung eines von der Norm abweichenden Sekretionsprodukts) und parallel dazu eine Hemmung der Spermatogenese beobachteten; eine Hypertrophie der accessorischen Geschlechtsdrüsen trat beim infantilen Rattenmännchen nicht ein. Bei kastrierten Rattenmännchen, denen Pasqualini (1953) Testosteronpropionat (100 μg tägl.) allein oder in Kombination mit LTH (130 TE tägl.) injizierte, fand sich eine bedeutende Verstärkung des Sekretionseffekts des Androgens durch LTH an den Vesiculardrüsen, die im Mittel um 170% schwerer waren als bei den mit Testosteronpropionat allein behandelten Kastraten. Eine Bestätigung der synergistischen Wirkungen von LTH und Androgenen brachten die Untersuchungen von GRAYHARDT, BUNCE, KEARNES u. SCOTT (1955) an der Rattenprostata und von CHASE, GESCHWIND u. BERN (1957) an den Vesiculardrüsen und Prostatae der Ratte, während LOSTROH u. LI (1957) keine *direkten* Wirkungen der Gonadotropine auf die Prostata bei kastrierten bzw. hypophysektomierten Rattenmännchen feststellen konnten; doch haben PAESI, DE JONGH u. HOOGSTRA (1956) gefunden, daß die Hypophyse eine oder mehrere Substanzen enthält, welche die Wachstumszunahme der Prostata durch Testosteron verstärken; besonders wirksam war in dieser Hinsicht LTH. Dennoch ist dieser sogenannte „Prolactin-Effekt" relativ so gering, daß er z. B. die ICSH-Bestimmung mit Hilfe des Prostata-Wachstumstests nicht stört. VAN REES, WOLTHUIS u. DE JONGH (1962) nahmen diese Frage in neuen erweiterten Versuchen wieder auf und bestätigten nicht nur die Feststellungen von PAESI, DE JONGH u. HOOGSTRA hinsichtlich des LTH, sondern konnten auch für das hypophysäre Wachstumshormon (STH) und das Thyreotropin (TSH) der Hypophyse nachweisen, daß sie diese ICSH-Bestimmungsmethode nicht störend beeinflussen. MALVEN, HANSEL u. SAWYER (1967) glauben auf Grund ihrer Versuche mit Injektion von LTH (Prolactin) bei intakten und bei hypophysektomierten Rattenweibchen die Existenz eines Hormons in der Hypophyse annehmen zu müssen, das sich antagonistisch gegenüber der luteotropen Wirkung von exogenem (und endogenem) Prolactin verhält.

Nach WOLTHUIS (1963) beeinträchtigen „physiologische" Mengen von Androgen (2,0 mg Testosteronpropionat tägl. im Lauf einer Woche s. c. gegeben) die Prolactin-(LTH-) Funktion der Hypophyse bei der Ratte nicht, während „physiologische" Dosen von Oestrogen (50 μg Oestradiolbenzoat tägl.) den LTH-Gehalt in der Hypophyse und im Serum erhöhen; dagegen ruft Progesteron (5,0 mg tägl.) zwar keine signifikante Änderung des LTH-Gehalts in der Hypophyse hervor, wohl aber eine starke Vermehrung im Serum der Ratten. An die Frage der Beziehungen zwischen LTH und Androgenen gingen BARTKE u. LLOYD (1970) auf anderem Wege heran: sie untersuchten bei Ratten, Mäusen und Zwergmäusen die Effekte einer heterotopen hypophysären Homotransplantation auf das Gewicht der accessorischen Geschlechtsdrüsen, der submandibularen Drüsen und der Nieren bei kastrierten, kastrierten + adrenalektomierten und kastrierten + hypophysektomierten Männchen. Bei den Ratten wurden keinerlei signifikante Wirkungen beobachtet; bei den Mäusemännchen war das Gewicht der Vesiculardrüsen, der Submandibulardrüsen und der Nieren bei kastrierten, kastrierten + adrenalektomierten und kastrierten + hypophysektomierten Männchen nach der Hypophysentransplantation erhöht. Wenn den kastrierten Mäusen Prolactin (LTH) oder Wachstumshormon (STH), in Kombination oder getrennt injiziert wurde, reagierten die Vesiculardrüsen in allen 3 Formen der Hormonversuche positiv, wenn bestimmte Dosierungen angewandt wurden, während die Submandibulardrüsen nur auf STH reagierten. Die Effekte hypophysärer Isotransplantate bei kastrierten und intakten erblichen Zwergmäusen zeigten sich in einer Gewichtszunahme der Submandibulardrüsen in beiden Tiergruppen, dagegen nahm das Gewicht der Vesiculardrüsen nur bei den intakten Zwergmäusen zu. Verff. schließen aus ihren Versuchsergebnissen, daß LTH bei männlichen Mäusen einen leichten, *vom Hoden unabhängigen* fördernden Einfluß auf den Fortpflanzungsapparat ausübt und vielleicht auch die Produktion von Androgenen im Hoden stimuliert. Auf die Wiederherstellung des männlichen Kopulationsverhaltens bei kastrierten oder kastrierten + hypophysektomierten Mäusemännchen, die mit Testosteronpropionat behandelt wurden, hatten die hypophysären Transplantate keinen Einfluß.

Ergänzend seien in nachstehender Tab. 7a die Ergebnisse einer partiellen Analyse der chemischen Struktur eines hochgereinigten Präparates von *LTH aus menschlicher Placenta* mitgeteilt, das offenbar im Bioversuch der Aktivität des hypophysären LTH weitgehend entsprach (SHERWOOD, 1969). Im Hinblick auf mehr oder weniger hypothetische Äußerungen im Schrifttum über eine Ähnlichkeit zwischen dem Aufbau von LTH und dem hypophysären Wachstumshormon (STH) hat der Autor in dieser Tabelle die Aminosäuren-Zusammensetzung von menschlichem STH zum Vergleich daneben gesetzt (nach den Forschungsergebnissen von LI, LIU u. DIXON, 1966):

Tabelle 7a. *Aminosäuren-Zusammensetzung von LTH aus menschlicher Placenta und von menschlichem hypophysären STH (nach* SHERWOOD, *1969)*

Aminosäurenbezeichnung	Aminosäuren-Reste pro Mol	
	LTH (Mol.-Gew. 22000)	STH
Lysin	9—10	9
Histidin	6	3
Arginin	10	10
Asparaginsäure	23	20
Threonin	12	10
Serin	16	18
Glutaminsäure	25	26
Prolin	7	8
Glycin	8	8
Alanin	7—8	7
Halb-Cystin	4	4
Valin	8—9	7
Methionin	5	3
Isoleucin	7—8	8
Leucin	24	25
Tyronin	7—8	8
Phenylalanin	11	13
Tryptophan	1	1
	190—195	188

Den *fördernden Einflüssen* der Gonadotropine des HVL auf den Hoden stehen *hemmende* Wirkungen der endogenen im Hoden produzierten Androgene auf die gonadotrope Funktion des HVL gegenüber[25]. Auf eine solche Hemmungsfunktion des Hodens kann man schon aus der Tatsache schließen, daß das Gewicht der Hypophyse beim männlichen Individuum geringer ist als beim Weibchen der gleichen Art. Dieser Unterschied ist schon beim infantilen Tier vorhanden, so z. B. bei der Ratte, wo das Hypophysengewicht beim infantilen Männchen nur 1,42 $\pm$ 0,046 mg, beim Weibchen aber 1,56 $\pm$ 0,052 mg beträgt: VAN REES u. PAESI (1955) konnten diese Differenz auf die hemmende Wirkung der Androgene des

---

25 Die in der Nebennierenrinde produzierten Androgene scheinen nur eine geringe, wenn überhaupt eine hemmende Wirkung auf die Gonadotropinsekretion des HVL zu haben, wie HELLER u. SHIPLEY (1951) auf Grund eigener unveröffentlichten Untersuchungen und der Feststellungen von McCULLAGH u. Mitarb. (1948) schlossen, die bei der Addisonschen Krankheit, d. h. beim totalen Ausfall der Nebennierenrindenhormone keine Erhöhung der Gonadotropinausscheidung im Harn der Patienten fanden. Demgegenüber stellten ROY, MAHESH u. GREENBLATT (1962) bei Injektion von Dehydroepiandrosteron, einem physiologischer Weise von der menschlichen Nebennierenrinde produzierten verhältnismäßig schwachen Androgen, bei infantilen Rattenweibchen Veränderungen in den Ovarien (cystische Follikel) fest, die sie auf Störungen der gonadotropen Hypophysenfunktion zurückführten, und PEILLON u. RACADOT (1965) fanden, daß die tägliche Injektion von Dehydroepiandrosteron im Lauf von 30 Tagen bei präpuberalen Rattenweibchen eine Rückbildung jener Zellen im HVL bewirkt, die das LH produzieren. Inwieweit diese Wirkungen von Dehydroepiandrosteron auf dieses selbst zu beziehen sind oder auf seine Umwandlung in Testosteron (ROY u. Mitarb., 1962), ist allerdings ungeklärt.

infantilen Hodens zurückführen, denn nach der frühzeitigen Kastration steigt das Gewicht der männlichen Hypophyse stark an. Die Kastration führt zu einer Vermehrung der die Gonadotropine erzeugenden Zellen im HVL mit ihrer gleichzeitigen cytologischen Umbildung in sogenannte „Siegelring"- oder „Kastrationszellen", sowohl bei niederen Wirbeltieren, z. B. beim Knochenfisch Clarias batrachus Linn. (LEHRI, 1966) als auch bei Säugetieren, z. B. bei der Ratte; die Folge davon ist eine Vermehrung der Ausscheidung von FSH: sie steigt z. B. beim erwachsenen Mann von 20—25 ME/24 Std in der Norm auf über 100 ME/ 24 Std nach der Kastration an (HARRISON, LEMAN, MUNSON u. LAIDLAW, 1955). Es muß offenbar scharf zwischen der Wirkung der Androgene auf die *Produktion von FSH* in der Hypophyse und auf die *Sekretion, die Ausschüttung* aus der Hypophyse unterschieden werden: nur dann werden scheinbar so gegensätzliche Beobachtungen erklärlich, wie die oben genannten hemmenden Wirkungen des Hodens und die Versuchsergebnisse von JOHNSON u. NAQVI (1969): Diese Autoren hofften den sehr häufig für die Bestimmung von exogenem FSH angewandten Test von STEELMAN u. POHLEY (1953) in seiner Empfindlichkeit zu steigern, indem sie die Produktion von FSH bei der Ratte durch vor dem Test und während des Tests verabreichtes Androgen (25—1000 µg Testosteronpropionat) zu hemmen suchten (Abb. 13): Das Resultat sprach, entgegen den Erwartungen für eine offenbar verstärkte Ausschüttung von FSH als Folge der Gabe von Testosteronpropionat. Man muß also vielleicht an eine Hemmung der Produktion und eine Förderung der Sekretion von FSH durch Androgene denken.

Die hemmende Wirkung des Hodens ließ sich auch in Parabiose-Versuchen an Ratten zeigen (MARTINS u. ROCHA, 1931): Wenn man nach parabiotischer Ver-

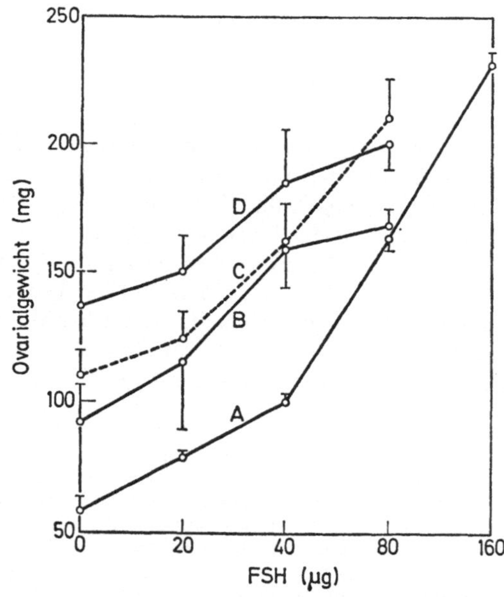

Abb. 13. Wirkung von PMS (= Gonadotropin mit [hauptsächlicher] FSH-Wirkung aus dem Serum trächtiger Stuten) und Testosteronpropionat auf das Ovarialgewicht infantiler Rattenweibchen (Ordinate in mg). Kurve *A* = Kontrollversuch; Kurve *B* = Gabe von 2,5 IE PMS 24 Std vor Beginn; Kurve *C* = Gabe von 100 µg Testosteronpropionat 24 Std vor Beginn, dann täglich im Verlauf des Tests; Kurve *D* = kombinierte Gabe von PMS und Testosteronpropionat wie in *B* und *C*. 5 Tiere-Versuch. Vertikale Linien = Standard-Abweichungen. (Nach JOHNSON u. NAQVI, 1969)

einigung von zwei normalen männlichen Partnern das eine Männchen kastriert, so hypertrophieren unter der Einwirkung der nun erhöhten Gonadotropinproduktion des Kastraten die Hoden des normal verbliebenen Partners, da der hemmende Einfluß des Hodens beim Kastraten weggefallen ist. Ebenso läßt sich die hemmende Wirkung der Zuführung von *exogenem Testosteron* durch die verringerte gonadotrope Wirksamkeit der Hypophyse demonstrieren, wenn man sie zur Implantation bei infantilen weiblichen Ratten benutzt (MOORE u. PRICE, 1937); HAMILTON u. WOLFE (1938) behandelten Rattenmännchen 30 Tage lang mit 0,5 mg Testosteron tägl. und erzielten mit den Hypophysen dieser Männchen bei Implantation eine Zunahme des Ovarialgewichts bei infantilen Weibchen von 10 auf 23 mg, mit den Hypophysen der unbehandelten Kontrollmännchen aber auf 65 mg.

Im gleichen Sinn einer Hemmung der Gonadotropinproduktion in der Hypophyse durch Androgene sprechen auch die Beobachtungen von ROBERTSON, MacGILLIVRAY u. HUTCHINSON (1963), die bei einem Schafbock erst nach der Kastration die Gegenwart von Gonadotropinen im Harn nachweisen konnten: die injizierte Menge, die das Uterusgewicht der infantilen Mäuse von 6,1 mg bei den Kontrollen auf 27,2 mg erhöhten, entsprach 1 l Harn und war für die Testtiere bereits toxisch. Hier wäre auch zu erwähnen, daß beim Rattenmännchen die Adrenalektomie nur eine minimale, die Kastration eine merkliche und die Thyreoidektomie eine maximale Hypertrophie der Hypophyse hervorruft (SCHREIBER u. KMENTOVA, 1964).

Auffallender Weise scheinen bei Rattenmännchen (und -weibchen) auch progressive qualitative Veränderungen der Gonadotropinproduktion post castrationem stattzufinden, die während der ersten 15 Tage vorwiegend FSH-aktiv, dann im Lauf von 9 Monaten ICSH-aktiv und schließlich wieder FSH-aktiv wird (PURVES u. GRIESBACH, 1955).

Zu etwas abweichenden Ergebnissen kamen PAESI, DE JONGH, HOOGSTRA u. ENGELBREGT (1955): sie fanden zwar bei Rattenweibchen 3 Monate nach der Kastration den FSH-Gehalt der Hypophyse auf das 5fache erhöht, aber bei den Männchen, bei denen der FSH-Gehalt normalerweise 5mal höher ist als bei den normalen Weibchen, wird er zufolge diesen Autoren durch die Kastration nicht verändert. Dagegen führt WIJNANS (1953) das innerhalb einer Woche erfolgende kompensatorische Wachstum (Hyperplasie) des nach Halbkastration *in situ* verbleibenden Hodens der Ratte auf eine reflektorische Ausschüttung (vermutlich) von FSH aus dem HVL zurück, also jedenfalls auf eine Rückwirkung des gonadalen Eingriffs auch beim Männchen auf die gonadotrope Funktion. Der gleiche Autor hat übrigens in zwei weiteren Arbeiten (1954a, b) den tatsächlichen *Verbrauch* („consumption") der endogenen und exogenen Gonadotropine durch den Hoden sehr wahrscheinlich machen können: Ein solcher Verbrauch, also die irreversible Resorption des betr. Hormons aus dem Blut durch das Erfolgsorgan ist ja für die theoretische Deutung der reziproken Beziehungen zwischen Hypophyse und Hoden von großer Wichtigkeit, worauf wir noch an anderer Stelle zurückkommen werden.

TAIRA u. TARKHAN (1962) glauben auf Grund ihrer Versuche mit Parabiose und experimentellem Kryptorchismus an Ratten feststellen zu können, daß das spermatogene Gewebe des Rattenhodens ein Hormon ausscheidet, das die Abgabe von FSH aus dem Hypophysenvorderlappen hemmt, während die Leydig-Zellen ein Hormon bilden, das die Abgabe von ICSH hemmt. Wir kommen auf diese Frage weiter unten (S. 51 ff.) noch zurück.

Nach den Versuchen von KAMBERI u. McCANN (1972) an intakten und kastrierten Rattenmännchen, die mit Testosteron behandelt wurden, nehmen FSH-Gehalt und -Konzentration in der Hypophyse zu, das Gewicht des Hypophysenvorderlappens wird bei beiden Versuchsgruppen und bei den Kastraten der Gehalt an FSH im Plasma verringert; das gilt sowohl für die s.c. Injektion von Testosteron als auch für die lokale Implantation von Testosteron-Preßlingen in die Hypophyse: es scheint sich also nicht um eine Hemmung der Produktion, sondern nur der Sekretion von FSH zu handeln, und zwar mittels einer *direkten Wirkung* auf die Hypophyse. Dieser Befund schließt nicht aus das Vorhandensein eines über den Hypothalamus gehenden negativen feed-back-Effekts von Testosteron auf die FSH-Sekretion, der mehrfach auch durch den Nachweis des FSH(RF) releasing factor im Hypothalamus bestätigt wurde (s. WATANABE u. McCANN, 1969). Manche Beobachtungen dieser Forschergruppe sprechen dafür, daß der Schwellenwert für die über den Hypothalamus gehende feed-back-Wirkung von Testosteron höher liegt als der Schwellenwert für die direkte feed-back-Wirkung von Testosteron auf die Hypophyse. Die Art der Wirkungen von Testosteron auf FSH stehen in einem gewissen Gegensatz zur Wirkung dieses Steroids auf die LH-Sekretion beim Rattenmännchen, bei dem Testosteron zu einer drastischen Verringerung des LH-Gehalts sowohl in der Hypophyse als gleichzeitig auch im Plasma führt (RAMIREZ u. McCANN, 1965): es bestehen also qualitative wie quantitative Unterschiede in der Reaktion von FSH und LH auf Testosteron beim Rattenmännchen.

Die hemmende Wirkung der Zuführung exogener Keimdrüsenhormone auf die Gonadotropinproduktion des HVL kann auch sonst je nach der Dosis verschieden sein: Im allgemeinen wird die FSH-Produktion bereits durch relativ kleine Dosen gehemmt, während die ICSH-Produktion durch solche kleine Dosen gefördert und erst durch sehr viel höhere Dosen gehemmt wird. Es bestehen auch ausgesprochene quantitative Unterschiede zwischen den verschiedenen Sexualhormonen; am stärksten hemmend wirken die Oestrogene, die Gestagene scheinen hauptsächlich in der Kombination mit Oestrogenen die Hemmungswirkung der letztgenannten zu verstärken, und von den Androgenen braucht man sehr viel höhere Dosen als von den Oestrogenen, um den gleichen Hemmungseffekt zu erzielen, z. B. bei der Ratte nach McCULLAGH u. HRUBY (1949) gewichtsmäßig 75 mal so viel Testosteron wie Oestradiol. Bei Mäuseweibchen, die infolge Kastration oder Röntgen-Ganzbestrahlung eine erhöhte Gonadotropinproduktion aufwiesen, wurde eine Injektion von 1,25 mg Testosteronpropionat pro Woche benötigt, um die Sekretion zu normalisieren (VERMANDE-VAN ECK u. CHANG, 1955). Auch beim eunuchoiden Menschen brauchten McCULLAGH u. HRUBY (1949) unphysiologisch hohe Dosen Testosteron, um die bei solchen Patienten erhöhte Gonadotropinproduktion zur Norm zurückzuführen; dagegen waren die eunuchoiden Merkmale der Patienten mit sehr viel kleineren („physiologischen") Dosen zu beheben.

Daß die spezifisch-androgene Wirkung der C_{19}-Steroide nicht das ausschlaggebende Moment bei der Hemmung der Gonadotropinproduktion des Hypophysenvorderlappens ist, geht anscheinend aus Versuchen mit 17a-Äthyl-19-nortestosteron (Norethandrolon, Nilevar) hervor: es hemmt die gonadotrope Hypersekretion beim kastrierten männlichen Parabionten in Mengen, die zwar anabol wirken, aber nicht signifikant spezifisch-androgen sind (GOLDMAN, EPSTEIN u. KUPPERMAN, 1957).

Wir sind in unseren bisherigen Ausführungen von der begründeten Annahme ausgegangen, daß eine innersekretorische Funktion nur den Leydig-Zellen als einzigen biologischen Elementen im Hoden zukommt oder in ihnen nachgewiesen werden kann; diese Zellen sollten die gesamte androgene Aktivität des Hodens in allen ihren Auswirkungen besitzen. Die Regelung dieser Aktivität schien auf den reziproken Beziehungen zwischen der gonadotropen Funktion des Hypophysenvorderlappens einerseits und der androgenen Funktion der Leydigschen

Zwischenzellen andererseits zu beruhen, und zwar auf dem sogenannten „*feed-back-Mechanismus*", der eine fördernde (stimulierende) Funktion der Gonado-tropine auf die Androgenproduktion als positives Glied und eine hemmende Funktion der Androgene auf die Gonadotropinproduktion (und -abgabe) als negatives Glied beinhaltete. Für beide Glieder dieses feed-back-Mechanismus haben wir im vorstehenden Beweise und Beispiele angeführt. Eine eingehende Erörterung der Probleme des feed-back-Mechanismus durch C. Fortier findet man in der von U.S. von Euler u. H. Heller herausgegebenen „Comparative Endocrinology", S. 1—24, 1963, Acad. Press New York u. London.

Es liegen aber Beobachtungen sowohl experimenteller als auch klinischer Natur vor, die sich mit der Vorstellung einer Monopolaktivität der Leydig-Zellen in den wechselseitigen Beziehungen zum HVL und seiner gonadotropen Funktion nicht ohne weiteres vereinigen lassen. Sie betreffen im wesentlichen nur die Möglichkeit einer *Hormonproduktion in den samenbildenden Elementen*, während eine inner-sekretorische Funktion der Sertolizellen kaum noch in Betracht gezogen wird.

Im Jahre 1931 berichtete Hamburger als erster über den Befund einer erhöh-ten Ausscheidung von Gonadotropinen bei kastrierten Männern und zeigte damit, daß die schon früher bekannten Wechselbeziehungen zwischen Hypophyse und Ovarialfunktion auch zwischen Hypophyse und männlicher Gonade bestünden. Zunächst wurde allgemein angenommen, daß die gonadalen Steroidhormone in beiden Geschlechtern die Produktion der Gonadotropine hemmten und die Aus-schaltung der gonadalen Steroidhormone durch die Kastration für die erhöhte Gonadotropinproduktion bei den Kastraten bzw. bei den menopausischen Frauen verantwortlich sei. Allein die Untersuchungen von McCullagh u. Schneider (1940), Törnblom (1943), Heller u. Nelson (1948), McCullagh, Sivridge u. McIntosh (1950) und Heller, Paulsen, Mortimore, Junck u. Nelson (1952) ließen vermuten, daß die Produktion der Gonadotropine beim männlichen Ge-schlecht in erster Linie von der Kanälchenfunktion des Hodens abhängig sei und nicht (oder in geringerem Grade) von der Funktion der Leydig-Zellen. McCullagh u. Walsh (1935) hatten schon früher diesem hypothetischen Wirkstoff den Namen „Inhibin" gegeben, unter dem er seitdem in der Literatur geführt wird; es ist aber nie gelungen ihn aus dem Hoden zu extrahieren, geschweige denn ihn in gereinigter Form darzustellen. Wir werden uns im Kapitel über „das Zweite Hodenhormon" (S. 234 ff.) mit der Natur des „Inhibin" eingehend befassen; hier seien nur einige neuere Untersuchungen besprochen, die im Zusammenhang mit der Regelung der Hodenfunktion von Bedeutung sind.

Courrier u. Colonge (1960) haben bei Wistarratten, die mit der Nahrung Leinöl oder Leinpreßkuchen bekamen, fortschreitende Veränderungen der Hoden, mit Atrophie der Samenkanälchen und gleichzeitiger Hypertrophie der Leydig-Zellen beobachtet; die Atrophie der Samenkanälchen konnte bis zu einer voll-kommenen Zerstörung des Samenepithels und Störungen im Sertoli-Syncytium gehen (Courrier, Colonge, Herlant u. Pasteels, 1961). Bei diesen Ratten sind die gonadotropen Zellen des HVL hypertrophiert und vakuolisiert, obgleich die Sekretion von Androgenen normal oder höher als normal ist, wie aus der über die Norm hinausgehenden Entwicklung der Vesiculardrüsen und Prostata geschlossen werden kann. Es scheint also, daß außer der physiologischen Sekretion von An-drogenen in den Leydig-Zellen ein anderer testikulärer Faktor an der Hemmung der gonadotropen Zellen des HVL beteiligt ist, ein Faktor, der bei den Tieren mit vollkommener und allgemeiner Zerstörung der Samenbildung und gleichzeitigen Veränderungen der Sertolizellen fehlt.

Wir haben oben (S. 49) auf die Arbeit von Taira u. Tarkhan (1962) hinge-wiesen, die auf Grund ihrer Versuche mit Parabiose normaler, kryptorcher oder

4*

kastrierter Ratten mit infantilen Männchen oder Weibchen annehmen, daß das spermatogene Gewebe des Rattenhodens ein Hormon bildet, das die Abgabe von FSH aus dem HVL hemmt, während die Leydig-Zellen ein Hormon produzieren, welches die Abgabe von ICSH hemmt. Sie gründen ihre Annahme auf den Befund, daß die Abgabe von FSH aus der Hypophyse des kryptorchen Parabiose-Partners fast ebenso hoch war wie aus der Hypophyse des kastrierten Partners, während die ICSH-Abgabe beim Kryptorchen bedeutend geringer war als beim Kastraten. Das scheint darauf hinzuweisen, daß der kryptorche Hoden, wie der scrotale, die Abgabe von ICSH hemmt, aber, im Gegensatz zum scrotalen Hoden, die Abgabe von FSH nicht hemmt: der testiculäre Faktor, der das FSH hemmt, muß also im scrotalen Hoden vorhanden sein, im kryptorchen aber fehlen. Da der Kryptorchismus zu einem Verschwinden der Spermatogenese führt, während die Leydig-zell-Funktion, wenigstens eine gewisse Zeit erhalten bleibt, legen diese Ergebnisse die Annahme nahe, daß die samenbildenden Elemente ein Hormon produzieren, welches die Abgabe von FSH aus dem HVL hemmt, während die Leydig-Zellen ein Hormon bilden, das die Abgabe von ICSH verhindert.

So überzeugend diese Befunde auf den ersten Blick für eine Hormonproduktion in den Kanälchen zu sprechen scheinen, so darf doch nicht außer Acht gelassen werden, daß auch die Androgenproduktion der Leydig-Zellen im kryptorchen Hoden mit der Zeit nachläßt (s. Kapitel über den Kryptorchismus, S. 350); auch in den Versuchen von TAIRA u. TARKHAN (Dauer des kryptorchen Zustandes 47—67 Tage) waren offenbare Anzeichen dafür vorhanden. Es kann also nicht ausgeschlossen werden, daß rein quantitative Verhältnisse der Androgenproduktion in den Leydig-Zellen der kryptorchen Hoden dafür verantwortlich waren, daß eine geringere Hemmung der FSH-Produktion bzw. -abgabe beim kryptorchen als beim kastrierten Partner vorlag, umsomehr als die Gewichte der Vesiculardrüsen und Prostatae bei den kryptorchen Ratten, als Zeichen der stark verminderten Androgenproduktion, eine Mittelstellung zwischen den Gewichten bei den normalen und kastrierten Partnern einnahmen.

ALLANSON u. DEANESLY (1962) haben bei Rattenmännchen durch die s. c. Injektion von Cadmiumchlorid[26] eine vollkommene Zerstörung der Samenkanälchen und der interstitiellen Zellen der Hoden, nebst Veränderungen im HVL herbeigeführt: die cytologische Untersuchung der Hypophyse zeigte, daß die zentralen gonadotropen Zellen wieder normal werden, sobald das interstitielle Gewebe des Hodens regeneriert, während die peripheren gonadotropen Zellen des HVL ihr charakteristisches postkastratives Aussehen behalten, solange es nicht auch zu einer Regeneration des Samenepithels kommt. Die Verfasser glauben daraus schließen zu dürfen, daß in normalen (Ratten-)Hoden eine Hormonbildung sowohl in den Samenkanälchen als auch in den Leydig-Zellen vor sich geht. Sie stellen sich mit dieser Auffassung auf die Seite von GRIESBACH, BELL u. LIVINGSTON (1957), die auf Grund ihrer Untersuchungen an Vitamin E-Mangelratten den zentralen Gonadotropen im HVL die Produktion von ICSH, den peripheren Gonadotropen diejenige von FSH zugeschrieben haben. Diese Lokalisierung der Produktion der beiden gonadotropen Hormone ist aber nicht unwidersprochen geblieben (RENNELS, 1957; HILDEBRAND, RENNELS u. FINERTY, 1957; BARNETT,

---

26 Nach der Methode von PAŘÍZEK (1956, 1957, 1960). Weitere Beobachtungen und Literaturhinweise bezüglich der Wirkung der Cadmiumionen auf die (männlichen und weiblichen) Fortpflanzungsorgane finden sich in der Arbeit von CHIQUOINE (1965). Nach den Feststellungen von PAŘÍZEK (1956) kann die destruktive Wirkung von Cadmium auf den Hoden durch hohe Zinkgaben (vor, während und nach der Injektion von Cadmium) verhindert werden; der Hoden (Spermatozoen) und die Prostata sind die Zink-reichsten Weichteile des Körpers.

1956) und kann durchaus nicht als feststehend betrachtet werden. Auch machen die Befunde von ALLANSON u. DEANESLY die Annahme eines aus den Samenkanälchen stammenden Hormons nicht zwingend; sie lassen sich vielmehr auf quantitativer Basis zwanglos deuten, wenn man eine geringere Empfindlichkeit der peripheren gonadotropen Zellen für die Androgene der Leydig-Zellen annimmt, deren Produktion erst eine gewisse Höhe erreichen muß, um sowohl die Regeneration der Samenkanälchen zu fördern als auch die Hyperaktivität der peripheren Gonadotropen im HVL zu hemmen. Für quantitative Differenzen in der Androgenproduktion im Verlauf der Regeneration spricht nicht nur die allmähliche Zunahme der Zahl der Leydig-Zellen, sondern auch die Tatsache, daß nicht alle zentralen Gonadotropen gleich zu Beginn der Regeneration der Leydig-Zellen die Anzeichen ihrer Hyperaktivität verlieren, sondern daß das Ausmaß der Wiederherstellung der Norm von der Zahl der normalen Leydig-Zellen und von der Dauer der Sekretion abhängig ist (ALLANSON u. DEANESLY): gewisse Anzeichen einer Hyperaktivität der zentralen Gonadotropen fanden sich auch noch nach 229—266 Tagen Versuchsdauer.

Neuere Untersuchungen betr. die Existenz eines in den Kanälchen produzierten Hormons, das die FSH-Produktion im HVL hemmt, stammen von JOHNSEN (1964) und gründen sich auf quantitative Messungen der Ausscheidung von Gonadotropinen und Androgen-Metaboliten im Harn und ihre Korrelierung mit dem Funktionszustand des Keimepithels bei verschiedenen Formen des männlichen Hypogonadismus beim Menschen. Er glaubt in seinen Beobachtungen eine Bestätigung dafür gefunden zu haben, daß „der testiculär-hypophysäre feed-back-Mechanismus von der Spermatogenese abhängig ist; die Hormonproduktion der Leydig-Zellen kann vielleicht eine leichte Hemmung der Gonadotropin-Sekretion bewirken, doch sei das im Vergleich mit der Wirkung der Spermatogenese eine zu vernachlässigende Größe". Nach JOHNSEN sind die Theorien, die sich auf die Sekretion eines die Gonadotropin-Bildung hemmenden Faktors im Keimepithel stützen, im wesentlichen aus zwei Gründen abgelehnt worden: 1. ein „Inhibin" ist in den Hoden niemals festgestellt worden, und 2. die spermatogenen Zellen besitzen keinen sekretorischen Apparat. JOHNSEN weist beide Einwände als falsch zurück: nach den Untersuchungen von GATENBY, BRONTÉ u. BEAMS (1936), AREY (1930) und BELL (1929) enthält das Cytoplasma der Spermatiden, das bei der endgültigen Umwandlung der Spermatiden in die fertigen Spermatozoen abgetrennt wird, den Golgi-Apparat und zahlreiche Mitochondrien, also die Bestandteile einer sekretorischen Ausrüstung der Zelle; kurz vor der Abtrennung dieses Cytoplasmas setzt in ihm eine lebhafte Sekretbildung ein, die mit dem Cytoplasma ins Kanälchenlumen abgestoßen wird. *Dieses Sekret ist (oder enthält) das Hormon, welches nach* JOHNSEN *die hypophysäre Gonadotropinsekretion regelt.* Daß dieses „Inhibin" in Hodenextrakten niemals nachgewiesen werden konnte, liegt nach ihm einfach daran, daß der Kanälcheninhalt mitsamt dem Sekret sehr rasch aus dem Hoden herausgespült wird, denn auch reife Spermatozoen findet man trotz ihrer Unbeweglichkeit kaum jemals in den Kanälchen: so ist der Mißerfolg bei der Suche nach dem „Inhibin" in Hodenextrakten kein stichhaltiges Argument *gegen* die Existenz einer im Cytoplasma der Spermatiden erzeugten hemmenden Substanz, sondern eher eine indirekte Stütze dieser Theorie, wie JOHNSEN meint.

Über die chemische Natur dieses „Inhibins" aus den spermatogenen Zellen ist nichts bekannt; die oben erwähnten Untersuchungen von BELL (1929) und ihre neuere Bestätigung durch GRESSON u. ZLOTNIK (1945) sprechen wohl für eine Sekretion von Lipiden im Cytoplasma der Spermatiden, aber es kann sich nach JOHNSEN wohl kaum um ein Steroidhormon handeln, da die Anwesenheit der für die Synthese von Steroidhormonen notwendigen Enzyme auf die Zellen beschränkt ist, die aus den „Steroid-Drüsen-Anlagen" stammen (SEGAL, 1959), d. h. im Hoden auf die Leydig-Zellen. So einleuchtend manche Befunde von JOHNSEN und seine Deutungen auch sein mögen, so darf doch nicht übersehen werden, daß die Untersuchungen über die experimentelle Hemmung der Hyperaktivität der Gonadotropinproduktion beim Kastraten durch die Steroidhormone (auch durch das Testosteron, also das Haupthormon der Leydig-Zellen, wenn auch in hohen Dosen, s. S. 53) und die Produktion von hochaktiv hemmenden Oestrogenen in den Leydig-Zellen (s. Kapitel über das Zweite Hodenhormon, S. 234 ff.) die Existenz eines hypothetischen „Inhibins" der Samenzellen stark in Frage stellen. Wie in diese komplizierten Verhältnisse die Möglichkeit einer stärkeren oder schwächeren enzymatischen Umwandlung der Androgene in hochwirksame hypophysenhemmende Oestrogene hineinspielt, ist noch nicht abzusehen: KAISER (1964) inkubierte Ovarialgewebe einer 38jährigen Frau mit oder ohne Zusatz von FSH bzw. LH und fand, daß beide hypophysären Hormone die Umwandlung von Androgen (radioaktivem Androstendion) in Oestron und 17β-Oestradiol stimulierten (in beiden Fällen konnte diese Wirkung durch den Zusatz zum Inkubationsgut von Kaninchenserum, das gegen HCG immunisiert war, blockiert werden).

In einem *Gesamtbild der Regulierung der Hodenfunktion* dürfen auch jene, im weitesten Sinne „äußeren" Faktoren nicht unberücksichtigt bleiben, die tiefgreifende Wirkungen auszuüben imstande sind. Dazu gehört vor allem die *Temperatur der Umgebung*, in der sich der Hoden befindet. So konnte z. B. WILLE (1957) für den Frosch Rana ridibunda perezi einen Temperaturbereich zwischen 15 und 20° C feststellen, in dem die Empfindlichkeit des Hodens für die exogenen Gonadotropine (HCG) am höchsten ist. Für Rana temporaria kommt VAN OORDT (1956) zum Schluß, daß der spermatogenetische Cyclus einerseits durch die Umgebungstemperatur reguliert wird, welche die cyclischen Veränderungen der Gonadotropinsekretion im HVL regelt, und andererseits durch einen internen Rhythmus, der sich in rhythmischen Änderungen der Empfindlichkeit des Keimepithels im Hoden für die Gonadotropine äußert; dieser interne Rhythmus kann experimentell durch Temperaturänderungen in der Zeit vom Januar bis April abgeändert werden. Im Gegensatz zum Frosch der gemäßigten Zonen weist die Kröte Bufo melanostictus Schneid. des tropischen Indiens eine kontinuierliche Spermatogenese in allen Jahreszeiten auf. Trotzdem ist auch bei ihr ein jahreszeitlicher Wechsel in der Empfindlichkeit des spermatogenen Gewebes für die hypophysären Gonadotropine festzustellen, der von den Veränderungen in der Umgebung abhängig ist [Versuche von BASU u. MONDAL (1961) an hypophysektomierten Krötenmännchen]. Bei einer Reihe von Säugerarten ist eine normale Spermatogenese nur in den relativ engen Grenzen der „Normaltemperatur" möglich, deren Überschreitung nach oben oder unten zu atrophischen Veränderungen der Samenkanälchen führt, die auch durch exogene Gonadotropine nicht zu reparieren gelingt; wir werden im Kapitel über den Kryptorchismus auf diese Verhältnisse zurückkommen (S. 350).

Der Einfluß des *Lichts* auf die Hodenfunktion wurde oben (S. 15) behandelt.

Auch der *Funktionszustand der Schilddrüse* wirkt sich auf die Empfindlichkeit des Hodens gegenüber den exogenen Gonadotropinen aus, wie aus den Versuchen von CRABBÉ (1954a, b) und von WILLE (1956, 1957) an Fröschen hervorgeht: eine leichte Hypofunktion der Schilddrüse setzt die Schwelle für die Gonadotropinwirkung herab, ein leichter Hyperthyreoidismus erhöht sie. Die Ergebnisse von SMELSER (1939) und von BISCHOFF u. Mitarb. (1941) weisen in der gleichen Richtung. Ein Überschuß an Schilddrüsenhormonen verhindert nach SCHREIBER u. KMENTOVÁ (1965) die Hypertrophie des Hypophysenvorderlappens nicht nur bei Tieren, die mit Methylthiouracil gefüttert wurden, sondern auch bei kastrierten Männchen. Dagegen hat ein Überschuß an Testosteron eine hemmende Wirkung auf die Hypertrophie des Vorderlappens der Hypophyse nur bei kastrierten, nicht aber bei mit Methylthiouracil behandelten Tieren.

Diese Beispiele der Wirkung „äußerer" Faktoren mögen hier genügen; sie könnten leicht durch die Beschreibung der Einflüsse von Ernährung, Vitaminversorgung, Feuchtigkeit u. a. vermehrt werden, doch kam es uns nur darauf an zu zeigen, daß die Einhaltung einer gewissen Normalität der äußeren Bedingungen die Voraussetzung dafür ist, daß die physiologische Regelung der Hodenfunktion durch das Zusammenspiel der nervösen und hormonalen Einflüsse zum Zuge kommt, die wir in den vorausgehenden Erörterungen dieses Kapitels besprochen haben.

Es sei noch darauf hingewiesen, daß die Gonadotropine grundsätzlich *geschlechts- und artunspezifisch* sind, ohne Rücksicht darauf ob sie hypophysären oder extrahypophysären Ursprungs sind. Die Frage der Artspezifität hat in der Vergangenheit eine heftige Kontroverse ausgelöst, vor allem auf Grund von Versuchen an Amphibien: Während z. B. BARDEEN (1932) nur mit der Implantation artgleicher Hypophysen bei Weibchen von Rana pipiens die Eiablage und bei den Männchen die Bildung reifer Spermatozoen außerhalb der normalen Fortpflanzungsperiode bewirken konnte, erzielten BURNS u. BUYSE (1931) bei jungen Larven von Ambystoma tigrinum mit der Injektion von Extrakten aus Säugerhypophysen eine ausgesprochene Wirkung der Gonadotropine am Männchen, mit starker Hypertrophie der Hoden, vorzeitigem Einsatz der Spermatogenese und den (sekundären) Veränderungen an den Ausfuhrgängen und der Kloake. BERGERS u. LI (1960) riefen mit ICSH und STH aus Schafshypophysen *in vitro* die Ovulation an den Ovarien von Rana pipiens hervor, an der gleichen Art, wie sie BARDEEN benutzt hatte. Wenn also an der grundsätzlichen Artunspezifität der Gonadotropine auch nicht gezweifelt werden kann, so steht andererseits doch fest, daß die Wirksamkeit der artgleichen und artungleichen Gonadotropine am gleichen Versuchsobjekt sehr starke Unterschiede aufweisen kann. Das ist zum Teil sicher darauf zurückzuführen, daß die Hypophysen der einzelnen Arten sich in ihrem Gehalt an FSH bzw. ICSH, also im Quotienten FSH:ICSH stark unterscheiden; dementsprechend dürfte auch der Bedarf an den beiden Gonadotropinen für die einzelnen Arten verschieden und bis zu einem gewissen Grad spezifisch sein, wobei nicht so sehr die absoluten Mengen als ihr gegenseitiges Mengenverhältnis die entscheidende Rolle spielen (WITSCHI, 1940). Außerdem werden aber die Wirksamkeitsunterschiede von artgleichen und artungleichen Gonadotropinen auch durch ihre immunologischen Verschiedenheiten und durch die davon abhängige stärkere oder schwächere Entwicklung von Anti-Gonadotropinen bedingt (vgl. Voss, 1960).

C. Das „early-androgen syndrome": Das „Frühe Androgen-Syndrom"

Die Wechselbeziehungen zwischen Hirn, Hypophyse und Gonaden sind durch Untersuchungen über den experimentellen *konstanten Oestrus* bei Nagerweibchen und gewisse Bedingungen seiner Hervorrufung teilweise geklärt worden. PFEIFFER (1936) machte als erster die Beobachtung, daß erwachsene Rattenweibchen nicht ovulierten, wenn sie Hodengewebe implantiert erhielten; BRADBURY (1941) gelang die methodisch wichtige ergänzende Feststellung, daß eine Injektion von Androgen bei infantilen Rattenweibchen kurz nach der Geburt die Ovulation nach Erreichung der Pubertät verhinderte; diese Beobachtung von BRADBURY wurde von GORSKI u. BARRACLOUGH (1961, 1962) insofern erweitert, als sie auch eine Injektion von nur 10 μg Testosteronpropionat am 5. Lebenstag in dieser Hinsicht wirksam fanden. In ähnlichen Versuchen von KIKUYAMA u. KAWASHIMA (1966), in denen aber 10 μg Testosteronpropionat/g K.-Gew. bei Rattenweibchen im Alter von 10 Tagen einmalig s. c. injiziert wurden, zeigten 5 von 7 Ratten, nach einer kurzen Periode normaler Cyclen nach Erreichung der Pubertät, einen vaginalen Daueroestrus und im Alter von 120 Tagen in den Ovarien nur verschieden große Follikel, aber keine C. lutea. Ebenso behandelte Weibchen, die aber mit 40 Tagen ovariektomiert wurden und mit 140 Tagen ein Ovarium implantiert erhielten, wiesen alle C. lutea in den Transplantaten auf; wurden aber die in gleicher Weise androgenisierten Weibchen erst im Alter von 140 Tagen ovariektomiert und gleichzeitig mit einem Ovarium implantiert, waren bei 4 von 5 Weibchen keine C. lutea in den Transplantaten vorhanden. KOVÁCS (1966) verfolgte die Entwicklung von C. lutea in mit einmaliger Injektion von 2,5 mg Testosteronpropionat am 1. oder 2. Lebenstag androgenisierten Wistarrattenweibchen: nur wenn die androgenisierten Ovarien entfernt und in die Milz implantiert wurden, bildeten sich in ihnen zahlreiche C. lutea aus; wurde ein androgenisiertes oder ein normales Ovarium in die Milz eines gonadektomierten Tieres homotransplantiert, so entwickelten sich in ihm C. lutea, wobei es keine Rolle spielte, ob der Transplantatträger ein Männchen, ein normales oder ein androgenisiertes Weibchen war. KOVÁCS deutet seine Befunde dahingehend, daß bei den androgenisierten Ratten, wenn keine Oestrogene mehr zirkulieren, die Hypophyse größere Mengen von LH produziert, die in den transplantierten Ovarien die Bildung von C. lutea auslösen. BURIN, THEVENOT-DULUC u. MAYER (1963) zeigten, daß die einmalige Injektion von 2,5 mg Testosteronpropionat am 4 .Lebenstag bei den infantilen Rattenweibchen zur Entwicklung von Tieren mit ständigem Oestrus führt, deren Ovarien keine Ovulation und keine C. lutea aufweisen. Weder eine totale Adrenalektomie noch eine absolute Inanition (Trinkwasser ad libitum) veränderten den Zustand der Ovarien. Nach Behandlung mit Progesteron kann am Uterus dieser Tiere eine traumatische Decidualreaktion ausgelöst werden (vgl. dazu die Beobachtungen von KINCL u. MAQUEO (1965) über die protektive Wirkung von Progesteron auf den fetalen Hypothalamus).

TAKASUGI (1952) zeigte, daß die Injektion von Testosteronpropionat bei infantilen Rattenweibchen, beginnend am Tag der Geburt und über 10—30 Tage fortgesetzt, zum Ausbleiben der Vaginaleröffnung über die Zeit der Pubertät hinaus und gleichzeitig zu einer konstanten oestralen Verhornung der Schleimhaut der oberen Vagina führte. BARRACLOUGH u. LEATHEM (1954) stellten fest, daß bei Mäuseweibchen die einmalige Injektion von Testosteronpropionat am 5. Lebenstag (dieser Termin erwies sich in der Folgezeit als wichtig) eine dauernde Sterilität bedingte. Abweichend von den Beobachtungen von TAKASUGI (1952) sahen SEGAL u. JOHNSON (1959), daß die Injektionen von Testosteronpropionat im Lauf der ersten postnatalen Woche (an 3 Tagen) eine vorzeitige Eröffnung der Vagina bei den neugeborenen Ratten bewirkten, während gleichzeitig auch in ihren Versuchen ein konstanter Vaginaloestrus bestand. In weiteren Versuchen fand dann BARRACLOUGH (1961), daß auch bei Rattenweibchen (wie in seinen ursprünglichen Versuchen an infantilen Mäuseweibchen) eine androgen-empfindliche Periode besteht, die von der Geburt bis zum 10. Lebenstag anhält. Von KIKUYAMA (1961) wurde das bestätigt.

Da nach BRADBURY (1941) die Ovarien solcher frühzeitig mit androgenen Substanzen behandelten Rattenweibchen normal funktionierten, wenn sie in ein unbehandeltes Weibchen transplantiert wurden, nahmen BARRACLOUGH u. GORSKI (1961) an, daß die hemmende Androgenwirkung auf dem Niveau des ZNS effektiv wird, vermutlich durch Setzung funktioneller Veränderungen in den suprachiasmatisch-präoptischen Strukturen des Hypothalamus. TAKEWAKI (1962a, 1962b), der die hormonalen Bedingungen und Mechanismen erörterte, die dem Daueroestrus der Ratte zugrundeliegen können, wies darauf hin, daß im Fall der Abwesenheit von Sexualhormonen der Hypothalamus auch beim Weibchen und nicht, wie in der Norm, nur beim Männchen in nichtcyclischer Weise auf die Hypophyse einwirkt und infolgedessen auch die Gonadotropine im HVL in acyclischer Weise gebildet werden. Allerdings hatte KIKUYAMA (1961) angenommen, daß die Sexualhormone bei den neugeborenen Ratten an dem Hypothalamus übergeordneten Hirnzentren angreifen: damit stimmte es überein, daß Reserpin bei mit den Gaben von Testosteronpropionat oder Oestron gleichzeitiger Verabreichung bei den neugeborenen Ratten die Wirkung der Sexualhormone hemmte oder verhinderte (Dosierung: Testosteronpropionat 12,5 μg; Reserpin 6 μg tägl. 5 Tage lang). Die Ergebnisse dieser Versuche scheinen darauf hinzuweisen, daß der Angriffsort sowohl der Hodenhormone beim neugeborenen Männchen als auch der injizierten Androgene (oder Oestrogene) beim neugeborenen Weibchen der Ratte in nervösen Strukturen des Hirns lokalisiert ist, auf die das Reserpin einwirken kann, das also zentral angreift, während ein peripherer Antagonismus ausgeschlossen zu sein scheint. Auch wenn man (nach TAKEWAKI) Rattenmännchen kastriert und Ovarien und Vagina außerhalb des portalen Kreislaufs implantiert, bildet sich ein ähnlicher Zustand aus wie bei den Weibchen, mit konstantem Oestrus der Vagina und mit Follikeln in den Ovarien, aber ohne Corpora lutea, und auch hier gelingt es durch Reserpingaben Corpora lutea zu erzeugen.

Dieses „*early-androgen syndrome*" wurde neuerdings von SWANSON u. VAN DER WERFF TEN BOSCH (1964a) eingehend untersucht. Sie definieren es als das Auftreten „anovulatorischer Ovarien bei erwachsenen Rattenweibchen als Folge einer einmaligen Injektion von Testosteronpropionat bei neugeborenen Rattenweibchen im Lauf der ersten Woche nach der Geburt". Sie fanden, daß das Syndrom bei Applikation geringer Dosen von Testosteronpropionat eventuell erst einige Zeit nach Erreichung der sexuellen Reife manifest werden kann, während die Wirkungen höherer Dosen früher in Erscheinung treten: im Alter von 10 Wochen war der Anteil an anovulatorischen Weibchen abhängig von der applizierten Testosteronpropionat-Dosis und betrug 0 bis 30 bis 64%, je nach dem ob 5 bzw. 10 bzw. 50—100 μg Testosteronpropionat verabreicht worden waren; wenn die injizierten Ratten ein Alter von 21—24 Wochen erreicht hatten, waren sie, ohne Rücksicht auf die verabreichte Dosis, zu etwa 90% anovulatorisch. Ratten, die nur 5 μg Testosteronpropionat erhalten hatten, ovulierten im Alter von 10 Wochen; sie paarten sich, waren aber infertil noch im Alter von 13 Wochen und waren mit 21 Wochen anovulatorisch. Aus Versuchen mit einseitiger Ovariektomie bei in der Neugeborenenzeit mit Testosteronpropionat injizierten Weibchen schließen die Verff., daß der feed-back-Mechanismus für den Gonadotropinkomplex, der für das Follikelwachstum notwendig ist (in der Hauptsache vermutlich FSH), nicht gestört zu sein scheint; doch war andererseits der Abfall des Oestrogenspiegels nicht stark genug, um auch die Sekretion des Gonadotropinkomplexes (in der Hauptsache vermutlich LH) hervorzurufen, der für die Ovulation notwendig ist. JOHNSON u. WITSCHI (1963b) haben die Wirkungen von FSH, HCG und Oestradiol bei „androgenisierten" und normalen Rattenweibchen verglichen (die „Androgenisierung" erfolgte durch Injektion von 2,5 mg Testosteronpropionat in 0,05 ml Sesamöl bei 5 Tage alten Rattenweibchen); sie kommen zum Schluß, daß bei den androgenisierten Weibchen unternormale Mengen von FSH und LH im Blut kreisen, wenngleich die Mengen doch genügen, um ein gewisses Maß von Oestrogenproduktion und ovariellem Wachstum aufrechtzuerhalten. Jedenfalls darf nicht außer acht gelassen werden, daß die Androgenisierung zu einer Veränderung in der Empfindlichkeit von Hypothalamus oder Hypophyse für Oestrogene und/oder Androgene führen kann. Im gleichen Sinne sprechen auch die Versuche von KURCZ u. GERHARDT (1968): sie halten auf Grund ihrer Untersuchungen über die gonadotrope Aktivität bei androgenisierten Rattenweibchen mittels der Parabiose-Methode den Zeitpunkt und die Dosierung hinsichtlich der Folgen der Androgenisierung für ausschlaggebend; die Produktion von FSH und LH sowie die Empfindlichkeit der Ovarien gegenüber der Gonadotropinwirkung war bei den androgenisierten Tieren geringer als bei den Kontrollen.

Aus der oben geschilderten allmählichen Ausbildung des „Früh-Androgen-Syndroms" mit zunehmendem Alter scheint hervorzugehen, daß die Testosteronpropionat-Injektion in einen Entwicklungsprozeß eingreift. Es ist möglich, daß der Einfluß des Alterns auf die Ovarien zum Teil auf dem Altern des ZNS beruht und daß die Gegenwart von Androgenen im Neugeborenenalter diesen Alterungsprozeß beschleunigt.

Wie kompliziert die Vorgänge sind, die der Auslösung des „Früh-Androgen-Syndroms" zugrundeliegen, zeigen die Versuche von ARAI (1971) über die Wirkung einer elektrochemischen Stimulierung (EC) des Amygdaloidkernkomplexes bei 2 Typen von Rattenweibchen mit persistierenden Oestrus (also dem Kardinalsymptom des „Früh-Androgen-Syndroms") und bei kastrierten Männchen mit Ovarialtransplantat: Wurde der persistierende Oestrus durch konstante Belichtung herbeigeführt, so konnte die Ovulation durch EC-Stimulierung des medialen Teils der Amygdala ausgelöst werden, während die Stimulierung anderer Gebiete der Amygdala unwirksam war. Dagegen konnte bei Ratten, die durch Androgenisierung (Verabreichung von 5 mg Testosteronpropionat am 5. Lebenstag) in persistierenden Oestrus versetzt waren, durch EC-Stimulierung in keinem Gebiet der Amygdala die Ovulation induziert werden; ebenso war in den Ovarialtransplantaten bei kastrierten Männchen durch EC-Stimulierung keine Ovulation und keine Corpus luteum-Bildung auslösbar. Offenbar unterscheidet sich der Amygdaloid-Einfluß auf die hypothalamo-hypophysäre Gonadotropinfunktion bei den durch konstante Belichtung in persistierenden Oestrus versetzten Ratten seiner Natur nach von demjenigen bei androgenisierten Weibchen oder bei Männchen.

Wir haben oben (S. 50) auf eine Arbeit von GOLDMAN, EPSTEIN u. KUPPERMAN (1957) hingewiesen, aus der hervorzugehen schien, daß die spezifisch-androgene Wirkung der C_{19}-Steroide nicht das ausschlaggebende Moment bei der Hemmung der Gonadotropinproduktion des HVL ist: das wurde aus Parabiose-Versuchen geschlossen, in denen das vorherrschend anabole $17\,a$-Äthyl-19-nortestosteron das verabreichte Steroid war. JACOBSOHN (1964) hat in Versuchen mit dem „early-androgen syndrome" das spezifisch-androgen hochwirksame Testosteronpropionat mit mehreren „anabolen Steroiden" verglichen, die alle anabol gut wirksam waren, deren spezifisch-androgene Wirkung aber nur mehr oder weniger stark ausgeschaltet war: ein anhaltender testosteronähnlicher Effekt, also ein positives „early-androgen syndrome" wurde nur mit dem am stärksten spezifisch-androgen wirksamen anabolen Steroid erzielt, was — im Gegensatz zur oben zitierten Arbeit — mehr für die Bedingtheit des Syndroms durch die spezifisch-androgene Wirkungskomponente als durch die protein-anabolen Eigenschaften der C_{19}-Steroide zu sprechen scheint. Angesichts der nur sehr beschränkten zu diesem Problem vorliegenden Untersuchungen dürfte es wohl verfrüht sein, hier ein abschließendes Urteil zu fällen.

In weiteren Versuchen haben SWANSON u. VAN DER WERFF TEN BOSCH (1964b) die Wechselbeziehungen zwischen der Dosis und dem Verabreichungstermin von Testosteronpropionat bei der Wirkung auf die Entwicklung der Sexualfunktionen untersucht, indem sie pränatal den Müttern oder postnatal den Neugeborenen

Testosteronpropionat injizierten: Die einmalige Injektion von 2500 μg zwischen dem 19. und 22. Tag der Gravidität hatte keinen Einfluß auf die Ovarialfunktion der weiblichen Nachkommenschaft, obgleich diese Dosis für eine Maskulinisierung der äußeren Genitalien ausreichend war. Das Gewicht der Hoden und accessorischen Drüsen bei den männlichen Nachkommen wurde durch diese praenatalen Gaben von Testosteronpropionat nicht beeinflußt. Die postnatale Injektion von Testosteronpropionat-Schwellendosen (5 oder 10 μg) war bei den Weibchen umso wirksamer je früher sie nach der Geburt erfolgte, die Ovulationen hörten im Alter von 21 Wochen auf, bei den 27 Wochen alten Weibchen fanden sich keine Corpora lutea in den Ovarien, aber das weibliche Paarungsverhalten blieb bestehen und wurde nur durch hohe Dosen Testosteronpropionat (500 μg und mehr) aufgehoben. Bei den Männchen führte die postnatale Applikation von 50 μg Testosteronpropionat oder mehr am 2. Lebenstag zu einer permanenten Größenabnahme der Hoden, Vesiculardrüsen und ventralen Prostata, doch wurde die Fertilität durch die Gabe von 50 μg nicht beeinträchtigt [nach JOHNSON u. WITSCHI (1963a) heben auch 2500 μg, am 5. Lebenstag gegeben, die Fertilität nicht auf, obgleich Hoden und accessorische Geschlechtsdrüsen verkleinert sind].

Auch SWANSON u. VAN DER WERFF TEN BOSCH (1964b) nehmen eine Wirkung der Androgene beim „Frühen Androgen-Syndrom" an, die über den Hypothalamus zustandekommt, und glauben, daß die kritische Periode der Hirnempfindlichkeit für physiologische Androgendosen zwischen dem 4. und 6. Lebenstag liegt, doch scheint beim Weibchen auch 10—20 Tage nach diesem Termin eine „Maskulinisierung" möglich zu sein, wenn die Androgendosen hoch genug sind; die physiologischen Mengen dürften bei der endogenen Androgenproduktion einer Dosis von 5—50 μg Testosteronpropionat entsprechen.

Zur Erklärung des Mechanismus des „Frühen Androgen-Syndroms" haben ROY, GREENBLATT u. MAHESH (1964) auf die Annahme von BARRACLOUGH u. GORSKI (1961) zurückgegriffen, daß im Hypothalamus[27] vermutlich zwei getrennte Zentren vorhanden sind, welche die Bildung und Abgabe von LH im HVL regeln, das eine für die cyclische ovulatorische Abgabe und das andere für eine unabhängige tonische Abgabe von LH. Die Hemmungswirkung der Androgene richtet sich offenbar auf das erstgenannte Zentrum, während das zweite Zentrum unter dem ständigen hemmenden Einfluß der konstant sezernierten Oestrogene steht. Wird der oestrogene Effekt z. B. durch die Implantation des Ovariums in die Milz aufgehoben, so wird LH fortlaufend produziert und löst eine weitgehende Luteinisierung und Corpus luteum-Bildung im Ovarium aus.

Wichtig ist in dieser Hinsicht ein Vergleich zwischen den Folgen einer frühen postnatalen Androgenapplikation („Frühes Androgen-Syndrom") und den Folgen einer ebenso frühen Oestrogengabe bei den infantilen Rattenweibchen: Abgesehen vom in beiden Fällen fundamentalen Symptom der fehlenden spontanen Ovulation bestehen weitgehende Unterschiede: Eine elektrische Aktivierung des

---

27 MOGUILEVSKY u. RUBINSTEIN (1967) untersuchten den glykolytischen und oxydativen Stoffwechsel der einzelnen Teile des Hypothalamus bei präpuberal (3—4 Tage nach der Geburt) durch Injektion von 1,0 mg Testosteronpropionat androgenisierten Ratten im Alter von 23—27 Tagen *in vitro*, mit oder ohne Zusatz von FSH bzw. LH zum Medium: der vordere Hypothalamus wies bei den androgenisierten Ratten eine signifikante Zunahme der Sauerstoffaufnahme (QO_2) auf, während im mittleren und hinteren Hypothalamus kein Unterschied gegenüber den unbehandelten Kontrollen festzustellen war; in der Lactatbildung nach Abschluß der Inkubation lag kein Unterschied zwischen Versuchs- und Kontrolltieren vor. Der Zusatz von 200 μg FSH/ml zum Medium erhöhte die QO_2 wohl bei den Kontrollen, nicht aber bei den androgenisierten Tieren, während der Zusatz von 50 μg LH/ml die hohe oxydative Wirksamkeit im vorderen Hypothalamus nur bei den androgenisierten Tieren erniedrigte. Eine Wirkung des Hormonzusatzes auf die Lactatbildung wurde in keinem *in vitro*-Ansatz gefunden.

Hypothalamus ist bei der frühen Oestrogenapplikation nur selten von einer Ovulation gefolgt, bei der frühen Androgengabe dagegen sehr häufig; der ständigen vaginalen Verhornung nach früher Androgenverabreichung steht das Vorhandensein regelmäßiger vaginaler Cyclen nach der frühen Oestrogenapplikation gegenüber (GORSKI, 1963).

D. Oestrogene beim Männchen

Es ist jetzt erwiesen, daß sowohl Androgene als auch Oestrogene an der neugeborenen weiblichen Ratte wirksam sind, einen ständigen vaginalen Oestrus und ein Fehlen der Luteinisierung im erwachsenen Zustand bedingen. Dagegen scheinen beim neugeborenen Männchen nur die injizierten Oestrogene und nicht die Androgene fähig zu sein, die Spermatogenese beim erwachsenen Tier zu hemmen. Ob die von JOHNSON u. WITSCHI (1963), von SWANSON u. VAN DER WERFF TEN BOSCH (1964b) und von KINCL u. Mitarb. (1964, s. Tab. 8 und 9) beobachtete permanente Größenabnahme von Hoden und accessorischen Geschlechtsdrüsen nach Injektion von hohen Dosen Testosteronpropionat vielleicht auf einer Umwandlung der Androgene in Oestrogene beruht, scheint nicht untersucht zu sein; vgl. dazu die auf S. 54 erwähnten *in vitro*-Untersuchungen von KAISER (1964) über die Umwandlung von Androstendion in hochwirksame Oestrogene unter der Einwirkung von zugesetztem FSH oder LH auf das kultivierte Ovarialgewebe.

Tabelle 9. *Einfluß von 17β-Oestradiolbenzoat oder Testosteronpropionat auf die Reifung des Samenepithels bei infantilen Rattenmännchen; Behandlung am 5., Tötung am 45. Lebenstag. Nach* KINCL *u. Mitarb. (1964)*

Steroid	Gesamtdosis mg	Anzahl der untersuchten Kanälchen	Prozentzahl der pathologisch veränderten Kanälchen
Oestradiol-	0,06	3 700	$15,5 \pm 3,2$
benzoat	0,12	3 600	$50,7 \pm 6,4$
	0,24	1 200	$99,2 \pm 0,8$
Testosteron-	1,0	1 600	$4,9 \pm 1,5$
propionat	10,0	800	$4,0 \pm 3,0$
0	0	2 600	$1,7 \pm 0,5$

Die Hemmung der Gonadenfunktion des Männchens durch die frühen Oestrogengaben ist reversibel: Bei Ratten, die im Alter von 5 Tagen eine einmalige Injektion von 120 oder 240 μg Oestradiolbenzoat erhielten, waren die Hoden am 50. Lebenstag atrophisch und Vesiculardrüsen, Prostata und M. levator ani zeigten eine starke Gewichtsabnahme; die Spermatogenese war gehemmt (bei der hohen Dosierung vermißte man Spermatocyten und Spermatogonien) und die Leydig-Zellen waren spärlich und zum großen Teil atrophisch. Wurden solche Versuchsratten vom 20.—50. Lebenstag mit PMS (10 IE jeden 3. Tag) oder Testosteronpropionat (1 mg/Tag) behandelt, so wurde die Spermatogenese vollkommen wiederhergestellt, das Hodengewicht partiell restauriert und bei den mit PMS behandelten Tieren auch das Wachstum von Prostata, Vesiculardrüsen und M. levator ani merklich stimuliert (KINCL, MAQUEO u. FOLCH-PI, 1964).

KINCL u. Mitarb. (1964) nehmen an, daß die permanente Beeinflussung der Fortpflanzungsorgane beim neugeborenen Männchen durch die Sexualhormone auf dem gleichen Wirkungsmechanismus beruht, wie ihn BARRACLOUGH u. GORSKI (1961) für die entsprechenden Erscheinungen beim neugeborenen Weibchen postuliert haben (s. S. 55 ff.) und der über das ZNS gehen soll, wenn auch, ihrer Meinung nach, die betroffenen Zentren andere sein könnten wie beim Weib-

chen, wofür die Versuche von MARES-
COTTI, LUISI u. CARNICELLI (1961)
sprechen würden, die bei männlichen
Ratten durch Läsionen im *hinteren*
Hypothalamus im Gebiet der Corpora
mammilaria eine Atrophie der Gonaden
erzielten.

Aus weiteren Versuchen an Ratten
mit Injektion von Testosteronpropionat
in der Spätschwangerschaft (vom 17.
Tage an) schlossen KINCL u. MAQUEO
(1965) auf das Vorhandensein eines
protektiven Faktors für den Hypothalamus in der Gravidität und fanden in Bestätigung dieser Annahme, daß die s. c.
Injektion von Progesteron (1 mal oder
3 mal 1 mg), gleichzeitig mit Testosteronpropionat (0,05—0,5 mg einmalig)
bei 5 Tage alten Rattenweibchen gegeben, den Hemmeffekt des Androgens
auf die spätere Corpus luteum-Bildung
bei den im erwachsenen Zustand untersuchten Weibchen vollkommen aufhebt.
Aber auch die Hemmwirkung der Oestrogene auf die Spermatogenese und auf
die Entwicklung des Genitale wurde
vollkommen beseitigt, wenn den 5 Tage
alten Rattenmännchen 1 µg Äthinyl-
oestradiol-Methyläther und gleichzeitig
3 mg Progesteron injiziert wurden. Das
Progesteron muß also in der Schwangerschaft eine wesentliche Schutzwirkung
auf den fetalen Hypothalamus haben.

Neuere Untersuchungen von KINCL,
FOLCH-PI, MAQUEO, HERRERA, LASSO,
ORIOL u. DORFMAN (1965) über die
Hemmung der Sexualentwicklung bei
männlichen und weiblichen Ratten, die
im Alter von 5 Tagen mit verschiedenen
Steroiden behandelt wurden (wobei
Testosteron bzw. 17 β-Oestradiol als
Vergleichssubstanzen dienten), unterstützten die Annahme, daß die Steroide
nicht eine direkte Wirkung auf die
Hypophyse oder die Gonaden ausüben,
sondern das ZNS, und zwar die hypothalamischen Zentren beeinflussen, die
im späteren Leben die Sexualfunktionen regeln. Auch SWANSON u. VAN DER
WERFF TEN BOSCH (1965), die die 3—4
Tage alten Rattenmännchen mit Testosteronpropionat injizierten, kamen zu

Tabelle 8. *Einfluß von 17 β-Oestradiolbenzoat oder von Testosteronpropionat bei s. c. Injektion am 5. Lebenstag bei Rattenmännchen auf die Sexualentwicklung; Tötung am 45. Lebenstag. Nach KINCL u. Mitarb. (1964)*

Steroid	Gesamt-dosis mg	Zahl der Ratten	Körper-Gewicht g ± S. E.	Hoden-Gewicht g ± S. E.	Organ-Gewichte in mg ± S. E.		
					Ventr. Prost.	Ves. Dr.	M. lev. ani
0	0	54	183 ± 3	2190 ± 21	125 ± 6,0	87,8 ± 2,0	99,5 ± 3,1
0	0	17[a]	163 ± 4		9,5 ± 0,1	8,6 ± 0,1	47,6 ± 1,5
Oestradiol-benzonat	0,03	7	212 ± 3	1810 ± 53	110,0 ± 5,0	57,8 ± 3,7	112,0 ± 3,0
	0,06	16	183 ± 3	1430 ± 73	95,4 ± 3,9	41,1 ± 3,1	72,0 ± 6,4
	0,12	16	165 ± 7	1190 ± 30	79,9 ± 5,1	26,9 ± 6,2	65,1 ± 5,5
	0,24	4	157 ± 4	658 ± 260	34,2 ± 6,5	19,5 ± 3,8	47,9 ± 7,9
Testosteron-propionat	0,25	7	184 ± 5	1820 ± 66	119,0 ± 7,5	86,8 ± 7,9	94,4 ± 6,4
	0,50	16	179 ± 5	1740 ± 31	74,3 ± 6,9	66,4 ± 3,4	89,6 ± 4,1
	1,00	14	184 ± 1	1730 ± 16	103,0 ± 4,4	68,7 ± 3,4	84,9 ± 4,6
	10,00	5	181 ± 4	1570 ± 55	99,2 ± 9,3	51,6 ± 2,9	70,9 ± 5,9

[a] Am 21. Lebenstag kastriert.

einer Bestätigung ihrer früheren Ergebnisse (s. o. S. 57 ff.), halten aber die Wirkungsweise von Testosteronpropionat, ebenso wie den primären Angriffsort (im Hoden oder im hypothalamisch-hypophysären System) für ungeklärt. In diesem Zusammenhang ist auf die Versuche von BURIN, THEVENOT-DULUC u. MAYER (1964) hinzuweisen, die Rattenweibchen durch die einmalige Injektion von 2,5 mg Testosteron am 4. Lebenstag sterilisierten und bei ihrer Behandlung mit Progesteron im Alter von 3 Monaten keine entsprechende Mamma-Entwicklung beobachteten wie bei Implantation einer Hypophyse: auch hier bleibt die Lokalisation der Testosteronwirkung fraglich.

Wie wir gesehen haben, ist die sexuelle Differenzierung der neuralen hypothalamischen Regelung der Gonadotropinsekretion der Hypophyse von der Sekretion der Sexualsteroide bei der männlichen und weiblichen Ratte kurz nach der Geburt abhängig. Ohne Rücksicht auf das genetische Geschlecht der Ratte entwickelt sich die *acyclische, männliche Form* der Gonadotropinsekretion[28] in Gegenwart von Androgenen (oder excessiven Mengen von Oestrogenen) in der Frühzeit des Lebens; andererseits kommt es zur *cyclischen, weiblichen Form* der Sekretion beim Fehlen genügender Mengen von Sexualsteroiden (PFEIFFER, 1936; HARRIS, 1961; BARRACLOUGH u. GORSKI, 1964). Nach QUINN (1966) löst die Stimulierung des präoptischen Teils des Hypothalamus beim 30 Tage alten kastrierten Rattenmännchen mit intrarenalem Ovarialtransplantat eine abrupte Erhöhung der LH-Sekretion aus, wie bei der weiblichen Ratte, und es kommt zur Ovulation und Bildung von Corpora lutea im Ovarialtransplantat. Offenbar ist die Produktion und Sekretion des die Sekretion von LH stimulierenden hypothalamischen Faktors (RLF) und des LH in der Hypophyse beim kastrierten Rattenmännchen mit Ovarialtransplantat vollkommen ausreichend, um den „Ovulationsanstieg" von LH nach präoptischer Hypothalamus-Stimulierung zu bewerkstelligen. Die für diese Reaktion notwendigen neuralen Komponenten im Hypothalamus sind offenbar auch beim Männchen funktionsbereit und treten bei gegebenem Stimulus in Funktion.

JOHNSON (1966) untersuchte eine bilateral hermaphroditische Ratte, die rechts einen Hoden mit wenig spermatogenen Elementen, aber zahlreichen gut ausgebildeten Leydig-Zellen und einen atrophischen Uterus + Vagina-Komplex und links einen gut entwickelten Ovidukt + Uterus mit follikulärem Ovarium nebst rudimentärem Wolff'schen Gang besaß. Der Hoden wurde im Alter von 60 Tagen entfernt. Als 60 Tage später auch der übrige Genitalapparat entnommen wurde, waren im Ovarium keine Corpora lutea vorhanden, es war also acyclisch. Verf. glaubt, daß keine oder nur wenige Androgene vorhanden waren, denn die Vesiculardrüsen und Prostata waren unterentwickelt, daß sich aber doch eine Hypothalamus-Hypophysen-Beziehung von männlichem Typ entwickelte (worauf das Fehlen von Corpora lutea hinwies), die durch einen embryonalen Induktor bedingt wurde, der für die Hodenentwicklung verantwortlich war. Verf. folgert daraus, daß die Gegenwart von Androgenen nicht eine conditio sine qua non der Ausbildung des männlichen Typs der Hypothalamus-Hypophysen-Beziehung ist.

---

28 Auch SMITH u. PENG (1967) kamen zu entsprechenden Ergebnissen, wenn sie neugeborene Rattenmännchen kastrierten, am 5., 10. oder 20. Lebenstag mit 500 μg Testosteronpropionat s. c. injizierten, ihnen im Alter von 3 Monaten Ovarialgewebe infantiler Ratten in die vordere Augenkammer des einen Auges implantierten und die Entwicklung des Gewebes verfolgten: In den am 5. oder 10. Lebenstag mit Testosteronpropionat injizierten Kastraten wiesen die Ovarialtransplantate keine Anzeichen einer cyclischen Tätigkeit auf, während bei den am 20. Lebenstag oder gar nicht injizierten Kastraten in den Ovarien Ovulationen und Bildung von C. lutea erfolgten. Verff. nehmen an, daß der induktive Einfluß des injizierten Testosteronpropionats auf die sexuelle Reifung sich im Hirn auswirkt und zu einer acyclischen Abgabe von Gonadotropinen führt.

Diese Schlußfolgerung erscheint nicht zwingend; Androgene müssen vorhanden gewesen sein, da auf der Seite des Hodens eine anti-oestrogene Wirkung sich in der Atrophie von Uterus + Vagina offenbarte: der Androgengehalt im Kreislauf war dafür genügend hoch, nicht aber für die Beeinflussung der accessorischen Geschlechtsdrüsen. Die ad hoc-Annahme der Wirkung eines embryonalen Induktors zur Zeit der Ausbildung des männlichen Charakters der Hypothalamus-Hypophysen-Beziehung ist also nicht erforderlich.

WAKABAYASHI u. TAMAOKI (1967) untersuchten die *in vivo-* und *in vitro-*Wirkungen von Androgenen auf die Biosynthese von LH im HVL männlicher Ratten, im Hinblick darauf, daß keine direkten Beweise für eine Beeinflussung der de novo-Synthese von LH durch die Oestrogene, Androgene und Gestagene vorliegen. Die Androgenzufuhr bewirkte eine Verminderung des Einbaus von ^{14}C-Leucin in die LH-Fraktion, eine Verhinderung der *in vitro-*Zunahme der LH-Produktion bei kastrierten Männchen und eine Verhinderung des durch eine aktive Immunisierung induzierten Anstiegs der LH-Produktion im HVL der Männchen: diese Ergebnisse wiesen darauf hin, daß die negative feedback-Wirkung der Androgene auch die Biosynthese von LH verringerte. Andererseits zeigten Inkubationsversuche, daß die Gegenwart von Testosteron im Medium (0,08—2,0 μg/ml) auf den Einbau von ^{14}C-Leucin in LH oder in die Eiweißfraktion keinen Einfluß hatte: es lag also keine direkte Wirkung der Androgene auf die Zellen des HVL mit Abänderung der LH-Synthese vor, was einen akuten direkten Einfluß von Testosteron auf die de novo-Synthese von LH ausschließen dürfte.

E. „GIF", ein Gonadotropinhemmer aus Harn

Eine in ihrer physiologischen Bedeutung und in ihrem chemischen Aufbau weitgehend ungeklärte Substanz im menschlichen Harn ist das GIF, „*„gonadotropin inhibiting factor(s)*", so genannt nach ihrer Fähigkeit die fördernde Wirkung der Gonadotropine auf die Entwicklung und Funktion der Gonaden zu hemmen (oder sogar aufzuheben, nach OTA, OBARA u. DRONKERT, 1967). Nach LANDAU, SCHWARTZ u. SOFFER (1960), von denen wohl die Bezeichnung GIF geprägt wurde, und SOFFER u. FOGEL (1963) wird GIF auch im Harn von Kindern unter 6 Jahren gefunden und scheint somit bei normalen Personen jeden Alters und Geschlechts vorhanden zu sein, wobei nach KUPPERMAN (1963/1964) die stärksten Konzentrationen von GIF im Harn bei präpuberalen Personen und Patienten mit verzögerter Pubertät oder primärer Amenorrhoe beobachtet werden. Nach COOPER (1969) scheint sich *männlicher Harn* für die Darstellung besonders zu eignen; Verf. gibt eine einfache und rasche Methode der Gewinnung an (Ansäuerung des Harns mit Eisessig, Fällung mit Aceton-Benzoesäure, Denaturierung der mitgefällten Hypophysenvorderlappenhormone mit 20%iger Trichloressigsäure-Lösung: 1 ml des Endprodukts entspricht 400 ml Ausgangsharn; genauere Angaben in der Originalarbeit). Auf Grund der hemmenden Wirkung dieses Konzentrats auf die Reaktion des Uterus der infantilen Maus auf Luteinisierungshormon (LH) oder Oestrogene versuchte COOPER den Wirkungsmechanismus von GIF zu klären. Bekanntlich ist die Gegenwart des Vitamins Folsäure (PGA) eine essentielle Voraussetzung für den Nachweis der uterinen Reaktion auf Oestrogene; es zeigte sich, daß PGA an sich den Uterus gegen die hemmende Wirkung von GIF nicht schützt, daß aber die reduzierte Form (FH$_4$) von PGA dazu imstande ist. Es erscheint möglich, daß GIF in die Wirkung von Dihydrofolsäure-Reduktase eingreift, dem Enzym, das für die Reduktion des unwirksamen PGA zum wirksamen FH$_4$ verantwortlich ist. Was die physiologische Bedeutung von GIF anbetrifft, so ist es wesentlich, daß von den zwei im männlichen Harn anwesenden Faktoren, HPG (= menschliches hypophysäres Gonadotropin) und GIF, der eine, GIF *vor* der Pubertät im Überschuß gefunden wird, während *nach* der Pubertät das HPG mengenmäßig überwiegt (DRONKERT, OTA u. PURSHOTTAM, 1964): der regelnde Einfluß von GIF auf den Eintritt der Pubertät dürfte sich daraus ergeben. Der Ort der Bildung von GIF ist unbekannt; von manchen wird er in der Pinealdrüse (Epiphysis cerebri) vermutet.

Anhang
Einflüsse der Epiphysis cerebri
(Pinealdrüse, Zirbeldrüse)

HOFFMAN u. Mitarb. (HOFFMAN, HESTER u. TOWNS, 1966, im Druck; HOFFMAN u. REITER, 1965a; HOFFMAN u. REITER, 1965b) haben festgestellt, daß die Gonaden männlicher und weiblicher Hamster (Cricetus auratus) ihre Funktion einstellen, wenn sie dem Einfluß wiederholter Kurztagsperioden (Licht L:Dunkel D wie 1:23) ausgesetzt werden; sie haben das gleiche Verhalten unter den jahreszeitlichen Veränderungen der natürlichen Umgebung in Herbst und Winter in der Freiheit angenommen. Diese funktionellen Veränderungen werden offenbar durch die Pinealdrüse geregelt, denn bei pinealektomierten Hamstern tritt die Gonadenrückbildung unter dem Einfluß der Kurztagsbehandlung nicht ein. Andererseits ist bekannt, daß nach Entfernung der einen Gonade eine Hypertrophie der in situ verbliebenen stattfindet: Verff. nehmen an, daß es vermutlich hormonale Prozesse sind, die Einflüsse auf die Gonaden ausüben, die denen der Pinealdrüse entgegengesetzt sind. Es erhob sich nun die Frage, ob die depressorische Wirkung der Pinealdrüse durch die kompensatorischen Einflüsse, die bei der einseitigen Kastration wirksam werden, neutralisiert werden kann.

In Versuchen an Goldhamstermännchen, die pinealektomiert, zusätzlich einseitig kastriert und dann L:D-Cyclen von 1:23 Std unterworfen wurden, wurde gezeigt, daß tatsächlich diese kompensatorischen Mechanismen die depressorische Wirkung der aktiven Pinealdrüse ausschalten, wie aus den Zahlen der untenstehenden Tab. 10 der Arbeit von HOFFMAN u. REITER (1965b) hervorgeht:

Tabelle 10. *Einfluß der Pinealdrüse auf die Reaktion des atrophischen Hodens bei einseitig kastrierten Hamstermännchen, die Kurztagsperioden (1:23 Std) ausgesetzt wurden (nach* HOFFMAN u. REITER *(1965b)*

Tier Nr.	Hodengewicht in mg/100 g K.-Gew.	
	Zu Beginn des Versuches	Zu Ende des Versuches (4 Wochen)
A. Pinealektomierte Tiere		
1	662	1654
2	594	1418
3	282	1480
4	439	1405
5	177	1064
6	298	1040
7	648	1404
x	443	1352
S. D.	196	
P-Wert	0,001	

Tabelle 10 (Fortsetzung)

| Tier Nr. | Hodengewicht in mg/100 g K.-Gew. | |
	Zu Beginn des Versuches	Zu Ende des Versuches (4 Wochen)
	B. Scheinoperierte Tiere	
1	329	441
2	732	1684
3	429	750
4	994	988
5	1235	1236
6	1395	103
7	750	286
x	837	784
S. D.	395	
P-Wert	Kein signifikanter Unterschied.	

Während der Hoden in situ bei allen pinealektomierten Tieren (A) merklich an Gewicht zunahm, nahm nur bei 3 der scheinoperierten Tiere (B) das Hodengewicht zu, während 2 Tiere eine signifikante Abnahme des Hodengewichts und die 2 übrigen Tiere keine Veränderungen aufwiesen.

HOFFMAN u. Mitarb. betrachten auf Grund ihrer Beobachtungen die Pinealdrüse als ein Organ, das in Funktion tritt, wenn die abnehmende Belichtung in der natürlichen Umgebung eine Reduktion der Fortpflanzungsfunktionen geboten erscheinen läßt. Doch können offenbar andere Reize überwiegen und unter geeigneten Bedingungen diese Wirkungen der Pinealdrüse aufheben, so daß Überleben und Fortdauer der Art gesichert sind. So erscheint die Wirkung der Pinealdrüse als ein Ausschnitt aus dem Spektrum exteroceptiver Faktoren, welche die Fortpflanzungscyclen in einer sich ändernden äußeren Umgebung regeln.

Im Hinblick auf die regulierenden Funktionen des Hypophysenvorderlappens auf die Gonadentätigkeit, die gerade auch bei der kompensatorischen Hypertrophie des Hodens in situ nach einseitiger Kastration wirksam werden, könnte der Pinealdrüse die Rolle eines Gegenspielers der gonadotropen Funktion des Hypophysenvorderlappens zugesprochen werden, worauf neben den obigen Versuchen von HOFFMAN u. REITER auch die hemmenden Wirkungen von Pinealdrüsen-Extrakten auf die oestrichen Cyclen bei normalen Rattenweibchen hinzuweisen schienen, wie sie erstmalig von LOEWE u. VOSS (1930) beobachtet wurden. Auch VERCELLANA (1932) kam auf Grund einer eingehenden Literaturübersicht und eigener Versuche und histologischer Untersuchungen an den Epiphysen von Stieren, Ochsen und Kühen zur Annahme korrelativer Beziehungen der Epiphyse und der Geschlechtsorgane, und CALVET (1933) fand, daß frische Totalextrakte aus frischen Epiphysen vom Pferd und Transplantationen solcher Drüsen bei infantilen Ratten und Meerschweinchen das Wachstum und die Entwicklung der Geschlechtszellen hemmen; bei erwachsenen Tieren schienen sie wirkungslos zu sein. WURTMAN, AXELROD u. CUP (1963) wiesen in der Pinealdrüse verschiedener Säugetiere einen hohen Gehalt an *Melatonin* (5-Methoxy-N-acetyltryptamin) nach, von dem schon sehr geringe Mengen (μg-Werte) Wirkungen an den Genitalorganen weiblicher Ratten auslösen, die denen von Pinealdrüsenextrakten entsprechen, so auf die Vaginaleröffnung, das Ovarialgewicht und die Zahl der Oestren bei Ratten. MCISAAC, TABORSKY u. FARRELL (1964) bestätigten diese Versuchsergebnisse mit Melatonin und verwandten Verbindungen. SOFFER, FOGEL u. RUDAVSKY (1965) gewannen aus Rinder-Pinealdrüsen Extrakte, die die Wirkungen von gleichzeitig injiziertem menschlichen Choriongonadotropin (HCG) und von menschlichem Menopausengonadotropin (HMG) auf die Ovarialentwicklung bei der in-

fantilen weiblichen Maus hemmten; Melatonin war aber in diesen Versuchen unwirksam. Wie sehr die Pinealdrüsen-Wirksamkeit noch der weiteren Klärung bedarf, geht aus den Untersuchungen von EBELS, MOSZKOWSKA u. SCEMAMA (1965)
hervor, die bei der Extraktion von Schafs- und Lämmer-Pinealdrüsen in einem
Puffergemisch mit 0,2 M Pyridin und 0,05 M Essigsäure und einem pH von 5,9
bei 4° C und weiterer Filtration des Extrakts über Sephadex G 25 zwei Fraktionen
mit deutlich entgegengesetzter Wirkung erhielten, von denen die eine in vitro zu
einer Vermehrung der FSH-Sekretion, die andere aber zu einer verminderten
Abgabe von FSH in Rattenhypophysen führte.

MOSZKOWSKA (1965) kam in einem zusammenfassenden Aufsatz über die Funktion der Pinealdrüse zur Auffassung, daß diese Drüse einen doppelten hemmenden
Effekt auf die Hypophyse ausübe: direkt durch Hemmung der Abgabe von FSH
und indirekt durch eine Wirkung auf den Hypothalamus, und konnte ihren
Standpunkt in neuen Versuchen (MOSZKOWSKA u. SCEMAMA, 1968) weiter stützen:

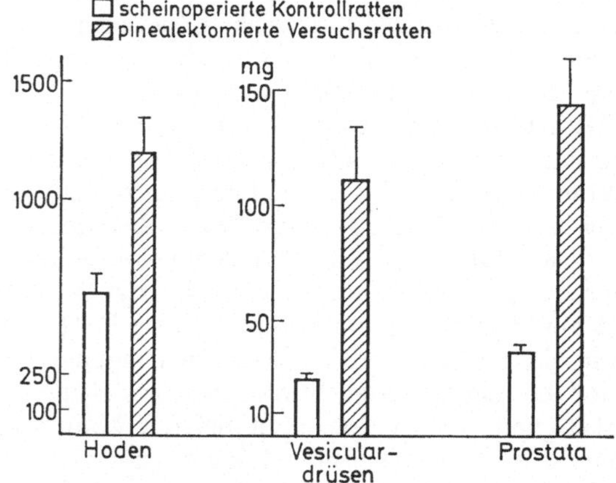

Abb. 14. Gewicht in mg der Hoden, Vesiculardrüsen und Prostata bei pinealektomierten und
scheinoperierten Rattenmännchen, nach s. c. Vorbehandlung mit 2 mg Testosteronpropionat
am 5. Lebenstag und Haltung im Dunkeln vom 21. Lebenstag an. Die Pinealektomie erfolgte
am 10., die Tötung am 60. Lebenstag. Man beachte die merkliche Gewichtszunahme der
Hoden und besonders der accessorischen Geschlechtsdrüsen. (Nach MOSZKOWSKA u. SCEMAMA,
1968, aus MOSZKOWSKA, KORDON u. EBELS, 1971)

Wenn Rattenmännchen postnatal mit Testosteron behandelt und anschließend
im Dunkeln gehalten werden, weisen sie eine nur sehr geringe Entwicklung der
Gonaden auf (HOFFMAN, KORDON u. BENOIT, 1968); dieses Fehlen einer gonadalen
Stimulierung kann aber, wie MOSZKOWSKA u. SCEMAMA (1968) zeigten, aufgehoben
werden, wenn solche Ratten zusätzlich pinealektomiert werden, wonach es zu
einer merklichen Stimulierung des Gewichts und der Aktivität der Hoden
kommt, mit Aufnahme der Spermatogenese, der Sekretion in den Leydig-Zellen
und in ihrem Gefolge eines bedeutenden Wachstums und starker Sekretion der
accessorischen Geschlechtsdrüsen, der Vesiculardrüsen und der Prostata (Abb. 14).
Dagegen lehnten MISHKINSKY, NIR, LAJTOS u. SULMAN (1966) auf Grund der Ergebnisse ihrer Pinealektomie-Versuche an infantilen Rattenweibchen jede hemmende Wirkung der Pinealdrüse ab: sie fanden keine Beschleunigung der Mamma-
entwicklung oder der Abgabe von mammogenen oder lactogenen Hormonen bei
den pinealektomierten Ratten. Auch KINCL u. BENAGIANO (1967) beobachteten
bei den im infantilen Zustand pinealektomierten Rattenmännchen keinerlei Be-

schleunigung der Hodenentwicklung und des Wachstums der accessorischen Geschlechtsdrüsen; bei den Weibchen kam es nur zu einer um 8—9 Tage verfrühten Eröffnung der Vaginalmembran als Zeichen der Reifung, während der Fertilitätsindex bei den pinealektomierten, den scheinoperierten und den unbehandelten Tieren ähnlich war: Verff. schließen aus ihren Ergebnissen, daß die regulatorische Wirkung der Pinealdrüse auf die Gonadenfunktion, wenn überhaupt vorhanden, nur eine geringe ist[29].

THIÉBLOT (1954) war in einer Übersicht der Literatur über die Ergebnisse der Untersuchungen hinsichtlich der hormonalen Wirkungen der Epiphysis cerebri zum Schluß gekommen, daß der Einfluß der Zirbeldrüse auf die Gonaden indirekt über die Hypophyse gehe und weniger in einer Hemmung des FSH-Hormons des HVL als des ICSH und LTH zum Ausdruck komme. Neuerdings ist THIÉBLOT mit seinen Mitarbeitern (1967) der Frage der Identität von Melatonin (s. o. S. 65) mit dem anti-gonadotropen Hormon der Epiphyse nachgegangen und hat sie auf Grund von Versuchen negativ beantwortet, in denen er den Gonadotropingehalt in den Hypophysen infantiler Mäuseweibchen nach Behandlung mit 10, 50 oder 100 μg Melatonin/Tag bestimmte: eine Abnahme war nicht festzustellen, ja, wenn er Dosen von 250 oder 500 μg Melatonin/Tag applizierte, kam es sogar zu einer Erhöhung des Gonadotropingehalts, während die Verabreichung von Epiphysenextrakten den Gehalt an Gonadotropinen deutlich herabsetzte.

WRAGG (1967) hat die bisherigen Versuche, die dafür zu sprechen schienen, daß die Pinealektomie eine Hypertrophie der Gonaden (durch Enthemmung der Hypophyse) auslöse, einer scharfen Kritik unterzogen und ihre Ergebnisse als ungenügend abgelehnt. In eigenen Versuchen mit Pinealektomie neugeborener Rattenweibchen am 3. Lebenstage hat WRAGG jedenfalls festgestellt, daß dieser Eingriff keine Wirkung auf das Gewicht von Gesamtkörper, Ovarien, Uterus, Nebennieren und Hypophyse hat, ebenso wenig wie auf den Beginn der Pubertät, auf den oestrischen Cyclus und die Ausscheidung von Natrium und Kalium im Harn (dieses durch eine eventuelle Beeinflussung der Nebennierenrinde). Diese Untersuchungsergebnisse sind ein Grund mehr, die Beteiligung der Pinealdrüse an der Regelung der Gonadentätigkeit noch als ungeklärt zu betrachten.

Bei den in den letzten Jahren ausgeführten zahlreichen experimentellen Untersuchungen des Komplexes Pinealdrüse — Hypophyse — Gonaden hat sich klar herausgestellt, daß die Wirkungen des sogenannten „Pinealdrüsen-Hormons" Melatonin mit denjenigen der Pinealdrüse selber nicht identifiziert werden dürfen; vermutlich stellen die Melatonin-Wirkungen einen Ausschnitt aus dem Gesamtwirkungsspektrum der Pinealdrüse dar. Darauf wiesen ja schon die negativen Ergebnisse der oben (S. 65) zitierten Versuche von SOFFER, FOGEL u. RUDAVSKY (1965) mit Melatonin gegenüber den positiven Resultaten mit Gesamt-Pinealdrüsenextrakten hin, ebenso wie die oben (S. 66) erwähnte Feststellung der Existenz eines die FSH-Sekretion der Hypophyse hemmenden und eines andern, sie fördernden Faktors in den Extrakten aus den Pinealdrüsen von Schafen und Lämmern durch EBELS, MOSZKOWSKA u. SCEMAMA (1965).

Die Entfernung der Pinealdrüse bewirkt bei erwachsenen Rattenmännchen eine Hypertrophie der Hoden, erhöht das Gewicht von Prostata und Vesiculardrüsen und vermehrt den Gehalt des Hypophysenvorderlappens an LH: man darf daher vermuten, daß die Pinealdrüse physiologischer Weise einen hemmenden

---

29 PAVEL u. PETRESCU (1966) untersuchten synthetisches und ein aus Rinder-Epiphysen gewonnenes Arginin-Vasotocin am infantilen Mäuseweibchen auf ihren hemmenden Einfluß gegenüber der Wirkung von PMS auf Ovarial- und Uterusgewicht und fanden die gleiche Hemmungswirkung bei beiden Substanzen; sie schlossen daraus, daß das hemmende Prinzip aus Rinder-Epiphysen mit dem Arginin-Vasotocin identisch sei.

5*

Einfluß auf die Synthese und Sekretion von LH ausübt. Die Frage, ob dieser Einfluß direkt auf die Hypophyse einwirkt oder über nervöse Bahnen verläuft, ist unentschieden. Versuche von FRASCHINI, MESS u. MARTINI (1968) mit stereotaxischer Implantation von Pinealdrüse oder Melatonin in die Eminentia mediana oder in die reticuläre Substanz des Mittelhirns bewirkten eine signifikante Herabsetzung des LH-Gehalts in der Hypophyse; dagegen war eine Implantation von Melatonin direkt in die Hypophyse nicht imstande den LH-Gehalt in der Hypophyse zu vermindern. Ob diese Ergebnisse genügen, um eine direkte Wirkung der Pinealdrüse auf die Hypophyse auszuschließen, erscheint fraglich.

Die Schwierigkeiten eines Vergleichs werden durch Artunterschiede noch vergrößert; so spielen im Gegensatz zum Säugetier beim Vogel (White Rock-Küchel) weder die Retina noch die sympathische Innervation der Pinealdrüse eine wesentliche Rolle bei der Regelung der Melatoninbildung durch die Außenbedingungen, wie LAUBER, BOYD u. AXELROD (1968) durch Bestimmung des Gehalts der Pinealdrüse an Hydroxyindol-O-methyl-transferase, dem für die Synthese von Melatonin verantwortlichen Enzyms[30], zeigten, denn weder die Enukleierung beider Augäpfel noch die sympathische Denervierung der Pinealdrüse konnten die lichtbedingte Steigerung der Enzymaktivität verhindern. Die Behandlung mit exogenem Melatonin veränderte das Gonadenwachstum weder bei jüngeren noch bei erwachsenen intakten männlichen und weiblichen Individuen der Japanischen Wachtel (Coturnix coturnix japonica) (SAYLOR u. WOLFSON, 1968a, b); auch nach diesen Versuchen ist eine intakte Retina kein Prärequisit für ein normales Ovarialwachstum und eine normale Ovarialreifung oder für die Manifestation der Wirkungen der Pinealektomie beim Vogel.

Aber auch innerhalb der Klasse der Säugetiere beobachtet man bei so nahverwandten Arten wie Ratte und Hamster deutliche Unterschiede in der Physiologie der Pinealdrüse: Bei den Rattenmännchen hemmte die alleinige Blendung der Tiere, wie REITER (1968) fand, die Entwicklung der Hoden und der Vesicular- und Coagulationsdrüsen bei der Beobachtung bis zum Alter von 150 Tagen, dagegen wiesen die Rattenmännchen, wenn sie gleichzeitig mit der Blendung auch pinealektomiert wurden, eine signifikant raschere und den Verhältnissen bei den intakten Kontrollen ähnliche Entwicklung auf. Im Gegensatz dazu verzögerte die Enukleierung der Augenbulbi (Blendung) bei den 25 Tage alten Hastermännchen den Eintritt der Pubertät nicht, aber wenn die Hoden und accessorischen Geschlechtsdrüsen ihren Reifezustand erreicht hatten, degenerierten sie rasch und blieben bis zum Ende der Beobachtungszeit, d. h. bis zum Alter von 150 Tagen rückgebildet. Die gleichzeitige Pinealektomie wirkte wie bei den Ratten den atrophischen Folgen der Blendung entgegen.

Das Hermelin-Wiesel (Mustela erminea) nimmt unter dem Einfluß der *zunehmenden* Tageslänge das braune Sommerfell, der *abnehmenden* Tageslänge das

---

30 Die Pinealdrüse der Ratte vermag nach AXELROD, SHEIN u. WURTMAN (1969) in Organkultur ^{14}C-Melatonin aus ^{14}C-Tryptophan auf folgendem Wege zu bilden: Tryptophan → 5-Hydroxytryptophan → Serotonin → Melatonin. Noradrenalin, zu Organkulturen von Rattenpinealdrüsen zugesetzt, stimuliert die Synthese von ^{14}C-Melatonin aus ^{14}C-Tryptophan. Andere Verbindungen, in ihrer Struktur dem Noradrenalin nahestehend, erhöhen die Synthese von Melatonin und Serotonin und hemmen die Bildung des desaminierten Produkts von Serotonin, der 5-Hydroxyindolessigsäure. Cycloheximid, das die Proteinsynthese hemmt, verhindert auch die Bildung von Serotonin, Melatonin und 5-Hydroxyindolessigsäure aus Tryptophan in der Organkultur der Pinealdrüse. Diese Beobachtungen lassen vermuten, daß das von sympathischen Nerven freigesetzte Noradrenalin die Bildung von Melatonin stimuliert, entweder durch die Bildung von neuem, Melatonin bildenden Enzym, durch Verstärkung des Transports von Tryptophan in die Pinealzellen oder durch Hemmung des Abbaus von Serotonin auf dem alternativen Weg der Acetylierung und O-Methylierung.

weiße Winterfell an. Wird bei solchen Hermelinen (RUST u. MEYER, 1968) die eigene Hypophyse unter die Nierenkapsel transplantiert, so machen sie trotzdem die Mauser durch und bekommen ein braunes Fell auch dann, wenn sie Photoperioden ausgesetzt sind, bei denen die intakten Kontrollen ein weißes Fell entwickeln. Die Entfernung des Hypophysentransplantats führte bei ihnen zur Mauser und zum Wachstum von weißem Haar. Vermutlich synthetisierten die Transplantate MSH und sezernierten es, während das ZNS einen hemmenden Einfluß auf die Produktion und/oder auf die Sekretion von MSH ausübte. Die Annahme eines Einflusses der Pinealdrüse auf Haarfarbe und Haarwechsel beim Hermelin (RUST u. MEYER, 1969) gründet sich auf die obigen vorausgegangenen Beobachtungen der gleichen Verff.; sie wurde unter Verwendung von Melatonin getestet, das, mit Bienenwachs gemischt, in Form von flachen Scheibchen unter die Rückenhaut der erwachsenen männlichen Hermeline implantiert wurde: Braungefärbte (Sommertracht) und weiße Hermeline, die im Begriff waren den Frühlingswechsel zum braunen Fell durchzuführen und zugleich die Fortpflanzungsaktivität aufzunehmen, mauserten, entwickelten ein neues weißes Haarkleid und *kamen geschlechtlich zur Ruhe*. Die unbehandelten Kontrolltiere behielten zur gleichen Zeit ihr braunes Fell bzw. entwickelten es, und ihre Hoden nahmen die für die Brunstzeit kennzeichnende Größe an bzw. behielten sie. Bei behandelten Hermelinen mit Hypophysenautotransplantaten unter der Nierenkapsel wuchs nach Ausrupfen das braune Haar nach. Verff. nehmen an, daß das Melatonin der Pinealdrüse Veränderungen im ZNS und im endokrinen System bewirkt, die zum Haarwechsel (Mauser), zur Ausbildung der weißen Wintertracht und zur sexuellen Ruhigstellung führen.

Widersprechende Resultate hatten Versuche von DEBELJUK (1969), in denen infantile Rattenmännchen im Alter von 25 Tagen unter ständige Belichtung versetzt und mit 100, 200 oder 500 μg Melatonin/Ratte/Tag im Lauf von 18—20 Tagen injiziert wurden; alle 3 Dosierungen bewirkten eine Gewichtsabnahme der Hypophyse und der Vesiculardrüsen, während das Hodengewicht nur durch die höchste Dosis (500 μg) signifikant herabgesetzt wurde; dabei wurden Veränderungen im Gehalt der Hypophyse an FSH und LH nicht beobachtet. Die Ergebnisse scheinen anzudeuten, daß nur die Funktion der interstitiellen Zellen des Hodens durch alle 3 Dosierungen von Melatonin gehemmt wurde, während die spermatogenetischen Anteile erst bei der höchsten Dosis in ihrer Funktion beeinträchtigt wurden. Diese relative Widerstandsfähigkeit der Spermatogenese ist in ähnlichen Versuchen sonst nicht beobachtet worden; so hat z. B. REITER (1969) bei Hamstern ein Zurückgehen des Gewichts sowohl der Hoden als auch der accessorischen Geschlechtsdrüsen auf ein Sechstel oder ein Siebentel ihrer normalen Größe 9 Wochen nach der Blendung, also als Folge einer Aktivierung der Pinealdrüse beobachtet.

Ein genaueres Studium der allgemeinen Physiologie der Pinealdrüse (aber auch der Melatoninwirkungen in breiterem Rahmen) könnte vielleicht manchen strittigen Punkt klären, denn neben ihren Wirkungen auf die Fortpflanzung scheint die Pinealdrüse unter anderem z. B. auch den Stickstoff-Stoffwechsel zu beeinflussen: Ähnlich wie das Wachstum des Hypophysenvorderlappens setzte in den Versuchen von MILCU, NANU-IONESCU, MARCEAN u. IONESCU (1969) ein Pinealdrüsenextrakt die Bildung von Harnstoff herab, was an eine anabole Wirkung denken läßt; im Gegensatz dazu war die gebildete Harnstoffmenge bei pinealektomierten Ratten signifikant erhöht. Aus dem gleichen Institut berichteten NANU, MARCEAN, IONESCU u. MILCU (1969) über Korrelationen zwischen Pinealdrüse und Brenztraubengehalt des Blutes. Die nach der Pinealektomie beobachteten Veränderungen in der elektrischen Aktivität der Hirnrinde sind zufolge den Untersuchungen von NIR, BEHROOZI, ASSAEL, IVRIANI u. SULMAN (1969) von einem konstanten vaginalen Oestrus bei Rattenweibchen begleitet; vermutlich sind diese elektro-corticalen Veränderungen durch endokrine Veränderungen bedingt, die ihrerseits durch das Fehlen der Pinealdrüse hervorgerufen werden.

Die Gabe abgestufter Mengen von Melatonin (50, 75 und 100 μg/Ratte/Tag) führten nach SINGH, NARANG u. TURNER (1969) bei 33 Tage alten Rattenweibchen zu einer Herabsetzung der Sekretionsrate von Schilddrüsenhormon (TSR) um 13,6, 19,4 bzw. 29,1%; dagegen bewirkte der Entzug von Melatonin eine merkliche Zunahme der TSR. Bei erwachsenen Ratten hatte weder die Injektion noch der Entzug von Melatonin einen Einfluß auf die TSR.

Daß Melatonin keine spezifische Wirkung auf die Sekretion von ACTH aus dem Hypophysenvorderlappen besitzt, zeigten BARCHAS, CONNER, LEVINE u. VERNIKOS-DANELLIS (1969) in Versuchen an Rattenmännchen, die mit Injektionen von Chrommelatonin behandelt wurden.

Im Zusammenhang mit dem, im Kapitel über die Regelung der Hodenfunktionen auf den Seiten 55 ff. behandelten „Frühen Androgen-Syndrom" seien hier die Untersuchungen von VAUGHAN, VAUGHAN u. O'STEEN (1969) erwähnt, die vielleicht auf die Möglichkeit einer gewissen Bedeutung der Pinealdrüse im Rahmen dieses Syndroms hinweisen. BARRACLOUGH (1961) stellte fest, daß Androgengaben während der ersten 10 postnatalen Tage bei Rattenweibchen die Differenzierung des vorderen und/oder des präoptischen Hypothalamus stören und zu einem konstanten vaginalen Oestrus im Erwachsenenalter führen, der eine „Androgen-Sterilität" dieser Weibchen bedingt. Wie REITER (1967) zeigte, kommt es durch spätere Blendung solcher Rattenweibchen zu einem im wesentlichen dioestralen Vaginalabstrich, der aber durch eine Pinealektomie wieder in den ständigen Oestrus zurückverwandelt werden kann, was die Annahme einer pinealen Regelung der Gonadotropin-Sekretion beim erwachsenen Tier möglich erscheinen läßt. Die Fähigkeit neonatal verabreichter Steroidhormone in die Fortpflanzungsvorgänge beim Erwachsenen einzugreifen, legt aber die Vermutung nahe, daß Stoffe aus der Pinealdrüse auch bei neonataler Verabreichung wirksam werden oder in die Wirkungen des neonatal gegebenen Androgens eingreifen könnten. Vorausgegangene Untersuchungen von VAUGHAN u. VAUGHAN (1969) wiesen darauf hin, daß eine neonatale Behandlung mit Melatonin (vgl. S. 67 ff.) eine unregelmäßige Cyclizität bei androgen-sterilisierten Rattenweibchen in Gang zu setzen vermag. Da andererseits cyclische Veränderungen im 5-Hydroxytryptamin-(5-HT) Gehalt der Pinealdrüse schon am 8. Tag postnatal festzustellen sind (WRAGG u. Mitarb., 1968), prüften VAUGHAN, VAUGHAN u. O'STEEN, (1969) ob die neonatale Injektion von 5-HT die Differenzierung des hypothalamischen Zentrums für die Induktion der Ovulation bei normalen und androgen-sterilisierten Rattenweibchen beeinflussen würde. Die Ergebnisse ließen vermuten, daß 5-HT die Wirkung von Testosteronpropionat auf die Bildung der unteren Vagina (gemeinsame Vaginal-Urethral-Mündung) oder auf die Vorverlegung der Vaginalöffnung nicht verhinderte; eine irreguläre Cyclizität im Vaginalcyclus bei den mit der Kombination von 5-HT + Testosteronpropionat am 2. oder 6. Tag postnatal behandelten Weibchen legte die Annahme nahe, daß 5-HT die Androgenisierung des hypothalamischen Zentrums der Ovulationsregelung verhinderte, obwohl der exakte Mechanismus (Rolle der Pinealdrüse?) unerkannt blieb.

Im Hinblick auf verschiedene ungelöste Fragen ist REITER (1970) in einer Reihe von Versuchsanordnungen an Rattenweibchen nochmals auf die Beziehungen zwischen dem „Frühen Androgensyndrom", also der androgenen Sterilisierung, der Blendung, der Pinealektomie und der Entfernung der Ganglia cerv. super. zurückgekommen. Wenn die Ratten am 5. Lebenstag 1,0 mg Testosteronpropionat injiziert erhielten, wiesen sie als Erwachsene polyfollikuläre Ovarien, normal große Uteri und einen konstanten vaginalen Oestrus auf; wenn sie zusätzlich geblendet wurden, waren die Ovarien kleiner und enthielten weniger Follikel, die Uteri waren stark verkleinert und die Zahl der vaginalen Oestren war gegenüber der Norm um etwa 50% verringert. Wenn außer der Testosterongabe und Blendung auch noch entweder die Pinealdrüse oder die Ganglia cerv. super. entfernt wurden, waren die Fortpflanzungsorgane und die Vaginalabstriche von denjenigen bei testosteronbehandelten Weibchen mit intakten Augen nicht zu unterscheiden.

Diese Beobachtungen sprechen nach REITER dafür, daß der hemmende Einfluß der Blendung auf die hypophysär-ovarielle Achse durch das sympathische Nervensystem und die Pinealdrüse vermittelt wird. Der hemmende Einfluß des Lichtausschlusses auf das Wachstum der Fortpflanzungsorgane war nicht permanent, denn wenn die Tiere bis zum Alter von 120 Tagen aufgezogen wurden, erreichten Ovarien und Uteri eine Größe wie bei den pinealektomierten Kontrollratten.

EICHLER u. MOORE (1971) prüften die Reaktionen des pinealen, Melatoninbildenden Enzyms, der Hydroxyindol-O-methyltransferase, und der Gonaden von jungen erwachsenen Hamstermännchen auf eine Reihe von experimentellen Eingriffen und fanden, daß die Denervierung der Pinealdrüse durch cervicale Sympathektomie aequivalent war der Pinealektomie hinsichtlich der Blockierung der Hodenatrophie durch Blendung oder durch Versetzung in ständige Dunkelheit. Die Ganglienektomie oder die Dezentralisierung der oberen Cervicalganglien mittels Durchschneidung der präganglionären sympathischen Bahnen blockierte in diesen Versuchen den Anstieg der Aktivität der Hydroxyindol-O-methyltransferase und die Hodenatrophie infolge von Blendung und Versetzung in konstante Dunkelheit. Verff. sehen in ihren Versuchsergebnissen eine „weitere Bestätigung" der Rolle von Melatonin als einem pinealen Hormon mit Einfluß auf die Gonadenfunktion beim Hamstermännchen.

ROWE, RICHERT, KLEIN u. REICHLIN (1970), welche die Beziehungen der Pinealdrüse und der Belichtung zur Schilddrüsenfunktion bei der Ratte untersuchten, gingen von der Voraussetzung aus, daß die Funktion der Pinealdrüse offenbar durch einen Mechanismus geregelt wird, an dem die Augen, Nervenbahnen und die sympathische Innervation beteiligt sind. Sie prüften die Beziehungen der Pinealdrüse und der Belichtungsverhältnisse der Umgebung zur Hypophysen-Schilddrüsen-Achse und zu den accessorischen Geschlechtsorganen an 21 Tage alten Rattenmännchen. Die nach der Methode von HOFFMAN-REITER (1965a, b) pinealektomierten Tiere und die intakten Kontrollratten wurden für 28 Tage in eine Umgebung versetzt, die entweder ständig belichtet, nur tagsüber belichtet oder ständig dunkel war. Die Ergebnisse zeigten, daß die Pinealdrüse die Hypophysen-Schilddrüsen-Achse in keiner Weise beeinflußte (im Gegensatz zu den Befunden von SINGH, NARANG u. TURNER (1969) an Rattenweibchen bei der Gabe von Melatonin, s. S. 69), daß aber die ständige Dunkelheit eine Rückbildung der Vesiculardrüsen induzierte, eine Reaktion, die von der Gegenwart der Pinealdrüse abhängig war, aber in keiner Korrelation zur pinealen Hydroxyindol-O-methyltransferase (HIOMT) stand, dem für die Synthese von Melatonin verantwortlichen Enzym (s. S. 68).

KINSON u. ROBINSON (1970) leiteten die Mitteilung über ihre Versuche mit den Worten ein: „Die Beteiligung der Belichtung und der Pinealdrüse an der neuroendokrinen Regelung der Gonaden sind gegenwärtig anerkannt", und nehmen die Resultate von FRASCHINI, MESS u. MARTINS (1968) oder von DEBELJUK (1969), die wir als „fraglich" oder „widersprechend" bezeichnen mußten, als gesichert an. So interessant die Ergebnisse sind, wird man sie daher dennoch nur mit einer gewissen Kritik registrieren dürfen. Diese vergleichenden Versuche von KINSON u. ROBINSON (1970) an 2 Rattenstämmen (Haubenrasse, Wistarrasse) über den Einfluß der Einschränkung der Belichtung, der Verabreichung von Melatonin und der Pinealektomie auf die Reaktionen infantiler Männchen ließen eine ausgesprochene Rassenverschiedenheit hinsichtlich der Reaktionen des Gewichts und des Fructosegehalts der Vesiculardrüsen und der Prostata, des Einbaus von markiertem Thymidin in die testiculäre DNS und des Gewichts der Hypophyse erkennen: Diese Rassenverschiedenheiten wären daher wohl mehr als bisher beim Studium der Einflüsse der Pinealdrüse zu berücksichtigen.

Die Pinealdrüse ist fähig bei den präpuberal geblendeten Ratten eine gewisse Verzögerung in der Entwicklung der Fortpflanzungsorgane herbeizuführen, eine Reaktion, die verstärkt wird, wenn die Gonadotropin-Sekretion durch neonatale Behandlung mit Androgenen (REITER, SORRENTINO, HOFFMANN u. RUBIN, 1968) oder durch Anosmie (REITER, 1969b) gestört wird. SORRENTINO, REITER u. SCHALCH (1971) führten Versuche mit Unterernährung an Ratten aus, in denen die Fähigkeit der Pinealdrüse zur Induktion eines weiteren merklichen Effekts auf die Fortpflanzungsorgane nachgewiesen wurde. Die Unterernährung (Hälfte der Normaltagesration), vom 25.—60. Lebenstag verabfolgt, bewirkte bei den Rattenmännchen eine partielle Hemmung des Wachstums der Hoden und accessorischen Organe. Wenn die Unterernährung mit Blendung der Versuchsmännchen gekoppelt wurde, war die Hemmung der Hoden und accessorischen Organe im Wachstum bedeutend verstärkt, stärker als bei einer alleinigen Anwendung der Blendung oder der Unterernährung. Offenbar wurde diese merkliche Verstärkung der Hemmungswirkung in den Kombinationsversuchen durch die Pinealdrüse vermittelt, denn bei den geblendeten, unterernährten und zusätzlich pinealektomierten Ratten waren diese Fortpflanzungsorgane bedeutend größer als bei den geblendeten unterernährten Ratten mit intakter Pinealdrüse. Die Störung der Gonadotropinproduktion bei den unterernährten Ratten muß in irgendeiner Weise die anti-gonadotrope Potenz der Pinealdrüse verstärken: es ist unwahrscheinlich, daß die Sekretion der Pinealdrüse durch die Unterernährung verstärkt wird, eher ist anzunehmen, daß die Empfindlichkeit der hypothalamischen Zentren für die Wirkstoffe der Pinealdrüse verstärkt wird, eine Vermutung, die von REITER u. Mitarb. (1968) in anderen Zusammenhängen geäußert wurde und ihnen auch hier (1971) nahezuliegen scheint.

Literatur

ALLANSON, M., DEANESLY, R.: J. Endocr. 24, 453—462 (1962).
ANSELMINO, K.J., HOFFMANN, FR.: Die Wirkstoffe des Hypophysenvorderlappens. In: Handbuch d. exper. Pharmakologie, v. Heffter, Ergänzungswerk Bd. 9. Berlin: Springer 1941.
ARAI, Y.: Endocr. jap. 18, 211—214 (1971).
AREY, L.B.: Anat. Rec. 47, 31 (1930); zit. n. Sv. G. JOHNSEN. Acta endocr. (Kbh.) Suppl. 90 (1964).
ARON, M., ARON, CL.: Eléments d'Endocrinologie physiologique. Paris: Masson & Cie. 1950.
ASCHNER, B.: 39. Vers. Dtsch. Ges. f. Chir., Berlin 1910.
— Physiologie der Hypophyse. In: Handbuch d. Inn. Sekretion, Bd. 2. Leipzig: C. Kabitzsch 1929.
ASSENMACHER, I.: C. R. Acad. Sci. (Paris) 245, 210—213 (1957).
— C. R. Acad. Sci. (Paris) 245, 2388—2390 (1957).
— BENOIT, J.: C. R. Acad. Sci. (Paris) 236, 2002—2004 (1953).
BAHNER, FR., VON GRAFF, H.: Acta endocr. (Kbh.) 24, 333—352 (1957).
BARBAROSSA, C.: Clin. nuova 11, 441 (1950); zit. n. WINTERSTEIN (1953).
BARDEEN, H.W.: Proc. Soc. exp. Biol. (N.Y.) 29, 846—848 (1932).
BARGMANN, W.: Das Zwischenhirn-Hypophysensystem. Berlin-Göttingen-Heidelberg-New York: Springer 1954.
— Geburtsh. u. Frauenheilk. 17, 865—875 (1957).
BARNETT, R.J.: In: Frontiers of Cytology; ed. S.L. PALAY. New Haven: Yale Univ. Press 1956; zit. n. ALLANSON u. DEANESLY (1962).
BARRACLOUGH, C.A.: Endocrinology 68, 62—67 (1961).
— GORSKI, R.A.: Endocrinology 68, 68—79 (1961).
— LEATHEM, J.H.: Proc. Soc. exp. Biol. (N.Y.) 85, 673—675 (1954).
BARRY, J., LEONARDELLI, J., TORRE, J.-F., MAZZUCA, M., LEFRANC, G.: Bull. Ass. Anat. (Nancy) Nr. 121, 3—7 (1964).
BARTKE, A., LLOYD, C.W.: J. Endocr. 46, 313—320 (1970).
BASU, S.L., MONDAL, A.: Naturwissenschaften 48, 739—740 (1961).
BELL, A.W.: J. Morphol. 48, 611—619 (1929); zit. n. Sv. G. JOHNSEN. Acta endocr. (Kbh.) Suppl. 90 (1964).
BELSARE, D.K.: J. exp. Zool. 158, 1—7 (1965).

BENOIT, J.: C. R. Soc. Biol. (Paris) **127**, 909—911 (1938).
— ASSENMACHER, I.: C. R. Acad. Sci. (Paris) **235**, 1547—1549 (1952).
— WALTER, F. X., ASSENMACHER, I.: C. R. Soc. Biol. (Paris) **144**, 1206—1208, 1403—1405 (1950).
BERGERS, A. C. J., LI, CH. H.: Endocrinology **66**, 255—259 (1960).
BISHOP, D. H., LEATHEM, J. H.: Anat. Rec. **94**, 512 (1946).
BLÜM, V., FIEDLER, K.: Naturwissenschaften **51**, 149—150 (1964).
BOGDANOVE, E. M., SCHOEN, H. C.: Proc. Soc. exp. Biol. (N.Y.) **100**, 664—669 (1959).
BORST, M., DÖDERLEIN, A., GOSTIMIROVIC, D.: Münch. med. Wschr. **77**, 473—475, 1536—1539 (1930).
BRADBURY, J. T.: Endocrinology **28**, 101 (1941); zit. n. SWANSON u. VAN DER WERFF TEN BOSCH (1964).
BRÄNDLE, H., WRBA, H., RABES, H.: Naturwissenschaften **53**, 85 (1966).
BRINK-JOHNSEN, T., EIK-NES, K. B.: Fed. Proc. **16**, 285 (1957); zit. n. ZANDER, J., Geburtsh. u. Frauenheilk. **17**, 879 (1957).
BROWN, P. S., CUNNINGHAM, F. J., FINEGAN, R. P.: J. Endocr. **18**, 191—196 (1959).
BURGOS, M. H., LADMAN, A. J.: Endocrinology **61**, 20—34 (1957).
BURIN, P., THEVENOT-DULUC, A. J., MAYER, G.: C. R. Soc. Biol. (Paris) **157**, 1258—1260 (1963).
— — — C. R. Soc. Biol. (Paris) **158**, 1864—1866 (1964).
BURNS, R. K., JR., BUYSE, A.: Anat. Rec. **51**, 155—185 (1931).
BUSTAMANTE, M., SPATZ, H., WEISSCHEDEL, E.: Dtsch. med. Wschr. **1942**, 289—292.
CANFIELD, R. E., BELL, J. J.: Progress in Endocrinology. 3. Int. Congr. in Endocr. Amsterdam: Exc. Med. Foundation, 1969, p. 402—406.
CHASE, D., GESCHWIND, I. I., BERN, H. A.: Proc. Soc. exp. Biol. (N.Y.) **94**, 680—682 (1957).
CHIQUOINE, A. D.: J. Reprod. Fertil. **10**, 263—265 (1965).
CLARINGBOLD, P. J., LAMOND, D. R.: J. Endocr. **16**, 86—97 (1957).
COOPER, T.: Canad. J. Physiol. Pharmacol. **47**, 739—746 (1969).
COUJARD, R., COUJARD-CHAMPY, C.: Ann. Endocr. (Paris) **2**, 25—30 (1941).
COURRIER, R., COLONGE, R.: C. R. Acad. Sci. (Paris) **251**, 2842—2844 (1960).
— — HERLANT, M., PASTEELS, J.-L.: C. R. Acad. Sci. (Paris) **252**, 487—490 (1961).
— — HERMIER, CL., JUTISZ, M.: C. R. Acad. Sci. (Paris) **259**, 643—648 (1964).
— GUILLEMIN, R., JUTISZ, M., SAKIZ, S., ASCHHEIM, P.: C. R. Acad. Sci. (Paris) **253**, 922—927 (1961).
— JUTISZ, M., COLONGE, A.: C. R. Acad. Sci. (Paris) **257**, 3774—3776 (1963).
COWIE, A. T., FOLLEY, S. J.: Physiology of the gonadotropins and the lactogenic hormone. In: Pincus-Thimann, The hormones, Bd. III, 1955.
CROOKE, A. C.: Progress in Endocrinology. 3. Int. Congr. in Endocrin. S. 1218—1227 (1969).
DAIKOKU, SH., SHIMIZU, H.: Neuroendocrinology **6**, 118—130 (1970).
DAVIDSON, J. M., SAWYER, CH. H.: Proc. Soc. exp. Biol. (N.Y.) **107**, 4—7 (1961).
DESCLIN, J., ORTAVANT, R.: Ann. Biol. anim. **3**, 329—342 (1963).
DIERICKS, K.: Naturwissenschaften **53**, 279—280 (1966).
DINGEMANSE, E., KOBER, S.: Ned. T. Geneesk. **1933**, 601.
DÖRNER, G., HOHLWEG, W.: Klin. Wschr. **39**, 518—522 (1961).
DONNELLY, R. B., STONE, G. M.: J. Endocr. **21**, 459—467 (1961).
DORFF, G. B., HUDSON, I. M.: J. clin. Endocr. **11**, 343—359 (1951).
DRESCHER, J.: Acta endocr. (Kbh.) **15**, 325—332 (1954).
— STANGE, H. H.: Acta endocr. (Kbh.) **19**, 289—296 (1955).
DRONKERT, A., OTA, M., PURSHOTTAM, N.: Clin. Res. **12**, 89 (1964).
VAN DYKE, H. B., P'AN, S. Y., SHEDLOVSKY, T.: Endocrinology **46**, 563—573 (1950).
EICHLER, V. B., MOORE, R. Y.: Neuroendocrinology **8**, 81—85 (1971).
ELEFTHERIOU, B. E., ZOLOVICK, A. J., NORMAN, R. L.: J. Endocr. **38**, 469—474 (1967).
ENGLE, E. T.: Endocrinology **16**, 513—520 (1932).
EVANS, H. M., PENCHARZ, R. S., SIMPSON, M. E., MEYER, K.: Mem. Univ. Calif. **11**, 253 (1933).
— SIMPSON, M. E.: Anat. Rec. **60**, 405—421 (1934).
— — Physiology of gonadotrophins. In: Pincus-Thimann, The hormones, Bd. II, 1950.
— — In: The hormones, Bd. II, edit. by Pincus-Thimann, 1950, 365.
EVANS, I. S., HAUSCHILD, J. D.: J. biol. Chem. **145**, 335—339 (1942).
EWING, L. L., EIK-NES, K. B.: Canad. J. Biochem. **44**, 1327 (1966).
FIEDLER, K.: Zool. Jb. Physiol. **69**, 609—620 (1962).
FISHER, A. E.: Science **124**, 228—229 (1956).
FRAENKEL-CONRAT, H., LI, CH. H., SIMPSON, M. E., EVANS, H. M.: Endocrinology **27**, 793 (1940).
FRAZER, J. F. D.: Brit. J. Pharmacol. **11**, 248—251 (1956).
GANONG, F., HUME, D. M.: Endocrinology **59**, 293 (1956).

GATENBY, J., BRONTÉ, BEAMS, H.W.: Quart. J. micr. Sci. (New Series) 78, 1—29 (1936); zit. n. Sv. G. JOHNSEN. Acta endocr. (Kbh.) Suppl. 90 (1964).
GOLDMAN, J.N., EPSTEIN, J.A., KUPPERMAN, H.S.: Endocrinology 61, 166—172 (1957).
GORSKI, R.A.: Amer. J. Physiol. 205, 842—844 (1963).
— BARRACLOUGH, C.A.: Anat. Rec. 139, 305 (1961).
— — Proc. Soc. exp. Biol. (N.Y.) 110, 298—300 (1962).
GRAYHARDT, P., BUNCE, L., KEARNS, J.W., SCOTT, W.W.: Bull. Johns Hopk. Hosp. 96, 154—162 (1955).
GREEP, R.O., VAN DYKE, H.B., CHOW, B.F.: Endocrinology 30, 635 (1942).
GRESSON, R.A.R., ZLOTNIK, I.: Proc. roy. Soc. Edinb. B 62, 137 (1945); zit. n. Sv. G. JOHNSEN. Acta endocr. (Kbh.) Suppl. 90 (1964).
GRIESBACH, W.E., BELL, M.E., LIVINGSTON, M.: Endocrinology 60, 729—740 (1957).
HAMBURGER, C.: Ugeskr. Laeg. 93, 27 (1931); zit. n. Sv. G. JOHNSEN. Acta endocr. (Kbh.) Suppl. 90, 99—124 (1964).
— Endokrinologie 13, 21 (1934); zit. n. ANSELMINO und HOFFMANN. 296 (1941).
HARRIS, G.W.: Endocrinology 75, 627—648 (1964).
HARRISON, J.H., LEMAN, CR. B., MUNSON, P.L., LAIDLAW, J.C.: J. Urol. 73, 580—584 (1955).
HARVEY, C., CLERMONT, Y.: Anat. Rec. 142, 239—240 (1962); zit. n. DESCLIN und ORTAVANT (1963).
HELLER, A.L., SHIPLEY, R.A.: J. clin. Endocr. 11, 945—962 (1951).
HELLER, C.G., NELSON, W.O.: Recent Progr. Hormone Res. 3, 229—255 (1948).
— PAULSEN, C.A., MORTIMORE, G.E., JUNCK, E.C., NELSON, W.O.: Ann. N.Y. Acad. Sci. 55, 685 (1952); zit. n. Sv. G. JOHNSEN. Acta endocr. (Kbh.) Suppl. 90 (1964).
HERCHEN, H.: Endokrinologie 31, 184—198 (1954).
HERLANT, M., BENOIT, J., TIXIER-VIDAL, A., ASSENMACHER, I.: C. R. Acad. Sci. (Paris) 250, 2936—2938 (1960).
HERTL, M.: Morph. Jahrb. 92, 75—94 (1953); zit. n. BARGMANN (1954).
HILDEBRAND, J.E., RENNELS, E.G., FINERTY, J.C.: Z. Zellforsch. 46, 400—422 (1957).
HILL, R.T., PARKES, A.S.: Proc. roy. Soc. B 117, 210 (1935); zit n. ANSELMINO und HOFFMANN, 269 (1941).
HILLARP, N.Å.: Acta endocr. (Kbh.) 2, 11—23, 33—43 (1949).
HITZEMAN, SISTER, J.W.: J. exp. Zool. 178, 369—376 (1971).
HURST, J., TURNER, C.W.: Endocrinology 31, 334—340 (1942).
JACOBSOHN, D.: Acta endocr. (Kbh.) 45, 402—414 (1964).
JENSEN, B., PRIVETT, O.S.: J. Nutr. (Philad.) 99, 210—216 (1969).
VAN JERSEL, J.J.A.: Behaviour, Suppl. 3, 1—159 (1953); zit. n. FIEDLER (1962).
JOHNSEN, Sv. G.: Acta endocr. (Kbh.) Suppl. 90, 99—124 (1964).
— Acta endocr. (Kbh.) 53, 315—341 (1966).
JOHNSON, BR.H., EWING, L.L.: Proc. Ann. Meet. Soc. Study Reprod. 3rd, p. 28, 1970; zit. nach JOHNSON u. EWING (1971).
— — Science 173, 635—637 (1971).
JOHNSON, D.C.: Progr. in Comp. Endocr., Suppl. 1, to Gen. comp. Endocr. 1962, 22—35.
— Nature (Lond.) 210, 1287—1288 (1966).
— NAQVI, R.H.: Proc. Soc. exp. Biol. (N.Y.) 130, 1113—1116 (1969).
— WITSCHI, E.: Acta endocr. (Kbh.) 44, 118—127 (1963a).
— — Endocrinology 73, 467—474 (1963b).
JUTISZ, M., BÉRAULT, A., NOSELLA, M.-A., RIBOT, G.: Acta endocr. (Kbh.) 55, 481—496 (1967).
KAISER, J.: Acta endocr. (Kbh.) 47, 676—688 (1964).
KAMBERI, I.A., McCANN, S.M.: Neuroendocrinology 9, 20—29 (1972).
KÁSA, P.: Experientia (Basel) 19, 589—591 (1963).
KIKUYAMA, S.: Annot. Zool. Jap. 34, 111—116 (1961).
— KAWASHIMA, S.: Sci. Pap. Coll. gen. Educ., Univ. Tokyo, 16, 69—74 (1966).
KINCL, FR. A., DORFMAN, R.I.: Acta endocr. (Kbh.) 46, 300—306 (1964).
— FOLCH-PI, A., MAQUEO, M., HERRERA LASSO, L., ORIOL, A., DORFMAN, R.I.: Acta endocr. (Kbh.) 49, 193—206 (1965).
— MAQUEO, M.: Endocrinology 77, 859—862 (1965).
— — FOLCH-PI, A.: Acta endocr. (Kbh.) 47, 200—208 (1964).
KOVÁCS, K.: Acta anat. (Basel) 63, 167—178 (1966).
KRAGT, C.L., MEITES, J.: Endocrinology 76, 1169—1176 (1965).
KULIN, H.E., RIFKIND, A.B., ROSS, GR. T., ODELL, W.D.: J. clin. Endocr. 27, 1123—1128 (1967).
KUPPERMAN, H.: Persönl. Mitt. an COOPER (1963/1964).
KURCZ, M., GERHARDT, V.J.: Endocr. exp. (Prague) 2, 29—38 (1968).
KUSCHINSKY, G., TANG-SÜ: Arch. exp. Pathol. Pharmakol. 179, 722—725 (1935).
LANDAU, B., SCHWARTZ, H.S., SOFFER, L.J.: Metabolism 9, 85—87 (1960).

Lawrence, A.M.: Endocrinology 77, 750—753 (1965).
Legait, H.: C. R. Soc. Biol. (Paris) 163, 714—715 (1969).
Lederer, J.: Rev. Practicien 1952, 1139; ref. Kongreß-Zbl. 141, 327 (1953).
Lehri, G.K.: Naturwissenschaften 53, 390 (1966).
Leonard, S.L.: Proc. Soc. exp. Biol. (N.Y) 31, 1156—1158 (1934).
Li, Ch. H.: Perspectives in Biology and Medecine, Springer 1968.
— Evans, H.M., Wonder, D.H.: J. gen. Physiol. 23, 733 (1940).
— Pedersen, K.O.: J. gen. Physiol. 35, 629—637 (1952).
— Simpson, M.E., Evans, H.M.: Endocrinology 27, 803 (1940).
— Starman, B.: Nature (Lond.) 202, 291—292 (1964).
Lison, L.: Bull. Histol. appl. 25, 23—41 (1947).
— Acta anat. (Basel) 10, 333 (1950).
Liu, S.H., Noble, R.L.: J. Endocr. 1, 6—14 (1939).
Liu, S.L.: Nature (Lond.) 186, 475—476 (1960).
Lostroh, A.J., Li, Ch. H.: Acta endocr. (Kbh.) 25, 1—16 (1957).
Lyon, R.A., Simpson, M.E., Evans, H.M.: Endocrinology 53, 674—686 (1953).

Mäkinen, E., Lahtinen, K., Näätänen, E.: Acta endocr. (Kbh.) 41, 41—47 (1962).
Malven, P.V., Hansel, W., Sawyer, C.H.: J. Reprod. Fertil. 13, 205—213 (1967).
Maquer, M., Kincl, Fr. A.: Acta endocr. (Kbh.) 46, 25—30 (1964).
Marescotti, V., Luisi, M., Carnicelli, A.: Endokrinologie 41, 261—273 (1961).
Martins, T.: C. R. Soc. Biol. (Paris) 112, 1255—1257 (1935); zit. n. Anselmino und Hoff-
    mann (1941).
May, R.M.: Bull. Ass. Anat. (Nancy) 127, 1190—1201 (1965).
Mazzi, V., Peyrot, A.: Arch. ital. Anat. Embriol. 65, 295—320 (1960).
— Vellano, C., Merlo, A.: Atti Acad. Sci. Torino, I, 104, 739—742 (1970).
— — Peyrot, A., Lodi, G.: Atti Acad. Sci. Torino, I, 104, 771—778 (1970).
McCullagh, D.R., Schneider, I.: Endocrinology 27, 899 (1940).
McCullagh, E.P., Hruby, F.J.: J. clin. Endocr. 9, 113—125 (1949).
— Schneider, E.P., Bowman, W., Smith, M.B.: J. clin. Endocr. 8, 275 (1948).
— Sirridge, W.T., McIntosh, H.W.: J. clin. Endocr. 10, 1533 (1950); zit. n. Sv. G. Johnsen.
    Acta endocr. (Kbh.) Suppl. 90 (1964).
— Walsh, E.L.: Endocrinology 19, 466 (1935).
Metuzals, J.: 1. Symp. Dtsch. Ges. Endokrinologie. Berlin-Göttingen-Heidelberg: Springer
    1955.
Moguilevsky, J.A., Rubinstein, L.: Neuroendocrinology 2, 213—221 (1967).
Moncorps, C.: Med. Klin. 42, 293—294 (1947).
Morris, C.J.O.R.: Brit. med. Bull. 11, 101—104 (1955).
Mukherji, M.: Experientia (Basel) 22, 466—467 (1966).
Muschke, H.E.: Endokrinologie 30, 281—294 (1953).
Nelson, W.O., Gallagher, T.F.: Science 84, 230—232 (1936).
— Merkel, Ch.: Proc. Soc. exp. Biol. (N.Y.) 36, 825—828 (1937).
Nicoll, Ch.S., Bern, H.A.: Endocrinology 76, 156—160 (1965).
Nikitovitch-Winer, M., Everett, J.W.: Endocrinology 63, 916—930 (1958).
van Oordt, P.G.W.J.: Regulation of the spermatogenetic cycle in the common frog, Rana
    temporaria. Dissert. Univ. Utrecht 1956.
Ortavant, R.: Thèse Doct. Sci. Paris, 1958; zit. nach Desclin u. Ortavant (1963).
Ota, M., Obara, K., Dronkert, A.: Endocr. jap. 14, 308—312 (1967).
Paesi, F.J.A., de Jongh, J.E., Hoogstra, M.J.: Acta physiol. pharmacol. neerl. 4, 445—453
    (1956).
Pařízek, J.: Nature (Lond.) 177, 1036—1037 (1956).
— J. Endocr. 15, 56—63 (1957).
— J. Reprod. Fertil. 1, 294—309 (1960).
Pasqualini, R.Q.: Pren. méd. argent. 40, 2658—2660 (1953).
Peillon, F., Racadot, J.: Ann. Endocr. (Paris) 26, 419—428 (1965).
Persson, B.H., Melander, St. E.J.: Nature (Lond.) 186, 163—164 (1960).
Petrovic, A.: Thèse Fac. de Médecine, Strasbourg 1954.
— Deminatti, M., Weill, C.: C. R. Soc. Biol. (Paris) 148, 383—385 (1954).
— Kayser, Ch.: C. R. Soc. Biol. (Paris) 150, 1990—1992 (1956).
— Weill, C., Deminatti, M.: C. R. Soc. Biol. (Paris) 147, 495—498 (1953).
Petrus, P., Robyn, C., Diczfalusy, E.: Acta endocr. (Kbh.) 63, 454—475 (1970).
Pfeiffer, C.A.: Amer. J. Anat. 58, 195 (1936); zit. n. Swanson u. van der Werff ten
    Bosch (1964).
Quinn, D.L.: Nature (Lond.) 209, 891—892 (1966).
Raacke, I., Li, Ch. H., Lostroh, A.: Acta endocrin. (Kbh.) 17, 366—374 (1954).

RAACKE, I.D., LOSTROH, A.J., BODA, J.M., LI, CH. H.: Acta endocr. (Kbh.) **26**, 377—387 (1957).
RAMIREZ, V.D., McCANN, S.M.: Endocrinology **76**, 412—417 (1965).
REECE, R.P., TURNER, C.W.: Res. Bull. Univ. Missouri Nr. **266**, 5 (1937).
REICHERT, L.E., KATHAN, R.H., RYAN, R.J.: Endocrinology **82**, 109 (1968).
RENNELS, E.G.: Z. Zellforsch. **45**, 464 (1957).
RIDDLE, O., BATES, R.W.: Endocrinology **17**, 689—698 (1933).
— — In: Sex and Internal Secretions, 2-nd ed., Baltimore: Williams and Wilkins 1939.
— LAHR, E.L., BATES, R.W., MORAN, C.S.: Proc. Soc. exp. Biol. (N.Y.) **32**, 509—511 (1934).
— POLHEMUS, A.: Amer. J. Physiol. **98**, 121 (1931).
RIMINGTON, C., ROWLANDS, I.W.: Biochem. J. **35**, 736 (1941).
ROBERTSON, H.A., MacGILLIVRAY, A.J., HUTCHINSON, J.S.M.: Acta endocr. (Kbh.) **42**, 147—152 (1963).
ROGER, F.H.: Ann. Endocr. (Paris) **31**, 724—727 (1970).
ROLSHOVEN, E.: Z. Zellforsch. **31**, 156 (1940); zit. n. TONUTTI (1955).
ROOS, P.: Progress in Endocrinology. 3. Int. Congr. Endocr. Amsterdam: Exc. Med. Foundation, 1969, p. 374—384.
ROSINSKY, O.E.: Wien. med. Wschr. **1940**, 12, 32, 47, 62, 100; zit. n. WINTERSTEIN (1953).
ROTHBALLER, A.B.: Excerpta med. (Amst.), Sect. III, Bd. 11 (1957).
ROY, S., GREENBLATT, R.B., MAHESH, V.B.: Fertil. and Steril. **15**, 310—316 (1964).
— MAHESH, V.B., GREENBLATT, R.B.: Nature (Lond.) **196**, 42—43 (1962).
SAND, KN.: Die Physiologie des Hodens. In: Handbuch d. Inn. Sekretion. Leipzig: C. Kabitzsch 1933.
SARVELLA, P.: J. Reprod. Fertil. **25**, 121—123 (1971).
SCHNEIDER, W.G., FRAHM, H.: Arch. Gynäk. **188**, 77—80 (1956).
SCHOCKAERT: Amer. J. Physiol. **105**, 497 (1933).
SCHREIBER, VR., KMENTOVÁ, VL.: C. R. Acad. Sci. (Paris) **258**, 4151—4153 (1964).
— — Physiol. bohemoslov. **14**, 332—342 (1965).
SCHULZ, J.: Dtsch. Z. Chir. **247**, 357 (1936).
SEGAL, S.J.: In: Comparative Endocrinology, ed. by A. GORBMAN, N.Y. (1959), 553—567; zit. n. Sv. G. JOHNSEN. Acta endocr. (Kbh.) Suppl. **90** (1964).
— JOHNSON, D.C.: Arch. Anat. micr. Morph. exp. **48**, 261 (1959).
SELYE, H.: Textbook of Endocrinology, 2-nd ed., Montreal 1949.
SHEDLOVSKY, T., ROTHEN, A., GREEP, R.O., VAN DYKE, H.B., CHOW, B.F.: Science **92**, 178—180 (1940).
SHIPLEY, R.A.: Unveröffentl. Versuche; zit n. HELLER u. SHIPLEY (1951).
SIMPSON, M.E., LI, CH. H., EVANS, H.M.: Endocrinology **30**, 969 (1942).
— — — Endocrinology **35**, 96—104 (1944).
SLOPER, J.C.: Brit. med. Bull. **22**, 209—215 (1966).
SMITH, PH. E.: Proc. Soc. exp. Biol. (N.Y.) **24**, 337—339 (1927).
— Amer. J. Anat. **45**, 205 (1930).
— LEONARD, S.L.: Anat. Rec. **58**, 145 (1934); zit. n. EVANS u. SIMPSON, The hormones, in Pincus-Thimann, Bd. II, 352 (1950).
SMITH, W.N., ADAMS, PENG, M.T.: J. Embryol. exp. Morph. **17**, 171—175 (1967).
SOFFER, L.J., FOGEL, M.: J. clin. Endocr. **23**, 870—872 (1963).
STEELMAN, S.L., POHLEY, F.M.: Endocrinology **53**, 604—610 (1953).
STEINACH, E., KUN, H.: Med. Klin. **1928**, 524—529.
STEINBERGER, E., WAGNER, C.: Endocrinology **69**, 305—311 (1961).
SUNDARARAJ, B.I., GOSWAMI, SH. V.: Gen. comp. Endocr. **5**, 464—474 (1965).
SWANSON, H.E., VAN DER WERFF TEN BOSCH, J.J.: Acta endocr. (Kbh.) **45**, 1—12 (1964a).
— — Acta endocr. (Kbh.) **47**, 37—50 (1964b).
— — Acta endocr. (Kbh.) **50**, 310—316 (1965).
TAIRA, A.M., TARKHAN, A.A.: Acta endocr. (Kbh.) **40**, 175—187 (1962).
TAKASUGI, N.: Annot. Zool. Jap. **25**, 120 (1952); zit. n. TAKEWAKI (1962b).
TAKEWAKI, K.: Experientia (Basel) **18**, 1—6 (1962a).
— Gen. comp. Endocr., Suppl. **1**, 309—315 (1962b).
TÖRNBLOM, N.: Uppsala Läk.-Fören. Förh. **48**, 1—106 (1943); zit. n. Sv. G. JOHNSEN. Acta endocr. (Kbh.) Suppl. **90** (1964).
TONUTTI, E.: Sem. Hôp. Paris **30**, 2135—2142 (1954).
— 1. Symp. Dtsch. Ges. Endokrinologie. Berlin-Göttingen-Heidelberg: Springer 1955.
VAN REES, G.P., PAESI, F.I.A.: Proc. kon. med. Akad. Wet. Ser. C **58**, 648—651 (1955).
— WOLTHUIS, O.L., DE JONGH, S.E.: Acta physiol. pharmacol. neerl. **10**, 197—208 (1962).
VAUGIEN, L.: C. R. Acad. Sci. (Paris) **248**, 3352—3354 (1959).
VAUGIEN, M., VAUGIEN, L.: C. R. Acad. Sci. (Paris) **253**, 2762—2764 (1961).
VERMANDE-VAN ECK, G.J., CHANG, C.H.: Cancer Res. **15**, 280—284 (1955).

Voss, H.E.: Die Hormone des Hypophysenvorderlappens. In: Ammon-Dirscherl, Fermente, Hormone, Vitamine, Bd. 2, Hormone, 3. Aufl., Stuttgart 1960.
— Loewe, S.: Pflügers Arch. ges. Physiol. 218, 604—609 (1928).
Wakabayashi, K., Tamaoki, B.-I.: Endocrinology 80, 409—416 (1967).
Walsh, E.L., Cuyler, W.K., McCullagh, D.E.: Amer. J. Physiol. 107, 508—512 (1934).
Ward, D.N., Sweenay, C.M., Holcomb, G.N., Lamkin, W.M., Fujino, M.: Progress in Endocrinology. 3. Int. Congr. in Endocr. Amsterdam: Exc. Med. Foundation, 1969, p. 385—393.
Watanabe, S., McCann, S.M.: Proc. Soc. exp. Biol. Med. (N.Y.) 130, 1075—1079 (1969).
Westman, A., Jacobsohn, D.: Acta obstet. gynec. scand. (Stockh.) 20, 392—433 (1940); zit. n. Bargmann (1954).
Wide, L., Gemzell, C.: Acta endocr. (Kbh.) 39, 539—546 (1962).
Wijnans, M.: Acta physiol. pharmacol. neerl. 3, 214—226 (1954a).
— Acta physiol. pharmacol. neerl. 3, 342—348 (1954b).
Wille, G.: Ann. Endocr. (Paris) 17, 326—332, 333—337 (1956).
— Ann. Endocr. (Paris) 18, 150—157 (1957).
Wilson, D.S.P.: Proc. roy. Soc. Med. 32, 969 (1939).
Wislocki, G.B.: Quart. Rev. Biol. 8, 385 (1933).
Witschi, E.: Endocrinology 27, 437 (1940).
Wolthuis, O.L.: Acta endocr. (Kbh.) 43, 137—146 (1963).
Woods, M.C., Simpson, M.E.: Endocrinology 69, 91—125 (1961).
Yamashita, K.: Tohoku J. exp. Med. 87, 105—109 (1965).
— J. Endocr. 37, 429—432 (1967).
Zeilmaker, G.H.: Acta endocr. (Kbh.) 43, 246—254 (1963).

Einflüsse der Pinealdrüse (Epiphyse)

Axelrod, J., Shein, H.M., Wurtman, R.J.: Proc. nat. Acad. Sci. (Wash.) 62, 544—549 (1969).
Barchas, J., Conner, R., Levine, S., Vernikos-Danellis, J.: Experientia (Basel) 25, 413—414 (1969).
Barraclaugh, C.A.: Endocrinology 68, 62—67 (1961).
Calvet, J.: Soc. de Méd. et Pharm. du Toulouse, février 1933; ref. in Presse méd. (Paris) 1933, Nr. 32.
Debeljuk, L.: Endocrinology 84, 937—939 (1969).
Ebels, I., Moszkowska, A., Scemama, A.: C. R. Acad. Sci. (Paris) 260, 5126—5129 (1965).
Fraschini, F., Mess, B., Martini, L.: Endocrinology 82, 919—924 (1968).
Hoffman, R.A., Hester, R.J., Towns, C.M.: Im Druck, zit. nach Hoffman u. Reiter (1965b).
— Reiter, R.J.: Science 148, 1609—1611 (1965a).
— — Nature (Lond.) 207, 658—659 (1965b).
Kincl, Fr. A., Benagiano, G.: Acta endocr. (Kbh.) 54, 189—192 (1967).
Lauber, J.K., Boyd, J.E., Axelrod, J.: Science 161, 489—491 (1968).
Loewe, S., Voss, H.E.: Unveröff. Versuche, 1930.
McIsaac, W.M., Taborsky, R.G., Farrell, G.: Science 145, 63—64 (1964).
Milcu, I., Nanu-Ionescu, L., Marcean, R., Ionescu, V.: J. Endocr. 45, 175—181 (1969).
Mishkinsky, J., Nir, I., Lajtos, K., Sulman, F.G.: J. Endocr. 36, 215—216 (1966).
Moszkowska, A.: In: Structure and function of the epiphysis cerebri; Progr. in Brain Res., vol. X, pp. 564—576. Eds. J. Ariens Kappers and J.P. Schadé, Amsterdam, Elsevier Publ. Comp.; zit. nach Mishkinsky c. s. (1966).
Nanu, L., Marcean, R., Ionescu, V., Milcu, I.: Rev. roum. Endocr. 6, 141—147 (1969).
Nir, I., Behroozi, K., Assael, M., Ivriani, I., Sulman, F.G.: Neuroendocrinology 4, 122—127 (1969).
Pavel, S., Petrescu, S.: Nature (Lond.) 212, 1054 (1966).
Reiter, R.J.: Amer. Zool. 712—714 (1967).
— Fertil. and Steril. 19, 1009—1017 (1968).
— Gen. comp. Endocr. 12, 460—468 (1969a).
— Fed. Proc. 28, 218 (1969b).
— Acta endocr. (Kbh.) 63, 667—678 (1970).
Rowe, J.W., Richert, J.H., Klein, D.C., Reichlin, S.: Neuroendocrinology 6, 247—254 (1970).
Rust, Ch. C., Meyer, R.K.: Gen. comp. Endocr. 11, 548—551 (1968).
— — Science 165, 921—922 (1969).

SAYLOR, A., WOLFSON, A.: Arch. Anat. (Strasbourg) 51, 613—626 (1968a).
— — Endocrinology 83, 1237—1240 (1968b).
SINGH, D.V., NARANG, G.D., TURNER, C.W.: J. Endocr. 43, 489—490 (1969).
SOFFER, L.J., FOGEL, M., RUDAVSKY, A.Z.: Acta endocr. (Kbh.) 48, 561—564 (1965).
SORRENTINO, JR., S., REITER, R.J., SCHALCH, D.S.: Neuroendocrinology 7, 105—115 (1971).
THIÉBLOT, L.: Rev. canad. Biol. 13, 189—207 (1954).
— BERTHELEY, J., BLAISE, S.: C. R. Soc. Biol. (Paris) 160, 2306—2310 (1967).
VAUGHAN, M.K., VAUGHAN, G.M.: Anat. Rec. 163, 279 (1969).
— — O'STEEN, W.K.: J. Endocr. 45, 141—142 (1969).
VERCELLANA, G.: Ateneo parmense, ser. II, 4, 593—680 (1932); ref. in Kongr. Zbl. 70, 571.
WRAGG, L.E.: Amer. J. Anat. 120, 391—402 (1967).
— MACHADO, C.R., MACHADO, A.B.: Anat. Rec. 160, 453—454 (1968).
WURTMAN, R.J., AXELROD, J., CUP, E.W.: Science 141, 277—278 (1963).

Ausführliche Zusammenstellungen des Schrifttums über das Für und Wider der antigonadotropen Funktion der Pinealdrüse finden sich in den folgenden Mitteilungen:

MACDONALD MCCANN, S., PORTER, J.C.: Physiol. Rev. 49, 240—284 (1969).
RENAUD, J., QUARTI, C.: Aggressologie 9, 561—569 (1968).
THIÉBLOT, L., BLAISE, S.: Revue europ. endocr. 4, 373—390 (1967).
THE PINEAL GLAND, Ciba Foundation, ed. by G.E.W. WOLSTENHOLME and J. KNIGHT, pp. 241—258. Edinburgh and London: Churchill Livingstone 1971.

II. Die Ausschaltung der Hodenfunktionen

H. E. Voss

Beide Hodenfunktionen, die exkretorische der Samenproduktion und die inkretorische der Androgenbildung können auf verschiedenen Wegen ausgeschaltet werden, sei es daß beide infolge des Eingriffes gleichzeitig ausfallen, sei es daß nur die eine erlischt, während die andere aufrechterhalten bleibt. Die Folge der Ausschaltung der Samenproduktion ist die *Sterilität*, diejenige der Ausschaltung der Androgenbildung oder Androgenwirkung ist die *Aufhebung der Virilität*, der männlichen Prägung des Organismus. Im folgenden sollen beide, soweit möglich, getrennt behandelt werden.

A. Die experimentelle Erzeugung von Sterilität im männlichen Geschlecht

Die beim männlichen Tier experimentell erzeugte Sterilität kann je nach dem Charakter des Eingriffes entweder *irreversibel*, für die ganze Lebensdauer des Individuums unwiderruflich sein, oder nur *temporär* sein, d. h. nur eine gewisse, mehr oder weniger kurze bzw. lange Zeitspanne anhalten, um dann einer mehr oder weniger normalen Fertilität wieder Platz zu machen.

1. Irreversible oder irreparable Sterilität

Das sicherste Mittel zur Erzeugung einer irreversiblen Sterilität ist die *Kastration*, durch welche die einzige Erzeugungsstätte von männlichen Keimzellen im Körper, die Hoden entfernt werden[1]. Wir werden die Kastrationsfolgen im Kapitel über die biologische Auswertung der Androgene eingehend beschreiben (s. Bd. XXXV/2), ihre Verschiedenheit je nach der Tierart und dem Alter des Kastraten zur Zeit der Operation betonen und brauchen hier nicht auf die Einzelheiten einzugehen. Das, was allen Tierarten und Altersstufen gemeinsam ist, ist der Ausfall der Samenzellproduktion, sei es daß diese beim erwachsenen Tier bereits angelaufen war, sei es daß sie beim infantilen Organismus sich erst in den vorbereitenden Anfangsstadien befand. Es ist zu beachten, daß bei der Kastration des erwachsenen Tieres die vollkommene Sterilität erst erreicht wird, wenn auch die im Nebenhoden im Augenblick der Operation vorhandenen Spermatozoen entweder mit dem Nebenhoden entfernt werden oder nach einer gewissen Zeit infolge des Ausfalles der Androgenproduktion zugrunde gehen oder jedenfalls ihre Befruchtungsfähigkeit verlieren.

Während bei der Kastration sowohl die exkretorische wie die inkretorische Funktion des Hodens erlöschen, wird bei der *Vasektomie*, also der Entfernung

---

1 Aus Referaten in der Zeitschrift „Nature" (Lond.) (1963) ergibt sich, daß bei der Kastration von Nutztieren zu wirtschaftlichen Zwecken immer noch sehr grausame Methoden in den meisten Ländern im Schwange sind; eine Reform auf diesem Gebiet der Tierzucht wäre dringend geboten. Es muß auch darauf hingewiesen werden, daß die Kastration in mancher Hinsicht *keine* wirtschaftlichen Vorteile bietet und in solchen Fällen ihre Abschaffung auch von diesem Standpunkt aus angebracht erscheint; so zeigte Tustin (1962), daß bei intakten Rindern infolge rationellerer Futterverwertung die Fettspeicherung mit geringeren Kosten erzielt werden kann als bei Kastraten. Entsprechende Untersuchungen vom wirtschaftlichen Gesichtspunkt aus scheinen bei Schafen und Schweinen noch zu fehlen.

eines Teiles der Vasa deferentia zwischen einer proximalen und einer distalen Ligatur nur die exkretorische Tätigkeit durch die Unterbrechung der ausführenden Wege aufgehoben, während die inkretorische Funktion unverändert erhalten bleibt oder nach Auffassung mancher Forscher sogar eine Steigerung erfährt. Hinsichtlich der Sterilität ist auch dieser Eingriff in seinen Folgen *irreversibel*[2]. Nicht so sicher in dieser Hinsicht scheint die einfache *Ligatur der Vasa deferentia* zu sein, ohne Excision eines Teiles der Samenleiter; es soll nach gewollter oder nicht gewollter Lösung der Ligatur unter Umständen zu einer erneuten Durchgängigkeit des Vas deferens und damit zu einer wiedererlangten Zeugungsfähigkeit kommen können. Die irreversible Sterilität würde in einem solchen Fall zu einer temporären werden.

Nach dem, was im Kapitel über die hypophysäre Regelung der Hodenfunktionen (S. 12 ff.) gesagt wurde, ist es verständlich, daß nach der *totalen Hypophysektomie* eine Degeneration der Hoden erfolgt, die zur Aufhebung beider Hodenfunktionen führt, wobei, wie es scheint, die exkretorische Funktion früher erlischt als die inkretorische[3]. Nach den Ergebnissen der im Kapitel V, 5 besprochenen Untersuchungen über die Wirkung androgener Hormone beim hypophysektomierten männlichen Tier darf man die durch Hypophysektomie erzeugte Sterilität nur als *bedingt irreversibel* bezeichnen, da die Wiederherstellung der Samenzellbildung bei solchen Tieren, wenn auch nur unter gewissen zeitlichen Kautelen und nicht in allen Fällen, möglich ist (vgl. dazu Basu u. Nandi, 1965).

Das gleiche, wie für die Hypophysektomie gilt auch für die *Zerstörung der übergeordneten hypothalamischen Zentren*, deren neurosekretorische Einflüsse über den Hypophysenvorderlappen zum Hoden gelangen. Allerdings scheint der Einfluß dieser Zentren auf den Hoden sich nicht in der Regelung der Gonadotropinsekretion im Hypophysenvorderlappen zu erschöpfen: da man dieHodenatrophie und die Veränderungen des männlichen sexuellen Verhaltens nach Läsion dieser Zentren weder durch Choriongonadotropin (HCG), noch durch Testosteron, noch auch durch die Kombination von beiden zu normalisieren vermag, muß es noch andere, unbekannte Mechanismen geben, mit deren Hilfe die hypothalamischen Zentren an der Regelung der Hodenfunktion teilnehmen (Soulairac u. Soulairac, 1959).

Auch beim *experimentellen Kryptorchismus*, also bei der Verlagerung normalerweise skrotaler Hoden in die Bauchhöhle, kommt es mit großer Sicherheit zur, in

---

2 Klinische Beobachtungen sprechen dafür, daß die Spermatogenese auch beim vasektomierten Mann ohne Unterbrechung weitergeht (Mauritzen, 1952; O'Conor, 1960; Phadke, 1961) und daß nach gelungener Wiedervereinigung und Rekanalisation des resezierten Vas deferens auch Spermatozoen im Ejakulat auftreten und in manchen (allerdings seltenen) Fällen ein fertiler Coitus möglich ist (Michelson, 1947; Waller u. Turner, 1962; O'Conor, 1962). Das würde mit den früheren Beobachtungen von Moore (1931) und Poynter (1939) am Tier (Ratte) übereinstimmen und auch durch die neuen Untersuchungen von Kar, Chandra u. Kamboj (1965) bestätigt werden, die keinerlei schädigenden Einfluß der Vasektomie auf die exokrine und endokrine Funktion des Hodens, auch bei langfristiger Beobachtung (bis zu 450 Tagen) feststellten. Dem stehen allerdings Versuche (zum Teil an den gleichen Tierarten) gegenüber, die eine Degeneration des Kanälchenepithels nach der Vasektomie beschrieben (Macmillan, 1954; Chin-Pei u. Chang Chang, 1963).

3 Diese Reihenfolge, die für eine größere Empfindlichkeit des Hodens gegenüber dem Ausfall der FSH-Produktion als demjenigen der ICSH-Produktion im Hypophysenvorderlappen sprechen würde, wird aber nicht unter allen Umständen eingehalten: So beobachteten Bourg, van Meensel u. Gompel (1952) unter der Behandlung mit Oestrogenen zuerst eine Störung der Leydigzellfunktion und dann erst eine solche des samenbildenden Epithels der Kanälchen. Ein derartiges zeitliches Verhalten würde wohl mehr den Beobachtungen über die stimulierende Rolle der Androgene auf die Spermatogenese entsprechen.

diesem Fall isolierten Aufhebung der exkretorischen Hodenfunktion, bei (mindestens über längere Zeit) erhaltener inkretorischer Funktion der Hoden; die entsprechenden Versuche sind im Kapitel über den Kryptorchismus (S. 350) eingehend dargestellt. Auch hier kann man nur von einer *bedingt irreversiblen* Aufhebung der samenbildenden Hodenfunktion sprechen, da es bei frühzeitiger Rückverlagerung der experimentell kryptorchen Hoden ins Skrotum zu einer Wiederherstellung der Spermatogenese kommen kann (vgl. die Versuche von NELSON, 1951).

Neben diesen chirurgischen Methoden der Herbeiführung einer absolut oder bedingt irreversiblen Ausschaltung der germinativen Hodenfunktion gibt es auch unblutige Verfahren, die zum gleichen Ziel führen: die Hodenbestrahlung, die Verabreichung einer Vitamin E-Mangeldiät oder die Verfütterung von Fluoracetamid.

Die Wirkungen von *Radium, radioaktiven Isotopen und Röntgenstrahlen* auf den Hoden sind aus zahlreichen tierexperimentellen Untersuchungen und klinischen Beobachtungen bekannt: die Strahlenwirkungen treffen in erster Linie die spermatogenetische Funktion des Hodens und führen je nach dem Alter des betroffenen Individuums, der Strahlendosis und der individuellen Empfindlichkeit zu einer temporären oder irreversiblen Sterilität. Strahlendosen, die einen Schwund und/oder eine Zerstörung der germinativen Anteile des Hodens verursachen, brauchen keine Atrophie der sekundären Geschlechtsmerkmale oder das Aufhören der Kopulationsfähigkeit zur Folge zu haben (BOURG, 1931; MIRSKAJA u. CREW,

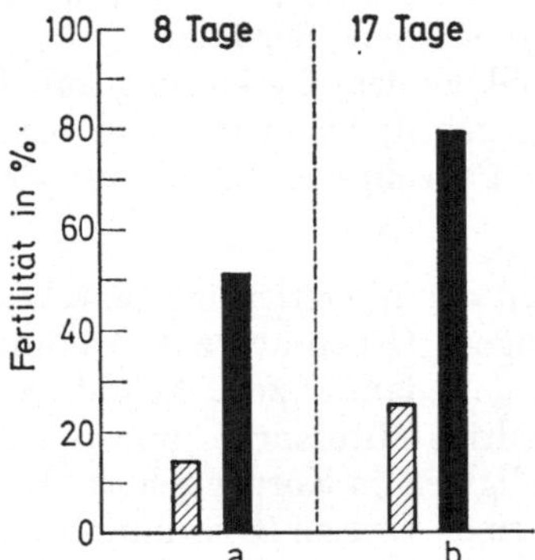

Abb. 15. Effekt der totalen Rö-Bestrahlung und der Injektion homologer Hoden-DNS auf die Fortpflanzungsfähigkeit bei Rattenmännchen. a) 49 Rattenmännchen im Alter von 8 Tagen; 14 bestrahlte, 35 bestrahlte und mit DNS behandelte; b) 90 Rattenmännchen im Alter von 17 Tagen; 32 bestrahlte, 58 bestrahlte und mit DNS behandelte. Unmittelbar nach der Bestrahlung einmalige i. p. Injektion von 0,9—1,3 mg DNS; Beobachtungszeit 5—6 Monate. Weiß: Kontrolltiere; schwarz: mit DNS behandelte Tiere. (Nach SAVKOVIĆ, 1964)

1931; WITSCHI, LEVINE u. HILL, 1932; JOHNSTON, 1934; HU u. FRAZIER, 1941; KIVY, 1951; SHAVER, 1953). Auch die Reaktionsfähigkeit der interstitiellen Zellen des Hodens auf exogenes Gonadotropin (Erhöhung der Produktion von Androgenen) kann neben der vollkommenen Sterilität erhalten bleiben (BOURG, 1931; JOHNSTON, 1934; HEALD, BEARD u. LYONS, 1939). Die einzigen Autoren, die über eine Beeinträchtigung der inkretorischen Funktion des Rattenhodens bei einer Bestrahlung mit 800 r berichtet haben, sind MOMIGLIANO u. ESSENBERG (1944); vielleicht spielte es eine Rolle, daß diese Autoren mit *infantilen* Rattenmännchen gearbeitet haben. Neuerdings hat ABBOTT (1959) die Hoden von jungen und älteren Rattenmännchen (88—147 Tage alt, 186—390 g schwer) mit 5000 oder 10000 r bestrahlt und eine vollständige Zerstörung des Samenepithels erzielt, ohne daß die Produktion von Androgenen, beurteilt nach dem Gewicht der accessorischen Genitalorgane, im Lauf einer Nachbeobachtung von 25 Wochen nach der Bestrahlung abgenommen hätte; auch fehlten die typischen Größenveränderungen an Hypophyse und Nebennieren, wie sie als Folgen der Kastration beobachtet werden. Eine Regeneration des Samenepithels erfolgte in der Beobachtungszeit nicht. Die Mehrzahl der interstitiellen Zellen war histologisch normal; auf die Zuführung von Choriongonadotropin (HCG) reagierten sie mit einer erhöhten Androgenproduktion. Auch die kopulatorische Aktivität der bestrahlten Rattenböcke war nicht beeinträchtigt; die von ihnen begatteten Weibchen kamen in Scheinschwangerschaft.

Eine *Schutzwirkung der nativen Hoden-DNS* gegen die Folgen der Rö-Bestrahlung auf die Spermatogenese hat SAVKOVIC (1964) beschrieben. Er bestrahlte infantile Rattenmännchen im Alter von 8 bzw. 17 Tagen mit 600 r (Siemens Stabilipan, 200 kV, 14 m. amp., Aluminium-Filter 3, Abstand 46 cm, Dosierung 150 r/min); ein Teil der Tiere erhielt unmittelbar nach der Bestrahlung eine i. p. Injektion von 0,9—1,3 mg homologer DNS (extrahiert nach der Methode von ZAMENHOFF u. Mitarb., 1954). Bei der Prüfung der Fertilität dieser Tiere und der bestrahlten, aber unbehandelten Kontrollratten (Abb. 15) fand Verf. 51% bei den 8tägigen und 79% bei den 17tägigen DNS-Ratten fertil, von den Kontrollen nur 14 bzw. 25% (P<0,001); die histologische Untersuchung der Hoden deckte bei 49 DNS-Ratten in 23 Fällen eine normale Spermatogenese, in 12 eine partielle Schädigung und in 14 eine schwere Schädigung der Spermatogenese, bei den Kontrollen in 90% ihre vollkommene Zerstörung auf. Über die Befunde an den Leydig-Zellen ist nichts angegeben, doch kann man aus dem normalen und erfolgreichen (Schwängerung!) Paarungsverhalten auf ihren normalen Zustand schließen.

Die Widerstandsfähigkeit des interstitiellen Gewebes gegenüber der Strahlenwirkung, die in so auffälligem Gegensatz zur Anfälligkeit des spermatogenen Gewebes steht, ist vermutlich darauf zurückzuführen, daß die inkretorischen Leydig-Zellen eine sehr niedrige Mitosenrate haben, während das spermatogene Gewebe zu den teilungsfreudigsten im Körper gehört. Auch die innersekretorischen Elemente in anderen endokrinen Drüsen (Ovarium: MANDL u. ZUCKERMAN, 1956; Nebennieren: PATT u. BRUES, 1954; Hypophyse: dieselben; Schilddrüse: BENDER, 1948) sind strahlenrefraktär und zeichnen sich gleichzeitig alle durch eine außergewöhnlich niedrige Rate mitotischer Teilungen aus.

Zur Frage der Mortalität der Rö-Bestrahlung sind die Versuche von RUGH u. GRUPP (1960) zu erwähnen: Sie prüften die Beeinflussung der letalen Wirkung der Rö-Bestrahlung durch sexuelle Betätigung an Mäusemännchen des CF-1-Stammes im Alter von 2 Monaten; eine Gesamtdosis von 600 r hatte im allgemeinen eine Mortalität von ca. 30% zur Folge. Wurden die Männchen unmittelbar nach der Bestrahlung mit Weibchen vereinigt, so daß sie stets Gelegenheit zum Coitus hatten, so stieg die Mortalität von 33% bei den Kontrollmännchen ohne Weibchen auf 73% bei den mit Weibchen gehaltenen Männchen an. Innerhalb der ersten Woche nach der Bestrahlung zeugten diese Männchen Würfe von durchschnittlich 3,1 Jungen, in der 2. Woche von 2,7 Jungen (bei den normalen Kontrollmännchen 9,6 Junge); in der 3.—7. Woche waren sie steril; die Fertilität kehrte nach 8 Wochen oder später wieder.

Tabelle 11. *Gewichtsreaktion der accessorischen Geschlechtsdrüsen auf Rö-Bestrahlung und Testosteronpropionatinjektion beim kastrierten Rattenmännchen.* Nach FLEISCHMANN u. BRAKKIN (1954)

Versuchs-gruppe	Zahl der Ratten	Stunden nach Bestrahlung	Stunden nach Teststeronpro-pionatinjektion	Durchschnittl. Gewicht d. accessor. Drüsen in mg
A	6	—	—	52,8
B	6	72	—	49,0
C	6	—	72	109,7
D	12	$72^1/_2$	72	84,4
E	6	—	24	63,7
F	12	48	72	88,7

FLEISCHMANN u. BRACKIN (1954) untersuchten die Gewichtsreaktion der Röbestrahlten accessorischen Geschlechtsdrüsen beim im Alter von 30 Tagen kastrierten Wistarrattenmännchen auf die 1—2 Monate später erfolgte s.c. Injektion von 1,0 mg Testosteronpropionat (Tab. 11) (Rö-Dosis 10000 r im Beckengebiet). Die Bestrahlung hatte keine oder eine nur sehr geringe verringernde Wirkung auf das Gewicht der Drüsen (vgl. Gruppe A und B); die Wirkung von Testosteronpropionat ergibt sich aus dem Vergleich der Gruppen A und C, sie tritt auch nach Bestrahlung ein (vgl. Gruppe A und D), doch ist sie immerhin geringer als bei Gruppe C, wenn auch nicht signifikant. Die accessorischen Drüsen von Ratten, die im Lauf von 24 Std unter der Wirkung von Testosteronpropionat gestanden hatten, fahren während der nächsten 24 Std fort zu wachsen, trotz der Bestrahlung (vgl. Gruppe E und F): offenbar wird das durch das exogene Androgen induzierte Wachstum der accessorischen Drüsen durch die Rö-Bestrahlung nur partiell gehemmt.

Die Folgen eines *Vitamin E-Mangels* in der Ernährung sind bei beiden Geschlechtern verschieden: während es bei Rattenweibchen schon relativ rasch zu einer Resorptionssterilität kommt, die aber durch Gaben von Vitamin E wieder rückgängig gemacht werden kann, treten beim Rattenmännchen als frühzeitig erkennbare Anzeichen einer Vitamin E-Karenz Beweglichkeitsstörungen und Degeneration der Spermatozoen und später Azoospermie auf; schließlich kommt es zur Atrophie der Samenkanälchen, die zur *irreversiblen Sterilität* führt (STEPP, KÜHNAU u. SCHROEDER, 1944). Nur wenn die Vitamin E-Zufuhr schon in den ersten Stadien der Mangelerscheinungen wieder aufgenommen wird, ist eine Regeneration der Samenkanälchen und die Wiederaufnahme der generativen Hodenfunktion möglich (BECKMANN, 1955). Ob der Sterilisierungseffekt, den WEBER u. Mitarb. (1939) durch Verfütterung ranzigen Fettes, welches angeblich Vitamin E zu zerstören vermag, tatsächlich auf diesem Wirkungsmechanismus beruht, scheint nach den Ausführungen von MADAUS u. KOCH (1941) nicht sicher: diese Autoren konnten sich in eigenen Versuchen zunächst nur von einem erhöhten Vitamin E-Bedarf der mit ranzigem Fett gefütterten Ratten überzeugen; jedenfalls würde es sich um einen sekundären Vitamin E-Mangel handeln. Es sei hier vermerkt, daß eine durch Vitamin E-Mangel bedingte Sterilität beim Mann sicher außerordentlich selten als *isoliertes* Syndrom beobachtet wird, da bei der großen Verbreitung von Vitamin E in den verschiedensten Nahrungsmitteln (Fleisch, Fisch, Milch und Milchprodukte, Eier, Zerealien (!), einige Gemüse, gewisse Fette und Öle) ein die Fertilität bedrohender Vitamin E-Mangel wohl nur bei länger dauerndem Hunger eintreten kann. Der tägliche Vitamin E-Bedarf des Menschen ist bisher nicht exakt und direkt zu bestimmen gewesen, sondern wird, aufgrund des Bedarfs kleiner Säugetiere (Ratte 50—75 μg, Kaninchen 100—200 μg), nur schätzungsweise mit 10—25 mg/Tag beziffert.

Auf die selektive destruktive Wirkung einer Verfütterung von *Fluoracetamid* (FAA)[4] auf das spermatogene Gewebe bei der Ratte haben MAZZANTI, LOPEZ u. BERTI (1964) hingewiesen: Sie gaben Rattenmännchen von 150—160 g 50 mg FAA/kg Futter im Lauf von 30, 64 oder 90 Tagen und fanden schon nach 64 Tagen eine nahezu komplette Zerstörung des Samenepithels, mit Erhaltung von nur einigen wenigen Spermatogonien und den Sertolizellen in den Kanälchen und den Leydig-Zellen in den interstitiellen Räumen, die anscheinend nicht geschädigt waren. Im Gegensatz zur Strahlenschädigung, die sich zuerst an den Spermatogonien auszuwirken beginnt, werden von FAA zeitlich als erste die reifsten Zellen des Keimepithels betroffen und nicht die Zellen mit den zahlreichsten Mitosen. Die fortschreitende Gewichtsabnahme der Hoden unter der Behandlung mit FAA geht aus der untenstehenden Tab. 12 hervor:

Tabelle 12. *Wirkung der Verfütterung von Fluoracetamid auf das Hodengewicht bei erwachsenen Rattenmännchen. Nach* MAZZANTI, LOPEZ u. BERTI *(1964)*

Dauer der Verfütterung von FAA in Tagen	Zahl der Ratten	Durchschnittl. Hodengewicht in g
Kontrollen	8	$0,97 \pm 0,05$
30 Tage	8	$0,55 \pm 0,07$
64 Tage	9	$0,32 \pm 0,03$
90 Tage	10	$0,30 \pm 0,08$

Histologisch findet man bereits nach 30tägiger Verfütterung von FAA eine weitgehende Verödung der Samenkanälchen mit Ausbildung besonderer Riesenzellen. Die mitotischen Vorgänge in den Kontrollgeweben (Darmschleimhaut) sind nicht betroffen.

Die gleichen Autoren (MAZZANTI, LOPEZ u. BERTI, 1965) haben diese Beobachtungen über die Folgen der oralen Verarbreichung von FAA auf den Hoden auch mit dem Monofluoracetat ($CH_2FCOONa$) bei intraperitonealer Verabreichung in wässriger Lösung bestätigt: auch hier kam es zu einer elektiven Wirkung auf das Samenepithel der Ratte, mit regressiven Veränderungen zunächst der intermediären Stadien der Spermatogenese, später auch der Spermatogonien, während die Leydigschen Zwischenzellen weder in ihrer Morphologie noch in ihrer Menge beeinflußt wurden.

2. Temporäre Sterilität

Wie im Kapitel über den experimentellen *Kryptorchismus* (vgl. S. 350) dargelegt wird, ist die erhöhte Umgebungstemperatur in der Bauchhöhle für die Sterilität der kryptorchen Hoden verantwortlich zu machen. Einer der für diese Auffassung beweisenden Versuche liegt in der Applikation einer *erhöhten Umgebungstemperatur* am Hoden in situ, d. h. im Skrotum, durch Einhüllung der Hoden in wärmeundurchlässige Materialien, die z. B. von MOORE (1923) am Schafbock und anderen Haussäugetieren durchgeführt wurde. KNAUS (1950) hat darauf aufmerksam gemacht, daß bei manchen Männern schon das langdauernde Tragen eines Suspensoriums zum Aufhören der Spermatogenese führen kann. In beiden Fällen ist die Beseitigung der die Wärmeregulierung behindernden Umhüllung von einer Wiederaufnahme der Samenproduktion gefolgt.

---

4 Zu erwähnen ist, daß die als Folge einer Injektion von Cadmiumchlorid ($CdCl_2$) auftretende Sterilität bei Mäusemännchen durch eine Vorbehandlung mit Zinkacetat verhindert werden kann (CHIQUOINE, 1965).

Bei diesen Beobachtungen handelt es sich um einen *direkten* Angriff des schädigenden Agens am Hoden mittels lokaler Applikation. Zahlreicher sind die Versuche auf *indirektem* Wege eine Sterilisierung der Männchen zu erreichen, und zwar durch Angriff an den dem Hoden übergeordneten Regulationsorganen. Dabei bilden in den meisten Fällen die hypothalamischen Zentren den primären Angriffsort. Im einleitenden Kapitel über die Regelung der Hodenfunktionen durch den feed back-Mechanismus der Beziehungen zwischen Hypothalamus, HVL und Hoden ist bereits auf diese Verhältnisse hingewiesen worden, die sich kurz zusammengefaßt folgendermaßen darstellen lassen: Die hypothalamischen „releasing factors", d. h. die die Produktion und Abgabe der tropen Hormone des HVL auslösenden oder fördernden neurosekretorischen Stoffe (LRF und FSHRF)[5] veranlassen (in unserem Fall) die Sekretion der hypophysären Gonadotropine, die ihrerseits die exo- und endokrine Funktion des Hodens stimulieren; die androgenen (und oestrogenen) Hormone des Hodens hemmen die Produktion und Abgabe der releasing factors im Hypothalamus und sekundär die Produktion und Abgabe der Gonadotropine; wird durch die Kastration dieser hemmende Einfluß beseitigt, so kommt es zu einer indirekten Steigerung der Gonadotropinproduktion im HVL; andererseits kann durch *Gaben von exogenen Sexualhormonen*, und zwar sowohl von Androgenen als auch von Oestrogenen die erhöhte Gonadotropinproduktion beim Kastraten oder die normale Gonadotropinproduktion beim intakten Organismus indirekt herabgesetzt werden.

In besonders eindrucksvoller Weise demonstrierten MARTINS u. ROCHA E SILVA (1931) die enthemmende Wirkung der Kastration auf die Gonadotropinproduktion im Parabioseversuch: Wenn sie eine infantile männliche Ratte mit einer kastrierten verbanden, kam es beim intakten infantilen Partner zu einer Pubertas praecox mit Hypertrophie der accessorischen Geschlechtsdrüsen (Vesiculardrüsen und Prostata), als Folge des Überganges der vermehrt produzierten Gonadotropine vom kastrierten Partner. Nach der Kastration konnte EMERY (1932) bei Ratten und JEFFCOATE (1932) bei Kaninchen das follikelstimulierende Hormon sowohl im Serum als auch im Harn nachweisen, während es bei intakten Tieren nicht feststellbar war. Auch beim Mann zeigte sich nach der Kastration eine bis zu 10fache Zunahme der im Harn ausgeschiedenen Gonadotropine (HAMBURGER, 1933; CATCHPOLE, HAMILTON u. HUBERT, 1942). Diese Zunahme läßt sich bei der Ratte durch unmittelbar im Anschluß an die Entfernung der Gonaden verabreichte Androgene verhindern (NELSON u. GALLAGHER, 1936), ebenso im Parabioseversuch (MARTINS u. ROCHA E SILVA, 1931). Das gilt auch für den menschlichen Patienten mit primärer Hodeninsuffizienz, dessen erhöhte Gonadotropinproduktion durch Testosteronpropionat (20 mg tägl. i. m.) oder Methyltestosteron (70 mg tägl. oral) normalisiert werden kann, vorausgesetzt daß die Androgene hoch genug dosiert werden (CATCHPOLE u. Mitarb., 1942)[6]. Die Hemmung der Gonadotropinproduktion im Hypophysenvorderlappen durch exogene Androgene ist vollkommen reversibel und hält nur so lange an, als ein genügend hoher Androgenspiegel im Blut aufrechterhalten wird: nach Aufhören der exogenen Zufuhr kehrt

---

5 Ihre Produktion und Abgabe ist offenbar auch von solchen psychischen Einflüssen wie intensive Angst und Erregung in hohem Grade abhängig, die nach den Untersuchungen von STIEVE (1930) bereits in kurzer Zeit eine anatomisch-histologisch nachweisbare, seelisch bedingte Sterilität erzeugen. Ebenso kann übrigens auch ein geringeres Ausmaß an Angst und Erregung, wenn es nur genügend lange einzuwirken Gelegenheit hat, zu einer Oligospermie und zu einer reversiblen Azoospermie führen.

6 Die Oestrogene sind in dieser Hinsicht bedeutend wirksamer: man erreicht die Hemmung der Gonadotropinproduktion schon mit gewichtsmäßig $^1/_{25}$ oder $^1/_{75}$ der bei den Androgenen notwendigen Mengen.

die Produktion früher oder später, je nach dem verabreichten Androgenpräparat, zu den Werten vor der Behandlung zurück.

Die Verabreichung von Androgenen bei infantilen Rattenmännchen führt zu einem Stillstand der Gonadenentwicklung durch Hemmung der hypophysären Gonadotropinproduktion; nach Absetzen der Behandlung kommt die Weiterentwicklung der Hoden wieder in Gang (BOTTOMLEY u. FOLLEY, 1938).

Die temporäre Sterilität durch exogene Androgene hat eine unerwartete therapeutische Bedeutung durch die Beobachtungen von HECKEL (1951) über den sogenannten „rebound effect" erhalten. Er fand (wie nach zahlreichen vorausgegangenen tierexperimentellen Untersuchungen nicht anders zu erwarten war), daß hohe Dosen Testosteronpropionat die Spermatogenese hemmten, so daß es zu einer drastischen Herabsetzung der Zahl der Spermatozoen im Ejakulat, ja, zu ihrem vollkommenen Verschwinden kam; nach einigen Monaten aber wurde die Spermatogenese wieder aufgenommen und die Zahl der Spermatozoen lag im Endeffekt mehr oder weniger hoch über der Ausgangszahl vor der Testosteronbehandlung. Diese Erscheinung wird als „rebound effect" bezeichnet, der sich als Behandlungsmethode für Oligospermien beim Mann in den Händen mancher Untersucher bewährt hat. Es darf aber nicht verschwiegen werden, daß andere Beobachter zwar auch das Eintreten einer Aspermie feststellten, aber eine Wiederaufnahme der Spermatogenese vermißten: die temporäre Sterilität war in diesen Fällen also zu einer irreversiblen geworden. Um diesen Ausgang der Testosteronbehandlung zu vermeiden, d. h. die Degeneration der Samenkanälchen zu verhindern, ist empfohlen worden, den Testosteron-Injektionen solche von Choriongonadotropin (HCG) beizugesellen; es scheint, daß bei dieser Kombination die Degenerationserscheinungen ausbleiben und es auf diese Weise bei einer vorübergehenden Sterilität bleibt, die dann unter Umständen zu einer erhöhten Fertilität führt (HELLINGA, 1958).

Zur Frage der direkten und indirekten Wirkung von Oestrogenen auf die männliche Keimdrüse hat ELERT (1958) aufgrund von Rattenversuchen Stellung genommen: Nach i. m. Injektion von 10 mg Oestradiolmonobenzoat beobachtet man in den Hoden geschlechtsreifer Männchen eine Schädigung der Spermatogenese, die nach 21 Tagen ihren Höhepunkt erreicht; die Spermatogonien sind kaum verändert, dagegen ist die Zahl der Spermatocyten I deutlich vermindert; weitere Stadien der Spermatogenese fehlen; mehrkernige Riesenzellen deuten auf mißglückte Reifeteilungsversuche der Spermatocyten hin. Die gleichen Veränderungen beobachtet man auch 3 Wochen nach der Hypophysektomie: es ist daher wahrscheinlich, daß die Wirkung des i. m. Oestrogendepots auf die Spermatogenese keine direkte ist, sondern auf einer Hemmung der Bildung des follikelstimulierenden Hormons (FSH) im Hypophysenvorderlappen beruht. Injiziert man 4 Tage lang tägl. 2,5 mg Oestradiolmonobenzoat (insgesamt also die gleiche Dosis von 10 mg wie im obigen Versuch) in den einen Hoden und läßt den anderen intakt, so beobachtet man nach 4 Tagen im nicht injizierten Hoden die gleichen Veränderungen wie beim i. m. Versuch; im injizierten Hoden aber erkennt man eine zahlenmäßige Zunahme der Spermatocyten I, Ablösung der Spermatocyten I vom Verband der Spermatogonien und das Fehlen von Zellformen der weiteren Stadien der Spermatogenese; einige Tage später findet man im Zentrum des Kanälchenlumens ein Konglomerat von Spermatocyten II, das vom Kranz der Spermatocyten I durch einen optisch leeren Raum getrennt ist. Die Oestrogene bewirken also bei *direktem* Einfluß auf die Spermatogenese eine Beschleunigung der Wachstumsphase und der ersten Reifeteilung, dagegen eine Hemmung der zweiten Reifeteilung, während ihr indirekter Einfluß auf einer Hemmung der FSH-Produktion im Hypophysenvorderlappen beruht, die sich in der Erschwerung der Wachstumsphase und in Störung bzw. Hemmung der ersten Reifeteilung auswirkt. In ähnlicher Weise scheinen auch Aldosteron und Desoxycorticosteronacetat, das erste bedeutend stärker hemmend als das zweite, auf die Spermatogenese zu wirken (KAR, ROY, DAS, 1958); die Differenzierung der Leydig-Zellen war in diesen Versuchen ebenfalls gehemmt, aber atrophische Veränderungen fehlten in ihnen.

Die Verwendung synthetischer Stoffe als Blocker der hypophysären Gonadotropinproduktion beruht je nach den Substanzen auf verschiedenen Wirkungsmechanismen: Während das *p-Hydroxypropiophenon* offenbar nur insoweit hemmend wirkt, als ihm oestrogene Eigenschaften zukommen (HUSSLEIN, 1951; PERRAULT, 1952, u. a.), scheint in den Extrakten aus Blättern oder Wurzeln verschiedener Arten von *Lithospermum* (L. ruderale, L. officinale) eine neuartige Gruppe von Hypophysen-Hemmstoffen vorzuliegen: Die Gonadotropine des Hypophysenvorderlappens, aber auch HCG und PMS werden *in vivo* bei s.c. oder i.p. Injektion der wässrigen Extrakte aus den genannten Pflanzenteilen inaktiviert; bringt man die Gonadotropine mit solchen Extrakten *in vitro* zusammen und bebrütet sie für kurze Zeit bei 37°, so werden sie ebenfalls wirkungslos. Es scheint also, daß die Wirkung von Lithospermum-Extrakten nicht am Produktionsort der Gonadotropine im Hypophysenvorderlappen angreift, sondern peripher die zirkulierenden Gonadotropine inaktiviert. Entsprechend diesem Wirkungsmechanismus kann die durch Lithospermum-Extrakte bedingte Sterilität nur so lange bestehen, als die wirksamen Substanzen im Blut kreisen und hier Gelegenheit haben auf die Gonadotropinmoleküle zu treffen. Es handelt sich also, mindestens zum Teil, um eine direkte Inaktivierung der Gonadotropine aus dem Vorderlappen nach ihrer Abgabe in den Kreislauf; welcher Art dieser Vorgang ist, kann heute noch nicht gesagt werden[7], doch scheint diese periphere Inaktivierung der Gonadotropine nicht allein für ihre Ausschaltung verantwortlich zu sein: nach DHOM u. WERNZE (1963) bedingen Extrakte aus Lithospermum officinale nach 17tägiger Behandlung der Ratten mit 100 mg/Tag i. p. eine Sekretionshemmung im thyreotropen, weniger ausgesprochen im gonadotropen Zellsystem der Hypophyse. Es läge also ein direkter (oder indirekter via Hypothalamus) Angriff an der Rattenhypophyse und nicht nur eine Inaktivierung der HVL-Hormone in der Peripherie vor.

In ihrem Wirkungsmechanismus unaufgeklärt ist die Wirkung von Extrakten aus einer anderen Pflanzenart, *Caladium seguinum*, dem Schweigrohr (MADAUS u. KOCH, 1941). Der negative Einfluß von Caladium auf die Potenz ist der südamerikanischen Volksmedizin seit langem bekannt; in experimentellen Untersuchungen an Rattenmännchen konnte gezeigt werden, daß die Tiere im Durchschnitt nach 40—90 Behandlungstagen (s. c. oder p. o.) zeugungsunfähig werden und tiefgehende Veränderungen an den Genitalorganen aufweisen, makroskopisch Verkleinerung und Schrumpfung des gesamten Genitalapparats (Hoden, Nebenhoden, Vas deferens, Vesiculardrüsen, Prostata) und mikroskopisch völliges Sistieren der Spermatogenese, weitgehende Destruktion des spermatogenen Gewebes, Involution des Epithels in Vas deferens, Prostata und Vesiculardrüsen. Diese letzten Veränderungen erinnern ausgesprochen an die Veränderungen nach Kastration, während die Hypophysenveränderungen nicht so weitgehend sind wie beim Kastraten. Es ist daher nicht sicher, daß die sterilisierende Wirkung von Caladium über eine Hemmung der Hypophyse geht. Auch die Dauer der durch

---

7 Vgl. die zahlreichen Arbeiten von LOESER u. Mitarb. zur Frage der Lithospermum-Wirkung, z. B. KEMPER (1959), ferner besonders hinsichtlich der Auswirkung am männlichen Versuchstier SLUSHER (1951), PLUNKETT u. NOBLE (1951) und NOBLE, PLUNKETT u. GRAHAM (1954).

Caladium-Extrakte erzeugten Sterilität ist unsicher; bis zum 40. Tag nach Absetzen der Behandlung waren die Hoden noch vollkommen atrophisch.

Unaufgeklärt ist auch der Wirkungsmechanismus des Steroids 17a-Äthinyl-2-androsten-17β-ol (besonders in Form seines Essigsäure-Esters), das bei Ratten beiderlei Geschlechts eine Involution der Gonaden bewirkte (POMONIS u. Mitarb., 1962), die beim Hoden je nach der angewandten Dosis und dem Zuführungsweg zwischen 29 und 77% schwankte; dabei besaß die Substanz in den angewandten Dosierungen weder eine oestrogene noch eine androgene oder anabole Aktivität; trotzdem nahmen die Untersucher eine hemmende Wirkung auf die Abgabe der Gonadotropine aus dem Hypophysenvorderlappen als Ursache der Involution an. GUÉRITÉE u. SAVINI (1964) konnten diese Ergebnisse vollkommen bestätigen und durch die Feststellung ergänzen, daß bei der tägl. Gabe von 4 mg/kg K.-Gew. der Ratte mit der Schlundsonde im Lauf von 14 Tagen eine Hodenatrophie von 64% und eine Prostataatrophie von 50% erfolgte, die aber beide nach Absetzen der Steroidgaben im Lauf von 20—40 Tagen wieder zur Norm zurückkehrten; auch sie fanden bei Dosierungen, die weit über den atrophierend wirkenden lagen, keine oestrogene, androgene, gestagene oder anabole Wirksamkeit des Steroids und ließen daher die Frage des Wirkungsmechanismus offen.

Dieses Beispiel einer *medikamentösen Sterilisierung* leitet vielleicht am besten zur *toxikologischen Sterilität* über, wie sie unter dem Einfluß von Betäubungsmitteln (Opiumderivate, Alkohol, Cocain usw.) zustandekommt; sie liegt außerhalb des Rahmens unserer Betrachtungen. Auch die durch *Infektionen* bedingten Sterilitäten, die teils auf das begleitende Fieber, teils auf die bakteriellen Toxine zurückgeführt werden, müssen unberücksichtigt bleiben. Auf die durch *Nahrungsmangel* bedingte Sterilität (infolge von Hungersnöten, durch Konzentrationslager-Regime u. a.) sei verwiesen; sie scheint typisch temporär zu sein, wenn auch viele Monate nach Wiederaufnahme einer normalen Ernährung vergehen können, bis die Fertilität wieder eintritt, auch ist anscheinend die spermatogenetische Funktion des Hodens allein betroffen, nicht die endokrine.

Im Hinblick auf die moderne Antifertilitätstherapie mit den „*Anti-Baby-Pillen*" bei der Frau sei darauf hingewiesen, daß die naheliegende Übertragung der hier gewonnenen Erfahrungen auf den Mann auf (bisher wenigstens) nicht überwundene Schwierigkeiten stößt: Die *Anticoncipientien auf anovulatorischer Basis* haben bei regelmäßigem Gebrauch zwar auch beim Mann einen Antifertilitätseffekt durch ihre Hemmungswirkung auf die Spermatogenese; ihrer Verwendung als Anticoncipientien beim Mann sind jedoch sehr enge Grenzen gesetzt, da sie gleichzeitig auch die Funktion der Leydig-Zellen unterdrücken, wodurch die Testosteronproduktion verhindert und die Libido aufgehoben wird. Ihre Anwendung kommt also beim Mann einer „temporären Kastration" gleich (TICE, 1966).

B. Die Ausschaltung der endokrinen Hodenfunktion
(Vgl. auch das Kapitel über „Anti-Androgene", S. 474)

Eine isolierte Ausschaltung der Leydigschen Zwischenzellen und damit der endokrinen Hodenfunktion ist in älteren Untersuchungen mehrfach versucht worden, zum Teil mit Erfolg. So hat BENOIT (1929) durch Partialkastrationen am Hahn Hodenreste erzeugt, die nur (sterile) Samenkanälchen und ein gut entwickeltes Sertolizellen-Syncytium, aber keine Leydig-Zellen enthielten: die betreffenden Hähne hatten Kapauncharakter. SAND (1933) beobachtete in seinen Transplantationsversuchen an Säugern, daß die keine Zwischenzellen enthaltenden Hodentransplantate auch keine androgene Wirkung entfalteten. MOORE u. SAMUELS (1931) riefen durch eine B-avitaminotische Diät eine Hypoplasie der Leydig-

Zellen im Rattenhoden und parallel dazu eine Atrophie der accessorischen Sexual-drüsen hervor; Bouin u. Buchheim (1933) gelang das gleiche mit einer Vitamin A-Mangeldiät. Gewisse Intoxikationen (mit Jod, Rohnaphtha u. a.) sollen nach Buchheim (Versuche an Ratten-, Meerschweinchen- und Kaninchenböcken, Beobachtungen am Menschen, z. B. an Heizern auf mit Ölfeuerung betriebenen Schiffen, 1932) zu einer isolierten Schädigung der Leydig-Zellen und Atrophie der accessorischen Geschlechtsorgane führen, was zwar hinsichtlich des Rohnaphthas nicht unwidersprochen geblieben ist (vgl. Brabant, 1933), aber im Hinblick auf den hohen Gehalt mancher Erdöle an oestrogenen Stoffen (bis zu mehreren 100000 Einheiten im Liter Rohöl) von Voss (1940) als möglich angesehen wurde.

In allen diesen Versuchen handelte es sich entweder um unspezifische Wirkungen (Avitaminosen), die mit schweren Schädigungen des Gesamtorganismus einhergingen, oder um Methoden, die mit einem großen Unsicherheitsfaktor belastet waren und daher nicht wieder aufgenommen wurden. Systematische Untersuchungen über die Verwendbarkeit der Tierarten mit periodischen Schwankungen in der geschlechtlichen Aktivität und in der Ausbildung und Funktion der Leydig-Zellen zum experimentellen Studium der Androgene scheinen nicht vorzuliegen (Amphibien, Vögel, unter den Säugern besonders Winterschläfer, Cerviden u. a.).

Durch die *Kastration* wird die Hauptquelle der Androgenproduktion im männlichen Organismus entfernt, doch bleibt — im Gegensatz zur Wirkung der Kastration auf die spermatogene Funktion — eine andere Produktionsstätte androgener Hormone, die Nebennierenrinde, bestehen, deren diesbezügliche Aktivität zwar im allgemeinen nicht genügt, um die männliche Prägung des Individuums aufrechtzuerhalten, deren Androgenproduktion jedoch, besonders in manchen klinischen Fällen, durchaus zu berücksichtigen ist.

Wie oben (S. 79 ff.) schon hervorgehoben, bewirkt die *Vasektomie* bzw. *Vasoligatur* zwar eine irreversible Sterilität, beeinträchtigt aber die inkretorische Funktion des Hodens nicht. Im Gegenteil, die Folgen der Vasoligatur haben seinerzeit eine wichtige Rolle bei der Entwicklung der Lehre von der innersekretorischen Funktion der Zwischenzellen gespielt (vgl. Kapitel über die Produktionsstätten der Androgene, S. 160 ff.) und die Frage ihrer eventuellen Hypertrophie nach der Vasoligatur gab zu vielen Untersuchungen Anlaß, als deren Ergebnis wir an dieser Stelle nur festzuhalten haben, daß als Folge der Vasektomie oder Vasoligatur (jedenfalls temporär) keine Abnahme der Androgenproduktion zu verzeichnen ist.

Anders nach der *totalen Hypophysektomie*, die zu einer vollkommenen Ausschaltung sowohl der exkretorischen wie der inkretorischen Funktion des Hodens führt. Ihre Wirkung auf die Androgenproduktion im Organismus ist noch intensiver als diejenige der Kastration, da ja auch die Androgenbildung in der Nebennierenrinde unter dem Einfluß der tropen Hormone des Hypophysenvorderlappens steht und gleichzeitig mit der Produktion im Hoden ausfällt. Während aber die Spermatogenese beim hypophysektomierten Tier (Rattenmännchen) unter gewissen Umständen (S. 287 ff.) durch die Verabreichung exogener männlicher Hormone wieder in Gang kommen kann, wenn auch nicht im gleichen Umfang wie in der Norm, sind außer den Gonadotropinen keine Mittel bekannt, die die inkretorische Hodenfunktion des hypophysektomierten Männchens wiederherzustellen vermöchten.

Der *experimentelle Kryptorchismus*, d.h. die operative Verlagerung der normalen, im Skrotum gelegenen Hoden in die Bauchhöhle, und ebenso der *kongenitale Kryptorchismus* als Folge einer Entwicklungsstörung, führen, wie wir oben (S. 80) erwähnt haben und ausführlich im Kapitel über den Kryptorchismus (S. 350) darlegen werden, zu einer vollkommenen Verödung der Samenkanälchen, während die inkretorische Hodenfunktion durch die abdominale Lage (zunächst) nicht beeinträchtigt wird. Die Pubertät vollzieht sich also beim heranwachsenden Individuum in normaler oder nahezu normaler Weise und die sexuelle Prägung bleibt beim erwachsenen Männchen erhalten, wenn seine Hoden im reifen Alter experimentell in die Bauchhöhle verlagert werden. Ja, es liegen — besonders von veterinär-medizinischer Seite — Hinweise vor, daß die kryptorchen (auch die einseitig kryptorchen) Männchen (Hengste, Eber) eine besonders ausgeprägte männliche Potenz und sexuelle Libido besitzen, die für eine erhöhte Androgen-produktion in den Leydig-Zellen spräche. Dem stehen allerdings andere Untersuchungen gegenüber, die von einer im Lauf der Zeit abnehmenden endokrinen Funktion der kryptorchen Hoden, auch beim Menschen zeugen (z. B. TILLINGER, 1956; BAYLE, 1958), KARG u. KRAUTHABER (1960) haben karyometrische Beobachtungen an hauptsächlich einseitig kryptorchen Haustieren (Hengsten, Ebern, Rüden, Katern) und an experimentell einseitig kryptorchen Rattenmännchen veröffentlicht, bei denen übereinstimmend eine Regression der Kernvolumina der Leydig-Zellen gefunden wurde, die im Sinn einer Kapazitätseinbuße des sekretorisch tätigen Gewebes gedeutet werden muß[8].

Die Erhaltung der inkretorischen Funktion neben der vollkommenen oder weitgehenden Ausschaltung der spermatogenetischen Funktion unter dem Einfluß der *Strahlenwirkung* ist oben (S. 81 ff.) bereits erwähnt worden.

Der *Vitamin E-Mangel* wirkt sich beim Versuchstier (Rattenmännchen) auf die inkretorische Funktion der Leydig-Zellen ebenso katastrophal aus wie auf die germinative Funktion der Samenkanälchen (VERZAR u. KOKAS, 1931): funktionell handelt es sich um Kastraten, auch scheiden männliche Tiere, deren Samenproduktion infolge von E-Mangel aufgehört hat, Kreatin aus, wie das bei Kastraten der Fall ist. Morphologisch sollen die Sertoli- und Leydig-Zellen keine Degenerationserscheinungen aufweisen, was aber noch nicht beweist, daß sie auch funktionell vollwertig sind[9]. Ob die Insuffizienz der Leydig-Zellen infolge von Vitamin E-Mangel durch eine Zufuhr von Vitamin E reversibel oder ebenso irreparabel ist, wie die durch E-Avitaminose bedingte Sterilität, scheint noch nicht untersucht zu sein.

Die experimentelle Untersuchung der Frage, ob die inkretorische Hodenfunktion durch die *Verabreichung exogener Sexualhormone* gehemmt wird, bereitet gewisse Schwierigkeiten, soweit es sich um die Verabreichung von Androgenen handelt, da die Ausschaltung der Wirkungen von Androgenen auf dem Weg über die Hemmung der Gonadotropinproduktion im Hypophysenvorderlappen durch eben diese Verabreichung der exogenen Androgene kompensiert wird: weder in ihrem Äußeren noch in ihren Funktionen, soweit sie unter dem Einfluß der Andro-

---

8 In der gleichen Richtung weisen auch Beobachtungen hin, deren Kenntnis ich einer persönlichen Mitteilung von Herrn Prof. E. GAVEZ, Universität Sarajevo, verdanke: Man findet unter den kryptorchen Männchen der Haustiere durchaus nicht nur hyper-libidinöse Tiere, sondern ebenso auch normo- oder hypo-, möglicherweise auch a-libidinöse Vertreter; und in den kryptorchen Hoden kommen degenerative Veränderungen an den Leydig-Zellen vor, die für eine sklerotische Umwandlung (Rückbildung) der Zellen sprechen, die bei einer mit der Zeit zunehmenden Ausdehnung zu einer potentiellen Hypofunktion auch des androgenproduzierenden Apparats im kryptorchen Hoden führen könnte.

9 Vgl. dazu die Beobachtungen von KIMMIG (1959) über Fälle von Leydigzellinsuffizienz beim Manne, die nicht morphologisch, sondern nur funktionell an den erniedrigten Fructosewerten im Spermaplasma erkannt werden kann.

gene stehen, stellen daher diese Versuchstiere Kastraten dar. Anders bei der Gabe von Oestrogenen: die bei diesen Stoffen viel nachdrücklichere Hemmung des Hypophysenvorderlappens schaltet zwar ebenfalls die endogene Androgenproduktion aus, die aber nun nicht kompensiert wird, so daß es zur Ausbildung des Kastratenzustands kommt und zu seiner Abwandlung in Richtung der Feminisierung; die Unterdrückung der männlichen sexuellen Prägung und die nicht seltene Gynäkomastie bei Prostata-Ca-Kranken unter der Oestrogenbehandlung (vgl. S. 85 ff.) sind der beste Beweis dafür. Bei der Gleichartigkeit der morphologischen Veränderungen am Hypophysenvorderlappen, wie sie durch Oestrogene und durch Androgene erzeugt werden, haben wir allen Grund zur Annahme, daß auch bei der Gabe exogener Androgene eine vollkommene Ausschaltung der endogenen Androgenproduktion vorliegt, obwohl wir sie im biologischen Test nicht fassen können.

Neben dieser indirekten anti-androgenen Wirkung der Oestrogene[10], die über den Hypophysenvorderlappen verläuft, können die Oestrogene auch noch in anderer Weise als Anti-Androgene wirksam werden: Wie MÜHLBOCK (1938a) zeigte, sind 0,4 mg Testosteron, auf den Kapaunenkamm aufgetragen, ausreichend, um ein signifikantes Wachstum des Kammes hervorzurufen; wird aber gleichzeitig mit dieser Testosteronmenge auch eine Dosis von 500 μg Oestron oder 17β-Oestradiol gegeben, so wird das Wachstum des Kammes gehemmt; ähnlich wirkte auch Progesteron, während Oestriol, Equilenin oder Δ^5-Pregnen-3β-ol-20-on unwirksam waren. Wurde das Androgen (in diesem Fall Androsteron) parenteral verabreicht und gleichzeitig ein wirksames Oestrogen auf den Kamm aufgetragen, so wurde die Wachstumswirkung von Androsteron auf den Kamm unterdrückt. Diese Beobachtungen von MÜHLBOCK wurden in ähnlichen Versuchen von HOSKINS u. KOCH (1939) voll bestätigt. Interessant ist es, daß MÜHLBOCK (1938b) den schon rückgebildeten Kapaunenkamm durch lokale Gaben von Oestrogenen noch zusätzlich verkleinern konnte, vermutlich durch die Anti-Androgenwirkung auf die Nebennierenrindensteroide.

Wir haben also eine doppelte anti-androgene Wirkung der Oestrogene feststellen können: einmal indirekt über die Hemmung der Gonadotropinproduktion im Hypophysenvorderlappen und zweitens direkt durch Angriff am Erfolgsorgan der Androgenwirkung, am Kapaunenkamm. Daß die Oestrogene auch bei Säugetieren einen hemmenden Einfluß auf durch Androgene hervorgerufene Wachstumsvorgänge haben können, zeigten die breit angelegten Versuche von SAUNDERS (1958), in denen er an kastrierten Rattenmännchen die Wirkung i. m. Injektionen abgestufter Gemische von Testosteronpropionat und Oestron am Gewicht des Gesamtkörpers, der Vesiculardrüsen, der Prostata und des M. levator ani prüfte. Während Testosteronpropionat allein, 7 Tage lang gegeben, schon in der kleinsten geprüften täglichen Dosis (0,05 mg) eine deutliche, aber auch in den höchsten Dosen (0,5 und 1,0 mg) nicht signifikante Zunahme des Körpergewichtes hervorrief, wurde durch Oestron, das allein eine Herabsetzung des Körpergewichtes bis auf die Hälfte bewirkte, die fördernde Testosteronwirkung auch durch die kleinste Dosis (0,05 mg) Oestron vermindert, ein Effekt, der mit Erhöhung der Oestrondosen zunahm und bei den höchsten Oestrondosen (1,0 mg) sich auch gegenüber den höchsten Testosterondosen durchsetzen konnte. Das Gewicht der Vesiculardrüsen wird sowohl durch Testosteronpropionat als auch durch Oestron fördernd beeinflußt, wenn sich die beiden Steroide auch an verschiedenen Geweben dieser Drüsen

---

10 Das Problem der „Anti-Androgene" wird in einem besonderen Kapitel (S. 474) ausführlich erörtert; hier sei nur kurz darauf verwiesen, soweit es die Frage der Ausschaltung der endokrinen Hodenfunktion betrifft.

stimulierend auswirken[11], was sich aber nur durch histologische Untersuchungen nachweisen läßt; die Wirkung auf das Gewicht ist also eine additive und eignet sich nicht zum Nachweis der anti-androgenen Wirkung von Oestron. Demgegenüber ist das Prostatagewicht ausschließlich von der Androgenzufuhr abhängig und wird durch Oestron nicht beeinflußt; auch dieses Testobjekt ist also für die Aufdeckung der anti-androgenen Wirkung von Oestron ungeeignet. Am M. levator ani wirkt Testosteronpropionat anabol und fördert die Gewichtszunahme; Oestron wirkt katabol und hemmt die anabole Wirkung von Testosteronpropionat, zumindesten der kleineren Dosen des Androgens (0,05—0,2 mg), während die Wirkung der höheren Dosen Testosteronpropionat (0,5—1,0 mg) unbeeinflußt bleibt.

HERTTING u. SATKE-EICHLER (1955) stellten fest, daß die durch Implantation eines Hexoestrol-Preßlings von 5,0 mg hervorgerufene Zunahme des Vesiculardrüsengewichts bei intakten infantilen Rattenmännchen signifikant größer war als bei adrenalektomierten Tieren; es konnte aber nicht geklärt werden, ob dieser Effekt auf eine gesteigerte Androgenausschüttung aus den durch die Oestrogenwirkung hypertrophierten Nebennieren zurückzuführen war, denn es erschien auch möglich, daß infolge des Verlustes der essentiellen, durch die Gaben von Desoxycorticosteronacetat nicht völlig ersetzbaren Corticosteroide bei adrenalektomierten Ratten die Ansprechbarkeit des Vesiculardrüsengewebes auf Oestrogene herabgesetzt war.

Trotzdem die von MOORE u. PRICE (1932) ursprünglich aufgestellte Theorie von der über den Hypophysenvorderlappen gehenden hemmenden Wirkung der Oestrogene auf den Hoden, in der Zwischenzeit durch eine Reihe von Beobachtungen gestützt worden ist und in ihren Grundzügen sicher zu Recht besteht, kann sie doch aufgrund zum Teil schon besprochener, zum Teil noch ergänzend zu erwähnender Beobachtungen nicht ohne gewisse Einschränkungen aufrechterhalten werden. So ist eine Zwischenschaltung des Prolactins (des luteotropen Hormons, LTH) bei der oestrogenen Hemmung der Spermatogenese aufgrund der Versuche von RIDDLE u. BATES an Tauben (1933) durchaus in Erwägung zu ziehen. Auch wird die Annahme einer direkten Wirkung der Oestrogene auf den Hoden durch die Beobachtungen von BOST u. GOULARD (1958) nahegelegt, die am Hahnenhoden unter Oestrogenbehandlung das weitgehende Verschwinden der Spermatogonien feststellten, die nach Hypophysektomie erhalten bleiben, und von BOST, SERFATY u. GOULARD (1959), die in in vitro-Versuchen die Wirkung von

---

11 Es ist von verschiedenen Forschern angegeben worden, daß die Oestrogene auch auf das sekretorische Epithel der Vesiculardrüsen eine stimulierende und beim Kastraten normalisierende Wirkung besitzen (FRATTINI u. MAINO, 1930; MOSZKOWSKA, 1935, beim kastrierten Meerschweinchenmännchen); auch wir haben uns in eigenen Untersuchungen (DIRSCHERL u. VOSS, unveröff. Versuche) von einer solchen Wirkung des synthetischen Oestrogens Diäthylstilboestrol bei kastrierten Mäusemännchen überzeugen können, wo man mit sehr hohen Dosen dieses Stoffes (5,0 mg) eine Proliferation (Mitosen) und — selten — eine Sekretion im Epithel der Vesiculardrüsen feststellen kann. Auch andere Oestrogene (Oestron, Oestradiol) rufen Mitosen hervor (vgl. DIRSCHERL, ZILLIKEN u. KROPP 1948, hier weitere Literatur zu dieser Frage), doch steigt ihre Zahl mit Erhöhung der Oestrogendosis nicht an, im Gegensatz zu den Androgenen. Ohne Zweifel beruht die nach Oestrogengaben beobachtete starke Gewichtszunahme der Vesiculardrüsen des Nagerkastraten nicht auf dieser immerhin nur sporadischen Stimulation des Epithels, sondern auf der fördernden Wirkung der Oestrogene auf die glatte Muskulatur und das Bindegewebe der Vesiculardrüsen, wie sie von der großen Mehrheit der Untersucher beobachtet worden ist (KORENCHEWSKY u. DENNISON, 1934; COURRIER u. GROS, 1935; LAQUEUR, FREUD u. DE JONGH, 1932): insofern ist unsere obige Angabe über die Auswirkung der Androgene und Oestrogene an verschiedenen Geweben der Vesiculardrüsen durchaus berechtigt und wird weder durch die sporadische Wirkung der Oestrogene auf das Epithel noch durch die sicher vorhandene Wirkung der Androgene auf die glatte Muskulatur erschüttert, die in ihrer gewichtsmäßigen Bedeutung gegenüber der Wirkung auf das sezernierende Epithel ganz zurücktritt.

Oestradiolmonobenzoat auf die Herabsetzung des Sauerstoffverbrauches im Hoden untersuchten und eine unspezifische, aber, wie der in vitro-Versuch zeigt, *direkte* Wirkung des Oestrogens auf den Hoden annehmen mußten. Auch BACON u. KIRKMAN (1955) kamen aufgrund ihrer Untersuchungen über die Reaktion des Hamsterhodens auf die chronische Behandlung mit verschiedenen Oestrogenen (Diäthylstilboestrol, 17β-Oestradiol,Oestron,Äthinyl-oestradiol u. a.) zum Schluß, daß eine direkte Wirkung dieser Oestrogene auf den Hoden wenigstens bis zu einem gewissen Grade eher anzunehmen ist als eine ausschließliche indirekte Wirkung über den Hypophysenvorderlappen.

Auch Gestagene[12] sind imstande die Androgenwirkung am Erfolgsorgan zu verhindern; außer dem Progesteron, das wir oben (S. 91) bereits erwähnten, ist auch das 11α-Hydroxyprogesteron in dieser Hinsicht wirksam: wie BYRNES, STAFFORD u. OLSON (1953) zeigten, setzt dieses Derivat die Hypertrophie von Vesiculardrüsen, Prostata und M. levator ani bei mit Testosteronpropionat behandelten kastrierten Rattenmännchen herab. SCHILLING (1968), der die Wirkung von Gestagenen auf die präpuberale Hodenentwicklung beim Hausschwein untersuchte, fand, daß die verwendeten Gestagene mit Depotwirkung Norethindron (= 17α-Äthinyl-19-nortestosteron als Oenanthat) und Chlormadinonacetat (= 6-Chloro-Δ^6-17α-acetoxyprogesteron), am 10. Tag post natum verabreicht, den Beginn der Spermiogenese nur wenig, die Entwicklung des Interstitiums aber sehr deutlich im Sinne einer Verzögerung der beim Schwein typischen, phasenartig verlaufenden Entwicklungsprozesse des Hodenzwischengewebes beeinflußten. Die weiteren Untersuchungen von SCHILLING u. JÖCHLE (1969) an der gleichen Tierart, aber an geschlechtsreifen juvenilen Ebern zeigten dann, daß, im Vergleich zu den obigen Gestagenbehandlungen bei männlichen Ferkeln *vor* der Geschlechtsreife, nach Abschluß der Spermiogenese auch mit höheren Dosen der genannten Gestagene die Samenbildung nicht mehr beeinflußt werden kann (Tab. 13):

Tabelle 13. *Gewichte und Maße (Gruppen-Durchschnitte) von Hodenmerkmalen bei Ebern; zusammengestellt von* SCHILLING *u.* JÖCHLE *(1969)*

Eber Nr...	Behandlung	Hodengewicht in g	Zwischengewebe in %	Kerne der Zwischenzellen in μ	Durchmesser der Tubuli in μ
1—6	NTÖ [a]	496	10,7	5,50	198
I—VI	Kontrollen	504	18,5	6,04	204,8

[a] NTÖ = Norethindron.

Die Wirkungen sind ausschließlich auf das Zwischengewebe beschränkt und die Testosteronproduktion ist herabgesetzt; als Folge dieser Herabsetzung ist der Geschlechtsgeruch im Fleisch und Fett erniedrigt oder vollkommen fehlend, wenn verstärkte Hemmungswirkungen erzielt wurden. Eine eingehende Betrachtung sowohl der fördernden als auch hemmenden Wirkungen der Gestagene auf den Hoden ist von NEUMANN (1969) im Gestagenband dieses Handbuchs gegeben worden, auf die ausdrücklich verwiesen sei, besonders auf die tabellarischen Zusammenstellungen und die beigegebenen Abbildungen. Wir können uns hier auf diesen Hinweis und auf die oben angeführten Beispiele beschränken.

HERTZ u. TULLNER (1947) konnten die Wirkung von s. c. appliziertem Testosteronpropionat auf den Kamm des weiblichen Kückens durch die Auftragung

---

12 Zusammenfassende Darstellungen bei HÜTTENRAUCH (1966), JÖCHLE (1968) und NEUMANN (1969).

von Methylcholanthren auf den Kamm merklich verzögern: nach 5tägiger Verabreichung des Androgens betrug das Kammgewicht bei den Kontrollkücken 136,5 mg, während es bei den mit Methylcholanthren behandelten Kücken nur 39,5 mg ausmachte; noch eindrucksvoller war der Unterschied nach 15 Tagen mit Kammgewichten von 1245,8 bzw. 393,1 mg. DORFMAN u. DORFMAN (zit. n. DORFMAN u. SHIPLEY, 1956) bestätigten diese Hemmung auch bei Versuchen mit einem anderen Carcinogen (Benzpyren), wenn auch nicht in so ausgesprochenem Grad. Im Hinblick darauf, daß gleichartige antiandrogene Hemmungen auch mit nichtcarcinogenen Substanzen erreichbar sind (wie wir oben sahen und wofür wir weitere Beispiele im folgenden anführen werden), besteht kein Grund zur Annahme, daß die anti-androgene Wirksamkeit von Methylcholanthren und Benzpyren notwendig an ihre cancerogene Potenz gebunden sein müßte.

DORFMAN (1959) hat eine solche anti-androgene Wirkung bei einem Phenanthrenabkömmling (Substanz Ro-2-7239 = 2-Acetyl-7-oxo-1,2,3,4,4a,4b,5,6,7,9, 10,10a-dodekahydrophenanthren) beschrieben, wobei das Androgen (0,5 mg des protrahiert wirkenden Testosteronoenanthats) s. c. injiziert wurde, während die Testsubstanz am gleichen Tag und an den 6 folgenden Tagen einmal tägl. in öliger Lösung auf den Kückenkamm aufgetragen wurde: es ergab sich eine Hemmung des Kammwachstums um 44%; in parallel laufenden Vergleichsversuchen bedingte 19-Nor-17-äthinyltestosteron (Norethisteron) eine Hemmung um 60%. Ferner stellten REERINK, KASSENAAR, SCHÖLER, WESTERHOF, QUERIDO, DICZFALUSY u. TILLINGER (1960) ein neuartiges Androstan-Derivat (17β-Hydroxy-9β-10α-androsta-4,6-dien-3-on) dar, von dem sie schreiben, daß es eine „definite anti-androgenic activity" besitzt; über die benutzten Nachweismethoden und den Grad der anti-androgenen Wirkung dieser Verbindung im Vergleich zu anderen Steroiden scheint bisher nichts veröffentlicht zu sein. USKOKOVIC, DORFMAN u. GUT (1958) zeigten, daß 20-Methyl-Δ^5-pregnen-3β-20-diol eine statistisch festlegbare anti-androgene Wirkung im Kückenkamm-Test besitzt.

Die bei einigen Verbindungen nachgewiesene antagonistische Beeinflussung des durch Steroide hervorgerufenen Wachstums bietet keine Gewähr dafür, daß diese Hemmungswirkung sich auf alle entsprechend wirkenden Steroide erstreckt: so vermißten POULSON, ROBSON u. WANDER (1960) beim 6-Diazo-5-oxo-nor-L-leucin („DON") eine antagonistische Wirkung gegenüber dem injizierten Testosteronpropionat, obwohl es bei Ratten, Mäusen und Kaninchen dank seiner antagonistischen Wirkung gegenüber den Steroiden, die zur Erhaltung der Schwangerschaft notwendig sind (Progesteron und Oestradiol), zur Unterbrechung der Gravidität führte.

GLEY, MENTZER, DELOR, MOLHO u. MILLON (1946) synthetisierten, geleitet durch Analogien in der Molekülform, gewisse Derivate des 3-Phenylcumarins, unter denen sich mehrere mit oestrogener Wirkung fanden; auch wiesen sie eine anti-androgene Wirkung auf, die sich von derjenigen der natürlichen Oestrogene unterschied. Interessant ist vor allem die Substanz M 80, ein 3-p-Methoxyphenyl-4-methyl-7-hydroxy-cumarin: die hemmende Wirkung dieser Verbindung betrifft nur die accessorischen Drüsen des Genitaltraktus beim Rattenmännchen, unter denen die Vesiculardrüsen ein Gewicht von nur 0,016 g/100 g K.-Gew. zeigten (Kontrollen 0,045 g/100 g); dabei betrug das Hodengewicht 0,640 g/100 g (Kontrollen 0,700 g/100 g), war also nicht signifikant verändert. Von der anti-androgenen Wirkung der natürlichen Oestrogene unterschied sich diejenige der Substanz M 80 dadurch, daß sie nicht über die Hypophyse zustandekam, denn die gonadotrope Aktivität der Hypophyse bei den mit den Cumarinderivaten (10 Tage lang tägl. 2,0 mg) behandelten Tieren entsprach vollkommen derjenigen der Hypophysen unbehandelter Ratten; eine Behandlung der Versuchstiere mit entsprechenden

Dosen natürlicher Oestrogene inaktivierte dagegen die gonadotrope Wirksamkeit der Hypophyse. Es wird daher angenommen, daß die Cumarin-Derivate einen *direkten* Einfluß auf die Sexualorgane haben. Andere Derivate dieser Reihe haben zum Teil eine ausschließliche hemmende Wirkung auf den Hoden (Substanz M 83 = 3-p-Methoxyphenyl-4-isopropyl-7-hydroxycumarin), zum Teil hemmten sie Hoden und Vesiculardrüsen zugleich (M 76 = 3-p-Methoxyphenyl-4-äthyl-7-hydroxycumarin und M 84 = 3-p-Hydroxyphenyl-4-n-propyl-7-hydroxycumarin); alle 3 letztgenannten Derivate, M 76, M 83 und M 84 sind oestrogen wirksam.

MILIN, STERN, CIGLAR u. HUKOVIC (1959) fanden in Versuchen an Rattenmännchen, daß ein wässriger Extrakt aus der Epiphysis cerebri („Glanepin", Extr. gland. pinealis, Solco A.G., Basel), an 7 Tagen zu 0,5 ccm s. c. injiziert, eine Verringerung der Zahl und Größe der Leydig-Zellen und parallel dazu eine Verminderung der Epithelzellhöhe und der Kerne der Epithelzellen im Nebenhoden bewirkt; in Versuchen an Kampffischen (Betta splendens) und Kampfhähnen der Bantamrasse wurde nach Behandlung mit Glanepin eine Hemmung der Kampflust bzw. auch eine Minderung des Krähtriebes beobachtet. Verff. deuten ihre Versuchsergebnisse als Folge einer Hemmung der gonadotropen Funktion des Hypophysenvorderlappens, die über das Relais des Hypothalamus zustandekommt. Auch andere experimentelle Tatsachen und klinische Beobachtungen sprechen für die Rolle der Pinealdrüse als eines biologischen Antagonisten des Hypothalamus-Hypophysen-Komplexes, wie die Verff. betonen. (Vgl. dazu den Anhang zu Kapitel I (S. 64), in dem der Einfluß der Epiphyse eingehend behandelt ist.)

Literatur

ABBOTT, C.R.: J. Endocr. (Lond.) 19, 33—43 (1959).
BACON, R.L., KIRKMAN, H.: Endocrinology 57, 255—271 (1955).
BASU, S.L., NANDI, J.: J. exp. Zool. 159, 93—112 (1965).
BAYLE, H.: Traitement chirurgical de la stérilité masculine; in Fonction spermatogénétique du testicule humain. Paris: Masson et Cie 1958.
BECKMANN, R.: Z. Vitamin-, Hormon- u. Fermentforsch. 7, H. 2/3 u. 4/5 (1955).
BENDER, A.E.: Brit. J. Radiol. 21, 244 (1948); zit. n. ABBOTT (1959).
BENOIT, J.: Arch. Zool. 69, 217 (1929); zit. n. SIMONNET et ROBEY (1941).
BOST, J., GOULARD, G.: Ann. Endocr. (Paris) 19, 32—49 (1958).
— SERFATY, A., GOULARD, G.: J. Physiol. (Paris) 51, 837—844 (1959).
BOTTOMLEY, A.C., FOLLEY, S.J.: J. Physiol. (Lond.) 94, 26—39 (1938).
BOUIN, P., BUCHHEIM, V.: C.R. Acad. Sci. (Paris) 196, 1148 (1933); zit. n. SIMONNET et ROBEY (1941).
BOURG, R.: Arch. Biol. (Paris) 41, 245 (1931).
— VAN MEENSEL, F., GOMPEL, CL.: Ann. Endocr. (Paris) 13, 195—206 (1952).
BRABANT, H.: C. R. Soc. Biol. (Paris) 113, 921 (1933); zit. n. SIMONNET et ROBEY (1941).
BUCHHEIM, V.: C. R. Soc. Biol. (Paris) 109, 1290, 1292 (1932).
BYRNES, W.W., STAFFORD, R.O., OLSON, K.J.: Proc. Soc. exp. Biol. (N. Y.) 82, 243—245 (1953).
CATCHPOLE, H.R., HAMILTON, J.B., HUBERT, G.R.: J. clin. Endocr. 2, 181 (1942).
CHIN-PEI, CHANG CHANG, Y.: J. Form. med. Ass. 62, 47—52 (1963; zit. n. KAR, CHANDRA and KAMBOJ (1965).
CHIQUOINE, A.D.: J. Reprod. Fertil. 10, 263—265 (1965).
COURRIER, R., GROS, G.: C. R. Soc. Biol. (Paris) 118, 686—688 (1935).
DHOM, G., WERNZE, H.: Acta endocr. (Kbh.) 43, 294—304 (1963).
DIRSCHERL, W., VOSS, H.E.: Unveröffentlichte Versuche, 1935.
— ZILLIKEN, Fr., KROPP, K.: Biochem. Z. 318, 454—461 (1948).
DORFMAN, R.I.: Endocrinology 64, 464—466 (1959).
— DORFMAN, A.S.: zit. n. DORFMAN and SHIPLEY (1956).
— SHIPLEY, R.A.: Androgens; New York: Wiley & Sons, Inc. 1956.
ELERT, R.: 5. Sympos. Dtsch. Ges. Endokrinol. S. 328—332. Berlin-Göttingen-Heidelberg: Springer 1958.
EMERY, F.E.: Amer. J. Physiol. 101, 246—250 (1932).

FLEISCHMANN, W., BRACKIN, J.T., jr.: Endocrinology **54**, 227—228 (1954).
FRATTINI, B., MAINO, M.: Arch. Inst. biochim. ital. **2**, 639 (1930).
GLEY, P., MENTZER, CH., DELOR, J., MOLHO, D., MILLON, J.: C. R. Soc. Biol. (Paris) **140**, 748—749 (1946).
GUÉRITÉE, N., SAVINI, E.C.: Ann. Endocr. (Paris) **25**, 544—552 (1964).
HAMBURGER, CHR.: Acta path. microbiol. scand. Suppl. 17 (1933).
HEALD, A.H., BEARD, C., LYONS, W.R.: Amer. J. Roentgenol. **41**, 448—452 (1939).
HELLINGA, G.: Traitement des hypofertilités masculines; In: Fonction spermatogénétique du testicule humain. Paris: Masson et Cie 1958.
HERTTING, G., SATKE-EICHLER, I.: Acta endocr. (Kbh.) **20**, 209—215 (1955).
HERTZ, R., TULLNER, W.W.: J. nat. Cancer Inst. **8**, 121 (1947).
HOSKINS, W.H., KOCH, F.C.: Endocrinology **25**, 266—274 (1939).
HU, C.K., FRAZIER, C.N.: Proc. Soc. exp. Biol. (N.Y.) **48**, 44—46 (1941).
HÜTTENRAUCH, O.E.: Versuche an Jungbullen über den Einfluß von Depot-Gestagenen auf Sexualverhalten und Ejakulatbeschaffenheit. Dissert. Hannover, 1966; zit. n. SCHILLING u. JÖCHLE (1969).
HUSSLEIN, H.: Wien. klin. Wschr. **63**, 441 (1951).
JEFFCOATE, T.N.: Lancet **1932** I, 662—665.
JÖCHLE, W.: Zootechnische Indikationen in der Haustierhaltung, der Tierzucht und der tierischen Produktion. In: Handbuch exp. Pharmakologie, Bd. XXII/2, „Gestagene". Berlin-Heidelberg-New York: Springer 1968.
JOHNSTON, R.L.: Endocrinology **18**, 123—141 (1934).
KAR, A.B., CHANDRA, H., KAMBOJ, V.P.: Acta biol. med. germ. **15**, 381—385 (1965).
— ROY, S.N., DAS, R.P.: Acta endocr. (Kbh). **29**, 361—368 (1958).
KARG, H., KRAUTHABER, O.: Endokrinologie **39**, 324—327 (1960).
KEMPER, F.: Arzneimittel-Forsch. **9**, 368—375, 411—419 (1959).
KIMMIG, J.: Klin. Wschr. **37**, 1165—1168 (1959).
KIVY, E.: J. Morph. **88**, 573 (1951).
KNAUS, H.: Die Physiologie der Zeugung beim Menschen. Wien: W. Maudrich 1950.
KORENCHEVSKY, V., DENNISON, M.: Biochem. J. **28**, 1474—1485 (1934).
LAQUEUR, E., FREUD, J., DE JONGH, J.E.: Acta Physiol. **2**, 9 (1932).
MACMILLAN, E.W.: Proc. Soc. Study Fertil. **6**, 57—59 (1954).
MADAUS, G., KOCH, FR. E.: Z. ges. exp. Med. **109**, 68—87 (1941).
MANDL, A.M., ZUCKERMAN, S.: J. Endocr. **13**, 243 (1956).
MARTINS, T., ROCHA E SILVA, A.: Endocrinology **15**, 421—434 (1931).
MAURITZEN, K.: Acta chir. scand. **102**, 457 (1952).
MAZZANTI, L., LOPEZ, M., BERTI, M.GR.: Experientia (Basel) **20**, 492—493 (1964).
— — — Experientia (Basel) **21**, 446—447 (1965).
MICHELSON, L.: J. Urol. (Baltimore) **57**, 512 (1947).
MILIN, R., STERN, P., CIGLAR, M., HUKOVIC, S.: Naturwissenschaften **46**, 477—478 (1959).
MIRSKAJA, L., CREW, F.A.E.: Quart. J. exp. Physiol. **21**, 135 (1931).
MOMIGLIANO, E., ESSENBERG, J.M.: Radiology (N.Y.) **42**, 273 (1944).
MOORE, C.R.: Anat. Rec. **25**, 142 (1923).
— Science **59**, 41—43 (1924a).
— Amer. J. Anat. **34**, 269—316 (1924b).
— Amer. J. Anat. **34**, 337—358 (1924c).
— Anat. Rec. **48**, 105—113 (1931).
— OSLUND, R.M.: Amer. J. Physiol. **67**, 595—607 (1924).
— PRICE, D.: Amer. J. Anat. **50**, 13—71 (1932).
— QUICK, W.J.: Amer. J. Physiol. **68**, 70—79 (1924).
— SAMUELS, C.: Amer. J. Physiol. **99**, 278—288 (1931).
MOSZKOWSKA, A.: C. R. Soc. Biol. (Paris) **118**, 625—627 (1935).
MÜHLBOCK, O.: Acta brev. neerl. Physiol. **8**, 50 (1938a).
— Acta brev. neerl. Physiol. **8**, 142 (1938b).
NELSON, W.O.: Recent Progr. Hormone Res. **6**, 29 (1951).
— GALLAGHER, T.F.: Science **84**, 230—232 (1936).
NEUMANN, F.: Handbuch exp. Pharmakologie, Neue Serie, Bd. XXII/2, S. 50—131, 1969.
NOBLE, R.L., PLUNKETT, E.R., GRAHAM, R.C.B.: J. Endocr. (Lond.) **10**, 212—227 (1954).
O'CONOR, V.J.: Surg. Gynec. Obstet. **110**, 649 (1960).
— J. Amer. med. Ass. **153**, 532—534 (1962).
PATT, H.M., BRUES, A.M.: In: Radiation Biology, vol. I, pt. II, S.959, 1954, ed. A. HOLLAENDER; New York: McGraw-Hill; zit. n. ABBOTT (1959).
PERRAULT, M.: Med. Klin. **47**, 1449—1453 (1952).
PHADKE, G.M.: J. Indones. med. Assoc. **37**, 241 (1961); zit. n. KAR, CHANDRA and KAMBOJ (1965).

PLUNKETT, E.R., NOBLE, R.L.: Endocrinology **49**, 1 (1951).
POMONIS, J.G., NOFFSINGER, J., RHONE, J.R., TILLOTSON, A., REICH, H., HUFFMAN, M.N.:
 Cancer Chemotherapy Reports **22**, 31—32 (1962); zit. n. GUÉRITÉE et SAVINI (1964).
POULSON, E., ROBSON, J.M., WANDER, A.C.E.: J. Endocr. **19**, 359—365 (1960).
POYNTER, H.: Anat. Rec. **74**, 355 (1939).
RANDALL, L.O., SELITTO, J.J.: Endocrinology 62, 693—695 (1958).
REERINK, E.H., SCHÖLER, H.F.L., WESTERHOF, P., QUERIDO, A., KASSENAAR, A.A.H.,
 DICZFALUSY, E., TILLINGER, R.C.: Nature (Lond.) **186**, 168—169 (1960).
RIDDLE, O., BATES, R.: Endocrinology **17**, 689—698 (1933).
RUGH, R., GRUPP, E.: Amer. J. Physiol. **198**, 1352—1354 (1960).
SAND, KN.: Handbuch der Inn. Sekretion, Bd. 2, Physiologie des Hodens, S. 2017. Leipzig:
 Kabitsch 1933.
SAUNDERS, FR. J.: Endocrinology **63**, 498—500 (1958).
SAVKOVIC, N.: Nature (Lond.) **203**, 1297—1298 (1964).
SCHILLING, E.: Verh. Deutsch. Zool. Ges., in Zool. Anz., **31**, Suppl. Bd. 1968.
— JÖCHLE, W.: Z. Tierzücht. **85**, 370—382 (1969).
SHAVER, S.L.: Amer. J. Anat. **92**, 391 (1953).
SIMONNET, H., ROLEY, M.: Les androgènes. Paris: Masson et Cie 1941.
SLUSHER, M.A.: Amer. J. Physiol. **167**, 826 (1951).
SOULAIRAC, A., SOULAIRAC, M.L.: Ann. Endocr. (Paris) **20**, 137—146 (1959).
STEPP, W., KÜHNAU, J., SCHRÖDER, H.: Die Vitamine, 6. Aufl. Stuttgart: Enke 1944.
STIEVE, H.: Handbuch mikr. Anat. der Menschen, Bd. VII, Teil 2, Berlin: Springer 1930.
TICE, L.F.: Amer. J. Pharm. **138**, 104—113 (1966).
TILLINGER, K.: Acta endocr. (Kbh.) Suppl. **30**, 78—79 (1957).
TUSTIN, J.D.: Anim. Breed. Abstr. **30**, 447 (1962).
USKOKOVIĆ, M., DORFMAN, R.I., GUT, M.: J. Org. Chem. **23**, 1947—1951 (1958).
VERZÁR, F., KOKAS, E.: Pflügers Arch. ges. Physiol. **227**, 511 (1931).
VOSS, H.E.: Med. Welt **1940**, 362.
WALLER, J.I., TURNER, T.A.: J. Urol. (Baltimore) **88**, 409 (1962).
WEBER, J., IRWIN, H., STEENBOCK, H.: Amer. J. Physiol. **125**, 593—600 (1939).
WITSCHI, E., LEVINE, W.T., HILL, R.T.: Proc. Soc. exp. Biol. (N.Y.) **29**, 1024—1026 (1932).
ZAMENHOFF, B., GRIBOFF, G., MARULLO, N.: Biochim. biophys. Acta (Amst.) **13**, 459—461
 (1954).

III. Chemie der Androgene

G. Oertel

Innerhalb der Verbindungsklasse der *Steroide*, welche bekanntlich Sterine, Cardenolide, Bufadienolide, Saponine, Alkaloide, Gallensäuren und Steroidhormone umfaßt (Fieser u. Fieser, 1961; Shoppee, 1964) stellen die Androgene nur eine Untergruppe der Steroidhormone dar. Während die in der letztgenannten Gruppe enthaltenen Corticosteroide und Gestagene nebst Metaboliten zu den C_{21}-Steroiden zählen, die Oestrogene dagegen nur 18 Kohlenstoffatome besitzen, gehören die natürlichen Androgene mit Metaboliten und verwandten Verbindungen zu den C_{19}-Steroiden. Wie alle Steroide weisen auch sie das Grundgerüst des Cyclopentanperhydrophenanthrens auf, welches aus drei Cyclohexanringen A, B und C und einem Cyclopentanring D besteht:

ANDROSTAN

Aufgrund der asymmetrischen C-Atome 5, 8, 9, 10, 13 und 14 bietet sich theoretisch eine Vielzahl von Möglichkeiten für die sterische Konfiguration derartiger Verbindungen. Da sich jedoch die ursprünglich willkürlich festgelegte räumliche Anordnung der angulären Methylgruppen C-18 und C-19 — beide liegen über der Ebene des Ringsystems — in der Folgezeit als richtig erwies, und weiterhin bei allen natürlichen Steroidhormonen und ihren Stoffwechselprodukten die Ringe B und C, sowie C und D stets in trans-Stellung miteinander verknüpft sind, vermindert sich die Zahl der möglichen Isomeren und bleibt auf zwei Formen beschränkt. Beide unterscheiden sich lediglich in der Konfiguration des A-Rings, was im Falle der C_{21}-Steroide zu 5β-Pregnan (Pregnan) oder 5α-Pregnan (Allopregnan), bei den C_{19}-Steroiden aber zu 5β-Androstan (Ätiocholan) und 5α-Androstan (Androstan) führt:

5 β-Pregnan

5 α-Pregnan

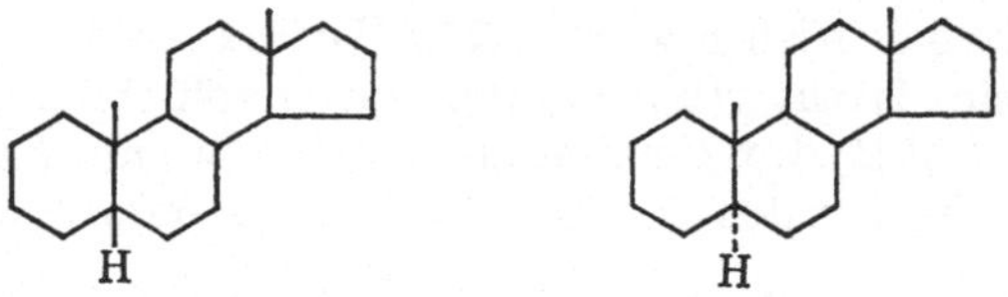

5 β-Androstan   5 α-Androstan

Übereinkunftsgemäß deuten punktierte Linien an, daß betreffende Bindungen — hier die C-H Bindung an C-5 — der angulären Methylgruppe an C-10 entgegengesetzt (= trans) gerichtet sind und sich das entsprechende Wasserstoffatom (oder eine funktionelle Gruppe) unterhalb der Molekül- bzw. Formelebene befindet. Erschöpft sich hiermit die Isomerie des Grundskelets von Steroidhormonen, so eröffnet die Einführung von funktionellen Gruppen neue Möglichkeiten für isomere Formen. Kann doch jeder einwertige Substituent an einer Methylengruppe entweder über (= β) oder aber unter (= a) der Molekül- und Formelebene liegen, was durch besagte punktierte oder ausgezogene Linien gekennzeichnet wird. Funktionelle Gruppen aber bedingen im Verein mit Doppelbindungen die Vielzahl der Steroidhormone und ihrer Metaboliten. Bei den natürlichen Androgenen bzw. C_{19}-Steroiden treten Hydroxy- oder Ketogruppen an den C-Atomen 3, 6, 7, 11, 16, 17, 18 und 19 auf, während Doppelbindungen bisher lediglich zwischen den C-Atomen 1—2, 4—5, 5—6, 9—11 und 16—17 festgestellt wurden. Für die Verschiedenheit physikochemischer Eigenschaften sind jedoch nicht nur Zahl, Stellung und absolute Konfiguration der Substituenten verantwortlich, sondern außerdem auch ihre Konformation, d.h. die Richtung der Bindung bezogen auf die dreifache Symmetrieachse des betreffenden Rings. Senkrecht hierzu verlaufende Bindungen werden als „axial", horizontal gerichtete Bindungen dagegen als „equatorial" bezeichnet.

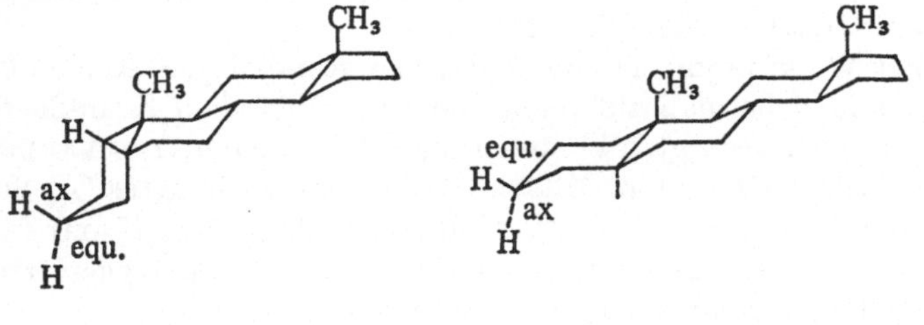

5β-Androstan   5α-Androstan

Die geometrische Orientierung von Substituenten spielt z. B. bei der Acetylierung von Hydroxygruppen eine Rolle, wo equatoriale Hydroxygruppen sich leichter verestern lassen. Desgleichen erwiesen sich Androgene bzw. C_{19}-Steroide mit equatorialer Hydroxygruppe bei Chromatographie als polarer verglichen mit den axialen Epimeren.

Hinsichtlich der Nomenklatur werden Doppelbindungen im Ringsystem durch Umwandlung der Endung „an" in „en" gekennzeichnet, wobei die Lage durch Angabe des ersten beteiligten C-Atoms vor dem „en" zu erläutern ist (Androst-4-en). Besteht die Doppelbindung zwischen zwei nicht numerisch aufeinanderfolgenden C-Atomen, so wird das zweite in einer Klammer angegeben (Androst-9(11)-en). Alkoholische oder Hydroxygruppen bezeichnet man durch ein Suffix „ol" oder ein Präfix „hydroxy" mit der entsprechenden Erläuterung des beteiligten C-Atoms und der sterischen Konfiguration (3β-Hydroxy-androst-5-en-17-on). Da nur ein Suffix Verwendung finden sollte, muß bei Anwesenheit zweier andersartiger funktioneller Gruppen — z. B. einer Hydroxygruppe und einer mit Suffix „on" oder Präfix „oxo" charakterisierten Ketogruppe — die eine durch Präfix, die andere durch Suffix beschrieben werden (17β-Hydroxy-androst-4-en-3-on). Ist bei einer Verbindung eine Methylgruppe durch Wasserstoff ersetzt, so gebraucht man die Vorsilbe „nor“ (17β-Hydroxy-nor-androst-4-en-3-on) mit Angabe des betreffenden C-Atoms. Im übrigen gelten die von der IUPAC (1960) vorgeschlagenen Regeln.

Isolierung von C_{19}-Steroiden aus biologischem Material

Die bei den meisten Wirbeltieren festgestellten Steroidhormone werden im endokrin-aktiven Gewebe der Testes, Ovarien und Nebennieren, sowie in der Placenta der Primaten gebildet. Wenngleich die erstgenannten Organe vornehmlich einer spezifischen Sekretion bestimmter Steroidhormone dienen, so besitzen sie dennoch die gemeinsame Fähigkeit zur Biosynthese anderer C_{21}-, C_{19}- und C_{18}-Steroidhormone in mehr oder weniger ausgeprägtem Maße. Es ist daher nicht verwunderlich, daß Steroide mit androgener Wirksamkeit in vielerlei Gewebe oder Körperflüssigkeiten von Vertebraten gefunden wurden. Von den eigentlichen Androgenen: Testosteron (17β-Hydroxy-androst-4-en-3-on) und Androstendion (Androst-4-en-3,17-dion) wurde ersteres bereits 1935 aus Stierhoden isoliert (DAVID u. Mitarb., 1935). In den Testes findet sich Testosteron ebenso wie das mit ihm im Redox-gleichgewicht stehende Androstendion nur in geringen Konzentrationen. Offenbar werden die unter dem Einfluß von Gonadotropinen schnell entstehenden Androgene stetig an den Blutkreislauf abgegeben. Außer diesen Androgenen aber konnten im Hodengewebe weitere C_{19}-Steroide nachgewiesen werden (Tab. 14), die als Vorstufen oder Metaboliten von Testosteron bzw. Androstendion aufzufassen sind.

Auch im Ovarialgewebe zahlreicher Species kommen C_{19}-Steroide vor. Stellen doch diese Verbindungen die biologischen Vorstufen der Oestrogene dar, die bei gewissen pathologischen Veränderungen nicht nur gebildet, sondern vom Ovar sogar sezerniert werden (MAHESH u. GREENBLATT, 1962; SAVARD u. Mitarb., 1961; LEON u. Mitarb., 1962) (Tab. 15).

In gleicher Weise produziert die Nebennierenrinde C_{19}-Steroide (Tab. 16), die gegebenenfalls im Übermaß auftreten und beim Menschen Krankheitsbilder mit typischen, androgen-bedingten Veränderungen hervorrufen (LOMBARDO u. Mitarb., 1959; SHORT, 1960; OERTEL u. Mitarb., 1963). Als wichtigstes C_{19}-Steroid wäre hier das Dehydroepiandrosteron (3β-Hydroxy-androst-5-en-17-on) zu nennen, während Δ^4-3-Ketosteroide wie Androstendion und seine 11-oxygenierten Derivate nur in begrenztem Umfange ausgeschüttet werden.

Von den endokrinen Drüsen gelangen die verschiedenen Steroidhormone bzw. deren Vorstufen oder Metaboliten in den allgemeinen Blutkreislauf, um auf diesem Wege in den jeweiligen Erfolgsorganen ihre spezifische Wirkung auszuüben. Die Analyse der Plasmaspiegel einzelner Verbindungen gestattet infolgedessen eine Abschätzung der Wirkkonzentration. Im Blut überwiegt zumeist wieder das Dehydroepiandrosteron alle übrigen C_{19}-Steroide, seien es seine Metaboliten Androsteron (3α-Hydroxy-5α-androstan-17-on) und Ätiocholanolon (3α-Hydroxy-5β-androstan-17-on) oder die eigentlichen Androgene Testosteron und Androstendion, die nur in Spuren nachweisbar sind (Tab. 17).

Wie Tab. 18 erkennen läßt, wurde die Mehrzahl aller bekannten, natürlichen C_{19}-Steroide aus Harn gewonnen und identifiziert. Relativ hohe Konzentrationen und praktisch unbegrenzt verfügbares Ausgangsmaterial trugen vornehmlich zur Isolierung ausreichender Mengen bei, wie sie für eine eindeutige Charakterisierung benötigt werden. Im Allgemeinen entfällt der größte Teil der C_{19}-Steroide im Harn auf 11-Desoxy-17-ketosteroide, denen 11-oxygenierte 17-Ketosteroide, 3,17-Dihydroxy-steroide der 5α- und 5β-Androstan-reihe, sowie zahlreiche Δ^5-3β-Hydroxy-steroide folgen.

Daß auch in anderen Körperflüssigkeiten C_{19}-Steroide enthalten sind, mag die Bedeutung dieser Verbindungen, insbesondere im Proteinstoffwechsel unterstreichen, ohne daß jedoch die physiologische Rolle bekannt wäre (Tab. 19). Bieten die Tab. 1—6 eine Zusammenstellung der aus verschiedenstem biologischen Material isolierten C_{19}-steroide, so bleibt oft die Frage offen, ob es sich bei den identifizierten Verbindungen um freie oder aber konjugierte Steroide handelte; liegen doch die C_{19}-Steroide in Harn und Plasma beinahe ausschließlich in konjugierter Form vor. Neben Sulfo-konjugaten konnten Glucuronoside — bei Δ^4-3-Ketosteroiden auch als 3-Enol-glucuronoside faßbar (Wotiz u. Fishman, 1963) —, sowie Ureidokonjugate nachgewiesen werden (Fukushima u. Noguchi, 1966). Dabei scheinen die im Plasma befindlichen Sulfo-konjugate nicht mit den im Harn gefundenen Steroid-sulfaten identisch zu sein. Als lipophile Steroid-ester von Diglyceridschwefelsäure oder „Sulfatid-säure" dürften diese Steroid-sulfatide (Oertel, 1960, 1966) im Transport der physiologisch wirksamen Steroid-sulfate eine wesentliche Aufgabe erfüllen (Oertel u. Mitarb., 1965). Da die Säurehydrolyse, wie sie bis vor kurzem in vielen Nachweisverfahren für Steroide benutzt wurde, jegliches Konjugat zerlegt, ist eine Aussage über den ursprünglichen Zustand des betreffenden Steroids naturgemäß nicht möglich. Angesichts der Tatsache, daß Steroid-konjugate nicht nur als Ausscheidungsprodukte des Organismus zu gelten haben, sollte auch die bislang kleine Zahl isolierter C_{19}-Steroid-konjugate (Tab. 20) aufgrund der wachsenden Bedeutung solcher Verbindungen bald zunehmen.

Auch hinsichtlich der Methoden, die für die Strukturaufklärung einzelner isolierter C_{19}-Steroide zur Verfügung stehen und später eingehender erwähnt werden, brachten die vergangenen 10 Jahre bemerkenswerte Fortschritte. Während früher die Identifizierung im Wesentlichen auf chemischem Wege erfolgte und deshalb größere Mengen Ausgangsmaterial erforderte, trug die Vervollkommnung physikochemischer Mittel, wie Kernresonanz-, Massen- und Infrarot-spektroskopie im Verein mit neuen chromatographischen Verfahren in hervorragendem Maße zur Vereinfachung und Erleichterung der Strukturanalytik bei.

Tabelle 14. *C_{19}-Steroide in Testes*

Steroid	Species	Literatur
5a-Androst-16-en-3a-ol 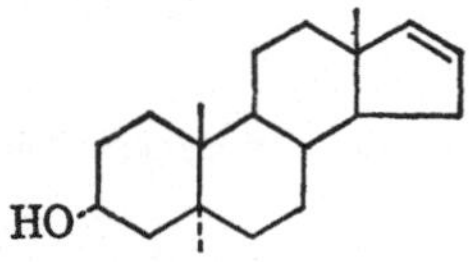	Schwein	Ruzicka u. Prelog (1943)
5a-Androst-16-en-3β-ol 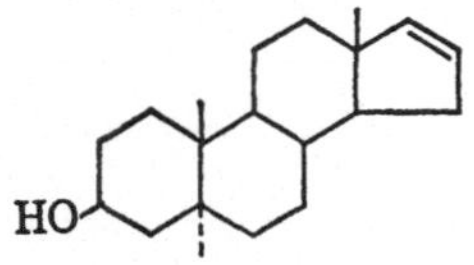	Schwein	Ruzicka u. Prelog (1943)
Androst-4-en-3,17-dion (Androstendion) 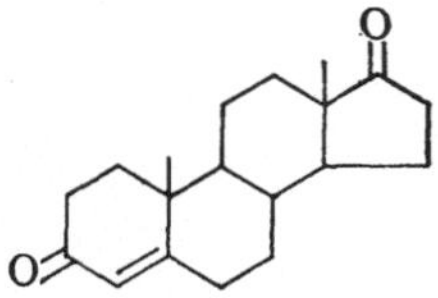	Mensch	Anliker et al. (1957)

Tabelle 14 (Fortsetzung)

Steroid	Species	Literatur
Androst-4-en-3,11,17-trion (Adrenosteron)	Mensch Rind	SAVARD et al. (1956) NEHER u. WETTSTEIN (1960)
11β-Hydroxy-androst-4-en-3,17-dion (11β-Hydroxy-androstendion)	Mensch	SAVARD et al. (1956)
17β-Hydroxy-androst-4-en-3-on (Testosteron)	Mensch Rind Pferd Schaf Schwein Kaninchen Ratte Maus Scyllorhinus stellaris	SAVARD et al. (1952, 1956) WOTIZ et al. (1955) ANLIKER et al. (1957) DAVID et al. (1935) TAGMANN et al. (1946) LINDNER (1961) BRADY (1951) BRADY (1951) SAVARD et al. (1956) GROSSO u. UNGAR (1964) CHIEFFI (1961, 1962)
17a-Hydroxy-androst-4-en-3-on (Epitestosteron)	Rind	NEHER u. WETTSTEIN (1960)
6β,17β-Dihydroxy-androst-4-en-3-on (6β-Hydroxy-testosteron)	Rind	NEHER u. WETTSTEIN (1960)
11β,17β-Dihydroxy-androst-4-en-3-on (11β-Hydroxy-testosteron)	Mensch	SAVARD et al. (1956a)

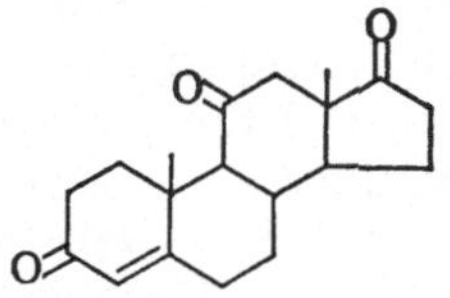

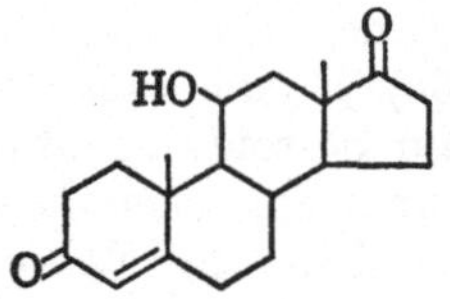

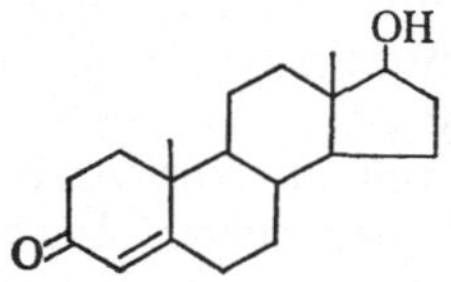

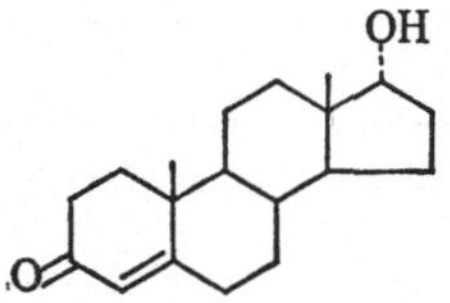

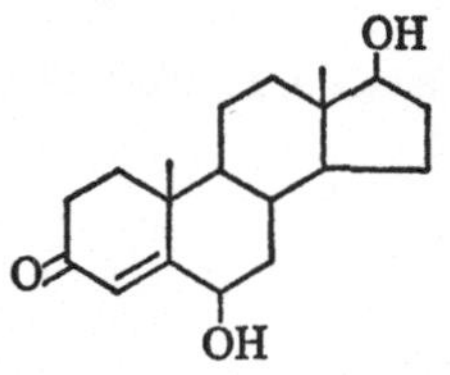

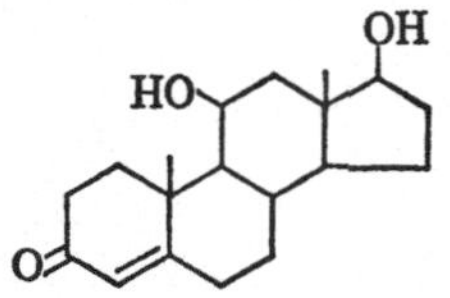

Tabelle 14 (Fortsetzung)

Steroid	Species	Literatur
15a,17β-Dihydroxy-androst-4-en-3-on (15a-Hydroxy-testosteron)	Rind	NEHER u. WETTSTEIN (1960)
3β-Hydroxy-androst-5-en-17-on (Dehydroepiandrosteron)	Schwein	NEHER u. WETTSTEIN (1960a)
3β-Hydroxy-5a-androstan-17-on (Epiandrosteron)	Rind	NEHER u. WETTSTEIN (1960)

Tabelle 15. *C$_{19}$-Steroide im Ovar*

Steroid	Species	Literatur
Androst-4-en-3,17-dion (Androstendion)	Mensch	ZANDER (1958)
		WIEST et al. (1959)
		Kase et al. (1961)
		SIMMER u. VOSS (1960)
	Rind	SOLOMON et al. (1956)
		SHORT (1962)
	Pferd	SHORT (1962a)
19-Norandrost-4-en-3,17-dion	Pferd	SHORT (1960a)
11β-Hydroxy-androst-4-en-3,17-dion (11β-Hydroxy-androstendion)	Mensch	COHN u. MULROW (1961)

Tabelle 15 (Fortsetzung)

Steroid	Species	Literatur
17β-Hydroxy-androst-4-en-3-on (Testosteron)	Mensch Rind	ANLIKER et al. (1957a) KASE et al. (1961) MAHESH u. GREENBLATT (1961) O'DONNELL u. McCRAIG (1960) SHORT (1962)
17a-Hydroxy-androst-4-en-3-on (Epitestosteron) 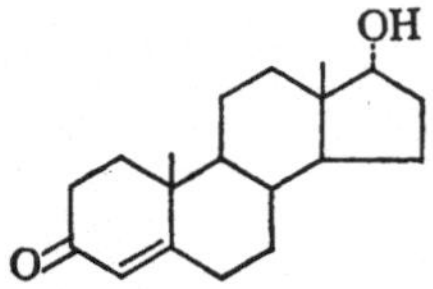	Pferd Rind	SHORT (1960b) SHORT (1962)
3β-Hydroxy-androst-5-en-17-on (Dehydroepiandrosteron)	Mensch Pferd	SIMMER u. VOSS (1960) MAHESH u. GREENBLATT (1961) SHORT (1962a)
3a-Hydroxy-5a-androstan-17-on (Androsteron) 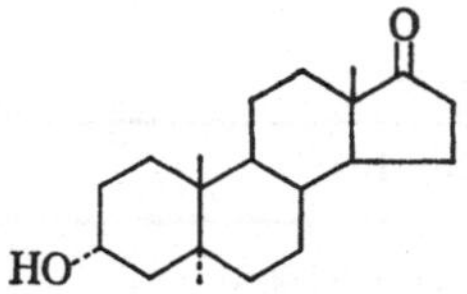	Mensch	SIMMER u. VOSS (1960) ANLIKER et al. (1957a)

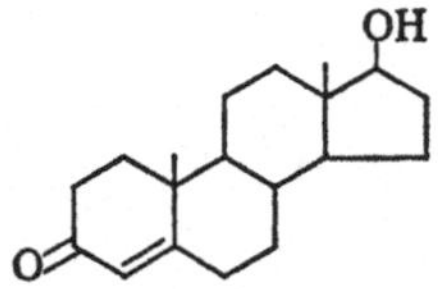

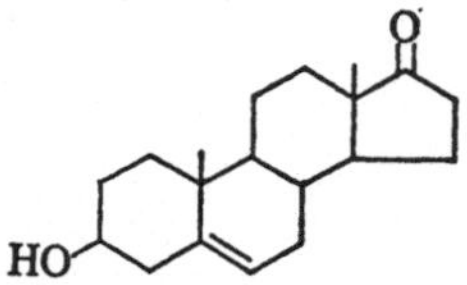

Tabelle 16. C_{19}-*Steroide in der Nebenniere*

Steroid	Species	Literatur
Androst-4-en-3,17-dion (Androstendion	Mensch Rind	COHN u. MULROW (1961) BLOCH et al. (1956) KELLER et al. (1958) BENIRSCHKE et al. (1956) KORUS et al. (1959) BLOCH et al. (1954) v. EUW u. REICHSTEIN (1941)
Androst-4-en-3,11,17-trion (Adrenosteron) 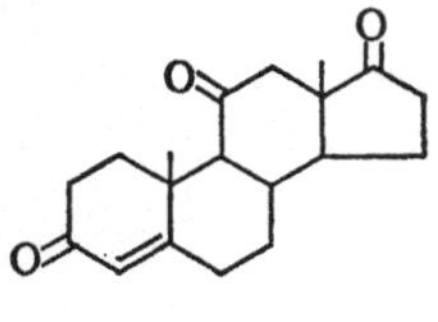	Mensch Rind	KORUS et al. (1959) BLOCH et al. (1954)

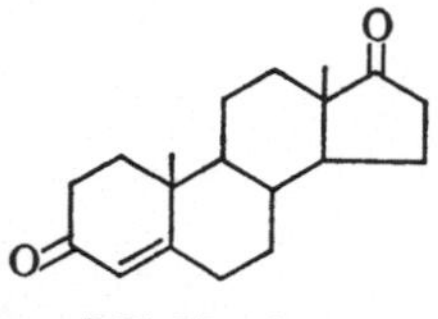

Tabelle 16 (Fortsetzung)

Steroid	Species	Literatur
6a-Hydroxy-androst-4-en-3,17-dion (6a-Hydroxy-androstendion) 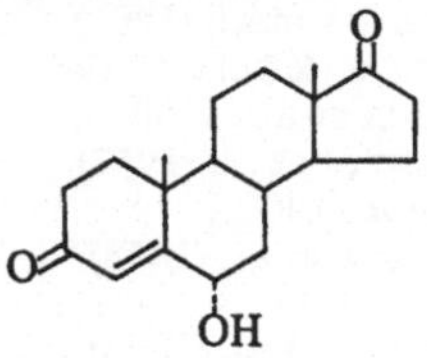	Rind	MEYER et al. (1955)
6β-Hydroxy-androst-4-en-3,17-dion (6β-Hydroxy-androstendion) 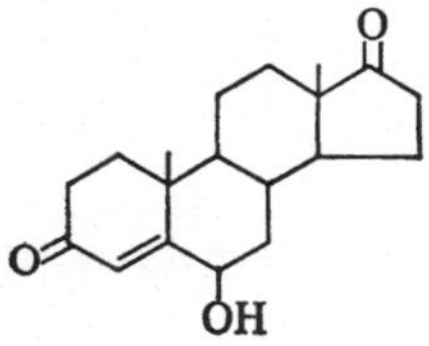	Rind	MEYER et al. (1955)
11β-Hydroxy-androst-4-en-3,17-dion (11β-Hydroxy-androstendion) 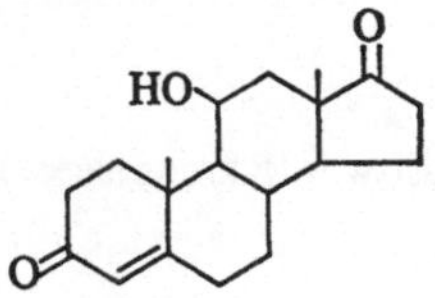	Mensch Rind Schwein	COHN u. MULROW (1961) BLOCH et al. (1956) BAULIEU (1960) BLOCH et al. (1954) BRYSON u. SWEAT (1962) WETTSTEIN u. ANNER (1954)
19-Hydroxy-androst-4-en-3,17-dion (19-Hydroxy-androstendion) 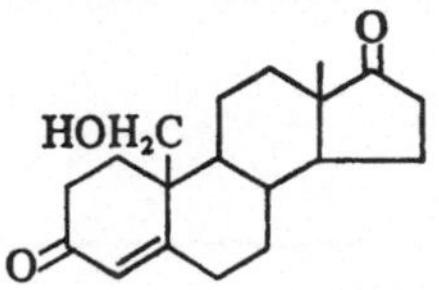	Rind	MEYER (1955)
17β-Hydroxy-androst-4-en-3-on (Testosteron) 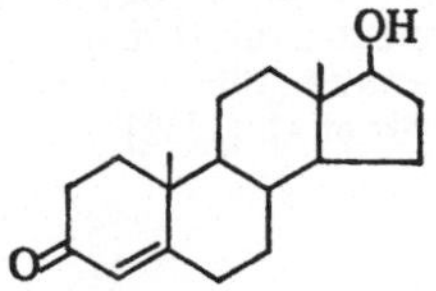	Mensch	ANLIKER et al. (1956)
11β,17a-Dihydroxy-androst-4-en-3-on (11β-Hydroxy-epitestosteron) 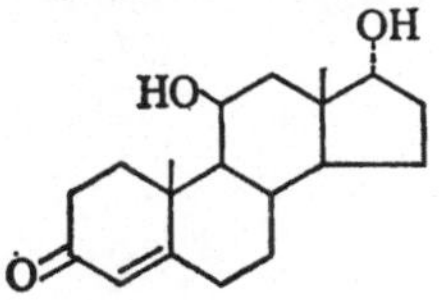	Schwein	NEHER u. WETTSTEIN (1960b)

Tabelle 16 (Fortsetzung)

Steroid	Species	Literatur
3β-Hydroxy-androst-5-en-17-on (Dehydroepiandrosteron) 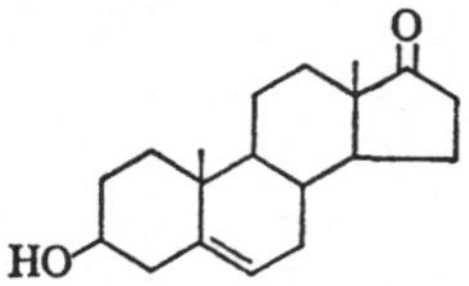	Mensch	BURSTEIN u. DORFMAN (1962) BAULIEU (1960a) GUILLON et al. (1961) COHN u. MULROW (1961) BLOCH et al. (1956) PLANTIN et al. (1957) REVOL (1960) KELLER et al. (1958)
3α-Hydroxy-5α-androstan-17-on (Androsteron) 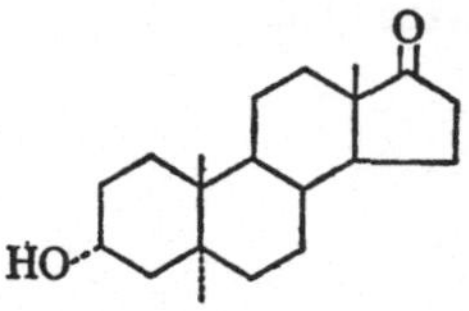	Mensch	KELLER et al. (1958)
3α,11β-Dihydroxy-5α-androstan-17-on (11β-Hydroxy-androsteron) 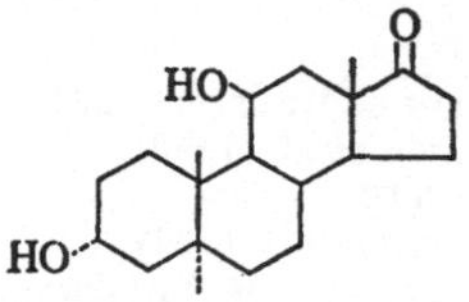	Schwein	NEHER u. WETTSTEIN (1960b)
3β,11β-Dihydroxy-5α-androstan-17-on (11β-Hydroxy-epiandrosteron) 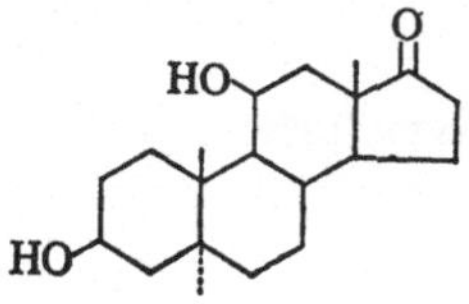	Rind	v. EUW u. REICHSTEIN (1941)

Tabelle 17. C_{19}-*Steroide im Blut*

Steroid	Species	Literatur
Androst-4-en-3,17-dion (Androstendion) 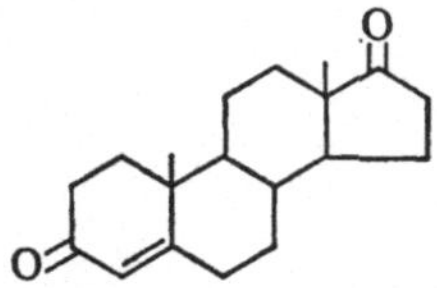	Mensch Rind Hund	ROMANOFF et al. (1953) Hirschmann et al. (1960) OERTEL et al. (1963) LINDNER (1959) WEST et al. (1952)
Androst-4-en-3,11,17-trion (Adrenosteron) 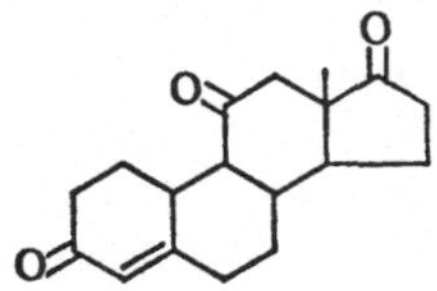	Mensch Lachs	ZANDER et al. (1962) IDLER et al. (1961)

Tabelle 17 (Fortsetzung)

Steroid	Species	Literatur
11β-Hydroxy-androst-4-en-3,17-dion (11β-Hydroxy-androstendion) 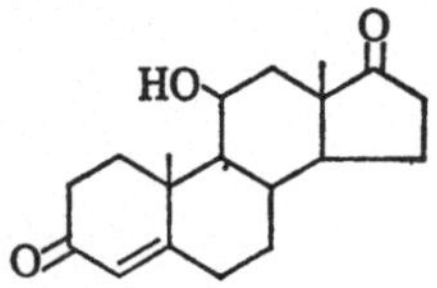	Mensch	Bush u. Mahesh (1959) Pincus u. Romanoff (1955) Romanoff et al. (1953) Zander et al. (1962) Cooper et al. (1958) Lombardo et al. (1959) Hirschmann et al. (1960)
	Hund	Oertel u. Eik-Nes (1962) Hechter et al. (1955)
	Katze	Bush (1953)
	Schaf	Bush u. Ferguson (1953)
	Ratte	Longwell et al. (1956) Bush (1953)
17β-Hydroxy-androst-4-en-3-on (Testosteron) 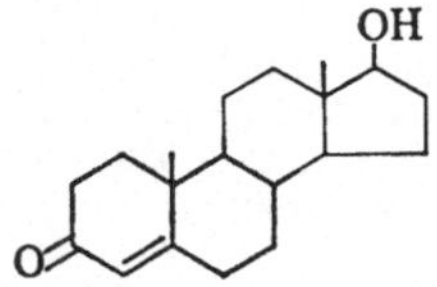	Mensch	Lucas et al. (1957) Oertel u. Eik-Nes (1959) Finkelstein et al. (1961) Oertel (1962)
	Rind	Lindner (1959) Savard et al. (1961a)
	Hund	Oertel (1961)
	Lachs	Grajcer u. Idler (1961)
17β-Hydroxy-androst-4-en-3,11-dion (11-Keto-testosteron) 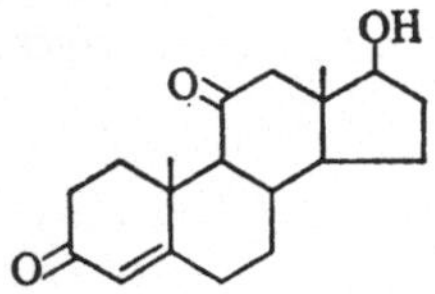	Lachs	Idler (1961)
3β-Hydroxy-androst-5-en-17-on (Dehydroepiandrosteron) 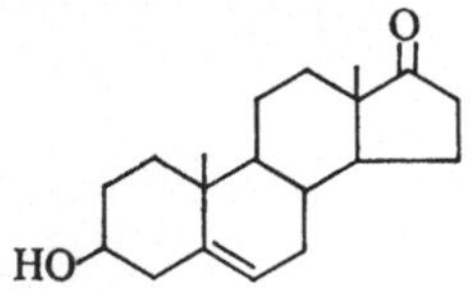	Mensch	Migeon u. Plager (1954) Bush u. Mahesh (1959) Clayton u. Bongiovanni (1955) Tamm et al. (1958) Revol (1960) Lombardo et al. (1959) Hirschmann et al. (1960) Oertel et al. (1963)
	Hund	Oertel u. Eik-Nes (1959a)
Androst-5-en-3β,17β-diol (Androstendiol) 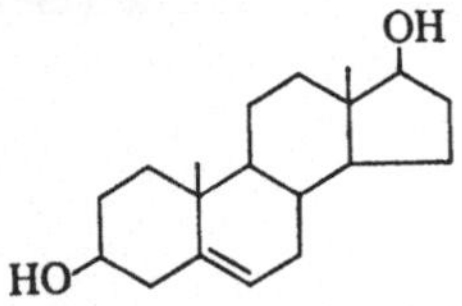	Mensch	Hirschmann et al. (1960)
3β-Hydroxy-androst-5-en-7,17-dion (7-Keto-dehydroepiandrosteron) 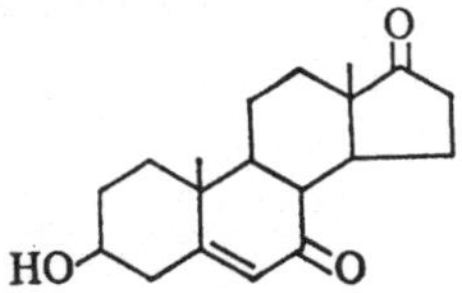	Mensch	Guillon et al. (1961) Baulieu et al. (1961)

Tabelle 17 (Fortsetzung)

Steroid	Species	Literatur
3β,16α-Dihydroxy-androst-5-en-17-on (16α-Hydroxy-dehydroepiandrosteron) 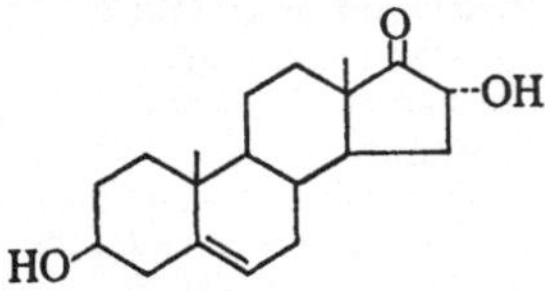	Mensch	Colas et al. (1964)
3β,17β-Dihydroxy-androst-5-en-16-on (16-Keto-androstendiol) 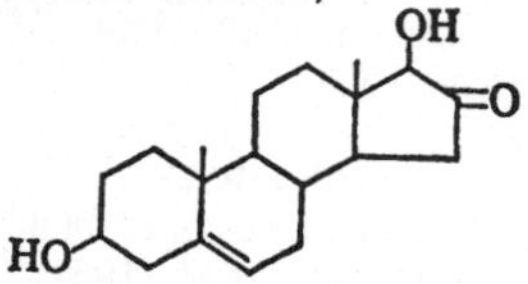	Mensch	Colas u. Heinrichs (1965)
3α-Hydroxy-5α-androstan-17-on (Androsteron) 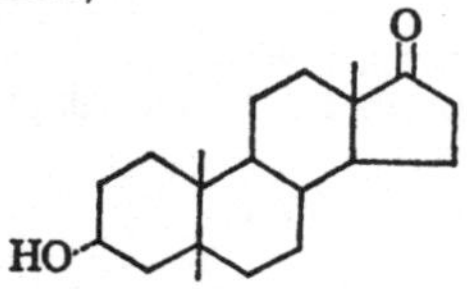	Mensch	Migeon (1956) Tamm et al. (1958) Simmer et al. (1959) Revol (1960)
3β-Hydroxy-5α-androstan-17-on (Epiandrosteron) 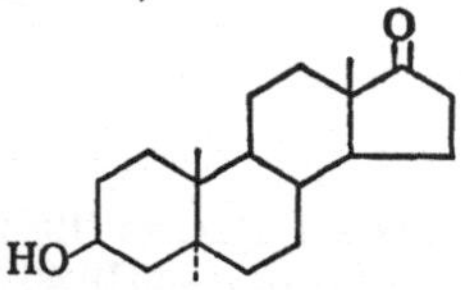	Mensch	Sjövall u. Vihko (1966)
3α,11β-Dihydroxy-5α-androstan-17-on (11β-Hydroxy-androsteron) 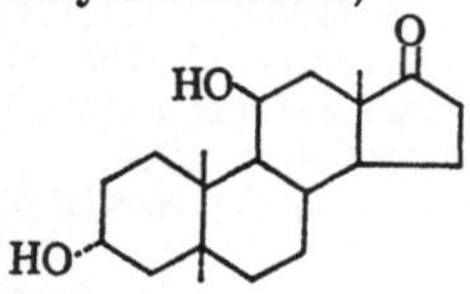	Mensch	Savard (1957)
3α-Hydroxy-5β-androstan-17-on (Ätiocholanolon) 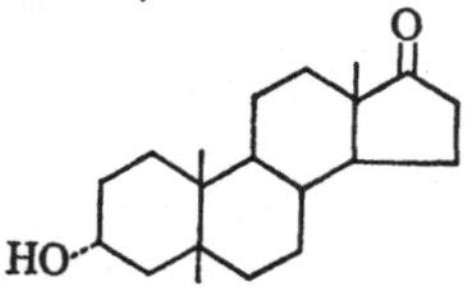	Mensch	Tamm et al. (1958) Oertel u. Eik-Nes (1961)
3α-Hydroxy-5β-androstan-11,17-dion (11-Keto-ätiocholanolon) 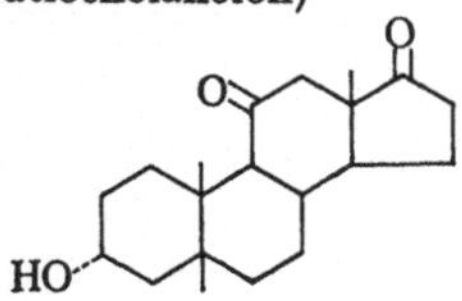	Mensch	Tamm et al. (1958)

Tabelle 17 (Fortsetzung)

Steroid	Species	Literatur
$3\alpha,11\beta$-Dihydroxy-5β-androstan-17-on (11β-Hydroxy-ätiocholanolon) 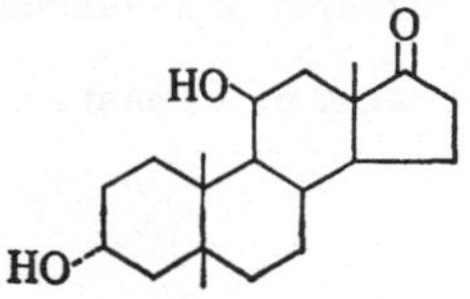	Mensch	TAMM et al. (1958) OERTEL u. EIK-NES (1961) SAVARD (1957)

Tabelle 18. C_{19}-*Steroide im Harn*

Steroid	Species	Literatur
5α-Androst-16-en-3α-ol 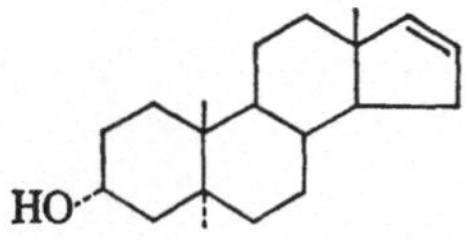	Mensch	BROOKSBANK u. HASLEWOOD (1949) MASON u. SCHNEIDER (1950) MILLER et al. (1953) BURSTEIN u. DORFMAN (1960)
Androsta-5,16-dien-3β-ol 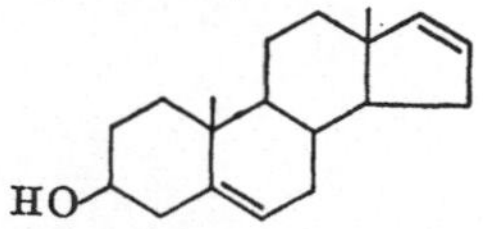	Mensch	BROOKSBANK u. GOWER (1964)
5α-Androst-1-en-3,17-dion 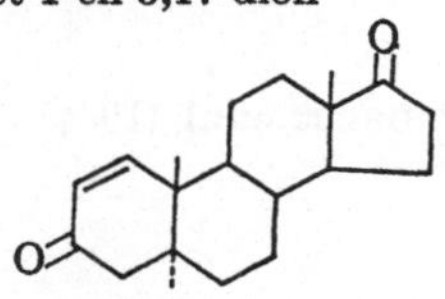	Mensch	LIEBERMAN et al. (1948)
Androst-4-en-3,17-dion (Androstendion) 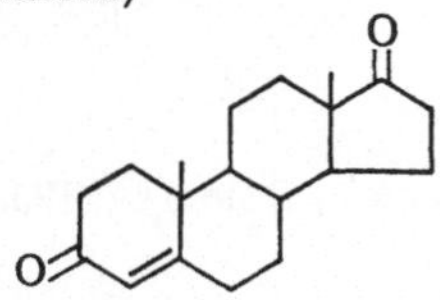	Mensch	LIEBERMAN et al. (1948) MILLER et al. (1953)
Androsta-4,6-dien-3,17-dion 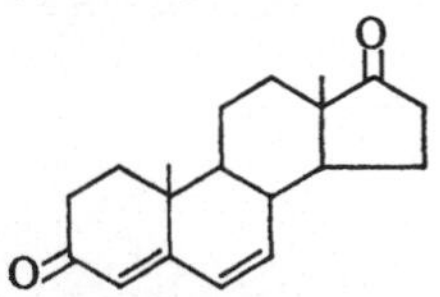	Mensch	SCHUBERT u. WEHRBERGER (1965)
Androst-4-en-3,11,17-trion (Adrenosteron) 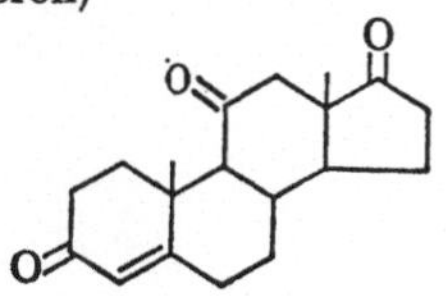	Mensch	SCHUBERT et al. (1964a)

Tabelle 18 (Fortsetzung)

Steroid	Species	Literatur
11β-Hydroxy-androst-4-en-3,17-dion (11β-Hydroxy-androstendion) 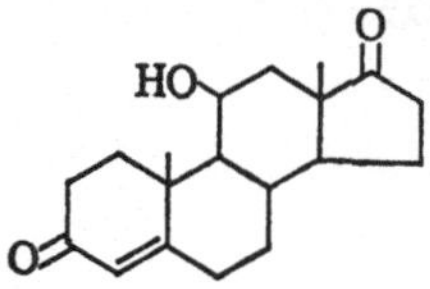	Mensch Rind Ratte Meerschw.	SALAMON u. DOBRINER (1953) HOLTZ (1954) SCHUBERT u. WEHRBERGER (1960a) SCHUBERT u. WEHRBERGER (1961)
17β-Hydroxy-androst-4-en-3-on (Testosteron) 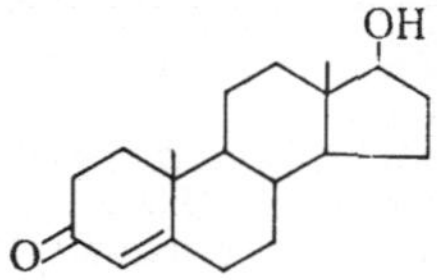	Mensch	SCHUBERT u. WEHRBERGER (1960) CAMACHO u. MIGEON (1963)
17a-Hydroxy-androst-4-en-3-on (Epitestosteron) 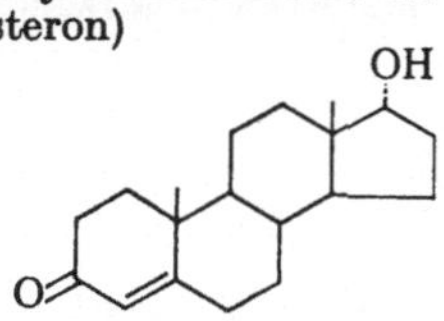	Mensch	BROOKS u. GIULIANI (1964)
6a,17β-Dihydroxy-androst-4-en-13-on (6a-Hydroxy-testosteron) 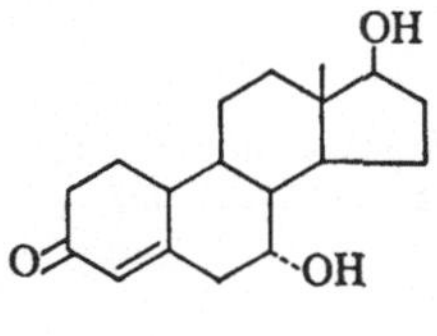	Mensch	SCHUBERT et al. (1964)
6β,11β-Dihydroxy-androst-4-en-3,17-dion 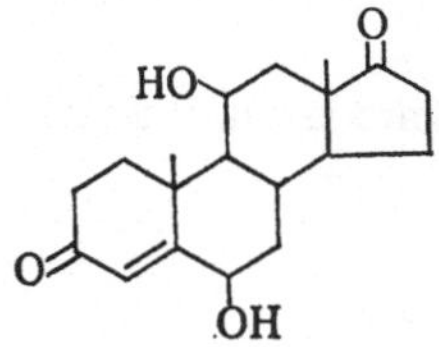	Meerschw.	PERON u. DORFMAN (1958)
6β,17β-Dihydroxy-androst-4-en-13-on (6β-Hydroxy-testosteron) 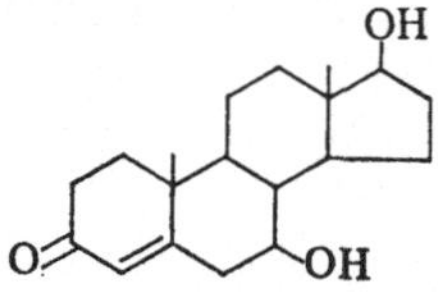	Mensch	SCHUBERT et al. (1964)

Tabelle 18 (Fortsetzung)

Steroid	Species	Literatur
11β,17β-Dihydroxy-androst-4-en-3-on (11β-Hydroxy-testosteron)	Maus Mensch	Wilson et al. (1958) Schubert et al. (1964)
3β-Hydroxy-androst-5-en-17-on (Dehydroepiandrosteron)	Mensch Rind Pferd Schwein Ratte	Butenandt (1931) Callow u. Callow (1939, 1940) Hirschmann (1940) Marker (1938) Holtz (1954) Oppenauer (1941) Clark (1963) Cavina et al. (1956) Ketz et al. (1961)
Androst-5-en-3β,17β-diol (Androstendiol)	Mensch	Mason u. Kepler (1945) Ungar u. Dorfman (1953) Fotherby (1958) Hirschmann u. Hirschmann (1945)
3β-Hydroxy-androst-5-en-7,17-dion (7-Keto-dehydroepiandrosteron)	Mensch	Fukushima u. Gallagher (1957) Baulieu et al. (1961)
3β,7a-Dihydroxy-androst-5-en-17-on (7a-Hydroxy-dehydroepiandrosteron)	Mensch	Lewbart u. Schneider (1959) Okada et al. (1959) Starka et al. (1962)
3β,16a-Dihydroxy-androst-5-en-17-on (16a-Hydroxy-dehydroepiandrosteron)	Mensch	Fotherby et al. (1957) Bongiovanni (1962)

Chemie der Androgene

Tabelle 18 (Fortsetzung)

Steroid	Species	Literatur
3β,17β-Dihydroxy-androst-5-en-16-on (16-Keto-androstendiol)	Mensch	REYNOLDS (1964)
Androst-5-en-3β,16a,17β-triol (Androstentriol)	Mensch	HIRSCHMANN (1943)
Androst-5-en-3β,16β,17β-triol (16-Epiandrostentriol)	Mensch	FINKELSTEIN et al. (1953) FOTHERBY et al. (1957) OKADA et al. (1959)
3β,16a-Dihydroxy-androst-5-en-7,17-dion (7-Keto-16a-hydroxy-dehydroepiandrosteron)	Mensch	OKADA et al. (1959)
3β,7a,16a-Trihydroxy-androst-5-en-17-on (7a,16a-Dihydroxy-dehydroepiandrosteron	Mensch	OKADA et al. (1959)
3β-Hydroxy-5β-androst-9,11-en-17-on	Meerschw.	SCHUBERT u. WEHRBERGER (1961)

Tabelle 18 (Fortsetzung)

Steroid	Species	Literatur
5α-Androstan-3,17-dion 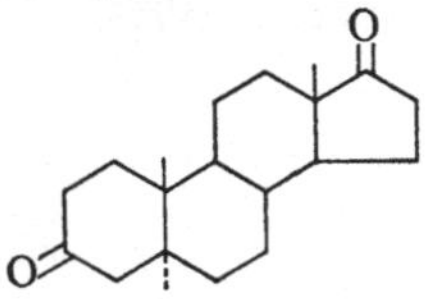	Mensch Ratte	LIEBERMAN et al. (1948) SCHUBERT u. WEHRBERGER (1962)
3β-Hydroxy-5α-androstan-16-on 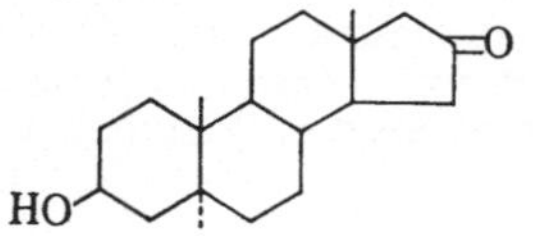	Pferd	HEARD u. McKAY (1939) OPPENAUER (1941) HUFFMAN u. Lott (1951)
3α-Hydroxy-5α-androstan-17-on (Androsteron) 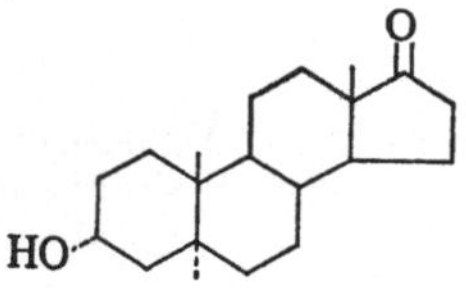	Mensch Rind Schwein Schaf Ratte	BUTENANDT (1932) BUTENANDT u. WESTPHAL (1934) ENGEL et al. (1941) HIRSCHMANN (1941) CALLOW (1939) MARKER (1939) CLARK (1963) COULSON (1960) CAVINA et al. (1956) SCHUBERT u. WEHRBERGER (1962)
3β-Hydroxy-5α-androstan-17-on (Epiandrosteron) 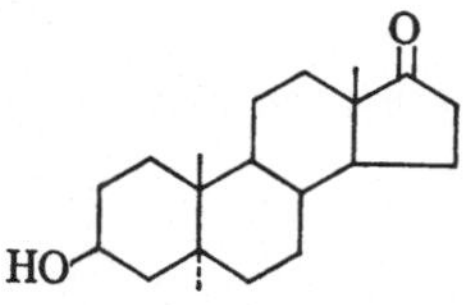	Mensch Pferd Ziege Meerschw.	PEARLMAN (1942) HIRSCHMANN (1941) OPPENAUER (1941) KLYNE u. WRIGHT (1957) STAIB et al. (1959)
5α-Androstan-3β,16α-diol 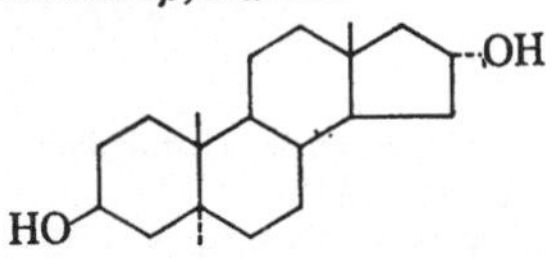	Pferd	BROOKS u. KLYNE (1956, 1957)
5α-Androstan-3β,16β-diol 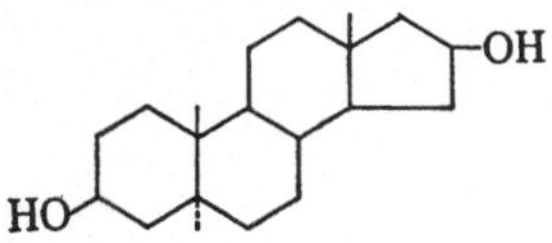	Pferd	BROOKS u. KLYNE (1956, 1957)
5α-Androstan-3α,17α-diol 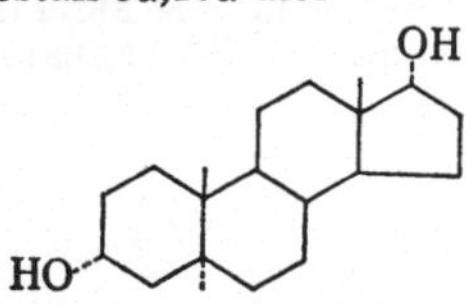	Rind	KLYNE u. WRIGHT (1959)

Tabelle 18 (Fortsetzung)

Steroid	Species	Literatur
5α-Androstan-3α,17β-diol	Mensch	Lieberman et al. (1953)
		Hirsch et al. (1957)
3α-Hydroxy-5α-androstan-11,17-dion (11-Keto-androsteron)	Mensch	Lieberman et al. (1950)
	Meerschw.	Peron u. Dorfman (1956)
	Ratte	Schubert u. Wehrberger (1962)
3β-Hydroxy-5α-androstan-11,17-dion (11-Keto-epiandrosteron)	Meerschw.	Schubert u. Wehrberger (1961)
	Ratte	Schubert u. Wehrberger (1962)
11β-Hydroxy-5α-androstan-3,17-dion 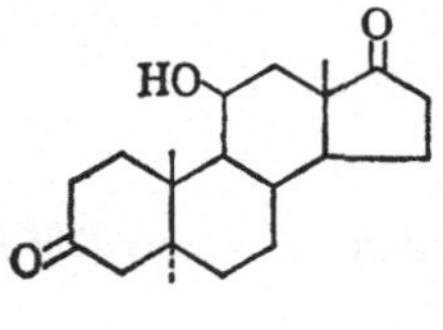	Meerschw.	Schubert u. Wehrberger (1961)
3α,11β-Dihydroxy-5α-androstan-17-on (11β-Hydroxy-androsteron)	Mensch	Lieberman u. Dobriner (1946)
	Schwein	Clark (1963)
	Meerschw.	Peron u. Dorfman (1956)
	Ratte	Schubert u. Wehrberger (1962)
3β,11β-Dihydroxy-5α-androstan-17-on (11β-Hydroxy-epiandrosteron)	Mensch	Kemp et al. (1954)
	Meerschw.	Staib u. Dönges (1962)
		Schubert u. Wehrberger (1961)
	Ratte	Schubert u. Wehrberger (1962)

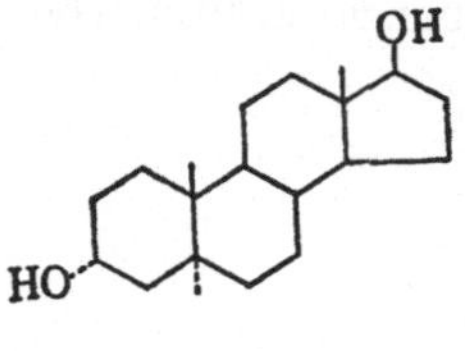

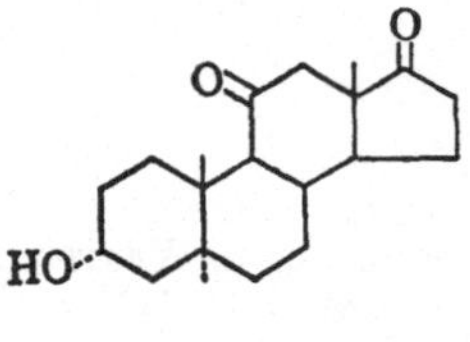

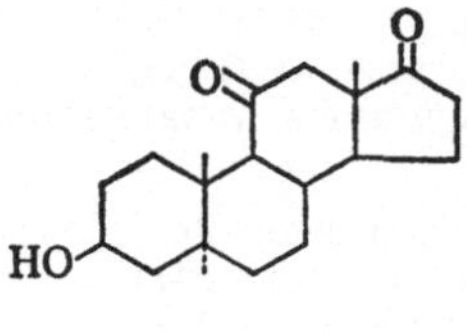

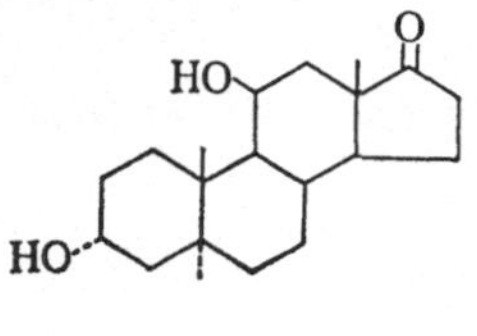

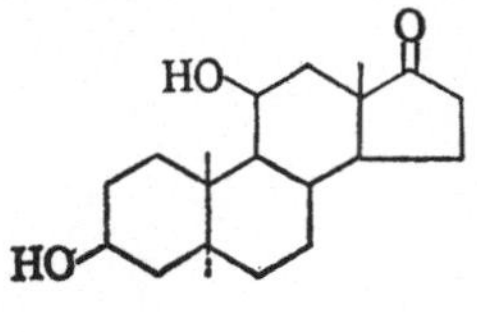

Tabelle 18 (Fortsetzung)

Steroid	Species	Literatur
5α-Androstan-3α,16α,17β-triol	Mensch	LIEBERMAN u. DOBRINER (1950) LIEBERMAN et al. (1953)
5β-Androstan-3,17-dion (Ätiocholandion)	Mensch Ratte	LIEBERMAN et al. (1948) SCHUBERT u. WEHRBERGER (1962)
3α-Hydroxy-5β-androstan-17-on (Ätiocholanolon)	Mensch Rind Schwein Schaf Meerschw. Ratte	CALLOW (1939) HIRSCHMANN (1940, 1941) EBERLEIN u. BONGIOVANNI (1956) BULBROOK et al. (1960) HOLTZ (1954) CLARK (1963) COULSON (1960) PERON u. DORFMAN (1956) CAVINA et al. (1956) SCHUBERT u. WEHRBERGER (1962)
3β-Hydroxy-5β-androstan-17-on (Epiätiocholanolon)	Mensch	DOBRINER u. LIEBERMAN (1952) FUKUSHIMA u. GALLAGHER (1957)
5β-Androstan-3α,17α-diol	Rind	KLYNE u. WRIGHT (1959)
5β-Androstan-3α,17β-diol	Mensch	MILLER u. DORFMAN (1949) LIEBERMAN et al. (1953) FUKUSHIMA u. GALLAGHER (1957)
5β-Androstan-3,11,17-trion	Mensch Ratte Meerschw.	FUKUSHIMA u. GALLAGHER (1957) SCHUBERT u. WEHRBERGER (1960a) SCHUBERT u. WEHRBERGER (1961)

Tabelle 18 (Fortsetzung)

Steroid	Species	Literatur
3*a*-Hydroxy-5*β*-androstan-11,17-dion (11-Keto-ätiocholanolon)	Mensch	LIEBERMAN u. DOBRINER (1946) BIRCHALL et al. (1961)
	Schwein	CLARK (1963)
	Meerschw.	BURSTEIN u. LIEBERMAN (1958) PERON u. DORFMAN (1956, 1958)
	Ratte	SCHUBERT u. WEHRBERGER (1962)
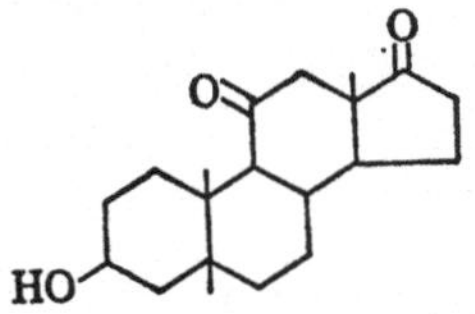 3*β*-Hydroxy-5*β*-androstan-11,17-dion (11-Keto-epiätiocholanolon)	Mensch	FUKUSHIMA u. GALLAGHER (1957)
11*β*-Hydroxy-5*β*-androstan-3,17-dion	Mensch	FUKUSHIMA u. GALLAGHER (1957)
	Meerschw.	SCHUBERT u. WEHRBERGER (1961)
	Ratte	SCHUBERT u. WEHRBERGER (1962)
3*a*-11*β*-Dihydroxy-5*β*-androstan-17-on (11*β*-Hydroxy-ätiocholanolon)	Mensch	LIEBERMAN u. DOBRINER (1948) PLANTIN u. BIRKE (1955) BIRCHALL et al. (1961)
	Schwein	CLARK (1963)
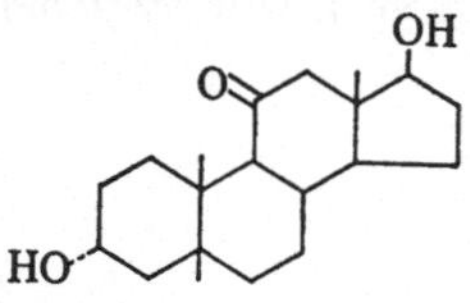 3*a*,17*β*-Dihydroxy-5*β*-androstan-11-on	Mensch	DOBRINER u. LIEBERMAN (1952)
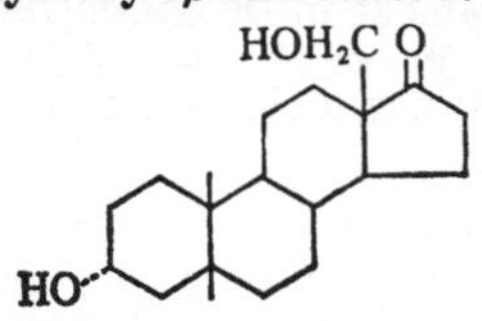 3*a*,18-Dihydroxy-5*β*-androstan-17-on	Mensch	FUKUSHIMA et al. (1962)
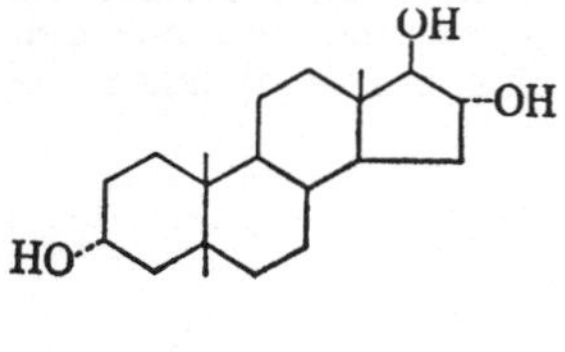 5*β*-Androstan-3*a*,16*a*,17*β*-triol	Mensch	LIEBERMAN et al. (1953)

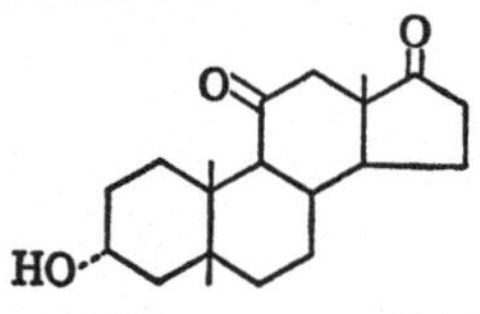

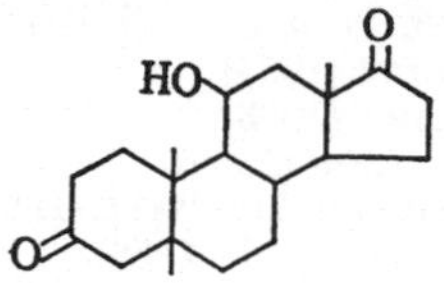

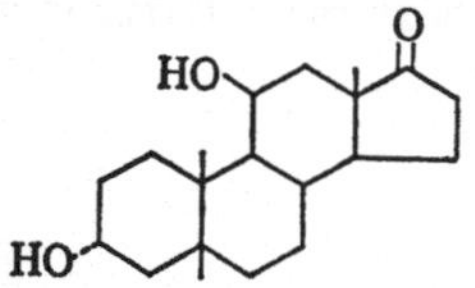

Tabelle 19. *C_{19}-Steroide in anderen Körperflüssigkeiten*

Steroid	Material	Species	Literatur
Androst-4-en-3,17-dion (Androstendion) 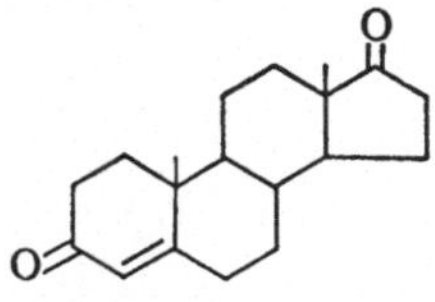	Zystenflüssigkeit (Ovar)	Mensch	Mahajan et al. (1963)
3β-Hydroxy-androst-5-en-17-on (Dehydroepiandrosteron) 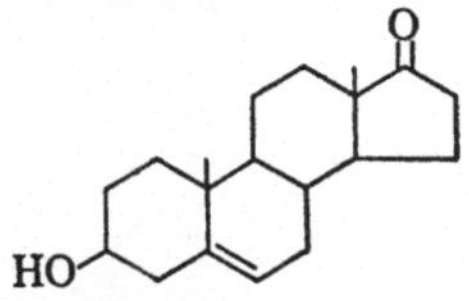	Liquor cerebr. Mekonium	Mensch Mensch	Oertel u. Brühl (1966) Francis et al. (1960)
Androst-5-en-3β,17β-diol (Androstendiol) 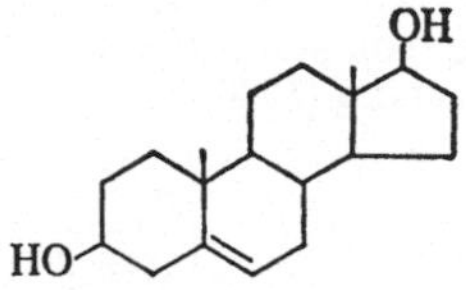	Liquor cerebr.	Mensch	Oertel u. Brühl (1966)
3α-Hydroxy-5α-androstan-17-on (Androsteron) 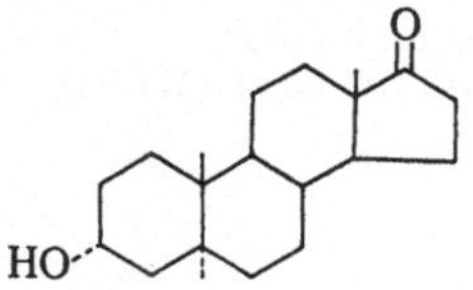	Liquor cerebr.	Mensch	Oertel u. Brühl (1966)
3β-Hydroxy-5β-androstan-17-on (Ätiocholanolon) 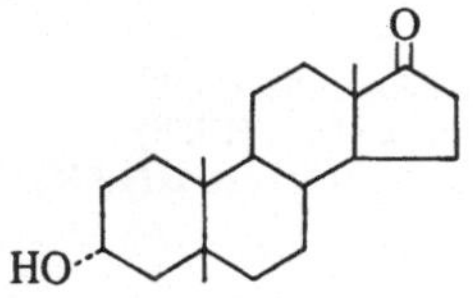	Liquor cerebr.	Mensch	Oertel u. Brühl (1966)

Tabelle 20. *C_{19}-Steroid-konjugate in biologischem Material*

Steroid-konjugat	Material	Literatur
3α-Ureido-11β-hydroxy-androst-4-en-17-on (Ureasteron) 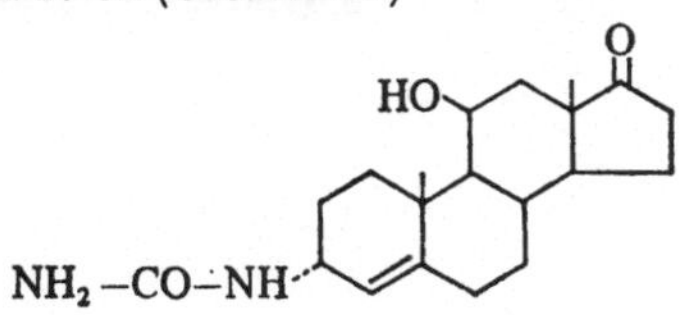	menschl. Harn	Fukushima u. Noguchi (1966)

Tabelle 20 (Fortsetzung)

Steroid-konjugat	Material	Literatur
11β-Hydroxy-androst-4-en-17-on 3-glucuronosid	Rattenharn	WOTIZ u. FISHMAN (1963)
17β-Hydroxy-androst-4-en-3-17-glucuronosid	Lachs	GRAJCER u. IDLER (1961, 1963)
3β-Hydroxy-androst-5-en-17-on-3-sulfat	menschl. Harn menschl. Blut	MALASSIS et al. (1957) STAIB et al. (1959) MUNSON et al. (1944) BAULIEU (1960)
3β-Hydroxy-androst-5-en-17-on-3-glucuronosid	menschl. Harn	BAULIEU (1959) BAULIEU et al. (1961a)
3β,7a-Dihydroxy-androst-5-en-17-on-3-sulfat	menschl. Harn menschl. Blut	STARKA et al. (1962 OKADA et al. (1959) STARKA u. HAMPL (1964)
3β-Hydroxy-androst-5-en-7,17-dion-3-sulfat	menschl. Blut menschl. Blut	BAULIEU et al. (1961) GUILLON et al. (1961)

Tabelle 20 (Fortsetzung)

Steroid-konjugat	Material	Literatur
3α-Hydroxy-5α-androstan-17-on-3-glucuronosid	menschl. Harn	PELZER et al. (1958)
3α-Hydroxy-5α-androstan-17-on-3-sulfat	menschl. Harn menschl. Blut	STAIB et al. (1961) VENNING et al. (1942) BAULIEU (1960) STAIB et al. (1959)
3α-Hydroxy-5β-androstan-17-on-3-glucuronosid	menschl. Harn	BAULIEU u. EMILIOZZI (1960) PELZER et al. (1958)
3α-Hydroxy-5β-androstan-17-on-3-sulfat	menschl. Harn menschl. Blut	BAULIEU u. EMILIOZZI (1960) BAULIEU (1960)
3β-Hydroxy-5βandrostan-17-on-3-glucuronosid	menschl. Harn	BAULIEU u. EMILIOZZI (1960)
3α-Hydroxy-5β-androstan-11,17-dion-3-glucuronosid	menschl. Harn	PELZER et al. (1958)

Biogenese von C_{19}-Steroiden (Androgenen)

Die Biogenese der Androgene, bzw. der C_{19}-Steroide (DORFMAN u. UNGAR, 1966; WETTSTEIN, 1961) ist eng mit der Bildung von C_{21}-Steroiden verbunden. Stellen doch Verbindungen letztgenannter Gruppe Zwischenstufen in der zu C_{19}-Steroiden führenden Reaktionsfolge dar. So verläuft nach den heutigen Erkenntnissen die Biosynthese von C_{19}-Steroiden, wie auch von anderen Steroidhormonen in allen Steroid-bildenden Organen praktisch in gleicher Weise, wobei Unterschiede zwischen den betreffenden Organen oder verschiedenen Species lediglich quantitativer, nicht aber qualitativer Art sind. Solche Befunde erklären dann auch die Tatsache, daß eine anormale Entwicklung steroidproduzierenden Gewebes zu einer verstärkten Biosynthese mannigfaltiger Steroide führen kann,

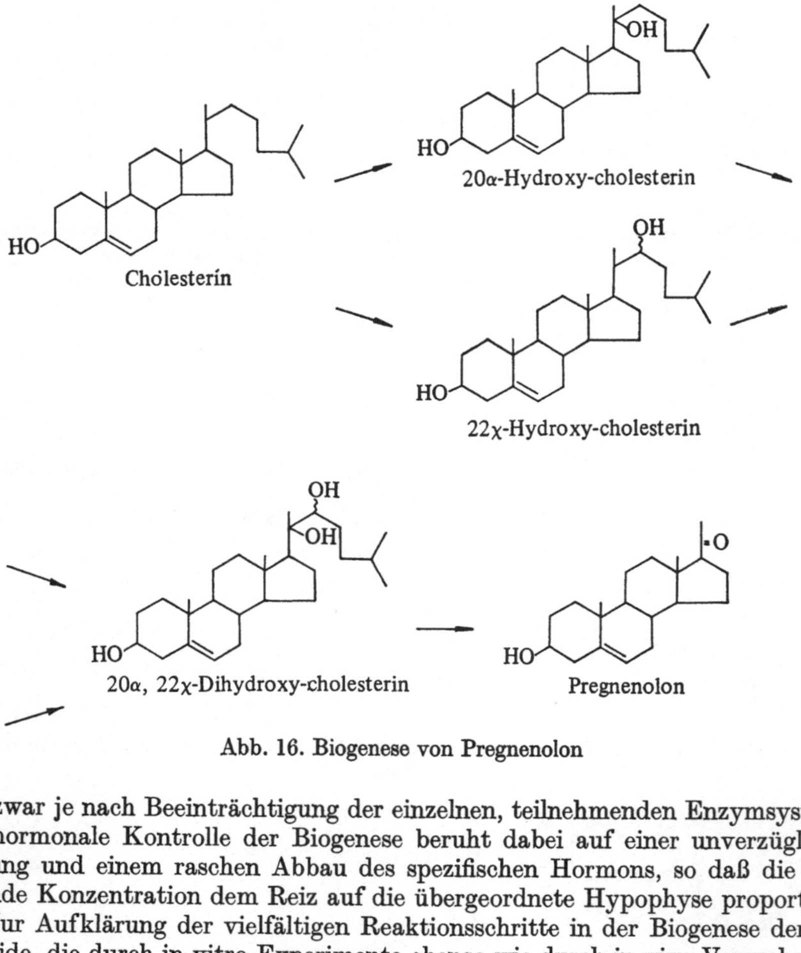

HO — Cholesterin

OH
HO — 20α-Hydroxy-cholesterin

OH
HO — 22χ-Hydroxy-cholesterin

OH
OH
HO — 20α, 22χ-Dihydroxy-cholesterin

O
HO — Pregnenolon

Abb. 16. Biogenese von Pregnenolon

und zwar je nach Beeinträchtigung der einzelnen, teilnehmenden Enzymsysteme. Die hormonale Kontrolle der Biogenese beruht dabei auf einer unverzüglichen Bildung und einem raschen Abbau des spezifischen Hormons, so daß die herrschende Konzentration dem Reiz auf die übergeordnete Hypophyse proportional ist. Zur Aufklärung der vielfältigen Reaktionsschritte in der Biogenese der C_{19}-Steroide, die durch in-vitro Experimente ebenso wie durch in-vivo Versuche oder Perfusion geeigneter Organe gesichert wurden, trug die Verwendung radioaktivmarkierter Verbindungen wesentlich bei.

Bereits 1951 stellte BRADY den Einbau von markiertem Acetat in Cholesterin und Testosteron fest. UNGAR u. DORFMAN (1953) isolierten aus dem Harn einer Patientin mit einem Nebennierenrindentumor nach Gabe von ^{14}C-markiertem Acetat sowohl 3β-Hydroxy-androst-5-en-17-on (Dehydroepiandrosteron) und

Androst-5-en-3β,17β-diol (Androstendiol) als auch 3a-Hydroxy-5-androstan-17-on (Androsteron) in radioaktiver Form. Ähnliche Ergebnisse brachte die Verabreichung von markiertem Cholesterin. Als Beispiel für die Brauchbarkeit von Perfusionsversuchen seien die Arbeiten von SAVARD u. Mitarb. (1952) und SAVARD u. GOLDZIEHER (1960) genannt, welche die Entstehung von Testosteron und Androstendion aus Acetat im Verlaufe der Perfusion von Testes bewiesen.

Da die de-novo Biogenese von C_{19}-Steroiden, wie sie in jedem Steroid-bildenden Gewebe offenbar stattfinden kann, über Cholesterin als wesentlicher Zwischenstufe verläuft, sollen hier lediglich die anschließenden Reaktionsschritte erwähnt werden. Der erste Abschnitt in der Umwandlung von Cholesterin zu Androgenen gilt der Abspaltung der Seitenkette zwischen C-22 und C-20 unter Entstehung des ersten C_{21}-Steroids 3β-Hydroxy-pregn-5-en-20-on (Pregnenolon) (Abb. 16). Hier dürfte zunächst eine Hydroxylierung des Cholesterins zu 20a-Hydroxy-cholesterin (SHIMIZU u. Mitarb., 1961; TOMAOKI u. PINCUS, 1962) oder 22-Hydroxy-cholesterin (CHAUDHURI u. Mitarb., 1962), bzw. zu 20a, 22χ-Dihydroxy-cholesterin (SHIMIZU u. Mitarb., 1962) stattfinden. Ließen sich doch die angeführten Verbindungen unter in-vivo Bedingungen leicht in Pregnenolon umwandeln (CONSTANTOPOULOS u. TCHEN, 1961). Die unter dem Einfluß einer NADPH/O$_2$-abhängigen 20,22-Desmolase abgespaltene Seitenkette konnte als Isocapronat gefaßt werden (SHIMIZU u. Mitarb., 1961). Ob letzterer Schritt durch das adrenocorticotrope Hormon (ACTH) gesteuert wird (STONE u. HECHTER, 1951; HAYNES u. BERTHET, 1957), ist noch nicht einwandfrei geklärt.

Was die Umwandlung von Pregnenolon in C_{19}-Steroide bzw. Androgene anbetrifft, so wird in der zuerst beschriebenen Reaktionsfolge (Abb. 16) das aus Cholesterin gebildete Pregnenolon durch eine NAD-benötigende 3β-Hydroxy-Δ^5-steroiddehydrogenase und eine Isomerase zu Pregn-4-en-3,20-dion (Progesteron) oxydiert (SAMUELS u. Mitarb., 1951). Eine Bebrütung von Progesteron mit Hodenschnitten erbrachte dann Androst-4-en-3,17-dion (Androstendion) (SLAUNWHITE u. SAMUELS, 1956). Wurde 21-^{14}C-Progesteron eingesetzt, so enthielt das isolierte Androstendion bzw. 17β-Hydroxy-androst-4-en-3-on (Testosteron) keinerlei Radioaktivität, während bei Verwendung von 4-^{14}C-Progesteron als Substrat markierte Androgene anfielen. Da 17a-Hydroxy-pregn-4-en-3,20-dion (17a-Hydroxy-progesteron) als Präcursor für Androgene (DOMINGUEZ, 1961; SLAUNWHITE u. Mitarb., 1962) das bevorzugte Substrat für die Seitenketten-abspaltende 17,20-Desmolase darstellte, steht dieses C_{21}-Steroid als weitere Zwischenstufe fest (SAVARD u. Mitarb., 1956). LYNN u. BROWN (1956, 1958) gelang der Nachweis, daß die Seitenkette in Form von Acetat abgespalten wird. Die hier dargestellte Reaktionsfolge (Abb. 17) läuft sowohl im Hodengewebe (BLOCH, E. u. Mitarb., 1962; SLAUNWHITE u. Mitarb., 1962; LLAURADO u. DOMINGUEZ, 1963) ab, als auch im Ovar (SOLOMON u. Mitarb., 1956; GOLDZIEHER u. AXELROD, 1960; LANTHIER u. SANDOR, 1960; WARREN u. SALHANICK, 1961; KASE u. Mitarb., 1961; SAVARD u. Mitarb., 1961; SANDBERG u. Mitarb., 1962; MAHAJAN u. SAMUELS, 1963; RYAN u. SMITH, 1965) oder im Nebennierenrindengewebe (ICHII u. Mitarb., 1962; KASE u. KOWAL, 1962; SOLOMON u. Mitarb., 1958; RAO u. HEARD, 1957).

Ein zweiter Weg zu Androgenen führt über 3β-Hydroxy-androst-5-en-17-on (Dehydroepiandrosteron) als Zwischenstufe (Abb. 18). Aus dem Harn einer Frau mit einem Nebennierenrindenadenom und Virilisierungserscheinungen isolierten BURSTEIN u. DORFMAN (1962) nach i.v. Gabe von markiertem Pregnenolon außer Dehydroepiandrosteron auch Androsteron. Desgleichen fand man nach Verabreichung von markiertem 3β,17a-Dihydroxy-pregn-5-en-20-on (17a-Hydroxy-pregnenolon) in einem ähnlichen Fall markiertes Dehydroepiandrosteron, 3a-Hydroxy-5-androstan-17-on (Androsteron) und 3a-Hydroxy-5β-androstan-17-on

(Ätiocholanolon) im Harn (SOLOMON u. Mitarb., 1960; ROBERTS u. Mitarb., 1961).
Da auch bei der Perfusion von Hundetestes mit Cholesterin (EIK-NES u. HALL,
1962) oder Pregnenolon bzw. 17a-Hydroxy-pregnenolon (EIK-NES u. KEKRE,
1963) neben Androgenen Dehydroepiandrosteron erhalten wurde, scheint eine
Reaktionsfolge Pregnenolon→17a-Hydroxy-pregnenolon→Dehydroepiandroste-
ron→Androstendion→Testosteron erwiesen (KAHNT u. Mitarb., 1961). Eine Bestätigung erfuhren diese Befunde durch zahlreiche in-vitro Experimente. So wiesen
ACEVEDO u. Mitarb. (1961) bei Bebrütung fetaler Testes mit 7a-³H-Pregnenolon

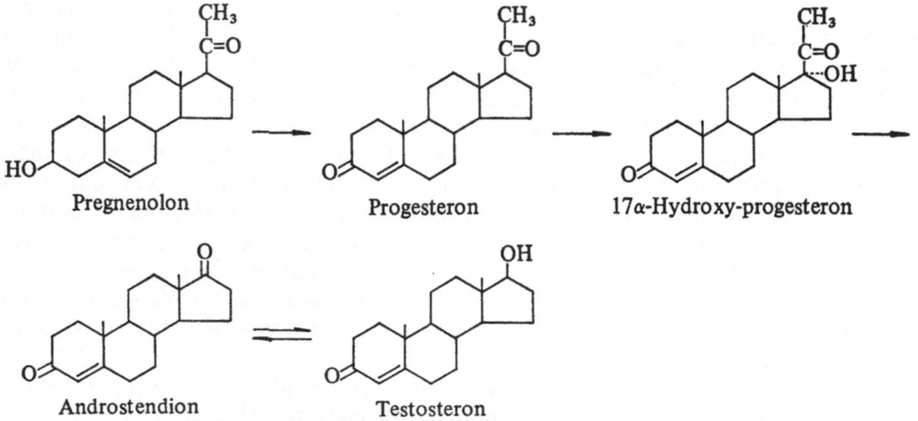

Abb. 17. Biogenese von Androgenen (Reaktionsfolge 1)

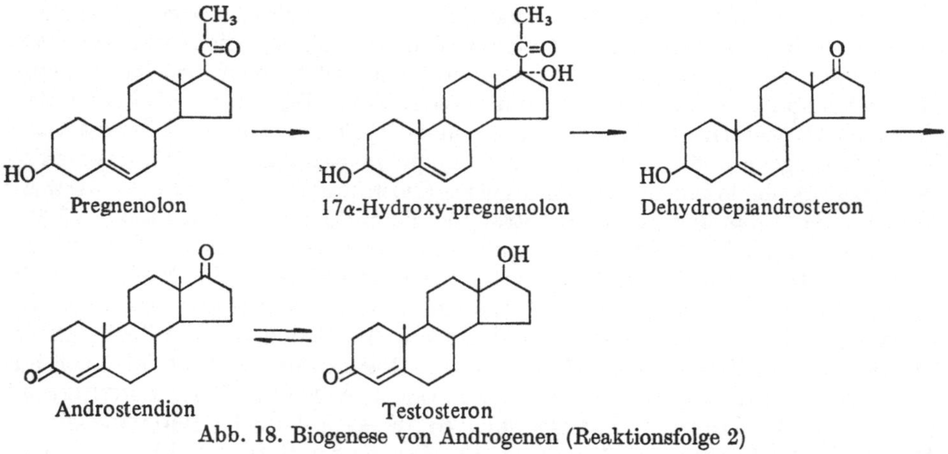

Abb. 18. Biogenese von Androgenen (Reaktionsfolge 2)

unter den Reaktionsprodukten markiertes Dehydroepiandrosteron, Androstendion und Testosteron nach. Entsprechende Ergebnisse erzielten GUAL u. Mitarb.
(1962) im Verlaufe von Inkubationen testikulären Tumorgewebes mit markiertem
Pregnenolon. Die Biosynthese von Androgenen gemäß der Reaktionsfolge 2 ist
gleichfalls nicht auf Hodengewebe beschränkt, sondern ließ sich in in-vitro Versuchen für Ovarial- (RYAN, K. J. u. SMITH, 1965; MAHESH u. GREENBLATT, 1964)
und Nebennieren-gewebe (GUAL u. Mitarb., 1962a) nachweisen.
    Eine dritte Reaktionsfolge (Abb. 19), die vermittels Perfusion von Hundetestes
mit 7a-³H-Pregnenolon, 4-¹⁴C-Progesteron und 7a-³H-17-Hydroxypregnenolon

festgestellt wurde (EIK-NES u. KEKRE, 1963; HAGEN u. EIK-NES, 1964), steht mit ihrem Ablauf Pregnenolon→17a-Hydroxy-pregnenolon→17a-Hydroxy-progesteron→Androstendion→Testosteron zwischen den Reaktionsfolgen 1 und 2.

Die Umwandlung von Progesteron zu Androgenen kann auch auf einem direkten Wege erfolgen, der nicht die intermediäre Entstehung von 17-Hydroxy-progesteron und Androstendion einschließt. Bei der Bebrütung von Homogenaten menschlicher, polycystischer Ovarien mit 7a-^{3}H-Progesteron und 4-^{14}C-17-Hy-

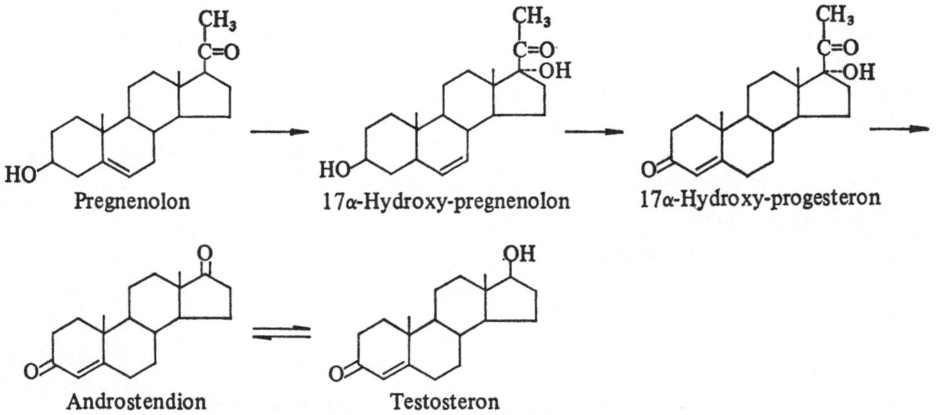

Pregnenolon → 17α-Hydroxy-pregnenolon → 17α-Hydroxy-progesteron →

Androstendion ⇌ Testosteron

Abb. 19. Biogenese von Androgenen (Reaktionsfolge 3)

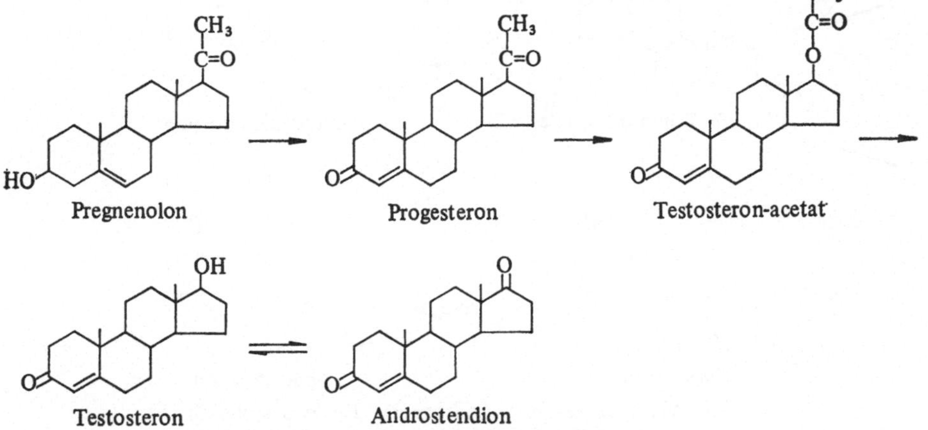

Pregnenolon → Progesteron → Testosteron-acetat →

Testosteron ⇌ Androstendion

Abb. 20. Biogenese von Androgenen (Reaktionsfolge 4)

droxy-progesteron überstieg nämlich das ^{3}H/^{14}C-Verhältnis im isolierten Testosteron merklich das des vorhandenen Androstendions, so daß eine vierte Reaktionsfolge angenommen werden darf (KASE u. Mitarb., 1962) (Abb. 20). Die notwendige Zwischenstufe, 17β-Acetoxy-androst-4-en-3-on (Testosteron-acetat) wurde von FONKEN u. Mitarb. (1960) bei entsprechenden Experimenten mit Cladosporium resinae nachgewiesen.

Schließlich sei auf die Möglichkeit einer fünften Reaktionsfolge hingedeutet (Abb. 21), die aufgrund von in-vivo (BURSTEIN u. DORFMAN, 1962) und in-vitro

Experimenten (GUAL u. Mitarb., 1962b) wahrscheinlich von Cholesterin über 17a,22a-Dihydroxy-cholesterin durch Seitenkettenabspaltung zu Dehydroepiandrosteron gelangen läßt. So fand man bei der Inkubation von Gewebsschnitten eines menschlichen Nebennierenrindenadenoms mit 7a-³H-Cholesterin oder 7a-³H-Pregnenolon eine wesentlich höhere Ausbeute an Dehydroepiandrosteron in ersterem Falle (OERTEL u. Mitarb., 1966), d. h. bei Verwendung von Cholesterin als Substrat.

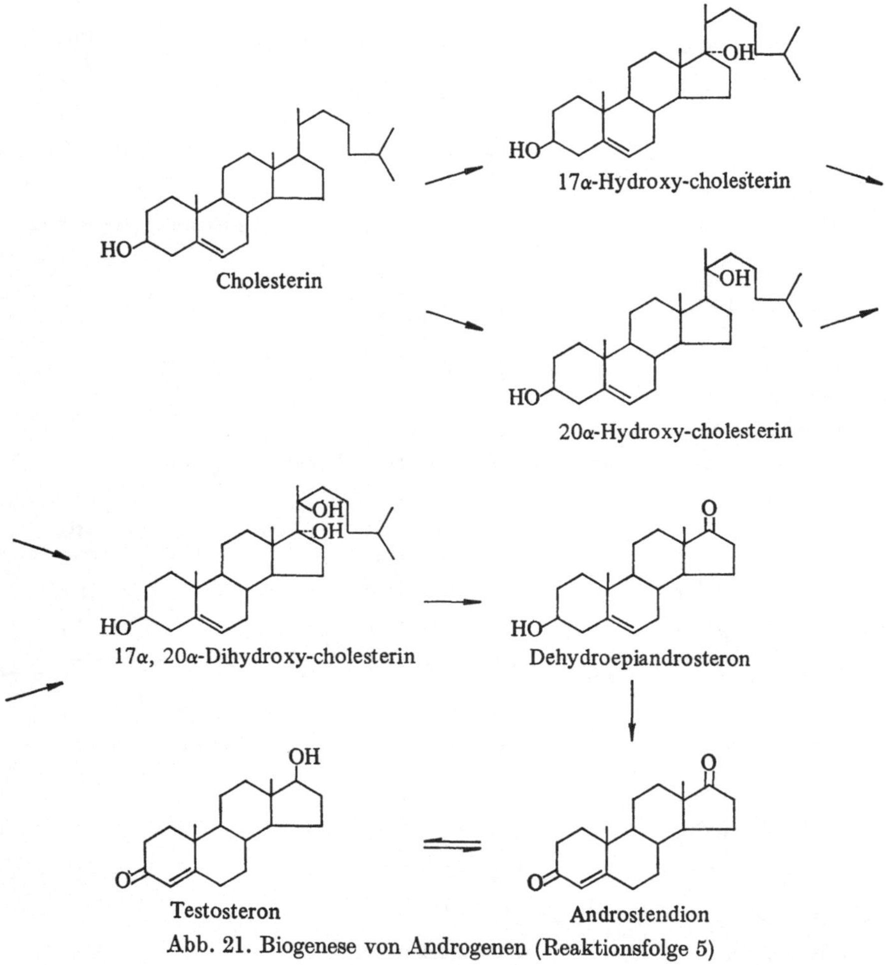

Abb. 21. Biogenese von Androgenen (Reaktionsfolge 5)

Während sich die bisherigen Reaktionsfolgen 1—5 auf die Biogenese freier Androgene bzw. C_{19}-Steroide bezogen, fordern zahlreiche Befunde über die Sekretion sulfokonjugierter C_{19}-Steroide seitens der Nebennierenrinde (BAULIEU, 1960, 1962; OERTEL u. Mitarb., 1963; OERTEL, 1960, 1966; VANDE WIELE u. Mitarb., 1962; GURPIDE u. Mitarb., 1963; BAULIEU u. Mitarb., 1965) eine Einbeziehung solcher Konjugate in ein umfassendes Biosynthese-schema (Abb. 22). Cholesterinsulfat und Pregnenolon-sulfat stellen unter in-vivo Bedingungen (ROBERTS u. Mitarb., 1964; CALVIN u. LIEBERMAN, 1964) wahrscheinlich ebenso wie 17a-Hydroxypregnenolon-sulfat (LEBEAU u. Mitarb., 1964) in-vitro Vorstufen des Dehydroepian-

drosteron-sulfats dar. Eine „direkte", d. h. ohne Hydrolyse der Schwefelsäureester-
bindung stattfindende Hydroxylierung von Pregnenolon-sulfat zu 17a-Hydroxy-
pregnenolon-sulfat wurde von CALVIN u. Mitarb. (1963) demonstriert. In welchem
Umfange die Biosynthese von Dehydroepiandrosteron normalerweise über die
entsprechenden Sulfokonjugate verläuft, bleibt abzuwarten. Immerhin beträgt
der Anteil sulfokonjugierten Dehydroepiandrosterons an der Gesamtmenge dieses
C_{19}-Steroids im peripheren menschlichen Plasma über 95%. Angesichts der Tatsache, daß man nach parenteraler Gabe von 7a-^{3}H-Dehydroepiandrosteron-[35]S-
sulfat beim Menschen in Blut und Harn aus den Konjugatfraktionen der Steroid-
sulfatide oder Steroid-sulfate mit praktisch unverändertem ^{3}H/^{35}S-Verhältnis
außer Androstendion und Oestron die Metaboliten Androsteron und Ätiocholanolon erhielt (OERTEL u. KNAPSTEIN, 1966) bzw. als Sulfate isolieren konnte
(OERTEL u. Mitarb., 1966a), muß auch eine direkte Bildung von Androstendion-
3-enolsulfat aus Dehydroepiandrosteron- und gegebenenfalls Pregnenolon-sulfat
angenommen werden. Zumal diese Umwandlung bei Inkubation von Gewebsschnitten eines menschlichen Nebenniererindenadenoms mit 7a-^{3}H-Dehydro-
epiandrosteron-^{35}S-sulfat eindeutig zu belegen war (OERTEL u. TREIBER, 1966).

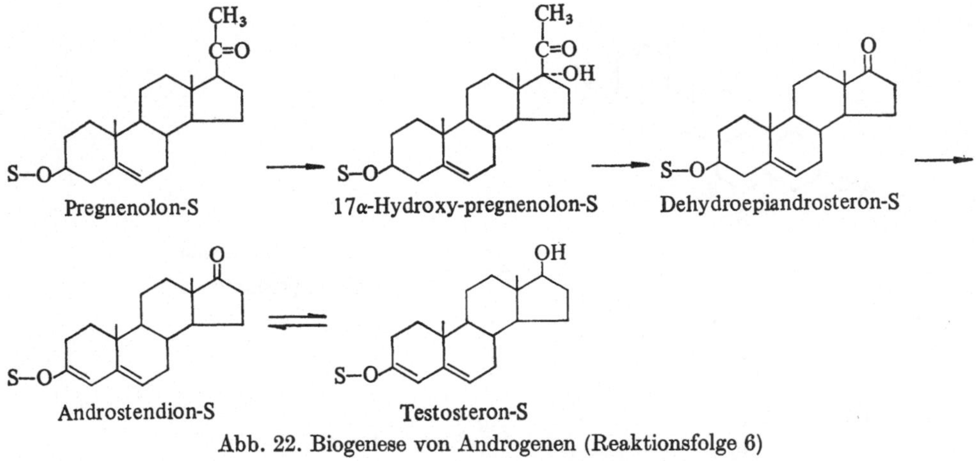

Abb. 22. Biogenese von Androgenen (Reaktionsfolge 6)

Da auch nach i. v. Gabe von 7a-^{3}H-Dehydroepiandrosteron-^{14}C-glucuronosid beim
Menschen Androsteron- und Ätiocholanolon-glucuronosid mit geringfügig verän-
dertem ^{3}H/^{14}C-Verhältnis im Harn auftraten, wobei intermediär die Stufe eines
Androstendion-3-enol-glucuronosids entstehen dürfte, scheint die Spezifität der
Enzymsysteme, welche die Biogenese von Androgenen aus Pregnenolon — ob als
freie Verbindung oder Konjugat — katalysieren, von geringerer Bedeutung
(KNAPSTEIN u. Mitarb., 1966).

Was die Regulation der Biogenese von Androgenen angeht, so ist der Angriffspunkt der Gonadotropine in den Reaktionsfolgen noch nicht bekannt. BRINCK-
JOHNSEN u. EIK-NES (1957) fanden unter dem Einfluß von Gonadotropin eine
vermehrte Sekretion von Testosteron in die Vena spermatica des Hundes. Befunde,
die durch in-vitro Experimente mit Gonaden von Hund, Ratte, Kaninchen, wie
auch menschlichen Ursprungs ergänzt wurden (HALL u. EIK-NES, 1958; MASON
u. SAMUELS, 1961; HALL u. Mitarb., 1964; RICE u. Mitarb., 1964; SAVARD u.
Mitarb., 1965).

Synthese von C_{19}-Steroiden (Androgenen)

a) Partial-Synthesen

Obgleich für die Herstellung von C_{19}-Steroiden, insbesondere von Androst-4-en-3,17-dion (Androstendion) und 17β-Hydroxy-androst-4-en-3-on (Testosteron) bereits Totalsynthesen bekannt sind (FIESER u. FIESER, 1961; SHOPPEE, 1964), so bedient man sich bei der technischen Gewinnung genannter Verbindungen praktisch ausschließlich der Partialsynthese. Steht hierfür doch das notwendige Ausgangsmaterial zumeist in reichlicher Menge zu Verfügung. Die wichtigste Vorstufe in der Partialsynthese der Androgene stellt wohl das verhältnismäßig leicht zugängliche 3β-Hydroxy-androst-5-en-17-on (Dehydroepiandrosteron) dar. Seine

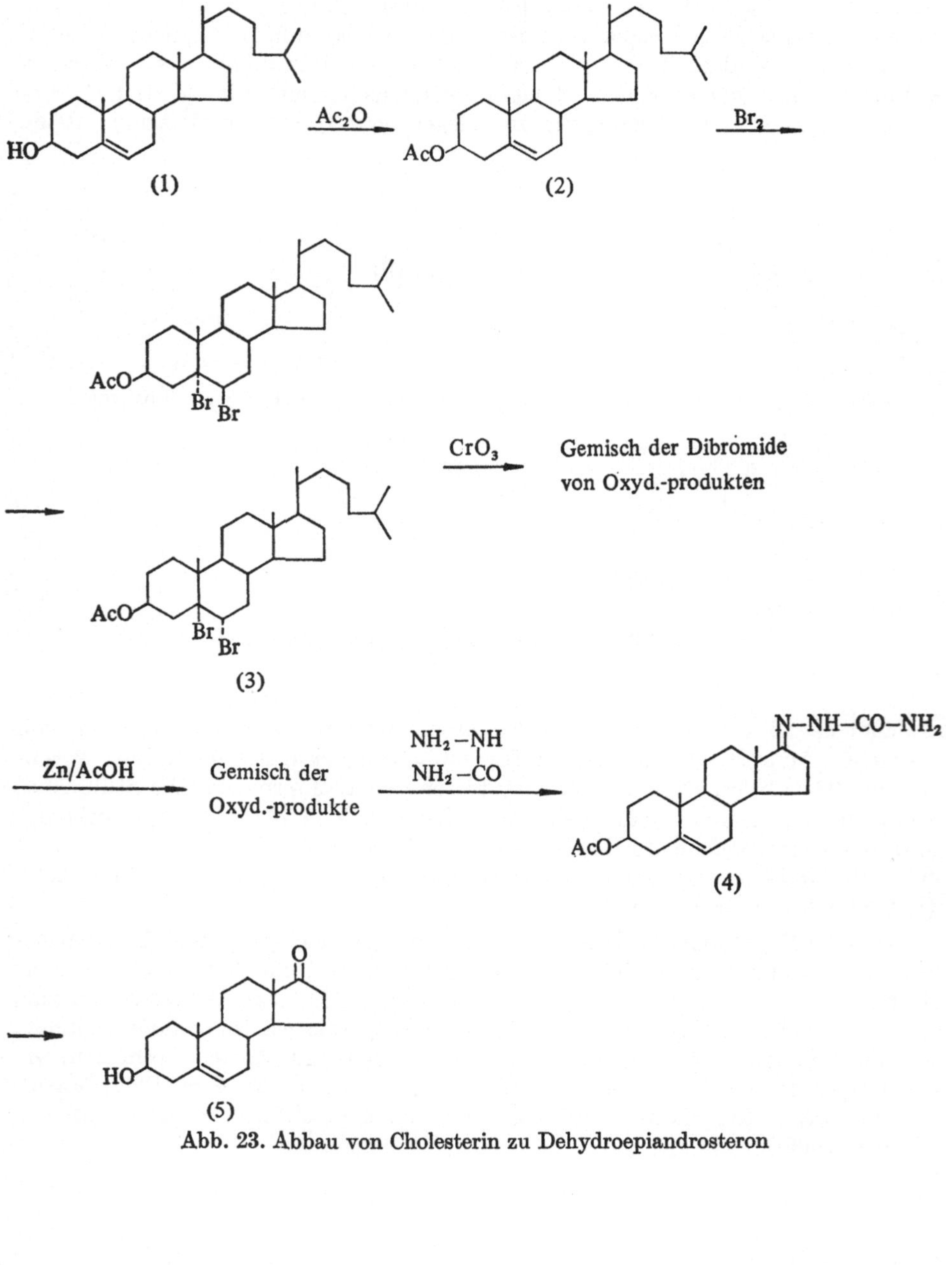

Abb. 23. Abbau von Cholesterin zu Dehydroepiandrosteron

Darstellung aus Cholesterin (BUTENANDT u. Mitarb., 1935; SCHOELLER u. Mitarb., 1935; RUZICKA u. WETTSTEIN, 1935; WALLIS u. FERNHOLZ, 1935; SCHWENK u. Mitarb., 1954; KERESZTY u. WOLF, 1949; MAAS u. DE HEUS, 1958) verläuft wie folgt: (Abb. 23) Cholesterin wird mit Essigsäureanhydrid acetyliert, das Cholesterin-acetat (2) mit Brom behandelt und das Gemisch der isomeren Dibromide (3) mit Chromsäure oxydiert. Nach Behandlung mit Zink in Essigsäure läßt sich aus dem Gemisch der entbromierten Oxydationsprodukte u. a. auch Dehydroepiandrosteron-acetat als Semicarbazon (4) isolieren. Es folgt schließlich die Spaltung des Semicarbazons und die Hydrolyse des Acetats zum Endprodukt (5), wobei anstelle einer Säurehydrolyse die Übertragung des Semicarbazid-restes auf Brenztraubensäure (HERSHBERG, 1948) höhere Ausbeuten liefert. Eine weitere Partialsynthese geht von Diosgenin aus (Abb. 24) (MARKER u. ROHRMANN, 1940; MARKER

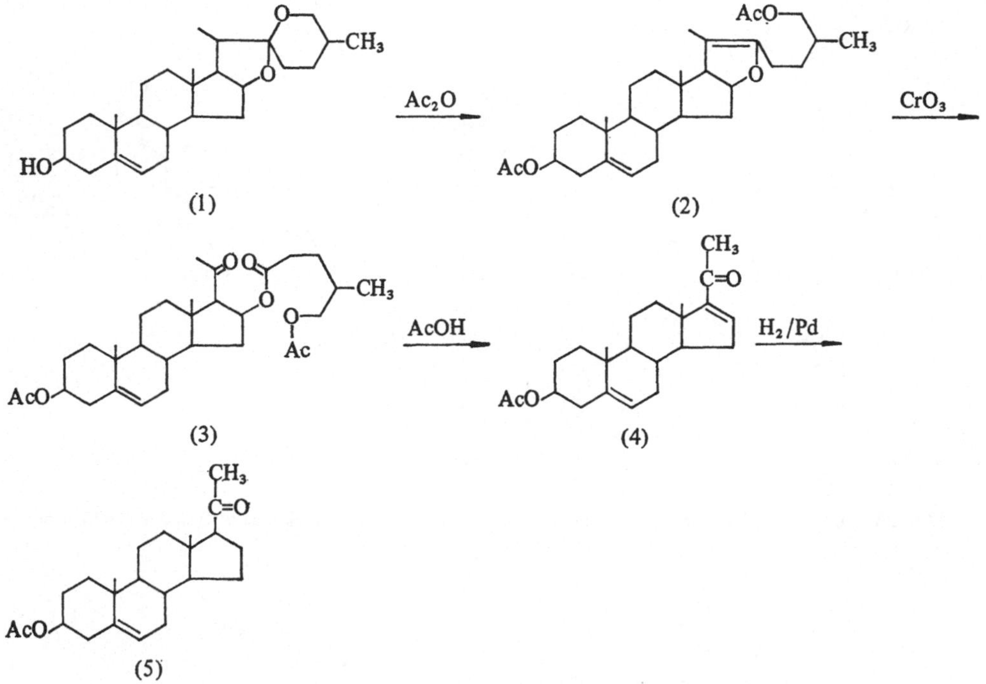

Abb. 24. Abbau von Diosgenin zu Pregnenolon

u. Mitarb., 1947). Durch Erhitzen von Diosgenin (1) mit Essigsäureanhydrid, vorzugsweise in Gegenwart von Lewis-säuren (GOULD u. Mitarb., 1952; DAUBEN u. FONKEN, 1954; MUELLER, 1958; CAMERON u. Mitarb. 1955) wird Diosgenin-acetat unter Öffnung des Ringes F in ein Furostadien-derivat umgewandelt (2). Bei Chromsäure-oxydation erhält man hieraus ein Ketoester-diacetat (3) welches in siedender Essigsäure zum 3β-Hydroxy-pregna-5,16-dien-20-on-3-acetat (16-Dehydropregnenolon-acetat) (4) verseift wird. Letztere Verbindung kann entweder selektiv zu 3β-Hydroxy-pregn-5-en-20-on (Pregnenolon) (5) reduziert oder aber unmittelbar zu Dehydroepiandrosteron weiterverarbeitet werden.

Die Abspaltung der 20,21-Seitenkette gelingt auf verschiedene Weise. Während die Nitrosierung und nachfolgende Hydrolyse des Rohproduktes zum 17-Keton (ETTLINGER u. FIESER 1946) ebenso wie die oxydative Entfernung der Seitenkette

mit Perschwefelsäure (BUTENANDT u. MÜLLER, 1938; KOECHLIN u. REICHSTEIN,
1944) oder die Ozonisierung des Enolacetats (MARSHALL u. Mitarb., 1948) nur
mäßige Ausbeuten erbringen, liefert der Abbau nach SCHMIDT-THOMÉ (1955) und
EHRHART u. Mitarb. (1939) (Abb. 25) ein wirtschaftlich brauchbares Verfahren.
Durch Beckmann-Umlagerung des Oxims (2) mit Phosphoroxychlorid in Pyridin
erhält man das 17-Acetylamin (3), welches durch alkoholisches Alkali zum Amin
verseift wird (4). Die Behandlung mit Hypochlorit in Äther führt zum Chloramin

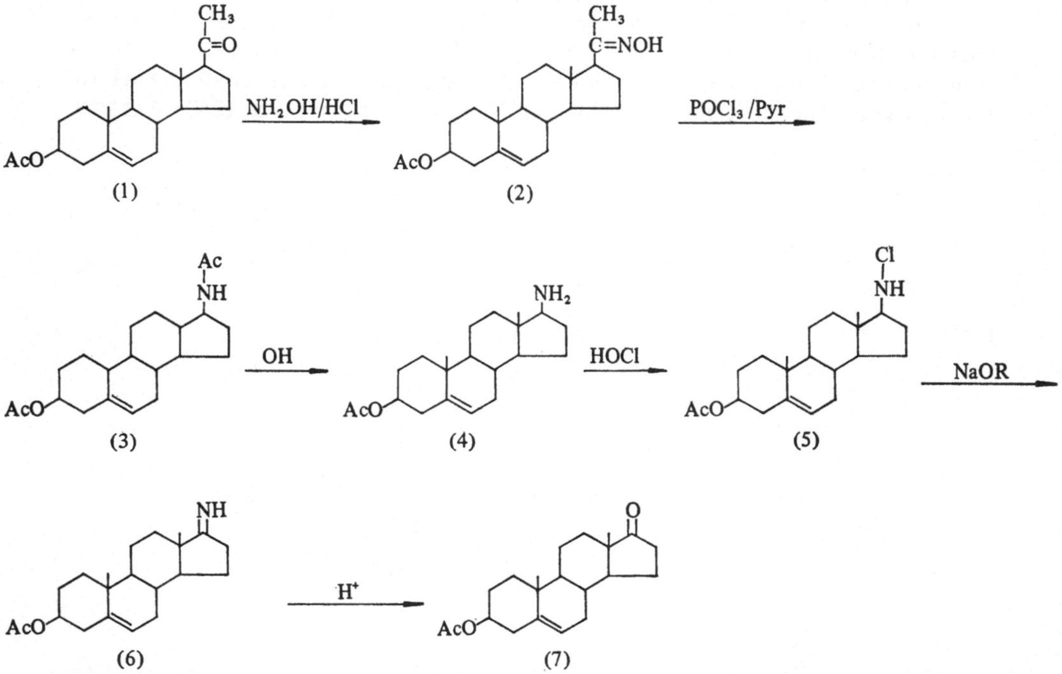

Abb. 25. Abbau von Pregnenolon zu Dehydroepiandrosteron nach SCHMIDT-THOMÉ (1955) und
EHRHART u. a. (1939)

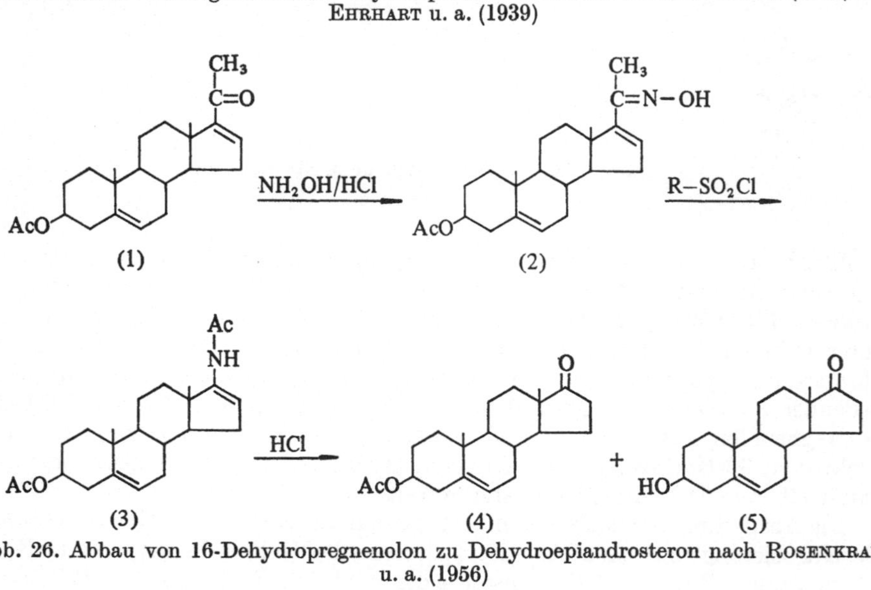

Abb. 26. Abbau von 16-Dehydropregnenolon zu Dehydroepiandrosteron nach ROSENKRANZ
u. a. (1956)

(5), aus dem über das Ketimin (6) mittels Säure das gewünschte 17-Keton entsteht. Die Gesamtausbeute der Methode erreicht etwa 70%. Verwendet man statt des Pregnenolon-acetats das oben erwähnte 16-Dehydropregnenolon-acetat (Abb. 26, (1)), so verkürzt sich die Reaktionsfolge (ROSENKRANZ u. Mitarb., 1956). Nach Überführung des Ausgangsmaterials in das entsprechende Oxim (2) tritt bei Behandlung mit p-Acetaminobenzolsulfonylchlorid in Pyridin die Beckmann-Umlagerung schon bei Zimmertemperatur ein. Das Reaktionsgemisch wird sodann in

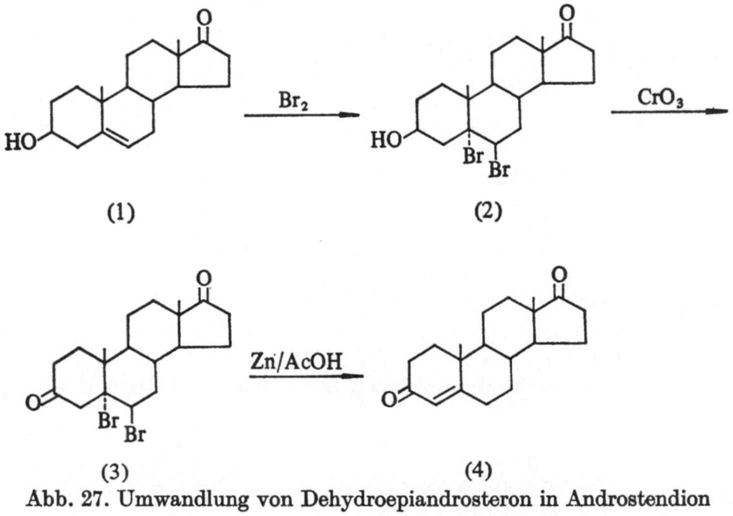

Abb. 27. Umwandlung von Dehydroepiandrosteron in Androstendion

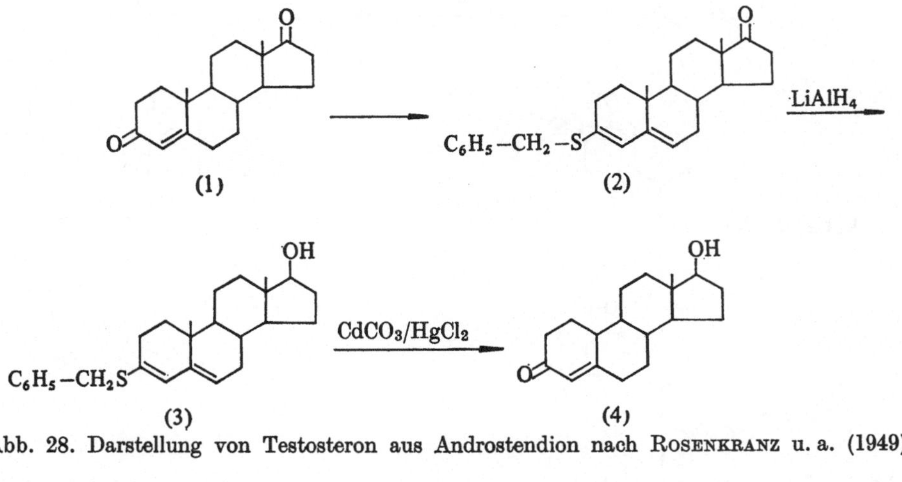

Abb. 28. Darstellung von Testosteron aus Androstendion nach ROSENKRANZ u. a. (1949)

eiskalte, verdünnte Schwefelsäure eingetragen, wobei sich das Enamin-acetat (3) langsam zum 17-Keton (4) hydrolysieren läßt. Im Verlaufe dieser Reaktion kommt es auch zu einer partiellen Hydrolyse des 3β-Acetats zum Dehydroepiandrosteron (5). Als Gesamtausbeute werden 74% angegeben.

Was die Umwandlung von Dehydroepiandrosteron in Androstendion anbetrifft, so benutzt man größtenteils die bereits 1935 beschriebenen Verfahren, die aus Oxydation des entsprechenden Dibromids und Debromierung bestehen (Abb. 27)

(BUTENANDT u. KUDSZUS, 1935; RUZICKA u. WETTSTEIN, 1935) oder aber die
Oppenauer-reaktion (OPPENAUER, 1937). Eine Reduktion der 17-Ketogruppe zum
Testosteron bedarf des Schutzes der 3-Ketogruppe. Nach einem von ROSENKRANZ
u. Mitarb. (1949) ausgearbeitetem Verfahren kann der 3-Benzylthioenoläther des
Androstendions (Abb. 28, (1)) mit Lithiumaluminiumhydrid reduziert und das

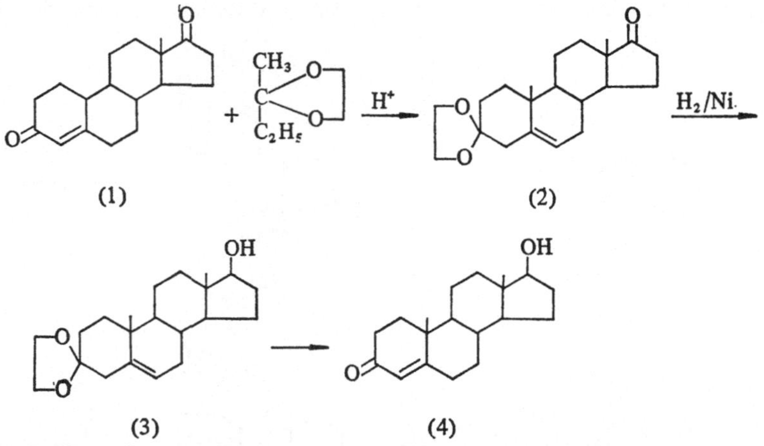

Abb. 29. Darstellung von Testosteron aus Androstendion nach DAUBEN u. a. (1954)

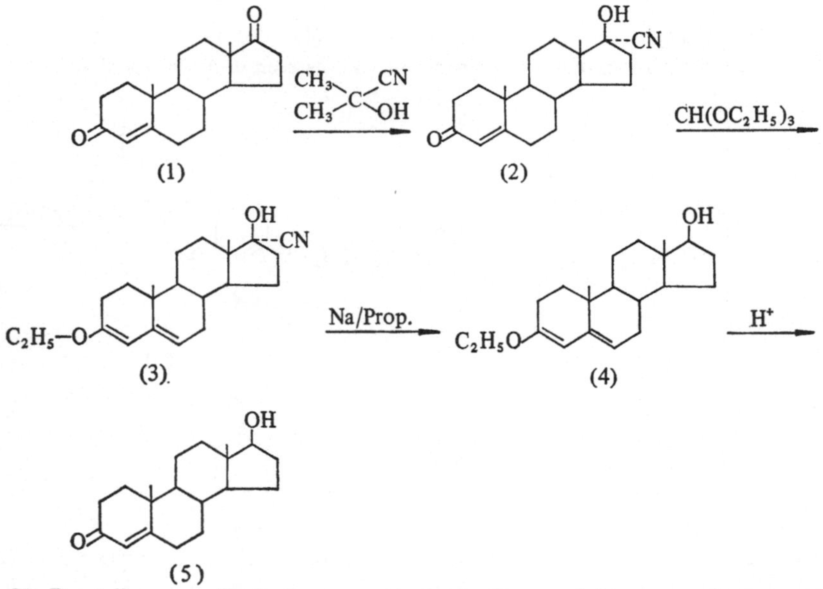

Abb. 30. Darstellung von Testosteron aus Androstendion nach ERCOLI u. RUGGIERI (1953)

Produkt (2) mittels Cadmiumcarbonat und Quecksilber-2-chlorid zu Testosteron
(3) verseift werden. Eine weitere Möglichkeit zum Schutze der 3-Ketogruppe
besteht in der Reaktion von Androstendion mit Butanon-dioxolan in Gegenwart
von p-Toluolsulfonsäure, die mit 74% Ausbeute verläuft (DAUBEN u. Mitarb., 1954)
(Abb. 29 (1)). Bei Reduktion mit Raney-Nickel und anschließender Hydrolyse
fällt Testosteron in 90% Ausbeute an. Auch eine Umsetzung der 3-Ketogruppe mit

Pyrrholidin zum 3-Pyrrholidyl-enamin (HEYL u. HERR, 1953) dient der Blockierung dieser funktionellen Gruppe. Ausgezeichnete Ausbeuten erreicht man mit der von ERCOLI u. RUGGIERI (1953) angegebenen Synthese (Abb. 30). Diese umfaßt die Reaktion von Androstendion (1) mit Aceton-cyanhydrin zum entsprechenden 17-Cyanhydrin (2), Umsetzung mit Äthylorthoformiat zum 3,5-Dienol-äther (3), Reduktion mit Natrium in Propanol zur 17β-Hydroxy-gruppe (4) und Hydrolyse des Enoläthers zu Testosteron (5). In einer Vorschrift (Abb. 31) von RINGOLD u. Mitarb. (1956) benutzt man Dehydroepiandrosteron als Ausgangssubstanz und verestert es durch einstündiges Kochen mit 85% Ameisensäure zum 3β-Formiat (2). Die 17-Ketogruppe wird sodann mittels Natriumborhydrid reduziert (3), acetyliert (4) und die Verbindung zuletzt einer Oppenauer-Reaktion unterworfen, als deren Endprodukt Testosteron-acetat (5) anfällt. Schließlich sei noch das von MAMOLI (1938) entwickelte mikrobiologische Verfahren zur Herstellung von Testosteron aus Dehydroepiandrosteron genannt, in welchem eine Suspension von

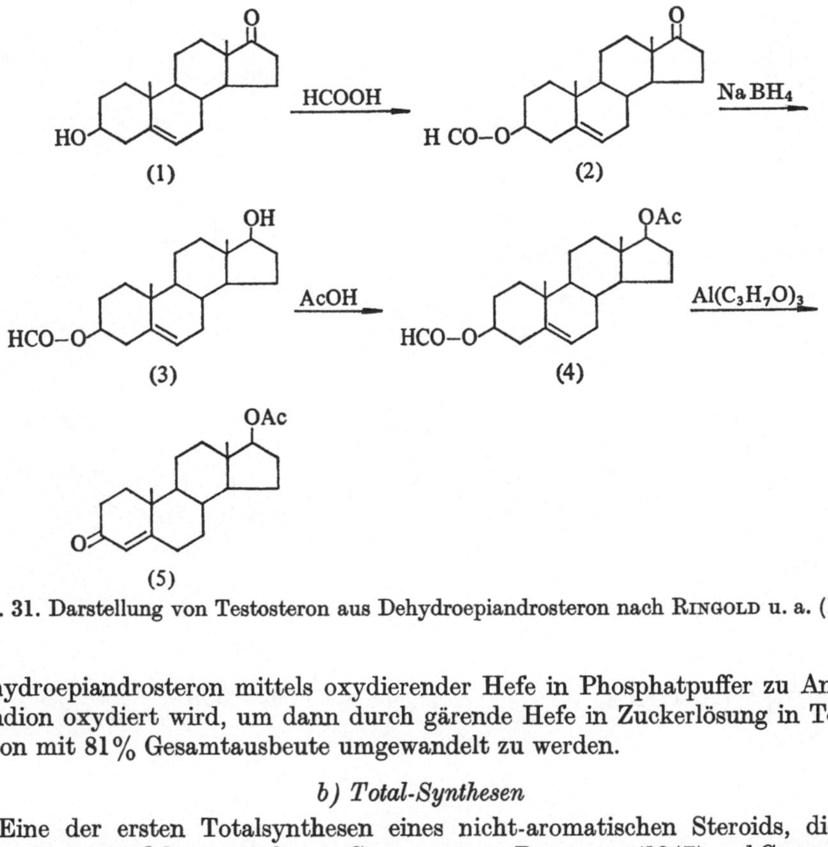

Abb. 31. Darstellung von Testosteron aus Dehydroepiandrosteron nach RINGOLD u. a. (1956)

Dehydroepiandrosteron mittels oxydierender Hefe in Phosphatpuffer zu Androstendion oxydiert wird, um dann durch gärende Hefe in Zuckerlösung in Testosteron mit 81% Gesamtausbeute umgewandelt zu werden.

b) Total-Synthesen

Eine der ersten Totalsynthesen eines nicht-aromatischen Steroids, die zu Epiandrosteron führte, wurde von CORNFORTH u. ROBINSON (1947) und CARDWELL u. Mitarb. (1953) beschrieben (Abb. 32). Durch Reduktion von 1,6-Dimethoxynaphthalin (1) mit Natrium und Äthanol erhält man 5-Methoxy-tetralon (2), welches mit Methyljodid und Natriummethylat methyliert werden kann (2). Kondensation mit Methylvinylketon ergibt bereits das Ringsystem des Phenanthrens (3). Nach Hydrolyse des Äthers reduziert man die Δ^4-3-Ketogruppe, acetyliert die entsprechende 3a-Hydroxygruppe und hydriert den aromatischen Ring C, wobei alle vier isomeren Acetate (4) anfallen. Um die Zahl der Isomeren zu verringern,

9*

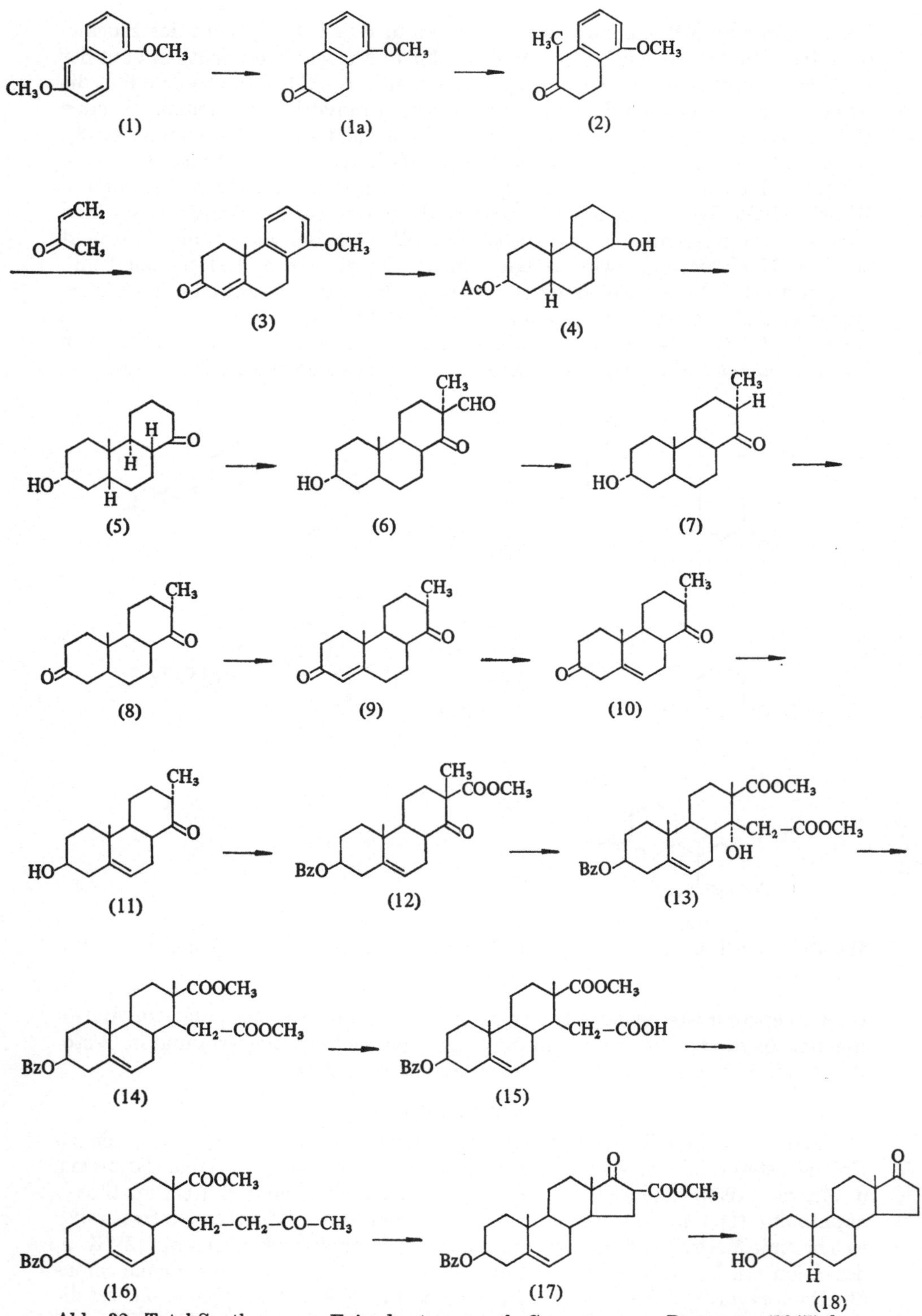

Abb. 32. Total-Synthese von Epiandrosteron nach CORNFORTH u. ROBINSON (1947) bzw. CARDWELL u. a. (1953)

genügt eine Oxydation der Hydroxygruppe in Ring C zur Ketogruppe und die Behandlung mit alkoholischem Alkali. Hierbei lagern sich die B/C-cis-Formen in die stabileren B/C-trans-Formen um, die ihrerseits als Brucin-succinate aufzutrennen sind. Zur Methylierung der trans-($\pm$)-Form (5) kondensiert man das Keton mit Äthylformiat und Natriummethylat, behandelt mit Methyljodid (6) und entfernt die Formylgruppe mittels Kaliumcarbonat (7). Bei Oxydation ent-

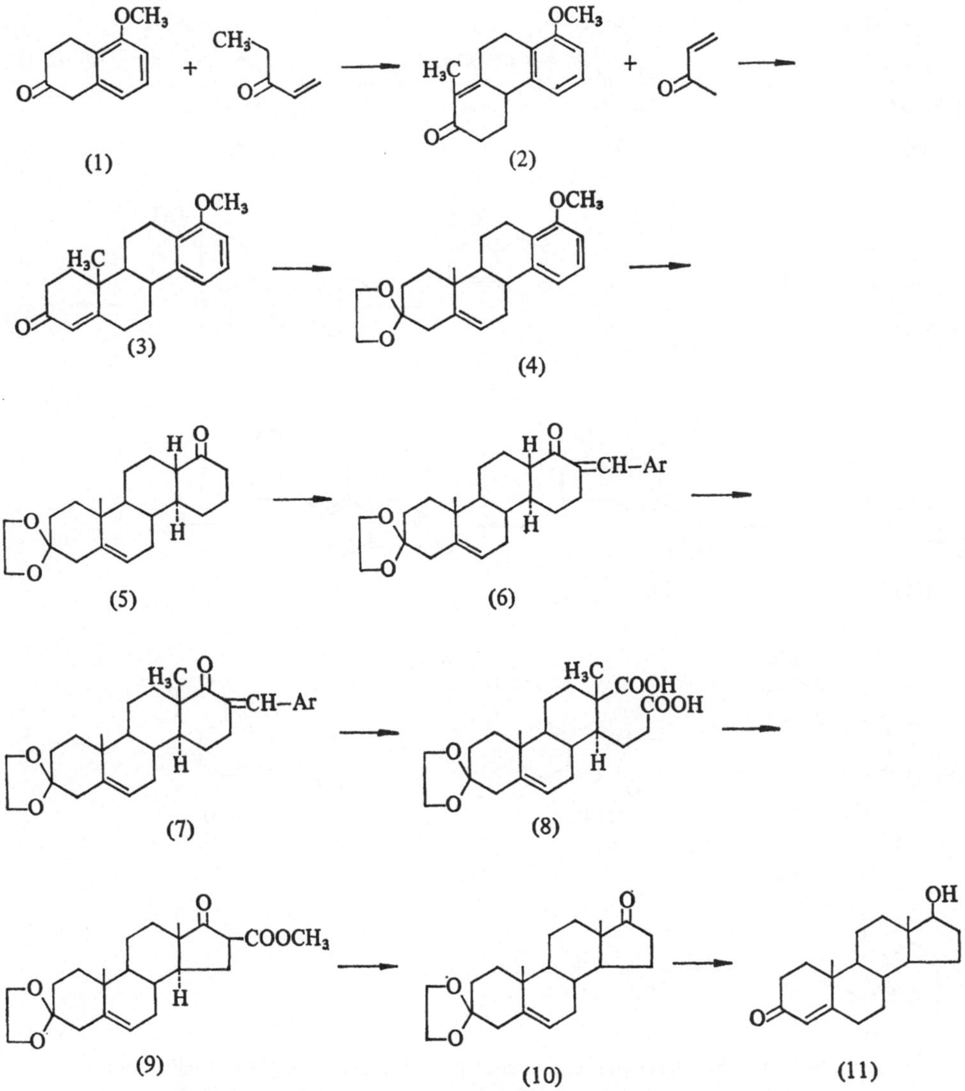

Abb. 33. Total-Synthese von Testosteron nach JOHNSON u. a. (1956)

steht u. a. Reich's Diketon (8). Bromierung und Dehydrobromierung ergeben das ungesättigte Diketon (9), welches in das entsprechende Enolacetat überführt wird. Unter Einwirkung von Kaliumamid in flüssigem Ammoniak bildet sich sodann das β,γ-ungesättigte Isomere (10) von Verbindung 9. Beide Ketogruppen lassen sich hydrieren. Im Anschluß an eine selektive Tritylierung der am späteren

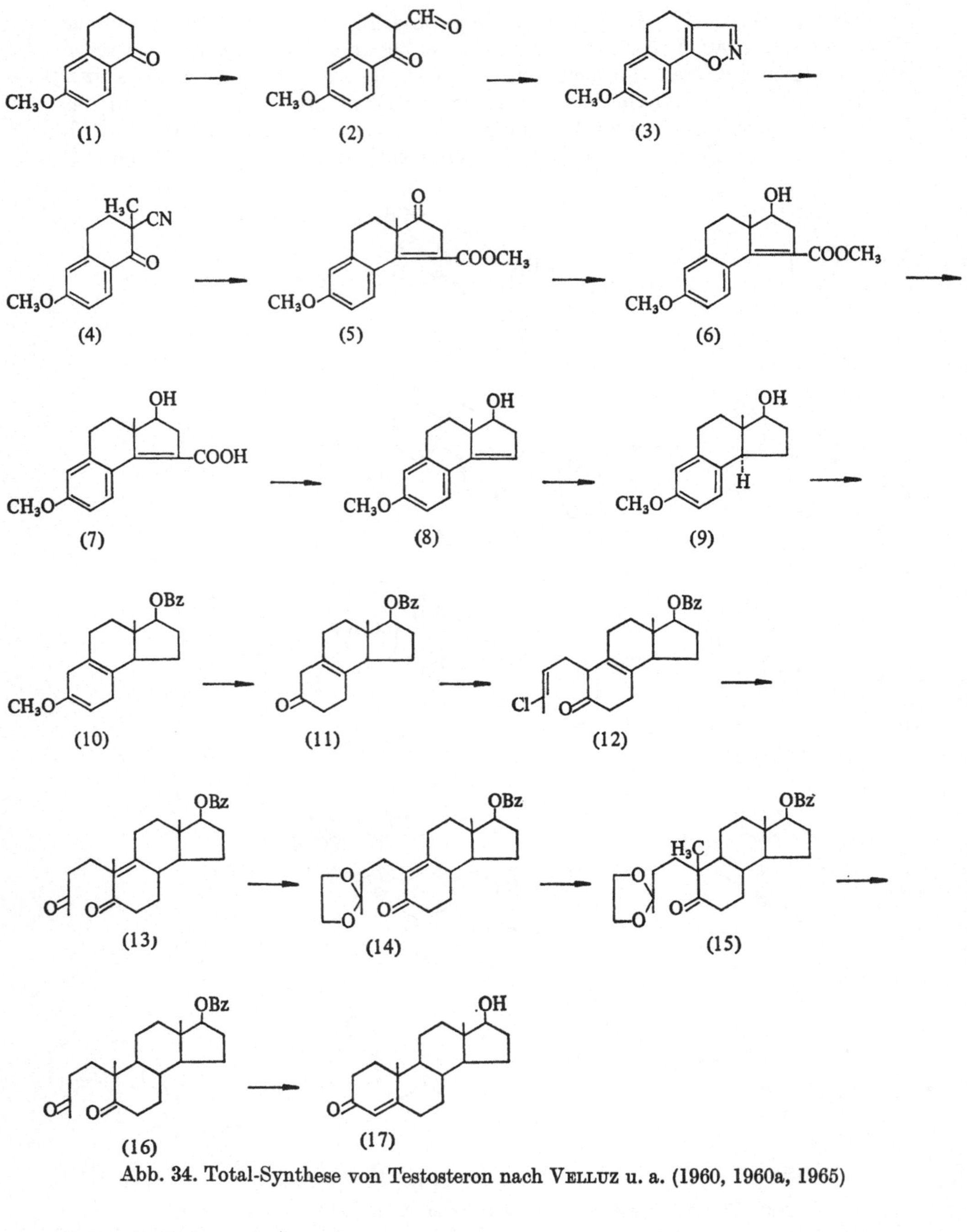

Abb. 34. Total-Synthese von Testosteron nach VELLUZ u. a. (1960, 1960a, 1965)

C-3 befindlichen Hydroxygruppe wird die Hydroxygruppe in Ring C zur Ketogruppe oxydiert und die schützende Tritylgruppe wieder entfernt, wobei das
Köster-Logemann-keton anfällt. Man behandelt dieses (11) nach Benzoylierung
dann mit Triphenylmethyl-natrium und Kohlendioxyd, verestert mit Methanol
(12) und unterwirft den Ketoester einer Reformatzky-reaktion. Dehydratisierung
und Hydrierung der Doppelbindung erbringen zwei 14-Epimere (13), von denen

eines gemäß der Bachmann'schen Vorschrift (BACHMANN u. Mitarb., 1939, 1940)
für die Synthese von Ring D des Equilenins in Epiandrosteron umgewandelt wird
(14—18).

Bei einer weiteren Totalsynthese jüngeren Datums (JOHNSON u. Mitarb., 1956,
1956a) (Abb. 33) wird 5-Methoxy-tetralon(2) (1) als Vorstufe der Ringe C und D
zunächst durch Mannich-kondensation mit Äthylvinylketon zu Verbindung (2)
kondensiert. Diese ergibt mit Methylvinylketon ein Hydrochrysen-derivat (3) mit
aromatischem Ring D. Nach Bildung des Äthylenketals (4) erfolgt eine Birch-
reduktion, der sich die Hydrierung der noch bestehenden Doppelbindung, sowie
die Isomerisierung der erhaltenen Verbindung mittels Alkali zu (5) anschließt.
Man kondensiert letztere mit Furfural zu (6), führt die fehlende Methylgruppe ein
(7) und spaltet Ring D mit alkalischem Wasserstoffperoxyd zur entsprechenden
Dicarbonsäure (8). Der Dimethylester läßt sich durch Dieckmann-kondensation
in den 5-gliedrigen Ring D verwandeln, der außer einer 17-Ketogruppe noch eine
Methoxycarbonylgruppe an C-16 enthält (9). Zur Eliminierung der letztgenannten
Gruppe kocht man den Ester in Xylol, wobei Decarboxylierung eintritt (10). Die
Reduktion der 17-Ketogruppe und die Entfernung der schützenden Äthylenketal-
gruppe mittels Säure beschließen die Synthese des rac. Testosterons (11).

Auch die von VELLUZ u. Mitarb. (1960, 1960a, 1965) entwickelte Totalsynthese
(Abb. 34) von Steroiden, die nicht nur eine Herstellung der natürlichen anti-trans-
Form optisch-aktiver Androgene, sondern auch von Oestrogenen und Corticosteroiden gestattet, geht von Methoxy-tetralon aus. Dieses (1) wird formyliert (2),
in das Oxim überführt und dehydratisiert (3), bevor man die Methylgruppe ein-
baut (4) und durch Stobbe-kondensation mit Äthylsuccinat den tricyclischen
Ester (5) gewinnt. Mittels Natriumborhydrid läßt sich die Ketogruppe selektiv
reduzieren (6). Das nach Verseifung des Esters anfallende Gemisch racemischer
Säuren (7) kann mit Hilfe von Chloramphenicolbasen in die optisch-aktiven Formen zerlegt werden. Es schließt sich die Decarboxylierung in äthanolischer Salz-
säure an (8). Bei der katalytischen Reduktion über Palladiumschwarz entsteht (9),
während die Reduktion mit Natrium in Ammoniak eine Doppelbindung im aromatischen Ring entfernt (10). Die Hydrolyse der Methoxygruppe in Oxalsäure führt
zum nicht-konjugierten, ungesättigten Keton (11), welches mit 1,3-Dichlor-2-
buten kondensiert wird (12). Behandlung mit Schwefelsäure ergibt die entsprechende Oxo-verbindung (13). Nach selektiver Acetalisierung zum Dioxolan (14)
gelingt die stereospezifische Methylierung an C-10 mit Methyljodid und Natrium-
t-amylat in Toluol mit guter Ausbeute (15). Die Acetalgruppe wird mit Säure entfernt (16) und durch Behandlung mit Alkali endlich der Ringschluß zum Δ^4-3-
Keton (17) erreicht.

Stoffwechsel von C_{19}-Steroiden (Androgenen)

Zahlreiche Untersuchungen haben sich mit dem Stoffwechsel von C_{19}-Steroiden
bzw. Androgenen (DORFMAN u. UNGAR, 1965) befaßt. War man anfänglich bei
in-vivo Experimenten auf die Verabreichung größerer Mengen der jeweiligen
Verbindung und die zumeist schwierige Isolierung ihrer Metaboliten in Blut oder
Harn angewiesen, so ermöglichte der Einsatz markierter Steroide von hoher
spezifischer Aktivität die Anwendung physiologischer Konzentrationen und gestattete die Auffindung selbst geringster Spuren der gesuchten Einzelverbindungen.
Während die in-vivo Versuche naturgemäß Aufschluß über tatsächliche Stoffwechselvorgänge unter physiologischen Bedingungen geben, zeigen die vielfältigen
in-vitro Experimente lediglich vorhandene, am Metabolismus beteiligte Enzymsysteme anhand der entstandenen Umwandlungsprodukte auf, ohne daß eine

Aussage über die unter physiologischen Bedingungen herrschenden, quantitativen Beziehungen möglich wäre.

a) In-vivo Stoffwechsel von C_{19}-Steroiden

Angesichts der großen Zahl der im Organismus vorkommenden C_{19}-Steroide soll im Folgenden nur der Stoffwechsel der wichtigsten C_{19}-Steroide dargelegt werden. Bereits 1939 stellten DORFMAN u. HAMILTON (1939) — siehe auch DORFMAN u. MILLER (1945) — nach Gabe von Testosteron eine vermehrte Ausscheidung von 17-Ketosteroiden im Harn fest. Als Hauptprodukt fand man später (DORFMAN u. Mitarb., 1939; CALLOW, 1939) 3a-Hydroxy-5a-androstan-17-on (Androsteron), sowie 3a-Hydroxy-5β-androstan-17-on (Ätiocholanolon) und 3β-Hydroxy-5a-androstan-17-on (Epiandrosteron) (DORFMAN u. HAMILTON, 1940; DORFMAN, 1941) (Abb. 35 a u. b). Daneben konnten ferner 5a-Androstan-3a,17β-diol (Androstandiol)

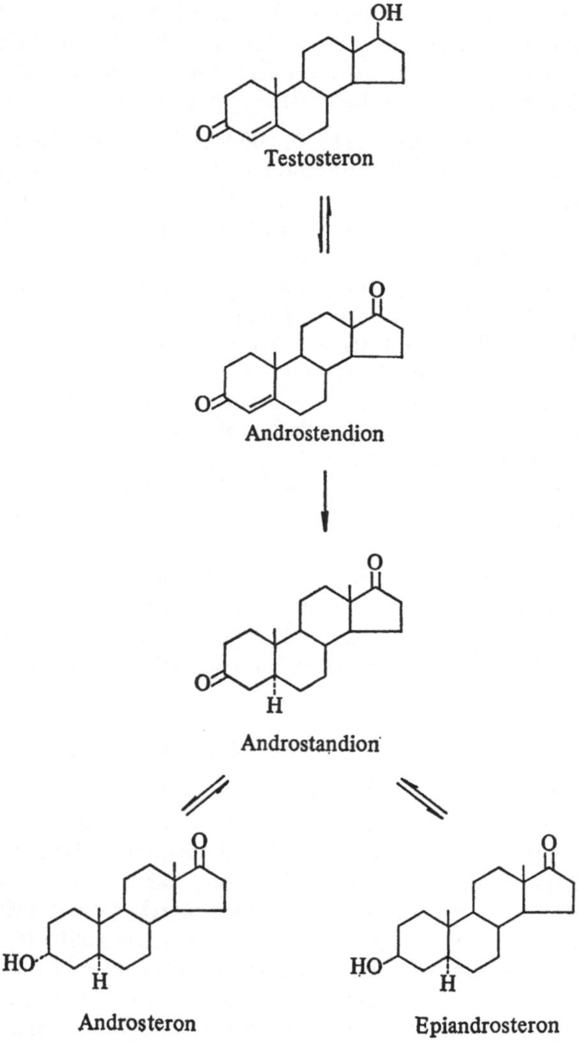

Abb. 35 a

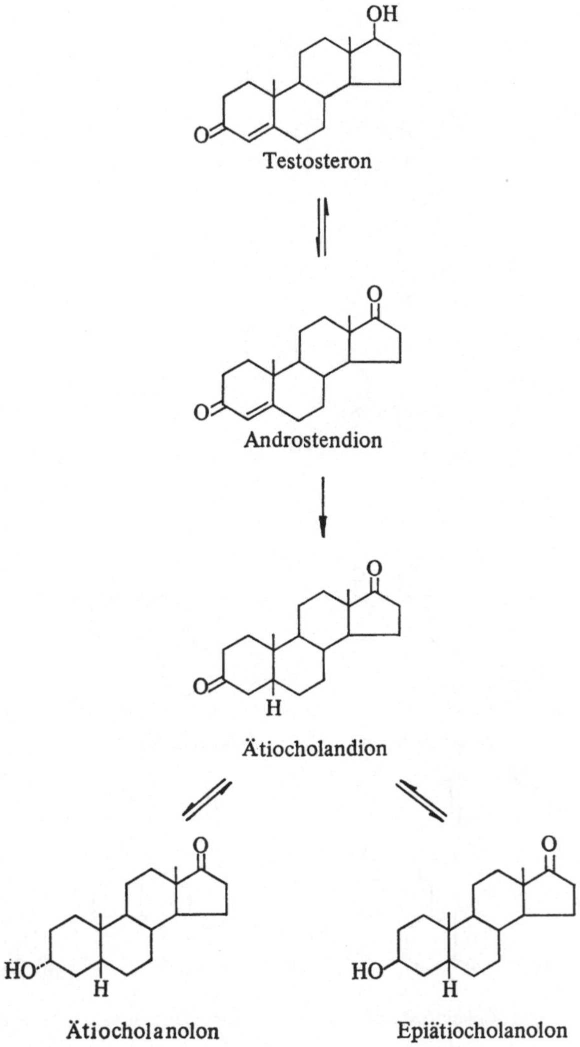

Testosteron

Androstendion

Ätiocholandion

Ätiocholanolon

Epiätiocholanolon

Abb. 35 b

und 5β-Androstan-3a,17β-diol (Ätiocholandiol) nachgewiesen werden (WEST u. Mitarb., 1951). Eine Bestätigung vorstehender Resultate gelang durch Isolierung der genannten Metaboliten nach Verabreichung ^{2}H-markierten Testosterons, wobei auch noch fehlende Zwischenstufen anfielen, wie etwa 5a-Androstan-3,17-dion (Androstandion) und 5β-Androstan-3,17-dion (Ätiocholandion) (GALLAGHER u. Mitarb., 1951). Weil entsprechende Versuche mit Androst-4-en-3,17-dion (Androstendion) die gleichen Metaboliten erbrachten (DORFMAN u. Mitarb., 1950), dürfte ein auf Oxydation und Reduktion beruhender Stoffwechsel der eigentlichen Androgene Testosteron und Androstendion nach dem in Abb. 36 gezeigten Reaktionsablauf vonstatten gehen (Abb. 36 a).

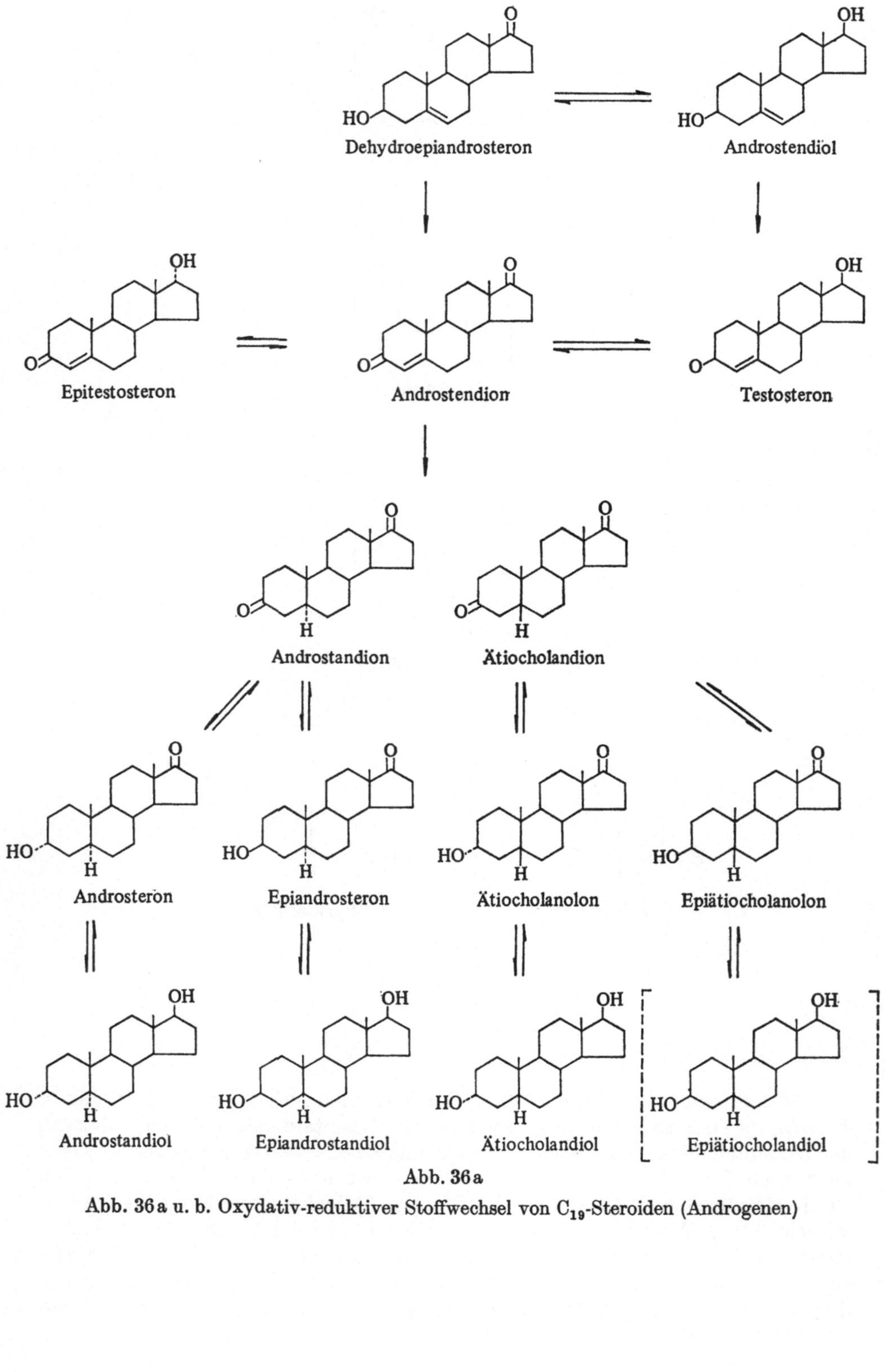

Chemie der Androgene

Abb. 36a

Abb. 36a u. b. Oxydativ-reduktiver Stoffwechsel von C_{19}-Steroiden (Androgenen)

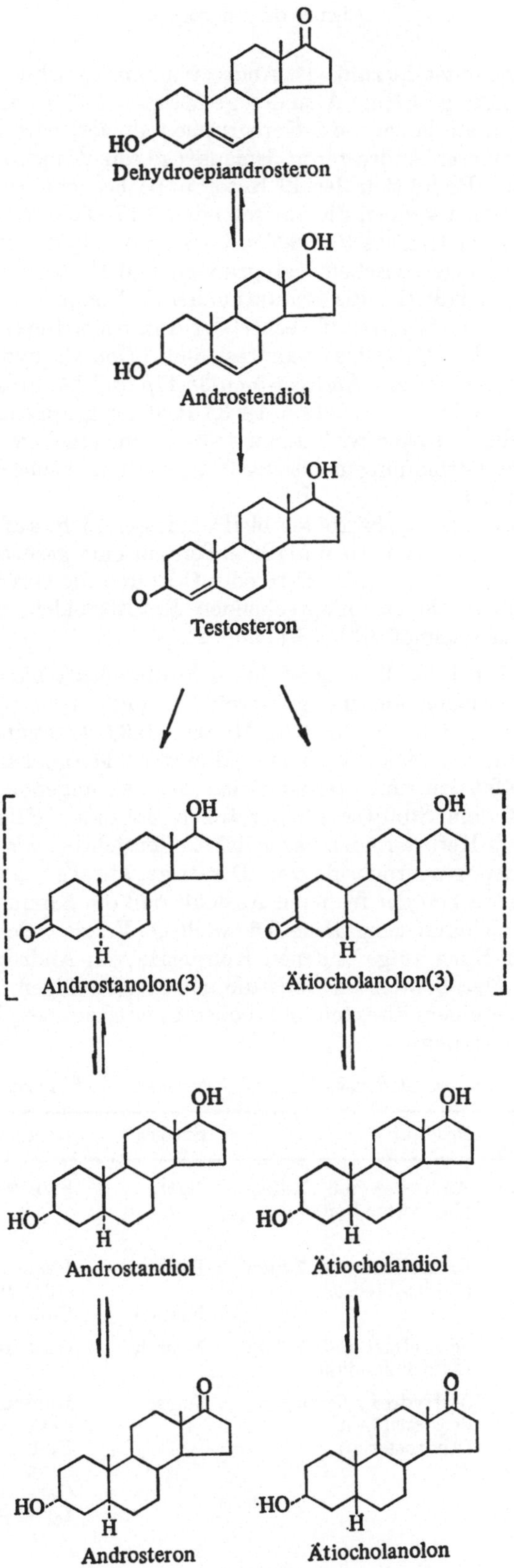

Dehydroepiandrosteron

Androstendiol

Testosteron

Androstanolon(3) Ätiocholanolon(3)

Androstandiol Ätiocholandiol

Androsteron Ätiocholanolon

Abb. 36b

Aus Testosteron entsteht zunächst Androstendion. Es schließt sich die Reduktion der Doppelbindung in Ring A zu den gesättigten 3,17-Dionen Androstandion und Ätiocholandion an, bevor die 3-Ketogruppe reduziert wird unter Bildung der vier möglichen Isomeren Androsteron, Epiandrosteron, Ätiocholanolon und Epiätiocholanolon. Eine Reduktion der 17-Ketogruppe beendet wahrscheinlich diese Stoffwechselfolge, doch können die auftretenden 3,17-Diole wohl auch direkt aus Testosteron durch wiederholte Reduktion in Ring A gebildet werden (Abb. 36b). Während die Übergänge zwischen Ketogruppen und Hydroxygruppen als reversibel anzusehen sind, läßt sich die Reduktion der Δ^4-Doppelbindung in-vivo offenbar nicht umkehren. In diesen Stoffwechsel der Androgene fügt sich weiter als Vorstufe zwangsläufig das 3β-Hydroxy-androst-5-en-17-on (Dehydroepiandrosteron) bzw. sein Reduktionsprodukt Androst-5-en-3β,17β-diol (Androstendiol) ein, Verbindungen, die beide durch Oxydation der 3β-Hydroxygruppe und Isomerisierung des Δ^5-3-Ketons die androgen-wirksamen Δ^4-3-Ketone ergeben. Die im Metabolismus der einzelnen Verbindungen bislang festgestellten Wechselbeziehungen sind aus Tab. 21 ersichtlich.

Der Stoffwechsel von C_{19}-Steroiden bleibt indessen nicht auf die vorgenannten Reaktionen beschränkt, sondern umfaßt außerdem eine zusätzliche Hydroxylierung an C-6, C-7, C-11, C-15, C-16, C-18 oder C-19 und die Oxydation der neuformierten Hydroxysteroide zu entsprechenden Ketosteroiden, sowie den Abbau solcher Verbindungen gemäß Abb. 37 (Tab. 22).

Handelt es sich bei den hier angeführten Stoffwechselreaktionen der C_{19}-Steroide um Veränderungen am freien Steroid, so muß nach jüngsten Befunden (BAULIEU u. Mitarb., 1965; BAULIEU u. Mitarb., 1963; OERTEL u. Mitarb., 1966; KNAPSTEIN u. Mitarb., 1966) auch ein „direkter" Metabolismus von Steroidsulfaten bzw. -sulfatiden und Steroid-glucuronosiden angenommen werden, der in seinem Ablauf dem Stoffwechsel der freien Steroide völlig gleichen dürfte. Konjugate von Δ^4-3-Ketosteroiden liegen dabei offensichtlich als 3,5-Dienol-sulfate bzw. -sulfatide oder -glucuronoside vor. Derartige, aus Tab. 23 zu entnehmende Ergebnisse widersprechen der früheren Ansicht, daß die Konjugation von Steroiden lediglich ihrer Eliminierung diene. Die wichtige Frage, welche und wieviel der z. B. in Blut oder Harn aufgefundenen Konjugate von Androgenen nebst ihren Präcursoren oder Metaboliten als Endstufe aus der jeweiligen freien Verbindung entstehen oder aber einem direkten Metabolismus entstammen, kann zurzeit noch nicht beantwortet werden.

Tabelle 21. *In-vivo Stoffwechsel von C_{19}-Steroiden durch Redox-reaktionen*

Substrat	Produkt	Species	Literatur
17β-Hydroxy-androst-4-en-3-on (Testosteron)	Androst-4-en-3,17-dion (Androstendion)	Ratte	SWEAT et al. (1950)
	5α-Androstan-3,17-dion (Androstandion)	Ratte Mensch	PEARLMAN u. PEARLMAN (1961,1961a) GALLAGHER et al. (1951)
	5β-Androstan-3,17-dion (Ätiocholandion)	Mensch	GALLAGHER et al. (1951)
	3α-Hydroxy-5α-androstan-17-on (Androsteron)	Mensch	DORFMAN et al. (1939) CALLOW (1939) DORFMAN (1941) SCHILLER et al. (1945) GALLAGHER et al. (1951) LOTTI et al. (1960)

Tabelle 21 (Fortsetzung)

Substrat	Produkt	Species	Literatur
		Ratte	PEARLMAN u. PEARLMAN (1961, 1961a)
		Affe	FISH et al. (1942)
	3β-Hydroxy-5α-androstan-17-on (Epiandrosteron)	Mensch	SLAUNWHITE u. SANDBERG (1947)
		Meerschw.	DORFMAN u. FISH (1940)
	3β-Hydroxy-5β-androstan-17-on (Ätiocholanolon)	Mensch	DORFMAN (1940) CALLOW (1939) SCHILLER et al. (1945) GALLAGHER et al. (1951) SLAUNWHITE u. SANDBERG (1957) LOTTI et al. (1960)
		Ratte	PEARLMAN u. PEARLMAN (1961, 1961a)
		Affe	FISH et al. (1942)
	5α-Androstan-3α,17β-diol (Androstandiol)		WEST et al. (1951) BAULIEU u. MAUVAIS-JARVIS (1964)
	5β-Androstan-3α,17β-diol (Ätiocholandiol)		WEST et al. (1951) BAULIEU u. MAUVAIS-JARVIS (1964)
Androst-4-en-3,17-dion (Androstendion)	17β-Hydroxy-androst-4-en-3-on (Testosteron)	Mensch	MAHESH u. GREENBLATT (1962)
		Ratte	PEARLMAN u. PEARLMAN (1961a)
	17α-Hydroxy-androst-4-en-3-on (Epitestosteron)	Mensch	BROOKS u. GIULIANI (1964)
	3α-Hydroxy-5β-androstan-17-on (Ätiocholanolon)	Mensch	DORFMAN et al. (1950) GALLAGHER et al. (1951)
5α-Androstan-3,17-dion (Androstandion)	3α-Hydroxy-5α-androstan-17-on (Androsteron)	Mensch	DORFMAN u. HAMILTON (1940) DORFMAN et al. (1950) Gallagher et al. (1951)
	3β-Hydroxy-5α-androstan-17-on (Epiandrosteron)	Kaninchen	BENARD et al. (1961)
		Mensch	DORFMAN et al. (1950)
3α-Hydroxy-5α-androstan-17-on (Androsteron)	3β-Hydroxy-5α-androstan-17-on (Epiandrosteron)	Mensch	SCHILLER u. DORFMAN (1948) SCHNEIDER u. LEWBART (1959) BAULIEU (1963)
3β-Hydroxy-5α-androstan-17-on (Epiandrosteron)	3α-Hydroxy-5α-androstan-17-on (Androsteron)	Mensch	DORFMAN et al. (1948) BAULIEU (1963)
		Meerschw.	CHAROLLAIS et al. (1961)
3α-Hydroxy-5β-androstan-17-on (Ätiocholanolon)	5β-Androstan-3,17-dion (Ätiocholandion)	Mensch	KAPPAS et al. (1958)

Tabelle 21 (Fortsetzung)

Substrat	Produkt	Species	Literatur
	5β-Androstan-$3a,17\beta$-diol (Ätiocholandiol)	Mensch	KAPPAS et al. (1958) GALLAGHER et al. (1951)
3β-Hydroxy-5β-andro-stan-17-on (Epiätiocholanolon)	5β-Androstan-3,17-dion (Ätiocholandion)	Mensch	KAPPAS et al. (1958)
	$3a$-Hydroxy-5β-an-drostan-17-on (Ätiocholanolon)	Mensch	KAPPAS et al. (1958) BAULIEU (1963)
$5a$-Androstan-$3a,17\beta$-diol (Androstandiol)	$3a$-Hydroxy-$5a$-andro-stan-17-on (Androsteron)	Mensch Meerschw.	DORFMAN et al. (1950) KOCHAKIAN u. APOSHIAN (1952)
	3β-Hydroxy-$5a$-an-drostan-17-on (Epiandrosteron)	Mensch	DORFMAN et al. (1950)
$5a$-Androstan-$3\beta,17\beta$-diol (Epiandrostandiol)	$3a$-Hydroxy-$5a$-an-drostan-17-on (Androsteron)	Mensch	DORFMAN et al. (1952) UNGAR et al. (1951)
	3β-Hydroxy-$5a$-an-drostan-17-on (Epiandrosteron)	Mensch	DORFMAN et al. (1952) UNGAR et al. (1951)
3β-Hydroxy-androst-5-en-17-on (Dehydroepiandro-steron)	Androst-5-en-$3\beta,17\beta$-diol (Androstendiol)	Mensch	MASON u. KEPLER (1945, 1945a) MILLER et al. (1950)
	17β-Hydroxy-androst-4-en-3-on (Testosteron)	Mensch Hund	MAHESH u. GREENBLATT (1962) KLEMPIEN et al. (1961)
	Androst-4-en-3,17-dion (Androstendion)	Mensch Hund Ratte	MAHESH u. GREENBLATT (1962) KLEMPIEN et al. (1961) UNGAR et al. (1954)
	$3a$-Hydroxy-$5a$-andro-stan-17-on (Androsteron)	Mensch	MASON u. KEPLER (1945, (1945a) MILLER et al. (1950)
	$3a$-Hydroxy-5β-andro-stan-17-on (Ätiocholanolon)	Mensch	MASON u. KEPLER (1945, (1945a) MILLER et al. (1950)
	$5a$-Androstan-$3a,17\beta$-diol (Androstandiol)	Mensch	BAULIEU et al. (1965)
	5β-Androstan-$3a,17\beta$-diol (Ätiocholandiol)	Mensch	BAULIEU et al. (1965)
Androst-5-en-$3\beta,17\beta$-diol (Androstendiol)	3β-Hydroxy-androst-5-en-17-on (Dehydroepiandrosteron)	Mensch	UNGAR u. DORFMAN (1954) DORFMAN et al. (1952)
		Meerschw.	MILER u. DORFMAN (1945)
	17β-Hydroxy-androst-4-en-3-on (Testosteron)	Mensch	BAULIEU u. ROBEL (1963)

Tabelle 21 (Fortsetzung)

Substrat	Produkt	Species	Literatur
	3a-Hydroxy-5a-androstan-17-on (Androsteron)	Mensch	UNGAR et al. (1954)
	3a-Hydroxy-5β-androstan-17-on (Ätiocholanolon)	Mensch	UNGAR et al. (1954)
	5a-Androstan-3a,17β-diol (Androstandiol)	Mensch	BAULIEU u. ROBEL (1963)
	5β-Androstan-3a,17β-diol (Ätiocholandiol)	Mensch	BAULIEU u. ROBEL (1963)

Tabelle 22. *In-vivo Stoffwechsel von C_{19}-Steroiden durch Hydroxylierung und anschließende Oxydation*

Substrat	Produkt	Species	Literatur
17β-Hydroxy-androst-4-en-3-on (Testosteron)	17β-Hydroxy-androst-4-en-3,11-dion (11-Ketotestosteron)	Lachs	IDLER u. TRUSCOTT (1963)
	3a,18-Dihydroxy-5a-androstan-17-on (18-Hydroxyandrosteron)	Mensch	FUKUSHIMA u. BRADLOW (1962)
	3a,18-Dihydroxy-5β-androstan-17-on (18-Hydroxyätiocholanolon)	Mensch	FUKUSHIMA u. BRADLOW (1962)
Androst-4-en-3,17-dion (Androstendion)	6β-Hydroxy-androst-4-en-3,17-dion (6β-Hydroxyandrostendion)	Ratte	AXELROD u. MILLER (1954)
	Androst-4-en-3,6,17-trion (6-Ketoandrostentrion)	Rind	LEVY et al. (1965)
	11β-Hydroxy-androst-4-en-3,17-dion (11β-Hydroxyandrostendion)	Rind	LEVY et al. (1965)
	19-Hydroxy-androst-4-en-3,17-dion (19-Hydroxyandrostendion)	Rind	LEVY et al. (1965)
	11β-Hydroxy-5a-androstan-3,17-dion (11β-Hydroxyandrostandion)	Rind	LEVY et al. (1965)
	5a-Androstan-3,17-dion (Androstandion)	Rind	LEVY et al. (1965)
	3a-Hydroxy-5a-androstan-17-on (Androsteron)	Rind	LEVY et al. (1965)
	3β-Hydroxy-5a-androstan-17-on (Epiandrosteron)	Rind	LEVY et al. (1965)

Tabelle 22 (Fortsetzung)

Substrat	Produkt	Species	Literatur
3β-Hydroxy-androst-5-en-17-on (Dehydroepiandrosteron)	3a,7a-Dihydroxy-androst-5-en-17-on (7a-Hydroxydehydroepiandrosteron)	Mensch	Schneider u. Lewbart (1959) Starka et al. (1962)
	3β-Hydroxy-androst-5-en-7,17-dion (7-Ketodehydroepiandrosteron)	Mensch	Baulieu et al. (1965)
	Androst-5-en-3β,16a,17β-triol (Androstentriol)	Mensch	Mason u. Kepler (1945, 1947) Schneider u. Lewbart (1959)
	3β,16a-Dihydroxy-androst-5-en-17-on (16a-Hydroxydehydroepiandrosteron)	Mensch	Fotherby et al. (1957)

Tabelle 23. *In-vivo Stoffwechsel von C_{19}-Steroid-konjugaten*

Substrat	Produkt	Species	Literatur
17β-Hydroxy-androst-4-en-3-on-17β-glucuronosid (Testosteron-glucuronosid	5β-Androstan-3a,17β-diol-17β-glucuronosid (Ätiocholandiol-glucuronosid)	Mensch	Robel et al. (1965, 1966)
3β-Hydroxy-androst-5-en-17-on-3β-sulfat (Dehydroepiandrosteronsulfat)	Androst-5-en-3β,17β-diol-3β-sulfat (Androstendiol-sulfat)	Mensch	Baulieu et al. (1965) Corpechot u. Baulieu (1964) Oertel et al. (1966)
	Androst-4-en-3,17-dion-3-sulfat (Androstendion-sulfat)	Mensch	Oertel et al. (1966)
	3a-Hydroxy-5a-androstan-17-on-3a-sulfat (Androsteron-sulfat)	Mensch	Oertel et al. (1966)
	3a-Hydroxy-5β-androstan-17-on-3a-sulfat (Ätiocholanolon-sulfat)	Mensch	Oertel et al. (1966)
	3β,7a-Dihydroxy-androst-5-en-17-on-3β-sulfat (7a-Hydroxydehydroepiandrosteron-sulfat)	Mensch	Oertel et al. (1966)
	3β-Hydroxy-androst-5-en-7,17-dion-3β-sulfat (7-Ketodehydroepiandrosteron-sulfat)	Mensch	Oertel et al. (1966)
	3β,16a-Dihydroxy-androst-5-en-17-on-3β-sulfat (16a-Hydroxydehydroepiandrosteron-sulfat)	Mensch	Corpechot u. Baulieu (1964) Oertel u. Knapstein (1966)

Tabelle 23 (Fortsetzung)

Substrat	Produkt	Species	Literatur
	Androst-5-en-3β,16a,17β-triol-3β-sulfat (Androstentriol-sulfat)	Mensch	CORPECHOT u. BAULIEU (1964) OERTEL et al. (1966)
	3β,17β-Dihydroxy-androst-5-en-16-on-3β-sulfat (16-Ketoandrostendiol-sulfat)	Mensch	OERTEL u. KNAPSTEIN
	Androst-5-en-3β,17β-diol-3β,17β-disulfat (Androstendiol-disulfat)	Mensch	BAULIEU et al. (1965)
Androst-5-en-3β,17β-diol-3β-sulfat (Androstendiol-sulfat)	3β-Hydroxy-androst-5-en-17-on-3β-sulfat (Dehydroepiandrosteron-sulfat)	Mensch	BAULIEU et al. (1963)
3β-Hydroxy-androst-5-en-17-on-3β-glucuronosid (Dehydroepiandrosteron-glucuronosid)	Androst-5-en-3β,17β-diol-3β-glucuronosid (Androstendiol-glucuronosid)	Mensch	KNAPSTEIN et al. (1966)
	17βHydroxy-androst-4-en-3-on-3-glucuronosid (Testosteron-glucuronosid)	Mensch	KNAPSTEIN et al. (1966)
	Androst-4-en-3,17-dion-3-glucuronosid (Androstendion-glucuronosid)	Mensch	KNAPSTEIN et al. (1966)
	5a-Androstan-3,17-dion-3-glucuronosid (Androstandion-glucuronosid)	Mensch	KNAPSTEIN et al. (1966)
	5β-Androstan-3,17-dion-3-glucuronosid (Ätiocholandion-glucuronosid)	Mensch	KNAPSTEIN et al. (1966)
	3a-Hydroxy-5a-androstan-17-on-3a-glucuronosid (Androsteron-glucuronosid)	Mensch	KNAPSTEIN et al. (1966)
	3β-Hydroxy-5a-androstan-17-on-3β-glucuronosid (Epiandrosteron-glucuronosid)	Mensch	KNAPSTEIN et al. (1966)
	3a-Hydroxy-5β-androstan-17-on-3a-glucuronosid (Ätiocholanolon-glucuronosid)	Mensch	KNAPSTEIN et al. (1966)
	3β,16a-Dihydroxy-androst-5-en-17-on-3β-glucuronosid (16a-Hydroxydehydroepiandrosteron-glucuronosid)	Mensch	KNAPSTEIN et al. (1966)
	Androst-5-en-3β,16a,17β-triol-3β-glucuronosid (Androstentriol-glucuronosid)	Mensch	KNAPSTEIN et al. (1966)

b) In-vitro Stoffwechsel von C_{19}-Steroiden

Als Ergänzung und Bestätigung der vorgenannten Ergebnisse mögen die in den Tab. 24—26 zusammengestellten Resultate von in-vitro Experimenten gelten. Hier erschwert allerdings die häufige Verwendung zusätzlicher Cofermente und Cofaktoren in zumeist unterschiedlicher Menge jede vergleichende Beurteilung einzelner Versuche. Art und Anteil der gebildeten Metaboliten kennzeichnen daher nur die Aktivität der beteiligten Enzymsysteme unter den gewählten Bedingungen.

Tabelle 24. *In-vitro Stoffwechsel von C_{19}-Steroiden (Androgenen) durch Redoxreaktionen*

Substrat	Produkt	Material	Literatur
17β-Hydroxy-androst-4-en-3-on (Testosteron)	Androst-4-en-3,17-dion (Androstendion)	Leberhomogenat (Mensch)	STYLIANOU et al. (1961)
		Earls Zellen WCTC 292	PERLMAN et al. (1960)
		Erythrocyten (Ratte)	PORTIUS u. REPKE (1960)
	3a-Hydroxy-5β-andro-stan-17-on (Ätiocholanolon)	Leberhomogenat (Huhn)	SAMUELS et al. (1950) SAMUELS (1949)
	3β-Hydroxy-5β-andro-stan-17-on (Epiätiocholanolon)	Leberhomogenat (Huhn)	SAMUELS et al. (1950) SAMUELS (1949)
	17β-Hydroxy-5a-andro-stan-3-on	Muskelgewebe (Kaninchen)	THOMAS u. DORFMAN (1962)
	5a-Androstan-3a,17β-diol (Androstandiol)	Leberhomogenat (Mensch)	STYLIANOU et al. (1961)
	5a-Androstan-3β,17β-diol (Epi-androstandiol)	Leberhomogenat (Mensch)	STYLIANOU et al. (1961)
	5β-Androstan-3a,17β-diol (Ätiocholandiol)	Leberhomogenat (Mensch)	STYLIANOU et al. (1961)
Androst-4-en-3,17-dion (Androstendion)	17β-Hydroxy-androst-4-en-3-on (Testosteron)	Muskelgewebe (Kaninchen)	THOMAS u. DORFMAN (1963, 1964)
		Leberhomogenat (Ratte)	CLARK et al. (1947)
		Leberhomogenat (Mensch)	STYLIANOU et al. (1961)
	17a-Hydroxy-androst-4-en-3-on (Epitestosteron)	Leberschnitte (Ratte)	CLARK u. KOCHAKIAN (1947)
	5a-Androstan-3,17-dion (Androstandion)	Muskelgewebe (Kaninchen)	THOMAS u. DORFMAN (1962)
		Leberhomogenat (Ratte)	FORCHIELLI et al. (1963)
	5β-Androstan-3,17-dion (Ätiocholandion)	Blut (Rind)	RONGONE et al. (1957)
		Leberhomogenat (Ratte)	FORCHIELLI et al. (1963)

Tabelle 24 (Fortsetzung)

Substrat	Produkt	Material	Literatur
	3a-Hydroxy-5a-andro-stan-17-on (Androsteron)	Leberhomogenat (Ratte)	RUBIN (1957)
	3β-Hydroxy-5a-andro-stan-17-on (Epiandrosteron)	Leberhomogenat (Ratte) Muskelgewebe (Kaninchen)	RUBIN (1957) THOMAS u. DORFMAN (1964)
17a-Hydroxy-androst-4-en-3-on (Epitestosteron)	Androst-4-en-3,7-dion (Androstendion)	Leberschnitte (Kaninchen) Erythrocyten (Rind)	KOCHAKIAN et al. (1952) PORTIUS u. REPKE (1960)
5a-Androstan-3,17-dion (Androstandion)	3a-Hydroxy-5a-andro-stan-17-on (Androsteron)	Leberhomogenat (Ratte)	RUBIN (1957)
	3β-Hydroxy-5a-andro-stan-17-on (Epiandrosteron)	Leberhomogenat (Ratte)	(RUBIN (1957)
3a-Hydroxy-5a-andro-stan-17-on (Androsteron)	5a-Androstan-3,17-dion (Androstandion)	Leberschnitte (Kaninchen) Erythrocyten (Rind)	SCHNEIDER u. MASON (1948) PORTIUS u. REPKE (1960)
	3β-Hydroxy-5a-androstan-17-on (Epiandrosteron)	Leberschnitte (Kaninchen)	SCHNEIDER u. MASON (1948a)
3β-Hydroxy-5a-andro-stan-17-on (Epiandrosteron)	5a-Androstan-3,17-dion (Androstandion)	Leberperfusion (Ratte) Erythrocyten (Rind, Ratte)	MEYER et al. (1953) PORTIUS u. REPKE (1960)
3a-Hydroxy-5β-andro-stan-17-on (Ätiocholanolon)	5β-Androstan-3,17-dion (Ätiocholandion)	Leberschnitte (Kaninchen)	SCHNEIDER u. MASON (1948)
	5a-Androstan-3a,17β-diol (Androstandiol)	Leberschnitte (Kaninchen)	SCHNEIDER u. MASON (1948, 1948a)
	5β-Androstan-3a,17β-diol (Ätiocholandiol)	Leberschnitte (Kaninchen)	SCHNEIDER u. MASON (1948)
5a-Androstan-3a,17β-diol (Androstandiol)	5a-Androstan-3,17-dion (Androstandion)	Leberschnitte (Kaninchen)	KOCHAKIAN u. APO-SHIAN (1952)
	3a-Hydroxy-5a-androstan-17-on (Androsteron)	Leberschnitte (Kaninchen)	KOCHAKIAN u. APO-SHIAN (1952)
	3β-Hydroxy-5a-andro-stan-17-on (Epiandrosteron)	Leberschnitte (Kaninchen)	KOCHAKIAN u. APO-SHIAN (1952)
3β-Hydroxy-androst-5-en-17-on (Dehydroepiandro-steron)	Androst-5-en-3β,17β-diol (Androstendiol)	Leberschnitte (Kaninchen) Leberhomogenat (Ratte)	SCHNEIDER u. MASON (1948) UNGAR et al. (1954)

Tabelle 24 (Fortsetzung)

Substrat	Produkt	Material	Literatur
	Androst-4-en-3,17-dion (Androstendion)	Erythrocyten (Ratte) Leberperfusion (Ratte)	PORTIUS u. REPKE (1960) UNGAR et al. (1954)
Androst-5-en-3β,17β-diol (Androstendiol)	3β-Hydroxy-androst-5-en-17-on (Dehydroepiandrosteron)	Erythrocyten (Ratte)	PORTIUS u. REPKE (1960)
	Androst-4-en-3,17-dion (Androstendion)	Erythrocyten (Ratte)	PORTIUS u. REPKE (1960)
Androst-5-en-3β,17a-diol (Epiandrostendiol)	17a-Hydroxy-androst-4-en-3-on (Epitestosteron)	Erythrocyten (Ratte)	PORTIUS u. REPKE (1960)

Tabelle 25. *In-vitro Stoffwechsel von C_{19}-Steroiden durch Hydroxylierung und anschließende Oxydation*

Substrat	Produkt	Material	Literatur
17β-Hydroxy-androst-4-en-3-on (Testosteron)	2β,17β-Dihydroxy-androst-4-en-3-on (2β-Hydroxytestosteron)	Lebermikrosomen (Ratte)	CONNEY u. KLUTCH (1963)
	7a,17β-Dihydroxy-androst-4-en-3-on (7a-Hydroxytestosteron)	Lebermikrosomen (Ratte)	CONNEY u. KLUTCH (1963)
	16a,17β-Dihydroxy-androst-4-en-3-on (16a-Hydroxytestosteron)	Lebermikrosomen (Ratte)	CONNEY u. KLUTCH (1963)
	6β,17β-Dihydroxy-androst-4-en-3-on (6β-Hydroxytestosteron)	Lebermikrosomen (Ratte)	CONNEY u. KLUTCH (1963)
Androst-4-en-3,17-dion	6β-Hydroxy-androst-4-en-3,17-dion (6β-Hydroxyandrostendion)	Lebermikrosomen (Ratte) Leberperfusion (Hund)	CONNEY u. KLUTCH (1963) AXELROD u. MILLER (1964)
	7a-Hydroxy-androst-4-3,17-dion (7a-Hydroxyandrostendion)	Lebermikrosomen (Ratte)	CONNEY u. KLUTCH (1963)
3β-Hydroxy-androst-5-en-17-on (Dehydroepiandrosteron)	3β,7a-Dihydroxy-androst-5-en-17-on (7a-Hydroxydehydroepiandrosteron)	Lebermikrosomen (Mensch) Lebermikrosomen (Ratte)	STARKA (1965) STARKA u. KUTOVA (1962)
	3β-Hydroxy-androst-5-en-7,17-dion (7-Ketodehydroepiandrosteron)	Leberhomogenat (Ratte)	STARKA u. KUTOVA (1962)
	Androst-5-en-3β,7a,17β-triol (7a-Hydroxyandrostendiol)	Leberhomogenat (Ratte)	STARKA et al. (1962) SULCOVA u. STARKA (1963)

Tabelle 25 (Fortsetzung)

Substrat	Produkt	Material	Literatur
	$3\beta,16a$-Dihydroxy-androst-5-en-17-on (16a-Hydroxydehydro-epiandrosteron)	Leberschnitte (Ratte)	COLAS (1962)
	Androst-5-en-$3\beta,16a,17\beta$-triol (Androstentriol)	Leberhomogenat (Kaninchen)	SCHNEIDER u. MASON (1948a)

Tabelle 26. *In-vitro Stoffwechsel von C_{19}-Steroid-konjugaten*

Substrat	Produkt	Material	Literatur
17β-Hydroxy-androst-4-en-3-on-17β-sulfat (Testosteron-sulfat)	17β-Hydroxy-5a-andro-stan-3-on-17β-sulfat	Lebermikrosomen (Ratte)	WU u. MASON (1965)
3β-Hydroxy-androst-5-en-17-on-3β-sulfat (Dehydroepiandrosteron-sulfat)	Androst-5-en-$3\beta,17\beta$-diol-3β-sulfat (Androstendiol-sulfat)	Hodenextrakt (Ratte) Leberschnitte) (Kaninchen)	PAYNE u. MASON (1965) CREPY u. JAYLE (1964)

Biologische Wirkung von Androgenen

Die Frage, in welcher Form die Androgene in den Stoffwechsel der von ihrer Wirkung abhängigen Organe eingreifen, schien durch die Feststellung des Testosterons (17β-Hydroxy-androst-4-en-3-on) bei den meisten Säugerarten als des hauptsächlichen und stärkst wirksamen Androgens zu Gunsten dieser Verbindung entschieden zu sein. Neueste Untersuchungen von BRUCHOVSKY u. WILSON (1968) und von BAULIEU, LASNITZKI u. ROBEL (1968) lassen aber vermuten, daß ein Metabolit von Testosteron, das 17β-Hydroxy-5a-androstan-3-on (5a-Dihydrotestosteron, 5a-DHT) die eigentliche aktive Form des Hormons darstellt, zum mindesten in einem Teil seiner Wirkungen: mehrere Erfolgsorgane der Androgene (Prostata, Vesiculardrüsen, Penis) wandeln Testosteron überaus rasch in 5a-DHT um, und zwar noch bevor die Bindung des Hormons an die Receptoren dieser Organe erfolgt ist. 5 min nach der i.v. Injektion von 250 μC 1,2-³H-Testosteron bei intakten Rattenmännchen fand sich 5a-DHT (außer im Plasma und in den Nieren) nur in den 3 Androgen-abhängigen Organen Prostata, Vesiculardrüsen und Präputialdrüsen. 5a-DHT scheint somit wesentlich für die nachfolgenden Proteinsynthesen zu sein. Weitere Beweise für die Aktivität von 5a-DHT ergeben sich aus Beobachtungen an Pat. mit testiculärer Feminisierung, deren Organe durch den Mangel einer Reaktionsfähigkeit auf Androgene ausgezeichnet sind: bioptisch gewonnenenes Gewebe aus den Genitalorganen solcher Pat. kann Testosteron nicht in 5a-DHT umwandeln. Testosteron aktiviert sowohl im männlichen als auch im weiblichen Geschlecht das sexuelle Verhalten und wirkt bei der Frau in dieser Hinsicht stärker libidofördernd als Oestrogene. Nach dem neuerlich gelungenen Nachweis des für die Umwandlung von Testosteron in 5a-DHT notwendigen Enzymsystems auch im Hypothalamus von Ratte und Hund (PEREZ-PALUCIOS u. Mitarb., 1969) liegt die Vermutung nahe, daß 5a-DHT auch die bei der Induktion des Sexualverhaltens aktive Form von Testosteron ist. Nun hat aber 5a-DHT beim ovariektomierten Kaninchenweibchen keinerlei

Oestrus-induzierenden Fähigkeiten, auch nicht in hohen Dosen (2—20 mg/Tag). 5a-DHT kann in vivo nicht in oestrogene Metaboliten umgewandelt werden, was vermuten läßt, daß die Aromatisierung der Androgene von signifikanter Bedeutung in der Aktivierung des Sexualverhaltens ist, wie MacDonald u. Mitarb. (1970) annehmen. Diese Autoren zeigten in eigenen Versuchen, daß 5a-DHT auch bei den kastrierten männlichen Ratten unfähig ist, das Sexualverhalten auszulösen. In ihrer obigen Annahme, daß die Aromatisierung der Androgene ein wesentlicher Schritt bei der Induktion des Sexualverhaltens ist, werden die Verff. durch die Feststellung unterstützt, daß auch Androsteron, ein weiteres nicht in oestrogene Verbindungen umwandelbares Androgen, das Sexualverhalten beim ovariektomierten Kaninchen nicht zu aktivieren vermag. Diese Hypothese bedarf, wie die Autoren unterstreichen, noch der Bestätigung durch die zusätzliche Untersuchung weiterer einschlägiger Verbindungen.

Anhang: Versuche zur Synthese nicht steroider Androgene[1]

H. E. Voss

Aufgrund der Strukturähnlichkeit zwischen den natürlichen Oestrogenen und Androgenen, z. B. von Oestron und Testosteron, wurde vielfach angenommen, daß eine solche Ähnlichkeit auch bei den nicht-steroiden Verbindungen mit Sexualhormonwirksamkeit zu erwarten sei. So synthetisierten Wilds, Shuuk u. Hoffman (1949) verschiedene Analoge von Stilboestrol, die sich durch eine partielle oder vollständige Hydrierung der aromatischen Ringe und ebenso durch den Grad der Oxydation der entsprechenden Cyclohexyl-Derivate auszeichneten. Die auf diese Weise erhaltenen Derivate von Cyclohexanol oder Cyclohexanon hatten zwar eine androgene Wirksamkeit, aber eine so unbedeutende, daß sie keine praktische Bedeutung erlangen konnten.

Die gleichen Forscher synthetisierten eine Reihe von Analogen des Testosterons ohne den Ring C und die anguläre Methylgruppe. Besondere Aufmerksamkeit richteten die Autoren auf die erstlich von ihnen synthetisierten 6-(Cyclo-hexanol-4')- und 6-(Cyclohexanon-4')-$\Delta^{1(9)}$-cyclooctenone-2, die eine androgene Wirkung in Dosen von 1,5—2,5 mg besitzen sollten. In einer späteren Arbeit widerriefen aber die gleichen Verff. (1955) ihre erste Mitteilung über die androgene Aktivität der genannten Präparate und gaben an, daß keine einzige der von ihnen synthetisierten Verbindungen eine androgene Wirksamkeit besäße.

Im Bestreben, die Struktur der natürlichen Androgene ohne Ring C besser nachzuahmen, synthetisierte Prjachina (1955) das 6-(2'-Methylcyclopentanon-3)-$\Delta^{1(9)}$-octolon-2, aber auch diese Verbindung erwies sich als androgen unwirksam.

In diesem Zusammenhang verdienen die von Johnson u. Mitarb. (1954) und von Birch u. Quartey (1953) synthetisierten Derivate von Perhydrochrysen Beachtung, die sich von den natürlichen Androgenen durch die Gegenwart eines D-Sechserringes und ferner durch die Abwesenheit einer oder sogar zweier angulärer Gruppen unterschieden und dennoch eine gewisse androgene Wirksamkeit besitzen sollten (etwa 10% derjenigen von Testosteron). Dieser Befund würde, wenn er sich bestätigen ließe, zeigen, daß die Gegenwart des Fünferringes und der angulären Methylgruppen nicht absolut notwendig für das Vorhandensein einer androgenen Aktivität ist.

Im Hinblick auf die Veröffentlichungen von Mayer u. Alder (1955) haben Chaletzki u. Saputrjajew (1956) die Ergebnisse ihrer Untersuchungen über die

---

1 Wir stützen uns in der folgenden Darstellung bis zum Jahre 1956 im wesentlichen auf die Arbeit von Chaletzki u. Saputrjajew (1956); weitere Untersuchungen dieser Autoren zum Thema der synthetischen Androgene sind uns nicht bekannt geworden.

Reaktionen des Zusammenwirkens des Kalium-Derivates des Äthyläthers der Cyclopentanoncarbonsäure mit Dijodmethan, aber auch mit 1,2-Dibromäthan mitgeteilt: sie fanden, daß im ersten Fall keine zweiseitige Kondensierung erfolgt, während im zweiten Fall sich der Diäthyläther der 1,2-Dicyclopentanonäthandicarbonsäure bildet.

Außer diesen Verbindungen wurde der Diäthyläther der Dicyclopentanon-2,2'-dicarbonsäure-1,1' untersucht. Die biologische Prüfung der synthetisierten Substanzen an der Ratte zeigte, daß die kleinste Menge, die eine androgene Wirksamkeit aufwies, beim Diäthyläther der Äthan-a,β-dicyclopentanon-2,2'-dicarbonsäure bei 15 μg liegt; die Bestimmung der Wirksamkeit des Dicyclopentanon-2,2'-dicarbonsäure-1,1'-diäthyläthers steht noch aus.

FARINACCI (1958) gab in einer Patentanmeldung an, daß 2-Aceto-13-methyl-7-oxo-1,2,3,4,5,6,7,9,10,11,12,13-dodekahydrophenanthren das Kammwachstum beim Kapaun fördere und auch andere (Stoffwechsel-)Wirkungen der Androgene besitze. Die Anmeldung enthält nur chemische Daten zur Darstellung der Substanz und ihrer Derivate, aber keine näheren Angaben betr. die biologische Wirksamkeit. CLARKE u. Mitarb. (1959a, b) synthetisierten eine Reihe von Anthracenonen, von denen sie aufgrund ihrer Struktur annahmen, daß sie eventuell eine biologische Wirksamkeit besäßen; aber bei keiner Verbindung konnte im biologischen Versuch eine androgene Aktivität nachgewiesen werden.

Ro 2-7239

2-Acetyl-7-oxo-1,2,3,4,4a,4b,5,6,7,
9,10,10a-dodecahydro-phenanthren

Progesteron

Abb. 37. Strukturbilder von Ro 2-7239 (l.) und Progesteron (r.). (Nach RANDALL u. SELITTO, 1968)

GOLDBERG u. SCOTT stellten in den Laboratorien von Hoffmann-La Roche *das nicht steroide Phenanthren-Derivat* 2-acetyl-7-oxo-1,2,3,4,4a,4b,5,6,7,9,10,10a-dodecahydrophenanthren (Ro 2-7239) her, das eine gewisse oberflächliche Strukturähnlichkeit mit Progesteron besitzt (s. untenstehende Strukturbilder, Abb. 37). RANDALL u. SELITTO (1958) aus dem gleichen Forschungsinstitut, die es wohl als erste auf seine biologische Wirksamkeit untersuchten, stellten eine starke hemmende Wirkung auf das durch Testosteronpropionat induzierte Wachstum von Vesiculardrüsen, Prostata und Levator ani-Muskel bei der kastrierten infantilen Ratte fest, fanden aber bei alleiniger Gabe von Ro 2-7239 auch in hohen Dosen (s.c. bis zu 10 mg/Ratte) keine stimulierende Wirkung auf das Wachstum der genannten Organe weder bei der intakten noch bei der kastrierten Ratte; übrigens auch keine oestrogene Wirkung. Verff. vermuteten einen kompetitiven Antagonismus zwischen Testosteron und Ro 2-7239 an den Erfolgsorganen; toxische Wirkungen auf das Gewicht des Gesamtkörpers, der Nebennieren und des Thymus wurden nicht gesehen. DORFMAN (1959) vervollständigte diese Daten über die anti-androgene Wirkung von Ro 2-7239, die auch im lokalen Test am

Kükenkamm etwa ebenso stark war, wie diejenige von Norethisteron (19-Nor-Äthinyltestosteron). Wenig später (DORFMAN u. STEVENS, 1960) korrigierte er jedoch seine ersten Angaben über das Fehlen anderer hormonaler Wirkungen außer der anti-androgenen, weil er die Substanz sowohl bei lokaler Applikation auf den Kükenkamm als auch bei s.c. Injektion von 100 μg in wäßriger Suspension signifikant androgen wirksam fand. Unter den gleichen Versuchsbedingungen war Testosteron mit 1,0 μg signifikant wirksam. Anschließend konnte er auch die stimulierende Wirkung von Ro 2-7239 auf das Wachstum von Levator ani, Prostata und Vesiculardrüsen nachweisen: bei s.c. Injektion hatte die Substanz etwa 1/400 der Testosteronwirkung; die hemmende Wirkung von Ro 2-7239 auf die hypophysäre Gonadotropinproduktion an der Ratte erwies sich im Parabioseversuch als etwa 10mal so stark wie seine spezifisch androgene Wirkung an den Vesiculardrüsen und der Prostata. Sie kann nicht auf etwaige oestrogene Wirkungen der Substanz zurückgeführt werden (s.o.). Bei oraler Verabreichung mit der Schlundsonde war die anabole bzw. androgene Wirkung stark herabgesetzt, eine signifikante Wirkung auf den M. levator ani wurde erst bei Gesamtdosen von 3 oder 9 mg beobachtet, die bei weiterer Erhöhung auf 27 oder 81 mg überhaupt ausblieb. 3 oder 9 mg wirkten schwach aber signifikant stimulierend auf die Vesiculardrüsen, die Erhöhung auf 27 bzw. 81 mg ließ auch hier die Wirkung verschwinden. Ähnlich verhielt sich die Prostata. In weiteren Versuchen zeigte DOFRMAN (1960), daß Ro 2-7239 auch an adrenalektomierten kastrierten Rattenmännchen spezifisch androgen wirksam ist, seine Wirkung also eine direkte ist und nicht etwa über eine Stimulierung der Androgenproduktion in den Nebennieren zustandekommt (Tab. 27):

Tabelle 27. *Androgene Wirkung von Ro 2-7239 an infantilen adrenal-ektomierten kastrierten Rattenmännchen (nach* DORFMAN, *1960)*

Wirksubstanz	Gesamt-dosis mg	Zahl der Ratten	Mittl. Endge-wicht g	Mittleres Verhältnis des Organ-: Körper-Gewichts		
				Ves. Drüsen	Prostata	Lev. ani
0	0	6	75	0,11 ± 0,01	0,08 ± 0,004	0,23 ± 0,01
Testosteron	0,6	6	61	0,62 ± 0,13	0,68 ± 0,14	0,43 ± 0,05
Testosteron	2,4	5	57	1,11 ± 0,08	1,35 ± 0,16	0,63 ± 0,05
Ro 2-7239	20,0	4	68	0,11 ± 0,01	0,22 ± 0,06	0,31 ± 0,02
Ro 2-7239	100,0	5	62	0,14 ± 0,01	0,26 ± 0,02	0,31 ± 0,02
0	0	5	84	0,08 ± 0,002	0,08 ± 0,017	0,27 ± 0,032
Ro 2-7239	5,0	5	81	0,09 ± 0,005	0,11 ± 0,013	0,25 ± 0,021
Ro 2-7239	20,0	4	72	0,11 ± 0,005	0,18 ± 0,044	0,29 ± 0,021
Ro 2-7239	100,0	5	73	0,16 ± 0,006	0,43 ± 0,038	0,40 ± 0,006

Täglich s.c. Injektion einer wäßrigen Suspension im Lauf von 10 Tagen. Die Reaktion ist als Verhältnis des Organgewichts in mg pro g Körpergewichts ± S.E. angegeben. Als Vergleichssubstanz diente das unter den gleichen Versuchsbedingungen verabreichte Testosteron.

In einem Vortrag über den Wirkungsmechanismus der Androgene hat DORFMAN (1961) aufgrund der obigen Feststellungen einer signifikanten spezifischen Androgenwirkung von Ro 2-7239 sowohl im lokalen Kükenkammtest als auch an der kastrierten und sogar an der kastrierten + adrenalektomierten Ratte die Auffassung vertreten, daß „die 0-Gruppe an C-3 und vielleicht auch beide 0-Gruppen an C-3 und C-17 nicht obligatorisch für die androgene Wirksamkeit eines Steroids sind, was Zweifel an gewissen herrschenden Vorstellungen über Struktur und Funktion auslösen muß, ja, ernste Zweifel auch an der Notwendigkeit des

Steroidkernes überhaupt für die androgene Wirksamkeit. Trotzdem bleibt die Tatsache bestehen, daß für das Vorhandensein einer hohen androgenen Aktivität ein Steroidmolekül mit spezifischen Sauerstoffgruppen an C-3 und C-17 die Voraussetzung ist".

Literatur

Isolierung von C_{19}-Steroiden aus Orologischem Material

ANLIKER, R., PERLAMN, M., ROHR, O., RUZICKA, L.: Helv. chim. Acta **40**, 1517 (1957).
— ROHR, O., MARTI, M.: Helv. chim. Acta **39**, 1100 (1956).
— — RUZICKA, L.: Liebigs Ann. Chem. **603**, 109 (1957a).
BAULIEU, E.E.: J. clin. Endocr. **20**, 900 (1960).
— EMILIOZZI, R.: C. R. Soc. Biol. (Paris) **251**, 3106 (1960).
— — CORPECHOT, C.: Experientia (Basel) **17**, 110 (1961).
— MICHAUD, G., BENHAMON, R.: C. R. Soc. Biol. (Paris) **155**, 1003 (1961a).
BENIRSCHKE, K., BLOCH, E., HERTEG, A.T.: Endocrinology **58**, 598 (1956).
BIRCHALL, K., CATHRO, D.M., FORSYTH, C.C., MITCHELL, F.L.: Lancet **1**, 26 (1961).
BLOCH, E., DORFMAN, R.I., PINCUS, G.: Proc. Soc. exp. Biol. (N.Y.) **85**, 106 (1954).
— — — Arch. Biochem. Biophys. **51**, 245 (1956).
BONGIOVANNI, A.M.: J. clin. Invest. **41**, 2086 (1962).
BRADY, R.O.: J. biol. Chem. **193**, 145 (1951).
BROOKS, R.V., GIULIANO, G.: Steroids **4**, 101 (1964).
— KLYNE, W.: Biochem. J. **62**, 21P (1956).
— — Biochem. J. **65**, 663 (1957).
BROOKSBANK, B.W.L., GOWER, D.B.: Steroids **4**, 787 (1964).
— HASLEWOOD, G.A.D.: Biochem. J. **44**, 111 (1949).
BRYSON, M., SWEAT, M.L.: Arch. Biochem. Biophys. **96**, 1 (1962).
BULBROOK, R.R., GREENWOOD, F.C., THOMAS, B.S.: Biochim. biophys. Acta (Amst.) **40**, 361 (1960).
BURSTEIN, S., DORFMAN, R.I.: Proc. 1. Int. Congr. Endocrinol. Copenhagen 1960, S. 689.
— — Acta Endocr. **40**, 188 (1962).
— LIEBERMAN, S.: J. biol. Chem. **233**, 331 (1958).
BUSH, I.E.: J. Endocr. **9**, 95 (1953).
— FERGUSON, K.A.: J. Endocr. **10**, 1 (1953).
— MAHESH, V.B.: Biochem. J. **71**, 705 (1959).
BUTENANDT, A.: Z. Angew. Chem. **44**, 905 (1931).
— Z. Angew. Chem. **45**, 655 (1932).
— WESTPHAL, U.: Hoppe-Seylers Z. physiol. Chem. **67**, 1140 (1934).
CALLOW, N.H.: Biochem. J. **33**, 559 (1939).
— CALLOW, R.K.: Biochem. J. **33**, 931 (1939).
— — Biochem. J. **34**, 276 (1940).
CAMACHO, A.M., MIGEON, C.J.: J. clin. Endocr. **23**, 301 (1963).
CAVINA, G., FIDANZA, A., DE CICCO, A.: Quad. Nutr. **16**, 106 (1956).
CHIEFFI, G.: Nature (Lond.) **190**, 169 (1961).
— Gen. comp. Endocr. Suppl. **1**, 275 (1962).
CLARK, A.F.: Fed. Proc. **22**, 468 (1963).
CLAYTON, G.W., BONGIOVANNI, A.M.: J. clin. Endocr. **15**, 693 (1955).
COHN, G.L., MULROW, P.L.: Proc. Meet. Endocr. Society, New York 1961, S. 52.
COLAS, A., HEINRICHS, W.L.: Steroids **5**, 753 (1965).
— — TATUM, H.J.: Steroids **3**, 417 (1964).
COOPER, D.Y., KASPAROW, M., BLAKEMORE, W.S., ROSENTHAL, O.: Fed. Proc. **17**, 205 (1958).
COULSON, W.F.: Nature (Lond.) **185**, 612 (1960).
DAVID, K., DINGEMANSE, E., FREUD, J., LAQUEUR, E.: Hoppe-Seylers Z. physiol. Chem. **233**, 281 (1935).
DOBRINER, K., LIEBERMAN, S.: Ciba Found. Colloq. Endocrinol. **2**, 381 (1952).
EBERLEIN, W.R., BONGIOVANNI, A.M.: J. biol. Chem. **223**, 85 (1956).
ENGEL, L.L., THORN, G.W., LEWIS, U.R.A.: J. biol. Chem. **137**, 205 (1941).
FIESER, L.F., FIESER, M.: Steroide. Weinheim: Verlag Chemie 1961.
FINKELSTEIN, M., VON EUW, J., REICHSTEIN, T.: Helv. chim. Acta **36**, 1266 (1953).
— FORCHIELLI, E., DORFMAN, R.I.: J. clin. Endocr. **21**, 98 (1961).
FOTHERBY, K.: Biochem. J. **69**, 596 (1958).
— COLAS, A., ATHERDEN, S.M., MARRIAN, G.F.: Biochem. J. **66**, 664 (1957).
FRANCIS, F.E., SHEN, N-H.-C., KINSELLA, R.A.: J. biol. Chem. **235**, 1957 (1960).

FUKUSHIMA, D.K., BRADLOW, H.L., HELLMAN, L., GALLAGHER, T.F.: J. biol. Chem. **237**, 3359 (1962).
— GALLAGHER, T.F.: J. biol. Chem. **229**, 85 (1957)
— NOGUCHI, S.: Exc. Med. Found. Congr. Ser. **111**, 47 (1966).
GRAJCER, D., IDLER, D.R.: Canad. J. Biochem. **39**, 1585 (1961).
— — Canad. J. Biochem. **41**, 23 (1963).
GROSSO, L., UNGAR, F.: Steroids **3**, 67 (1964).
GUILLON, J., COLAS, J., TRICHEREAU, R., DELUMEAU, G., BAULIEU, E.E.: Ann. Endocr. **22**, 331 (1961).
HEARD, R.D.H., McKAY, A.F.: J. biol. Chem. **131**, 371 (1939).
HECHTER, O., MACCHI, I.A., KORMAN, H., FRANK, E.D., FRANK, H.A.: Amer. J. Physiol. **182**, 29 (1955).
HIRSCH, H.S., BERLINER, D., SAMUELS, L.T.: Arch. Biochem. Biophys. **71**, 91 (1957).
HIRSCHMANN, H.: J. biol. Chem. **136**, 483 (1940).
— Proc. Soc. exp. Biol. (N.Y.) **46**, 51 (1941).
— J. biol. Chem. **150**, 363 (1943).
— deCOURCY, C., LEVY, R.P., MILLER, K.L.: J. biol. Chem. **235**, PC 48 (1960).
— HIRSCHMANN, F.B.: J. biol. Chem. **157**, 601 (1945).
HOLTZ, A.H.: Nature (Lond.) **174**, 316 (1954).
HUFFMAN, M.N., LOTT, M.H.: J. Amer. chem. Soc. **73**, 878 (1951).
IDLER, D.R.: Canad. J. Biochem. **39**, 317 (1961).
— SCHMIDT, P.J., BITNERS, L.: Canad. J. Biochem. **39**, 1653 (1961).
IUPAC-Information Bull. **11**, 50 (1960).
KASE, N., FORCHIELLI, E., DORFMAN, R.I.: Acta Endocr. **37**, 19 (1961).
KELLER, M., HAUSER, A., WALSER, A.: J. clin. Endocr. **18**, 1384 (1958).
KEMP, A.D., KAPPAS, A., SALAMON, I.I., HERLING, F., GALLAGHER, T.F.: J. biol. Chem. **210**, 123 (1954).
KETZ, H.A., WITT, H., MITZNER, M.: Biochem. Z. **334**, 73 (1961).
KLYNE, W., WRIGHT, A.A.: BIOCHEM. J. **66**, 92 (1957).
— — J. Endocr. **18**, 32 (1959).
KORUS, W., SCHRIEFERS, H., BREUER, H., BAYER, J.M.: Acta Encocr. **31**, 529 (1959).
LEON, N., CASTRO, M., DORFMAN, R.I.: Acta Endocr. **39**, 411 (1962).
LEWBART, M.L., SCHNEIDER, J.J.: Recent Progr. Hormone Res. **15**, 201 (1959).
LIEBERMAN, S., DOBRINER, K.: J. biol. Chem. **166**, 773 (1946).
— — Recent Progr. Hormone Res. **3**, 71 (1948).
— — Proc. Amer. Chem. Soc. 117. Meet. 1950, S. 19c.
— — HILL, B.R., FIESER, L.F., RHOADS, C.P.: J. biol. Chem. **172**, 263 (1948).
— FUKUSHIMA, D.K., DOBRINER, K.: J. biol. Chem. **182**, 299 (1950).
— PRAETZ, B., HUPHRIES, W., DOBRINER, K.: J. biol. Chem. 204, 491 (1953).
LINDNER, H.R.: Nature (Lond.) **183**, 1605 (1959).
— J. Endocr. **23**, 139 (1961).
LOMBARDO, M.E., McMORRIS, C., HUDSON, P.B.: Endocrinology **65**, 426 (1959).
LONGWELL, B.B., REIF, A.E., HANSBURY, E.: Fed. Proc. **15**, 503 (1956).
LUCAS, W.M., WHITMORE, W.E., WEST, C.D.: J. clin. Endocr. **17**, 465 (1957).
MAHAJAN, D.K., SCHAH, P.N., EIK-NES, K.B.: J. Obstet. Gynaec. Brit. Cwlth **70**, 8 (1963).
MAHESH, V.B., GREENBLATT, R.B.: Proc. Meet. Endocr. Society, New York 1961, S. 80.
— — J. clin. Endocr. **22**, 441 (1962).
MALASSIS, D., BAULIEU, E.E., WEINMANN, S., CREPY, O., JAYLE, M.F.: C. R. Soc. Biol. Med. **151**, 447 (1957).
MARKER, R.E.: J. Amer. chem. Soc. **60**, 210, 2442 (1938).
— J. Amer. chem. Soc. **61**, 944, 1287 (1939).
MASON, H.L., KEPLER, E.J.: J. biol. Chem. **160**, 255 (1945).
— SCHNEIDER, J.J.: J. biol. Chem. **184**, 593 (1950).
MEYER, A.S.: Biochim. biophys. Acta (Amst.) **24**, 1435 (1955).
— HAYANO, M., LINDBERG, M.C., GUT, M., RODGERS, O.G., Acta Endocr. **18**, 148 (1955).
MIGEON, C.J.: J. biol. Chem. **218**, 941 (1956).
— PLAGER, J.E.: J. biol. Chem. **209**, 767 (1954).
MILLER, A.M., DORFMAN, R.I.: Endocrinology **42**, 174 (1949).
— ROSENKRANZ, H., DORFMAN, R.I.: Endocrinology **53**, 238 (1953).
MUNSON, P.L., GALLAGHER, T.F., KOCH, F.C.: J. biol. Chem. **152**, 67 (1944).
NEHER, R., WETTSTEIN, A.: Helv. chim. Acta **43**, 1628 (1960).
— — Acta Endocr. **35**, 1 (1960a).
— — Helv. chim. Acta **43**, 1171 (1960b).
O'DONNEL, V.J., McCRAIG, J.G.: Biochem. J. **71**, 9P (1960).

OERTEL, G.W.: Biochem. Z. **334**, 431 (1960).
— Fortschr. Med. **80**, 291 (1962).
— Hoppe-Seylers Z. physiol. Chem. **343**, 276 (1966).
— BRÜHL, P.: Z. klin. Chem. **4**, 66 (1966).
— EIK-NES, K.B.: Proc. Soc. exp. Biol. (N.Y.) **102**, 553 (1959).
— — Endocrinology **65**, 766 (1959a).
— — Arch. Biochem. Biophys. **92**, 150 (1961).
— — Endocrinology **70**, 39 (1962).
— GROOT, K., WENZEL, D.: Acta Endocr. **49**, 533 (1965).
— KAISER, E., ZIMMERMANN, W.: Hoppe-Seylers Z. physiol. Chem. **331**, 77 (1963).
OKADA, M., FUKUSHIMA, D.K., GALLAGHER, T.F.: J. biol. Chem. **234**, 1688 (1959).
OPPENAUER, R.: Hoppe-Seylers Z. physiol. Chem. **270**, 97 (1941).
PEARLMAN, W.H.: Endocrinology **30**, 270 (1942).
PELZER, H., STAIB, W., DIETRICH, O.: Hoppe-Seylers Z. physiol. Chem. **312**, 15 (1958).
PERON, F.G., DORFMAN, R.I.: J. biol. Chem. **223**, 877 (1956).
— — Endocrinology **62**, 1 (1958).
PINCUS, G., ROMANOFF, E.B.: Ciba Found. Colloq. Endocrinol. **8**, 97 (1955).
PLANTIN, L.O., BIRKE, G.: Acta Endocr. **10**, 8 (1955).
PLANTIN, O., DICZFALUSY, E., BIRKE, G.: Nature (Lond.) **179**, 421 (1957).
REVOL, A.: Ann. Biol. clin. **18**, 565 (1960).
REYNOLDS, J.W.: Steroids **3**, 77 (1964).
ROMANOFF, E.B., HUDSON, P.B., PINCUS, G.: J. clin. Endocr. **13**, 1546 (1953).
RUZICKA, L., PRELOG, V.: Helv. chim. Acta **26**, 975 (1943).
SALAMON, I.I., DOBRINER, K.: J. biol. Chem. **204**, 487 (1953).
SAVARD, K.: Ciba Found. Colloq. Endocrinol. **11**, 252 (1957).
— DORFMAN, R.I., BAGGETT, B., ENGEL, L.L.: J. clin. Endocr. **16**, 1629 (1956).
— — — — LESTER, L.M., ENGEL, L.L.: J. clin. Endocr. **16**, 970 (1956a).
— — POUTASSE, E.: J. clin. Endocr. **12**, 935 (1952).
— GUT, M., DORFMAN, R.I., GABRILOVE, J.L., SOFFER, L.J.: J. clin. Endocr. **21**, 165 (1961).
— MASON, N.R., INGRAM, J.T., GASSNER, F.X.: Endocrinology **69**, 324 (1961a).
SCHUBERT, K., WEHRBERGER, K.: Naturwissenschaften **47**, 281 (1960).
— — Hoppe-Seylers Z. physiol. Chem. **321**, 71 (1960a).
— — Hoppe-Seylers Z. physiol. Chem. **326**, 242 (1961).
— — Hoppe-Seylers Z. physiol. Chem. **328**, 173 (1962).
— — Endokrinologie **47**, 240 (1965).
— — FRANKENBERG, G.: Steroids. **3**, 549 (1964).
— — — Acta biol. med. germ. **13**, 809 (1964a)
SHOPPEE, C.W.: Chemistry of the Steroids. London: Butterworths Scient. Publ. 1964.
SHORT, R.V.: Biochem. Soc. Symp. **18**, 59 (1960).
— J. Endocr. **20**, 147 (1960a).
— J. Endocr. **23**, 401 (1962).
— J. Endocr. **24**, 59 (1962a).
SIMMER, H., SIMMER, I., ZELLMAR, O.: Klin. Wschr. **37**, 906 (1959).
— VOSS, H.E.: Klin. Wschr. **38**, 819 (1960).
SJÖVALL, J., VIHKO, R.: Steroids **7**, 447 (1966).
SOLOMON, S., VANDE WIELE, R., LIEBERMAN, S.: J. Amer. chem. Soc. **78**, 5433 (1956).
STAIB, W.: Hoppe-Seylers Z. physiol. Chem. **325**, 177 (1961).
— DÖNGES, K.: Experientia (Basel) **18**, 223 (1962).
— TELLER, W., PELZER, H.: Biochim. biophys. Acta (Amst.) **31**, 591 (1959a).
— — SCHMITT, W.: Experientia (Basel) **15**, 188 (1959).
STARKA, L., HAMPL, R.: Naturwissenschaften **51**, 164 (1964).
— SULCOVA, J., SILINK, K.: Clin. chim. Acta. **7**, 309 (1962).
TAGMANN, E., PRELOG, V., RUZICKA, L.: Chem. Abstr. **29**, 440 (1946).
TAMM, J., BECKMANN, I., VOIGT, K.D.: Acta Endocr. **27**, 403 (1958).
UNGAR, F., DORFMAN, R.I.: J. biol. Chem. **205**, 125 (1953).
VENNING, E.H., HOFFMAN, M.M., BROWNE, J.S.L.: J. biol. Chem. **146**, 369 (1942).
WEST, C.D., HOLLANDER, V.P., KRITCHEVSKY, T.H., DOBRINER, K.: J. clin. Endocr. **12**, 915 (1952).
WETTSTEIN, A., ANNER, G.: Experientia (Basel) **10**, 397 (1954).
WIEST, W.G., ZANDER, J., HOLMSTROME, E.G.: J. clin. Endocr. **19**, 297 (1959).
WILSON, H., BORRIS, J.J., BAHN, R.C.: Endocrinology **62**, 135 (1958).
WOTIZ, H.H., DAVIS, J.W., LEMON, H.M.: J. biol. Chem. **216**, 677 (1955).
— FISHMAN, W.H.: Steroids **1**, 211 (1963).
ZANDER, J.: J. biol. Chem. **232**, 117 (1958).
— v. MÜNSTERMANN, A.M., RUNNEBAUM, B.: Klin. Wschr. **40**, 436 (1962).

Biogenese von C_{19}-Steroiden (Androgenen)

ACEVEDO, H., AXELROD, L.R., ISHIKAWA, E., TAKAKI, F.: J. clin. Endocr. **21**, 1611 (1961).

BAULIEU, E.E.: J. clin. Endocr. **20**, 600 (1960).

— J. clin. Endocr. **22**, 501 (1962).

— CORPECHOT, C., DRAY, F., EMILIOZZI, R., LEBEAU, M.C., MAUVAIS-JARVIS, P., ROBEL, P.: Recent Progr. Hormone Res. **21**, 411 (1965).

BLOCH, E., TISSENBAUM, B., BENIRSCHKE, K.: Biochim. biophys. Acta (Amst.) **60**, 182 (1962).

BRADY, R.O.: J. biol. Chem. **193**, 145 (1951).

BRINCK-JOHNSEN, T., EIK-NES, K.B.: Endocrinology **61**, 676 (1957).

BURSTEIN, S., DORFMAN, R.I.: Acta Endocr. **40**, 188 (1962).

CALVIN, H.I., LIEBERMAN, S.: Biochemistry **3**, 259 (1964).

— VANDE WIELE, R.L., LIEBERMAN, S.: Biochemistry **2**, 648 (1963).

CHAUDHURI, A.C., HARADA, Y., SHIMIZU, K., GUT, M., DORFMAN, R.I.: J. biol. Chem. **237**, 703 (1962).

CONSTANTOPOULOS, G., CHEN, T.T.: Amer. Chem. Soc. Meet., St. Louis 1961, S. 31c.

DOMINGUEZ, O.V.: J. clin. Endocr. **21**, 663 (1961).

DORFMAN, R.I., UNGAR, F.: Metabolism of Steroid Hormones. New-York and London: Academic Press 1965.

EIK-NES, K.B., HALL, P.F.: Proc. Soc. exp. Biol. (N.Y.) **111**, 280 (1962).

— KEKRE, M.: Biochim. biophys. Acta (Amst.) **78**, 449 (1963).

FONKEN, G.S., MURRAY, H.C., REINEKE, L.M.: J. Amer. chem. Soc. **82**, 5507 (1960).

GOLDZIEHER, J.W., AXELROD, L.R.: I. Int. Congr. Endocrinol., Copenhagen 1960, S. 617.

GUAL, C., LEMUS, A.E., KLINE, I.T., GUT, M., DORFMAN, R.I.: J. clin. Endocr. **22**, 1193 (1962).

— MORATO, T., HAYANO, M., GUT, M., DORFMAN, R.I.: Endocrinology **71**, 920 (1962b).

— SANCHEZ, J., DORFMAN, R.I., ROSENTHAL, I.M.: J. clin. Endocr. **22**, 1040 (1962a).

GURPIDE, E., MACDONALD, P.C., VANDE WIELE, R.I., LIEBERMAN, S.: J. clin. Endocr. **23**, 346 (1963).

HAGEN, A.A., EIK-NES, K.B.: Biochim. biophys. Acta (Amst.) **86**, 372 (1964).

HALL, P.F., EIK-NES, K.B.: Biochim. biophys. Acta (Amst.) **71**, 438 (1958).

— SOZER, C.C., EIK-NES, K.B.: Endocrinology **74**, 35 (1964).

ICHII, S., FORCHIELLI, E., CASSIDY, C.E., ROSOFF, C.B., DORFMAN, R.I.: Biochem. biophys. Res. Commun. **9**, 344 (1962).

KAHNT, F.W., NEHER, R., SCHMID, K., WETTSTEIN, A.: Experientia (Basel) **17**, 19 (1961).

KASE, N., FORCHIELLI, E., DORFMAN, R.I.: Acta Endocr. **37**, 19 (1961).

— KOWAL, J.: J. clin. Endocr. **22**, 925 (1962).

KNAPSTEIN, P., WENDELBERGER, F., OERTEL, G.W.: Experientia (Basel) **22**, 785 (1966).

LANTHIER, A., SANDOR, T.: Metabolism. **9**, 861 (1960).

LENEAU, M.C., ALBERGA, A., BAULIEU, E.E.: Biochem. biophys. Res. Commun. **17**, 570 (1964).

LYNN, W.S., BROWN, R.H.: Biochim. biophys. Acta (Amst.) **21**, 403 (1956).

— — J. biol. Chem. **232**, 1015 (1958).

MAHAJAN, D.K., SAMUELS, L.T.: Fed. Proc. **22**, 531 (1963).

MAHESH, V.B., GREENBLATT, R.B.: Recent Progr. Hormone Res. **20**, 341 (1964).

MASON, N.R., SAMUELS, L.T.: Endocrinology **68**, 899 (1961).

OERTEL, G.W.: Biochem. Z. **334**, 431 (1960).

— Hoppe-Seylers Z. physiol. Chem. **343**, 276 (1966).

— KAISER, E., ZIMMERMANN, W.: Hoppe-Seylers Z. physiol. Chem. **331**, 77 (1963).

— KNAPSTEIN, P.: Hoppe-Seylers Z. physiol. Chem. **344**, 159 (1966).

— — TREIBER, L.: XII. Sympt. Dtsch. Ges. Endokrinol., Wiesbaden 1966.

— — — Hoppe-Seylers Z. physiol. Chem. **345**, 221 (1966).

— TREIBER, L.: Hoppe-Seylers Z. physiol. Chem. **344**, 163 (1966).

RAO, B.G., HEARD, R.D.H.: Arch. Biochem. Biophys. **66**, 504 (1957).

RICE, B.F., HAMMERSTEIN, J., SAVARD, K.: J. clin. Endocr. **24**, 606 (1964).

ROBERTS, K.D., VANDE WIELE, R., LIEBERMAN, S.: J. clin. Endocr. **21**, 1522 (1961).

— BANDI, L., CALVIN, H.I., DRUCKER, W.D., LIEBERMAN, S.: J. Amer. chem. Soc. **86**, 958 (1964).

RYAN, K.J., SMITH, O.S.: Recent Progr. Hormone Res. **21**, 367 (1965).

SAMUELS, L.T., HELMREICH, M.L., LASATER, M.B., REICH, H.: Science **113**, 490 (1951).

SANDBERG, A.A., SLAUNWHITE, W.R., JACKSON, J.E., FRAWLEY, T.F.: J. clin. Endocr. **22**, 929 (1962).

SAVARD, K., DORFMAN, R.I., BAGGETT, B., ENGEL, L.L.: J. clin. Endocr. **16**, 1629 (1956).

— — POUTASSE, R.: J. clin. Endocr. **12**, 935 (1952).

— GOLDZIEHER, J.W.: Endocrinology **66**, 617 (1960)

SAVARD, K., GUT, M., DORFMAN, R.I., GABRILOVE, J., SOFFER, L.J.: J. clin. Endocr. **21**, 165 (1961).
— MARSH, J.M., RICE, B.F.: Recent Progr. Hormone Res. **21**, 285 (1965).
SHIMIZU, K., GUT, M., DORFMAN, R.I.: J. biol. Chem. **237**, 699 (1962)
— HAYANO, M., GUT, M., DORFMAN, R.I.: J. biol. Chem. **236**, 695 (1961).
SLAUNWHITE, W.R., SAMUELS, L.T.: J. biol. Chem. **220**, 341 (1956).
— SANDBERG, A.A., STAUBITZ, W.J., JACKSON, J.E., KOEPF, U.G.I.: J. clin. Endocr. **22**, 989 (1962).
SOLOMON, S., CARTER, A.C., LIEBERMAN, S.: J. biol. Chem. **235**, 351 (1960).
— LANMAN, J.T., LIND, J., LIEBERMAN, S.: J. biol. Chem. **233**, 1084 (1958).
— VANDE WIELE, R., LIEBERMAN, S.: J. Amer. chem. Soc. **78**, 5433 (1956).
STONE, D., HECHTER, O.: Arch. Biochem. Biophys. **51**, 457 (1951).
TOMAOKI, B.I., PINCUS, G.: Endocrinology **69**, 527 (1961).
UNGAR, F., DORFMAN, R.I.: J. biol. Chem. **205**, 125 (1953).
VANDE WIELE, R.L., MacDONALD, P.C., BOLTE, E., LIEBERMAN: J. clin. Endocr. **22**, 1207 (1962).
— — GURPIDE, E., LIEBERMAN, S.: Recent Progr. Hormone Res. **19**, 275 (1963).
WARREN, J.C., SALHANICK, H.A.: J. clin. Endocr. **21**, 1218 (1961).
WETTSTEIN, A.: Experientia (Basel) **17**, 329 (1961).

Synthese von C_{19}-Steroiden (Androgenen)

BACHMANN, W.E., COLE, W., WILDS, A.L.: J. Amer. chem. Soc. **61**, 974 (1939).
— — — J. Amer. chem. Soc. **62**, 824 (1940).
BUTENANDT, A., DANNENBAUM, H., HANISCH, G., KUDSZUS, H.: Hoppe-Seylers Z. physiol. Chem. **237**, 57 (1935).
— KUDSZUS, H.: Hoppe-Seylers Z. physiol. Chem. **237**, 75 (1935).
— MÜLLER, G.: Ber. dtsch. chem. Ges. **71**, 191 (1938).
CARDWELL, H.M.E., CORNFORTH, J.W., DUFF, S.R., HOLTERMANN, H., ROBINSON, R.: J. chem. Soc. 1953, 389.
CORNFORTH, J.W., ROBINSON, R.: Nature (Lond.) **160**, 737 (1947).
DAUBEN, W.G., FONKEN, G.J.: J. Amer. chem. Soc. **76**, 4618 (1954).
— LÖKEN, B., RINGOLD, J.H.: J. Amer. chem. Soc. **76**, 1359 (1954).
EHRHART, G., RUSCHIG, H., AUMÜLLER, W.: Angew. Chem. **52**, 363 (1939).
ERCOLI, A., DE RUGGIERI, P.: J. Amer. chem. Soc. **75**, 650 (1953).
ETTLINGER, M.G., FIESER, L.F.: J. biol. Chem. **164**, 451 (1946).
FIESER, L.F., FIESER, M.: Steroide. Weinheim: Verlag Chemie 1961.
GOULD, D.H., STAEUDLE, H., HERSHBERG, E.B.: J. Amer. chem. Soc. **74**, 3685 (1952).
HERSHBERG, E.B.: J. org. Chem. **13**, 542 (1948).
HEYL, F.W., HERR, M.E.: J. Amer. chem. Soc. **75**, 1918 (1953).
JOHNSON, W.S., BANNISTER, B., PAPPO, R.: J. Amer. chem. Soc. **78**, 6331 (1956).
— — — PIKE, J.E.: J. Amer. chem. Soc. **78**, 6354 (1956a).
KERESZTY, G., WOLF, E.: Österr. Pat. 164 549 (1949).
KOECHLIN, B., REICHSTEIN, T.: Helv. chim. Acta **27**, 549 (1944).
MAAS, S.P.J., deVRIES, J.G.: Rec. Trav. chim. Pays-Bas **77**, 531 (1958).
MAMOLI, L.: Chem. Ber. **71**, 2278 (1938).
MARKER, R.E., ROHRMANN, E.: J. Amer. chem. Soc. **62**, 518 (1940).
— WAGNER, R.B., ULSHAFER, P.R., WITTBECKER, E.L., GOLDSMITH, D.P.J., RUOF, C.H.: J. Amer. chem. Soc. **69**, 2167 (1947).
MARSHALL, C.W., KRITCHEVSKY, T.H., LIEBERMAN, S., GALLAGHER, T.F.: J. Amer. chem. Soc. **70**, 1837 (1948).
MUELLER, G.P.: Nature (Lond.) **181**, 771 (1958).
OPPENAUER, R.V.: Rec. Trav. chim. Pays-Bas **56**, 137 (1937).
RINGOLD, H.J., LÖKEN, B., ROSENKRANZ, G., SONDHEIMER, F.: J. Amer. chem. Soc. **78**, 816 (1956).
ROSENKRANZ, G., KAUFMANN, S., ROMA, J.: J. Amer. chem. Soc. **71**, 3689 (1949).
— MANCERA, O., SONDHEIMER, F., DJERASSI, C.: J. org. Chem. **21**, 520 (1956).
RUZICKA, L., WETTSTEIN, A.: Helv. chim. Acta **18**, 986 (1935).
SCHMIDT-THOMÉ, J.: Chem. Ver. **88**, 895 (1955).
SCHOELLER, W., SERINI, A., GEHRKE, M.: Naturwissenschaften **23**, 337 (1935).
SCHWENK, E., WERTHESSEN, N.T., COLTON, A.F.: Arch. Biochem. Biophys. **48**, 322 (1954).
VELLUZ, L., NEMINÉ, G., MATHIEU, J.: Angew. Chem. **72**, 725 (1960a).
— — — Angew. Chem. **77**, 185 (1965).
— — — TOROMANOFF, E., BERTIN, D., TESSIER, J., PIERDET, A.A.: C. R. Acad. Sci. (Paris) **250**, 1084 (1960).
WALLIS, E.S., FERNHOLZ, E.: J. Amer. chem. Soc. **57**, 1379, 1504 (1935).

Stoffwechsel von C_{19}-Steroiden

AXELROD, L.R., MILLER, L.L.: Arch. Biochem. Biophys. 49, 248 (1954).
BAULIEU, E.E.: Ann. Endocr. (Paris) 24, 801 (1963).
— CORPECHOT, C., DRAY, F., EMILIOZZI, R., LEBEAU, M.C., MAUVAIS-JARVIS, P., ROBEL, P.:
   Recent Progr. Hormone Res. 21, 411 (1965).
— — EMILIOZZI, R.: Steroids 2, 429 (1963).
— LASNITZKI, I., ROBEL, P.: Nature (Lond.) 219, 1155—1156 (1968).
— MAUVAIS-JARVIS, P.: J. biol. Chem. 239, 1569, 1578 (1963).
— ROBEL, P.: Steroids 2, 111 (1963).
BENARD, H., CRUZ-HORN, A., DAVID, H.: C. R. Soc. Biol. (Paris) 105, 235 (1961).
BROOKS, R.V., GIULIANI, G.: Steroids 4, 101 (1964).
BRUCHOVSKY, N., WILSON, J.D.: J. biol. Chem. 243, 2012—2021 (1968).
CALLOW, N.H.: Biochem. J. 33, 359 (1939).
CHAROLLAIS, E.J., PONSE, K., JAYLE, M.F.: C. R. Soc. Biol. (Paris) 155, 689 (1961).
CLARK, L.C., KOCHAKIAN, C.D.: J. biol. Chem. 170, 23 (1947).
— — LOBOTSKY, J.: J. biol. Chem. 171, 23 (1947).
COLAS, A.: Biochem. J. 82, 390 (1962).
CONNEY, A.H., CLUTCH, A.: J. biol. Chem. 238, 1611 (1963).
CORPECHOT, C., BAULIEU, E.E.: C. R. Soc. Biol. (Paris) 258, 3584 (1964).
CREPY, O., JAYLE, M.F.: C. R. Soc. Biol. (Paris) 258, 3923 (1964).
DORFMAN, R.I.: Proc. Soc. exp. Biol. (N.Y.) 135, 349 (1940).
— Proc. Soc. exp. Biol. (N.Y.) 46, 35 (1941).
— COOK, J.W., HAMILTON, J.B.: J. biol. Chem. 130, 285 (1939).
— FISH, W.R.: J. biol. Chem. 135, 349 (1940).
— HAMILTON, J.B.: J. biol. Chem. 133, 753 (1940).
— — J. clin. Invest. 18, 67 (1939).
— MILLER, M.: Endocrinology 36, 355 (1945).
— UNGAR, F.: Metabolism of Steroid Hormones. New York-London: Academic Press 1965.
— — VIGNOS, P., STECHER, R.M., SHUMWAY, N.: Ciba Found. Colloq. Endocrinol. 2, 347
   (1952).
— WISE, J.E., SHIPLEY, R.A.: Endocrinology 46, 127 (1950).
FISH, W.R., DORFMAN, R.I., YOUNG, W.C.: J. biol. Chem. 143, 715 (1942).
FORCHIELLI, W., RAMACHANDRAN, S., DORFMAN, R.I.: Steroids 1, 157 (1963).
FOTHERBY, K., COLAS, A., ATHERDEN, S.M., MARRIAN, G.F.: Biochem. J. 66, 664 (1957).
FUKUSHIMA, D.K., BRADLOW, H.L.: J. biol. Chem. 237, PC 975 (1962).
GALLAGHER, T.F., FUKUSHIMA, D.K., BARRY, M.C., DOBRINER, K.: Recent Progr. Hormone
   Res. 6, 31 (1951).
IDLER, D.R., TRUSCOTT, B.: Canad. J. Biochem. 41, 875 (1963).
KAPPAS, A., HELLMAN, L., FUKUSHIMA, D.K., GALLAGHER, T.F.: J. clin. Endocr. 18, 1043
   (1958).
KLEMPIEN, E.J., VOIGT, K.D., TAMM, J.: Acta Endocr. 36, 498 (1961).
KNAPSTEIN, P., WENDELBERGER, F., OERTEL, G.W.: Hoppe-Seylers Z. physiol. Chem. (im
   Druck) (1966).
KOCHAKIAN, C.D., APOSHIAN, H.V.: Arch. Biochem. Biophys. 37, 442 (1952).
— NALL, D.M., PARENTE, N.: Fed. Proc. 11, 442 (1952).
LEVY, H., CHA, C.H., CARLO, J.J.: Steroids 5, 479 (1965).
MAHESH, V.B., GREENBLATT, R.B.: Acta Endocr. 41, 400 (1962).
MASON, H.L., KEPLER, E.J.: J. biol. Chem. 161, 235 (1945).
— — J. biol. Chem. 160, 255 (1945a).
— — J. biol. Chem. 167, 73 (1947).
McDONALD, P., BEYER, C., NEWTON, F., BRIEN, B., BAKER, R., TAN, H.S., SAMPSON, C.,
   KITCHING, P., GREENHILL, R., PRITCHARD, D.: Nature (Lond.) 227, 964—965 (1970).
MEYER, A.S., RODGERS, O.G., PINCUS, G.: Endocrinology 53, 245 (1953).
MILLER, A.M., DORFMAN, R.I.: Endocrinology 37, 217 (1945).
— — MILLER, M.: Endocrinology 46, 105 (1950).
OERTEL, G.W., KNAPSTEIN, P.: Hoppe-Seylers Z. physiol. Chem. 344, 159 (1966).
— — TREIBER, L.: Hoppe-Seylers Z. physiol. Chem. 345, 221 (1966).
PAYNE, A.H., MASON, M.: Steroids 6, 323 (1965).
PEARLMAN, W.H., PEARLMAN, M.R.B.: J. biol. Chem. 236, 1321 (1961).
— PEARLMAN, M.R.J.: Fed. Proc. 20, 197 (1961a).
PEREZ-PALACIOS, G., CASTANEDA, E., GOMEZ-PEREZ, F., PEREZ, A.E., GUAL, C.: VIII.
   Réunion de la Soc. Mex. de Nut. y Endocrinol., 1969.
PERLMAN, D., JACKSON, P.W., GIUFFRE, N.: Canad. J. Biochem. 38, 393 (1960).
PORTIUS, J., REPKE, K.: Arch. exp. Pathol. Pharmakol. 239, 144, 299 (1960).

ROBEL, P., EMILIOZZI, R., BAULIEU, E.E.: C. R. Acad. Sci. (Paris) **261**, 4886 (1965).
— — — J. biol. Chem. **241**, 20 (1966).
RONGONE, E.L., STRENGTH, R.D., BOCKLAGE, B.C., DOISY, E.A.: J. biol. Chem. **225**, 959 (1957).
RUBIN, B.: J. biol. Chem. **227**, 917 (1957).
SAMUELS, L.T.: Recent Progr. Hormone Res. **4**, 65 (1949).
— SWEAT, M.L., LEVEDAHL, B., POTTNER, M.N., HELMREICH, M.L.: J. biol. Chem. **183**, 231 (1950).
SCHILLER, S.R., DORFMAN, R.I.: Endocrinology **42**, 476 (1948).
— — MILLER, M.: Endocrinology **36**, 355 (1945).
SCHNEIDER, J.J., LEWBART, M.L.: Recent Progr. Hormone Res. **15**, 201 (1959).
— MASON, H.L.: J. biol. Chem. **175**, 231 (1948).
— — J. biol. Chem. **172**, 771 (1948a).
SLAUNWHITE, W.R., SANDBERG, A.A.: J. biol. Chem. **225**, 427 (1957).
STARKA, L.: Naturwissenschaften **52**, 499 (1965).
— KUTOVA, J.: Biochim. biophys. Acta (Amst.) **56**, 76 (1962).
— SULCOVA, J., SILINK, K.: Clin. chim. Acta **7**, 309 (1962).
STYLIANOU, M., FORCHIELLI, E., TUMILLE, M., DORFMAN, R.I.: J. biol. Chem. **236**, 692 (1961).
SULCOVA, J., STARKA, L.: Experientia (Basel) **19**, 632 (1963).
SWEAT, M.L., SAMUELS, L.T., LUMRY, R.: J. biol. Chem. **185**, 75 (1950).
THOMAS, P.Z., DORFMAN, R.I.: Exc. Med. Found. Intern. Congr. Ser. **51**, 138 (1962).
— — J. biol. Chem. **239**, 762, 766 (1964).
UNGAR, F., DORFMAN, R.I., PRINS, P.A.: J. biol. Chem. **189**, 11 (1951).
— MILLER, A.M., DORFMAN, R.I.: J. biol. Chem. **206**, 597 (1954).
WEST, C.D., SAMUELS, L.T., REICH, H.: J. biol. Chem. **193**, 219 (1951).
WU, H.L.C., MASON, M.: Steroids **5**, 45 (1965).

Versuche zur Synthese nicht steroider Androgene

BIRCH, A.J., QUARTEY, A.K.: Chem. a. Ind. **1953**, 489—490.
CHALETZKI, A.M., SAPUTRJAJEW, B.A.: J. allg. Chem. (Moskau) **26**, (88), 3026—3030 (1956). (Russisch).
CLARKE, R.L., JOHNSON, W.S.: J. Amer. chem. Soc. **81**, 5706—5710 (1959).
— MARTINI, C.M.: J. Amer. chem. Soc. **81**, 5716—5724 (1959).
DORFMAN, R.I.: Endocrinology **64**, 464—466 (1959).
— Endocrinology **67**, 724—725 (1960).
— In: „Mechanism of Steroid Hormones". Ed. by C.A. VILLEE and L.L. ENGEL. Proc. of Harvard Conf. held at Endicott House, Dedham, May 1960. New York: Pergamon Press 1961, pp. 148—156.
— STEVENS, D.: Endocrinology **67**, 394—406 (1960).
FARINACCI, N.T.: U.S. Patent **2**, 830, 074/075 (1958).
GOLDBERG, M.W., SCOTT, W.E.: zit. nach RANDALL, u. SELITTO (1958).
JOHNSON, W.S., DEHM, H.C., CHINN, L.J.: J. Org. Chem. **19**, 670—673 (1954).
MAYER, R., ALDER, E.: Ber. **88**, 1866 (1955).
PRJACHINA, S.A.: Dissertation WNIChFI, 1955. (Russisch).
RANDALL, L.O., SELITTO, J.J.: Endocrinology **62**, 693—695 (1958).
WILDS, A.L., HOFFMAN, C.H., PERSON, T.A.: J. Amer. chem. Soc. **77**, 647—651 (1955).
— SHUUK, C.H., HOFFMAN, C.H.: J. Amer. chem. Soc. **71**, 3266—3267 (1949).

IV. Das Vorkommen der androgenen Wirksamkeit

H. E. Voss

Die in verschiedenen Organen der Wirbeltiere und im Harn vorkommenden Androgene sind, soweit sie aus den beiden Hauptquellen der Androgene im Körper, den Hoden und dem Harn, ferner aus den Ovarien isoliert und identifiziert werden konnten, im Kapitel über die Chemie der Androgene (S. 98 ff.) aufgeführt worden. Wenn wir nun nochmals auf die Frage der Verbreitung der androgenen Wirksamkeit zurückkommen, so ist das aus mehrfachen Gründen notwendig.

Jeder Isolierung und Identifizierung von Androgenen geht historisch ein Stadium voraus, während dessen in den betr. Organen oder Ausscheidungen erst einmal eine androgene Wirksamkeit ganz allgemein festgestellt wird, ohne daß zunächst eine Entscheidung darüber gefällt werden kann, ob diese Wirksamkeit auf die schon bekannten Androgene zurückzuführen ist oder ob es sich um Verbindungen handelt, die für dieses Ausgangsmaterial neu sind. Diese Frage erhebt sich schon dann jedesmal, wenn eine *Wirbeltiergruppe* zur Untersuchung kommt, bei der wir zwar sekundäre männliche Geschlechtsmerkmale, sei es morphologischer Art oder im Verhalten kennen, deren Organe aber Abweichungen in der Struktur oder Funktion aufweisen, die sie von den meist untersuchten Säugetieren unterscheiden. Das gilt schon für die primitiven Säugetiere, mehr noch für die Vögel und in weiterer Steigerung für die Reptilien, Amphibien und Fische, bei denen z. B. das Vorkommen der Hoden-Zwischenzellen, in denen wir auch hier die Produzenten der androgenen Wirkstoffe vermuten, außerordentlich große Verschiedenheiten aufweist.

Die Frage der Identität der Androgene erhebt sich a fortiori, sobald wir das Reich der Wirbeltiere verlassen und zu den *wirbellosen Tieren* übergehen, bei denen wir zwar zum Teil sehr auffallende sekundäre männliche Geschlechtsmerkmale kennen, deren Entwicklung und Erhaltung aber bei der großen Mehrzahl der Wirbellosen auf ganz anderen Prinzipien zu beruhen scheint als bei den Wirbeltieren, während bei einer Minderzahl (Krebsen) wiederum prinzipiell ähnliche Regelungen vorliegen dürften wie bei den Wirbeltieren, die betreffenden Wirkstoffe aber offensichtlich oder wahrscheinlich nicht zu den Steroiden gehören.

Die Verhältnisse im *Pflanzenreich* müssen kurz erwähnt werden: wir kennen zwar bei den Pflanzen keine hormonale Regelung der Sexualität, aber steroide Sexualwirkstoffe können aus pflanzlichem Material dargestellt werden, die an Wirbeltieren wirksam sind. Vielleicht erhalten wir aus diesen Beobachtungen einmal Hinweise auf den Ursprung der steroiden Sexualhormone, der bisher im Dunkeln liegt.

Die androgene Wirksamkeit, die manchen *Tumoren* eigen ist, hat in einigen Fällen zur Isolierung und Identifizierung der betreffenden androgenen Wirkstoffe geführt, die in anderen Fällen bisher nicht gelungen ist. Die Möglichkeit, daß dieser hormonalen Wirksamkeit der Tumoren eine wesentliche biologische und klinische Bedeutung zukommt, die weit über das hinausgeht, was wir jetzt schon von ihr wissen, läßt ihre Besprechung notwendig erscheinen.

Das Vorkommen einer androgenen Wirksamkeit in den *Ausscheidungen* des menschlichen Organismus hat seinerzeit die erste Reindarstellung eines kristallisierten Androgens aus *Harn* ermöglicht (Androsteron-Isolierung aus Harn durch Butenandt, 1931); der Harn ist aber auch später eine Quelle der Androgengewinnung geblieben, besonders zu diagnostischen Zwecken. Die Schilderung der Darstellung aus Harn war im Kapitel über die Chemie der Androgene auf die Verhältnisse beim Menschen beschränkt, während die entsprechenden Befunde bei Tieren unberücksichtigt blieben, sie sollen daher hier zusammenfassend beschrieben werden. Die Untersuchungen über die in den *Faeces* anzutreffende androgene Wirksamkeit werden ebenfalls hier zu erwähnen sein.

Androgene Wirkungen, die von den *männlichen Embryonen* gewisser Wirbeltiere ausgehen, sind vielfach beschrieben worden; die Identität oder Nicht-Identität der ihnen zugrunde liegenden männlichen Wirkstoffe mit den Androgenen der erwachsenen Individuen der gleichen Arten ist ein viel diskutiertes, aber immer noch ungeklärtes Problem, das im Kapitel über die Intersexualität bei Wirbeltieren (S. 346 ff.) eingehend behandelt ist und auf das wir hier daher nur hinzuweisen brauchen.

1. Vorkommen im Hoden

Das ursprüngliche Ausgangsmaterial für die Gewinnung androgen wirksamer Stoffe stellte der Hoden dar. Daß er die Hauptquelle der androgenen Wirksamkeit im Körper ist, ging sowohl aus den über Jahrtausende geübten Kastrationen beim Menschen (Eunuchen, Sängerknaben) als auch aus den Erfolgen der Kastration bei Säugern (Wallach, Ochs) und bei Vögeln (Kapaunen) hervor. Auch die erste Isolierung und Identifizierung von Testosteron durch DAVID, DINGEMANSE, FREUD u. LAQUEUR (1935) erfolgte aus Hoden.

Der Nachweis des Vorhandenseins einer androgenen Wirksamkeit im Hoden gelingt, besonders wenn es sich um kleinere Objekte mit geringem Hormongehalt handelt, am besten durch den *Transplantationsversuch.*

Die exokrine und endokrine Funktion des Säugetierhodens verhalten sich bei der Transplantation sehr verschieden. Infolge der Abhängigkeit der spermatogenetischen Funktion von der Umgebungstemperatur bei den meisten Säugern (und insbesondere bei allen gebräuchlichen Laboratoriumstieren, einschließlich der Hunde, Katzen und Affen) ist ihre Erhaltung im Hodentransplantat nur möglich, wenn das Gewebe an seinen natürlichen Aufenthaltsort, ins Scrotum überpflanzt wird; anders bei der endokrinen Funktion, die (jedenfalls über eine nicht zu stark ausgedehnte und bei den einzelnen Arten unterschiedliche Zeit) von der Umgebungstemperatur weitgehend unabhängig ist. PARKES, der sich mit den Fragen der Transplantation und Frischerhaltung der endokrinen Drüsen über längere Zeit sehr intensiv beschäftigt hat (vgl. seinen zusammenfassenden Aufsatz 1963), weist auf die Schwierigkeiten hin, die bei der Hodentransplantation sogar bei der Ratte durch die Größe des Organs und die Zerreißlichkeit seines Gewebes entstehen; er empfiehlt die Verwendung der infantilen Testes vom 7-tägigen Rattenmännchen, die sich, quer halbiert, gut vorbehandeln lassen. Diese Vorbehandlung besteht zunächst in einer Durchtränkung des Gewebes mit einem physiologischen Medium (z. B. physiologischer NaCl-Lösung), das 10—15% Glycerin enthält; dann wird das mit Glycerin durchtränkte Gewebe *langsam* auf —15° abgekühlt; die weitere Abkühlung auf —79° oder —190° kann rascher erfolgen; die Aufbewahrung kann in diesem tiefgekühlten Zustand über viele Wochen ausgedehnt werden (Tab. 28) und ergibt in einem hohen Prozentsatz funktionsfähige Transplantate. DEANESLY (1954) hat in solchen Hoden, wenn sie ins Scrotum überpflanzt wurden, neben der endokrinen Wirksamkeit auch variable Ausmaße von Spermatogenese festgestellt. Natürlich ist mit der Erhaltung der Spermatogenese im Transplantat noch nicht die Möglichkeit einer Befruchtung gegeben.

Der Schutzeffekt von Glycerin hängt, nach PARKES, vermutlich mit einer Herabsetzung der Temperatur zusammen, bei der das Gewebswasser sich als Eis abzuscheiden beginnt, und dadurch auch der Temperatur, bei der das Gewebe dem schädigenden Einfluß der hypertonischen Restflüssigkeit ausgesetzt wird. Durch die fortschreitende Dehydrierung der Zellen fördert das Glycerin außerdem das im Vergleich zum bedeutend schädlicheren intracellulären Gefrieren relativ wenig schädliche extracelluläre Gefrieren; diese Wirkung des Glycerins wird durch eine langsame Abkühlung sicher unterstützt (vgl. SMITH, 1961).

Bei Versuchen von verhältnismäßig kurzer Dauer wird man auch mit der s.c. Transplantation frischen Hodengewebes ausreichende Erfolge erzielen.

Tabelle 28. *Ergebnisse der Transplantation von Rattenhoden-Gewebe, durchtränkt und gefroren in physiologischer NaCl-Lösung, mit oder ohne Zusatz von 15% Glycerin (nach* PARKES, *1963)*

Behandlung	Zeitdauer der Gefrierung	Zahl der implantierten Ratten	Zahl der sich entw. Transplantate
Unbehandelt	—	8	5
Durchtränkt mit Glycerin-NaCl-Lösung.	Nicht gefroren	8	5
Durchtränkt mit NaCl-Lösung und gefroren bei —79°C	1 Std	6	0
Gefroren in 15% Glycerin-	1 Std	8	6
NaCl-Lösung und aufbewahrt	1 Woche	8	5
bei —79°C	8 Wochen	5	2
	22 Wochen	9	4
Gefroren in 15% Glycerin-	1 Std	16	12
NaCl-Lösung und aufbewahrt	1 Woche	10	7
bei —190°C	7 Wochen	6	3
	22 Wochen	9	7

Die Transplantatträger wurden 12—16 Wochen nach der Transplantation getötet; Rattenversuche.

VOSS (1934) hat in einer speziellen Versuchsanordnung die Funktionsbedingungen von Hodentransplantaten an der Maus untersucht und unterscheidet ganz allgemein folgende Wirkperioden eines endokrinen Transplantats: 1. Die *Effusatwirkung*, die als initiale Wirkung im Lauf der ersten Tage nach der Überpflanzung zutage tritt und als Effekt der aus dem transplantierten Gewebe „*ausströmenden*", in ihm vorgebildeten Hormone zu betrachten ist. 2. Die *Suspensatwirkung*, die in Erscheinung tritt, wenn das transplantierte Gewebe im fremden Milieu „*suspendiert*" gewissermaßen als Explantat weiterlebt und in diesem Zustand Hormonerzeugung und -abgabe vollzieht. 3. Zur *Intextatwirkung* kommt es, wenn das Auto- oder Homotransplantat dank der Vascularisierung vom Wirtgewebe aus einheilt und in die gewebliche Einheit des Wirtsorganismus „*eingewoben*", intextiert wird und nun seine hormonalen Wirkungen nicht anders ausübt, als ein endokrines Eigenorgan des Trägers.

Je nach dem Transplantationsmaterial (Auto-, Homo-, Hetero-Transplantate) und seinen Funktionsbedingungen (Transplantationsort, Resorptionsbedingungen, Transplantatmenge u. a.) kommen alle drei oder nur die beiden ersten Wirkperioden oder auch nur die erste zur Geltung. Durch die Verwendung von arteigenen oder artfremden Hoden (Mäuse- bzw. Ratten- hoden bei der Maus), von frischem oder abgetötetem Hoden, von Hoden in toto oder als Suspen- sionen in fein verriebener Form und durch die Auswertung der androgenen Transplantat- wirkung im hochempfindlichen cytologischen Regenerationstest am kastrierten Mäusemänn- chen konnte die anteilige Bedeutung der einzelnen Wirkperioden unter den verschiedenen Funktionsbedingungen aufgezeigt werden.

Einen historischen Überblick der Entwicklung der Hodentransplantation gibt SAND (1933) und weist darauf hin, daß sich die Kastrations- und Transplantations- versuche in überzeugender Weise ergänzen: wo die Kastration keine Wirkung hat, wie z. B. bei den Insekten, ist auch die Hodentransplantation ohne Wirkung; wo die Kastration zu einer Rückbildung der sekundären Geschlechtsmerkmale führt, wird diese durch die gelungene Transplantation wieder rückgängig gemacht, beide Eingriffe zusammen ergeben den exakten Beweis für die Lokalisierung der androgenen Wirksamkeit im Hoden. Es mag an dieser Stelle erwähnt sein, daß zunächst Testosteron nur in sehr kleinen Mengen aus Stierhoden (100 μg/kg) von DAVID, DINGEMANSE, FREUD u. LAQUEUR (1935), aus Hengsthoden (200 μg/kg) von TAGMANN, PRELOG u. RUZICKA (1946) und aus Schweinehoden (30 μg/kg) von PRELOG, TAGMANN, LIEBERMAN u. RUZICKA (1947) gewonnen wurde. Beim Mann gelang die Wiedergewinnung von Testosteron aus dem Harn nur nach Verabreichung sehr großer Dosen (90 mg/Tag im Lauf von 45 Tagen), und zwar 10—20 mg unverändertes Testosteron (LIEBERMAN, FUKUSHIMA, DOBRINER, 1950[1].

Der Beweis für die hauptsächliche Herkunft der Androgene aus dem Hoden erscheint somit für die *Säugetiere* einschließlich des Menschen einwandfrei geführt zu sein, ebenso bei den *Vögeln* (vgl. das Kapitel über die biologische Auswertung der Androgene). Bei den *Reptilien* (vgl. das gleiche Kapitel) sind an verschiedenen Vertretern (Eidechsen, Schlangen, Schildkröten) die Kastrationsfolgen nachgewiesen, ebenso ihre Aufhebung durch die synthetischen Androgene, doch scheinen positive Transplantationsversuche nicht vorzuliegen; MATTHEY (1929) hatte in Versuchen selbst mit Autotransplantationen bei Eidechsen keinen Erfolg. Umso eingehender und erfolgreicher sind in dieser Hinsicht die verschiedenen Ordnungen der *Amphibien* untersucht: Angefangen von den klassischen Kastrations- und Transplantationsversuchen von NUSSBAUM, HARMS, MEISENHEIMER, STEINACH u. a., haben Frösche, Kröten und Molche bis in die neueste Zeit immer wieder zu Versuchen gedient, in denen der Nachweis einer androgenen Wirksamkeit erbracht werden sollte. Im Gegensatz zu den höheren Klassen der Wirbeltiere (Säugetiere, Vögel, Reptilien) können bei den Amphibien auch heteroplastische Hodenüberpflanzungen zur Einheilung und endokrinen Wirkung führen. Während WELTI (1928) bei der Kröte (Bufo vulgaris) mit der Überpflanzung von Hoden weiter entfernter Anurenarten (Rana temporaria, Bombinator igneus, Hyla arborea, Alytes obstetricans) keinen Erfolg hatte, gelangen ihm Hodenheterotransplantationen innerhalb des Genus Bufo in 7 von 22 Fällen: nach einer Verweildauer von 5—12 Monaten fanden sich in den peripheren Teilen der Transplantate Kanälchen mit Spermatozoenbildung. Noch besser waren die Ergebnisse der Heterotransplantation bei Urodelen: Zwar haben die positiven Versuche von KOPPANYI (1924), in denen er den erfolgreichen Hodenaustausch zwischen kastrierten Pleurodeles waltlii, Triton cristatus und Triton marmoratus mit erhaltener lebhafter Spermatogenese beschrieb, von späteren Untersuchern eine scharfe Kritik erfahren (hauptsächlich wohl, weil die Möglichkeit, daß es sich um Hodenregenerate handeln könnte, nicht ausgeschlossen war), aber die unter strenger Kontrolle der Versuchsbedingungen ausgeführten Hodenheterotransplantationen von DE BEAUMONT (1932) auf kastrierte Weibchen von Triton cristatus haben, wie die umseitige Tab. 29 zeigt, die Möglichkeit einer erfolgreichen Hodenheterotransplantation bei Urodelen einwandfrei bewiesen:

Dank verbesserten Methoden der Extraktion, Isolierung und Idendifizierung ist in neuerer Zeit der direkte qualitative und quantitative Nachweis von Testosteron und anderen Androgenen im Hodengewebe von Säugetieren mehrfach geführt worden. HOOKER (1944) wies im Hoden präpuberaler Kälber mit Hilfe von biologischen Verfahren Androgene nach, ohne sie aber identifizieren zu können. MANN (1956) gelang auf chemischem Wege bei 4—5 Monate alten Kälbern der Nachweis von Androgenen. LINDNER (1959) untersuchte die Hoden (und parallel

---

1 Durch chromatographische Analyse der aus den Gonaden von erwachsenen Regenbogenforellen (Salmo irideus) und Karpfen (Cyprinus carpio) extrahierten Steroide konnte GALZIGNA (1961) im Hoden Testosteron, daneben die aus den Untersuchungen an Säugetieren bekannten Metaboliten (auch Oestradiol) nachweisen.

11*

Tabelle 29. *Hodentransplantationen bei Urodelen.* Nach DE BEAUMONT *(1932)*

Art des Versuches	Anzahl der Versuche	Miß-erfolge	Erfolge	Zahl der Er-folge in %
Auto-Transpl. von Hoden auf				
kastr. ♂♂ (Tr. cristatus)	7	0	7	100
Homo-Transpl. von Hoden auf				
kastr. ♀♀ (Tr. cristatus).	22	12	10	45
Heterotranspl. auf kastr. ♀♀				
von Tr. cristatus von Hoden				
der Arten: Tr. marmoratus	10	6	4	40
Tr. alpestris	14	14	0	0
Tr. vulgaris	9	6	3	33
Tr. palmatus	13	11	2	15
Pleurodel. waltlii	11	11	0	0
Salamandra maculosa	12	11	1	8

dazu das Blut aus der Vena spermatica) von 39 Tage-Kälbern bis 17 Jahre alten Stieren auf ihren Gehalt an Androgenen und wies Testosteron und Δ^4-Androstendion(3,17) in allen Stadien der Hodenentwicklung, angefangen von 39 Tagen, nach, 0,4 bis 9,0 μg/g bei den jüngsten und 1 bis 6 μg/g bei den reifen Tieren; er machte die von späteren Untersuchern mehrfach bestätigte Beobachtung, daß bei den jungen Tieren Androstendion, bei den reifen aber Testosteron das vorherrschende Androgen war: das Verhältnis von T : A lag über 15 bei den erwachsenen, dagegen nicht über 0,7 bei unter 4 Monate alten Kälbern. Beim erwachsenen Schafbock konnte er ähnliche Befunde erheben wie beim Stier. LINDNER's Ergebnisse für das Blut, s. im betr. Abschnitt (S. 184 ff.).

LINDNER u. MANN (1960) prüften die Beziehungen zwischen dem Gehalt an steroiden Androgenen im Hoden und der sekretorischen Aktivität der Vesiculardrüsen bei Rindern: Sie bestätigten die obigen Befunde von LINDNER (1959) hinsichtlich des Gehalts an Testosteron und Androstendion im Hoden und stellten fest, daß das erste Auftreten von chemisch nachweisbaren Mengen dieser Androgene in den Hoden zusammenfiel mit dem Beginn eines aktiven Produktionsprozesses von Fruktose und Citronensäure in den Vesiculardrüsen (vgl. dazu das Kapitel über den Fruktose-Test für Androgene (s. Bd. XXXV/2) und die einschlägigen Arbeiten von MANN u. Mitarb. 1946 u. 1948). Zwischen dem 2. und 6. Lebensmonat nahm das Gewicht und der Gehalt an Fruktose und Citronensäure der Vesiculardrüsen in einer Exponentialkurve zu, mit gleichzeitiger steiler Zunahme des Testosterongehalts im Hoden. Bei erwachsenen Stieren verschiedener Rassen und unterschiedlichen Alters korrelierte der Testosterongehalt im Hoden signifikant mit dem Gewicht und dem Gehalt an Fruktose und Citronensäure in den Vesiculardrüsen.

NEHER u. WETTSTEIN (1960a, b) brachten in ihren Mitteilungen Daten der Literatur und eigener chemischer Forschungen über das Vorkommen von androgenen und anderen Steroiden in den Hoden und Nebennieren. GOLDZIEHER, BAKER u. RIHA (1961) berichteten über die Ergebnisse ihrer mit neuen Methoden (Extraktion der Gewebe mit Methyl-Methanol u. a.) ausgeführten Steroidbestimmungen.

Einen bedeutenden Fortschritt in der Methodik der Androgenbestimmung im Gewebe bedeutete das von KARG u. Mitarb. (1966—1968) ausgearbeitete Verfahren der Extraktion von Androgenen aus wenigen (5—10) Gramm Hodengewebe, während in den früheren Untersuchungen immer große Mengen Androgen-Ausgangsmaterial benötigt wurden, was die Genauigkeit der quantitativen Bestimmungen erschwerte. Δ^4-Androstendion(3,17) und Testosteron wurden auf dem 2-dimensionalen Dünnschichtchromatogramm anhand der R_F-Werte, der König-Oertel-Reaktion und des U.V.-Spektrums identifiziert. Die quantitative Bestimmung dieser Verbindungen erfolgte in Remission mit dem Spektralphotometer direkt auf der Dünnschichtplatte. Mit der Methode lassen sich 0,2—0,5 μg Testosteron oder Androstendion mit einem Fehler von ca. $\pm 10\%$ bestimmen. Die Ergebnisse an Rinderfeten sind in Abb. 38 und Tabelle 30 wiedergegeben: Vom 3. bis 6. Fetalmonat findet man eine Konzentrationszunahme bei beiden Verbindungen, wobei der Gehalt an Testosteron stark überwiegt; danach kommt es bis zur Geburt zu einem bedeutenden Abfall des Gehalts der beiden Steroide, der beim Geburtskalb ein Minimum erreicht (was, wie Verff. schreiben, einen Zusammenhang mit den Ergebnissen der gleichzeitigen ICSH-Bestimmungen vermuten läßt). Nach der Geburt steigt der Gehalt an beiden Steroiden im Hoden stark an, wobei derjenige von Androstendion beträchtig überwiegt, in Bestätigung der früheren Feststellungen von LINDNER (1959).

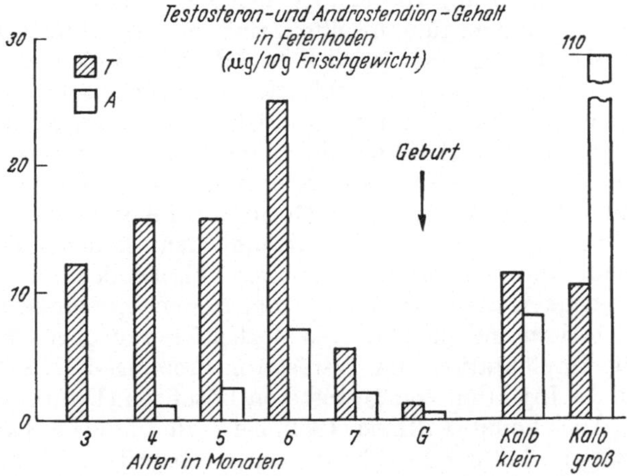

Abb. 38. Testosteron- und Androstendiongehalt in Fetentestes. (Nach STRUCK u. KARG, 1967)

Tabelle 30. *Testosteron- und Δ^4-Androstendion(3,17)-Konzentration in Fetenhoden. Nach* STRUCK, KARG u. JORK *(1969)*

Probe	Scheitel-Steißlänge (cm)	Alter (Monate)	Testosteron (μg/10 g Frischgewebe)	Δ^4-Androstendion-(3,17) (μg/10 g Frischgewebe)	Quotient Testosteron: Δ^4-Androstendion-(3,17)
Feten	>26	3	12,2	0	—
Feten	26—36	4	15,7	1,1	14,3
Feten	37—47	5	15,8	2,4	6,6
Feten	48—59	6	25,0	5,5	4,5
Feten	60—73	7	7,1	1,9	3,7
Geburtskälber	—	0	1,4	0,5	2,8
Kalb	—	2	11,3	9,5	1,2

Von den Auto- und Homotransplantationen unterscheiden sich die Heterotransplantationen bei Urodelen durch die geringere Zahl der positiven Ergebnisse, durch die unregelmäßigere und im allgemeinen geringere Entwicklung der Transplantate und ihre weniger ausgesprochene endokrine Aktivität: Gerade was diese anbetrifft, so beschränkte sie sich in den obigen Versuchen von DE BEAUMONT im allgemeinen auf das Erscheinen eines präpuberalen männlichen Merkmals, nämlich auf die Ausbildung einer großen Zahl von Drüsen in den Cloacalwülsten; postpuberale männliche Sexualmerkmale traten bei den weiblichen Transplantatträgerinnen nur im einen Fall der Transplantation von Salamandra-Hoden auf, bei dem es zur Sekretionstätigkeit in den Wolff'schen Gängen, den Sammelgängen der Nieren und den Cloacaldrüsen und zur Ausbildung des typisch männlichen Silberstreifens seitlich am Körper und am Schwanz kam. Der Gang der Entwicklung des Heterotransplantats ist im übrigen in den positiven Fällen der gleiche wie bei den Auto- und Homotransplantaten, mit anfänglicher, mehr oder weniger weitgehender Degeneration des Hodengewebes und dem Übrigbleiben einer größeren oder geringeren Zahl von primordialen Geschlechtszellen, von denen die Regeneration des Hodens und der Aufbau der spermatogenen Struktur ausgeht.

Das Vorhandensein einer androgenen Wirksamkeit im Hoden bei *Fischen* ist für die Teleostier oder Knochenfische durch die Auswirkungen der Hodenentfernung auf die sekundären Geschlechtsmerkmale einwandfrei nachgewiesen; diese Versuche, die zur Ausarbeitung von biologischen Testverfahren für den Nachweis von Androgenen führten oder führen sollten, sind im Kapitel über die biologische Auswertung eingehend dargestellt worden (s. Bd. XXXV/2) und brauchen hier nicht wiederholt zu werden. Weniger erfolgreich waren die Kastrationsversuche an den Elasmobranchiern (Haien und Rochen), bei denen die große Ausdehnung der Hoden sehr tiefgehende operative Eingriffe zu ihrer Entfernung erforderte, die die Heilung verzögerten und ein längeres Überleben der Kastraten verhinderten: im besten Fall konnten DODD, EVENNETT u. GODDARD (1960) die Kastraten 1 Monat am Leben erhalten, eine Frist, in der die männlichen sexuellen Merkmale keine deutlichen Veränderungen aufwiesen; für diese Fische liegt also kein *direkter* Beweis der Abhängigkeit dieser Merkmale vom Hoden vor, im Gegensatz zu den Befunden an Teleostiern und allen höheren Wirbeltieren; dagegen ist der *indirekte* Beweis durch die Implantation von Testosteron-Preßlingen (HISAW u. ALBERT, 1947) oder durch die Injektion von Testosteron-Lösungen (DODD, 1955) mehrfach geliefert worden. Auch konnte CHIEFFI (1962) bei Scylliorhinus stellaris und Torpedo marmorata zeigen, daß der Fischhoden echte interstitielle Zellen enthält, die den Leydig-Zellen höherer Wirbeltiere homolog sind und deren Sekretion derjenigen bei den Säugern entspricht. Übrigens wurde beim Hai außer Testosteron und Androstendion auch Progesteron im Hoden nachgewiesen: CHIEFFI u. LUPO (1962) fanden in 110 g Hodengewebe von Scylliorhinus stellaris 50 μg Testosteron, 70 μg Androstendion, 100 μg Progesteron und 20 μg Oestradiol-17β. Erfolgreich waren die Versuche an der niedersten Ordnung der Fische, den Cyclostomen, bei denen EVENNETT u. DODD (1963) ein Überleben der im November oder Februar hypophysektomierten Neunaugen (Lampetra fluviatilis) über mehrere Monate bis Mitte April erreichten. Bei diesen Fischen erfolgt die Ausbildung der sekundären Sexualmerkmale normaler Weise im März und ist spätestens Anfang oder Mitte April vollendet; dementsprechend wiesen die Versuchsfische zu Beginn der Versuche noch keine Ausbildung der Merkmale auf, sie traten aber nach intraperitonealer Implantation eines 25 mg-Testosteron-Preßlings auf; ein 12,5 mg-Preßling hatte nur eine unvollkommene Wirkung. Bei den in gleicher Weise implantierten weiblichen Flußneunaugen (intakten oder hypophysektomierten) verhinderte Testosteron die Entwicklung der für das Weibchen charakteristischen Post-Anal-Flosse und ließ eine vergrößerte Urogenitalpapille sich entwickeln, die ähnlich war wie beim reifen Männchen. KNOWLES (1939) hat beim Flußneunauge festgestellt, daß die in der Reifungsperiode erfolgenden Veränderungen im Cloacalgebiet bei den Ammocoetes-Larven nur durch die hypophysären Gonadotropine ausgelöst werden, nicht durch die gonadalen Hormone; die Schnelligkeit der Reaktion auf die Gonadotropine (24 Std nach der Injektion!) und das Fehlen einer Reaktion der larvalen Gonaden auf die Gonadotropine machen nach Ansicht des Verf. einen direkten Einfluß der Gonadotropine auf die äußeren sekundären Geschlechtsmerkmale ohne Zwischenschaltung der Gonaden wahrscheinlich, doch ist dieser Schluß wohl kaum berechtigt, da die cloacalen Veränderungen beim erwachsenen Flußneunauge sowohl durch die hypophysären als auch durch die gonadalen Hormone ausgelöst werden. Auch in den Hoden der unreifen und reifen Männchen von Lampetra fluviatilis konnten CHIEFFI u. BOTTE (1962) interstitielle Zellen nachweisen, die aufgrund ihrer Gruppierung und Beziehung zu den Capillaren, ihrer Form und ihres Gehalts an sudanophilen Inhaltsstoffen, die eine positive Reaktion nach SCHULTZ auf Cholesterin und nach BAKER auf Phosphorlipide aufweisen, als echte, den entsprechenden Elementen des Hodens der höheren Wirbeltiere homologe Leydig-Zellen zu betrachten sind.

2. Vorkommen im Ovarium

Anzeichen einer Androgen-Wirkung im weiblichen Organismus können physiologischer Weise, also ohne Zutun des Experimentators beobachtet werden; es sei nur an die Umwandlung der alternden Henne in einen krähenden und andere Hennen tretenden „Hahn" erinnert oder an das Erscheinen männlicher Züge bei der alternden Frau (Frauenbart u. a.). Daß diese Vermännlichungserscheinungen ihre hormonale Grundlage in der Produktion androgener Wirkstoffe im weiblichen Organismus haben, wurde experimentell sichergestellt, als es gelang, im Harn normaler Frauen männlich wirkende Substanzen nachzuweisen, und zwar in Mengen, die über der unteren Grenze der Norm bei Männern lagen (vgl. SIEBKE, 1931, 1933; GOECKE, WIRZ u. DANERS, 1933; GOECKE, 1936; RIESS, 1952 u. a.). So enthält der Männerharn nach GALLAGHER, PETERSON, DORFMAN, KENYON u. KOCH (1937) 3,6—6,9 mg Androgene pro 24 Std, der Frauenharn 1,6—4,6 mg[2]. Wie weit die Androgenproduktion im weiblichen Organismus auf die endokrine Aktivität der Nebennierenrinde zurückzuführen ist, wird im nächsten Abschnitt (S. 175ff.) untersucht werden; hier sollen zunächst die Beobachtungen zusammengestellt werden, die für die Androgenproduktion der Ovarien sprechen und sowohl auf physiologischem, als auch pathologischen und experimentellen Gebiet zu finden sind.

Ein relativ gut ausgebildetes „männliches" Merkmal in einem weiblichen Organismus stellt der Hennenkamm dar: er weist cyclisch Wachstum und Atrophie auf, die von der Lege- bzw. Ruheperiode abhängig sind, also von Vorgängen im Ovarium. Es sind aber nicht die vom Ovarium produzierten Oestrogene, die hier regulierend eingreifen, denn auch der Hennenkamm reagiert wie der Kamm des Hahnes bzw. Kapauns nur auf androgene Hormone, während die Oestrogene weder auf das Wachstum noch auf die Durchblutung des Kammes einen fördernden Einfluß besitzen. Die Reaktion des Hennenkammes auf Androgene ist so spezifisch, daß sie z. B. von CRAINICIANU (1949) als Testobjekt für die Auswertung von Androgenen empfohlen worden ist. (s. Kapitel über die biologische Auswertung, (s. Bd. XXXV/2). BRARD (1961) hat das Vorkommen von Androgenen im Ovarium

---

2 Da gleichzeitig in denselben Harnen bei Männern 2—29 μg, bei Frauen 4—60 μg Oestrogene gefunden wurden, war damit gezeigt, daß weder die Androgenproduktion auf das männliche noch die Oestrogenproduktion auf das weibliche Geschlecht beschränkt ist, sondern daß in dieser Hinsicht nur *quantitative* Unterschiede zwischen den beiden Geschlechtern bestehen. Mit dieser Feststellung verlieren die Bezeichnungen „männliche" bzw. „weibliche" Hormone, soweit sie sich auf die *Herkunft* beziehen, ihre Berechtigung, nicht aber sofern von ihrer *Wirkung* die Rede ist.

der Henne bei der Braun-Leghorn- und Weiß-Leghorn-Rasse untersucht und auf die Bedeutung der Androgene und Oestrogene für die Ausbildung des typischen Hennenkammes hingewiesen, der physiologischer Weise nie so steif aufgerichtet ist wie beim Hahn, sondern auch bei optimaler Durchblutung schlaff zur Seite hängt; BRARD hat dann gezeigt, daß man die experimentelle Entwicklung des Hennenkamm-Typus beim intakten oder kastrierten Hähnchen durch die gleichzeitige Verabreichung von Testosteron und Oestradiolbenzoat erreichen kann. Der offenbare Zusammenhang zwischen den physiologischen Veränderungen des Hennenkammes und den cyclischen Vorgängen im Ovarium macht es außerordentlich wahrscheinlich, daß die Produktion der verantwortlichen Androgene im Ovarium vor sich geht und nicht etwa in den Nebennieren oder einem anderen Organ (vgl. dazu Voss, 1954). Auch bei der Ausbildung und Sekretion des Ovidukts der Henne wirken ovarielle Androgene mit (BRANT u. NALBANDOV, 1956). Die Gefiederfärbung des Sperlingweibchens ist in der Brunst androgen determiniert, nach Kastration tritt sie nicht auf und kann nur durch Androgene, nicht durch Oestrogene wieder hervorgerufen werden (WITSCHI u. MILLER, 1938).

Eine physiologische Androgenproduktion im Ovarium[3] des normalen Säugerweibchens läßt sich nachweisen, wenn man die mehr oder weniger rudimentären männlichen Anlagen im weiblichen Organismus als Testobjekt benutzt. Ein solches Rudiment liegt bei der weiblichen Ratte in der *Prostata* vor, deren Anlage in manchen Rattenstämmen relativ häufig vorkommt und durch exogene Androgene zur Entwicklung gebracht werden kann (MARX, 1931, 1932). Man findet aber auch eine Stimulierung dieser Anlagen *ohne* experimentell zugeführte Androgene zu gewissen Zeiten der Entwicklung und in gewissen Perioden der Gravidität (BURRILL u. GREENE, 1941, 1942), und zwar auch bei adrenal-ektomierten Weibchen, sie erfolgt also nicht durch adrenale Androgene. Wie WITSCHI, MAHONEY u. RILEY (1938) zeigten, atrophiert die weibliche Prostata nach Entfernung der Ovarien und kann nur durch exogene Androgene, nicht durch Oestrogene wieder aufgebaut werden.

Die (wahrscheinliche) Umwandlung gewisser Androgene in Oestrogene durch Corpora lutea verschiedenen Typs bei der Ratte ermöglicht es, eine hohe Konzentration von Oestrogenen in den Corpora lutea und einen für die Nidation unschäd-

---

3 In diesem Zusammenhang seien die Feststellungen von SHORT (1961a, b, c) erwähnt, der in der Follikelflüssigkeit von Kühen folgende Steroide fand (in μg/Liter): Pregnenolon 3,3; Progesteron 233,0; 20β-Hydroxy-pregn-4-en-3-on 23,0; 17a-Hydroxyprogesteron 37,6; Androstendion 31,5; Testosteron 22,1; Oestron 5,4; Oestradiol-17β 94,0. Nicht gefunden wurden: Cortisol, Dehydroepitestosteron, Epitestosteron, 19-Norandrostendion und 6a-Hydroxyoestradiol-17β, die alle in der Follikelflüssigkeit der Stute nachgewiesen wurden, während umgekehrt bei der Stute das Testosteron fehlte (wie auch in der Follikelflüssigkeit der Frau). Wenn also zwischen den einzelnen Arten quantitative und qualitative Unterschiede im Steroidgehalt der Follikelflüssigkeit vorhanden sind, so sind doch Progesteron, 17a-Hydroxyprogesteron, Androstendion, Oestron und Oestradiol-17β allen 3 Arten (Rind, Pferd, Mensch) gemeinsam und ebenso ist Oestradiol-17β das Hauptoestrogen bei allen 3 Arten. RYAN u. SMITH (1961) wiesen die Umwandlung von Acetat-1-^{14}C in $\varDelta^4$-Androsten-3,17-dion, 17a-Hydroxyprogesteron, Dehydroepiandrosteron und Pregnenolon durch menschliches Ovarialgewebe in vitro nach. WEST u. NAVILLE (1962) isolierten radioaktives Oestradiol, Oestron, Androstendion und Testosteron nach Inkubation von Ovarialgewebe der Stute mit Dehydroepiandrosteron-4-^{14}C. GOSPODAROWICZ (1964) bebrütete in getrennten Versuchen Follikelgewebe aus Kaninchenovarien mit Dehydroepiandrosteron-^{14}C (DHEA-^{14}C), Progesteron-^{14}C und Pregnenolon-^{3}H in Gegenwart von FSH, mit den folgenden Ergebnissen: 39% der Radioaktivität von DHEA-^{14}C wurde in Androstendion und Testosteron umgewandelt, während nur 3% der Radioaktivität von Progesteron-^{14}C und Pregnenolon-^{3}H in der Androgenfraktion gefunden wurden. Aus dem Verhältnis von aus den 3 Vorläufern gebildetem Testosteron zu Androstendion wird der Schluß gezogen, daß DHEA und Pregnenolon, aber nicht Progesteron die Vorläufer von Androgenen im Follikel sind.

lichen Oestrogenspiegel im Plasma zu kombinieren. Das führte ALLOITEAU u. BOUHOURS (1964) dazu, Testosteronpropionat bei während der Gravidität hypophysektomierten Ratten zu injizieren: Die Hypophysektomie erfolgte am 7. oder 8. Tag der Gravidität, die Nidationen waren zu diesem Zeitpunkt stets vollzogen. Höhere Dosen des Hormons (100—125 μg) wirkten abortiv, dagegen erwiesen sich kleine Dosen (20—50 μg) als einfaches Mittel, um die Folgen der Hypophysektomie wettzumachen und die Gravidität aufrechtzuerhalten. Im allgemeinen begann die Hormonbehandlung am Tag vor der Hypophysektomie, doch konnte sie auch noch wirksam sein, wenn sie am Tag der Hypophysektomie begonnen wurde. Verff. führen die Wirkung von Testosteron auf seine Umwandlung in Oestrogene zurück; eine echte progestative Wirkung kommt nach ihnen dem Testosteron nicht zu.

Die Submaxillaris-Speicheldrüse der Maus ist in ihrer Entwicklung und histologischen Differenzierung hormonabhängig; das Ausmaß der Ausbildung der serösen Tubuli hängt von der Gegenwart der Androgene ab[4]. DESCLIN (1959) hat einen „tubulären Index" (TI) festgelegt, der es gestattet aufgrund von planimetrischen Messungen das Maß der relativen Entwicklung der serösen Tubuli festzulegen: TI ist beim Weibchen = 16,1, beim Männchen = 49,7, ein hoher TI ist somit kennzeichnend für die Gegenwart von Androgenen. In Abweichung vom weiblichen Normalwert von 16,1 ist TI bei der graviden Maus = 31,3, bei der lactierenden = 45,0: in beiden Fällen ist diese Erhöhung des TI durch im Ovarium (u. zw. in den Corpora lutea) produzierte Androgene bedingt. Werden die Weibchen unmittelbar nach dem Wurf kastriert, so geht der erhöhte TI der Gravidität sofort zurück (17,4), obgleich die Lactation normal verläuft. Es darf aber nicht unerwähnt bleiben, daß gewisse Beobachtungen für die Möglichkeit einer Beeinflussung des TI beim Weibchen auch durch die Nebennieren sprechen: so konnte DESCLIN (1960) durch die tägl. Injektion von 5 IE ACTH im Lauf von 5 Tagen den TI bei normalen Mäuseweibchen auf 30,4, bei frisch kastrierten Weibchen auf 28,3 steigern — die Entfernung der Ovarien hatte sich in diesem Fall nicht ausgewirkt, die Nebennieren waren stark hypertrophiert. Liegt die Kastration der Weibchen 2—4 Monate zurück, so sind die Submaxillardrüsen ohne jede weitere Behandlung so stark maskulinisiert, daß sich der TI dem des normalen Männchens nähert; das gilt aber nur für geschlechtsreife Weibchen, eine Maskulinisierung der Submaxillardrüsen nach der Kastration findet nicht statt, wenn die Entfernung der Ovarien vor der Pubertät erfolgt. Diese Beobachtungen über die Spätfolgen der Kastration lassen sich in die Auffassung, daß der Ursprung der maskulinisierenden Wirksamkeit *nur* in den Ovarien zu suchen ist, gegenwärtig nicht einordnen; trotzdem hält DESCLIN (1959) an der überragenden Bedeutung der Ovarien (Corpora lutea) für die physiologische Produktion von Androgenen beim Weibchen fest, worin ihn auch die Ergebnisse weiterer Versuche mit parabiotisch vereinigten Mäusen bestärkten (DESCLIN, 1961).

Eine weitere Bestätigung dieser Auffassung ergab sich, wenn DESCLIN (1965) Mäuseovarien bei kastrierten Mäusemännchen unter die Nierenkapsel überpflanzte und gleichzeitig ein Hypophysentransplantat danebensetzte: unter seinem Einfluß kam es im Ovarialtransplantat zur Ausbildung von Corpora lutea und zur Produktion von Androgenen, kenntlich an der Maskulinisierung der Submaxillardrüsen bei den kastrierten Männchen. Es ist bemerkenswert, daß die Speicheldrüsen bedeutend empfindlicher für die Wirkung der endogenen Androgene sind als die Anhangsdrüsen des männlichen Genitaltraktus, in dem die Vesiculardrüsen und Prostatae atrophisch bleiben, trotz der von den Corpora lutea im Ovarialtransplantat erzeugten Androgene. Im Ovarialtransplantat *ohne* daneben liegendes

---

4 Vgl. dazu das Kapitel über Androgene und Speicheldrüsen, S. 542 ff.

Hypophysentransplantat kommt es nicht zur Ausbildung von Corpora lutea, dementsprechend auch nicht zur Produktion von Androgenen und die Maskulinisierung der Submaxillardrüsen bleibt aus.

Die Zahl der *experimentellen Beweise* für die androgene Potenz des Ovariums ist sehr groß. Den Beginn dieser Forschung darf man wohl in den Beobachtungen von MEISENHEIMER (1911) erblicken, der beim kastrierten männlichen Frosch eine Virilisierung durch ein ovarielles Homotransplantat erreichte. Sehr überzeugend war die Beobachtung von LIPSCHÜTZ (1932), der unter seinen zahlreichen Versuchstieren ein kastriertes Meerschweinchen-Männchen fand, das durch ein intrarenal homo-transplantiertes Ovarium zunächst feminisiert und 3 Jahre später durch das gleiche Transplantat re-virilisiert worden war: die Vesiculardrüsen waren von normaler Größe und von ihrem Sekret prall gefüllt, die Prostata wies eine typische Aktivität mit den enzymatischen und histologischen Anzeichen auf und der Penis trug die charakteristischen Stachelorgane, die nach der Kappung als Zeichen der Androgengegenwart regenerierten; das Ovartransplantat bestand aus stark hypertrophierten luteinisierten Zellen von drüsigem Charakter, enthielt aber weder Follikel noch Corpora lutea, trotzdem beobachtete man am Mammarapparat eine starke Feminisierung. Auch DOVAZ u. PONSE (nach PONSE, 1955) beobachteten Virilisierungswirkungen ovarieller atretisch luteinisierter Homotransplantate vom Meerschweinchen nach 2-3jähriger Latenz.

HILL u. GARDNER (1936) fanden eine vollkommene Wiederherstellung der sekundären männlichen Geschlechtsmerkmale (Vesiculardrüsen, Prostata) bei kastrierten Mäusemännchen durch Homotransplantate von Mäuseovarien in die Ohrmuscheln der jugendlichen Kastraten. Aus der Tatsache, daß diese androgene Wirkung der Ovarien noch verstärkt wurde, wenn man die Transplantatträger bei einer niederen Außentemperatur hielt (22° statt 33°C), schloß HILL (1937), daß das Ovarium unter den experimentellen Bedingungen der niederen Außentemperatur veranlaßt wird androgene Stoffe zu bilden. HERNANDEZ (1943) hat diese Befunde an Rattenweibchen bestätigt: die rudimentären Prostataanlagen reagierten mit einer deutlichen Stimulierung und die Clitoris zeigte eine Hypertrophie, wie sie für die Wirkung der Androgene charakteristisch ist (vgl. VOSS u. LOEWE, 1930); auch in den Versuchen von HERNANDEZ fanden die Ovartransplantationen in die Ohrmuschel oder unter die Haut der Extremitäten oder des Schwanzes statt, also an Orte, wo sie einer niederen Umgebungstemperatur im Vergleich zur Abdominaltemperatur ausgesetzt waren. Ähnliche Versuche wurden von LAMPTON u. MILLER (1940) und von PONSE u. DOVAZ (s. PONSE, 1955) an Rattenweibchen, von HILL (1937) an Mäuseweibchen mit Vesiculardrüsentransplantaten, von PONSE, DOVAZ u. LIBERT (s. PONSE, 1955) an kastrierten Meerschweinchenweibchen, von PFEIFFER u. HOOKER (1942) an Mäusen durchgeführt; DESCLIN (1954) untersuchte an kastrierten Weibchen den Einfluß der konstanten Belichtung auf die Struktur der in die Ohrmuschel transplantierten Ovarien, KEMPF (1949) an kastrierten Rattenmännchen den Einfluß der Progesteronverabreichung auf die Struktur und Wirkung der Ovarialtransplantate. Entscheidend für die Deutung des Mechanismus der androgenen Wirkung der Ovartransplantate waren die Untersuchungen von DEANESLY (1938): Sie hatte schon vor den Versuchen von HERNANDEZ (1943) aufgrund von Versuchen an kastrierten Rattenmännchen zwar die androgene Wirkung der Ovarialtransplantate bestätigen können, aber nicht die niedere Umgebungstemperatur dafür verantwortlich gemacht, sondern die Bildung von Thekaluteinzellen im Ovarium, von deren Ausmaß nach DEANESLY die Stärke der androgenen Wirkung abhängen sollte. Daß die Umgebungstemperatur *keinen* entscheidenden Einfluß auf die Androgenbildung ausübe, wurde dann durch die Versuche von KATSH (1950) erhärtet, der kastrierten Rattenmännchen Ovarien in die Wand der Vesiculardrüsen bzw. der Prostata implantierte und eine vollkommene Restitution sowohl der Vesiculardrüsen als auch der Prostata zum Normalzustand hinsichtlich Größe und Sekretionstätigkeit feststellte. Kontrollversuche mit Transplantation von Pankreas, Speicheldrüsen, Schilddrüse, Placenta u. a. verliefen negativ, nur die Transplantation von reifem oder jugendlichem Hodengewebe ergab ein positives Resultat (ebenso die Implantation von Testosteronpropionat-Kristallen, während Kristalle von Cholesterin, Oestron und Progesteron wirkungslos blieben). Corpora lutea waren bei der Transplantation zwar wirksam, aber nur insoweit als das ihnen anhängende Ovarialgewebe im Verlauf des Versuches zu einem normalen Ovarium regenerierte. Auch KATSH kam, wie DEANESLY, zur Überzeugung, daß der Grad der Androgenwirkung dem Grad der Luteinisierung der Follikel parallel geht.

PONSE (1955) mißt, ebenso wie MURRAY (nach PARKES, 1950) und LIPSCHÜTZ (1932) dem *Zeitfaktor*, der Dauer der Transplantatwirkung die entscheidende Bedeutung für die Entwicklung des androgenen Effekts zu: tatsächlich benötigt das Transplantat bei der Maus ein Minimum von 55 Tagen, im Mittel von 3 Monaten, für die Entwicklung der androgenen Wirkung; ein Transplantat, das nach 56 Tagen noch negativ war, wirkte stark virilisierend nach 139 Tagen, ein anderes, negativ nach 111 Tagen, wurde wirksam nach 141 Tagen (HILL). Bei der Ratte bedarf es einer Transplantat-Dauer von etwa 3—6 Monaten; bei den weiblichen Meerschweinchen kommt es im Lauf des 2. Jahres zur Maskulinisierung, die sich in den folgenden Jahren noch verstärkt. Der Eintritt des androgenen Effekts kann durch eine zusätzliche Injektion von Stutenserumgonadotropin (PMS) beschleunigt werden und dann bereits am 35. statt am 130. Tag erfolgen (PFEIFFER u. HOOKER, 1942).

Die letztgenannte Beobachtung leitet zu den *Maskulinisierungsversuchen durch Verabreichung von Gonadotropinen* bei den Weibchen von Ratten und Meerschweinchen über. STEINACH u. KUN (1931) waren die ersten, die eine solche Wirkung wenig gereinigter Hypophysenextrakte bei Ratten beschrieben; ihre Beobachtungen wurden von GUYÉNOT, PONSE u. WIETRZYKOWSKA (1932) bestätigt: da die benutzten Extrakte auch bei Kastraten wirksam waren, während sie bei adrenalektromierten Kastraten nicht wirkten, kann mit Recht vermutet werden, daß in diesen Versuchen die androgene Wirkung im wesentlichen auf die Aktivität der Nebennieren zurückzuführen war, die durch das in den unreinen Extrakten enthaltene Corticotropin (ACTH) stimuliert wurde. Anders bei der Anwendung von Schwangerenharn-Extrakten, die nur das Choriongonadotropin (HCG) enthielten und an Kastraten unwirksam waren: hier ist das Ovarium das entscheidende Glied im Wirkungsmechanismus und verantwortlich für das Zustandekommen der Maskulinisierung, denn die Choriongonadotropine steigern die Androgenproduktion im Ovarium. Neben dem HCG wurde das Gonadotropin aus dem Serum trächtiger Stuten (PMS) in diesen Versuchen verwandt; es ist an Mäusen und Vögeln das allein wirksame (UOTILA, 1939; PFEIFFER u. HOOKER, 1942a, 1942b), auch wirkt es rascher und stärker als HCG. Im allgemeinen wurden hohe Dosen (20, 40, 75, 150 IE/Tag, sogar bis zu einer Tagesdosis von 800 IE, und eine Gesamtdosis von 13000 IE) angewandt (GREENE u. BURRILL, 1939); doch haben BRADBURY u. GAENSBAUER (1939) auch mit Dosen von 2,5—10,0 RE HCG bzw. 0,5 RE PMS/Tag positive Ergebnisse erzielt.

Der androgene Effekt wurde meist an der penisoiden Hypertrophie der Clitoris abgelesen, aber auch an der Reaktion der Prostataanlagen bei der weiblichen Ratte oder der Anlagen der accessorischen Geschlechtsdrüsen des Männchens nach Überpflanzung in das mit Gonadotropin zu behandelnde Weibchen. Man hat auch die Präputialdrüsen des Weibchens als Kriterium für die ovarielle Androgenwirkung herangezogen, ebenso die Submaxillaris-Drüsen, doch scheinen wenigstens die erstgenannten wegen ihrer Beeinflußbarkeit durch verschiedene Sexualhormone (Androgene, Oestrogene; ACTH) für diesen Zweck nicht geeignet zu sein, ebenso auch die letztgenannten wegen ihrer komplexen Reaktionsweise (PONSE, 1955). Ein positiver androgener Effekt der Gonadotropine ist nur bei einer mindestens 3 Wochen, meist länger dauernden Behandlung zu erreichen. So bewirkten HCG und PMS an weiblichen infantilen Ratten, vom 6. bis zum 30. Lebenstag verabfolgt, Hypertrophie von Clitoris, Präputium und Präputialdrüsen (BRADBURY u. GAENSBAUER, 1939). Weitere Beispiele bei JUNKMANN (1960).

Eine Androgenproduktion im Ovarium wird auch durch die Ergebnisse von Parabiose-Versuchen wahrscheinlich gemacht (JOHNSON, 1958), in denen eine infantile weibliche kastrierte Ratte mit einer normalen infantilen weiblichen Ratte mit weiblicher Prostata vereinigt war, und diese Prostata-Anlage eine bis zum 120. Lebenstag zunehmende androgene Stimulierung durch die vermehrten Gonadotropine der kastrierten Partnerin erkennen ließ. Die parabiotische Vereinigung von 2 kastrierten Rattenmännchen, von denen eines ein Ovarimplantat trägt, läßt eine androgene Beeinflussung (Stimulierung) von Vesiculardrüsen und Prostata in dem das Ovarialimplantat tragenden Parabionten erkennen. Mäuseweibchen, die im Alter von 6 Wochen mit gleichalten kastrierten Weibchen parabiotisch vereinigt und 28 Tage später getötet wurden, hatten einen Daueroestrus während der ganzen Versuchsdauer und zeigten eine deutliche Virilisierung der Submaxillardrüsen, gleichgültig ob ihre Ovarien in situ lagen oder in die Submaxillardrüsen transplantiert waren (DESCLIN JR., 1961); bei Weibchen, deren Ovarien im Alter von 6 Wochen in die Submaxillardrüsen autotransplantiert wurden und die im Alter von 10 Wochen mit gleichalten kastrierten Männchen parabiotisch vereinigt und 26 Tage später getötet wurden, wiesen die Ovarien eine cystische Umwandlung auf und eine Hypertrophie des interstitiellen Gewebes, das in der Hauptsache aus klaren vakuolisierten Zellen bestand (Corpora lutea fehlten): diese Zellen werden als die alleinigen Androgenproduzenten betrachtet und sind vermutlich den vakuolisierten Interstitialzellen von PFEIFFER u. HOOKER (1942 a, b) und damit den Leydig-Zellen des Hodens zu vergleichen. Durch intraokulare Transplantationen neben einander von homologem Hypophysengewebe und den Erfolgsorganen der verschiedenen Hypophysenvorderlappen-Hormone zeigte MENANDER-SELLMAN (1964) an der hypophysektomierten Ratte, daß diese Transplantate ICSH produzierten, unter dessen Einfluß die atrophischen interstitiellen Zellen des gleichzeitig transplantierten Ovariums wiederhergestellt wurden und durch ihre induzierte Androgensekretion die transplantierte ventrale Prostata stimulierten. Bemerkenswert war es, daß eine Regeneration der Interstialzellen nur in den Teilen des Ovarialtransplantats stattfand, die dem Hypophysentransplantat unmittelbar benachbart waren und mit ihm in Berührung standen, während in den entfernteren Teilen die Interstitialzellen eine Unterfunktion verschiedenen Grades aufwiesen.

SIMMER u. VOSS (1960) untersuchten 82 Ovarien operierter Patientinnen, die in Corpora lutea, Hilusgewebe, Mark und Rinde unterteilt wurden, auf ihren Gehalt an Androgenen, wobei ein Drittel der Gewebe im biologischen Androgentest am Kapaunenkamm geprüft wurde und zwei Drittel der chemisch-physikalischen Analyse unterworfen wurden. Δ^4-Androstendion wurde, in Bestätigung von ZANDER (1957), aus Corpora lutea isoliert und identifiziert (Konzentration im Äthanolextrakt 59 μg-%, im Hilusgewebe fanden sich trotz relativ hoher biologischer Aktivität nur geringe Mengen, in Rinde und Mark eine Konzentration im Äthanolextrakt von 5,2 μg-% Androstendion). Testosteron ließ sich nicht erfassen; die Gegenwart von Androsteron und DHA konnte in allen untersuchten Geweben wahrscheinlich gemacht werden.

Verschiedene Hinweise auf die *Thekaluteinzellen als Produktionsstätte der ovariellen Androgene* konnten aus den oben beschriebenen Versuchen und Beobachtungen entnommen werden; wie ausdrücklich zu unterstreichen ist, handelt es sich nicht um Luteinzellen, die sich aus der Granulosa der Follikel entwickeln („echtes" Corpus luteum-Gewebe), sondern um die von der Theca interna der Follikel abstammenden Thecaluteinzellen. Für diesen Ursprung sprechen auch die Versuche von PAESI u. GAARENSTROOM (1943), die bei hypophysektomierten Rattenweibchen eine Androgenproduktion im Interstitium des Ovariums fanden, wenn es mit HCG stimuliert wurde. Unter dieser stimulierenden Wirkung findet man die Thecaluteinzellen hypertrophiert, in mitotischer Vermehrung und reich an Vorläufern der Steroide. Weder die Gegenwart von intakten Follikeln noch von Corpora lutea ist für das Zustandekommen einer androgenen Wirkung des Ovariums unumgänglich, was aber nicht ausschließt, daß unter Umständen, z.B. unter dem zusätzlichen Stimulans einer niederen Außentemperatur auch die Follikel bzw. Corpora lutea sich an der Androgenproduktion beteiligen (vgl. Versuche von HERNANDEZ, 1943).

Als Androgenproduzenten kommen auch die *Hiluszellen* des Ovariums in Frage, wie besonders von DHOM (1955) für Frauen in der Menopause und von LIPSCHÜTZ (1933) für das Meerschweinchen betont wurde; auch die Befunde in pathologischen Fällen bei der Frau (BERGHEISER, 1957) sprechen dafür, ebenso wie bei Hiluszelltumoren (STOLK, 1955).

PONSE (1955) hat darauf aufmerksam gemacht, daß die durch die Injektion von Gonadotropinen hervorgerufene Produktion von Androgenen ebenso wie diejenige bei Ovartransplantationen stets von einer gleichzeitigen gesteigerten Produktion von Oestrogenen begleitet ist, die sich an den Oestrogen-Erfolgsorganen (Vagina, Uterus, Mammarapparat) in typischer Weise offenbart und vermutlich ebenso wie die Androgenproduktion ihren Sitz in den Thecaluteinzellen hat. Doch kann die Maskulinisierung keinesfalls etwa auf eine indirekte über die Hypophyse gehende Wirkung dieser Überproduktion von Oestrogenen zurückgeführt werden, worauf allein schon die Versuche an hypophysektomierten Tieren hinweisen.

Die Beobachtungen über die Rolle der Luteinzellen bei der Vermännlichung lassen die Frage aufwerfen, ob nicht das *Progesteron* selber für die androgene Wirkung verantwortlich zu machen ist. Tatsächlich haben GREENE, BURRILL u. IVY (1939) in einer Veröffentlichung, die den Titel trägt: „Progesteron ist androgen", an männlichen und weiblichen infantilen und kastrierten erwachsenen Rattenmännchen und neugeborenen Weibchen diesen Nachweis zu führen gesucht, indem sie den Versuchstieren Corpus luteum-Extrakte oder reines Progesteron injizierten: sie fanden bei den Weibchen eine starke Vergrößerung der Clitoris, wenn sie vom 1.—30. Lebenstag insgesamt 45 oder 70 mg Progesteron (3 mg tägl.) injizierten. WITSCHI u. CHANG (1950) haben maskulinisierende Wirkungen von Progesteron bei Kaulquappen beschrieben, die bis zu einer vollkommenen Geschlechtsumwandlung bei subletalen Dosen führten. Nach PRICE, MANN u. LUTWAK-MANN (1955) liegt die androgene Wirksamkeit von 25 mg Progesteron tägl. bei erwachsenen kastrierten Rattenmännchen etwa in der gleichen Größenordnung wie diejenige von 5 μg Testosteron tägl. unter den gleichen Versuchsbedingungen. Die von anderen Untersuchern vollkommen in Abrede gestellte androgene Wirksamkeit von Progesteron beschränkt sich nach den neueren Beobachtungen von DESAULLES u. KRÄHENBÜHL (1962) auf eine Stimulierung der ventralen Prostata bei kastrierten Rattenmännchen, ein Schluß, den schon früher EPSTEIN, KUPPERMAN u. CUTLER (1958) und andere Untersucher (zit. bei EPSTEIN u. Mitarb.) gezogen hatten. ZAHLER (1951), der die Angaben früherer Autoren kritisch analysierte und selber mit reinem Progesteron Versuche an intakten und kastrierten, erwachsenen und infantilen Rattenmännchen anstellte, kommt zum Schluß, daß die widersprechenden Ergebnisse der verschiedenen Autoren sich nur durch einen wechselnden Reinheitsgrad der verwendeten Progesteronpräparate erklären lassen; in den eigenen Versuchen fand er eine Wirkung auf die Prostata, die sich durch Kombination des Progesterons mit reinem Oestron verstärken ließ. Ob eventuell die Reaktion auf Progesteron je nach der verwendeten Versuchstierart verschieden sein könnte, wie es nach den positiven Ergebnissen von PFEIFFER u. KIRSCHBAUM (1941) am mit PMS behandelten Sperlingsweibchen und den negativen Ergebnissen der in gleicher Weise mit PMS injizierten kastrierten und mit Ovar implantierten Mäusemännchen (PFEIFFER u. HOOKER, 1942a) den Anschein hat, ist bei der Komplexität der Versuchsanordnung ohne neue Versuche nicht zu entscheiden.

STEINACH u. KUN (1931) haben bei Rö-bestrahlten Meerschweinchenweibchen eine Hypertrophie der Clitoris, ein männliches Verhalten und eine Hemmung des Brunstcyclus beschrieben, zugleich eine Feminisierung von Mammarapparat und Uterus; in den Ovarien fanden sie eine starke Luteinisierung und führten die virilisierende Wirkung auf die Corpora lutea zurück, da Roh-Extrakte aus ihnen eine Maskulinisierung bei kastrierten Männchen und Weibchen auslösten. Ob es sich bei dem luteinisierten Gewebe um echte Corpora lutea oder um Thecaluteinzellen handelte, wurde nicht geklärt.

PFEIFFER (1936a, 1936b, 1939) hat bei neugeborenen Ratten bzw. Mäusen durch die Einpflanzung der heterosexuellen Keimdrüse eine Feminisierung der Männchen und eine Virilisierung der Weibchen herbeigeführt, doch konnte die Virilisierung der Weibchen auch durch die Implantation eines überzähligen Ovariums bewerkstelligt werden. Die Folge ist eine Störung des hypophysär-ovariellen Gleichgewichts, im Ovarium entwickelt sich eine komplette Dysfunktion, mit gleichzeitiger androgener und hyperfeminisierender Wirksamkeit.

PONSE (1955) sieht das Gemeinsame in allen diesen Fällen von ovarieller Dysfunktion in der allmählichen Entwicklung einer Störung des hypophysär-ovariellen Gleichgewichts, die durch die Rö-Bestrahlung, durch die heterotope Ovarialtransplantation oder durch die Implantation einer überzähligen Keimdrüse bei neugeborenen Tieren hervorgerufen wird. Es scheint, als ob die Produktion des follikelstimulierenden gonadotropen Faktors (FSH) abnimmt oder seine Erfolgsorgane verschwinden, infolge der verbreiteten Atresien und der Zerstörung der Granulosa. Dagegen nimmt die Sekretion des luteinisierenden Gonadotropins (LH oder ICSH) zu, die, obgleich ungenügend für die Luteinisierung eventuell vorhandener Granulosa-Zellen (wie in den Versuchen von HERNANDEZ), dennoch ausreicht, um das Thecagewebe und die thecal-interstitiellen Zellen zu beeinflussen, die zum endokrinen Drüsengewebe des Ovars werden. Im Gegensatz zu der langsamen, allmählichen Entwicklung der hypophysär-ovariellen Störung in diesen Fällen geht die Störung nach Injektion von Gonadotropinen rasch von statten. Bei allen diesen experimentellen Eingriffen, die einen Virilismus rein ovarieller Genese auslösen, ist die Ausscheidung von 17-Ketosteroiden nur geringfügig erhöht und betrifft nur diejenigen Fraktionen, die aus dem Androgenstoffwechsel stammen, das Androsteron und das Ätiocholanolon. Die Thecazellen, die normaler Weise nur geringe Mengen von Androgenen produzieren und bedeutend mehr Oestrogene hervorbringen, ändern unter dem Einfluß der hypophysär-ovariellen Störung ihren Steroidstoffwechsel und die Synthese von Androgenen und Progesteron gewinnt das Übergewicht.

Eine Unterstützung findet die Auffassung von PONSE in den Versuchsergebnissen von ROSNER, POUMEAU, DELILLE, TRAMEZZANI u. CARDINALI (1965), die Rattenweibchen am 5. Lebenstag Testosteron injizierten, wodurch es zu einer

Sterilität im erwachsenen Zustand kommt. Wird ein solches steriles Ovarium der erwachsenen Ratte mit Pregnenolon-4-^{14}C inkubiert, so wandelt es 80,3% des radioaktiven Pregnenolon in verschiedene Steroide um, darunter 9,2% Androgene, während ein normales Ovarium unter den gleichen Inkubationsbedingungen nur 20,1% Pregnenolon verstoffwechselt, ohne die Bildung nachweisbarer Mengen von Androgenen. Inkubiert man das sterile Ovarium mit Progesteron-4-^{14}C, so wandelt es 11,1% der zugesetzten Menge Progesteron in Testosteron um, das normale Ovarium unter den gleichen Kulturbedingungen nur 0,9%.

Wie weit die *androgene Funktion der Nebennierenrinde* in die experimentellen Virilisierungsvorgänge eingreift, soll im nächsten Abschnitt dieses Kapitels untersucht werden.

Die Androgenproduktion in gewissen *Ovarialtumoren* wird weiter unten behandelt (S. 205ff.). Dagegen sei hier noch kurz auf das Syndrom der *polycystischen Ovarien* bei der Frau hingewiesen, das seit seiner ersten Beschreibung durch BERGSTRAND (1934) und STEIN u. LEVENTHAL (1935) immer wieder in neuen Fällen beschrieben worden ist [vgl. die zusammenfassende Darstellung von SIMMER (1963) über die Androgene polycystischer Ovarien und Hirsutismus]. Bei diesen insgesamt etwa 400 Frauen läßt sich in 56% der Fälle Hirsutismus und in 17% dieser Patientinnen das Vorkommen anderweitiger Anzeichen von Virilismus (Clitorishypertrophie u. a.) feststellen. An der Bildung und Sekretion von Androgenen durch die polycystischen Ovarien kann, nach SIMMER, kein Zweifel sein, doch lassen sich über das Ausmaß der Sekretion noch keine sicheren Aussagen machen. Daß es in den einzelnen Fällen (nur quantitativ oder auch qualitativ?) unterschiedlich ist, kann man daraus entnehmen, daß etwa 50% dieser Frauen keinen Hirsutismus aufweisen. Eine Beteiligung der Nebennierenrinde an der Verursachung des Hirsutismus und der anderen Virilisierungserscheinungen wurde durch die bisherigen Untersuchungen nicht ausgeschlossen, wenn auch, wie SIMMER betont, der Hirsutismus und die Harn- und Blutbefunde bei diesen Patientinnen mit einer Sekretion von Testosteron, Androstendion und Dehydroepiandrosteron durch die polycystischen Ovarien erklärt werden können.

3. Vorkommen in den Nebennieren[5]

Das Vorkommen von Androgenen in den Nebennieren und ihre biologische Bedeutung sind von HOWARD u. MIGEON in einem anderen Bande dieses Handbuches eingehend behandelt worden (1961). Auch im vorliegenden Bande sind die aus den Nebennieren isolierten Androgene, ebenso wie ihr Auf- und Abbau im Kapitel über die Chemie der Androgene bereits dargestellt. Die Beschreibung der Androgenproduktion in gewissen Nebennierentumoren ist dem letzten Abschnitt des vorliegenden Kapitels vorbehalten, in dem die Tumoren ganz allgemein als Androgenquelle betrachtet werden. Für die Behandlung hier an dieser Stelle bleiben daher nur jene experimentellen Studien übrig, in denen die Quelle der beobachteten androgenen Wirksamkeit mit großer Wahrscheinlichkeit oder Sicherheit in der Nebennierenrinde angenommen werden kann, ohne daß es bisher gelungen wäre, die Natur der verantwortlichen androgenen Substanzen festzustellen.

Die erste Vermutung einer Androgenproduktion in den Nebennieren (NN) gründete sich (neben Fällen von NN-Tumoren) auf die Beobachtungen von NN-Rindenhyperplasien, die mit einer Virilisierung ihrer Trägerinnen einhergingen. Sie wurden beschrieben, lange bevor die Untersuchungen der Biochemiker die

---

5 Vgl. hierzu den Abschnitt über die Androgene der Nebennieren von E. HOWARD u. CL. MIGEON im Ergänzungs-Band XIV/1 dieses Handbuches, S. 570ff., 1962.

Gemeinsamkeiten im Steroidstoffwechsel der NN-Rinde und der Gonaden auf-
gedeckt und den chemischen Nachweis des Vorkommens von Androgenen (ebenso
wie von Oestrogenen und Gestagenen) in den NN geliefert hatten. Was für enorme
Höhen die endogene Androgenproduktion bei solchen Patientinnen erreichen kann,
geht z. B. aus einem Fall hervor, den CARTA u. SHORR (1952) untersuchten: Bei
einem jungen Mädchen von ausgesprochen maskulinem Habitus mit doppelseitiger
NN-Rindenhyperplasie stellten sie eine tägliche (!!) Androgenproduktion fest, die
einem Äquivalent der biologischen Wirksamkeit von 1500—2500 mg (sic!) Testosteronpropionat entsprach. Die Ausscheidung von Androgenabbauprodukten
(17-Ketosteroiden) im Harn kann in solchen Fällen von den Werten bei normalen
Frauen (durchschnittlich 10—12 mg/Tag) auf 80—100 mg/Tag und mehr ansteigen (ZIMMERMANN, 1951).

ARAI (1961) gelang es eine androgene Wirksamkeit normaler NN der Ratte
nachzuweisen, indem er junge Rattenmännchen zunächst im Alter von 3—4 Monaten kastrierte und 2 Wochen später adrenalektomierte; gleichzeitig wurde je
eine NN auf die eine Vesiculardrüse und auf die ventrale Prostata transplantiert.
Bei der Tötung nach 80—120 Tagen wurden das Gewicht der accessorischen Geschlechtsdrüsen mit und ohne NN-Transplantat bestimmt und die Drüsen histologisch untersucht: Nach 80 Tagen war nur eine sehr geringe lokale, wenn überhaupt
eine androgene Wirkung auf Vesiculardrüsen und Prostata festzustellen und erst
nach Verlängerung der Versuchsdauer auf 120 Tage konnte man eine sichere,
wenn auch ganz beschränkte lokale stimulative Wirkung der NN-Transplantate
nachweisen. Die lange Latenzzeit des androgenen Effekts in diesen Versuchen
stimmt mit den Beobachtungen an Ovarialtransplantaten überein, bei denen es
auch viele Wochen und Monate dauerte, bis die Androgenwirkung zum Ausdruck
kam (s.o. S. 171).

Eine spontane Virilisierung beim Meerschweinchenweibchen hat LIPSCHÜTZ
(1924) beschrieben, die er unter den Hunderten von Tieren seines Laboratoriums
in Dorpat (Estland) in 15 Fällen feststellen konnte; einen weiteren Fall beobachtete er in Riga (Lettland) unter 63 untersuchten Weibchen; hin und wieder traten
solche Virilisationen auch in anderen Zuchten auf. Bei diesen intersexen Weibchen
war die Clitoris zu einem mehr oder weniger penisoiden Organ umgewandelt, mit
vergrößerter Glans und Stachelorganen von 2—3 mm Länge, die nach partieller
Abtragung regenerierten, was beim Männchen nur unter dem Einfluß von Androgenen erfolgt. Bei diesen Weibchen hatte die Entfernung der Ovarien keinen
Einfluß auf die Hypertrophie der Clitoris oder auf die Stachelorgane; die Überpflanzung der äußerlich normalen Ovarien auf kastrierte Männchen hatte keine
maskulinisierende Wirkung. Die spontane Virilisierung war also nicht auf die
Tätigkeit der Ovarien zurückzuführen, die Quelle der Androgene mußte in einem
anderen Organ gesucht werden (in der Nebenniere? — eine Möglichkeit, die von
LIPSCHÜTZ damals nicht berücksichtigt wurde).

In den Meerschweinchenzuchten des Genfer Laboratoriums von GUYÉNOT
und PONSE wurde diese Clitorisanomalie in 68% der Weibchen gefunden (PONSE,
1955); hier stellten GUYÉNOT u. DUSZINSKA-WIETRZYKOWSKA (1935) unter den
Nachkommen aus einer Artenkreuzung von Cavia cobaya X Cavia aperea eine
Serie von Weibchen mit extrem peniformer Clitoris fest (Stachelorgane von
2—7 mm Länge, Epithelzähnchen auf der Glans, die Glans von 4—8 mm Länge),
die ausgesprochene männliche Sexualinstinkte zeigten. Neben anderen Anzeichen
einer Störung des hormonalen Gleichgewichts an der Hypophyse, den Ovarien und
der Thyreoidea wurde eine bedeutende Hypertrophie der NN bei diesen Artbastar-
den gefunden; auch hier, wie in den Fällen mit ovariell bedingter Maskulinisierung

begleitete eine chronische Oestrogenproduktion mäßigen Grades die Virilisierungserscheinungen.

In der Folgezeit haben PONSE u. Mitarb. (PONSE, 1955) bei den älteren Meerschweinchenweibchen ihres Instituts eine cystische Degeneration der Ovarien und in etwa 75% dieser Tiere eine deutliche Maskulinisierung der Weibchen gefunden: alle diese Tiere besaßen mikro- oder makrocystische Ovarien (ohne funktionierende Corpora lutea), ferner Anzeichen einer niederen, aber konstanten Oestrogenproduktion und stets hypertrophierte NN; Harnuntersuchungen ergaben einen aufs Doppelte erhöhten Gehalt an 17-Ketosteroiden, besonders derjenigen von vermutlich adrenalem Ursprung. Die Clitoris, ausgesprochen peniform, wies häufig einen spontanen Priapismus mit übermäßiger Sekretion der Präputialdrüsen auf; die männlichen (kämpferischen) Sexualinstinkte waren sehr deutlich entwickelt.

Ähnliche Beobachtungen einer Virilisierung wurden an Weibchen mit polycystischen Ovarien bei Mäusen, Schweinen und Kühen gemacht, bei denen die NN hypertrophiert waren (vgl. PONSE, 1955, hier Literatur). PONSE hat auf die Möglichkeit hingewiesen, daß es sich um eine corticotrope Stimulierung der NN unter dem Einfluß der chronischen Oestrogenproduktion handeln könnte, mithin um einen sekundären cortico-adrenalen Virilismus. Damit stimmt das Fehlen der Ausbildung eines massiven „crinogenen" Gewebes in den Ovarien überein, wie es für den Virilismus rein ovariellen Ursprungs charakteristisch ist.

LIPSCHÜTZ u. VOSS (1925) führten seinerzeit die Methode der Ovarialfragmentierung an der Katze zum Studium der kompensatorischen Ovarialreaktion nach Entfernung des ganzen einen Ovariums und des größten Teiles des zweiten Ovariums ein. In der Folge erwies sich diese Methode, besonders bei ihrer Übertragung auf andere Versuchstierarten (Meerschweinchen, Ratte) als außerordentlich geeignet, um die Folgen einer Störung des ovariell-hypophysären Gleichgewichts zu untersuchen: Unter dem Einfluß dieser sehr kleinen Ovarialreste, die in quantitativ anormaler Weise von der Gesamtheit der hypophysären Gonadotropine stimuliert werden und die Produktion der Gonadotropine durch den feed-back-Mechanismus in korrekter Weise zu regeln nicht mehr imstande sind, kommt es in einem Teil der Fälle zu einer Virilisierung der Weibchen (unter Aufrechterhaltung einer ständigen Oestrogenproduktion), die spät, 32—33 Monate nach dem Eingriff auftritt; die adrenale Herkunft der verantwortlichen Androgene wird nicht nur durch die gewaltige Größenzunahme der NN (um ca. 250%), sondern auch durch den hohen Gehalt des Harnes an den Abbauprodukten der NN-Rindenandrogene wahrscheinlich gemacht (PONSE, 1955). BOURLIÈRE u. TRAN-VY (1953) und HÉBERT, TRAN-VY u. VERNE (1954) fanden nach tägl. Injektion vom 5.—12. Lebenstag der zu einem Brei verriebenen NN *neugeborener* Ratten oder von Extrakten aus diesen NN unterhalb des Kammes von Küken der Light-Sussex-Rasse eine sehr deutliche Erhöhung des Quotienten Kammgewicht: Körpergewicht, der bei den Küken in diesem Alter als Maß einer Androgenwirkung betrachtet werden kann. Mit zunehmendem Alter der Spenderratten (8, 11 Tage, erwachsen) nahm die androgene Wirksamkeit der NN rasch ab und war bei den 11tägigen Ratten bereits nahezu gleich Null, wie bei den erwachsenen Tieren[6]. Ob es sich bei den neugeborenen Ratten noch um die Produktion *fetaler* Androgene der NN handelt, deren rasches Verschwinden bei zunehmendem Alter verständlich wäre, wäre zu prüfen. HOWARD (1959) hat gezeigt, daß Dehydroepiandrosteron und 11β-Hydro-

---

6 Im Gegensatz dazu konnte MANELLI (1961) in Versuchen mit Kultur und Überpflanzung von Nebennieren embryonaler männlicher Küken und Mäuse verschiedenen Alters niemals eine Wirkung der Nebennieren auf den Genitaltraktus nachweisen.

xy-androstendion, zwei Androgene, die in den fetalen NN (auch des Menschen) gefunden werden, trotz ihrer geringen androgenen Wirkung auf die Vesiculardrüsen des kastrierten Rattenmännchens dennoch eine sehr ausgesprochene stimulierende Wirkung auf das Phalluswachstum (einschließlich des Penisknochens) bei der Maus haben; es wäre durchaus möglich, daß die adrenalen Androgene an der Entwicklung des Phallus beim normalen Embryo beteiligt sind oder daß sie im Falle einer abnormen Steigerung ihrer Produktion im embryonalen Leben für die genitalen Abnormitäten verantwortlich wären, die bei einer adrenalen Hyperplasie des Neugeborenen beobachtet werden (HOWARD u. MIGEON, 1961).

Ähnliche Beobachtungen über die Altersabhängigkeit der Androgenproduktion in den NN machten ARRINGTON, FOX u. BERN (1952) an Hühnern: Implantierten sie die NN von 7—15 Tage alten Küken unterhalb der Kammbasis bei 3 Tage alten Küken, so erhielten sie einen Wachstumseffekt am Kamm, der nur wenig geringer war als bei der Implantation von Hodengewebe; dagegen waren die NN erwachsener Hühner unter den gleichen Versuchsbedingungen unwirksam. Eine mit dem Alter abnehmende Androgenaktivität wird auch für die NN des Menschen angegeben: der Gehalt an den beiden hauptsächlichen C_{19}-Steroiden im menschlichen Plasma, Dehydroepiandrosteron und Androsteron, weist ausgesprochene Unterschiede bei den verschiedenen Altersklassen auf, er ist hoch bei der Geburt, fällt in den ersten Lebenswochen rasch ab und steigt erst wieder zur Zeit der Pubertät an, um sein Maximum im Alter von 20—30 Jahren bei Frauen und Männern zu erreichen, dann fortlaufend abzunehmen und mit 60—70 Jahren zu verschwinden (MIGEON, KELLER, LAWRENCE u. SHEPARD, 1957). Diese Befunde bestätigen und erweitern diejenigen von GARDNER u. WALTON (1954a, 1954b) an den Gesamt-17-Ketosteroiden des Plasmas in verschiedenen Lebensaltern. Da Dehydroepiandrosteron vermutlich adrenaler Herkunft ist, weist dieser Cyclus offenbar auf bedeutende qualitative Verschiedenheiten in der NN-Rindenfunktion im Lauf des Lebens hin (HOWARD u. MIGEON, 1961). Auch CERESA u. CRAVETTO (1955) fanden wechselnde Spiegel von Dehydroepiandrosteron und Androsteron nach Verabreichung von ACTH. BUONANNO, CHIEFFI u. IMPARATO (1964) untersuchten den Gehalt an Dehydroepiandrosteron und Androsteron im Blutplasma bei jugendlichen Individuen und bei erwachsenen Exemplaren der Weibchen von Torpedo marmorata, einem ovo-viviparen (!) Elasmobranchier: Im Vergleich zum jugendlichen Tier fanden sie in der prägraviden Phase eine leichte Abnahme im Gehalt an Dehydroepiandrosteron, eine Zunahme zu Beginn der Gravidität und einen maximalen Gehalt in ihrer Mitte; während der letzten Phase der Gravidität kommt es zu einem plötzlichen und starken Abfall und postgravid kehren die Werte zu denjenigen bei jugendlichen Individuen zurück. Der Gehalt an Androsteron ist weniger ausgesprochenen Veränderungen unterworfen, zeigt aber einen gewissen, jedoch statistisch nicht signifikanten Anstieg in der Endphase der Gravidität; nur zu diesem Zeitpunkt ist der Gehalt an Androsteron höher als derjenige an Dehydroepiandrosteron. Da die 17-Ketosteroide im Plasma bei den Weibchen fast ausschließlich aus den Nebennieren stammen, kann man aus den obigen Ergebnissen auf eine gesteigerte Nebennierenrindenfunktion in gewissen Phasen der Gravidität bei diesem Fisch schließen.

LIU, BROWNELL u. HARTMAN (1955) gewannen Blut aus der linken Nebenniere des erwachsenen Hundes durch Einbinden einer Kanüle in die lumbo-adrenale Vene, unter gleichzeitiger Unterbindung der Nebennierenvene; bei Auswertung des Äthylendichloridextrakts des Blutes am 1tägigen Küken fanden sie bestenfalls eine Androgenproduktion, die sie auf weniger als 5 μg/Drüse/Stunde (auf Testosteronpropionat berechnet) schätzten.

Die physiologische Bedeutung der adrenalen Androgene ist noch weitgehend ungeklärt. Da sie hinsichtlich ihrer spezifisch androgenen Wirkung bedeutend schwächer sind als die Androgene des Hodens, kann vermutet werden, daß sie unter physiologischen Bedingungen und in normalen Mengen keinen Einfluß auf die Erfolgsorgane der Androgene besitzen, mithin auch keine anabole Wirkung, die mit derjenigen der Hodenandrogene vergleichbar wäre. Es kann also nicht erwartet werden, daß sie bei Wegfall der letztgenannten, z.B. nach der Kastration substituierend einspringen. Das schließt nicht aus, daß die adrenalen Androgene unter gewissen Umständen, z. B. beim Embryo gewisse Wachstumseffekte auf Teile des männlichen Fortpflanzungsapparates (Phallus, Penisknochen, s. S. 178) ausüben, vor allem aber daß ihre pathologische Überproduktion sehr weitgehende Effekte in der Genitalsphäre zur Folge haben kann (adreno-genitales Syndrom). Übrigens hat PRICE (1936) berichtet, daß die ventrale Prostata bei Rattenmännchen, die im Alter von 2—6 Tagen kastriert wurden, bis zu einem Alter von etwa 30 Tagen fortfährt zu wachsen und sich zu differenzieren, wie unter dem Einfluß von Androgenen. Erst im Alter von etwa 30 Tagen setzt die Rückbildung ein und im Alter von 52 Tagen ist die Prostata bei den am 2. Lebenstag kastrierten Ratten in dem Zustand, wie bei den erwachsenen Männchen etwa 3 Wochen nach der Kastration. HOWARD (1937) hat diese Beobachtungen von PRICE bestätigt und die Vermutung geäußert, daß eine temporäre Phase von Androgen-Sekretion in den NN der infantilen Ratte an der Differenzierung und strukturellen Erhaltung der Prostata bei diesen präpuberalen Ratten nach der Kastration beteiligt ist.

BURRILL u. GREENE (1939, 1940) kastrierten Rattenmännchen am 16. Lebenstag und adrenalektomierten sie anschließend am 21. Tag: die ventrale Prostata dieser doppelt operierten Tiere war bei der Untersuchung am 26. Lebenstag nur halb so schwer wie bei den einfachen Kastraten. Diese androgene Wirkung der NN ging mit zunehmendem Alter merklich zurück, so daß die prozentuale Differenz zwischen dem Verhältnis Prostatagewicht : Körpergewicht bei Kastraten und adrenalektomierten Kastraten am 26. Tag 54% betrug, am 31. Tag 34%, am 36. Tag 12% und am 41. Tag 11%. HOWARD (1941) und ebenso McPHAIL (1944) bestätigten beide diese Befunde. Auch bei den Prostata-Anlagen weiblicher Ratten fand PRICE (1939) zwischen dem 21. und 40. Lebenstag eine deutliche Stimulierung der Prostata-Zellen (Golgi-Zone) und ihre Rückbildung in der Folgezeit. BURRILL u. GREENE (1941) sahen auch bei den Weibchen (wie bei den Männchen) einen hoch signifikanten Unterschied in der Prostata-Rückbildung bei den ovari + adrenalektomierten Tieren im Vergleich zu den nur ovariektomierten. Daß dieser androgene Einfluß der NN nur sehr vorübergehender Natur ist, wurde oben hervorgehoben, ist aber nicht immer beachtet worden. An den Vesiculardrüsen war der androgene Einfluß der NN nicht abzulesen. Auch an der Prostata der Maus machten NISHIDA u. MOCHIZUKI (1955) ähnliche Beobachtungen beim Vergleich kastrierter und kastrierter + adrenalektomierter Tiere. An den Submaxillardrüsen der Maus sah RAYNAUD (1954) eine merklich verstärkte Rückbildung, wenn an die Kastration die Adrenalektomie angeschlossen wurde.

Da nach Applikation von adrenocorticotropem Hormon (ACTH) häufig eine Zunahme der 17-Ketosteroide im Harn eintritt[7], die als Abbauprodukte von Androgenen zu betrachten sind, wurde vielfach geprüft, ob man bei kastrierten

---

7 So fand RONZONI (1952), daß die Menge von Dehydroepiandrosteron, die normaler Weise ausgeschieden wird, zwischen 2,2 und 5,0 mg/24 Std schwankt und 15—26% der gesamten 17-Ketosteroide bei normalen Personen ausmacht: Nach Stimulierung mit ACTH steigt die ausgeschiedene Menge auf 8—22 mg/24 Std an und ist zu etwa 30% an der Gesamtmenge von 17-Ketosteroiden im Harn beteiligt.

Tieren Anzeichen für die Sekretion von Androgenen als Folgen einer Behandlung mit ACTH feststellen könnte. So haben GUYÉNOT, PONSE u. WIETRZYKOWSKA (1932) eine Maskulinisierung bei ovariektomierten Meerschweinchen nach Injektion eines alkalischen Hypophysenvorderlappenextrakts beobachtet, der einen starken Körpergewichtsverlust herbeiführte. DAVIDSON u. MOON (1936) kastrierten 21 Tage alte Rattenmännchen und injizierten ihnen im Lauf von 10 Tagen ein ACTH-Präparat, das eine geringe Menge Prolactin (LTH) enthielt: es trat eine 3fache Vergrößerung der NN und eine 2fache Vergrößerung der accessorischen Geschlechtsdrüsen ein; DAVIDSON (1937) teilte ergänzend mit, daß die Vergrößerung der accessorischen Geschlechtsdrüsen auch bei hypophysektomierten Tieren, nicht aber bei adrenalektomierten zu erzielen war. MOON (1937) sah bei ovariektomierten Ratten nach 23tägiger Behandlung mit ACTH einen merklichen Gewichtsverlust des Körpers und eine Vergrößerung auf das Doppelte in den Präputialdrüsen, die auf die Zufuhr von Androgenen mit Wachstum reagieren (VOSS 1931). Auch NELSON (1941) konnte mit ACTH eine Vergrößerung der accessorischen Geschlechtsdrüsen bei kastrierten infantilen Rattenmännchen erzielen, nicht aber bei zusätzlich adrenalektomierten Männchen. MOORE (1953) sah nur dann eine signifikante Vergrößerung der NN bei kastrierten Ratten durch ACTH, wenn die Behandlung im kritischen Alter von 21—23 Tagen erfolgte; diese Tiere wiesen dann auch eine Prostata-Vergrößerung um im Mittel 56% auf.

Negative Ergebnisse bei Applikation von a-Corticotropin hatten LI, FONSS-BECH, GESCHWIND, HAYASHIDA, HUNGERFORD, LOSTROH, LYONS, MOON, REINHARDT u. SIDEMAN (1957) und ebenso LOSTROH u. LI (1957), doch haben HOWARD u. MIGEON (1961) mit Recht darauf hingewiesen, daß die Versuchsratten dieser Autoren über das Alter hinaus waren, in dem die adrenale Androgenproduktion durch ACTH von DAVIDSON u. MOON (1956) und anderen Untersuchern beobachtet wurde. Wie wichtig die Berücksichtigung des reaktionsfähigen Alters in den ACTH-Versuchen ist, zeigten unter anderen auch die oben erwähnten Versuche von MOORE (1953) mit Rattenkastraten verschiedenen Alters.

LEROY u. DOMM (1952) hatten gefunden, daß bei normalen, adrenalektomierten und hypophysektomierten Rattenmännchen unter dem Einfluß von exogenem Cortison eine Gewichtszunahme der Hoden erfolgt. Die histologische Untersuchung der Hoden zeigte folgendes: bekamen adrenalektomierte und hypophysektomierte Rattenmännchen 5 mg Cortison tägl. im Lauf von 18 Tagen injiziert, so wurde bei ihnen die Spermatogenese erhalten, mit Ausbildung zahlreicher Spermatozoen und einem mittleren Kanälchendurchmesser von 170 μ, während bei den unbehandelten adrenal- + hypopysektomierten Kontrollen eine weitgehende Involution des spermatogenen Gewebes erfolgte, mit einem mittleren Kanälchendurchmesser von 124 μ und seltenen Spermatogonienteilungen. Dagegen waren die innersekretorischen Leydig-Zellen des Hodens bei behandelten und unbehandelten Männchen in gleicher Weise involutioniert, die sekundären Geschlechtsmerkmale und accessorischen Geschlechtsdrüsen dementsprechend rückgebildet. Cortison, das an sich keine androgene Wirksamkeit besitzt, weder an den Vesiculardrüsen noch am Kapaunenkamm, verhält sich also in Abwesenheit von Hypophyse und NN gegenüber dem spermatogenen Gewebe wie ein Androgen. In der Tat haben die Versuche von WALSH, CUYLER u. McCULLAGH (1933, 1934), von NELSON u. GALLAGHER (1936), von NELSON u. MERCKEL (1938), von GAARENSTROOM u. FREUD (1938) und von CUTULY, McCULLAGH u. CUTULY (1937) gezeigt, daß Androgene (Testosteron, Dehydroandrosteron, Androsteron u. a.), bei hypophysektomierten Ratten injiziert, die Atrophie des Samenepithels verhindern, nicht aber diejenige des interstitiellen Gewebes.

POTTENGER u. SIMONSEN (1939) fanden in Extrakten aus normalen NN von Kühen eine Substanz, die eine starke hemmende Wirkung auf den Uterus und die Ovarien weiblicher Ratten ausübte und die Hoden der Männchen leicht stimulierte. Die gleiche Fraktion aus den NN von Ochsen erhöhte das Hodengewicht um 12—29% und hatte keinen Einfluß auf die weiblichen Geschlechtsorgane; die Wirkung der Extrakte aus den NN von Stieren war intermediär, sie führte zu einer leichten Atrophie der Uteri und Ovarien (um etwa 10%) und zu einer leichten Förderung des Hodenwachstums (um 5—15%). Es wäre möglich, daß es sich um die Wirkung von Adrenosteron bei der Stimulierung der männlichen Geschlechtsorgane handelt; es ist aber nicht anzunehmen, daß es die gleiche Substanz ist, die zur Hemmung des weiblichen Geschlechtsapparats führt.

Anhang. Die Bedeutung der *Stannius'schen Körperchen* bei Fischen ist umstritten; sie werden von manchen Forschern mit den Nebennieren der höheren Wirbeltiere oder den Interrenalkörpern der Fische verglichen. Sie enthalten viel Ascorbinsäure, die mit dem Beginn der Aufwärtswanderung aus dem Meer in die Flüsse zum Laichen stark zunimmt, auffallender Weise jedoch nur bei den Männchen. Die chemische Untersuchung und Bestimmung der in den Stannius'schen Körperchen enthaltenen Steroide ergab folgende Durchschnittswerte (Tab. 31):

Tabelle 31. *Gehalt der Stannius'schen Körperchen beim atlantischen Lachs (Salmo salar) an Steroiden (nach den Angaben von CÉDARD u. FONTAINE, 1963, zusammengestellt)*

Anzahl und Geschlecht der Tiere	Gewicht des untersuchten Gewebes, mg	Jahreszeit	Steroidgehalt in μg pro 100 g Gewebe			
			Oestron	Oestradiol	Oestriol	Androgene[a]
16 Weibchen	1544	April	17,0	3,0	31,0	830
13 Weibchen	800	Januar	10,0	0	60,0	700
5 Männchen	480	April	36,0	12,0	56,0	120
24 Männchen	1309	Januar	21,7	0	46,2	1260

[a] Bestimmt als 17-Ketosteroide.

Aus den Zahlen der Tab. 31 ergibt sich eine Zunahme der Androgene auf das Zehnfache zur Zeit der sexuellen Reifung im Januar (bei den Männchen; bei den Weibchen steigt zur gleichen Zeit nur der Oestriolgehalt auf das Doppelte an).

4. Vorkommen in der Placenta[8]

Als erster hat SIEBKE (1931) nach dem Vorhandensein von Androgenen in der Placenta des Menschen gefahndet, aber in Extrakten aus Placenten des 4. Schwangerschaftsmonats weder bei Knaben- noch bei Mädchengraviditäten Androgene biologisch nachweisen können. Zum Vergleich sei erwähnt, daß damals ALLEN, DOISY u. Mitarb. (1925) in Placenten des 4. Monats immerhin schon bis zu 250 Mäuse-E. Follikelhormon fanden. Der erste positive Nachweis einer androgenen Wirksamkeit in Placenta-Extrakten gelang LUCHS (1932), der in einem Ansatz 5, im anderen 24 menschliche Placenten „nach den Verfahren, die zur Gewinnung des männlichen Hormons dienen", extrahierte, kurz reinigte und am Kapaunenkamm auswertete (2 Injektionen i.m. tägl. im Lauf von 4 Tagen): er fand die „vollkommen wirksame Dosis" (= Vergrößerung der Kammoberfläche um 15%) in einer Extraktmenge, die 160 g (Extrakt I) bzw. 300 g (Extrakt II) frischer Placenta entsprach, was — nach der Definition von LAQUEUR — jeweils 4 Kap.-E. männlichen Hormons entsprach. GOECKE, WIRZ u. DANERS (1933) extrahierten Placentatrockenpulver mit Benzol, unterschieden aber im Ausgangsmaterial zwi-

---

8 Vgl. dazu die Zusammenstellung von STARK u. VOSS (1957).

schen Knaben- und Mädchengraviditäten: die Extrakte aus 8 „Knabenplacenten"
waren im Kapaunenkamm-Test vollkommen unwirksam, während von den 8
„Mädchenplacenten" 4 ein positives, 1 ein fragliches und 3 ein negatives Resultat
im gleichen Test ergaben. Durch weitere Untersuchungen konnte Goecke (1936)
an einer größeren Zahl von Placenten dieses Ergebnis bestätigen: in allen „Knabenplacenten" ließ sich kein Androgen nachweisen; in den „Mädchenplacenten"
war in etwa drei Vierteln der Fälle Androgen in einer Menge von 1—2 Hahnen-
kamm-Einh. pro Placenta vorhanden. Auch bei 4 Zwillingsplacenten mit verschiedenem Geschlecht der Partner ließ sich Androgen stets nur in der „Mädchenplacenta" feststellen.

Diese unterschiedlichen Befunde je nach dem Geschlecht des Fetus wurden
von den späteren Untersuchern nicht bestätigt: so fanden Cunningham u. Kuhn
(1941) in je 3 reifen Placenten, die sie mit einer kombinierten Anwendung von
Alkohol, Benzol und Aceton extrahierten, bei Knabengeburten durchschnittlich 6,8,
bei Mädchengeburten 3,66 IE männlichen Hormons pro Placenta; biologisch war
eine IE in 226,9 g „Knabenplacenta" bzw. in 371,5 g „Mädchenplacenten" enthalten; für den kolorimetrischen Nachweis genügten für 1 IE 60,7 g einer „Knaben"-
bzw. 69,4 g einer „Mädchenplacenta": nach beiden Testverfahren enthielten also
die „Knabenplacenten" mehr Androgene als die „Mädchenplacenten", positiv
waren aber beide. Dorfman (1948) konnte diese Befunde zunächst nicht bestätigen, hat aber später (1957) die androgene Wirksamkeit von Extrakten aus
menschlicher Placenta ebenfalls beobachtet. Riess (1952), der 12 reife menschliche
Placenten in ähnlicher Weise aufarbeitete wie Goecke, hat in allen Fällen, gleichgültig ob es sich um Knaben- oder Mädchengraviditäten handelte, das Vorhandensein einer androgenen Wirksamkeit festgestellt; in den „Knabenplacenten" fand
er mehr (durchschnittlich 1,9 Mäuse-E. pro Placenta im Loewe-Voss-Test am
kastrierten Mäusemännchen) als in den „Mädchenplacenten" (1,04 ME).

Stark u. Voss (1957) untersuchten 30 Placenten am Ende der Tragzeit, wobei
sie im Hinblick auf die Ergebnisse der neueren Arbeiten zwischen Knaben- und
Mädchengraviditäten nicht unterschieden; bei der Aufarbeitung ergaben sich
folgende 4 Fraktionen: Gesamtgewebe (G_1); Gesamthomogenat (G_2), entsprechend
einem Gewebe, aus dem die Gefäße und das Bindegewebe entfernt waren; Zellkerne; Cytoplasma + Mikrosomen + Mitochondrien. Die jeweiligen Gewebsfrak-
tionen aus allen 30 Placenten wurden vereinigt, 6 Std. mit Chloroform extrahiert
und die gewonnenen Extrakte im hochempfindlichen lokalen Test am Kapaunenkamm ausgewertet (Tab. 32):

Tabelle 32. *Androgenwirksamkeit im Gewebe reifer menschlicher Placenten (nach* Stark *u.*
Voss *1957)*

Gewebe	Frisch-Gewicht	Extrakt-Gewicht	Injizierte Extrakt-Menge, berechnet in Frischgewicht	Zunahme des Kammes im Durchschnitt
Gesamt-gewebe (G_1)	600 g	5,162 g	60 g 120 g	11% 21%
Gesamt-Homogenat (G_2)	200 g	1,618 g	20 g 30 g	8,6% 16,2%

G_1 : 1 Einheit oder etwas mehr in 120 g Placentafrischgewicht
G_2 : 1 (knappe) Einheit in 30 g Placentafrischgewicht

Bei den Extrakten der Zellkern- und der Cytoplasmafraktion war die Kammzunahme zu gering (5—12%), um daraus eine definitive Schlußfolgerung hinsichtlich der Menge des Hormons in Fraktionen der Placentazelle ziehen zu können.

Es ist zu betonen, daß in den Untersuchungen von STARK u. VOSS die Placenten sowohl von anhängendem Blut befreit als auch durch die Nabelschnur mit einer 10%igen Rohrzuckerlösung weitgehend blutfrei gespült wurden: SALHANICK, NEAL u. MAHONEY (1956) haben nämlich darauf aufmerksam gemacht, daß bei Angaben über den Steroidgehalt von menschlicher Placenta der Blutgehalt derselben genauestens zu berücksichtigen ist, da er für einen beträchtlichen Teil der gefundenen Steroide verantwortlich sein kann; die Placenta enthält im allgemeinen etwa 10% Plasma. Das Verhältnis des Gehalts an Steroiden zwischen Placenta und Gesamtblut ist für Progesteron wie 20 : 1, für Oestrogene wie (mindestens) 100 : 1 und für Nebennierenrindensteroide wie 1 : 3 (!). BERLINER, JONES u. SALHANICK (1956), die eine Reihe von Nebennierenrindensteroiden aus menschlichen Placenten isolierten und identifizierten, machen keine Angaben darüber, ob darunter auch adrenale Androgene oder ihre Metaboliten waren.

Während alle bisher referierten Untersuchungen sich ausschließlich mit menschlichen Placenten als Ausgangsmaterial befaßten, schlugen CANIVENC u. MAYER (1953) einen neuen Weg ein, um die Gegenwart von männlichem Hormon in der Placenta nachzuweisen. Sie implantierten Rattenplacentargewebe vom 10.—12. Graviditätstag (die Ratte trägt 21 Tage) ins Lumen der Vesiculardrüsen kastrierter Rattenmännchen, töteten die Tiere 3—6 Tage später und untersuchten die Vesiculardrüsen mitsamt dem Implantat histologisch. Obwohl die Zellen des Trophoblasts stark proliferierten und sogar ein invasives Wachstum im Epithel der Vesiculardrüsen zeigten, wies das Epithel keinerlei Anzeichen einer Androgenwirkung auf. Im Gegensatz dazu beobachteten die Verff. an den Vesiculardrüsen der Kontrollratten, die mit Rattenhodengewebe an Stelle von Placenta implantiert waren, eine deutliche positive Androgenreaktion. Mit der Methode der Implantation läßt sich also in der Rattenplacenta die Erzeugung oder Gegenwart von Androgen nicht nachweisen.

Eine Isolierung und Identifizierung der in der Placenta vorkommenden Androgene ist bisher nicht erfolgt. Trotzdem und trotz der etwas uneinheitlichen Ergebnisse der Prüfungen von Placentaextrakten auf Androgene kann an der Gegenwart einer Androgenwirksamkeit im Placentargewebe wohl nicht gezweifelt werden. Die negativen Ergebnisse von SIEBKE (1931) an „Knaben"- und „Mädchenplacenten" und von GOECKE (1933, 1936) an „Knabenplacenten" dürften wohl auf die unzureichenden Extraktionsmethoden der damaligen Zeit zurückzuführen sein; DORFMAN (1948, 1957) hat seine ersten negativen Befunde selbst korrigiert, und der negative Ausfall der Placenta-Implantationen an Ratten von CANIVENC u. MAYER (1953) kann sehr wohl mit einer qualitativen oder *quantitativen* Unzulänglichkeit der Methodik im Zusammenhang stehen: Für die Rattenplacenta haben wir keinerlei Hinweise darauf, in welchen Teilen oder Zellen eine Steroidproduktion erfolgt, und es ist daher fraglich, ob die Autoren die richtigen Anteile des Placentagewebes und diese auch in ausreichender Menge transplantiert haben[9]: es ist zu bedenken, daß RIESS (s.o.) aus der menschlichen Placenta auch nur 1—2 Mäuse-Einheiten *pro Placenta* extrahieren konnte, also aus einer Menge von mehreren Hundert Gramm.

---

9 Die gleichen Autoren hatten übrigens auch hinsichtlich der Gestagene und Oestrogene in der Rattenplacenta negative Ergebnisse (MAYER u. CANIVENC, 1951; CANIVENC u. MAYER, 1951).

Aber auch für die viel eingehender untersuchte menschliche Placenta liegen noch keine eindeutigen Hinweise darauf vor, in welchen ihrer Zellen wir die Steroidproduktion ganz allgemein und nicht nur die von Androgenen zu vermuten haben. In einer kritischen Betrachtung kommt BARGMANN (1957) zum Schluß, daß „die am Syncytium der Placenta gewonnenen Beobachtungen sich auf die Steroidproduktion beziehen lassen". Er stützt sich dabei unter anderen auf die Arbeiten von WISLOCKI u. BENNETT (1943) und von DEMPSEY u. WISLOCKI (1944), die Placenten von Affen und Menschen histo-cytologisch untersuchten und eine Reihe von Eigenschaften im Syncytium feststellten, die für die Anwesenheit von Steroidhormonen sprechen.

Über die Bedeutung der Androgene in der Placenta läßt sich heute noch keine sichere Aussage machen. Ebenso wie LOEWE u. VOSS (1926) die Aufgabe der Oestrogene der Placenta in einer *lokalen* wachstumsfördernden Wirkung auf den graviden Uterus suchten, haben STARK u. VOSS (1957) auch für die Androgene der Placenta an eine lokale unterstützende Wirkung für die intrauterine Entwicklung des Fetus gedacht, besonders im Hinblick auf die Eiweiß-sparende und Eiweiß-bildende anabole Stoffwechselwirkung der Androgene[10].

5. Vorkommen im Blut

In ihrem Bestreben den Kreislauf der „Androkinine" (wie sie die männlichen Wirkstoffe damals benannten) im Körper zu verfolgen, hatten LOEWE, VOSS u. Mitarb. zunächst (1927) ihre Entstehung im Hoden nachweisen können; ein Jahr später (1928) gelang ihnen der Nachweis einer „androkinetischen" Wirksamkeit im Harn, womit offenbar die Endstation des physiologischen Weges dieser Hormone festgestellt war. Nach mehreren vergeblichen Versuchen die „Androkinine" auch auf dem Wege zwischen der Produktions- und der Ausscheidungsstelle, was nur heißen konnte: *im Blut* zu fassen, konnten sie dann im Juli 1930 (LOEWE, ROTHSCHILD, RAUDENBUSCH u. VOSS) den ersten überzeugenden Beweis für die Anwesenheit von „Androkininen" im Blut liefern: sie fanden wesentlich mehr als 2 ihrer Mäuse-Einheiten im Liter Stierblut, was einem Äquivalent von weit über 150 μg Testosteron/Liter entsprach. Ähnliche Mengen waren auch im Sammelfrischblut von Männern zwischen 30 und 45 Jahren enthalten (unveröff. Untersuchungen von LOEWE und VOSS 1932/1933).

McCULLAGH, McCULLAGH u. HICKEN (1933) haben zu diagnostischen Zwecken in Fällen von Hypogonadismus bei Männern den Androgengehalt im Blut festzustellen sich bemüht und fanden Extrakte aus 50 ml Blut von normalen Männern im i.m. Kapaunenkamm-Test wirksam; KOCH (1937/1938) kam zu ähnlichen Resultaten. Besonders eingehende Untersuchungen über die androgene Wirksamkeit im Blut von normalen und von kastrierten Männern und von Männern mit Prostatahypertrophie, daneben von normalen und kastrierten Frauen und von solchen mit Hirsutismus hat TÖRNBLOM (1946) durchgeführt (Tab. 33):

---

10 Wir haben gegenwärtig keine Anhaltspunkte dafür, daß die in der Placenta gefundenen Androgene anderenorts (in den mütterlichen Ovarien oder Nebennieren, oder in den fetalen Gonaden oder Nebennieren) gebildet und im Placentagewebe nur gespeichert würden, immerhin ist diese Möglichkeit zur Zeit auch nicht auszuschließen. DUMAZERT, DELPHAUT u. FOURNIER (1955) injizierten bei Hunden i. m. *eiweißfreie* Extrakte aus menschlicher Placenta in Mengen entspr. 1,25 oder 2,5 g Frischorgan und bestimmten vor und 0—4 Std nach der Injektion die 17-Ketosteroide im Blut der Hunde. Sie beobachteten eine Erhöhung des Gehalts um 25—130%, die umso stärker war, je niedriger die Ausgangswerte waren, und umso rascher erfolgte, je höher die injizierte Dosis war. Ob es sich bei diesem Effekt um eine direkte Wirkung auf die Nebennierenrinde (oder die Gonaden?) der Hunde handelte oder ob er über die Hypophyse zustandekam, ließ sich aufgrund der bisherigen Versuchsergebnisse nicht entscheiden.

Tabelle 33. *Androgene im Blut normaler Versuchspersonen und von Patienten. Nach* TÖRNBLOM
(1946)

Versuchspersonen (Anzahl)	Alter in Jahren	μg Testosteron-Äquivalent[a] pro 100 ml Blut (Grenzen)
Normale Männer (54)	20—59	3,27 ± 0,37
Normale Männer (31)	30—59	2,22 ± 0,40
Normale Männer (23)	20—29	4,69 ± 0,59
Normale Männer (18)	30—45	2,70 ± 0,62
Normale Männer (13)	46—59	1,56 ± 0,34
Kastrierte Männer (8)	20—61	0,88 ± 0,18
Männer mit Prostatahypertrophie (25)	60—75	1,96 ± 0,31
Normale Frauen (10)	20—36	7,5 ± 3,5 (0,4—33,8)
Kastrierte Frauen (7)	28—45	1,1 ± 0,5 (0,0—3,2)
Frauen mit Hirsutismus (Gesicht, Körper, Extremitäten) (11)	20—37	6,3 ± 2,9 (0,0—29,8)
1. Kleincyst. Ovar., unregelm. Menses, Pubes v. männl. Typ	20	1,3
2. Pubes v. männl. Typ	24	8,3
3. Kleincyst. Ovar., unregelm. Menses, Pubes v. männl. Typ	25	29,8
4. Unregelm. Menses, männl. Typ, Clitorishypertrophie	25	1,4
5. Unregelm. Menses, Ovarien normal, Pubes v. männl. Typ	27	0,5
6. Unregelm. Menses, Pubes von männl. Typ. L.NN stark vergr., nach Entfernung Menses normal, Rückgang des Hirsutismus	28	0,0
7. Kleincyst. Ovar., regelm. Menses, Pubes v. männl. Typ	29	11,5
8. Unregelm. Menses, Pubes von männl. Typ. NN normal	30	0,8
9. Unregelm. Menses, NN normal	31	0,7
10. Männl. Typ, Pubes v. männl. Typ, Clitorishypertrophie. NN-Adenom	34	3,4
11. Pubes v. männl. Typ. NN normal, Verdacht auf Hirntumor	37	5,4

[a] Androgenbestimmung durch lokale Auftragung der neutralen Benzol-Extrakt-Fraktion auf den Kapaunenkamm und Volumenmessung des Kammes.

Die Zahlen der Tab. 33 zeigen eine deutliche Abnahme der androgenen Wirksamkeit bei Männern nach dem Alter von 29 Jahren; bei Frauen wurden zum Teil relativ sehr hohe Werte gefunden (33,8 μg/100 ml), doch war die Variabilität sehr groß (0,4—33,8 μg). Bei Kastraten lagen in beiden Geschlechtern ähnliche, sehr niedrige Werte vor. Frauen mit Hirsutismus zeigten nur zum Teil stärkere Abweichungen von der Norm. GARDNER (1953) hat eine Verfahrenstechnik für die Bestimmung der 17-Ketosteroide im Blut angegeben, mit deren Hilfe es ihm gelang 14—130 μg neutraler 17-Ketosteroide/100 ml Plasma bei erwachsenen Männern und 25—100 μg bei erwachsenen Frauen festzustellen, bei Kindern von 6—13 Jahren mit kongenitaler NN-Rindenhypertrophie Mengen von 80—360 μg/ 100 ml; bei normalen Kindern von 3—5 Jahren lagen die Werte bei 0 oder wenig darüber. Eine tabellarische Zusammenstellung über die im Blut nachgewiesenen Androgene oder ihre Metaboliten haben BONGIOVANNI u. DARREL SMITH (1961) gegeben; wir reproduzieren sie in der untenstehenden Tabelle 34, mit einigen Ergänzungen aus der neueren Literatur.

Tabelle 34. *Androgene oder ihre Metaboliten im Blut (nach* BONGIOVANNI *u.* DARREL SMITH, *1961, ergänzt durch neuere Angaben)*

Steroide	Vorkommen	Literatur
Testosteron	Vena spermatica (Hund)	1
	Vena spermatica (Mensch)	2,17
	Vena spermatica (Rind)	17,15,16
Dehydroepiandrosteron	Periph. Blut (Mensch)	3,4,5
	Nebennierenvene (Mensch)	19
Androsteron	Periph. Blut (Mensch)	4,5,6,7
	V. spermatica (Hund)	1
	Nebennierenperfusat (Rind)	11
	Nebennierenvene (Mensch)	19
	Ovarialvene (Mensch)	21
Ätiocholanolon	Periph. Blut (Mensch)	5,7,9
Androst-4-en-3,17-dion	Vena spermatica (Hund)	1
	Vena spermatica (Rind)	15,16
	Nebennierenvene (Mensch)	10,19,20
	Nebennierenperfusat (Rind)	11
	Periph. Blut (Pat. mit metast. Mamma-Ca)	18
	Ovarialvene (Mensch)	21
11β-Hydroxy-androstendion	Periph. Blut (Pat. mit metast. Prostata-Ca)	19
	Nebennierenvene (Mensch)	10,19,20
$3a$-11β-Dehydroxy-androstan-17-on	Periph. Blut (Mensch)	5,12
11β-Hydroxy-androstan-3,17-dion	Nebennierenvene (Mensch, Tumor)	19
	Periph. Blut (Mensch)	4
11β-Hydroxy-5β-androstan-3,17-dion	Periph. Blut (Mensch)	12
	Periph. Blut (Plasma-Proteine) (Mensch)	13
$3a$-Hydroxy-5β-androstan-11,17-dion	Periph. Blut (Mensch)	5
Androstan-3,11,17-trion	Nebennierenperfusat (Rind)	11
Dehydroepiandrosteronsulfat	Periph. Blut (Mensch, Tumor)	14
Androsteronsulfat	Periph. Blut (Mensch)	14
Ätiocholanolonsulfat	Periph. Blut (Mensch)	14

1. WEST, HOLLANDER, KRITCHEVSKY u. DOBRINER (1952); 2. LUCAS, WHITEMORE Jr. u. WEST (1957); 3. MIGEON u. PLAGER (1954); 4. CLAYTON, BONGIOVANNI u. PAPADATOS (1955); 5. TAMM, BECKMANN u. VOIGT (1958a, b); 6. MIGEON (1956); 7. KELLIE u. SMITH (1957); 9. BONDY, COHN, HERRMANN u. CRISPELL (1958); 10. ROMANOFF, HUDSON u. PINCUS (1953); 11. BLOCH, DORFMAN u. PINCUS (1954); 12. SAVARD (1957); 13. SANDBERG, SLAUNWHITE u. ANTONIADES (1957); 14. BAULIEU (1959a, b); 15. LINDNER (1961); LINDNER u. ROWSON (1961); 16. SAVARD, MASON, INGRAM u. GASSNER (1961); 17. HOLLANDER u. HOLLANDER (1958); 18. PINCUS u. ROMANOFF (1955); 19. BUSH, SWALE u. PETTERSON (1956); 20. MIGEON (1960); 21. MIGEON, KELLER, LAWRENCE u. SHEPARD (1957).

WEST, HOLLANDER, KRITCHEVSKY u. DOBRINER (1952) wiesen Testosteron und Androstendion im Blut der Vena spermatica des Hundes nach.

LINDNER (1959) untersuchte Hoden und das Blut aus der V. spermatica männlicher Rinder im Alter von 39 Tagen bis 17 Jahren. Ebenso wie im Hodengewebe fand er auch im Blut in jedem untersuchten Lebensalter sowohl Testosteron wie Androstendion, aber während beim 3 Monate alten Stierkalb der Gehalt an Androstendion denjenigen an Testosteron bei weitem übertraf, herrschte im Blut des erwachsenen Stieres das Testosteron vor; im Alter von 4—7 Monaten war das Verhältnis von T : A wie 3 : 1, also ein mittleres, beim erwachsenen Stier lag es mindestens bei 10 : 1 für T : A. Die Behandlung eines 3 Monate alten eineiigen Rinder-Zwillings mit 2000 I.E. HCG/48 Std im Lauf von 7 Wochen steigerte die Sekretion von Testosteron bzw. Androstendion ins Blut auf 0,04 bzw. 1,08 mg/Std, während sie beim unbehandelten Stierzwilling 0,03 bzw. 0,12 mg betrug. Die erwachsenen Stiere reagierten auf die HCG-Behandlung mit einer sofort einsetzenden merklichen Sekretion von Testosteron. Während bei den unbehandelten präpuberalen Stierkälbern im Alter von 3—6 Monaten die Testosteronproduktion (gemessen im Blut der V. spermatica) zwischen 14 und 231 μg/Std/Hoden oder zwischen 0,6 und 11,1 mg/24 Std /Tier schwankte, stieg sie unter der Infusionsbehandlung mit HCG oder PMS innerhalb kürzester Frist auf das 1,6—20fache des Ausgangswertes an; beim ältesten untersuchten Stier ($17^1/_2$ Jahre) betrug die Ausschüttung von Testosteron ins Blut der Vv. spermaticae beider Hoden vor der Behandlung 0,8 mg/Std, stieg nach der Verabreichung von 3 I.E.HCG/kg im Verlauf von 30 min eine Stunde später auf 5,8 mg/Std und erreichte nach weiteren 30 min einen Wert von 11,4 mg/Std. Der Blutstrom durch einen Hoden schwankte zwischen 3,9 und 4,5 ml/min im Alter von 3 Monaten, zwischen 8 und 15 ml/min im Alter von 5—6 Monaten und erreichte 49—86 ml/min bei erwachsenen Stieren; die HCG-Behandlung vermehrte den Blutstrom pro min nicht signifikant: die gesamte Zunahme der Androgenausscheidung im Gefolge der HCG-Behandlung mußte also auf eine Erhöhung der Androgenkonzentration im Blut bezogen werden.

Bei mit HCG behandelten Hunden führte die Infusion von $7a$-^{3}H-Pregnenolon in die Hodenarterie zum deutlich erhöhten Auftreten von ^{3}H-Testosteron und ^{3}H-Dehydroepiandrosteron im Blut der Hodenvene; dagegen war die intraarterielle Applikation von FSH nur andeutungsweise zu einer solchen Vermehrung im Blut der Vene befähigt (IBAYASHI u. Mitarb., 1965).

Die Gegenwart geringer Mengen von Epitestosteron im Blut von jungen Stierkälbern, bei denen hohe Konzentrationen von Androstendion vorlagen, konnte auf eine Umwandlung aus Androstendion im Blut zurückgeführt werden, nicht auf eine primäre Produktion im Hoden: Der Gehalt an $17a$-Hydroxyprogesteron betrug weniger als 3% der a,β-ungesättigten 3-Oxosteroide, die vom Hoden abgegeben wurden; Progesteron konnte nicht mit Sicherheit festgestellt werden, seine Konzentration lag jedenfalls unter 1,5 μg%. Dehydroepiandrosteron wurde nicht gefunden, doch war die angewandte Nachweismethode vielleicht nicht empfindlich genug, um auch geringe, unter 5—10 μg/100 ml liegende Mengen festzustellen (LINDNER, 1961a). Das konnte in in vitro-Versuchen gezeigt werden, in denen Androstendion mit Schaf- oder Rinderblut in Gegenwart von Sauerstoff bebrütet wurde (20—30% der Ausbeute, daneben geringe Mengen von Testosteron, etwa 3—7%). Auffallender Weise waren Schweine-, Pferde- und Menschenblut in dieser Hinsicht unwirksam (LINDNER, 1961b).

Die einseitige Hodenentfernung bei Stierkälbern im Alter von $1^1/_2$ Monaten führte zu einer verfrühten Steigerung des Wachstums und der Androgenproduktion des verbleibenden Hodens, wenn die Prüfung im Alter von $4^1/_2$ bis $5^1/_2$ Monaten erfolgte (Tab. 35):

Tabelle 35. *Androgene im Blut nach einseitiger Hodenentfernung* (nach LINDNER u. ROWSON 1961)

		4 intakte Kontrollkälber	4 einseitig kastrierte Kälber
Alter in Tagen		157,9	159,2
Körpergewicht in kg		168,0	171,3
Hodengewicht (1 Hoden, g)		46,5	74,7
Testosteron (μg/Hoden)		30,3	340,9
Gesamt-Androgene (μg/Hoden)		52,0	371,5
Testosteronabgabe ins Blut (μg/Std)	pro Hoden . .	100,3	1719,0
	pro Tier . . .	200,5	1719,0
Gesamt-Androgene im Blut	pro Hoden . .	165,3	1966,0
	pro Tier . . .	330,7	1966,0

Ob diese Steigerung der Androgenproduktion beim einseitig kastrierten Stierkalb darauf zurückzuführen ist, daß die Androgensekretion schon in sehr frühem Alter einen hemmenden Einfluß auf die Gonadotropinproduktion ausübt und die Entfernung des einen Hodens zu einer temporären Erhöhung der Gonadotropinbildung mit nachfolgender Erhöhung der Androgenproduktion im zurückgebliebenen Hoden führt, oder ob größere Mengen von Gonadotropin für den allein zurückbleibenden Hoden verfügbar werden, kann gegenwärtig nicht entschieden werden.

Auch beim Schafbock, Eber und Hengst (Tab. 36) konnte LINDNER in einer speziellen Untersuchung (1961c) Testosteron und Androstendion im Blut der V. spermatica nachweisen, während im arteriellen und peripheren venösen Blut keines der beiden Androgene nachweisbar war (eine vorläufige Mitteilung über diese Befunde erschien bereits früher, vgl. LINDNER, 1960).

Tabelle 36. *Androgene im Blut der Vena spermatica beim Schafbock, Eber und Hengst (nach* LINDNER *1961c)*

Tierart	Alter	HCG-Behandlung, IE/kg i. v.	Minuten nach Behandlung	Testosteron μg/Std/ Hoden	Androstendion μg/Std/ Hoden
Schafbock I	$3^1/_2$ Monate	—	—	8,1	—
		3	25—40	30,2	—
Schafbock II	24 Monate	—	—	23,0	3,0
		2,1	25—35	115,0	8,0
Schafbock III	48 Monate	—	—	101,0	15,0
		4,4	30—40	62,0	11,0
Schafbock IV	Alt	—	—	42,0	30,0
		3,8	28—35	325,0	44,0
			40—50	392,0	32,0
Eber I	$3^1/_2$ Monate	—	—	7,0	—
Eber II	$3^1/_2$ Monate	—	—	10,0	—
		3	20—80	14,0	—
Eber III	$8^3/_4$ Monate	—	—	114,0	—
		—	—	92,0	—
		10	0—7,5	99,0	—
			7,5—15	144,0	10,0
			15—22,5	214,0	16,0
			22,5—30	358,0	26,0
Eber IV	60 Monate	—	—	216,0	7,0
		3	60—65	196,0	8,0
			65—70	229,0	8,0
Hengst I	36 Monate	—	—	132,0	19,0
		5	20—30	293,0	42,0
Hengst II	über 180 Mon.	—	—	15,0	14,0
		15	0—10	19,0	21,0
			30—40	76,0	67,0
			60—70	177,0	134,0

Aufgrund dieser Versuchsergebnisse schätzt LINDNER z. B. beim Eber den tägl. Ausstoß von Testosteron im Alter von $3^1/_2$ Monaten auf 0,3—0,5 mg, im Alter von $8^3/_4$ Monaten auf 5,0 mg und beim 5jährigen Eber auf 10 mg; er konnte bei jüngeren reifen Ebern unter HCG-Einfluß sogar auf etwa 15 mg ansteigen. Auffallend waren bei den beiden untersuchten Hengsten die nahe beieinander liegenden Mengen von sezerniertem Testosteron und Androstendion. Für das Vorhandensein anderer Androgene außer Testosteron und Androstendion im Blut aller 3 untersuchten Tierarten, die in geringerem Grade zur androgenen Prägung beitrügen, konnten zwar keine direkten Hinweise gefunden werden, doch war die

Möglichkeit ihrer Gegenwart auch nicht auszuschließen, besonders da keine Angaben über den Bedarf dieser Männchen an Androgenen für die Aufrechterhaltung einer normalen Fortpflanzungsfunktion vorliegen.

SAVARD, MASON, INGRAM u. GASSNER (1961), die den Androgengehalt des Rinderblutes untersuchten, kamen zu ähnlichen Werten wie LINDNER (1959, s.o. S. 166): sie fanden im peripheren Blut erwachsener Stiere etwa 3,0 μg/100 ml, einen Wert, der auch nach 7tägiger Applikation von 20000 IE HCG/Tag nicht anstieg; dagegen betrug der Gehalt im Blut der V.spermatica der gleichen Tiere 7,8—17,7 μg/100 ml und stieg nach 6—7tägiger Behandlung mit 20000 IE HCG/ Tag auf 49,5—85,0 μg/100 ml an. Nachgewiesen wurden Testosteron und Androstendion im Verhältnis von 7:1 im Blut der V. spermatica des reifen Stieres (ähnlich wie bei Hund und Mensch), während es beim jungen Stier unterhalb von 1 lag (ähnlich wie beim unbehandelten Hengst und bei Rattenmännchen). In diesem Zusammenhang sprechen die Verff. die Vermutung aus, daß bei gewissen Tierarten (wie z. B. beim Rind) der Übergang der Produktion von einem weniger wirksamen Steroid im Hoden zu einem stärker wirksamen mindestens zum Teil den Erscheinungen der puberalen Reifung zu Grunde liegen mag. Ähnliche Erwägungen hat auch LINDNER (1959) anläßlich der vermehrten Produktion von Testosteron im Vergleich zum Androstendion beim heranreifenden Rind ausgesprochen. Den Japanern SUZUKI u. ETO (1962) ist es gelungen, mit Hilfe einer vervollkommneten Technik 5 ml reines Hodenvenenblut aus den Rattenhoden beim Einzeltier im Lauf von 3 Std zu gewinnen, wobei die Spender am Schluß der Blutentnahme noch am Leben waren, so daß dann auch die Hoden noch lebensfrisch gewonnen werden konnten. Die Rattenmännchen wurden zum Teil vor der Blutentnahme mit Choriongonadotropin (HCG) behandelt, um die Androgensynthese zu erhöhen (Tab. 37):

Tabelle 37. *Gehalt an Testosteron und Androstendion im Hodenvenenblut und Hodengewebe erwachsener Ratten (nach* SUZUKI *u.* ETO, *1962)*

Gruppe	Zahl der Ratten	Material	Testosteron		Androstendion	
			μg	Konz.[a]	μg	Konz.[a]
Unbehandelt . . .	40	265 ml Blut	7	2,6	nicht nachweisbar	
		108 g Hoden	10	9,3	nicht nachweisbar	
Mit HCG behandelt	48	244 ml Blut	58	23,8	3	1,2
		123 g Hoden	19	15,4	3	2,4

[a] Konzentration: μg/100 ml oder μg/100 g

Testosteron erwies sich auch bei den Ratten als das Hauptandrogen des Hodens beim erwachsenen Männchen. Nach der Kurzbehandlung mit HCG stieg der Gehalt an Testosteron im Hodenvenenblut etwa auf das 8fache und im Hodengewebe auf das Doppelte und Androstendion wurde im Hoden und Blut nachweisbar.

HALTMEYER u. EIK-NES (1969) stellten bei normalen Kaninchenmännchen nach dem Coitus mit brünstigen Weibchen oder nach der i.v. Injektion von 500 IE Choriongonadotropin (HCG) eine signifikante Erhöhung des Testosterongehalts im Plasma des durch Herzpunktion gewonnenen Blutes fest; dagegen bewirkte die Injektion von ACTH keine Erhöhung. Wenn die Männchen vor dem Coitus eine Injektion von Chlorpromazin oder Fluoxymesteron (9a-Fluor-11β-hydroxy-17a-methyl-testosteron) erhielten, kam es nach dem Coitus nicht zu einer Erhöhung des Testosterongehalts im Plasma, wohl aber wenn eine HCG-Injektion verabreicht wurde.

Eik-Nes (1964) hat darauf aufmerksam gemacht, daß die meisten Infusions-
oder Perfusionsversuche an solchen Organen wie den Nebennieren oder den Hoden
von der betreffenden Vene aus erfolgten, also auf einem recht unphysiologischen
Weg. Er untersuchte daher die Testosteronkonzentration im Blut der Vena spermatica von Hunden, die in Narkose von der Arteria spermatica aus mit arteriellem
Blut bei Stimulierung mit HCG durchströmt wurden. Die Testosteronsekretion
hing von der Infusionsrate des arteriellen Blutes ab, und bei einer konstanten Rate
von 3,81 ml/min produzierten die Hunde (von 19—23 kg K.-Gew.) Testosteron in
gleichbleibender Menge über eine Versuchsdauer von 90 min. Infusionsgeschwin-
digkeiten, die unter der obigen Rate von 3,81 ml/min lagen, ließen die Sekretion
von Testosteron absinken, und wenn das arterielle Blut in einer Menge von 0,76 ml/
min in den ersten 30 min des Versuches infundiert wurde, verschlechterte sich die
Sekretionskapazität des Hodens auch für die restlichen 60 min der Infusion, auch
wenn die Hunde hohe Dosen HCG erhielten. Diese Befunde unterstreichen die
Beziehung, die zwischen dem arteriellen Blutstrom im Hoden und seiner Fähigkeit
zur Testosteronsekretion unter dem Einfluß von HCG besteht.

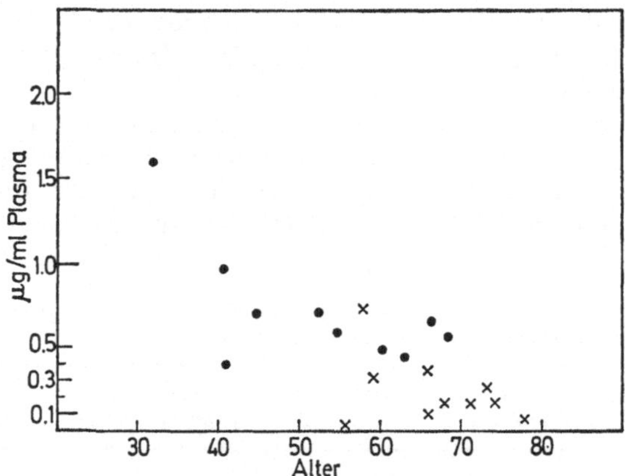

Abb. 39. Konzentration von Testosteron im menschlichen Blut aus der V. spermatica in
µg/ml Plasma. Die schwarzen Punkte sind die Werte für die normalen Kontrollpersonen, die
Kreuze bezeichnen die Werte bei Pat. mit Prostata-Ca. Abszisse: Alter in Jahren; Ordinate:
µg Testosteron/ml Plasma. (Nach N. Hollander u. V.P. Hollander, 1958, aus Migeon,
1960)

Im *Blut der V. spermatica* von 8 Pat. mit Prostata-Ca konnten Lucas, Withmore jr. u. West (1957) Testosteron in einer Konzentration von etwa 1,0 µg/
100 ml Gesamtblut nachweisen; der relativ geringe Gehalt ist vermutlich auf das
hohe Alter der Versuchspersonen zurückzuführen, denn Hollander u. Hollander (1958) fanden bei jüngeren Männern von 30 Jahren aufwärts bis zu 160 µg
Testosteron in 100 ml Blut aus der V. spermatica, Maximalwerte, die mit fortschreitendem Alter abnahmen (Abb. 39); bei älteren Männern (über 50—78 Jahre)
mit Prostata-Ca stellten sie in gewisser Übereinstimmung mit den obigen Untersuchern Werte für Testosteron im Blut fest, die durchweg unter 100, meist, besonders bei den über 60jährigen zwischen 10 und 20 µg/100 ml lagen. Nach Romanoff,
Hudson u. Pincus (1953) ist im Blut von Pat. mit metastatischem Prostata-Ca
11β-Hydroxy-Δ^4-androstendion in Mengen von 84—534 µg/100 ml vorhanden,
nach Pincus u. Romanoff (1955) bei metastatischen Mamma-Ca 32—39 µg Δ^4-
Androstendion/100 ml Blut.

Im *Blut der Nebennierenvenen* des Menschen ergaben sich bei post-puberalem Virilismus unter Beeinflussung durch ACTH, umgerechnet auf 100 ml Blut Werte von ca. 93 μg für 11β-Hydroxy-Δ^4-androstendion, ca. 93 μg für Dehydroepiandrosteron und ca. 40 μg für Androsteron (BUSH, SWALE u. PETTERSON, 1956); bei Cushing-Syndrom (bilateraler NN-Rindenhyperplasie) 280 μg/100 ml Plasma für 11β-Hydroxy-Δ^4-androstendion und 70 μg/100 ml Plasma für Δ^4-Androstendion (MIGEON, 1961).

Im *Blut der Overialvenen* der Frau fanden MIGEON, KELLER, LAWRENCE u. SHEPARD (1957) bei Stein-Leventhal-Syndrom 29 μg/100 ml Δ^4-Androstendion und 36 μg/100 ml Androsteron; bei Arrhenoblastom 24 μg Androstendion, 10 μg Androsteron und 8 μg Ätiocholanolon pro 100 ml Plasma. SEEMAN u. SARACINO (1961) haben den Gehalt an 17-Ketosteroiden im Plasma des Blutes aus der Ovarialvene und zum Vergleich gleichzeitig den Gehalt im peripheren Blut bei den gleichen normalen Frauen gelegentlich von chirurgischen Eingriffen bestimmt, ebenso vor und nach der Kastration oder nach Operationen (Keilexcisionen) an den Ovarien: Sie fanden bei den normalen Frauen stets mehr 17-Ketosteroide im Ovarialvenenblut als im peripheren Blut (im Mittel um $138 \pm 38{,}1$ μg/100 ml). Nach der Kastration nahm der Gehalt der 17-Ketosteroide im Mittel um $84{,}8 \pm 4{,}6$ μg/100 ml Blut ab, nach Keilexcisionen im Mittel um $141{,}6 \pm 32{,}6 \mu$g/100 ml.

Im *peripheren Blut* haben MIGEON u. PLAGER (1954) 25—60 μg Dehydroepiandrosteron und 5—25 μg Androsteron oder Ätiocholanolon oder eines Gemisches von beiden pro 100 ml Plasma bei erwachsenen Personen nachgewiesen: in einer späteren Veröffentlichung (1956) wurde gezeigt, daß es sich beim fraglichen Androgen in der Hauptsache um Androsteron handelt. Beide Androgene liegen als Schwefelsäure-Konjugate vor, sie stellen die Hauptfraktion der C_{19}-17-Ketosteroide im peripheren Blut dar. Bei der Analyse größerer Blutproben (1500—2000 ml) wurden geringe Mengen auch von freiem Dehydroepiandrosteron (bei 3 Pat. O; 0,2; 0,4 μg/100 ml), freiem Androsteron (O, O; 0,2 μg) und freiem Δ^4-Androstendion (O; O; 0,25 μg) entdeckt; nach TAMM, BECKMANN u. VOIGT (1958b) soll auch 11β-ol-Δ^4-Androstendion in freier Form vorliegen. Testosteron konnte nicht festgestellt werden (MIGEON, 1960). Nach Hydrolyse mit β-Glucuronidase wurden Androsteron, Ätiocholanolon, 11-Keto-ätiocholanolon und 11β-Hydroxyandrosteron festgestellt.

MIGEON, dessen Zusammenstellung (1960) wir die obigen Daten entnommen haben, unterstreicht ausdrücklich, daß nur für 2 der zahlreichen im peripheren Blut gefundenen Androgene — nämlich für das Dehydroepiandrosteron und Androsteron — eine allen Anforderungen genügende Isolierung und Identifizierung vorliegt. Seiner Ansicht nach stellen diese beiden Verbindungen die Hauptkomponenten der Gesamt-17-Ketosteroide im Plasma dar; sie liegen vermutlich als Sulfate vor. Nach MIGEON u. Mitarb. (1957) beträgt der durchschnittliche Gehalt bei jungen Männern (24 Vpn. zwischen 20 und 29 Jahren) $48{,}2 \pm 15{,}1$ μg Dehydroepiandrosteron-Sulfat und $25{,}0 \pm 10{,}7$ μg Androsteron in 100 ml Blut, in guter Übereinstimmung mit den von KELLIE u. SMITH (1957) angegebenen Werten (47,0 bzw. 15,0 μg/100 ml im Durchschnitt bei 6 Männern von 30—40 Jahren). Bei 16 normalen Frauen im Alter von 21—29 Jahren lag nach MIGEON u. Mitarb. (1957) der Durchschnitt für Dehydroepiandrosteron-Sulfat bei 39,4 μg und für Androsteron-Sulfat bei 19,8 μg/100 ml; der Cyclus hatte keinen signifikanten Einfluß auf die Werte, die im allgemeinen etwas geringer waren als bei den männlichen Vpn. Auch KELLIE u. SMITH (1957) fanden bei 5 Frauen im Alter von 20—30 Jahren niedrigere Werte als bei ihren männlichen Vpn: 22,5 μg für Dehydroepiandrosteron-Sulfat und 13,0 μg Androsteronsulfat pro 100 ml Blut (Abb. 40).

Wie aus Abb. 40 ersichtlich, findet man die höchsten Konzentrationen von Dehydroepiandrosteron-Sulfat und Androsteron-Sulfat im Blut bei Männern im Alter von 20—40 Jahren; auch bei postmenopausischen Frauen (im Alter von 46—95 Jahren waren die Werte sehr gering (MIGEON u. Mitarb. (1957). Abb. 41 zeigt, wie die Verhältnisse bei Kindern und Jugendlichen bis zu 15 Jahren liegen: beginnend etwa vom 8. Lebensjahr steigen die Werte bei beiden Geschlechtern allmählich zu den Erwachsenen-Werten an. Zum Vergleich sind auch die Werte im

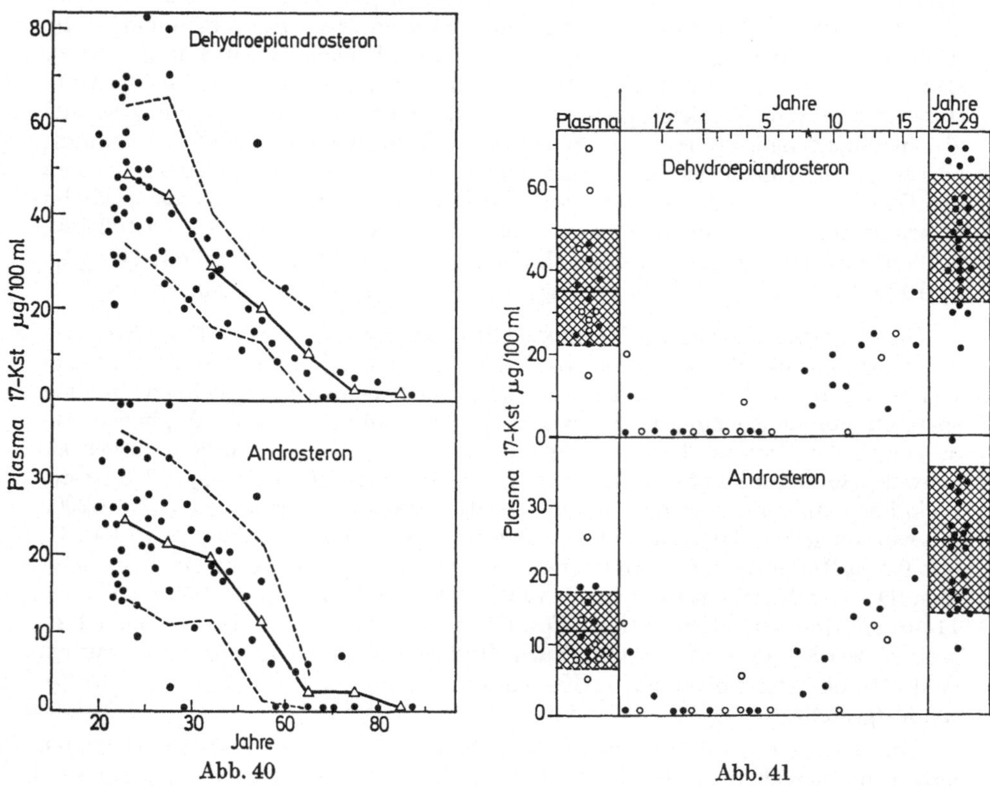

Abb. 40   Abb. 41

Abb. 40. Konzentration von Dehydroepiandrosteron-Sulfat (oben) und Androsteron-Sulfat (unten) im peripheren Blut normaler Männer; individuelle Werte mit schwarzen Punkten gekennzeichnet. Die weißen Dreiecke bezeichnen die Mittelwerte für die einzelnen Lebensjahrzehnte. (Nach MIGEON u. Mitarb., 1957, aus MIGEON, 1960)

Abb. 41. Konzentration von Dehydroepiandrosteron-Sulfat (oben) und Androsteron-Sulfat (unten) bei Kindern und Jugendlichen; links Vergleichswerte im Nabelschnurblut, rechts Vergleichswerte für Erwachsene. Schwarze Punkte = Werte bei männlichen, weiße Punkte = Werte bei weiblichen Individuen, die schattierte Fläche umfaßt die ±-Werte der Standard-Abweichung vom Mittel. (Nach MIGEON, 1960)

Nabelschnurblut angegeben, die relativ hoch liegen; bei ausgetragenen Kindern fallen die Werte unmittelbar nach der Geburt steil ab. Nach den Untersuchungen von GARDNER u. WALTON (1954), die für die ausgetragenen Kinder ähnliche Zahlen angeben wie Migeon (Abb. 41), ist der Gehalt an Gesamt-17-Ketosteroiden bei Frühgeburten höher und fällt nach der Geburt auch sehr viel allmählicher ab.

MIGEON, KELLER, LAWRENCE u. SHEPARD (1957) haben die Einflüsse von Alter und Geschlecht auf den Gehalt an Dehydroepiandrosteron (DHEA) und Androsteron (A) im Blutplasma an Gruppen von männlichen Vpn im Alter von 20—87 und von weiblichen Vpn im Alter von 21—95 Jahren untersucht. Der maximale Gehalt an DHEA und A im peripheren Blut wurde bei Männern zwischen 20 und 39 Jahren gefunden, bei Männern über 70 Jahren war kein signifikanter Gehalt an beiden Steroiden festzustellen. Zwischen den in Abständen von 3 Wochen mehrfach gewonnenen Blutproben zeigte sich eine gewisse Variabilität. Die im Lauf von 24 Std bei den gleichen Vpn mehrfach ausgeführten Bestimmungen ergaben Höchstwerte bei den 8 Uhr-Proben; die herabgesetzten Werte der Proben aus anderen Tages- und Nachtzeiten zeigten untereinander keine signifikanten Unterschiede. Der DHEA- und A-Gehalt im Plasma jugendlicher Frauen zwischen 21 und 29 Jahren war etwas, aber nicht signifikant geringer als bei den Männern derselben Altersgruppe (mit Höchstwerten); die individuellen Verschiedenheiten waren (ebenso wie bei den Männern) groß. Signifikante Unterschiede im Steroidgehalt 2 Tage, 2 Wochen oder 3 Wochen nach Menstruationsbeginn lagen nicht vor; in der Menopause war der Gehalt sehr niedrig oder (meist) gleich Null. Bei Kindern fiel der Gehalt an DHEA und A unmittelbar nach der Geburt rasch ab und erreichte den Nullwert, auf dem er bis zum Alter von 5—7 Jahren stehen blieb; von 8 Jahren ab stiegen die Werte langsam wieder an und erreichten fortschreitend die Erwachsenenwerte der 20—29jährigen. DHEA ist ebenso wie A an den Vesiculardrüsen des kastrierten Mäusemännchens und am Kapaunen- bzw. Kükenkamm nur schwach bis höchstens mittelstark wirksam.

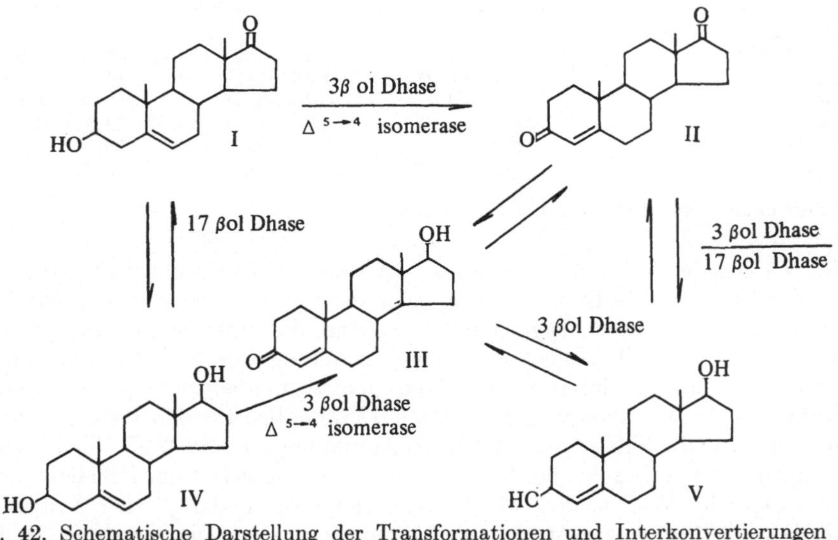

Abb. 42. Schematische Darstellung der Transformationen und Interkonvertierungen verschiedener Androgene im Gesamtblut in vitro. *I* Dehydroepiandrosteron, *II* Androstendion, *III* Testosteron, *IV* 5-Androstendiol, *V* 4-Androstendiol. *3β ol Dhase* 3β-Hydroxysteroid-Dehydrogenase, *17β ol Dhase* 17β-Hydroxysteroid-Dehydrogenase. (Nach BLAQUIER, FORCHIELLI u. DORFMAN, 1967)

Wie BLAQUIER, FORCHIELLI u. DORFMAN (1967) in Bebrütungsversuchen von Gesamtblut mit radioaktivem Dehydroepiandrosteron, Testosteron, Androstendion, 5-Androsten-3β,17β-diol oder 4-Androsten-3β,17β-diol nachwiesen, können im Gesamtblut in vitro Umwandlungen und Interkonvertierungen von Androgenen vorsichgehen, wobei von besonderem Interesse ist, daß die Umwandlung auch in Richtung von weniger wirksamen zu biologisch aktiveren Androgenen verlaufen kann. Im untenstehenden Schema (Abb. 42) sind die beobachteten Transformationen wiedergegeben.

Im Hinblick auf die relativ geringe Zahl von Blutspendern, die bisher untersucht wurden (normale Männer, normale Frauen und Frauen mit idiopathischem Hirsutismus), ist es zu früh, irgendwelche Schlüsse quantitativer Art betr. die 3 Gruppen von Spendern zu ziehen; weitere Untersuchungen sind im Gange.

MIGEON (1960) weist mit Recht auf die Schwierigkeiten hin, die einer exakten Bestimmung der 17-Ketosteroide im Blut entgegenstehen, besonders weil die Gruppen von Konjugaten verschieden rasch aus dem Blut verschwinden; die Entwicklung weiterer mikrotechnischer Methoden für die Identifizierung der individuellen Steroide im Blut ist erforderlich.

SAID, SOLIMAN, ABDO u. SOLIMAN (1963) untersuchten den Androgengehalt im Blut bei männlichen Ratten nach experimenteller Fraktur der linken Tibia. Bei Gruppen von Ratten wurde 5, 10, 15, 22 und 29 Tage nach dem Eingriff das Gesamtblut gesammelt, mit Aceton extrahiert, zentrifugiert und die überstehende Fraktion im Kükenkamm-Gewichtstest auf den Gehalt an Androgenen untersucht. Daneben wurde in anderen Tests der LH- und FSH-Gehalt in den Blutproben bestimmt.

Tabelle 38. *Androgen-, LH- und FSH-Gehalt im Blut von Ratten nach experimenteller Fraktur der Tibia (nach* SAID *u. Mitarb., 1963)*

Tage nach der Fraktur	Androgene Kammgewicht in mg/100 g K.-Gew.	LH Corpora haemo-rrhag./Maus	FSH Ovarialgewicht /100 g K.-Gew.
Normale Kontrollratten (keine Fraktur)	19,28 ±0,97	0,88 ±0,22	14,45 ±1,63
5 Tage	21,06 ±0,91	1,88[a] ±0,39	14,59 ±1,95
10 Tage	21,86 ±1,76	0,75 ±0,16	16,50 ±0,89
15 Tage	23,80[a] ±1,62	0,71 ±0,28	22,68[a] ±1,78
22 Tage	23,69[a] ±1,17	0,38 ±0,18	16,72 ±1,50
29 Tage	18,82 ±1,77	0,50 ±0,27	16,29 ±1,63

[a] Signifikant verschieden von der Norm, P = 0,05.

Die Zahlen der Tab. 38 zeigen einen signifikanten Unterschied im Androgengehalt der Blutextrakte 15 und 22 Tage nach der Fraktur, ebenso einen signifikanten Anstieg von LH am 5. Tag nach der Fraktur und einen signifikant erhöhten FSH-Gehalt am 15. Tag post oper. Die Erhöhung des Zellproteingehalts ist wesentlich für den Heilungsprozeß; Androgengaben üben eine protein-anabole Wirkung aus. KOWALEWSKY u. MORRISON (1957) haben für den Rattenhumerus, SAID (1960) für die Tibia eine vermehrte Aufnahme von ^{35}S 2—3 Wochen nach der Fraktur nachgewiesen, eine Periode, die der Reifungszeit der Zellelemente im Callus entspricht: Wie aus der Tab. 38 ersichtlich steigt in der gleichen Zeitperiode der Zellaktivität auch der Androgengehalt im Serum an. Die Zunahme des LH-Gehalts, besonders in Kombination mit dem vermehrten FSH-Gehalt (vgl. FRAEN-KEL-CONRAT, LI, SIMPSON u. EVANS, 1940) dürfte der erhöhten Androgenproduktion ursächlich vorausgehen.

Im peripheren Blut des männlichen Lachses (Oncorhynchus nerka) nach der Laichzeit haben IDLER, SCHMIDT u. BIELY (1961) 11-Ketotestosteron in einer Konzentration von 12 μg/100 ml nachgewiesen, eine Verbindung, deren androgene Wirksamkeit 57,6% der Wirksamkeit von Testosteronpropionat im Kükenkammgewichtstest entspricht; dagegen ist sie im Hochzeitskleid-Test bei Fischen etwa 10mal so wirksam wie Testosteron (ARAI, 1967). Was ihre Herkunft anbetrifft, so konnten IDLER, TRUSCOTT, FREEMAN, CHANG, SCHMIDT u. RONALD (1963) feststellen, daß sie nicht in nachweisbarer Menge aus Cortisol entsteht, während 17a-Hydroxyprogesteron und Testosteron als Vorläufer von 11-Ketotestosteron wahrscheinlich gemacht wurden; die Umwandlung von 17a-Hydroxyprogesteron in Testosteron in vivo wurde nachgewiesen. BUONANNO, CHIEFFI u. IMPARATO (1964) bestimmten den Gehalt an 17-Ketosteroiden im Blutplasma von Torpedo marmorata, einem ovoviviparen elasmobranchen Fisch, und fanden einen merklichen und anhaltenden Anstieg von Dehydroepiandrosteron in der Prägestationsperiode bis etwa zur Mitte der Gestation, mit raschem Abfall am Ende derselben unter die Werte von Androsteron, das nur eine leichte Zunahme zu dieser Zeit aufweist. In der geschlechtlichen Ruhepause zeigen beide Verbindungen einen Rückgang auf die Werte bei den unreifen Fischen.

PEARLMAN (1957) zeigte aufgrund der Daten der Literatur und eigener Untersuchungen, daß die Umlaufszeit (turnover) von endogenem und exogenem Testosteron im Körper sehr kurz sein muß: So fanden SLAUNWHITE u. SANDBERG bei menschlichen Versuchspersonen eine Halbwertzeit des i. v. injizierten markierten Testosteron von 10 bzw. 75 min; aus den Angaben von WEST (1951) läßt sich eine Halbwertzeit von 4,1 bzw. 46 min bei intakten bzw. hepat- und nephrektomierten Kaninchen berechnen, während die Untersuchungen von WEST, TYLER, BROWN u. SAMUELS (1951) und von WEST, TYLER u. BROWN (1951) nach i. v. Infusion beim Menschen eine Halbwertzeit von 17 min ergaben, die durch Lebererkrankungen (Cirrhosis) nicht signifikant beeinflußt wurde. Dieser letztgenannte Befund stimmt mit den Beobachtungen von HASKINS (1950) überein, der bei intakten bzw. hepatektomierten Kaninchen Halbwertzeiten von 8,2 bzw. 9,3 min, also keinen signifikanten Unterschied fand. Einen *Tagesrhythmus* im Gehalt des Blutes an Testosteron wiesen DRAY, REINBERG u. SEBAOUN (1965) bei erwachsenen gesunden Männern von 20—42 Jahren nach: Bei Blutentnahmen alle 6 Std fanden sie ein Minimum von etwa 0,45—0,61 μg/100 ml Plasma um 1 Uhr nachts, während maximale Werte bis zu 0,93 μg/100 ml sowohl um 7 Uhr morgens als auch um 13 Uhr beobachtet wurden. Die Vpn. gingen tagsüber ihrer normalen Beschäftigung nach und begaben sich zwischen 22 und 24 Uhr zur Ruhe, morgens um 7 Uhr erhoben sie sich.

Mit Hilfe einer neuen Methode zur Bestimmung von freiem Testosteron im Plasma des peripheren Blutes, die von DORFMAN (1961) und seinen Mitarbeitern (FINKELSTEIN, FORCHIELLI u. DORFMAN, 1961; FORCHIELLI, SORCINI, NITHINGALE, BRUST u. DORFMAN, 1962) ausgearbeitet wurde, haben DORFMAN, FORCHIELLI u. GUT (1963) den Testosterongehalt im Plasma bei normalen Vpn. beiderlei Geschlechts und in verschiedenen pathologischen Fällen bestimmt (Tab. 39 und 40):

Tabelle 39. *Testosteron im menschlichen Plasma (nach* DORFMAN, FORCHIELLI u. GUT, *1963)*

Versuchspersonen (Alter)	Zahl	17-Ketosteroide pro Tag, mg	Mittlerer Testosterongehalt (μg/100 ml)
Normale Männer (23—74)	9	—	0,56 (0,1—0,98)
Normale Frauen (22—35)	10	—	0,12 (0,02—0,26)
Frauen mit Hirsutismus, polycystischen Ovarien, Stein-Leventhal-Typ (18—41)	6	12,2 (7—24)	0,33 (0,25—0,42)
Frauen mit Hirsutismus, Diagnose nicht feststehend (14—47)	4	13,7 (8—18)	0,25 (0,11—0,32)
Frauen mit Virilismus, polycystischen Ovarien, Stein-Leventhal-Typ (14—36)	5	10,9 (6,4—20)	0,49 (0,30—0,74)
Ovarielle Hiluszell-Tumoren (68)	1	2—4	2,0, vor Oper. 0,02 ⎫ 0,05 ⎬ nach 0,04 ⎭ Oper.
Frauen mit Nebennieren-Adenom	4	1000 250—1000 308 200—272	1,3 1,4 0,22, vor Oper. 0,02, nach Oper. 0,79 (auch bilateral polycyst. Ovarien)

13*

Tabelle 40. *Einfluß von Operation und Behandlung auf den Testosteron-Gehalt im Plasma (nach* DORFMAN, FORCHIELLI *u.* GUT, *1963)*

Versuchspersonen (Zahl)	Behandlung	Mittlerer Testosterongehalt (μg/100 ml)	
Frauen mit Hirsutismus (5) . .	Ovariektomie	0,11 (0,04—0,22)	
Bilateral adrenalektom. Frau .	25 mg Cortison + 1 mg Fluoxymoestron tägl.	0,08 0,09[a]	
		Vorher	Nachher
Frauen mit Hirsutismus (3) . .	Keilexcision	0,53	0,11
		0,77	0,34
		0,58	0,22
Frauen mit Hirsutismus (4) . .	Prednison, 10—20 mg/Tag	0,48	0,13
		0,44	0,07
		0,1	0,02
		—	0,16

[a] Während einer Behandlung mit 3000 IE HCG.

Zur Illustration der Zuverlässigkeit moderner Methoden der Testosteron-Bestimmung im Blut seien in der untenstehenden Tab. 41 einige Ergebnisse vergleichend wiedergegeben, die von verschiedenen Untersuchern mit unterschiedlichen Methoden gewonnen wurden:

Tabelle 41. *Normale Werte des Gehalts an Testosteron (μg/100 ml) im peripheren Plasma erwachsener Frauen und Männer (nach* THOMAS, *in Bd. IV, Teil 3, S. 197 dieses Handbuches)*

Methode und Verfasser	Frauen		Männer	
	Zahl	Mittel	Zahl	Mittel
Enzymatische Umwandlung von Testosteron in Oestrogene				
FINKELSTEIN u. Mitarb. (1961) ⎱ FORCHIELLI u. Mitarb. (1963) ⎰	10	0,12	9	0,56
LAMB u. Mitarb. (1964)	20	0,11		
Doppelte Isotopen-^{35}S-thiosemi-carbazid-Methode				
RIONDEL u. Mitarb. (1963)	2	0,059, 0,079	11	0,8
SEGRE u. Mitarb. (1964)	?	0,054		
Doppelte Isotopen-^{14}C-essigsäure-anhydrid-Methode				
HUDSON u. Mitarb. (1963)	12	0,11	21	0,74

Die Übereinstimmung der Werte bei Frauen einerseits und bei Männern andererseits ist trotz der Verschiedenheit der angewandten Methoden als sehr befriedigend zu bezeichnen.

Anhang: Androgene in der Lymphe

DANIEL, GABE u. PRATT (1963) haben *in der Hodenlymphe* von Schafböcken und Affen Testosteron nachweisen können, wenn auch in geringeren Mengen als im gleichzeitig gewonnenen und untersuchten Blut der V. spermatica derselben individuellen Versuchstiere (V : L wie 1 : 0,1—0,7). Dagegen war der Testosteron-Gehalt in der Hodenlymphe höher als im peripheren venösen Plasma. Auch LINDNER (1963) hat Testosteron und Androstendion in der testiculären Lymphe beim Schafbock gefunden.

Diese Befunde von Testosteron in der Hodenlymphe sind umso beachtlicher als die erstgenannten Autoren auch in abführenden Lymphbahnen des Ovariums

Oestradiol, der Nebennieren Corticosteroide und der Schilddrüse Thyroxin feststellen konnten, bei Ovarium und NN in geringerer, bei der Schilddrüse sogar in höheren Mengen als im Blut der jeweiligen abführenden Venen. Der Hoden besitzt gut ausgebildete Lymphgefäße, die normaler Weise die Leydig-Zellen eng umschließen und mit einer eiweißhaltigen, eosinophilen Flüssigkeit angefüllt sind; nach der Hypophysektomie sind nicht nur die Samenkanälchen stark atrophiert, sondern auch die intertubulären Lymphgefäße sind klein und unbedeutend und im allgemeinen schwer feststellbar. Es ist anzunehmen, daß der Abfluß von Hormonen mit der Lymphe neben dem mit dem venösen Blut eine wichtige physiologische Rolle im Schicksal der von den endokrinen Drüsen produzierten Hormone spielt. Der Gesamtblutfluß durch den Hoden (2—3 l/Std beim Schafbock) ist zwar 300 bis 400mal höher als der Gesamtlymphfluß (7,5 ml/Std) (LINDNER, 1963): daraus läßt sich schließen, daß der Anteil an den im Hoden produzierten Androgenen, der mit der Hodenlymphe in den allgemeinen Kreislauf gelangt, verhältnismäßig gering ist. Aber andererseits kann man annehmen, daß der Androgenabfluß mit der Lymphe von einem Austritt von Testosteron und Androstendion aus der Lymphe in die Gewebsflüssigkeit des Hodens begleitet ist: auf diese Weise sind die Samenkanälchen bedeutend höheren Androgen-Konzentrationen ausgesetzt als andere Erfolgsorgane der Androgene außerhalb des Hodens.

6. Vorkommen im Harn und in den Faeces

a) Im Harn

LOEWE, VOSS, LANGE u. WÄHNER (1928) wiesen als erste[11] das Vorhandensein von „Androkinin" (Androgen) in Extrakten aus männlichem Harn nach, und zwar in einer Menge von etwa 1 Mäuse-Einheit/Liter, wobei die von ihnen definierte Mäuse-Einheit einem Äquivalent von etwa 75 μg Testosteron entsprach. Sie benutzten für die Darstellung und Reinigung Methoden, die sich im wesentlichen an die von ihnen früher erarbeiteten Verfahren zur Gewinnung von androgen wirksamen Fraktionen aus Hoden anlehnten.

Diese kurze Mitteilung wurde zur Grundlage der unzählbaren späteren Veröffentlichungen über die Gegenwart von Androgenen im Harn, die ihren ersten Höhepunkt im Jahre 1931 in der Gewinnung von kristallisiertem Androsteron aus Männerharn (BUTENANDT) fanden und seitdem in nicht abreißender Kette zunächst die androgene Gesamtaktivität und später das Vorkommen der einzelnen androgenen Komponenten, ihre Rolle im Stoffwechsel der Androgene, ihre Herkunft usw. behandelten.

Qualitative und quantitative Daten über die aus Harn gewonnenen, isolierten und identifizierten Androgene sind, in der Hauptsache den Menschen betreffend, im Kapitel über die Chemie der Androgene gegeben worden. Hier sollen daher nur einige ergänzende Angaben gemacht werden.

KRITZER u. CUNNINGHAM (1937) fanden im *Hengstharn* im Mittel eine Kapauneneinheit in 560 ml (548, 570, 562 ml); ihre Kap.-Einheit entsprach der Andro-

---

11 Wie einer Veröffentlichung von LU GWEI-DJEN u. J. NEEDHAM (Nature, London, *200*, 1047—1048, 1963) zu entnehmen ist, haben chinesische Iatro-Chemiker zwischen dem 10. und 16. Jahrhundert nach Chr. bereits Extrakte aus dem Harn von Männern und Frauen hergestellt und durch Sublimierung bis zu einem Zustand relativer Reinheit gebracht, so daß sie sie bei der Behandlung von Hypogonadismus bei beiden Geschlechtern anscheinend mit Erfolg verwenden konnten. Die klassische chinesische medizinische und physiologische Theorie betrachtete eine konstante Wechselwirkung zwischen den verschiedenen Körperorganen als gegeben, die auf dem Wege des kreisenden Blutes bewerkstelligt wurde; da der Harn als „von der gleichen Kategorie" wie das Blut angesehen wurde, erschien es möglich, daß die von den Organen ausgehenden Aktivitäten auch in ihm vorhanden seien.

genmenge jeder von 5 Einzelinjektionen (an 5 Tagen), die benötigt wurde, um eine Zunahme des Kammes um 5 mm in Länge + Höhe, gemessen am 6. Tag, zu erzielen; im *Hundeharn* wurde bei der gleichen Technik 1 Kap. E. in 652 ml im Mittel von 6 Beobachtungen (790, 500, 650, 415, 920 und 650 ml) gefunden; *Hahnenkot* (= Faeces + Urin) enthielt im Mittel 1 Kap. E. in 77 g (84, 78 und 70 g); Extrakt aus *Kapaunenkot* war bis zu einem Äquivalent von 310 g negativ, in die Kammbasis injiziert ergab der Extrakt aus 250 g ein Wachstum von weniger als 3 mm, so daß also eine Kap. E. in etwa 1000 g Kot enthalten war. In *Hennenfaeces* sollen Androgene leicht nachzuweisen sein, wie einer Arbeit von WIED u. McKIBBEN (1919) zu entnehmen ist, die allerdings aufgrund der zu jener Zeit verfügbaren, wohl nicht spezifischen Darstellungs- und Erkennungsmethoden abgefaßt ist.

Im *Hundeharn* fanden GLENN u. HEFTMAN (1951) 0,3—0,6 mg 17-Ketosteroide/ Tag, im Mittel 0,5 mg, doch zeigen die Absorptionsspektren für die Dinitrobenzolreaktion mit den Harnextrakten des Hundes auch nach deren Reinigung mit Girard's Reagens kein für die 17-Ketosteroide charakteristisches Maximum bei 520 m μ, so daß es fraglich erscheint, ob der Hund überhaupt neutrale 17-Ketosteroide ausscheidet. Im *Stierharn* stellte MESCHAK (1948) 22 mg, im *Kuhharn* 16 mg, im Harn der „*virilisierten*" *Kuh* 20 mg/Liter fest, ebenso GARM u. MESCHAK (1949) bei der erwachsenen *Kuh* 0,18±0,04 mg Androgene und bei der „*virilisierten*" *Kuh* 0,70±0,04 mg. Beim erwachsenen *Hengst* fanden sich 19 mg 17-Ketosteroide/ Liter[12], bei der *Stute* 17 mg und bei der *trächtigen Stute* ebenfalls 17 mg/Liter Harn. Nach GREEN, WINTERS, RASH u. DAILEY (1956) enthält der Harn von *Ebern* 0,10—1,0 Kap. E. Androgene und 0,7—7,6 mg 17-Ketosteroide/Tag; ein steiler Anstieg der 17-Ketosteroide zur Zeit der Pubertät schien nicht vorhanden zu sein; nach der Kastration nahmen die 17-Ketosteroide im Harn um etwa 80% innerhalb von 2 Monaten ab; eine gewisse Beeinflussung durch die Jahreszeit schien vorhanden zu sein. Im *Kaninchenbock-Harn* schwanken die Mengen an 17-Ketosteroiden zwischen 0,6 und 0,9 mg/Tag, in der Gesamtneutralfraktion zwischen 1,12 und 2,25 mg, beim *Weibchen* zwischen 1,45 (12—18 Monate) und 3,88 mg/Tag (5—6 Monate) in der Gesamtneutralfraktion, nach den Untersuchungen von KIMELDORF (1948), DE KONING, KRICHESKY u. GLASS (1948), KOREFF u. ERRAZURIZ (1952) und DANFORD u. DANFORD (1956). Bei der Ratte scheinen nur die Weibchen untersucht zu sein: bei erwachsenen normalen Tieren liegen die Mittelwerte zwischen 0,19 und 0,33 mg/Tag (Gesamtneutralfraktion), die nach der Kastration auf 0,10—0,15 mg heruntergehen (KOWALEWSKY, BASTENIE u. DRZEWICKA, 1951; KOETS, 1950).

Die Ausscheidung von Androgenen und 17-Ketosteroiden im Harn von *Rhesus-Affen* wurde in einer Reihe von Arbeiten von DORFMAN u. Mitarb. (Tab. 42) untersucht:

Auffallend ist besonders die Erhöhung des Androgenspiegels im Harn während der Schwangerschaft: sie blieb auch nach der Geburt noch etwa einen Monat bestehen, während die gleichzeitige Erhöhung des Oestrogenspiegels im Harn unmittelbar post partum zurückging. Es erscheint durchaus möglich, daß der Anstieg um etwa 300% auf einen Ursprung aus den NN zurückzuführen war.

Nach der Kastration stieg beim Rhesus-Affen (wenn auch nicht immer) die Ausscheidung von 17-Ketosteroiden im Harn im Lauf der ersten Woche post oper. an, fiel dann aber auf die vor-operativen Werte (beim Weibchen) bzw. auf noch

---

12 Nach ZONDEK (1933) wird das männliche Hormon im Hengstharn nicht in vermehrter Menge ausgeschieden, im Gegensatz zur außerordentlich starken Erhöhung der Oestrogenausscheidung im Harn des reifen Hengstes.

tiefere Werte (beim Männchen) ab. Die Androgenmenge nahm nach der Kastration beim Männchen ab, beim Weibchen fiel sie in einem Fall ebenfalls ab, im anderen Fall blieb sie unverändert. Auch nach der Entfernung sowohl der Gonaden als auch der NN schieden Männchen und Weibchen noch etwa ein Drittel der prae-operativen Mengen an Androgenen und 17-Ketosteroiden aus: da die Tiere an einer offensichtlichen NN-Insuffizienz zugrunde gingen und bei der Sektion kein NN-Gewebe gefunden wurde, erscheint es nicht ausgeschlossen, daß beim Rhesus-Affen eine extra-gonadale und extra-adrenale Quelle von Androgenen und 17-Ketosteroiden vorhanden ist (DORFMAN u. SHIPLEY, 1956).

Tabelle 42. *Die Ausscheidung von Androgenen und 17-Ketosteroiden im Harn von Rhesus-Affen (nach* DORFMAN *u.* SHIPLEY, *1956)*

Geschlecht	Zustand	Zahl	Androgene I.E./Tag	17-Ketoster. mg/Tag in der Ketofraktion	Verfasser
weiblich	Infantil	2	0,05		1,2
männlich	Infantil	2	0,05		1,2
weiblich	Erwachsen	6	2,2		3
weiblich	Erwachsen	4	1,2	1,6	4
männlich	Erwachsen	3	2,6		5
männlich	Erwachsen	5	2,1	2,0	4
weiblich	Trächtig	3	5,9		3
männlich	Erwachsen Cebusaffe	1	0,25		6

1. DORFMAN u. VAN WAGENEN (1938); 2. DORFMAN u. HAMILTON (1939); 3. DORFMAN u. VAN WAGENEN (1941); 4. DORFMAN, HORWITT, SHIPLEY, FISH u. ABBOTT (1947); 5. KOCH (1937); 6. VALLE, HENRIQUEZ u. HENRIQUEZ (1947).

Die Anwendung neuer verbesserter Methoden für die Bestimmung von Testosteron im Harn (und im Plasma), hauptsächlich durch DORFMAN u. Mitarb. (vgl. GIBREE, FORCHIELLI, STRAUSS, POCHI u. DORFMAN, 1965, hier weitere Literatur), zeigte, daß die Bestimmung von Testosteron viel zuverlässigere Werte ergibt als diejenige der 17-Ketosteroide. Die oben genannten Verff. fanden bei normalen Männern im Alter von 18—28 Jahren Durchschnittswerte der Ausscheidung von Testosteron im Harn von 171 μg/Tag, im Alter von 30—35 Jahren von 89 μg, im Alter von 42—55 Jahren von 81 μg und einen Durchschnitt von 113 μg/Tag für die Gesamtheit der untersuchten Männer; dagegen betrug der Durchschnittswert bei 18 Kastraten im Alter von 32—49 Jahren nur 2,5 μg/Tag. Demgegenüber lagen die 17-Ketosteroidwerte im Harn von 31 normalen Männern von 27—81 Jahren nach HAMILTON, BUNCH u. MESTLER (1959) bei 15,1 ± 5,0 mg/Tag, bei 52 Kastraten von 28—79 Jahren (zum Teil die gleichen Versuchspersonen wie oben) bei 12,6 ± 6,1 mg/Tag: der Unterschied war also sehr gering, ja in manchen Altersgruppen war überhaupt kein Unterschied festzustellen. Hoch signifikant war auch die Differenz in der Tages-Testosteronausscheidung im Harn von Männern (113 μg) und von Frauen (6 μg) nach den Ergebnissen der verbesserten Bestimmungsmethoden.

In einer von Tag zu Tag des Cyclus durchgeführten Untersuchung über die Ausscheidung von Testosteron im Harn bei normal menstruierten Frauen fanden ISMAIL, HARKNES u. LORAINE (1968) die Maxima zum größeren Teil in der Lutealphase, zum Teil im Mittelteil des Cyclus und bei einigen Frauen in der Follikelphase. Auch aus den früheren Untersuchungen ergibt sich eine große Schwankungsbreite der Ausscheidungsmaxima im Verlauf des Cyclus. Die genannten Verff.

nehmen an, daß diese Schwankungen von der in den Ovarien stattfindenden Produktion von Vorläufern des Testosterons abhängig sind und nicht von ihrer Produktion in der Nebennierenrinde.

b) In den Faeces

LOEWE, ROTHSCHILD u. VOSS (1932) fanden in den Faeces gesunder junger Männer nach Benzol- und Alkohol-Extraktion mindestens 4 Mäuse-Einheiten „Androkinin" (äquivalent etwa 300 μg Testosteron) pro kg. In vorausgehenden Untersuchungen hatten sie im *Kapaunenkot* (der eine Mischung von Faeces ± Urin darstellt), in Extraktmengen aus 470 bzw. 825 g keine Androgenwirksamkeit im hochempfindlichen Test am kastrierten Mäusemännchen feststellen können; dagegen fanden sie im *Hühnerkot* (der fast ausschließlich von Hennen stammte) im Extrakt aus 470 g eine deutlich faßbare androgene Wirkung, die aber unter der Wirkungsstärke einer Mäuse-E. blieb (LOEWE, RAUDENBUSCH, VOSS u. LANGE, 1932): bis zu einem gewissen Grad kann man diesen Befund als eine Bestätigung der oben erwähnten Angaben von WIED u. MCKIBBEN (1919) ansehen (s. S. 198).

RILEY u. HAMMOND (1942) beobachteten bei Küken, die ein Futter erhielten, das getrocknete *Rinderfaeces* enthielt, ein vorzeitiges Wachstum von Kamm und Bartlappen. Dabei waren die Faeces erwachsener Stiere unwirksam, während die Faeces von Kühen in verschiedenen Stadien der Trächtigkeit und von Färsen eine Substanz enthielten, die bei oraler Zuführung androgen wirksam war; sie ließ sich mit Äthylalkohol oder Chloroform extrahieren. Die Wirksamkeit von 1 g getrockneter Kuhfaeces entsprach angeblich derjenigen von 16 μg Testosteron. In einer weiteren Untersuchung fand TURNER (1947) den getrockneten Kot lactierender Kühe in einer Menge von 5 g der Wirksamkeit von 1 mg Methyltestosteron oral entsprechend. Auch GASSNER u. LONGWELL (1947) fanden den Kot trächtiger Kühe einer Milchviehrasse androgen wirksam, besonders im letzten Monat der Gravidität; dagegen war Stier- und Ochsenkot relativ unwirksam. Sie beobachteten eine starke Hypertrophie des Kapaunenkammes und gleichzeitig eine Hodenatrophie bei oraler Verabreichung der Wirksubstanz an Küken (3,3 g Trockensubstanz entsprachen in ihrer Wirksamkeit 1 mg Methyltestosteron oral). Die acessorischen Geschlechtsdrüsen des kastrierten Rattenmännchens sprachen auf die orale Verabreichung des faecalen Androgens nicht an, aber die neutrale ketonische Fraktion eines Extrakts aus Trockenkot war beim Rattenkastraten bei s.c. Zuführung wirksam.

7. Vorkommen im Sperma

Mit Versuchen zur Feststellung einer androgenen Wirksamkeit im (menschlichen und tierischen) Sperma haben sich verschiedene Autoren beschäftigt, teils mit Hilfe biologischer Testverfahren, teils mit chemischen Aufarbeitungsmethoden; mit beiden Untersuchungsmethoden konnten Hinweise auf das Vorhandensein von androgen wirksamen Stoffen im Sperma gewonnen werden (chemisch: DIRSCHERL u. KNÜCHEL, 1950; DIRSCHERL u. ZILLIKEN, 1943, 1949; HUIS IN 'T VELD, 1954; DIRSCHERL, 1955; biologisch: MCCULLAGH u. SCHAFFENBURG, 1951; SCHAFFENBURG u. MCCULLAGH, 1954). Aber erst neuerdings gelang es DIRSCHERL u. BREUER (1963) aus 266 ml menschlichen Spermas 18,4 μg Dehydroepiandrosteron zu isolieren (entspr. 6,9 μg/100 ml Sperma) und als solches zu identifizieren. Von mancher Seite (s. Diskussion zum Vortrag von DIRSCHERL (1953/1955) wurde die Auffassung vertreten, daß die Androgene im Sperma, zusammen mit den in ihm enthaltenen Oestrogenen (DICZFALUSY, 1954) zu einer Stimulierung des weiblichen Genitale führen.

Im Gegensatz zu den positiven Befunden von DIRSCHERL u. BREUER (1963) für Dehydroepiandrosteron konnten RABOCH, GREGAROVÁ u. REŽÁBEK (1963) bei der papierchromatographischen Untersuchung von Extrakten aus menschlicher Samenflüssigkeit von normalen Männern und gewissen pathologischen Fällen (von chromatinpositivem Klinefelter-Syndrom und von Germinalaplasie der Hodentubuli) nicht nur kein Dehydroepiandrosteron, sondern auch kein Testosteron, Androsteron, Androstendion, 11β-Hydroxyätiocholanolon oder 11-Ketoätiocholanolon nachweisen. Die negativen Befunde erscheinen in den pathologischen Fällen eher verständlich als bei der Untersuchung des Spermas normaler Männer, in dem die Gegenwart (zum mindesten von DHA) einwandfrei feststeht; Verschiedenheiten des Ausgangsmaterials oder der Aufarbeitung mögen dafür verantwortlich sein.

FACHINI, TOFFOLI, GAUDIANO, MARABELLI, POLIZZI u. MANGILI (1963) konnten die hemmende Wirkung von Extrakten aus Rindersperma auf die Hypophyse, die vermutlich auf seinen Gehalt an Oestrogenen und Androgenen zurückzuführen ist, in verschiedenen Tests an Rattenweibchen und -männchen und an infantilen Hähnchen bestätigen.

ERICSSON, CORNETTE u. BUTHABA (1967) prüften die Bindungsfähigkeit von Progesteron, Oestradiol und Testosteron (alle 3 Steroide mit ^{3}H markiert) an Kaninchensperma in vitro und fanden, daß die Affinität beim Progesteron am höchsten (11,1%), beim Oestradiol geringer (7,8%) und beim Testosteron am geringsten (1,1%) war. Worauf die größere Affinität von Progesteron im Vergleich zu Testosteron beruht, ist unbekannt; mit ihrer Polarität hat es offenbar nichts zu tun, da von den 3 Steroiden Oestradiol am stärksten und Progesteron am wenigsten polar ist; auch ein selektiver Metabolismus ist wohl auszuschließen, da alle 3 Steroide bei Zusatz zum Sperma in gleicher Weise verstoffwechselt werden (SEAMARK u. WHITE, 1967).

8. Vorkommen in Tumoren

LOEWE, RAUDENBUSCH u. VOSS (1932) haben in Extrakten aus Krebsgewebe (Magen-, Leber-, Lymphdrüsen-Krebs u. a.) von Männern (unter Ausschluß von Genitalkrebsen) mit Hilfe biologischer Testmethoden am kastrierten Mäusemännchen etwa 1—2 ihrer Mäuse-Einheiten pro kg nachgewiesen. Diese an sich geringen Mengen gewinnen an Bedeutung, wenn man berücksichtigt, daß die gleichen Forscher mit den gleichen Extraktions- und Testmethoden zu jener Zeit unter Umständen nur 0,7 M.E. Androgene pro kg Hodenfrischgewebe feststellen konnten. 1 M.E. entspricht etwa der Wirkung von 75 μg Testosteron; das untersuchte Tumorgewebe enthielt also ein androgenes Wirkungsäquivalent von 75—150 μg Testosteron/kg.

KINSELL u. LINSER (1952) beobachteten eine Frau mit einem großen NN-Tumor, der im Lauf von 14 Jahren keine anderen androgenen Reaktionen bei der Trägerin auslöste, als eine heterosexuelle Hypertrichosis und eine Verstärkung der Skeletmuskulatur. Nach Entfernung des Tumors ging der Hirsutismus nur wenig zurück, die Frau mußte sich immer noch 3mal wöchentlich rasieren; aber die 17-Ketosteroide im Harn nahmen von 62 bzw. 82 mg/24 Std *vor* der Operation auf 10 bzw. 14 mg/24 Std *nach* der Operation ab.

ANLIKER, ROHR u. MARTI (1956) untersuchten Metastasengewebe eines hormonal aktiven Carcinoma solidum medullare der NN von einem 12jährigen Mädchen, bei dem nach der Entfernung eines 800 g schweren NN-Rindentumors die vorher sehr stark erhöhte Ausscheidung von 17-Ketosteroiden, Corticosteroiden und Dehydroepiandrosteron und der vermehrte Gehalt an Blutcorticoiden eine weitgehende Normalisierung aufwies, um aber nach 3 Monaten infolge einer ausgedehnten Metastasierung, die rasch zum Tode führte, wieder enorm anzusteigen. Als Folge der erneuten Störung des Steroidhaushalts ließen sich bei der Pat. Anzeichen einer leichten Virilisierung erkennen. Die Autoren fanden im Metastasengewebe 45—55 μg Testosteron/kg.

KELLER, HAUSER u. WALSER (1958) nahmen aufgrund der papierchromatographischen Mobilität einer extrahierten UV-absorbierenden Substanz in einem virilisierenden NN-Rindentumor die Gegenwart von Δ^4-Androstendion-3,17 an, mit einer Konzentration von 1,9 μg/100 g Gewebe; auch Dehydroepiandrosteron und Androsteron wurden im Tumor vermutet. Die Isolierung und Identifizierung von Dehydroepiandrosteron aus einem virilisierenden NN-Rindentumor gelang PLANTIN, DICZFALUSY u. BIRKE (1957) mit einem Gehalt von 46,7 μg/100 g Gewebe (nach BORGSTEDE u. Mitarb., 1963). BORGSTEDE, HENNING u. ZANDER (1963) konnten in Extrakten aus einem virilisierenden NN-Rindenadenom einer 32jährigen Frau 8 Steroide identifizieren, darunter solche mit androgener Wirkung, und zwar bezogen auf 100 g Tumorgewebe 494,3 μg Δ^4-Androstenol-(11β)-dion-(3,17), 232,6 μg Δ^4-Androstendion-(3,17) und 21,4 μg Testosteron; die Gegenwart von Dehydroepiandrosteron konnte wahrscheinlich gemacht werden. Der Nachweis von 17a-Hydroxyprogesteron in relativ hoher Konzentration spricht nach den Verff. dafür, daß zumindest ein Teil der im Tumor gefundenen Androgene durch oxydative Abspaltung der Seitenkette an C-17 entstand, doch sind andere biosynthetische Wege für die Bildung der androgen wirksamen C_{19}-Steroide im Tumor deswegen nicht ausgeschlossen.

Noch nicht völlig geklärt ist der Mechanismus der Entstehung jener NN-Rindentumoren, die von WOOLEY (1950) und von HOUSSAY u. Mitarb. [1948—1954 (Übersicht 1955) (HOUSSAY, HOUSSAY, CARDEZA u. PINTO, 1955)] beschrieben wurden: sie werden bei gewissen Rassen von Mäusen, Ratten, Meerschweinchen und Goldhamstern nach der Kastration in beiden Geschlechtern mit großer Regelmäßigkeit gefunden, können bei anderen Rassen vollkommen fehlen und bei wieder anderen Rassen in höherem Alter auch ohne vorausgegangene Kastration auftreten. Ihre Entwicklung wird durch die Injektion von natürlichen oder synthetischen Oestrogenen und Androgenen verlangsamt oder verhindert, was umso bemerkenswerter ist, als diese Tumoren in vielen Fällen selber Produzenten von Oestrogenen bzw. Androgenen sind, was sich z. B. in der Regeneration der nach der Kastration rückgebildeten accessorischen Sexualorgane der Tumorträger in beiden Geschlechtern äußert. Sie sind von der Gegenwart der Hypophyse abhängig, deren Einfluß ein doppelter ist: das ACTH ermöglicht das Auftreten und die Erhaltung der Tumoren; die Gonadotropine rufen die sexagene Wirksamkeit der Tumorzellen hervor und erhalten sie aufrecht (vgl. dazu auch das Kapitel über Androgene und Tumorgenese, S. 381). Durch Hypophysentransplantate konnten SILBERBERG, SILBERBERG u. OPDYKE (1953) das Auftreten von Tumoren der NN-Rinde bei kastrierten Ratten von 42% im Alter von 21—23 Monaten bei den Kontrollen auf 65% im Alter von 6—21 Monaten steigern. Diese und andere Beobachtungen (vgl. LIPSCHÜTZ, 1957) machen es wahrscheinlich, daß bei der Entstehung dieser NN-Rindentumoren eine Störung des hypophysär-adrenalen Gleichgewichts .m Spiel ist. Dafür sprechen auch die Versuche von FERGUSON u. VISSCHER (1953), in denen der hemmende Einfluß der Hypophysektomie auf die Entwicklung postkastrativer NN-Rindentumoren bei männlichen oder weiblichen Mäusen des C_3H-Stammes untersucht wurde: eine einfache Nahrungsbeschränkung entsprechend der Nahrungsaufnahme bei den hypophysektomierten Mäusen ergab keine Hemmung, da offenbar irgendwelche wesentliche Hypophysenvorderlappen-Funktionen bei der isolierten Nahrungsbeschränkung bestehen blieben. Die Hypophysektomie schützt Rattenmännchen und -weibchen auch vor der carcinogenen Wirkung des Azofarbstoffes 3'-Methyl-4-dimethyl-aminoazobenzol (ROBERTSON, O'NEAL, RICHARDSON u. GRIFFIN, 1954); durch Behandlung der hypophysektomierten Ratten mit ACTH (oder fast ebenso gut mit STH, weniger gut mit TSH oder HCG oder HCG+FSH) wird die carcinogene Wirkung des Azofarbstoffes wieder hergestellt, während Testosteron und Pituitrin in dieser Hinsicht unwirksam sind[13].

Unsicher erscheint die morphologische und funktionelle Klassifizierung gewisser maskulinisierender Tumoren des Ovariums bei der Frau, die zunächst als Hypernephrome bezeichnet wurden (STADIEM, 1937). Diese Bezeichnung hielt jedoch einer kritischen Betrachtung durch ROTTINO u. McGRATH (1939) nicht stand, die zwar den adrenalen Ursprung aus versprengten NN-Rindenzellkomplexen im Ovarium anerkannten, aber die weniger verbindliche Benennung als „Masculinovoblastome" bevorzugten; die Tumoren haben im klinischen Bild viel mit den unten zu besprechenden Arrhenobkastomen gemein, zeichnen sich aber häufiger als diese durch eine Vermehrung der 17-Ketosteroide im Harn aus; ob sie, entsprechend ihrer mutmaßlichen Verwandschaft mit den NN-Rindentumoren auch einen prozentual erhöhten Anteil an 17β-Ketosteroiden aufweisen, ist unsicher: Während MERISALE u. FORMAN (1951) das bestätigen zu können glaubten, fanden PEDERSEN (1947) und PEDERSEN u. HAMBURGER (1953) keine Hinweise darauf in ihren Fällen und glauben daher, diese Tumoren eher den Leydig-Zell-Tumoren zuordnen zu sollen.

Wir werden im Kapitel über die Leydig-Zellen (LZ) (Bd. XXXV/2), auf das Vorkommen von *spontanen Leydig-Zell-Tumoren* hinweisen, die eine relativ sehr seltene Erscheinung sowohl in der menschlichen wie in der veterinären Pathologie zu sein scheinen und erwähnen dort einen in dieser Hinsicht einzigartigen Fall, in dem es sich um das gehäufte Vorkommen von LZ-Tumoren in einer Rattenzucht von COURRIER handelte. In diesem Zusammenhang kommen wir dann auch auf die experimentelle Erzeugung von LZ-Tumoren zu sprechen und erwähnen die Mitteilung von COURRIER u. COLONGE (1960) über die Einwirkung einer Leinöl-haltigen Diät auf den Hoden der Ratte: sie führt zu einer allmählichen ungeordneten Atrophie der Samenkanälchen, meist im linken Hoden beginnend und bis zur völligen Verödung der Kanälchen in beiden Hoden fortschreitend, in denen nur die Sertoli-Zellen erhalten bleiben. Nicht betroffen sind die LZ, die hypertrophieren und adenomatöse Knötchen in den erweiterten Räumen zwischen den atrophierenden Kanälchen bilden (Abb. 43—46). Diese Knötchen können unter Umständen, besonders bei längerer Ernährung mit der experimentellen Leinöl-haltigen Diät sich zu ausgedehnten sehr voluminösen *LZ-Tumoren* entwickeln, die endokrin, d. h. *androgen sehr aktiv* sind und eine maximale Zunahme der accessorischen Geschlechtsdrüsen (Vesiculardrüsen, Prostata) bewirken. Bemerkenswert ist es, daß außer den beschriebenen Hodenveränderungen sehr häufig auch noch solche der Schilddrüse beobachtet wurden, die statt der normalen 18 mg (im Durchschnitt) ein Gewicht von 90 mg und mehr aufweist. Auch die Hypophyse scheint nicht nur Adenome des HVL, sondern in selteneren Fällen auch carcinomatöse Fehlbildungen zu entwickeln.

Es ist bekannt (LACASSAGNE, 1957), daß bei männlichen Mäusen gewisser Rassen, die über längere Zeit *mit Oestrogenen behandelt* werden, eine ähnliche Ent-

---

13 Wie tiefgehend der Einfluß der Hypophyse auf die tumorigenen Prozesse im Gefolge der Gabe von Steroidhormonen ist, geht auch aus den Folgerungen hervor, die FURTH (1953) aus einer Übersicht der einschlägigen Literatur zieht, wenn er sagt: „The induction of interstitial-cell tumors of the testis by injection of estrogen is the result of pituitary stimulation and not of a direct effect of estrogens on the testis", wobei er sich auf die experimentellen Arbeiten von BONSER (1944), BONSER u. ROBSON (1940), HOOKER u. PFEIFFER (1942) und von SHIMKIN, GRADY u. ANDERVENT (1941) stützt.

wicklung der LZ zu solchen echten LZ-Tumoren stattfindet; doch enthielt die genannte Leinöl-haltige Diät keine oestrogenen Stoffe, auch scheint die Oestrogenbehandlung nur bei Mäusen quoad LZ-Tumoren wirksam zu sein und bei Ratten zu versagen (GARDNER, 1959; RIVIÈRE u. Mitarb., 1960). Es muß sich also bei

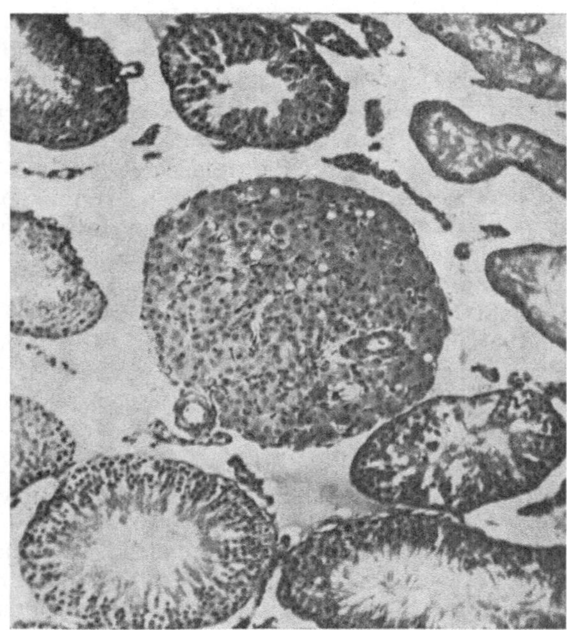

Abb. 43

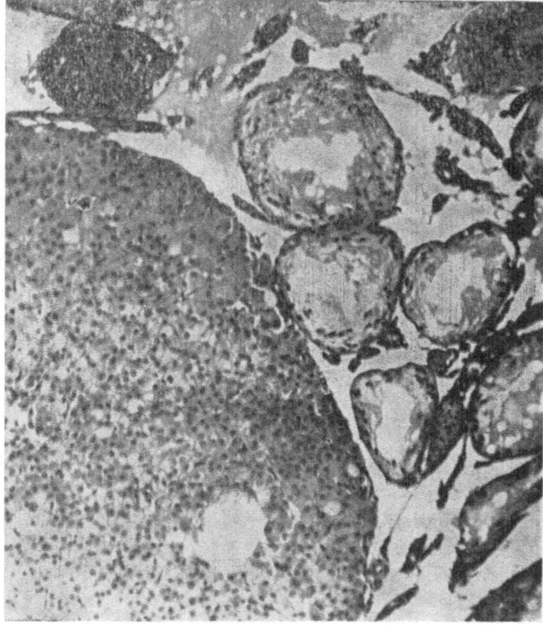

Abb. 44

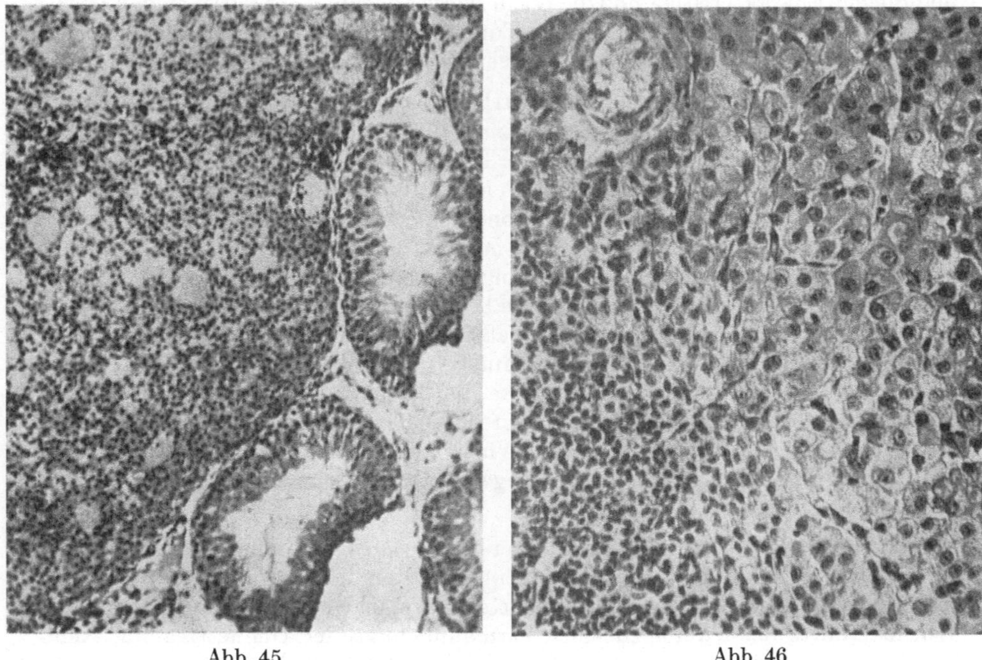

Abb. 45   Abb. 46

Abb. 43—46. Schnitte durch den Hoden von Mäusen, die über längere Zeit auf einer Leinöl-
haltigen Diät gehalten wurden. (Nach COURRIER u. COLONGE, 1960)

den Leinöl-Versuchen um einen anderen Wirkungsmechanismus handeln als bei
den Oestrogen-Versuchen.

Zu den LZ-Tumoren gehören wohl sicher die sogenannten *Hiluszell-Tumoren*
des Ovariums, eine sehr seltene Abart der maskulinisierenden Geschwülste des
menschlichen Eierstocks, die von den sympathikotropen Zellen des Rete ovarii
herstammen soll, deren Homologie mit den Leydig-Zellen des Hodens jetzt allgemein anerkannt wird (NOWAK, 1953).

Die an sich nicht häufigen, aber unter den virilisierenden Ovarialtumoren
relativ nicht so selten anzutreffenden *Arrhenoblastome* (oder Andreioblastome)
erhielten ihren Namen von MEYER (1925), nachdem PICK (1905) den ersten typischen Fall als „Adenoma testiculare ovarii" beschrieben hatte; ihre Entstehung
wurde von versprengten Hodengewebskeimen im Ovarium hergeleitet. Diese
Geschwülste sind ihrer Histologie nach mehr oder weniger atypisch aufgebaut; je
atypischer ihre Bauart ist, umso mehr tritt ihre androgene Wirkung zutage, die
zu einer weitgehenden Umwandlung der weiblichen Trägerin in männlicher Richtung führen kann: Verlust oder Steigerung der Libido, Veränderungen der inneren
und äußeren Genitalorgane mit Amenorrhoe, Verkleinerung des Uterus, Vergrößerung der Clitoris, Schwund des Labialfettes, Tieferwerden der Stimme, Abnahme
der Mammae und des Mons pubis, Verlust der typisch weiblichen Fettverteilung
am Körper (Becken- und Glutealgebiet und in der Subcutis), Entwicklung von
Schnurrbart und Bart, Verlust der Haare in der Temporalgegend („Geheimratsecken"), Verdickung der Haut, Acne, Steigerung der Erythrocytenzahl, Vermännlichung der Gesamtkonfiguration des Körpers u. a. Die Herkunft der vermännlichenden Wirkstoffe aus dem Arrhenoblastom wird durch die Rückbildung der

männlichen Charakteristika und die Wiederverweiblichung der Patientinnen bewiesen, die als Folge der Entfernung des Tumors eintritt, ebenso wie durch die Re-Virilisierung bei einer eventuellen Regeneration des Arrhenoblastoms.

Eine interessante Parallele zu den Arrhenoblastomen der menschlichen Pathologie bilden die *Ovarialtumoren der Hennen,* die mit einem spontanen Virilismus ihrer Trägerinnen vergesellschaftet sind. FRIEDGOOD u. UOTILA (1941) fanden bei Hennen mit Geschlechtsumkehr stets eine vollkommene Zerstörung oder eine bedeutende Atrophie des (allein funktionierenden) linken Ovariums; stattdessen entwickelten sich tumorähnliche Gewebsmassen, die histologisch ein Hodengewebe in verschiedenen Stadien der Entwicklung darstellten. Die Verff. sagen ausdrücklich, daß die pathologischen Verhältnisse bei diesen Hennen an die Arrhenoblastome bei Frauen erinnern, und glauben, daß das primäre Zugrundegehen des linken Ovariums einen stimulierenden Einfluß auf die Gonadotropinproduktion im Hypophysenvorderlappen habe und daß diese die Spuren von embryonalem Hodengewebe des physiologisch atrophischen rechten Ovarialmarkes zur Entwicklung und zur androgenen Funktion bringe. Wir hätten also auch hier wieder eine Störung des hypophysär-gonadalen Gleichgewichts als Grundlage der veränderten Hormonproduktion zu verzeichnen.

WILHELM-KÄSTNER (1959) hat den ersten *sicheren* Fall eines *Arrhenoblastoms bei Vögeln* beschrieben, das bei einer Henne auftrat, die sich bis dahin durch eine sehr gute Legeleistung ausgezeichnet hatte (Warnefelder Rasse). Im Lauf weniger Wochen führte der Tumor zu einer Vermännlichung der Henne (Kamm, Kehllappen, Sporn, Krähen); nur das Gefieder blieb weiblich, da das Tier vor dem nächsten Federwechsel getötet wurde. Auch die Gonodukte hatten eine Vermännlichung erfahren, ebenso das Verhalten gegenüber den Hennen. Beim Tumor handelte es sich um ein Arrhenoblastom vom intermediären Typ, mit Einsprengungen von Zellen des atypischen und des tubulären Musters. Für die reichliche Absonderung von androgenen Stoffen waren vermutlich die zwischen den Pseudotubuli oder geschlechtsstrang-ähnlichen Formationen liegenden Zellelemente verantwortlich, die in ihrer ganzen Struktur den Leydig'schen Zwischenzellen glichen. Alle Zellen des Tumors, wie auch die Zellen des in Rückbildung begriffenen Ovars wiesen kein zweites Heterochromosom auf, waren also genetisch (zum mindesten überwiegend) weiblich.

Auch die sogenannten *Luteinzellentumoren* des Ovariums können eine androgene Wirkung haben, wie z. B. im Fall von MAYER (1942), bei dem neben der ausgesprochenen Vermännlichung der Pat. auch eine deutliche progesteronähnliche Wirkung auf den Uterus (deziduale Umwandlung des Schleimhautstromas im Uterus) zu beobachten war.

9. Vorkommen in Pflanzen

LOEWE, VOSS, LANGE u. SPOHR (1928) wiesen im Test an den Vesiculardrüsen des kastrierten Mäusemännchens eine androgene Wirksamkeit in Pflanzenextrakten nach, die sie nach der gleichen Methode herstellten wie die im gleichen Test androgen wirksamen Extrakte aus Stierhoden. Nach ihren früheren Oestrogenbefunden in *weiblichen* Blüten der Saalweide (Salix caprea) untersuchten sie besonders eingehend *männliche* Blüten der gleichen diöcischen Pflanze und fanden einen Gehalt von etwa 16 Mäuse-Einheiten Androgen je kg Frischblüten. Da eine ihrer M.E. der Wirksamkeit von etwa 75 μg Testosteron entsprach, betrug der Gehalt an androgener Wirksamkeit etwa 1200 μg Testosteron-Äquivalent pro kg. In guter Übereinstimmung damit ließ sich auch aus den männlichen Blüten der gemeinen Birke (Betula verrucosa) eine androgene Wirksamkeit von etwa 17 M.E. Androgen oder etwa 1300 μg Testosteron-Äquivalent pro kg Blütenfrischsubstanz extrahieren. Vergleichsextrakte aus den weiblichen Blüten der gleichen Pflanzen zeigten keine androgene Wirksamkeit.

Einige Jahre später haben LOEWE, VOSS u. ROTHSCHILD (1931) mitgeteilt, daß es ihnen gelungen sei, neben der schon länger bekannten oestrogenen auch eine androgene Wirksamkeit in Extrakten aus Bäckerhefe mit Hilfe des gleichen Vesiculardrüsentests am kastrierten Mäusemännchen festzustellen. Die Verff., denen es in dieser Veröffentlichung nur auf den Nachweis des „Nebeneinander männlicher und weiblicher Sexualhormone" in verschiedenen Zubereitungen ankam, haben keine genaueren Angaben über den Gehalt gemacht; im Verhältnis zum Oestrogengehalt der Hefe war der Gehalt an Androgenen als relativ hoch zu bezeichnen. Demgegenüber konnten WOMACK u. KOCH (zit. in BOMSKOV, 1939, S. 480) in Extrakten aus Hefe, Weizen, Spinat und Karotten keine androgene Wirksamkeit nachweisen. Diese Diskrepanz der Untersuchungsergebnisse erklärt sich zum Teil wohl durch Unterschiede in der Extraktzubereitung, zum größeren Teil aber durch die geringere Empfindlichkeit des von WOMACK u. KOCH zum Nachweis benutzten Test am Kapaunenkamm mit i.m. Zuführung der Prüfsubstanzen.

LEVIN, BURNS u. COLLINS (1951) untersuchten Weizenkeimöl, das durch Extraktion von frischen Weizenkeimlingen mit Äthylendichlorid gewonnen wurde, auf oestrogene, androgene und gonadotrope Wirksamkeit: neben den positiven Ergebnissen verschiedener Oestrogenteste an kastrierten, hypophysektomierten bzw. infantilen Rattenweibchen und dem erstmaligen Nachweis einer gonadotropen Wirksamkeit in einer lipiden Substanz konnten auch eindeutige positive Auswertungsresultate der Androgentestierungen am Kamm des infantilen Hähnchens und an den Vesiculardrüsen des kastrierten Rattenmännchens mit den Weizenkeimölextrakten erzielt werden, wobei sich der aktive Anteil als ketonischer Natur erwies. Daß das Weizenkeimöl das Auftreten von Kastrationszellen in den Hypophysen der Versuchsratten verringerte, konnte sowohl auf seine oestrogene als auch auf seine androgene Wirksamkeit bezogen werden.

Einer Arbeit von HINTON u. MORAN (1960) entnehme ich folgenden kurzen Hinweis auf Untersuchungen von LÖVE u. LÖVE (1945), die mir im Original nicht zugänglich waren: „There is also evidence to show that the sex of flowers of the normally dioecious Melandrium dioicum can be partially influenced by mammalian oestrogenic and androgenic hormones".

Die Gesamtheit dieser mehr oder weniger sporadischen Sexualhormonbefunde in pflanzlichen Ausgangsstoffen läßt doch vermuten, daß diese Hormone nicht bloße Nebenprodukte des pflanzlichen Stoffwechsels ohne eine spezifische Bedeutung sind, sondern auch bereits im Pflanzenreich mit der geschlechtlichen Differenzierung und ihren morphologischen und funktionellen Folgen in bisher noch ungeklärter Weise in Beziehung stehen. Diese Vermutung stützt sich in erster Linie natürlich auf das mengenmäßig sehr viel bedeutendere Vorkommen von Oestrogenen in Pflanzen, doch ist der Nachweis des Vorkommens von Androgenen von grundsätzlicher Bedeutung und weist auf das Interesse hin, das die Untersuchung des Auf- und Abbaus dieser Hormone im pflanzlichen Stoffwechsel hätte, eine Aufgabe, die unseres Wissens noch nicht einmal in Angriff genommen wurde.

Einer Zusammenstellung von GOTTFRIED u. DORFMAN (1969) auf Grund der Arbeiten von STAAL (1967), TAKEMOTO u. Mitarb. (1967) und TSCHESCHE u. HULPKE (1968) entnehmen wir die Daten der Tab. 43:

Tabelle 43. *In Pflanzen identifizierte Sterine und Steroide; aus* GOTTFRIED *u.* DORFMAN *(1969)*

Art	Identifiziertes Produkt
Holarrhena floribunda	Progesteron-C_{21}
Trachycalumna fimbriatum	Pregnenolon-C_{21}
Phoenix dactylifera	Oestron-C_{18}
Pteridium aquilinum	Ecdyson-C_{27}
Podocarpus elatus	Ecdysteron-C_{27}
Achyranthes Fauriei	Inokosteron-C_{27}
Podocarpus nakai	Ponasteron-C_{27}
Cyathula capitata	Cyasterin-C_{29}

Die Bedeutung der pflanzlichen Sterine und Steroide für die phytophagen Wirbellosen wird am Schluß des Abschnittes 10 dieses Kapitels (S. 233/234) besprochen.

10. Androgene Hormone bei wirbellosen Tieren[14]

Im Jahre 1948 schrieb B. SCHARRER in einer Übersicht über Insektenhormone: „Das Vorhandensein von Hormonen, welche die sekundären Geschlechtsmerkmale und das Verhalten bei der Paarung in ähnlicher Weise wie bei den Wirbeltieren beeinflussen, ist bei Insekten weder endgültig bewiesen noch auch widerlegt worden. Das gegenwärtig vorliegende Beweismaterial spricht mehr gegen als für die Existenz von Geschlechtshormonen in dieser Gruppe von Wirbellosen". Und im gleichen Band dieses Sammelwerkes äußert sich FR. A. BROWN JR. hinsichtlich der Crustaceen in folgender Weise: „. . . zahlreiche Beobachtungen legen entschieden die Annahme nahe, daß Hormone an der Entwicklung und Erhaltung männlicher und weiblicher Sexualmerkmale beteiligt sind. Diese Annahme gründet sich im wesentlichen auf die mehrfach nachgewiesene Tatsache, daß die Ausschaltung oder Degeneration der Gonaden durch ‚parasitäre Kastration' (A. GIARD, 1886) oder durch Bestrahlung im allgemeinen mit einer mehr oder weniger weitgehenden Veränderung der Geschlechtsmerkmale entweder in Richtung einer Neutralform oder des entgegengesetzten Geschlechts vergesellschaftet ist. Der Grad und der Charakter dieser Veränderungen variiert im Einzelfall in Abhängigkeit von der artlichen Zugehörigkeit von Wirt und Parasit. Entscheidende Versuche, die uns gestatten würden, ein endgültiges Urteil darüber abzugeben, ob spezifische Sexualhormone hier in Tätigkeit treten und — wenn überhaupt — in welchem Gewebe sie gebildet werden, liegen bisher nicht vor". Und noch 1956 schreibt KARLSON in einem zusammenfassenden Bericht über Insektenhormone: „. . . spezielle Geschlechtshormone sind bei Insekten bisher nicht klar nachgewiesen worden".

Die Sachlage hat sich hinsichtlich der Insekten auch in den letzten Jahren nicht geändert (s. u. S. 226). Dagegen liegen für die *Crustaceen* zahlreiche Beobachtungen vor, welche die Existenz besonderer androgener Drüsen, die Erzeugung von androgenen Wirkstoffen in ihnen und die Abhängigkeit der Geschlechtsmerkmale der betreffenden Krebsarten im männlichen Geschlecht von diesen Wirkstoffen außer Frage stellen. Die bisher ungeklärte Ätiologie der Folgen der „parasitären Kastration" bei Krebsen hat dadurch eine weitgehende Aufklärung gefunden. Eine kurze Darlegung der Sexualentwicklung bei den von bestimmten, ihrerseits zu den Krebsen gehörenden rhizocephalen Parasiten befallenen Krebsmännchen sei zum besseren Verständnis des folgenden vorausgeschickt.

Die im allgemeinen getrenntgeschlechtigen malakostraken Krebse (Krabben), deren Geschlechter schon äußerlich dank gut ausgebildeten sekundären Ge-

---

14 Eingehende Besprechung und weitere Literatur bei Voss (1961).

schlechtsmerkmalen leicht zu unterscheiden sind, werden relativ häufig von parasitären Krebsen aus der Familie der Rhizocephalen (Sacculina, Peltogaster u. a.) befallen. Diese heften sich nach einer kurzen Periode freien Umherschwimmens als sogenannte Cyprislarven an ihren Wirt an, dringen in sein Inneres ein und machen hier eine Reihe von Veränderungen durch, wobei sie Gewebe und Organe des Wirtes zerstören und sich von ihnen ernähren. Dabei werden in vielen Fällen, aber nicht immer, auch die Geschlechtsorgane des Wirtes zerstört und es kommt zur sogenannten „parasitären Kastration" des Wirtes durch den Parasiten, der als sackförmiges Gebilde mit den Geschlechtsorganen unter dem Abdomen der Krabbe schließlich wieder an die Oberfläche gelangt (Stadium der sogenannten „Externa") und durch ein den Körper des Wirtes durchziehendes Wurzelwerk seine Nahrung aus der Krabbe bezieht. Ist das befallene Individuum ein Männchen, so beobachtet man bei ihm eine unvollkommene Ausbildung der sekundären Geschlechtsorgane d.h. der zu Kopulationsorganen umgebildeten Pleopoden (Extremitäten), des schmäleren Abdomens und der breiteren Chelipedien, die alle eine Form annehmen, die sich derjenigen beim normalen Weibchen annähert (Abb. 47 und 48)[15].

Zur Erklärung dieser Umwandlung des Männchens durch die „parasitäre Kastration"[16] ist eine Reihe von Hypothesen aufgestellt worden (G. SMITH, 1910, 1911, 1913; G.C. ROBSON, 1911; TUCKER, 1930; HUGHES, 1940 u. a.), auf die ein Eingehen sich nach den Beobachtungen der letzten Jahre erübrigt. Der erste, der die Wirkung eines männlichen Hormons beim Wirtskrebs bzw. die Ausschaltung dieser Wirkung durch den Krebs-Parasiten vermutete, war COURRIER (1921): er fand bei Untersuchungen an parasitierten Carcinus maenas-Männchen keine Korrelation zwischen dem Ausmaß der Gonadenzerstörung und dem Grad der Beeinflussung der sekundären Geschlechtsmerkmale und schloß daraus, daß das männliche Hormon in einem Gewebe oder Organ *außerhalb der Hoden* gebildet werden müßte und daß eben dieses Gewebe durch den Parasiten zerstört würde. Diese Folgerung COURRIER's fand in der Folge, allerdings erst über 30 Jahre später ihre Bestätigung; wir können daher die in der Zwischenzeit veröffentlichten anderweitigen Theorien von LIPSCHÜTZ (1924), VAN OORDT (1928, 1929), GOLDSCHMIDT (1931), BRINKMAN (1936) u. a. unberücksichtigt lassen und zur Schilderung der neuesten Befunde übergehen.

Noch im Jahre 1944 schlossen TAKEWAKI u. NAKAMURA aus ihren Versuchen, in denen ihnen erstmalig die Lebenderhaltung der kastrierten Männchen und Weibchen des isopoden Krebses Armadillidium vulgare gelungen war, daß die Entfernung der Hoden bzw. Ovarien bei der genannten Art keinerlei Veränderungen der sekundären Geschlechtsmerkmale nach sich zöge. Auch CHARNIAUX (1953), die beim marinen Amphipoden Orchestia gammarella die Entfernung der Gonaden erfolgreich durchführte, fand, daß die ständigen sekundären Geschlechtsmerkmale bei Weibchen und Männchen von den Gonaden unabhängig seien, daß

---

15 Nach RASMUSSEN (1959) bewirkt die Parasitierung, gleichgültig ob sie durch einen männlichen oder weiblichen Sacculina-Krebs erfolgt, ein weibliches Verhalten bei dem befallenen Männchen der Krabbe Carcinus maenas, wenn die Sacculina zur „Externa" geworden ist; nach ihrer Abstoßung verschwindet das weibliche Verhalten, d. h. die Einwanderung in die tiefere See (8—10 m), wo sich die trächtigen weiblichen Krabben aufhalten.

16 R. GOLDSCHMIDT (1931) hat den Ausdruck „parasitäre Kastration" abgelehnt, weil es zu jener Zeit den Anschein hatte, als sei die Umwandlung des Männchens von der Zerstörung oder eventuellen Erhaltung der Hoden und damit von einer hormonalen Beeinflussung durch die Gonade unabhängig. Wir werden im folgenden sehen, daß zwar nicht der Hoden, aber eine andere androgene Drüse die hormonalen Wirkstoffe liefert und daß die Entfernung dieser Drüse für die Umwandlungserscheinungen verantwortlich gemacht werden muß: insofern besteht der Ausdruck „parasitäre Kastration" zu Recht.

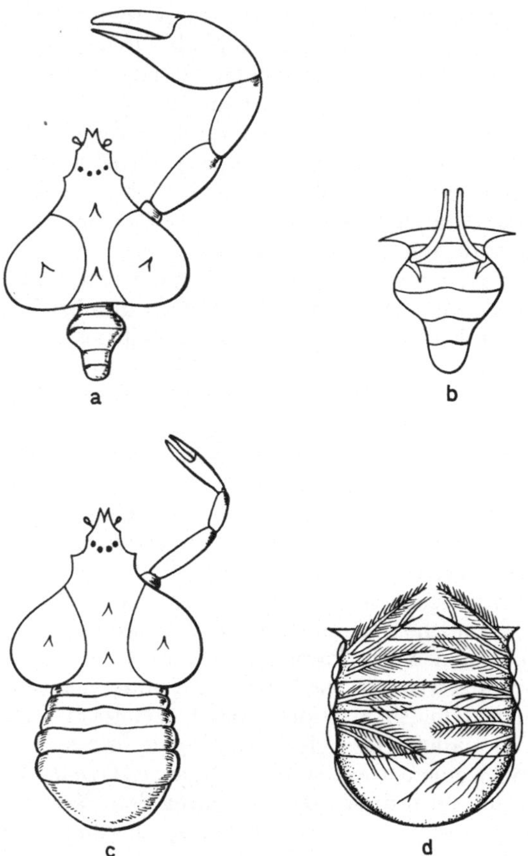

Abb. 47a—d. a Umriß von Thorax, Abdomen und rechter Schere, b Abdomen von ventral mit den Gonopodien bei der Krabbe *Inachus mauretanicus* ♂. c u. d entsprechend vom ♀, d Abdomen von ventral mit Spaltfüßen. (Nach SMITH aus GOLDSCHMIDT, 1931)

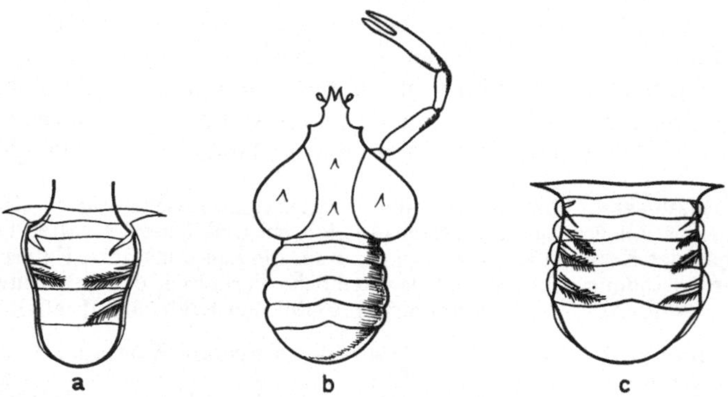

Abb. 48a—c. Sacculinisierte ♂ der Krabbe *Inachus mauretanicus*. a Abdomen von ventral mit Rückbildung der Gonopodien, Erscheinen von Spaltfüßen, b stark feminisiertes ♂ von dorsal und c sein Abdomen von ventral mit nahezu verschwundenen Gonopodien und stärker entwickelten Spaltfüßen. (Nach SMITH aus GOLDSCHMIDT, 1931)

dagegen die cyclisch, im Zusammenhang mit den Fortpflanzungsvorgängen auftretenden temporären Merkmale, zum mindesten beim Weibchen (Ausbildung der Oostegiten-Randbeborstung) unter der Kontrolle der Gonade stehen. Nun hatten zur gleichen Zeit DE LATTIN u. GROSS (1953) zeigen können, daß bei der Landassel Oniscus asellus (Isopode) die Transplantation von Hodenschläuchen des Männchens in Weibchen verschiedenen Alters bei etwa 50% der Tiere zu einer Umwandlung der 1. und 2. Pleopoden in typisch männliche Gonopoden und zur Bildung eines Penis führte; bei einem Teil dieser Weibchen kam es auch zu einer Transformation der Ovarien in Richtung einer intersexuellen Drüse. CHARNIAUX-COTTON (1954) beobachtete bei normalen und kastrierten Männchen von Orchestia gammarella (Amphipode), denen sie die Ovarien in Fortpflanzung begriffener Weibchen implantierte, daß diese Ovarien sich im Lauf von 3 Monaten in Hoden mit vollkommener Spermatogenese umwandelten; Hoden, die in reife Weibchen implantiert wurden, wiesen auch nach 4 Monaten keine Umwandlung in weiblicher Richtung auf, ebenso wenig aber auch die sekundären Geschlechtsmerkmale der Weibchen in männlicher Richtung. Die Verfasserin schließt aus ihren Versuchen, daß das interne Milieu beim Männchen des Amphipoden O. gammarella einen hormonalen Faktor enthält, der imstande ist ein Ovarium in einen Hoden zu verwandeln, dessen Quelle aber außerhalb des Hodens liegen muß. LEGRAND (1954a, 1954b) konnte die Ergebnisse von DE LATTIN u. GROSS an den Weibchen verschiedener Oniscus-Arten bestätigen, außerdem gelangen ihm auch homoplastische und heteroplastische Ovarimplantationen beim Männchen, dessen sekundäre Geschlechtsmerkmale dadurch nicht beeinflußt wurden. Die Versuche an den Isopoden schienen also, im Gegensatz zu den Ergebnissen am Amphipoden, zu zeigen, daß ein androgenes Hormon im Hoden von Oniscus gebildet wird.

Dieser Widerspruch war für CHARNIAUX-COTTON (1954b) der Anlaß zu prüfen, ob nicht bei ihren Kastrationsversuchen ein außerhalb des Hodens liegendes, aber zum männlichen Genitalapparat gehörendes endokrines Organ im Körper der „Kastraten" zurückgeblieben war, dessen Gegenwart für die Erfolglosigkeit der „Kastration" verantwortlich zu machen wäre. Tatsächlich konnte sie an den distalen Enden der Vasa deferentia, die bei der Hodenentfernung abgerissen und im Körper verblieben waren, bisher unbekannte paarige drüsige Organe entdecken, die — aufgrund weiterer Versuche — den Namen einer „glande androgène", einer *androgenen Drüse* (a. Dr.) erhielten. Diese zunächst bei O. gammarella festgestellten Gebilde wurden von CHARNIAUX-COTTON in der Folge (1956) bei einer Reihe weiterer Amphipoden (O. mediterranea, O. platensis, Gammarus (Marinogammarus) marinus Leach, Gammarus (Rivulogammarus) pulex L.) gefunden. Ihre anatomische Lage geht aus der Abb. 49 hervor: Es handelt sich um einen lumenlosen Zellstrang, der mehrfach eng gefaltet ist und mit dem Vas deferens nur rein äußerlich zusammenhängt, während eine anatomische Verbindung zwischen den beiden Organen nicht besteht (Abb. 51). Wir haben also eine echte „Drüse ohne Ausführungsgang" vor uns, die bei den meisten Individuen außer der Hauptdrüse noch einige kleine Anhäufungen von gleichartigen Drüsenzellen am Vas deferens, oberhalb der Hauptdrüse aufweisen kann; auch diese Nebendrüsen produzieren, wie in den Transplantationsversuchen gezeigt werden konnte, androgene Wirkstoffe, wenn auch in geringerer Menge als die Hauptdrüse.

Daß diese Drüsen die tatsächlichen und ausschließlichen Produzenten männlicher Wirkstoffe bei den genannten amphipoden Krebsen sind, geht aus 2 Arten von Versuchen hervor: 1. Werden die androgenen Drüsen (a. Dr.) beim Männchen total entfernt, so regenerieren entfernte Sexualanhänge bei den folgenden Häutungen in weiblicher Form, gleichgültig ob die Hoden mit exstirpiert wurden oder in situ verblieben; die Hoden selber verfallen nach totaler Entfernung der a. Dr.

einer Degeneration: die Spermatogenese kommt zum Stillstand, die schleimproduzierenden Randzellen des Hodens verschwinden vollkommen, und endlich tritt eine Nekrose des Hodens ein (CHARNIAUX-COTTON, 1959); 2. wird ein Ovarium in ein normales Männchen implantiert, so wird es in einen Hoden umgewandelt; werden aber die a. Dr. des Männchens vor der Ovarimplantation entfernt, so behält das Ovar seinen Charakter unverändert bei, gleichgültig ob die Hoden des Männchens exstirpiert wurden oder nicht. Bleiben bei der Exstirpation der a. Dr. Teile derselben, z. B. die oben erwähnten Nebendrüsen im Körper des Männchens zurück, so kann es vorkommen, daß der 2. Gnathopode, der nur beim Männchen der Scherenträger ist, zunächst bei der auf die Exstirpation der a. Dr. folgenden Häutung in weiblicher Form regeneriert, dann aber bei den folgenden Häutungen sich zur normalen männlichen Scherenform entwickelt. Dieser Vorgang ist offenbar so zu erklären, daß die Androgenproduktion der Nebendrüsen oder auch eines Relikts der Hauptdrüse zunächst unter dem Minimum verblieb, das für die Ent-

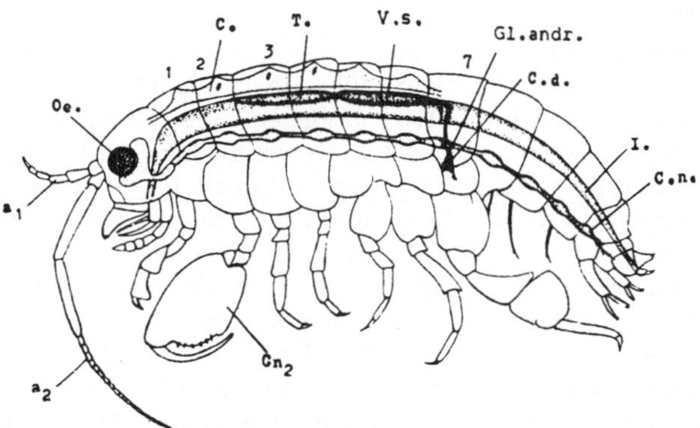

Abb. 49. Der männliche amphipode Krebs *Orchestia gammarella*, von der linken Seite gesehen und durchsichtig gedacht, um die Lage des Genitalapparates zu zeigen. a_1, a_2 Antennen; *C* Herz; *C.d.* Vas deferens; *C.n.* Nervenstrang; *Gl. andr.* androgene Drüse; Gn_2 zweiter Gnathopode mit männlicher Schere; *I* Darm; *Oe* Auge; *T* Hoden; *V.s.* Samenblase; *1, 2, 3 ... 7* erstes bis siebentes Thorakalsegment. (Nach CHARNIAUX-COTTON, 1959)

wicklung der Scherenform notwendig ist, bis die Androgenproduktion dank einem kompensatorischen Wachstum der zurückgebliebenen Reste der a. Dr. die erforderliche Höhe erreicht hat. In Abb. 50 ist der männnliche Genitalapparat beim amphipoden Krebs Orchestia gammarella (halbschematisch und vergrößert) dargestellt, um die Lage der a. Dr. am Vas deferens zu verdeutlichen. Abb. 51 zeigt (stärker vergrößert) oben einen Querschnitt durch das Vas deferens und die anliegende a. Dr., unten die Wiedergabe einer Zeichnung nach dem Lebendpräparat der Mündung des Vas deferens nach außen beim gleichen Krebs. Es muß hervorgehoben werden, daß eine Befruchtung durch natürliche Begattung durch die maskulinisierten Weibchen nicht stattfinden kann, da die neu entstandenen Vasa deferentia nicht durchgängig sind und daher nicht funktionstüchtig werden; dagegen können die Spermatozoen dieser Tiere, auf frischgelegte Eier künstlich übertragen, diese durchaus befruchten. Es kommt auch nicht zu einer anatomischen Verbindung zwischen dem neu aus dem Mesenchym entstandenen Vas deferens und dem Hoden, so daß schon deswegen ein Eintritt von Spermatozoen in den Kanal unmöglich ist.

Die Maskulinisierung des Genitalapparats eines mit einer a. Dr. implantierten Weibchens umfaßt also die Umwandlung des Ovariums in einen voll funktionsfähigen Hoden mit ausgiebiger Spermatogenese; ferner die Ausbildung eines Vas deferens, das, sobald es mit dem Epithel des VII. Sterniten in Verbindung tritt, hier die Bildung einer Genitalapophyse induziert und einen Penis entstehen läßt, was meist nach 4—5 Häutungen, manchmal auch schon früher der Fall ist. Die maskulinisierten Weibchen zeigen ein typisch männliches Verhalten, nach einigen Häutungen sind sie infolge der Implantation der a. Dr. imstande, Weibchen, die vor der Eiablage stehen, zu erkennen und sich in normaler Weise mit ihnen zu paaren.

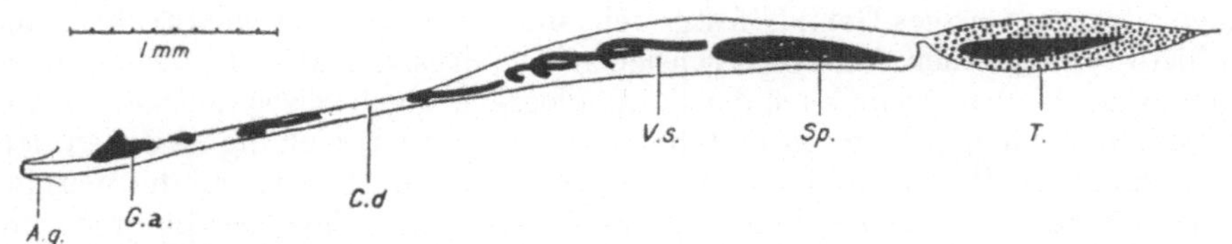

Abb. 50. Der amphipode Krebs *Orchestia gammarella*, Schema des männlichen Genitalapparates. *T* Hoden; *Sp* Spermatozoen; *V.s.* Samenblase; *C.d.* Vas deferens; *G.a.* androgene Drüse; *A.g.* Genitalapophyse. (Nach Charniaux-Cotton: Ann. biol. **32**, 378, 1956)

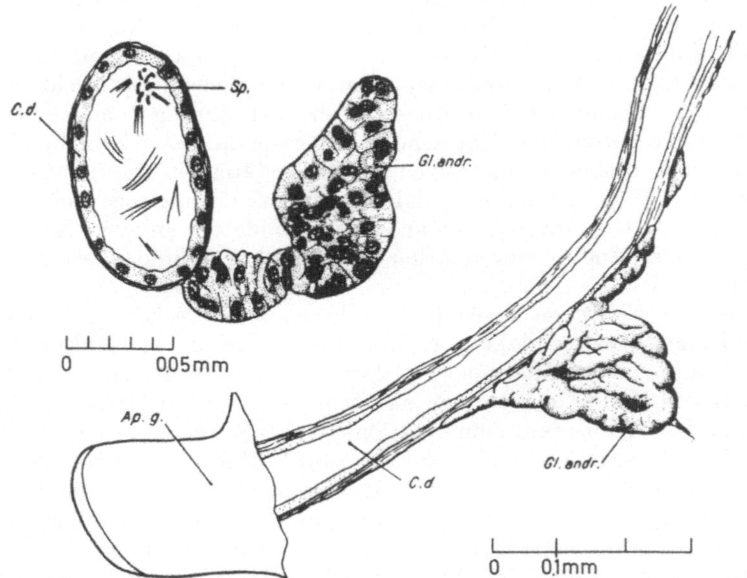

Abb. 51. Der amphipode Krebs *Orchestia gammarella*, die androgene Drüse, oben im Querschnitt, unten Zeichnung nach dem Frischpräparat. *Gl. andr.* androgene Drüse; *C.d.* Vas deferens; *Sp.* Spermatozoen; *Ap.g.* Genitalapophyse. (Nach Charniaux-Cotton; Ann. biol. **32**, 379, 1956)

Außer bei den oben (S. 211) genannten Amphipoden konnte die gleiche Verfasserin auch bei einer Reihe dekapoder Krebse das Vorhandensein analoger Organe mit der anatomischen Lage und der histologischen Struktur der a. Dr. nachweisen, so bei Carcinus meanas, Clibanarius misanthropus (Charniaux-Cotton, 1956), Maia squinado, Homarus vulgaris, Nephrops norvegicus und Leander serratus (1958) und bei dem Stomatopoden Squilla mantis (1960a)[17]. Vor

---

17 Wie bei allen bisher untersuchten Malakostraken (mit Ausnahme der Oniscoiden) liegt auch bei Squilla mantis die a. Dr. im letzten Thorakalsegment zwischen den Ansatzmuskeln des letzten Pereiopoden; auffallend ist nur bei dieser Art ihre räumliche Trennung vom Vas deferens, an das sie bei den anderen Arten durch lockeres Bindegewebe unmittelbar angeheftet ist (Charniaux-Cotton, 1960a).

allem die histologische Struktur, der Aufbau aus bis zu 30 μ großen Zellen, mit ovoidem 7—9 μ messenden Kern bleibt bei allen bisher untersuchten Arten derselbe. Dagegen kann die anatomische Gestalt der a. Dr. verschieden sein und zwischen einer Vielheit kleiner Läppchen und langen anastomosierenden Strängen wechseln. Allen diesen Drüsenzellen ist der holokrine Sekretionsmodus eigen. DUVEAU (1957) hat ein der a. Dr. bei anderen Krebsen analoges Organ auch beim leptostraken Krebs Nebalia geoffroyi Leach am subterminalen Ende der beiden Samenleiter als paariges Gebilde festgestellt und seine anatomische Struktur und den histo-cytologischen Aufbau beschrieben. Die drüsige Natur der Zellen dieses Organs war offenbar, wenn auch der morphologische Nachweis spezifischer Sekretionsprodukte nicht gelang; es besteht aber eine klare Beziehung zwischen dem Reifezustand des Hodens und dem Wachstum der a. Dr. derart, daß die Spermiogenese erst dann in Erscheinung tritt, wenn die a. Dr. einen bestimmten Entwicklungsgrad erreicht hat und man einen Kernpolymorphismus und Unterschiede in der färberischen Affinität des Cytoplasmas als Anzeichen einer intensiven Sekretionstätigkeit feststellen kann. Bemerkenswert ist auch, daß eine lebhafte mitotische Vermehrung der Zellen der a. Dr. in dem Augenblick einsetzt, in dem die Spermiogenese beginnt. Wenn auch der experimentelle Nachweis der endokrinen Natur dieser a. Dr. bei Nebalia noch aussteht, so kann man doch aus der Angabe von CLAUS (1889), daß die sekundären männlichen Geschlechtsmerkmale von Nebalia im Augenblick einer echten „Pubertätshäutung" auftreten, und aus der von DUVEAU gefundenen Tatsache, daß gerade zu dieser Zeit die a. Dr. die Anzeichen einer besonders intensiven Sekretionstätigkeit (s. o.) aufweist, den Schluß ziehen, daß es sich um eine endokrine Drüse mit androgenem Sekretionsprodukt handelt. Die Anwesenheit analoger Gebilde bei anderen Krebsen, hier aber mit sicherer Androgenproduktion, verleiht den Befunden bei Nebalia ein verstärktes Gewicht.

Besondere Verhältnisse liegen bei der hermaphroditischen proterandrischen Crevette Lysmata seticaudata vor: die jungen Individuen funktionieren als Männchen, ihre äußere Morphologie ist männlich; der hintere Abschnitt der Gonaden ist ein Hoden, der vordere ein Ovarium, aber ein funktionsloses, ohne Dotterbildung. Der Übergang zum funktionierenden Weibchen erfolgt im Mai/Juni (in Neapel) und geht allmählich vor sich; zum Schluß der Umwandlung ist die a. Dr., die während der männlichen Periode in gleicher Weise vorhanden ist wie z. B. beim Dekapoden Leander und sich nur durch ein die Drüsenzellen umgebendes Fettgewebe unterscheidet, vollkommen verschwunden und durch Fettgewebe ersetzt. Das physiologische Verschwinden der a. Dr. bei Lysmata hat zur Folge, daß nun die vorher vom männlichen Hormon gehemmte Dotterbildung in Gang kommt, die Follikelzellen in Wirksamkeit treten und die Wirkstoffe bilden, die für das Auftreten der weiblichen Merkmale verantwortlich sind, die im Zusammenhang mit der Brutfunktion stehen. Es erscheint möglich, daß eine Erschöpfung der regenerativen Potenz der Zellen der a. Dr. infolge des holokrinen Sekretionsmodus zum Untergang der a. Dr. führt (CHARNIAUX-COTTON, 1958).

Bei der hermaphroditischen Orchestia mediterranea, deren männliche Gonade vorne einen ovariellen Schlußteil trägt, kommt es unter dem Einfluß der in den a. Dr. erzeugten männlichen Wirkstoffe zu interessanten Veränderungen in den ovariellen Partien: Nicht nur daß die Dotterbildung in den Ovocyten ausbleibt, sondern man findet in dem Übergangsgebiet zwischen testikulärem und ovariellen Anteil anormale Keimzellen, die ihrer Größe nach Ovocyten, ihrem (prophasischen) Kern nach aber Spermatocyten darstellen. Man kann sich vorstellen, daß es sich um Zellen handelt, die auf dem Weg der Entwicklung zu Ovocyten von den Einflüssen des männlichen Hormons getroffen wurden, die aber zu schwach waren, um eine normale Spermatogenese auszulösen (CHARNIAUX-COTTON, 1959b). Daß es sich bei O. mediterranea um Vorgänge handelt, die auf eine „relative Insuffizienz" der a. Dr. zurückzuführen sind oder, mit anderen Worten, daß die Gegenwart bzw. das Bestehenbleiben des ovariellen Anteils auf einer hormonalen Insuffizienz der a. Dr. beruhen, geht auch aus Versuchen von BALESDENT u. VEILLET (1958) hervor, denen es gelang, den ovariellen Anteil der hermaphroditischen Gonade von O. cavimana zum Verschwinden zu bringen, wenn sie mehrere a. Dr. von O. gamarella in ein Männchen von O. cavimana überpflanzten.

Gelingt es bei sehr jungen Individuen von O. gamarella (d. h. während des 3. Häutungsintervalls) die a. Dr. partiell zu entfernen (eine totale Exstirpation stößt auf bisher nicht überwundene operative Schwierigkeiten), so kommt es im Hoden zur Ausbildung einer Anzahl von Ovocyten, die unter normalen Umständen bei dieser Art nie angetroffen werden; meist ist ihr Erscheinen auf *den* Hoden beschränkt, auf dessen Seite die partielle Entfernung der a. Dr. quantitativ genügend war (CHARNIAUX-COTTON, 1959a). Dieser experimentelle Befund unterstützt die Annahme einer „ovariellen Autodifferenzierung", wie sie aus den entwicklungsgeschichtlichen Studien an den Orchestia-Arten sich ergeben hatte: Beim genetischen Weibchen entwickelt sich die Gonadenanlage spontan zum Ovarium; dieses besitzt neben der exokrinen Funktion auch eine endokrine, denn es induziert die Ausbildung der weiblichen äußeren Geschlechtsmerkmale und zur Zeit der Eiablage auch diejenige der mit der Bebrütung verbundenen Merkmale. Beim Männchen verhindert die Sekretion der a. Dr. die „ovarielle Autodifferenzierung" und regelt die Ausbildung der männlichen Merkmale; die Hoden haben keine innersekretorische Funktion. Wenn die Wirkung des männlichen Hormons aus irgendwelchen (artspezifischen oder anderen) Gründen verringert oder verspätet zur Geltung kommt, kann sich eine Region der männlichen Gonade zu einem ovariellen Anteil entwickeln, der mehr oder weniger lange bestehen bleiben und, wenn die a. Dr. zugrunde gehen (wie z. B. bei Lysmata seticaudata[18], s. o. S. 214), sogar voll funktionsfähig werden kann. Die Anlagen der a. Dr. sind bei Männchen und Weibchen in gleicher Weise vorhanden, aber nur beim Männchen entwickeln sie sich, offenbar unter dem Einfluß genetischer Faktoren, zum funktionierenden Organ.

Daß dem tatsächlich so ist, zeigte CHARNIAUX-COTTON (1960b) durch die Feststellung, daß die Degeneration der Drüsenzellen in der a. Dr. die Regeneration überwiegt: Die Degeneration der a. Dr. ist zu keiner Entwicklungsperiode etwa durch einen Hemmungsfaktor bedingt; sie ist vielmehr ein inhärenter physiologischer Vorgang, dadurch bedingt, daß bei der holokrinen a. Dr. in einem gewissen Stadium die Auflösung der Drüse ihre Regeneration überwiegt, wobei die a. Dr. von einer Normalgröße von etwa $450 \times 450 \times 100 \ \mu$ auf eine Größe von etwa $100 \times 100 \times 100 \ \mu$ zusammenschmilzt, worauf der übrige Teil als Ganzes degeneriert, alle Kerne pyknotisch werden und das Cytoplasma verschwindet.

BERREUR-BONNENFANT u. CHARNIAUX-COTTON (1970) haben die in Tab. 44 wiedergegebene Zusammenstellung über die Maskulinisierung von Crustaceenweibchen durch die Implantation von androgenen Drüsen auf Grund eigener Versuche und der Daten der Literatur nach ihrem gegenwärtigen Stande veröffentlicht:

---

18 Bei dieser Art kann sich unter Umständen der Einfluß der a. Dr. nur partiell auswirken, so daß die spermatogenetische Entwicklung nur bis zum Beginn der Prophase der sekundären Spermatogonienteilung geht und die Gametogenese sich weiter in weiblicher Richtung entwickelt, wie es bei der „ovariellen Autodifferenzierung" erwartet werden muß (vgl. die Arbeit von CHARNIAUX-COTTON, 1961, in der die Gonadenentwicklung bei normalen Tieren und bei maskulinisierten Weibchen beschrieben und abgebildet ist).

Tabelle 44. *Maskulinisierung von Crustaceenweibchen durch die Implantation von androgenen Drüsen (nach einer Zusammenstellung von* BERREUR-BONNENFANT *u.* CHARNIAUX-COTTON, *Ann. Biol.* **9**, *187—199, 1970)*

Krebsart	Äußere männl. Geschlechts- merkmale	Dotter- bildung	Sperm.- genese	Literatur
Amphipoden				
Orchestia gamarella[a]	maskulinisiert	gehemmt	+	1
Orchestia montagui	maskulinisiert	gehemmt	+	2
Talictrus saltator	maskulinisiert	gehemmt	—	3
Isopoden				
Asellus aquaticus	maskulinisiert	gehemmt	—	4
Idothea baltica	maskulinisiert	gehemmt	—	5
Metoponorthus pruinosus . .	maskulinisiert	gehemmt	—	6
Armadillidium vulgare . . .	maskulinisiert	gehemmt	+	7
Porcellio dilatatus	maskulinisiert	gehemmt	+	8
Helleria brevicornis	maskulinisiert	gehemmt	+	8
Dekapoden				
Carcinus maenas	maskulinisiert	gehemmt	—	9
Rhitropanopeus arrisii	maskulinisiert	gehemmt	—	9
Pandalus borealis	maskulinisiert	gehemmt	+	10
Lysmata seticaudata	maskulinisiert	gehemmt	+	11

1. CHARNIAUX-COTTON, H.: Ann. Sci. nat. **19**, 411—560 (1957); 2. CHARNIAUX-COTTON, H., GINSBURGER-VOGEL, T.: C. R. Acad. Sci. (Paris) **254**, 2836—2838 (1962); 3. FRIED-MONTAU-FIER, M.C.: Bull. Soc. Zool. **91**, 333—334 (1966); 4. BALESDENT-MARQUET, M.L.: C. R. Acad. Sci. (Paris) **251**, 803—805 (1960); 5. TEINTURIER-HAMELIN, E.: Bull. Soc. Linn. (Normandie) **5**, 128—132 (1964); 6. SHIMOIZUMI, M.: J. Gakugei, Takushima Univ. Nat. Sci. **11**, 1—9 (1961); 7. KATAKURA, Y.: Annot. Zool. Japon. **33**, 241—244 (1960); 8. LEGRAND, J.J., JU-CHAULT, P.: C. R. Acad. Sci. (Paris) **258**, 2197—2199 (1964). 9. PAYEN, G.: C. R. Acad. Sci. (Paris) **268**, 393—396 (1969); 10. CHARNIAUX-COTTON, H.: Bull. Soc. Biol. (Paris) **161**, 6—9 (1967); 11. CHARNIAUX-COTTON, H.: C. R. Acad. Sci. (Paris) **252**, 199—201 (1961).

---

[a] Alle diese Transplantationsversuche, die in der obigen Tab. 44 aufgeführt sind, zeigten, daß das von den androgenen Drüsen produzierte Hormon die männliche Differenzierung der äußeren Geschlechtsmerkmale induziert, die Dotterbildung verhindert und zu einer vollkommenen sexuellen Inversion des Individuums führt, denn man erhält funktionelle Männchen aus den Weibchen, denen man androgene Drüsen implantiert. Allerdings muß hervorgehoben werden, daß Orchestia gamarella, soviel bekannt, die einzige Art ist, bei der man die Maskulinisierung der Gonaden auch bei den erwachsenen Weibchen erreicht. Bei allen anderen Arten muß man die Implantation bei sehr jungen Weibchen vornehmen, um eine komplette Maskulinisierung zu bewirken (vgl. KATAKURA, 1960).

Diese Untersuchungen und experimentellen Befunde an dem Amphipoden O gammarella (Pallas) und an anderen amphipoden und dekapoden Krebsen gestatteten also den Schluß, daß die a. Dr. für die Ausbildung der äußeren, sekundären männlichen Geschlechtsmerkmale dieser Krebsarten allein und ausschließlich verantwortlich zu machen sei, in Analogie zu der interstitiellen Drüse oder den Leydigschen Zwischenzellen der Wirbeltiere. Die Verhältnisse bei diesen Krebsen unterschieden sich von denjenigen bei den Wirbeltieren nur insofern, als das Gewebe, das als Produzent des androgenen Wirkstoffes betrachtet werden mußte, *nicht innerhalb* der männlichen Gonade lokalisiert war, sondern *außerhalb* derselben, wenn auch in einer engen räumlichen Beziehung zu gewissen Teilen des männlichen Genitalapparats, nämlich den Vasa deferentia. Die Entdeckerin dieser Verhältnisse, CHARNIAUX-COTTON, hatte aber bereits die Vermutung geäußert, daß die a. Dr. der Krebse, über die Analogie zur interstituellen Drüse der Wirbeltiere hinaus, auch das Geschlecht der sich entwickelnden Gonade in männlicher

Richtung determiniere (1957), d. h. aus der typisch weiblichen Form der infantilen Gonade einen Hoden hervorgehen lasse; diese Annahme gründete sich auf die experimentelle Erfahrung, daß die in ein normales Weibchen transplantierte a. Dr. zu einer kompletten Umwandlung des reifen Ovariums in einen Hoden mit vollkommener Spermatogenese führt. Ein weiterer, nur scheinbarer Unterschied [vgl. dazu das Kapitel über die orchidotrope Funktion der Androgene (S. 287 ff.)] gegenüber der Funktion der interstitiellen Drüse der Wirbeltiere besteht aber darin, daß die a. Dr. bei den Krebsen offenbar eine echte *gonadotrope Funktion* gegenüber dem Hoden ausübt: bei vollkommener Entfernung der a. Dr. degeneriert der Hoden und geht unter Verlust der Spermatogenese und der Mucus-produzierenden Randzellen und unter nekrotischen Veränderungen zu Grunde (CHARNIAUX-COTTON, 1959). Die Analogie zu den Vorgängen bei der Hypophysektomie der Wirbeltiermännchen ist deutlich, ja, die Wirkung der Entfernung der a. Dr. auf den Hoden scheint noch tiefergreifend zu sein als diejenige der Hypophysenentfernung.

Noch fehlte aber der Nachweis, daß im Lauf der normalen Entwicklung die a. Dr. tatsächlich die Entwicklung der Gonaden zu Hoden verursache. Diesen Nachweis führten VEILLET u. GRAF (1958) durch ihre Untersuchungen über die normale Entwicklung des Genitalapparats beim Männchen des amphipoden Krebses Orchestia cavimana (Heller), das intersexe Gonaden besitzt: der Hoden des erwachsenen Männchens trägt an seinem vorderen Ende im 2. und 3. Thorakalsegment eine Ovarialampulle mit einigen Ovocyten, während der eigentliche Hodenanteil der Gonade im 4. und 5. Segment liegt und im 6. und 7. Segment sich zu einer Samenblase verlängert. In der Mitte des 7. Segments mündet das Vas deferens nach außen und trägt an seinem subterminalen Ende die a. Dr. Bei den aus dem Brutbeutel entlassenen Jungen sind die Gonaden bei beiden Geschlechtern weiblich, besitzen die Anlagen für die a. Dr. und für die Samenleiter (und vermutlich auch für die Eileiter). Alle Jungen sind also hermaphroditisch, weiblich hinsichtlich ihrer Gonaden und männlich durch die Anwesenheit der a. Dr. und der Samenleiter. Im weiteren Verlauf entwickeln sich aber die a. Dr. und die Samenleiter nur bei den genetischen Männchen zu den Organen des erwachsenen Tieres, wobei die Entwicklung der a. Dr. vom Ersatz der Ovogenese durch die Spermatogenese, aber nur in den 4. und 5. Thorakalsegmenten begleitet ist[19]. Bei den Weibchen kommt es im Lauf der Entwicklung zu einer allmählichen Rückbildung sowohl der a. Dr. als auch der Samenleiter. Es ist also mit aller Wahrscheinlichkeit anzunehmen, daß die Entwicklung der a. Dr. bei den genetischen Männchen und ihre Rückbildung bei den genetischen Weibchen unter dem Einfluß eben der genetischen Konstitution vor sich geht. Die Tatsache, daß die androgenen Drüsen als solche bereits vorhanden sind, *bevor* die inneren und äußeren männlichen Sexualmerkmale in Erscheinung treten, beweist die Richtigkeit der Annahme von CHARNIAUX-COTTON, daß die a. Dr. „normalerweise für die Differenzierung der Gonade und der Keimzellen im Lauf der postembryonalen Entwicklung der Männchen verantwortlich ist".

Im Gegensatz zu den übereinstimmenden Befunden hinsichtlich der a. Dr. bei allen untersuchten Arten von Amphipoden und Dekapoden schienen die *Isopoden* eine abweichende Stellung einzunehmen. DE LATTIN u. GROSS (1953) zeigten, daß die Implantation der Hoden bei der weiblichen Mauerassel Oniscus asellus (L.) in etwa 50% der Fälle die Transformation der Pleopoden in Gonopoden und die Entwicklung eines Penis, in seltenen Fällen auch eine klare Umwandlung der

---

19 BALESDENT u. VEILLET (1958) konnten zeigen, daß die Fortdauer der Ovogenese im 2. und 3. Thorakalsegment vermutlich durch eine Insuffizienz der Produktion von männlichem Hormon in der a. Dr. bedingt ist.

Ovarien in Richtung einer intersexen Keimdrüse bewirkt. LEGRAND (1954a, 1954b) bestätigte diese Beobachtungen und erweiterte sie durch Einbeziehung weiterer Isopoden-Arten (Porcellio dilatatus, P. laevis, Armadillidium nasatum, A. vulgare): Die Hodenimplantation führte bei etwa 50% der erwachsenen Weibchen im Lauf von 3 Monaten zum Auftreten sämtlicher sekundären männlichen Sexualmerkmale (ohne im übrigen die Eiablage, Inkubation und Geburt zu beeinträchtigen): bei jungen Weibchen entwickelte sich im Lauf von 2 Monaten ein männlicher Genitaltraktus. In weiteren Untersuchungen an Oniscoiden (1955) glaubte LEGRAND das Nährgewebe („Sertoli-Gewebe") der Hoden für die Produktion von männlichem Hormon und die Vermännlichung der Weibchen verantwortlich machen zu müssen. Aufgrund von Beobachtungen an Armadillidium vulgare (Latr.) (1956) nahm LEGRAND eine doppelte Determinierung der männlichen Sexualmerkmale an, und zwar durch einen genetischen und einen endokrinen Mechanismus.

Diese schwer zu vereinbarenden Angaben der verschiedenen Untersucher fanden eine Erklärung durch die einander ergänzenden Beobachtungen von BALESDENT-MARQUET (1958, 1960) an Asellus aquaticus und von LEGRAND (1958) an Oniscoiden. Bei Asellus finden sich 2 Formationen, die aufgrund von positiven Transplantationsversuchen am Weibchen den Anspruch auf eine androgene Funktion erheben können, die eine, in der Mitte des 7. Thorakalsegments an der äußeren Seite jedes Vas deferens gelegen, besteht aus großen Zellen (bis zu 30 μ, mit einem bis zu 18 μ großen Kern) und scheint die androgene Hauptformation darzustellen; daneben finden sich aus sehr viel kleineren Zellen bestehende Anhäufungen am Vas deferens, abwärts von der Hauptformation oder auch aufwärts bis zu den Hodenschläuchen hinaufreichend, die die gleiche androgene Potenz besitzen. Andere Verhältnisse liegen nach LEGRAND bei den Oniscoiden vor: in den Aufhängesträngen der Hodenschläuche finden sich, von verschiedenen Untersuchern beschriebene „mesenchymale indifferente Zellmassen", die in Wirklichkeit endokrine Drüsen darstellen, denn bei den durch Hodenimplantation maskulinisierten Weibchen bleiben diese Zellen in aktivem Zustand erhalten, während Weibchen, die Hodenschläuche *ohne* dieses Gewebe implantiert erhielten, keine Maskulinisierung aufweisen; bei einem maskulinisierten Weibchen hatten sich die Zellen dieser Stränge annähernd 2 Jahre erhalten, während die eigentlichen Hodenzellen restlos zugrunde gegangen waren; trotzdem bestanden die Maskulinisierungserscheinungen unverändert weiter. Man kann also annehmen, daß diese Zellanhäufungen ein männliches Hormon produzieren und Homologa der a. Dr. bei anderen Crustaceenarten darstellen, nur daß sie am entgegengesetzten Ende des Genitaltraktus gelegen sind. Diese Lage in unmittelbarer Nachbarschaft und anatomischer Kontinuität mit dem Hoden scheint sie dem interstitiellen Gewebe der Wirbeltiere mehr anzunähern. Die Multiplizität ihres Vorkommens (3 Paare bei jedem Männchen), ihre relativ weite Ausdehnung und ihre leichte Zerreißlichkeit beim Versuch ihrer Entfernung machen es verständlich, daß die Versuche verschiedener Autoren, eine „Kastration" bei den Oniscoiden-Männchen durchzuführen häufig mißlangen, so bei TAKEWAKI u. NAMURA, DE LATTIN u. GROSS und bei früheren Versuchen von LEGRAND selbst.

Bei der Untersuchung von 28 Arten aus verschiedenen Familien der Oniscoiden (Tylidae, Trichoniscidae, Ligiidae, Oniscoidae, Squamiferidae, Porcellionidae, Armadillidae) stellten LEGRAND u. JUCHAULT (1960a) eine große Variabilität der Lage der a. Dr. bei diesen Crustaceen fest: Während sie bei einem Teil, wie oben für Porcellio und Armadillidium beschrieben, in den Aufhängesträngen[20] der

---

20 Diese stellen entwicklungsgeschichtlich nichts anderes dar, als die Fortsetzung der bindegewebigen Scheide der Hodenschläuche.

Hodenschläuche gelegen sind, findet man sie bei anderen Arten am Vas deferens, bei noch anderen sowohl an diesem als auch in den Aufhängesträngen oder sie stellen einen bis zu 960 μ langen, an der Basis 205 μ breiten, der Gonade im V. Thorakalsegment aufsitzenden Strang dar (Tylos Latreillei), können aber daneben auch am Vas deferens (Helleria brevicornis) vorhanden sein. Jedenfalls stehen die a. Dr., ungeachtet der großen Variabilität ihrer Lage bei den einzelnen Arten, mit der männlichen Gonade stets in enger Verbindung und sind keinesfalls unabhängig von ihr; ihre Zellen sind Abkömmlinge von mesenchymatösen Zellen der undifferenzierten Gonade (nach Untersuchungen von LEGRAND an Helleria brevicornis, 1960), die sich nur beim Männchen zum androgenen Drüsenzellstrang entwickeln. BALESDENT-MARQUET (1960) hat in ausgedehnten Versuchen mit Transplantation der a. Dr. in Asellus aquaticus-Weibchen gezeigt, daß die proximalen und distalen Teile der a. Dr. eine konstante androgene Wirksamkeit entfalten, die sich in einer raschen, schon nach einer oder zwei Häutungen in Erscheinungen tretenden Maskulinisierung der äußeren Geschlechtsmerkmale und Degeneration der Ovarien und einer sehr viel langsamer und später sich entwickelnden Umwandlung der Ovarien in Hoden äußert. Das Auftreten der externen männlichen Geschlechtsmerkmale kann in vollkommener Abwesenheit einer Spermatogenese erfolgen: offenbar liegt der Schwellenwert der Empfindlichkeit für androgene Hormone bei den somatischen Zellen, aus denen die externen männlichen Geschlechtsmerkmale hervorgehen, bedeutend niedriger als bei den Gonadenzellen, von denen die Spermatogenese ihren Ausgang nimmt.

Diese Beobachtungen von BALESDENT-MARQUET an Aselus aquaticus wurden von KATAKURA (1960) am Isopoden Armadillidium vulgare bestätigt und erweitert: nach ihm bilden sich in den degenerierenden Ovarien die Samenblasen aus und im Zusammenhang mit den Ovarien entwickeln sich an ihrem hinteren Ende ein oder zwei Hoden. Nach 180 Tagen findet man in den Samenblasen und zum Teil auch in den neugebildeten Vasa deferentia reife Spermatozoen. Alle maskulinisierten Weibchen, die äußerlich von normalen Männchen kaum zu unterscheiden waren, wiesen ein Paar leicht degenerierter Ovidukte auf.

Beim Isopoden Sphaeroma serratum Fabricius findet sich im V. Thorakalsegment, an die Samenblase angeheftet, ein Zellstrang, der ursprünglich als „oviducte vestigial", als Resteileiter beschrieben wurde, bei dem es sich aber in Wahrheit um eine a. Dr. handelt; eine zweite a. Dr. liegt im VI. Thorakalsegment. Die Implantation dieser beiden a. Dr. löst beim Weibchen die Entwicklung der äußeren sekundären Geschlechtsmerkmale des Männchens aus. Die anatomische Lage der a. Dr. weist bei Sphaeroma serratum und bei dem Isopoden Helleria brevicornis eine bemerkenswerte Ähnlichkeit auf: dadurch wird es sehr wahrscheinlich, daß die a. Dr. des V. Thorakalsegments bei Sphaeroma wie bei Helleria dem Ovidukt-Äquivalent entspricht, das frühzeitig nach der Geburt eine Entwicklung in endokriner Richtung einschlägt (LEGRAND u. JUCHAULT, 1960 b). Ob dieser Richtungswechsel auf genetische Faktoren zurückzuführen ist oder vielleicht unter dem Einfluß einer zeitlich vorausgehenden Entwicklung und Funktion der a. Dr. im VI. Thorakalsegment erfolgt, ist ungeklärt.

Nach Implantation einer a. Dr. beim Weibchen des Isopoden Porcellio dilatatus Brandt und einseitiger Entfernung der Anhänge mit sexuellem Charakter zeigen die regenerierenden Anhänge bei der nächsten Häutung eine weiter fortgeschrittene Differenzierung in männlicher Richtung (Borsten) als die entsprechenden intakten Anhänge der Gegenseite, unter der Voraussetzung, daß der Zeitraum zwischen Operation und Häutung lang genug ist (mindestens 31 Tage). Das Maximum des Unterschiedes zwischen regenerierendem und intaktem Anhang wird nach der 2. oder 3. Häutung beobachtet; in den nachfolgenden Häutungen sucht der intakte Anhang aufzuholen, aber ein Unterschied zugunsten des Regenerats bleibt bestehen. Die sexuelle Differenzierung der intakten Anhänge geht in einer gewissen chronologischen Reihenfolge vor sich, die aber durch Regenerationsvorgänge abgeändert werden kann. Die Transplantation einer a. Dr. und die Abtragung eines Pereiopoden bei einem großen Weibchen ergibt einen ausgesprocheneren Unterschied zwischen dem regenerierenden und dem intakten Anhang der Gegenseite als bei kleinen Weibchen, da die intakten Anhänge bei diesen großen Weibchen eine weniger deutliche Maskulinisierung zeigen. Es scheint, daß von der verfügbaren Menge männlichen Hormons aus der transplantierten a. Dr. der Hauptanteil zunächst dem Regenerat zugutekommt. Das Hormon beeinflußt also die morphogenetischen Prozesse nicht nur qualitativ, sondern auch quantitativ (LEGRAND u. NOULIN, 1961).

Die Vorgänge bei der physiologischen oder auch der experimentellen Geschlechtsumwandlung der isopoden Krebse erfuhren durch die Beobachtungen von LEGRAND u. JUCHAULT (1963 b) am hermaphroditischen protogynen Isopoden Cyathura carinata (Kröyer) eine weitere Klärung. Die Männchen dieser Art besitzen eine a. Dr. in Form eines Zellstranges, der an die äußere Oberfläche der männlichen Gonade auf der Höhe des V. Thorakalsegments angeheftet ist; ihre Implantation beim Weibchen ruft das Auftreten der äußeren männlichen Geschlechtsmerkmale hervor, ferner die Umwandlung der weiblichen Gonaden in Hoden und den Beginn der Differenzierung der autochtonen a. Dr. Diese nimmt eine Lage analog dem Ovidukt ein und entsteht (physiologisch bzw. experimentell) durch eine Umwandlung des basalen Teils des Ovidukts, die Zellen vermehren sich und treten zu einer a. Dr. zusammen, das Ovarium wandelt sich in eine Samenblase um (s. o. die Beobachtungen von KATAKURA (1960) am Isopoden Armadillidium vulgare!), Spermatozoen treten in beiden Hodenlappen auf und das Vas deferens öffnet sich auf der Höhe des VII. Thorakalsegments nach außen. Die Ausbildung der a. Dr. beiderseits im Gebiet des Ovidukts ist verantwortlich für die Umwandlung der Gonade in einen Hoden und die Einwanderung der Geschlechtszellen in die Hodenlappen. Andererseits ist es die Abwesenheit von androgenen Zellen in den ersten Stadien der Entwicklung, welche die Entstehung einer anfänglichen weiblichen Phase bei diesem protogynen Hermaphroditen gestattet. Die Umwandlung des Geschlechts vom Weibchen zum Männchen findet im allgemeinen im Winter, in den Monaten Januar, Februar und März, also in der kalten Jahreszeit statt. Unwillkürlich wird man daran erinnert, daß bei den Säugetieren im allgemeinen die Bildung androgener Wirkstoffe und der männlichen Geschlechtszellen durch eine niedrige Außentemperatur begünstigt wird, z. B. in den Ovarien der Ratte, wenn sie aus dem Abdomen in die Ohrmuschel transplantiert werden (s. S. 170).

Eine vereinzelt dastehende Beobachtung an Crustaceen, die aber vielleicht für die Frage der Androgenbildung bei den Wirbellosen im allgemeinen von Bedeutung werden könnte, sei hier kurz erwähnt. LEGRAND (1956) hat eine selten in der Natur vorkommende Form von Intersexualität bei dem oniscoiden Krebs Porcellio dilatatus (Brandt) beschrieben, die als ein Pseudohermaphroditismus masculinus externus imponiert: diese Intersexen sind aufgrund des Baues ihrer Gonaden und ihres sexuellen Verhaltens als Weibchen zu bezeichnen, weisen aber eine mehr oder weniger weitgehende äußere Differenzierung (der Extremitäten) in männlicher Richtung auf, besitzen dagegen keine Spur einer a. Dr.! Die Befunde sprachen für die Sekretion eines maskulinisierenden Hormons im Ovarium dieser Intersexen, wenn auch manche Beobachtungen damit nicht im Einklang zu stehen schienen: so kann die Maskulinisierungsphase, die vor, während oder nach der weiblichen Reifung in Erscheinung tritt, individuell verschieden über längere oder kürzere Zeit bestehen, ja, sogar nach kompletter Entfernung der Ovarien fortdauern. Aufgrund von Transplantationsversuchen, in denen durch die Überpflanzung des Protocerebrons dieser Intersexen auf normale Weibchen sich eine entsprechende Intersexualität bei den Transplantatträgern ausbildete, nehmen BESSE, JUCHAULT u. LEGRAND (1964) an, daß das Protocerebron der intersexen Weibchen ein Hormon mit maskulinisierender Wirkung produziert, das in den neurosekretorischen β-Zellen der medianen Region des Protocerebrons gebildet werden dürfte, eine Annahme, welche die histologische Untersuchung der Implantate nahelegte.

Was *die zentrale Regulierung der Tätigkeit der a. Dr.* anbetrifft, so scheint bei Carcinus maenas der Komplex, der aus dem neurosekretorischen Organ X und der Sinusdrüse im Augenstiel besteht, eine hemmende Wirkung auf die Entwicklung der Gonaden und des männlichen Genitaltraktus, einschließlich der a. Dr. auszuüben, wie die Versuche von DEMEUSY (1953) und von DEMEUSY u. VEILLET (1958) mit Abtragung der Augenstiele zeigten. Der Nachweis der Abhängigkeit der primären und sekundären männlichen Geschlechtsmerkmale von den a. Dr. bei den Amphipoden und analogen Drüsen bei gewissen Dekapoden, darunter auch bei Carcinus maenas, ließ es geboten erscheinen zu prüfen, ob die hemmende Wirkung des erwähnten Komplexes auf den Genitalapparat direkt erfolgt oder ob sie über die a. Dr. geht. Werden die Augenstiele bei sehr jungen Männchen von C. maenas entfernt, so kommt es sehr bald schon zu einer raschen Entwicklung des gesamten Genitaltraktus einschließlich der Hoden, so daß bereits bei Exemplaren von 7,5 mm Länge eine volle Entwicklung, ja, eine Hypertrophie der a. Dr. vorliegt, deren Durchmesser das Doppelte der Erwachsenendrüse betragen kann; gleichzeitig entwickeln sich die Vasa deferentia und die für gewöhnlich bei dieser Länge des Krebses noch unsichtbaren Hoden in bemerkenswerter Weise. Jedoch ist die Hypertrophie der a. Dr. bedeutender als diejenige der Vasa deferentia. MEUSY (1965) hat neuerdings die cytologischen Begleiterscheinungen dieser Hypertrophie der a. Dr. im Elektronenmikroskop untersucht und fand eine Degranulierung des endoplasmatischen Reticulums der Zellen der a. Dr., die an manchen Stellen zur Ausbildung vollkommen agranulärer Partien führt, die eine „Dauerwellen"-Anordnung ihres Endoplasmas annehmen. Der elektronenmikroskopische Bau der hypertrophierten Zellen der a. Dr. bei den Krebsen nach Entfernung der Augenstiele spricht nach Ansicht von MEUSY für eine anhaltende Stimulierung ihres Wachstums, jedoch nicht für eine Hypersekretion, wie DEMEUSY u. VEILLET (1958) zunächst angenommen hatten. Die Befunde könnten immerhin dafür sprechen, daß die hemmende Wirkung des Augenstielkomplexes auf den männlichen Genitaltraktus bei C. maenas über die a. Dr. geht. Daß aber in dieser Hinsicht das letzte Wort noch nicht gesprochen ist, müssen wir daraus entnehmen, daß CARLYLE (1953) bei Lysmata seticaudata-Männchen (s. o. S. 214) in der männlichen Geschlechtsphase keinerlei fördernden Einfluß der Entfernung der Augenstiele oder das Gegenteil bei der Injektion von Extrakten aus männlichen oder weiblichen Augenstielen auf das Gewicht der Hoden festzustellen vermochte. Auch nach CHARNIAUX-COTTON (1958) sind weitere Versuche zur Klärung des Mechanismus, der dem Verschwinden der a. Dr. bei Lysmata zugrunde liegt, dringend erwünscht. Über die Augenstiel-Hormone der Krebse orientiert der zusammenfassende Vortrag von KOLLER (1955).

Daß in die Regelung der Tätigkeit der a. Dr., außer den Augenstiel-Hormonen, auch andere zentrale Einflüsse eingreifen können, geht aus Untersuchungen von JUCHAULT, LEGRAND u. MOCQUARD (1965) hervor, die beim oniscoiden Krebs Porcellio dilatatus Brandt fanden, daß die Abtragung der lateralen und medianen Teile der Zona anterior des Protocerebron bei unreifen und reifen Individuen eine

Hypertrophie der a. Dr. und die elektive Stimulierung des Wachstums der Sexualmerkmale auslöst. Es handelt sich also um die Entfernung von Teilen des Nervensystems, die einen hemmenden Einfluß auf die a. Dr. ausüben. Dabei ist es zunächst noch unentschieden, ob die Hypertrophie der a. Dr. von einer Mehrpro-
duktion androgener Hormone begleitet ist und das stärkere Wachstum der Sexualmerkmale durch diese Hormone bedingt ist, oder ob es sich um eine direkte Wirkung des operativen Eingriffs handelt, durch den Teile des Protocerebron entfernt werden, die das Wachstum der männlichen Geschlechtsmerkmale hemmen.
Allerdings ist die erste Möglichkeit wahrscheinlicher, weil CHARNIAUX-COTTON
(1961) bei Orchestia gammarella durch die Implantation zusätzlicher a. Dr. genau
die gleichen Effekte an den Geschlechtsmerkmalen erzielte.

Zur Frage der Beziehungen der a. Dr. der Krebse zu anderen endokrinen
Organen dieser Tierklasse, die noch wenig erforscht sind, wäre noch zu bemerken,
daß VEILLET u. GRAF (1959) die Degeneration der a. Dr. bei einer Reihe von Bra-
chyuren- und Anamuren-Arten beschrieben haben, die unter der Einwirkung
einer Parasitierung durch Rhizocephalen-Krebse zustandekommt.

Eine in ihren Ursachen und ihrer Bedeutung noch ungeklärte Beobachtung
machte CHARNIAUX-COTTON (1956, 1957): bei mit dem Rhizocephalen Sacculina
parasitierten feminisierten Männchen von C. maenas fand sie eine bedeutend
stärkere Entwicklung der a. Dr. als bei parasitenfreien Männchen. Da offenbar die
Feminisierung trotz einer Hypertrophie der a. Dr. zustandekommt, tritt Verfasserin für die Hypothese ein, daß das androgene Hormon trotz der Hypertrophie
der a. Dr. nicht in genügender Menge produziert würde und daß es deswegen zur
Feminisierung käme. Versuche, den Hormongehalt dieser hypertrophierten a. Dr.
zu bestimmen, sind offenbar nicht angestellt worden. Übrigens haben VEILLET u.
GRAF (1959), die diese Hypertrophie der a. Dr. bei C. maenas bestätigen konnten,
festgestellt, daß sie eine vorübergehende Erscheinung ist; man braucht daher
vielleicht die zunächst wenig begründete Hypothese einer androgenen Insuffizienz
trotz Hypertrophie der a. Dr. nicht zur Hilfe zu nehmen, um die Feminisierung
zu erklären.

Über die *chemische Natur* der in der a. Dr. der Krebse erzeugten androgenen
Wirkstoffe ist noch nichts bekannt. DUVEAU (1957) hat die androgene Drüse bei
einem Leptostraken-Krebs, Nebalia geoffroyi (Leach) (s. S. 214) histochemisch
untersucht: sie konnte zwar keine definierten Sekretionsprodukte in den funktionierenden Drüsenzellen nachweisen, aber es gelang ihr zwei Typen von Zellen
in der nach NASSONOV fixierten und gefärbten Drüse des reifen Tieres zu differenzieren, von denen der eine Typ ein gut ausgebildetes Chondriom und einen gut
färbbaren Kern besaß, während in den Zellen des anderen Typs der Kern sich nur
schwach anfärben ließ und im Cytoplasma keine färbbaren Elemente vorhanden
waren. Alle Zellen der a. Dr. von Nebalia enthalten reichlich Ribonucleine (Färbung nach MANN-DOMINICI mit Gallocyanin und Methylgrün-Pyronin). Weder
mit der Reaktion von HOTCHKISS noch mit der BEST'schen Karminfärbung ließen
sich Kohlenhydrate darstellen, auch die Reaktionen auf osmiophile Substanzen
fielen negativ aus, ebenso die Mucinfärbung mit Mucikarmin nach MAYER; die
GOMORI-FÄRBUNG ergab einen Test von mittlerer Intensität auf alkalische Phosphatasen; die Sulfhydryl-Gruppen-Reaktion nach SCHMORL fiel negativ aus.

In der Diskussion zu ihrem Vortrag auf dem Kongreß für vergleichende Endokrinologie (1962) hat sich die Entdeckerin der a. Dr. bei Crustaceen, CHARNIAUX-
COTTON, gegen einen steroiden Charakter der androgenen Stoffe bei Krebsen ausgesprochen, „weil die Injektionen von Steroiden unwirksam sind", was aber natürlich
kein entscheidendes Gegenargument darstellt; sie hält die Proteinnatur dieser
Stoffe für wahrscheinlich: sie würden also in dieser Hinsicht mit den Hypophysen-

vorderlappenhormonen der Wirbeltiere übereinstimmen, mit denen sie ja die gonadotrope Funktion gemeinsam haben. GRAF (1960) hat den Versuch gemacht, androgene Drüsen von amphipoden Krebsen (Gammarus pulex pulex L., G. roeselii Gervais) in ein Insekt, und zwar in die Larven bzw. in junge Imagines von Drosophila melanogaster zu überpflanzen; weder bei den Larven noch bei den fertigen Insekten hatte die Implantation einen Einfluß auf die Gonaden. Das Implantat ging bei den Larven zugrunde, während es bei den jungen fertigen Fliegen gut einheilte und 30 Tage nach der Überpflanzung bei der Untersuchung sich als gut erhalten erwies, ebenso wie die mit überpflanzten Spermatozoen in einem Stück Vas deferens des Krebses. Das Ergebnis dieser Heterotransplantation spricht also eher für eine Proteinnatur der Krebs-Androgene als für ihren Steroidcharakter, ist aber nicht entscheidend weder in der einen noch in der anderen Richtung.

Exstirpationsversuche der a. Dr. beim amphipoden Krebs Orchestia montagui (Audouin), die von CHARNIAUX-COTTON u. GINSBURGER-VOGEL (1962) ausgeführt wurden, zeigten, daß die Entfernung der a. Dr. bei dieser Art nicht vollständig gelingt, denn die Männchen regenerieren die amputierte Scherenextremität in männlicher Form, was das Fortbestehen von androgenen Stoffen im Blut beweist. Aber diese partielle Entfernung der a. Dr. hat zur Folge, daß ein Teil oder auch alle Geschlechtszellen sich zu Eizellen entwickeln, so daß gegebenenfalls der ganze Hoden in ein Ovarium mit zahlreichen Ovocyten verwandelt wird: die Dotterbildung unterbleibt aber, da noch Androgene im Blut kreisen. Diese Beobachtung ist der erste experimentelle Beweis für die ovarielle Autodifferenzierung, wie sie von CHARNIAUX-COTTON angenommen wurde. Bemerkenswert ist der Unterschied in der Reaktion der Sexualzellen auf die Androgene: bei Orchestia gamarella geht die Spermatogenese auch nach der Entfernung der a. Dr. über lange Zeit, vermutlich unbegrenzt weiter, die Sexualzellen sind also irreversibel männlich geprägt; bei O. montagui kommt es nach der Entfernung der a. Dr. zur ovariellen Entwicklung, weil hier die Sexualzellen der ständigen Zufuhr von Androgenen bedürfen, um sich zu Spermatogonien zu entwickeln. Wahrscheinlich hängt auch die unterschiedliche Reaktion der Gonaden bei den parasitierten Malakostraken von der Dauer der Beeinflussung durch Androgene ab: die einen bleiben normale Hoden, die anderen verwandeln sich mehr oder weniger vollständig in Ovarien.

Vermutlich hat das androgene Hormon bei allen Malakostraken die gleiche chemische Konstitution, so daß die verschiedene Reaktion der Sexualzellen bei den einzelnen Arten auf Unterschiede in der Konstitution der Sexualzellen selber zurückzuführen ist (Unterschiede in der Zusammensetzung der Enzyme, in der Permeabilität usw.), aber auch eine Verschiedenheit in der chemischen Konstitution kann nach den bisherigen Befunden nicht ausgeschlossen werden (CHARNIAUX-COTTON).

Sehr eigenartige Verhältnisse bestehen bei gewissen intersexen Individuen, die beim amphipoden Krebs Orchestia gamarella in wenigen Tausendsteln der normalen Individuen auftreten (CHARNIAUX-COTTON, 1957) und noch seltener beim isopoden Krebs Armadillidium vulgare angetroffen werden (LEGRAND u. JUCHAULT, 1963a). In beiden Fällen handelt es sich um Männchen, die neben ihrem normalen männlichen Sexualtraktus gewisse weibliche äußere Geschlechtsmerkmale aufweisen: So besitzen diese Männchen bei O. gamarella 4 Paar Oostegiten, wie die Weibchen, und ihre scherentragenden Gnathopoden (Gn^2) zeigen eine anormale Entwicklung insofern, als sie über eine Reihe von Häutungen eine intermediäre Form besitzen, die durch die für die weibliche Schere typische Entwicklung eines Lobus anterodistalis ausgezeichnet ist und entweder erst nach einigen weiteren Häutungen die endgültige typisch männliche Scherenform erreicht, die bei den normalen Männchen schon viel früher in Erscheinung tritt, oder aber die intermediäre, beinahe weibliche Form beibehält. Etwas anders liegen die Verhältnisse bei Armadillidium vulgare: hier ist der männliche Sexualtraktus nur zum Teil normal ausgebildet, daneben existieren die weiblichen Geschlechtsöffnungen, die weibliche marmorierte Färbung und mehr oder weniger komplette Oostegiten, die ein Marsupium (Bruttasche) bilden können. Die a. Dr. ist bei den Gamarella-Intersexen anatomisch und histologisch normal, aber ihre Implantation ruft bei normalen Männchen die Ausbildung der intermediären Scherenform mit Lobus anterodistalis hervor, der normaler Weise vom Hormon der a. Dr. gehemmt wird; die Implantation bedingt bei den normalen Männchen auch die Ausbildung von Oostegiten. Andererseits scheint die weibliche Wirkung der a. Dr. der Gamarella-Intersexen zeitlich begrenzt zu sein, denn die Gnathopoden können ja schließlich, wenn auch verspätet, die normale männliche Form erreichen, und die zu dieser Zeit überpflanzten a. Dr. der Intersexen rufen keine intermediäre Scherenbildung bei den normalen Männchen hervor.

Die experimentelle Analyse der hormonalen Aktivität der intersexen a. Dr. bei Armadillidium vulgare zeigte, daß ihre Transplantation in normale Weibchen eine komplette Maskulinisierung der Extremitäten (Pereiopoden und Pleopoden) zur Folge hat; andererseits bewirkt die Transplantation der a. Dr. normaler Männchen in die intersexen Individuen *keine* Umwandlung der weiblich ausgebildeten Extremitäten in die männliche Form, trotz guter Einheilung und Erhaltung der transplantierten a. Dr., so daß es also nicht am Transplantat liegt, wenn es nicht zur Ausbildung der männlichen Charakteristika kommt. Im Gegensatz zu den Verhältnissen bei den Intersexen von O. gamarella weist die a. Dr. bei den Intersexen von Armadillidium vulgare deutliche Abweichungen von der Norm in ihrem histologischen Aufbau auf, mit 2 Typen von Zellen, kleinen, im Durchmesser nicht mehr als 9 μ messenden Zellen und großen, im Durchmesser etwa 80 μ messenden Zellen, die aus den kleinen Zellen durch Wachstum und mehrfache amitotische Kernteilung, aber ohne Zellteilung hervorzugehen scheinen.

Die Gesamtheit dieser experimentellen Beobachtungen dürfte also dafür sprechen, daß die intersexen a. Dr. sowohl androgene Hormone produzieren, die den normalen Androgenen entsprechen, wie die Maskulinisierung der Weibchen durch die Transplantation der a. Dr. der Intersexen zeigt, als auch weibliche Prägungsstoffe, wie sie für die Ausbildung der Oostegiten notwendig sind und die normaler Weise im Ovarium erzeugt werden. Diese Fähigkeit der a. Dr. zur Bildung von weiblichen Prägungsstoffen bei den Intersexen von O. gamarella und A. vulgare, die genetische Männchen sind, wie das Vorhandensein der a. Dr. beweist, stellt offenbar ein Analogon zur Produktion von Oestrogenen in den Leydig'schen Zwischenzellen des Hodens dar, wie es im Kapitel über das „Zweite Hodenhormon" der Wirbeltiere beschrieben wurde und im Fall der „testiculären Feminisierung" beim Menschen besonders deutlich in Erscheinung tritt: auch hier handelt es sich um genetisch männliche Individuen, bei denen die Bildung von Oestrogenen in den innersekretorischen Zellelementen des Hodens, den Leydig'schen Zwischenzellen sehr wahrscheinlich gemacht werden konnte. Es bestehen allerdings auch Unterschiede zwischen den Verhältnissen bei Krebsen und Wirbeltieren: Während bei den Wirbeltieren die Produktion oestrogener Stoffe im Hoden auch bei den normalen männlichen Individuen vor sich geht und bei den Intersexen nur quantitativ gesteigert ist, haben wir bei den Krebsen keine Anhaltspunkte dafür, daß auch die normalen a. Dr. eine weibliche hormonale Aktivität entfalten. Auch kann die Produktion weiblicher Prägungsstoffe bei den Krebsintersexen, wie wir gesehen haben, nur temporär sein und scheint mit zunehmendem Alter der Individuen aufzuhören, so daß in der Folge die normale Androgenproduktion der androgenen Drüse die Entwicklung beherrscht; bei den Wirbeltieren

(Menschen) ist es gerade umgekehrt: bei der testikulären Feminisierung ist eine Wirkung der Androgene des Hodens nur in den frühen embryonalen Entwicklungs- und Differenzierungsstadien anzunehmen, während in der weiteren Entwicklung und im erwachsenen Zustand dieser Intersexen ausschließlich die Wirkung der im Hoden produzierten Oestrogene das Bild beherrscht und zu ihrem weiblichen Phänotypus führt.

Wir haben im Kapitel über das „Zweite Hodenhormon" bei Wirbeltieren einschließlich des Menschen die Frage der Entstehung der Oestrogene durch eine Umwandlung aus Androgenen diskutiert und die Möglichkeit, aber nicht Gewißheit eines solchen Vorgangs hervorgehoben; theoretisch besteht die gleiche Möglichkeit auch bei den intersexen Krebsen, nur fehlen uns hier alle Voraussetzungen für die positive oder negative Entscheidung dieser Frage. LEGRAND u. JUCHAULT (1963a), denen wir die Beschreibung der Intersexen bei Armadillidium vulgare verdanken, haben darauf hingewiesen, daß es bei den isopoden Krebsen keinen Antagonismus der weiblichen und der männlichen Hormone gibt und beide nebeneinander auf die speziellen Erfolgsorgane einwirken: man kann also, wie die Autoren meinen, nicht vom Soma als einem neutralen Boden sprechen; die partielle männliche Differenzierung bei A. vulgare sei der Ausfluß einer besonderen Reaktion auf das männliche Hormon, die von einer sicherlich anormalen genotypischen Konstitution des Somas herrührt. Diese Erklärung könnte, wie die Autoren ausführen, für die Fälle von Gynandromorphismus bei Krebsen — und bei Wirbeltieren — Geltung haben und wäre geeignet, die Koexistenz von Gewebsgebieten verständlich zu machen, von denen die einen auf das männliche Hormon reagieren, während die anderen ihm gegenüber refraktär sind.

CHARNIAUX-COTTON (1962) hat noch eine weitere seltene Form von Intersexen bei O. gamarella beobachtet, die offenbar durch ein *verspätetes Aktivwerden der a. Dr.* zustandekommen: Es handelt sich um 2 große Weibchen, die im Begriff waren, sich in Männchen umzuwandeln; sie besaßen äußerlich normale Ovarien und Oostegiten mit jugendlichem Borstenbesatz, daneben eine aktive Spermatogenese, gut entwickelte, aber lumenlose Vasa deferentia, Scherenextremitäten (Gn²) von männlicher Form und androgene Drüsen, waren also genetische Männchen, es fehlten aber erwartungsgemäß die Penisse, wie bei Weibchen, die experimentell durch Transplantation einer a. Dr. maskulinisiert wurden, aber noch nicht lange genug unter dem Einfluß des männlichen Hormons standen, um die sehr spät als letzte entstehenden Penisse bereits entwickelt zu haben.

BERREUR-BONNENFANT (1963) hat die männlichen Gonaden und androgenen Drüsen von Orchestia gammarella (amphipoder Krebs) in vitro auf einem festen Kulturboden, der eine Salzlösung mit oder ohne Zusatz von Embryonalextrakt (in Anlehnung an die Technik von WOLFF u. HAFFEN für die Kultur von Wirbeltierorganen) enthielt, kultiviert: Die Hoden behielten ihre Aktivität, die sich von derjenigen in den Hoden in situ nicht unterschied, über längere Zeit, ohne daß ein Waschen oder eine Überimpfung der Kultur notwendig gewesen wäre, und zwar entwickelten sich nicht nur die zu Beginn vorhandenen Spermatocyten zu Spermatozoen, sondern auch die Keimzone ließ eine merkliche mitotische Vermehrung und Entwicklung erkennen. Die Explantate der a. Dr. behielten ihre Funktionsfähigkeit mindestens 5 Tage. Durch den Zusatz von Embryonalextrakt zum Kulturboden konnte das Überleben der Hoden bis auf 30—45 Tage, maximal auf 56 Tage und bei Kultivierung der Hoden gemeinsam mit den a. Dr. sogar auf maximal 65 Tage gesteigert werden. Die direkte gonadotrope Wirkung des Sekrets der a. Dr. auf den Hoden konnte also auch in vitro festgestellt und die diesbezügliche experimentelle in vivo-Beobachtung von CHARNIAUX-COTTON (s. S. 212) bestätigt werden.

Nicht ganz geklärt erscheinen die Verhältnisse bei der sexuellen Inversion und Parasitierung der Crevette Hippolyte inermis (Leach), die von VEILLET, DAX u. VOUAUX (1963) beschrieben wurden. Es handelt sich auch hier um eine proterandrische Art, deren Männchen unter Rückbildung der a. Dr. sich in Weibchen umwandeln, genau so wie es für eine verwandte Art, Lysmata seticaudata (Risso) von CHARNIAUX-COTTON (1958) und von VEILLET (1958) geschildert wurde. Werden aber die Männchen vor ihrer Umwandlung vom parasitären Krebs Bopyrina virbii befallen, so sind zwar die Vasa deferentia und die a. Dr. kleiner als bei den nicht parasitierten Männchen, ja, die a. Dr. können sogar ganz verschwinden, aber die sexuelle Inversion wird bei den parasitierten Männchen verzögert und kann sogar ganz unterbleiben. Wie das mit dem Verschwinden der a. Dr. vereinbar ist, muß durch weitere Untersuchungen geklärt werden. Man ersieht aus diesem Beispiel, daß die Bedingungen der sexuellen Inversion bei den Krebsen vielleicht doch bedeutend komplizierter sind, als es nach der Entdeckung der a. Dr. und der Autodifferenzierung und endokrinen Funktion der Ovarien zunächst erscheinen mochte.

Im Hinblick auf die Beobachtungen von CHARNIAUX-COTTON u. a. und ihre Entdeckung der a. Dr. bei Krebsen erscheint es nicht unverständlich, warum MORI (1933) bei seinen Kastrationsversuchen an Cladoceren keinerlei Einfluß der Radiumbestrahlung der Hoden, die dadurch „fast vollkommen zerstört" wurden, beobachtete: die männliche Antennula und die übrigen männlichen Sexualmerkmale entwickelten sich normal, also unabhängig von der Zerstörung der Hoden, die ja nicht einmal total war. Man braucht für die Erklärung nicht, wie MORI es tut, die Annahme zu machen, die Kastration sei zu spät (im 3. Jugendstadium) erfolgt, die androgenen Hormone seien schon früher produziert und erst nachher zur Wirkung gekommen. Es ist viel wahrscheinlicher, daß die Bestrahlung den Produktionsort der androgenen Hormone, der vermutlich *nicht* im Hoden liegt, überhaupt nicht getroffen hat.

Im Gegensatz zu den Krebsen ist es bei der anderen großen Gruppe der Arthropoden, den *Insekten*, noch nicht gelungen spezielle Geschlechtshormone oder Organe, in denen solche erzeugt werden, überzeugend nachzuweisen [vgl. die auf S. 208 erwähnten zusammenfassenden Äußerungen von SCHARRER (1948) und KARLSON (1956)]. Wir können daher die vielfachen, stets negativ ausgegangenen Versuche zum Nachweis solcher Wirkstoffe durch Exstirpation und Transplantation der Gonaden bei larvalen Formen und erwachsenen Individuen beiderlei Geschlechts aus verschiedenen Insektenordnungen übergehen und uns mit dem Hinweis auf die ältere Literatur, soweit sie in den oben zitierten Sammelreferaten enthalten ist, begnügen.

Einer besonderen Erwähnung bedarf jedoch die unter dem Namen der „Stylopisation" bekannt gewordene Gruppe von Erscheinungen, die darzutun scheint, daß auch bei den Insekten eine Beeinflussung der sekundären Geschlechtsmerkmale und Regulierung ihrer Entwicklung durch spezielle Geschlechtshormone nicht ganz außerhalb des Möglichen liegt. Eine gute Zusammenstellung der physiologischen und experimentellen Tatsachen, die der „Stylopisation" zugrunde liegen, findet man bei GOLDSCHMIDT in „Die sexuellen Zwischenstufen" (1931, S. 171—182). Es ist seit geraumer Zeit (PEREZ, 1880) bekannt, daß Hymenopteren beiderlei Geschlechts, die von endo-parasitären Insekten (Strepsipteren, darunter auch die *Stylops*-Arten, daher der Name für diese Erscheinungen) befallen werden, verschiedene Eigentümlichkeiten des anderen Geschlechts annehmen; so bilden sich z. B. beim stylopisierten Männchen der Biene Andrena Anfänge des Pollensammelapparats an den Hinterbeinen aus, der normalerweise nur den Weibchen zukommt; umgekehrt wird beim stylopisierten Weibchen der Pollensammelapparat reduziert und die Hinterbeine dieser Weibchen ähneln weitgehend denjenigen der normalen Männchen. Neben einer Reihe anderer Geschlechtscharaktere, die Männchen und Weibchen bei verschiedenen Bienenarten unterscheiden, ist vor allem auch der Clypeus-Schild vorne am Kopf in seinen Verschiedenheiten von Form und Farbe sehr charakteristisch für beide Geschlechter: die Stylopisation kann hinsichtlich dieses Merkmals das Männchen völlig verweiblichen und das Weibchen völlig männlich werden lassen. Was die inneren Geschlechtsorgane bei den stylopisierten Tieren betrifft, so sind, nach GOLDSCHMIDT, die weiblichen Genitalien meist schwer geschädigt und die Tiere sind nicht fortpflanzungsfähig, wenn auch alle Teile, auch unreife Eier vorhanden sind. Dagegen werden beim Männchen die Hoden viel weniger betroffen, sie sind häufig normal und enthalten reife Spermatozoen, auch wenn die sekundären Geschlechtsmerkmale stark verändert sind. Gegenüber allen Spekulationen, daß das Geschlecht des Parasiten die Geschlechtsmerkmale des Wirtes beeinflusse, muß betont werden, daß eine positive Korrelation zwischen dem Geschlecht des Parasiten und dem des Wirtes nicht besteht. Die große Schwierigkeit, die sich einer Erklärung dieser Erscheinungen (die in ähnlicher Form auch bei anderen Insekten, z. B. bei Chironomus (REMPEL, 1940) beschrieben sind) entgegenstellt, ist, daß es sich hier grundsätzlich nicht um die Folgen einer parasitären Kastration handelt: es verschwinden ja nicht nur die Merkmale des ursprünglichen Geschlechts, so daß es etwa zur Ausbildung einer Neutral- oder Jugendform käme, sondern die Merkmale schlagen ins andere Geschlecht um. Wollte man das im Sinne der Wirbeltierhormone deuten, so müßte man annehmen, daß in jedem Geschlecht die Möglichkeit zur Produktion beider Geschlechtshormone gegeben ist, daß aber unter dem Einfluß der genetischen Konstitution nur das eine Geschlecht realisiert wird, das eben dieser Konstitution entspricht. Die Stylopisierung schaltet *diese* Realisation aus, die offenbar nichts mit dem Vorhandensein oder Fehlen der Gonaden zu tun hat, also nicht über diese zustandekommt, und löst die Realisation des anderen Geschlechts aus, trotzdem sich genetisch in dem betreffenden Individuum nichts geändert hat; auch damit haben die Gonaden nichts zu tun.

Von ENGELMANN (1960) sind Beobachtungen über das Sexualverhalten der Schabe Leucophaea maderae bei der Paarung mitgeteilt worden, die in den uns beschäftigenden Zusammenhängen von Interesse sind. Von normalen Leucophaea-Weibchen werden nach der letzten Häutung innerhalb von 4 Wochen etwa 90% begattet; entfernt man bei den Weibchen die Ovarien oder bei den Männchen die Hoden, so ändert das nichts am Verhalten bei der Paarung, die ebenfalls bei 94—95% der Tiere erfolgt. Werden aber die *Corpora allata*, drüsige Organe, die zum endokrinen System gehören und bei fast allen Insekten gefunden werden, entfernt, so beträgt die Zahl der innerhalb der gleichen Frist von 4 Wochen gepaarten Weibchen nur 30%. Eine Schein-Operation hat keinen Einfluß auf die Paarungshäufigkeit; man kann bei allatektomierten Weibchen durch die Implantation von funktionsfähigen Corpora allata die abgesunkene Paarungshäufigkeit zur Norm zurückführen. Es scheint, daß die Entfernung der Corpora allata die Fähigkeit der Weibchen zur Wahrnehmung des männlichen Duftes beeinträchtigt und dadurch die aktive Beteiligung der Weibchen am Paarungsverhalten verhindert; es kann aber auch sein, daß die Zusammenhänge zwischen endokrinem und nervösem System, die das Funktionieren des komplizierten Regelungsmechanismus der Paarung ermöglichen, ganz anderer Art sind. In Untersuchungen über die Anlockung weiblicher Stechmücken (Aedes aegypti L.) mit Duftstoffen ließen sich für Equilenin und 3,17-Androstandion, letzteres in seiner Duftwirkung etwas schwächer, auch noch bei 10^{-5} µg positive Reaktionen der Mücken nachweisen (ROESSLER, 1960). Über die Sexuallockstoffe der Schmetterlinge orientiert der Aufsatz von HECKER (1959), mit zahlreichen Literaturangaben. Über eine Anlockung der Drohnen durch Extrakte aus den Mandibulardrüsen der Bienenkönigin während des Hochzeitsfluges berichten PAIN u. RUTTNER (1963); hier weitere Literatur zu dieser Frage.

Bei volumetrischen Messungen der Sexualanhänge männlicher Insekten (Lucaniden, Dynastiden) fand CHAMPY (1924), daß das Wachstum dieser Sexualanhänge ein dysharmonisches ist, sie wachsen rascher als die allgemeine Körpergröße. In Kurvenform dargestellt, ordnen sich die Größenzunahmen der Sexualanhänge in Abhängigkeit von der Körpergröße auf einer Parabel an; es muß also angenommen werden, daß bei ihrem Wachstum ein Faktor mit im Spiel ist, der im Sinn einer konstanten Beschleunigung wirkt, wie ein spezifischer Katalysator. „Bei den Batrachiern ist dieser Faktor ein Sexualhormon. Es ist schwer anzunehmen, daß es bei den Insekten anders sei, wo doch die Verhältnisse so ähnlich sind".

Bei den *Würmern* haben die zu den Oligochaeten zählenden Formen des Regenwurmes und seiner Verwandten als bevorzugte Objekte der experimentellen Hormonforschung gedient, vor allem weil sie durch die auffallende Bildung des Clitellum ausgezeichnet sind, jener ringförmigen Hautverdickung im Genitalgebiet, die bei den Begattungsvorgängen, aber auch bei der Eiablage (Cocconbildung) eine wichtige Rolle spielt.

Besonders aufgrund der Exstirpations- und Transplantationsversuche von HARMS (1912, 1926) hatte sich die Auffassung durchgesetzt, daß das Clitellum unter dem Einfluß des Hodens stünde und ein sekundäres männliches Geschlechtsmerkmal darstelle. Diese Annahme hat sich nicht aufrechterhalten lassen: In ausgedehnten experimentellen Untersuchungen an den Regenwurmarten Allobophora longa Ude und A. terrestris Savigny hat AVEL (1929) die ungenügende experimentelle Begründung der HARMS'schen Hypothese nachgewiesen, denn bei allen Totalkastraten (also nach Entfernung von 4 Hoden, 8 Samenblasen, 2 Ovarien und 2 Receptacula ovarii) kommt es ausnahmslos, vorausgesetzt daß sie gut ernährt sind, zur Ausbildung aller somatischen (sekundären) Geschlechtsmerkmale, die sich cyclisch ganz wie bei den intakten Tieren entwickeln, von denen die Kastraten äußerlich nicht zu unterscheiden sind. Ebenso verhalten sich auch die Partialkastraten, bei denen nur die männlichen oder nur die weiblichen Organe oder auch nur Teile des einen oder anderen Genitalapparats entfernt sind.

Alle Teile des gesamten Genitalapparats sind somit bei diesen Würmern in ihrer Entwicklung voneinander unabhängig, keines bedingt ein anderes. Der Cyclus der Entwicklung der verschiedenen Organe ist aber in konstanter Weise verbunden: primäre (Gonaden) und accessorische Organe werden also, unter einander unabhängig, durch den gleichen unbekannten (humoralen?) Faktor in ihrer Entwicklung bestimmt. Transplantationsversuche mit den sekundären Geschlechtsmerkmalen (Clitellum, Pubertätstuberkel, drüsige Labien der männlichen Geschlechtsöffnungen, Drüsenpakete der Genitalregion u. a.) zeigten, daß jener Faktor beim jugendlichen Wurm fehlt, in der Pubertät zum ersten Mal wirksam wird und beim Erwachsenen in den Zeiten der sexuellen Ruhe verschwindet, um bei der nächsten sexuellen Periode wieder in Erscheinung zu treten. Durch Ernährungsversuche wurde von AVEL gezeigt, daß der humorale clitellogene Faktor, wenn auch nicht rein nutritiver Natur ist, so doch von der Ernährung geregelt wird: er kann durch entsprechende Fütterung experimentell zu jeder beliebigen Jahreszeit hervorgerufen werden (und nicht nur wie in der Norm im Herbst und Winter); die sexuelle Reifung kann durch Mangelernährung um bis zu 15 Monate verschoben werden oder aber durch fortgesetzte überreiche Ernährung 17 Monate und länger aufrechterhalten bleiben, auffallenderweise nur bei Kastraten und nicht bei intakten Tieren — warum, ist unbekannt. „Da der clitellogene Faktor, schließt Avel, beim jugendlichen Tier fehlt, muß entweder in der Pubertät ein Hormon auftreten, dessen Sekretion oder Wirkungsmöglichkeit weiterhin durch die Ernährung bedingt wird, oder es muß in der Pubertät zu einer Änderung des Stoffwechsels kommen. Da die Ernährung vom Appetit abhängig ist, dessen cyclische Veränderungen ganz durch innere Ursachen geregelt werden, scheint also der Appetit (wenigstens bei den zwei hier untersuchten Arten) die Gesamtheit der sexuellen Manifestationen zu regeln".

Die Frage ist, ob nicht die Produktion jenes hypothetischen clitellogenen Faktors in der Vorreifezeit, in der Diapause und beim Hunger, jeweils durch andere Ursachen (z. B. beim Hunger durch den Materialmangel für den Aufbau des Hormons, bei den anderen Zuständen durch einen Fermentmangel oder ähnliches) gehemmt ist, deren Ergebnis aber immer das gleiche ist.

Avel hat die Existenz eines „cephalen" Faktors vermutet, der die Ausbildung der sekundären Geschlechtsmerkmale regeln sollte. Hier schließen die Untersuchungen von Herlant-Meewis (1956/1957, 1959) an, die im Nervensystem der Oligochaeten neurosekretorische Zellen nachweisen konnte, und zwar sowohl in den Hirnganglien als auch in anderen Ganglien, vor allem den infra-oesophagealen. Aus Exstirpationsversuchen dieser Ganglien bei Eisenia foetida Savigny schließt Verf. auf die Existenz eines humoralen Faktors im Neurosekret, der über das Gefäßsystem zu den Genitalorganen gelangen und ihre Entwicklung beeinflussen sollte; sie nimmt an, daß die Einflüsse der Ernährung, im Sinne von Avel, vielleicht die Funktion des neurosekretorischen Systems bei diesen primitiven Organismen bedingen könnten, die scheinbar keine endokrinen Drüsen besitzen.

In diesem Zusammenhang sind die Untersuchungen von Vandel (1922) von Interesse, der bei der Triclade Polycelis cornuta (Planarien, Plattwürmer) durch Erwärmungsversuche wahrscheinlich machen konnte, daß das Kopulationsorgan dieses Wurmes von den Hoden abhängig ist und sich unter dem Einfluß eines Hodenhormons entwickelt. Es konnte aber nicht ausgeschlossen werden, daß der Wärmeeinfluß direkt und nicht über den Hoden das Kopulationsorgan treffe, so daß sein Verschwinden nicht auf die Kastration zurückzuführen wäre. Das wäre dann ein Parallelfall zu den Lumbriciden, nur daß dort die Ernährung und hier die Wärme der „conditioning factor" wäre. In beiden Fällen wären dann Gonaden und sekundäre Geschlechtsmerkmale voneinander unabhängig, hingen aber beide vom gleichen unbekannten Faktor in ihrer Entwicklung ab. Weit zurückliegende Beobachtungen von Curtis (1902) befaßten sich mit dem Wechsel zwischen geschlechtlicher und ungeschlechtlicher Fortpflanzung bei Planaria maculata (Plattwurm). Beim Eintritt der ungeschlechtlichen Fortpflanzungsperiode bilden sich die Gonaden zurück und verschwinden; dann bildet sich auch das Kopulationsorgan zurück und verschwindet; bei der Wiederaufnahme der geschlechtlichen Tätigkeit erscheinen die Gonaden zuerst und etwas später das Kopulationsorgan: Diese zeitliche Folge spricht vielleicht für eine gewisse Abhängigkeit des Kopulationsorgans von den Gonaden.

Sehr spärlich waren bis vor nicht langer Zeit unsere Kenntnisse über die sexualhormonalen Verhältnisse bei den *Mollusken*. Aubry (1959) hat den Einfluß synthetischer Wirbeltiersexualhormone auf die Gonaden der zwittrigen Lungenschnecken verfolgt und gefunden, daß einmalige i. m. Injektionen von 0,25—5,0 mg Testosteronpropionat bei Limnaea stagnalis und Helix pomatia offenbar eine stimulierende Wirkung auf die Spermatogenese besitzen und gleichzeitig eine hemmende Wirkung auf die weibliche Gonade ausüben, während das Oestradiol umgekehrt die weibliche Keimzellenbildung fördert und die Spermatogenese hemmt. Demgegenüber soll das Progesteron *beide* Anteile fördernd beeinflussen. Es würde sich also um eine gonadotrope, aber gleichzeitig sexualspezifische Wirkung von Testosteron und Oestradiol handeln, während Progesteron gonadotrop-sexual-unspezifisch zu wirken scheint. Man wird gut tun, diese Beobachtungen zunächst nur ad notam zu nehmen, umso mehr als sie über eine *eigene* sexualhormonale Aktivität bei den Lungenschnecken nichts aussagen.

Eine in ihrer Bedeutung seinerzeit nicht erkannte und seit ihrer Veröffentlichung, wie es scheint, vollkommen in Vergessenheit geratene Beobachtungs- und Versuchsreihe von GOULD (1917) an der Schnecke Crepidula plana erhält jetzt im Zusammenhang mit den neuen oben geschilderten Befunden bei Crustaceen ein erhöhtes Interesse. Diese Schnecke, zum Genus der Calyptraeiden der Prosobranchier gehörig, ist ein proterandrischer Hermaphrodit, in dem sowohl männliche als auch weibliche Urgeschlechtszellen, angefangen vom post-larvalen Stadium und bis zum höchstentwickelten Weibchen-Stadium, stets vorhanden sind. Unter bestimmten Umständen (s. u.) entwickelt sich *zunächst die männliche Gonade*; wenn in ihr die Spermatogenese bereits bis zur Ausbildung reichlicher Spermatozoen fortgeschritten ist, setzt nun erst die Entwicklung des männlichen Sexualtraktus ein, es kommt zur Bildung des gonadalen Ausführungsganges, der sich in Samenblase und Vas deferens gliedert, und der Spermarinne, die den Samen zum sich nun entwickelnden Penis leitet, der seinerseits zu einem Organ von gewaltigen Dimensionen heranwächst (er kann bis zu drei Vierteln der Gesamtlänge des Tieres erreichen). Ist die Männchen-Periode vorüber, so bildet sich der männliche Sexualapparat in toto zurück, aber wiederum *angefangen vom Hoden*, in dem der Degenerationsbeginn dem Rückbildungsbeginn von Penis, Vas deferens usw. um 2—3 Wochen vorausgeht. *Ausbildung und Rückbildung des männlichen Genitalapparats sind also von der Ausbildung bzw. Rückbildung des Hodens abhängig*; auch die unter gewissen äußeren Bedingungen (biologischer oder experimenteller Natur, s. u.) erfolgende „accidentelle" Ausschaltung des Hodens bewirkt, *als echte Kastration wirkend*, die Rückbildung der genannten männlichen Organe. Angesichts der Befunde an Crustaceen, bei denen die Existenz androgener Hormone einwandfrei nachgewiesen wurde, kann man sich kaum dem Eindruck verschließen, daß auch im Fall der Schnecke Crepidula plana androgene Hormone bzw. ihr Ausfall wirksam sind.

Es ist interessant, daß bei dieser Schnecke *gonadotrope Einflüsse* unbekannter Art bei der Entwicklung der Hoden tätig sind: Damit es zur Ausbildung der Hoden kommt (s. o.), bedarf es der Gegenwart eines großen Individuums der gleichen Art in unmittelbarer Nachbarschaft der zunächst undifferenzierten „neutralen" Jugendstadien. In welcher Weise diese großen Individuen (die nicht notwendig reife Weibchen zu sein brauchen, denn große reife Männchen wirken genau so!) ihren gonadotropen Einfluß geltend machen, ist unbekannt; alle Versuche z. B. eine Sekretion von „Gonadotropinen" ins umgebende Seewasser nachzuweisen, waren ergebnislos. Vielleicht könnten aber moderne empfindlichere Methoden des Nachweises von gonadotropen Stoffen hier doch noch zu einem positiven Resultat führen.

Es gibt außerhalb des Stammes der Mollusken ein Beispiel der Sexualdifferenzierung bei den wirbellosen Tieren, das eine gewisse Ähnlichkeit mit den Vorgängen bei Crepidula plana besitzt: BALTZER (1914) fand bei seinen Untersuchungen über die Entwicklung des marinen Wurmes Bonellia viridis, daß die freischwimmende Larve dieses Wurmes sich am erwachsenen Weibchen der gleichen Art festsetzt, sich hier als Ektoparasit entwickelt und zum Männchen differenziert; unterbleibt diese Anheftung am Weibchen, so wird die Larve selber zum Weibchen. Hier führt also ein direkter Kontakt, wohl unter Aufnahme gewisser Stoffe mit gonadotropen und gleichzeitig maskulinisierenden Eigenschaften aus dem Weibchen, zur männlichen Differenzierung. Von einem etwaigen „Parasitismus' kann bei Crepidula plana nicht die Rede sein. Ähnliche Verhältnisse wie bei Crepidula plana sind sonst bei den Mollusken nicht bekannt geworden, auch nicht bei den nah verwandten anderen Arten von Crepidula.

HERLANT-MEEWIS u. VAN MOL (1959) haben bei den Nacktschnecken Arion rufus und A. subfuscus neurosekretorische Zellen in den Buccalganglien nachgewiesen, deren Axone zum Teil in den Nervus gastralis posterior eingehen: Im Laufe der Entwicklung der Gonaden beobachtet man in diesen neurosekretorischen Zellen gewisse Veränderungen ihrer Aktivität, die an einen Zusammenhang denken lassen, insbesondere wenn man an die Befunde von HERLANT-MEEWIS (1956/1957) bei Oligochaeten denkt, bei denen die Verf. Variationen der Neurosekretion während gewisser Manifestationen des Geschlechtslebens feststellen konnte (s. S. 229). THIELE (1960) berichtete, daß anläßlich der Aufarbeitung der Lipide der Weinbergschnecke (Helix pomatia L.) ein großer Anteil von Unverseifbarem und Liebermann-Burchard-positiven Steroiden anfiel, in denen auch Ketosteroide nachgewiesen wurden. Eine biologische Prüfung dieser Steroide auf androgene Wirksamkeit lag daher nahe. Soweit bei der Aufarbeitung die ketonischen Fraktionen in genügender Menge anfielen, wurden sie im Hahnenkammtest [nach der hochempfindlichen lokalen Modifikation der Fußgänger-Methode nach DIRSCHERL, KRAUS u. VOSS (1936)] auf ihre androgene Wirksamkeit untersucht und dabei „riesige Mengen von Steroiden appliziert" (persönliche Mitt. von O.W. THIELE vom MÄRZ 1964), aber mit vollkommen negativem Ergebnis (THIELE, SCHRÖDER, v. BERG u. HERLYN, 1964). Aufgrund dieser Befunde halten es die Verff. für unwahrscheinlich, „daß die Androgene der Weinbergschnecke, soweit solche überhaupt vorhanden sind, mit den Androgenen der Warmblüter identisch sind oder daß die Weinbergschnecke auf Warmblüter wirkende androgene Steroide besitzt".

Auf dem III. Internat. Kongreß für Endokrinologie in Mexiko (1968/1969) haben GOTTFRIED u. DORFMAN über ihre Untersuchungen der steroid-biochemischen Prozesse berichtet, die im Ovotestis der Nacktschnecke Ariolimax californicus ablaufen; sie waren zu folgenden Resultaten gelangt, die ihres hohen allgemeinen Interesses halber hier in extenso wiedergegeben seien:

1. Es ist offenbar, daß bis zum Punkt des Androstendions in der biosynthetischen Sequenz die Ausbeute gering ist;

2. feststeht das Fehlen einer Biosynthese von Testosteron aus Androstendion und der verbreitetere Metabolismus beider Vorläufer zu $5a$-reduzierten Steroiden, namentlich zu Androsteron;

3. feststeht ferner die Spezifität der 17β-Hydroxy-dehydrogenase für die Reduktion ausschließlich von Steroiden, in denen eine $5a$- und entweder eine $3a$- oder 3β-Reduktion bereits vollzogen ist;

4. Androsteron ist der einzige Metabolit, der in guter Ausbeute gebildet wird, wenn Androstendion mit Gewebe des Gonodukts aus der männlichen Phase des Hermaphroditen kultiviert wird;

5. in den Gonaden findet sich eine reduzierte Ausbeute von $5a$-Androsten-$3a$, 17β-diol, nicht aber von $5a$-$3\beta,17\beta$-diol, wenn Augententakel-Gewebe anwesend ist.

Diese Befunde lassen vermuten, daß Androsteron das Hauptandrogen von Ariolimax californicus ist. Deswegen ist die Regelung seiner Produktion im Ovotestis von Wichtigkeit; ihre Hemmung in vitro durch die Augenstielwirkstoffe könnte einen Teil des Mechanismus darstellen, durch den diese Wirkstoffe die Entwicklung der Gonaden in vivo regeln.

Die Ubiquität der Steroid-Biosynthese im Gonadengewebe wird durch diese Befunde als auf ähnlichen Bahnen ablaufend von den Mollusken bis zum Menschen festgelegt; dennoch kann es nicht das vollkommene Bild sein, weil die Wirbeltiere keiner äußeren Quelle von Cholesterin für die erfolgreiche Steroidsynthese bedürfen, wie es bei den Wirbellosen der Fall ist.

Auf Grund der zunehmenden Menge von Berichten über die Biogenese von Sterinen und Steroiden im Pflanzenreich (s. Abschnitt 9 dieses Kapitels, S. 206) und bei Insekten (RITTER u. WIENTJENS, 1967) (Tab. 45) und Mollusken (s.o.) darf man vermuten, daß ein dynamischer Austausch von Sterinen und vielleicht auch Steroiden in der Richtung Pflanzen → phytophage Wirbellose abläuft. Die Pflanze fungiert als Reservoir für aktive Sterine der Insekten (Ecdyson, Ecdysteron) und Steroide, die möglicherweise von anderen Wirbellosen für Fortpflanzung oder Verteigungszwecke benötigt werden. Diese Hypothese wird durch folgende Beobachtungen gestützt:

1. Insekten sind unfähig Cholesterin aus einfachen Offen-Ketten-Kohlenstoff-Einheiten zu synthetisieren;

2. Insekten haben eine beschränkte Fähigkeit der Synthese von Ecdyson aus Cholesterin;

3. C_{28}- und C_{29}-Sterine werden von Insekten in weitem Umfang zu Cholesterin umgewandelt;

4. C_{27}-Sterine werden von Insekten in sehr beschränktem Umfang umgewandelt;

5. C_{21}- und C_{19}-Steroide kommen bei Insekten vor;

6. Mollusken haben eine begrenzte Fähigkeit zur Biosynthese von Sterinen und Steroiden, obgleich Steroide vermutlich für eine erfolgreiche Fortpflanzungstätigkeit von wesentlicher Bedeutung sind.

Als Grundlage für weitere Untersuchungen wird die Annahme einer einheitlichen Abhängigkeit der Mollusken und Insekten von Steroidaufnahmen aus Pflanzen aufgestellt. Der weitere Aufbau des aufgenommenen Steroidkernes zu biologisch wirksamen Stoffen erfolgt dann in Abhängigkeit von den Bedürfnissen der Wirbellosen, ihrer Fortpflanzung, ihrer somatischen Entwicklung oder Sekretion zu Zwecken der Verteidigung.

Tabelle 45. *Bei Insekten identifizierte Steroide. Zusammenstellung von* GOTTFRIED *u.* DORFMAN *(1969) auf Grund von Daten von* RITTER *u.* WIENTJENS *(1967)*

Arten	Identifiziertes Produkt
Dytiscus marginalis	Pregn-4-en-21-ol-3,20-dion
	Pregn-4-en-20a-ol-3-on
Ilybius fenestratus	Androst-4-en-17β-ol-3-on
Acilius subcatus	Pregn-4-en-20a-ol-3-on
	Pregn-4,6-dien-20a-ol-3-on
Allgemeines Vorkommen	Ecdyson, Ecdysteron, 26-Hydroxyecdysteron
Metabolismus:	
Musca domestica	5a-Cholestan-3-on → 5a-Cholestan-3β-ol
	(Beschränkte Umwandlung)
	3β-Hydroxy-cholest-5-en → 3β-Hydroxy-cholest-5,7-dien
	(Beschränkte Umwandlung)
Blattaria germanica	Stigmasterin → 3β-Hydroxy-cholest-5,22-dien (94%)
	Dihydrobrassicasterin → 3β-Hydroxy-cholest-5-en (87%)
	Fucosterin → 3β-Hydroxy-cholest-5-en (100%)

Daß gonadotrope Beziehungen zwischen Gonaden und anderen Organen bei Mollusken eine auch in der normalen Entwicklung hochbedeutsame Rolle zu spielen vermögen, geht aus den Untersuchungen von WELLS u. WELLS (1959) an Octopus (Cephalopoden) hervor. Sie fanden in der, beiderseits in nächster Nachbarschaft der supraoesophagealen Ganglien gelegenen Augendrüse („optical gland") das endokrine Organ, das durch seine Sekretion die Reifung der Gonaden bei beiden Geschlechtern regelt. Die Abgabe der „gonadotropen" Wirkstoffe aus den Augendrüsen wird normalerweise beim infantilen Octopus und außerhalb der Fortpflanzungsperioden beim erwachsenen Tier durch nervöse Impulse hintangehalten, die vom subpedunculaten/dorsalen Basalgebiet des Gehirns ausgehen und den Augendrüsen durch besondere Nervenstränge zugeleitet werden. Die Tätigkeit dieses Hirngebietes wiederum ist von der Integrität der Nervi optici und somit von Lichteinflüssen abhängig. Diese grundlegenden Erkenntnisse, die mit Hilfe von Durchschneidungsversuchen an den Nerven, lokalisierten Zerstörungen in den verschiedenen Ganglien, Exstirpationen der Augendrüsen und von histologischen Untersuchungen gewonnen wurden, gestatteten einen Vergleich zwischen den Mechanismen, die bei Wirbeltieren, Insekten, Crustaceen und Cephalopoden die Gonadenreifung regeln: Als das Gemeinsame ließ sich herausschälen, daß bei allen diesen hochentwickelten Formen die Regelung durch die Verbindung von neuralen und humoralen Faktoren erfolgt, welche die verfrühte oder unzeitgemäße Reifung der Gonaden verhindern soll, ein Mechanismus, der eine hochgradige Komplexität des Zentralnervensystems zur Voraussetzung hat.

Daß bei den Mollusken, ähnlich wie z. B. bei den Vögeln, die Tätigkeit der Gonaden durch das sichtbare Licht beeinflußt werden kann, geht aus Versuchen hervor, die von HENDERSON u. PELLUET (1960) an der hermaphroditischen Schnekke Deroceras reticulatum (Müller) ausgeführt wurden: Unter einer 10stündigen tägl. Belichtung mit 1000 Meterkerzen im Lauf von 5 Wochen kam es zu Veränderungen, zunächst in den Zellen des Keimepithels im Ovotestis, die Nährzellen bildeten, und dann zu einer Beschleunigung der Reifung der männlichen Keimzellen; Zellteilungen und Spermatogenese waren aber nicht gestört. Wurde die Belichtungszeit auf 18—24 Std/Tag erhöht, so blieben die Zellteilungen bei der beschleunigten Meiosis aus und es resultierten Spermatiden mit 2—6 Kernen. Vollkommene Dunkelheit im Lauf von 5 Wochen führte zu einer vermehrten Bildung von Nährzellen aus dem Keimepithel des Ovotestis. Die Veränderungen waren bei Rückversetzung der Schnecken unter normale Umweltbedingungen reversibel.

Zum Abschluß dieses Kapitels sei darauf hingewiesen, daß Beobachtungen bekannt geworden sind, die vielleicht für eine endokrine und zwar sexualspezifische Regelung des Wechsels zwischen ungeschlechtlicher und geschlechtlicher Fortpflanzung bei gewissen *Hydropolypen des Süßwassers* sprechen. Zum besseren Verständnis dieser Vorgänge müssen wir etwas genauer auf die Biologie der verschiedenen Hydra-Arten eingehen. Hydra fusca ist eine stabil getrenntgeschlechtliche Art, die zur Zeit der sexuellen Fortpflanzung an einem Individuum entweder nur Hoden oder nur Ovarien ausbildet. Dagegen zeigen die männlichen Exemplare von Hydra attenuata sporadisch eine Intersexualität oder sogar eine totale sexuelle Inversion (BRIEN, 1951). Hydra viridis, der grüne Süßwasserpolyp, ist von Natur hermaphroditisch, die Hodenampullen bilden sich und funktionieren in den oberen Anteilen des säulenförmigen Schlauches unterhalb des Kranzes der Mundtentakel, während die Ovarien im unteren Teil des Polypen näher zur basalen Anheftungsscheibe entstehen. Die Keimzellen der Hydren stammen von den basalen interstitiellen Zellen des Ektoderms ab, die zur Zeit ihrer normalen Funktionen im wesentlichen „Somatocyten" mit den Eigenschaften solcher Körperzellen sind und als Reserve für den Aufbau der verschiedenen Organe z. B. bei der Regeneration dienen. Werden sie zur Gametogenese veranlaßt (s. u.), so werden sie sexuell bivalent, und ihre geschlechtliche Orientierung hängt, wie man annimmt, vom physiologischen Zustand des Polypen ab, der nach dem Geschlecht des Individuums wechseln soll oder z. B.

bei der oben erwähnten hermaphroditischen Hydra viridis je nach der oralen bzw. aboralen Lokalisation männlich bzw. weiblich determiniert sein soll. PIRARD (1961) fragte sich nun, was passieren würde, wenn man verschiedengeschlechtliche Individuen der getrenntgeschlechtlichen Hydra fusca (s. o.) mittels Parabiose mit einander vereinigte, indem man sie durch einen Längsschnitt eröffnete, mit den Innenseiten (Entoderm) aneinander legte und so verwachsen ließ, und dann einer Temperatur von 8°C aussetzte, welche bei dieser Art die Gametogenese auslöst. Im Doppeltier, dessen eine Längshälfte aus einem männlichen und dessen andere Längshälfte aus einem weiblichen Individuum besteht, kommt es zu einer totalen Maskulinisierung des weiblichen Partners, indem sich in der ganzen Ausdehnung des Polypen, sowohl des männlichen wie des weiblichen Partners, große Hodenampullen mit normaler Spermatogenese ausbilden. In seltenen Fällen sieht man als Zeichen eines Anfluges von leichter Intersexualität in der kompakten Masse von Hodengewebe einige in Rückbildung begriffene Oogonien oder Oocyten. Interessant ist es, daß einige Knospen, die sich während der Kälteeinwirkung und der Gametogenese bildeten und sich in der nachfolgenden Periode der ungeschlechtlichen Fortpflanzung als neue Individuen ablösten, ausschließlich männlichen Geschlechts waren. BRIEN (1961), der bei einer neuen Hydra-Art (H. pirardi) die Biologie der interstitiellen Zellen studierte, fand, daß auch hier, wie bei H. fusca (s. o.) die Gametogenese durch die Verbringung in eine niedere Temperatur (unter 10°C) ausgelöst wurde; doch ist die niedere Temperatur an sich nicht der bestimmende Faktor, sie begünstigt nur das Auftreten der Gametogenese, die letzten Endes von endokrinen Prozessen im Zusammenhang mit den physiologischen Vorgängen der Verdauung ausgelöst würde.

Anhang: Das „Zweite Hodenhormon"

CALLOW u. PARKES (1935) haben bereits sehr früh darauf hingewiesen, daß die Besonderheiten des Gefieders von solchen Hühnerrassen wie z. B. der Sebright Bantam nur durch die Annahme zu erklären sind, daß im Hahnenhoden oestrogene Stoffe erzeugt werden. Die Produktion eines „Zweiten Hodenhormons" (ZHH) im normalen Hoden männlicher Tiere und des Mannes wird aber vor allem durch die experimentellen und klinischen Befunde wahrscheinlich gemacht, die sich an kastrierten Individuen bei der Substitution durch Testosteron ergaben: Dieses wichtigste und wirksamste natürliche Androgen war zwar, in physiologischen Mengen verabreicht, imstande die sekundären männlichen Geschlechtsmerkmale beim Kastraten zu erhalten, aber es erwies sich als unfähig die als Folge der Kastration auftretende anhaltende Hypersekretion von gonadotropen Hormonen in der Hypophyse zu unterdrücken, die z. B. beim Mann unmittelbar nach der Operation Anlaß zu mitunter sehr störenden „klimaterischen Wallungen" gibt (LAROCHE, SIMONNET u. BOMPARD, 1939; McCULLAGH, 1948; PAULSEN, 1952). FORBES (1957) hat eine Reihe von Fällen mitgeteilt, in denen die erhöhte Gonadotropin-Sekretion fortbestand, trotz einer zum Teil sehr langdauernden Behandlung mit zum Teil sehr hohen Dosen von Testosteron (z. B. 450—600 mg Testosteron als Kristallpreßling implantiert, alle 3 Monate im Lauf von 5 Jahren), wie aus der untenstehenden Tab. 46 hervorgeht.

Auch bei gewissen Syndromen von partieller Hodeninsuffizienz (z. B. Klinefelter-Syndrom, s. Tab. 46), bei denen der männliche Habitus normal oder beinahe normal ist, wird eine erhöhte Gonadotropinproduktion beobachtet, die derjenigen beim Kastraten gleich sein kann, trotz der normalen oder nahezu normalen Androgenproduktion: was hier fehlt, ist also etwas anderes als das Testosteron, und eben dieses Fehlende muß das ZHH sein. MARTINS u. ROCHA E SILVA (1931) stellten fest, daß ein Rattenweibchen, das mit einem kastrierten Rattenmännchen in

Parabiose vereinigt ist, einen vaginalen Daueroestrus aufweist, der von der erhöhten Gonadotropinproduktion des kastrierten Partners abhängig ist; die Verff. konnten diesen Daueroestrus beim Weibchen durch einen dem Männchen injizierten wässrigen Hodenauszug hemmen, der ohne Wirkung auf Prostata und Vesiculardrüsen war, also offenbar kein Androgen enthielt; die Hemmung der Überproduktion an Gonadotropinen war somit nicht von den Androgenen, sondern von einem anderweitigen Sekret des Hodens, dem ZHH abhängig. McCULLAGH u. WALSH (1935) bestätigten die Versuchsergebnisse von MARTINS u. ROCHA E SILVA vollkommen und konnten mit einem entsprechenden Hodenauszug auch die Gonadotropinproduktion beim Menschen in einigen Fällen herabsetzen. Sie gaben dem verantwortlichen Wirkstoff des Hodens den Namen „*Inhibin*“, unter dem er seitdem in der Literatur geführt wird. Mit diesem Inhibin gelang es in einem Fall von Klinefelter-Syndrom die erhöhte FSH-Ausscheidung im Harn von ca. 864 ME auf ca. 384 ME bzw. 192 ME/24 Std nach einer 7- bzw. 14tägigen Behandlung herabzudrücken.

Tabelle 46. *FSH-Gehalt im Harn vor und nach der Behandlung mit Testosteron (nach* FORBES, *1957, Auswahl)*

| Patient | Diagnose | FSH-Gehalt im Harn | | Dosierung | Dauer der |
		vor der Behandlung, ME/24 Std	nach der Behandlung ME/24 Std		Behandlung Monate
H.D.	Fehlen der Hoden	192	768	25 mg TP pro Woche	2
		288	384	T.-Preßling 300 mg/3 Monate	5
A.S.	Fehlen der Hoden	Erhöht[a]	Erhöht[a]	T.-Preßling 300 mg/3 Monate	30
F.B.	Fehlen der Hoden	576	384	T.-Preßling 300 mg/3 Monate	3
W.R.	Kastration	192	192	25 mg TP pro Woche	1
			192	T.-Preßling 450—600 mg /3 Monate	60
C.H.	Klinefelter-Syndrom	576	384	T.-Preßling 300 mg/3 Monate	10
D.A.	Klinefelter-Syndrom	96	104	Meth.-Test. 10—30 mg/Tag	48
C.T.	Seminom (oper.)	384	384	Meth.-Test. 20 mg/Tag	1

[a] Qualitative Methode der FSH-Bestimmung.

Zahlreiche Arbeiten sprechen dafür, daß das ZHH ein Oestrogen ist. VIDGOFF u. HILL (1939) hatten in einem Extrakt aus Rinderhoden eine Wirksubstanz nachgewiesen, die offenbar einen hemmenden Einfluß auf die gonadotrope Funktion des HVL bei der Ratte und dadurch indirekt auf die androgene Hormonproduktion im Hoden ausübte. GOLDZIEHER u. ROBERTS (1952) isolierten aus 8,75 kg menschlichen Hodengewebes etwa 5,7 μg/kg Oestradiol-17β; da das Parenchym eines normalen menschlichen Hodens etwa 15 g wiegen dürfte, wäre der Gehalt des Hodens auf ca. 0,086 μg zu schätzen: das ist, verglichen mit den Befunden beim Eber (400—760 μg Oestron/kg Hoden) oder beim Hengst (360 μg Oestron + 210 μg Oestradiol-17β/kg, n. BEALL, 1940) relativ wenig, doch sagt der jeweilige *Gehalt* an Wirkstoff an sich noch nichts über die Höhe der Produktion aus, solange man über den Grad der Speicherung nicht orientiert ist. Auch im Stierhoden findet ZONDEK (1934) nur etwa 0,09% der Oestrogenmengen, die er im Hengsthodengewebe (23000 ME in 350 mg) feststellen konnte. In diesem Zusammenhang sei erwähnt, daß man die hohe Oestrogenausscheidung im Harn bei männlichen Equiden und beim Eber[21] mit einer gewissen Berechtigung als unterstützende Tatsache für die Annahme der oestrogenen Natur des ZHH heranziehen kann, da sie durch die Kastration weitgehend aufgehoben wird: ZONDEK (zit. n. BOMSKOV, 1939) gibt für den Pferdehengst eine Ausscheidung von im Mittel 170000 ME/Liter Harn[22], für den Wallach aber von nur 1000 ME/L an; auch beim Eber geht die Ausscheidung im Harn von im Mittel etwa 1600 μg/L Oestron + 860 μg/L Oestradiol-17β nach der Kastration auf sehr geringe Werte herab (unveröff. Ergebnisse von VELLE, 1958). Es ist zwar gegenwärtig noch nicht endgültig geklärt, ob diese Oestrogene tatsächlich im Hoden produziert werden oder ob sie nur Stoffwechselprodukte von Vorläufern (Androgenen ?) darstellen, die im Hoden entstehen; aber der hohe Gehalt an Oestrogenen auch im Hodengewebe selber spricht entschieden für ihren testiculären Ursprung, wenn auch ein Teil der normalen Oestrogenausscheidung aus extratesticulären Quellen (Nahrung ?) stammen dürfte. Auch der allmähliche Anstieg der Oestrogenausscheidung im Verlauf der sexuellen Reifung beim Pferd (Hengstfohlen von 2,5 Jahren 500 ME/L, ältere Fohlen 6000 ME/L, n. ZONDEK, 1934) spricht für den Hoden als Hauptort der Oestrogenproduktion. Den eigentlichen Beweis für die Synthese von Oestrogenen im Hengsthoden und für ihre Abgabe ins Blut haben NYMAN, GEIGER u. GOLDZIEHER (1959) in Versuchen erbracht, in denen es ihnen gelang, im perfundierten Hoden eines mit Gonadotropinen vorbehandelten Hengstes mit Hilfe eines Zusatzes von Natriumacetat-1-^{14}C zum Perfusionspferdeblut radioaktives Oestron und Oestradiol im Hodengewebe und im Serum nachzuweisen (Gegenstromverteilung, Papierchromatographie auf zwei verschiedenen Systemen, Kristallisierung); die Erythrocyten waren frei, auch fand sich keine Radioaktivität in den Oestriolfraktionen. Dieses Ergebnis ist umso beachtenswerter als alle bisherigen Bemühungen, mit Hilfe von Durchströmungs- oder Inkubationsversuchen eine Oestrogenproduktion im Hoden nachzuweisen, mißlungen waren (DANBY, 1940; NISSIM, 1953); nur PASCHKIS u. RAKOFF (1950) hatten den Befund von hohen Oestrogenkonzentrationen im Blut der Vena spermatica des Hengstes angedeutet, ohne aber nähere Angaben über die Versuchsanordnung zu machen. Oestron wurde im menschlichen Hoden nicht gefunden, wohl aber wies DICZFALUSY (1954) in der menschlichen Samenflüssigkeit sowohl Oestradiol-17β als auch Oestron und Oestriol nach; er schloß auch aus der Tatsache, daß alle 3 Oestrogene hauptsächlich in der freien, nicht konjugierten Form vorlagen, daß sie an Ort und Stelle, also im Hodenparenchym und zwar in den Samenkanälchen synthetisiert sein müßten, ohne auf die Frage einzugehen, ob sie in den Samen- oder Sertoli-Zellen erzeugt würden, doch schließen seine Untersuchungen eine Herkunft aus den Leydig-Zellen auch nicht aus.

---

21 Auch beim Mann sind in einigen Untersuchungen sehr hohe Oestrogen-Ausscheidungswerte gefunden worden: 100—500 μg/Tag (SULAK u. ZIMMERMANN, 1955) bzw. 100—2500 μg/ Tag (RUHRMANN u. SCHULTEN, 1958); doch hat (in der Diskussion zum Vortrag von RUHRMANN) NAPP (1958) wohl mit Recht darauf hingewiesen, daß diese hohen Werte darauf zurückzuführen seien, daß mit der von den Verff. benutzten Methode des Oestrogennachweises nach PONTIUS (1954) nicht allein die Oestrogene, sondern ein Großteil unspezifischer Substanzen mitgemessen wurde. Die Oestrogenausscheidung beim Mann dürfte nach unseren gegenwärtigen Kenntnissen zwischen 30 und 50 μg/24 Std liegen.

22 PIGON, LUNAAS u. VELLE (1960) haben diese durch biologische Auswertungsverfahren gewonnenen Werte von ZONDEK durch chemische Bestimmungen der Oestrogene im Hengstharn weitgehend bestätigen können.

Die Behandlung normaler Männer, die funktionierende Hoden hatten, mit Choriongonadotropin (3mal wöch. 5000 IE) im Lauf von 47—65 Tagen führte zu einem Anstieg der Oestrogenausscheidung im Harn auf das 5—16fache der Norm (MADDOCK u. NELSON, 1952). Dagegen stieg die Exkretion von 17-Ketosteroiden nur auf das Doppelte an und stand in keinerlei Beziehung zu den Veränderungen der Oestrogenausscheidung: Es ist daher unwahrscheinlich, daß die Oestrogen-vermehrung etwa durch eine Umwandlung vermehrt gebildeter Androgene zustandekam. MADDOCK u. NELSON finden, daß die Oestrogenausscheidung ein empfindlicherer und zuverlässigerer Test für die Stimulation der endokrinen Hodenfunktion ist als die Androgenbildung, wenn diese an der 17-Ketosteroid-Ausscheidung gemessen wird; sie ist auch spezifischer für die Hodenfunktion, da die NNR bei der Bildung der Oestrogene normalerweise sicher nur eine untergeordnete Rolle spielt: die Verff. konstatierten bei Patienten ohne funktionierende Hoden keine Oestrogenvermehrung nach HCG-Injektion, wohl aber bei Addison-Patienten, also ohne stimulierungsfähiges NNR-Gewebe, wenn nur die Hodenfunktion erhalten war.

Auch JAYLE, SCHOLLER, GARONNE u. MOREL (1957) haben in sehr sorgfältigen Untersuchungen an normalen Männern, Kastraten, Greisen und Männern mit Hodeninsuffizienz bei der Behandlung mit HCG feststellen können, daß die Ausscheidung von Phenolsteroiden im Harn für ihre ausschließliche Produktion im Hoden spricht; besonders beweisend waren die Fälle, bei denen HCG *vor* der Kastration eine signifikante Erhöhung der Oestrogenwerte im Harn auslöste, während *nach* der Kastration bei den gleichen Patienten die Oestrogenausscheidung vollkommen fehlte und durch die HCG-Gaben auch nicht wieder hervorgerufen werden konnte. Auch JAYLE u. Mitarb. sprechen von der Möglichkeit eines Tests für die Prüfung der Funktionstüchtigkeit der Leydig-Zellen aufgrund der Bestimmung der Phenolsteroide (und 17-Ketosteroide) im Harn unter der HCG-Verabreichung. Zustimmend haben sich aufgrund eigener Untersuchungen auch DUX u. Mitarb. (1956), CONTI u. Mitarb. (1955) und HAMMERSTEIN (1960) ausgesprochen; wie der letztgenannte Autor schreibt, kann aus der Beobachtung, daß die höchsten Oestrogenwerte — zeitlich betrachtet — unter der HCG-Behandlung stets vor den 17-Ketosteroidmaxima anzutreffen sind, gefolgert werden, daß die testikulären Oestrogene nicht einfach als Umwandlungsprodukte der hauptsächlich gebildeten Androgene aufzufassen sind. KNORR (1963), der die Wirkung von HCG-Injektionen bei Knaben mit Hodenhochstand untersuchte, konnte bei diesen Patienten mit modernen chemischen Methoden der Oestrogen-bestimmung eine Erhöhung der Oestrogenausscheidung im Harn nur in ganz geringem Maße nachweisen; ein Funktionstest der endokrinen Hodenfunktion läßt sich *beim Knaben* damit nicht aufbauen.

Für die Oestrogen-Natur des ZHH sprechen auch die Beobachtungen bei der sogenannten *„testiculären Feminisierung“*, einem Syndrom, das unter diesem Namen zuerst von MORRIS (1953) beschrieben wurde. Diese Bezeichnung, die von DEAMER (1954) übernommen wurde, ist zwar, wie PRADER (1957) feststellt, nicht unbedingt richtig, hat sich aber dank ihrer Kürze und Prägnanz allgemein einge-bürgert. Es handelt sich um „eine hereditäre Intersexform bei äußerlich weib-lichen, gonadal und chromosomal männlichen Individuen, ohne Uterus und ohne Sexualbehaarung“ (PRADER, 1957). Es sind also äußerlich vollkommen weibliche Personen, die sich in ihrem Erscheinungsbild von normalen Frauen nur durch das Fehlen (oder die Spärlichkeit, PHILIPP, 1958) der Scham- und Achselhaare unter-scheiden, eine weiblich ausgerichtete Psyche und normale Sexualität besitzen und die zum Arzt kommen, nicht weil irgendwelche Zweifel an ihrer Zugehörigkeit zum weiblichen Geschlecht bestünden, sondern wegen ihrer stets vorhandenen primären

Amenorrhoe, ihrer Sterilität und wegen des in vielen Fällen bestehenden Begleit-
symptoms der Inguinalhernien. Bei der Hernienoperation findet man die Gonaden
im Abdomen oder in den Hernien und ein Probeexcision weist sie als Hoden aus,
die histologisch den gleichen Bau haben, wie die retinierten Testes beim Kryptorchismus: sehr enge oder lumenlose Tubuli, mit nicht immer differenzierbaren
Sertoli-Zellen und ohne spermatogene Elemente oder selten mit Spermatogonien
und noch seltener mit den weiteren Entwicklungsstadien (bis zu reifen Spermien,
wie im Fall von KOLLER, 1943), mit normal zahlreichen oder vermehrten Leydig-
Zellen. Werden diese männlichen Gonaden angesichts des weiblichen Phänotypus
der Patientin oder wegen der sicher gesteigert vorhandenen Gefahr einer malignen
Entartung dieser Hoden entfernt, so kommt es bei bis dahin normalen „Frauen"
zu Ausfallserscheinungen, wie sie sonst im Klimakterium auftreten, und zu einer
Rückbildung der Brüste, zu atrophischen Veränderungen der Vaginalschleimhaut,
zu Wallungen, zu einem Rückgang der Oestrogenausscheidung und zu einer Steigerung der Gonadotropinexkretion. Diese Folgen der Kastration lassen keinen
Zweifel daran, daß *die Hoden die Quelle der Oestrogenbildung* sind.

Als Beispiel für die Hormonbefunde bei einem typischen Fall von testiculärer Feminisierung seien die Daten wiedergegeben, die IKKOS, TILLINGER u. WESTMAN (1959) veröffentlicht
haben. Es handelte sich um eine „Frau" mit kurzer Vagina und fehlendem Uterus, ohne
Sexual- oder Achselbehaarung, mit für die normale Frau charakteristischen (aber auch für
den normalen Mann oder die klimakterische Frau möglichen) Oestrogenwerten im Harn
(Oestron 11,9 μg/48 Std, Oestradiol-17β 6,6 μg/48 Std, Oestriol unter 1,5 μg/48 Std), die sich
unter der Behandlung mit HCG verdoppelten; die Ausscheidung von 17-KSt im Harn (bei
zwei Bestimmungen in Abständen von einigen Tagen 10,0 bzw. 13,8 mg/24 Std) war für Frauen
im Alter der Pat. (20 Jahre) normal; Ovarien wurden nicht gefunden, Menses waren nicht
eingetreten. Im Abdomen waren zwei Hoden ($5\times2\times2$ und $4\times2\times2$ cm) vorhanden, mit
undifferenzierten Sertoli-Zellen, einigen unsicheren Spermatogonien und zahlreichen Leydig-
Zellen; nach Entfernung beider Hoden traten klimakterische Erscheinungen (Wallungen,
Schweißausbrüche) auf.

Aus dem Fehlen bzw. der unvollkommenen Ausbildung der Derivate der
Müllerschen Gänge (Uterus und Vagina) darf man schließen, daß im 2.—3. Fetalmonat die Hoden normale bzw. subnormale Mengen von Androgenen produzierten;
in der 2. und 3. Wirkphase der Hoden, in der die primären und sekundären männlichen Geschlechtsmerkmale normalerweise zur Entwicklung kommen, muß aber
entweder die Androgenproduktion oder die Reaktionsfähigkeit ihrer Erfolgsorgane[23] entscheidend gestört gewesen sein, so daß die Entwicklung in männlicher

---

23 Diese Ursache gewinnt sehr an Wahrscheinlichkeit durch die Tatsache, daß die
erwachsenen Individuen mit testikulärer Feminisierung eine stark herabgesetzte oder sogar
fehlende Reaktionsfähigkeit auf Androgene aufweisen: So kann man die betr. Patienten mit
sehr hohen Dosen Testosteronpropionat über längere Zeit behandeln, ohne daß die geringsten
Anzeichen einer Vermännlichung (Stimme, Haarwuchs, Psyche) auftreten, obgleich z.B. die
Haarfollikelanlagen an den für den Mann typischen Stellen in normaler Zahl und histologischer
Struktur vorhanden sind. Eine andere Frage ist, worauf dieser Mangel einer Reaktionsfähigkeit
auf androgene Hormone beruht; ob er *primär* ist, d. h. durch den genetisch veränderten Stoffwechsel der Zellen der Erfolgsorgane begründet ist, oder ob die Reaktionsfähigkeit an sich
zwar vorhanden ist, aber durch irgendwelche Einflüsse in ihrer Realisierung *sekundär* verhindert oder gehemmt ist. Es wäre durchaus denkbar, daß ein solcher hemmender Einfluß von
den in den Hoden dieser Individuen produzierten Oestrogenen ausgeht: Wir wissen, daß
Oestrogene z. B. das experimentell durch Androgeninjektionen ausgelöste Kammwachstum
beim Kapaun verhindern, wenn sie gleichzeitig mit dem i. m. injizierten Androgen lokal auf
den Kamm aufgetragen werden (MÜHLBOCK, 1938; HOSKINS u. KOCH, 1939). Umgekehrt
können auch Oestrogenwirkungen durch gleichzeitig verabreichte Androgene verhindert
werden, z. B. die oestrale Verhornung des Vaginalepithels bei der Ratte, wobei das *Dosenverhältnis* darüber entscheidet, ob die oestrogene oder die androgene Wirkung zur Geltung
kommt (vgl. VOSS, 1959). Andererseits muß zugegeben werden, daß die Unmöglichkeit auch
durch noch so hohe Dosen exogener Androgene die Reaktionsunfähigkeit der Gewebe bei der
testikulären Feminisierung zu durchbrechen, gegen ihre oestrogene Bedingtheit spricht. Es

Richtung unterbrochen wurde und in weiblicher Richtung, wie beim Fetalkastraten (vgl. JOST, 1957) weiterging. Wodurch dieser Umbruch hervorgerufen wird, ist gegenwärtig noch nicht geklärt; das häufig familiäre Auftreten der testiculären Feminisierung spricht für eine erblich bedingte Ätiologie dieses Syndroms. Da es sich stets um intrabdominal liegende Hoden handelt, die, wie oben gesagt, in ihrem histologischen Bild den retinierten Hoden des Kryptorchen gleich sind, muß hier daran erinnert werden, daß der menschliche Kryptorchismus häufig eine Gynäkomastie als Begleitsymptom aufweist (vgl. Kapitel über den Kryptorchismus, Arbeiten von RICHARDSON u. a., S. 350); außerdem ist bekannt, daß die androgene Produktion im kryptorchen Hoden mit den Jahren öfters nachläßt und beim älteren Kryptorchen eunuchoide Züge in Erscheinung treten. Es scheint also, daß die abdominale Lage der Hoden zu einer verstärkten Oestrogen- und einer verminderten Androgenproduktion in ihnen führt, zu einer Steroidstoffwechseländerung, die mit der höheren Abdominaltemperatur in Zusammenhang stehen könnte. Man wird in dieser Auffassung bestärkt, wenn man bedenkt, daß beim Ovarium eine *herabgesetzte* Umgebungstemperatur, wie sie durch Verpflanzung des Ovariums in die Ohrmuschel oder unter die Schwanzhaut bei Ratten erreicht werden kann, zu einer *verstärkten Androgenproduktion* führt. Eine erhöhte Umgebungstemperatur stimuliert sowohl beim Ovarium (Normallage im Abdomen!) als auch beim Hoden (Kryptorchismus) die Oestrogenbildung, eine herabgesetzte Umgebungstemperatur stimuliert sowohl beim Hoden (Normallage im Scrotum!) als auch beim Ovarium (Verpflanzung unter die Haut) die Androgenbildung. In beiden Fällen, sowohl beim Hoden als auch beim Ovarium, ist, wohlgemerkt, die Normallage mit der Produktion des heterosexuellen Hormons nicht unvereinbar, denn auch im normalen Hoden werden Oestrogene und im normalen Ovarium Androgene produziert (vgl. Voss, 1954). Bei der pathologischen Gonadenlage ändern sich nicht die qualitativen, sondern nur die quantitativen Verhältnisse

---

drängt sich aber gerade im Hinblick auf die Ubiquität der Reaktionsunfähigkeit in *allen* Geweben und Organen eine andere Erklärungsmöglichkeit für die Befunde bei solchen Patienten auf: Es wäre denkbar, daß die endo- und exogenen Androgene nicht zur Auswirkung gelangen, weil sie in ihrer Gesamtheit oder zum größten Teil in Oestrogene umgewandelt werden, ein Steroid-Stoffwechselvorgang, der in begrenztem Umfang sowohl in vitro als auch in vivo auch unter normalen Bedingungen abläuft. Es würde sich dann nur um eine scheinbare Reaktionsunfähigkeit der Gewebe handeln, während tatsächlich das wirksame Agens, das Androgen, schon umgewandelt würde, bevor es seine Erfolgsorgane erreicht. Es wäre nicht ausgeschlossen, daß man eine solche Möglichkeit durch *lokale* Verabreichung von Androgenen, z. B. an den Stellen des typischen männlichen Haarwuchses experimentell nachprüfen könnte: Ich habe seinerzeit (Voss, 1937) darauf hingewiesen, daß man in der Methode der lokalen Applikation der Sexualhormone, durch welche die zu untersuchenden Stoffe in direkten oder nahezu direkten Kontakt mit dem reagierenden Substrat gebracht werden, ein Mittel in der Hand hat, um die Wirkung von Substanzen zu prüfen, ohne sie den noch weitestgehend unbekannten Einflüssen des Gewebestoffwechsels auszusetzen, wie das bei subcutaner, intramuskulärer, intraperitonealer oder intravenöser oder gar oraler Zuführung notwendig der Fall ist. „Die Ausschaltung dieser unbekannten Einflüsse, schrieb ich damals, gewinnt eine besondere Bedeutung, wenn man solche psysiologischen Probleme untersuchen will, wie den Übergang eines Hormons in ein anderes im Organismus . . .“, ein Fall, der beim Problem der testikulären Feminisierung gegeben zu sein scheint.

HAMADA, NEUMANN u. JUNKMANN (1963), die ein gestagen hochwirksames synthetisches Steroid (6-Chlor-Δ^6-1,2a-methylen-17a-hydroxyprogesteron-acetat) in seiner Wirkung auf die Feten bei Verabreichung vom 16.—19. Tag der Gravidität an die trächtigen Rattenmütter prüften, fanden als Folge dieser Behandlung eine Unterentwicklung der Genitalorgane bei den männlichen Feten; diese Veränderungen waren irreversibel. Auch die Injektion der Substanz bei erwachsenen Rattenmännchen bewirkte eine Rückbildung der accessorischen Geschlechtsdrüsen. Die Substanz hatte *keine oestrogene Wirksamkeit*, auf die man die Unterentwicklung der männlichen Geschlechtsorgane hätte zurückführen können; die Verff. halten es daher für möglich, daß die Substanz den Organismus im Sinne einer Androgen-(Testosteron-) Resistenz beeinflußt.

der Steroidproduktion, und ihre offenbar weitgehende Abhängigkeit von der Umgebungstemperatur läßt an eine Beeinflussung der enzymatischen Regelung der Steroidsynthese denken, insofern als eine niedere Temperatur das Optimum für die Androgenbildung, eine höhere Temperatur das Optimum für die Oestrogenbildung darzustellen scheint.

Was die oben (S. 239) erwähnte Annahme einer hereditären Bedingtheit des Syndroms der testiculären Feminisierung anbetrifft, so läßt sie sich gut mit der Hypothese der lagebedingten Steroidstoffwechseländerung in Einklang bringen: eine erhebliche Labilität dieses Stoffwechsels dürfte die Voraussetzung für den quantitativen Umschwung der Steroidsynthese im frühen Fetalleben sein. Daß auch der fetale Hoden oestrogene Stoffe zu produzieren vermag, geht mit großer Wahrscheinlichkeit aus Versuchen von WENIGER (1963) hervor, der embryonale Mäusehoden in einem Milieu kultivierte, in das nach 5 oder 7 Tagen (nach Entfernung der Mäusehoden) die linke Gonadenanlage eines männlichen Hühnerembryos vom 5. Bebrütungstage versetzt wurde: nach 6tägigem Aufenthalt in diesem Milieu erwies sich die linke Gonadenanlage als stark feminisierter Hoden, der mehr einem Ovarium ähnelte und eine deutlich unterscheidbare Cortex aufwies. Die Diffusion von feminisierenden Hormonen aus den fetalen Mäusehoden ins Medium wird auch durch die stimulierende Wirkung auf nachträglich eingesetzte Müller'sche Gänge von Hühnerembryonen verdeutlicht. Das gleiche Ergebnis der Feminisierung wird erzielt, wenn man embryonale Mäusehoden in einer Entfernung von 2 mm gleichzeitig mit dem Müller'schen Gang eines Hühnerembryos bebrütet. WENIGER (1958) hatte schon früher über die feminisierende Wirkung der rechten Gonade des weiblichen Hühnerembryos in vitro auf ihr in der Kultur für 17 Tage beigesellte embryonale linke Hühnerhoden berichtet, trotz ihres durchaus hodenähnlichen histologischen Aufbaus. Einige Jahre später (1961) hat er diese Versuchsresultate bestätigt und ausgebaut, indem er embryonale Mäusehoden im Alter von 12—17$^1/_2$ Tagen mit den männlichen Gonaden des 5 Tage alten Hühnerembryos in der Kultur in vitro vereinigte und eine „intensive feminisierende Wirkung" des Mäusehodens auf den embryonalen Hühnerhoden feststellte. Natürlich bleibt die Frage offen, ob nicht unter den Bedingungen der in vitro Kultur die normale Androgenbildung des Mäusehodens hier (außerhalb des Organismus) eine pathologische Denaturierung erfährt. WENIGER weist in diesem Zusammenhang auch auf die paradoxen feminisierenden Wirkungen gewisser natürlicher (z. B. Androsteron) und synthetischer (Androstandion, trans-Androstandion u. a.) Androgene auf die primären Sexualmerkmale beim Hühnerembryo hin, die WOLFF, STRUDEL u. WOLFF (1949) beobachtet haben.

Aufgrund der oben beschriebenen experimentellen und klinischen Beobachtungen ist ein Zweifel an der Existenz des Zweiten Hodenhormons nicht mehr berechtigt; auch FORBES kommt in ihrem oben zitierten Referat zu diesem Schluß. Unentschieden ist aber auch gegenwärtig noch, in welchen Zellen des Hodens das ZHH erzeugt wird. Für die Beantwortung dieser Frage sind wir im wesentlichen auf die klinisch-pathologisch-anatomischen Daten angewiesen, die sich bei der Beobachtung der oben angeführten sexuellen Abnormitäten bei Mensch und Tier ergeben haben. Die *Samenzellen* in ihren verschiedenen Entwicklungsstadien werden von den meisten Autoren, die sich dazu geäußert haben, als Produzenten des ZHH abgelehnt, weil in der Mehrzahl der Fälle die Samenkanälchen sich in einem Zustand weitgehender Atrophie oder vollkommener Verödung befinden und das Vorhandensein einer Spermatogenese (wie z. B. im oben erwähnten Fall von KOLLER bei testiculärer Feminisierung) eine außerordentliche Seltenheit darstellt; immerhin schließt FORBES die Möglichkeit einer Produktion des ZHH im Samenepithel der Kanälchen nicht vollkommen aus. Dagegen wird den *Sertoli-*

Zellen von zahlreichen Untersuchern eine sekretorische Funktion und die Erzeugung des ZHH zugeschrieben: HAMBLEN, CARTER, WERTHAM u. ZANARTE (1951) haben die Beobachtungen, die für die Sertoli-Zellen als Produzenten des ZHH sprechen, zusammengestellt, wobei sich als Hauptargument das Fehlen einer Hemmung der erhöhten Gonadotropinausscheidung herausstellt, wie sie in manchen Fällen einer Atrophie oder Zerstörung der Samenkanälchen einschließlich der Sertoli-Zellen neben den erhaltenen Leydig-Zellen beobachtet wird. Aber schon FORBES hat darauf aufmerksam gemacht, daß in solchen Fällen, z. B. von Klinefelter-Syndrom, der Ausfall der Samenkanälchen meist nur ein unvollkommener ist, indem eine gewisse Zahl von Kanälchen mitsamt den Sertoli-Zellen erhalten zu bleiben pflegt. Eine unbedingte Beweiskraft zugunsten der Sertoli-Zellen kann auch feminisierenden Sertoli-Zelltumoren, wie sie z. B. von HUGGINS u. MOULDER (1955) und SCULLY u. COFFIN (1952) beim Hund und von TEILUM (1949) beim Menschen beschrieben wurden, nicht zugesprochen werden, weil erstens die Steroidsynthese in den Tumorzellen durchaus nicht derjenigen in den normalen Sertoli-Zellen zu entsprechen braucht, und weil zweitens die Abstammung dieser Tumoren von den Sertoli-Zellen nicht mit der wünschenswerten Sicherheit festzustellen ist und eine Abstammung von den interstitiellen Zellen im Bereich des Möglichen liegt. Trotz des scheinbar gelungenen Nachweises einer Oestrogenproduktion in sogenannten „Sertolizelltumoren" durch WOTIZ, DAVIS u. LEMON (1955) ist die Herkunft der Oestrogene aus solchen Tumoren unwahrscheinlich, weil andere derartige Tumoren die Fähigkeit zur Bildung von Oestrogenen offenbar nicht besitzen, obgleich sie über die für die Steroidsynthese erforderlichen Enzyme verfügen (GRIFFITH, GRANT u. WHYTE, 1963).

HOWARD, SNIFFEN, SIMMONS u. ALBRIGHT (1950) haben in mehreren Fällen von Orchitis nach Masern oder nach Bestrahlung eine sehr hohe Gonadotropinausscheidung, also das Fehlen des hemmenden ZHH trotz normaler Sertoli-Zellen festgestellt.

Die *Leydig-Zellen*, deren Rolle als der normalen Produzenten der Androgene feststeht, sind von verschiedener Seite, besonders in neuerer Zeit als Produzenten des ZHH bezeichnet worden. So wies NELSON (1951) in 5 Fällen von Feminisierung durch histologische und histochemische Untersuchung der Hoden gut ausgebildete Leydig-Zellen bei allen 5 Patienten, dagegen in 3 Fällen undifferenzierte Sertoli-Zellen nach; die Kastration war von einer Abnahme der Oestrogenausscheidung und Symptomen des Oestrogenentzuges gefolgt. MADDOCK u. NELSON (1951, 1952) fanden eine 4—16fache Erhöhung der Oestrogenausscheidung bei 5 erwachsenen Männern mit funktionierenden Hoden (33—67 Jahre alt) unter dem Einfluß der Injektion von 5000 IE HCG, dreimal wöchentlich im Lauf von 47—65 Tagen; wiederholte Hodenbiopsien bei 3 dieser Patienten zeigten eine Zunahme der Zahl von Leydig-Zellen und histochemische Anzeichen ihrer vermehrten Sekretion, keine signifikanten Veränderungen an den Sertoli-Zellen und eine Herabsetzung der Spermatogenese auf Null oder nahezu Null[24], mit Zunahme der Kanälchenfibrosis. Die Verff. schließen aus ihren Beobachtungen, daß nur die Leydig-Zellen als Oestrogenerzeuger im menschlichen Hoden in Frage kommen. COLE, HART, LYONS u. CATCHPOLE (1933) haben auf den ungewöhnlich hohen Oestrogengehalt fetaler Pferdehoden hingewiesen, die hauptsächlich aus Massen von interstitiellen Zellen bestehen. SCHNEIDER, VAN OMMEN u. HOERR (1952) stellten bei 2 „Schwestern" mit hereditärem Auftreten von Hoden, Fehlen der Sexualbehaarung und primärer Amenorrhoe eine normale (weibliche!) Ausscheidung von 17-Ketosteroi-

---

24 Vermutlich infolge Herabsetzung der FSH-Sekretion durch die erhöhte Oestrogenbildung.

den und von FSH, keine Spur einer Spermatogenese, normale Sertoli-Zellen und reichliche Leydig-Zellen fest. Bei diesem Syndrom (in den folgenden Jahren als „testiculäre Feminisierung" bezeichnet, s. o.) haben auch andere Forscher die gleichen Feststellungen gemacht, z. B. HAUSER, KELLER, KOLLER, WENNER u. GLOOR (1957), die in ihren 6 Fällen nur einmal eindeutig charakterisierte Sertoli-Zellen und ebenfalls nur einmal (aber in einem anderen Fall!) Spermatogonien, dagegen nie Spermatocyten und Spermien fanden, wohl aber in allen Fällen gut entwickelte Leydig-Zellen. Die Autoren schreiben in diesem Zusammenhang: „Als Produktionsstätten (scil. der Oestrogene) kommen praktisch nur die Leydig'schen Zwischenzellen in Betracht, sofern man nicht den undifferenzierten Tubulusepithelien oder dem Stroma eine solche Funktion zusprechen will. Sertoli-Zellen und Samenzellen lassen sich nicht in allen Fällen nachweisen und kommen deshalb nicht in Frage". Auch KIRCHHOFF (1958) fand in einem seiner 3 Fälle keine eindeutig charakterisierten Sertoli-Zellen, keine Spermatogenese in den sehr engen, zum Teil lumenlosen Kanälchen und reichlich Leydig'sche Zwischenzellen.

Feminisierende Leydig-Zelltumoren sind beim Hund (LAUFER u. SULMAN, 1956; KAHAN, 1955) und beim Menschen (BUDD, 1937; HUNT u. BUDD, 1939; MELICOW, ROBINSON, IVERS u. RAINSFORD, 1949) beschrieben worden, wobei zum Teil die Abstammung von den Leydig-Zellen als vollkommen gesichert bezeichnet wurde, in anderen Fällen mag sie zweifelhaft gewesen sein. Jedenfalls gilt auch hier, was oben von den Sertoli-Zelltumoren gesagt wurde: Die Steroidsynthese in den Tumorzellen braucht mit derjenigen in den Ursprungszellen, also hier in den normalen Leydig-Zellen, nicht übereinzustimmen, so daß man einen absoluten Beweis für die Synthese des ZHH in den Leydig-Zellen aus den Fällen von feminisierenden Leydig-Zelltumoren nicht entnehmen kann.

Wenn FORBES ihr Referat mit der Frage schließt: „Aus welchen Zellen stammt das ZHH? Aus den Leydig-Zellen? Aus den Sertoli-Zellen? Aus dem Keimepithel?" und antwortet: „Alle drei sind möglich", so müssen wir ihr zwar darin beipflichten, aber einschränkend betonen, daß die Produktion in den Samenzellen sehr unwahrscheinlich, in den Sertoli-Zellen nicht ausgeschlossen und in den Leydig-Zellen am wahrscheinlichsten ist. Es ist auch möglich, daß der Produktionsort je nach Produktionsbedingungen (normalen oder pathologischen) wechselt.

Es ist die Frage aufgeworfen worden, ob man aus den Untersuchungen mit gereinigten HVL-Hornomen irgendwelche Schlüsse hinsichtlich des Produktionsorts des ZHH ziehen kann. Wenn es zuträfe, daß das FSH die Spermatogenese, das ICSH (LH) aber die inkretorische Funktion des Hodens stimuliert[25], so sollte man annehmen (FORBES), daß das durch FSH stimulierte spermatogene Gewebe jenes Hormon bildet, welches die FSH-Produktion hemmt, während das die Leydig'schen Zwischenzellen stimulierende ICSH-Hormon durch das eben von diesen Zellen produzierte Hormon gehemmt würde. Die meisten Autoren geben die Gonadotropinwerte beim Syndrom der testiculären Feminisierung als erhöht an, ohne zwischen der FSH- und ICSH-Ausscheidung zu unterscheiden; HAUSER u. Mitarb. (1957) fanden in ihren Fällen normale oder an der oberen Grenze der Norm liegende Werte[26]. Nach PRADER (1957) ist die Gonadotropinausscheidung „genau gleich erhöht wie beim Kryptorchismus und steigt nach der Kastration

---

25 Wir haben in der Einleitung (S. 1ff. zu zeigen versucht, daß die Annahme einer ausschließlich durch das FSH oder ICSH erfolgenden Stimulierung der Spermatogenese als unbewiesen zu betrachten ist.

26 Sie werten nach LORAINE, also in „Mäuse-Uterus-Einheiten" aus, sprechen aber in ihrer Tabelle von „Ratten-Uterus-Einheiten": es ist nicht ersichtlich, ob das ein lapsus calami ist oder ob eine Abänderung der Methodik vorliegt.

noch weiter an. Dies zeigt, daß die physiologische Hemmung der Gonadotropinproduktion durch die Oestrogene ungenügend ist, d. h. daß offenbar doch weniger Oestrogene produziert werden als bei der normalen Frau". Es ist in diesem Zusammenhang von Interesse, daß THOMOPOULOU u. LI (1954), die mit den hochgereinigten Gonadotropinen von LI arbeiteten, wohl bei der weiblichen Ratte im infantilen Zustand eine qualitativ differentielle Stimulierung von Follikelwachstum durch FSH und von Luteinisierung durch ICSH erzielten, bei der männlichen infantilen Ratte aber nur quantitative, keine qualitativen Unterschiede zwischen den Wirkungen von FSH und ICSH beobachten konnten. Man wird unter diesen Umständen von den Versuchen auch mit relativ hoch gereinigten Gonadotropinen keine Entscheidung der hier interessierenden Frage erwarten dürfen.

Die *physiologische Bedeutung des ZHH* dürfte in der Hauptsache in seiner hemmenden Wirkung auf die gonadotrope Funktion des Hypophysenvorderlappens zu suchen sein; das ZHH wäre damit ein wichtiges Glied im „feed back"-Mechanismus der Regelung der endokrinen (und exokrinen ?) Hodenfunktion. Ob es daneben, wie ZONDEK (1934) annahm, auch als Begleitsymptom an der sexuellen Reifung des männlichen Organismus (wenigstens beim Pferdehengst, bei anderen Equiden und beim Eber) beteiligt ist oder ob Beziehungen zwischen der Oestrogenproduktion und dem Grad der Fertilität beim reifen Hengst bestehen, wie PIGON, LUNAAS u. VELLE (1960) es für möglich halten, müssen weitere Untersuchungen klären. Die mit der sexuellen Reifung zeitlich zusammenfallende Erhöhung des Oestrogenspiegels im Harn könnte auch als bloße Begleiterscheinung einer erhöhten Androgenproduktion in dieser Lebensperiode aufgefaßt werden, als vermehrte Ausscheidung von Abfallprodukten der Androgensynthese (ZONDEK, 1934).

Literatur

1. Vorkommen im Hoden

BEAUMONT, J. DE: Arch. Zool. exp. gén. 74, 437—459 (1932).
BUTENANDT, A.: Z. angew. Chem. 44, 905—908 (1931).
CHIEFFI, G.: Progr. in comp. Endocr., Suppl. 1 to Gen. a Comp. Endocr. 1962, 275—285.
— BOTTE, V.: Rend. Ist. Sci. Camerino 3, 90—95 (1962).
— LUNO, C.: Intern. Congr. on Horm. Ster. (Milano) 1962, Nr. 51.
DAVID, K., DINGEMANSE, E., FREUD, J. LAQUEUR, E.: Z. physiol. Chem. 233, 281—282 (1935).
DEANESLY, R.: J. Endocr. 11, 201 (1954); zit. n. PARKES 1963.
DODD, J.M.: Mem. Soc. Endocr. Nr. 4, 166 (1955).
— EVENNETT, P.J., GODDARD, C.K.: Sympos. Zool. Soc. (Lond.), Nr. 1, 77—103 (1960).
EVENNETT, P.J., DODD, J.M.: Nature (Lond.) 197, 715—716 (1963).
GALZINGA, L.: Atti Accad. naz. Lincei 31, Ser. 8, 92—95 (1961).
GOLDZIEHER, J.W., BAKER, R.A., RIHA, E.C.: J. Clin. Endocr. Metab. 21, 62—71 (1961).
HISAW, F.L., ALBERT, A.: Biol. Bull. Woods Hole 92, 187 (1947); zit. n. DODD u. Mitarb. (1960).
HOOKER, C.W.: Amer. J. Anat. 74, 1 (1944).
KARG, H., STRUCK, H.: Excerpta Med. Found., Intern. Cong. Ser. III, 288 (1966).
KNOWLES, F.G.W.: J. exp. Biol. 16, 535—547 (1939).
KOPPANYI, TH.: Arch. mikr. Anat. 102, 707—725 (1924).
LINDNER, H.R.: Nature (Lond.) 183, 1605—1606 (1959).
— MANN, T.: J. Endocr. (Lond.) 21, 341—360 (1960).
MANN, T.: Biochem. J. 40, 481 (1946).
— J. agric. Sci. 38, 323 (1948).
— Rec. Progr. Horm. Res. 12, 353 (1956).
MATTHEY, R.: Bull. Soc. Vaud. Sci. natur. 57, 1929; zit. n. DE BEAUMONT (1932).
NEHER, R., WETTSTEIN, A.: Helv. Chim. Acta 43, 1628—1639 (1960a).
— — Acta endocr. (Kbh.) 35, 1—7 (1960b).
PARKES, A.S.: Preservation and storage of endocrine tissues in a viable state; in Techniques in endocr. Res., ed. by ECKSTEIN and KNOWLES, Lond. N.Y. Acad. Press. 1963, S. 201—212.
PRELOG, V.E., TAGMANN, S., LIEBERMAN S., RUZICKA, L.: Helv. Chim. Acta 30, 1080—1090 (1947).

SAND, KN.: Handb. Inn. Sekretion Bd. 2, 2110ff., Leipzig, Verlag C. Kabitzsch, 1933.
SMITH, A.U.: Biological effects of freezing and supercooling; ARNOLD, Lond., 1961; zit. n. PARKES 1963.
STRUCK, H., KARG, H.: Ber. 13. Symp. Dtsch. Ges. Endokr., Würzburg 1967.
— — JORK, H.: J. Chromatogr. **36**, 74—83 (1968).

2. Vorkommen im Ovarium

ALLOITEAU, J.-J., BOUHOURS, J.: C. R. Acad. Sci. (Paris), **259**, 4141—4144 (1964).
BERGHEISER, W.: Amer. J. Obstet. Gynec. **73**, 429 (1957).
BERGSTRAND, H.: Virchows Arch. path. Anat. **293**, 413 (1934).
BRADBURY, J.T., GAENSBAUER, F.J.: Proc. Soc. exp. Biol. (N.Y.) **41**, 128—131 (1939).
BRANT, J.A.W., NALBANDOV, A.V.: Poultry Sci. **35**, 692 (1956); zit. n. JUNKMANN (1961).
BRARD, E.: J. Physiol. (Paris) **53**, Suppl. 5, 1—105 (1961).
BURRILL, M.W., GREENE, R.R.: Endocrinology **28**, 871—873 (1941).
— — Anat. Rec. **83**, 209—227 (1942).
CRAINICIANU, A.: Ann. Endocr. (Paris) **10**, 339—344 (1949).
DEANESLY, R.: Proc. roy. Soc. B, **126**, 122—135 (1938).
DESAULLES, P.A., KRÄHENBÜHL, CH.: Acta endocr. (Kbh.) **40**, 217—231 (1962).
DESCLIN, J.: C.R. Acad. Sci. (Paris) **248**, 597—600 (1959).
— Arch. Biol. (Liège) **71**, 235—268 (1960).
DESCLIN, J.C., jr.: Anat. Rec. **141**, 305—313 (1961).
— C. R. Acad. Sci. (Paris) **261**, 2016—2017 (1965).
DESCLIN, L.: C. R. Soc. Biol. (Paris) **148**, 187—189 (1954).
DOVAZ, R., PONSE, K.: zit. n. K. PONSE (1955).
EPSTEIN, J.A., KUPPERMAN, H.S., CUTLER, A.: Ann. N.Y. Acad. Sci. **71**, 560 (1958).
GALLAGHER, T.F., PETERSEN, D.H., DORFMAN, R.I., KOCH, F.C.: J. clin. Invest. **16**, 695—703 (1937).
GOECKE, H.: Z. Geburtsh. Gynäk. **112**, 273—290 (1936).
— WIRZ, P., DANERS, H.: Arch. Gynäk. **153**, 233—243 (1933).
GOSPODAROWICZ, D.: Acta endocr. (Kbh.) **47**, 306—313 (1964).
GREENE, R.R., BURRILL, M.W.: Proc. Soc. exp. Biol. (N.Y.) **42**, 761—762 (1939).
— — IVY, A.C.: Endocrinology **24**, 351—357 (1939).
GUYÉNOT, E., PONSE, K., WIETRZYKOWSKA, J.: C. R. Acad. Sci. (Paris) **194**, 1051—1053 (1932).
HERNANDEZ, T.: Amer. J. Anat. **73**, 127—144 (1943).
HILL, R.T.: Endocrinology **21**, 495—502 (1937a).
— Endocrinology **21**, 633—636 (1937b).
— GARDNER, W.A.: Anat. Rec. **26**, Suppl. 64 (1936).
JOHNSON, D.C.: Endocrinology **62**, 340—347 (1958).
JUNKMANN, K.: VI. Sympos. Dtsch. Ges. Endokr. 1939; Berlin-Göttingen-Heidelberg: Springer 1960, S. 112—121.
KATSH, S.: Endocrinology **47**, 370—383 (1950).
KEMPF, R.: C. R. Soc. Biol. (Paris) **143**, 1006—1008 (1949).
LAMPTON, A.K., MILLER, A.J.: Endocrinology **26**, 519—522 (1940).
LIPSCHÜTZ, A.: Virchows Arch. **285**, 35—45 (1932).
— C. R. Soc. Biol. (Paris) **112**, 1272—1273 (1933).
MARX, L.: Arch. Entwickl.-Mech. **124**, 584—612 (1931).
— Z. Zellforsch. **16**, 48—62 (1932).
MEISENHEIMER, J.: Zool. Anz. **38**, (1911).
MENANDER-SELLMAN, K.: Acta Univ. Lund. Sect. II, 1964, Nr. 2, S. 1—12.
MURRAY, W.S.: zit. n. PARKES (1950).
PAESI, F.J.A., GAARENSTROOM, J.H.: Versl. Ned. Akad. Wetensch., Afd. Natuurk. (Amsterdam) **52**, 592 (1943).
PARKES, A.S.: Recent Progr. Hormone Res. **5**, 101—114 (1950).
PFEIFFER, C.A.: Anat. Rec. **65**, 213—237 (1936a).
— Amer. J. Anat. **58**, 195—215 (1936b).
— Anat. Rec. **75**, 465—491 (1939).
— HOOKER, C.W.: Anat. Rec. **83**, 543—571 (1942a).
— — Anat. Rec. **84**, 311—324 (1942b).
— KIRSCHBAUM, A.: Yale J. Biol. Med. **13**, 315—322 (1941).
PONSE, K.: III. Réunion Endocr. Langue franc., Bruxelles, **1955**, 89—138.
— DOVAZ, R.: zit. n. PONSE (1955).
— — LIBERT, O.: zit. n. PONSE (1955).
PRICE, D., MANN, T., LUTWAK-MANN, C.: Anat. Rec. **122**, 363—375 (1955).

RIESS, H.: Z. Geburtsh. Gynäk. **136**, 1—9 (1952).
ROSNER, J., POUMEAU DELILLE, G., TRAMEZZANI, J.H., CARDINALI, D.: C. R. Acad. Sci.
(Paris) **261**, 1113—1115 (1965).
RYAN, K.J., SMITH, O.W.: J. biol. Chem. **236**, 705—709, 710—714, 2204—2206, 2207—2212
(1961).
SHORT, R.V.: J. Endocr. **22**, 153—163 (1961a).
— J. Endocr. **23**, 277—283 (1961b).
— J. Endocr. **23**, 401—411 (1961c).
SIEBKE, H.: Arch. Gynäk. **146**, 417—462 (1931).
— Arch. Gynäk. **156**, 317—380 (1933).
SIMMER, H.: Dtsch. med. Wschr. **88**, 1661—1671 (1963).
— VOSS, H.E.: Klin. Wschr. **38**, 819—822 (1960).
STEIN, I.F., LEVENTHAL, M.L.: Amer. J. Obstet. Gynec. **29**, 181 (1935).
STEINACH, E., KUN, H.: Pflügers Arch. ges. Physiol. **227**, 266—278 (1931).
STOLK, J.C.: Ned. T. Verlosk. **45**, 376 (1955); zit. n. JUNKMANN (1960).
UOTILA, U.U.: Anat. Rec. **74**, 175—187 (1939).
VOSS, H.E.: Z. Geburtsh. Gynäk. **140**, 83—102 (1954).
— LOEWE, S.: Dtsch. med. Wschr. **1930**, 1256—1258.
WEST, CH. D., NAVILLE, A.H.: Biochemistry **1**, 645—651 (1962).
WITSCHI, E., CHANG, G.Y.: Proc. Soc. exp. Biol. (N.Y.) **75**, 715—718 (1950).
— MAHONEY, J.J., RILEY, G.M.: Biol. Zbl. **58**, 455 (1938).
— MILLER, R.A.: J. exp. Zool. **79**, 475 (1938); zit. n. JUNKMANN (1960).
ZAHLER, H.: Virchows Arch. **320**, 374—390 (1951).
ZANDER, J.: Klin. Wschr. **35**, 1101, (1957).

3. Vorkommen in den Nebennieren

ARAI, Y.: Annot. Zool. Jap. **34**, 72—79 (1961).
ARRINGTON, L.R., FOX, M.H., BERN, H.A.: Endocrinology **51**, 226—236 (1952).
BOURLIÈRE, FR., TRAN-VY: C. R. Soc. Biol. (Paris) **147**, 1891—1893 (1953).
BURRIL, M.W., GREENE, R.R.: Proc. Soc. exp. Biol. (N.Y.) **40**, 327—330 (1939).
— — Endrocrinology **26**, 645—650 (1940).
— — Endocrinology **28**, 871—873 (1941).
CARTA, A.C., SHORR, E.: J. clin. Endocr. **12**, 1058—1076 (1952).
CÉDARD, L., FONTAINE, M.: C. R. Acad. Sci. (Paris) **257**, 3095—3097 (1963).
CERESA, F., CRAVETTO, C.: III. Réunion Endocr. Langue franç., Bruxelles 1955; zit. n.
MIGEON (1960).
CUTULY, E., McCULLAGH, D.R., CUTULY, E.: Endocrinology **21**, 241—248 (1937).
DAVIDSON, C.S.: Proc. Soc. exp. Biol. (N.Y.) **36**, 703—705 (1937).
— MOON, H.D.: Proc. Soc. exp. Biol. (N.Y.) **35**, 281—283 (1936).
GAARENSTROOM, J.H., FREUD, J.: Acta brev. neerl. Physiol. **8**, 178 (1938).
GARDNER, L.I., WALTON, R.L.: Helv. paediat. Acta **9**, 311—315 (1954a).
— — J. clin. Invest. **33**, 1642—1645 (1954b).
GUYÉNOT, E., DUSZINSKA-WIETRZYKOWSKA, J.: Rev. Suisse Zool. **42**, 341—388 (1935).
— PONSE, K., WIETRZYKOWSKA, J.: C. R. Acad. Sci. (Paris) **194**, 1051—1053 (1932).
HÉBERT, S.M., TRAN-VY, VERNE, J.: Ann. Endocr. (Paris) **15**, 493—498 (1954).
HOWARD, E.: Amer. J. Physiol. **119**, 339—340 (1937).
— Endocrinology **29**, 746—754 (1941).
— Endocrinology **65**, 785—802 (1959).
— MIGEON, CL.: Sex hormone excretion by the adrenal cortex, in Handb. exp. Pharmakol.
Erg. Bd. **14** (1961).
LEROY, P., DOMM, L.V.: C. R. Acad. Sci. (Paris) **234**, 2230—2232 (1952).
LI, CH. H., FONS-BECH, P., GSCHWIND, II., HAYASHIDA, T., HUNGERFORD, G.E., LOSTROH,
A.J., LYONS, W.R., MOON, H.D., REINHARDT, W.O., SIDEMAN, M.: J. exp. Med. **105**,
335—359 (1957).
LIPSCHÜTZ, A.: C. R. Acad. Sci. (Paris) **179**, 1625—1628 (1924).
— VOSS, H.E.: Brit. J. exp. Biol. **3**, 35—41 (1925).
LIU, T.Y., BROWNELL, K.A., HARTMAN, F.A.: Amer. J. Physiol. **180**, 50—52 (1955).
LOSTROH, A.J., LI, CH. H.: Acta endocr. (Kbh.) **25**, 1—16 (1957).
MANELLI, H.: Bull. biol. France Belg. **95**, 557—568 (1961).
McPHAIL, M.K.: Rec. canad. Biol. **3**, 312—327 (1944).
MIGEON, CL. J.: Androgens in human plasma. In: Hormones in human plasma, ed. by H.N.
ANTONIADES. Boston, Massachusetts: Little, Brown & Co. 1960, S. 297—332.
— KELLER, A.R., LAWRENCE, B., SHEPARD, T.H.: J. clin. Endocr. **17**, 1051—1062 (1957).
MOON, H.D.: Proc. Soc. exp. Biol. (N.Y.) **37**, 34—36 (1937).

MOORE, C.R.: J. clin. Endocr. 13, 330—368 (1953).
NELSON, W.O.: Anat. Rec. 81, 97 (1941).
— GALLAGHER, T.F.: Science 84, 230—232 (1936).
— MERCKEL, C.E.: Proc. Soc. exp. Biol. (N.Y.) 38, 737—740 (1938).
NISHIDA, S., MOCHIZUKI, K.: Endocr. jap. 2, 289—296 (1955).
PONSE, K.: III. Réunion Endocr. Langue franç., Bruxelles 1955.
POTTENGER, F.M., SIMONSEN, D.G.: Endocrinology 24, 187—193 (1939).
PRICE, D.: Amer. J. Anat. 60, 79—125 (1936).
— Proc. Soc. exp. Biol. (N.Y.) 41, 580—583 (1939).
RAYNAUD, J.: C. R. Soc. Biol. (Paris) 148, 1939—1942 (1954).
RONZONI, E.: J. clin. Endocr. 12, 527—540 (1952).
VOSS, H.E.: Z. Zellforsch. 14, 200—221 (1931).
ZIMMERMANN, W.: Dtsch. med. Wschr. 1951, 1363—1367.

4. Vorkommen in der Placenta

ALLEN, E., DOISY, E.A., a. o.: J. Amer. med. Ass. 85, 399 (1925).
BARGMANN, W.: Geburtsh. u. Frauenheilk. 17, 865—875 (1957).
BERLINER, D.L., JONES, J.E., SALHANICK, H.A.: J. biol. Chem. 223, 1043—1053 (1956).
CANIVENC, R., MAYER, G.: C. R. Soc. Biol. (Paris) 145, 710 (1951).
— — C. R. Soc. Biol. (Paris) 147, 1071—1074 (1953).
CUNNINGHAM, B., KUHN, H.H.: Proc. Soc. exp. Biol. (N.Y.) 48, 314—315 (1941)
DEMPSEY, E.W., WISLOCKI, G.B.: Endocrinology 35, 409—429 (1944).
DORFMAN, R.I.: In: PINCUS-THIMANN. The hormones I, 467—548. New York: Acad. Press Inc. 1948.
— Persönliche Mitteilung 1957.
DUMAZERT, C., DELPHAUT, J., FOURNIER, H.: C. R. Soc. Biol. (Paris) 149, 762—764 (1955).
GOECKE, H.: Z. Geburtsh. Gynäk. 112, 273—290 (1936).
— WIRZ, P., DANERS, H.: Arch. Gynäk. 153, 233—243 (1933).
LOEWE, S., VOSS, H.E.: Klin. Wschr. 5, Nr. 24 (1926).
LUCHS, A.: Acta neerl. physiol. 2, 106—107 (1932).
, MAYER, G., CANIVENC, R.: C. R. Soc. Biol. (Paris) 145, 1688 (1951).
RIESS, H.: Z. Geburtsh. Gynäk. 136, 1—10 (1952).
SALHANICK, H.A., NEAL, L.M., MAHONEY, J.P.: J. clin. Endocr. 16, 1120—1122 (1956).
SIEBKE, H.: Arch. Gynäk. 146, 417—462 (1931).
STARK, G., VOSS, H.E.: Ärztl. Forsch. 11, I 310—I 313 (1957).
WISLOCKI, G.B., BENNETT, H. ST.: Amer. J. Anat. 73, 335—349 (1943).

5. Vorkommen im Blut

ARAI, R.: Annot. Zool. Jap. 40, 1—5 (1967).
BAULIEU, E.-E.: C.R. Acad. Sci. (Paris) 248, 1441—1443 (1959a).
— Rev. franç. 4, 928 (1959b); zit. n. BONGIOVANNI and DARRELL SMITH (1961).
BLAQUIER, J., FORCHIELLI, E., DORFMAN, R.I.: Acta endocr. (Kbh.) 55, 697—704 (1967).
BLOCH, E., DORFMAN, R.I., PINCUS, G.: Proc. Soc. exp. Biol. (N.Y.) 85, 106—108 (1954); zit. n. BONGIOVANNI and DARRELL SMITH (1961).
BONDY, P.K., COHN, G.L., HERRMANN, W., CRISPELL, K.R.: Yale J. Biol. Med. 30, 395 (1958); zit. n. BONGIOVANNI and DARRELL SMITH (1961).
BONGIOVANNI, A.M., DARRELL SMITH, J.: The androgens. In: Hormones in Blood, ed. by C.H. GRAY and A.L. BACHARACH, ch. XII, S. 355—378. London and New York: Acad. Press 1961.
BUONANNO, C., CHIEFFI, G., IMPARATO, E.: Pubbl. Staz. Zool. Napoli 34, 66—74 (1964).
CLAYTON, G.W., BONGIOVANNI, A.M., PAPADATOS, C.: J. clin. Endocr. 15, 693 (1955); zit. n. BONGIOVANNI and DARRELL SMITH (1961).
DANIEL, P.M., GABE, M.M., PRATT, O.E.: Lancet 1963I, 1232—1234.
DORFMAN, R.I.: Proc. 9-th Ann. Meet. Pacific Coast Fertility Soc. Palm Springs, Calif., 1961, S. 51; zit. n. DORFMAN, FORCHIELLI and GUT (1963).
— FORCHIELLI, E., GUT, M.: Recent Progr. Hormone Res. 19, 251—273 (1963).
— SHIPLEY, R.A.: Androgens. New York: Wiley & Sons. Inc. 1956.
DRAY, F., REINBERG, A., SEBAOUN, J.: C. R. Acad. Sci. (Paris) 261, 573—576 (1965).
EIK-NES, KR. B.: Canad. J. Physiol. Pharmacol. 42, 671—677 (1964).
FINKELSTEIN, M., FORCHIELLI, E., DORFMAN, R.I.: J. clin. Endocr. 21, 98—101 (1961).
FORCHIELLI, E., SORCINI, G., NIGHTINGALE, M., BRUST, N., DORFMAN, R.I., PERLOFF, W.H., JACOBSON, G.: Analyt. Biochem. 5, 416—421 (1963).
FRAENKEL-CONRAT, H., LI, CH. H., SIMPSON, M.E., EVANS, H.M.: Endocrinology 27, 793 (1940).

GARDNER, L.I.: J. clin. Endocr. **13**, 941—947 (1953).
— WALTON, R.L.: J. clin. Invest. **33**, 1642—1645 (1954).
HALTMEYER, G.C., EIK-NES, KR.B.: J. Reprod. Fertil. **19**, 273—277 (1969).
HASKINS, A.L., jr.: Proc. Soc. exp. Biol. (N.Y.) **73**, 439—442 (1950).
HOLLANDER, N., HOLLANDER, V.P.: J. clin. Endocr. **18**, 966—971 (1958).
HUDSON, B., COGHLAN, J., DULMANIS, A., WINTOUR, M., EKKEL, I.: Aust. J. exp. Biol. med.
Sci. **41**, 235—246 (1963).
IBAYASHI, H., NAKAMURA, M., UCHIKAWA, T., MURAKAWA, SH., YOSHIDA, SH., NAKAO, K.,
OKINAKA, SH.: Endocrinology **76**, 347—352 (1965).
IDLER, D.R., SCHMIDT, P.J., BIELY, J.: Canad. J. Biochem. **39**, 317—320 (1961).
— TRUSCOTT, B., FREEMAN, H.C., CHANG, V., SCHMIDT, P.J., RONALD, A.P.: Canad. J.
Biochem. **41**, 875—887 (1963).
KELLIE, A.E., SMITH, E.R.: Biochem. J. **66**, 490—495 (1957).
KOCH, F.C.: Harvey Lect. Ser. 33, 205 (1937/1938).
KOWALEWSKI, K., MORRISON, R.T.: Canad. J. Biochem. **35**, 771—776 (1957).
LAMB, E.J., DIGNAM, W., PION, K.J., SIMMER, H.H.: Acta endocr. (Kbh.) 243—253 (1964).
LINDNER, H.R.: Nature (Lond.) **183**, 1605—1606 (1959).
— J. Endocr. **23**, 139—159 (1961a).
— J. Endocr. **23**, 161—166 (1961b).
— J. Endocr. **23**, 171—178 (1961c).
— J. Endocr. **25**, 483—494 (1963).
— ROWSON, L.E.A.: J. Endocr. **23**, 167—170 (1961).
LOEWE, S., ROTHSCHILD, F., RAUDENBUSCH, W., VOSS, H.E.: Klin. Wschr. **1930**, Nr. 30, 1407.
— VOSS, H.E.: Mitteilung an die Akad. d. Wiss. in Wien vom 24. Jan. 1927; veröff. Akad.
Wiss. Anz. Nr. 20, 1929.
— — Unveröff. Versuche 1932/1933.
LUCAS, W.M., WITHMORE, W.F., WEST, C.D.: J. clin. Endocr. **17**, 465—472 (1957).
McCULLAGH, E.P., McCULLAGH, R.D., HICKEN, F.N.: Endocrinology **17**, 49 (1933).
MIGEON, CL.J.: J. biol. Chem. **218**, 941—944 (1956).
— Androgens in human plasma. In: Hormones in human plasma, ed. by H.N. ANTONIADES.
Boston, Massachusetts: Little, Brown & Co. 1960, S. 297—332.
— KELLER, A.R., LAWRENCE, B., SHEPARD, T.H.: J. clin. Endocr. **17**, 1051—1062 (1957).
— PLAGER, J.E.: J. biol. Chem. **209**, 767—772 (1954).
PEARLMAN, W.H.: Ciba Found. Coll. Endocr. **11**, 233—251 (1957).
PINCUS, G., ROMANOFF, E.B.: Ciba Found. Coll. Endocr. **8**, 97 (1955).
RIONDEL, A., TAIT, J.F., GUT, M., TAIT, A.S., JOACHIM, E., LITTLE, B.: J. clin. Endocr. **23**,
958—959 (1964).
ROMANOFF, E.B., HUDSON, P., PINCUS, G.: J. clin. Endocr. **13**, 1546 (1953).
SAID, A.H.: Dissert., Univ. Ghent, 1960.
— SOLIMAN, F.A., ABDO, M.S., SOLIMAN, M.K.: Nature (Lond.) **198**, 294 (1963).
SANDBERG, A.A., SLAUNWHITE, W.R., ANTONIADES, H.N.: Recent Progr. Hormone Res. **13**,
209—267 (1957).
SAVARD, K.: Hormones in blood; Ciba Found. Coll. Endocr. **11**, 252 (1957).
— MASON, N.R., INGRAM, J.T., GASSNER, Fr.X.: Endocrinology **69**, 324—330 (1961).
SEEMAN, A., SARACINO, R.T.: Acta endocr. (Kbh.) **37**, 31—37 (1961).
SEGRE, E.J., LOBOTSKY, J., LLOYD, C.W.: The Endocr. Soc., 46. Meet. June 18—20, 1964,
Abstract 90.
SLAUNWHITE, W.R., SANDBERG, A.A.: J. clin. Endocr. **16**, 971 Abstr. (1956).
SUZUKI, Y., ETO, T.: Endocr. jap. **9**, 277—283 (1962).
TAMM, J., BECKMANN, I., VOIGT, K.D.: Acta endocr. (Kbh.) **27**, 403—415 (1958).
TORNBLOM, N.: Acta med. scand., Suppl. **17**a, 10—30 (1946).
WEST, C.D.: Endocrinology **49**, 467 (1951).
— HOLLANDER, V.P., KRITCHEVSKY, T.H., DOBRINER, K.: J. clin. Endocr. **12**, 915—916
Abstr. (1952).
— TYLER, F.H., BROWN, H.: J. clin. Endocr. **11**, 833—842 (1951).
— — — SAMUELS, L.T.: J. clin. Endocr. **11**, 897—912 (1951).

6. Vorkommen im Harn und in den Faeces

BUTENANDT, A.: Z. angew. Chem. **44**, 905—908 (1931).
DANFORD, P.A., DANFORD, H.G.: Endocrinology **47**, 139 (1956); zit. n. DORFMAN and SHIPLEY
(1956).
DE KONING, J., KRICHEVSKY, B., GLASS, S.J.: Proc. Soc. exp. Biol. (N.Y.) **68**, 320—322
(1948); zit. n. DORFMAN and SHIPLEY (1956).
DORFMAN, R.I., HAMILTON, J.B.: Endocrinology **25**, 28 (1959); zit. n. DORFMAN and SHIPLEY
(1956).

DORFMAN, R.I., HORWITT, B.N., SHIPLEY, R.A., FISH, W.R., ABBOTT, W.W.: Endocrinology 41, 470 (1947); zit. n. DORFMAN and SHIPLEY (1956).
— SHIPLEY, R.A.: Androgens; Wiley and Sons, Inc. N.Y., 1956.
— VAN WAGENEN, G.: Proc. Soc. exp. Biol. (N.Y.) 39, 35—36 (1938).
— — Surg. Gynec. Obstet. 73, 545—561 (1941).
GARM, O., MESCHAKS, P.: Nord. Vet.-Med. 1, 967 (1949); zit. n. DORFMAN and SHIPLEY (1956).
GASSNER, F.X., LONGWELL, B.B.: Fed. Proc. 6, 109 (1947).
GIBREE, N.B., FORCHIELLI, E., STRAUSS, J.S., POCHI, P.E., DORFMAN, R.I.: Proc. Soc. exp. Biol. (N.Y.) 119, 1019—1020 (1965); hier weitere Literatur.
GLENN, E.M., HEFTMAN, E.: Proc. Soc. exp. Biol. (N.Y.) 77, 147—149 (1951).
GREEN, W.W., WINTERS, L.M., RASH, J.R., DAILEY, D.L.: J. Animal Sci. 1, 111 (1942); zit. n. DORFMAN and SHIPLEY (1956).
HAMILTON, J.B., BUNCH, L.D., MESTLER, G.E.: J. clin. Endocr. 19, 535—547 (1959).
ISMAIL, A.A.A., HARKNES, R.A., LORAINE, J.A.: Acta endocr. (Kbh.) 58, 685—695 (1968).
KIMELDORF, D.J.: Amer. J. Physiol. 152, 615 (1948); zit. n. DORFMAN and SHIPLEY (1956).
KOCH, F.C.: Physiol. Rev. 17, 153 (1937).
KOETS, B.: J. clin. Endocr. 9, 795 (1950).
KOREFF, O., ERRAZURIZ, O.: Acta physiol. lat.-amer. 2, 84 (1952); zit. n. DORFMAN and SHIPLEY (1956).
KOWALEWSKI, K., BASTÉNIE, P.A., DRZEWICKA, H.: C. R. Soc. Biol. (Paris) 145, 769—771 (1951).
KRITZER, M.D., CUNNINGHAM, B.: Proc. Soc. exp. Biol. (N.Y.) 37, 143—144 (1937).
LOEWE, S., RAUDENBUSCH, W., VOSS, H.E., LANGE, F.: Biochem. Z. 250, 50—52 (1932).
— ROTHSCHILD, F., VOSS, H.E.: Biochem. Z. 251, 246—247 (1932).
— VOSS, H.E., LANGE, F., WÄHNER, A.: Klin. Wschr. 7, 1376—1377 (1928).
MESCHAKS, P.: Shant Vet. Tidskr. 5, 278 (1948); zit. n. DORFMAN and SHIPLEY (1956).
RILEY, G.M., HAMMOND, J.C.: Endrocrinology 31, 653 (1942).
TURNER, C.W.: Poultry Sci. 26, 143 (1947).
VALLE, J.R., HENRIQUES, S.B., HENRIQUES, O.B.: Endocrinology 41, 335 (1947); zit. n. DORFMAN and SHIPLEY (1956).
WIED, L.H., MCKIBBEN, P.S.: Amer. J. Physiol. 48, 512—531 (1919); zit. n. KRITZER and CUNNINGHAM (1937).
ZONDEK, B.: Ark. Kemi, Mineral., Geol. 11B, Nr. 24, 1—5 (1933); zit. n. Ber. ges. Physiol. 80, 507—508 (1934).

7. Vorkommen im Sperma

BREUER, H.: Biochem. Z. 327, 6—19 (1955).
DICZFALUSY, E.: Acta endocr. (Kbh.) 15, 317—324 (1954).
DIRSCHERL, W.: 1. Sympos. Dtsch. Ges. Endokrinologie 1953; Berlin-Göttingen-Heidelberg: Springer 1955, S. 180—186.
— BREUER, H.: Acta endocr. (Kbh.) 44, 403—408 (1963).
— KNÜCHEL, W.: Biochem. Z. 320, 253—257 (1950).
— ZILLIKEN, F.: Naturwissenschaften 31, 349—350 (1943).
— — Biochem. Z. 319, 407—419 (1949).
ERICSSON, R.J., CORNETTE, J.C., BUTHABA, D.A.: Acta endocr. (Kbh.) 56, 424—432 (1967).
FACHINI, G., TOFFOLI, C., GAUDIANO, A., MARABELLI, M., POLIZZI, M., MANGILI, G.: Nature (Lond.) 199, 195—196 (1963).
HUIS IN 'T VELD, L.G.: Acta endocr. (Kbh.) 16, 257—262 (1954).
MCCULLAGH, E.P., SCHAFFENBURG, C.A.: J. clin. Endocr. 11, 1403—1406 (1951).
RABOCH, J., GREGAROVÁ, I., REZÁBEK, K.: J. clin. Endocr. 23, 521—522 (1963).
SCHAFFENBURG, C.A., MCCULLAGH, E.P.: Endocrinology 54, 296—307 (1954).
SEAMARK, R.F., WHITE, I.G.: J. Endocr. 30, 307—321 (1964); zit. n. ERICSSON u. Mitarb. (1967).

8. Vorkommen in Tumoren

ANLIKER, R., ROHR, O., MARTI, M.: Helv. chim. Acta 39, 1100—1106 (1956).
BONSER, G.M.: J. Path. Bact. 56, 15—26 (1944); zit. n. FURTH (1953).
— ROBSON, J.M.: J. Path. Bact. 51, 9—22 (1940); zit. n. FURTH (1953).
BORGSTEDE, H., HENNING, H.D., ZANDER, J.: Z. physiol. Chem. 331, 245—257 (1963).
COURRIER, R., COLONGE, R.: C. R. Acad. Sci. (Paris) 251, 2842—2844 (1960).
FERGUSON, D.J., VISSCHER, M.B.: Cancer Res. 13, 405—407 (1953).
FRIEDGOOD, H.B., UOTILA, U.U.: Endocrinology 29, 47—58 (1941).
FURTH, J.: Cancer Res. 13, 477 (1953).
GARDNER, W.U.: Ciba Found. Lect. 12, 239—249 (1958).

HOOKER, C.W., PFEIFFER, C.A.: Cancer Res. **2**, 759—769 (1942); zit. n. FURTH (1953).
HOUSSAY, B.A., HOUSSAY, A.B., CARDEZA, A.F., PINTO, R.M.: Schweiz. med. Wschr. **85**, 291—296 (1955).
KELLER, M., HAUSER, A., WALSER, A.: J. clin. Endocr. **18**, 1384—1398 (1958).
KINSELL, L.W., LINSER, H.: J. clin. Endocr. **12**, 50—54 (1952).
LACASSAGNE, A.: Canad. Cancer Conference **2**, (1957), Acad. Press, N.Y., p. 267; zit. n. COURRIER et COLONGE (1960).
LIPSCHÜTZ, A.: Steroid homeostasis, hypophysis and tumorigenesis. Cambridge: Heffer & Sons Ltd. 1957.
LOEWE, S., RAUDENBUSCH, W., VOSS, H.E.: Biochem. Z. **249**, 443—445 (1932).
MAYER, J.: Virchows Arch. **309**, 625—643 (1942).
MERISALE, W.H.H., FORMAN, L.: Brit. med. J. **1951** I, 560.
MEYER, R.: Arch. Gynäk. **123**, 675 (1925).
NOVAK, E.: Obstet. and Gynec. **1**, 3 (1953).
PEDERSEN, J.: J. clin. Endocr. **7**, 115 (1947).
— HAMBURGER, C.: Acta endocr. (Kbh.) **13**, 109 (1953).
PICK, L.: Berl. klin. Wschr. **17**, 502 (1905).
PLANTIN, L.-O., DICZFALUSY, E., BIRKE, G.: Nature (Lond.) **179**, 421 (1957).
RIVIÈRE, R., CHOUROULNIKOW, I., GUÉRIN, M.: Bull. Cancer **47**, 55—87 (1960); zit. n. COURRIER et COLONGE (1960).
ROBERTSON, C.H., O'NEAL, M.A., RICHARDSON, H.L., GRIFFIN, A.C.: Cancer Res. **14**, 549—553 (1954).
ROTTINO, A., McGRATH, J.F.: Arch. intern. Med. **63**, 686 (1939).
SHIMKIN, M.B., GRADY, H.G., ANDERVENT, H.B.: J. nat. Cancer Inst. **2**, 65—80 (1941); zit. n. FURTH (1953).
SILBERBERG, R., SILBERBERG, M., OPDYKE, M.: Arch. Path. **55**, 506 (1953); zit. n. LIPSCHÜTZ (1957).
STADIEM, M.L.: Amer. J. Surg. **37**, 312 (1937).
WILHELM-KÄSTNER, N.: Dtsch. tierärztl. Wschr. **66**, 155—159 (1959).
WOOLEY, J.W.: Recent Progr. Hormone Res. **5**, 383—405 (1950).

9. Vorkommen in Pflanzen

BOMSKOV, CHR.: Methodik der Hormonforschung, Bd. 2, S. 180ff. Leipzig: Georg Thieme 1939.
GOTTFRIED, H., DORFMAN, R.I.: Progr. in Endocrinology. Proc. III. Int. Congr. Endocr., Mexico 1968. Exc. med. found., Amsterdam (1969).
HINTON, J.J.C., MORAN, T.: Nature (Lond.) **187**, 258—259 (1960).
LEVIN, E., BURNS, J.F., COLLINS, V.K.: Endocrinology **49**, 289—301 (1951).
LOEWE, S., VOSS, H.E., LANGE, F., SPOHR, E.: Endokrinologie **1**, 39—44 (1928).
— — ROTHSCHILD, E.: Biochem. Z. **237**, 214—225 (1931).
LÖVE, A., LÖVE, D.: Ark. Bot. A. **32**, 1 (1945); zit. n. HINTON and MORAN (1960).
STAAL, G.B.: Proc. kon. ned. Akad. Wet. Ser. C, **40**, 409 (1967).
TAKEMOTO, T., OGAWA, S., NISHIMOTO, N., HOFFMEISTER, H.: Z. Naturforsch. **22B**, 681 (1967).
TSCHESCHE, T., HULPKE, H.: Z. Naturforsch. **23B**, 283 (1968).
WOMACK, E.B., KOCH, F.C.: zit. n. BOMSKOV (1939), S. 480.

10. Androgene bei Wirbellosen

AUBRY, R.: C. R. Acad. Sci. (Paris), **248**, 1036—1038, 1225—1227 (1959).
AVEL, M.: Bull. Biol. France Belg. **63**, 151—318 (1929).
BALESDENT, M.-L.: Recherches sur la sexualité et le déterminisme des caractères sexuels d'Asellus aquaticus Linné (Crustacé Isopode), Thèse de l'Université de Nancy, publ. à l'Académie et Société Lorraines des Sciences **5**, 2, 1—232 (1965).
— VEILLET, A.: Bull. Soc. Sci. Nancy **1958**, März, S. 28; zit. n. VEILLET et GRAF (1958).
BALESDENT-MARQUET, M.-L.: C. R. Acad. Sci. (Paris) **247**, 534—536 (1958).
— C.R. Acad. Sci. (Paris) **251**, 803—805 (1960).
BALTZER, F.: Mitteil. Zool. Stat. Neapel **22**, 1—44 (1914).
BERREUR-BONNENFANT, J.: C.R. Acad. Sci. (Paris) **256**, 2244—2246 (1963).
BESSE, G., JUCHAULT, P., LEGRAND, J.-J.: C.R. Acad. Sci. (Paris) **259**, 4844—4846 (1964).
BRIEN, P.: Bull. Biol. France Belg. **95**, 301—363 (1961).
— RENIERS-DECOEN, M.: Ann. Soc. Roy. Zool. Belg. **82**, 285—327 (1951).
BRINKMAN, A.: Bergens Mus. Skr. Nr. 18, 1—111 (1936).
BROWN, FR. A., jr.: In: The hormones, ed. by G. PINCUS and K.V. THIMANN, vol. I, 159—200, 1948.
CARLISLE, D.B.: Pubbl. staz. zool. (Napoli) **24**, 355—372 (1953).

CHAMPY, CH.: C. R. Soc. Biol. (Paris) **90**, 37—39 (1924).
CHARNIAUX, H.: C.R. Acad. Sci. (Paris) **236**, 141—143 (1953).
CHARNIAUX-COTTON, H.: C. R. Acad. Sci. (Paris) **238**, 953—955 (1954a).
— C. R. Acad. Sci. (Paris) **239**, 780—782 (1954b).
— L'année biol. **32**, 371—399 (1956); zit. n. DEMEUSY et VEILLET (1958).
— C. R. Acad. Sci. (Paris) **243**, 1168—1170 (1956); ebenda **246**, 2814—2817 (1958).
— C. R. Acad. Sci. (Paris) **245**, 1665—1668 (1957).
— Bull. Soc. zool. France **82**, 193—194 (1957); zit. n. DEMEUSY et VEILLET (1958).
— Ann. Sci. Natur., Zool., 11-e Sér., 411—559 (1957).
— Bull. Soc. zool. France **84**, 105—115 (1959a).
— Bull. Soc. zool. France **84**, 160—161 (1959b).
— Persönliche Mitteilung 1959c.
— Bull. Soc. zool. France **85**, 110—114 (1960a).
— C. R. Acad. Sci. (Paris) **250**, 4046—4048 (1960b).
— C. R. Acad. Sci. (Paris) **252**, 199—201 (1961).
— Bull. Soc. zool. France **86**, 484—499 (1961).
— Progr. in Comp. Endocr., Suppl. 1 to Gen. comp. Endocr. **1962**, 241—247.
— GINSBURGER-VOGEL, TH.: C. R. Acad. Sci. (Paris) **254**, 2836—2838 (1962).
CLAUS, C.: Arbeiten aus d. Zoolog. Histol. Inst. Wien **8**, 1—148 (1889); zit. n. DUVEAU (1957).
COURRIER, R.: C. R. Acad. Sci. (Paris) **173**, 668—671 (1921).
— Persönliche Mitteilung 1965.
DEMEUSY, N.: C. R. Acad. Sci. (Paris) **236**, 974—975 (1953).
— VEILLET, A.: C. R. Acad. Sci. (Paris) **246**, 1104—1107 (1958).
DIRSCHERL, W., KRAUS, J., VOSS, H.E.: Z. physiol. Chem. **241**, 1—10 (1936).
DUVEAU, J.: Arch. Anat. micr. Morph. exp. **46**, 199—209 (1957).
GIARD, A.: C. R. Acad. Sci. (Paris) **103**, 84—86 (1886).
GOLDSCHMIDT, R.: Die sexuellen Zwischenstufen. Berlin: Springer 1931.
GOULD, H.N.: J. exp. Zool. **23**, 1—70, 225—250 (1917).
HARMS, W.R.: Arch. Entwickl.-Mech. **34**, 90 (1912).
— Körper und Keimzellen. Berlin: Springer 1926.
HECKER, E.: Umschau **59**, 465—467 (1959).
HENDERSON, N.E., PELLUET, D.: Canad. J. Zool. **38**, 173—178 (1960).
HERLANT-MEEWIS, H.: Ann. Soc. Roy. Zool. Belg. **85**, 119 (1954).
— Ann. Soc. Roy. Zool. Belg. **87**, 151—183 (1956/1957).
— C. R. Acad. Sci. (Paris) **248**, 1405—1407 (1959).
— VAN MOL, J.-J.: C. R. Acad. Sci. (Paris) **249**, 321—322 (1959).
HUGHES, T.E.: J. exp. Biol. **17**, 331—336 (1940); zit. n. BROWN (1948).
JUCHAULT, P., LEGRAND, J.-J., MOCQUARD, J.-P.: C. R. Acad. Sci. (Paris) **261**, 1116—1118 (1965).
KARLSON, P.: Biochemical studies on insect hormones. Vitam. and Horm. **14**, 228—266 (1956).
KATAKURA, Y.: Annot. Zool. Jap. **33**, 241—244 (1960).
DE LATTIN, G., GROSS, F.-J.: Experientia (Basel) **9**, 338—339 (1953).
LEGRAND, J.-J.: C. R. Acad. Sci. (Paris) **238**, 2030—2032 (1954a); ebenda **239**, 108—110, 321—323, (1954b).
— C. R. Acad. Sci. (Paris) **243**, 1363—1365 (1956).
— C. R. Acad. Sci. (Paris) **247**, 1238—1241 (1958).
— C. R. Soc. Biol. (Paris) im Druck 1960.
— JUCHAULT, P.: C. R. Acad. Sci. (Paris) **250**, 764—766 (1960a).
— — C. R. Acad. Sci. (Paris) **250**, 3401—3402 (1960b).
— — C. R. Acad. Sci. (Paris) **256**, 1606—1608 (1963a).
— — C. R. Acad. Sci. (Paris) **256**, 2931—2933 (1963b).
— NOULIN, G.: C. R. Acad. Sci. (Paris) **252**, 2151—2153 (1961).
LIPSCHÜTZ, A.: The Internal Secretions of the Sex Glands. Cambridge: W. Heffer 1924.
MEUSY, J.-J.: C. R. Acad. Sci. (Paris) 5901—5904 (1965).
MORI, Y.: Z. wiss. Zool. **144**, 289—316, 573—612 (1933).
VAN OORDT, G.J.: Zool. Anz. **76**, 306—310 (1928); ebenda **85**, 33—34 (1929).
PAIN, J., RUTTNER, FR.: C. R. Acad. Sci. (Paris) **256**, 512—515 (1963).
PÉREZ, J.: Mém. Soc. Sci. Phys. Nat. Bordeaux **3** (1880); Soc. Linn. Bordeaux **13**, (1886); zit. n. GOLDSCHMIDT (1931).
PIRARD, E.: C. R. Acad. Sci. (Paris) **253**, 1997—1999 (1961).
RASMUSSEN, E.: Nature (Lond.) **183**, 479—480 (1959).
REMPEL, J.G.: J. exp. Zool. **84**, 261 (1940); zit. n. SCHARRER (1948).
RITTER, F.J., WIENTJENS, W.H.J.M.: TNO-Nieuws **22**, 381 (1967).
ROBSEN, G.C.: Quart. J. micr. Sci. **57**, 267—278 (1911); zit. n. BROWN (1948).

ROESSLER, P.: Naturwissenschaften **47**, 549—550 (1960).
— Z. vergl. Physiol. **44**, 184—231 (1961).
SCHARRER, B.: Hormones in Insects. In: The hormones, ed. by G. PINCUS and K.V. THIMANN, vol. I, 121—158, 1948.
SMITH, G.: Quart. J. micr. Sci. **54**, 590—604 (1910); ebenda **57**, 251—265 (1911); ebenda **59**, 267—295 (1913); zit. n. BROWN (1948).
TAKEWAKI, K., NAKAMURA, N.: J. Fac. Sci. Univ. Tokyo, Sec. IV, **6**, 369—382 (1944).
THIELE, O.W.: Z. physiol. Chem. **321**, 29—37 (1960).
— SCHRÖDER, H., v. BERG, W., HERLYN, H.: Naturwissenschaften **51**, 40 (1963).
TUCKER, B.W.: Quart. J. micr. Sci. **74**, 1—118 (1930); zit. n. BROWN (1948).
VANDEL, A.: Bull. Biol. France Belg. **55**, 343 (1922); zit. n. AVEL (1929).
VEILLET, A., DAX, J., VOUAUX, A.-M.: C. R. Acad. Sci. (Paris) **256**, 790—791 (1963).
— GRAF, FR.: C. R. Acad. Sci. (Paris) **246**, 3188—3191 (1958).
— — Bull. Soc. Sci. (Nancy) **18**, 123—127 (1959).
VOSS, H.E.: Arzneimittel-Forsch. **11**, 302—307 (1961).
WELLS, M.J., WELLS, J.: J. exp. Biol. **36**, 1—33 (1959).

Das Zweite Hodenhormon

BOMSKOV, CHR.: Methodik der Hormonforschung, Bd. 2. Leipzig: Georg Thieme 1939.
BUDD, J.W.: Amer. J. Path. **13**, 660 (1937).
CALLOW, R.K., PARKES, A.S.: Biochem. J. **29**, 1414—1423 (1935).
COLE, H.H., HART, G.H., LYONS, W.R., CATCHPOLE, H.R.: Anat. Rec. **56**, 275—293 (1933).
CONTI, C., MARINOSCI, A., MAZZUOLI, G.F.: Folia endocr. (Pisa) **8**, 383 (1955); zit. n. KNORR (1963).
DANBY, M.: Endocrinology **27**, 236 (1940).
DEAMER, W.C.: Amer. J. Dis. Child. **88**, 497 (1954).
DICZFALUSY, E.: Acta endocr. (Kbh.) **15**, 317—324 (1954).
DUX, K., NARBUTT, B., BUNTER, B.: Pol. Arch. Med. wewnet **26**, 13 (1956); zit. n. KNORR (1963).
FORBES, A.P.: La deuxième hormone testiculaire. In: La fonction endocrine du testicule. Paris: Masson & Cie. 1957, 109—120.
GOLDZIEHER, J.W., ROBERTS, J.S.: J. clin. Endocr. **12**, 143—150 (1952).
GRIFFITH, K., GRANT, J.K., WHYTE, W.G.: J. clin. Endocr. **23**, 1044 (1963).
HAMADA, H., NEUMANN, F., JUNKMANN, K.: Acta endocr. (Kbh.) **44**, 380—388 (1963).
HAMBLEN, E.C., CARTER, F.B., WERTHAM, J.T., ZANARTE, J.: Amer. J. Obstet. Gynec. **62**, 1—19 (1951).
HAMMERSTEIN, J.: VI. Sympos. Dtsch. Ges. Endokrin. 1959; Berlin-Göttingen-Heidelberg: Springer 1960, 393—399.
HAUSER, G.A., KELLER, M., KOLLER, TH., WENNER, R., GLOOR, F.: Schweiz. med. Wschr. **87**, 1573—1580 (1957).
HOSKINS, W.H., KOCH, F.C.: Endocrinology **25**, 266 (1939).
HOWARD, R.P., SNIFFEN, R., SIMMONS, F., ALBRIGHT, F.: J. clin. Endocr. **10**, 121 (1950); zit. n. FORBES.
HUGGINS, C., MOULDER, P.V.: Cancer Res. **5**, 510—514 (1945).
HUNT, N.C., BUDD, J.W.: J. Urol. (Baltimore) **42**, 1242—1250 (1939).
IKKOS, D., TILLINGER, K.-G., WESTMAN, A.: Acta endocr. (Kbh.) **32**, 222—232 (1959).
JAYLE, M.F., SCHOLLER, R., GARONNE, G., MOREL, F.: In: La fonction endocrine du testicule. Paris: Masson & Cie. 1957, 201—221.
JOST, A.: Schweiz. med. Wschr. **87**, 275—278 (1957).
KAHAN, I.H.: J. Amer. vet. med. Ass. **126**, 471—472 (1955).
KIRCHHOFF, H.: Med. Klin. **53**, 1636—1640 (1958).
KNORR, D.: Acta endocr. (Kbh.) Suppl. 84 zu Bd. 44 (1963).
KOLLER, TH.: Schweiz. med. Wschr. **73**, 191—193 (1943).
LAROCHE, G., SIMONNET, H., BOMPARD, E.: C. R. Soc. Biol. (Paris) **130**, 521—522 (1939).
LAUFER, A., SULMAN, F.G.: J. clin. Endocr. **16**, 1151—1162 (1956).
MADDOCK, W.O., Nelson, W.O.: J. clin. Endocr. **11**, 769 (1951), abstract.
— — J. clin. Endocr. **12**, 985—1007 (1952).
MARTINS, T., ROCHA E SILVA, A.: Endocrinology **15**, 421—434 (1931).
McCULLAGH, E.P.: Recent Progr. Hormone Res. **2**, 295—344 (1948).
— WALSH, E.L.: Endocrinology **19**, 466 (1935).
MELICOW, M.M., ROBINSON, J.N., IVERS, W., RAINSFORD, L.B.: J. Urol. (Baltimore) **62**, 672—693 (1949).
MORRIS, J.M.: Amer. J. Obstet. Gynec. **65**, 1192 (1953).
MÜHLBOCK, O.: Acta brev. neerl. Physiol. **8**, 50—52 (1938).

NAPP, J.H.: Diskussion z. Vortrag RUHRMANN u. SCHULTEN, 1958, S. 218.
NELSON, W.O.: Fed. Proc. 10, 97 (1951).
NISSIM, J.A.: J. Endocr. 9, 27 (1953).
NYMAN, M.A., GEIGER, J., GOLDZIEHER, J.W.: J. biol. Chem. 234, 16—18 (1959).
PASCHKIS, K.E., RAKOFF, A.E.: Recent Progr. Hormone Res. 5, 115—149 (1950).
PAULSEN, C.A.: J. clin. Endocr. 12, 914 (1952).
PHILIPP, E.: Dtsch. med. Wschr. 83, 129—134 (1958).
PIGON, H., LUNAAS, T., VELLE, W.: Acta endocr. (Kbh.) 36, 131—140 (1960).
PONTIUS, D.: Z. physiol. Chem. 298, 268—271 (1954).
PRADER, A.: Schweiz. med. Wschr. 87, 278—285 (1957).
RUHRMANN, H., SCHULTEN, K.H.: V. Symp. Dtsch. Ges. Endokr. 1957; Berlin-Göttingen-
    Heidelberg: Springer 1958, S. 215—218.
SCHNEIDER, R.W., VAN OMMEN, R.A., HOERR, S.O.: J. clin. Endocr. 12, 423—438 (1952).
SCULLY, R.E., COFFIN, D.L.: Amer. J. Cancer 5, 592—605 (1952).
SULAK, B., ZIMMERMANN, W.: Acta endocr. (Kbh.) 19, 213—216 (1955).
TEILUM, G.: J. clin. Endocr. 9, 301—318 (1949).
THOMOPOULOU, H., LI, CH.H.: Acta endocr. (Kbh.) 15, 97—100 (1954).
VELLE, W.: Acta endocr. (Kbh.) 29, 395—400 (1958).
VIDGOFF, B., HILL, R.: Endocrinology 25, 568—571 (1939).
VOSS, H.E.: Klin. Wschr. 16, 769—771 (1937).
— Z. Geburtsh. Gynäk. 140, 83—112 (1954).
— Fortschr. Med. 77, 33—34 (1959).
WENIGER, J.-P.: C. R. Acad. Sci. (Paris) 246, 1094—1096 (1958).
— C. R. Acad. Sci. (Paris) 253, 2410—2411 (1961).
— C. R. Soc. Biol. (Paris) 157, 640—641 (1963).
WOLFF, ET., STRUDEL, G., WOLFF, M-me ET.: Arch. Anat. (Strasbourg) 31, 237—308 (1949).
WOTIZ, M.H., DAVIS, J.W., LEMON, H.M.: J. biol. Chem. 216, 677—687 (1955).
ZONDEK, B.: Nature (Lond.) 133, 209—210, 494 (1934).

V. Die Androgene des Hodens in ihren Beziehungen zu den anderen endokrinen Drüsen

H. E. Voss

1a. Beeinflussung der Hypophyse durch Androgene
(vgl. dazu auch das Kapitel I „Die Regelung der Hodenfunktion")

Schon der unterschiedliche Gehalt der männlichen und weiblichen Hypophyse mancher Tierarten an Gonadotropinen ließ im Hinblick auf die „feed back"-Beziehungen zwischen HVL und Gonaden die Vermutung aufkommen, daß Oestrogene und Androgene eine verschieden starke hemmende Wirkung auf die Gonadotropinproduktion bzw. -sekretion (Abgabe) besäßen. Speziell darauf gerichtete vergleichende Untersuchungen von McCullagh u. Hruby (1949) zeigten dann, daß man bei der Ratte etwa 75mal so viel Testosteron wie Oestradiol brauchte, um eine Hemmung der Gonadotropinbildung im HVL zu erzielen: bei Mäuseweibchen, die infolge Kastration oder Röntgen-Ganzbestrahlung eine erhöhte Gonadotropinausschüttung aus der Hypophyse (nachgewiesen im Parabiose-Versuch) zeigten, brauchten Vermande-van Eck u. Chang (1955) eine Injektion von 1,25 mg Testosteronpropionat pro Woche, um die Sekretion zu normalisieren.

Greep u. Jones (1950) haben auf der V. Laurentian Conference (1949) zusammenfassend über ihre Versuche berichtet, in denen sie den Einfluß von Steroiden auf die gonadotrope Hypophysenfunktion prüften. Die injizierten Steroide waren Oestradiolbenzoat, Testosteronpropionat und Progesteron; die Versuchsanordnung wurde möglichst vereinheitlicht, was die Behandlungsdauer (45 Tage), das Tiermaterial (Lebensalter der Ratten zu Beginn der Versuche 30 Tage), den Injektionsmodus (s. c.) und das Injektionsvolumen (0,1 ml) anbetrifft. Die Injektionen von Androgen hatten in diesen Versuchen die gleiche Fähigkeit zur Eliminierung der LH-Wirksamkeit aus der Hypophyse des intakten Weibchens wie die Oestrogene, förderten aber im Gegensatz zu den Oestrogenen die Speicherung von FSH in der Hypophyse, ihr Ausmaß nahm mit steigender Androgendosis zu und war selbst bei 500 μg hoch. Die LH-ausschaltende Wirkung von Testosteronpropionat war auch beim kastrierten Weibchen vorhanden, aber bei der Dosis von 10 μg tägl. war der LH-Gehalt der Hypophyse noch bedeutend und erst bei 50 μg tägl. wurde die FSH-Wirksamkeit in der Hypophyse die überwiegende.

Einen Vergleich der Wirkungen von Testosteron (T) (0,03, 0,6 bzw. 3,0 mg/ Tag), Dehydroepiandrosteron (DHA) bzw. des Sulfats von DHA (SDHA) (0,04, 0,8 bzw. 4,5 mg/Tag) bei s. c. Injektion im Lauf von 30 Tagen auf die gonadotrope Funktion des HVL bei präpuberalen Rattenweibchen stellten Peillon u. Racadot (1965) an: Ebenso wie T bewirkte auch DHA eine Rückbildung der LH produzierenden Zellen im HVL, während die Prolactin synthetisierenden Zellen unter dem Einfluß von T bzw. DHA eine stärkere Entwicklung zeigten. Die Veränderungen im HVL wurden von regressiven Vorgängen im Ovarium (Fehlen der Ovulation, Bildung cystischer Follikel) begleitet. T war in gleicher Dosierung stärker wirksam als DHA, während SDHA auch in den höchsten Dosen keine Wirkung aufwies.

Parada, Napp u. Voigt (1960) konnten bei 5 endokrin gesunden Männern im Alter von 20—40 Jahren keinen Einfluß der i.m. Injektion von 200 oder 300 mg Norethisteron-Oenanthat in öliger Lösung oder einer oralen Verabreichung von

20 mg Norethisteron tägl. im Lauf von 16 Tagen auf die Gonadotropin-Ausscheidung feststellen; eine in jedem Fall vorhandene Erhöhung der Basaltemperatur um 0,4°C war nicht signifikant.

Eine Bestätigung des Androgeneinflusses auf die hypophysären Gonadotropine ergab sich auch aus den Versuchen mit parabiotisch vereinigten kastrierten Männchen + hypophysektomierten Männchen, bei s.c. Injektion von Testosteronpropionat in den kastrierten Partner (Tab. 47):

Tabelle 47. *Einfluß von Testosteronpropionat auf die kreisenden Gonadotropine beim kastrierten Partner der Ratten-Parabionten (kastriertes Männchen + hypophysektomiertes Männchen). Nach* GREEP *u.* JONES *(1950)*

Dosis μg	Parabionten	Zahl der Paare	K.-Gew. des Paares g	Hoden-Gew. mg	Ves. Drüs. Gew. mg	Prostata Gew. mg
0 (Kontr.)	kastr. Partner				8,9	8,8
	hyp.-ekt. Partner	2	158	1620	189,0	140,0
15	kastr. Partner				20,7	32,2
	hyp.-ekt. Partner	5	155	879	22,0	43,0
20	kastr. Partner				33,0	42,2
	hyp.-ekt. Partner	3	136	470	7,8	18,2
30	kastr. Partner				101,0	106,0
	hyp.-ekt. Partner	2	170	574	14,9	16,6

Es ergibt sich, daß Testosteronpropionat in den Dosierungen von 20 und 30 μg eine so starke hemmende Wirkung auf die Gonadotropinproduktion ausübt, daß diese anscheinend vollkommen aufgehoben wird: beim unbehandelten parabiotischen Paar wird LH im kastrierten Partner in ausreichender Menge produziert, denn der hypophysektomierte Partner weist eine merkliche Stimulierung der interstitiellen Zellen im Hoden auf.

Eine in ihrem Mechanismus ungeklärte pathologische Veränderung findet man bei den mit Testosteronpropionat behandelten Parabiose-Paaren, gleichgültig ob es sich um die Vereinigung a) intakter Weibchen mit hypophysektomierten Weibchen oder b) kastrierter Männchen mit hypophysektomierten Männchen handelt: das Blut aus dem injizierten intakten (a) oder kastrierten (b) Partner verlagerte sich in beiden Fällen in den hypophysektomierten Partner, bei dem Pfoten und Ohren sich röteten und anschwollen, während der injizierte Partner anämisch wurde und buchstäblich einschrumpfte; die Mehrzahl solcher Paare ging innerhalb einer Woche nach Beginn der Testosteronbehandlung ein. Gleiche Paare, die unbehandelt blieben oder Injektionen von Oestradiolbenzoat erhielten, zeigten keine solchen pathologischen Veränderungen.

JOHNSON (1967), der ebenfalls Parabiose-Versuche an Ratten anstellte, aber einen hypophysektomierten männlichen Partner mit einem intakten männlichen oder weiblichen Partner vereinigte und im ventralen Prostata-Test am hypophysektomierten Tier den Gehalt der Hypophyse an luteinisierendem Hormon (LH) bei den intakten Partnern bestimmte, fand bei jugendlichen Männchen etwa die gleiche Konzentration von LH im Plasma wie bei gleichalten Weibchen; wenn aber die Brunstcyclen bei den Weibchen einsetzten, stieg der LH-Gehalt bei ihnen stärker an als bei den gleichalten erwachsenen Männchen. Andererseits war der FSH-Spiegel im Plasma der Weibchen bedeutend niedriger als beim Männchen. Man kann also annehmen, daß beim Weibchen weniger LH in der Hypophyse gespeichert wird, während beim Männchen die Produktion und Sekretion von FSH signifikant größer ist als beim Weibchen. Die Frage, ob durch die Gegenwart von Androgenen beim Männchen die Produktionsrate stimuliert wird, wie GREEP u. JONES (1950) annehmen, läßt JOHNSON zunächst offen, bis die Ergebnisse bereits laufender Versuche vorliegen.

Im Zusammenhang mit den obigen Versuchen kamen GREEP u. JONES zu einer Bestimmung der „physiologischen Androgenmengen" für den Organismus der Ratte, die sie als im Bereich zwischen 10 und 50 μg tägl. liegend einschätzten: Die kleinere Dosis (10 μg) behindert noch nicht die gonadale Entwicklung beim intakten Männchen und restituiert auch nicht das voll normale Wachstum der accessorischen Geschlechtsdrüsen beim Kastraten, hebt aber die postkastrative Zunahme der gonadotropen Wirksamkeit in der Hypophyse auf. Andererseits stört die höhere Dosis (50 μg) das normale Hodenwachstum beim intakten Männchen, garantiert die komplette Erhaltung der accessorischen Geschlechtsdrüsen beim Kastraten und hemmt den postkastrativen Anstieg der gonadotropen hypophysären Wirksamkeit.

Bei einer Analyse der histophysiologischen Reaktionen der Rattenhypophyse auf eine Androgenbehandlung fand BOGDANOVE (1967) aufgrund von Versuchen an intakten und kastrierten erwachsenen Ratten beiderlei Geschlechts, die mit Testosteronpropionat in öliger Lösung oder in Form von s.c. implantierten Preßlingen im Lauf von 1—18 Wochen behandelt wurden, eine strikte Parallelität zwischen der Rückbildung der hypophysären gonadotropen Zellen als Folge der Androgenbehandlung und der Abnahme der LH-Speicherung in der Hypophyse. Ein licht-mikroskopisches Korrelat der progressiven FSH-Speicherung in den Hypophysen konnte nicht festgestellt werden. Wenn es auch im Verlauf dieser Versuche nicht gelang, die spezifische celluläre Quelle der FSH- und LH-Produktion aufzudecken, so konnten doch gewisse Phasen in der Dynamik der hypophysären Reaktionen auf Kastration und Androgenzufuhr geklärt werden. Diese Informationen lassen vermuten, daß das stärkste Auseinanderweichen der hypophysären Speicherung von FSH und LH nicht mit demjenigen der FSH- und LH-Sekretion (Abgabe) zusammenfällt, sondern vermutlich später erfolgt. Diese fehlende Synchronie der verschiedenen Phasen der FSH -und LH-Sekretionsreaktionen auf Kastration und Androgenzufuhr dürfte manche Diskrepanzen früherer Untersuchungen auf diesem Gebiet erklären.

Eingehend haben sich KINCL, DORFMAN u. Mitarb. (1961, 1964) mit der vergleichenden Prüfung einer großen Reihe von Androgenen (C_{19}-Steroiden) auf ihre Hypophysen-hemmende Wirkung beschäftigt, unter Benutzung des Parabiose-Tests von HERTZ u. MEYER (1937), bei dem ein intaktes Rattenweibchen mit einem kastrierten Rattenmännchen parabiotisch vereinigt wird, und die zu prüfende Verbindung dem kastrierten Männchen einmal tägl. im Lauf von 10 Tagen s.c. injiziert wird; bei der Tötung am 11. Tag werden die Gewichte von Ovarien bzw. von Vesiculardrüsen, Prostata und M. levator ani bestimmt. Aus der Abnahme des Ovarialgewichts kann auf die Hemmung der Gonadotropinproduktion, aus der Gewichtszunahme von Vesiculardrüsen, Prostata und M. levator ani auf die Höhe der Androgenwirksamkeit geschlossen werden. Als Vergleichssubstanz diente Testosteron (Tab. 48).

Wie aus den Zahlen der Tab. 48 ersichtlich, führen die Gaben von abgestuften Mengen von Testosteron zu einer mit steigender Dosis fortschreitenden Abnahme des Ovarialgewichts und einer parallelen Gewichtszunahme der männlichen Erfolgsorgane, m. a. W. zu einer mit Vergrößerung der Androgendosen zunehmenden Hemmung der Gonadotropinproduktion im HVL.

In Tab. 49 sind die Ergebnisse der Prüfung anderer Androgene, unter Bezugnahme auf Testosteron, dessen Wirksamkeit gleich 1 gesetzt wurde, wiedergegeben, angeordnet aufgrund ihrer abnehmenden antihypophysären Wirksamkeit.

Tabelle 48. *Einfluß von s.c. injiziertem Testosteron an parabiotischen Ratten (nach* KINCL, RINGOLD u. DORFMAN, *1961)*

Gesamt- dosis Testo- steron mg	Zahl der parabiot. Paare	Durchschnittliche Gewichte der Organe in mg			
		Intakte Weibchen Ovarien	Kastrierte Männchen		
			Prostata	Ves.-Drüs.	M. lev. ani
0	93	230 ± 4,37	14,5 ± 0,35	11,1 ± 0,22	22,7 ± 0,75
0,2	3	180 ± 22,8	35,2 ± 4,44	14,3 ± 1,00	29,0 ± 2,83
0,3	9	150 ± 11,7	37,9 ± 5,57	21,3 ± 4,76	30,6 ± 2,16
0,4	3	113 ± 17,9	44,7 ± 4,52	20,1 ± 3,43	33,9 ± 7,44
0,6	10	62,6 ± 8,34	74,6 ± 10,7	67,7 ± 8,73	56,6 ± 4,81
0,9	5	37,1 ± 7,77	85,1 ± 19,5	90,6 ± 27,4	53,5 ± 6,29

Tabelle 49. *Einfluß von s.c. injizierten Steroiden an parabiotischen Ratten (nach* KINCL, RINGOLD u. DORFMAN, *1961)*

Steroide	Untersuchte Gesamtdosen mg	Gesamtzahl der para- biot. Paare	Relative Wirksamkeit (Testosteron = 1)			
			I	II	III	IV
Testosteronpropionat	0,1; 0,2; 0,4	9	1,4	1,1	0,8	1,0
4-Chlor-17-*a*-Methyl-19-Nor-T[a]	1,0; 2,0	6	1,0	0,14	0,18	0,7
2*a*-Methyl-19-nor-DHT[b]	1,0; 2,0	12	0,7	0,2	0,2	0,4
2*a*-Fluor-17*a*-Äthinyl-T	2,0	3	0,3	0,1	0,2	0,1
2-Benzoyloxymethylen-17*a*- methyl-DHT	0,1; 0,5; 2,0	12	0,6	0,3	0,2	0,2
2*a*-Fluor-T	2,0	3	0,4	0,3	0,2	0,3
16*β*-Methyl-19-nor-T	1,0; 2,0	6	0,3	0,1	0,1	0,4
2*a*-Methoxy-Methyl-DHT	0,8; 1,6; 3,2; 5,0	12	0,3	0,1	0,1	0,3
2*a*-Fluor-DHT	2,0; 5,0	6	0,3	0,2	0,1	0,2
2*a*-Methyl-DHT- 17-Methyläther	2,0	3	0,2	0,1	0,1	0,2
6*a*-Chlor-Δ^1-17-Acetoxy-P[c]	1,0; 3,0	9	0,2	0,005	0,005	0,02
4,9-Dichlor-11-Keto-P	1,0; 4,0	6	0,08	0,05	0,07	0,08
2-Methoxy-methylen-DHT	5,0	3	0,07	0,04	0,06	0,04
2,2,17*a*-Trimethyl-19-nor-DHT	2,0; 10,0	6	0,05	0,03	0,05	0,02
2,2,17-Trimethyl-DHT	15,0	3	0,05	0,03	0,05	0,02

I = Ovarien; II = Prostata; III = Vesiculardrüsen; IV = M. levator ani.
[a] T = Testosteron; [b] DHT = 17*β*-Hydroxyandrostan-3-on; [c] P = Progesteron.

Mit Ausnahme von Testosteronpropionat, das eine verstärkte anti-hypophysäre Wirkung hat, und von 4-Chlor-17*a*-methyl-19-nortestosteron, das in der Stärke seiner anti-gonadotropen Wirkung dem Testosteron entspricht, haben alle geprüften Androgene eine im Vergleich zu Testosteron geringere hypophysenhemmende Wirkung. Aus den Zahlen der Tab. 49 läßt sich zum Teil eine Dissoziation zwischen der anti-hypophysären Wirkung und der Wirkung auf die accessorischen Geschlechtsdrüsen herauslesen, in einigen Fällen ein Gleichlauf in den Veränderungen der anti-hypophysären und anabolen Wirksamkeit (z. B. beim 4-Chlor-17-*a*-methyl-19-nortestosteron u. a.). Außer den in Tab. 49 angeführten Steroiden wurde eine Reihe weiterer Verbindungen geprüft, die sich aber als inaktiv hinsichtlich der Hypophysenhemmung erwiesen oder eine Wirkung besaßen, die weniger als 0,1 der Testosteronwirkung in allen 4 Testverfahren betrug; dazu gehörten: 2-Hydroxy-methylen-17*a*-äthinyltestosteron; 2-Hydroxy-methylen-17*a*-propinyltestosteron; 2,2,17-Trimethyl-19-norandrostan-3*β*, 17*β*-diol; 2-N-Methylanilino-methylen-17*a*-methyl-17*β*-hydroxyandrostan-3-on; 16-Hydroxymethylen-17*β*-hydroxyandrostan-3-on; 1-Cyan-androst-4-en-3,17-dion; 1-Thio-acetyl-androst-4-en-3,17-dion; Testosteronpropionat-3-(p-toluen)-thio-enol-äther; 5*a*-Cyan-17*β*-hydroxyandrostan-3-on; 5*a*-Carbamid-17*β*-hydroxyandrostan-3-on; 6*β*-Nitrotestosteron-acetat; 6a-Nitrotestosteron; 6-(p-Toluen)-thio-testosteronpropionat; 2a-Dimethylaminotestosteron-acetat und 2a-Dimethylaminotestosteronacetat-methjodid.

In einer weiteren Untersuchung zur Frage der hypophysären Hemmung durch Androgene haben KINCL u. DORFMAN (1964) zunächst eine neue Kontrollserie mit der Vergleichssubstanz Testosteron aufgestellt, die bei parabiotisch vereinigten Paaren eines intakten Weibchens und eines kastrierten Rattenmännchens diesem letzten s.c. injiziert wurde; sie umfaßt mehr und zum Teil andere Dosierungen als die in Tab. 48 wiedergegebene; ihre Ergebnisse weichen von den ersten Kontrollprüfungen etwas (wenn auch nicht grundsätzlich!) ab: da sich die Resultate der neuen Steroidprüfungen auf diese neue Kontrollserie von Testosteronprüfungen beziehen, sind sie in Tab. 50 aufgeführt:

Tabelle 50. *Einfluß von s. c. injiziertem Testosteron an parabiotischen Ratten; neue Kontrollserie (nach* KINCL *u.* DORFMAN, *1964)*

| Gesamtdosis Testosteron mg | Zahl der parabiot. Paare | Durchschnittliche Gewichte der Organe in mg | | | |
| | | Intakte Weibchen Ovarien | Kastrierte Männchen | | |
			Prostata	Ves.-Drüs.	M. lev. ani
0	47	237,2 ± 6,9	16,0 ± 0,58	12,1 ± 0,26	24,1 ±0,91
0,1	5	203,8 ±24,8	27,7 ± 3,34	15,1 ± 0,37	24,6 ±2,43
0,3	6	189,3 ±14,5	29,2 ± 4,35	18,1 ± 2,56	27,1 ±3,61
0,5	37	137,5 ± 8,9	45,6 ± 2,86	27,6 ± 2,48	40,4 ±2,08
0,9	6	90,1 ±14,9	57,1 ±12,80	50,4 ±10,63	47,8 ±6,5
1,2	8	92,1 ±18,2	66,6 ± 6,38	43,0 ± 6,47	54,6 ±4,76
1,5	47	55,1 ± 3,8	89,1 ± 5,12	81,9 ± 5,05	67,7 ±2,5
1,8	9	31,0 ± 6,0	94,2 ±10,70	72,4 ± 8,65	61,7 ±4,1
2,7	6	63,3 ±11,4	170,0 ±22,71	143,1 ±12,42	85,2 ±5,92

Tabelle 51. *Relative anti-hyp. Wirksamkeit substituierter 3-Keto-C_{19}-Steroide bei s.c. Verabreichung an parabiotische Ratten (nach* KINCL *u.* DORFMAN, *1964)*

| Steroide | Zahl der parabiot. Paare (Dosenbereich, mg) | Relative Wirksamkeit (Testosteron = 100) | | | |
		Ovarien	Prostata	Ves.-Drüs.	M. lev. ani
6a-Chlortestosteronacetat	16 (0,2—10,0)	375	190	120	270
Testosteron-17-dichloracetat	17 (0,1—10,0)	370	350	350	350
6a-Fluortestosteron	19 (0,15—15,0)	350	200	170	190
6a,17a-Dimethyl-17β-hydroxy-5a-androstan-3-on	15 (0,1—10,0)	200	30	25	50
2-Methylen-17a-methyl-17β-hydroxy-androst-4-en-3-on	8 (0,3—0,9)	70	< 40	< 50	100
2-Nitril-17a-methyl-17β-hydroxy-5a-androst-1-en-3-on	16 (0,1—5,0)	50	10	< 10	30
5ζ-Methyl-17β-hydroxy-androstan-3-on	20 (1,0—10,0)	40	30	< 5	20
3-(6'-Fulven)-5a-androstan-17β-ol	20 (0,3—15,0)	40	10	< 3	6
5ζ-Methyl-17β-hydroxy-estran-3-on	20 (1,0—10,0)	20	< 5	< 5	14

Tabelle 52. *Relative anti-hyp. Wirksamkeit verschiedener 3-Desoxy-C_{19}-Steroide bei s. c. Verabreichung an parabiotische Ratten (nach* KINCL *u.* DORFMAN, *1964)*

Steroide	Zahl der parabiot. Paare (Dosenbereich, mg)	Relative Wirksamkeit (Testosteron = 100)			
		Ovarien	Prostata	Ves.-Drüs.	M. lev. ani
2-Nitril-17a-methyl-5a-androst-2-en-17β-ol	24 (0,15—4,5)	350	100	120	350
2-Nitril-5a-androst-2-en-17β-ol	20 (0,15—1,2)	350	80	80	250
2-Nitril-5a-estr-2-en-17β-ol-acetat	16 (0,05—1,5)	300	30	50	100
2-Formyl-5a-androst-2-en-17β-ol	25 (0,1—10,0)	250	10	10	150
2-Hydroxymethyl-5a-androst-2-en-17β-ol	35 (0,05—10,0)	220	20	20	220
2-Hydroxymethyl-5a-estr-2-en-17β-ol	16 (0,1—0,9)	160	$\leqq$ 15	< 15	50
2-Methyl-5a-androst-2-en-17β-ol	29 (0,1—10,0)	150	20	30	100
17a-Methyl-5a-androst-2-en-17β-ol	22 (0,1—3,0)	150	50	50	150
17a-Methyl-5a-androst-2-en-17β-ol	25 (0,3—3,0)	130	20	$\leqq$ 10	100
5a-Androst-1,3-dien-17β-ol-acetat	31 (0,1—10,0)	110	25	30	100
2-Formyl-17a-methyl-5a-androst-2-en-17β-ol	15 (0,5—4,5)	100	$\leqq$ 10	$\leqq$ 10	100
Androsta-2,4-dien-17β-ol-acetat	18 (0,3—10,0)	100	40	50	100
2a-Formyl-5a-androstan-17β-ol	13 (0,6—4,5)	60	< 10	< 10	40
2-Acetoxymethylen-5a-androst-3-en-17β-ol	18 (0,3—2,5)	50	20	20	20
2-Formyl-5a-estr-2-en-17β-ol	8 (1,0—5,0)	40	< 40	< 10	30
2-Methylen-5a-androstan-17β-ol-acetat	18 (0,3—4,5)	35	10	10	20
17a-Methyl-androsta-3,5-dien-17β-ol	16 (1,0—5,0)	30	5	5	20
Androst-5-en-17β-ol	6 (2,0—4,0)	20	6	6	10
2-Hydroxy-äthyl-5a-androst-2-en-17β-ol	8 (0,9—2,7)	20	< 10	< 10	< 10
2a,17a-Dimethyl-androsta-3,5-dien-17β-ol	10 (1,0—10,0)	20	20	20	50
Androst-4-en-17β-ol-acetat	6 (1,0—5,0)	15	10	< 10	< 10
2-Chlormethyl-5a-androst-2-en-17β-ol-acetat	8 (1,0—5,0)	15	< 10	< 10	< 10
2-Nitril-17a-methyl-5a-androst-2-en-17β-ol-acetat	18 (0,15—15,0)	< 9	< 9	< 9	< 9

Die relative Wirksamkeit verschiedener s.c. injizierter neutraler Steroide, bezogen auf die gleich 100 gesetzte Wirkung von Testosteron ist in den Tab. 51 und 52 (S. 257/258) aufgeführt; die hier genannten Substanzen sind substituierte 3-Keto-C_{19}- bzw. 3-Desoxy-C_{19}-Steroide. Bei 4 der in Tab. 51 genannten Keto--Verbindungen ist die anti-hypophysäre Wirksamkeit 2 bis nahezu 4mal größer als bei Testosteron, andere sind als Hypophysenhemmer schwächer wirksam als Testosteron, haben aber eine unverhältnismäßig höhere antihypophysäre als spezifisch androgene Wirkung, bezogen auf die Wirkung auf Prostata und Vesiculardrüsen. Auch unter den in Tab. 52 genannten 3-Desoxy-Steroiden sind zahlreiche Verbindungen, die stärker anti-hypophysär wirken als Testosteron oder ihm gleichkommen.

Im allgemeinen konnte auch bei dieser Serie bestätigt werden, daß eine relativ hohe anti-hypophysäre Wirksamkeit der spezifisch androgenen Wirkung nicht parallel zu gehen braucht und daß sie andererseits mit einer entsprechenden anabolen (myotrophen) Wirkung am M. levator ani nicht korreliert sein muß, aber sein kann. In Tab. 53 sind die Veränderungen im Verhältnis von anti-hypophysärer zu spezifisch androgener Wirkung den Veränderungen im C-2-Substituenten im 5a-Androst-2-en-17β-ol gegenübergestellt:

Tabelle 53. *Veränderung im Anti-Gonadotropin : Androgen-Verhältnis und Veränderung im C-2-Substituenten im 5a-Androst-en-17β-ol (nach* KINCL *u.* DORFMAN, *1964)*

Substituent in C-2	Relative Wirksamkeit Anti-Gonadotropin-Wirkung A	Androgen-Wirkung B	A B
(Testosteron)	100	100	1,0
Formyl	250	10	25,0
Hydroxymethyl	220	20	11,0
Methyl	150	25	6,0
Nitril	350	80	4,4
Hydroxyäthyl	20	<10	$\leqq 2,0$

KINCL u. DORFMAN unterstreichen, daß sie in ihren beiden hier referierten Arbeiten zwar von einer Hemmung der hypophysären Gonadotropine sprechen, was aber nicht ausschließt, daß diese Hemmung auf *indirektem* Weg über eine Wirkung der Steroide auf den Hypothalamus erfolgt.

Zur Klärung der Frage der direkten oder indirekten (d. h. über den Hypothalamus gehenden) hemmenden Wirkung der Androgene auf die gonadotrope Funktion der Hypophyse haben die Versuche von SMITH u. DAVIDSON (1967) beigetragen: Bei hypophysektomierten und mit Hypophyse unter die Nierenkapsel implantierten Rattenmännchen blieb das Hodengewicht und eine normale Spermatogenese erhalten; wurden aber solche Tiere mit Preßlingen von kristallisiertem Testosteronpropionat im Gebiet des Hypothalamus oder der Eminentia mediana implantiert, so kam es zu signifikanten Abnahmen des Hodengewichts und einer histologisch festgestellten Atrophie von Hoden, Vesiculardrüsen und Prostata. Verff. schließen aus diesen Ergebnissen, daß die Erhaltung des Hodens bei den hypophysektomierten und mit Hypophyse implantierten Ratten auf humorale Einflüsse zurückzuführen ist, die vom Hypothalamus stammen und durch direkte Implantation von Testosteron in den Hypothalamus blockiert werden. Die gonadotropinhemmenden Effekte dieser hypothalamischen Implantate von Testosteron müssen also eher auf eine *indirekte Wirkung über den Hypothalamus* zurückzuführen sein als auf ein „Durchsickern" des Steroids ins hypophysäre Portalsystem mit nachfolgender direkter Wirkung auf die Hypophyse.

WAKABAYASHI u. TAMAOKI (1967) haben im Zusammenhang mit der Frage des Mechanismus der Androgenwirkung auf die LH-Funktion des HVL in in vivo- und in vitro-Versuchen an erwachsenen Rattenmännchen geprüft, ob die Injektionen von TPr auch die de novo-Synthese von LH im HVL beeinflussen. Die tägl. Injektionen von TPr in vivo verminderten beim intakten Männchen den Einbau von ^{14}C-Leucin in die LH-Fraktion; sie verhinderten auch die in vitro-Zunahme der LH-Produktion bei kastrierten Männchen und ebenso auch den durch die aktive Immunisierung mit dem LH-Standard NIH-LH induzierten Anstieg der LH-Produktion im HVL der Männchen. Diese Ergebnisse weisen darauf hin, daß die negative feed back-Wirkung der Androgene auch die Biosynthese von LH verringerte. Andererseits zeigten Inkubationsversuche, daß die Gegenwart von T im Medium in einer Konzentration von 0,08—2,0 μg/ml auf den Einbau von ^{14}C-Leucin in LH keinen Einfluß hatte, was nur so gedeutet werden konnte, daß eine direkte Wirkung der Androgene auf die gonadotropen Zellen des HVL mit Abänderung der LH-Biosynthese offenbar nicht vorlag: dieser Befund scheint einen akuten direkten Einfluß von T auf die de novo-Synthese von LH auszuschließen und spricht für den indirekten Weg der Androgenwirkung über den Hypothalamus.

LERNER, HOLTHAUS u. THOMPSON (1959) haben ein neu synthetisiertes Androgen, 19-Nortestosteron-17-benzoat, neben anderem auch auf seine anti-gonadotrope Wirksamkeit geprüft, sowohl im Parabiose-Versuch am intakten + kastrierten Rattenweibchen als auch am infantilen Rattenmännchen, bei dem die Hypophysenhemmung am Gewichtsverlust von Vesiculardrüsen, Prostata und M. levator ani abgelesen wurde. Als Vergleichssubstanz diente Testosteronpropionat. Die minimale Dosis, die zu einer hypophysären Hemmung führte, betrug beim Testosteronpropionat 0,01 mg, tägl. im Lauf von 10 Tagen gegeben, dagegen 0,1 mg tägl. beim 19-Nortestosteron-17-benzoat; dieses hatte eine relativ stärkere anabole (myotrophe) Wirkung als Testosteronpropionat.

Das Methylandrostenolon (=17a-Methyl-17β-hydroxyandrosta-1,4-dien-3-on) (I) wurde von TUCHMANN-DUPLESSIS u. MERCIER-PAROT (1960) hinsichtlich seiner Wirkungen am hypophysär-genitalen System von Ratten beiderlei Geschlechts geprüft und mit 17a-Methyltestosteron (II) verglichen: Die hemmende Wirkung von I auf die gonadotrope Aktivität der Hypophyse erwies sich als 30—40mal geringer als bei II; auch seine direkte Stimulationswirkung auf die accessorischen Geschlechtsdrüsen des Männchens (Vesiculardrüsen, Prostata) war 40—50mal geringer als bei II.

LEGHISSA, FIUME u. MATSCHER (1959) behandelten erwachsene und jugendliche Axolotl (Amblystoma mexicanum) im Lauf von 30 Tagen mit i.m. Injektionen von 17-Methyl-19-nortestosteron und fanden im HVL eine deutliche Vermehrung der cyano- (baso-)philen Elemente. Die Schilddrüse reagierte sekundär auf die hypophysären Veränderungen mit dem Eintritt der Aktivität, die den neotänen Ruhezustand der Norm beim Axolotl ablöste, dagegen spielten sich am Thymus Involutionsprozesse ab und im Ovarium wurde bei den erwachsenen Weibchen die Ablösung der reifen Ovocyten gehemmt, es kam zu ihrer Resorption und in den Ovidukten blieb die funktionelle Hypertrophie aus, wie sie der Ovulation vorausgeht; bei den jugendlichen Weibchen wurde die Dotterbildung gehemmt. Im allgemeinen war die Methylverbindung wirksamer als die gleichzeitig geprüfte Äthinylverbindung. Nach Absetzen der Behandlung kehrten die Tiere zum Zustand der unbehandelten Kontrollen zurück.

1b. Androgene und trope Hormone des Hypophysenvorderlappens (außer den Gonadotropinen)

Über die Wirkung von Androgenen auf die Produktion und Sekretion der anderen tropen Hormone des Hypophysenvorderlappens (außer den oben besprochenen Gonadotropinen) liegen offenbar nur wenige Untersuchungen vor. VAN REES, NOACH u. VAN DIETEN (1965) haben festgestellt, daß die Kastration bei männlichen Ratten den Thyreotropin-(TSH-)Gehalt sowohl in der Hypophyse als auch im Serum herabsetzt; die Verabreichung von Testosteronpropionat ließ den TSH-Spiegel im Serum der kastrierten Rattenmännchen ansteigen, während ihr Einfluß auf den TSH-Gehalt im Hypophysenvorderlappen je nach der Testosteronpropionat-Dosis verschieden war: physiologische Dosen verhinderten den durch die Kastration ausgelösten Abfall des TSH, während die Verabreichung hoher Dosen einen niedrigen TSH-Gehalt in der Hypophyse zur Folge hatte, etwa in der Größe der bei den unbehandelten Kastraten beobachteten Werte. Gleiche Verhältnisse wurden auch bei den thyreoidektomierten und anschließend mit Thyroxin behandelten Ratten gefunden; wurde aber die Thyroxin-Behandlung fortgelassen, so konnte keinerlei Einfluß von Testosteronpropionat auf den Gehalt an TSH weder in der Hypophyse noch im Serum festgestellt werden. Verff. schließen aus ihren Ergebnissen, daß Testosteron vermutlich mit der Wirkung von Schilddrüsenhormon auf die Sekretion von TSH interferiert.

Das Phenylpropionat von 19-Nor-androstenolon (PA) hebt nach ROGER (1970) die Sekretion von LH beim kastrierten Rattenmännchen auf; daneben weist das Stroma eines intrasplenischen Ovarialtransplantats bei diesen Kastraten unter der Behandlung mit PA eine bedeutende Lipidinfiltration auf, die aber nicht auf einem Zusammenwirken von PA mit LH beruht. 5 erwachsene Rattenmännchen wurden kastriert und erhielten 15 Tage später ein reifes Rattenovarium in die Milz transplantiert; anschließend wurden sie im Laufe von 15 Tagen täglich mit 250 mg PA s.c. injiziert und 1 Tag später getötet: Der obige Befund einer bedeutenden Lipidinfiltration des Ovarialstromas wurde bestätigt und außerdem eine beschränkte Hypertrophie der Brustdrüsen und bei 3 von 5 Tieren der Beginn einer Milchsekretion festgestellt; die Injektion von PA beim kastrierten Rattenmännchen vermag offenbar die Sekretion von Prolactin auszulösen.

Bei Rattenweibchen ergaben Testosteroninjektionen (2,0 mg/Tag) eine Zunahme des Prolactin-(LTH-)Gehalts in der Hypophyse und im Serum, wenn auch die Zunahme geringer war, als bei der Gabe von 50 μg Oestradiolbenzoat/Tag, wie WOLTHUIS (1963) feststellte. Jedoch beeinflussen *physiologische* Androgendosen die LTH-Funktion des HVL nicht, während physiologische Dosen von Oestradiol in dieser Hinsicht wirksam sind. Alle 3 Sexagene (Oestradiol, Testosteron, Progesteron) erhöhen die Produktion von LTH und seine Abgabe (Sekretion) aus dem HVL; ein negativer feed back-Mechanismus scheint nicht im Spiele zu sein. Der LTH-Gehalt in der Hypophyse ist bei intakten und kastrierten Männchen und bei kastrierten Weibchen der Ratte praktisch identisch.

Auf die Beziehungen zwischen Testosteron und LTH werfen auch Versuche am Kamm-Molch (Triton cristatus) einiges Licht. Beim Kamm-Molch ist der Schwanzkamm ein ambisexuelles, von den Sexualhormonen unabhängiges Saisonmerkmal. MAZZI u. Mitarb. (1970a, b) haben in einer Reihe von Untersuchungen gezeigt, daß sowohl bei normalen und kastrierten als auch bei kastrierten + thyreoidektomierten Molchen beiderlei Geschlechts die Gabe von LTH eine Zunahme der Kammhöhe bewirkt, während LH und TSH in dieser Hinsicht unwirksam sind. Da es Hinweise darauf gibt, daß LTH beim Molch gewisse Hypophysenvorderlappenaktivitäten zu stimulieren vermag, z. B. auch die ACTH-Wirksamkeit, prüften die

Verff., ob LTH bei hypophysektomierten Molchen beiderlei Geschlechts eine Zunahme der Kammhöhe zu bewirken und ob es die Tätigkeit der Nebennierenrinde zu verändern imstande ist. Es erwies sich, daß LTH bei den hypophysektomierten Molchen die Kammhöhe in der gleichen Weise vermehrt wie bei den oben erwähnten Molchen; die Nebennierenrinde spielte bei dieser Wirkung keine Rolle, da weder die histologische Untersuchung noch die Prüfung der Δ^5-3β-Hydroxysteroid-Dehydrogenase irgendwelche Unterschiede zwischen den unbehandelten Kontrolltieren und den mit LTH injizierten hypophysektomierten Molchen aufdeckten. In weiteren Versuchen zur Prüfung der Effekte von Testosteron auf den Wassertrieb beim Kamm-Molch wurden Sommertiere (Landtiere) mit Testosteron implantiert: der Trieb zum Wasser begann sich schon nach 2 Tagen zu zeigen und war am 9.—12. Tag bei 100% der Versuchstiere komplett; gleichzeitig war auch die Kammhöhe signifikant gesteigert. Anschließend begann die allmähliche Abnahme des Wassertriebes und am 21. Tag kehrten 100% der Tiere aufs Land zurück. Da sowohl der Wassertrieb als auch die Kammhöhe ausschließlich von der LTH-Sekretion abhängig sind, zeigen diese Versuche, daß das Testosteron die LTH-Sekretion stimuliert. In vitro-Versuche ergaben ferner, daß die explantierten Hypophysen der mit Testosteron behandelten Molche mehr LTH ins Medium sezernierten als die Hypophysen der unbehandelten Kontrollmolche.

FRANCHIMONT (1971) hat in seiner Monographie des Wachstumshormons und der Gonadotropine die auf die *Beziehungen zwischen STH und den Androgenen* bezüglichen Untersuchungen kurz wiedergegeben. Darnach haben MARTIN, CLARK u. CONNOR (1968) mitgeteilt, daß in klinischen Fällen und zwar bei im übrigen normalen, aber in der sexuellen Entwicklung zurückgebliebenen Kindern Gaben von Testosteron die somatotrope Reaktion im Laufe des Tests der Insulinhypoglykämie und bei Perfusion von Arginin vergrößern. Ebenso haben ILLIG u. PRADER (1970) gezeigt, daß bei 4 Patienten mit Anorchidie und 1 Patient mit verspäteter sexueller Reifung (Pubertas tarda) Testosterongaben die Freisetzung von STH beim Insulinhypoglykämietest erhöhen: die einmalige Injektion von Testosteron, 48 Std vor dem Test gegeben, erwies sich als wirksam und die chronische Behandlung mit Testosteron im Lauf von 2—3 Monaten bewirkte eine noch stärkere Zunahme der somatotropen Reaktion. Bei im Wachstum zurückgebliebenen Kindern ist die Steigerung der STH-Produktion nach dem Insulinhypoglykämietest nur schwach, dagegen bewirkt das Testosteron eine bedeutende STH-Zunahme, wenn die gleichen Patienten 20 Std vor dem Test 400 mg Testosteron erhalten haben (DELLER, PLUNKETT u. FORSHAM, 1966); diese Forscher sind der Meinung, daß die Androgene das Wachstum stimulieren, indem sie die Sekretion von STH fördern; tatsächlich erscheint es wahrscheinlich, daß die Androgene das Wachstum auf dem Weg über die Hypophyse fördern, denn in Fällen von Wachstumshemmung mit Schädigung der Hypophyse haben die Androgene keine wachstumsfördernde Wirkung (VAN DER WERFF TEN BOSCH, 1962). In dem gleichen Sinn spricht auch die Beobachtung, daß die Injektion von Testosteron bei hypophysektomierten Ratten zwar eine Virilisierung hervorruft, aber keinerlei Einfluß auf das Wachstum hat (SIMPSON, ASLING, EVANS u. YALE, 1950). Im Gegensatz zu den obigen Untersuchern haben DANOWSKI u. Mitarb. (1968a, 1968b) beobachtet, daß Testosteron bei Kindern gegeben, die Reaktion von STH auf die i. v. Injektion von Tolbutamid oder Arginin herabsetzt.

Im Hinblick auf diese zum Teil widersprechenden Ergebnisse kommt FRANCHIMONT (1971) zum Schluß, daß die Frage, ob die Androgene die Sekretion von STH fördern oder hemmen, noch nicht mit Sicherheit zu entscheiden ist.

Für die Klärung der Beziehungen zwischen STH und der Entwicklung des männlichen Genitalsystems sind die Ergebnisse der klinischen Untersuchungen von LARON u. SAREL (1970) über das Wachstum von Penis und Hoden bei Patienten mit STH-Insuffizienz von Interesse. Verff. stellten im Laufe einer Reihe von Jahren fortlaufende Messungen der Größe von Penis und Hoden bei 20 Patienten mit hypophysärer Insuffizienz an und stellten fest, daß bei allen Patienten mit einer langdauernden Defizienz der STH-Aktivität die Geschlechtsorgane von subnormaler Größe waren, etwa vergleichbar derjenigen in der präpuberalen Periode. Besonders auffallend war der Befund bei Patienten mit isolierter STH-Defizienz von hereditärem Typus oder bei Patienten mit dem hereditären Typus des hypophysären Zwergwachstums mit immunoreaktivem (IR), aber biologisch inaktivem STH. Einige Patienten mit isolierter STH-Insuffizienz wiesen eine gewisse pubertale Entwicklung auf, während deren Penis und Hoden eine geringe Größenzunahme zeigten, aber auch dann blieben diese Organe klein im Vergleich zur Größe bei normalen Personen von gleichem Alter. Es scheint somit, daß STH eine aktive Rolle in der Größenzunahme der männlichen Genitalien und Gonaden beim Menschen spielt. Hinweise in der gleichen Richtung finden sich in den zusammenfassenden klinischen Aufsätzen von BRAZEL u. Mitarb. (1965) und von GOODMAN u. Mitarb. (1968).

1c. Zur Frage der Beziehungen zwischen Hypophysenhinterlappen und Hoden

Stimulierende Beziehungen zwischen dem neurohypophysären System und männlichen Sexualfunktionen wurden aufgrund der Beobachtungen während des Coitus beim Kaninchenbock schon seit einer Reihe von Jahren vermutet (FRIBERG, 1953; DEBACKERE u. Mitarb., 1961b, u. a.); ebenso wurde angenommen, daß *Oxytocin* direkte Wirkungen auf die männlichen Sexualfunktionen habe (KIHLSTRÖM u. MELIN, 1963; MELIN 1970, u. a.). Nach ARMSTRONG u. HANSEL (1958) sollte Oxytocin langdauernde Effekte auf das männliche Fortpflanzungsvermögen haben, woraus geschlossen wurde, daß die Aktivierung der Neurohypophyse beim Coitus die männliche Fertilität bei nachfolgenden Begattungen verbessere. Indessen sind unsere Kenntnisse gerade auf dem Gebiet der zeitlich ausgedehnten Beeinflussungen der Fortpflanzungsphysiologie durch das Oxytocin im männlichen Geschlecht nur begrenzt. Die experimentellen Untersuchungen von MELIN (1965 bis 1971) haben sie beträchtlich erweitert; so berichtete er in seiner Mitteilung vom Jahre 1965, von einem „dramatischen Anstieg" der Spermaausstoßung beim Kaninchenbock etwa 3 Wochen nach dem Beginn einer Serie von Oxytocin-Injektionen und sprach sich dafür aus, daß Oxytocin einen stimulierenden Effekt auf die Spermatogenese habe und eine daraus resultierende andauernde Steigerung der Menge des Spermaausstoßes bewirke. Eine gewisse Bestätigung dieser Annahme ergab sich aus Beobachtungen von KNIGHT u. LINDSAY (1970) am Schafbock. In neuen Versuchen hat MELIN (1971a) bei sexuell reifen Kaninchenböcken nach i. v. Injektion von 2mal 1 IE Oxytocin/kg K.-Gew. jeden dritten Tag im Lauf von 22 Tagen einen signifikanten Anstieg der ausgestoßenen Spermamenge beobachtet, der 3—4 Wochen nach Beginn der Behandlung auftrat, etwa 7 Wochen anhielt und dann einem signifikanten Abfall der Menge Platz machte. Ein Teil der so behandelten Tiere wurde 18 Tage nach Absetzen der Injektionen getötet und ihre Wirkungen durch eine quantitative Analyse der Spermatogenese (nach dem Verfahren von SWIERSTRA u. FOOTE, 1963) kontrolliert, mit dem Ergebnis, daß nach der Oxytocin-Behandlung die Zahl der primären Spermatocyten und der Spermatiden hochsignifikant anstieg, während diejenige der Sertoli-Zellen signifikant abnahm, was vielleicht auf die Wachstumsausdehnung der Kanälchenwand zurückzuführen war, denn eine geringe, aber signifikante Zunahme des Kanälchendurchmessers wurde festgestellt. Ein Vergleich der individuellen Behandlungserfolge lehrte, daß Oxytocin bei den Männchen mit submaximaler Hodenfunktion (vor der Behandlung) besonders wirksam war.

Zwecks Entscheidung der Frage, ob die stimulierende Wirkung von Oxytocin auf die männlichen Sexualfunktionen, speziell auf die andauernde Form dieser Wirkung über eine Beeinflussung der Gonadotropin-Sekretion und/oder ihrer -Produktion zustandekäme, wurde durch Messung des Gonadotropingehalts in Harn und Hypophyse von Kaninchenmännchen in Angriff genommen (MELIN, 1971 b), die im Laufe von 18 Tagen jeden dritten Tag mit 2 i. v. Injektionen von je 1 IE Oxytocin/kg K.-Gew. behandelt wurden; der Harn wurde täglich 2mal gesammelt. Die Menge der Gesamtgonadotropine im Harn stieg nach jedem Tag mit Oxytocin-Injektion für 1—3 Tage signifikant an; demgegenüber nahm der Gehalt der Hypophyse an Gesamtgonadotropinen und an FSH auf etwa 20% des Gehalts bei den unbehandelten Kontrollmännchen ab (bestimmt 2 Std nach der letzten Oxytocin-Injektion). Diese Ergebnisse dürften nach MELIN klar dafür sprechen, daß Oxytocin als ein potenter Stimulator der hypophysären Gonadotropin-Produktion bei Männchen fungieren kann, und lassen vermuten, daß die oben geschilderten Effekte einer langdauernden Oxytocin-Behandlung auf die Spermatogenese und Sperma-Ausschüttung durch eine Aktivierung des Hypophysenvorderlappens zustandekommen.

Für eine therapeutische Ausnutzung dieser Befunde dürfte die Feststellung einer subnormalen Gonadotropin-Produktion beim infertilen männlichen Patienten angezeigt sein; an sich wäre die Verwendung von Oxytocin in solchen Fällen anstelle der direkten Gonadotropin-Verabreichung von Vorteil, um einen erhöhten Spiegel endogener Gonadotropine herbeizuführen.

Die tägl. s. c. Injektion von 20 oder 30 μg a-MSH im Lauf von 10 Tagen führte nach CEHOVIC (1962) bei jungen, aber reifen Mäusemännchen von 6—8 Wochen zu einer konstanten und signifikanten Gewichtsabnahme der Hoden; der Gewichtsverlust der Vesiculardrüsen war nicht so konstant und nur in einigen Fällen statistisch signifikant; in den Kontrollversuchen mit Injektion von 10 μg Arginin-Vasopressin/Tag waren keine Gewichtsveränderungen, weder der Hoden noch der Vesiculardrüsen festzustellen. Histologisch fand sich bei den mit a-MSH behandelten Mäusemännchen eine Verringerung der Kanälchendurchmesser, eine „gewisse Desorganisation“ des Samenepithels und eine Abnahme der Zahl der reifen Spermatozoen. Nach der Reaktion der Vesiculardrüsen zu urteilen, scheinen die Leydig'schen Zwischenzellen weniger betroffen zu sein. CEHOVIC (1965) hat in anderen Versuchen die Mäusemännchen über längere Zeit (24 oder 30 Tage) tägl. mit a-MSH injiziert und fand dann eine Beeinträchtigung der Fertilität, wie aus der Abnahme der Zahl der zur Gravidität führenden Paarungen hervorgeht (Tab. 54):

Tabelle 54. *Einfluß der Injektionen von MSH auf die Fertilität von Mäusemännchen (nach* CEHOVIC, *1965)*

	Kontroll-Männchen (NaCl)		a-MSH-Männchen		β-MSH-Männchen	
	24 T.[a]	30 T.	24 T.	30 T.	24 T.	30 T.
Gesamtzahl der Weibchen	29	27	29	27	9	27
Gesamtzahl der graviden Weibchen	23	19	16	8	6	18
% der Graviditäten	79,3	70,4	55,2	29,6	66,7	66,7

[a] T. = Tage

Die Verringerung der Zahl der Graviditäten ist in der a-MSH-Gruppe im Vergleich zu den Kontrollgruppen signifikant (24 Tage-Gruppe) bzw. hoch signifikant (30 Tage-Gruppe), während die Behandlung mit β-MSH unwirksam zu sein scheint, was mit früheren Erfahrungen des Verf. (CEHOVIC, 1962) am Meerschweinchen über die Wirkung von β-MSH übereinstimmt.

KARKUN, KAR u. SEN (1936) haben Versuche an Albinorattenmännchen durchgeführt, denen sie im Lauf von 7 Tagen 42 IE a-MSH tägl. injizierten: sie sahen keine signifikanten Gewichtsveränderungen der Hoden, wohl aber Störungen der Spermatogenese, die denen bei Mäusen ähnlich waren. Die Ergebnisse der Injektion von β-MSH bei der Ratte wichen von den bei Mäusen beobachteten Wirkungen ab und schienen ausgesprochener deletär am Hoden zu sein als die Wirkungen von a-MSH, doch war die Zahl der Versuchsratten sehr beschränkt und die β-MSH-Zubereitung entsprach vermutlich nicht ganz dem β-MSH von CEHOVIC; eine Nachuntersuchung an der Ratte ist erforderlich.

Eine Herabsetzung des neurohypophysären Vasopressingehalts durch die Adrenalektomie wurde von CAVALLERO, DOVA u. ROSSI (1954) und von GAUNT, LLOYD u. CHART (1957) bei männlichen Ratten nachgewiesen. Neuerdings haben BARNAFI u. CROXATTO (1966) die Wirkung der Adrenalektomie auf die vasopressorische und oxytocische Wirksamkeit des Hypophysenhinterlappens bei männlichen und weiblichen Ratten vergleichend untersucht: bei normalen Tieren war sowohl die vasopressorische als auch die oxytocische Aktivität des HHL beim erwachsenen Weibchen merklich höher als beim erwachsenen Männchen; die Adrenalektomie setzte diese Aktivitäten beim Männchen herab, während sie beim Weibchen in dieser Hinsicht wirkungslos blieb. Die Hodenentfernung verringerte nur die vasopressorische Aktivität beim Männchen und ließ die oxytocische unverändert. Im Gegensatz dazu wurde durch die Ovariektomie zwar die oxytocische Aktivität verringert, auf die vasopressorische aber hatte der Eingriff keine signifikanten Wirkungen.

DEBACKERE, VERBEKE, LAURYSSENS u. PEETERS (1961) haben Wistarrattenmännchen im Alter von 3 Monaten kastriert und 16 Tage später die 11tägige Behandlung mit tägl. 50 μg Testosteronpropionat und Oxytocin (3mal tägl. 1,5 IE) begonnen (s.c.). Nach der Tötung am 12. Tag wurden die accessorischen Geschlechtsdrüsen entnommen, gewogen und homogenisiert, und in den Homogenaten die Citronensäure und Fructose bestimmt: Das Gewicht der Drüsen und ihr Gehalt an Citronensäure und Fructose war im Vergleich zu den Kontrollratten, die nur mit Testosteronpropionat ohne Oxytocin injiziert waren, deutlich erhöht.

2. Nebennieren und Androgene

Außer dem Hoden und dem Ovarium sind die Nebennieren (NN) das einzige Organ im Körper der Wirbeltiere, in dem eine physiologische Produktion von Androgenen mit Sicherheit nachgewiesen ist und in dem diese Produktion unter pathologischen Bedingungen zu exorbitant hohen Mengen ansteigen kann (vgl. das Kapitel über das Vorkommen der androgenen Wirksamkeit, S. 175 ff.). HOWARD u. MIGEON haben in Erg.-Bd. 14 dieses Handbuches (1961) die physiologische Bedeutung der andrenalen Androgene eingehend diskutiert, kommen aber zum Ergebnis, daß diese Bedeutung gegenwärtig „not well understood" ist. Das gilt sowohl für die endogenen adrenalen Androgene, als auch für die Wirkung exogener Androgene auf die NN oder als Ersatz für ihre Hormonproduktion.

SPURR u. KOCHAKIAN (1939) fanden bei im Alter von 1 Monat adrenalektomierten Rattenmännchen eine mittlere Überlebenszeit von 8,7 Tagen, die durch die Injektion von Sesamöl auf 7,1 Tage verkürzt wurde; die Injektion von exogenen Androgenen (Harnextrakten, Androstendion, Testosteronacetat, Testosteronpropionat) setzte die Überlebenszeit noch weiter herab, im Ausmaß etwa entsprechend ihrer physiologischen Aktivität, so z. B. bei Injektion von 250 IE in Form der Harnextrakte auf 2,7 Tage. Die Androgene können also nicht als Substitute für die lebenswichtigen NN-Rindenhormone dienen, sie scheinen vielmehr ausgesprochen toxisch für die adrenalektomierten Ratten zu sein. Einen geringen, aber doch signifikanten Einfluß auf die Verlängerung der Lebensdauer nach der Adrenalektomie hatten die Ovarien bei infantilen Mäusen, nicht aber bei erwachsenen Tieren; bei infantilen Mäusemännchen hatte die Kastration keinen Einfluß auf die Überlebensdauer. Von Mäusemännchen, die im Alter von 21 Tagen adrenalektomiert wurden, überlebte die Mehrzahl, wenn sie mit Cortisolacetat behandelt wurden und zeigte auch eine etwa 50%ige Körpergewichtszunahme verglichen mit den scheinoperierten Kontrollen (MUNFORD, 1957).

Die Wirkung der Androgene auf die NN bei intakten Tieren kann je nach dem verwendeten Androgen und seiner Dosierung und je nach der berücksichtigten NN-Zone verschieden sein. So steht es z. B. einwandfrei fest, daß die Androgene die einzigen Steroidhormone sind, die eine Rückbildung der X-Zone der NN verursachen; damit stimmt es überein, daß die X-Zone bei den Mäusemännchen sich schon vor Erreichung der sexuellen Reife rückzubilden beginnt, aber hypertrophiert, wenn diese Männchen kastriert werden. Bei den Weibchen nimmt die X-Zone progressiv an Mächtigkeit zu und wird durch die Ovariektomie zunächst nicht beeinflußt. Erst bei fortgeschrittenem Kastrationsalter degeneriert die X-Zone auch bei den Mäuseweibchen (wie normalerweise und frühzeitig bei den Männchen), vermutlich unter dem Einfluß der zunehmenden Bildung der endogenen adrenalen Androgene. Für den Einfluß der NNR-Androgene sprechen auch Versuche von DEANESLY (1958), in denen bei ovariektomierten, ungepaarten Mäuseweibchen und bei kastrierten Mäusemännchen durch die s. c. Injektion von ACTH die Rückbildung der X-Zone stimuliert wurde; im Hinblick auf die wahrscheinlich gemachte Herkunft aus der NNR der in der Trächtigkeit ausgeschiedenen Androgene bei Affen und Kühen, nimmt DEANESLY an, daß auch die normale Rückbildung der X-Zone beim Mäuseweibchen auf eine Zunahme der Androgenbildung in den NN während der Trächtigkeit zurückzuführen ist und nicht durch ovarielle Androgene herbeigeführt wird, wie CHESTER JONES (1955) annimmt.

Testosteron-Gaben lassen die X-Zone degenerieren; durch die gleichen Dosen wird jedoch eine Stimulierung der Zona fasciculata bewirkt. Aber während beim präpuberal kastrierten Mäusemännchen nach Hypophysektomie beide Zonen atrophisch werden, verschwindet nach zusätzlichen Testosteron-Injektionen nur die X-Zone vollkommen (CHESTER JONES, 1949): die Wirkung von Testosteron auf die X-Zone ist also eine direkte. Allerdings beschleunigen die Testosteron-Injektionen bei hypophysektomierten Mäusen auch die Veränderungen in der Zona glomerularis und Z. fasciculata, die der Hypophysektomie zu folgen pflegen.

POLL (1933) fand bei infantilen männlichen und weiblichen Mäusen eine deutliche Aufteilung der NNR in 3 Zonen: Glomerularis, Fasciculata und Reticularis; bei erwachsenen Männchen fehlte die Reticularis vollkommen, während sie bei den erwachsenen Weibchen zwar vorhanden war, aber mit fortschreitendem Alter allmählich abnahm, um schließlich im hohen Alter ganz zu verschwinden oder nur in kümmerlichen Resten erhalten zu bleiben. Androgeninjektionen (2mal 0,25 ml Proviron) ließen die NNR bei infantilen Tieren beiderlei Geschlechts in wenigen (3) Tagen reifen, wobei die Reticularis in dieser Zeit unter Degeneration ihrer Zellen vollkommen verschwand; durch frühzeitige Kastration oder Gaben von Oestrogenen wurde die Reticularis auch beim Männchen erhalten, und auch bei erwachsenen Männchen (also ohne Reticularis) konnte das Auftreten neuer Reticularis-Zellen unter dem Einfluß von Oestrogengaben beobachtet werden.

Normalerweise sind die NN der Mäuseweibchen schwerer als diejenigen der Männchen und enthalten nach einem Streß mehr Corticosteroide, auch bei der Berechnung pro g NN; im Alter von 45 Tagen ist die X-Zone beim Weibchen gut entwickelt, beim Männchen aber vollkommen verschwunden. Behandelt man solche Weibchen mit 1,0 mg Testosteronpropionat tägl. im Lauf von 8 Tagen, so gleichen sich die weiblichen Corticosteroidwerte den männlichen an und die X-Zone atrophiert bei den Testosteron-Weibchen vollkommen (SAKIZ, 1960a). Trotzdem ist Verf. nicht der Meinung, daß diese funktionellen Unterschiede auf den Einfluß der X-Zone zurückzuführen seien, da der morphologische sexuelle Dimorphismus auch bei Arten ohne X-Zone vorhanden ist und das Testosteron auch bei diesen Arten einen involutiven Einfluß auf die NN ausübt. In bemerkenswerter Weise beeinflußte der sexuelle Cyclus des Weibchens bei der Sprague-Dawley-Ratte den Gehalt der NN an Corticosteroiden (SAKIZ, 1960b): während im Di- und Prooestrus kein signifikanter Unterschied bestand, war der Gehalt im Oestrus gegenüber den beiden anderen Stadien des Cyclus sehr signifikant erhöht; inwieweit die gonadalen Sexualhormone an der Verursachung dieser cyclischen Veränderungen in den NN beteiligt sind, bedarf noch der Aufklärung.

Es wurde zwar schon früher nachgewiesen, daß weibliche Ratten eine stärkere NNR-Reaktion auf Streß zeigen, als männliche Ratten (vgl. Kapitel über geschlechtsverschiedene Reaktionen auf exogene Stoffe, S. 454ff.), aber erst später konnten CRITCHLOW u. Mitarb. (1963) zeigen, daß dieser Geschlechtsunterschied in der NNR-Funktion auch für den physiologischen Ruhezustand gilt: Obgleich bei beiden Geschlechtern ein 24 Std-Rhythmus im Corticosteroid-Gehalt von Plasma und NN nachzuweisen ist, sind dennoch die Maxima des Gehalts und die durchschnittlichen Konzentrationen innerhalb des Rhythmus bei den Weibchen mit funktionierenden Ovarien bedeutend höher als bei den Männchen. Es ist wahrscheinlich, daß diese rhythmischen Veränderungen von einem übergeordneten 24 Std-Rhythmus in der Produktion von ACTH (und Gonadotropinen) abhängig sind, die wiederum durch neuroendokrine Mechanismen im Hypothalamus geregelt wird.

Wurden Rattenmännchen von $39 \pm 2,9$ g mit Testosteronpropionat in öliger Lösung über längere Zeit injiziert (55 Tage lang 6,0 mg, von da ab bis zum Schluß des Versuches etwa am 90. Tag 9,0 mg/Tag), so kam es zu einer Zunahme des Gesamtgewichts der NN und einer Abnahme ihres Gehalts an Ascorbinsäure und Gesamtcholesterin; histologisch fand sich eine Hypertrophie und Hyperplasie der NN-Rindenzellen (ROY, KARKUN u. MUKERJI, 1958), was von den Verff. auf eine Förderung der ACTH-Sekretion im HVL zurückgeführt wird. In anderen Versuchen (ROY, KARKUN u. ROY, 1958) wurden die Rattenmännchen entweder mit 15 μg Thyroxin tägl. oder mit 6,0 mg Testosteronpropionat jeden 2. Tag oder mit beiden Hormonen gleichzeitig behandelt. Testosteronpropionat führte zu einer Stimulierung der NN-Rinde in der zweiten und dritten Versuchsgruppe, mit Hypertrophie und Hyperplasie der Zellen und Schwund des Cholesterin- und Ascorbinsäure-Gehalts. Die fettige Metaplasie der Rindenzellen, die von den Verff. auch in ihren früheren Versuchen (ROY, KARKUN u. MUKERJI, 1958) unter dem Einfluß von Testosteronpropionat beobachtet wurde, schien durch die Kombination mit Thyroxin verstärkt zu werden, was vielleicht durch die verstärkte Sekretion von ACTH infolge der Thyroxinbehandlung zu erklären ist; dagegen scheint die stimulierende Wirkung von Testosteronpropionat auf die NN-Rinde nicht über die Schilddrüse zu gehen. Diese fettige Metaplasie der NNR unter der Einwirkung der Gaben von Methyltestosteron oder Testosteronpropionat ist nach

Roy u. Mahesh (1964) nicht als Ausdruck einer Hormonspeicherung in der NNR aufzufassen, wie von manchen Autoren vermutet wurde: Die Behandlung männlicher Ratten im Gewicht von etwa 68 g im Lauf von 30 Tagen mit 5,0 mg Testosteronpropionat, anschließend 10 Tage mit 8 mg tägl. führte zwar zu einer Stimulierung der NNR, die sich in Gewichts-, Lipid- und Cholesterinzunahmen der NN äußerte, aber der Gehalt an Corticosteron, dem Hauptcorticosteroid der Ratten-NNR, nahm ab; bei gleichzeitiger Gabe von Testosteronpropionat + ACTH war die Corticosteronkonzentration in der Rinde zwar höher als bei alleiniger Testosteronpropionatgabe, überschritt aber nicht die der Kontrollratten.

Die Variabilität der Testosteron-Wirkung auf die NN wurde von Roy, Karkun u. Roy (1959) in Versuchen mit abgestuften Dosen von Testosteronpropionat an intakten Rattenmännchen von etwa 42 g K.-Gew. und von Roy, Karkun u. Mukerji (1959) an präpuberal kastrierten Mäusemännchen im Alter von 31—32 Tagen untersucht. Die intakten Rattenmännchen erhielten jeden 2. Tag im Lauf von 25 Tagen 25, 50, 100, 200, 400 oder 800 μg Testosteronpropionat i. m. injiziert: das absolute NN-Gewicht nahm bei den Dosen von 25, 50 oder 100 μg ab, blieb bei 200 und 400 μg unverändert und stieg bei 800 μg an; die Veränderungen des relativen NN-Gewichts gingen parallel; der Cholesteringehalt der NN blieb bei 25 und 50 μg unverändert und nahm bei den höheren Dosen entsprechend der Menge ab; auch der Ascorbinsäuregehalt zeigte bei 25 und 50 μg keine Veränderung, stieg bei 100, 200 und 400 μg signifikant an und war bei 800 μg ebenso hoch wie bei den unbehandelten Kontrollmännchen. Bei den 3 niederen Dosierungen, besonders bei der niedersten kam es histologisch zu atrophischen Veränderungen in der inneren Z. fasciculata und in der Z. reticularis; diese Veränderungen fehlten bei den Dosen von 200 und 400 μg, während bei 800 μg eine Hypertrophie und Hyperplasie der Fasciculata-Zellen eintrat. Die kastrierten Mäusemännchen erhielten 0,25—3,0 mg Testosteronpropionat tägl. s. c. im Lauf von 10 Tagen injiziert; während die Kastration zu einer signifikanten Gewichtszunahme der NN führte, ergaben die niedrigen Testosteronpropionat-Dosen (0,25 und 1,0 mg) eine signifikante Abnahme des NN-Gewichts bei den Kastraten, deren Werte unterhalb derjenigen bei den intakten Kontrollmännchen lagen. Bei Gaben von 2,0 mg war der Unterschied gegenüber den kastrierten Kontrollen nicht signifikant und bei 3,0 mg praktisch nicht vorhanden. Histologisch fand sich bei den Kastraten eine starke Verbreiterung der NN-Rinde, und zwar der X-Zone; unter dem Einfluß von 0,25 mg Testosteronpropionat kollabierte die X-Zone zu einem schmalen Band, während die beiden anderen Zonen normal waren; bei der Dosis von 1,0 mg verschwand die X-Zone vollkommen, die Z. fasciculata erschien etwas schmäler als bei den Kontrollen und zeigte bei 2,0 und 3,0 mg eine merkliche Hypertrophie und Hyperplasie ihrer Zellen. Verff. nehmen an, daß die Verschiedenheit der Wirkungen von Testosteronpropionat je nach der Dosis mindestens zum Teil von einem unterschiedlichen Wirkungsmechanismus abhängen dürfte, der entweder über das LH oder das ACTH des HVL verlaufen könnte; bei der Maus ist auch die *direkte* Wirkung von Testosteronpropionat auf die X-Zone zu berücksichtigen.

Zu in mancher Hinsicht abweichenden Ergebnissen gelangte Suchowsky (1958), der erwachsenen intakten oder kastrierten männlichen und weiblichen Ratten tägl. 5, 2 oder 1 mg Oestradiolbenzoat bzw. Testosteronpropionat in öliger Lösung s. c. injizierte und sie am 2., 4., 8., 12. oder 21. Tag untersuchte. Bei intakten und kastrierten weiblichen und bei kastrierten männlichen Tieren wurde eine signifikante Zunahme des Gewichts der NN nach Gaben von Oestradiolbenzoat registriert, während die gewichtsmäßig gleichen Testosteronpropionatgaben weder bei den Männchen noch bei den Weibchen das NN-Gewicht beeinflußten. Die histochemische Untersuchung ergab bei den intakten Weibchen einen langsamen Anstieg des Lipidgehalts der NN im Lauf des Versuches, bei den kastrierten Weibchen einen kontinuierlichen Abfall unter dem Einfluß der Oestradiolbenzoat-Behandlung, die eine ähnliche Wirkung auch bei den intakten und kastrierten Männchen hatte. Testosteronpropionat schien nur bei kastrierten Weibchen den Lipidverlust zu hemmen. Beim Vergleich der NN-Gewichte mit dem Lipidgehalt ergab sich keine Parallelität zu dem Abfall.

Nach KITAY (1961) gehört eine niedrigere Corticosteron-Konzentration im peripheren Kreislauf und in der NN-Vene nach Streß oder nach ACTH-Gaben beim Männchen als beim Weibchen zu den Geschlechtsunterschieden in der NN-Funktion; auch ist die biologische Halbwertzeit von Corticosteron beim Männchen länger als beim Weibchen und Leberhomogenate von männlichen Spendern ergeben eine geringere Reduktion von Ring A im Corticosteron in vitro als Homogenate der weiblichen Leber. In Übereinstimmung mit SUCHOWSKY (1958) fand KITAY (1963), daß die Verabreichung eines Depotpräparats von Testosteron weder bei männlichen noch bei weiblichen Ratten einen Einfluß auf das Körpergewicht und das Gewicht der Hypophyse hatte. Der ACTH-Gehalt der Hypophyse war beim Männchen unverändert und beim Weibchen herabgesetzt; NN-Gewicht und NN-RNS- und NN-DNS-Gehalt waren bei beiden Geschlechtern herabgesetzt; der Plasma-Gehalt an Corticosteron nach Streß oder nach ACTH-Injektion war beim Männchen unverändert und beim Weibchen herabgesetzt. Die Testosteronverabreichung erhöhte bei intakten Männchen die adrenale Steroidogenese signifikant, gemessen in vitro. Eine signifikante Abnahme der Steroidproduktion fand sich bei intakten Weibchen, dagegen eine vermehrte Steroidproduktion in den NN bei mit Testosteron behandelten kastrierten Weibchen. Direkt in vitro zugesetztes Testosteron hatte keine Wirkung. Diese Ergebnisse weisen sowohl auf eine Abnahme der ACTH-Sekretion hin als auch auf eine Verbesserung der adrenalen Steroidproduktionsfähigkeit durch Testosteron. Bei intakten Weibchen sind diese Wirkungen durch die Hemmung der Oestrogensekretion kompliziert: Die Wirkung von Testosteron beim Weibchen könnte auch die sekundäre Folge einer Hemmung der endogenen ovariellen Oestrogensekretion sein, da KITAY (unveröff.) eine merkliche Erhöhung der Steroidogenese nach Oestradiolbehandlung beobachtete. Nach Auffassung von KITAY geht die Wirkung von Testosteron auf die NN *nicht* über die Hypophyse.

Eine Bestätigung dieser Auffassung von KITAY über die direkte Wirkung der Androgene auf die NN kann man aus den Versuchen von LINET u. BARTOVÁ (1968) nach Meinung der Verff. herauslesen: Sie untersuchten die Wirkung von Testosteronpropionat (TP), 19-Nortestosteronphenylpropionat (NTPP) und Methandrostenolon (MA) auf die NN an erwachsenen *hypophysektomierten* Wistar-Rattenmännchen; die Behandlung mit den Steroiden (s. c. Injektion in öliger Lösung) begann stets unmittelbar nach der Hypophysektomie. Nach 10tägiger Gabe von 2 mg/100 g/Tag war bei der Verwendung von NTPP oder MA das Gewicht der NN unverändert; am 11. Versuchstag war der Gehalt an Corticosteron unverändert, während der Cholesteringehalt im Vergleich zu den hypophysektomierten Kontrollratten abgenommen hatte. Beide Steroide bewirkten eine Zunahme des Gewichts des M. levator ani. Die Wirkung der Injektion von 1,7 mg TP/100 g/Tag oder von 4 mg NTPP/100 g/Tag wurde am 3, 5. und 8. Versuchstag untersucht: Bei Verabreichung dieser Dosen von TP oder NTPP kam es zu einer signifikanten Gewichtszunahme der NN, die aber am 8. Tag nicht mehr signifikant war; der Gehalt an Corticosteron war am 8. Tag erhöht, während der Gehalt an Gesamtcholesterin am 3. und 8. Tag nur bei Injektion von NTPP erniedrigt war. Das Gewicht des M. levator ani wurde durch beide Steroide, gemessen am 5. und 8. Versuchstag, erhöht. Die orale Verabreichung von MA war unwirksam. NTPP hatte bei einmaliger Gabe von 3 mg/Tier oder von 0,3 mg/Tier/Tag nach 7tägiger Beobachtung keinen Einfluß auf das Gewicht und den Corticosterongehalt der NN; dagegen nahm das Gewicht des M. levator ani in beiden Versuchsanordnungen zu. Verff. schließen aus den Ergebnissen ihrer Versuche, daß die benutzten Steroide eine direkte Wirkung auf die NN ausübten, vermutlich dank ihrer androgenen Wirksamkeit. Aber objektiv betrachtet, muß man zugeben, daß diese Ergebnisse nicht so „clear cut" sind, wie man nach der Schlußfolgerung der Verff. annehmen könnte. Es bedarf wohl noch ausgedehnter Untersuchungen, vor allem auch an verschiedenen Tierarten, ehe man die Frage der direkten bzw. indirekten Wirkung der Androgene auf die NN endgültig entscheiden kann.

Nach QUENUM u. CAMAIN (1962) ruft die Kastration beim Nager Cricetomys gambianus in beiden Geschlechtern degenerative Veränderungen mit Auftreten von reichlichen Lipofuscinen in den Zellen der normalerweise kein Pigment enthaltenden Reticularis interna der NN hervor. Diese Pigmentablagerung, von der nur die dem NN-Mark benachbarten Zellen betroffen werden, wird umso reichlicher eine je längere Zeit seit der Kastration verstrichen ist. Die 6—20 Monate nach der Kastration verabreichten Sexualhormone (Testosteron, Oestrogene, Progesteron) schienen keinen Einfluß auf die Pigmentablagerung zu haben, dagegen konnte Testosteronpropionat, wenn es 8 Tage bis $1^1/_2$ Monate nach der Kastration verabreicht wurde, die degenerativen Veränderungen und die Pigmentablagerung in den Reticulariszellen verhindern.

RICHTER (1960) prüfte an 3 Wochen alten Ratten die Wirkung einiger Testoide auf die Entwicklung der NN (und anderer Organe): die NN hemmend wirkten bei Männchen das Noräthandrolon („Nilevar"), stimulierend höhere Dosen von Testosteronpropionat und von $17a$-(2-Methallyl)-19-nortestosteron; bei den Weibchen wurden nur Hemmungswirkungen beobachtet.

Die Behandlung junger erwachsener Rattenmännchen mit s. c. Injektionen von 0,2 mg Nor-androstenolonphenylpropionat tägl. im Lauf von 14 Tagen ließ das relative Gewicht der NN merklich abnehmen, was in der Hauptsache aber wohl auf die verstärkte Zunahme des K.-Gewichts bei dieser Dosis zurückzuführen war, da die atrophischen Erscheinungen nur wenig ausgebildet waren (RINNE u. NÄÄTÄNEN, 1958a); die tägliche Dosis von 2,0 mg hatte keinerlei Einfluß auf die NN, während 4,0 mg zu einer signifikanten Zunahme des relativen NN-Gewichts führten, gleichzeitig wurde eine leichte Hypertrophie der NN-Rinde verzeichnet. Wenn junge erwachsene Rattenmännchen mit 5,0 mg Cortisonacetat tägl. s. c. injiziert wurden, kam es zu einer starken Abnahme des NN-Gewichts und einer Atrophie der NN-Rinde; Nor-androstenolonphenylpropionat war in Mengen von 2,0 und 4,0 mg tägl. imstande diesen Effekt antagonistisch zu beeinflussen, wenn auch die Atrophie nicht vollkommen verhindert wurde; die durch Cortisonacetat verursachte Hemmung des allgemeinen Körperwachstums wurde ebenfalls nicht vollkommen aufgehoben (RINNE u. NÄÄTÄNEN, 1958b).

Die Reaktion auf Cortison am männlichen Genitaltraktus beim Küken zeigt im Gegensatz zur jungen Ratte eine starke Variabilität, in Abhängigkeit von der Dosierung des Cortisons und vom Alter der Küken (LEROY, 1958). Behandelte man 19 Tage alte Küken der Weißen Leghorn-Rasse mit 5 mg Cortison tägl. im Lauf von 3 Wochen, so reagierte nur 1 Tier von 5 mit einer Hypertrophie des Kammes und der Hoden; unter 10 Küken, die mit 10 mg Cortison tägl. injiziert wurden, reagierten 6 mit einer verstärkten androgenen Wirksamkeit auf den Kamm, während die Samenzellen mitunter pathologische Abweichungen von der Norm aufwiesen. Wurden 5 Wochen alte Küken mit tägl. 12,5 mg Cortison injiziert, so zeigten alle einen vergrößerten Kamm und bei 4 von 5 Küken enthielten die Samenkanälchen Spermatozoen, wenn auch in einem Teil der Kanälchen eine totale Verödung platzgegriffen hatte. Bei kastrierten Küken hat das Cortison unter sonst gleichen Bedingungen keinen Einfluß auf das Kammwachstum, es besitzt also an sich keine androgene Wirksamkeit (LEROY, 1959). Die Cortison-Injektionen wurden von den Küken sehr gut vertragen, doch kam es (über die Hypophyse ?) zu einer allgemeinen Wachstumshemmung, neben der Stimulierung der Hodenentwicklung und der von ihr abhängigen Beschleunigung des Kammwachstums.

TROOP (1959) stellte fest, daß Homogenate aus der Leber erwachsener Rattenmännchen im in vitro-Versuch die 17,21-Dihydroxy-20-Keto-Seitenkette von Cortison rascher reduzieren als ein entsprechendes Homogenat aus der Leber weiblicher Ratten; umgekehrt baut die weibliche Leberzubereitung die Δ^4-3-Ketogruppe im Ring A rascher ab als die aus männlicher Leber: Das Verhältnis Ring A-Reduktion: Seitenkette-Reduktion ist beim Weibchen = 3,4, beim Männchen = 0,88. Diese geschlechtliche Verschiedenheit im reduzierenden Stoffwechsel wurde erst im Alter von 30 Tagen, d. h. mit beginnender Pubescenz manifest. Versuche mit Leberhomogenaten an kastrierten und an mit Sexualhormon behandelten Ratten bestätigten diese Ergebnisse (Tab. 55):

Tabelle 55. *Der Abbau von Cortison durch Leberhomogenate erwachsener Rattenmännchen, bestimmt mit der Porter-Silber-Reaktion (nach* TROOP, *1959)*

Tiergruppen	Cortison-Verlust in μg, bestimmt mit der Porter-Silber-Reaktion
Normale Männchen (300—350 g K.-Gew.)	72 ± 2
Normale Weibchen (220—240 g K.-Gew.)	12 ± 2
Kastrierte Männchen	45 ± 5
Mit Oestradiol behandelte Männchen	19 ± 2
Kastrierte und mit Oestradiol behandelte Männchen	16 ± 2
Ovariektomierte Weibchen	25 ± 4
Mit Testosteron behandelte Weibchen	30 ± 6

Das Ergebnis dieser Versuche spricht für eine Förderung der die Seitenkette von Cortison reduzierenden Wirksamkeit der Leber durch Testosteron und für ihre Hemmung durch Oestrogene. Vgl. dazu auch die Untersuchungen am Menschen von HUIS IN 'T VELD, LOUWERENS u. VAN DER SPEK (1960).

BERTRAND, MAITREPIERRE u. LORAS (1960) versuchten bei Patienten, die einer längeren Behandlung mit Cortison unterworfen werden mußten, durch zusätzliche Gaben von Testosteronpropionat die depressive Wirkung von Cortison auf die NN zu verhindern, was ihnen aber nicht gelang; dagegen waren zusätzliche Gaben von Depot-ACTH bei den gleichen Kranken in dieser Hinsicht wirksam.

1-Dehydro-17a-methyltestosteron (MD), ein anaboles Steroid, setzte bei menschlichen Vpn die Ausscheidung von 17-KS und 17-OHCS im Harn herab. Durch MD-Gaben wurde der Abbau von infundiertem Cortisol verzögert und seine Produktion herabgesetzt, was zum Teil eine sekundäre Folge des verzögerten Cortisol-Abbaus sein mochte, doch wäre eine direkte Wirkung von MD auf den Hypothalamus oder die Hypophyse auch möglich, wodurch die Produktion oder Abgabe von ACTH gehemmt würde (JAMES, LANDON u. WYNN, 1962). Die Clearance von infundiertem Cortisol aus dem Plasma wurde bei männlichen Vpn im Alter von 23—65 Jahren ohne Leber- oder endokrine Erkrankungen durch eine orale Behandlung mit Äthinyloestradiol (1,0 mg tägl.) oder 17a-Äthyl-19-nortestosteron (100,0 mg tägl.) signifikant herabgesetzt, mit Methyltestosteron (100,0 mg tägl.) jedoch nicht beeinflußt (MARKS, BENJAMIN, DUNCAN u. SULLIVAN, 1961).

Die physiologisch auftretenden Steroide Dehydroepiandrosteron (DHA), 11-Hydroxyandrostendion (11-OH-Δ^4-dion) und Corticosteron (B) wurden in Form von Preßlingen bei Mäusen implantiert (HOWARD, 1959). DHA und B hatten eine komplementäre Wirkung auf die NN-Rinde der Maus: Während die Behandlung mit DHA bei der infantilen Maus die X-Zone hemmte und das Gewicht der NN verringerte, hatte es keinen Einfluß auf das NN-Gewicht bei erwachsenen Mäusen, bei denen die X-Zone im Gefolge der normalen Entwicklung bereits verschwunden war. Dagegen verringerte B das NN-Gewicht, ohne einen Einfluß auf die X-Zone zu haben. Die kombinierte Gabe von DHA + B führte zur Rückbildung der NN-Rinde, die nur noch ein schmales Band eng gedrängter Zellen darstellte. Die Hemmung der X-Zone durch DHA erfolgte schon mit Dosen, die das Wachstum der Vesiculardrüsen nur sehr wenig förderten, dagegen eine starke Wirkung auf die Präputialdrüsen und den Phallus in beiden Geschlechtern hatten. 11-OH-Δ^4-dion hatte eine etwas geringere hemmende Wirkung auf die X-Zone, beeinflußte aber die Organe des Fortpflanzungstraktus (Vesiculardrüsen, Präputialdrüsen, Phallus, Penisknochen) in ähnlicher Weise wie DHA. Der Phallus scheint ein besonders geeignetes Objekt für das Studium der Wirkungen der NN-Androgene zu sein; die Überproduktion auch nur eines der 3 genannten Androgene bei kongenitaler NN-Hyperplasie würde nach Ansicht der Verfasserin genügen, um die phallischen Vergrößerungen beim weiblichen Fetus des Menschen zu erklären, vorausgesetzt daß der menschliche embryonale Phallus ebenso stark auf sie reagiert wie der Nager-Phallus.

Nur eine sehr geringe lokale, wenn überhaupt eine androgene Aktivität konnte ARAI (1961) in den NN kastrierter Rattenmännchen nachweisen, wenn er sie bei der Adrenalektomie auf die Vesiculardrüsen bzw. ventrale Prostata überpflanzte und 80 Tage hier beließ; erst wenn die Versuchsdauer auf 120 Tage verlängert wurde, konnte man eine ganz beschränkte lokale stimulative Wirkung mit größerer Sicherheit feststellen. Ein chronischer Streß durch injizierte Ameisensäure hatte bei den Kastraten keinen Einfluß auf die Androgensekretion der NN-Transplantate.

DÖRNER (1960) lehnte aufgrund der negativen Ergebnisse seiner Versuche mit der Verabreichung von ACTH und Choriongonadotropin (HCG) an erwachsenen und infantilen kastrierten Rattenmännchen die Vorstellung eines NN-Anteils als „dritte Gonade" (*Botella-Llusia*) als unzutreffend ab.

In diesem Zusammenhang sind Versuche von SIMONNET, MICHEL u. SÉGAL (1950) zu erwähnen, die bei der Behandlung infantiler Rattenmännchen im Lauf von 3—10 Tagen mit insgesamt 64—200 ME Gonadotropin aus Pferdehypophysen keine Änderungen des Cholesteringehalts und auch keine Verschiebung des Verhältnisses von freiem zu verestertem Cholesterin im Hoden fanden, trotzdem die gonadotrope Wirkung an der Zunahme des Vesiculardrüsengewichts deutlich ablesbar war. Dagegen kam es zu einem Abfall des Cholesteringehalts in den NN, der aber bei kastrierten Tieren fehlte: es ist also wahrscheinlich, daß diese Wirkung auf das Cholesterin der NN über das Testosteron des Hodens geht.

ZIZINE (1950) verglich die Wirkung von ACTH und Testosteron auf die NNR von Rattenmännchen, die im Alter von 40 Tagen entweder a) hypophysektomiert oder b) kastriert oder c) hypophysektomiert und kastriert wurden und anschließend an diese Operationen 15 Tage lang mit 2,5 mg Testosteronpropionat oder 1,0 mg ACTH tägl. behandelt wurden. In Serie a) waren die NN bei den Testosteron-Tieren und den ACTH-Tieren im Gewicht praktisch gleich und denjenigen bei den 40 Tagen alten Normaltieren, auch histologisch zu vergleichen; auch in Serie b) führte die Testosteronbehandlung zu einer makro- und mikroskopischen Annäherung an die Norm, mehr noch die ACTH-Behandlung; in Serie c) hatte die Behandlung mit ACTH eine bedeutend stärkere Wirkung auf das Gewicht der NN als diejenige mit Testosteronpropionat, aber auch dieses erhöhte das Gewicht im Vergleich zu den unbehandelten Kontrollen; histologisch hatten beide Hormone etwa die gleiche normalisierende Wirkung. Die parallel ausgeführte Untersuchung des Verhaltens des Thymus zeigte in allen 3 Versuchsserien eine Involution des Thymus bei der Behandlung mit ACTH sowohl als auch mit Testosteronpropionat.

SOULAIRAC, SOULAIRAC u. TEYSSEYRE (1955) fanden, daß die Wirkstoffe von ACTH, Cortison und DOCA in gleicher Weise auf den Genitaltraktus des erwachsenen Rattenmännchens einwirken, indem sie sowohl die Anhangsgebilde hemmend beeinflussen (Verringerung der Epithelzellhöhe und der alkalischen Phosphatasewirksamkeit im Vas deferens) als auch das normale Fortschreiten der Spermatogenese stören [prozentuale Abnahme der Spermatogonien im Verhältnis zur Zahl der Spermatocyten I, im Gegensatz zu den Folgen der Hypophysektomie, in deren Folge es zu einer Verschiebung der Relation Spermatogonien : Spermatocyten I zugunsten der Spermatogonien kommt (MUSCHKE, 1953)]. Verff. führen untereinander stark widersprechende Untersuchungen früherer Autoren über den Einfluß der 3 genannten Hormone auf den männlichen Genitaltraktus an.

Spezielle Untersuchungen zur Frage, ob zwischen der NN-Rinde und den Keimdrüsen auch unmittelbare Beziehungen bestehen oder ob eine gegenseitige Beeinflussung nur über die Hypophyse möglich ist, stellte OVERZIER (1952) an Ratten an, die hypophysektomiert und mit Desoxycorticosteronacetat behandelt wurden: er gelangte zum Schluß, daß „der NNR eine Doppelfunktion zukomme, nämlich einerseits eine direkte fördernde oder erhaltende Wirkung auf das Samenepithel und andererseits eine Züglerfunktion über die gonadotrope Wirkung der Hypophyse, die sie zu hemmen vermag".

Eine Prüfung der Frage, ob die Empfindlichkeit für exogene Androgene (Testosteronpropionat, Durabolin = 19-Nortestosteronphenylpropionat) bei Vesiculardrüsen, Prostata und beim M. levator ani nach alleiniger Kastration (K) und nach Kastration + Adrenalektomie (K + A) verschieden ist, wurde an erwachsenen und infantilen Rattenmännchen durchgeführt (SERIZAWA, 1960) und ergab, daß die Empfindlichkeit beider accessorischen Geschlechtsdrüsen sowohl bei den erwachsenen als auch bei den infantilen Männchen nach K + A größer war als nach K allein; dagegen zeigte der M. levator ani eine höhere Empfindlichkeit nach K + A nur bei den erwachsenen Tieren. Die Empfindlichkeit für exogene Androgene nahm mit der Zeit ab, und zwar in der Reihenfolge Prostata — Vesiculardrüsen — M. levator ani bei den infantilen und in der Reihenfolge Vesiculardrüsen — Prostata — M. levator ani bei den erwachsenen Tieren.

Das Unvermögen von 17a-Äthyl-19-nortestosteron (ebenso wie von Testosteronpropionat oder 17a-Methyl-19-nortestosteron), die Plasma-17-OHCS und die Reaktionsfähigkeit auf ACTH zu beeinflussen, wiesen CARTER, WEISENFELD u. GOLDNER (1958) an menschlichen Vpn nach. Vgl. dazu auch die Untersuchungen von APOSTOLAKIS u. TAMM (1962) über die Wirkung anaboler Steroide auf das Endokrinium beim Mann (Ausscheidung von Gonadotropinen, 17-OHCS, 17-KS und Oestrogenen, 17-OHCS-Spiegel im Plasma); hier weitere Literaturangaben.

Den Einfluß chronischer Gaben von 17a-Methyl-19-nortestosteron auf den Stoffwechsel von Cortisol untersuchten VERMEULEN u. FERIN (1962) an sonst gesunden Frauen mit Unregelmäßigkeiten des Cyclus; sie fanden eine Abnahme der Ausscheidung von 17-OHCS im Harn, die ausschließlich die Cortisol-Metaboliten betraf, während die Abbauprodukte von Corticosteron in normalen Mengen ausgeschieden wurden.

Frühere klinische und experimentelle Untersuchungen haben gezeigt, daß die Einführung eines Fluoratoms anstelle des 9a-Wasserstoffes die glykogene Wirksamkeit von NN-Rindenhormonen bedeutend verstärkt. Beim Vergleich des 9α-Fluor-11β-hydroxy-Δ^4-androsten-3,17-dion mit der nicht fluorierten Substanz konnten jedoch ROSEMBERG u. DORFMAN (1958) zeigen, daß die Wirkungsverstärkung durch Fluoreinführung nicht für alle biologischen Wirkungen der NN-Rindenhormone gilt: so war die androgene Wirksamkeit, beurteilt nach der Wirkung auf das Kammgewicht bei Küken, schon bei der nicht fluorierten Substanz gegenüber dem Δ^4-Androsten-3,17-dion herabgesetzt und fehlte beim fluorierten Produkt vollkommen.

Die i. m. Injektion von Cortison und Cortisol ließ bei 5 von 7 normalen oder in ihrer NN-Rindenfunktion gestörten Stieren die Konzentration der Spermien im Samen, bei 6 Stieren die Spermienzahl auch pro Ejakulat ansteigen, während die Fructose-Konzentration bei 5 Stieren abnahm (CUPPS, LABEN, RAHLMANN u. REDDON, 1960). Dagegen führte die Behandlung mit Testosteron bei 4 von 5 Stieren zu einer Erhöhung der Citronensäure-Konzentration im Samen, während die Spermien-Konzentration bei allen 5 Stieren abnahm. Entsprechende Versuche mit Cortison und Cortisol an normalen erwachsenen Kaninchenböcken und an andrenalektomierten Kaninchen ergaben hinsichtlich der Spermien-Konzentration wechselnde Ergebnisse, während die Fructose-Konzentration bei allen Tieren erhöht wurde. Corticosteron hatte keine Wirkung auf die Konzentration von Spermien und Fructose beim Kaninchen.

Bei neugeborenen Wistarratten erhöhte nach HÁČIK (1966) die einmalige Injektion von 1,0 mg Testosteronpropionat, zwischen dem 2. und 4. Lebenstag appliziert, das absolute und relative Gewicht der Nebennieren bei den Weibchen, wenn auch nicht signifikant, wenn sie am 120. Lebenstag untersucht wurden; dagegen stieg die Corticosteronproduktion und sein Gehalt im Plasma signifikant an; das K.-Gew. wurde nicht beeinflußt, während das absolute und relative Ovarialgewicht merklich verringert war. Im Gegensatz zu diesen Befunden bei den Weibchen zeigten die Männchen aus den gleichen Würfen bei der gleichen Testosteronpropionat-Behandlung keine Beeinflussung der Produktion von Corticosteron oder seines Gehalts im Plasma, Nebennieren- und K.-Gew. waren praktisch unverändert und die beobachteten Unterschiede im Hodengewicht waren statistisch nicht signifikant.

Auf die Variabilität der Beziehungen zwischen den Nebennieren und Androgenen ist oben schon mehrfach hingewiesen worden (S. 270 u. a. dieses Kapitels); sie wird beim Vergleich zwischen den Wirkungen bei der Ratte (und Maus), auf die sich die oben geschilderten Verhältnisse fast ausschließlich beziehen, mit den Wirkungen bei einer nah verwandten Nagerart, dem Goldhamster (Cricetus auratus) noch besonders verdeutlicht. Im Gegensatz zur Ratte ist beim Goldhamster das erwachsene Weibchen länger und schwerer als das entsprechende Männchen, wie SWANSON (1967) durch Messungen an den Nachkommen aus den gleichen Würfen in beiden Geschlechtern feststellte; Kastrationsversuche zeigten, daß das geringere Wachstum der Männchen offenbar von der konstanten Gegenwart von Androgenen abhängig war, denn die Kastration sowohl vor als auch nach der Pubertät führte zu einer sofortigen Beschleunigung des Wachstums der Männchen bis zur Erreichung der weiblichen Maße, während die Weibchen durch die Kastration nicht beeinflußt wurden. Auffallend ist es, daß beim Hamster im Gegensatz zur Ratte das Gewicht der Nebennieren beim Männchen höher ist als beim Weibchen; die Kastration läßt sowohl das absolute als auch das relative Nebennierengewicht der Männchen auf die Werte bei den Weibchen absinken. Dagegen ist das Hypophysengewicht beim Hamster ebenso wie bei der Ratte beim Weibchen höher als beim Männchen. Diese im Vergleich zur Ratte (und anderen Säugerarten) paradoxe Wirkung der Androgene auf das Wachstum und auf das Nebennierengewicht, ihr Zusammenhang oder ihre Unabhängigkeit voneinander bedürfen noch einer Erklärung.

3. Schilddrüse und Androgene

a) Beeinflussung der Schilddrüse durch Androgene

Eine tabellarische Übersicht von LAMPE u. NOACH (1962) (Tab. 56) über frühere Versuche (vor 1958) betr. den Einfluß von Androgenen auf die Schilddrüse zeigt außerordentlich variable Resultate, auch berücksichtigen die meisten dieser Untersuchungen nur die Schilddrüsenmorphologie (Gewicht oder Histologie) und nicht die Funktion. Bemerkenswert sind unter diesen älteren Arbeiten die Beobachtungen von NATHANSON, BRUES u. RAWSON (1940) über die mitogenetische Wirkung von Testosteronpropionat auf die Schilddrüse (und Nebenschilddrüsen), die bei infantilen Rattenweibchen innerhalb von 24 Std nach der Gabe von Testosteronpropionat eine vermehrte mitotische Aktivität in beiden Drüsen feststellten. LAMPE u. NOACH selber studierten den Einfluß von Testosteronpropionat (2,0 mg tägl. s. c. in öliger Lösung) auf die Schilddrüsenfunktion bei der Ratte, soweit sie sich in der Speicherung von ^{131}J äußerte. Bei den kastrierten Rattenmännchen und -weibchen führten die Injektionen von Testosteronpropionat zu einer Herabsetzung der ^{131}J-Aufnahme bei beschränkter Nahrungsaufnahme und einer Versuchsdauer von 8 Tagen, aber auch bei Weibchen mit ad libitum-Diät und Versuchsdauer von 30 Tagen. Wenn kastrierte Weibchen mit Testosteronpropionat im Lauf von 8 Tagen behandelt, darauf thyreoidektomiert wurden und unmittelbar danach eine i. v. Injektion von Na^{131}J erhielten, so nahm der ^{131}J-Spiegel im Blut rascher ab als bei den mit dem öligen Lösungsmittel allein injizierten Kontrollratten. Wurde aber die Thyreoidektomie mit einer Nephrektomie kombiniert, so war der ^{131}J-Spiegel im Blut bei Versuchs- und Kontrollratten gleich. Verff. schließen daraus, daß Testosteronpropionat die renale Ausscheidung von ^{131}J fördert, ohne den Jodraum im Körper zu verändern. Testosteronpropionat beeinflußt also die ^{131}J-Speicherung wenigstens zum Teil durch Veränderungen im extrathyreoidalen Schicksal von Jod.

FUJII (1959a, 1959b) untersuchte den Einfluß von Androgenen auf den Hypothyreoidismus bei Ratten, indem er thyreoidektomierten Weibchen und Männchen Methylandrostendiol (MAD) oder Testosteronpropionat in Form von Suspensionen in NaCl-Lösung s. c. injizierte. Erwartungsgemäß beschleunigte MAD (0,4 mg/kg alle 48 Std) durch seine anabole Wirkung das Wachstum, aber nur bei den Weibchen, während es das Wachstum bei den Männchen sogar hemmte, wenn die Behandlung mit MAD gleichzeitig mit der Thyreoidektomie begann; bei intakten Ratten hatte die gleiche Dosis MAD keinen Einfluß auf das Wachstum. Die zehnfach höhere Dosis MAD (4,0 mg/kg) setzte das Wachstum beim intakten Männchen herab und verbesserte geringfügig das Wachstum beim Weibchen; diese Dosis schien nach FUJII einen allgemein-schädigenden Einfluß auf das Männchen auszuüben, denn auch die accessorischen Geschlechtsdrüsen nahmen an Gewicht ab (was aber vermutlich auf eine über die Hypophyse gehende Hemmung der Funktion der Leydig-Zellen des Hodens zurückzuführen war). Wurde mit MAD in der ersten Lebenswoche begonnen, und zwar vor der Thyreoidektomie, die in der 4. Lebenswoche erfolgte, so wurde die Wachstumshemmung beim Männchen nicht beobachtet, wohl aber die Förderung beim Weibchen. 4,0 mg MAD/kg bewirkten, wenn die Injektionen gleichzeitig mit einer Hypophysektomie begonnen wurden, eine merkliche K.-Gewichtszunahme bei beiden Geschlechtern, wenn die Operation in der 5., nicht aber, wenn sie in der 7. Lebenswoche vorgenommen wurde. Die

Wirkung von Testosteronpropionat war bei den intakten und bei thyreoidekto-mierten Ratten im wesentlichen die gleiche wie beim MAD, d. h. es kam zu einer Stimulierung des Wachstums bei den Weibchen, während dieses bei den Männchen unbeeinflußt blieb oder (in seltenen Fällen) gehemmt wurde; die Wirkung von Testosteronpropionat (1,0 oder 10,0 mg/kg pro dosi) war geringer als beim MAD, obgleich es eine bedeutend stärkere spezifisch androgene und anabole Wirksamkeit besitzt als MAD.

Tabelle 56. *Daten der Literatur über den Einfluß von Androgenen auf die Schilddrüse (nach* LAMPE u. NOACH, *1962)*

Tierart	Geschlecht	Schilddrüsen-Morphologie (Gewicht oder Histologie)	Schilddrüsen-Funktion	Verfasser
Ratte	W. infantil	aktiviert Thiouracilkropf unverändert	—	8
Ratte	W.	unverändert	—	12
Ratte	M.	unverändert	^{131}J-Aufnahme erhöht	6, 7
Ratte	M. infantil	aktiviert	—	11
Ratte	M. infantil	versch. Ver-änderungen im Thiouracilkropf	—	10
Ratte	M. kastriert	unverändert	^{131}J-Aufnahme unverändert	5
Ratte	M. intakt und kastriert	unverändert	—	3
Ratte	W. intakt und kastriert	aktiviert	—	3
Ratte	M. kastriert	unverändert	^{131}J-Aufnahme unverändert	4
Ratte	W. kastriert	unverändert	^{131}J-Aufnahme erhöht	4
Maus	W.	aktiviert	—	13, 14
Cavia	?	Thiouracilkropf verkleinert	Thiouracilblock verhindert	15
Cavia	M.	aktiviert	—	2
Cavia	M. intakt und kastriert	unverändert	—	1
Hahn	M. intakt	Thiouracilkropf verkleinert	Thiouracilblock verhindert	15
Hähnchen	M. intakt und kastriert	unverändert	Keine Beeinflussung der Hormonausscheidung	9

1 ARON, C., MARESCAUX, J.: C. R. Soc. Biol. (Paris) 146, 1388—1390 (1952). — 2 CASTEL-LANI, L.: Arch. „E. Maragliano“, Pat. e Clin. 7, 79 (1952). — 3 HOOGSTRA, M.J., PAESI, F.J. A.: Acta endocr. (Kbh.) 24, 353—360 (1957). — 4 JONKERS, J.R., MUYZERT, J.W.E., PAESI, F.J.A., DE JONGH, S.E.: Acta physiol. pharmacol. neerl. 5, 406—412 (1957). — 5 KOCHAKIAN, C.D., EVANS, W.W.: Endocrinology 58, 279 (1956). — 6 MONEY, W.L., KIRCHNER, L., KRAINTZ, L., MERRILL, P., RAWSON, R.W.: J. clin. Endocr. 10, 1282 (1950). — 7 MONEY, W.L., KRAINTZ, L., FAGER, J., KIRCHNER, L., RAWSON, R.W.: Endocrinology 48, 682 (1951). — 8 NATHANSON, I.T., BRUES, A.M., RAWSON, R.W.: Proc. Soc. exp. Biol. (N.Y.) 43, 737—740 (1940). — 9 ODELL, T., jr.: Endocrinology 51, 265 (1952). — 10 ROY, S.N., ROY, S.K., DE, N.N.: Indian J. med. Res. 46, 396 (1958). — 11 ROY, S.N., ROY, S.K., MUKERJI, B.: Indian J. med. Res. 44, 427 (1956). — 12 SEGALOFF, A.: Endocrinology 35, 134 (1944). — 13 SELYE, H.: J. Endocr. 1, 208—215 (1939a). — 14 SELYE, H.: J. Urol. 42, 637 (1939b). — 15 VOITKEVICH, A.A.: Dokl. Akad. Nauk. SSSR. 75 897 (1950); ref. Chem. Abstr. 45, 4348a (1951).
M. = Männchen, W. = Weibchen.

Eine der wenigen experimentellen Untersuchungen, die sich mit den Einflüssen der Androgene auf die Schilddrüse bei anderen Arten als den Laboratoriumsnage-tieren beschäftigt, ist die Arbeit von BURRIS, BOGARTH u. KRUEGER (1953) über

Veränderungen der Aktivität der Schilddrüse bei Rindern durch Testosteron: sie injizierten i. m. bei Färsen und Jungstieren von 500—800 lb Lebendgewicht 1,0 mg Testosteron/kg K.-Gew./Woche und erreichten damit eine Erhöhung der tägl. Gewichtszunahme bei herabgesetztem tägl. Nahrungsverbrauch, eine Gewichtszunahme und vermehrte sekretorische Aktivität der Schilddrüse und gleichzeitig eine Abnahme der gespeicherten Thyroxinmengen in der Schilddrüse: es wird aufgrund dieser Ergebnisse vermutet, daß die das Wachstum fördernde Wirksamkeit von Testosteron beim Rind auf eine Correlation zwischen der erhöhten Schilddrüsentätigkeit und der Wachstumsrate zurückzuführen ist; offenbar bestehen keine Geschlechtsunterschiede in der Empfänglichkeit für diesen Testosteronreiz.

In klinischen Versuchen (ENGBRING u. ENGSTROM, 1959) zeigte sich der Einfluß von Testosteron bei allen Vpn (athyreotischen und hyperthyreotischen) während der Behandlung in einem merklichen Abfall des Spiegels von proteingebundenem Jod im Serum, von im Mittel 4,7 μg/100 ml auf 3,0 μg/100 ml; die Thyroxin-bindende Potenz des Serums war entweder unverändert oder wies einen Abfall auf; merkliche Veränderungen der Serumalbumin- und -globulinfraktionen traten unter der Behandlung mit Testosteronpropionat nicht auf.

JONKERS, MUYZERT, PAESI u. DE JONGH (1957) gingen den schon früher beobachteten Geschlechtsunterschieden in der Wirkung steroider Sexualhormone auf die Schilddrüse in einer speziellen Untersuchung nach: 200 g schwere Ratten beiderlei Geschlechts wurden kastriert und 1 Woche später in Versuch genommen, wobei der eine Teil 1,0 mg Testosteronpropionat, der andere Teil 50 μg Oestradiolbenzoat in öliger Lösung tägl. im Lauf von 7 Tagen s.c. injiziert erhielt; zum Schluß dieser Behandlung erhielten alle Tiere eine i. p. Injektion von 1 μC radioaktiven Jods, und 18 Std später wurde das Schilddrüsengewicht und die Aufnahme von ^{131}J in die Drüse bestimmt. Oestradiolbenzoat vergrößerte die Schilddrüse der Männchen und in geringerem Grade auch diejenige der Weibchen. Testosteronpropionat ließ das Schilddrüsengewicht der Weibchen unverändert, während es bei den Männchen etwas, aber nicht signifikant geringer was als bei den Kontrollen. Oestradiolbenzoat vermehrte signifikant die Jodaufnahme (in Prozenten der verabreichten Menge) bei den Weibchen, aber viel stärker und hoch signifikant bei den Männchen. Testosteronpropionat führte zu einer nahezu signifikanten Zunahme bei den Weibchen, während bei den Männchen die Wirkung, wenn vorhanden, in einer nicht signifikanten Herabsetzung der Jodaufnahme bestand. Die Jodaufnahme pro mg Schilddrüse wurde durch Oestradiolbenzoat nur bei den Männchen vermehrt, Testosteronpropionat hatte eine ähnliche Wirkung nur bei den Weibchen und bewirkte vielleicht eine geringe Herabsetzung pro mg Drüse bei den Männchen.

Um experimentelle Unterlagen für die Beurteilung der klinisch wahrscheinlichen Beziehungen zwischen den Keimdrüsen und der Schilddrüse zu erhalten, führte BROWN-GRANT (1956) Versuche an Ratten und Kaninchen durch, unter Benutzung der Aufnahme und Abgabe von ^{131}J durch die Schilddrüse als Kriterium der Schilddrüsenaktivität unter verschiedenen Bedingungen der Keimdrüsentätigkeit (Norm, Kastration, Schwangerschaft, Lactation u. a.): Aufgrund der im allgemeinen negativen Ergebnisse erschien die Annahme, daß Veränderungen in der Keimdrüsenaktivität beim normalen Versuchstier von wesentlichen Änderungen der Schilddrüsenfunktion begleitet seien, kaum berechtigt.

Werden neugeborene Rattenweibchen mit Testosteron injiziert, so kommt es zu einer verfrühten Vaginaleröffnung, einer Dauerverhornung der Vaginalschleimhaut und zum Ausbleiben der spontanen Ovulation im erwachsenen Alter. BROWN-GRANT (1964) injizierte den Rattenweibchen und -männchen am 4. Lebenstag 1,25 mg Testosteronpropionat und verfolgte die Funktion ihrer Schilddrüsen bis zum Erwachsenenalter durch Messung der Aufnahme von ^{131}J, der Konzentration von ^{131}J in Serum und Schilddrüse und der Abgabe von ^{131}J aus der Drüse. Die Behandlung hatte bei männlichen Ratten keinerlei Wirkung, während bei den weiblichen die postnatale Testosteronapplikation offenbar die Schwankungen der Thyreotropin-Sekretion und der Schilddrüsentätigkeit, die normaler Weise im Zusammenhang mit dem oestrischen Cyclus auftreten, aufhob, ohne aber die Aktivität signifikant herabzusetzen.

MIETKIEWSKI u. Mitarb. (1971) kastrierten erwachsene (330—370 g K.-Gew.) Rattenmännchen und begannen 15 Tage nach dem Eingriff die s. c. Behandlung im Laufe von 14 Tagen mit täglichen Injektionen von 200 μg Testosteronpropionat oder 200 μg Stilboestroldipropionat oder von der Kombination beider Wirkstoffe; die kastrierten Kontrollmännchen erhielten nur das ölige Lösungsmittel injiziert. Bei der Untersuchung zeigte sich, daß die Kastration eine Abnahme des Kernvolumens in den Epithelzellen der Schilddrüse und eine Verringerung der Reaktionsintensität von sauren Phosphatasen, unspezifischen Esterasen und der ATP-ase in diesen Zellen bewirkte. Die s. c. Verabreichung von Stilboestroldipropionat oder von Testosteronpropionat rief eine nicht signifikante Stimulierung der Schilddrüsenfunktion bei den Kastraten hervor, dagegen ergab die kombinierte Behandlung mit den beiden Wirkstoffen eine merkliche Kernvergrößerung in den Epithelzellen der Schilddrüse und eine Zunahme der Reaktionsintensität der untersuchten Hydrolasen in diesen Zellen, was auf eine synergistische Wirkung von androgenen und oestrogenen Hormonen an der Schilddrüse des kastrierten Rattenmännchens bei dieser Versuchsanordnung hinzuweisen scheint. Es muß allerdings hervorgehoben werden, daß in früheren Untersuchungen auf diesem Gebiet (z. B. von D'ANGELO, 1966, 1968, und von BROWN-GRANT 1968) niemals einschlägige Beobachtungen mitgeteilt worden sind. Auch geht aus den Daten der Arbeit von MIETKIEWSKI u. Mitarb. nicht hervor, inwieweit die tatsächliche Verdoppelung der Wirkstoffmenge bei den Kombinationsversuchen an der beobachteten Wirkung ursächlich beteiligt sein könnte.

CHIEFFI (1962), der Larven des urodelen Amphibiums Triton cristatus carnifex mit Testosteron in den Dosen von 20, 100 oder 500 μg/Liter Kulturwasser behandelte, beobachtete keine Maskulinisierung selbst mit den höchsten Dosen, dagegen eine Verzögerung der Metamorphose auch mit den niederen Dosen, die, nach dem histologischen Bild zu urteilen, auf eine Hemmung der Entwicklung der Schilddrüsenfunktion zurückzuführen war.

b) Beeinflussung der Gonaden durch die Schilddrüse

BENOIT (1937) fand beim Enterich, daß die Thyreoidektomie einen hemmenden Einfluß auf das Wachstum des Hodens unter der Wirkung einer Stimulierung durch zusätzliche elektrische Belichtung ausübt; diese Hemmung ist in den ersten 3—4 Wochen sehr merklich, flaut aber nachher ab, ohne daß es möglich wäre festzustellen, ob sie nach einer ausreichend langen Beobachtungszeit ganz verschwindet. Die Schilddrüsenentfernung hemmt auch die Entwicklung des Penis beim Enterich, und zwar in höherem Grade und für längere Zeit als diejenige des Hodens:

<table>
<tr><td>4 normale Enteriche</td><td>— Penisgewicht 1,0—2,0 g
Hodengewicht 2,3—3,7 g</td></tr>
<tr><td>4 thyreoidektomierte Enteriche</td><td>— Penisgewicht 0,25—0,40 g
Hodengewicht 2,3—3,2 g</td></tr>
</table>

Bei Versuchsenterichen mit höherem Hodengewicht ist der Unterschied weniger ausgesprochen:

5 normale Enteriche — Penisgewicht 2,3—3,6 g
Hodengewicht 31,0—61,6 g

6 thyreoidektomierte Enteriche — Penisgewicht 0,9—1,7 g
Hodengewicht 36,0—57,0 g

Erwachsene Rattenmännchen im Gewicht von 186—193 g wurden thyreoidektomiert, nachdem ihre Fertilität vor der Operation festgestellt war. Sie wurden nach der Schilddrüsenentfernung vom 15. Tag ab und später vom 60. und 120. Tag ab auf ihre Fertilität untersucht; sie erwies sich als gut, wenn auch eine gewisse Abnahme der Paarungen und der Fertilität zu den späteren Terminen (besonders nach 180 Tagen) beobachtet wurde. Die histologische Struktur der Hoden war bei allen Tieren (mit wenigen Ausnahmen) normal, ebenso auch die Spermatozoen, die eine normale Motilität aufwiesen (KARKUN, MUKHERJEE u. KAR, 1963). Zu abweichenden Ergebnissen der Folgen der Thyreoidektomie, besonders hinsichtlich der spermatogenetischen Funktion gelangten NARBUTT u. Mitarb. (1969): sie untersuchten die Folgen der totalen Thyreo-Parathyreoidektomie bei erwachsenen Wistar-Rattenmännchen von 130—180 g auf die Morphologie und androgene Funktion des Hodens 6 Wochen nach dem Eingriff. Die als endokrin-funktionelles Kriterium verwendete Bestimmung des Gewichts und des Citronensäure- und Fructosegehalts der Vesiculardrüsen ergab keinerlei signifikante Veränderungen, die auf einen Einfluß der Thyreoideahormone bzw. ihrer Ausschaltung auf die Synthese und Sekretion der Androgene im Rattenhoden hätten schließen lassen. Dagegen kam es zu ausgesprochenen Störungen der Spermatogenese mit Hemmung in der spermatocytären Phase; das Hodengewicht, der Durchmesser der Samenkanälchen und auch der Kerne der Leydig-Zellen waren herabgesetzt, was Verff. „auf die allgemeinen Veränderungen im Organismus als Folge des Mangels an Thyreoideahormonen" zurückführen und daher geneigt sind, „in gewissen ausgewählten Fällen von männlicher Infertilität" die zusätzliche Verabreichung von Schilddrüsenpräparaten außer der üblichen Behandlung zu empfehlen.

Physiologische Dosen von Thyroxin (T) führen zu einer vorzeitigen Entwicklung der Genitalorgane bei infantilen Kaninchenmännchen (KAR, ROY u. DAS, 1958), dagegen setzte Trijodthyronin (TJT) in Dosen von 3 bzw. 12 μg, 18 Tage lang i. m. gegeben, das Gewicht der accessorischen Geschlechtsdrüsen bei erwachsenen Männchen herab, ohne jedoch das histologische Bild oder die spermatogenetische und endokrine Funktion des Hodens zu beeinträchtigen (T war in den gleichen Dosen weniger stark wirksam als TJT). Das durch die Kastration bei Rattenmännchen herabgesetzte Gewicht von Vesiculardrüsen und Prostata wurde durch die tägl. Gabe von 12 μg TJT noch weiter erniedrigt, auch wurde die regenerierende Wirkung von Testosteronpropionat (125 μg tägl.) auf die accessorischen Geschlechtsdrüsen des Kastraten durch gleichzeitige Gaben von TJT vermindert, ebenso die Wiederherstellung der normalen Enzymaktivität (saure Phosphatasen). Die Fertilität der Männchen wurde durch TJT nicht beeinflußt. Verff. nehmen an, daß die Wirkung von TJT und T auf einer Störung des normalen Stoffwechsels der Androgene beruht[1].

Die die Ausscheidung von Kreatin im Harn unterdrückende Wirkung von Testosteron wird sowohl durch den Thymus als auch durch die Schilddrüse beein-

---

1 Nach Beobachtungen von PEYROT, PENNISI, VACCARINO u. BICIOTTI (1965) über die jodierten Verbindungen des Thyreoidea-Stoffwechsels scheint TJT bei Männchen von Triton cristatus in reichlicherer Menge vorhanden zu sein als bei den Weibchen.

flußt, wobei die Wirkung des Thymus an die Gegenwart der Schilddrüse gebunden ist, also über sie geht. In Versuchen am thyreo-thymipriven kastrierten Meerschweinchenweibchen und -männchen mit T und einem nach BEZSSONOFF und COMSA (1949) hergestellten Thymusextrakt zeigte COMSA (1953), daß der Thymusextrakt an sich, bei der gleichzeitigen Injektion von Testosteron, keinen Einfluß auf die Höhe der wirksamen Schwellendosis von Testosteron besitzt; das Testosteron unterdrückt die durch T hervorgerufene Kreatinurie, wobei der Schwellenwert der wirksamen Testosterondosis mit dem Quadrat der gleichzeitig injizierten T-Dosis zunimmt; die gleichzeitige Injektion von Thymusextrakt setzt den Schwellenwert der minimalen Testosterondosis deutlich herab, die notwendig ist, um die Wirkung einer gleichzeitig injizierten T-Dosis auf die Kreatinurie zu annulieren.

In Kombinationsversuchen mit TJT + Testosteronpropionat (KAR, ROY u. DAS, 1958) verlängerte die gleichzeitige protrahierte Behandlung mit TJT die Dauer der Wirkung von Testosteronpropionat auf das Gewicht der accessorischen Geschlechtsdrüsen und den Fructosegehalt der Coagulationsdrüsen nicht. Eine 18tägige Vorbehandlung mit TJT zeigte eine Neigung zur Verlängerung der Wirkung des anschließend gegebenen Testosteronpropionats, doch wurde das Einsetzen dieser Wirkung nicht entsprechend beeinflußt. Eine antagonistische Wirkung von TJT hinsichtlich des Einflusses von Testosteronpropionat auf das Serumcholesterin schien vorzuliegen, doch waren die Schwankungen des Serumcholesterins unter den gegebenen Versuchsbedingungen wenig ausgesprochen.

Die Frage, ob das T die Entwicklung der Müller'schen Gänge beim Hühnerembryo beeinflußt, wurde von PIET, STOLL u. MARAUD (1961), in Ermangelung eines direkten Testverfahrens, geprüft, indem der Einfluß des T auf die Wirkung von Testosteron auf die Gestaltung der Müller'schen Gänge untersucht wurde. 0,15—0,50 mg Testosteronpropionat in öliger Lösung wurden 3 Tage alten Wyandotte-Hühnerembryonen appliziert; einem Teil der Eier wurden gleichzeitig 4 μg T injiziert, Kontrollembryonen erhielten nur T. Die Untersuchung der Embryonen erfolgte am 8., 9. und 11. Tag der Bebrütung. Ein Einfluß der alleinigen T-Behandlung war nicht festzustellen. Dagegen verstärkte T die durch das Testosteron bedingte Agenesie der Müller'schen Gänge, was besonders beim weiblichen Embryo deutlich hervortrat; das gleiche gilt auch für den männlichen Embryo, nur kann es bei diesem nach der sexuellen Differenzierung nicht mehr festgestellt werden, da jene Teile der Müller'schen Gänge, die hier der Agenesie entgehen, nachher verschwinden, wie unter den normalen Entwicklungsbedingungen beim männlichen Embryo. Die Frage, ob das T seine Wirkung ausübt, indem es die Produktion fetaler Androgene fördert, oder die Empfänglichkeit der Anlagen der Müller'schen Gänge für Testosteron steigert, bleibt zunächst offen.

Anhang: Thymus und Androgene

Beziehungen zwischen dem Thymus und den Gonaden bzw. den Gonadalhormonen werden durch verschiedene Beobachtungen bei beiden Geschlechtern wahrscheinlich gemacht. Auffallend ist dabei, daß diese Beziehungen im allgemeinen einseitiger Natur zu sein scheinen, d. h. der Thymus erfährt eine Beeinflussung durch die Sexualhormone, ohne seinerseits eine Wirkung auf die Produktion oder die Auswirkungen der Sexualhormone auszuüben. Man darf allerdings nicht außerachtlassen, daß wir über die endokrinen Eigenschaften und Potenzen des Thymus nur sehr ungenügend orientiert sind und über die von ihm produzierten Wirkstoffe keine Klarheit herrscht, geschweige denn daß sie in isolierter, chemisch identifizierter Form vorlägen. Andererseits möchten wir betonen, daß an der Drüsennatur des Thymus kein Zweifel besteht, seitdem es K. Wagner[2] in unserem Laboratorium gelang, in den Zellen der Hassalschen Körperchen, deren epitheliale Natur schon früher angenommen wurde, jene charakteristischen Sekretionsprodukte festzustellen, die als sogenannte Sichelkörperchen in den Tränendrüsen, in den Leydig'schen Zwischenzellen und anderen drüsigen Formationen nachgewiesen worden sind.

Unter den Beobachtungen, die für die Beziehungen zwischen dem Thymus und den Gonaden sprechen, kommt der sogenannten „Pubertätsinvolution" des Thymus eine besondere Bedeutung zu, der Tatsache nämlich, daß die Altersinvolution des Thymus zwar tierartlich zu verschiedenen Zeitpunkten, im allgemeinen jedoch in der postpuberalen Periode stattfindet. Die Annahme, daß die zu dieser Zeit erstmalig in höheren Konzentrationen auftretenden Sexualhormone die Ursache der Pubertätsinvolution sind, wird durch die weiteren Beobachtungen gestützt, daß einerseits die Verabreichung von Sexualhormonen (Oestrogenen, Androgenen) bei infantilen Tieren zu einer verfrühten Involution und andererseits die Kastration, also die Ausschaltung der Sexualhormone bei infantilen Tieren zu einer weitgehenden Erhaltung des Thymus auch über das infantile Alter hinaus

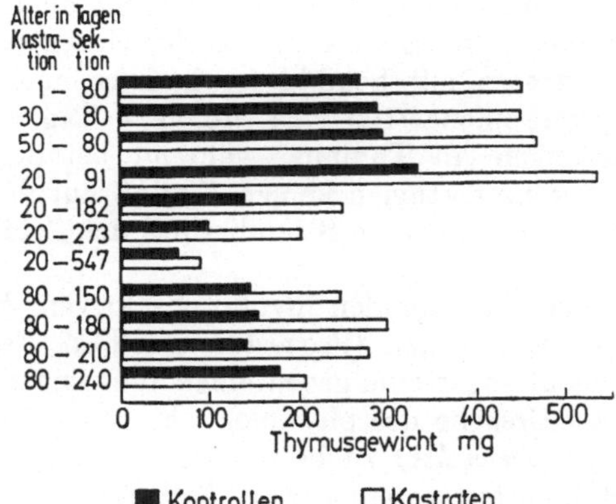

Abb. 52. Thymusgewichte bei männlichen Ratten, Wirkung der Kastration. (Nach Plagge, 1941, aus Karg, 1958)

führen. Die ersten Versuche zur Frage der postkastrativen Veränderungen des Thymus wurden von Calzolari (schon 1898) bei männlichen Kaninchen im Alter von 1—3 Monaten angestellt. In den anschließenden Jahrzehnten wurde die postkastrative Vergrößerung des Thymus bei beiden Geschlechtern, sowohl bei Laboratoriums- als Haustieren und auch bei Menschen festgestellt, so durch Goodall (1905), Henderson (1904) und Marine, Manley u. Baumann (1924) bei infantilen männlichen Ratten; Abb. 52 nach Plagge (1941) zeigt ein Beispiel der

---

2 Unveröffentlichte Untersuchungen, die von Wagner während des Krieges ausgeführt und von mir an seinen Präparaten vom Thymus infantiler Ratten und Meerschweinchen mehrfach bestätigt wurden. Zur Technik ihrer Darstellung sei bemerkt, daß eine Fixierung der frisch entnommenen Drüsen in $3^{1}/_{2}$%igem Kaliumbichromat (9 Teile) + neutrales Formalin (1 Teil) + 1 g Urannitrat auf 100 ml Lösung sich am geeignetsten erwies; Fixierungsdauer etwa 12 Std; Nachfixierung für einen bis mehrere Tage in der gleichen Lösung, aber ohne Formalin; Paraffineinbettung, Schnittdicke 3—5 μ; Färbung mit Eisenhämatoxylin nach Heidenhain und Nachfärbung mit Orange G. Die Präparate von Wagner samt allen seinen Notizen und Zeichnungen und Mikrophotos wurden durch Kriegseinwirkung zerstört; Wagner selbst starb wenige Jahre nach dem Kriege, ohne daß er dazu gekommen wäre, seine Untersuchungen zu wiederholen oder auszubauen.

Kastrationsfolgen am Thymusgewicht der Rattenmännchen. Die Verabreichung von Androsteron, Dehydroepiandrosteron und Testosteron wurde von KOREN-CHEVSKY, HALL u. ROSS (1939), ferner von SCHACHER, BROWNE u. SELYE (1936) und von REINHARDT u. WAINMAN (1942) untersucht; die letztgenannten wiesen darauf hin, daß die Androgenwirkung auch über die Nebennieren gehen könnte, da bei kastrierten und zusätzlich adrenalektomierten Tieren nach Testosteronver-abreichung keine Involution zu beobachten war. Eine Wirkung über die Hypo-physe wird von TESSERAUX (1959) erwogen, bei dem noch zahlreiche weitere Literatur zu dieser Frage angeführt wird. Eine Übersicht über die experimentelle hormonale Involution findet man auch bei DOUGHERTY (1952). MONEY, FAGER u. RAWSON (1952) zeigten in einer vergleichenden Erprobung verschiedener Steroide, daß Testosteron (neben den adrenalen Steroiden) die stärkste, eine akute Involu-tion des Thymus auslösende Wirkung ausübt, verglichen mit den anderen gona-dalen Hormonen (berechnet auf die Gewichtseinheit der applizierten Hormone zeigen jedoch nach den Versuchen von KARG (1963) die Oestrogene die stärkste Aktivität).

Nach Versuchen von COMSA (1953) an jugendlichen Meerschweinchenmänn-chen, denen Hoden und Schilddrüse entfernt wurden, ist die Wirkung von Testo-steron auf den Thymus (Abnahme der Lymphocyten, vor allem in der Rinde, und merklicher Rückgang des Thymusgewichts) von der Gegenwart der Schilddrüse abhängig: Bei den Kastraten mit Schilddrüse kam es nach Injektion von je 100—250 µg Testosteronpropionat/100 g/24 Std an 4 Tagen zu den typischen atrophischen Veränderungen im Thymus, während bei den Kastraten ohne Schilddrüse die Testosteroninjektionen keinen Einfluß auf den Thymus hatten. Nach COMSA handelt es sich um eine Stimulierung der Schilddrüse durch das Testosteron.

Diese Feststellung der überragenden involutionsaktiven Wirkung des Testo-sterons gegenüber den Oestrogenen (Progesteron soll in dieser Hinsicht ganz wirkungslos sein, vielleicht sogar eine gegenteilige Wirkung haben) legt die An-nahme nahe, daß es als Ursache des physiologischen *Geschlechtsunterschieds der Thymusgröße (des Thymusgewichts)* zu betrachten ist, wie er z. B. von ITO u. HOSHINO (1961) bei Mäusen festgestellt wurde (Tab. 57):

Tabelle 57. *Thymusgewicht bei normalen intakten Mäusen (nach* ITO u. HOSHINO, *1961)*

Alter in Tagen	Zahl der Tiere	Männchen Thymusgewicht absolut[a]	relativ[b]	Zahl der Tiere	Weibchen Thymusgewicht absolut	relativ
45	10	$50,7 \pm 7,6$	$2,45 \pm 0,80$	8	$55,3 \pm 6,4$	$2,77 \pm 0,36$
55	13	$43,9 \pm 5,7$	$1,82 \pm 0,36$	10	$48,0 \pm 7,4$	$2,28 \pm 0,37$

[a] In mg.
[b] Thymusgewicht/Körpergewicht mal 1000.

Diese Autoren stellten auch Beobachtungen über die Beeinflussung des Thy-musgewicht während der Regeneration nach Cortisol-bedingter Involution der Drüse bei Mäusen beiderlei Geschlechts an, die entweder intakt oder gonadekto-miert waren. Wie aus der obigen Tab. 57 zu ersehen, findet bei beiden Geschlech-tern bereits vom 45. zum 55. Lebenstag eine gewisse Altersinvolution statt, aber der Geschlechtsunterschied bleibt bestehen: das absolute, besonders aber das relative, auf das Körpergewicht bezogene Thymusgewicht ist beim Mäuseweibchen größer als beim Männchen. Dieser Unterschied wird noch ausgesprochener, wenn man die Involution nach zweitägiger Injektion von je 0,5 mg Cortisol am 40. und 41. Lebenstag und die nachfolgende Regeneration verfolgt (Tab. 58):

Tabelle 58. *Thymusgewicht bei mit Cortisol injizierten Mäusen (nach* ITO *u.* HOSHINO, *1961)*

Alter Tage	Tage n. d. Injekt.	Zahl der Tiere	Männchen Thymusgewicht absolut	relativ	Zahl der Tiere	Weibchen Thymusgewicht absolut	relativ
42	1	3	$16,0 \pm 5,5$	$0,79 \pm 0,30$	5	$25,2 \pm 11,7$	$1,40 \pm 0,58$
43	2	3	$12,8 \pm 4,2$	$0,60 \pm 0,16$	5	$17,1 \pm 5,2$	$0,96 \pm 0,29$
44	3	3	$13,7 \pm 1,9$	$0,69 \pm 0,14$	6	$15,9 \pm 5,8$	$0,88 \pm 0,30$
45	4	3	$11,5 \pm 2,9$	$0,56 \pm 0,17$	8	$17,4 \pm 8,8$	$0,96 \pm 0,37$
46	5	3	$9,7 \pm 4,5$	$0,60 \pm 0,25$	7	$23,1 \pm 7,7$	$1,00 \pm 0,39$
47	6	3	$8,3 \pm 0,8$	$0,40 \pm 0,02$	9	$31,3 \pm 14,5$	$1,25 \pm 0,58$
48	7	3	$13,7 \pm 1,1$	$0,57 \pm 0,05$	5	$33,5 \pm 7,3$	$1,62 \pm 0,49$
49	8	7	$12,3 \pm 4,1$	$0,57 \pm 0,22$	5	$32,6 \pm 9,4$	$1,56 \pm 0,54$
50	9	4	$14,5 \pm 6,3$	$0,68 \pm 0,19$	5	$40,1 \pm 7,8$	$1,81 \pm 0,19$
51	10	3	$18,8 \pm 4,8$	$0,75 \pm 0,19$	5	$43,9 \pm 6,4$	$2,03 \pm 0,20$
53	12	3	$29,1 \pm 7,0$	$1,28 \pm 0,29$	7	$45,6 \pm 9,2$	$2,24 \pm 0,25$
55	14	8	$30,9 \pm 1,5$	$1,28 \pm 0,09$	6	$48,6 \pm 14,2$	$2,19 \pm 0,62$

Wurden die Mäuse im Alter von 30—33 Tagen gonadektomiert und im Alter von 45 oder 55 Tagen getötet, nachdem sie in der Zwischenzeit am 40. und 41. Lebenstag mit je 0,5 mg Cortisol injiziert worden waren, so ergaben sich die folgenden Veränderungen des Thymusgewichts (Tab. 59):

Tabelle 59. *Thymusgewicht bei mit Cortisol injizierten, gonadektomierten und bei unbehandelten gonadektomierten Mäusen (nach* ITO *u.* HOSHINO, *1961)*

Alter Tage	Tage n. d. Injekt.	Zahl der Tiere	Männchen Thymusgewicht absolut	relativ	Zahl der Tiere	Weibchen Thymusgewicht absolut	relativ
42	1	4	$28,5 \pm 9,8$	$1,39 \pm 0,46$	5	$16,4 \pm 4,5$	$0,95 \pm 0,26$
44	3	6	$20,2 \pm 8,4$	$1,00 \pm 0,24$	4	$18,4 \pm 5,3$	$0,84 \pm 0,20$
46	5	6	$28,9 \pm 8,5$	$1,43 \pm 0,48$	6	$21,3 \pm 8,9$	$1,18 \pm 0,46$
48	7	5	$29,5 \pm 8,7$	$1,45 \pm 0,41$	5	$32,4 \pm 9,7$	$1,59 \pm 0,44$
50	9	4	$39,5 \pm 4,2$	$1,69 \pm 0,16$	4	$42,3 \pm 4,9$	$1,94 \pm 0,38$
53	12	4	$50,8 \pm 8,4$	$2,25 \pm 0,25$	4	$55,3 \pm 12,4$	$2,47 \pm 0,30$
55	14	4	$55,3 \pm 7,5$	$2,42 \pm 0,31$	4	$62,5 \pm 7,7$	$2,57 \pm 0,16$
Gonadektomierte Kontrolltiere							
45	—	5	$55,8 \pm 6,3$	$2,46 \pm 0,19$	5	$51,6 \pm 7,0$	$2,70 \pm 0,55$
55	—	5	$57,0 \pm 8,3$	$2,38 \pm 0,16$	7	$52,0 \pm 9,9$	$2,37 \pm 0,42$

Trotz der kurzen Frist nach der Kastration kann man auch in diesen Versuchen die aus anderen Untersuchungen bekannte Wirkung auf das Thymusgewicht feststellen, besonders bei den Männchen: Der Thymus des kastrierten Männchens ist schwerer als derjenige des intakten Männchens, während man beim kastrierten Weibchen keinen signifikanten Unterschied gegenüber dem intakten Weibchen findet; die Kurven des absoluten (Abb. 53) und des relativen (Abb. 54) Gewichts des Thymus sind in beiden Geschlechtern von etwa der gleichen Gestalt.

PLAGGE (1953) hat bei Ratten Geschlechtsunterschiede in der Reaktion des Thymus auf die Kastration bei Männchen und Weibchen gefunden; ANDREASEN, ENGBERG u. OTTENSEN (1945) stellten bei Meerschweinchen und ROBERTSON (1949) bei Mäusen ein höheres Thymusgewicht der Weibchen gegenüber den Männchen fest, bestimmt zur Zeit der sexuellen Reife. Nach SANTISTEBAN (1960) ist bei Mäusen der Geschlechtsunterschied im Thymusgewicht zu Gunsten der Weibchen im Alter von 6—14 Wochen nur wenig ausgesprochen und wird erst nach der 14. Lebenswoche signifikant.

Nach COMSA (1954) ist beim thymipriven kastrierten Meerschweinchen das hormonale Gleichgewicht gestört, wobei die Störung einerseits auf die Gegenwart der Schilddrüse und andererseits auf das gleichzeitige Fehlen von Thymus und Gonaden rückführbar erscheint. In Versuchen einer Wiederherstellung des gestör-

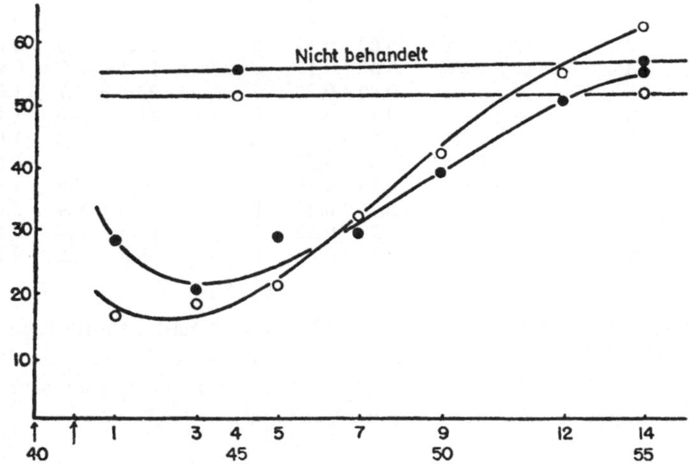

Abb. 53. Absolutes Thymusgewicht von mit Hydrocortison injizierten, gonadektomierten und von nicht behandelten, gonadektomierten Mäusen. Ordinate: Absolutes Thymusgewicht in mg; Abszisse, oben: Pfeil = Injektion, Tage nach der Injektion; Abszisse, unten: Alter in Tagen, leere Kreise (○) Weibchen, volle Punkte (●) Männchen. (Nach ITO u. HOSHINO, 1961)

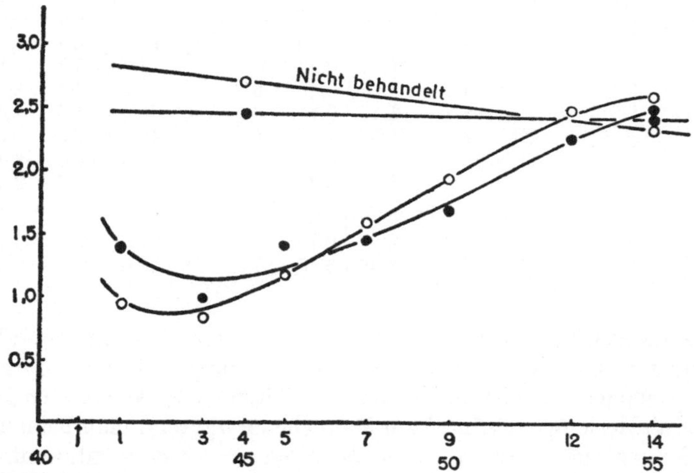

Abb. 54. Relatives Thymusgewicht von mit Hydrocortison injizierten, gonadektomierten und von nicht behandelten, gonadektomierten Mäusen. Ordinate: Relatives Thymusgewicht (Thymusgewicht/Körpergewicht × 1000); Abszisse, oben: Pfeil = Injektion, Tage nach der Injektion; Abszisse, unten: Alter in Tagen, leere Kreise (○) Weibchen, volle Punkte (●) Männchen. (Nach ITO u. HOSHINO, 1961)

ten Gleichgewichts wurden Meerschweinchenmännchen von 180 g K.-Gew. thymektomiert und 4 Tage danach kastriert. 70 Tage später wurde ein Teil der Tiere (Kontrollen) untersucht (Schilddrüsen-Histologie, Bestimmung des Cholesterins im Blut, des Kreatinins im Harn und der wirksamen Schwellendosis von Testosteronpropionat für die Hemmung der Kreatinausscheidung), während die übrigen Tiere mit einem Thymusextrakt nach BEZSSONOFF-COMSA 4 Tage lang parenteral behandelt und am Tage nach der letzten Injektion in der gleichen Weise, wie oben die Kontrollen, untersucht wurden; andere thymiprive kastrierte Meerschweinchenmännchen erhielten im Lauf von 4 Tagen Injektionen von Testosteronpropionat (250 μg/100 g/24 Std). In der Thymusextrakt-Gruppe wie in der Testosteron-Gruppe kam es im Gegensatz zu den Kontrollen zu einer Ruhigstellung der Schilddrüse, einer Aufhebung sowohl der TSH-Ausscheidung im Harn als auch der Anzeichen einer Schilddrüsenstimulierung, d. h. des herabgesetzten Cholesteringehalts im Blut, des erhöhten Kreatinspiegels im Harn und des erhöhten Testosteron-Schwellenwertes, die alle zur Norm zurückkehrten.

SHIBATA (1953, 1955) konnte keinen Einfluß der Thymektomie auf das Gewicht der Gonaden, die Zeit der Vaginaleröffnung und des ersten Oestrus und bei Männchen und Weibchen keine signifikante Änderung des O_2-*Verbrauches* als Folge der Thymektomie am 21. Lebenstag feststellen; dagegen kam es nach Kastration zu einer merklichen Vermehrung des O_2-Verbrauches im Thymusgewebe bei beiden Geschlechtern.

Im Hinblick auf die ihrer Ansicht nach immer noch umstrittene endokrine Rolle des Thymus suchten WELTMAN, OWENS u. SACKLER (1962) festzustellen, ob die Thymektomie akute bzw. chronische Wirkungen auf die gonadale und adrenale Androgenproduktion ausübe, die sich in Veränderungen des Gehalts an 17-KSt im Harn widerspiegeln; aber weder in den akuten (4 Wochen) noch in den chronischen (12 oder 24 Wochen) Versuchen fanden sich bei den thymektomierten Wistarratten-Männchen Veränderungen im Gehalt des Harnes an 17-KSt; frühere Angaben in der Literatur über eine Hemmung der Gonaden bzw. über eine passagere Stimulierung der Nebennierenrinde durch den Thymus konnten somit nicht bestätigt werden.

Der Thymus weist nach ITO u. HOSHINO (1961) während der durch Cortisolinjektionen bewirkten Involution und der anschließenden Regeneration bei 40 oder 41 Tage alten intakten Mäusen deutliche *geschlechtsbedingte Unterschiede* auf: die Regeneration erfolgt bei den Weibchen rascher und ausgiebiger als bei den Männchen. Dieser Geschlechtsunterschied wird durch die Kastration aufgehoben, die Regeneration geht bei den mit Cortisol injizierten kastrierten Männchen und Weibchen ebenso rasch vor sich wie bei den injizierten intakten Weibchen; der Geschlechtsunterschied beruht also ausschließlich auf der Gegenwart von Androgenen beim Männchen, während Gegenwart oder Fehlen von Oestrogenen für die Thymusregeneration bei Mäusen keine Bedeutung hat.

GEBHARDT, HOHENSEE u. KUSCH (1958) untersuchten den *Glutathiongehalt des Thymus* bei normalen, kastrierten und adrenalektomierten Wistarratten beiderlei Geschlechts unter der Wirkung von Steroidhormonen: die Nebennierenrindenhormone ließen den durch die Adrenalektomie verminderten Glutathiongehalt des Thymus in die Größenordnung des Normalbereiches wieder ansteigen; hiervon abweichende und offensichtlich besondere Verhältnisse schienen hinsichtlich der steroiden Sexualhormone vorzuliegen, denn sowohl die Erhöhung als auch die Herabsetzung der im Organismus wirksamen Mengen von Testosteron und Oestradiol verursachten, im gleichen Sinne wirkend, eine Verminderung des Glutathiongehalts im Thymus.

Im Hinblick auf die hemmende Wirkung von Testosteron auf die Morphogenese der lymphoepithelialen Bursa Fabricii (vgl. dazu Kap.VII, 11) beim Hühnerembryo untersuchten KING, ACKERMAN u. KNOUFF (1965) auch die Wirkung von Testosteron auf die Entwicklung des Thymus beim Hühnerembryo: 2,5 mg Testosteronpropionat in öliger Lösung wurden einmalig zwischen dem 1. und 5. Tag der

Bebrütung, d. h. vor bzw. während der Thymusdifferenzierung beim Hühnerembryo injiziert und die Embryonen am 18. Tag der Bebrütung getötet: der Thymus erwies sich in den meisten Fällen als völlig unbeeinflußt.

Bei einer Reihe von Tierarten (Hund, Ratte, Meerschweinchen, Maus, Huhn) tritt nach postnataler Thymektomie ein Syndrom auf, das sich durch Gewichtsverlust, dorsale Kyphose, Alopecie, Fellveränderungen, Lethargie, Lymphocytopenie, Diarrhoe, Kahexie, Atrophie des lymphoiden Gewebes, Weichheit der Knochen und Tod auszeichnet. Alle diese Erscheinungen beobachtet man auch beim Hamster (Mesocricetus auratus), zusätzlich bei ihm noch periorbitale und faziale Oedeme, Pancytopenie, Ataxie, Epistaxis, relative Plasmacytopenie und Gammaglobulin-Defizienz. Was diese „wasting disease" beim Hamster aber besonders auszeichnet, ist erstens ihr Auftreten auch noch, wenn die Thymektomie erst im Alter von 4 Wochen ausgeführt wird, und zweitens daß sie *nur beim Männchen auslösbar* ist; beim Weibchen kann sie hervorgerufen werden, wenn es mit Testosteron behandelt wird nach der Thymektomie oder gleichzeitig mit dieser auch eine beidseitige Ovariektomie erfolgt (SHERMAN u. DAMESHEK, 1963; SHERMAN, ADNER u. DAMESHEK, 1963). Ein ähnlicher Geschlechtsunterschied in der Reaktion auf die frühzeitige Thymektomie ist bei keiner der anderen untersuchten Arten festgestellt worden. Es scheint, daß die Gegenwart der Ovarien oder der in ihnen produzierten Oestrogene einen Schutz für das lymphoide System darstellt, während die Androgene eine „lymphoinhibierende Wirkung" zu haben scheinen. Eine Diskussion der Erklärungsmöglichkeiten der geschlechtsverschiedenen Reaktion beim Hamster findet sich in der oben zitierten Arbeit von SHERMAN, ADNER u. DAMESHEK (1963).

Ganz im Gegensatz zu diesen Beobachtungen von SHERMAN u. Mitarb. stehen die Feststellungen von NISHIZUKA u. SAKAKURA (1969), die bei neonatalen Mäusen (Nb! wenn kein ektopisches Thymusgewebe vorhanden war!) nach der Thymektomie am 3. Lebenstag einen Stillstand in der Entwicklung des Ovariums, *nicht aber des Hodens*, feststellten; in der Folge waren diese Mäuseweibchen steril, die Ovarien waren klein und enthielten keine Follikel und Corpora lutea. Diese deletäre Wirkung auf die Ovarien trat nicht ein, wenn die Thymektomie erst am 7. Lebenstag erfolgte, auch konnte sie durch die gleichzeitige Implantation von Thymusgewebe verhindert werden.

Nachdem SELYE (zuerst 1936 und später in seinem „Streß"-Buch 1951) darauf hingewiesen hatte, daß der Thymus und die lymphatischen Organe auf Nebennierenrinden-Extrakte in typischer Weise reagieren, sind diese Beziehungen mehrfach untersucht worden. Aus diesen Arbeiten geht hervor, daß — insbesondere als Reaktion auf Cortison und ihm ähnliche synthetische Produkte — Milz und Lymphknoten Rückbildungserscheinungen aufweisen und der Thymus eine Verarmung an cellulären Elementen erfährt. CSABA u. Mitarb. (1965, hier die frühere Literatur) fanden unter Corticoid-Einfluß eine spezifische *mastocytogenetische celluläre Reaktion* im Thymusgewebe. Im Hinblick auf die bekannten, oben geschilderten Beziehungen des Thymus zu den gonadalen Hormonen untersuchten sie, ob nicht auch andere Hormone mit dem Cyclopentanophenanthren-Kern ähnliche mastocytogenetische Reaktionen an Thymus und anderen lymphatischen Organen auszulösen vermögen. Sie injizierten Wistarratten beiderlei Geschlechts verschiedene Hormone i. m. und fanden, daß Cortison und Testosteron eine Mastzellenreaktion im Thymus bei Männchen und Weibchen hervorrufen, während die Gestagene und anabolen Hormone die gleiche Wirkung an den Lymphknoten, aber nur bei den weiblichen Tieren haben. Bei Prüfung der für die mastocytogenetische Wirkung verantwortlichen chemischen Struktur ergab sich, daß das in Stellung 3 am Ring A des Cyclopentanophenanthren-Kerns befindliche O-Atom für die Induktion notwendig ist, doch ist es als alleiniger Substituent nur im Lymphknoten wirksam; eine $\begin{array}{c} CH_2OH \\ | \\ -C = O \end{array}$ -Gruppe in Stellung 17 sichert die Affinität der Verbindung zum Thymus, aber erst eine zusätzliche OH-Gruppe in Stellung 17 $\begin{array}{c} CH_2OH \\ -OH \end{array}$ induziert die Mastzellenbildung im Thymus. Andererseits hemmt diese OH-Gruppe den Effekt der O-Gruppe in Stellung 3, deren mastocytogenetische Wirkung am Lymphknoten dadurch verringert oder aufgehoben wird. Es scheint, daß die Verbindungen mit der O-Gruppe in Ring A (welche die Mastzellenproduktion in den Lymphknoten hervorrufen) das Thymusgewicht zu vergrößern imstande sind, während diejenigen mit der OH-Gruppe in Stellung 17 es herabzusetzen scheinen. Die Sonderstellung der Milz im Kreis der lymphatischen Organe kommt darin zum Ausdruck, daß keine der in den anderen lymphatischen Organen wirksamen Verbindungen in ihr eine mastocytogenetische Reaktion auslöst.

4. Parathyreoidea und Androgene

NATHANSON, BRUES u. RAWSON (1940) fanden, daß eine Behandlung mit Testosteronpropionat bei infantilen Rattenweibchen schon innerhalb der ersten 24 Std nach der Androgengabe zu einer Zunahme der Zellteilungen in der Parathyreoidea führte und anscheinend auch zu einer vermehrten Funktion der Drüse.

McCULLAGH u. KEARNS jr. (1935) schlossen aus ihren klinischen Beobachtungen und aus Versuchen an Hunden, daß die Keimdrüsen in beiden Geschlechtern einen ausgesprochenen stimulierenden Einfluß auf die neuromuskuläre Erregbarkeit bei parathyreopriver Tetanie besitzen.

5. Die orchidotrope Wirkung der Androgene

Wie im Kapitel über die Regelung der Hodenfunktion (S. 12ff.) ausführlich dargelegt, erfolgt diese Regelung durch die Gonadotropine des HVL, die ihrerseits von den Einflüssen des Hypothalamus abhängig sind. Es wurde darauf hingewiesen, daß die Hypophysektomie zu einer weitgehenden Rückbildung der Hoden, und zwar sowohl der generativen als auch der endokrinen Elemente führt, deren *Wiederaufbau nur durch die Zuführung der hypophysären Wirkstoffe möglich ist.* Daß es von diesem Satz eine Ausnahme gibt, die im Lauf der Jahre eine eingehende experimentelle Bearbeitung erfahren hat, soll in den folgenden Ausführungen dargelegt werden.

WALSH, CUYLER u. McCULLAGH (1933, 1934) waren die ersten, die darauf aufmerksam machten, daß aus dem Harn extrahierte männliche Prägungsstoffe bei hypophysektomierten erwachsenen Rattenmännchen die Spermatogenese aufrechterhalten können. Diese Beobachtungen wurden von NELSON u. GALLAGHER (1936) bestätigt, von NELSON u. MERKEL (1937) auf eine Reihe synthetischer Androgene ausgedehnt (neben Androsteron wurden Dehydroisoandrosteron, cis-Androstendiol, Androstandion und Androstendion in verschiedenem Grade wirksam befunden) und in den folgenden Jahren von CUTULY, McCULLAGH u. CUTULY (1937), CUTULY u. CUTULY (1940) an der Ratte, von GREEP (1939) am Kaninchen, von WELLS (1942) am Erdhörnchen und von VAN WAGENEN u. SIMPSON (1954) am Affen bestätigt. Es ist zu bemerken, daß damals von HAMILTON (1936) und von CUTULY u. Mitarb. (1937) die Auffassung vertreten wurde, daß die Wirkung androgener Substanzen auf den Hoden bei hypophysektomierten Tieren auf ihren spezifisch androgenen Einfluß auf das Scrotum zurückzuführen sei, das sich erweitere, die Hoden aufnehme, ihnen damit ihre physiologische Umgebung mit herabgesetzter Temperatur (vgl. dazu das Kapitel über Kryptorchismus, S. 350ff.) biete und dadurch die Wiederaufnahme der Spermatogenese ermögliche. Demgegenüber wiesen NELSON u. MERKEL (1937) darauf hin, daß man bei hypophysektomierten Ratten je nach den angewandten Androgenen ein gut entwickeltes Scrotum zugleich mit nur geringer Wiederaufnahme der Spermatogenese und andererseits ein nur schwach ausgebildetes Scrotum zugleich mit nahezu normaler Spermatogenese anträfe: ihnen erscheint daher die Fähigkeit der Androgene zur Aufrechterhaltung der Spermatogenese bei hypophysektomierten Tieren in keiner Beziehung zur spezifisch androgenen Wirksamkeit der Androgene zu stehen.

In fast allen frühen Untersuchungen zur Frage der „orchidotropen Wirkung" der Androgene war es unberücksichtigt geblieben, ob die Zufuhr der Androgene unmittelbar anschließend an bzw. kurzfristig nach der Hypophysektomie erfolgte und wie lange sie fortgesetzt wurde: man konnte daher nicht entscheiden, ob es sich um eine die Spermatogenese *erhaltende* oder um eine sie *auslösende* Wirkung der Androgene handelte. Erst die Versuche von NELSON (1946) und von DVOSKIN (1944, 1947) brachten eine gewisse Klärung dieser Frage, die dann später von EIGLER (1956) und BOCCABELLA (1963) vervollkommnet wurde.

NELSON (1946) begann die Behandlung mit TPr (3 mg tägl.) 35—45 Tage nach der Hypophysektomie der Ratten und setzte sie bis zu 90 Tagen fort: die hypophysektomierten Mäuse nahm er 20—25 Tage nach dem Eingriff in Versuch und injizierte sie 35—60 Tage s. c. mit 1,25 mg TPr tägl. Bei beiden Tierarten erlischt die Spermiogenese erst mehrere Wochen nach der Hypophysektomie. Bei den behandelten Ratten und Mäusen kam es zu einer Wiederaufnahme der Spermatogenese, mit Zunahme des Hodengewichts dank der Erweiterung der Tubuli und dem Auftreten von Spermatozoen; aber in keinem Fall wurde die normale Hodengröße wieder erreicht und es fand sich immer eine mehr oder weniger große Zahl von Kanälchen, in denen die Spermatogenese unterblieben war. Bei einigen Ratten- und Mäusemännchen wurden erfolgreiche Begattungen beobachtet, die zur Aufzucht normaler Würfe führten, jedoch blieben die Paarungen in ihrer Häufigkeit stets hinter der Norm zurück.

DVOSKIN (1947) hypophysektomierte die Rattenmännchen im Alter von 84—166 Tagen und begann die Androgenbehandlung 25—64 Tage später. Er implantierte Preßlinge von T, TPr oder T-Dipropionat s. c. oder intratesticulär (i. t.); ein Hoden mit Nebenhoden wurde gleichzeitig mit der Implantation, der andere 18—116 Tage später bei der Autopsie entnommen. Die Gewichte der ventralen Prostata und der Vesiculardrüsen entsprachen bei der Autopsie im allgemeinen den aus den Preßlingen resorbierten T-Mengen: im Durchschnitt 6—13 μg tägl. ergaben Gewichte, die nur wenig über denen der unbehandelten Kontrolltiere lagen; bei einer Resorptionsdosis von im Durchschnitt 43 μg/Tag entsprachen die Gewichte denen der intakten Männchen; bei Mengen von 246—249 μg/Tag lagen die Gewichte über den Normalwerten. Die s. c. Implantation erwies sich hinsichtlich des Gewichts der accessorischen Geschlechtsdrüsen als ebenso wirksam wie die i. t. Implantation. Bei einer Dosierung von 6—10 μg T/Tag kam es zu einer Gewichtszunahme von Hoden und Nebenhoden, aber nicht zur Bildung von Spermatozoen; Mengen von 43 μg/Tag ergaben Hodengewichtszunahmen von 105% der Norm und den Befund von Spermatozoen; eine Dosierung von 249 μg/ Tag über kürzere Behandlungsperioden war nicht wirksamer als Gaben von 43—51 μg/Tag über längere Zeiten. Die s. c. Implantation der Preßlinge erwies sich hinsichtlich der Hodengewichtszunahme und der Auslösung der erloschenen Spermatogenese als bedeutend weniger wirksam als die i. t. Implantation, woraus man auf eine direkte Wirkung der Implantate auf den Hoden schließen kann.

Erfolgreiche Cohabitationen wurden von Dvoskin nicht beobachtet. Er unterstreicht, daß die Reaktion des Hodens auf die Androgene nicht diejenige eines statischen Organs ist, sondern eines Organs, das — unbehandelt — einer stetigen Abnahme unterworfen ist; die Behandlung muß also sowohl diese Abnahme verhindern als auch eine aktuelle Zunahme bewerkstelligen. Das Hodengewicht wird durch die Hormondosierung, die Lage der Implantate und die Dauer der Behandlung beeinflußt.

Eigler (1956) hypophysektomierte männliche Wistarratten im Gewicht von 130—210 g; 7 Wochen nach der Operation wurden die Tiere während weiterer 6 Wochen mit T in Form von Testoviron-Depot (Oenanthat + Propionat im Verhältnis von 4:1) behandelt. Die histologische Untersuchung der Hoden ergab folgende Befunde: T vermag die erloschene Spermiogenese wieder in Gang zu bringen, doch läßt sich eine vollkommen normale Spermiogenese mit T allein nicht erreichen; die beim hypophysektomierten Tier stark verkleinerten Tubulusdurchmesser nehmen nach T-Behandlung entsprechend der Wiederaufnahme der Spermatogenese zu; die Dicke der Tubuluswand, die nach der Hypophysektomie zunimmt, verringert sich nach T-Behandlung wieder; sowohl die Zunahme des Tubulusdurchmessers als auch die Abnahme seiner Wanddicke scheint im wesentlichen passiv im gleichen Maße zu geschehen wie sich der Tubulus mit wachsender Aktivität des Samenepithels entfaltet.

Krähenbühl (1961) verglich die Wirkungen des bei oraler Gabe sehr stark spezifisch androgen wirksamen Fluoxymesteron (Fluor-9α-dihydroxy-11β-17β-methyl-17α-androsten-4-on-3) (I) und des schwächer wirksamen Methyltestosterons (Hydroxy-17β-methyl-17α-androsten-4-on-3) (II) an vor 2 Wochen hypophysektomierten Sprague-Dawley-Rattenmännchen; I und II wurden im Lauf von 3 Wochen tägl. mit der Magensonde zugeführt. I erwies sich als bedeutend stärker spezifisch androgen wirksam als II: gemessen am M. bulbocavernosus verhielten sich die Wirkungen von I : II wie 9 : 1, an den Vesiculardrüsen wie 5 : 1, an der ventralen Prostata wie 1 : 1; die anabolen Wirkungen, gemessen am M. levator ani verhielten sich wie 16 : 1. Besonders auffällig, nicht nur in quantitativer, sondern offenbar auch in qualitativer Hinsicht unterschieden sich die Wirkungen der beiden Verbindungen am Hoden des hypophysektomierten Männchens: der infolge der Hypophysektomie atrophierte Hoden wies unter der Behandlung mit I eine merkliche Zunahme des Gewichts (bis zu 25%) und eine Regeneration des Samenepithels auf, die, wenn auch ungleichmäßig, bis zur erneuten Bildung von Spermatiden und reifen Spermatozoen fortschreiten konnte; unter der Behandlung mit II kam es bestenfalls bei den höchsten Dosen zu einer gewissen Vermehrung der Zahl der Spermatogonien und zu einer ganz unbedeutenden Gewichtszunahme des Hodens (um etwa 7%). Die besonders ausgesprochene Differenz in der Stärke der anabolen Wirksamkeit zwischen I und II (16 : 1) drängt die Vermutung auf, daß auch der frappante Unterschied in der Wirkung auf den Hoden mit der anabolen Wirkung im Zusammenhang stehen müsse, denn demgegenüber waren die Unterschiede in den spezifisch androgenen Wirkungen (s. o.) geringer und je nach dem Erfolgsorgan sehr verschieden. Diese Auffassung stimmt mit den oben (S. 288) zitierten Erfahrungen von Nelson u. Merkel (1937) überein.

Die rigorosesten Versuchsbedingungen hat Boccabella (1963) eingehalten: er wartete bei den Sprague-Dawley-Rattenmännchen von 220—250 g bis 67—70 Tage nach der Hypophysektomie und behandelte sie dann entweder 35 oder 90—110 Tage mit s. c. Injektionen von TPr (3 mg/Tag) allein oder in Kombination mit dl-Thyroxin (2 μg/Tag) (T_4), mit Rinderwachstumshormon (0,5 mg/Tag) (STH) oder mit T_4 + STH kombiniert. Nach alleinigen Gaben von TPr im Lauf von 35 Tagen hatte sich das Hodengewicht im Vergleich zu den unbehandelten hypophysektomierten Kontrollmännchen verdoppelt und einige Kanälchen enthielten Spermatiden der Akrosomphase; die gleiche Behandlung, über 90—110 Tage fortgesetzt, ergab eine qualitative, aber nicht quantitative Wiederherstellung der Spermatogenese bei 33% der Tiere, während bei den übrigen Tieren unterschiedliche schwächere Regenerationsstadien erreicht wurden. Die mit Kombinationen von TPr + STH oder TPr + STH + T_4 im Lauf von 35 Tagen behandelten hypophysektomierten Rattenmännchen hatten schwerere Hoden als die mit TPr allein injizierten Tiere und einige Kanälchen enthielten Reifestadien von Spermatiden. Eine solche Kombinationsbehandlung über 90—110 Tage führte zu einer kompletten Restaurierung der Spermatogenese bei 66% der so behandelten Männchen. Es scheint also, daß die Zugabe von STH (und in geringerem Maße diejenige von T_4) die partielle Regenerationswirkung von TPr signifikant erhöht. Ein Teil der Samenkanälchen scheint infolge der Rückbildung nach der Hypophysektomie die Reaktionsfähigkeit auf Hormongaben vollkommen einzubüßen; vielleicht beruht die Wirksamkeit von STH und von T_4 darauf, daß sie diese inhärente Reaktionsfähigkeit wiederherzustellen vermögen. Auch BOCCABELLA hat, ebenso wie NELSON eine gewisse Wiederherstellung der Fertilität (Begattungen, Würfe) bei den länger behandelten Männchen beobachtet.

Mit abweichender Methodik gingen HOHLWEG, DÖRNER u. KOPP (1961) in ihren Versuchen vor: sie vermieden die Allgemeinschädigung der Versuchstiere durch den Ausfall sämtlicher Hypophysenfunktionen infolge der Hypophysektomie und erzeugten bei den geschlechtsreifen Rattenmännchen durch s. c. Zufuhr von 2mal wöchentlich 50 μg Dienöstroldiacetat infolge Blockierung der gonadotropen Hypophysenfunktion Hemmung der Spermiogenese, der Libido und Potenz sowie völlige Sterilität. Diese Veränderungen konnten durch eine einmalige i. t. Implantation von 3 mg T verhindert bzw. auch nach ihrem Auftreten trotz Fortsetzung der Oestrogengaben wieder rückgängig gemacht werden. Die Annahme zahlreicher Autoren (z. B. GREEP u. Mitarb., 1936; TONUTTI, 1955 u. a.), daß eine vollwertige Spermiogenese mit Bildung von befruchtungsfähigen Spermien bei hypophysektomierten Ratten nicht durch eine Testosteronapplikation allein hervorgerufen werden kann, sondern stets der Mitwirkung von FSH bedarf, wurde durch die Beobachtung einer Reihe von erfolgreichen Paarungen mit den behandelten Männchen insofern entkräftet, als es nicht die Mitwirkung von FSH ist, auf die es ankommt, sondern die Gegenwart anderer HVL-Hormone das Ausschlaggebende ist, unter denen das STH die Hauptrolle spielen dürfte, dessen Mitwirkung auch bei der ersten Spermiogenese in der sexuellen Reifung besonders plausibel erscheint.

Die Methode der isolierten Ausschaltung der Gonadotropinfunktion des HVL durch Verabreichung von Oestrogenen wandten auch LACY, VINSON, COLLINS u. a. (1969) in ihren Versuchen an, in denen sie bei Wistarrattenmännchen von 200—250 g K.-Gew. die Oestrogene (Stilboestrol, Hexoestrol) in Form von s. c. implantierten Pellets 1—8 Wochen lang einwirken ließen, um die orchidotrope Wirksamkeit von Testosteron und einem spezifisch androgen hochwirksamen Derivat [Mesterolon = 1α-Methyl-5α-androstan-17β-ol-3-on (Schering)] vergleichend zu prüfen. Während Testosteron das Hodengewicht nur zu etwa 20% der Norm aufrechterhalten konnte, war Mesterolon in der gleichen Dosierung fähig es zu 50% zu erhalten, ja, bei Erhöhung der Dosis die Gewichtsnorm zu erreichen und ebenso die Spermatogenese bei etwa 80% der oestrogenbehandelten Männchen zu normalisieren. Diese offenbare Abhängigkeit der orchidotropen Wirkung von der chemischen Struktur und der Dosierung der geprüften Androgene läßt, nach Meinung der Verff., vermuten, daß die unvollkommenen Ergebnisse in manchen ähnlichen Versuchen anderer Autoren auf die Verwendung ungeeigneter Verbindungen und/oder ungenügender Dosierungen zurückzuführen sind.

Die Hemmung der Gonadenfunktion des Rattenmännchens durch frühzeitige Oestrogengaben ist sowohl durch die Verabreichung von PMS[3] (10 IE jeden 3. Tag) als auch durch Gaben von TPr (1,0 mg/Tag) reversibel: die Spermatogenese wird vollkommen wiederhergestellt (KINCL, MAQUEO u. PI, 1964). Anscheinend nicht so weitreichende Resultate erhielt RYAN (1961) bei ähnlicher Versuchsanordnung: er injizierte s. c. 17—18 oder 20—21 Tage alten Rattenmännchen 5 bzw. 10 μg Oestradioldipropionat, behandelte sie dann vom 3.—6. Tag mit Gonadotropin oder Androgen und sezierte sie am 7. Tag. T führte (in ähnlichen Dosierungen wie das Oestrogen gegeben) zum Wachstum von Vesiculardrüsen und Prostata, aber nur in hohen Dosen zum Hodenwachstum; gereinigtes ICSH aus Schafshypophysen ließ das Hodengewicht schon bei geringen Dosen ansteigen, seine Kombination mit anderen HVL-Wirkstoffen hatte keine Verstärkung der ICSH-Wirkung zur Folge. Ein Vergleich mit den Ergebnissen der Versuche von HOHLWEG u. Mitarb. und von KINCL u. Mitarb. ist angesichts des verschiedenen Alters der Versuchstiere und der sehr unterschiedlichen Dauer der Versuche nicht möglich.

KROHN u. ZUCKERMAN (1950) behandelten infantile Rhesusaffenmännchen mit TPr (insgesamt 200—400 mg in 14 Tagen i. m.) und fanden eine gewisse Beschleunigung der Spermatogenese (zahlreiche Mitosen in den Spermatogenien, die bei den Kontrollen selten waren); erweiterter mittlerer Kanälchendurchmesser $(54,2 \pm 1,7 \mu)$ gegenüber dem Kontrollwert $(42,0 \pm 1,5 \mu)$[4].

In einem Fall von Eunuchoidismus aufgrund eines „Pan-Hypopituitarismus" konnte KINSELL (1947) durch eine Dauerbehandlung mit T die fehlende Spermatogenese hervorrufen, nach seiner Auffassung durch die direkte Stimulierung der Hodenkanälchen durch T.

Eine deutliche orchidotrope Wirkung hat das Progesteron (Tab. 60): es gelingt — nach den Angaben von NEUMANN u. Mitarb. (1967) — an hypophysektomierten Ratten mit Progesteron (und auch mit 17a-Hydroxyprogesteron) die Spermiogenese aufrechtzuerhalten, wie Abb. 55 (aus der erwähnten Arbeit) zeigt; durch

---

3 Behandlung mit FSH oder ICSH allein ergab keine Restaurierung der Spermatogenese oder des Gewichts der accessorischen Drüsen.

4 In diesem Zusammenhang sei auf die Beobachtungen von JOHNSEN (1967) hingewiesen, der aufgrund von klinischen Untersuchungen an Männern mit idiopathischer Hypospermatogenese eine Hypothese entwickelt hat, die einen besonderen Mechanismus annimmt, der die Umwandlung einer temporären Schädigung der Spermatogenese in eine permanente Hypospermatogenese bewirkt. Nach JOHNSEN kann beim Mann (im Gegensatz zu Maus und Ratte) der volle spermatogenetische Cyclus auch in totaler Abwesenheit von L. Z. ablaufen, was sowohl mit Daten der Literatur als auch mit den bioptischen Beobachtungen an den Hoden der eigenen Pat. belegt wird. Die temporäre Schädigung des Keimepithels in den Samenkanälchen soll eine erhöhte Sekretion von hypophysären Gonadotropinen auslösen und eine Veränderung des FSH/LH-Verhältnisses bewirken. Das führt zu einer Hyperplasie der L.Z. und zu qualitativen Veränderungen der L.Z.-Funktion, was seinerseits einen Hyalinisierungsprozeß in den Kanälchen mit Schädigung des Epithels hervorzurufen vermag; diese Schädigung erhöht ihrerseits auch weiterhin die Produktion der Gonadotropine und erhält sie aufrecht usw., so daß es zu einem circulus vitiosus kommt. Dieser Ablauf würde nach JOHNSEN das häufige Vorkommen einer Hodendegeneration und einer permanenten cryptogenen Hypospermatogenese beim Mann erklären. Bei der Bewertung dieser Befunde einer „totalen Abwesenheit von L. Z." ist zu bedenken, daß sie — soweit sie sich auf die Untersuchung bioptischer Hodenproben, also sehr geringer Teile des Hodens stützen — mit einem nicht zu vernachlässigenden Unsicherheitsfaktor belastet sind, und da es sich bei diesen klinischen Untersuchungen wohl (fast) immer um solche Befunde handelt, wird man nur mit einer gewissen Zurückhaltung den daraus gezogenen Schlüssen des Verf.'s folgen können, auch wenn andere Anzeichen eines Hypogonadismus vorhanden sind, die aber nur auf quantitative Insuffizienzen, nicht auf ein vollkommenes Fehlen der L. Z. und ihrer Sekretion hinzuweisen brauchen.

zusätzliche s. c. Gaben des Anti-Androgens Cyproteron (s. Kapitel über Antiandrogene, S. 474) läßt sich die orchidotrope Wirkung von Progesteron aufheben (Abb. 55). In Tab. 60 ist der Gewichtsverlust des Hodens bei erwachsenen hypophysektomierten Ratten unter verschiedenen experimentellen Bedingungen wiedergegeben.

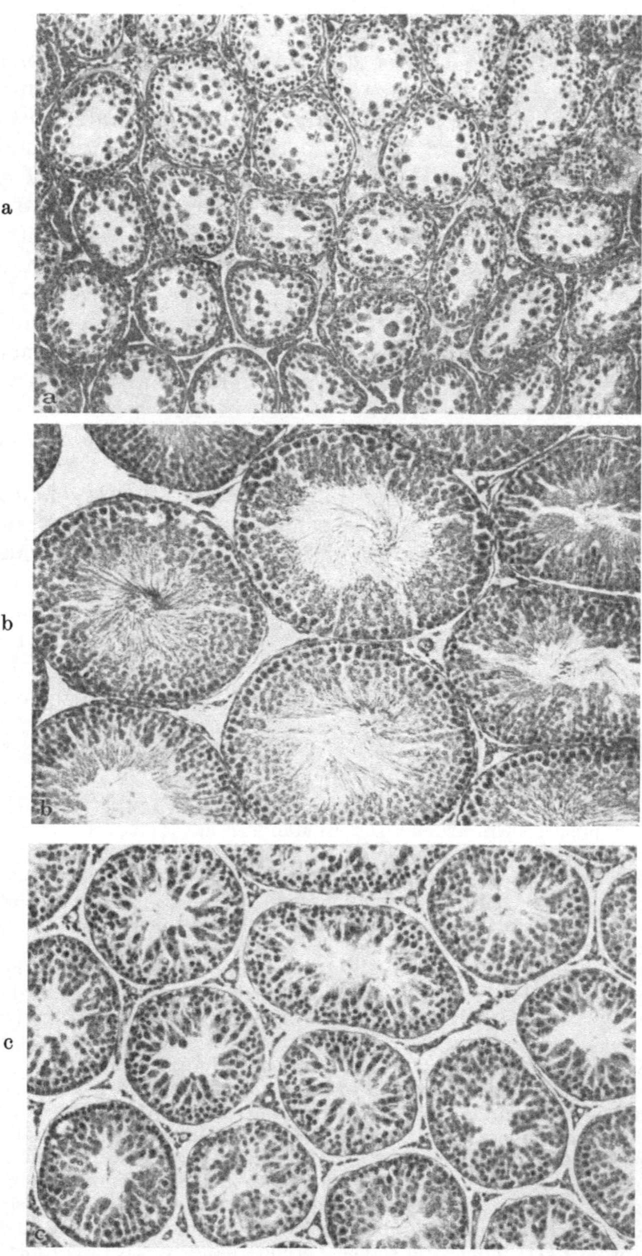

Abb. 55a—c. Histologische Hodenbilder hypophysektomierter Ratten 22 Tage nach der Hypophysektomie. a Hypophysektomierte Kontrolle. b Subcutane Behandlung mit täglich 5 mg Progesteron/Tier. c Wie b, zusätzlich behandelt mit täglich 5 mg Cyproteronacetat/Tier subcutan. Vergr. 140×. Färbung: Hämatoxylin-Eosin. (Nach NEUMANN u. Mitarb., 1967)

Tabelle 60. *Gewichtsverlust des Hodens bei erwachsenen hypophysektomierten Ratten (nach* NEUMANN *u. Mitarb., 1967)*

| Substanz | (21tägige subcutane Behandlung) | | Gewichtsverlust |
	Tagesdosis in mg/100 g KG	Tierzahl	der Hoden in mg/100 g KG
Testosteronpropionat	1,5	23	16 ± 27
Progesteron	5,0	17	90 ± 22
Progesteron+ . . . . ⎫ Cyproteronacetat . . . . ⎭	5,0	17	260 ± 16
Kontrollen	—	10	455 ± 28

KG = Körpergewicht

Auch in anderen Klassen der Wirbeltiere außerhalb der Säugetiere sind orchidotrope Wirkungen der Androgene beobachtet worden. So beschreiben CHU (1940) und CHU u. YOU (1946) die Erhaltung und Wiederaufnahme der Spermatogenese durch Injektion von Androgenen bei hypophysektomierten Tauben (Columba livia) auch nach vollkommener Rückbildung („full regress"), was LOFTS (1969) bei verschiedenen Vögeln voll bestätigen konnte. Der gleiche Forscher (LOFTS, 1962) beobachtete beim Weberfinken Quelea quelea während der jahreszeitlichen refraktären Periode eine Stimulierung der Spermatogenese durch Injektionen von Testosteronpropionat, was nach PFEIFFER (1947) auch beim Haussperling, Passer domesticus, erreicht wurde. Beim Weberfinken liegt eine komplette Spermatogenese am Ende der Paarungszeit vor, wenn den Vögeln Testosteronpropionat-Injektionen gegeben wurden, während bei den nicht injizierten Kontrollvögeln eine post-nuptiale Gonadenatrophie im Gange ist (LOFTS, 1962).

Wenn also zwischen den orchidotropen Wirkungen der Androgene bei den beiden Klassen der *Warmblüter*, bei Säugetieren und bei Vögeln, anscheinend keine prinzipiellen Gegensätze bestehen, so wird das anders, wenn wir die Mitteilungen über die entsprechenden Versuche bei den *Kaltblütern* daraufhin betrachten. Die Schwierigkeiten, auch hier zu einer einheitlichen Auffassung zu gelangen, sind besonders groß, weil nicht nur die Zahl der untersuchten Arten relativ klein, sondern auch weil die Zahl der den einzelnen Arten gewidmeten Untersuchungen sehr beschränkt ist. Erschwerend kommt hinzu, daß wir über die Natur der bei den Kaltblütern physiologischer Weise wirksamen Gonadotropine viel weniger gut unterrichtet sind als etwa bei den Säugetieren, und auch über die in den Kaltblüterhoden produzierten Androgene im allgemeinen keine Sicherheit besteht, so daß wir, wenn wir z. B. beim Frosch im Experiment Testosteron und seine Derivate verwenden, nicht wissen, ob wir mit physiologischen Agentien arbeiten. Es erscheint daher geboten, ausführlicher auf die Mitteilungen über die Verhältnisse bei den Kaltblütern einzugehen und das vorhandene Material nach Möglichkeit auszuschöpfen, umso mehr als es, soweit ersichtlich, nur zum geringsten Teil in die zusammenfassenden Darstellungen Aufnahme gefunden hat.

In der Klasse der *Fische* ist in der Ordnung der *Cyclostomen* nur beim Flußneunauge (Lampetra fluviatilis L.) die Frage der Regelung der Spermatogenese durch die Hypophyse beim hypophysektomierten Tier untersucht worden: bei diesem wird die Spermatogenese verzögert, vor allem die Prophase der ersten Reifeteilung, während andere ungünstige Wirkungen nicht beobachtet wurden, und selbst diese Verzögerung ist, je später im Jahr sie erfolgt, umso geringer und bei Ausführung im Februar oder März bedingt sie nur noch eine sehr unbedeutende Störung des zeitlichen Ablaufs. Es kann nicht ausgeschlossen werden, daß auch die spermatogonialen Teilungen durch die Hypophysektomie verzögert werden, jedenfalls dürfte aber diese Störung nur geringfügig sein (DODD u. WIEBE, 1968; hier weitere Literatur zu dieser Frage).

In der Ordnung der *Elasmobranchier* sind offenbar 2 Arten untersucht worden: Scylliorhinus caniculus von FRATTINI (1953), DODD, EVENNETT u. GODDARD (1960), COLLENOT u. OZON (1964) und Squalus acanthias von SIMPSON u. WARDLE (1967). Alle Untersucher scheinen darin übereinzustimmen, daß nur das Stadium der Umwandlung der Spermatogonien in die primären Spermatocyten Gonadotropin-abhängig ist, und daß in diesem Stadium die Hypophysektomie die Umwandlung verhindert, die Kerne pyknotisch werden läßt und eine Degeneration des Cytoplasmas bedingt. Es ist nicht bekannt, ob die Steroide des Hodens bei der Erhaltung der Umwandlungsstadien eine Rolle spielen; Tatsache ist aber, daß SIMPSON u. WARDLE (1967) im Hoden von Squalus androgene Wirkstoffe und Enzyme festgestellt haben, die an der Steroidogenese beteiligt sind.

Eine Abhängigkeit der Spermatogenese vom Hypophysenvorderlappen ist bei *Teleostiern* schon frühzeitig von VIVIEN (1938, 1941) bei Gobbius paganellus und von MATTHEWS (1939) bei Fundulus heteroclitus nachgewiesen worden: sie fanden übereinstimmend, daß die Reifung der Spermatogonien nach der Hypophysektomie ausblieb und weiter fortgeschrittene Stadien verschwanden, mit Ausnahme weniger Nester von Spermatiden, die bei Fundulus übrigblieben. Spätere Untersuchungen von BARR (1963) bei Pleuronectes platessa, von AHSAN (1966) bei Couesius plumbeus, von SUNDARARAJ u. NAYYAR (1967) bei Heteropneustes fossilis (Bloch) stimmten im wesentlichen mit den Ergebnissen der frühen Versuche an hypophysektomierten Knochenfischen überein; eine vielversprechende Neuerung in der Methodik führten HOAR, WIEBE u. WAI (1967) mit der Injektion einer chemischen Hemmsubstanz für Gonadotropine (eines Dithiocarbamoylhydrazin-Derivats) bei intakten Fischen (beim Seebarsch Cymatogaster aggregata) ein; immerhin kann eine direkte Wirkung der Androgene auf die Spermatogenese aufgrund dieser Versuche an Teleostiern nicht ausgeschlossen werden.

Im Gegensatz zur Vielzahl von Forschern, die sich mit dem Einfluß der Androgene auf die sekundären Geschlechtsmerkmale bei Fischen beschäftigt haben, ist die Zahl der Untersuchungen über die Wirkung der Androgene auf den Hoden der Fische sehr gering. BURGER (1942) und PICKFORD u. ATZ (1937) berichten über die Zunahme des gonadosomatischen Index beim hypophysektomierten Fundulus heteroclitus durch die Verabreichung von Androgenen; ferner fanden LOFTS, PICKFORD u. ATZ (1966), daß die gleichen Versuchsfische auf eine Behandlung mit Methyltestosteron mit einer bemerkenswerten spermatogenetischen Aktivität und einer Zunahme des Hodenvolumens reagierten; eine über 8 Wochen ausgedehnte Androgenbehandlung stimulierte auch die atrophischen Leydig-Zellen, beurteilt nach den Veränderungen der Gestalt und Größe ihrer Kerne und der Nukleolen und dem Auftreten sudanophiler Sekrettröpfen im Cytoplasma. Immerhin muß aber betont werden, daß der Grad der Entwicklung der Leydig-Zellen bedeutend geringer war als beim normalen Fundulus während der Laichzeit. Andererseits haben aber SUNDARARAJ u. NAYYAR (1967) gezeigt, daß der Hoden des hypophysektomierten Heteropneustes fossilis durch Testosteronpropionat sowohl in der Größe als auch im spermatogenetischen Zustand so weit stimuliert wurde, daß er dem Hoden des intakten Fisches zu Beginn der Laichzeit entsprach.

Die Annahme, daß die Wirkungen der exogenen Androgene bei den Fischen in der Hauptsache durch eine Beschleunigung der post-spermatogonialen Entwicklung zustandekommen, ist mehrfach geäußert worden und findet eine bemerkenswerte Stütze in den Beobachtungen von LOFTS, PICKFORD u. ATZ (1966) an Fundulus heteroclitus, bei dem im Herbst, wenn die Produktion von Androgenen, beurteilt nach dem Stand der Entwicklung der sekundären Geschlechtsmerkmale nur gering ist, die Spermatogonienbildung ausgesprochen, die Zahl der weiteren Stadien aber sehr gering ist, während im März die Androgenproduktion ansteigt und parallel dazu auch die rasche Entwicklung von Spermatiden erfolgt. *Trotz der Unzulänglichkeiten der vorliegenden experimentellen Ergebnisse über die orchidotrope Wirkung der Androgene bei den Fischen wird die Frage nach ihrem Vorhandensein wohl positiv beantwortet werden dürfen.*

Sehr widerspruchsvoll sind die Aussagen der an *Amphibien* angestellten experimentellen Untersuchungen; das betonen sowohl DODD u. WIEBE (1968) in ihrer zusammenfassenden Darstellung über die endokrinen Einflüsse auf die Spermatogenese bei den kaltblütigen Wirbeltieren als auch LOFTS u. CHIU (1968) in ihrer Mitteilung, die sich hauptsächlich mit dem Einfluß der Androgene auf die Spermatogenese bei Reptilien beschäftigt, aber die Amphibien zum Vergleich heranzieht. Den erstgenannten Autoren zufolge beschrieben eine Stimulierung der Spermatogenese durch Androgene BLAIR (1946) bei Bufo fowleri, PENHOS (1956) bei Bufo arenarum und IWASAWA (1957) bei Triturus pyrrhogaster. Demgegenüber sahen PUCKETT (1939) bei Rana pipiens und GREENBERG (1942) bei Acris gryllus keine Wirkung der Androgenbehandlung auf die Spermatogenese und CEI, ANDREOZZI u. ACOSTA (1955) beobachteten sogar einen hemmenden Einfluß der Androgene bei Leptodactylus chaquensis, ebenso wie VAN OORDT u. BASU (1960) bei Rana temporaria, VAN OORDT u. SCHOUTEN (1961) bei Rana esculenta und BASU (1962a) bei R. tigrina und bei Bufo melanostictus (1962b). Nach BASU u. NANDI (1965) ließ sich bei hypophysektomierten Rana pipiens-Männchen mit der kombinierten Anwendung von FSH plus LH die gestörte Spermatogenese partiell wiederherstellen, aber zusätzliche Gaben von Testosteron hemmten den Gonadotropineffekt; übrigens wurde auch bei intakten Fröschen die Spermatogenese durch die Einpflanzung eines Testosteron-Preßlings von 5 mg in den dorsalen Lymphsack gehemmt und bei den hypophysektomierten Fröschen die Hemmung durch Gaben von Testosteron noch verstärkt. Verff. schließen aus ihren Versuchen, daß die hemmende Wirkung von Testosteron eine direkte auf den Hoden ist, denn Gaben von FSH und ICSH konnten die durch Testosteronbehandlung bedingte Unterdrückung der Spermatogenese nicht überwinden, doch sprechen andererseits die Feststellungen, daß bei intakten R. temporaria- und Leptodactylus chaquensis-Männchen die durch Testosterongaben induzierte Keimzellendegeneration durch die gleichzeitige Gabe von Gonadotropinen aufgehoben wird, für eine durch Hypophysenhemmung vermittelte sekundäre Hodenatrophie. Es erscheint durchaus möglich, daß bei den Amphibien andere androgene Mechamismen im Gange sind wie bei Säugetieren und Vögeln. Beim urodelen Amphibium Triturus cristatus carnifex reagieren die Hoden auf eine Behandlung mit Methyltestosteron in der gleichen Weise wie auf die Hypophysektomie (WALTON, 1963), aber im Gegensatz zu den Befunden von BASU u. NANDI (1965) bei Rana pipiens konnte WALTON bei Triturus durch die gleichzeitige Verabreichung von Gonadotropin aus Säugerhypophysen die schädigenden Wirkungen von Testosteron vermeiden.

Daß bei Amphibien mit jahreszeitlich bedingtem Sexualcyclus der Moment des Einsatzes des endokrinen Reizes von ausschlaggebender Bedeutung für die Reaktion des Hodens sein kann, geht aus einer Gegenüberstellung der Ergebnisse der Hypophysektomie bei 2 nah verwandten Froscharten, Rana pipiens und Leptodactylus chaquensis hervor: Bei R. pipiens beobachtete BURGOS (1955), daß 60 Tage nach dem Eingriff der Kanälchendurchmesser unverändert war und daß, während die Spermatogonien Anzeichen einer Degeneration aufwiesen und die Sertoli-Zellen einschrumpften, die übrigen Elemente nach Zahl und Charakter unverändert waren. Dagegen treten bei L. chaquensis nach BERTINI, RUSSO u. PIEZZI (1969) die ersten morphologischen Veränderungen bereits 5—7 Tage nach der Hypophysektomie auf und nach 40 Tagen sind alle zellulären Elemente von den Veränderungen betroffen. Diese auffallenden Unterschiede in der Reaktion sind vermutlich darauf zurückzuführen, daß BERTINI u. Mitarb. ihre Versuchstiere zur Zeit des Maximums der Hodenaktivität im Sommer hypophysektomierten, während die Versuchstiere von BURGOS in der herbstlichen sexuellen Ruheperiode gesammelt und operiert wurden, also zu einer Zeit, in der die Hodenelemente eine stark veränderte Empfindlichkeit gegenüber Veränderungen des gonadotropen Milieus haben dürften.

Über die Wirkung der Androgene auf die *Spermatogenese bei Reptilien* liegen nur wenige Untersuchungen vor, darunter aber einige aus neuester Zeit, was ihre Bedeutsamkeit erhöht. Im Hinblick auf die phylogenetische Stellung der Reptilien und die anscheinend unterschiedliche Reaktion des Hodens auf Androgene bei Amphibien und Amnioten erscheinen die Reaktionen des Reptilienhodens auf Androgene von besonderem Interesse. Als erster untersuchte SCHAEFFER (1933) die Reaktion des Hodens auf die Hypophysektomie bei den Schlangen Thamnophis sirtalis und Th. radix und stellte fest, daß bereits 6 Tage nach dem Eingriff eine Schrumpfung und Erschlaffung der Hoden eintrat, die atrophischen Samenkanälchen enthielten degenerierende Spermatocyten; durch Implantation artgleicher Hypophysen konnte die Spermatogenese aufrecht erhalten werden. CIESLAK (1945) wiederholte diese Versuche an Th. radix und fand eine merkliche Lösung der spermatogenen Zellen aus dem Epithelverband der Kanälchen, so daß 9 Tage nach dem Eingriff die Kanälchenlumina voll von desquamierten Zellen waren und nach 66 Tagen nur eine einfache Schicht von Spermatogonien und Sertoli-Zellen die Kanälchenwand bildete; die Leydig-Zellen zeigten ebenfalls degenerative Veränderungen. CIESLAK erreichte durch Injektionen von Gonadotropin aus dem Serum trächtiger Stuten (PMS) eine weitgehende Wiederherstellung der Hodenstruktur. Auch WRIGHT (1956) und EYESON (1968) kamen zu ähnlichen Resultaten bei der Eidechse Agama agama; der letztgenannte Autor fand, daß die sekundären Spermatogonien im Stadium der Umwandlung in die primären Spermatocyten die ersten von Pyknose und Cytolyse betroffenen Entwicklungsstadien bei Agama waren. EYESON ist einer der wenigen Autoren, der die Wirkungen einer Testosteronbehandlung auf die Hoden eines hypophysektomierten Reptils untersucht hat und feststellte, daß die Implantation von Testosteronpreßlingen zwar die Höhe der Epithelzellen im Nebenhoden zunehmen ließ, aber auf die Spermatogenese offenbar keinen Einfluß hatte (allerdings wären Versuche mit höheren Dosierungen des Androgens sehr erwünscht). Auch GORBMAN (1939) sah bei der Eidechse Sceleporus occidentalis keine Wirkung der Androgeninjektionen, während FORBES (1941) eine Stimulierung der Spermatogenese durch i. p. Implantationen von Testosteron beim nah verwandten Sceleporus spinosus beobachtete; doch beschränkten sich die Versuche von FORBES auf Männchen (Kontrollen und Versuchstiere) am Höhepunkt der Paarungszeit und erscheinen daher wenig beweiskräftig. Wenig ausgedehnt und daher kaum überzeugend waren auch die Versuche von REYNOLDS (1943) an der Eidechse Eumeces fasciatus, der eine Hemmung der Spermatogenese durch exogene Androgene beschrieb.

LOFTS u. CHIU (1968) führten an erwachsenen männlichen Gecko's (Gekko gecko L.), die im Dezember gefangen und nach einer Aklimatisation von 5 Wochen Dauer in Versuch genommen wurden, Hypophysektomien und unmittelbar an diese anschließende Behandlungen mit täglichen Injektionen von 0,1 mg Testosteronpropionat in Arachisöl durch. Die mit Androgen injizierten Versuchstiere hatten schwerere Hoden mit weiteren Samenkanälchen und gut abgegrenztem Lumen; die bei den hypophysektomierten Kontrolltieren zahlreichen jugendlichen Formen von Spermatiden in früher Akrosomphase waren verschwunden und hatten frei im Lumen der Kanälchen flottierenden voll entwickelten Spermatozoen Platz gemacht, infolge des Fehlens der Spermatiden erschien das Keimepithel weniger dick, trotzdem eine Stimulierung der spermatogenen Aktivität und eine Vermehrung der Spermatogonien und der primären Spermatocyten stattgefunden hatte; Spermatogonienmitosen waren nicht selten, aber bei den Spermatocyten ging die Entwicklung nicht oder kaum über das Pachytänstadium hinaus. Die Leydig-Zellen erschienen atrophisch.

Offenbar macht sich die fördernde Wirkung der exogenen Androgene auf die Spermatogenese bei den Reptilien in 2 Stadien geltend; zunächst bei der Teilung der Spermatogonien und später bei der Spermiogenese. Diese experimentellen Befunde werden durch physiologische Lebendbeobachtungen am Sexualcyclus der Kobra Naja naja deutlich unterstützt (TAM, PHILLIPS u. LOFTS, 1967): bei dieser Schlange wurden die jahreszeitlichen Variationen in der Androgenproduktion des Hodens mit Hilfe von Organkulturen des Hodengewebes unter Zusatz von markierten Vorläufern der Androgene in monatlichen Abständen verfolgt; die chromatographische Analyse der Extrakte aus dem inkubierten Hodengewebe ergab 2 Gipfel der Androgenproduktion im Laufe des Jahres, einen im Herbst, der mit der jahreszeitlichen Zunahme der spermatogenetischen Aktivität zusammenfiel, und einen zweiten, der nach der Abnahme in der winterlichen Ruheperiode sich in einer raschen Zunahme im Frühling äußerte, wenn das Keimepithel sein Maximum an spermiogener Aktivität aufwies (LOFTS, PHILLIPS u. TAM, 1966; LOFTS, 1968).

Die Reaktion der Reptilien auf exogene Androgene unterscheidet sich von den beschriebenen Reaktionen der Hoden bei den Amphibien, bei denen es anscheinend zu einer Hemmung der spermatogonialen Mitosen und zu einer Verhinderung der Ausbildung der sekundären spermatogonialen Cysten kommt (VAN OORDT, 1960; BASU u. NANDI, 1965): Die Reaktion des Reptilienhodens ähnelt in dieser Hinsicht mehr den Vorgängen im Hoden der Säuger und Vögel [vgl. z. B. die Untersuchungen von STEINBERGER u. DUCKETT (1967), die nachwiesen, daß die spermatogoniale Wiederauffüllung bei der Ratte durch Androgene geregelt wird]. Auch bei den Fischen stimulieren Androgene die rückgebildeten Hoden des hypophysektomierten Fundulus heteroclitus und können eine komplette Erholung der Spermatogenese herbeiführen (LOFTS, PICKFORD u. ATZ, 1966); bei diesen Fischen bewirken Injektionen von Methyltestosteron das Erscheinen eines vollständigen Spektrums der spermatogenetischen Stadien in den kollabierten Hodenläppchen, aber der Haupteffekt dieser Injektionen bei Fischen besteht, wie bei den Reptilien, in einer Beschleunigung der Entwicklung und Reifung der post-spermatocytischen Stadien zu Spermatozoen (LOFTS, 1968).

Androgene und Gonadotropine. Es ist belangreich, die orchidotrope Wirkung der Androgene bei hypophysektomierten Tieren mit der Wirkung von Gonadotropinen am gleichen Objekt zu vergleichen, was zum Teil schon in den vorausgehenden Beschreibungen der Androgenwirkungen geschehen ist; hier sollen noch einige speziell diesem Fragenkomplex gewidmete Untersuchungen zur Sprache kommen.

OKAMOTO, SAITO u. NIIYAMA (1964) haben Rattenmännchen des Wistarstammes im Alter von 5—8 Wochen hypophysektomiert und sie entweder unmittelbar nach dem Eingriff oder nach einer Pause von 2—4 Wochen in Versuch genommen. PMS und HCG wurden entweder jedes für sich oder miteinander oder mit Androgenen kombiniert gegeben. Beide Gonadotropine waren kombiniert wirksamer auf die Erholung der Hoden als wenn jedes für sich gegeben wurde; die Kombination mit Testosteron + Dehydrepiandrosteron erhöhte die Gonadotropinwirksamkeit nur wenig. Setzte die Behandlung erst nach einer Pause ein, so war ihre Wirkung umso schwächer eine je längere Zeit nach der Hypophysektomie verstrichen war, und bei längeren Fristen konnte eine volle Erholung der Hoden auch mit hohen

Gonadotropindosen nicht mehr erzielt werden. Die Reaktionsfähigkeit der accessorischen Geschlechtsdrüsen auf Gonadotropin hielt länger an als diejenige des spermatogenen Gewebes, was darauf hinweisen dürfte, daß die Leydig-Zellen eine höhere Widerstandsfähigkeit gegenüber den Folgen der Hypophysektomie besitzen als die Samenkanälchen.

Als Kontrollversuche zur Behandlung hypophysektomierter Rattenmännchen mit Androgenen kann man die Behandlung solcher Tiere im Gewicht von 230—240 g mit Diäthylstilboestrol (DSt), ACTH oder Cortison (Co) betrachten, wie sie von SNAIR (1963) durchgeführt wurden; Beginn der Behandlung unmittelbar nach der Hypophysektomie, s. c. Injektionen einmal tägl. im Lauf von 10 Tagen. DSt erhielt die accessorischen Geschlechtsdrüsen auf einem signifikant höheren Niveau als bei den Kontrollen, das K.-Gew. nahm signifikant ab, Hoden- und NN-Gewicht wurde nicht beeinflußt. ACTH ließ das Hodengewicht leicht abnehmen und war sonst ohne Einfluß, auch wenn es mit DSt kombiniert wurde. Co, allein gegeben, führte zu einer signifikanten Abnahme des K.-Gew. und verstärkte die durch DSt bedingte Abnahme. Wie ersichtlich, hatte keine der drei Substanzen einen mit der Wirkung von Androgenen vergleichbaren Einfluß; die leichte stimulierende Wirkung von DSt auf das Gewicht der accessorischen Geschlechtsdrüsen ist wohl auf die Zunahme der muskulären und bindegewebigen Elemente in ihnen durch das Oestrogen zurückzuführen.

Was beim Vergleich der orchidotropen Wirkung der Gonadotropine und Androgene am hypophysektomierten Rattenmännchen besonders auffällt, ist, daß weder die einen noch die anderen, für sich allein gegeben, eine *vollkommene* Restaurierung der erloschenen Spermiogenese zu induzieren vermögen, wenn nach der Ausschaltung der Hypophyse eine längere Pause vor dem Einsetzen der Behandlung vergangen ist[5]. Zwar hatten die beiden Gonadotropine FSH und ICSH bei ihrer Kombination eine stärkere Wirkung als wenn jedes derselben für sich gegeben wurde, aber von einem Totalersatz der Hypophyse konnte nicht die Rede sein, auch nicht bei Ergänzung der Kombination durch Androgene, was nicht erstaunlich ist, wenn man die Befunde von WOODS u. SIMPSON (1961) in Betracht zieht: sie fanden, daß es sich beim Synergismus von FSH und ICSH beim hypophysektomierten Rattenmännchen nicht so sehr um ein direktes Zusammenwirken von FSH und ICSH handelt, als vielmehr um ein solches mit dem unter der Einwirkung von ICSH im Hoden produzierten Androgen. Diese Autoren stellten auch eine synergistische Wirkung von ICSH mit STH und LTH fest, besonders in der Wirkung auf die accessorischen Geschlechtsdrüsen: auch hier beruhte also die Wirkung von ISCH auf der Stimulierung der Androgenerzeugung in den Leydig-Zellen. WOODS u. SIMPSON bezeichnen ICSH als das „primäre" HVL-Hormon, das sowohl für die Ausbildung der generativen als auch der endokrinen Elemente des Hodens verantwortlich ist, weil kein anderes hypophysäres Hormon in seiner Abwesenheit wirksam ist, auch nicht das FSH.

In diesem Zusammenhang ist die Arbeit von ARON u. LUXEMBOURGER (1968) zu erwähnen, in der sie die Faktoren der spermatogenetischen Entwicklung und derjenigen der interstitiellen Drüse im Hoden vor der sexuellen Reife an der Ratte untersuchten, indem sie den quergeteilten Hoden des Neugeborenen in den Hoden des reifen Rattenmännchens verpflanzten und die Transplantate nach 8—12, 16—20, 30—40 bzw. 50—60 Tagen histologisch prüften. Die Entwicklung der spermatogenetischen Anteile blieb bis zum Termin von 20—30 Tagen im Vergleich zu den Kontrollen gleichen Alters zurück holte aber diese Verspätung bis zum Termin von 50—60 Tagen wieder auf; zu dieser Zeit fand man im Transplantat alle Entwicklungsstadien einschließlich der Spermatiden und reifen Spermatozoen in den Kanälchen ungeachtet des Fehlens jeder Kommunikation nach außen in

---

5 Auch LUDWIG (1950) gelangte aufgrund seiner Versuche über die Beeinflussung der Spermiogenese bei infantilen Rattenmännchen durch Androgene zur Überzeugung, daß die Androgene keinen vollständigen Ersatz für die hypophysären Gonadotropine darstellen.

den Samenkanälchen des Transplantats. In der interstitiellen Drüse des Transplantats blieben die Dimensionen der Leydig-Zellen bis zum Termin von 30 Tagen hinter denjenigen beim Transplantatträger signifikant zurück aber vom 40. Tag an war dieser Unterschied nicht mehr signifikant; auch der bis zum 20. Tag vorhandene signifikante Unterschied der Leydigzellen-Oberfläche zugunsten des Transplantats, verglichen mit derjenigen bei den gleichalten Kontrollen, glich sich bis zum 40. Tag aus. Die Zahl der Leydig-Zellen war zunächst im Transplantat geringer als beim Transplantatträger, aber höher als beim Kontrolltier; vom 20. Tag an kam es zu einer Hyperplasie im Transplantat, die aber bis zum 50. Tag wieder verschwunden war: ob es sich bei dieser passageren Hyperplasie um eine differentielle Empfindlichkeit dieser Zellen gegenüber den Gonadotropinen des Empfängers hinsichtlich ihrer Teilungs- bzw. Wachstumspotenzen handelt, blieb unentschieden. Wie weit an den beobachteten Veränderungen die Gonadotropine des Transplantatträgers oder seine Androgene beteiligt waren, kann nach diesen Versuchen nicht gesagt werden; Transplantationen in ein ähnlich günstiges Transplantationsbett, wie es der reife Hoden darstellt, könnten die Entscheidung erleichtern.

Die Ergebnisse von BOCCABELLA (1963) stehen in voller Übereinstimmung mit den Befunden von OKAMOTO u. Mitarb. (1964), daß eine *vollkommene Restaurierung der Spermiogenese* durch ICSH allein bzw. durch die unter dem Einfluß von ICSH produzierten Androgene allein nicht möglich ist; sie kommt erst zustande, wenn die Androgene durch Gaben von STH ergänzt werden. Eine schöne Bestätigung dieser Auffassung kann man in den Versuchsergebnissen von HOHLWEG u. Mitarb. (1961) erblicken, bei dessen Versuchsratten nur die gonadotrope Funktion des HVL ausgeschaltet war und durch die verabreichten Androgene substituiert wurde, während die übrigen HVL-Wirkstoffe, darunter auch STH (und LTH) erhalten blieben[6].

Anhangsweise sei erwähnt, daß CHURY (1961) aus Ebersperma mit physiol. NaCl-Lösung einen Extrakt herstellte und das Acetonpräcipitat des Spermas nach Abzentrifugierung in physiologischer NaCl-Lösung auflöste: beide Fraktionen bewirkten bei infantilen Ratten eine Vergrößerung der Ovarien. Dieser wirksame Stoff im Sperma steht also biologisch dem FSH nahe, ist aber chemisch mit ihm nicht identisch, es handelt sich um ein Peptid mit etwa 13 Aminosäurenresten und einem Zucker. Über etwaige Wirkungen beim Männchen ist nichts bekannt geworden.

Daß die *orchidotrope* Wirkung der Androgene mit einem gewissen Recht auch allgemein als *gonadotrop* bezeichnet werden dürfte, erscheint insofern berechtigt, als bei hypophysektomierten erwachsenen Rattenweibchen unter der Behandlung mit Androgenen die Corpora lutea in den Ovarien länger funktionell wirksam zu bleiben scheinen als bei den hypophysektomierten Kontrollweibchen ohne Androgenbehandlung (NOBLE, 1939). Immerhin steht diese Beobachtung, soweit ersichtlich, vereinzelt da, und die Bezeichnung der in Frage stehenden Androgenwirkung als orchidotrop ist daher bis auf weiteres vorzuziehen.

Im Kapitel über die *Androgene der wirbellosen Tiere* (S. 208 ff.) haben wir auf die Ähnlichkeiten und Unterschiede zwischen der androgenen Drüse der Krebse und der interstitiellen Drüse der Wirbeltiere und ihren Funktionen hingewiesen und haben dabei auch einen scheinbaren Unterschied festgestellt, der darin besteht, daß die androgene Drüse der Krebse neben ihrer androgenen eine deutliche orchi-

---

6 Zwar haben WOODS u. SIMPSON eine gewisse synergistische Wirkung von FSH in Kombination mit ICSH auf die Spermiogenese bei hypophysektomierten Ratten beschrieben, aber die Anwendung von hypophysärem FSH allein oder in Kombination mit HCG (das eine nahezu reine ICSH-Wirksamkeit besitzt) war bei infantilen Ratten- und Mäusemännchen ohne Wirkung auf die inkretorische Hodenfunktion, auch konnte ein vorzeitiges Ingangkommen der Spermiogenese bei intakten juvenilen Rattenmännchen weder durch die isolierte noch durch kombinierte Zufuhr von FSH und HCG erzielt werden; bei Anwendung extrem hoher FSH-Dosen kam es sogar zu einer Schädigung des Tubulusapparats (DÖRNER u. DECKART, 1962).

dotrope Funktion besitzt, die bei den androgenen Wirkstoffen der Wirbeltierdrüse nicht so auffällig ist und nur mit Hilfe bestimmter Versuchsanordnungen deutlich gemacht werden kann[7]. Das liegt hauptsächlich daran, daß die räumliche Trennung von spermatogenem und androgenem Teil der männlichen Gonade beim Krebs eine isolierte Entfernung des einen oder anderen Organteils relativ leicht macht, während sie beim Wirbeltier nur durch mit geringeren oder größeren Schwierigkeiten verbundene Kunstgriffe möglich ist (vgl. dazu das Kapitel über die Ausschaltung der Hodenfunktionen, S. 79ff.). Nur so ist es zu erklären, daß die Existenz einer orchidotropen Funktion bei den Androgenen der Wirbeltiere bis in die neueste Zeit hinein kaum bekannt und nur wenig erforscht war. Als eine der wichtigsten Folgerungen aus den im vorliegenden Kapitel berichteten Ergebnissen der experimentellen Forschung ist hervorzuheben, daß *auch hinsichtlich der inhärenten orchidotropen Funktion kein grundsätzlicher Unterschied zwischen den Androgenen der Wirbeltiere und den Androgenen der Krebse besteht.*

Zur Ergänzung der obigen Beobachtungen über die positiv orchidotrope Wirkung der Androgene sei auf eine Mitteilung von SMITH u. DAVIDSON (1967) hingewiesen, in der die Verff. über die *negativ orchidotrope* Wirkung von Testosteronpropionat berichten, die in Erscheinung tritt, wenn das Androgen in Form von Kristallen ins Gebiet der Eminentia mediana des Hypothalamus bei hypophysektomierten erwachsenen Rattenmännchen implantiert wird: die unmittelbaren Folgen sind eine Gewichtsabnahme der Hoden und eine histologisch festgestellte Atrophie des Hodenparenchyms, der Vesiculardrüsen und der Prostata. Neben dem aus diesen Veränderungen erschlossenen Ausfall der Gonadotropine kommt es auch zu einem allgemeinen Wachstumsstillstand und zu einer bedeutenden Atrophie der Nebennieren, so daß auch die Produktion von STH und ACTH ausgefallen sein muß. Verff. schließen aus diesen Ergebnissen, daß die die Produktion von Gonadotropinen (und anderen Hormonen des HVL) hemmenden Effekte hypothalamischer Implantate von Testosteron eher auf eine direkte Wirkung auf den Hypothalamus zurückzuführen sind, als auf ein „Durchsickern" („leakage") des Steroids ins hypophysäre Portalsystem mit nachfolgender Wirkung auf die Hypophyse, wie es von manchen Autoren früher angenommen wurde.

6. Wirkungen von Androgenen am weiblichen Genitalapparat

Die *Öffnung der Vagina* ist bei Maus und Ratte zeitlich sehr großen Schwankungen unterworfen, wie HEINECKE u. GRIMM (1958) nicht nur bei Untersuchung verschiedener Mäusestämme, sondern auch innerhalb des gleichen Mäusestammes und sogar bei Angehörigen des gleichen Wurfes, und LONG u. EVANS (1922) bei Ratten feststellten: bei diesen öffnete sich in 40% der Weibchen die Vagina vor dem ersten Oestrus und bei Weibchen, die im Alter von 30 Tagen kastriert wurden, erfolgte die Eröffnung dennoch zur üblichen Zeit, also unabhängig von den Sexualhormonen. Wenn demnach die Vaginaleröffnung bei diesen Nagern auch kein einwandfreies Kriterium für den Eintritt der Geschlechtsreife ist, so können doch gewisse Einflüsse auf ihren Termin bei den verschiedenen Sexualhormonen unterschieden werden: BLOCH (1956) konnte ihren Eintritt bei neugeborenen Mäusen durch lokale cutane Applikation von Oestrogenen oder von Testosteronpropionat, bei Rattenweibchen auch durch s. c. Injektionen von 0,01—0,1 mg (BLOCH, 1963) Testosteronpropionat beschleunigen, in anderen (unveröffentlichten) Versuchen aber bei neugeborenen Mäusen durch Injektionen von Testosteronpropionat verzögern. RICHTER (1958) beschleunigte die Scheideneröffnung bei Ratten je nach der Dosis um 5,5—12,5 Tage mit Injektionen von Noräthandrolon

---

7 Nach einer Mitteilung von LEPORI (1942) scheint sich eine doppelte Wirkung von exogenem Testosteron auf den sich entwickelnden Hoden beim cyprinodonten Knochenfisch Gambusia Holbrooki Grd. zu ergeben: die Umwandlung des Hodens in einen Ovotestis durch Auftreten peripherer Ovocyten und eine beschleunigte Entwicklung der Spermiogenese, also eine positiv orchidotrope gonadostimulierende Wirkung. Diese Beobachtung wäre, wenn sie sich bestätigen läßt, wichtig für die Beurteilung der ursprünglichen Rolle des männlichen Hormons, wie sie aus den Verhältnissen bei Krebsen hervorzugehen scheint.

(17*a*-Äthyl-19-nortestosteron), wenn er die Tiere im Alter von 3 oder 5 Wochen behandelte, und verzögerte sie um 10 Tage, wenn die Behandlung erst mit 6 Wochen begonnen wurde; auch KIKUYAMA (1961) stellte unterschiedliche Resultate fest, je nach dem ob das Testosteronpropionat vom Tage der Geburt an oder wenige Tage später gegeben wurde. Ebenso widerspruchsvolle Ergebnisse wurden auch bei Anwendung von Gonadotropinen, Oestrogenen und Epiphysenextrakten erzielt (BLOCH, 1963). CLAUSEN u. FREUDENBERGER (1939) verglichen die Wirkungen von Oestron (400 IE), Testosteronpropionat (1,0 mg) und der Kombination beider Hormone in den gleichen Dosen, die bei infantilen Wistarrattenweibchen vom 21.—29. Lebenstag jeden 2. Tag s. c. injiziert wurden, und fanden eine vorzeitige Eröffnung der Vagina in allen Gruppen.

IHRKE u. D'AMOUR hatten bereits 1931 aufgrund ihrer Versuche angenommen, daß Stierhodenextrakte bei der Injektion in Rattenweibchen dank ihrem Gehalt an männlichem Hormon den HVL hemmen, und zwar seine gonadotrope Funktion, so daß die gametogene und endokrine Aktivität der Ovarien aufgehoben wird. Die auffallendste Folge davon war die *Unterbrechung der oestrischen Cyclen*, die daher nach diesen Autoren als Test für das männliche Hormon dienen kann. Von den gleichen Überlegungen ausgehend hat zur gleichen Zeit auch LENDLE (1931) die Hemmung des vaginalen Oestrus als Androgen-Test vorgeschlagen. BROWMAN (1937) hat die Versuche von IHRKE u. D'AMOUR unter Verwendung von hormonalen Reinsubstanzen wiederholt (Testosteron 0,5, 1,0, 2,0, 3,0 mg tägl., Androsteron 3,0, 4,0, 5,0 mg tägl., 16 Tage lang) und ihre Ergebnisse ebenso wie diejenigen von MOORE u. PRICE (1930, 1932) bestätigt: alle mit Testosteron bzw. Androsteron injizierten Rattenweibchen waren am 3. Tag nach der ersten Injektion im Dioestrus und blieben so die 16 Versuchstage hindurch; 4—8 Tage nach Absetzen der Injektionen wurden die normalen Cyclen wieder aufgenommen. Die Versuchsresultate von BROWMAN an Ratten stimmten mit den Beobachtungen von ROBSON (1936) an Mäusen, die mit Testosteron behandelt wurden, überein. Weitere Beispiele der Hemmung des oestrischen Cyclus durch Androgene sind im Kapitel über die Anti-androgene bzw. Anti-oestrogene (S. 474 ff.) angeführt. KAWASHIMA (1960) sah bei der über längere Zeit fortgesetzten Behandlung mit Testosteronpropionat (5,0 μg tägl. s. c.) keinen Einfluß auf den oestrischen Cyclus oder auf die Ovarien erwachsener Rattenweibchen; vermutlich war diese Dosis zu gering, denn HOHLWEG (1937) mußte 5—10 mg Testosteronpropionat tägl. bei *infantilen* Rattenweibchen anwenden, um eine Corpus luteum-Bildung in den Ovarien zu bewirken, und auch beim in dieser Hinsicht stärker wirksamen Dehydro-Androsteron benötigte er 2—3 mg tägl. für den Corpus luteum-Effekt.

PARKES u. ZUCKERMAN (1938) haben als Erklärung für das Auftreten eines vaginalen Oestrus mit Verhornung des Vaginalepithels bei erwachsenen hypophysektomierten Tieren nach Behandlung mit Testosteronpropionat angenommen, daß das exogene Testosteron vom Ovarium in eine oestrogene Verbindung umgewandelt wird.

Wurden infantile Rattenweibchen (MAZER u. MAZER, 1939) 3mal wöchentlich im Lauf von 102 Tagen mit 0,5 mg Testosteronpropionat in öliger Lösung s. c. injiziert, so ergab sich eine Abnahme des Gewichts von Ovarien, Hypophyse, Nebennieren und Uterus, ferner eine Hemmung der oestrischen Cyclen mit Mucifizierung des Vaginalepithels. Das Ausmaß der Uterusatrophie war geringer als dem stark reduzierten Gewicht der Ovarien entsprach, vermutlich wegen einer direkten stimulierenden Wirkung von Testosteronpropionat auf den Uterus (s. u. S. 304 ff.). Wurden erwachsene Rattenweibchen in der gleichen Weise 62—68 Tage lang behandelt, so kam es zu degenerativen Veränderungen an den Follikeln und zum Schwund der Corpora lutea, oestrische Cyclen fehlten, traten aber 4—19 Tage nach Aussetzen der Androgenbehandlung wieder ein. Bemerkenswert ist es, daß auch sehr hohe Dosen Testosteronpropionat (z. B. 5,0 mg. tägl. im Lauf von 20 Tagen s. c. injiziert) bei Mäuseweibchen keine toxischen Wirkungen entfalteten, ganz im Gegensatz zu den Folgen einer Überdosierung von Oestrogenen (SELYE, 1939).

Zur oben erwähnten *Mucifizierung des Vaginalepithels durch Testosteron* ist noch folgendes zu bemerken. SELYE (1949) nimmt an, daß das Testosteron an sich eine Verhornungswirkung an der Vaginalschleimhaut des Nagerweibchens besitzt, daß sie aber unter den üblichen Versuchsbedingungen durch die muzifizierende Wirkung des Testosterons an dieser Schleimhaut verdeckt, „maskiert" wird und nicht zum Ausdruck kommen kann. Als Beweis dafür führt SELYE an, daß bei der kastrierten oder infantilen Ratte in den ersten Tagen der Behandlung mit Testosteron eine „transitory vaginal cornification" auftritt, die nach ihm beim hypophysektomierten Weibchen sogar permanent werden kann. Ich habe kastrierte Rattenweibchen mit Testosteronpropionat im Lauf von 7 Tagen behandelt (0,01—1,0 mg/ Tag), mich aber nicht vom Auftreten einer vorübergehenden Verhornung der Vaginalschleimhaut überzeugen können. Die Versuche an hypophysektomierten Tieren sind nicht eindeutig, weil Testosteron eine gewisse gonadotrope Wirkung besitzt (s. o.) und daher über das Ovarium wirken könnte, ohne selber eine verhornende Wirkung zu haben.

Das Testosteron und seine Ester üben auf den *Uterus* eine progesteronähnliche Wirkung aus, wie COURRIER u. GROS (1938) an der Katze, KORENCHEVSKY (1937) und später ASCHHEIM u. VARANGOT (1939) an der Ratte und PHELPS, BURCH u. ELLISON (1938) beim Meerschweinchen durch den Nachweis einer Hypertrophie des Endometriums und die Drüsenproliferation gezeigt haben. KLEIN u. PARKES (1937) und ROBSON (1937) haben beim Kaninchen die Bildung der spitzenförmigen Endometriumproliferation, wie sie für die Progesteronwirksamkeit charakteristisch ist, mit Testosteron erzielt. McKEOWN u. ZUCKERMAN (1937) und PARKES u. ZUCKERMAN (1938) zeigten, daß die progestative Wirkung von Testosteron, die bei der kastrierten oder hypophysektomierten Ratte und Maus nur schwach ist, im wesentlichen auf der Transformation der inaktiven Corpora lutea des Cyclus in funktionierende Corpora lutea beruht. Die Androgene besitzen also eine direkte oder indirekte „progestomimetische" (COURRIER) Fähigkeit, die sich in gewissen progestativen Veränderungen des Endometriums offenbart, aber weder für die Aufrechterhaltung der Gravidität noch für die Auslösung experimenteller Deciduome bei den genannten Arten ausreicht. CZYBA (1963) gelang es beim ovariektomierten Goldhamster-Weibchen durch tägl. s. c. Gaben von 2—15 mg Testosteronpropionat in öliger Lösung im Lauf von 9 Tagen nach Traumatisierung des Uterus am 4. Behandlungstag eine starke Hypertrophie des Endometriums, Erweiterung der Blutgefäße und ein interstitielles Ödem hervorzurufen, wie nach Behandlung mit 1,0 mg Progesteron, bevor die ersten Decidualzellen auftreten; erst wenn man die Gaben von Testosteronpropionat von 5,0 mg mit zusätzlich 0,5 μg Oestradiolbenzoat kombinierte, kam es in den traumatisierten Uteri der kastrierten Hamsterweibchen zur Bildung mittlerer oder großer Deciduome (der Deciduom-Test kann also nicht als absolut spezifisch für die Progesteron-Aktivität betrachtet werden!). 1,0 mg Testosteronpropionat tägl. im Lauf von 8 Tagen gegeben, ließ das Uterusgewicht bei infantilen Rattenweibchen mehr zunehmen als bei Gaben von 400 IE Oestron; beide Hormone kombiniert ergaben die stärkste Gewichtszunahme (CLAUSEN u. FREUDENBERGER, 1939), was mit den Befunden von CZYBA (s. o.) übereinstimmt. Auch in den Versuchen von VELARDO (1959) übte Testosteron, in Dosen von 2—5 mg an 3 Tagen gegeben, eine deutliche, das Wachstum des Uterus beim kastrierten Rattenweibchen fördernde Wirkung aus, die bei den höheren Dosen zu einem Uterusgewicht führte, das demjenigen nach gleichlanger Behandlung mit 0,1 µg Oestradiol-17β entsprach.

VELARDO, HISAW u. BEVER (1956) verglichen die Wirkung von Testosteron, Desoxycorticosteronacetat (DOCA) und Cortisonacetat auf das Uteruswachstum bei vor 7 Tagen kastrierten 100 Tage alten Rattenweibchen: Testosteron war bei weitem am stärksten, DOCA relativ schwach wirksam, während Cortison selbst in hohen Dosen keine feststellbare Wirkung zeigte. Wurde jedes der 3 Steroide mit Gaben von 0,1 µg Oestradiol-17β kombiniert, so kam es in jedem Fall zu einer Herabsetzung der Wachstumswirkung von Oestradiol: auch diese hemmende Wirkung war bei Testosteron am stärksten ausgeprägt, weniger bei DOCA und am schwächsten beim Cortisonacetat.

Abweichende Ergebnisse erhielt man *bei chronischer Gabe von Testosteronpropionat* an infantile Rattenweibchen im Lauf von 102 Tagen (3mal wöchentl. je 0,5 mg) (MAZER u. MAZER, 1939): hier nahm das Uterusgewicht (178 mg) gegenüber den Kontrollen (386 mg) stark ab; auch bei erwachsenen Rattenweibchen, die in ähnlicher Weise behandelt wurden, beobachtete man eine bedeutende Gewichtsabnahme des Uterus um ca. 100 mg im Lauf von 62—68 Tagen bzw. um ca. 175 mg im Lauf von etwa 100 Tagen.

Die Aufnahme von radioaktivem Glycin durch den Uterus der Ratte in vitro wurde durch eine vorausgehende Behandlung der Weibchen mit je 10 µg Oestradiol-17β an 2 aufeinanderfolgenden Tagen um 230% gesteigert, durch eine Behandlung mit je 1,0 mg Testosteronpropionat um 100%; bei gleichzeitiger Gabe von beiden Hormonen betrug die Steigerung 170% (FRIEDEN u. BATES, 1957). Im Gegensatz zu früheren Befunden (FRIEDEN, LABY, BATES u. LAYMAN, 1957) an Mäusenierenschnitten, die eine Abhängigkeit der Glycinaufnahme von der Glycinkonzentration des Mediums gezeigt hatten, konnte eine solche Abhängigkeit am Rattenuterus im Dosenbereich von 0,27—8,2 mM nicht nachgewiesen werden; es scheint also, daß die Testosteronpropionat-Wirkung auf den Rattenuterus sich sowohl qualitativ als auch quantitativ von seiner Wirkung auf die Mäuseniere unterscheidet. Bei Ovarien des Frosches Rana pipiens wurde in vitro die durch Progesteron induzierte Ovulation durch Testosteronzusatz nicht beeinflußt, während Cortison, Desoxycorticosteronacetat (DOCA) und 19-Nortestosteron sie hemmten, allerdings in sehr hohen Dosen (100 µg/ml) (EDGREN u. CARTER, 1963).

EDGREN (1960) verglich die hemmenden Wirkungen von freiem Testosteron und seiner Derivate und ebenso von 19-Nortestosteron und seiner Derivate auf das durch Oestron induzierte Uteruswachstum und auf die durch Oestron bedingten oestralen Vaginalabstrichveränderungen bei kastrierten Mäuseweibchen; die Wirkung der Vergleichsubstanz Progesteron wurde gleich 100 gesetzt (Tab. 61):

Tabelle 61. *Hemmung des Oestron-bedingten Uteruswachstums und der Wirkungen von Oestron auf den Vaginalabstrich an der kastrierten Maus durch Testosteron und seine Derivate (nach* EDGREN, *1960)*

| Verbindung | Wirksamkeit als Oestrogne-Antagonist im | | | |
| | Uteruswachstums-Test | | Vaginal-Test | |
	Natürl. Verbind.	19-Nor-Derivate	Natürl. Verbind.	19-Nor-Derivate
Progesteron	100	—	100	—
Freies Testosteron	7	40	80	170
Methyl-Testosteron	23	880	130	1800
Äthyl-Testosteron	14	1250	22	2100
Vinyl-Testosteron	7	460	27	910
Äthinyl-Testosteron	8	800	27	910

17a-Äthinyl-17-hydroxy-5(10)-oestren-3-on (Norethynodrel) (I) und 17a-Äthinyl-19-nortestosteron (II) unterscheiden sich chemisch nur durch die Position der Doppelbindung in Ring A; sie haben auch gewisse biologische Eigenschaften gemeinsam. Vergleicht man aber (EDGREN, 1958) die das Uteruswachstum fördernde Wirkung der beiden Substanzen im Mäusetest, so ergeben sich sehr verschiedene Dosis-Wirkungskurven für die beiden Substanzen, gleichgültig ob sie parenteral oder in den Magen gegeben werden. In kombinierten Versuchen erwies sich II als ein Antagonist sowohl von I als auch von Oestron im gleichen Testverfahren, während I keinen Einfluß auf das durch Oestron ausgelöste Uteruswachstum besaß, weder einen hemmenden noch einen additiven, auch in Dosen, die, für sich gegeben, ein merkliches Uteruswachstum erzeugten.

Das vorerwähnte Norethynodrel (I) vermag die *Trächtigkeit* bei der Ratte vor oder nach der Nidation zum Abschluß zu bringen (DAVIS, 1963): in einer Dosis von 0,9 mg am 2. Tag post coitum verhindert es die Nidation vollkommen, bleibt aber unwirksam, wenn 0,5 mg der gleichen Gesamtdosis erst am 4. Tag gegeben werden, d. h. zur Zeit wenn die Blastocysten der Ratte sich im Uterus befinden. Wenn I in öliger Lösung mit der Schlundsonde 3—5 Tage lang in der Zeit vom 9.—13. Tag der Trächtigkeit in einer tägl. Dosis von 10 mg gegeben wird, führt es zu einer weitgehenden Resorption der Feten; Gaben von I am 10.—12. Tag ließen eine gewisse Zahl von Feten zur Entwicklung kommen ($2,4 \pm 1,4$ gegenüber $8,2 \pm 2,3$ Feten in der Norm). Vermutlich handelt es sich um eine direkte Wirkung von I auf das Konzeptionsprodukt und nicht um eine indirekte über die Hypophyse oder über das Ovarium gehende Wirkung.

Im Gegensatz zu dieser hemmenden Wirkung eines Androgens auf die Nidation haben MAYER u. THEVENOT-DULUC (1964) eine *Nidationsförderung* beschrieben, wenn sie bei am 4. Tag der Gravidität kastrierten und von da ab mit Progesteron behandelten Ratten am 10. Tag der Gravidität die Tiere laparotomierten, sich vom Nichtvorhandensein von Nidationen überzeugten und nun einen infantilen Rattenhoden (vom 16. oder 20. Lebenstag) unter die Nierenkapsel implantierten: 8 Tage später war eine verspätete Nidation bei 6 von 15 Weibchen eingetreten. Die Hodenimplantate überlebten alle und wiesen neben Spermatogonien und Spermatocyten (Mitosen) zahlreiche Inseln gut entwickelter und offenbar funktionierender Leydig-Zellen auf. Ob es sich bei dieser Nidationsförderung um eine Androgenoder vielleicht um eine Oestrogen-Wirkung unter dem Einfluß der abdominalen Lage der Hodenimplantate handelt, müssen weitere Versuche zeigen.

Eine besondere Art der Implantationsverhinderung liegt im *Bruce-Effekt* vor [so genannt nach seiner Entdeckerin (BRUCE, 1959)], der darin besteht, daß bei frisch begatteten Mäuseweibchen die Gegenwart stamm- oder rassenfremder Männchen die Ei-Implantation verhindert. Er wird durch olfaktorische Reize ausgelöst und durch das Fehlen der Prolactin-(Luteotropin-)Sekretion im HVL vermittelt, was den Ausfall der Funktion der Corpora lutea graviditatis und damit die Unmöglichkeit der Implantation bedingt. Inwieweit der olfaktorische Stimulus von der Gegenwart der Androgene beim Männchen abhängig ist, konnte bisher noch nicht geklärt werden (PARKES, 1962; PARKES u. BRUCE, 1962). Versuche, die „olfaktorische Blockierung" der Gravidität durch Verabreichung von Progesteron zu durchbrechen, waren zunächst ergebnislos (PARKES u. BRUCE, 1961); es gelang erst, als höhere Progesterondosen über längere Zeit gegeben wurden (DOMINIC, 1966).

BLOCH (1971) setzte, in Ergänzung zu den ursprünglichen Beobachtungen von BRUCE (1960, 1961) und den oben erwähnten Versuchen von COOPER u. HAYNES (1967), Mäuseweibchen, die im post partum-Oestrus geschwängert waren und dabei 6 Junge säugten, dem Geruch von „strange" oder „alien males", d. h.

Männchen des gleichen oder eines fremden Stammes aus. Die unter den Bedingungen der Lactation einer größeren Jungenzahl normalerweise verzögerte Nidation der befruchteten Eier erfolgte unter dem Einfluß der Gegenwart der Männchen im gleichen Käfig bei der Mehrzahl der Weibchen ohne Verzögerung zum normalen Termin. Diese Versuchsergebnisse sind denjenigen bei Verabreichung von Oestrogen bei säugenden und nicht-säugenden Weibchen zu vergleichen, und es wird daher vermutet, daß der Männchengeruch die Sekretion von FSH stimuliert, das die endogene Oestrogenproduktion und -sekretion fördert. Diese Sekretion dürfte die Ursache für die Blockierung der Schwangerschaft durch den Männchengeruch bei nicht säugenden Weibchen, also für den Bruce-Effect sein.

Der olfaktorische Reiz, der von den Männchen ausgeht, ist vermutlich in seiner Wirkung nicht auf die Mäuseweibchen beschränkt, sondern wirkt sich, wenn auch in anderer Form bei weiblichen Schafen aus, bei denen die Dauer der Brunst durch die Gegenwart der Böcke beeinflußt wird (PARSONS u. HUNTER, 1967). FLETCHER u. LINDSAY (1971) untersuchten diesen Einfluß der Bocksgegenwart auf die Dauer der Brunst an ovariektomierten und durch Behandlung mit Progesteron und Oestrogen in künstliche Brunst versetzten Schafen: Wenn die Dauer der Brunst durch Reizung der Schafe mit aktiven Böcken in 4stündigen Abständen gemessen wurde, erwies sie sich als kürzer, wenn Schafe und Böcke in der ganzen Zeit zusammenblieben als wenn sie zwischen den einzelnen Prüfungen getrennt wurden. Der konstante Kontakt mit den Böcken scheint die Dauer des Oestrus durch eine Hemmung der neuralen Mechanismen zu hemmen, welche die Ausübung des Brunstverhaltens regeln. Die Dauer der Brunst, gemessen durch individuelle Reizung alle 4 Std und Halten der Schafe und Böcke zusammen zwischen den einzelnen Prüfungen, war länger als wenn die Schafe in konstanter Vereinigung mit den Böcken ohne Kontrolle gehalten wurden. Die regelmäßige Reizung führte vermutlich zu einer längeren Oestrusdauer, weil sie die „Kompetition" zwischen Schafen und Böcken ausschaltete und die offenbare Abneigung der Böcke, den Coitus mit dem gleichen Weibchen während der ganzen Dauer der Brunst auszuführen, überwand.

Es sprechen aber auch andere Beobachtungen dafür, daß die olfaktorischen Reize, die von den unter dem Einfluß der endogenen Androgene stehenden Drüsen des intakten Männchens, vor allem wohl der Präputialdrüsen ausgehen und über das ZNS die gonadotrope Funktion der Hypophyse des Weibchens treffen, nicht nur bei der Implantation eine hemmende, sondern bei anderen Funktionen des weiblichen Genitalapparats eine stimulierende Rolle spielen. MULINOS u. POMERANTZ (1940) stellten fest, daß die Einschränkung der Nahrungszufuhr beim Rattenweibchen die Länge des Dioestrus im Brunstcyclus vergrößert und den Zellinhalt des Vaginalabstrichs vermindert. COOPER u. HAYNES (1967) bestätigten das, fanden aber gleichzeitig, daß die Einbringung eines Rattenmännchens in den Käfig von solchen Weibchen mit verlängertem Cyclus, gleichgültig in welchem Stadium des Cyclus, diese Verlängerung wieder abkürzte, und zwar nicht nur im ersten, sondern auch im folgenden Cyclus, falls sie im ersten nicht begattet worden waren. MCNEILLY, COOPER u. CRIGHTON (1970) änderten die Versuche insofern ab, als sie die Männchen zwar in denselben Käfig setzten, sie aber durch ein Drahtgitter von den Weibchen trennten, so daß eine körperliche Berührung (vermutlich vollkommen?) ausgeschlossen war (Abb. 56): auch unter diesen Bedingungen war der erste Cyclus nach Einbringung des Männchens deutlich verkürzt, während bei den nächsten Cyclen die Verkürzung weniger ausgesprochen war, aber durch späteres erneutes Einbringen eines Männchens wieder restituiert wurde.

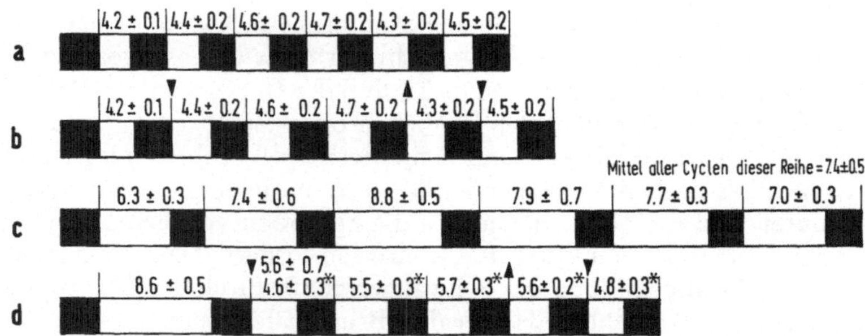

Abb. 56a—d. Cycluslängen (Mittel ± S. E.) bei Ratten unter variierten Behandlungen. a Uneingeschränkte Diät; b uneingeschränkte Diät, Männchen zugesetzt; c eingeschränkte Diät, Kontrollratten; d eingeschränkte Diät, Männchen zugesetzt. Die Pfeile bedeuten die Zusetzung (↓) bzw. die Entfernung (↑) des Männchens. Schwarz die Tage des Prooestrus + Oestrus + Metooestrus, weiß die Tage des Dioestrus. (Nach McNeilly u. Mitarb., 1970)

Hohe Dosen von Testosteronpropionat, 17a-Äthyl-19-Nortestosteron (Nilevar = Noräthandrolon), 17a-Äthinyl-17a-hydroxy-5(10)-oestren-3-on (Norethynodrel), 17a-(1-Methallyl)-19-nortestosteron, 17a-(2-Methallyl-19-nortestosteron (MNT), 17a-Methyl-4,5-dihydro-19-nortestosteron, tägl. im Lauf von 35 Tagen bei 3 Monate alten Rattenweibchen s. c. injiziert, verhinderten die Trächtigkeit (Saunders, 1958), doch trat bei den minimal wirksamen Dosen die Erholung der Fruchtbarkeit rasch wieder ein. Vermutlich handelt es sich um eine Hemmung der Gonadotropinsekretion als Ursache der passageren Sterilität.

Das oben erwähnte Testosteron-Derivat MNT (17a-(2-Methallyl)-19-nortestosteron), das im Clauberg-Test am infantilen Kaninchenweibchen eine hohe Gestagenwirksamkeit besitzt, übt auch eine *schwangerschaftserhaltende Wirkung* bei trächtigen Ratten aus, die am 15. oder 16. Tag der Gravidität kastriert werden (Jost, 1961), partiell bereits mit 0,25 mg MNT tägl., komplett (7 Feten) mit 0,5 mg, aber ein normales Fetalgewicht wird erst mit 10 mg tägl. erzielt. Die Dosis von 0,1 mg tägl. genügte nur dann zur Erhaltung der Trächtigkeit, wenn gleichzeitig 0,5 µg Oestradiol tägl. injiziert wurden. Die zur Erhaltung der Trächtigkeit ausreichende Dosis von 0,5 mg MNT tägl. rief keine Maskulinisierung der weiblichen Feten hervor, wohl aber die Dosis von 10,0 mg/Tag. Eine unterstützende Wirkung von Testosteronpropionat auf die Erhaltung der Trächtigkeit bei der ovariektomierten Ratte beobachteten Stucki u. Forbes (1960): Die synthetischen Gestagene 17a-Hydroxyprogesteronacetat und 17a-Hydroxyprogesteroncaproat waren unfähig die Trächtigkeit bei ovariektomierten Ratten aufrecht zu erhalten, wenn sie allein gegeben wurden, selbst wenn die Verabreichung mehrere Tage vor dem Eingriff begonnen wurde. Dagegen konnten sie die Trächtigkeit erhalten, wenn Oestron oder Testosteronpropionat gleichzeitig mit ihnen gegeben wurden. Die Zugabe von Testosteronpropionat zu den kombinierten Gaben von 17a-Hydroxyprogesteronacetat + Oestron verbesserte die Bedingungen der Trächtigkeitserhaltung nicht. Testosteronpropionat und Oestron allein waren unwirksam.

Wenn regelmäßig menstruierende Affenweibchen (Macacus rhesus) im Lauf von 7 Monaten 2mal wöchentl. je 25 mg Testosteronpropionat injiziert erhielten, blieben während der Behandlung die *Menstruationen* aus, die Follikel in den Ovarien atrophierten, Corpora lutea wurden nicht gebildet (Zuckerman, 1937); 3 Wochen nach Absetzen der Androgene traten erneut Blutungen auf. Über ähnliche Befunde bei Affen hat auch Hartman (1937) berichtet. Bei Frauen mußten

150 mg oder mehr Testosteronpropionat pro Woche gegeben werden, um den gleichen Effekt zu erreichen (GEIST, SALMON, GAINES u. WALTER, 1940; PAPANICOLAOU, RIPLEY u. SHORR, 1939; CARTER, COHEN u. SHORR, 1947).

Testosteronpropionat übt in einmaligen Dosen von 10,0 oder 20,0 mg eine hemmende Wirkung auf den oestrischen Rhythmus der *Uterusmotilität* beim Kaninchen aus; 2,5 mg lassen nur das Ausmaß der Kontraktionen abnehmen, ohne eine vollkommene Ruhigstellung herbeizuführen; die hemmende Wirkung der Androgene konnte sich aber auch nur in einer Störung des Rhythmus äußern (LEONARD, SAGER u. HAMILTON, 1937). Während der Testosteron-bedingten Ruheperiode ließen sich mit Pituitrin keine starken Uteruskontraktionen auslösen, was auch ROBSON (1937) feststellte, wenn er mit Oestrogen sensibilisierte kastrierte Kaninchenweibchen mit Testosteron behandelte und dann Oxytocin injizierte. Eine normale Uterusmotilität stellte sich in den Versuchen von LEONARD u. Mitarb. (1937) 1—5 Tage nach Absetzen der Androgenbehandlung wieder ein. Bei Implantation von Oestradiol-, Testosteron- oder Progesteron-Preßlingen in den Hypothalamus erwachsener Rattenweibchen und Verfolgung ihrer Wirkung auf die Gravidität, stellte LISK (1965) fest, daß nur das implantierte Oestradiol die Gravidität in 100% der Fälle verhinderte (der empfindlichste Implantationsort lag im Gebiet des Nucleus arcuatus-N. mammilarius des Hypothalamus). Obgleich Progesteron die Gravidität in keiner Weise verhinderte und Testosteron nur eine sehr geringe diesbezügliche Wirksamkeit besaß, hatten beide Hormone eine störende Wirkung auf den normalen Geburtsvorgang, was zu seiner Verlängerung und zum Tod von Müttern und Feten führte. Nach STUCKI u. FORBES (1960) konnte die Geburt bei intakten Ratten verschoben oder verhindert werden sowohl mit Progesteron als auch mit Testosteronpropionat, wenn die Verabreichung 3 Tage vor dem mutmaßlichen Geburtstermin begonnen wurde.

Die Wirkung der Androgene auf die *Ovarien der Säugetiere* ist außerordentlich verschieden (vgl. Tab. 62), je nach Tierart, Verbindung, Dosierung und Dauer der

Tabelle 62. *Einfluß von Androgenen auf das Ovarium*

Tierart	Behandlung	Wirkung auf das Ovarium
	Testosteronpropionat	
Meerschweinchen[1]	4,0 mg tägl., 6—18 Tage	Hemmung des Follikelwachstums, keine Ovulation, keine Corpora lutea; Wiederaufnahme der oestr. Cyclen 6—10 Tage nach Absetzen der Behandlung
Kaninchen[2]	10,0 mg tägl. während der frühen Schwangerschaft	Atrophie der Corpora lutea graviditatis
Ratten[3]	0,5 mg tägl., 16 Tage	Wenig Follikel, keine C. lutea
	1,0 mg tägl., 16 Tage	Zahlreiche große C. lutea
Ratten[4]	0,5 mg tägl., 15—30 Tage	Ovarialgewicht stark herabgesetzt (23,3 mg, Kontrollen 65,0 mg)
Ratten[5]	1,5 mg tägl., 21 Tage	Zunahme der Größe und Zahl der C. lutea
Ratten[6]	0,2 mg tägl., 10 Tage	Zunahme der Größe der C. lutea, zum Teil Degeneration; keine großen Follikel
Ratten[7], erwachsen	0,5 mg 3mal wöch., 62—68 Tage	Keine C. lutea, Hemmung des Follikelwachstums
Ratten[7], infantil	0,5 mg 3mal wöch., 102 Tage	Atrophie der Ovarien
Ratten[8]	0,5 mg tägl., 10 Tage	Mäßig vergrößerte C. lutea, aber nur bei Weibchen, die zu Beginn im Oestrus oder Metoestrus waren
Ratten[13], infantil	1,0 mg jeden 2. Tag, 8 Tage	Keine Wirkung
Mäuse[9]	5,0 mg tägl., 8 Tage	C. lutea in C. albicantia verwandelt, ihre Resorption beschleunigt

20*

Tabelle 62 (Fortsetzung)

Tierart	Behandlung	Wirkung auf das Ovarium
Mäuse[9]	0,25 mg tägl., 8 Tage	Ovarien vergrößert, C. lutea klein, degeneriert
Mäuse[12]	5,0 mg tägl., 20 Tage	Ovarien verkleinert, Schwund der C. lutea, Stimulierung der Follikel, gelegentliche Follikel- und C. lutea-Cysten
Affen[10]	25,0 mg 2mal wöch., 210 Tage	Keine C. lutea, Follikel sehr klein
	Testosteron	
Ratten[11]	1,0 mg tägl., 16—30 Tage	Keine Wirkung
	2,0 mg tägl., 16—30 Tage	C. lutea vergrößert
Ratten[14], infantil	5,0—10,0 mg tägl., 8 Tage	C. lutea, aber kein Oestrus
	Androstandion	
Ratten[11]	1—2,0 mg tägl., 16—30 Tage	C. lutea zum Teil sehr vergrößert; andere Ovarien unverändert oder leicht verkleinert
	Androstendion	
Ratten[11]	1,0—2,0 mg tägl., 16—30 Tage	Ovarien subnormal
	Trans-Androstendiol	
Ratten[11]	1,0 mg tägl., 16—30 Tage	Keine Wirkung
	Cis-Androstendiol	
Ratten[11]	1,0 mg tägl., 16—30 Tage	Keine Wirkung
	Dehydro-Androsteron	
Ratten[11]	1,0 mg tägl., 16—30 Tage	Geringe Verkleinerung der Ovarien
Ratten[14], infantil	2,0—3,0 mg tägl., 8 Tage	C. lutea

1 BOLING, J.L., HAMILTON, J.B.: Anat. Rec. **73**, 1—15 (1939). — 2 COURRIER, R., GROS, G.: C. R. Soc. Biol. (Paris) **127**, 921—923 (1938). — 3 FREED, S.C., GREENHILL, J.P., SOSKIN, S.: Proc. Soc. exp. Biol. (N.Y.) **39**, 440—442 (1938). — 4 HAMILTON, J.B., WOLFE, J.M.: Endocrinology **22**, 360—365 (1938). — 5 KORENCHEVSKY, V., DENNISON, M., HALL, K.: Biochem. J. **31**, 780—785 (1937). — 6 McKEOWN, T., ZUCKERMAN, S.: Proc. roy. Soc., Lond. B. **124**, 362—368 (1937). — 7 MAZER, M., MAZER, C.: Endocrinology **24**, 175—181 (1939). — 8 WOLFE, M., HAMILTON, J.B.: Proc. Soc. exp. Biol. (N.Y.) **37**, 189—193 (1937). — 9 BURDICK, H.O., EMERSON, B.: Endocrinology **25**, 913—918 (1939). — 10 ZUCKERMAN, S.: Lancet **1937 II**, 676—680. — 11 NELSON, W.O., MERCKEL, CH.G.: Proc. Soc. exp. Biol. (N.Y.) **36**, 823—825 (1937). — 12 SELYE, H.: J. Endocr. **1**, 208—215 (1939). — 13 CLAUSEN, FR.W., FREUDENBERGER, CL. B.: Endocrinology **25**, 585—592 (1939). — 14 HOHLWEG, W.: Klin. Wschr. **16**, 586—587 (1937).

Behandlung (Übersicht s. Tab. 62, S. 307 u. 308). Die tägl. s. c. Verabreichung von 5 mg Testosteronpropionat bei erwachsenen Mäuseweibchen im Lauf von 20 Tagen bewirkte eine Abnahme des Gesamtvolumens der Ovarien, das Verschwinden der normalen Corpora lutea und eine merkliche Stimulierung des Follikelwachstums mit Bildung von Follikelcysten und gelegentlich von Corpus luteum-Cysten (SELYE, 1939). MAZER u. MAZER (1939) beobachteten bei erwachsenen Rattenweibchen, denen sie im Lauf von 62—68 Tagen 0,5 mg Testosteronpropionat in öliger Lösung 3mal wöchentl. injizierten, eine Abnahme des durchschnittlichen Ovarialgewichts von 61 mg bei den Kontrollen auf 20 mg bei den Versuchsratten (nach einer Erholungsphase von 29 Tagen stieg das Ovarialgewicht auf 34 mg an); sie fanden nach der gleichen Behandlung, aber im Lauf von 102 Tagen bei infantilen Rattenweibchen eine Abnahme des durchschnittlichen Ovarialgewichts von 45 auf 10 mg. Bei kürzerer Behandlung (vom 21.—29 Lebenstag) sahen CLAUSEN u. FREUDENBERGER (1939) trotz höherer Tagesdosen (1,0 mg) von Testosteronpropionat keine signifikanten Veränderungen des Ovarialgewichts bei infantilen Rattenweibchen. Andererseits kann bei infantilen Rattenweibchen eine einmalige s. c. Injektion von 1,0—10,0 mg Testosteronpropionat zu einer Reifung der Follikel im Lauf der folgenden 3—8 Tage führen (SALMON, 1938, NATHANSON,

Fransen u. Sweeney, 1938; Noble, 1939). Gaarenstroom u. de Jongh (1946) fanden, daß bei infantilen Rattenweibchen durch die alleinige Gabe von Testosteron die Ovulation ausgelöst werden konnte. Bei hypophysektomierten infantilen Rattenweibchen (Payne, Hellbaum u. Owens, 1956), die unter 4tägiger Behandlung mit Diäthylstilboestrol stark erhöhte Ovarialgewichte aufwiesen (Tab. 63), setzte die gleichzeitige Behandlung mit Testosteronpropionat je nach der Dosis das Ovarialgewicht mehr oder weniger stark herab; diese Herabsetzung war weniger deutlich ausgesprochen, wenn die Behandlung mit Diäthylstilboestrol fortgelassen wurde (Tab. 63). Auch andere Androgene (außer dem erwähnten Testosteronpropionat) setzten das durchschnittliche Ovarialgewicht deutlich herab (Tab. 64) darunter solche, die eine nur schwache spezifisch androgene Wirkung, aber eine ausgesprochene anabole Wirkung besaßen (z. B. Methylandrostendiol).

Tabelle 63. *Wirkung von Testosteronpropionat ($^1/_4$ der Gesamtdosis an je einem Tag im Lauf von 4 Tagen gegeben) auf die Ovarien und den Uterus von hypophysektomierten infantilen Ratten, mit oder ohne zusätzliche Diäthylstilboestrolgaben. Nach* Payne, Hellbaum u. Owens *(1956)*

Gesamtdosis TPr in mg	Zahl der Ratten	Mittl. Ovarial-Gewicht in mg	Zahl der Ratten	Mittl. Uterus-Gewicht in mg
Mit zusätzlich 4,0 mg Diäthylstilboestrol (4 × 1,0 mg)				
40,0	10	10,03 ± 0,63	10	108 ± 4
20,0	2	9,82	—	—
4,0	13	10,02 ± 0,51	11	108 ± 4
1,2	2	11,58	2	112
0,4	22	13,71 ± 0,76	21	101 ± 3
0,04	12	16,19 ± 0,90	12	104 ± 4
0,004	14	22,51 ± 1,61	10	103 ± 6
—	17	24,37 ± 0,71	15	114 ± 4
Ohne Diäthylstilboestrol				
40,0	8	7,07 ± 0,74	8	142 ± 4
4,0	5	6,55 ± 0,54	5	122 ± 2
0,4	9	9,19 ± 0,84	9	108 ± 4
0,04	8	8,31 ± 0,38	8	51 ± 3
0,004	8	9,33 ± 0,44	8	43 ± 7
—	16	7,91 ± 0,35	17	29 ± 5

Tabelle 64. *Einfluß verschiedener s.c. injizierter Steroide auf die Ovarien und den Uterus der mit Diäthylstilboestrol[1] behandelten hypophysektomierten infantilen Ratten. Nach* Payne, Hellbaum u. Owens *(1956)*

Steroid-Zusatz	Zahl der Ratten	Gesamtdosis in mg	Mittl. Ovar.-Gew. mg	Zahl der Ratten	Mittl. Uter.-G. mg
Diäthylstilboestr. allein .	17	4,0	24,37 ± 0,71	15	114 ± 3
Methyltestosteron . . .	12	0,4	19,20 ± 1,00	12	117 ± 2
Methylandrostendiol . .	3	4,0	10,8	—	—
	13	0,4	15,61 ± 0,82	14	119 ± 4
Androstan-17β-ol-3-on .	4	20,0	14,73 ± 1,18	4	116
	12	0,4	15,88 ± 0,74	12	111 ± 3
17α-Äthyl-17-hydroxy-nor-androstenon . . .	10	0,4	13,82 ± 0,76	10	137 ± 4
19-Nortestosteron . . .	12	0,4	20,83 ± 0,78	11	117 ± 4
Adrenosteron	10	0,4	18,18 ± 1,06	10	121 ± 5
Progesteron	5	20,0	21,20 ± 1,82	2	131
	7	4,0	26,92 ± 0,60	5	116
Pregnenolon	2	20,0	33,68	4	116
Progesteron, allein . . .	2	4,0	9,93	2	111

[1] 1,0 mg tägl. im Lauf von 4 Tagen, beginnend unmittelbar anschließend an die Hypophysektomie.

Die Beeinflussung der Ovarien durch die Androgene geht zum Teil über die Hypophyse, auf deren Gonadotropinproduktion die Androgene eine hemmende Wirkung ausüben (s. Beeinflussung der Hypophyse durch Androgene, S. 253 ff.), wodurch es indirekt zu einer Hemmung der Ovarialfunktion kommt. Daß aber auch eine direkte Wirkung der Androgene auf das Ovarium im Spiel sein kann, geht neben anderem aus den Versuchen von PAYNE, HELLBAUM u. OWENS (1956) hervor, die an hypophysektomierten Ratten arbeiteten (Tab. 64); auch NOBLE (1939) ist für eine direkte Wirkung eingetreten, weil die Corpora lutea in den Ovarien erwachsener hypophysektomierter Ratten länger erhalten blieben, wenn die Tiere mit Androgenen injiziert wurden, als ohne eine solche Behandlung. Einmalige oder kurzfristige Verabreichung von Testosteron scheint bei Ratten und Mäusen die hypophysäre Produktion von FSH zu fördern, und manche Versuche, besonders die von HOHLWEG (1937) an infantilen Ratten, sprechen auch für eine Vermehrung der LH-Produktion unter der Einwirkung von Androgenen.

In mancher Hinsicht abweichende Ergebnisse hatten die Versuche von BAKER, KAHN u. BESEMER (1965), die normale oder hypophysektomierte Sprague-Dawley-Rattenweibchen von 170—190 g mit Norethynodrel (I, s. S. 304) s. c. injizierten: Sie fanden bei den normalen Tieren eine Vergrößerung der Corpora lutea mit Hypertrophie und Schwund der sudanophilen Lipide und des Cholesterins in ihren Zellen; da diese Veränderungen bei den ebenso behandelten hypophysektomierten Weibchen fehlten, nehmen Verff. an, daß die Wirkung von I über die Hypophyse geht und auf einer vermehrten Produktion von Prolactin (LTH) beruht. Da aber andererseits in diesen Ovarien der behandelten Normaltiere eine Involution des interstitiellen Gewebes mit Schwund der sudanophilen Lipide und des Cholesterins stattfindet, wird vermutet, daß es zu einer Verminderung der LH-Produktion in der Hypophyse kommt, da das interstitielle Gewebe des Rattenovariums in seiner strukturellen Integrität vom LH der Hypophyse abhängig ist (vgl. dazu YOUNG, 1961; EVERETT, 1961).

DESAULLES u. KRÄHENBÜHL (1964), welche die Anti-Fertilitäts- und die Geschlechtshormon-Wirksamkeit der natürlichen Sexualhormone (und einiger Derivate) verglichen, kamen in Versuchen an normalen bzw. kastrierten erwachsenen Ratten (zum Teil an Parabiose-Tieren) zum Ergebnis, daß Oestradiol und seine Derivate eine starke anti-gonadotrope Wirksamkeit, einen relativ geringeren anti-ovulatorischen Effekt und eine merkliche Hemmungswirkung auf die Implantation besitzen. Andererseits zeigt Progesteron, das nur einen sehr geringen Hemmungseffekt auf die gonadotrope Funktion ausübt, eine antiovulatorische Wirksamkeit, die, wenn auch absolut schwächer als diejenige von Oestradiol, dennoch deutlich ist, während seine Wirkung auf die Implantation praktisch gleich Null ist. Der Wirksamkeitsgrad von Testosteron liegt in diesen Hinsichten etwa in der Mitte zwischen den beiden weiblichen Hormonen[8]. Wenn die Verff. (KRÄHENBÜHL u. DESAULLES, (1964) die genannten Hormone an hypophysektomierten infantilen Rattenweibchen prüften, bei denen die Ovulation durch die s. c. Verabreichung von FSH und LH ausgelöst wurde, so erwiesen sich Oestradiol (3 mg), Oestron (10 mg), Oestriol (10 mg), Progesteron (100 mg) und Testosteron (30 mg; alle Gaben pro kg und Tag im Lauf von 4 oder 8 Tagen verabreicht) in allen Fällen als unvermögend die induzierte Ovulation zu hemmen. Man kann daraus den Schluß ziehen, daß die Hemmungswirkung dieser Hormone auf die Ovulation im wesentlichen oder sogar allein auf eine Störung der hypothalamo-hypophysären Stimu-

---

8 RICHARDSON (1966) hat in einer Studie über die Physiologie des Ovariums darauf hingewiesen, daß zur Zeit der Ovulation und in der Luteinphase des Cyclus bei der Frau ein Anstieg des Testosterongehalts im Plasma zu beobachten ist; nach der Ovariektomie sinkt der Testosteronspiegel ab.

lierung zu beziehen ist, wobei aber qualitative Unterschiede in der Wirkung zwischen den einzelnen Verbindungen bestehen dürften. Dieses scheint die Möglichkeit zu eröffnen, die Gonadotropinabgabe in einer solchen Weise zu modifizieren, daß die Ovulation unterdrückt, andererseits aber auf das allgemeine sexuelle Gleichgewicht kein merklicher Effekt ausgeübt wird (KRÄHENBÜHL u. DESAULLES, 1964).

Es sei noch auf die Versuche von FLERKÓ u. ILLEI (1958) hingewiesen, die an Ratten mit elektrolytischer Zerstörung gewisser Zentren in der Gegend der Nuclei paraventriculares des Hypothalamus zeigten, daß die Verabreichung von Testosteronpropionat (8 Wochen lang tägl. 500 μg s. c.) nur unter der Voraussetzung die gonadotrope Aktivität des Hypophysenvorderlappens zu hemmen vermag, daß die genannten Zentren intakt sind.

Die *paraurethralen Drüsen*, bei Frauen schon lange bekannt (Skene'sche Gänge), bei Ratten erstmalig von MARX (1932) eingehend beschrieben, sind Homologa der Prostata, speziell der cranialen und ventralen Lappen beim Mann. Ihre Stimulierung bei der Ratte durch männliches Hormon wurde von KORENCHEVSKY u. DENNISON (1936a, 1936b) festgestellt, zugleich ihre Unempfindlichkeit gegen Oestron betont (was sich aber nach den Versuchen von ZUCKERMAN (1938) beim männlichen Rhesusaffen insofern nicht verallgemeinern läßt, als es hier unter einer protrahierten Behandlung mit Oestron zu einem Wachstum der Prostata kommt, das sich aber auf Wachstumsvorgänge im fibromuskulären Stroma, zwischen der Urethra und dem Organteil, in dem die echten Prostatadrüsen liegen, beschränkt). HAMILTON u. WOLFE (1937) fanden die Prostatadrüsen beim Rattenweibchen normaler Weise rudimentär, sie wurden aber durch männliches Hormon in ihrem Wachstum stimuliert und erreichten einen Zustand, der makroskopisch und histologisch dem der Prostata beim intakten Rattenmännchen entsprach. Verff. fanden makroskopisch feststellbare Prostatae bei 35 normalen Weibchen in 9,4%, bei 13 mit Oestron behandelten Weibchen in 0% und bei 48 mit Testosteronpropionat behandelten Weibchen in 58,3%. Der Zustand der weiblichen Prostata kann daher als Indicator der Gegenwart oder des Fehlens von männlichem Hormon bei der Ratte dienen und ihr Vorhandensein bei nicht injizierten Rattenweibchen kann im allgemeinen als Zeichen der Produktion von Androgenen gewertet werden.

Über die *Induktion der Ovulation* bei *Amphibien* liegen einige Miteilungen vor. ZWARENSTEIN (1936) zeigte, daß man beim zu Laboratoriumszwecken viel benutzten Krallenfrosch, Xenopus laevis, durch die Injektion von Progesteron die Ovulation auslösen kann, und zwar sowohl beim intakten als auch beim seines Hypophysenvorderlappens beraubten Tier; spontan ovuliert dieser Frosch unter Laboratoriumsbedingungen nicht. SHAPIRO (1936) bestätigte im gleichen Jahr diese Befunde, sowohl das Fehlen der spontanen Ovulation als auch ihre Induktion durch Progesteron und durch gonadotrope Extrakte; darüber hinaus prüfte er mehr als 60 Steroide und Lipidextrakte auf ihre ovulationsauslösende Wirksamkeit an X. laevis und fand außer Progesteron, das in einer Dosis von 0,25 mg wirkte, auch Methyltestosteron (0,25 mg), Testosteron (1,0 mg), TPr (4,0 mg) Transdehydroandrosteron (10,0 mg), T-Succinat (4,0 mg), Androstendion (12,0 mg) und cis-Androstandiol (10,0 mg) wirksam, wobei die beiden Ester von T eine verzögerte Wirkung hatten und die Wirkung von Androsteron in einer Dosis von 10,0 mg fraglich war. Auch er fand Progesteron und T beim intakten und hypophysektomierten X. laevis wirksam. Die drei am stärksten wirksamen Verbindungen besaßen alle eine Δ^4-3-Keto-Konstitution. Eine Reihe der geprüften Verbindungen war unwirksam, wobei es schien, daß die Gegenwart einer Seitenkette von größerer Länge als beim Progesteron mit der ovulationsinduzierenden Wirksamkeit unvereinbar war. In weiteren Untersuchungen zeigte SHAPIRO (1939), daß X. laevis während der physiologischen Fortpflanzungsperiode (Juli—September) 11mal so empfindlich gegenüber der ovulationsauslösenden Wirkung von Methyltestosteron war wie in den übrigen Monaten des Jahres. Man könnte (nach SHAPIRO) daran denken, eine Auswertungsmethode für Androgene auf diese Reaktion von X. laevis zu gründen, müßte aber die jahreszeitlich verschiedene Empfindlichkeit berücksichtigen, auch wäre die beschränkte Spezifität (Progesteron!) hinderlich.

Ergänzend sei darauf hingewiesen, daß SHAPIRO u. ZWARENSTEIN (1937) die Ovulation bei X. laevis nicht nur in situ beim Ganztier auslösen konnten, sondern auch beim isolierten Ovarium in vitro. Bei Ovarien des Frosches Rana pipiens wurde in vitro die durch Progesteron induzierte Ovulation durch Testosteronpropionat nicht beeinflußt, während Cortison, Desoxycorticosteronacetat (DOCA) und 19-Nortestosteron sie hemmten, allerdings in sehr hohen Dosen (100 μg/ml) (EDGREN u. CARTER, 1963).

DE CORRAL (1959) induzierte die Ovulation bei der Kröte Bufo arenarum durch die Injektion von 0,5 mg der Pars distalis der Hypophyse der gleichen Art in allen Fällen, mit 0,3 mg in keinem Fall. Verschiedene Androgene, Oestrogene, Gestagene und Corticosteroide waren in Mengen bis zu 5,0 mg stets unwirksam, aber in Kombination mit der an sich unwirksamen Menge von 0,3 mg Pars distalis riefen sie entweder eine komplette oder partielle Ovulation bei der Kröte hervor; in vitro-Versuche hatten den gleichen Erfolg. Diese Verstärkung der Ovulationsreaktion durch die aktiven Steroide wurde auch bei Weibchen beobachtet, denen die Hypophyse, die NN, die Ovidukte oder die Schilddrüse entfernt waren.

Die Injektion sehr hoher Dosen von TPr hatte bei sehr jungen Ratten die *Ausbildung ovarieller Cysten* zur Folge (SHAY, GERSHON-COHEN, PASCHKIS u. FELS, 1939). Man wird bei dieser Beobachtung daran erinnert, daß beim Meerschweinchen im experimentellen Ovotestis, geschaffen durch die Implantation eines Ovariums in den Hoden, das Auftreten von Cysten im Ovarialtransplantat eine verbreitete Erscheinung ist, ohne daß man die causa movens mit Sicherheit angeben könnte (VOSS, 1926). Gegen einen Einfluß der Androgene spricht, daß man auch im *intrarenalen* Ovarialtransplantat solche Cystenbildungen antrifft, allerdings, wie es scheint, nur wenn der Transplantatträger ein Meerschweinchen*männchen* ist!.

PMS induziert dank seinem Gonadotropingehalt die Ovulation bei infantilen Rattenweibchen. Dieser Effekt wird, mindestens zum Teil, auf die präovulatorische Sekretion von endogenem LH zurückgeführt. KLAWON, SORRENTINO u. SCHALCH (1971) berichten über die radioimmunologische Messung des präovulatorischen Maximums von LH im Plasma bei mit PMS induzierten Ovulatoren (24 Tage alten Rattenweibchen) und über Versuche zur Hemmung der Ovulationen mit Testosteronpropionat. Die s.c. Injektion von 25 IE PMS induzierte die Ovulation bei 60—87 % der Weibchen, mit präovulatorischem LH-Maximum im Plasma in 2 Versuchsreihen von 422 $\pm$ 76 bzw. 472 $\pm$ 72 ng/ml (zum Vergleich die postovulatorischen Werte von 168 $\pm$ 11 bzw. 154 $\pm$ 11 ng/ml). Die Injektion von 500 μg Testosteronpropionat/Tag im Lauf von 4 Tagen unterdrückte die Sekretion von LH und die Induktion von Ovulationen vollkommen. Diese Befunde sprechen für eine feststehende, wenn auch zeitlich wechselnde oder asynchrone Steigerung des LH-Gehalts im Plasma in der präovulatorischen Periode bei der mit PMS induzierten Ovulation und für ihre Blockierung durch Unterdrückung des Anstieges von LH durch Testosteron.

Anhang: 1. Einfluß von Androgenen auf die Mamma

Die Beziehungen der Androgene zur Brustdrüse sind von besonderem Interesse im Hinblick auf die therapeutische Anwendung dieser Verbindungen bei Mamma-Tumoren und als „Hemmstoffe" bei einer unerwünschten Lactation. Hier werden nur die experimentellen Ergebnisse behandelt; die daraus gezogenen therapeutischen Schlußfolgerungen sind im klinischen Kapitel wiedergegeben (s. Bd. XXXV/2).

Im Gegensatz zu früheren Anschauungen haben neuere Untersuchungen (FOLLEY, 1956) gezeigt, daß das Wachstum der Mamma bei der männlichen Ratte ein isometrisches oder nahezu isometrisches ist und daß ihre spezifische Wachstumsrate durch die Kastration nicht beeinflußt wird: so scheint es, daß der Hoden, wenn überhaupt, nur eine sehr geringe Wirkung auf die Entwicklung des Milchgangsystems bei der männlichen Ratte hat. Andererseits aber unterbricht die Kastration der männlichen Ratte am 21. Lebenstag zeitweilig die lobulo-alveoläre Entwicklung, die für die Mamma des intakten Rattenmännchens sehr charakteristisch ist (TURNER u. SCHULTZE, 1931): danach wäre die lobulo-alveoläre Entwicklung beim Rattenmännchen dennoch von der Gegenwart der Hoden abhängig. RUBINSTEIN u. AHRÉN (1965) stellten allerdings bei kastrierten und anschließend hypophysektomierten Rattenmännchen von 8 Wochen, denen die eigene Hypophyse unter die Nierenkapsel transplantiert war und die in den letzten 4 Wochen des Versuches tägl. 0,05 mg Testosteronpropionat/100 g K.-Gew. i. m. injiziert erhielten, eine Entwicklung nur weniger Alveoli in den Mammae fest. NELSON u. GALLAGHER (1936) haben eine komplette Entwicklung des Milchgangsystems, nebst Anwesenheit von einigen Acini bei kastrierten Rattenweibchen nach 30tägiger Behandlung mit Androstan-3α,17β-diol nachgewiesen; ähnliche, wenn auch geringere, aber doch signifikante Androgeneffekte wurden auch bei Mäusen (VAN HEUVERSWYN, FOLLEY u. GARDNER, 1939) und bei Meerschweinchen und Affen (FOLLEY, GUTHKELCH u. ZUCKERMAN, 1939) festgestellt; ob bei diesen kastrierten Weibchen vielleicht Oestrogene aus den Nebennieren an diesen Androgeneffekten beteiligt waren, blieb ungeklärt.

LEONARD (1943) fand eine Verdickung der Milchgänge auch bei hypophysektomierten männlichen und weiblichen Ratten nach Behandlung mit Testosteronpropionat, während McEUEN, SELYE u. COLLIP (1937) unter der Behandlung mit Testosteron zwar bei intakten und kastrierten Rattenmännchen und -weibchen Entwicklung und Sekretion der Mamma beobachteten, aber nicht bei hypophysektomierten Rattenmännchen, die, entweder unmittelbar im Anschluß an die Hypophysektomie oder 21 Tage später beginnend, mit dem Androgen (200 μg tägl. s.c.) injiziert wurden.

AHRÉN u. HAMBERGER (1962) applizierten Testosteronpropionat in öliger Lösung im Lauf von 21 oder 23 Tagen lokal auf die Haut über einer der Brustdrüsen bei kastrierten männlichen und weiblichen Ratten und fanden, daß kleine Dosen (0,15 mg tägl.) eine geringe, aber deutliche lobulo-alveoläre Entwicklung der behandelten Drüsen auslösten, während die unbehandelten Drüsen des gleichen Tieres keine solche Entwicklung zeigten; höhere Dosen (0,30—0,75 mg tägl.) führten zu einer starken lobulo-alveolären Entwicklung der behandelten Mammae, aber zur Bildung von nur wenigen Alveoli in den Kontrolldrüsen; erst bei Applikation sehr hoher Dosen (1,5 mg tägl.) kam es sowohl in den Versuchs- als auch (auf dem Umweg über den allgemeinen Kreislauf!) in den Kontrolldrüsen zu einer ausgebreiteten lobulo-alveolären Entwicklung. Aus diesen Ergebnissen kann man auf eine *direkte* Wirkung des Androgens auf die Brustdrüse, zum mindesten bei der Ratte, schließen; eine Zwischenschaltung anderer endokriner Drüsen ist für diesen Testosteron-Effekt nicht erforderlich. Auch ist die Annahme von JACOBSON (1960), daß die Wirkung von Testosteronpropionat auf die Brustdrüsen von einer Oestrogenmitwirkung abhängig sei, vermutlich nicht aufrecht zu erhalten, da Testosteronpropionat auch bei kastrierten + adrenalektomierten Ratten wirksam ist; doch hat JACOBSON (1962) in weiteren Versuchen an hypophysektomierten Ratten Abänderungen der Mammareaktion auf Androgene durch die Gabe von Oestrogenen beschrieben, aus denen sie schließt, daß „eine Reaktion der Mamma bei der Ratte auf Oestrogene die Voraussetzung für eine lobulo-alveoläre Entwicklung durch Androgene ist".

Nach AHRÉN (1962) führt eine Behandlung mit Testosteronpropionat (0,05 oder 0,25 mg tägl., 14 Tage lang, s. c.) bei kastrierten Ratten mit intakter Hypophyse zu einem maximalen lobulo-alveolären Wachstum in der Mamma; bei hypophysektomierten kastrierten Tieren, denen die Hypophyse unter die Nierenkapsel transplantiert war, blieb die gleiche Behandlung unwirksam (eine Verlängerung auf 4 Wochen ließ es zur Entwicklung einiger weniger Alveoli kommen), und erst als die Testosterongaben mit Injektionen von hypophysärem Wachstumshormon kombiniert wurden (400 μg tägl.), ergab sich das gleiche Maß von lobulo-alveolärem Mammawachstum wie bei den Tieren mit intakter Hypophyse. Auf die Wirksamkeit von Testosteron + Wachstumshormon bei hypophysektomierten Ratten hatten LEONARD u. REECE (1942) und AHRÉN (1959) aufmerksam gemacht. DONOVAN u. JACOBSOHN (1960) hatten festgestellt, daß die Reaktion der Brustdrüse hypophysektomierter Ratten auf ovarielle Hormone durch die zusätzliche Behandlung mit Thyroxin + Insulin + Cortison bedeutend verbessert werden konnte; als sie aber (1960b) in dieser Kombination die Ovarialhormone durch Testosteron (-Propionat) ersetzten, fanden sie bei den hypophysektomierten Ratten kein lobulo-alveoläres Wachstum der Brustdrüsen, wie es bei den intakten Ratten durch Testosterongaben erzielt wird. Es ist bemerkenswert, daß in diesen hinsichtlich der Mamma negativen Versuchen gleichzeitig eine merkliche Zunahme der Körperlänge und des Körpergewichts beobachtet wurde. Auf die Erörterung der Ursachen der unterschiedlichen Wirkungen von Androgenen und Oestrogenen in diesen Hormonkombinationen durch die gleichen Verff. (1960b) sei hingewiesen.

Wie kompliziert und je nach den Dosenverhältnissen der beiden Komponenten auch widerspruchsvoll die Kombinationswirkungen von gleichzeitig gegebenen Oestrogenen und Androgenen sind, geht aus den Versuchen von BENGTSSON u. NORGREN (1961) besonders deutlich hervor. Sie untersuchten die Mammareaktion bei *kastrierten Kaninchenmännchen* auf isolierte oder kombinierte i. m. Injektionen von Testosteronpropionat und Oestron. Testosteronpropionat in Dosen unter 20 mg insgesamt waren unwirksam, dagegen wurde mit 40 oder 80 mg ein deutliches, wenn auch nicht normales Wachstum der Milchdrüsen erzielt. Oestron in Dosen unter 0,5 μg insgesamt hatte keinen Einfluß auf das Mammawachstum, während 0,5 μg und mehr ein ausgedehntes Wachstum auslösten; bei den maximalen Dosen von 12,5 und 25,0 μg kam es nur zu einem gehemmten Wachstum, aber zur Sekretion der Milchdrüsen. Testosteron, in Dosen von 1,0 oder 5,0—10,0 mg insgesamt gegeben, setzte die Reaktion auf gleichzeitig gegebenes Oestron (0,5 μg) herab oder hob sie vollkommen auf. Wenn Testosteron in Dosen, die für sich verabreicht unwirksam waren, mit Oestrondosen von mindestens 3,125 μg kombiniert wurde, entwickelten sich Alveoli in den Milchdrüsen. Die abnormen Entwicklungstendenzen bei der Injektion maximaler Oestrondosen (s. o.) wurden durch Zugabe von Testosteron noch verstärkt. Eine Übereinstimmung mit der Wirkung von Oestron + Progesteron — Kombinationen bestand bei den Oestron + Androgen — Kombinationen nicht.

Die Behandlung von vor der Reife ovariektomierten Rhesusaffenweibchen mit Testosteronpropionat (VAN WAGENEN u. FOLLEY, 1939) induzierte einen sekretionsbereiten Zustand im Mamma-Epithelium mit Erweiterung der Milchgänge, aber selbst in hohen Dosen löste Testosteronpropionat keine Ausbreitung oder Verzweigung der Milchgänge aus, ebenso wenig auch das alveoläre Wachstum, mit Ausnahme solcher Mammae, in denen Alveoli bereits vorhanden waren, die dann als Folge der Testosteron-Applikation unregelmäßige Faltenbildungen des

Drüsenepithels aufwiesen; Dehydroepiandrosteron und Δ^5-Androsten-3β,17β-diol bewirkten in hohen Dosen eine gewisse Sekretion und Gangerweiterung, während Androsteron kaum wirksam war.

Eine *Hemmung der Lactation* wies ROBSON (1937) bei lactierenden Mäuseweibchen nach, denen er, beginnend am 1. Tag post partum, tägl. 1,0 mg Testosteronpropionat s. c. injizierte: stets wurden die Jungen im Wachstum gehemmt und alle starben infolge Nahrungsmangels innerhalb von 3 Wochen; auch 0,05 mg/Tag waren in einem Teil der Würfe wirksam, während Androsteron auch in Dosen von 0,1 und 0,2 mg unwirksam war. Das Säugen und sonstige mütterliche Verhalten der Mäuseweibchen wurde durch die Injektionen von Testosteronpropionat nicht beeinträchtigt. Besonders wirksam waren Injektionen von Testosteron in Form feinverteilter Suspensionen in 10%igem Alkohol. Auch ZAMBELLI (1938) und FOLLEY u. KON (1938) bestätigten die lactationshemmende Wirkung von Testosteronpropionat an der Ratte mit einer tägl. Dosis von 0,4 mg/100 g Körp.-Gew. CATTANEO (1939) sah bei Ratten, deren Lactation einmal durch Testosteronpropionat unterdrückt worden war, viele Monate später bei erneuter Trächtigkeit eine spontane Hemmung der Lactation, die er auf Spätwirkungen des Testosteronpropionats zurückzuführen geneigt ist.

Die positiven Ergebnisse dieser Tierversuche wurden durch *klinische Beobachtungen* scheinbar vielfach unterstützt (KURZROCK u. CONNELL, 1938; PORTES, DALSACE u. WALLICH, 1939; WLYSSIDIS, 1941; HUFFMAN, 1940). Es ist aber die Frage, ob man berechtigt ist sie als Bestätigungen der Ergebnisse der Tierversuche anzusehen. Während bei den Mäusen und Ratten das Säugen der Jungen während der Androgenbehandlung weiterging und damit auch der Stimulationseffekt des Saugens weiterbestand, wurden in den klinischen Fällen die Säuglinge wohl immer abgesetzt, eine Maßnahme, die an sich schon in den meisten Fällen genügt, um die Milchproduktion herabzusetzen oder aufzuheben. Das, was vielfach als „Hemmung der Lactation" bei der Frau angesehen wurde, ist im Grunde nichts anderes als die (in ihren Ursachen ungeklärte) Behebung der Spannung in den Brüsten und der daraus resultierenden Schmerzen durch die Androgengaben. Im Hinblick auf *diese* Folge der Androgentherapie und nicht auf die nur scheinbare Hemmung der Lactation ist die Androgentherapie bei unerwünschter Lactation berechtigt, umso mehr als die Erfolgsaussichten dieser Therapie sehr hoch liegen, sowohl für die parenterale Anwendung von Testosteronpropionat (10—30 mg tägl. s. c.) als auch für die orale Verabreichung von 50—100 mg Methyltestosteron/ Tag.

COURRIER (1965), der einen hormonal hochwirksamen Leydigzellentumor des Rattenmännchens auf kastrierte Rattenweibchen transplantierte, beobachtete bei diesen eine gute Entwicklung der Mammae und gleichzeitig in der Hypophyse das Auftreten zahlreicher, Prolactin (LTH) produzierender ε-Zellen: nach HERLANT (laut Mitteilung von COURRIER) bewirkt das Androgen das Auftreten von LTH-Zellen in der Hypophyse infolge einer Neutralisierung jenes hypothalamischen Zentrums, das den Hemmungsfaktor der hypophysären LTH-Funktion („PIF") produziert.

Mit hohen Dosen (2,5 oder 5,0 mg tägl. s. c.) von Testosteronpropionat erzielte PASTEELS (1961) bei Rattenmännchen an den ε-Zellen des HVL (den Produzenten von Prolactin) etwa die gleichen stimulierenden Wirkungen wie mit 0,25 mg Reserpin tägl., eine Hemmung der Gonadotropin produzierenden Zellen mit Testosteronpropionat nur bei den γ-Zellen und nur bei der höheren Dosis.

ZUCKERMAN (1937) konnte die Menstruation bei regelmäßig menstruierten Äffinnen (Macacus rhesus) durch die s. c. Injektion von Testosteronpropionat hemmen, wenn er das Hormon im Lauf von 7 Monaten 2mal wöchentl. in einer

Dosis von 25 mg verabreichte; als Nebenbefund wurde eine penisoide Vergröße-rung der Clitoris und eine Schwellung der Sexualhaut vermerkt; dagegen fehlte trotz der langen Dauer der Behandlung und der verhältnismäßig hohen Dosen jede Beeinflussung der Brüste durch die Androgengaben.

Hier sei auf eine klinische Untersuchung von BOSBOOM, MEISCHKE-DE JONGH u. GERBRANDY (1960) hingewiesen, deren experimentell-therapeutischer Inhalt Beziehungen zu den oben mitgeteilten Ergebnissen der Tierversuche aufweist. Verff. behandelten 200 Pat. mit Mamma-Ca mit verschiedenen Hormonkuren und erreichten Remissionen in folgenden Proportionen: mit Oestrogenen in 8% der behandelten Fälle, mit Androgenen in 21—23%, mit Corticosteroiden in 24—39%, durch Ovariektomie in 17% und durch Adrenalektomie in 29%. Dabei war die klinische Besserung bei Tumoren mit Metastasen (hauptsächlich im Knochen) sehr viel häufiger als bei ausschließlich lokalem Tumorbefund. Eine Zunahme der Ca-Wachstumsrate nach der Hormonkur wurde nur bei Anwendung von Oestro-genen oder Androgenen beobachtet. In 107 Fällen, die zunächst mit Androgenen und anschließend mit Corticosteroiden behandelt wurden, hatten Verff. den Eindruck, daß die klinische Remission oder das verstärkte Tumorwachstum, das durch die Androgene hervorgerufen wurde, bei diesen Pat. eine stärkere Emp-fänglichkeit für die nachfolgende therapeutische Wirkung der Corticosteroide bedingte.

Anhang: 2. Beeinflussung der Zitze durch Androgene

Den ersten Hinweis auf den fördernden Einfluß von Androgenen auf das Wachstum der Zitze finden wir bei KORENCHEVSKY u. HALL (1937). Fast gleich-zeitig berichteten BOTTOMLEY u. FOLLEY (1938a, b) über ihre Untersuchungen am Meerschweinchen: Bei jungen männlichen Meerschweinchen ist das Wachstum der Zitzen und des ganzen Körpers isometrisch. Nach Kastration der jungen Männ-chen hört das Zitzenwachstum auf. Verff. untersuchten zunächst den Einfluß einer Reihe ungesättigter androgener Stoffe an kastrierten Männchen und fanden, daß durch Injektionen von Testosteron, 5-trans-Dehydroandrosteron, 17-Methyl-testosteron das Zitzenwachstum eine Förderung erfährt; 5-Androstendiol wirkt noch stärker als die genannten Stoffe. Die in einer zweiten Versuchsserie ange-wandten gesättigten Verbindungen wie cis-Androsteron, cis-Androstendiol, Dehy-drotestosteron sowie das ungesättigte 4-Androstendion haben keine Wirkung auf das Zitzenwachstum. Es scheint, daß der Einfluß auf die Zitze von der Anwesen-heit von Doppelbindungen im Ringmolekül abhängt. Ebenso scheint das Vorhan-densein von bestimmt gelagerten Hydroxylgruppen (mindestens einer) von Wich-tigkeit für die Wirkung zu sein. Histologisch war in den Milchgängen nach Be-handlung mit Testosteronpropionat, 5-trans-Androstendiol und Methyltestosteron nur eine geringe Ausbildung der Alveolärstruktur festzustellen. Die späteren Autoren fanden in Versuchen an Ratten und Meerschweinchen eine direkte för-dernde Wirkung einer Reihe von Androgenen auf das Zitzenwachstum (JADAS-SOHN u. Mitarb., 1938, u. a.). Im Gegensatz zum Verhalten der Mamma, auf deren Wachstum die Androgene bei hypophysektomierten Tieren (Ratten) beiderlei Geschlechts keinen fördernden Einfluß haben, konnte NOBLE (1939) auch bei kastrierten + hypophysektomierten erwachsenen Ratten eine Hypertrophie der Zitzen durch Testosteronpropionat bewirken, während gleichzeitig die Mammae atrophierten.

Nach ISLER u. MOSIMANN (1950) kann das durch Oestron induzierte Wachstum der Zitzen beim Meerschweinchen durch hohe Dosen Testosteronpropionat ge-hemmt werden.

7. Pankreas und Androgene

Es gibt eine Reihe von Hinweisen darauf, daß die Gonaden bzw. die Sexualhormone einen Einfluß auf die Funktion des endokrinen Pankreas ausüben. So ist nach subtotaler Pankreatektomie, d. h. nach Entfernung von etwa 95% der Bauchspeicheldrüse bei Ratten das Auftreten von Diabetes bei Männchen häufiger als bei Weibchen (FOGLIA, 1945); ferner erhöht die Kastration merklich die Zahl der Diabetesfälle bei weiblichen Ratten und vermindert sie leicht bei Männchen, während umgekehrt die Behandlung mit Oestradiolbenzoat sie bei normalen und kastrierten Männchen, aber auch bei Weibchen bedeutend herabsetzt (FOGLIA, SCHUSTER u. RODRIGUEZ, 1947). Die experimentellen Untersuchungen an anderen Arten (Hunden, Affen, Frettchen) mit Verabreichung von Oestrogenen haben widersprechende Resultate ergeben, doch scheint im allgemeinen, daß Oestrogene die Schwere der diabetischen Erkrankung erhöhen, was man hauptsächlich aus den Versuchen von INGLE (1941, 1947) und INGLE u. NEZAMIS (1943) geschlossen hat, aber RODRIGUEZ (unveröff.), der die Versuche von INGLE wiederholte, fand, daß bei subtotal pankreatektomierten (s. o.) Ratten unter Zwangsfütterung und Stilboestrolgaben der Blutzucker nach einer Behandlung von 4—5 Wochen zur Norm zurückkehrte und ungeachtet der fortgesetzten Stilboestrol-Injektionen normal blieb, während sich bei den nicht mit Stilboestrol injizierten Kontrollratten ein Diabetes entwickelte.

LEWIS, FOGLIA u. RODRIGUEZ (1950) haben die Versuche an subtotal pankreatektomierten Ratten mit einer größeren Zahl verschiedener Steroidhormone sowohl an Männchen wie an Weibchen (von 80—100 g K.-Gew.) wiederholt, mit dem Ergebnis, daß bei einer Behandlungsdauer von 6 Monaten bei den kastrierten Weibchen unter der Verabreichung folgender Steroide (tägl. s. c. Injektion einer Suspension des Hormons in 0,9%iger NaCl-Lösung, mit Zusatz von 25 mg Lactose in 0,5 ml) eine Abnahme der Zahl der Diabetesfälle eintrat: Oestron, Oestradiol, Stilboestrol, Dienoestrol, Äthinyl-Oestradiol und Äthinyl-Testosteron. Auch bei kastrierten Männchen setzten Oestron und Stilboestrol die Zahl der Diabeteserkrankungen herab (andere Oestrogene wurden in dieser Versuchsgruppe nicht geprüft). Testosteron und Methyltestosteron erhöhten sowohl die Zahl der Diabetesfälle als auch ihre Schwere bei kastrierten Weibchen und Testosteron bei kastrierten Männchen. Die Behandlung mit Progesteron, Equilenin, Desoxycorticosteron oder 17β-Äthyldihydrotestosteron beeinflußte die Entwicklung von Diabetes bei den subtotal pankreatektomierten Ratten nicht.

Man kann aus diesen Versuchsergebnissen nur den Schluß ziehen, daß unter den gewählten speziellen Versuchsbedingungen, also beim Diabetes durch operative Entfernung von etwa 95% des Pankreas die Oestrogene das Vorkommen von Diabetes herabsetzen, während Androgene es zu fördern scheinen. Ob unter Berücksichtigung dieser experimentellen Befunde die Verwendung von Androgenen zur antihypophysären Therapie (vor allem bei Altersdiabetes) beim Mann, wie sie empfohlen worden ist, nicht besser durch die Anwendung von Oestrogenen ersetzt werden sollte, wie sie bei der Frau ohnehin üblich ist, wäre zu überlegen, umso mehr als LEWIS u. Mitarb. (1950) bei ihren diabetischen Ratten, die mit Androgenen behandelt wurden, eine merkliche Sklerose und Atrophie der restlichen Langerhans'schen Inseln beobachteten, die fast ausschließlich α-Zellen enthielten, neben 1 oder 2 degranulierten und vakuolisierten β-Zellen, während es unter Oestrogenbehandlung zu einer Hyperplasie der restlichen Inseln kam. Allerdings hat BERTRAM (1953) mitgeteilt, daß es bei Anzeichen von Insulinresistenz gelingt, diese durch Gaben von männlichem Hormon (200 mg in 4 Wochen) bei Männern wie bei Frauen zu überwinden; auch hat WEISSEL (1962) angegeben, daß

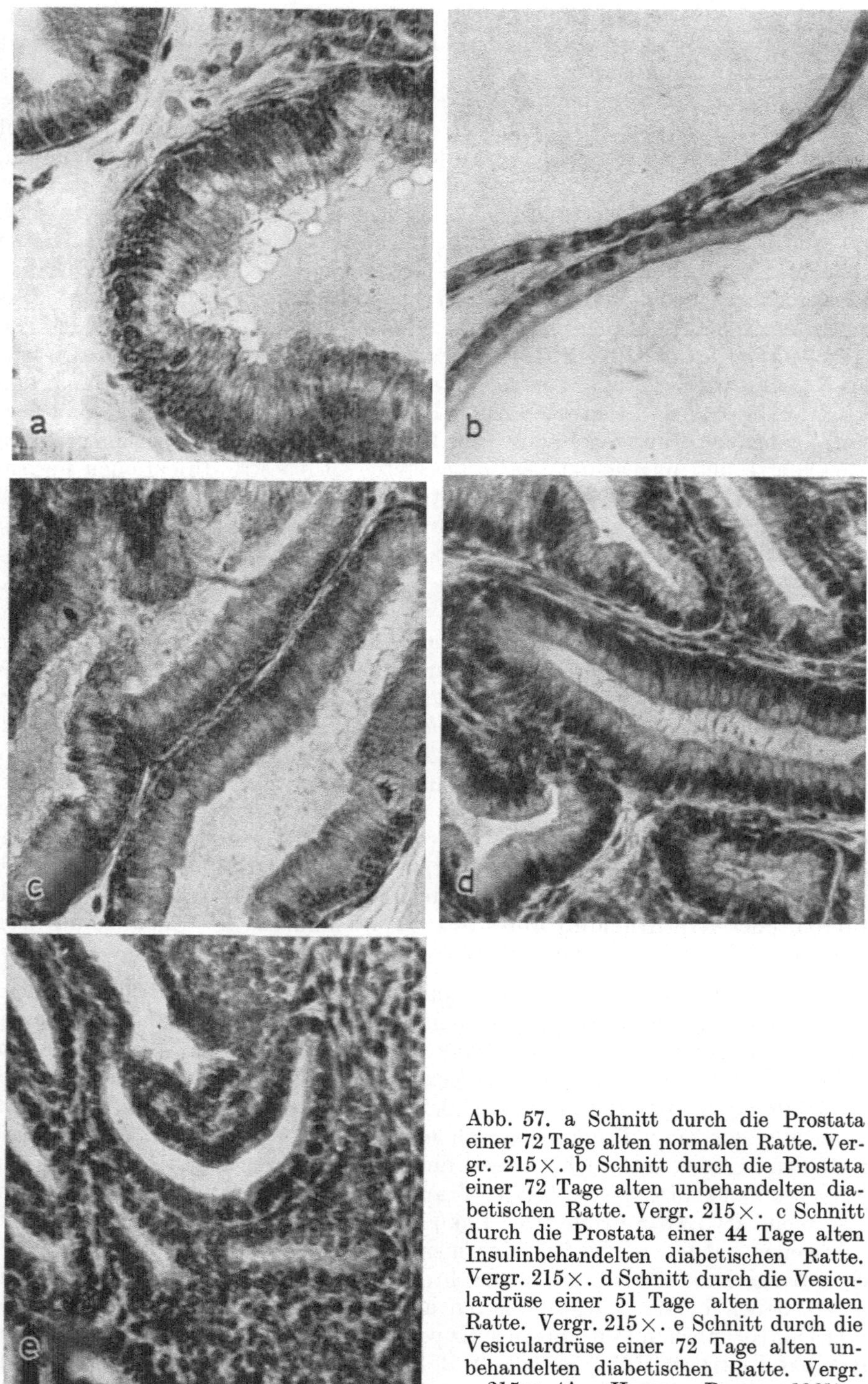

Abb. 57. a Schnitt durch die Prostata einer 72 Tage alten normalen Ratte. Vergr. 215×. b Schnitt durch die Prostata einer 72 Tage alten unbehandelten diabetischen Ratte. Vergr. 215×. c Schnitt durch die Prostata einer 44 Tage alten Insulinbehandelten diabetischen Ratte. Vergr. 215×. d Schnitt durch die Vesiculardrüse einer 51 Tage alten normalen Ratte. Vergr. 215×. e Schnitt durch die Vesiculardrüse einer 72 Tage alten unbehandelten diabetischen Ratte. Vergr. 215×. (Aus HUNT u. BAILEY, 1961)

er mit 19-Norandrostenolon-17-phenylpropionat bei einer Anzahl von Diabetikern (keineswegs bei allen!) antidiabetische Wirkungen erreicht hat wie Verstärkung der Insulinwirkung, Überwindung der Insulinresistenz, Beseitigung der Acidose und K.-Gew.-Zunahme; das benutzte Präparat („Durabolin") hat eine starke anabole und eine nur geringe spezifisch androgene Wirksamkeit. Natürlich sind der pankreatoprive Diabetes der operierten Ratten und der insulinresistente Diabetes der Patienten nicht direkt zu vergleichen.

Eine Überwindung der Insulinresistenz beobachtete auch DARWISH (1957), wenn er Diabetikern im Alter von 18—50 Jahren im Lauf von 4 Wochen Testosteronpropionat (Perandren, 25 mg i. m. jeden 2. Tag) verabreichte: während die Patienten vor der Behandlung 200 E Insulin oder mehr brauchten, genügten ihnen nach der Behandlung 50 E oder weniger; die insulinsparende Wirkung setzte bald nach Beginn der Perandren-Therapie ein. Nach TALAAT, HABIB u. HABIB (1957) hatte bereits PELLEGRINI (1941) die gute Wirkung von Testosteron bei Diabetikern beschrieben und gefunden, daß die kombinierte Gabe von Insulin + Testosteron wirksamer war als jedes dieser Hormone für sich; er hatte auch bei depankreatisierten Tieren den gleichen Erfolg (1944). TALAAT u. Mitarb. (1957) bestätigten den günstigen Effekt von Testosteron auf den Kohlenhydratstoffwechsel bei normalen Männern im Alter von 20—46 Jahren: der arterielle Glucosespiegel wurde 120 min nach der Testosterongabe bei Glucosetoleranzkurven statistisch signifikant verändert, es kam zu einer Erhöhung und Verlängerung der Toleranz; auch die Insulinempfindlichkeit stieg signifikant an und die a.-v. Glucosedifferenz war in allen Versuchen mit Testosteronbehandlung ausnahmslos merklich erhöht.

Die Untersuchungen von BEACH, BRADSHAW u. BLATHERWICK (1952) zeigten, daß die männliche Ratte widerstandsfähiger ist gegen die diabetogene Wirkung von Alloxan als das Rattenweibchen, das in den meisten Fällen durch eine Dosis von 150 mg/kg diabetisch wird, während beim Männchen Dosen von 250—350 mg/kg erforderlich sind. Die Wirkungen der adaequaten Mengen auf die Fortpflanzungsfähigkeit sind aber in beiden Geschlechtern durchaus übereinstimmend. HUNT u. BAILEY (1961) untersuchten sie bei 23 Tage alten Tieren, bei denen sie den Erfolg eine Woche später durch Zuckerbestimmung im Harn kontrollierten; in regelmäßigen zeitlichen Abständen wurden dann bei Repräsentanten der verschiedenen Gruppen die Fortpflanzungsorgane untersucht: Bei schwerem Diabetes blieb der Descensus testiculorum und die Entwicklung des Samenepithels aus und die accessorischen Geschlechtsdrüsen waren von Kastratentyp (Abb. 57); mildere Formen ebenso wie die Verabreichung einer unzureichenden Diät führten zu einer Verzögerung der Entwicklung. Insulin korrigierte die Alloxanfolgen. Bei diabetischen Ratten (ohne Insulingaben) bewirkte eine Behandlung mit Choriongonatropin eine Hypertrophie der L.Z. und eine gewisse Entwicklung der accessorischen Drüsen, ohne aber den fehlenden Descensus und das Einsetzen der Spermatogenese auszulösen; auch die Behandlung mit Testosteron stimulierte nur die accessorischen Drüsen, nicht aber den Descensus.

Die Folgen des Alloxandiabetes sprechen bei beiden Geschlechtern durchaus dafür, daß der diabetische Zustand zu einem hypophysären Gonadotropinmangel führt, wohl infolge einer Störung der Eiweißsynthese, worauf auch die Ähnlichkeit im histologischen Bilde der rückgebildeten accessorischen Drüsen bei diabetischen und hypophysektomierten Tieren hinweist.

Literatur
Beeinflussung der Hypophyse durch Androgene
1a. Androgene und Gonadotropine

BOGDANOVE, E.M.: Anat. Rec. 157, 117—135 (1967).
GREEP, R.O., JONES, I.CH.: Recent Progr. Hormone Res. 5, 197—261 (1950).

HERTZ, R., MEYER, R.K.: Endocrinology **21**, 756—761 (1937).
JOHNSON, D.C.: Acta endocr. (Kbh.) **56**, 165—176 (1967).
KINCL, FR.A., DORFMAN, R.I.: Acta endocr. (Kbh.) **46**, 300—306 (1964).
— RINGOLD, H.J., DORFMAN, R.I.: Acta endocr. (Kbh.) **36**, 83—86 (1961).
LEGHISSA, S., FIUME, M.L., MATSCHER, R.: Riv. Biol. N.S. **11**, 383—399 (1959).
LERNER, L.J., HOLTHAUS, F.J., Jr., THOMPSON, C.R.: Endocrinology **64**, 1010—1016 (1959).
McCULLAGH, E.P., HRUBY: J. clin. Endocr. **9**, 113—118 (1949).
MEYER, R.K., HERTZ, R.: Amer. J. Physiol. **120**, 232—237 (1937).
PARADA, J., NAPP, J.H., VOIGT, K.D.: Acta endocr. (Kbh.) **35**, 211—220 (1960).
PEILLON, F., RACADOT, J.: Ann. Endocr. (Paris) **26**, 419—426 (1965).
SMITH, E.R., DAVIDSON, J.N.: Endocrinology **80**, 725—734 (1967).
TUCHMANN-DUPLESSIS, H., MERCIER-PAROT, L.: C. R. Acad. Sci. (Paris) **250**, 2070—2072 (1960).
VERMANDE-VAN ECK, G.J., CHANG, C.H.: Cancer Res. **15**, 280—284 (1955).
WAKABAYASHI, K., TAMAOKI, B.-I.: Endocrinology **80**, 409—416 (1967).

1b. Androgene und trope Hormone des Hypophysenvorderlappens
(außer den Gonadotropinen)

BRAZEL, J.A., WRIGHT, J.C., WILKINS, L., BLIZZARD, R.M.: Amer. J. Med. **38**, 484 (1965).
DANOWSKI, T.S., MINTZ, D.H., FINSTER, J., SABEH, G., MORGAN, C.R.: Ann. N.Y. Acad. Sci. **148** (1968b); zit. nach FRANCHIMONT (1971).
— MORGAN, C.R., MINTZ, D.H., SABEH, G., ALLEY, R.A., WEIS, T.F.: Clin. Pharmacol. Ther. **9**, 749 (1968a); zit. nach FRANCHIMONT (1971).
DELLER, J.J., PLUNKET, D.C., FORSHAM, PH.: Calif. Med. **104**, 359 (1966); zit. nach FRANCHIMONT (1971).
FRANCHIMONT, P.: Sécrétion normale et pathologique de la somatotrophine et des gonadotrophines humaines; Masson et Cie, éd., Paris, 1971, p. 40.
GOODMAN, H.G., GRUMBACH, M.M., KAPLAN, S.L.: New Engl. J. Med. **278**, 57 (1968).
ILLIG, R., PRADER, A.: J. clin. Endocr. **30**, 615 (1970).
LARON, Z., SAREL, R.: Acta endocr. (Kbh.) **63**, 625—633 (1970).
MARTIN, L.H., CLARK, J.W., CONNOR, T.B.: J. clin. Endocr. **28**, 425 (1968).
MAZZI, V., VELLANO, C., MERLO, A.: Atti Accad. Sci., Torino, I., **104**, 739—742 (1970a).
— — PEYROT, A., LODI, G.: Atti Accad. Sci., Torino, I., **104**, 771—778 (1970b).
PRADER, A., ILLIG, R.: In: Protein metabolism, Ed. by F. GROSS, S. 383. Berlin-Göttingen-Heidelberg: Springer 1962.
REES, G.P. VAN, NOACH, E.L., VAN DIETEN, J.A.M.J.: Acta endocr. (Kbh.) **50**, 155—160 (1965).
ROGER, F.H.: Ann. Endocr. (Paris) **31**, 724—727 (1970).
SIMPSON, M.E., ASLING, C.W., EVANS, H.M.: Yale J. Biol. Med. **1**, 23 (1950); zit. nach FRANCHIMONT (1971).
VAN DER WERFF TEN BOSCH, J.J.: In: Protein Metabolism, Ed. by F. GROSS. Berlin-Göttingen-Heidelberg: Springer 1962, S. 401.
WILKINS, L.: In: Diagnosis and treatment of endocrine disorders in childhood and adolescence. Springfield, Ill.: Ch. C. Thomas publ. 1966; zit. nach FRANCHIMONT (1971).
WOLTHUIS, O.L.: Acta endocr. (Kbh.) **43**, 137—146 (1963).

1c. Androgene und Hypophysenhinterlappenhormone

ARMSTRONG, D.T., HANSEL, W.: Int. J. Fertil. **3**, 296 (1958).
BARNAFI, L., CROXATTO, H.: Acta endocr. (Kbh.) **52**, 3—6 (1966).
CAVALLERO, C., DOVA, E., ROSSI, L.: J. Endocr. **10**, 228—236 (1957); zit. nach BARNAFI u. CROXATTO (1966).
CEHOVIC, G.: C. R. Acad. Sci. (Paris) **254**, 1872—1874 (1962).
— C. R. Acad. Sci. (Paris) **261**, 1405—1408 (1965).
DEBACKERE, M., VERBEKE, R., LAURYSSENS, M., PEETERS, G.: J. Endocr. **22**, 321 (1961a); zit. nach MELIN (1971a).
— — — — Arch. int. Pharmacodyn. **132**, 476—477 (1961b).
FRIBERG, O.: Acta endocr. (Kbh.) **12**, 193 (1953).
GAUNT, R., LLOYD, C.W., CHART, J.J.: In: The Neurohypophysis. Ed. by H. HELLER. London: Butterworths 1957; zit. nach BARNAFI u. CROXATTO (1966).
KARKUN, J.W., KAR, A., SEN, D.P.: Ann. Biochem. **23**, 253 (1936); zit. nach CEHOVIC (1965).
KIHLSTRÖM, J.E., MELIN, P.: Acta physiol. scand. **59**, 363 (1963).
KNIGHT, T.W., LINDSAY, D.R.: J. Reprod. Fertil. **22**, 523 (1970).

MELIN, P.: Ark. Zool. 16, 219 (1965); zit. nach MELIN (1971a).
— J. Reprod. Fertil. 22 (1970).
— Acta endocr. (Kbh.) 66, 515—528 (1971a).
— Acta endocr. (Kbh.) 66, 529—539 (1971).
SWIERSTRA, E.E., FOOTE, R.H.: J. Reprod. Fertil. 5, 309 (1963).

2. Nebennieren

APOSTOLAKIS, M., TAMM, J.: Klin. Wschr. 40, 684—687 (1962).
ARAI, Y.: Annot. Zool. Jap. 34, 72—79 (1961).
BERTRAND, J., MAITREPIERRE, J., LORAS, B.: C. R. Soc. Biol. (Paris) 154, 647—650 (1960).
CARTER, A.C., WEISENFELD, SH., GOLDNER, M.G.: Proc. Soc. exp. Biol. (N.Y.) 98, 593—594 (1958).
CHESTER JONES, I.: Endocrinology 44, 427—438 (1949).
— Brit. med. Bull. 11, 156 (1955); zit. nach DEANESLY (1958).
CRITCHLOW, V., LIEBELT, R.A., BAR-SELA, M., MOUNTCASTLE, W., LIPSCOMB, H.S.: Amer. J. Physiol. 205, 807—815 (1963).
CUPPS, P.T., LABEN, R.C., RAHLMANN, D.F., REDDON, A.R.: J. Animal. Sci. 19, 509—514 (1960).
DEANESLY, R.: Nature (Lond.) 182, 262—263 (1958).
DÖRNER, G.: Vitam. u. Horm. 8, 415—420 (1960).
HÀČIK, T.: Arch. int. Physiol. 74, 1—8 (1966).
HOWARD, E.: Endocrinology 65, 785—801 (1959).
— MIGEON, CL.: Handbuch exp. Pharmakol. Erg.-Bd. 14. Berlin-Göttingen-Heidelberg: Springer 1961.
HUIS IN 'T VELD, L.G., LOUWERENS, B., VAN DER SPEK, P.A.: Acta endocr. (Kbh.) 33, 388—400 (1960).
JAMES, V.H.T., LANDON, J., WYNN, V.: J. Endocr. 25, 211—220 (1962).
KITAY, J.I.: Endocrinology 68, 818 (1961).
— Acta endocr. (Kbh.) 43, 601—608 (1963).
LEROY, P.: J. Physiol. (Paris) 50, 378—380 (1958).
— Ann. Endocr. (Paris) 20, 1—23 (1959).
LINET, O., BARTOVÁ, A.: Endocr. exp. 2, 243—249 (1968).
MARKS, L.J., BENJAMIN, G., DUNCAN, FR. J., O'SULLIVAN, J.V.I.: J. clin. Endocr. 21, 826—832 (1961).
MUNFORD, R.E.: J. Endocr. 16, 57—71 (1957).
MUSCHKE, H.E.: Endokrinologie, 30, 281—294 (1953).
OVERZIER, CL.: Ärztl. Wschr. 7, 578—583 (1952).
POLL, H.: Dtsch. med. Wschr. 1933, Nr. 15, S. 567.
QUENUM, A., CAMAIN, R.: C. R. Soc. Biol. (Paris) 156, 317—324 (1962).
RICHTER, R.H.H.: Helv. physiol. pharmacol. Acta 18, C89—C90 (1960).
RINNE, U.K., NÄÄTÄNEN, E.K.: Acta endocr. (Kbh.) 27, 415—422 (1958a).
— — Acta endocr. (Kbh.) 27, 423—431 (1958b).
ROSEMBERG, E., DORFMAN, R.I.: Proc. Soc. exp. Biol. (N.Y.) 99, 336—338 (1958).
ROY, S.N., KARKUN, J.N., MUKERJI, B.: Arch. int. Pharamcodyn. 116, 402—409 (1958).
— — — Indian J. med. Res. 47, 30—35 (1959).
— — ROY, S.K.: Indian J. med. Res. 46, 199—203 (1958).
— — — Indian J. med. Res. 47, 25—30 (1959).
— MAHESH, V.B.: Endocrinology 74, 187—192 (1964).
SAKIZ, E.: C. R. Soc. Biol. (Paris) 154, 1159—1163 (1960a).
— C. R. Soc. Biol. (Paris) 154, 1191—1196 (1960b).
SERIZAWA, J.: Endocr. jap. 7, 61—75 (1960).
SIMONNET, H., MICHEL, E., SÉGAL, V.: C. R. Soc. Biol. (Paris) 144, 73—76 (1950).
SOULAIRAC, A., SOULAIRAC, M.-L., TEYSSEYRE, J.: Ann. Endocr. (Paris) 16, 229—235 (1966).
SPURR, CH.L., KOCHAKIAN, CH.D.: Endocrinology 25, 782—786 (1939).
SUCHOWSKY, G.: Acta endocr. (Kbh.) 27, 225—237 (1958).
SWANSON, H.H.: J. Endocr. 39, 555—564 (1967).
TROOP, R.C. Endocrinology 64, 671—675 (1959).
VERMEULEN, A., FERIN, J.: Acta endocr. (Kbh.) 39, 22—31 (1962).
ZIZINE, L.: C. R. Soc. Biol. (Paris) 144, 1642—1644 (1950).

3. Schilddrüse und Androgene

BENOIT, J.: Proc. Soc. exp. Biol. (N.Y.) 36, 782—784 (1937).
BEZSSONOFF, COMSA, J.: C. R. Acad. Sci. (Paris) 228, 2065—2067 (1949).
BROWN-GRANT, K.: J. Physiol. (Lond.) 131, 70—84 (1956).
— J. Physiol. (Lond.) 176, 91—104 (1964).

Brown-Grant, K.: Canad. J. Physiol. Pharmacol. **46**, 697 (1968).
Burris, M.J., Bogarth, R., Krueger, H.: Proc. Soc. exp. Biol. (N.Y.) **84**, 181—183 (1953).
Chieffi, G.: Acta Embryol. Morph. exp. **5**, 125—126 (1962).
Comsa, J.: J. Physiol. (Paris) **45**, 377—384 (1953).
D'Angelo, S.A.: Endocrinology **78**, 1230—1237 (1966).
— Endocrinology **82**, 1035—1041 (1968).
Engbring, N.H., Engstrom, W.W.: J. clin. Endocr. **19**, 783—796 (1959).
Fujii, T.: Endocr. jap. **6**, 47—58 (1959a).
— Endocr. jap. **6**, 125—130 (1959b).
Jonkers, J.R., Muyzert, J.W.E., Paesi, F.J.A., de Jongh, S.E.: Acta physiol. pharmacol. neerl. **5**, 406—412 (1957).
Kar, A.B., Roy, S.N., Das, R.P.: Proc. nat. Inst. Sci. India B., **24**, 296—306 (1958).
Karkun, J.W., Mukherjee, A.P., Kar, A.B.: Ann. Biochem. **23**, 401—404 (1963).
Lampe, C.F.J., Noach, E.L.: Acta physiol. pharmacol. neerl. **11**, 466—484 (1962).
Mietkiewski, K., Szczepsky, O., Walczak, M., Malendowicz, L.: Endocr. pol. **22**, 361—376 (1971); poln. mit engl. Zusammenfassung.
Peyrot, A., Pennisi, Fr., Vaccarino, C., Biciotti, M.: Boll. Zool. **32**, 307—310 (1965).
Piet, M., Stoll, R., Maraud, R.: C. R. Soc. Biol. (Paris) **155**, 1288—1290 (1961).

Anhang: Thymus und Androgene

Andreasen, E., Engberg, H., Ottensen, J.: Acta anat. (Basel) **1**, 4—14 (1945); zit. nach Ito u. Hoshino (1961).
Calzolari, A.: Arch. ital. Biol. **30**, 71—79 (1898).
Comsa, J.: Experientia (Basel) **9**, 29—30 (1953).
— J. Physiol. (Paris) **46**, 577—583 (1954).
Csaba, G., Törö, I., Bodoky, M.: Acta anat. (Basel) **61**, 127—138 (1965); hier weitere Literatur.
Dorfman, R.I., Shipley, R.A.: Androgens; Wiley and Sons, Inc., N.Y., 1956.
Gebhard, J., Hohensee, F., Kusch, T.: Arch. exp. Pathol. Pharmakol. **234**, 439—447 (1958).
Goodall, A.: J. Physiol. (Lond.) **32**, 191 (1905); zit. nach Dorfman u. Shipley (1956).
Henderson, J.: J. Physiol. (Lond.) **31**, 222 (1904); zit. nach Dorfman u. Shipley (1956).
Ito, T., Hoshino, T.: Anat. Anz. **109**, 436—443 (1961).
Karg, H.: Untersuchungen an Gonaden, Nebennieren u. Thymen; Hab.-Schrift d. Tierärztl. Fak. München 1963.
King, J.E., Ackerman, G.A., Knouff, R.A.: Anat. Rec. **151**, 11—15 (1965).
Korenchevsky, V., Hall, K., Ross, M.A.: Biochem. J. **33**, 213 (1939).
Marine, D., Manley, O.T., Baumann, E.J.: J. exp. Med. **40**, 429 (1924); zit. nach Dorfman u. Shipley (1956).
Money, W., Fager, J., Rawson, R.: Cancer Res. **12**, 206—210 (1952).
Nishizuka, Y., Sakakura, T.: Science **166**, 753—755 (1969).
Plagge, J.C.: J. Morph. **68**, 519—545 (1941).
— Anat. Rec. **116**, 237—246 (1953).
Reinhardt, W.O., Wainman, P.: Proc. Soc. exp. Biol. (N.Y.) **49**, 257—259 (1942).
Robertson, J.S.: J. Path. Bact. **61**, 619—634 (1949); zit. nach Ito u. Hoshino (1961).
Santisteban, G.A.: Anat. Rec. **136**, 117—126 (1960); zit. nach Ito u. Hoshino (1961).
Schacher, J., Browne, J.S.L., Selye, H.: Proc. Soc. exp. Biol. (N.Y.) **35**, 222—224 (1936).
Selye, H.: Brit. J. exp. Path. **17**, 234—248 (1936).
Sherman, J.D., Adner, M.M., Dameshek, W.: Blood **22**, 252—271 (1963).
— Dameshek, W.: Nature (Lond.) **197**, 469—471 (1963).
Shibata, K.: Gunma J. med. Sci. **2**, 273—276 (1953).
— Gunma J. med. Sci. **4**, 55—62 (1955).
Tesseraux, H.: Physiologie u. Pathologie des Thymus; 2. Aufl. Leipzig: Joh. Ambr. Barth. 1959.
Wagner, K.: Biol. gen. (Wien) **1**, 21—51 (1925).
— Voss, H.E.: Unveröffentlichte Untersuchungen, 1944.
Weltman, A.St., Owens, H., Sackler, A.M.: Nature (Lond.) **194**, 1087—1088 (1962).

4. Parathyreoidea und Androgene

Nathanson, I.T., Brues, A.M., Rawson, R.W.: Proc. Soc. exp. Biol. (N.Y.) **43**, 737—739 (1940); zit. nach Dorfman u. Shipley (1956).
McCullagh, E.P., Kearns, J.E., Jr.: Endocrinology **19**, 532—542 (1935).

5. Orchidotrope Wirkung der Androgene

AHSAN, S.N.: Canad. J. Zool. 44, 149—159 (1966).
ARON, M., LUXEMBOURGER, M.-M.: Arch. Anat. (Strasbourg) 51, 41—52 (1968).
BARR, W.A.: Gen. comp. Endocr. 3, 216—225 (1963).
BASU, S.L.: Naturwissenschaften 49, 188 (1962a).
— Folia Biologica 12, 203—210 (1962b).
— NANDI, J.: J. exp. Zool. 159, 93—112 (1965).
BERTINI, F., RUSSO, J., PIEZZI, R.S.: Acta physiol. lat.-amer. 19, 22—29 (1969).
BLAIR, A.P.: J. exp. Zool. 103, 365—400 (1946).
BOCCABELLA, A.V.: Endocrinology 72, 787—798 (1963).
BURGER, J.W.: Biol. Bull. 82, 233—242 (1942).
BURGOS, M.H.: J. Morph. 95, 283—299 (1955).
CEI, J.M., ANDREOZZI, M.L., ACOSTA, D.I.: Arch. Farm. Bioquim., Tucumán 7, 119—153
    (1955); zit. nach DODD u. WIEBE (1968).
CHU, J.P.: J. Endocr. 2, 21—37 (1940).
— YOU, S.S.: J. Endocr. 4, 431—435 (1946).
CHURÝ, J.: Experientia (Basel) 17, 355—357 (1961).
CIESLAK, E.S.: Physiol. Zool. 18, 299—329 (1945).
COLLENOT, G., OZON, R.: Bull. Soc. Zool. Fr. 89, 577—587 (1964).
CUTULY, E., CUTULY, E.C.: Endocrinology 26, 503 (1940).
— McCULLAGH, D.R., CUTULY, E.C.: Amer. J. Physiol. 119, 121 (1937).
DODD, J.M., EVENNETT, P.J., GODDARD, C.K.: Symp. Zool. Soc. (Lond.) 1, 77—103 (1960).
— WIEBE, J.P.: Arch. Anat. (Strasbourg) 51, 155—174 (1968).
DÖRNER, G., DECKART, H.: Acta biol. med. germ. 9, 271—279 (1962).
DVOSKIN, S.: Amer. J. Anat. 75, 289—328 (1944).
— Anat. Rec. 99, 329—352 (1947).
EIGLER, F.W.: Endokrinologie 33, 296—309 (1956).
EYESON: Unveröffentliche Versuche; zit. nach DODD u. WIEBE (1968).
FORBES, T.R.: J. Morph. 68, 31—39 (1941).
FRATTINI, L.: Pubbl. staz. zool. (Napoli) 24, 201—216 (1953).
GORBMAN, A.: Proc. Soc. exp. Biol. (N.Y.) 42, 811—813 (1939).
GREENBERG, B.: J. exp. Zool. 91, 435—451 (1942).
GREEP, R.O., FEVOLD, H.L., HISAW, F.L.: Anat. Rec. 65, 261 (1936).
HAMILTON, J.B.: Proc. Soc. exp. Biol. (N.Y.) 35, 386—388 (1936).
HOAR, W.S., WIEBE, J.P., WAI, E.H.: Gen. comp. Endocr. 8, 101—109 (1967).
HOHLWEG, W., DÖRNER, G., KOPP, P.: Acta endocr. (Kbh.) 36, 299—309 (1961).
IWASAWA, H.: Zool. Mag. (Tokyo) 66, 416—419 (1957); zit. nach DODD u. WIEBE (1968).
JOHNSEN, Sv. G.: Acta endocr. (Kbh.) Suppl. 124, 17—40 (1967).
KINCL, FR.A., MAQUEO, M., FOLCH PI, A.: Acta endocr. (Kbh.) 47, 200—208 (1964).
KINSELL, L.W.: J. clin. Endocr. 7, 781—786 (1947).
KRÄHENBÜHL, CH.: Acta endocr. (Kbh.) 37, 394—404 (1961).
KROHN, P.L., ZUCKERMAN, S.: J. Endocr. 6, 256—260 (1950).
LACY, D., VINSON, G.P., COLLINS, P., BELL, J., FYSON, P., PUDNEY, J., PETTITT, A.J.: Pro-
    gress in Endocrinology. Proc. 3. Intern. Congr. Endocr., Mexico, 1968, Exc. Med. Foundat.,
    Amsterdam, p. 1019—1029, 1969.
LEPORI, N.G.: Atti Soc. Tosc. Sc. nat., Mem. 51, 207 (1942); zit. nach LEPORI. Studi sassaresi
    37, 105—195 (1959).
LOFTS, B.: Gen. comp. Endocr. 2, 394—406 (1962).
— Patterns of testicular activity. In: „Perspectives in Endocrinology". Ed. by BARRINGTON
    and JØRGENSEN. London and New York: Academic Press 1968.
— Cytology of the gonads and feed-back mechanisms etc. In: Photorégulation de la reproduc-
    tion etc., Coll. Intern. CNRS, Paris (1969); zit. nach LOFTS u. CHIU (1968).
— CHIU, K.W.: Arch. Anat. (Strasbourg) 51, 407—418 (1968).
— PHILLIPS, J.G., TAM, W.H.: Gen. comp. Endocr. 6, 466—475 (1966).
— PICKFORD, G.E., ATZ, J.W.: Gen. comp. Endocr. 6, 74—88 (1966).
LUDWIG, D.J.: Endocrinology 46, 453—481 (1950).
MATTHEWS, S.A.: Biol. Bull. Woods Hole 76, 241—250 (1939).
NELSON, W.O.: Anat. Rec., 94, 412—413 (1946), Abstract.
— GALLAGHER, T.F.: Science 84, 230—232 (1936).
— MERKEL, CH.: Proc. Soc. exp. Biol. (N.Y.) 36, 825—828 (1937).
NEUMANN, F., VON BERSWORDT-WALLRABE, R., ELGER, W., STEINBECK, H.: In: 18. Coll.
    Ges. Physiol. Chem. 1967. Berlin-Heidelberg-New York: Springer 1967.
NOBLE, R.L.: J. Endocr. 1, 184ff. (1939).
OKAMOTO, K., SAITO, S., NIIYAMA: Acta med. Univ. Kagoshima. 6, 43—56 (1964).

VAN OORDT, P.G.W.J., BASU, S.L.: Acta endocr. (Kbh.) 33, 103—110 (1960).
— SCHOUTEN, S.C.M.: J. Reprod. Fertil. 2, 61—67 (1961).
PFEIFFER, L.A.: Endocrinology 41, 92—104 (1947).
PENHOS, J.C.: Acta physiol. lat.-amer. 6, 95—99 (1956).
PICKFORD, G.E., ATZ, J.W.: New York Zool. Soc. (N.Y.) 1957.
PUCKETT, W.O.: Anat. Rec. 75, Suppl. 127 (1939).
REYNOLDS, A.E.: J. Morph. 72, 331—377 (1943); zit. nach LOFTS u. CHIU (1968).
RYAN, R.J.: Proc. Soc. exp. Biol. (N.Y.) 108, 395—400 (1961).
SCHAEFFER, W.H.: Proc. Soc. exp. Biol. (N.Y.) 30, 1363—1365 (1933).
SIMPSON, T.H., WARDLE, C.S.: J. Mar. Biol. Ass. (U.K.) 47, 699—708 (1967); zit. nach DODD
    u. WIEBE (1968).
SMITH, E.R., DAVIDSON, J.M.: Endocrinology 80, 725—734 (1967).
SNAIR, D.W.: Toxicol. appl. Pharmacol. 5, 168—175 (1963).
STEINBERGER, E., DUCKETT, G.E.: J. Reprod. Fertil., Suppl. 2, 75—87 (1967).
SUNDARARAJ, B.I., NAYYAR, S.K.: Gen. comp. Endocr. 8, 403—416 (1967).
TAM, W.H., PHILLIPS, J.G., LOFTS, B.: Proc. Third Asia and Oceania Congr. of Endocr.,
    Manila 1967; zit. nach LOFTS u. CHIU (1968).
TONUTTI, E.: 1. Sympos. Dtsch. Ges. Endokr., Hamburg 1955; Heidelberg-Berlin-New York:
    Springer 1956.
VIVIEN, J.H.: C. R. Acad. Sci. (Paris) 207, 1452—1455 (1938).
— Bull. Biol. Fr. Belg. 75, 257—309 (1941).
VAN WAGENEN, G., SIMPSON, M.E.: Anat. Rec. 118, 231 (1954).
WALSH, E.L., CUYLER, W.K., MCCULLAGH, D.R.: Proc. Soc. exp. Biol. (N.Y.) 30, 848—850
    (1933).
— — — Amer. J. Physiol. 107, 508 (1934).
WELLS, L.J.: Anat. Rec. 82, 565—585 (1942).
WOODS, M.C., SIMPSON, M.E.: Endocrinology 69, 91—125 (1961).
WRIGHT, A.: Phil. D. Thesis, Univ. Liverpool 1956; zit. nach DODD u. WIEBE (1968).

6. Wirkungen von Androgenen am weiblichen Geschlechtsapparat

ASCHHEIM, S., VARANGOT, J.: C. R. Soc. Biol. (Paris) 130, 827—829 (1938).
BAKER, B.L., KAHN, R.H., BESEMER, D.: Proc. Soc. exp. Biol. (N.Y.) 119, 527—531 (1965).
BLOCH, S.: Verh. Schweiz. Naturforsch. Ges. (Basel) 1956, 135—136.
— Gynaecologia (Basel) 155, 1—17 (1963).
— J. Endocr. 49, 431—436 (1971).
— J. Reprod. Fertil. 1, 96—103 (1960).
BROWMAN, L.G.: Proc. Soc. exp. Biol. (N.Y.) 36, 205—208 (1937).
BRUCE, H.M.: Nature (Lond.) 184, 105 (1959).
— Reprod. Fertil. J. 2, 138—142 (1961).
CARTER, CH.C., COHEN, E.J., SHORR, E.: Vitam. and Horm. 5, 317—326 (1947).
CLAUSEN, FR.W., FREUDENBERGER, CL.B.: Endocrinology 25, 585—592 (1939).
COOPER, K.J., HAYNES, N.B.: J. Reprod. Fertil. 14, 317 (1967).
DE CORRAL, J.M.: C. R. Soc. Biol. (Paris) 153, 493—494 (1959).
COURRIER, R., GROS, C.: C. R. Soc. Biol. (Paris) 127, 921—923 (1938).
CZYBA, J.-CL.: C. R. Acad. Sci. (Paris) 256, 2242—2243 (1963).
DAVIS, B.K.: Nature (Lond.) 197, 308—309 (1963).
DESAULLES, P.A., KRÄHENBÜHL, C.: Acta endocr. (Kbh.) 47, 444—456 (1964).
DOMINIC, C.J.: Naturwissenschaften 53, 310—311 (1966).
EDGREN, R.A.: Endocrinology 62, 689—693 (1958).
— Proc. Soc. exp. Biol. (N.Y.) 104, 662—664 (1960).
— CARTER, D.L.: Gen. comp. Endocr. 3, 526—528 (1963).
EVERETT, J.W.: In: Sex and Internal Secretions, 3rd ed., Baltimore: Williams & Wilkins Co.
    1961, vol. 1, S. 497—555.
FLERKÓ, B., ILLEI, G.: Endokrinologie 35, 123—127 (1958).
FLETCHER, I.C., LINDSAY, D.R.: J. Reprod. Fertil. 25, 253—259 (1971).
FRIEDEN, E.H., BATES, FR.: Endocrinology 60, 270—272 (1957).
— LABY, M.R., BATES, FR., LAYMAN, N.W.: Endocrinology 60, 290—297 (1957).
GAARENSTROOM, J.H., DE JONGH, S.E.: Monograph on the Progress of Research in Holland.
    New York-Amsterdam: Elsevier Publ. Company, Inc. 1946.
GEIST, J.H., SALMON, U.J., GAINES, J.A., WALTER, R.I.: J. Amer. med. Ass. 114, 1539—1541
    (1940).
HAMILTON, J.B., WOLFE, J.M.: Proc. Soc. exp. Biol. (N.Y.) 36, 465—468 (1937).
HEINECKE, H., GRIMM, H.: Endokrinologie 35, 205—213 (1958).
HOHLWEG, W.: Klin. Wschr. 16, 586—587 (1937).
IHRKE, J.A., D'AMOUR, F.E.: Amer. J. Physiol. 96, 289—295 (1931).

Jost, A.: C. R. Soc. Biol. (Paris) 155, 967—970 (1961).
Kawashima, S.: Annot. Zool. Jap. 33, 226—233 (1960).
Kikuyama, S.: Annot. Zool. Jap. 34, 111 (1961); zit. nach Bloch (1963).
Klein, M., Parkes, A.S.: Proc. roy. Soc. B. 124, 574—581 (1937).
Korenchevsky, V.: Brit. med. J. 1937, 896—898.
— Dennison, M.: J. Path. Bact. 42, 91—98 (1936a).
— — J. Path. Bact. 43, 345—352 (1936b).
Krähenbühl, C., Desaulles, P.A.: Acta endocr. (Kbh.) 47, 457—465 (1964).
Lendle, L.: Arch. Pharmakol. exp. Ther. 159, 463—487 (1931).
Leonard, S.L., Sager, V., Hamilton, J.B.: Proc. Soc. exp. Biol. (N.Y.) 37, 362—365 (1937).
Lisk, R.D.: Acta endocr. (Kbh.) 48, 209—219 (1965).
Long, J.A., Evans, H.M.: Mem. Univ. Calif. 6, 1—148 (1922).
Marx, L.: Z. Zellforsch. 16, 48—62 (1932).
Mayer, G., Thevenot-Duluc, A.J.: C. R. Soc. Biol. (Paris) 158, 1336—1338 (1964).
Mazer, M., Mazer, C.: Endocrinology 24, 175—181 (1939).
McKeown, T., Zuckerman, S.: Proc. roy. Soc. B. 124, 362—368 (1937).
McNeilly, A.S., Cooper, K.J., Crighton, D.B.: J. Reprod. Fertil. 22, 359—361 (1970).
Moore, C.R., Price, D.: Proc. Soc. exp. Biol. (N.Y.) 28, 1—4 (1930).
— — Amer. J. Anat. 50, 13—71 (1932).
Mulinos, M.G., Pomerantz, L.: J. Nutr. 19, 439 (1940).
Nathanson, I.T., Fransen, C.C., Sweeney, H.: Proc. Soc. exp. Biol. (N.Y.) 39, 440—442 (1938).
Noble, R.L.: J. Endocr. 1, 184—200 (1939).
Papanicolaou, G.N., Ripley, H.S., Shorr, E.: Endocrinology 24, 338—346 (1939).
Parkes, A.S.: Endocr. jap. 9, 247—257 (1962).
— Bruce, H.M.: Science 134, 1049—1054 (1961).
— — J. Reprod. Fertil. 4, 303—308 (1962).
— Zuckerman, S.: J. Physiol. (Lond.) 93, 16P—18P (1938).
Parsons, S.D., Hunter, G.L.: J. Reprod. Fertil. 14, 61 (1967).
Payne, R.W., Hellbaum, A.A., Owens, J.N., Jr.: Endocrinology 59, 306—316 (1956).
Phelps, D., Burch, J.C., Ellison, E.T.: Endocrinology 23, 458—462 (1938).
Richardson, G.S.: New Engl. J. Med. 274, 1183—1196 (1966).
Richter, R.H.H.: Helv. physiol. pharmacol. Acta 16, C76—C77 (1958).
Robson, J.M.: Proc. Soc. exp. Biol. (N.Y.) 35, 49—51 (1936).
— Quart. J. exp. Physiol. 26, 355—359 (1937).
Salmon, U.J.: Proc. Soc. exp. Biol. (N.Y.) 38, 352—354 (1938).
Saunders, Fr. J.: Endocrinology 63, 561—565 (1958).
Selye, H.: J. Endocr. 1, 208—215 (1939).
— Textbook of Endocrinology, 2-nd ed., 1949, Montreal, Canada, S. 66.
Shapiro, H.A.: Chem. and Industr. 55, 1031—1032 (1936).
— J. Endocr. 1, 1—6 (1939).
— Zwarenstein, H.: J. Physiol. (Lond.) 89, 38P (1937); zit. nach H. Selye (1939).
Shay, H., Gershon-Cohen, J., Paschkis, K.E., Fels, S.S.: Endocrinology 25, 933—943 (1939).
Stucki, J.C., Forbes, A.D.: Acta endocr. (Kbh.) 33, 73—80 (1960).
Velardo, J.T.: Ann. N.Y. Acad. Sci. 75, 441—462 (1959).
— Hisaw, Fr.L., Bever, A.T.: Endocrinology 59, 165—169 (1956).
Voss, H.E.: Virchows Arch. 261, 425—483 (1926).
Young, W.C.: In: Sex and Internal Secretions, 3-rd ed., Baltimore: Williams & Wilkins Co. 1961, vol. 1, S. 449—496.
Zuckerman, S.: Lancet 1937 II, 676—680.
— J. Anat. (Lond.) 72, 264—276 (1938).
Zwarenstein, H.: Proc. Roy. Soc. S.-Afr., cot. 21, 1936.

Anhang 1: Einfluß von Androgenen auf die Mamma

Ahrén, K.: Acta endocr. (Kbh.) 39, 338—354 (1962).
— Hamberger, L.: Acta endocr. (Kbh.) 40, 265—276 (1962).
Bengtsson, B., Norgren, A.: Acta endocr. (Kbh.) 36, 141—156 (1961).
Bosboom, B.J.M., Meischke-de Jongh, M.L., Gerbrandy, J.: Ned. T. Geneesk. 104, II, 1712—1718 (1960).
Cattaneo, P.: Clin. Ostetr. (Roma) 41, 545 (1939).
Courrier, R.: Persönliche Mitteilung 1965.
Donovan, B.T., Jacobson, D.: Acta endocr. (Kbh.) 33, 214—229 (1960).
Folley, S.J.: The physiology and biochemistry of lactation; Edinburgh: Oliver and Boyd 1956, S. 7ff.

FOLLEY, S.J., GUTHKELCH, A.N., ZUCKERMAN, S.: Proc. roy. Soc. B. **126**, 469 (1939).
— KON, S.K.: Proc. roy. Soc. B. **124**, 476 (1938).
HEUVERSWYN, J. VAN, FOLLEY, S.J., GARDNER, W.U.: Proc. Soc. exp. Biol. (N.Y.) **41**, 189—191 (1939).
HUFFMAN, J.W.: Amer. J. Obstet. Gynec. **40**, 675 (1940); Ref. in J. Amer. med. Ass. **115**, 1916 (1940).
JACOBSON, D.: J. Physiol. (Lond.) **154**, 3P—4P (1960).
— Acta endocr. (Kbh.) **41**, 88—100 (1962).
KLAWON, D.L., SORRENTINO, S., JR., SCHALCH, DON S.: Endocrinology **88**, 1131—1135 (1971).
KURZROCK, R., O'CONNELL, CL.P.: Endocrinology **23**, 476 (1938).
LEONARD, S.L.: Endocrinology **32**, 229 (1943).
— REECE, R.P.: Endocrinology **30**, 32—41 (1942).
McEUEN, C.S., SELYE, H., COLLIP, J.B.: Proc. Soc. exp. Biol. (N.Y.) **36**, 213—215 (1937).
NELSON, W.O., GALLAGHER, T.F.: Science **84**, 230—232 (1936).
PASTEELS, J.L.: Ann. Endocr. (Paris) **22**, 257—268 (1961).
PORTES, L., DALSACE, J., WALLICH, R.: C. R. Soc. Biol. (Paris) **130**, 1100—1102 (1939).
ROBSON, J.M.: Proc. Soc. exp. Biol. (N.Y.) **36**, 153—155 (1937).
RUBINSTEIN, L., AHRÉN, K.: J. Endocr. **32**, 99—106 (1965).
TURNER, C.W., SCHULTZE, A.B.: Res. Bull. Mo. agric. exp. Stat. Nr. 157, 1931.
WAGENEN, G. VAN, FOLLEY, S.J.: J. Endocr. **1**, 367—372 (1939).
ZAMBELLI, R.: Ann. Ostet. Ginec. **60**, 813 (1938).
ZUCKERMAN, S.: Lancet **1937 II**, 676—680.

Anhang 2: Beeinflussung der Zitze durch Androgene

BOTTOMLEY, A.C., FOLLEY, S.J.: J. Physiol. (Lond.) **92**, 33P—34P (1938a).
— — Proc. roy. Soc. B. **126**, 224—231 (1938b).
ISLER, H., MOSIMANN, A.: Ann. endocr. (Paris) **11**, 73 (1950).
JADASSOHN, W., UHLINGER, E., MARGOT, A.: J. invest. Derm. **1**, 31—43 (1938).
KORENCHEVSKY, V., HALL, K.: J. Path. Bact. **45**, 681—708 (1937).
NOBLE, R.L.: J. Endocr. **1**, 184—200 (1939).

7. Pankreas und Androgene

BEACH, E.F., BRADSHAW, P.J., BLATHERWICK, N.R.: Endocrinology **50**, 212 (1952).
BERTRAM, F.: Die Zuckerkrankheit. Stuttgart: Georg Thieme 1953, S. 125.
DARWISH, A.-S.: J. Egypt. med. Ass. **39**, 422 (1956); ref. in Praxis **46**, 646—647 (1957).
FOGLIA, V.G.: Rev. Soc. argent. Biol. **21**, 360 (1945); zit. nach LEWIS, FOGLIA u. RODRIGUEZ (1950).
— SCHUSTER, N., RODRIGUEZ, R.R.: Rev. Soc. argent. Biol. **23**, 202 (1947); zit. nach LEWIS, FOGLIA u. RODRIGUEZ (1950).
HUNT, E.L., BAILEY, D.W.: Acta endocr. (Kbh.) **38**, 432—440 (1961).
INGLE, D.J.: Endocrinology **29**, 838 (1941).
— J. clin. Endocr. **7**, 449 (1947).
— NEZAMIS, J.E.: Endocrinology **33**, 181 (1943); zit. nach LEWIS, FOGLIA u. RODRIGUEZ (1950).
LEWIS, J.T., FOGLIA, V.G., RODRIGUEZ, R.R.: Endocrinology **46**, 111—121 (1950).
PELLEGRINI, G.: Studi sassaresi **19**, 223 (1941).
— Studi sassaresi **22**, 223 (1944).
TALLAAT, M., HABIB, Y.A., HABIB, M.: Arch. int. Pharmacodyn. **111**, 215—226 (1957).
WEISSEL, W.: Wien. klin. Wschr. **74**, 234—236 (1962).

VI. Biologie der Androgene

H. E. Voss

1. Die „Free-martin"- oder Zwicken-Bildung

Wenn bei der Zwillingsschwangerschaft des Rindes die Zwillinge verschiedenen Geschlechts sind, so findet man in der Regel den männlichen Zwilling normal ausgebildet, während der andere Zwilling in den meisten Fällen[1] bei der Geburt ein hypoplastisches weibliches Genital aufweist, im erwachsenen Zustand der sekundären weiblichen Geschlechtsmerkmale entbehrt, steril ist und in seinem Körperbau dem Typus ähnelt, der von Keller u. Tandler (1911) als charakteristisch für die frühzeitig kastrierten weiblichen Rinder bezeichnet wurde. Diese Mißbildung ist in Züchterkreisen so bekannt, daß sie in vielen Ländern eine besondere Bezeichnung erhalten hat: Schon die Römer kannten sie und bezeichneten sie als „taura"; im deutschen Sprachgebiet (Deutschland, Österreich, Schweiz) wird sie „Zwicke", von den Angelsachsen „free-martin", in Holland „kween", in Frankreich „vache-boeuf", in Italien „vaccatoro" genannt[2].

---

1 In den verschiedenen Statistiken schwankt die Zahl normaler Zwillingsweibchen zur Zahl der mißgebildeten zwischen 1:8 (Numan, 1843) und 1:36 (Bissonnette, 1924) und beträgt im Durchschnitt etwa 1:14; zu einem ähnlichen Verhältnis (1:15 bis 16) kommt auchAsdell (1956).

2 Es ist nicht uninteressant, der Etymologie dieser Bezeichnungen in den verschiedenen Sprachen etwas nachzugehen; man ersieht aus ihr, daß die Bekanntschaft mit dieser Erscheinung schon sehr weit zurückliegt, ja, so weit, daß ihre etymologische Erklärung gegenwärtig auf große Schwierigkeiten stößt.

Das Wort „Zwick" (männlich) in der Bedeutung von „Zwitter" ist, nach dem Grimmschen Wörterbuch, eine „undurchsichtige Bildung", die schon im ausgehenden Mittelalter angetroffen wird; „Zwicke" ist die weibliche Form des Wortes.

Die Herkunft der Bezeichnung „free-martin" ist nicht endgültig geklärt. Nach Forbes (1946) ist „free" aus „farrow" oder „ferow" hervorgegangen und soll im schottischen Dialekt so viel wie „steril" bedeuten; das Wort „martin" soll sich auf solche Tiere beziehen, die ausschließlich zu Zwecken des Schlachtens und nicht der Züchtung aufgezogen werden. Diese Ableitung von Forbes scheint sicher nicht zutreffend zu sein: Der Herausgeber des Scottish National Dictionary, Herr D. Morison, Edinburgh, äußerte sich dazu in folgendem Sinne. Das englische (nicht schottische!) Wort „martin" existierte in England bereits 1593 und bedeutete so viel wie „kastrierte Färse", doch ist sein Ursprung ungeklärt; eine Beziehung zu „St. Martin" ist vielleicht möglich, jedenfalls hat es mit dem gälisch-irischen „mart" = „Ochs zum Schlachten" nichts zu tun, sondern kommt höchst wahrscheinlich von der Sprachwurzel „mer" oder „mor" = „sterben" her, die auch im Lateinischen „mors" enthalten ist. Der Stamm „free" hat (aus phonologischen Gründen) mit „farrow cow" wohl sicher nichts zu tun; höchstwahrscheinlich (besonders im Hinblick auf das späte Erscheinen des Wortes „free-martin" erst im Jahre 1687) ist es das gewöhnliche Eigenschaftswort „free" = „frei", vielleicht im Sinne von „bar", „ermangelnd", „nicht neigend zu ..." (z. B. einer Trächtigkeit). Eine befriedigende etymologische Erklärung des Wortes „free-martin" ist also zur Zeit noch nicht möglich. Ich verdanke die Kenntnis dieser Stellungnahme von Herrn D. Morison den Herren S.J. Folley † und A.T. Cowie vom National Institute for Research in Dairying, Shinfield, Reading, England, an die ich mich mit einer Anfrage gewandt hatte.

Wie mir Herr Professor G.J. van Oordt †, Utrecht, Holland, auf meine diesbezügliche Anfrage dankenswerter Weise mitteilte, bedeutet im Alt-Niederländischen „kween" oder „kwee" eine alte, also sterile Frau, und die Übertragung dieses Ausdruckes auf die Zwicke zeigt, daß die Bauern schon in alter Zeit über die sterile Natur der „kween" genau Bescheid wußten. Es soll eine entfernte Verwandtschaft des holländischen „kween" mit dem englischen „queen" bestehen, was ursprünglich wohl auch eine alte Frau bedeuten sollte und wohl in matriarchalischen Zusammenhängen die übertragene hierarchische Deutung erhielt.

Die oben angeführten Bezeichnungen in den genannten romanischen Sprachen (Lateinisch, Französisch, Italienisch) begnügen sich sozusagen mit einer einfachen Feststellung des Tatbestandes, ohne etwaige Analogien oder andere Beziehungen anzudeuten; sie sind dem intersexen Eindruck adäquat, den diese Tiere auf den Züchter machten.

Der englische Veterinärmediziner und Zoologe HUNTER, dem wir die ersten Hinweise auf die Existenz eines Hodenhormons verdanken (vgl. S. 8), hat sich in seinem „Account on the Free-martin" (1779, 1786) in bemerkenswerter Weise zur Frage der Entstehung dieser Mißbildung geäußert [wir zitieren nach NUMAN (1843)]: „Merkwürdig bleibt es, daß dergleichen Zwitter doch nur, soviel bis jetzt bekannt, als Zwillingskälber geworfen werden. Die Verfechter der präformierten Keime werden schwerlich einen einigermaßen plausiblen Grund für diese Tatsache angeben können. Dem Herausgeber (scil. HUNTER) kommt es demgegenüber nicht unwahrscheinlich vor, daß in diesen Fällen anfänglich, da die Kuh trächtig geworden, wohl vollkommene Zwillinge verschiedenen Geschlechts gebildet werden sollen und dann, vielleicht durch zufällige Ursachen, der Bildungstrieb in der einen der beiden Früchte etwa durch Einwirkung des Triebes, der die andere Frucht bildete, eine abweichende Richtung erhalten und dadurch die zwitterartige Ausgestaltung in den Genitalien der ersteren bewirkt habe". Ersetzt man in dieser Äußerung HUNTER's das Wort „Trieb" sinngemäß durch den Terminus technicus „Hormon" (von griechisch hormao = antreiben), so mutet diese Auffassung von HUNTER sehr modern an.

Der Holländer NUMAN (1843) faßte die damaligen Kenntnisse über die free-martin's in seiner monographischen Darstellung zusammen, ohne (neben eigenen Beobachtungen) wesentlich Neues zum entwicklungsgeschichtlichen Verständnis beisteuern zu können.

BERRY HART (1910) untersuchte das seinerzeit von HUNTER gesammelte anatomische Material mit modernen Methoden; er fand in einem der Hunter'schen Fälle Spermatozoen in der Gonade der Zwicke, ein theoretisch sehr interessanter und wichtiger Befund, den der Untersucher aber mit dem einen kurzen Satz: „In only one are spermatozoa present" abtut. Mit Recht schreibt LILLIE (1917) dazu: "More than 6 words seem necessary to establish so important an exception[3]". Jedenfalls kam BERRY HART aufgrund dieses Befundes und weiterer Überlegungen zu der Überzeugung [wie vor ihm schon SPIEGELBERG (1861) und BATESON (1913) nach ihm], daß es sich um monozygotische männliche Zwillinge handeln müsse, von denen der eine normal entwickelt sei, während der andere im undifferenzierten Zustand verharre und daher einem weiblichen Tier ähnele. Dieser Auffassung schloß sich auch COLE (1916) an, der über 300 Mehrlingsgeburten bei Rindern untersuchte und aufgrund des Zahlenverhältnisses der Geschlechter zu einer Einordnung der Zwicken unter die genetischen Männchen, hervorgegangen aus monozygotischen Zwillingen, gelangte.

Dieser Vortrag von COLE vor der Amerikanischen Zoologischen Gesellschaft war für den Zoologen LILLIE der unmittelbare Anlaß die Ergebnisse seiner embryologischen Untersuchungen zunächst in einer vorläufigen Veröffentlichung (April 1916) bekanntzugeben, der ein Jahr später die ausführliche Publikation des gesamten Materials (55 Zwillingspaare) folgte (1917). Er wies durch die Untersuchung der Ovarien der Mutterkühe nach, daß bei Zwickengeburten immer 2 Corpora lutea vorhanden sind, daß es sich also um *zweieiige Zwillinge* handle und nicht, wie die herrschende Meinung bis dahin gelautet hatte, um monozygotische Zwillinge. Trotzdem sind nach LILLIE diese dizygotischen Zwillinge in fast allen Fällen monochorial, weil die beiden Chorien schon auf einem frühen Entwicklungs-

---

3 Daß aber solche Ausnahmen tatsächlich vorkommen, zeigt die Beschreibung, die HAY (1950) von einer Zwicke geliefert hat, deren Gonaden äußerlich im wesentlichen normalen Hoden entsprachen und in deren Kanälchen männliche Geschlechtszellen in reichlicher Menge vorhanden waren.

stadium (bei einer Fetuslänge zwischen 10 und 20 mm) mit einander verschmelzen; hierbei kommt es zu einer mehr oder weniger starken Anastomosenbildung zwischen den Arteriae umbilicales des einen und des andern Zwillings und somit zu einer Verbindung der beiden Kreisläufe: Wenn die Zwillinge gleichgeschlechtlich sind, also beide Männchen oder beide Weibchen, ruft diese Verbindung keinerlei Störungen hervor; ist aber der eine Zwilling männlichen, der andere weiblichen Geschlechts, so wird das innere Fortpflanzungssystem des Weibchens in seiner Entwicklung gehemmt und es kommt sogar zur Ausbildung gewisser männlicher Organe beim Weibchen. Der fundamentale bestimmende Faktor bei diesem Geschehen ist, nach LILLIE, ohne Zweifel das männliche Sexualhormon, das vom normalen männlichen Partner durch die Anastomosen der Placentarkreisläufe in den weiblichen Partner übergeht und als erstes die Entwicklung der weiblichen Cortex in der undifferenzierten Gonade verhindert, was, wie LILLIE sagt, „im Effekt einer fetalen Kastration gleichkommt". Da die geschlechtliche Differenzierung der Gonaden des Rinderembryos bei einer Fetuslänge von etwa 25 mm beginnt, die Anastomosenbildung im Placentarkreislauf aber schon bedeutend früher, bei einer Fetuslänge von etwa 10 mm ihren Anfang nimmt, ist eine Beeinflussung der Geschlechtsdifferenzierung in ihren frühen Stadien durchaus denkbar; da der fetale Hoden des Rindes, vor allem in seinem inkretorischen Teil sich früher entwickelt als das Ovarium, ist die Richtung der Beeinflussung vom männlichen zum weiblichen Embryo a priori wahrscheinlicher. Auch beim Menschen treten die sekretorischen interstitiellen Zellen im Hoden des Fetus bereits im Stadium von 27—28 mm auf und ihre Tätigkeit beginnt bei 27—35 mm Länge, während bei den interstitiellen Zellen des Ovariums beides erst gegen Ende des Embryonallebens festzustellen ist (HAMMAR, 1925).

Wieviel von den in der weiteren Entwicklung auftretenden Abweichungen von der Norm auf das Konto der bis zur Geburt ständig zuströmenden männlichen Hormone zu setzen ist oder aber vom Fehlen der weiblichen Hormone abhängt, läßt LILLIE offen. Daß die Konzentration der Androgene im gemeinsamen Kreislauf der Zwillinge relativ hoch sein kann, schließt er daraus, daß in einem von PEARL (1912) beschriebenen Fall von Drillingsschwangerschaft des Rindes mit nur einem Männchen und 2 Weibchen diese beiden typische Zwicken waren; die Hormonsekretion aus den zwei fetalen Hoden des Männchens hatte also genügt, um seine eigene normale männliche Entwicklung zu gewährleisten und außerdem das Genitalsystem von zwei Weibchen zu virilisieren[4]. CHAPIN (1917), die die Fortpflanzungsorgane der Zwicken aus dem Lillie'schen Material mikroskopisch untersuchte, faßt ihre Ergebnisse dahingehend zusammen, daß als Resultat der Zufuhr männlicher Prägungsstoffe einerseits jene Organe der Zwicke, die im indifferenten Zustand sind, sich in männlicher Richtung entwickeln (Rete, erster Schub der Sexualstränge, primäre Albuginea) und andererseits die Organe, die sich beim normalen Weibchen in der Periode der sexuellen Differenzierung oder später entwickeln, in ihrer Entwicklung gehemmt werden (Pflüger'sche Schläuche, definitive Albuginea, Vereinigung der Müller'schen Gänge zum Uterus).

---

4 Eine besonders starke Virilisierung (auch der äußeren Genitalien) des weiblichen Partners konnte BUYSE (1936) in einem Fall von Drillingsschwangerschaft des Rindes mit 2 Männchen und 1 Weibchen beobachten. Ebenso haben FRASER, ROBERTS u. GREENWOOD (1928) einen „extremen free-martin-Zustand" beim Schaf beschrieben, in dem sie eine gewisse Maskulinisierung des Urogenitalsinus und der Derivate des Genitalhöckers bei der Zwicke fanden, also von Strukturen, die bei den Zwicken für gewöhnlich unverändert sind, dagegen bei den experimentellen embryonalen Intersexen als Folge der Verabreichung von hohen Androgendosen an die tragende Mutter häufig verändert angetroffen werden (GREENE, Burrill u. IVY, 1939).

Die weitgehenden graduellen Unterschiede[5], die man in der Entwicklung der Fortpflanzungsorgane der Zwicken beobachtet, hängen einerseits vom Zeitpunkt ab, zu dem der Übertritt der männlichen Hormone in den weiblichen Zwillingspartner beginnt, also vom Augenblick der Anastomosenbildung, und andererseits von der Menge der zur Wirkung gelangenden Hormone, die wiederum mindestens zum Teil vom Ausmaß der Anastomosenbildung abhängig sein dürfte. So ist z. B. eine früher einsetzende oder mengenmäßig stärkere Beeinflussung durch Androgene anzunehmen, wenn die Müller'schen Gänge sich zu gewundenen Samenblasenkanälchen entwickelt haben, als wenn sie noch als gerade Gänge mit weiter Lichtung persistieren. Eine Anordnung der Zellen in den Sexualsträngen der Zwicke wie beim Männchen in den Samenkanälchen und ein erhöhter Umfang der Sexualstrangzone spricht entweder für eine frühe Beeinflussung durch männliche Prägungsstoffe (noch vor oder zu Beginn des Degenerationsprozesses der medullären Stränge, wie er normalerweise beim Weibchen erfolgt) oder aber für die Einfuhr genügend großer Mengen von Androgenen, um die Entwicklung in weiblicher Richtung vollkommen zu hemmen und sie in die männliche Richtung zu lenken.

Daß die äußeren Genitalien der Zwicke meist weiblich sind und nur in sehr seltenen Fällen eine Umwandlung in männlicher Richtung aufweisen, wie z. B. in einem Fall von NUMAN (1843), den LILLIE zitiert, dürfte nach LILLIE daran liegen, daß für eine solche Umwandlung offenbar ein sehr frühes Einsetzen der Wirkung männlicher Hormone in ausreichender Konzentration notwendig ist: Demgegenüber ist die entscheidende Anastomosenbildung im Placentarkreislauf zunächst gering und auch die Ausbildung funktionsfähiger Leydig-Zellen, von denen die Sekretion männlicher Hormone beim Fetus abhängen dürfte, geht im fetalen Hoden nur langsam vor sich.

Unabhängig von LILLIE und in entscheidenden Fragen ihm vorausgehend, waren KELLER u. TANDLER in Wien aufgrund ihrer Untersuchungen an einem großen Material von Zwillingsschwangerschaften des Rindes zu den gleichen Auffassungen über die Entstehung der Zwicke gekommen. Sie veröffentlichten schon 1911 eine vorläufige Mitteilung „Über das Verhalten des Chorions bei verschiedengeschlechtlicher Zwillingsschwangerschaft des Rindes und über die Morphologie des Genitales der weiblichen Tiere, welche einer solchen Gravidität entstammen", in der sie für 1 erwachsenes Tier, 4 Kälber und 16 Feten übereinstimmend den Mangel funktionsfähiger Ovarien und eine mehr oder weniger ausgesprochene Rudimentbildung der Derivate der Müller'schen Gänge als typisch für die Zwicken feststellten. Darüber hinaus überzeugten sie sich, dank dem regelmäßigen Befund von je 1 Corpus luteum in beiden Ovarien der Mutterkuh, daß es sich um zweieiige Zwillinge handelte, aber mit vollkommen verwachsenen Chorien und mehr oder weniger starken Anastomosen der Art. umbilicales. Sie lassen in dieser vorläufigen Mitteilung noch offen, „inwiefern diese exceptionellen Verhältnisse mit der Hemmungsbildung des weiblichen Zwillings in ursächlichem Zusammenhang stehen", heben aber hervor, daß „in dem einzigen Fall von normalem Genitale beiderseits eine Anastomose der fetalen Kreisläufe nicht nachweisbar war, ein Umstand, welcher die Idee nahelegt, daß sich Kreislaufverhältnisse und genitale Entwicklung in irgendeiner ätiologischen Beziehung befinden".

In ihrer ausführlichen Mitteilung (KELLER u. TANDLER, 1916), in der sie über ihre Befunde an 120 Zwillingspaaren berichten, sind sie ebenso wie LILLIE zum

---

5 An diesen allmählichen und zeitlich unterschiedlichen Übergängen der einzelnen Organe und Gewebe sind alle Versuche einer Einteilung der Zwicken in Gruppen mit hochgradiger, mittlerer und geringer Umbildung gescheitert, z. B. bei WILLIER (1921) oder bei HAY (1950); in der letztgenannten Arbeit findet sich eine übersichtliche Tabelle, aus der das mit aller Deutlichkeit hervorgeht.

Ergebnis gekommen, daß es sich bei der Zwicke um die Maskulinisierung eines in Entwicklung begriffenen weiblichen Fetus[6] handelt, herbeigeführt durch die männlichen Prägungsstoffe des männlichen Zwillings, welche durch die Anastomosen der placentaren Kreisläufe in den weiblichen Zwilling gelangen.

Es ist selten, daß eine so komplexe biologische Erscheinung wie die Ausbildung der Zwicke von zwei verschiedenen Seiten nahezu gleichzeitig und vollkommen unabhängig in bis ins Einzelne übereinstimmender Weise aufgeklärt werden kann. Diese Auffassung von KELLER, TANDLER u. LILLIE hat sich daher sofort durchgesetzt und ist in der Folgezeit nur noch in Einzelheiten ergänzt worden, ohne daß an den Grundtatsachen etwas Entscheidendes geändert worden wäre [vgl. dazu WILLIER (1921) und BISSONNETTE (1924)]. Es seien daher hier die Schlußfolgerungen aufgrund der anatomisch-histologischen Untersuchungen an Rinderembryonen kurz zusammengefaßt (nach BISSONNETTE, 1924):

Unter der Kontrolle der genetischen Faktoren und offenbar ohne unterstützende Sexualhormonwirkungen gehen in der normalen weiblichen Entwicklung, wenigstens bis kurz vor der Geburt, folgende Prozesse vor sich: die Entwicklung der Derivate der Müller'schen Gänge, der distinkten sekundären Sexualstränge in der Ovarialcortex und später der sekundären Tunica albuginea; die Entwicklung des weiblichen Typs des Sinus urogenitalis mit dem suburethralen Diverticulum, dem Vestibulum, der Vulva, der bulbovestibulären Drüsen und der Clitoris; die Entwicklung eines Ligamentum rotundum; die Degeneration der Derivate der Wolff'schen Gänge und der frühzeitige Verlust der Verbindung der cranialen Gruppe der Mesonephros-Tubuli mit dem Wolff'schen Gang.

Unter der Kontrolle der genetischen Faktoren, aber unter frühzeitiger Unterstützung durch männliches Hormon vollzieht sich beim männlichen Geschlecht die Entwicklung der Derivate der Wolff'schen Gänge; die frühzeitige Trennung der Sexualstränge vom Keimepithel und das Ausbleiben einer Bildung von sekundären Sexualsträngen; die frühzeitige Degeneration der Derivate der Müller'schen Gänge; die Entwicklung des männlichen Typs der Derivate des Sinus urogenitalis, ohne suburethrales Diverticulum, mit einer kurzen eigentlichen Urethra und einer langen Pars membranacea und Pars cavernosa der Urethra; das Vorrücken des Penis an der Bauchwand und die Ausbildung der Flexura sigmoidea des Penis; die Entwicklung der bulbourethralen Drüsen als Homologa der bulbovestibulären Drüsen beim Weibchen; die Zunahme und Ausdehnung des Perineums und die Entwicklung von Scrotum, Gubernaculum und Saccus vaginalis.

Die charakteristischen Unterscheidungsmerkmale in der Entwicklung des Geschlechtsapparats der Zwicke vom männlichen und vom weiblichen Geschlecht äußern sich, unter dem Einfluß des männlichen Hormons wie beim Männchen, im Ausbleiben der Bildung von sekundären Sexualsträngen oder ihrer Degeneration; in der Degeneration der Derivate der Müller'schen Gänge wie beim Männchen, aber mit Anzeichen einer vor Einsetzen der Degeneration in weiblicher Richtung begonnenen Entwicklung; die Entwicklung der Derivate der Wolff'schen Gänge wie beim Männchen, aber mit Anzeichen einer partiellen Degeneration wie beim Weibchen; praktisch keine Abweichungen (mit seltenen Ausnahmen, s. Fälle von NUMAN S. 330 und von BUYSE und von FRASER, ROBERTS u. GREENWOOD S. 329) vom weiblichen Typ der Bildung des Sinus urogenitalis, jedoch mit einer mehr oder weniger deutlichen Entwicklung in männlicher Richtung beim Gubernaculum und Saccus vaginalis.

---

6 MOORE, GRAHAM u. BARR (1955) wiesen durch Untersuchung der Kernstruktur nach, daß die Zwicke tatsächlich genetisch ein Weibchen ist.

Sowohl Keller u. Tandler als auch Lillie haben auf die Analogien zwischen der Zwickenbildung und den Feminsierungs- bzw. Maskulinisierungsversuchen von Steinach hingewiesen, in denen dieser die Geschlechtsumwandlung durch Transplantation der heterosexuellen Keimdrüsen in kastrierte infantile Versuchstiere (Säugetiere) erzielte. Ähnliche Ergebnisse hatten in der Folgezeit Transplantationsversuche an Batrachiern (Burns, 1925; Witschi, 1927; Humphrey, 1928) und an Hühnerembryonen (Minoura, 1921; Wolff, 1946). Humphrey ist in einer weiteren Arbeit (1933) der Frage nachgegangen, ob die Androgene des fetalen Hodens ihre atrophisierende Wirkung auf das fetale Ovarium direkt ausüben oder vielleicht über die Hypophyse wirken, indem sie eine Hemmung der Gonadotropinproduktion auslösen: Wenn er bei weiblichen hypophysektomierten Embryonen von Ambystoma tigrinum (urodele Amphibien) einen fetalen Hoden oder bei männlichen ein Ovarium implantierte, verursachte der fetale Hoden in beiden Fällen eine Entwicklungshemmung des Ovariums zu einem „atrophischen oder free-martin-ähnlichen Zustand", genau so wie bei den Embryonen mit intakter Hypophyse. Bei nicht implantierten hypophysektomierten weiblichen Embryonen war der Bau der Ovarien im wesentlichen normal, die Hypophysektomie allein verhinderte bloß eine Entwicklung der Oocyten über ein gewisses Stadium hinaus. Die hemmende Wirkung des fetalen Hodens auf das Ovarium muß also eine direkte sein und nicht durch die Depression oder Hemmung der hypophysären Aktivität erfolgen. In den nachfolgenden Jahren, als die isolierten steroiden Sexualhormone in reiner Form verfügbar wurden, konnte mit ihrer Injektion bzw. Implantation in Preßlingform der gleiche Effekt einer Geschlechtsumwandlung erzielt werden (an Batrachiern Gallien, 1937; Burns, 1938; Padoa, 1938; an Vögeln Wolff u. Ginglinger, 1935; Dantchakoff, 1936; Willier, Gallagher u. Koch, 1937; an Säugern Raynaud, 1938a u. 1938b; Burns, 1939; Moore, 1941).

Als Beispiel für die letztgenannten Untersuchungen seien die folgenden Versuche angeführt. Greene, Burrill u. Ivy (1936, 1939, 1941) injizierten trächtigen Ratten Testosteron oder Testosteron-Propionat in verschiedenen Dosierungen während des letzten Drittels der Gravidität; wenn die Dosierung hoch genug war, erwiesen sich die weiblichen Feten als mehr oder weniger stark maskulinisiert, neben Uterus, Eileitern und oberem Teil der Vagina waren ausgebildete Nebenhoden, Vasa deferentia, Vesiculardrüsen, Ductus ejaculatorii, die verschiedenen Teile der Prostata, Cowpersche Drüsen und Penis vorhanden; der untere Teil der Vagina war nicht ausgebildet, was auf seine Abstammung vom Urogenitalsinus hindeutete. Die Verfasser wiesen auf die Ähnlichkeit mit der Entwicklung der Rinderzwicke hin, machten aber auch auf die Unterschiede aufmerksam, da bei der Zwicke meist eine weitgehende Rückbildung der weiblichen Teile zu beobachten ist, was hier aber nicht der Fall war; diese Verschiedenheit ist nach ihrer Meinung entweder auf die unterschiedliche Dauer der Beeinflussung durch die männlichen Wirkstoffe oder auf ihre größere oder geringere Menge, die zur Wirkung kam, oder schließlich auf eine *chemische Verschiedenheit* zurückzuführen. Dantchakoff (1936) hat das Testosteron-Propionat direkt in die Amnionhöhle des weiblichen Meerschweinchenfetus injiziert [vom 20.—22. Tag der Gravidität — das Meerschweinchen trägt etwa 63 Tage! — je 0,5 mg, 6—10 Tage später nochmals bis zu 3 mg]; die Untersuchung der Feten erfolgte am 40.—50. Tag: es fand sich eine topographische Verlagerung der weiblichen Geschlechtsorgane im Abdomen wie beim Männchen näher zur Mittellinie und zur Blase, eine starke Entwicklung der Wolff'schen Gänge mit echten Nebenhoden, die den Ovarien dicht anlagen und sich in eine dicke, sehr lange und mit Corpora cavernosa versehene Urethra öffneten; Ovarien, Tuben und Uterus waren normal ausgebildet. Raynaud (1938a, 1938b) zeigte, daß man durch die Injektion von Testosteronpropionat um den 13. Tag der Schwangerschaft bei graviden Mäusinnen eine Intersexualität der weiblichen Embryonen herbeiführen kann, wie sie in der Natur bei den Rinderzwicken beobachtet wird. Man findet neben (normalen) Ovarien, Tuben und Uterus ein gut ausgebildetes Rete mit anschließendem Nebenhoden, Wolff'-sche Gänge mit von ihnen abgehenden Vesiculardrüsen und zahlreiche Prostataanlagen, die in die männlich geformte Urethra einmünden. Derselbe Autor (1939) fand bei intersexen männlichen Mäusen, die von mit Oestradiol-Dipropionat in der Schwangerschaft behandelten Müttern stammten, die Hoden in typisch ovarieller Lagerung am unteren Nierenpol, sie wiesen aber keine intersexuellen Merkmale auf; die Müller'schen Gänge waren voll entwickelt, mit Vereinigung zum Uterus, der zwischen den beiden Ductus ejaculatorii lag; die Wolff'schen Gänge und ihre Derivate zeigten deutliche Hemmungserscheinungen. Derselbe Autor (RAYNAUD, 1940) ist aufgrund seiner Versuche mit Injektion einer Mischung von Oestradiol-Dipropionat und Testosteron-Propionat in Hühnereier bzw. trächtige Mäusinnen zur Auffassung gekommen, daß das weibliche Hormon nicht direkt auf die embryonalen Wolff'schen Gänge einwirkt, sondern bei den männlichen Embryonen die Produktion des für die Entwicklung der männlichen Ausführungsgänge verantwortlichen Hormons hemmt. WOLFF (1939) hat gezeigt, daß die feminisierende Wirkung des synthetischen Diäthylstilboestrols auf die männlichen Geschlechtsorgane des Hühnerembryos grundsätzlich genau die gleiche ist wie die Wirkung der natürlichen Oestrogene, des Oestrons und des Oestradiols: die linke Gonade des genetischen Männchens wird in einen Ovariotestis oder in ein Ovarium verwandelt, der rechte Hoden ist fast vollkommen rückgebildet; die Müller'schen Gänge bleiben bestehen und entwickeln sich rechts und links etwa in der gleichen Weise.

REGNIER (1937) beobachtete beim Schwertfisch Xiphophorus helleri eine undifferenzierte Rasse, bei der alle Männchen anfänglich ein passageres weibliches Stadium durchlaufen. Parallel zur Degeneration des Ovariums geht die Umwandlung der weiblichen Analflosse zum Gonopodium des Männchens; die Degeneration des Ovariums ist eine vollkommene, nur die epitheliale Auskleidung der medianen Ovarialhöhle bleibt erhalten und liefert das Ausgangsmaterial für die Hodenbildung. Im Gleichlauf zur Entwicklung der Spermatogenese im neugebildeten Hoden erfolgt die Verlängerung der weiblichen Schwanzflosse zum männlichen „Schwert". Diese physiologische Inversion kann man experimentell, wenn auch nicht vollständig nachahmen: Durch die Einspritzung von Testosteronpropionat in reife Weibchen läßt sich die Ovarialdegeneration hervorrufen, es kommt zur Ausbildung des „Schwertes", ohne daß aber eine Umwandlung der Analflosse in das Gonopodium eintritt. Auch bei jungen unreifen Individuen entwickelt sich unter dem Einfluß von Testosteronpropionat ein typisches „Schwert"; durch Zusatz von zerkleinertem Frischhoden oder von Hodentrockenpulver zum Aquariumwasser können, wenn auch unregelmäßig diese Umwandlungen ebenfalls hervorgerufen werden. Die Injektion von Follikelhormon (Oestron) läßt die natürliche Umwandlung der Schwanzflosse zum „Schwert" zum Stillstand kommen, auch wenn das Gonopodium bereits entwickelt ist.

Fälle von natürlichem free-martinism bei anderen Säugerarten außer dem Rind sind nur selten beobachtet worden. Sowohl LILLIE als auch KELLER u. TANDLER sprechen von der Möglichkeit des Vorkommens, haben aber selber bei den untersuchten Mehrlingsschwangerschaften von Ziegen, Schafen und Pferden keine Zwickenbildung beobachtet: sie fanden Verschmelzungen der Chorien, aber keine Anastomosen der Placentarkreisläufe, ebenso wenig bei einem Reh mit Drillingen. Auch beim Hund scheinen keine solchen Gefäßverbindungen vorzukommen, aber auch die Genitalmißbildungen scheinen beim Hund außerordentlich selten zu sein. Daß aber (im Gegensatz zur Behauptung von KOCH, 1956) grundsätzlich die Möglichkeit einer Zwickenbildung auch bei anderen Arten gegeben ist, zeigen die Beschreibungen von HUGHES (1929) beim Schwein und von EWEN u. HUMMASON (1947) und FRASER, ROBERTS u. GREENWOOD (1928) von solchen Fällen beim Schaf, bei dem ROTERMUND (1929) als erster das Vorhandensein von Anastomosen der Placentargefäße bei Zwillingsschwangerschaften nachgewiesen hat und bei dem ferner MOORE u. ROWSON (1958) die Beobachtung machten, daß bei einem verschiedengeschlechtlichen Zwillingspaar eine absolute Verträglichkeit und ein Überleben von Hautüberpflanzungen zwischen den beiden Partnern, Männchen und Zwicke, vorhanden waren, wie sie bei Rinderzwillingen die Regel sind, die einen gemeinsamen Placentarkreislauf haben (vgl. dazu OWEN, 1945; OWEN, DAVIS u. MORGAN, 1946; BURNET u. FENNER, 1949; ANDERSEN, BILLINGHAM, LAMPKIN u. MEDAWAR, 1951; BILLINGHAM, LAMPKIN, MEDAWAR u. WILLIAMS, 1952): *bei diesem Schafszwillingspaar war der weibliche Partner an Vulva und Clitoris in männlicher Richtung mißgebildet* und hatte auch im Lauf seines zweijährigen Lebens noch *niemals Anzeichen von Brunst* gezeigt [eine Sektion des Tieres hat bisher (1961) nicht stattgefunden, da es für andere Untersuchungszwecke (Blutgruppenforschungen) benötigt wurde (persönliche Mitteilung von L. E. ROWSON, Febr. 1961]. Bei anderen verschiedengeschlechtlichen Schafsgeschwistern ohne gemeinsamen Placentarkreislauf waren die Hautüberpflanzungen nicht möglich[7], ebenso wenig wie bei Rinderzwillingen mit getrennten Placentarkreisläufen und dementsprechend fehlender Zwickenbildung[8]. Den ersten Fall von Zwickenbildung beim Schaf, der dank der Feststellung einer breiten Gefäßverbindung zwischen den Placenten des männlichen und weiblichen Zwillings den free-martins des Rindes gleichwertig beweisend an die Seite gestellt werden kann, haben ALEXANDER u. WILLIAMS (1964) mitgeteilt: die Lämmer wurden durch Kaiserschnitt gewonnen, eine dicke verzweigte Arterie verband die umbilicalen Gefäße der beiden Feten; die äußeren Genitalien des weiblichen

---

7 Die Transplantate werden beim Schaf in spätestens 10 Tagen abgestoßen, während im beschriebenen Fall das Transplantat zur Zeit des Berichtes bereits 245 Tage bestand und normales Wollwachstum zeigte.

8 OWEN (1945) hat mittels einer einfachen, speziell zu diesem Zweck entwickelten immunologischen Methode nachweisen können, daß bei gewissen Rinderzwillingen zwei wohl unterscheidbare Erythrocytentypen im Blut kreisen. Dieser Befund erscheint gut vereinbar mit der Annahme, daß ein Zellaustausch zwischen den Rinderzwillingen als Folge der Chorionanastomosen statthat. Da die von OWEN geprüften Zwillingspaare zum großen Teil zur Zeit der Untersuchung erwachsen waren, und da der fetale Austausch ausgebildeter Erythrocyten allein eine nur sehr passagere Verschiedenheit der Blutzusammensetzung ergeben könnte, ist es wahrscheinlich, daß der entscheidende Zellaustausch sich auf embryonale Vorläufer der Erythrocyten des erwachsenen Tieres bezog; offenbar sind diese Zellen befähigt sich in den blutbildenden Organen des Zwillingspartners anzusiedeln und eine das ganze Leben hindurch dauernd produzierende Quelle von solchen Erythrocyten zu bilden, die sich von denen des Empfängerzwillings unterscheiden („erythrocyte mosaicism"), vgl. dazu auch die Angaben von STORMONT u. Mitarb., 1953. Die praktische Folge dieses Bluttests ist, daß man nun schon bei der Geburt feststellen kann, ob das neugeborene Zwillingskuhkalb eine Zwicke sein wird oder nicht: ein Kuhkalb, das einen in immunologischer Hinsicht identischen Blutstatus aufweist wie sein Zwillingsbruder, wird aller Wahrscheinlichkeit nach eine Zwicke sein. Diese Befunde von OWEN (1945) und von OWEN u. Mitarb. (1946) wurden in der Folgezeit von ANDERSEN u. Mitarb. (1951) und von BILLINGHAM u. Mitarb. (1952) (alle aus dem Arbeitskreis von MEDAWAR) vollkommen bestätigt; die letzten konnten darüber hinaus zeigen, daß der Prozentsatz von einheilenden Hautüberpflanzungen bei dizygotischen Rinderzwillingen verschiedenen Geschlechts (86%) mit dem Prozentsatz von freemartin-Kuhkälbern bei solchen Zwillingspaaren (etwa 92%) nahezu übereinstimmte: Man kann daher annehmen, daß die Verträglichkeit der Homotransplantation und die Zwickenbildung zumindest *eine* gemeinsame Ursache haben, nämlich die synchoriale Verbindung der beiden Kreisläufe der Zwillinge. Weitere immunologische Bestätigungen des Blutaustausches zwischen den Zwillingen des Rindes finden sich bei BILLINGHAM u. LAMPKIN (1957).

Zwillings waren, abgesehen von einer leichten Vergrößerung der Clitoris, normal, ebenso die Vagina, an die sich eine rudimentäre Cervix anschloß, Uterushörner waren nicht vorhanden, das Mammagewebe war stark reduziert. Ovarien waren nicht vorhanden, dagegen fand sich in der Inguinalgegend jederseits in s. c. Lage ein Gebilde, das sich bei histologischer Untersuchung als von hodenähnlicher Struktur erwies, mit rudimentärem Kanälchengewebe und rudimentärem Cremaster-Muskel. Insgesamt lagen also ähnliche abnorme Verhältnisse vor wie bei der Rinderzwicke. Verfasser machen darauf aufmerksam, daß ihr Fall aus einer seit etwa 80 Jahren streng ingezüchteten Schafherde stammte, somit die Feststellung russischer Forscher (PETSKOJ, 1955) bestätigte, daß placentare Anastomosen in reinen Rassen häufiger angetroffen werden als in Kreuzungsprodukten.

Bis vor kurzem waren keine *Fälle von natürlicher Zwickenbildung bei Vögeln* bekannt. Erst die Beobachtungen von LUTZ u. LUTZ-OSTERTAG (1958, 1959a, 1959b) wiesen auf diese Möglichkeit hin. Beim Vogel sind es die Eier mit 2 Dottern, in denen man eine eventuelle Beeinflussung des einen Embryos durch den andern erwarten kann, wenn die beiden Keime verschiedenen Geschlechts sind. Die genannten Verfasser berichteten zunächst (1958) über einen, später über eine Reihe weiterer Fälle, in denen sie die Entwicklung der beiden Embryonen am nach der Methode von WOLFF (1936) eröffneten Hühnerei direkt beobachten und bis zum 14.—20. Inkubationstag verfolgen konnten: Vom Alter von $3^1/_2$ Tagen an bildet sich ein Kontakt zwischen den beiden Embryonalkreisläufen aus und es kommt zur Bildung von Gefäßanastomosen, was dadurch erleichtert wird, daß die beiden Dotter nur teilweise getrennt sind; um den 7. Tag kommt es dann zum Kontakt der Allantois der beiden Embryonen und auch hier zur Anastomosenbildung der Gefäßsysteme, so daß eine freie Zirkulation der Hormone aus beiden Embryonen möglich ist. Zum Unterschied zu den Rinderzwicken, bei denen nur der weibliche Zwilling Maskulinisierungserscheinungen seines Genitalapparats erfährt, während der männliche Zwilling normal bleibt, findet man *bei den Hühnerzwicken sowohl eine Vermännlichung des weiblichen als auch eine Verweiblichung des männlichen Embryos.* Das Hodenhormon des männlichen Embryos ruft beim weiblichen Embryo Umwandlungen des Genitalapparats hervor, wie man sie an weiblichen Hühnerembryonen nach Injektion von männlichem Hormon oder nach Transplantation von Hodengewebe beobachtet, d. h. eine Hemmung des weiblichen ausführenden Genitalapparats mit partieller Rückbildung der Müller'schen Gänge, die nicht mehr mit der Kloake kommunizieren, während die weiblichen Gonaden keine essentiellen Veränderungen aufweisen. Das weibliche Hormon aus den Gonaden des weiblichen Embryos ruft beim männlichen Partner Umwandlungen des Genitalapparats hervor, wie man sie nach Injektion geringer Dosen kristallisierter Oestrogene oder nach Ovarüberpflanzungen in männliche Hühnerembryonen findet, mit Bildung von Cortexknötchen an der embryonalen männlichen Gonade und Auftreten zahlreicher mit dem Coelom kommunizierender Hodenkanälchen, was eine Wiederaufnahme der Tätigkeit des Keimdrüsenepithels unter dem Einfluß geringer Oestrogenmengen bedeutet; von den Müller'schen Gängen findet man auf dem Niveau der Kloake zwei kleine Ampullen als einzige Reste erhalten. Beide Embryonen sind also intersex, aber die Intersexualität ist sowohl beim weiblichen als auch beim männlichen Embryo nur relativ schwach ausgebildet.

LUTZ-OSTERTAG u. NÈGRE (1960) haben die zeitliche Grenze, bis zu welcher der embryonale Hoden bzw. das embryonale Ovarium des Hühnerembryos durch die Überpflanzung der gegengeschlechtlichen Gonade zu beeinflussen sind, festzustellen versucht, indem sie embryonale Gonaden vom 14tägigen Embryo zu verschiedenen Bebrütungsterminen chorio-allantoidal überpflanzten: Der embryonale

Hoden muß vor dem 7. Bebrütungstag transplantiert werden, damit sein maskulinisierender Einfluß sich auswirken kann, während das linke Ovarium oder die rechte Gonade eines weiblichen Embryos ihre feminisierenden Wirkungen bei der Transplantation auch noch am $9^1/_2$ Tage alten Embryo auszuüben vermögen. Lutz-Ostertag u. Didier (1961) haben sich die Frage vorgelegt, ob bei der Beeinflussung des weiblichen Zwillings im Doppeldotter-Ei durch den männlichen Partner nur der Zeitpunkt der Ausbildung der Kreislaufanastomosen für das Zustandekommen der intersexuellen Formen entscheidend sei oder ob auch der Grad der Hodendifferenzierung beim männlichen Partner eine Rolle spiele. Sie prüften in der obigen Versuchsanordnung, ob auch jüngere Gonaden als die in den oben angeführten Versuchen von Lutz-Ostertag u. Nègre (1960) benutzten Hoden vom 14tägigen Embryo eine maskulinisierende Wirksamkeit besäßen, und stellten fest, daß auch Hoden vom 12., 10., $8^1/_2$—9. und vom $7^1/_2$—8. Tag der Bebrütung eine Rückbildung der Müller'schen Gänge beim weiblichen Partner im Transplantationsversuch bewirkten, und zwar eine umso stärkere je jünger die transplantierten männlichen Gonaden waren. Der Grad der free-martin-Bildung beim Vogel (Haushuhn) hängt also sowohl vom Zeitpunkt der Anastomosen-Ausbildung als auch vom Entwicklungsstadium der Hodenanlage ab. Die Ovarialanlagen der weiblichen Partner bleiben in allen Fällen unverändert normal.

Die Bastard-Erpel aus der Kreuzung eines Männchens der Moschus-Ente (Cairina moschata) mit einer Khaki Campbell-Hausente (Anas platyrhynchos) sind zwar äußerlich vollkommen normal, was ihren Genitalapparat anbetrifft, und zeigen auch normalen Geschlechtstrieb und normales Sexualverhalten, sind aber steril. Überpflanzt man den embryonalen Hoden eines solchen Bastards chorio-allantoidal auf Hühnerembryonen der Gatin-Rasse, so erhält man eine ambosexuelle Wirkung, und zwar eine Rückbildung der Müller'schen Gänge beim weiblichen Embryo, als Zeichen des maskulinisierenden Einflusses, und das Ausbleiben dieser Rückbildung beim männlichen Embryo, zugleich mit einer Ausbildung von corticalen Knötchen auf dem Hoden als Zeichen einer feminisierenden Wirkung des Bastardhodens. Da der Genitalapparat des Bastards keine Anzeichen einer Anormalität aufweist, muß man annehmen, daß die geschlechtliche Differenzierung zwar ungestört verläuft, daß aber nachher eine Störung eintritt, die sowohl die Sterilität als auch die ambosexuelle Wirkung dieser Bastardhoden zur Folge zu haben scheint (Lutz-Ostertag u. David, 1962).

Eine solche gegenseitige Beeinflussung des weiblichen Fetus durch den männlichen und umgekehrt des männlichen Fetus durch den weiblichen, wie bei den Hühnervögeln, ist vielleicht nicht ganz ohne Analogon auch bei den Säugern. Hughes (1929) hat die free-martin-Bildung bei Schweinen untersucht und feststellen können, daß zwar die Grundlagen der Keller-Tandler-Lillie-Theorie der Zwickenbildung auch für den weiblichen Zwilling beim Schwein zutreffen, daß aber eine so vollständige Unterdrückung der weiblichen Gonadenentwicklung wie bei der Rinderzwicke beim Schwein anscheinend nicht vorkommt: Das Keimepithel des Ovariums behält hier immer einen gewissen Grad von Aktivität und es kann neben der Hemmung der Ovarialentwicklung auch zu einer Hemmung der Hodenentwicklung kommen, so daß sowohl die Gonaden als auch die Genitalausführgänge in beiden Zwillingen eine starke Reduktion ihrer Ausbildung erfahren. Vermutlich ist die wechselnde Stärke des weiblichen Einflusses, der von der Cortex ausgeht, von genetischen Ursachen abhängig; beim vorzeitigen Tod des männlichen Zwillings in utero kann die begonnene Umwandlung in männlicher Richtung wieder in die ursprüngliche weibliche Entwicklungsrichtung umschlagen. Es sind aber bisher zu wenige Fälle von free-martin-Bildung beim Schwein beschrieben worden, als daß man ein endgültiges Urteil darüber fällen könnte, ob wirklich prinzipielle Unterschiede gegenüber den Rinderzwicken bestehen. Daß grundsätzlich eine Beeinflussung des männlichen Fetus in utero durch weibliche Hormone möglich ist, geht aus den Versuchen von GREENE, BURRILL u. IVY (1938b) hervor, in denen sie trächtige Rattenweibchen mit 2—4 mg Oestradiol-Dipropionat behandelten: von den 24 männlichen Jungen, die von diesen Weibchen geboren wurden, waren alle hypospadisch, hatten bei der Geburt sichtbare Zitzen und bei einem Teil der Jungen lagen die Hoden abnorm hoch in der Bauchhöhle oder sogar in typisch ovarieller Lagerung direkt am unteren Nierenpol; die histologische Untersuchung ergab eine starke Unterentwicklung der Diverticula prostatica, eine Hemmung der Entwicklung bei den Vasa deferentia und den Vesiculardrüsen und eine gewisse Unterentwicklung der Nebenhoden. Bei der obigen Dosis von Oestradiol-Dipropionat lag offenbar eine starke Überdosierung der Oestrogene im Vergleich zur Norm vor, denn auch die weiblichen Feten wiesen verschiedene Abnormitäten der Entwicklung der Geschlechtsorgane auf: So waren die Zitzen schon bei der Geburt entwickelt, die Uteri stark erweitert und die Ovarialkapsel in ihrer Ausbildung gehemmt oder garnicht entwickelt. Die quantitativen Verhältnisse spielen also eine entscheidende Rolle bei der Frage, ob es zu einer Beeinflussung der Feten kommt.

Den Nachweis einer feminisierenden Wirkung der linken und rechten Gonade des weiblichen Hühnerembryos erbrachten LUTZ u. LUTZ-OSTERTAG noch in einer anderen Versuchsanordnung: Kultivierten sie den Müller'schen Gang eines $9^{1}/_{2}$ Tage alten männlichen Hühnerembryos in vitro, so bildete er sich normalerweise zurück; wurde der Gang aber vorher ultrabeschallt, so blieb die Rückbildung unvollkommen und zahlreiche Gewebsknötchen überlebten, vermutlich weil durch die Ultrabeschallung ein proteolytisches Enzym im sich zurückbildenden Müller'schen Gang zerstört wurde. Kultiviert man den beschallten Müller'schen Gang zusammen mit dem linken Ovarium oder der rechten Gonade eines weiblichen Hühnerembryos, so nimmt er stark an Größe zu, eine Erscheinung, die zum Teil auf die ernährende Funktion der mitkultivierten Organe, zum anderen Teil aber auf ihre stimulierende Wirkung durch das in ihnen enthaltene weibliche Hormon zurückzuführen ist.

Es ist zu beachten, daß die männlichen Embryonen verschiedener Hühnerrassen verschieden stark auf die feminisierende Wirkung weiblicher Hormone reagieren, wenn diese zwischen Tag 0 und Tag 7 der Bebrütung einmalig injiziert werden (500 IE Oestradiolbenzoat); die stärksten Abweichungen wiesen die männlichen Embryonen der Black-Minorca-Rasse, die schwächsten die New-Hampshire-Embryonen auf, während die Embryonen der Weißen Leghorn-Rasse eine Mittelstellung einnahmen (KONDO, 1959).

Einen free-martin-Effekt, aber in weiblicher Richtung, also die Feminisierung eines in der Entwicklung begriffenen männlichen Individuums durch den weiblichen Partner beobachtete GALLIEN (1963), wenn er einen haploiden genetisch männlichen Keim von Pleurodeles waltlii (urodeles Amphibium) mit einem artgleichen diploiden weiblichen Keim parabiotisch vereinigte: Zu Beginn der sexuellen Differenzierung beeinflußte der nur in Einzahl vorhandene Hoden des haploiden männlichen Keimes die Ovarien des diploiden weiblichen Keimes im Sinne einer Hemmung (Spuren dieser Hemmung waren auch noch im erwachsenen Zustand festzustellen); dann aber gewannen die Ovarialwirkstoffe die Oberhand und der Hoden des männlichen Keimes wandelte sich in ein wenig entwickeltes Ovarium mit einigen sehr jugendlichen Ovocyten und Ovarialhöhlen um: das war der Zustand, der im erwachsenen Parabionten (Alter 26 Monate) angetroffen wurde.

Zum Wirkungsmechanismus der Feminisierung: Nach JOYET-LAVERGNE (1938) besteht die Rolle des Follikelhormons bei der Umwandlung genetisch männlicher

Organismen in Intersexe oder Weibchen darin, daß es durch direkte Einwirkung auf die Zellen die Oxydationskraft der lebenden Zellen herabsetzt; diese Abnahme der oxydativen Prozesse muß offenbar genügen, um genetisch männliche Zellen in weiblicher Entwicklungsrichtung umzustimmen, die durch eine geringere Oxydationskraft gekennzeichnet ist. Auch PENNETTI (1939) fand als Folge der Kastration bei Hunden eine allgemeine Herabsetzung der oxydativen Prozesse im Organismus.

Bemerkenswert ist es, daß bei Hühnerembryonen das Vorhandensein von Anastomosen am Kreislaufapparat nicht automatisch die Bildung von free-martins nach sich zieht, wie das von LUTZ u. LUTZ-OSTERTAG (1959b) in 2 Fällen festgestellt wurde, in denen beide Embryonen vollkommen normal waren: offenbar muß eine breite Kommunikation der Kreisläufe schon sehr früh, etwa um den 5. oder 6. Bebrütungstag zustandekommen, um die Hormonwirkungen zu ermöglichen, was nur dann der Fall ist, wenn die beiden Embryonen im Ei sehr nah benachbart sind.

Auch bei Säugetieren ist ein „free-martinism" keineswegs die unausbleibliche Folge einer Verschmelzung der embryonalen Kreisläufe bei heterosexuellen Zwillingen: So konnte WISLOCKI (1939) beim platyrrhinen Affen Oedipomidas geoffroyi aus Mittelamerika, der fast regelmäßig (in mindestens 90% der Schwangerschaften) dizygotische Zwillinge trägt, bei den heterosexuellen Zwillungspaaren niemals eine Beeinflussung der inneren oder äußeren Genitalentwicklung des Weibchens durch das Männchen (oder umgekehrt) feststellen, obgleich eine reichliche und frühe Anastomosenbildung der umbilikalen und placentaren Gefäße (Venen!) die Regel ist. Worauf in diesem Fall das Ausbleiben des „free-martin"-Effekts zurückzuführen ist, bleibt unentschieden, da über das Vorhandensein oder Fehlen funktionsfähiger Leydig-Zellen im fetalen Hoden dieses Affen nichts bekannt ist. Biologisch ist es für diese Art von größter Bedeutung, daß ein solcher Effekt nicht vorhanden ist, sonst müßte ja bei der Häufigkeit der heterosexuellen Zwillings-Schwangerschaften der Bestand der Art durch den Ausfall so vieler steriler Weibchen (Zwicken) ernstlich gefährdet werden. Auch bei der Katze haben WISLOCKI u. HAMLETT (1934) keine free-martin-ähnliche Beeinflussung des weiblichen Zwillings durch den männlichen Partner feststellen können, trotz bestehender Anastomosen der Placentargefäße. ASDELL (1956) hat die Vermutung geäußert, daß die sehr seltenen dreifarbigen „tortoise-shell"-Kater, die unterentwickelte Hoden haben und steril sind, genetisch weibliche Tiere mit sekundärer Geschlechtsumwandlung wie bei der Zwicke sind. Dagegen haben LENZ, NOWAKOWSKI, PRADER u. SCHIRREN (1959) eingewandt, daß eine entwicklungshemmende Wirkung androgen induzierender Substanzen auf die Gonaden wenig wahrscheinlich sei[9]. Dieser Einwand erscheint nicht zwingend: wir nehmen bei den Rinderzwicken mit guten Gründen einen solchen Einfluß an, und die Unterentwicklung des Hodens bei diesen Katern ist ja nur postnatal festgestellt und schließt eine normale Ausbildung der Hoden beim Fetus mit Produktion *fetaler* androgener Hormone nicht aus. Was aber entschieden gegen die Auffassung von ASDELL spricht, sind die oben erwähnten Beobachtungen von WISLOCKI u. HAMLETT (1934), die ganz allgemein bei der Katze keine free-martin-ähnliche Beeinflussung des weiblichen Fetus durch den männlichen Partner feststellen konnten, trotz der Anastomosen der Placentargefäße. Auch beim Menschen kommt es bei verschie-

---

9 Eine solche Verallgemeinerung sollte besser vermieden werden: man denke an die Wirkung der in der androgenen Drüse der männlichen Krebse erzeugten männlichen Hormone auf das in ein Männchen transplantierte Ovarium, das in einen Hoden umgewandelt wird. Man halte mir nicht entgegen, daß es sich hier um in ihrer Konstitution völlig unbekannte hormonale Wirkstoffe bei den Krebsen handle: wir wissen über die Konstitution der fetalen Hodenhormone der Wirbeltiere auch nur wenig!

den-geschlechtlicher Zwillingsschwangerschaft trotz Placentaranastomosen nicht zu einer Umbildung des weiblichen Zwillings; durch Blutgruppenuntersuchungen wurde in drei solchen Fällen eine intrauterine Kreislaufverbindung nachgewiesen (DUNSFORD u. Mitarb., 1953; BOOTH u. Mitarb., 1957; NICHOLAS u. Mitarb., 1957).

Diese einer Erklärung zunächst schwer zugänglichen Artunterschiede im Auftreten von free-martin's können vielleicht aufgrund vergleichend-endokrinologischer Untersuchungen der Placenta und ihrer biochemischen (enzymatischen) Funktion dem Verständnis näher gebracht werden, wie sie von RYAN (1959) und RYAN, BENIRSCHKE u. SMITH (1961) unternommen wurden. In der erstgenannten Arbeit wurde nachgewiesen, daß die menschliche Placenta über ein Enzym verfügt, das zur Aromatisierung, diesem wichtigen Schritt bei der Umwandlung von Androgenen in Oestrogene, befähigt ist[10]; das gleiche konnte in der zweitgenannten Arbeit auch für die Placenta des Affen Leontocebus rosalia gezeigt werden: in beiden Species, beim Menschen und beim Affen, findet man in Zwillingsschwangerschaften ausgesprochene Anastomosen der Placentargefäße, aber keine free-martin-Bildung. Bei der Kuh dagegen konnte RYAN (1959) ein solches Enzym nicht nachweisen, und so ist es möglich, daß hier die Androgene des männlichen Fetus unverändert erhalten bleiben und als solche in den weiblichen Fetus übergehen, wo sie ihre virilisierende Wirkung ausüben und zur Entwicklung von free-martin's führen, während sie beim Menschen und Affen durch die Aromatisierung gewissermaßen entgiftet werden und die free-martin-Bildung unterbleibt, trotz der bei allen 3 Arten in gleicher Weise vorhandenen Placentargefäßanastomosen. In einer weiteren Arbeit haben SMITH u. RYAN (1961) Androstendion-4-^{14}C mit dem Gewebe aus den polycystischen Ovarien einer Frau, die vorher mit Gonadotropinen behandelt worden war, inkubiert: Radioaktives Oestron und Oestradiol wurden isoliert, wobei die Gesamtausbeute an radioaktiven Oestrogenen etwa 15% des eingebrachten radioaktiven Materials betrug.

Diese Feststellungen von RYAN u. Mitarb. wurden durch Untersuchungen von BOLTÉ u. Mitarb. (1964) über die Aromatisierung von C_{19}-Steroiden durch die menschliche Placenta in wichtigen Punkten bestätigt: bei der schwangeren Frau wirkt die Placenta als Barriere, die den Übertritt zirkulierender Androgene in den Fetus begrenzt. Die Barriere besteht a) aus einer beschränkten Fähigkeit, Dehydroepiandrosteronsulfat direkt zu transferieren und b) aus einem Enzym-Mechanismus, der eine schnelle und ausgedehnte Aromatisierung der wichtigen Androgene Dehydroepiandrosteron, Androstendion und Testosteron herbeiführt.

Als WITSCHI (1934) aufgrund seiner klassischen Versuche die Theorie von der cortico-medullären Induktion der Gonadendifferenzierung bei Amphibien aufstellte, nahm er die Existenz von Induktoren an, die von der Cortex („Corticin") und der Medulla („Medullarin") der fetalen Gonaden produziert würden und die im Fall ihrer Aktivierung befähigt wären, die Entwicklung der gegengeschlechtlichen Komponente der Gonadenanlage zu unterdrücken. Welche dieser chemischen Mittlersubstanzen in jedem Einzelfall aktiv wird, hinge vom genetischen Geschlecht, also von der chromosomalen Konstitution des betreffenden Embryos ab. Die Berechtigung der Annahme solcher Induktoren auch bei höheren Wirbel-

---

10 Nach BREUER u. GRILL (1961) sind an der Aromatisierung neutraler C_{19}-Steroide 3 Enzyme beteiligt, die alle in der Mikrosomenfraktion der Placenta lokalisiert sind: eine 19-Hydroxylase, eine 19-Oxydase und eine Desmolase. Nach Inkubation von Testosteron, $\varDelta^4$-Androstendion-(3,17) oder 19-Hydroxy-$\varDelta^4$-androstendion-(3,17) mit Mikrosomen aus menschlicher Placenta in Gegenwart von TPNH wurde neben den entsprechenden Oestrogenen auch Formaldehyd als Reaktionsprodukt nachgewiesen. Die Versuche sprechen für eine Abspaltung der angulären C-19-Methylgruppe als Formaldehyd und damit für den folgenden Verlauf der Aromatisierung: neutrales C_{19}-Steroid→19-Hydroxyverbindung→19-Oxo-Verbindung→phenolisches C_{18}-Steroid + Formaldehyd.

tieren (Säugetieren) ergab sich neben anderem aus Versuchen von MACINTYRE (1956), in denen er die Gonaden von 16 Tage alten Rattenembryonen in unmittelbarem Kontakt paarweise (1 Ovarium + 1 Hoden) bei erwachsenen kastrierten Ratten unter die Nierenkapsel überpflanzte: nach 3 Wochen war der Hoden in jedem Fall stark gewachsen und ausgezeichnet differenziert, während das Ovarium stets in der Entwicklung stark gehemmt war oder sogar eine Hoden-ähnliche Umwandlung erfahren hatte; Kontrollovarien, ohne testiculären Partner transplantiert, entwickelten sich normal. In anderen ähnlichen Versuchen (MACINTYRE, BAKER u. WYKOFF, 1959) wurde, unter Benutzung fetaler Gonaden verschiedener Altersstufen für die Transplantation, gezeigt, daß auch fetales Ovarialgewebe imstande war, die Entwicklung des unmittelbar benachbarten fetalen Hodengewebes zu hemmen. Es war also in den ersten Versuchen ein „Medullarin", in den letzten ein „Corticin" zur Wirkung gelangt. Wurde aber in weiteren Versuchen (MACINTYRE, HUNTER u. MORGAN, 1960) der Abstand zwischen den beiden heterosexuellen Paarlingen des kombinierten Transplantats der Gonaden vom 16 Tage alten Fetus[11] im Transplantatbett zwischen 1 und 10 mm variiert, so entwickelten sich alle 122 Hoden (mit Ausnahme eines einzigen) normal, während von ihren ovariellen Partnern nur diejenigen in ihrem Wachstum und ihrer Differenzierung nicht beeinträchtigt waren, bei denen der Abstand vom Hoden 8 oder 10 mm betrug; bei allen übrigen Ovarien war die Hemmung der Differenzierung allgemein, aber in ihrer Stärke umgekehrt proportional der Entfernung vom Hoden-Paarling (1, 3 oder 5 mm Abstand). Außer der Herabsetzung der Zahl und des Reifezustandes der Follikel kam es in diesen gehemmten Ovarien zu einer Persistenz des Rete ovarii, das medullärer Herkunft ist und dessen Persistenz in einem gehemmten, maskulinisierten Ovarium zu erwarten ist. So scheint es, daß bei der Ratte der chemische testikuläre Induktor der Gonadendifferenzierung eher nur eine räumlich begrenzte, örtliche Wirkung hat, als daß er imstande wäre, auf dem Blutwege auf weite Entfernungen eine Wirkung auszuüben, wie es bei den Rinderzwicken der Fall ist.

Versuche in vitro. Die Untersuchungen von WOLFF u. WENIGER (1953) hatten gezeigt, daß xenoplastische Vereinigungen embryonaler, speciesverschiedener Gonaden (Entengonaden vom 8.—10. Bebrütungstag und Mäusegonaden vom 11.—15. Embryonaltag) in vitro möglich sind und daß es dabei zu einer sehr intimen Parabiose der vereinigten Organe kommt, die die gegenseitige Beeinflussung möglich macht, ohne daß das gleiche oder verschiedene Geschlecht der Partner an sich für das Zustandekommen der Parabiose eine Rolle zu spielen schien. GOMOT (1959) hat diese Befunde bestätigt. SALZGEBER (1960) untersuchte die Wirkung speciesverschiedener Gonaden auf das embryonale Mäuseovarium in vitro. Embryonale Mäuseovarien vom 14.—18. Tag der Gravidität wurden in der Gewebskultur nach WOLFF u. HAFFEN mit embryonalen männlichen bzw. weiblichen Gonaden von 7—9 Tage alten Hühnerembryonen 2—5 Tage lang gemeinsam kultiviert und dann vereint in das Coelom junger Hühnerembryonen implantiert, wo sie sich im Lauf von 14—16 Tagen entwickelten. In den Parabiosen Mäuseovarium + Hühnerovarium wurden die Mäuseovarien günstig beeinflußt und zahlreiche Oocyten entwickelten sich zu normalen Primordialfollikeln. In den Parabiosen Mäuseovarium + Hühnerhoden dagegen übte der embryonale Hoden eine hemmende Wirkung auf das Ovarium aus, die Primordialfollikel fehlten ganz oder waren schlecht entwickelt bzw. degeneriert; diese Hemmungswirkung, die offenbar von den fetalen Hodenhormonen ausging, war umso ausgesprochener in

---

11 Es ist zu betonen, daß bei der Ratte am 16. Tag der fetalen Entwicklung der Hoden gerade die ersten Anzeichen einer Differenzierung (beginnende Sexualstrangbildung) aufweist, während die Ovarien gleichen Alters noch keine Andeutung einer Differenzierung zeigen.

je jüngerem Alter das Mäuseovarium entnommen wurde. Diese Ergebnisse der speciesverschiedenen Co-Kultivierung von fetalen Gonaden sprechen dafür, daß — ebenso wie die von erwachsenen, reifen Gonaden produzierten Hormone — auch die Sexualhormone der fetalen Gonaden artunspezifisch sind.

Dem widersprechen vielleicht die Versuchsergebnisse von WENIGER (1961): Wenn die beiden Hoden eines Mäuseembryos vom 12. oder 13. Tag der Trächtigkeit mit der vorderen Hälfte der männlichen Gonadenanlage eines Hähnchens vom 5. Bebrütungstag in vitro vereinigt werden, so kann es zu einer Feminisierung der Gonadenanlage des Hähnchens kommen, die am 4. Tag der nun folgenden Bebrütung im allgemeinen von einem Ovarium kaum zu unterscheiden ist; in selteneren Fällen war die Feminisierung schwächer. Dieses Ergebnis läßt eine Verschiedenheit zwischen den fetalen Hodenhormonen der beiden Arten vermuten; man könnte jedoch auch an eine Denaturierung der normalen Sekretionsprodukte aus dem embryonalen Mäusehoden unter den Bedingungen der Gewebskultur denken.

LUTZ-OSTERTAG u. DUFAURE (1961) kultivierten Ovarien von einjährigen Eidechsen (Lacerta vivipara Jaquin) mit den Hoden von Hühnerembryonen von $9—9^1/_2$ Tagen in vitro in der Kulturflüssigkeit von WOLFF u. HAFFEN (1952) bei einer Temperatur von 30—31°C im Lauf von 9—15 Tagen; diese Temperatur gestattet die Entwicklung des Eidechsenovariums, ohne die Entwicklung der embryonalen Hühnerhoden, die nur verlangsamt wird, zu verhindern; während das juvenile Eidechsenovarium durch den embryonalen Hühnerhoden unter diesen Versuchsbedingungen nicht beeinflußt wird, erfährt umgekehrt der Hoden eine mehr oder weniger starke Feminisierung, die sich in der Bildung von mit dem Coelom kommunizierenden Hodenkanälchen oder sogar in der Ausbildung von Cortexknötchen oder einer ausgebreiteten Cortex auf der ganzen Oberfläche der männlichen Gonadenanlage äußert; dagegen erfährt die Medulla selber keine Rückbildung. Es kann sein, daß unter den Bedingungen der verlangsamten Entwicklung (bei 30° statt bei normalerweise 38,5°C) das Keimepithel der männlichen Gonade eine größere Empfindlichkeit gegenüber den ovariellen Hormonen besitzt.

Alle diese Versuche, im Zusammenhang mit den Beobachtungen über den natürlichen und experimentellen free-martinism, leiten zu folgender wichtigen Frage über: *Sind die fetalen Hormone, deren Wirkung, wie angenommen wird, die Entstehung des natürlichen free-martin hervorruft, chemisch die gleichen Verbindungen wie diejenigen, die den experimentellen free-martinism bedingen*, also die Androgene des transplantierten erwachsenen Hodens oder die injizierten chemisch definierten Verbindungen der Testosteronreihe? Die im allgemeinen weitgehende Gleichartigkeit der beim natürlichen bzw. beim experimentellen free-martinism auftretenden Veränderungen spricht a priori für die Gleichartigkeit des auslösenden hormonellen Agens. Man ist also geneigt anzunehmen, daß auch im fetalen Hoden des Rinderembryos oder des Hühnerembryos das gleiche Testosteron gebildet wird und zur Wirkung gelangt, wie im reifen Hoden des Stieres bzw. Hahnes. So hat sich z. B. DANTCHAKOFF (1937) gegen die Notwendigkeit einer Annahme von besonderen fetalen Hodenhormonen gewandt, weil sie bei weiblichen Meerschweinchenembryonen durch die Injektion von Testosteronpropionat die gleiche Entwicklung männlicher Organe erzielen konnte, wie man sie bei der Rinderzwicke beobachtet (Prostata, Vasa deferentia, Cowpersche Drüsen, Penis). Es muß aber betont werden, daß die steroiden Sexualhormone des erwachsenen Organismus nur in seltenen Fällen beim Embryo Wirkungen hervorrufen, die bis ins Detail mit denjenigen der embryonalen Gonaden übereinstimmen (vgl. JOST, 1960). Darüber hinaus gibt es aber gewisse Beobachtungen, die mit der Annahme einer Identität zwischen den Hormonen der fetalen und erwachsenen Gonaden

nur schwer zu vereinbaren sind. So konnten BENIRSCHKE u. BLOCH (1960) aus
100 fetalen Rinderhoden mit oder ohne vorausgehende Hydrolyse, nach den üblichen Methoden keine Androgene (C_{19}-Steroide) extrahieren, obgleich unter diesen
Hoden auch 4 Paare von Zwillingen waren, darunter 3 aus free-martin-Paaren.
Dem steht der ältere Befund von WOMACK u. KOCH (1932) gegenüber, die in
3200 g fetaler Rinderhoden eine androgene Aktivität biologisch nachwiesen, und
zwar eine besonders hohe, verglichen mit den in den Hoden von Kälbern, erwachsenen Stieren und alten Stieren gefundenen Mengen: Sie brauchten, um bei
5tägiger Injektion am Kapaun mit Hodenextrakten eine positive Kammwachs-
tumsreaktion hervorzurufen, eine tägliche Mindestmenge von 15 g Hodensubstanz
beim Fetus, von 15—20 g beim Stierkalb, von 25 g beim erwachsenen Stier und
von 25—50 g beim alten Stier. Andererseits konnten die gleichen Untersucher bei
Kälbern (und Knaben unter 10 Jahren) keine androgen wirksamen Substanzen im
Harn nachweisen und glauben daher, daß die Hoden im praepuberalen Alter das
in ihnen gebildete männliche Hormon nicht in den Kreislauf abgeben, so daß es
im jugendlichen Organismus auch nicht zur Wirkung gelangt und die sekundären
Geschlechtsmerkmale unentwickelt bleiben. Danach müßte man annehmen, daß
die im Kälberhoden gebildeten Androgene am Ort der Bildung gespeichert werden,
worauf auch der relativ hohe Androgengehalt in ihnen zurückzuführen wäre.
Andererseits zeigten DAVIES, DEMPSEY u. WISLOCKI (1957), daß die interstitiellen
Zellen im fetalen Hoden relativ wenig lipoide Substanzen, also offenbar auch wenig
Steroide enthalten. COLE, HART, LYONS u. CATCHPOLE (1933) geben an, daß der
fetale Hengsthoden während des größten Teiles des intrauterinen Lebens nahezu
ausschließlich aus einer Masse von interstitiellen Zellen besteht, die ihre maximale
Ausdehnung erreicht, wenn das gonadotrope Hormon im Serum der Mutterstute
(PMS) nicht mehr nachweisbar ist. Hodenextrakte, die am infantilen kastrierten
Rattenmännchen ausgewertet wurden, ergaben eine 50—100%ige Zunahme des Gewichts der Vesiculardrüsen und Prostata gegenüber den unbehandelten Kontrollratten. Trotz dieses positiven Befundes meinen die Verfasser, daß die Gegenwart von
männlichem Hormon im fetalen Hengsthoden „not definetely" nachgewiesen sei.
Auf andere Weise versuchten HOLYOKE u. BEBER (1958) die Natur der embryonalen Wirkstoffe zu ergründen: Sie kultivierten embryonale Gonaden von Ratten
und Kaninchen in verschiedenen Kombinationen in vitro: männlich + männlich,
weiblich + weiblich, männlich + weiblich, nur männlich, nur weiblich, im Lauf
von 4—18 Tagen. In den verschieden-geschlechtlichen Kombinationen wurden
die Hoden durch die Ovarien nicht beeinflußt, dagegen wurden die Ovarien durch
die Hoden in ihrer Entwicklung gehemmt, corticale Strukturen entwickelten sich
nicht (wie in den Ovarien ohne die Gegenwart embryonaler Hoden), und in 3 von
17 Fällen waren Anzeichen eines maskulinisierenden Effekts (testikuläre Stränge
im Markanteil) festzustellen, also eine free-martin-ähnliche Wirkung des embryonalen Hodens. Da aber das fetale Ovarium im *erwachsenen* männlichen Organismus
in seiner Entwicklung nicht gehemmt wird, auch nicht bei der Implantation des
Ovariums *in den erwachsenen Hoden* (HOLYOKE, 1957), nehmen die Autoren an,
daß der embryonale Hoden eine Substanz oder ein Hormon produziert, das fähig
ist, die ovarielle Entwicklung zu modifizieren, und das mit den Hormonen des
erwachsenen Hodens nicht identisch ist. Es ist bemerkenswert, daß WOLFF u.
HAFFEN (1952) in ähnlichen in vitro-Versuchen mit *embryonalen Entengonaden*
einen dominierenden Einfluß der Ovarien und eine Hemmung der Hodenentwicklung feststellten: In beiden Fällen ist also das heterogametische Geschlecht das
dominierende (das männliche beim Säugetier, das weibliche beim Vogel), während
das homogametische Geschlecht (das weibliche beim Säuger, das männliche beim
Vogel) gehemmt wird.

Beim jungen Stier ist das Auftreten von Fructose und Citronensäure im elektrisch ausgelösten Ejakulat ein Anzeichen für den Beginn der sekretorischen Funktion der „Samenblasen"; diese wiederum zeigt das Einsetzen der androgenen Aktivität des Hodens an, das im Alter von 5—6 Monaten erfolgt. Mit Testosteroninjektionen läßt sich auch im Vorreife-Alter die sekretorische Funktion der „Samenblasen" prompt auslösen, nicht aber mit Gonadotropin-Injektionen, wenn die Kälber noch sehr jung sind. Man kann daher annehmen, daß auch der fetale Rinderhoden auf die Gonadotropine der Mutterkuh noch nicht reagiert und daher auch kein Testosteron bildet und ausschüttet, aber auch kein Androstendion, das nach LINDNER (1960) schon vor dem Testosteron im Vorreife-Stadium des Hodens auftritt, aber eine 18mal geringere stimulierende Wirkung auf die Samenblasensekretion hat (MANN u. ROWSON, 1960). So scheinen auch diese Befunde gegen die Möglichkeit einer Produktion von mit den Androgenen des reifen Hodens identischen hormonalen Wirkstoffen im fetalen Hoden zu sprechen (vgl. dazu auch den Beginn dieses Kapitels, S. 327 ff.).

In der gleichen Richtung weisen auch die Versuche von WHITE (1947), die trächtige Goldhamster (Mesocricetus auratus auratus Waterh.) im Lauf von 4 Tagen mit Gesamtdosen von 8—30 mg Testosteronpropionat injizierte: sie fand bei der Untersuchung der *männlichen* Embryonen keinerlei Beeinflussung der Hoden, Wolff'schen Gänge, Vesiculardrüsen, Prostata und Cowper'schen Drüsen, weder was den Termin ihres Erscheinens noch was ihre Differenzierung anbetrifft. Die einzige Wirkung der Testosteronpropionat-Injektionen auf die männlichen Embryonen war eine Verzögerung in der normalen Rückbildung der Müller'schen Gänge, die 24 Std vor der Geburt eine größere Länge und eine weitere Ausdehnung ihres Lumens aufwiesen als in der Norm. Diese Befunde, die nach Ansicht von WHITE den theoretischen Erwartungen bei Anwendung von Testosteronpropionat nicht entsprechen, lassen vermuten, daß Substanzen, die dem in diesen Versuchen angewandten Testosteronpropionat ähnlich sind, nicht zu jenen Faktoren gehören, die normaler Weise in die embryonalen sexuellen Differenzierungsvorgänge eingreifen. Die weiteren Versuche von WHITE (1949), in denen sie die Wirkung von Testosteronpropionat auf die weiblichen Rattenembryonen und von Oestradiolbenzoat auf die weiblichen und männlichen Embryonen untersuchte, bestärkten sie in dieser Auffassung, da sie eine Reihe von Ergebnissen lieferten, in denen die theoretisch erwarteten Wirkungen nicht eintraten oder, was noch überzeugender erschien, die verabreichten Hormone die entgegengesetzten Wirkungen hatten, wie aus der untenstehenden zusammenfassenden Tab. der White'schen Versuche ersichtlich ist:

Tabelle 65. *Wirkungen von Sexualhormonen auf Goldhamster-Embryonen im Alter von $14^1/_2$ bis 15 Tagen post copulationem (nach* WHITE, *1949)*

| | Männchen | | Weibchen | |
	Testosteron-propionat	Oestradiol-benzoat	Testosteron-propionat	Oestradiol-benzoat
Gonaden	0	0	0	0
Tubuli mesonephr.	0	0	+	0
Wolff'sche Gänge	0	0	0	0
Duct. ejaculatorius	0	0	+ (in 2)	0
Vesiculardrüsen	0	+ (in $^1/_2$)		
Cowper'sche Drüsen	0	0	+	—
Prostata	0	0 (+ ?)	+	0
Müller'scher Gang				
Länge	+	+ (?)	0	0
Durchmesser	0	0	+ (?)	0
caud. Ausdehnung			— (in $^1/_2$)	0

+ = posit. Effekt des Hormons auf das Organ; — = hemmender Effekt; 0 = kein Effekt.

Die free-martin-Theorie von KELLER, TANDLER und LILLIE ist wohl gelegentlich kritisiert, aber niemals durch einwandfreie Beobachtungen widerlegt worden. Wenn z. B. KOCH (1961) schreibt, daß bei Schaf und Ziege nur vereinzelt Fälle von free-martinism bekannt geworden sind, obgleich bei beiden Arten Zwillinge und Mehrlinge sehr viel häufiger seien als beim Rind, so erhebt sich sofort die Frage, ob auch die Gefäßanastomosen der Placenta, die ja die Voraussetzung für die Entstehung einer Zwicke sind, ebenso häufig bei Schaf und Ziege vorkommen wie beim Rind: das ist augenscheinlich nicht der Fall. Außerdem weisen STORMONT, WEIR u. LANE (1953) mit Recht darauf hin, daß manche Fälle von free-martinism beim Schaf den Züchtern entgehen mögen, weil sie äußerlich kaum zu erkennen sind und auch ihre Sterilität unter den zahlreichen aus anderen Ursachen sterilen weiblichen Schafen als Erkennungsmerkmal verschwindet; tatsächlich wären also die Zwicken bei Schafen garnicht so selten wie es den Anschein hat. ASDELL (1956) hat außerdem darauf aufmerksam gemacht, daß auch die Ovarien der erwachsenen Kühe eine hohe Empfindlichkeit gegenüber experimentell oder therapeutisch zugeführten Geschlechtshormonen besitzen. Ein weiterer Einwand besagt, daß es nicht gelungen sei, eine sehr frühe Produktion von Androgenen beim Stierembryo nachzuweisen, wie sie die Theorie verlangt: das Fehlen des Nachweises [aber auch dieses ist umstritten, s. o. S. 342, die Untersuchungen von WOMACK u. KOCH (1932)] bezieht sich aber nur auf Androgene vom Erwachsenen-Typ (also von Testosteron und Verwandten), nicht auf die vielleicht abweichend konstituierten fetalen Androgene. Aus dem gleichen Grund ist die Unmöglichkeit einer Entwicklungsänderung in den Gonaden (Ovarien) mit Hilfe von Androgenen des Erwachsenen-Typs ebenso wenig stichhaltig.

Beim Kaninchenembryo geht nach JOST (1955) zwischen dem 22. und 24. Tag der Entwicklung von der Hypophyse der Anstoß für Hoden und Schilddrüse, um den 25. Tag für die Regelung der Leberglykogenspeicherung aus und ändert damit die gesamte endokrine Physiologie des Embryos. Auch der fetale Rattenhoden ist in seiner Funktion von hypophysären Wirkstoffen abhängig (JOST u. COLONGE, 1949): überpflanzt auf die Vesiculardrüse des kastrierten erwachsenen Rattenmännchens, übt er hier eine lokalisierte, aber sehr deutliche androgene Wirkung aus; ist der Empfänger aber nicht nur kastriert, sondern auch hypophysektomiert, so heilt der überpflanzte fetale Hoden zwar gut ein, weist aber eine vollkommen atrophische interstitielle Drüse auf, und dementsprechend gering ist auch die Wirkung auf die Vesiculardrüse des Empfängers. Die Entfernung der Hypophyse des Feten in utero führt nie zu einer derartigen Atrophie der interstitiellen Drüse, offenbar weil placentare oder mütterliche Gonadotropine als Ersatz für den Ausfall der fetalen Hypophysenwirkstoffe fungieren. Diese offensichtliche gonadotrope Gleichwertigkeit der fetalen und erwachsenen Hypophyse und die endokrine Wirksamkeit des fetalen Rattenhodens im erwachsenen Organimus schließen die Verschiedenheit der vom fetalen bzw. vom reifen Hoden produzierten Androgene nicht aus.

Es ist nicht uninteressant, daß in manchen Fällen von spontaner Intersexualität eine *Erblichkeit* nachgewiesen werden konnte. So hat LIPSCHÜTZ (1924) in einem Meerschweinchenstamm das erbliche Vorkommen einer Intersexualität beschrieben, mit Umbildung der Clitoris in ein penisartiges Organ, wie sie sonst nur durch Hodentransplantation bzw. durch Injektion von Androgenen hervorgerufen wird (VOSS u. LOEWE, 1931). Auf einigen Inseln der Neuen Hebriden (Stiller Ozean) züchten die Eingeborenen zu rituellen Zwecken planmäßig Intersexe des Schweines (Sus papuensis), die daher dort sehr häufig sind (etwa 10—20 auf 100 normale Männchen): eine Tendenz zur Intersexualität verschiedenen Grades ist erblich und vermutlich durch einen geschlechtsgebundenen Faktor bedingt. Genetisch scheinen diese Intersexe Männchen zu sein, bei denen aber die androgenen Hodenhormone zu spät in der Entwicklung auftreten, um die normale Ausbildung der männlichen Genitalien zu gewährleisten (BAKER, 1928).

Hierher gehören auch die Fälle von sogenannter *„spezifischer Intersexualität"*, die bei gewissen niederen Säugetieren (Insektivoren) beschrieben worden ist, aber offenbar auch bei einigen Rattenrassen und bei der Hyäne vorkommen kann. Sie zeichnet sich dadurch aus, daß bei *sämtlichen* Weibchen der betreffenden Arten oder Rassen eine mehr oder weniger bedeutende Entwicklung männlicher Genital-anlagen stattfindet; infolge dieser Entwicklung weisen die infantilen und erwach-senen Weibchen gewisse Abweichungen des Genitaltraktus und des Genital-höckers in männlicher Richtung auf, auch wenn diese in den meisten Fällen nur in Spuren vorhanden sind. Bei den betroffenen Rattenrassen (MAHONEY, 1942; MARX, 1942) sind es elektiv die Prostata-Anlagen des Sinus uro-genitalis, welche die Maskulinisierung aufweisen, während der Genitalhöcker unverändert bleibt; bei der Hyäne findet man demgegenüber einen peniformen Genitalhöcker. Beson-ders genau wurde die spezifische Intersexualität neuerdings von PEYRE (1962) bei dem Insektivoren Galemys pyrenaicus untersucht. Die Entwicklung der spezifi-schen Intersexualität erfolgt hier in 3 Perioden: In der ersten, während der Embryonalzeit, ist nur der Genitaltraktus und Genitalhöcker daran beteiligt, *vor* jedem Anzeichen einer ovariellen Differenzierung; die zweite Periode, die der Prämaturität entspricht, ist durch die fortschreitende Atresie der corticalen Follikel und deren allmählichen Schwund gekennzeichnet, während die Mark-stränge, unter Vermehrung ihrer Zellen, in Knötchen verschiedener Größe aufge-teilt werden. Einige von diesen enthalten Gonocyten, während die anderen sich in ovoide Massen verwandeln, die ein Syncytium enthalten und bis zu einem gewis-sen Grad den testiculären Strängen ähneln, obgleich die Syncytiumkerne ein Chromatin von weiblichem Charakter aufweisen. Die interstitiellen Zellen sind zahlreich und stammen nicht von den atretischen Follikeln ab, sondern wandeln sich aus Mesenchymzellen um. Die accessorischen Geschlechtsdrüsen (Prostata, Cowpersche Drüsen) sind in beiden Geschlechtern gleich entwickelt. In der dritten Periode kommt es zu einer cystischen Degeneration der meisten Markstränge und zu ihrem Verschwinden. Die verschiedenen Versuche zwecks Aufklärung der Bedeutung der interstitiellen Zellen, der Medullarstränge und der verschiedenen Sexual- und Placentarhormone für die Maskulinisierung der Weibchen ergaben keine eindeutigen Resultate hinsichtlich des Ursprungs der maskulinisierenden Einflüsse oder Stoffe. Für den genetischen Ursprung der spezifischen Intersexuali-tät spricht nach PEYRE ihr Auftreten bei *allen* Weibchen der betreffenden Arten oder Rassen, ihr *elektiver* Charakter und ihr Beginn *vor* jedem Anzeichen einer ovariellen Entwicklung, im Gegensatz zur experimentellen Intersexualität, welche die verschiedenen Anlagen gleichzeitig, aber im Sinne eines in caudo-cranialer Richtung abnehmenden Gradienten (Genitalhöcker — Urogenitalsinus — Ge-schlechtsgänge) maskulinisiert, und im Gegensatz zum Freemartinismus, bei dem der Gradient der Maskulinisierung in der umgekehrten, cranio-caudalen Rich-tung abnimmt [Gonaden — Geschlechtsgänge (Unterdrückung der Müller'schen Gänge) — Genitalsinus und Genitalhöcker, die wenig oder garnicht betroffen werden].

JOST, CHODKIEWICZ u. MAULÉON (1963) haben trächtige Kühe vom 40. oder 42. Tag nach der Befruchtung i. m. mit hohen Dosen von Androgenen (Testoste-ronpropionat bzw. 17-Methyltestosteron bzw. 9a-Fluor-11-β-hydroxy-17-methyl-testosteron) behandelt: sie gaben in den ersten 3 Wochen 1 g/Woche, in den nächsten 3 Wochen 3 g/Woche, dann weiter 1 g/Woche bis zur Schlachtung, die am 105. oder 110. Tage der Trächtigkeit erfolgte. 3 weibliche Feten konnten untersucht werden: 2 stammten aus Versuchen mit dem fluorierten Methyltestosteron und wiesen eine vollkommene Maskulinisierung der äußeren Genitalien auf; die Mutter des 3. Fetus war mit Testosteronpropionat behandelt und die Maskulinisierung der äußeren Genitalien des Fetus war nicht so vollkommen wie bei den beiden ersten Feten. Ovarien und Uterus waren bei allen 3 Feten normal, die Wolff'schen Gänge ließen sich beiderseits vom Ovarium bis zum Sinus urogenitalis verfolgen, auch die Prostataanlagen waren entwickelt. *Es lag also keine Maskulinisierung vom Typ des Freemartinismus vor!* Man kann auch aus diesen sehr überzeugenden Versuchen nur schließen, daß die fetalen Androgene, die zur Entwicklung der Zwicke beim Rind führen, mit den Androgenen des erwachsenen Hodens (Testosteronderivaten) *nicht identisch* sind.

Anhang: Ergänzende Daten zur Frage der Identität der fetalen und adulten Androgene[12]

Die Fähigkeit der fetalen Gonaden zur Produktion von Sexualhormonen ist zum ersten Mal an den Rinderzwicken, den free-martins wahrscheinlich gemacht worden, ja, gerade diese Beobachtung wurde zum Ausgangspunkt nicht nur der speziellen Sexualhormonforschung, sondern der Endokrinologie als Ganzen; eine Würdigung dieser Entwicklung wurde im Kapitel über den Freemartinismus gegeben (S. 327 ff.). Es ist aber beachtlich, daß die seit jenen ersten Beobachtungen grundlegenden Charakters immer wieder bestätigte Existenz der fetalen Sexualhormone zwar keinem Zweifel unterliegt, daß aber über *die Natur dieser embryonalen Wirkstoffe* noch keine Klarheit besteht. Man weiß, daß solche Wirkstoffe schon sehr früh, in den morphologisch noch undifferenzierten Gonadenanlagen gebildet werden können: WENIGER (1961 a) kultivierte die linke Gonadenanlage (aus der später das allein funktionierende Ovarium des Vogels entsteht) des genetisch weiblichen Hühnerembryos vom 4. Bebrütungstag zusammen mit der linken Gonadenanlage eines genetisch männlichen Embryos; es kam nach 4—5tägiger Bebrütung zu einer Feminisierung der männlichen Anlagen, wobei die Anfänge dieser Feminisierung schon nach 2—3 Tagen bemerkbar waren. Die linke weibliche Gonadenanlage ist also schon vor jeder morphologischen Differenzierung der Gonadenanlagen zu einer Produktion feminisierender Hormone befähigt. Daß auch die Gonadenanlage des genetisch männlichen Embryos bereits am 5. Bebrütungstag, also wiederum vor der morphologischen Differenzierung hormonal und zwar androgen wirksam ist, geht aus der Rückbildung und Nekrose der Müllerschen Gänge beim genetisch weiblichen Embryo vom 8. Bebrütungstag hervor, wenn sie gemeinsam kultiviert werden.

Der gleiche Autor (WENIGER, 1965) hat auch die Diffusion von weiblichen Wirkstoffen aus dem fetalen Ovarium des Hühnchens in vitro ins Kulturmedium nachgewiesen und gezeigt, daß die oestrogenen Wirkstoffe sich bei der Extraktion des Mediums in der Fraktion der phenolischen Steroide befinden. Die unter den gleichen Versuchsbedingungen kultivierten fetalen Hühnerhoden besaßen keine oestrogene Wirksamkeit. Das steht übrigens im Gegensatz zu den Ergebnissen einer Kultivierung fetaler *Mäuse*-Hoden, bei der eine Diffusion von feminisierenden Hormonen ins Medium nachgewiesen werden konnte (WENIGER, 1963c), also die Existenz des sogenannten „Zweiten Hodenhormons" auch im fetalen Hoden, dessen Produktion im erwachsenen reifen Hoden festzustehen scheint (vgl. Kapitel

---

12 Auf die Übersichten von A. JOST (in AMMON-DIRSCHERL: Fermente, Hormone, Vitamine, 3. Aufl. Bd. II, S. 382—389, Georg Thieme Verlag 1960) und von E. DICZFALUSY (Acta Obstet. gynec. scand. **41,** Suppl. 1, S. 45 ff., 1962) sei hier hingewiesen.

über das „Zweite Hodenhormon", S. 234). Wenn WENIGER (1963a) die Müller'-schen Gänge von Hühnerembryonen in vitro mit Hoden oder Ovarien von Mäuse-embryonen (vom 15. oder einem späteren Tag der Gravidität) kultivierte, so übten sowohl die Ovarien als auch die Hoden der Mäuseembryonen eine fördernde Wir-kung auf die Entwicklung der Müller'schen Gänge des Hühnerembryos aus. Da der embryonale Hühnerhoden in vitro eine hemmende Wirkung auf die Entwick-lung der Müllerschen Gänge besitzt, muß entweder eine Artspezifität der embryo-nalen Hodenhormone oder eine Umwandlung des embryonalen Hodenhormons der Maus angenommen werden (dieser Schluß ist aber nicht zwingend, wie aus den Untersuchungen von SALZGEBER, 1963, hervorgeht, s. u.). Eine Verschieden-heit der von den fetalen Hoden des Mäuse- und Hühnerembryos produzierten Androgene ergab sich auch aus weiteren Versuchen von WENIGER (1963b) zur Frage der Beeinflussung der Müllerschen bzw. Wolffschen Gänge in vitro durch die Gegenwart der genannten fetalen Geschlechtsdrüsen, doch blieb die Frage ungeklärt, ob nicht die Hodensekretion beim Mäuseembryo in vivo und in vitro verschieden sein könnte. Der gleiche Autor (WENIGER, 1961b) hat noch in einer anderen Versuchsanordnung die Verschiedenheit der fetalen Hodenhormone der beiden Arten zu zeigen versucht: Wenn die beiden Hoden eines Mäuseembryos vom 12. oder 13. Tag der Gravidität mit der vorderen Hälfte der männlichen Gonaden-anlage eines Hähnchens vom 5. Bebrütungstag in vitro vereinigt wurden, so konnte es zu einer Feminisierung der Gonadenanlage des Hühnchens kommen, die am 4. Tag der gemeinsamen Bebrütung von einem Ovarium kaum zu unter-scheiden war. Verf. erwägt aber auch die Möglichkeit einer „Denaturierung" der normalen Sekretionsprodukte aus dem fetalen Mäusehoden unter den Bedingun-gen der Gewebskultur (s. o. den Hinweis auf die Untersuchungen von SALZGEBER, 1963).

Im Gegensatz zu diesen Ergebnissen von WENIGER, die eine Artverschiedenheit der fetalen Hormone nahezulegen scheinen, stehen die Versuchsresultate von SALZGEBER (1960): In den Parabiosen embryonaler Mäuseovarien mit Hühner-hoden vom 7.—9. Bebrütungstag übte der embryonale Hoden eine hormonale Wirkung auf das Ovarium aus, die umso ausgesprochener war, in je jüngerem Alter das embryonale Mäuseovarium (vom 14.—18. Tag der Gravidität) entnom-men wurde. Diese Ergebnisse der speciesverschiedenen Co-Kultivierung fetaler Gonaden sprechen dafür, daß — ebenso wie die von erwachsenen reifen Gonaden produzierten Hormone — auch die Sexualwirkstoffe der fetalen Gonaden artun-spezifisch sind. Es ist interessant, daß bei dieser Hemmung der Entwicklung des Mäuseovariums durch den embryonalen Kükenhoden die Mehrzahl der ovariellen Keimzellen zerstört wird, während das Rete ovarii überlebt, mit den Kanälchen des Hodens in Verbindung tritt und eine Chimäre bildet (SALZGEBER, 1962), in der die Geschlechtszellen der beiden Arten aus dem einen Gewebe ins andere ein-wandern können (SALZGEBER, 1963).

Die Frage der Gleichheit oder Verschiedenheit der im fetalen Hoden bzw. im Hoden des erwachsenen Individuums produzierten Androgene (ebenso wie der Oestrogene in den jeweiligen Ovarien) ist vielfach und unter verschiedenen Ver-suchsbedingungen experimentell angegangen worden, ist aber bis heute noch nicht endgültig zu beantworten. Das diesbezügliche Schrifttum ist zu groß, als daß wir es hier in extenso darlegen könnten; wir müssen uns damit begnügen auf einige wichtige Punkte der Kontroverse hinzuweisen.

Die Ähnlichkeit oder Gleichheit der Wirkungen der embryonalen und adulten androgenen Wirkstoffe ließ sich in Versuchen von JOST u. COLONGE (1949) sehr wahrscheinlich machen, wenn die Forscher einen embryonalen Rattenhoden lokal auf die Vesiculardrüsen eines erwachsenen kastrierten Rattenmännchens überpflanzten und damit eine lokale Wiederherstellung der normalen Morphologie und Funktion des Vesiculardrüsenepithels beim Kastraten herbeiführten, nicht anders als bei Überpflanzung eines erwachsenen Rattenhodens oder bei Injektion der aus reifen Hoden extrahierten steroiden Androgene. Im gleichen Sinne spricht auch die Extraktion von in den spezifischen biologischen Nachweisverfahren wirksamen Androgenen aus fetalen Vogel- bzw. Säugerhoden, wobei auch die Extraktionsmethoden selbst weitgehend den bei reifen Hoden üblichen entsprachen und damit eine chemische Identität oder zum mindesten eine nahe Verwandtschaft der extrahierten Wirkstoffe vermuten ließen. In vielen Fällen lassen sich die larvalen (bei Amphibien) oder embryonalen (bei Vögeln, Säugetieren) Androgene durch Testosteron und andere Androgene natürlichen oder synthetischen Ursprungs ersetzen, so z. B. beim kastrierten Kaninchenfetus, bei dem die Kastrationsfolgen am männlichen Genitaltraktus durch die Applikation der steroiden Androgene, z. B. in der Form implantierter Testosteronkristalle, aufgehoben werden, wie von JOST überzeugend gezeigt wurde (1953). Aber gerade diese eindeutigen Versuche von JOST ließen insofern eine Identität der fetalen Androgene mit den steroiden Androgenen des erwachsenen Hodens zweifelhaft erscheinen, als die Applikation von Testosteron eine Hemmung der Entwicklung der Müllerschen Gänge beim Kaninchenfetus *nicht* zu bewirken vermochte, wie sie unter der Wirkung des fetalen Kaninchenhodens normaler Weise erfolgt. JOST hat in diesem Zusammenhang die Vermutung geäußert, daß der fetale Hoden neben den mit den Androgenen des erwachsenen Hodens identischen Wirkstoffen zusätzlich noch solche produziert, die für die Hemmung der Müllerschen Gänge verantwortlich sind. JOST u. Mitarb. (1963) haben in der Folge weiteres Material zu Gunsten der Auffassung veröffentlicht, daß der fetale Hoden nicht nur ein förderndes Androgen vom Typus des Testosterons, sondern auch eine hemmende Komponente in seinem Sekretionsprodukt enthalten muß. Im Falle der Rinderzwicken (s. S. 327 ff.) ist die testiculäre Sekretion im wesentlichen von hemmendem Charakter: es war nun wichtig festzustellen, ob *bei dieser Tierart*, also dem Rind, die androgenen Steroide die gleiche hemmende Wirkung ausüben könnten. Kühe wurden vom 40.—42. Tag nach der Besamung an mit hohen Dosen Testosteron (I), 17-Methyltestosteron (II) oder 9α-Fluor-11β-hydroxy-17-methyltestosteron (III) bis zur Tötung am 105. oder 110. Tag der Trächtigkeit behandelt. Unter den Feten waren 3 weiblichen Geschlechts, von denen 2 von mit III behandelten Kühen und 1 von einer mit I injizierten Kuh stammten; die beiden ersten zeigten eine komplette äußere Maskulinisierung, der dritte Fetus eine unvollkommene; Ovarien und Uterus waren bei allen 3 Feten normal, die Wolffschen Gänge beiderseits in ganzer Ausdehnung erhalten, eine Prostata war entwickelt. Die verwendeten Androgene bewirkten also bei den Rinderfeten die gleiche Maskulinisierung der Weibchen wie bei den Feten anderer Tierarten (Ratten, Mäuse, Kaninchen usw.), nicht aber einen Freemartinismus: das fetale Hormon, das für diesen verantwortlich ist, muß also vom Hormon des reifen Hodens verschieden sein.

Wenn man bei graviden Ratten die abortive Wirkung von Testosteron dadurch aufhebt, daß man das gravide Weibchen ovariektomiert und die Trächtigkeit mit Progesteroninjektionen aufrechterhält, kann man auf diese Weise die Wirkung sehr hoher Testosterondosen (100 mg/Tag vom 7.—20. Tag der Gravidität) untersuchen: Bei den weiblichen Feten (21. Tag) kommt es zu einer somatischen Maskulinisierung, die Bildung der Vagina unterbleibt, ventrale und dorsale Prostata entwickeln sich und die Wolffschen Gänge bleiben erhalten; dagegen fehlt die Umwandlung des fetalen Ovariums in einen Ovotestis und die Müllerschen Gänge bilden sich nicht zurück, wie man es bei der Rinderzwicke unter dem Einfluß der Hormone des fetalen Rinderhodens beobachtet — diese scheinen also mit dem Testosteron nicht identisch zu sein (MAROIS, 1959).

Es darf aber bei diesen Vergleichen nicht außer Acht gelassen werden, daß auch bei einer *chemischen Identität* der embryonalen und adulten Androgene die Dosierung, die Verabreichungsweise und andere Bedingungen der Applikation sehr verschiedene Entwicklungsverhältnisse schaffen können, die eine *Identität der Wirkungen* ausschließen. Vielleicht ist die Gegenwart geringer Oestrogenmengen notwendig, um die Sensibilität der Müllerschen Gänge auch für die hemmenden Androgene zu gewährleisten, und diese Oestrogene werden zwar vom fetalen Hoden geliefert, fehlen aber bei seinem Ersatz durch das implantierte Testosteron. Es kann aber auch umgekehrt das Überangebot an Androgen durch die rasche Resorption des Testosteronkristalls zu einer Umwandlung der Androgene in Oestrogene Veranlassung geben, und die Müllerschen Gänge auf diese Weise unter dem stimulierenden Einfluß dieser Oestrogene gegenüber der hemmenden Wirkung der Androgene refraktär sein. Jedenfalls scheint das Ausbleiben der Hemmungswirkung auf die Müllerschen Gänge kein entscheidender Beweis für die Verschiedenheit der fetalen und adulten Androgene zu sein.

Auch bei niederen Säugetieren sind die fetalen Hoden zur spezifischen Steroidsynthese befähigt; das zeigten in vitro-Versuche von BLOCH u. BENIRSCHKE (1965), welche die homogenisierten Hoden von Feten des zu den Edentaten gehörigen Gürteltieres Dasypus novemcinctus in einem Medium kultivierten, dem $4\text{-}^{14}C$-Progesteron oder $7\text{-}^{3}H$-Progesteron zugesetzt waren: es kam zur Bildung von 25% $17a$-Hydroxyprogesteron und 6% Testosteron bzw. zur Synthese von Androstendion und Testosteron (zusammen 42 oder 35%) aus dem zugesetzten Substrat in den 2 Versuchsanordnungen. Die Spenderfeten standen kurz vor der Geburt, und so zeigen diese Versuchsergebnisse, daß die Hoden der Dasypus-Feten, jedenfalls im späten Entwicklungszustand $17a$-Hydroxylase, 20-Desmolase und vermutlich auch 17β-Hydroxysteroid-Dehydrogenase enthalten, d. h. die Enzyme, die für die Synthese von C_{19}-Steroiden des Hodens erforderlich sind.

Zur Beantwortung der Frage, inwieweit für die fetale Sexualhormonsynthese bereits eine Steuerung durch Gonadotropine aus der fetalen Hypophyse verantwortlich zu machen ist, hat KARG (1966) Hypophysenvorderlappen von Rinderfeten aus den Uteri von Schlachttieren und einigen Hypophysen von Kälbern, die während des geburtshilflichen Eingriffs verendeten, auf ihren Gehalt an ICSH untersucht:

Tabelle 66. *ICSH-Konzentrationen in mcg/mg HVL-Trockensubstanz (Zahl der Stichproben n; Mittelwerte x und Grenzwerte; Bezugspräparat = NIH-LH-B₃)*

Alter	n	x	$xmin\text{—}xmax$	n	x	$xmin\text{—}xmax$
		Männliche Feten			Weibliche Feten	
Ende 4. Monat	2	5,2	4,6— 5,8	2	8,0	4,7—11,4
5.—8. Monat	8	7,6	4,1—10,4	8	12,2	3,1—19,0
9. Monat	4	15,6	12,8—26,2	2	12,0	4,2—19,8
Geburt	4	5,0	2,3— 9,3	2	3,8	3,5— 4,1

Die Werte für ICSH bei den Feten liegen danach durchaus im Bereich der Erwachsenenwerte und eine Stimulierung der Hormonproduktion der fetalen Hoden durch die Gonadotropine des Fetus ist daher als möglich zu betrachten.

2. Der Kryptorchismus[13]

a) Einleitung

Die Hoden liegen während des fetalen Lebens intraabdominal, medial und kaudal von den Nieren. Sie behalten diese Lagerung bei allen niederen Wirbeltieren bis hinauf zu den Vögeln[14] auch im postfetalen Leben bei, und nur bei einer Vielzahl von Säugetieren kommt es in den späteren Stadien des fetalen Lebens zum *Descensus testiculorum*, zum Abstieg der Hoden bis an die untere innere Bauchwand, an oder in den Inguinalkanal oder durch diesen hindurch in den Hodensack oder das Scrotum. In Abweichung von dieser Regel bleiben die Hoden bei gewissen Säugerarten zeitlebens in der Leibeshöhle, ein Zustand, der als *Testicondie* bezeichnet wird. Andere Arten sind dadurch ausgezeichnet, daß bei ihnen der Leistenkanal offen bleibt und eine Verlagerung der Hoden aus der Bauchhöhle ins Scrotum und zurück jederzeit, vor allem in der Zeit der Brunst möglich ist, so daß man von einem *periodischen* Descensus bei diesen Arten sprechen kann. Eine Übersicht über die bei Säugetieren beobachtete Hodenlagerung gibt die untenstehende Tab. 67 (nach M. WEBER, 1927; zit. bei B. OTTOW, 1955; und nach A. J. P. VAN DEN BROCK, 1933):

Tabelle 67. *Lagerung der Hoden bei Säugetieren*

1. Die Hoden behalten ihre primäre Lage in der Nähe der Nachnieren; das Ligamentum genito-inguinale ist nur in der Anlage vorhanden (Monotremata; Chrysochloridae unter den Insektivoren; Macroscelidae; Centetidae; Hyrax).

2. Mediane Verlagerung der Urniere, wodurch die Mesepididymien teilweise auf dem Mesorectum inserieren, teilweise (unter Mitbeteiligung der Reste des Genitalstranges) zu einer frontalen Peritonealduplikatur, dem Ligamentum latum masculinum, verschmelzen. Bei noch weitergehender Verlagerung wird nur das Ligamentum latum gebildet, das Ligamentum genito-inguinale zwar angelegt, aber ganz oder größtenteils rückgebildet (Elephas, Sirenia, Bradypodidae, Myrmecophagidae).

3. Die Hoden sind kaudalwärts gerückt und liegen im Gebiet des abdominalen Zugangs zum Leistenkanal, der angelegt, aber nicht durchgängig ist (Cetacea, Dasypodidae).

4a. Die Hoden liegen subintegumental, inguinal oder perineal, der Inguinalkanal ist zeitlebens durchgängig oder verschlossen (konstant: Notoryctidae, Phascolomyidae, Manidae, Tapiridae, Rhinocerotidae, Pinnipedia, einzelne Carnivora fissipedia; fortpflanzungszeitlich bedingt: Talpidae, Soricidae, Solenodontidae, Erinacidae, Orycteropodidae, manche Rodentia).

4b. Die Hoden liegen prä- oder postpenial in einem einfachen oder zweikammerigen Scrotum (konstant: übrige Marsupialia, Artiodactyla, Equidae, übrige Carnivora fissipedia, Mehrzahl der Lemuriformes[15], Primates, Homo; fortpflanzungszeitl. bedingt: Chiroptera, manche Rodentia).

---

13 Der Ausdruck „kryptorch" bedeutet soviel wie „mit verborgenen Hoden". Vielfach wird als synonym dazu die Bezeichnung „ektopisch" gebraucht, der den „aus seinem (physiologischen) Aufenthaltsort verlagerten" Hoden bezeichnet. Besonders von klinischer Seite (vgl. REA, 1939) wird die Bezeichnung „physiologischer Kryptorchismus" manchmal für einen Zustand verwendet, in dem ein normal deszendierter Hoden durch einen sehr kurzen oder sehr aktiven Musc. cremaster zeitweise in eine inguinale oder hoch scrotale Position verschoben wird: diese Bezeichnung sollte besser vermieden werden und besser von einem „temporären" Kryptorchismus in solchen Fällen gesprochen werden.

14 Ein Einfluß der Körper-T° erscheint bei den Vögeln (soweit man es aufgrund der wenigen vorliegenden Beobachtungen beurteilen kann) schon deswegen ganz unwahrscheinlich, weil die Rektal-T° z. B. beim Haussperling (Passer domesticus) im Lauf von 24 Std. am Tage, d. h. zur Zeit der Bewegung und Nahrungsaufnahme Werte von 43° C erreicht, in der Nacht aber, die darauf folgt, also zur Zeit der Ruhe und des Fastens auf Werte von 38,5°C heruntergeht (VAUGIEN, 1959). Bei erwachsenen Hähnen der Weißen Leghorn-Rasse konnte ich in einigen Versuchen keine Unterschiede in der Rektal-T°, gemessen im Nüchternzustande um 8 Uhr morgens und 2 Std später nach der Fütterung feststellen.

15 RAMAKRISHNA u. PRASAD (1962) fanden beim Lemuriden Loris tardigradus Lydekkerianus, Cabr., die Hoden im Lauf des Jahres entweder in inguinaler oder abdominaler Lage und nur zeitweilig im Scrotum; dabei konnten sie in voller spermatogenetischer Funktion unabhängig von ihrer jeweiligen inguinalen, abdominalen oder scrotalen Lage sein: der Descensus scheint also bei dieser niederen Primatenart keine conditio sine qua non der Spermatogenese zu sein.

Über die entwicklungsgeschichtlichen Vorgänge und die anatomischen Verhältnisse, die zum Descensus testiculorum führen bzw. ihn ermöglichen, muß in den entsprechenden Handbüchern der vergleichenden Anatomie und Entwicklungsgeschichte (vgl. VAN DEN BROCK, 1933) nachgelesen werden[16]. Seine physiologische Bedeutung ist bis heute noch nicht endgültig geklärt und alle zu seiner Deutung erdachten Theorien sind bis zu einem gewissen Grade unbefriedigend geblieben. Hier sei auf die endokrine Beeinflussung des Descensus hingewiesen, die sich bei Rattenmännchen äußert, die vom Tage der Geburt an täglich mit Testosteronpropionat i. m. injiziert werden, und zwar in einer Beschleunigung des Descensus durch kleine Dosen (2 μg tägl.) und in seiner Verzögerung um 55—60 Tage über den normalen Termin hinaus durch hohe Dosen (10—50 μg tägl.) (BIDDULPH, 1939). Behandelt man infantile Rattenmännchen mit Stilboestrol (3mal wöchentlich 0,25 mg s. c.) im Lauf von 6 Wochen, so findet kein Descensus statt; behandelt man aber junge *erwachsene* Rattenmännchen mit Stilboestrol (3mal wöchentl. 1,0 mg s. c.) im Lauf von 4 Wochen, so steigen die Hoden aus dem Scrotum ins Abdomen hinauf, Scrotum, Hoden und Adnexe atrophieren (MUSSIO-FOURNIER u. Mitarb., 1947); werden die Ratten nun für 20 Tage mit 1,0 mg Testosteronpropionat tägl. injiziert, so kommt es zu Descensus und Regeneration, während die unbehandelten Kontrollratten weder Descensus noch Regeneration zeigen. MARTINS (1939) beobachtete, daß „Paraffinhoden", die anstelle der ausgeräumten Hodensubstanz in die Hodenhüllen eingeführt wurden, durch Testosteronpropionat zum Descensus gebracht werden können (Versuche an Ratten); er schließt daraus, daß die Wirkung des exogenen Hormons extragonadal sein muß, denn eine direkte Wirkung, sei es durch Änderung der Dimensionen des Hodens, sei es durch Herbeiführung einer Hormonsekretion in den Hoden, ist unter diesen Versuchsbedingungen ausgeschlossen. Sehr wesentlich für die physiologische Deutung der Vorgänge beim Descensus waren die Versuche von ENGLE (1932) über die experimentelle Hervorrufung des Hodenabstiegs ins Scrotum beim infantilen Macacus-rhesus-Affen. Unter dem Einfluß der Injektionen von Extrakten aus Schwangerenharn oder wasserlöslichen Hypophysenvorderlappen-Extrakten kam es zu einer starken Größenzunahme der infantilen Hoden und gleichzeitig zum Wachstum des Scrotum und Zunahme seiner Turgescenz, Vorgängen, die zu den wichtigen Voraussetzungen des Descensus gehören. Die starke Zunahme der Masse der Leydigschen Zwischenzellen im 8. und 9. Foetelmonat beim Menschen ist der experimentellen Zunahme dieser Zellen im Affenhoden nach Schwangerenharninjektionen vergleichbar; die scrotale Reaktion im Experiment ist ähnlich wie beim menschlichen Neugeborenen, bei dem die gleichen, aus der Mutter oder der Placenta stammenden Wirkstoffe im Blut kreisen wie sie den infantilen Versuchsaffen injiziert wurden. Der Mensch ist einer der wenigen Organismen[17], bei dem die Hoden vor oder zu der Zeit der Geburt ins Scrotum herabsteigen, und ebenso ist die Frau eines der wenigen mütterlichen Wesen, bei dem jene keimdrüsenstimulierenden Stoffe während der ganzen Schwangerschaft im Blut kreisen. Der Schluß erscheint berechtigt, daß diese Stoffe beim natalen Descensus der Hoden eine Rolle spielen und über die innere Sekretion des Hodens zur Wirkung gelangen. Vgl. dazu die Ausführungen über die Gonadotropintherapie des Kryptorchismus auf S. 372ff. und die Beobachtungen von HAMILTON (1938) am Rhesusaffen, bei dem die Hoden bei der Geburt scrotal liegen, dann aber bald ins Abdomen hinaufsteigen und nicht vor dem 4. oder 5. Lebensjahr wieder in die scrotale Position

---

16 Vgl. dazu Editorial, Brit. med. J. **1960 I**, 1118—1119; hier weitere Literatur.

17 Außer dem Menschen nennt WELLS (1943) noch Affen, Pferd, Rind, Schaf, Schwein und Ziege, bei denen Choriongonadotropine und/oder vielleicht Androgene den Hoden beeinflussen sollen.

zurückkehren, d. h. zur Zeit der sexuellen Reife. Übrigens hat ENGLE (1932) als erster aufgrund experimenteller Beobachtungen am Rhesusaffen mit Verabreichung von Gonadotropinen aus dem Hypophysenvorderlappen und aus Schwangerenharn die Möglichkeit erwogen, daß der pränatale Descensus testiculorum beim Menschen und einigen anderen Arten auf die Wirkung des Choriongonadotropins zurückzuführen sei.

Der mit der Brunst verbundenen periodischen Anschwellung der Hoden wurde von mancher Seite eine entscheidende Rolle bei der Entstehung des Descensus zugeschrieben, doch bleibt es unerklärlich, warum diese Volumvermehrung bei vielen Säugern diese Wirkung nicht hat und warum vor allem bei den Vögeln der Descensus ganz allgemein ausgeblieben ist, bei denen die Volumzunahme der Hoden zur Zeit der Brunst viel hochgradiger sein kann als bei den Säugern. Die Frage der biologischen Bedeutung des Descensus geht vielfach parallel mit der Frage nach der Bedeutung des Scrotum[18] und nach den nachweislich schädigenden Einflüssen der intraabdominalen Verlagerung der Hoden bei Tieren mit normalerweise im Scrotum liegenden Hoden. Während früher der abdominale Druck, sei es der Bauchpresse, sei es der gefüllten Darmschlingen, als schädigendes Agens in Anspruch genommen wurde (so z. B. von GRIFFITH, 1893, 1894) und noch 1931 HABERLAND die mangelnde Beweglichkeit der Bauch- und Leistenhoden als Ursache der Degeneration ansah, hat man seit PIANA's erster Mitteilung aus dem Jahre 1891 zunehmend die im Verhältnis zum Scrotum *höhere Abdominaltemperatur* als Ursache der Degeneration des Samenepithels bei gewissen Säugerarten erkannt. PIANA (1891, zit. nach STILLING, 1894) hatte festgestellt, daß bei der weißen Ratte die experimentelle Verhinderung des Descensus testiculorum eine Atrophie der Keimdrüsen zur Folge habe, als deren Ursache er den ungünstigen Einfluß der erhöhten Abdominaltemperatur auf das funktionierende Organ betrachtete. STILLING (1894), der über diese Versuche PIANA's nach einem ihm vorliegenden Referat über den Piana'schen Vortrag (in der Società medico-veterinaria lombarda vom 15. Februar 1891) berichtet, übernahm die Deutung PIANA's nicht; er hat selber Versuche an Kaninchen durchgeführt und sieht die Ursache der Hodenatrophie in der bei der abdominalen Verlagerung stattfindenden Abknickung des Nebenhodens, d. h. in der Unterbrechung des Kanalsystems der Epididymis. Diese Auffassung wird von KYRLE (1912) abgelehnt, da selbst die Durchschneidung des Vas deferens die Funktionstüchtigkeit des Hodens quoad Spermatogenese auch 1 Jahr nach dem Eingriff nicht beeinträchtige. Er findet, daß die Hodenverlagerung bei jungen, noch nicht geschlechtsreifen Hunden einen vollkommenen Stillstand der spermatogenetischen Entwicklung bewirkt, während die Leydig-Zellen reichlich vorhanden sind. Bei bereits geschlechtsreifen Hunden findet eine, schon nach wenigen Tagen beginnende Atrophie der Hoden statt, die zu ähnlichen

---

18 Die endokrine Abhängigkeit der Entwicklung und Erhaltung des Scrotum von den Androgenen wies HAMILTON (1936) an der Ratte nach. Untersuchungen über den Feinbau des Scrotum von RUOTOLO (1939) legten die histologischen Grundlagen für die Funktion des Scrotum als thermoregulatorischen Organs dar. Die Entwicklung und Aufrechterhaltung eines normalen Zustandes des Scrotalsackes ist nach WELLS (1937) zwar vom Hodenhormon abhängig, aber nicht nur von ihm: auch die Füllung des Sackes mit normalgewichtigen Hoden ist von Bedeutung, denn bei einseitiger Hodenentfernung ist das Gewicht der leeren Scrotalhälfte immer geringer als das Gewicht der normalen Hälfte. Nach Versuchen am Erdhörnchen (Citellus tridecimlineatus) beträgt das Gewicht des Scrotalsackes beim normalen Männchen mit Spermatozoen 0,1212—0,5215 g, beim normalen Männchen ohne Spermatozoen 0,2400 g, d. h. signifikant weniger als in der Norm, und beim kastrierten Männchen nur 33% der Norm. Teilweise beruht das verringerte Gewicht des Scrotums sowohl beim einseitig als auch beim beidseitig kastrierten Männchen auf einer Herabsetzung des Tonus der Cremaster-Fasern, und diese Herabsetzung ist vielleicht auf das Fehlen des mechanischen Streß nach Hoden-Entfernung zurückzuführen.

histologischen Bildern führt, wie man sie im menschlichen kryptorchen Hoden beobachtet. Die Zwischenzellen sind vermehrt, was KYRLE als Ausdruck eines Regenerationsprozesses deutet, da nach ihm die Leydig-Zellen für die Ernährung der Kanälchen notwendig sind (Theorie der trophischen Bedeutung der Leydig-Zellen). Die Atrophie der kryptorchen Hoden ist nach KYRLE auf den Zug und Druck zurückzuführen, dem sie in der Bauchhöhle ausgesetzt sind.

Die Beobachtung von PIANA geriet zunächst in Vergessenheit und erst in den 20er Jahren dieses Jahrhunderts wurde der schädigende Einfluß der erhöhten Abdominaltemperatur auf die Spermatogenese erneut entdeckt, und zwar gleichzeitig und unabhängig von einander durch CREW (1922, 1926) in England, durch FUKUI (1923a, b, c) in Japan und durch MOORE (1923, 1924a, b, c; MOORE u. OSLUND, 1924; MOORE u. QUICK, 1924) in Amerika. Gleichgültig ob die erhöhte Temperatur durch Verlagerung des Hodens aus dem Scrotum in die Bauchhöhle („experimenteller Kryptorchismus") oder durch Bestrahlung des Scrotum mit Wärmestrahlen, durch seine Überwärmung mit Heißluft, Warmwasserbad, Paraffin-Packungen oder auf anderen Wegen erreicht wurde, war der Erfolg stets der gleiche: eine Degeneration des Samenepithels in den Kanälchen, die im Lauf von wenigen Wochen zu ihrer nahezu völligen Verödung führte, wobei nur Sertoli-Zellen und die widerstandsfähigsten Spermatogonien erhalten blieben. Von diesen Spermatogonien geht gegebenenfalls, bei Aussetzen der schädigenden Temperatur-Erhöhung eine Regeneration aus, die — meist nach vielen Monaten — zu einer mehr oder weniger vollkommenen Restitutio ad integrum des Samenepithels führen kann. Solche Versuche wurden nicht nur an den Laboratoriumsnagern (Maus, Ratte, Meerschweinchen, Kaninchen), sondern auch an Hunden, Schafen, Ziegen, Stieren und Pferden durchgeführt. Je nach der Tierart und je nach der angewendeten Temperatur setzen die Veränderungen am Samenepithel rascher oder langsamer ein: so konnte FUKUI (1923a—c) beim Kaninchen mit einem Heißluftbad des Scrotum von $40\,^\circ$C in 200 Std, von $41\,^\circ$ in 100 Std, von $42\,^\circ$ in 72 Std und von $43\,^\circ$ in 32 Std die typische Hodendegeneration erzielen (KNAUS, 1950). Noch wirksamer als die trockene Wärme ist die feuchte, mit der man bei 44—45° schon nach 3 Std, bei 45—46° in 1 Std, bei 46—47° in $^1/_2$ Std und bei 47—48° bereits nach 20 min eine Hodendegeneration beobachtet (Warmwasserbad). JOLLY u. LIEURE (1934) bestätigten in Versuchen an 3—4 Monate alten Meerschweinchenmännchen, daß ein Wasserbad von 46—48°C bei Anwendung im Lauf von 10—60 min variable, aber im allgemeinen bedeutende Schädigungen der Kanälchen im Hoden bedingt, darunter liegende Temperaturen aber nicht. Da jedoch solche hohe Temperaturen physiologischer Weise in der Bauchhöhle nicht vorkommen, glauben die Verff., daß diese Schädigung nicht auf einer *spezifischen* Empfindlichkeit des spermatogenen Gewebes beruht: auch andere Gewebe werden durch solche Temperaturen geschädigt. Dieser Einwand dürfte nicht stichhaltig sein, da gerade im Hoden nur das spermatogene Gewebe unter dem Einfluß der Wärme degeneriert, während die Leydig-Zellen und Sertoli-Zellen im allgemeinen bei kurzdauernder Hitzeapplikation erhalten bleiben und erst bei chronischer Erwärmung ebenfalls betroffen werden können. 25 Jahre später hat GUIEYSSE-POLLISSIER (1937) die Versuche von KYRLE an Hunden wieder aufgenommen und berichtete über die Wirkung einer akuten Erwärmung der Hoden durch einen Wasserdampfstrahl: 5—10 Tage nach dem Eingriff (Inkubationsperiode) beginnen die Degenerationsvorgänge an den verschiedenen Stadien der Spermatogenese; bis zum 20. Tag verschwinden die gesamten samenbildenden Elemente und es bleiben nur die Sertoli-Zellen in den Kanälchen übrig (Degenerationsperiode); 25—60—100 Tage nach dem Eingriff (Ruheperiode) setzt eine lebhafte Neubildung der Samenelemente ein (Regenerationsperiode).

Bemerkenswert ist es, daß nach den Versuchen von MOORE u. Mitarb. und von CREW an Schafböcken, Ziegenböcken und Ebern eine Degeneration des Samenepithels schon dadurch erreicht werden kann, daß man das Scrotum an der Wärmeabgabe nach außen verhindert, indem man es in einen wärmeundurchlässigen Beutel einhüllt.

Wie NALBANDOV (1964) erwähnt, ist es in Schafzüchterkreisen schon lange bekannt, daß man bei Widdern eine temporäre Sterilität durch festes enges Anbinden der Hoden an die äußere Bauchwand erzielen kann, wodurch die natürliche Abkühlung der Hoden bei steigenden Außentemperaturen verhindert wird; auch ist die sogenannte „Sommer-Sterilität" der Widder während der heißen Jahreszeit eine Erfahrungstatsache, wobei erhöhte Mengen defekter Spermatozoen im Samen erscheinen und die Fertilität geschädigt oder sogar ganz aufgehoben wird.

Daß beim Menschen ganz ähnliche Verhältnisse vorliegen wie bei den erwähnten Tierarten mit normalerweise im Scrotum liegenden Hoden, zeigten die Versuche von MACLEOD u. HOTCHKISS (1941) an 6 gesunden jungen Freiwilligen, die für 45 min in eine Heißluftkammer gebracht wurden, in der die Außentemperatur etwa 43°C betrug, während die Körpertemperatur der Vpn zwischen 40,5 und 41,0°C lag (die Rückkehr der Temperatur zur Norm erfolgte erst mehrere Stunden nach dem Verlassen der Heißluftkammer). Die vor und nach der Heißluftbehandlung durchgeführten Spermatozoenzählungen im Ejakulat ergaben, daß eine starke Abnahme ihrer Zahl erfolgte, die etwa 40—50 Tage nach der Behandlung ihren Tiefpunkt erreichte und nach weiteren 25 Tagen zur Norm zurückkehrte.

Auch beim Mann kann unter Umständen die schützende Funktion des Scrotums aufgehoben werden, z. B. durch anhaltendes hohes Fieber (NALBANDOV, 1964). Nach KNAUS (1950) genügt beim Menschen mitunter schon das Tragen eines Suspensoriums über längere Zeit, um das Entstehen einer passageren Infertilität herbeizuführen.

Um festzustellen, ob alle Stadien der Spermatogenese in gleicher Weise vom schädigenden Einfluß der hohen Temperaturen betroffen werden bzw. auf welche Stadien der schützende Einfluß des Scrotum sich erstreckt, haben HELLER (1929) und YOUNG (1929) Versuche an Meerschweinchen angestellt. YOUNG prüfte die Befruchtungsfähigkeit von Spermatozoen, die im Nebenhoden Temperaturen von 38—46° für 30 min ausgesetzt worden waren, und kam zum Ergebnis, daß Temperaturen bis nahezu 45° die Befruchtungsfähigkeit der Nebenhoden-Spermien (bei künstlicher Befruchtung) nicht merklich herabsetzen; ab 45° nimmt die Zahl der erfolgreichen Befruchtungen steil ab und bei 47° ist auch die Motilität der Spermien verloren (Tab. 68).

Tabelle 68. *Einfluß hoher Temperaturen auf die Befruchtungsfähigkeit der Nebenhoden-Spermien beim Meerschweinchen (nach Young, 1931)*

Temperatur 30 min.	Zahl der Weibchen	Graviditäten		Zahl der Mißerfolge	Zahl der Aborte und Totgeburten	Prozent der Aborte und Totgeburten
		Zahl	Prozent			
38°	26	16	61,5	10	5	31,2
40°	28	18	64,3	10	2	11,1
42°	31	16	51,6	15	5	31,2
44°	25	13	52,0	12	2	15,4
45°	25	7	28,0	18	2	28,6
46°	25	2	8,0	23	0	0,0

Es scheint somit, daß, wenn die Befruchtungsfähigkeit der männlichen Geschlechtszellen durch hohe Temperaturen geschädigt wird, dieser Effekt sich auf die unreifen Stadien der Spermatogenese beziehen muß und nicht auf die im Nebenhoden befindlichen reifen Spermatozoen. Daß aber auch die Spermatozoen im Schwanz des Nebenhodens wärmeempfindlich sind, konnte GLOVER (1959) in Versuchen am Kaninchen zeigen, bei denen er den Hoden und den isolierten Nebenhoden in die Bauchhöhle verlagerte; mit der Dauer des Verweilens in der Bauchhöhle nahmen die Veränderungen an den Spermien zu; die kopflosen Spermien, die man schon bald nach der abdominalen Verlagerung im Ejaculat auftreten sieht, sind aller Wahrscheinlichkeit nach solche Nebenhodenspermien.

Die Versuche, die HELLER (1929) am gleichen Versuchstier, dem Meerschweinchen, anstellte, indem er den Nebenhoden nach Entfernung des Hodens ins Abdomen verlagerte und dann die Überlebenszeit der Nebenhoden-Spermien prüfte, führten zu entsprechenden Ergebnissen: während die Spermien im im Scrotum belassenen isolierten Nebenhoden noch nach 23 Tagen ihre Motilität in der physiol. NaCl-Lösung bewahrten, lag die äußerste Grenze bei den Spermien im abdominalen Nebenhoden bei 13—14 Tagen. Noch größer war der Unterschied unter den gleichen Versuchsbedingungen bei der Ratte: hier lag die Überlebenszeit bei 18 Tagen im Scrotum und bei nur 5 Tagen im Abdomen. HELLER schließt daraus, daß die thermoregulatorische Funktion des Scrotum sowohl für die Anfangs- wie für die Endstadien der Spermatogenese von schützender Bedeutung ist.

Vergleichende Temperatur-Messungen in der Bauchhöhle und im Scrotum haben gezeigt, daß normalerweise bedeutende Unterschiede bestehen, so daß die Scrotal-Temperatur bis zu 13°C beim Widder, um 4—8° bei der Ratte, um 2—3,5° beim Meerschweinchen, um 1,5—2,5° beim Kaninchen tiefer liegen kann als im Abdomen; beim Menschen wurden Unterschiede von 2,7—7,8° beim Kind und von 1,2—5,2° beim Erwachsenen gemessen (Beobachtungen verschiedener Autoren, zusammengestellt von KNAUS). Diese thermoregulatorische Funktion des Scrotum beruht nach KNAUS auf verschiedenen Eigenschaften des Hodensackes: Das Unterhautzellgewebe der Scrotelhaut ist vollkommen fettfrei und der dadurch bedingte Mangel einer Wärmeisolierung ermöglicht einerseits das Herantreten der kühleren Außentemperatur fast unmittelbar an den Hoden, andererseits die ungehinderte Abgabe der Hodenwärme nach außen. Ferner ist das Scrotum dank seinem Plexus lymphaticus subepithelialis ein eigenartig poröses Hautorgan und nach den Untersuchungen von ESSER (1932) in besonderem Maße zur Perspiration und Schweiß-Sekretion[19] befähigt, also zu Vorgängen, die bei der Thermoregulierung eine hervorragende Rolle spielen. Schließlich sorgt die Tunica dartos des Hodensackes mit ihrer hohen Temperatur-Empfindlichkeit offenbar auch bei geringen Schwankungen der Außentemperatur für eine möglichst konstante Untertemperatur in den Hoden, indem sie bald durch Erschlaffung eine bedeutende Oberflächenvergrößerung, bald durch straffe Kontraktion eine auffallende Schrumpfung des Scrotum und damit eine entsprechend größere bzw. geringere Wärmeabgabe bewirkt. Den Einfluß der Temperatur der Bebrütung auf die in vitro-Synthese androgener Steroide im Hoden studierten GOSPODAROWICZ u. LEGAULT-DÉMARE (1962) am Rattenhoden, dessen Innentemperatur normalerweise bei 33°C liegt, indem sie das Hodengewebe entweder bei 27° oder bei 38°C bebrüteten: der Cholesteringehalt wurde bei 38° gegenüber dem Gehalt bei 27° verdoppelt und auch der Progesterongehalt war bei der hohen Temperatur vermehrt; dagegen war der Androstendiongehalt bei 38° gegenüber dem Gehalt bei

---

19 Nach WAITES u. VOGLMAYR (1962) findet sich beim Schafbock die stärkste Entwicklung von Schweißdrüsen im Scrotum; besonders in den Sommermonaten wurde ihre Vermehrung festgestellt.

27° vermindert. Diese Befunde machen die Beeinflussung der Hodenfunktion durch die Umgebungstemperatur verständlich. Auch SLAUNWHITE u. SAMUELS (1956) stellten nach Vorbehandlung der Ratten in vivo mit Choriongonadotropin die Bildung von Testosteron und Androstendion aus Progesteron in vitro mit Hodenschnitten oder Hodenhomogenat bei der relativ niederen Temperatur von 34°C fest. Die Untersuchungen von WAITES (1961) über die Auslösung einer Polypnoe beim Widder durch eine lokalisierte Erwärmung des Scrotum zeigen, daß „die Thermoreceptoren der Scrotalhaut beim Widder fähig sind die allgemeine Körpertemperatur zu beeinflussen, und daß daher dem Scrotum eine umfassendere thermoregulatorische Rolle zukommt und nicht nur die rein lokale, wie sie bisher angenommen wurde". Auf die ähnliche Wirkung einer lokalen Erwärmung des Euters bei der Ziege (LINZELL u. BLIGH, 1961) sei, im Hinblick auf die im wesentlichen identische sensible Innervation von Euter und Scrotum, hingewiesen.

Diese anatomischen und funktionellen Besonderheiten des Hodensackes würden aber, wie KNAUS schreibt, vielleicht nicht ausreichen, die im Scrotum liegenden Hoden dauernd unterkühlt zu halten, wenn eine auf kürzestem Weg in den Hoden eintretende *Arteria spermatica* fortwährend herzwarmes Blut in sie hineinpumpte. Diese Möglichkeit einer Überwärmung der Hoden wird dadurch vermieden, daß bei allen Scrotalhodenträgern, wie KRAINER (1934) und WOLFRAM (1943) nachgewiesen haben, die A. spermatica eine auffallend lange und vielfach gewundene Ranke bildet und damit die Temperatur des Blutes herabsetzt bevor es in den Hoden einströmt; die tatsächliche Länge der Arterie beträgt das 3—10fache der Entfernung ihrer Endpunkte. Daß beim Menschen diese Verlängerung der A. spermatica nicht gefunden wird, dürfte nach KNAUS darauf zurückzuführen sein, daß sein spärlich behaartes Scrotum die Unterkühlung der Hoden wirkungsvoller gewährleisten kann, als der vielfach dicht behaarte Hodensack der verschiedenen Säuger. HARRISON (1958), der diese Befunde von KNAUS und seinen Schülern voll bestätigen konnte, hat darauf aufmerksam gemacht, daß die Hodengefäße bei Stieren, die aus den gemäßigten Zonen in die Tropen importiert werden, auf die Erhöhung der Umgebungstemperatur mit einer Zunahme ihrer Länge und damit einer Vergrößerung ihrer Oberfläche reagieren; auch ist nach den gleichen Autoren (KIRBY u. HARRISON, 1954) die Gesamtlänge der A. spermatica bei Negern größer als bei Europäern.

Angesichts der Tatsache, daß eine große Reihe von Säugetieren zeitlebens eine abdominale Lagerung der Hoden aufweist (Monotremata, Xenarthra, Proboscidea, Cetacea) interessierte sich WISLOCKI (1933) für die Frage, ob vielleicht die abdominale Lage der Hoden bei diesen Formen mit einer besonders niedrigen Körpertemperatur vergesellschaftet sei. Soweit die für viele Säuger nur sehr dürftigen Daten über die Körper-Temperatur Schlüsse zulassen, scheinen die Monotremen (Echidna, Ornithorhynchus) und die Xenarthra (Bradypodida, Ameisenfresser, Gürteltiere) tatsächlich die niedrigsten Temperaturen unter den Säugetieren zu besitzen, die sich etwa zwischen 29 und 33°C bewegen: das würde mit der Notwendigkeit einer niedrigen Umgebungstemperatur für die Spermatogenese gut übereinstimmen. Dagegen haben andere Gruppen der Testicondia, z. B. der Elefant, eine Körpertemperatur von 36,0—36,5°, die sich also kaum von derjenigen bei Arten mit Scrotum unterscheidet. Immerhin muß betont weden, daß die Arten mit scrotalen Hoden fast durchweg sehr hohe Temperaturen aufweisen. Neuere Daten (s. auch EISENTRAUT, 1960) über die Beziehungen zwischen Körpertemperatur und Hodenlokalisation bei verschiedenen Säugerarten sprechen im allgemeinen eher für als gegen die Abhängigkeit der Spermatogenese von einer niederen Umgebungstemperatur: So fand JOHANSEN (1961) beim Armadillo (Gürteltier, Dasypus novemcinctus mexicanus) mit abdominalen Hoden eine mittlere Temperatur von minimal

34—35°, maximal 35—36°; dagegen sah MORRISON (1959) bei den Fledermäusen Miniopterus blepotis und Pteropus poliocephalus mit scrotalen Hoden Körpertemperaturen von 36,7—40,6° bzw. von 36,5°; bei verschiedenen australischen und amerikanischen Beuteltieren mit scrotalen Hoden lag die Körpertemperatur zwischen 35 und 37° (ROBINSON u. MORRISON, 1957; BARTHOLOMEW u. HUDSON, 1962; MORRISON u. PETAJAN, 1962; MORRISON, 1962); Myrmecophagiden (Ameisenfresser) mit abdominalen Hoden hatten Temperaturen zwischen 27,8 und 35,7° (ENDERS u. DAVIS, 1936); Cetaceen mit abdominalen Hoden wiesen Temperaturen von 36° (Wale) und 35,8° (kleinere Arten der Meeressäugetiere) auf (MORRISON, 1962). Zweifelsohne lassen sich manche Beispiele mit der obigen Hypothese nicht in Einklang bringen oder verlangen jedenfalls zusätzliche Erklärungen, so z. B. beim Elefanten die relativ hohe Körpertemperatur von 36—36,5° bei abdominalen Hoden oder die relativ niedere Körpertemperatur (morgens) von 34,5° beim Weißen Rhinoceros (Ceratotherium simum) und von 35,4° beim Flußpferd (Hippopotamus amphibius) (ALLBROCK, HARTHOORN, LUCK u. WRIGHT, 1958; LUCK u. WRIGHT, 1959) beide mit scrotalen Hoden. Jedenfalls dürfte es eine etwas willkürliche Vereinfachung des Scrotal-Problems bedeuten, wenn das Brit. Med. Journal (1960 I, 1118—1119) in einem Editorial über den „Nicht descendierten Testikel" schreibt: „. . .der Temperaturbereich für die maximale Hodenaktivität ist sicher eher eine Anpassung an die scrotale Lage als ihre Ursache", und als Gegenargument die geschützte abdominale Lage der Hoden bei Elefant und Wal anführt, „die nicht weniger fruchtbar seien als der Mensch mit seinen so leicht verletzlichen scrotalen Hoden". R. WAGNER (1957) äußert sich in einem Aufsatz (S. 101/102) über „Biologische Regelung und Gewebsbildung" aufgrund zunächst entwickelter Vorstellungen über die Auslösung von Zellteilungsvorgängen durch Sauerstoffmangel folgendermaßen über die Bedeutung der niederen Scrotaltemperatur für die Spermatogenese: „Daß der Hoden eine niedrigere Temperatur hat, ist mit Sicherheit nachgewiesen; daß eine Abkühlung des Blutes die O_2-Abgabe erschwert, ist gleichfalls sicher nachgewiesen. So liegt es nahe, im Rahmen der hier gebrachten Vorstellungen die Erscheinungen so zu deuten, daß in diesem Organ (scil. im Hoden) eine Sauerstoffnot erzeugt wird, welche zu Zellteilungen reizt und die Spermatogenese begünstigt". So interessant diese Wagner'sche Deutung der thermo-regulatorischen Funktion des Scrotum ist, so läßt sie doch die entscheidende Rolle der Gonadotropine bei der Regelung der Spermatogenese ganz außer Acht; man könnte sich vielleicht vorstellen, daß die Sauerstoffnot das spermatogene Gewebe nicht direkt zu Zellteilungen reizt, sondern nur das Samenepithel für die stimulierenden Einflüsse der Gonadotropine empfänglicher macht, indem sie die Reizschwelle herabsetzt.

Ein als *pathologische Abweichung* von der Norm, die wohl auf einer Hemmungsbildung beruht, und als *Kryptorchismus* bezeichnetes Verbleiben der Hoden in der Bauchhöhle kommt bei sehr vielen Arten vor, die normalerweise ihre Hoden im Scrotum tragen, z. B. bei Hunden, Pferden, Schweinen und beim Menschen. So fand REA (1939) unter 200 Hunden 5 Fälle von unilateralem und 2 von bilateralem Kryptorchismus, unter etwa 2000 Schweinen 4 Fälle.

Beim Menschen spielt der Kryptorchismus unter den pathologischen Abweichungen des männlichen Sexualapparats eine bedeutende Rolle, doch gehen die Angaben über seine Häufigkeit weit auseinander. Unter den zum normalen Termin geborenen Knaben fanden COLBY 1%, CHARNY u. WOLGIN (1956) 10% und DEMING (1952) 14% Kryptorche. Im Lauf des ersten Lebensjahres nimmt ihre Zahl infolge des physiologischen Descensus ab und beträgt bei einjährigen Knaben etwa 0,7% (SCORER). Sicher kommt es zu einer weiteren Abnahme der Zahl der Kryptorchen in den Perioden der Präpubertät und Pubertät, aber ihr Ausmaß ist ungewiß, denn für die Erwachsenen (militärische Rekruten) werden Zahlen zwischen 0,2 und 0,7% genannt (CHARNY u. WOLGIN, 1956; WINTERSTEIN, 1953). WARD u. HUNTER (1960) haben in zwei aufeinanderfolgenden Jahren (1957, 1958) an insgesamt 19024 Schulknaben die Lage ihrer Hoden überprüft und die Ergebnisse in der untenstehenden Tab. 69 niedergelegt:

Tabelle 69. *Ergebnisse einer Routine-Untersuchung von 19024 Knaben im Alter von 5, 8, 11 und 14—17 Jahren (nach WARD u. HUNTER, 1960)*

Fehlen der Scrotal-Hoden	5 Jahre Zahl	%	8 Jahre Zahl	%	11 Jahre Zahl	%	14—17 J. Zahl	%
1957:	(2174)		(2166)		(2304)		(1716)	
Rechts	21	0,97	70	3,23	58	2,52	4	0,23
Links	7	0,32	25	1,15	23	1,00	2	0,12
Beiderseits	22	1,01	40	1,85	44	1,91	1	0,06
Insgesamt	50	2,30	135	6,23	125	5,43	7	0,41
1958:	(2965)		(2038)		(2666)		(2995)	
Rechts	13	0,44	24	1,17	51	1,91	4	0,13
Links	7	0,24	12	0,59	18	0,68	3	0,10
Beiderseits	14	0,47	13	0,63	39	1,46		
Insgesamt	34	1,15	49	2,39	108	4,05	7	0,23

Die Zahlen in Klammern bedeuten die Gesamtzahl der in der betreffenden Altersgruppe untersuchten Knaben.

Die Ergebnisse der Tab. 69 zeigen, daß der Hodenhochstand rechts häufiger ist als links und der beiderseitige seltener als der einseitige. Auffallend ist der Abfall der Häufigkeit von der 11 Jahre-Gruppe zur 14—17 Jahre-Gruppe: er besagt, daß zur Zeit der Pubertät die meisten Hoden spontan descendieren. Auch nach JOHNSON (1939), der 31609 Jungen mehrfach von der präpuberalen bis zur postpuberalen Zeit untersuchte, descendieren etwa zwei Drittel der retinierten Hoden spontan zur Zeit der Pubertät, wobei die maximale Descensus-Rate ins 12. Lebensjahr fällt.

Auffallend hoch ist die Zahl der Kryptorchen unter den Frühgeborenen (32% nach HOFSTÄTTER, zit. nach WINTERSTEIN, 1953), was sich dadurch erklärt, daß im intrauterinen Leben die Einwanderung der Hoden ins Scrotum beim Menschen sehr allmählich erfolgt: gegen Ende des 3. Monats der Gravidität wird der Hoden in die Inguinalgegend verlagert; das Orificium inguinale internum erreicht er zum Ende des 4. Monats; er durchwandert den Inguinalkanal während des 5. und 6. Monats und gelangt ins Scrotum normalerweise erst im 8. oder 9. Monat der Gravidität.

So interessant die obigen Befunde sind, so geben sie doch keine Erklärung für die Entstehung des Descensus und für die Tatsache, daß bei einem Säugetier eine niedrigere Scrotal-Temperatur, bei einer anderen, relativ vielleicht nicht so fernstehenden Art aber eine höhere Abdominal-Temperatur offenbar das Optimum für die Spermatogenese darstellen, oder dafür, daß bei unter so verschiedenen äußeren Bedingungen lebenden Arten, wie den Cetaceen und Dasypodiden, bei beiden die Hoden zeitlebens abdominal liegen.

Uns interessieren die Beobachtungen an kryptorchen Individuen hier vor allem insofern als sie Licht auf die innersekretorische Funktion des Hodens und auf die Abhängigkeit der Spermatogenese von dieser Funktion zu werfen geeignet sind. Dementsprechend betrachten wir zunächst die Methodik des experimentellen Kryptorchismus beim Tier und die Ergebnisse dieser Forschungsmethode und anschließend den Kryptorchismus beim Menschen, bei dem die Auswirkungen auf die Spermatogenese und die Versuche zu ihrer therapeutischen Beseitigung am ausgiebigsten studiert worden sind.

b) Der experimentelle Kryptorchismus

Methodik

Der erste, der den experimentellen Kryptorchismus als Methode zur Erforschung der inneren Sekretion des Hodens in die Forschung einführte, war der dänische Pathologe Kn. Sand, der in zahlreichen Arbeiten über seine Versuche an Kaninchen, Meerschweinchen und Ratten berichtet hat. Seine Technik bestand in kleiner Laparatomie, Hinaufschieben des Hodens durch den bei den genannten Nagern zeitlebens offenen Inguinalkanal ins Abdomen, stumpfe Abtrennung des Hodens von seiner Anheftung an den Hodenhüllen, Schließen des inneren Ringes des Leistenkanals, Naht der Bauchwunde: man vermeidet bei diesem abdominalen Vorgehen die Gefahr einer Infektion, die bei der Operation per scrotum besteht. Auf die Beachtung eventuell, in seltenen Fällen, sich infolge von Blutungen bildender Verwachsungen weist Sand ausdrücklich hin. Folgende Variationen der Versuchsanordnung wurden ausgeführt: Verschluß des Leistenkanals auf beiden Seiten oder nur auf der einen Seite, kombiniert mit kontralateraler Vasektomie oder mit kontralateraler Kastration. Nach Sand ist der Begriff des experimentellen Kryptorchismus auf Versuchsbedingungen zu beschränken, die die natürlich vorkommenden kryptorchen Zustände so genau wie möglich nachahmen[20]; daher darf man bei der experimentellen Verlagerung der Hoden in die Bauchhöhle die Testes unter keinen Umständen intraabdominal fixieren und in keiner Weise Gefäße oder Nerven schädigen oder durchtrennen, noch auch die Hoden in irgendeiner anderen Weise beschädigen. Das Ergebnis der experimentellen Verlagerung der Hoden in die Bauchhöhle kann nach Brouha u. Desclin (1934) je nach der angewandten Technik bei erwachsenen Ratten und Meerschweinchen verschieden sein: eine Fixation der Hoden an der vorderen Bauchhöhlenwand bedingt nur geringfügige Veränderungen und die Spermatogenese bleibt in großen Teilen der Hoden vollkommen erhalten; dagegen führt die Befestigung an der hinteren Abdominalwand oder eine Verlagerung in die Bauchhöhle mit gleichzeitiger Vernähung des Inguinalkanals und Resektion des Scrotum zum vollständigen Schwund der Spermatogenese.

Nicht alle späteren Untersucher haben sich die strengen Forderungen Sand's zu eigen gemacht. So hat Lipschütz (1926) beim Meerschweinchen nach Eröffnung der Bauchhöhle den Hoden vorgezogen, die Cauda epididymidis stumpf von den Hodenhüllen getrennt und dann den Hoden hoch an das Peritoneum der vorderen Bauchwand fixiert, wobei die Anheftung an der Cauda, nicht an der Hodensubstanz erfolgte; dabei kommt es allerdings zu einem Verschluß der ausführenden Wege, was aber für die speziellen Zwecke der Lipschütz'schen Versuche keinen Nachteil bedeutete. Die stumpfe Trennung von Cauda und Hodenhüllen muß

---

20 Es ist natürlich zu beachten, daß Beobachtungen an den Hoden normaler junger Versuchstiere, die auf chirurgischem Weg kryptorch gemacht wurden, nicht ohne weiteres auf die ektopischen Hoden von Knaben oder Männern übertragen werden können; während die ersten in ihrer Lebensgeschichte eine mehr oder weniger lange Periode normaler Spermatogenese aufzuweisen haben, sind die Hoden bei den letztgenannten niemals spermatogenetisch aktiv gewesen, doch scheinen die Ergebnisse des experimentellen Kryptorchismus auch dann nicht anders zu sein, wenn man ihn bei sehr jungen Ratten, also vor der Pubertät durchführt (Nelson).

sehr sorgfältig erfolgen, um nicht die äußerst dünne Arteria differentialis zu zerreißen. Man kann nach LIPSCHÜTZ die Hodenhüllen auch durchschneiden und die Fixierung an der Bauchwand vermittels des Stumpfes der Hodenhüllen vornehmen, man vermeidet dann den Verschluß der ausführenden Wege.

Noch anders ist NELSON (1951) in seinen Versuchen an Ratten vorgegangen: Eröffnung des Abdomens in der Mittellinie, Vorziehen der Hoden aus dem Scrotum ins Abdomen, Verankerung des Hodens an der dorso-lateralen Leibeswand mit einer Seidenschlinge, die durch den Fettkörper des Nebenhodens geht, unter Vermeidung einer Verletzung des Nebenhodens selbst und einer Beeinträchtigung der Gefäße. Die Fixation muß möglichst hoch erfolgen, da der Fettkörper sich dehnen und in extremen Fällen eine Rückwanderung des Hodens ins Scrotum zulassen kann; im allgemeinen aber bleiben die Hoden an der Fixationsstelle oder rücken nur wenig tiefer. NELSON hat in seinen Versuchen die so fixierten Hoden nach Ablauf variabler Fristen von der Verankerung gelöst und ins Scrotum zurückverlagert (s. u. S. 362/363), wo sie mittels Fettkörper oder Nebenhoden befestigt wurden.

Der Einfluß des experimentellen Kryptorchismus auf die Samenkanälchen (einschließlich der Sertoli-Zellen) und die Leydig-Zellen

Der experimentelle Kryptorchismus stellt wohl die sicherste Methode dar, um die Spermatogenese isoliert auszuschalten; demzufolge kommt es zu einer schon nach wenigen Tagen einsetzenden und mit der Dauer der Verlagerung fortschreitend zunehmenden Verkleinerung des Hodens, die bei reifen Versuchstieren besonders imponierend ist, während sie bei infantilen Tieren erst zum Zeitpunkt der beginnenden Geschlechtsreife offenbar wird (SAND, 1933). Tab. 70 und 71 geben ein Bild von der Verkleinerung beim Meerschweinchen.

Tabelle 70. *Einfluß des beidseitigen experimentellen Kryptorchismus auf das Hodengewicht beim Meerschweinchen (nach LIPSCHÜTZ, 1926)*

Körpergewicht in g	Dauer des kryptorchen Zustands in Monaten	Gewicht des kryptorchen Hodens in g	Normale Hodengewichte bei Tieren von entspr. Körpergewicht in g
495	5	0,11 u. 0,12	1,5
545	5	0,14 u. 0,16	1,5
535	6	0,13 u. 0,15	1,5
580	6	0,15 u. 0,16	1,5
585	6	0,13 u. 0,14	1,5

Tabelle 71. *Einfluß des einseitigen Kryptorchismus auf das Hodengewicht beim Meerschweinchen (nach LIPSCHÜTZ, 1926)*

Körpergewicht in g	Dauer des kryptorchen Zustands in Monaten	Gewicht des kryptorchen Hodens in g	Gewicht des normalen Hodens in g
400	$1^1/_2$	0,13	1,60
375	2	0,14	0,87
400	2	0,13	1,02
405	2	0,12	1,32
430	2	0,13	1,64
480	2	0,09	1,13
490	2	0,13	1,27

Wie die Zahlen der Tab. 70 und 71 zeigen, geht das Gewicht des kryptorchen Hodens beim Meerschweinchen auf etwa $^1/_{10}$ oder noch weniger der Norm zurück; dieses Minimalgewicht kann schon in 6—8 Wochen erreicht werden.

Tabelle 72. *Einfluß der Dauer des experimentellen Kryptorchismus auf das Hodengewicht der Ratte (nach* NELSON, *1951)*

Zahl der Tiere	Dauer des kryptorchen Zustands in Tagen	Gewicht des kryptorchen Hodens in g	Dauer der Erholungszeit im Scrotum in Tagen	Gewicht des ins Scrotum rückverlagerten Hodens in g
6	28	0,623	40	0,933
9	28	0,603	100—105	1,516
8	40— 50	0,537	50	0,875
10	40— 50	0,508	150—180	1,220
8	75	0,540	100	0,983
12	75	0,503	200—240	1,095
11	100—120	0,475	100—110	0,880
9	100—120	0,497	200—220	0,928
6	145—150	0,485	130—150	0,780
9	145—150	0,450	220—275	0,825
9	175—185	0,456	130—150	0,734
7	175—185	0,403	200—250	0,702
6	260—280	0,392	150—175	0,502
4	260—280	0,417	250—300	0,510

Der Einfluß der experimentellen Verlagerung des Hodens in die Bauchhöhle auf die Samenkanälchen geht aus der fortschreitenden Verringerung ihres Durchmessers hervor (Tab. 73):

Tabelle 73. *Abnahme des Kanälchendurchmessers im Verlauf des experimentellen Kryptorchismus beim Meerschweinchen (nach* MOORE, *1924b)*

Zeitraum nach der Operation	Durchmesser der Kanälchen (Mittel aus 25 Messungen) in μ
7 Tage	171
20 Tage	157
63 Tage	127
100 Tage	112
4 Monate	108
6 Monate	67
$8^{1}/_{2}$ Monate	55
12 Monate	43

Wie man aus Tab. 72 und 73 ersieht, spielt die *Dauer* des kryptorchen Zustandes eine entscheidende Rolle[21]. Das wird noch deutlicher, wenn man die Gegenwart der verschiedenen Stadien der Spermatogenese im kryptorchen Hoden zeitlich verfolgt (Tab. 74, S. 362).

Aus den Daten der Tab. 74 ergibt sich, daß die Zellen der spermatogenen Reihe im experimentell in die Bauchhöhle verlagerten Hoden einer fortschreitenden zahlenmäßigen Abnahme unterworfen sind, wobei die reiferen und reifsten Stadien am frühesten betroffen werden, aber die Zahl der Spermatogonien verringert sich ebenfalls immer mehr und auch sie können ganz fehlen, denn sie scheinen weniger fähig zur mitotischen Vermehrung zu sein als im normalen Hoden; eine Zeitlang bilden sie wohl noch Spermatocyten I. Ordnung, aber das Fehlen eines normalen Ersatzes durch mitotische Teilung führt endlich zu ihrem Verschwinden (NELSON, 1951).

---

21 Auch CHARNY (1960) betont (für den Menschen), daß die Dauer und nicht der Grad des Kryptorchismus für das Ausmaß der spermatogenetischen Schädigung ausschlaggebend ist.

Tabelle 74. *Prozentzahl der Kanälchen mit den verschiedenen Stadien der Spermatogenese bei der experimentell kryptorchen Ratte (nach* NELSON, *1951)*

Dauer des kryptorchen Zustands in Tagen	Spermatogonien	Spermatocyten I	Spermatocyten II und/oder Spermatiden	Spermatozoen
28	101	80	3	0
28	100	78	6	0
40— 50	95	72	0	0
40— 50	93	75	2	0
75	86	58	0	0
75	72	63	0	0
100—120	70	49	0	0
100—120	68	43	0	0
145—150	49	34	0	0
145—150	53	38	0	0
175—185	38	20	0	0
175—185	36	18	0	0
260—280	3	0	0	0
260—280	6	0	0	0

Daß der experimentelle Kryptorchismus eine geeignete Methode zur Ausschaltung der Spermatogenese ist, geht aus den Daten der Tab. 74 und 75 hervor. In diesem Zusammenhang interessiert aber auch die Frage, inwieweit diese Ausschaltung irreversibel ist oder durch geeignete Mittel wieder rückgängig gemacht werden kann. Einen wichtigen Beitrag zur Lösung dieses Problems hat NELSON (1951) in der erwähnten Arbeit geliefert, indem er in ausgedehnten Versuchen die Regenerationsfähigkeit abdominal verlagerter Hoden bei der Ratte durch Rückversetzung ins Scrotum prüfte. In seinen Versuchen, in denen er sowohl die Dauer des Aufenthalts in der Bauchhöhle als auch die Dauer der Erholungszeit im Scrotum variierte, ging NELSON in der Weise vor, daß er die Befestigung des einen Hodens im Abdomen löste, den Hoden durch den Leistenkanal ins Scrotum schob und ihn hier mittels einer Seidenfadenschlinge, die sozusagen als künstliches Gubernaculum diente, am Grund des Hodensackes befestigte; der Seidenfaden ging durch das Fett und den Nebenhodenschwanz, eine strenge Asepsis zur Vermeidung einer störenden Infektion wurde beobachtet. Der andere, im Abdomen verbleibende Hoden diente als Kontrolle. Die Ergebnisse sind in Tab. 75 zusammengefaßt.

Tabelle 75. *Regenerationsfähigkeit experimentell kryptorcher Hoden bei der Ratte nach Rückverlagerung ins Scrotum (zusammengestellt nach den Angaben von* NELSON, *1951)*

Dauer des kryptorchen Zustands, Tage	Prozentzahl der Kanälchen mit den verschiedenen Stadien der Spermatogenese				Spermatozoen im Nebenhoden[a]
	Spermatogonien	Spermatocyten I	Spermatocyten II und/oder Spermatiden	Spermatozoen	
28	100	80	3	0	*
28	100	78	6	0	*
40— 50	95	72	0	0	0
40— 50	93	75	2	0	0
75	68	58	0	0	0
75	72	63	0	0	0
100—120	70	49	0	0	0
100—120	68	43	0	0	0
145—150	49	34	0	0	0
145—150	53	38	0	0	0

Tabelle 75 (Fortsetzung)

| Dauer der Erholungszeit im Scrotum, Tage | Prozentzahl der Kanälchen mit den verschiedenen Stadien der Spermatogenese | | | | Spermatozoen im Nebenhoden[a] |
	Spermatogonien	Spermatocyten I	Spermatocyten II und/oder Spermatiden	Spermatozoen	
175—185	38	20	0	0	0
175—185	36	18	0	0	0
260—280	3	0	0	0	0
260—280	6	0	0	0	
40	100	96	88	85	**
100—105	100	100	100	98	***
50	88	87	80	75	**
150—180	85	85	83	81	***
100	67	65	60	58	* bis**
200—240	65	64	64	63	**bis***
100—110	68	66	64	60	* bis**
200—220	64	64	63	62	**bis***
130—150	47	47	46	44	* bis**
220—275	50	49	49	48	**
130—150	35	35	33	31	* bis**
200—250	32	31	30	30	*
150—175	0	0	0	0	0
250—300	0	0	0	0	0

[a] Spermatozoen im Nebenhoden: 0 = keine; * = wenige; ** = mäßig viele; *** = zahlreiche.

Der Einfluß der Rückverlagerung des experimentell kryptorchen Hodens ins Scrotum ist aus den Daten der Tab. 72 und 75 zu ersehen. Die Zunahme des Hodengewichts (Tab. 72) ist besonders ausgesprochen (auf das $1^1/_2$—$2^1/_2$fache) bei den Hoden, die relativ kurze Zeit im Abdomen verweilt haben (28—75 Tage), aber auch bei längerer abdominaler Lagerung noch deutlich; während sie jedoch in der erstgenannten Gruppe vor allem auf die vermehrte Spermatogenese zurückzuführen ist, scheint sie bei längerem Verweilen im Abdomen und nachfolgender Erholung im Scrotum mindestens zum Teil auf einer Flüssigkeitsansammlung im Interstitium des Hodens zu beruhen und andererseits auf einer Zunahme des Kanälchendurchmessers infolge eines Wachstums der Sertoli-Zellen (NELSON). Dieses Wachstum der Sertoli-Zellen dürfte der scrotal bedingten Behebung einer Insuffizienz der Androgenproduktion in den Fällen eines sehr langen Aufenthalts im Abdomen (240 Tage oder mehr) zuzuschreiben sein, da bei diesen Tieren auch die Vesiculardrüsen im Augenblick der Rückverlagerung ins Scrotum in ihrer Entwicklung unter der Norm lagen und nach der Erholungszeit im Scrotum wieder normale Größenverhältnisse zeigten. Die Abhängigkeit der Sertoli-Zellen von den Androgenen der Leydig-Zellen hat NELSON auch aus anderen Beobachtungen abgeleitet.

Die *Wiederaufnahme der Spermatogenese* im ins Scrotum rückverlagerten Hoden der Ratte ist offenbar vom Vorhandensein genügender Mengen entwicklungsfähiger Spermatogonien abhängig (Tab. 75). Die Erholung führt zu einer absoluten oder nahezu absoluten Restitutio ad integrum nach 28- bzw. 40—50tägiger Dauer des abdominellen Zustandes, nach welcher noch 100 bzw. 93—95% der Kanälchen Spermatogonien aufweisen; geht die Zahl der Spermatogonien-haltigen Kanälchen auf 68—72% zurück (nach 75—120 Tagen Abdominalaufenthalt), so wird auch nach ausgiebiger Erholungszeit der Normalzustand nur in einem Teil der Fälle erreicht, und weiterhin verringert sich die Zahl der erholungsfähigen Kanälchen immer mehr, bis sie nach einem Abdominalaufenthalt von 260—280

Tagen auch bei noch so lang anhaltender Erholung (bis zu 300 Tagen) auf Null
herabsinkt. Es ist wohl anzunehmen, daß die nach 260—280 Tagen Abdominalaufenthalt noch vorhandenen seltenen Spermatogonien (in 3—6% der Kanälchen)
so weit geschädigt werden, daß sie auch bei Rückverlagerung unter die normalen
Bedingungen im Scrotum nicht mehr erholungsfähig sind.

Die *Dauer der Erholungszeit* im Scrotum hat auf das Ausmaß der Regeneration,
besonders auch auf die Zahl der Spermatozoen im Nebenhoden, die als Gradmesser
ihrer Produktion angesehen werden kann, einen deutlichen positiven Einfluß, wie
ein Vergleich der Ergebnisse bei den kürzer bzw. länger erholten Gruppen zeigt
(Tab. 75). Erst nach sehr langer Verweildauer im Abdomen (175—280 Tage)
scheint die Länge der Erholungszeit keine wesentliche Rolle mehr zu spielen.

Im allgemeinen ist also bei der Ratte die Regeneration der Spermatogenese
von der Zahl der Kanälchen mit Spermatogonien direkt abhängig; ein Verlust an
Spermatogonien beginnt erst nach einer Mindestdauer des Verweilens im Abdomen
von über 1 Monat; damit sich der Verlust auf 50% der Kanälchen ausdehnt, ist
eine abdominale Verweildauer von mindestens 4 Monaten erforderlich und ein
irreparabler Verlust an Spermatogonien wird erst nach 7 Monaten beobachtet.

Die *Sertoli-Zellen* der Samenkanälchen in den Nelson'schen Versuchen zeigten
offenbar nur unter extremen Bedingungen ein von der Norm abweichendes Verhalten: bei einer abdominalen Verweildauer von 260—280 Tagen und einer scrotalen Erholungszeit von 250—300 Tagen erfuhren die Kanälchen eine Vergrößerung,
die auf die Größenzunahme der Sertoli-Zellen zurückgeführt werden mußte, da
diese die einzigen in den Kanälchen anwesenden Zellelemente waren und ein stärker entwickeltes Cytoplasma aufwiesen als in den abdominalen Hoden. In den
übrigen Serien der Tab. 72 und 75 trat dieses abweichende Verhalten der Sertoli-
Zellen weniger deutlich zu Tage, sie schienen hier in den abdominalen wie in den
scrotalen Hoden im wesentlichen normal zu sein (NELSON).

Über den Zustand der *Leydig-Zellen* in den kryptorchen Hoden seiner Versuchsratten hat NELSON keine Angaben gemacht. Wir wissen aber aus den Versuchen von SAND und anderen, daß die Atrophie der Samenkanälchen sehr häufig
von einer Hyperplasie der Leydig-Zellen begleitet ist[22]. Die Frage, ob diese Zunahme der Leydig-Zellen durch die Reduktion der Kanälchen nur vorgetäuscht
ist oder ob es sich um eine Reaktion von seiten des Zwischengewebes handelt, hat
LIPSCHÜTZ (1926) dahingehend beantwortet, „daß unter Umständen eine wirkliche
Vermehrung des Zwischengewebes im Sinne einer spezifischen Reaktion desselben
vorkommt". Allerdings scheint aus den Nelson'schen Versuchen hervorzugehen,
daß ein sehr langes Verweilen im Abdomen (über 240 Tage)[23] auch die innersekretorische Funktion der Leydig-Zellen zu beeinträchtigen vermag; das dürfte mit
den klinischen Erfahrungen beim Menschen übereinstimmen, nach denen bei nicht
operierten älteren beidseitigen Kryptorchen nicht nur die Potentia generandi
vollkommen fehlt (die bei solchen Patienten ja auch in der Jugend nicht vorhanden
ist), sondern auch die von der inneren Sekretion der Leydig-Zellen abhängigen
sekundären Geschlechtsmerkmale und die Libido beeinträchtigt sein können. Für
eine Beeinträchtigung der Funktion der Leydig-Zellen durch den kryptorchen
Zustand sprechen die Befunde von KUDRJASCHOV u. IVANOVA (1931), die bei
3 natürlichen kryptorchen Ratten die Hoden histologisch untersuchten: sie fanden
die Leydig-Zellen nicht normal ausgebildet und als Folge davon den männlichen
Geschlechtsapparat (Penis, Prostata, Vesiculardrüsen usw.) stark unterentwickelt.

---

22 Vgl. dazu die ausführliche experimentelle, veterinär-klinische und historisch-kritische
Studie über den Kryptorchismus von GAREZ (1958).

23 Nicht aber nach kürzerer abdominaler Verlagerung (JEFFRIES, 1931).

Auch die Sertoli-Zellen erschienen größtenteils degeneriert und in den Kanälchen war die Samenentwicklung nur bis zum Spermatidenstadium fortgeschritten, neben einigen seltenen unreifen Spermatozoen. In diesem Zusammenhang ist zu erwähnen, daß es infolge einer Abnahme der Androgenproduktion im experimentell kryptorchen Hoden wohl zu einer Steigerung der gonadotropen Funktion der Hypophyse kommen kann („feed-back"-Mechanismus), aber ohne daß gleichzeitig auch die thyreotrope Aktivität zunähme, wie TAKEWAKI (1934) in Versuchen an erwachsenen männlichen Ratten zeigte. Nach neueren Untersuchungen scheinen übrigens die Verhältnisse komplizierter zu sein: CLEGG (1960) machte Ratten im Alter von 63—72 Tagen durch Verlagerung der Hoden in die Bauchhöhle und Verschluß des inneren Inguinalringes kryptorch; 5—35 Tage nach dem Eingriff wurden die Tiere getötet; der experimentelle Kryptorchismus führte *zunächst* zu einer gewissen Erhöhung der Androgenproduktion, kenntlich an dem vermehrten Gewicht der accessorischen Drüsen (Vesiculardrüsen, Prostata ventralis, Coagulationsdrüsen), an ihrem erhöhten Gehalt an Fructose und Citronensäure und an der Zunahme der Zellhöhe in den Epithelien; anschließend kam es wieder zu einem Abfall der Androgenproduktion, die sich auf ein unter der Norm liegendes Niveau einstellte, wie sich aus der histo-cytologischen Untersuchung der accessorischen Drüsen ergab (z. B. Abnahme der charakteristischen hellen Höfe in den Prostatazellen). Die Dauer dieser Versuche war jedoch zu kurz (35 Tage), um sagen zu können, ob die Einstellung auf dieses Niveau bleibend war: nach MOORE (1945) scheint die Androgenproduktion im kryptorchen Ratten-Hoden nach 60 Tagen wieder zur Norm zurückzukehren. Dieser Angabe von MOORE widersprechen allerdings die Befunde von TAKEWAKI (1957) an entsprechenden kryptorchen Ratten, in deren Hoden eine Abnahme der Androgenproduktion aus der verringerten Hemmungswirkung auf intratesticuläre Vaginaltransplantate erschlossen wurde.

LIPTRAP u. RAESIDE (1970) untersuchten die Ausscheidung im Harn von Dehydroepiandrosteron (DHA) und Oestrogenen bei natürlichen beidseitig oder einseitig kryptorchen Ebern und bei operativ kryptorch gemachten Ebern und zum Vergleich bei gleichalten Ebern mit normalen scrotalen Hoden und fanden, daß die DHA- bzw. Oestrogenwerte bei den kryptorchen und normalen Ebern vergleichbar waren. Sie schließen daraus, daß beim Eber die kryptorchen Hoden gleich hohe Mengen von testiculären Steroidhormonen zu produzieren vermögen wie die normalen Scrotalhoden, so daß offenbar keine Schädigung der endokrinen Funktion der Leydig-Zellen durch die abdominale Lage der Hoden vorliegt.

Auf eine Abnahme der inkretorischen Funktion im kryptorchen Hoden lassen dagegen die Versuchsergebnisse von WITSCHI u. LEVINE (1933) schließen: Sie fanden, daß Rö-sterilisierte Rattenmännchen ihre sekundären Geschlechtsmerkmale vollkommen aufrechterhielten; wurden sie aber mit normalen Weibchen parabiotisch vereinigt, so riefen sie bei diesen die gleichen Veränderungen hervor, wie chirurgisch kastrierte Tiere, d. h. sie verursachten eine Verlängerung der Brunstcyclen oder einen Daueroestrus. *Die gleichen Reaktionen wie diese Rö-sterilisierten riefen auch experimentell kryptorche Männchen hervor:* Offenbar ist die endokrine Hodenaktivität bei diesen Männchen ausreichend, um die sekundären Geschlechtsmerkmale zu erhalten, nicht aber um die Hyperfunktion des Hypophysenvorderlappens zu verhindern, die für die Vollkastraten charakteristisch ist.

Auch ENGBERG (1949) beobachtete bei bilateral kryptorchen Männern eine Schädigung der Struktur und Funktion der Leydig-Zellen bei längerem Verweilen im Abdomen: aus den Bestimmungen der Harnandrogene bei diesen Patienten schloß er, daß die retinierten Hoden weniger Androgene produzieren als die normalen Hoden im Scrotum, denn die Androgenausscheidung im Harn war bei operierten wie bei nicht-operierten Fällen von bilateralem Kryptorchismus gleich, d. h. etwa halb so hoch wie bei normalen Männern. Extrakte aus den Hoden kryptorcher Eber enthielten nach HANES u. HOOKER (1937) etwa halb so viel Androgene wie die Extrakte aus scrotalen Hoden; bei experimentell kryptorchen Kaninchen war 4 Wochen nach dem Eingriff die Ausscheidung von 17-Ketosteroiden praktisch die gleiche wie bei kastrierten Kaninchenböcken (KIMELDORF 1930) und die anschließende Kastration der kryptorchen Tiere setzte den Gehalt an 17-Ketosteroiden im Harn nicht weiter herab. NELSON (1937) fand die Androgenproduktion bei der Ratte 8 Monate nach der Verlagerung der Hoden in die Bauchhöhle sehr stark herabgesetzt (beurteilt nach dem Zustand der Prostata, der Vesiculardrüsen und der Hypophyse).

In diametralem Gegensatz zu diesen Befunden stehen die Angaben von MOORE u. GALLAGHER (1930), nach denen ein Aufenthalt der Hoden in der Bauchhöhle von 8 Monaten beim Meerschweinchen den Androgengehalt nicht verändert, und auch bei der Ratte fand MOORE (1944) keine Anzeichen für eine fortschreitende Abnahme der Androgenproduktion im kryptorchen Hoden bei einem Aufenthalt von 314—392 Tagen im Abdomen. Eine Bestätigung der Moore'schen Beobachtungen brachten die Untersuchungen von ANTLIFF u. YOUNG (1957), die sich mit dem Hormongehalt im Hoden des Meerschweinchens von der Geburt bis zum Alter von 3 Jahren bei experimentellem Kryptorchismus beschäftigten (beurteilt nach dem sexuellen Verhalten und dem Zustand der Sexualorgane): sie fanden im Verhalten keinen Unterschied gegenüber den intakten Männchen und der Zustand von Nebenhoden, Vesiculardrüsen und Prostata unterschied sich sehr deutlich von demjenigen bei Kastraten. Die gegensätzlichen Befunde bei menschlichen Kryptorchen sind nach diesen Autoren auf die unterschiedlichen Ursachen des Kryptorchismus zurückzuführen: Wenn Störungen der Hodenanlagen oder Abnormalitäten im hypophysärgonadalen System vorliegen, können die Leydig-Zellen fehlen oder funktionslos sein; dagegen kann eine normale Leydig-Zellen-Funktion vorliegen, wenn der Kryptorchismus auf mechanischen Behinderungen des Descensus beruht.

KARG u. KRONTHALER (1961) sind der Frage nach der Reaktion der Leydig-Zellen auf die abdominale Lage des Hodens in neuer Weise nachgegangen, indem sie bei einseitig kryptorchen Tieren (Ratten, Katern, Rüden, Ebern und Hengsten) mit Hilfe der Karyometrie die Morphokinese der Leydig-Zellen im kryptorchen Hoden und im normalen scrotalen Vergleichshoden untersuchten, die als Indicator für die ICSH-Wirkung und damit für die Intensität der Androgenproduktion anzusehen ist: Aus den Abb. 58a—e geht die eindeutige Abnahme der Volumina der Leydigzellkerne in den kryptorchen Hoden hervor, die mit einer Verringerung der sekretorischen Aktivität dieser Zellen Hand in Hand gehen dürfte. Da aber die zugehörigen Scrotalhoden der gleichen Tiere einen vollkommen normalen histo-cytologischen Aufbau zeigten, kann die Ursache für die mangelnde ICSH-Wirkung nicht in einem Defizit dieses Hormons liegen, sondern muß in einer durch die abdominale Lage bedingten Veränderung der Reaktionsfähigkeit der Leydig-Zellen auf ICSH gesucht werden.

PERLMAN (1950a, b) stellte Untersuchungen über den Cholesteringehalt des Rattenhodens an und wies auf histochemischem Weg nach, daß der Hauptanteil des Hodencholesterins in den Samenkanälchen lokalisiert ist, und zwar vor allem im Gebiet der Sertoli-Zellen, der Spermatogonien und der primären Spermatocyten. Der Gehalt der interstitiellen Zellen ist nach ihm relativ gering; die Feststellungen früherer Autoren, daß diese Zellen die Hauptmenge an Cholesterin enthielten, lehnt er ab, weil sie mit unspezifischen Methoden gewonnen wurden, während PERLMAN selbst die Lieberman-Burchard-Reaktion zur Identifizierung des Cholesterins benutzte. Er berücksichtigt allerdings nicht, daß die Leydig-Zellen offenbar nur deswegen wenig Cholesterin im Moment der Fixierung enthalten, weil alles in ihnen produzierte Cholesterin sofort ins Innere des Kanälchens abgegeben wird, wo es gespeichert wird. Chemische Analysen der Rattenhoden ergaben, daß im Fall einer Schädigung der Spermatogenese, z. B. nach Hypophysektomie oder bei experimentellem Kryptorchismus, ein charakteristischer Effekt darin bestand, daß ein allgemeiner Verlust an Cholesterin erfolgte, bei merklicher Zunahme des Verhältnisses von verestertem zu freiem Cholesterin und einer Zunahme der Cholesterin-Konzentration (wohl infolge der Verkleinerung des Gesamtorgans!). Diese Veränderungen schienen vom funktionellen Zustand der Leydig-Zellen unabhängig zu sein; wie dieser Zustand objektiv festgestellt wurde, ist nicht klar ersichtlich.

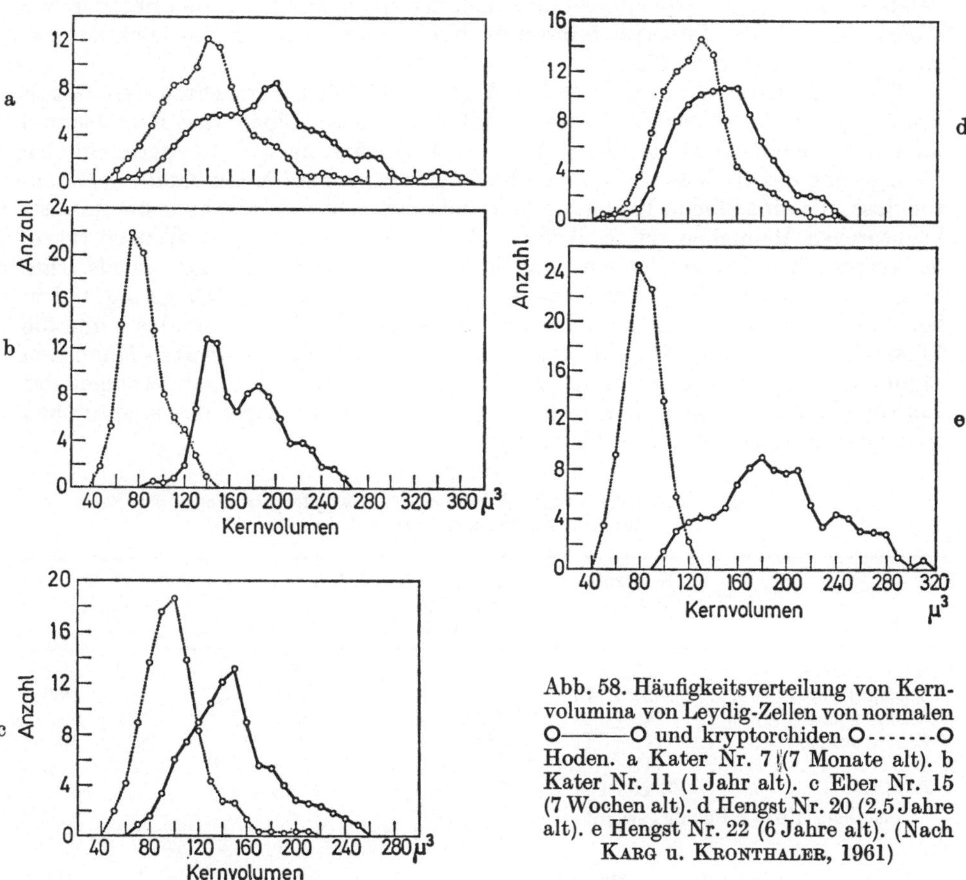

Abb. 58. Häufigkeitsverteilung von Kernvolumina von Leydig-Zellen von normalen O———O und kryptorchiden O------O Hoden. a Kater Nr. 7 (7 Monate alt). b Kater Nr. 11 (1 Jahr alt). c Eber Nr. 15 (7 Wochen alt). d Hengst Nr. 20 (2,5 Jahre alt). e Hengst Nr. 22 (6 Jahre alt). (Nach KARG u. KRONTHALER, 1961)

Einen einseitigen experimentellen Kryptorchismus bei einem wild lebenden Nager, dem Erdhörnchen (Citellus tridecimlineatus) hat WELLS (1941) ausgeführt, und zwar sowohl bei präpuberalen als auch bei reifen Tieren. Die Dauer des kryptorchen Zustands betrug 40—140 Tage bei den ersten und 8—23 Tage bei den letzten. Das Gewicht des kryptorchen Hodens hatte gegenüber dem normalen um 21,4—58,3% bei den präpuberalen, und um 26,9—47,6% bei den erwachsenen Tieren abgenommen. In den Samenkanälchen der kryptorchen Hoden waren weder Spermatozoen noch Spermatiden anzutreffen; Entwicklungsstadien der Keimzellen (darunter viele abnorme) waren aber zahlreicher als in den Samenkanälchen normaler Tiere zur Zeit des Minimums im Sexualcyclus; Karyorrhexis, Karyolysis, Hyperchromie des Cytoplasmas, Desquamation, Riesenzellbildung und Lysis der Zellen wurden in den Spermatocyten beobachtet; vereinzelte Spermatocyten in den Hoden der präpuberal operierten Tiere schienen normal zu sein. Man gewinnt den Eindruck, daß bei einem wild lebenden Nager die abdominale Lagerung der Hoden zwar nicht die Ausbildung von Spermatiden und reifen Spermatozoen gestattet, aber immerhin eine abortive Keimzellenbildung zuläßt. WELLS glaubt die Unterschiede zwischen den experimentell kryptorchen und den normalen Hoden auf den hohen Gonadotropin-Titer bei den ersten und den niederen Titer bei den letzten zurückführen zu sollen. Diese Annahme gewinnt an Wahrscheinlichkeit, wenn man an die Befunde von CHARNY (1956) denkt, der den deletären Einfluß der Gonadotropine (auch der endogenen!) auf den kryptorchen Hoden zur Zeit der Pubertät festgestellt hat, worauf weiter unten noch zurückzukommen sein wird (S. 379).

HAYASHI, OGATA, SHIRAOGAWA u. KAWASE (1958) untersuchten den Gehalt des kryptorchen Hodens der Ratte an β-Glucuronidase, Lipase und Esterase und fanden die Konzentration aller 3 Enzyme 4 Wochen nach der experimentellen Verlagerung des Hodens in die Bauchhöhle erhöht, am stärksten bei der β-Glucuronidase, die eine 9fache Erhöhung beim bilateral und eine 5fache beim einseitig kryptorchen Männchen zeigte. Auffallenderweise stieg die Lipase-Konzentration im kryptorchen Hoden der einseitig operierten Ratte viel stärker an als beim beidseitig operierten Tier. Die Zunahme der Esterasen war relativ gering und in beiden Gruppen gleich. Bemerkenswert war es, daß die β-Glucuronidase- und die Lipase-Wirksamkeit auch im normalen Hoden der einseitig operierten Männchen signifikant erhöht war. In welchem Zusammenhang diese Veränderungen der Enzym-Wirksamkeit mit den morphologischen Veränderungen des kryptorchen Hodens stehen, ist unbekannt (Tab. 76).

Tabelle 76. *Veränderungen der Enzym-Wirksamkeit im kryptorchen Hoden der Ratte (nach HAYASHI, OGATA, SHIRAOGAWA u. KAWASE, 1958)*

	Kontrollratten	Kryptorche Ratten Einseitig Norm. Hoden	Krypt. Hoden	Beidseitig
Zahl der Ratten	13	9	9	12
Körpergewicht (g) . . .	132 ± 10		$136 \pm 6{,}8$	$160 \pm 8{,}9$
Hodengewicht (mg) . .	742 ± 80	1078 ± 100	567 ± 67	541 ± 58
β-Glucuronidase[a] . . .	146 ± 14	222 ± 44	722 ± 242	1333 ± 136
Lipase[a]	$12 \pm 1{,}6$	$29 \pm 4{,}2$	$52 \pm 3{,}8$	$34 \pm 4{,}2$
Esterase[a]	7341 ± 126	7284 ± 447	9179 ± 502	9178 ± 639

[a] Einheiten pro g Feuchtgewicht.

Nach den übereinstimmenden Versuchsresultaten von SELYE u. FRIEDMAN (1941) einerseits und von KLEIN u. MAYER (1942) andererseits sind androgene Hormone, selbst in hohen Dosen nicht imstande die Spermatogenese bei der experimentell kryptorchen Ratte zu erhalten. Daß auch die Gonadotropine in dieser Hinsicht ohne Wirkung sind, ist nach den oben erwähnten Untersuchungen von WELLS (1943) einleuchtend, der ja die Unterschiede zwischen den experimentell kryptorchen und den normalen Hoden gerade auf den hohen Gonadotropingehalt der Hypophyse der Versuchstiere zurückführen zu müssen glaubt (vgl. dazu auch CHARNY, 1960). Übrigens hat auch PASCHKIS (1953) bei experimentell kryptorchen Hoden der Ratte, die nach Aufenthalt im Abdomen ins Scrotum rückverlagert wurden, durch die Behandlung der Ratten mit HCG (menschlichem Choriongonadotropin), PMS (Serumgonadotropin der trächtigen Stute) oder LTH (Prolactin des Hypophysenvorderlappens) keine Besserung der Erholungsquote feststellen können, doch war die Behandlungsdauer vielleicht zu kurz, wie PASCHKIS hervorhebt.

Es sei hier darauf hingewiesen, daß RAYNAUD (1958) eine Verhinderung der Entwicklung des Gubernaculums (Conus inguinalis) beim Mäusefetus beobachtete, wenn die Feten am 12., 13. oder 14. Tag des intrauterinen Lebens mit 75 μg Oestradioldipropionat i. p. injiziert wurden. Das Oestrogen kann entweder indirekt wirken, indem es über die Hypophyse die Produktion von männlichem Hormon im fetalen Hoden hemmt, oder direkt, indem es auf die Gewebe der Anlagen des Conus inguinalis einwirkt; am wahrscheinlichsten ist es, daß diese beiden Wirkungsmechanismen kombiniert zur Wirkung gelangen.

Als eine weitere Folge der Verlagerung des Hodens in die Bauchhöhle geht der *Gehalt des Rattenhodens an Hyaluronidase* bereits am 4. Tag signifikant herunter und ist am 10. Tag praktisch gleich Null (STEINBERGER u. NELSON, 1955). Aufgrund der histologischen Befunde in diesen und in anderen Versuchen (mit Oestradiol- oder Stilboestrol-Behandlung, mit Hypophysektomie u. a.) glauben Verff. annehmen zu dürfen, daß die Spermatiden die Erzeugerzellen der Hyaluronidase sind.

c) Der Kryptorchismus beim Menschen

Über die Häufigkeit des Vorkommens beim Menschen siehe Einleitung zu diesem Kapitel, S. 350ff.

Vergleichende histologische Untersuchungen von normalen, im Scrotum befindlichen Hoden und von nicht oder nicht vollkommen descendierten Hoden im Lauf der gesamten Entwicklung vom Neugeborenen bis zum Erwachsenen [COOPER (1929), SNIFFEN (1950), CHARNY, CONSTON u. MERANZE (1952), SOHVAL (1954), HINMAN (1955), HECKER u. BRAREN (1958) u. a.] haben den Nachweis erbracht, daß der kryptorche Hoden und der scrotale Hoden beim Menschen nur etwa bis zum Alter von 5 oder 6 Jahren sich gleich verhalten: der Durchmesser der Samenkanälchen beträgt bei beiden bis 66 μ; die Kanälchen enthalten eine Schicht indifferenter Zellen. Im Gegensatz zu den früheren Anschauungen [z. B. STIEVE (1930)], die dahin gingen, daß sich der histologische Aufbau des Hodens bis etwa zum 12. oder 13. Lebensjahr nicht ändere und eine Weiterentwicklung nicht einträte, wurde in den oben angeführten Arbeiten gezeigt, daß sich etwa vom 5. oder 6. Lebensjahr an Unterschiede im histologischen Bau der scrotalen und ektopischen Hoden nachweisen lassen, die mit zunehmendem Alter immer deutlicher werden: während im scrotalen Hoden der Durchmesser der Kanälchen fortschreitend zunimmt, bis er schließlich etwa im 15. Lebensjahr 150 μ erreicht, fehlt diese Dickenzunahme im ektopischen Hoden, es fehlt auch die normale Zunahme der Zelldichte der Kanälchenwand, die Ausbildung mehrfacher Schichten und die Reifung der Samenzellen bis zum fertigen Spermatozoon, die im allgemeinen nicht über das Auftreten von Spermatogonien und (seltener) die Bildung von Spermatocyten I im ektopischen Hoden hinausgeht. Im Endresultat fehlen im ektopischen Hoden nach der Pubertät die Entwicklungsstadien der Spermatogonien bis zu den reifen Spermatozoen fast immer vollkommen und die Spermatogonien selber sind, wenn überhaupt vorhanden, in stark verminderter Zahl anzutreffen (SOHVAL, 1954). Eine Tendenz zur Fibrose der Basalmembran der Kanälchen und eine mehr oder weniger fortgeschrittene Sklerose des Hodenparenchyms werden mit zunehmender Dauer des kryptorchen Zustandes immer deutlicher, wenn auch Ausnahmen von dieser Regel vorkommen (SOHVAL, 1954).

Im Gegensatz zu den Elementen der Spermatogenese werden die *Sertoli-Zellen* und die *Leydig-Zellen* von den schädigenden Einflüssen der anomalen Hodenlage zunächst allem Anschein nach nicht betroffen, auch nicht hinsichtlich des Zeitpunktes ihres Auftretens und ihrer Differenzierung. Späterhin, mit zunehmender Degeneration der spermatogenen Elemente und allmählicher Obliterierung des Kanälchenlumens nehmen die Sertoli-Zellen an Zahl ab, zeigen Anzeichen cytoplasmatischer und nucleärer degenerativer Prozesse und können in den vollkommen obliterierten Kanälchen restlos verschwinden. Die Leydig-Zellen zeigen keine wesentlichen qualitativen Veränderungen, doch schwankt ihre Zahl bedeutend: in Ausnahmefällen sind sie spärlich, nicht selten in normaler Menge vorhanden, meistens aber zeigen sie eine (scheinbare? s. S. 364ff.) Vermehrung, wobei herdförmige Ansammlungen nicht selten sind, die zuweilen sehr umfangreich sein können und einen adenomähnlichen Eindruck machen. BLUM (zit. nach BAYLE, 1957) findet unter 27 bioptisch untersuchten Fällen 19mal die Leydig-Zellen normal oder hyperplastisch und in 8 Fällen verringert oder wenig entwickelt; CHARNY (1956) gibt in 95% der Fälle Normalität oder Hyperplasie der Leydig-Zellen an. Entsprechend dieser normalen oder hyperplastischen Ausbildung der Leydig-Zellen geht die puberale Entwicklung der primären und sekundären Geschlechtsmerkmale bei kryptorchen Individuen ungestört vor sich. Es scheint aber, daß beim Verweilen der Hoden in ihrer anomalen Lage bis ins höhere Alter eine allmähliche Abnahme der endokrinen Funktion der Leydig-Zellen eintritt, was den oben (S. 364ff.) geschilderten Verhältnissen beim experimentellen Kryptorchismus entsprechen würde[24]. JUNG u. COMSA (1956) unterscheiden 2 Typen von Kryptorchismus: Der Typus „Ancel und Bouin" ist klinisch durch das alleinige Bestehen einer Hodenverlagerung charakterisiert, die sekundären Geschlechtsmerkmale sind vorhanden, die Hypophysen-Gonaden-Axe ist normal, ebenso die Steroide im Harn. Die Behandlung besteht in chirurgischer Verlagerung der Hoden ins Scrotum. Der häufige komplexe oder „infantile Typus" ist nicht nur durch die Verlagerung der Hoden gekennzeichnet, sondern auch durch das mehr oder weniger vollständige Fehlen einer Entwicklung der sekundären Geschlechtsmerkmale. Das Fehlen einer Wanderung der Hoden in das Scrotum ist hier die Folge einer komplexen hormonalen Störung, die Steroide sind verringert. In der Behandlung muß zunächst die fehlende Hypophysenvorderlappenfunktion durch Gonadotropine ersetzt werden, evtl. durch eine Stimulierung der Hypophyse (Sympathectomie pericarotidienne).

Ohne Zweifel umfaßt der Kryptorchismus beim Menschen Fälle von sehr verschiedener Ätiologie, die man in 3 große Gruppen zusammenfassen kann:

1. Hoden, die aufgrund einer fehlerhaften Anlage oder einer fehlerhaften späteren Entwicklung ihren normalen Aufenthaltsort im Scrotum nicht erreichen (primäre Hodeninsuffizienz);

2. Hoden, bei denen eine Insuffizienz der Gonadotropinsekretion in der Hypophyse zu einer mangelhaften Entwicklung, im Zusammenhang damit zu einer ungenügenden Androgenproduktion und zu einer von dieser abhängigen mangelhaften Entwicklung der anatomischen Voraussetzungen für den Descensus geführt hat (sekundäre Hodeninsuffizienz);

3. Hoden, die in ihrer Anlage und Entwicklung normal sind, aber durch mechanische Hindernisse (Verwachsungen u. a.) am Descensus verhindert sind.

BAYLE (1957) ist der Meinung, daß 60—70% der bei der Geburt kryptorchen Hoden bis zum Alter der Präpubertät, also bis zu 6 Jahren spontan herabsteigen,

---

24 Auf eine spezielle Anfrage zu diesem Punkt schreibt mir C.W. CHARNY: "... I could find no evidence of a depression of Leydig cell function in my limited studies and the impression based on clinical observation is that no such depression occurs". (21. 2. 1961).

während die restlichen Fälle (30—40%) echte, d. h. ohne eine entsprechende Behandlung persistierende Fälle von Kryptorchismus darstellen, die sich folgendermaßen zusammensetzen: 35—50% dysgenetische und vaskuläre, 25—30% hormonale und etwa 20—40% mechanische Ursachen. Es ist offenbar, daß eine hormonale Behandlung in den Fällen mit mechanischer Verursachung des Kryptorchismus (Gruppe 3) wirkungslos bleiben muß, ebenso vermutlich auch in den Fällen von Dysgenesie (Gruppe 1). Auf die Bedeutung der Dysgenesie als ätiologischen Moments des Kryptorchismus weist auch die Beobachtung über das familiäre Vorkommen hin: so haben BRIMBLECOMBE (1946) drei Brüder, SIMPSON (1946) zwei Brüder und GLASS (1946) identische Zwillinge mit bilateralem Kryptorchismus beschrieben. WINTERSTEIN (1953) spricht sich aufgrund der einschlägigen Literatur dahingehend aus, daß „die Vererbung nachgewiesenermaßen wohl eine Bedeutung (für das Auftreten von Kryptorchismus) hat, die aber recht gering ist und nur wenige Prozente beträgt". Anatomisch-entwicklungsgeschichtliche Ursachen, wie Fehllage, Hypoplasie, Atrophie, zu kurzer Samenstrang, extra- oder intraperitoneale Adhäsionen, zu kurzer Processus vaginalis, zu enger äußerer Leistenring u. a., spielen nach WINTERSTEINER relativ selten eine Rolle beim Zustandekommen des Kryptorchismus; dagegen spricht nach ihm vieles für die hormonale Genese, z. B. die jahrelange Beobachtung unbehandelter Knaben, bei denen der Descensus vor der Pubertät doch noch eintritt, ebenso die Tatsache, daß ein spontaner Descensus *nach* der Pubertät nicht beobachtet wird. In diesem Zusammenhang zitiert WINTERSTEINER die Feststellungen von ROSINSKY (1940), der bei 47 Kryptorchen in 34 Fällen „Abweichungen von der Norm in der Hypophysengegend" fand, und von BARBAROSSA (1950), nach dem bei 10 Kryptorchen die Sella turcica in 5 Fällen unterentwickelt war.

Übrigens stellt SOHVAL (1954) in einer Gruppe von 42 Pat. mit fehlendem Descensus testiculorum eine mangelhafte Gonadogenese („testicular dysgenesis") nicht ganz selten als vermutliche Ursache des Kryptorchismus fest, wobei eine mangelnde Reife des spermatogenen Anteils der Hoden nach der Präpubertät am häufigsten, sehr viel seltener das vollkommene Fehlen von Spermatogonien vor und während der puberalen Epoche und am seltensten die Abwesenheit sowohl von Keimzellen als auch von Sertoli- und Leydig-Zellen vermerkt wurde.

Als Domäne der Hormonbehandlung verbleiben also nur die Fälle von Gruppe 2 und als Ergebnis dieser Behandlung (im allgemeinen mit wechselnden Dosen von Choriongonadotropin, s. u.) erzielte man im Durchschnitt in etwa einem Drittel der Fälle ohne chirurgischen Eingriff, je nach dem Zeitpunkt der Hormonapplikation im Alter zwischen 6 und 15 Jahren einen Descensus der Hoden. Es ist offenbar, daß unter diesen erfolgreichen Behandlungsfällen eine Reihe von kryptorchen Hoden sich befindet, die auch ohne die exogene Hormonzufuhr spontan ins Scrotum abgestiegen wären. Ja, WILSON (1939, ebenso LEWIS, 1948 und KNORR, 1963) sieht die Bedeutung und den Zweck der Gonadotropin-Behandlung eigentlich ausschließlich in der Heraussonderung der Fälle, die später unter dem Einfluß der endogenen Gonadotropine spontan abgestiegen wären. Man kann nach ihm die Hormonbehandlung vom 3. Jahr ab einleiten. Die Fälle, die zu dieser Zeit auf die exogenen Gonadotropine nicht reagieren, werden aller Voraussicht nach auch auf die endogenen Hormone nicht reagieren und müssen daher unverzüglich der Orchidopexie zugeführt werden. Jedenfalls sollte jede Behandlung *vor* der Pubertät abgeschlossen sein. Bei einem spontanen, aber späten Descensus fragt es sich stets, ob dieser spontane Descensus nicht zu einem zu späten Termin erfolgt, wenn die Schädigung der Spermatogenese bereits irreversibel geworden ist (vgl. dazu die Untersuchungen von CHARNY u. WOLGIN, 1956; PAWLIKOWSKI, 1960 und von CHARNY, 1957, 1960). Gerade im Hinblick auf diese irreversible Schädigung infolge eines Verbleibens des Hodens im Abdomen über die kritische Zeit der Präpubertät hinaus, also nach dem 5.—6. Lebensjahr, wird die frühzeitige Orchidopexie im

Alter von 6 Jahren oder etwas darüber nachdrücklichst empfohlen (ROBINSON u. ENGLE, 1954; BAYLE, 1957), doch sollte stets ein vorsichtiger Versuch mit Gonadotropinen dem chirurgischen Eingriff vorausgehen, z. B. 1000 IE Choriongonadotropin pro Woche im Lauf von 1—2 Monaten, eine Dosierung, bei der die Gefahr einer verfrühten Pubertät, wie es scheint, vermieden werden kann. Der Mißerfolg dieser Hormonbehandlung erfordert dann den sofortigen, unmittelbar angeschlossenen chirurgischen Eingriff, der unter Umständen auch nicht erkannte mechanische Ursachen des Kryptorchismus aufzudecken und zu beseitigen vermag. Stets sollte man im Auge behalten, daß zwar der operative Eingriff aus pathologisch-anatomischen und psychologischen Gründen in jedem Lebensalter angezeigt ist, daß aber die Aussichten auf einen Erfolg quoad generative (und vielleicht auch endokrine) Funktion immer geringer werden, je weiter man sich vom Alter der Präpubertät entfernt. Hieran ändert auch die Tatsache nichts, daß man *in Ausnahmefällen* bei älteren Patienten noch eine Spermatogenese im ektopischen Hoden feststellen kann, wie z. B. in dem einen Fall von SOHVAL (1954), in dem aber der betr. Hoden des 42jährigen Mannes sich im äußeren Teil des Inguinalkanals befand und daher nur bis zu einem gewissen Grad den schädigenden Einflüssen der anomalen Lage ausgesetzt war (vgl. dazu auch STAEMMLER 1923, 1934).

Aus einem Vortrag von SCOTT[25] auf der Tagung der International Fertility Association in Oss (Holland) im April 1962 seien hier die von verschiedenen Autoren empfohlenen Schemata der Gonadotropin-Behandlung des Kryptorchismus in Tab. 77 wiedergegeben, die sich nach den persönlichen Erfahrungen dieser Forscher bewährt haben. SCOTT selber wie auch die von ihm zitierten Autoren haben offenbar in ihren Fällen ausschließlich das Choriongonadotropin[26] angewandt.

Tabelle 77. *Von den einzelnen Autoren empfohlene Gonadotropin-Behandlung des Kryptorchismus. Zusammengestellt nach den Angaben bei* SCOTT *(1962)*

Autoren	I	II	III	IV
DEMING[1]	250	3	3000	28
HINMAN[2]	1000	3	6000	14
PRENTISS u. Mitarb.[3]	500	3	7500	35
GROSS u. Mitarb.[4]			9000	42
BRUNET u. Mitarb.[5]	500	2	12000	120
ROBINSON u. Mitarb.[6]	5000	3	15000	3
HAND[7]	4000	3	36000	21
SCOTT[8]	500	2	6000	42

I: Gonadotropin-Einheiten pro Injektion; II: Anzahl der Injektionen pro Woche; III: Gesamtmenge der Gonadotropin-Einheiten; IV: Behandlungsdauer in Tagen.

1 C.L. DEMING, J. Urol. *68*, 364, 1952; J. Urol. **77**, 467, 1957; 2 F. HINMAN, Fertil. and Steril. **6**, 206, 1955; 3 R.J. PRENTISS, R.B. MULLENIX, J.M. WHISENAND u. M.J. FEENEY, Arch. Surg. **70**, 283, 1955; 4 R.E. GROSS u. T.C. JEWETT, J. Amer. med. Ass. **160**, 634, 1956; 5 J. BRUNET, R.R. DE MOWBRAY u. P.M. BISHOP, Brit. med. J. **1918 I**, 1367; 6 J.N. ROBINSON u. E.T. ENGLE, J. Urol. **71**, 726, 1954; 7 J.R. HAND, Trans. Amer. Ass. gen.-urol. Surg. **47**, 9. 1955; 8 L.S. SCOTT, Brit. J. Urol. **32**, 183, 1960; J. Reprod. Fertil. **2**, 54, 1961.

SCOTT hat im gleichen Vortrag (1962) auch Daten über das von verschiedenen Seiten empfohlene Alter für den Behandlungsbeginn mit Gonadotropinen in der nebenstehenden Tab. 78 zusammengestellt:

---

25 Der sehr kritische und auch heute noch lesenswerte Vortrag von SCOTT trägt mit Recht den Titel „Sachgemäße und wahllose Anwendung von Gonadotropinen bei Kryptorchismus".

26 Über die Wirkung von Choriongonadotropin auf den Stoffwechsel des Kindes (speziell beim Kryptorchismus) orientiert die Arbeit von KNORR (1963).

Tabelle 78. *Gonadotropine bei Kryptorchismus: Empfohlenes Alter bei Behandlungsbeginn. Nach* SCOTT *(1962)*

Autoren	Alter in Jahren
ROBINSON u. Mitarb.[4]	4
DEMING[1]	5
HINMAN[2]	6
HAND[7]	8
GROSS u. Mitarb.[4]	9—11
DRAKE*	16
SCOTT[8]	9—10

Die Numerierung der Autoren bezieht sich auf die in Tab. 77 verzeichnete Reihenfolge.

[a] Die Untersuchungen und Empfehlungen von DRAKE (1957) sind weiter unten berücksichtigt.

Bis in die neuere Zeit sind verschiedene Autoren für ein Abwarten bis zur Pubertät oder darüber hinaus eingetreten. So schreiben BREIPOHL u. BALZER (1947), man sollte mit dem chirurgischen Eingriff ruhig bis zur Pubertät, d. h. bis zum 15. Jahr warten, dagegen wäre eine hormonale Behandlung schon vorher zu empfehlen; sie fanden unter ihren 90 Patienten, die durchschnittlich 12 Jahre alt waren, bei der Nachuntersuchung nach 3 Jahren in 46 Fällen einen Spontandescensus bis zum 15. Lebensjahr. Noch radikaler spricht sich DRAKE (1957) aus, der den Eingriff bis zum 16. oder 17. Lebensjahr verschiebt; er beruft sich auf JOHNSON (1939), der die Operation vor dem 16. Lebensjahr nur dann empfahl, wenn sie durch die Begleitumstände (Hernien u. a.) indiziert ist; nach ihm sind kosmetische oder psychologische Erwägungen oder die Tatsache, daß maligne Geschwülste häufiger im nicht descendierten Hoden aufzutreten scheinen, keine zwingenden Gründe für eine aktive Behandlung. Eine Hormonbehandlung ist nach DRAKE von zweifelhaftem Wert und eine Überdosierung kann im Fall einer mechanischen Verhinderung des Descensus zur irreversiblen Atrophie führen. Da auch die endogenen Gonadotropine diese Wirkung haben können (CHARNY) und ihre Sekretion schon in der Präpubertät beginnt, ist es unverständlich, wie DRAKE trotz dieser Feststellung einer Verschiebung des hormonalen oder chirurgischen Eingriffs bis zum 16. oder 17. Lebensjahr das Wort reden kann. REA (1939) hat aufgrund sowohl recht ausgedehnter eigener klinischer Erfahrungen als auch experimenteller Untersuchungen an Hunden und Schweinen eine mehr vermittelnde Stellung eingenommen und die Zeit zwischen 9 und 11 Jahren als die geeignetste für die Orchidopexie bezeichnet, deren Wert quoad Reifung des Samenepithels für ihn außer Zweifel steht. Auch REA tritt wie andere Forscher (z. B. MONCORPS, 1947) für die Durchführung einer Hormon-(Gonadotropin-)Behandlung *vor* dem chirurgischen Eingriff ein, der aber im Fall eines Mißerfolges der Hormonkur nicht später als 6 Monate nach ihr vorgenommen werden sollte.

Wie sehr es bei der Beurteilung des Operationserfolges auf die Lage des Hodens im Augenblick der Operation ankommt, zeigt die Arbeit von SCHULZ (1936), der die Nachkommenschaft bei verheirateten operierten doppelseitig kryptorchen Männern nachkontrollierte (Tab. 79, S. 374).

Diese hinsichtlich der Potentia generandi auffallend guten Ergebnisse (in 4 von 6 Fällen 1 oder 2 Kinder) werden verständlich, wenn man berücksichtigt, daß es sich bei allen hier operierten Hoden um eine Retention des Hodens im Leistenkanal handelte, während Bauchhoden überhaupt nicht operiert wurden; da sich die Leistenhoden in einem weitaus günstigeren Milieu hinsichtlich der Umgebungstemperatur befinden als die Bauchhoden, ist der Operationserfolg beim 14-, 17-

und 22jährigen Patienten wohl nur auf diese bevorzugte Lage des Hodens zurückzuführen und kann keinesfalls als Beweismaterial für die Empfehlung eines so späten Operationstermins beim Kryptorchismus im allgemeinen dienen.

Tabelle 79. *Nachkommenschaft bei verheirateten operierten doppelseitig kryptorchen Patienten (nach SCHULZ, 1936)*

| Lebensalter in Jahren | | Gesamthoden-Volumen in Prozenten der Norm | Verheiratet seit Jahren | Zahl der Kinder |
bei Operation	bei Nachuntersuchung			
4	22	87	1	1
10	24	47	2	0
14	26	152	2	2
17	32	46	7	1
21	36	21	9	0[a]
22	37	68	11	2

[a] Samenbefund: Azoospermatiker; Potentia coeundi erhalten.

Nicht weniger wichtig als die Lage des Hodens *vor* der Operation scheint aber für den Erfolg der Orchidopexie nach BERGSTRAND u. QVIST (1960a) auch zu sein, daß die Lage der Hoden *nach* der Operation „anatomisch korrekt" ist: diese Chirurgen erreichten unter ihren 39 Fällen von bilateralem Kryptorchismus, die 20 Jahre nach der Operation nachuntersucht werden konnten, in etwa 35—55% der Fälle eine Fertilität; eine Entscheidung über das günstigste Alter für die Operation konnte nicht gefällt werden, doch treten die Verff. im allgemeinen für ein Abwarten mit der chirurgischen oder hormonalen Behandlung bis „near puberty" ein, da sie unter ihren Patienten zahlreiche Fälle von spontanem Descensus bis zu diesem Zeitpunkt feststellen konnten (1960b). Die Erfolge der gleichen Autoren bei der Behandlung mit HCG (6000—17400 IE Gesamtdosis) waren bedeutend weniger gut (1961). In einer Untersuchung der Wirkung von HCG auf den Steroidhormon-Stoffwechsel des Kindes fand KNORR (1963), daß eine Behandlung mit 2mal wöchentlich 1500 IE oder 1mal wöchentlich 5000 IE HCG bei Knaben mit Kryptorchismus einen Anstieg der Androsteron- und Ätiocholanolon-Ausscheidung verursachte, der einige Wochen nach Absetzen der Behandlung zurückging; dabei konnte in 17 von insgesamt 26 Fällen ein „ausreichender Descensus" erreicht werden, mit einer Gesamtdosis von HCG bis zu 20000 IE. Nach einem neueren Bericht des gleichen Autors (KNORR, 1970) wird ein „ausreichender Descensus" bei durchschnittlich 50% aller Fälle mit einer Standardbehandlung von 2mal wöchentlich 1000—1500 E HCG über 6 Wochen erzielt. Wiederholungskuren brachten nur in einem geringen Prozentsatz Erfolg, vermehrten hingegen die Nebenwirkungen. Einzig und allein die sichere Hodenektopie sollte jedoch nach KNORR primär der operativen Behandlung zugeführt werden.

Die besten Erfolge bei der Behandlung mit HCG hatte SCHAPIRO (1957), wenn 1. der Patient das Pubertätsalter nicht überschritten hatte, 2. der Kryptorchismus beiderseitig und mit Hypogonadismus vergesellschaftet war, 3. die Hoden im Inguinalkanal lagen und 4. die angewandte Hormondosis hoch genug war (500 IE 3mal wöchentlich, 8—10 Wochen, Gesamtdosis 12000 IE, bei hypogonadotropem Hypogonadismus evtl. noch mehr; bei Kryptorchismus mit hypergonadotropem Hypogonadismus wurde anstelle von HCG eine Behandlung mit Testosteron (50 mg 3mal wöchentlich bis zum Eintritt des Descensus) eingesetzt.

Eine wegen ihrer relativen Einfachheit von JOHNER (1937) empfohlene Methode mit freier Extension soll besonders in schweren Fällen, in denen der Hoden nur mit Mühe ins Scrotum gebracht werden kann, große Vorzüge haben.

Wenn hinsichtlich des Zeitpunktes der hormonalen bzw. chirurgischen Behandlung der Hodenretention die Bevorzugung eines möglichst frühzeitigen Termins (5. bzw. 6. Lebensjahr), s. HECKER u. BRAREN (1958) bzw. MAIER u. SPANN (1962) und WEBER (1966), sich immer mehr durchzusetzen scheint, so besteht hinsichtlich der *Dosierung* des anzuwendenden Choriongonadotropins noch keine Einigkeit. Nach HECKER u. BRAREN liegen die empfohlenen Dosierungen zwischen einer Gesamtmenge von 260 und 78000 E, nach anderen zwischen 5000 und 100000 E, doch scheint eine mittlere Dosierung von 3000—15000 E insgesamt (2mal wöchentlich 300—500 E) bevorzugt zu werden, obgleich von anderen (z. B. CENDRON, CAULORBE, BORNICHE u. PUJOL, 1957) viel höhere Mengen (10000 E, 2mal wöchentlich, 3 Wochen lang, insgesamt also 60000 E) auch neuerdings empfohlen werden. Im allgemeinen wird die hormonale Behandlung nur bei beidseitigem Kryptorchismus indiziert sein, da man beim einseitigen annehmen muß, daß die endogene Gonadotropinproduktion an sich für den Descensus ausreichend ist und die einseitige Retention daher auf einer anatomischen Behinderung oder auf einer Hodenmißbildung oder Adhäsion eben auf dieser Seite beruhen muß. Manches spricht mehr für die stoßartige Anwendung relativ hoher Dosen in kurzer Frist als für die Gabe kleiner Mengen über einen größeren Zeitraum, vor allem der eventuelle Zeitverlust im letzteren Fall bei Mißerfolg und der daraus folgenden Notwendigkeit des chirurgischen Eingriffs. Auch muß berücksichtigt werden, daß der kryptorche Hoden in manchen Fällen durch die exogenen Gonadotropine zwar nicht zum Descensus veranlaßt zu werden vermag, aber doch eine Stimulierung (= Entwicklungsförderung) erfährt, die unter den Bedingungen der abdominalen Lage, die ja fortbesteht, nicht zur normalen Reaktion, d. h. zur Spermatogenese führt, sondern eine Reaktion auslöst, die sich in einer weitgehenden und irreversiblen Sklerosierung der Kanälchenwand äußert. Die gleiche Reaktion stellt man gegebenenfalls auch auf die endogenen Gonadotropine fest, wenn der kryptorche Hoden bis in die Pubertät hinein im Abdomen verbleibt (vgl. CHARNY, 1957).

Der *Wirkungsmechanismus* der Gonadotropinbehandlung geht, wie die Wirkung der endogenen Gonadotropine über die Beeinflussung der endokrinen Hodenfunktion, d. h. über die Produktion von Androgenen in den Leydig-Zellen[27]. Das gilt offenbar auch für den intrauterin erfolgenden Descensus der Hoden beim Fetus: Es ist bekannt (s. Bd. XXXV/2), daß die Leydig-Zellen beim Neugeborenen eine beträchtliche Entwicklung aufweisen, die nur unter dem Einfluß der diaplacentar in den Fetus übertretenden mütterlichen hypophysären und placentaren Gonadotropine erfolgen kann. Aufgrund dieser morphologischen Verhältnisse darf man eine hormonale Funktion, d. h. Androgenproduktion der fetalen Hoden annehmen, für die ja auch andere Beweise vorliegen (z. B. Rinderzwicke, s. S. 327 ff.). Schwierigkeiten entstehen einer solchen Erklärung des Descensus aus der Rückbildung dieser sogenannten ersten Leydig-Zellen-Generation nach Versiegen der mütterlichen Gonadotropine post partum daraus, daß trotz der nun fehlenden Leydig-Zellen im Lauf der ersten Lebensjahre in einer Reihe von Fällen ein spontaner Descensus eintritt. Allerdings hat SCORER (1955, 1956) feststellen zu können geglaubt, daß "it seems likely that complete descent of the testicles does not occur

---

27 Dafür sprechen auch die Versuche von FONCIN (1931) an Meerschweinchen, die er im Alter von 3 Wochen experimentell kryptorch machte: Beginnend 8 Tage nach der Operation erhielten die Tiere 14—35 Tage lang täglich 2 ml Schwangerenharn (HCG) injiziert; nach 15tägiger Behandlung konnte eine deutliche Hypertrophie der Leydig-Zellen festgestellt werden, die aber bei weiter fortgesetzter Behandlung oder bei weiterem Zuwarten bis zur Untersuchung nicht anhielt, sondern einer offenbaren Erschöpfung der sekretorischen Leistung der Leydig-Zellen und einem mehr normalen Aussehen Platz machte.

after the age of three months", was, wenn es richtig wäre, allenfalls noch mit der Androgenproduktion der ersten Leydig-Zellen-Generation in ursächlichen Zusammenhang gebracht werden könnte. Diese Behauptung Scorer's wird aber durch die Erfahrungen vieler Kliniker widerlegt, die den spontanen Descensus auch zu bedeutend späteren Terminen beobachtet haben. Zu einer Neubildung von Leydig-Zellen kommt es erst sehr viel später, zur Zeit der Präpubertät, also um das 10. oder 11. Lebensjahr, und zu ihrer vollen Entwicklung zur Zeit der Pubertät, so daß für diejenigen Fälle von spontanem Descensus, die um diesen Termin beobachtet werden, der Gonadotropin-Leydigzellen-Mechanismus wieder ohne weiteres möglich und wahrscheinlich ist. Dafür spricht auch, daß die Fälle von spontanem verspätetem Descensus am häufigsten zwischen dem 11. und 14. Lebensjahr (mit Maximum im 12. Jahr) sind, wie aus einer Zusammenstellung von Scott (1962) hervorgeht, die sich auf die Beobachtungen von Williams (1936), Johnson (1939), Drake (1957) und von Scott selber stützt.

Im Hinblick auf diesen Wirkungsmechanismus, in dem die Androgene als die eigentliche causa movens fungieren, hat man besonders zu Anfang der hormonalen Behandlungsversuche auch die *Androgene* einzusetzen getrachtet, z. B. aufgrund der erfolgreichen Versuche mit Testosteronpropionat von Hamilton (1937/1938) am jugendlichen Rhesusaffen, der bis zum Einsetzen der Pubertät im Alter von 4—5 Jahren physiologischer Weise kryptorch und zur Prüfung der Wirksamkeit von den Descensus fördernden Substanzen daher besonders geeignet ist (am besten im Alter von 1—3 Jahren); die Androgenbehandlung ist weniger von Ödemen und Scrotalschwellungen begleitet als die HCG-Behandlung. Dagegen hat Sobel (1951) vor den Gefahren einer vorzeitigen Maskulinisierung von Knaben durch Gaben von Testosteron gewarnt: er sah, bei Verabreichung von nur 5 mg Methyltestosteron täglich oral zur Beseitigung des Kryptorchismus, eine außerordentliche Beschleunigung der Skeletreifung und damit des Wachstumstillstandes. Es sind auch Erfolge veröffentlicht worden, so von Hamilton (1936), sogar solche Fälle, in denen die Gonadotropinbehandlung wirkungslos blieb und erst die Testosteron-Implantation zum Erfolg führte (Simpson, 1946). Hamilton u. Hubert (1938) haben eine Dosierung von 5—20 mg Testosteronpropionat 3—7mal wöchentlich je nach dem Alter ($1^1/_2$—27 Jahre in ihrem Krankengut), der Größe und der Reaktion des Patienten auf die Behandlung empfohlen: beim einseitigen Kryptorchismus reagierte (wie vorauszusehen, s. S. 375) nur 1 von 9 Fällen mit Verlagerung des Hodens in eine normale scrotale Lage, während bei den 8 beidseitigen Fällen 3 einen kompletten beidseitigen Erfolg, 2 einen partiellen und 2 einen einseitigen Abstieg ins Scrotum aufwiesen. Die Verff. unterstrichen die Wichtigkeit der sorgfältigen Unterscheidung zwischen den Fällen von Pseudokryptorchismus (spastischer Hodenretention) und echtem Kryptorchismus: der erste reagierte in allen 12 beobachteten Fällen auf sehr kleine Testosteronpropionatdosen, die zu gering waren, um eine Größenzunahme von Penis und Scrotum hervorzurufen. Aber die Gefahren einer energischen Androgentherapie beim präpuberalen Kind (Hemmung der Hypophyse, vorzeitige Reifung der Epiphysenfugen und Stillstand des Wachstums, auch eine Pubertas praecox) ließen diese Therapie bald in den Hintergrund treten, umso mehr als Fälle von (irreversibler?) Hoedenatrophie beschrieben wurden, die als ihre Folge angesehen wurden (Weyeneth, 1956). Daß es bei der Gonadotropintherapie und sekundärer endogener Androgenproduktion nicht oder seltener zu diesen unerwünschten Komplikationen kommt, liegt wohl daran, daß die von den Hoden in situ produzierten Androgenmengen geringer sind und trotzdem wegen der Stetigkeit ihrer Sekretion und vielleicht auch wegen der lokalen und daher verstärkten Wirkung den Descensus in Gang zu bringen vermögen.

Gegenüber der im vorstehenden geschilderten und gegenwärtig mehr oder weniger allgemein vertretenen Auffassung vom Wirkungsmechanismus der Gonadotropine, also von ihrer *indirekten* Wirkung über die endogenen Androgene des Hodens (vgl. dazu z. B. die Verhandlungen auf dem Colloquium über die Spermatogenese in Paris 1958), sei hier kurz auf eine andere, zusätzliche Möglichkeit der Erklärung hingewiesen. Wie im einleitenden Kapitel über die gonadotrope Regelung der Hodenfunktion hervorgehoben, liegen Untersuchungen (von SIMPSON, LI u. EVANS, 1944) vor, in denen gezeigt wurde, daß man bei infantilen hypophysektomierten Rattenmännchen mit minimalen Dosen von *reinem* ICSH eine vollkommene Spermatogenese erzielen kann, d. h. mit Dosen, die weit unter den für die Stimulierung der Leydig-Zellen bei den gleichen Tieren notwendigen Mengen liegen. Es würde sich hier also um eine *direkte* Wirkung von ICSH auf den spermatogenetischen Anteil des Hodens handeln, die zu einer entscheidenden Größenzunahme des Organs führt: Es wäre nicht ausgeschlossen, daß diese direkte Wirkung am Zustandekommen des Descensus *mit*beteiligt ist. Daß sie als alleinige Ursache nicht in Frage kommt, scheint schon daraus hervorzugehen, daß Gonadotropinpräparate, die vorwiegend eine FSH-Wirkung und nur eine sehr geringe ICSH-Wirkung entfalten, im allgemeinen sehr unsichere Wirkungen auf den kryptorchen Hoden zeigen.

Von den *Gonadotropin-Präparaten* hat sich nur das HCG, das Choriongonadotropin aus dem Schwangerenharn bzw. aus der Placenta, bewährt, während das PMS aus Stutenserum wegen seiner unsicheren Wirkung auf die Leydig-Zellen nicht gern angewendet wird. Von WESTMAN (1949a, b) ist die Kalbshypophysen-Implantation bei Kryptorchismus empfohlen worden, da sie mehr leistet als die isolierten gonadotropen Hormone; LOMBARD u. GROS (1939) sahen bei 2 Fällen von Kryptorchismus einen Hodenabstieg ins Scrotum nach Implantation von Affenhypophysen. Vielleicht ist von den gegenwärtig noch nicht verfügbaren *hypophysären* Gonadotropinen eine bessere Wirkung beim Kryptorchismus zu erwarten als von dem heutzutage allein verwendeten Choriongonadotropin[28].

Um sich in seinen Versuchen den Verhältnissen beim einseitigen Kryptorchismus des Menschen möglichst anzugleichen, hat MOORE (1926) beim infantilen Meerschweinchenmännchen den einen Hoden ins Abdomen verlagert und hier fixiert: der Hoden bleibt unter diesen Umständen zeitlebens undifferenziert, d. h. von embryonaler Struktur. Wird er aber nach 4—5 Monaten ins Scrotum rückverlagert, so kommt es in vielen Fällen zu einer Aufnahme der spermatogenetischen Funktion, die umso ausgedehnter ist, je natürlicher die Lage des Hodens im Scrotum und je freier von Verwachsungen der Hoden ist. Die Bildung normal beweglicher Spermatozoen war schon 3 Monate nach der Rückverlagerung festzustellen. MOORE zieht aus diesen Ergebnissen den Schluß, daß auch für den kongenital kryptorchen Hoden des Mannes eine Wiederherstellung seiner Funktion durch Verlagerung ins Scrotum möglich ist, selbst wenn diese Verlagerung relativ spät nach der Erlangung der sexuellen Reife erfolgt. Die praktischen klinischen Erfahrungen sprechen dafür, daß das nur relativ selten der Fall sein dürfte (s. u.).

Die *Erfolge der Behandlung* des Kryptorchismus, sei es der chirurgischen, sei es der hormonalen, werden im allgemeinen als bescheiden bezeichnet. Wohl glaubt WINTERSTEIN (1953) die Ergebnisse der Gonadotropintherapie aufgrund der Literatur auf 60% vollständige und 20% partielle Erfolge und auf nur 20% Versager schätzen zu dürfen; aber das bezieht sich sicher nur auf das anatomisch-kosmetische Resultat, nicht auf das funktionelle, wenn man die potentia gene-

---

28 KUNSTADTER (1939) hat PMS bei einer kleinen Gruppe von Patienten (14 Jungen im Alter von $6^{1}/_{2}$—$14^{3}/_{4}$ Jahren) mit Hypogonadismus oder Kryptorchismus oder beidem mit gutem Erfolg in $66^{2}/_{3}$ der Fälle angewandt.

randi als Ziel der Behandlung ansieht; in dieser Hinsicht kommt die Angabe von 5—20% Erfolgen (CENDRON u. Mitarb., 1957) der Wahrheit gewiß näher. Das gleiche gilt auch für die chirurgische Therapie: Hier stehen die Mitteilungen von GROSS u. JEWETT (1956), daß sie bei den Patienten, die sie mehr als 10 Jahre nach der Orchidopexie beobachten konnten, in 79% der Fälle Fertilität sicherstellten, ganz vereinzelt da. Mit Recht haben HECKER u. BRAREN (1958) darauf hingewiesen, daß die Kriterien dieser Untersucher für eine Fertilität ihrer Patienten nicht ausreichend seien, denn ein Fertilitätstest soll nach den heutigen Kenntnissen folgende Kriterien umfassen: Gesamtvolumen des Ejakulats und Zahl der Spermien im ml, Differenzierung der Spermien im Spermiocytogramm, Beweglichkeit, Resistenz, Hyaluronidasegehalt der Spermien, Bestimmung des Fructose- und des Phosphatgehalts des Samenplasmas, sowie Vornahme einer Hodenbiopsie, nur *ein* negatives Teilergebnis dieser Untersuchungen dokumentiere bereits die Unfruchtbarkeit des Patienten. Als Gegenbeispiel zu den Gross'schen Erfolgsmitteilungen seien die Beobachtungen von RABOCH u. ZÁHOR (1955) wiedergegeben. Sie beurteilten den Erfolg des operativen Eingriffs aufgrund folgenden Schemas:

Tabelle 80. *Beurteilungsschema nach* RABOCH u. ZÁHOR *(1955)*

Gruppe	Zahl der funktionstüchtigen Spermien im Gesamtejakulat	Fertilitätsgrad
I	mehr als 300 Millionen	ausgezeichnet
II	150—300 Millionen	gut
III	50—150 Millionen	herabgesetzt
IV	10— 50 Millionen	gering
V	1— 10 Millionen	klinisch steril
VI	keine	völlig steril

Ihre Beobachtungen erstrecken sich auf 110 Fälle von Kryptorchismus, 67 einseitige und 43 beidseitige.

Einseitiger Kryptorchismus

1. Typus: 37 Fälle mit intakter Spermatogenese, Zeugungsfähigkeit nicht wesentlich herabgesetzt.
2. Typus: 29 Fälle, auch im descendierten Hoden Schädigung des Keimepithels und damit eine bedeutend herabgesetzte oder völlig fehlende Zeugungsfähigkeit:

Zahl der untersuchten Fälle	Gruppe I	II	III	IV	V	VI
	4	17	11	3	19	12

Beidseitiger Kryptorchismus

1. Typus: Hoden primär normal; der unvollständige Descensus ist die Folge einer unzulänglichen hormonalen Stimulierung oder Ausdruck ungünstiger mechanisch-anatomischer Verhältnisse. Hier kann durch rechtzeitigen chirurgischen Eingriff das spermiogene Gewebe noch mehr oder weniger funktionstüchtig werden.
2. Typus: hier kann selbst durch rechtzeitige chirurgische Korrektur wegen eines primären Hodenschadens keine Fertilität erreicht werden. Bei beiden Typen ist der chirurgische Eingriff indiziert; Verff. befürworten bei Fällen ohne Aussicht auf Spontandescensus eine operative Korrektur vor oder schon am Anfang der Pubertät, auch schon aus psychologischen Gründen.

21 Fälle, die *nach* dem 14. Lebensjahr, und 6 Fälle, die garnicht operiert wurden, insgesamt 27 Fälle, bei denen in 26 Fällen Azoospermie und nur in 1 Fall vereinzelte Spermien im Ejakulat festgestellt wurden.

13 Fälle, die *vor* dem 14. Lebensjahr operiert wurden:

Zahl der unter-	Gruppe I	II	III	IV	V	VI
suchten Fälle	0	0	1	3	6	3

Also bei *einem* Mann normale, wenn auch herabgesetzte Fertilität (dieser war im 10. Lebensjahr operiert worden), bei 3 eine geringe Fertilität, während die übrigen 9 Fälle praktisch steril waren.

DOEPFMER u. NIENABER (1964) haben darauf hingewiesen, daß die einseitigen Hodendystopien im Gegensatz zu anderen Mißbildungen wesentlich zugenommen haben; trotzdem existieren nur wenige Studien über diese Anomalität. Verff. fanden unter 87 Männern mit einseitiger Dystopie nur 32% wahrscheinlich fertile, 41% subfertile und 27% infertile: es liegt also in den meisten Fällen eine Schädigung auch des normal descendierten Hodens vor. Daher soll auch der einseitige Kryptorchismus im Alter zwischen 6 und 8 Jahren ähnlich wie der beidseitige unbedingt einer hormonalen bzw. operativen Therapie unterworfen werden.

Als Indikation für die Orchidopexie bzw. für die Gonadotropinbehandlung soll in erster Linie die Schaffung der generativen Funktion gelten; erst in zweiter Linie kommen kosmetische und psychologische Gründe in Frage, ja, von manchen Autoren (DRAKE) werden Erwägungen dieser Art als zwingende Gründe für eine aktive Therapie abgelehnt. Dieses negative Verhalten erscheint nicht berechtigt, wenn man berücksichtigt, daß andere Beobachter neben, vom geistigen Standpunkt betrachtet, völlig normalen Knaben, hier und da auch einen etwas bequemen und inaktiven Typ antrafen, bei denen sie nach der Lagekorrektur der Hoden vereinzelt einen deutlichen Wandel im psychischen Verhalten konstatierten (WINTERSTEIN, 1953).

Die nicht ganz seltenen Fälle einer offenbar allgemeineren hypophysären Insuffizienz beim Kryptorchismus lassen die Annahme zu, daß auch die Wachstumshemmungen bei kryptorchen Knaben hypophysärer Natur seien. DORFF u. HUDSON (1951) haben wohl als erste darauf aufmerksam gemacht, daß eine Choriongonadotropinbehandlung nicht nur zu einem Descensus der Hoden führen kann, sondern sozusagen als erwünschte Nebenwirkung auch eine Wachstumsbeschleunigung bei diesen Knaben hervorrufe. LEDERER (1952) hat das an 14 Fällen von Kryptorchismus mit Wachstumsverzögerung bestätigen können (Dosierung: 100—500 E HCG 2mal wöchentlich über viele Monate); vgl. dazu auch die Beobachtungen von ICHIKAWA u. WAKU (1958), die bei kryptorchen Knaben nicht selten Zeichen von allgemeinem Hypogonadismus feststellen konnten. In Abhängigkeit davon, ob es sich um einen isolierten Kryptorchismus handelt oder ob Symptome einer allgemeineren hypophysären Störung vorliegen, erhöhen SZCEPSKI, WALEZAK u. MIKOLAJCZYK (1962) die zu verabreichende Gesamtdosis von 2500—5000 IE im ersten Fall auf 5000—10000 IE im letzten Fall.

In einer zusammenfassenden Übersicht über das spermatogenetische Potential retinierter Hoden vor und nach der Behandlung mit Gonadotropinen oder durch Orchidopexie kommt CHARNY (1960) aufgrund der bioptischen Untersuchung der Hoden in 317 Fällen zu einer außerordentlich pessimistischen Beurteilung des Behandlungserfolges. Dank dem Vorhandensein einer lückenlosen Reihe solcher Hodenbiopsien an normalen Hoden von der Geburt bis zur Reife konnten die Befunde an den kryptorchen Hoden stets mit der Norm verglichen werden. Die

Erfolgskontrolle durch Biopsien ist nach CHARNY die einzige objektive Methode, um das Resultat der Behandlung zu beurteilen. Ein spontaner Descensus im 1. Lebensjahr liegt noch im Variationsbereich der Norm, etwa in Analogie zur verzögerten Dentition. Eine Retentio testis über das 1. Lebensjahr hinaus ist pathologisch und läßt auf eine Hypoplasie des Hodens oder eine andere Behinderung des Descensus schließen. Eine Volumzunahme des Hodens als Folge der Gonadotropin-Behandlung ist auf Ödeme und nicht auf ein Kanälchenwachstum zurückzuführen. Hoden, die vor dem 10. Lebensjahr nach Applikation kleiner Gonadotropindosen descendieren, *können* funktionell normal sein; Hoden, die nach dem 10. Lebensjahr oder nur nach Verabreichung hoher Gonadotropindosen absteigen, zeigen in der Regel eine Reduktion des spermatogenen Potentials. Während kleine HCG-Dosen keine zerstörende Wirkung auf den retinierten oder scrotalen Hoden haben, können große Dosen die Samenzellreifung irreversibel schädigen. Die Verabreichung von Gonadotropinen nach der Orchidopexie, in der Absicht den retardierten Hoden zu stimulieren, kann den degenerativen Prozeß nur beschleunigen und verstärken. Die Biopsie einer großen Zahl von Hoden, die mittels verschiedener, z. T. gegenwärtig als adäquat betrachteter orchidopektischer Methoden ins Scrotum verlagert waren, hat bei der Nachkontrolle auch nicht in einem einzigen Fall das Vorhandensein einer normalen Spermatogenese nachweisen können; auch in den wenigen Hoden, die in ihrer Größe und Konsistenz normal waren, war die Spermatogenese anormal. 14% der Hoden waren vollkommen atrophisch, auch hinsichtlich der Leydig-Zellen, die im allgemeinen von der kryptorchen Lage der Hoden nicht betroffen werden. Solange nicht die chirurgischen Behandlungsmethoden entscheidend verbessert werden, schreibt CHARNY, sollte man den Knaben mit asymptomatischem unilateralem Kryptorchismus die Zufälligkeiten und Beschwerden einer Orchidopexie ersparen.

Es muß aber auch die Tatsache berücksichtigt werden, daß der ektopische Hoden nachgewiesener Maßen in bedeutend höherem Grad als der normale scrotale Hoden zur *Ausbildung maligner Geschwülste* neigt. SOHVAL (1954) berechnet aufgrund der Literatur eine 50mal so hohe Häufigkeit maligner Neubildungen im kryptorchen Hoden, verglichen mit dem scrotalen. BIELSCHOWSKY u. HALL (1954) haben bei Ratten nach Entfernung des rechten und Verlagerung des linken Hodens in die Bauchhöhle eine Degeneration des tubulären Apparats im experimentell kryptorchen Hoden gefunden und gleichzeitig bei längerem Aufenthalt im Abdomen zunächst eine diffuse Hyperplasie der Leydig-Zellen mit Knötchenbildung und endlich ein neoplastisches Wachstum derselben. Diese Leydigzelltumoren schienen, beurteilt nach den Veränderungen der Milchdrüsen und der Vesiculardrüsen, Oestrogene zu produzieren. Die Autoren stellen eine Parallele ihrer Befunde zu den Beobachtungen von LIPSCHÜTZ (1922) fest, der ähnliche Veränderungen der Leydig-Zellen nach „testiculärer Fragmentierung" beim Meerschweinchen konstatierte: zu neoplastischem Wachstum im Hoden kam es auch nach Überpflanzung des Hodengewebes in die Milz (BISKIND u. BISKIND, 1944). Das Gemeinsame in allen diesen Beobachtungen sehen BIELSCHOWSKY u. HALL darin, daß das Hodengewebe einer andauernden intensiven Stimulierung durch die hypophysären Gonadotropine (ICSH) ausgesetzt ist.

Wenn auch die Verlagerung des kryptorchen Hodens ins Scrotum keine absolute Garantie gegen die spätere Entwicklung eines Tumors im verlagerten Hoden bildet (REA, 1939), so wird doch die Entdeckung einer malignen Entwicklung durch die scrotale Lage wesentlich erleichtert.

Auf die nicht seltene Kombination von *Gynäkomastie* und Kryptorchismus sei hingewiesen. Worauf die Mammaentwicklung in diesen Fällen zurückgeführt

werden muß, ist, ebenso wie in vielen anderen Fällen dieser Anomalität unklar
Die Vermutung, daß es sich um eine Folge der Anwesenheit von großen Mengen
FSH und gleichzeitig von Androgenen handelt, stützt sich auf die Beobachtung,
daß bei Eunuchoiden und Kastraten mit hohem FSH-Titer die Gynäkomastie
sich häufig erst dann entwickelt, wenn diese Kranken mit Testosteron behandelt
werden (RICHARDSON, 1946; CROOKE, 1946).

3. Androgene und Tumorgenese[29]

Ebenso wenig wie bei den Oestrogenen (vgl. BÜNGELER u. DONTENWILL, 1959)
ist auch bei den Androgenen die Frage ihrer eventuellen tumorigenen Wirkung als
entschieden zu betrachten (vgl. VOSS, 1960); aber es gibt auch, wie WHEDON
(1956) sich unter Berufung auf SHELTON (1954) ausdrückt, keinen sicheren Hinweis darauf, daß bei Patienten, die mit Oestrogenen oder Androgenen behandelt
werden, Krebserkrankungen häufiger beobachtet werden, als bei der Bevölkerung
im allgemeinen im gleichen Alter.

LACASSAGNE (1939) hat als erster die Entstehung von Tumoren (subcutanen
Spindelzellsarkomen) als Folge einer über 300 Tage dauernden Behandlung mit
subcutanen Injektionen von Testosteronpropionat, Testosteronacetat oder Androstendioldipropionat bei Mäusen beschrieben. Hierbei war ein für spontane
Mamma-Carcinome sehr anfälliger Mäusestamm (R III) auch für die Entstehung
von testosteronbedingten Tumoren viel empfänglicher (11 von 27 Tieren = 40%),
verglichen mit analog behandelten Mäusen aus 3 für das Mamma-Ca nicht anfälli-
gen Stämmen (17 nc, 30, 39), die nur in einem von 22 Fällen (= knapp 5%) nach
Androgenbehandlung ein Sarkom des Uterus aufwiesen. Die Induktionszeit betrug
in den meisten Fällen weit über 1 Jahr.

Diese Beobachtungen von LACASSAGNE wurden in neuerer Zeit von verschiedener Seite bestätigt. So berichteten KIRKMAN u. ROBBINS (1956), daß sie beim
Goldhamster (Cricetus auratus) beiderlei Geschlechts nach subcutaner Implantation von Preßlingen aus Testosteronpropionat nach einer Induktionszeit von etwa
2 Jahren in 46 von 64 Fällen die Bildung von malignen Tumoren (5), von Neben-
nierenrinden-Adenomen (35) und anderen Tumoren (6) beobachtet hätten. RUDA-
LI, DESORMEAUX u. JULIARD (1956) fanden bei den von ihnen verwendeten Männchen des AKR-Mäusestammes nach einer bis zu 19 Monate währenden Beobachtung nach Behandlung mit Androgenen in einem Fall neoplastische Veränderungen
in den Nieren, und HOMBURGER, BORGES u. TREGIER (1957) gelang bei Mäusen
des Swiss- und des BALB-Stammes die Erzeugung von Uterussarkomen durch
eine Testosteronbehandlung, allerdings nur in Verbindung mit einer Ligatur der
Cervix uteri; die Induktionszeit war in diesem Fall so kurz (es vergingen nur 7
Tage zwischen der Testosteron-Verabreichung und der Tumorbildung), daß man
geneigt ist, der Traumatisierung den entscheidenden Einfluß bei der Tumorentstehung zuzuschreiben und nicht der Testosteronbehandlung. HORNING (1959)
behandelte Albinorattenweibchen vom 3. Lebenstage an mit einer wöchentlichen
Injektion von 0,5 mg Testosteronpropionat in Öl; vom 21. Tag an wurden die
wöchentlichen Dosen allmählich auf 1,0 mg und nach 6 Monaten auf 2,5 mg
gesteigert und die Injektionen 21 Monate fortgesetzt: er beobachtete in 3 von
10 Fällen die Bildung von Thecazell-Tumoren (Spindelzell-Sarkomen), wie sie bei
den unbehandelten Weibchen seiner Zucht niemals gefunden wurden. In einer

---

weiteren Versuchsreihe an Goldhamstermännchen wurden die Tiere, beginnend im Alter von 2 Wochen, einer ähnlichen chronischen Behandlung mit subcutan verabreichtem Testosteronpropionat im Lauf von 16 Monaten unterworfen: hier stellte HORNING in 2 von 10 Fällen ein Nebennierenrinden-Carcinom bzw. -adenom fest, Tumoren, die in der verwendeten Hamsterzucht bei unbehandelten Tieren nie beobachtet wurden. HORNING ebenso wie KIRKMAN u. ROBBINS sind aufgrund ihrer Versuchsergebnisse geneigt, das Testosteron als ein unspezifisches Carcinogen beim Hamster bzw. bei der Ratte zu betrachten.

Die tumorigene Wirkung der Androgene, wie sie aus den obigen Versuchen hervorzugehen scheint, wird offenbar nur in Ausnahmefällen und dann nur bei einer beschränkten Zahl der Versuchstiere beobachtet[30]. Hinsichtlich des Wirkungsmechanismus hat BURROWS (1945) in seinem Buch über die biologischen Wirkungen der Sexualhormone die Vermutung geäußert, daß die gelegentliche Entwicklung von Tumoren als Folge einer experimentellen Androgenbehandlung auf eine *Umwandlung des exogenen Androgens in ein Oestrogen* zurückzuführen sein könnte, die im Körper des Versuchstieres vor sich ginge. BURROWS konnte sich zur Begründung dieser Auffassung auf eine Beobachtung von PARKES (1935) berufen, der gezeigt hatte, daß ein Androgen, das Androstandiol, nur bei normalen, nicht aber bei kastrierten Rattenweibchen zu einer Verhornung des Vaginalschleimhautepithels, also zu einem typischen oestrogenen Effekt führte, was darauf schließen ließ, daß das Ovarium einer Ratte bei der Umwandlung eines Androgens in ein Oestrogen eine Rolle spielen könnte (beim kastrierten Weibchen verhindert das Androgen diese Verhornung, wenn es gleichzeitig mit dem exogenen Oestrogen injiziert wird) (Voss, 1959).

Die Auffassung von BURROWS fand aber auch in anderen experimentellen und klinischen Beobachtungen eine Stütze: Schon STEINACH, KUN u. PECZENIK (1936) konstatierten bei Ratten und STEINACH u. KUN (1937) beim Menschen eine *vermehrte Oestrogenausscheidung im Harn nach Verabreichung von Androgenen* (Androsteron oder Testosteron), was von CALLOW, CALLOW u. EMMENS (1939), von Foss (1939), von NATHANSON u. TOWNE (1939) und von NATHANSON u. Mitarb. (1952) am Menschen bestätigt wurde, ebenso von HOSKINS u. Mitarb. (1939) und HAMILTON, DORFMAN u. HUBERT (1941) bei menschlichen Eunuchoiden und von PASCHKIS, CANTAROW u. RAKOFF (1943) bei Hunden. Eine vermehrte Oestrogenausscheidung bei Patientinnen, die wegen Mamma-Ca mit hohen Androgendosen behandelt wurden, fanden NATHANSON u. KELLY (1952), und als weiteres Kennzeichen einer vermehrten Gegenwart von Oestrogenen im Körper wurde das Auftreten einer Gynäkomastie bei Patienten gedeutet, die mit Androgenen behandelt wurden (McCULLAGH u. ROSSMILLER, 1941). Den biochemischen Beweis für die Umwandlung von Testosteron in Oestron erbrachten HEARD, JELLINEK u. O'DONNELL (1955) durch die Verabreichung von mit ^{14}C markiertem Testosteron an eine trächtige Stute und den anschließnden Nachweis von mit ^{14}C markiertem Oestron im Harn des Tieres. BAGGETT, ENGEL, SAVARD u. DORFMAN (1956) lieferten den gleichen Beweis durch Versuche in vitro, in denen sie Schnitte von menschlichen Ovarien mit Testosteron-3-^{14}C bebrüteten und nachher mit ^{14}C markiertes

---

30 Eine Ausnahme in dieser Hinsicht stellen die von VAN NIE, BENEDETTI u. MÜHLBOCK (1961) durch s. c. Implantation von Testosteronpropionat-Preßlingen bei Mäuseweibchen erzielten Carcinombildungen dar: in 26 von 42 behandelten Mäusen wurden nach einer Überlebenszeit von 14,7—18,8 Monaten Uteruscarcinome festgestellt, in 10 von diesen Fällen mit Lungenmetastasen. Aufgrund der Ähnlichkeit der im Stroma des Uterus liegenden Anfangsstadien dieser Tumoren hinsichtlich ihres histologischen Aufbaus mit den histologischen Veränderungen im Stroma des Endometrium zu Beginn der Trächtigkeit der Maus nehmen Verff. an, daß Beziehungen dieser Tumoren zu den Deciduazellen bestehen.

Oestradiol-17β im Inkubationsmaterial nachwiesen, wobei sie durch „rigorose Reinigungsmaßnahmen" die Möglichkeit einer radioaktiven Verunreinigung im Oestradiol ausschlossen.

Außer radioaktivem Oestradiol-17β isolierten Wotiz, Davis, Lemon u. Gut (1956) auch radioaktives Oestron und Oestriol in ähnlichen Inkubationsversuchen von überlebendem menschlichen Ovarialgewebe mit 4-^{14}C-Testosteron. Das Ovarialgewebe stammte von einer Frau, die seit 20 Jahren menopausisch war und ein Carcinom der Cervix uteri hatte; die Ovarialschnitte zeigten eine merkliche Stromahyperplasie der Rinde. Neben den Oestrogenen wurde auch unverändertes 4-^{14}C-Testosteron nachgewiesen. Myers u. Mitarb. (1956) berichteten über 4 Patientinnen mit Mamma-Ca, die Knochenmetastasen hatten und deren Zustand sich nach einer Androgentherapie merklich verschlechterte, mit Exacerbation des Tumorwachstums: obgleich auch andere Erklärungsmöglichkeiten erwogen werden, glauben Verff. doch die Verschlechterung auf eine mindestens partielle Umwandlung der injizierten Androgene in Oestrogene zurückführen zu müssen, besonders da bei den gleichen Patientinnen eine Oestrogenkur ähnlich ungünstig wirkte und unter der Androgentherapie eine verstärkte Oestrogenausscheidung im Harn bei zweien der 4 Patientinnen festgestellt wurde, die ovar- und adrenalektomiert waren.

Angesichts dieser experimentellen Befunde und der klinischen Beobachtungen über die durch Androgengaben vermehrte Oestrogenausscheidung erscheint die Annahme recht gut begründet, daß die in manchen Versuchen zu Tage getretene tumorigene Wirkung von Androgenen nicht diesen selber zukommt, sondern den aus ihnen gebildeten Oestrogenen zuzuschreiben ist. Es muß aber betont werden, daß ein strikter Beweis für die Gültigkeit dieses Wirkungsmechanismus noch aussteht. Schwierigkeiten bestehen für diese Deutung insofern, als der Ort der Umwandlung nicht sicher ist: Während die erwähnten Beobachtungen von Parkes (1935) und besonders die in vitro-Versuche von Baggett u. Mitarb. (1956) für das Ovarium sprechen, zeigen die Beobachtungen von Steinach u. Kun (1937) und von Steinach, Kun u. Peczenik (1936) an Männern bzw. Rattenmännchen, daß auch der männliche Organismus zu dieser biochemischen Reaktionsfolge befähigt ist, wie auch aus den Versuchen von Hill (1937) am Hengsthoden hervorgeht, der die Umwandlung von Testosteron in Oestradiol ebenfalls zu vollziehen vermag. Der Hoden als Ort der Umwandlung wird aber andererseits durch die Beobachtungen von Steinach, Kun u. Peczenik (1936) in Frage gestellt, nach denen auch kastrierte Rattenmännchen die vermehrte Oestrogenausscheidung im Gefolge der Injektion von Androgen aufweisen, was von Nathanson u. Mitarb. (1951) auch für menschliche Versuchspersonen, die keine Gonaden, aber intakte Nebennieren besaßen, bestätigt wurde. Es erhebt sich also die Frage, ob die Androgene in den Nebennieren in Oestrogene umgewandelt werden oder ob sie in den Nebennieren die an sich vorhandene, aber normalerweise geringe Oestrogenproduktion erhöhen. Jedoch auch die Rolle der Nebennieren als Ort der Umwandlung erscheint fraglich im Hinblick auf die Versuche von West u. Mitarb. (1956), die bei 2 gonad- und adrenalektomierten Frauen sowohl Oestradiol als auch Oestron im Harn feststellten, nachdem die Patientinnen mit Testosteronpropionat behandelt worden waren, während vor der Behandlung die Oestrogene im Harn vollkommen fehlten. Die oben erwähnten Beobachtungen von Myers u. Mitarb. (1956) sprechen im gleichen Sinne.

Die Frage, ob die von Noble (1939) aufgrund seiner Versuche postulierte und durch die Beobachtungen von Alloiteau (1959a, b) und von Alloiteau u. Acker (1960) noch weiter wahrscheinlich gemachte Umwandlung von exogenem

Testosteronpropionat in ein Oestrogen[31] durch das funktionierende Corpus luteum der Ratte zum physiologischen Bereich der Gelbkörperfunktionen gehört, ist noch ungeklärt. Eine funktionell bedeutsame Umwandlung setzt nach ALLOITEAU (1960) einen hohen Androgenspiegel im Blut voraus, da nur ein geringer Anteil des zirkulierenden Blutes das Corpus luteum passiert. Es fehlen ganz allgemein sichere Anhaltspunkte dafür (vgl. BAGGETT u. Mitarb., 1956, S. 940), daß der Abbau von Testosteron physiologischer Weise auch nur zum Teil über die Umwandlung in Oestrogene verläuft und nicht in Gänze zu den bekannten 17-Ketosteroiden im Harn führt. Obgleich BAGGETT u. Mitarb. trotzdem die vorliegenden Beobachtungen als „suggestive of the importance of the conversion (scil. of testosterone to estradiol) in the normal biosynthetic pathway" bezeichnen, will es uns scheinen, als ob im allgemeinen erst ein unphysiologisch hohes Mengenangebot von exogenem männlichen Hormon den Organismus zu einer solchen Umwandlung veranlaßt (wie z. B. in den oben zitierten Versuchen von NOBLE bzw. von ALLOITEAU), vielleicht weil die am physiologischen Abbauweg beteiligten Enzyme nicht ausreichen. Für eine solche Auffassung spricht das relativ seltene Auftreten der „androgen-bedingten" Tumoren und die in allen Fällen[32] außerordentlich stark verlängerte Induktionszeit, die viele Monate, selbst Jahre beträgt. Dagegen spricht auch nicht der scheinbar physiologische Fall einer solchen Umwandlung im Hengsthoden, wo man, nach den ganz außergewöhnlich hohen Oestrogenmengen zu urteilen, auch von einem „unphysiologisch hohen Mengenangebot von männlichem Hormon" zu sprechen geneigt sein könnte.

Besitzen nun die Androgene (abgesehen vom Umweg über die Oestrogene) an sich oder in Form ihrer normalen Abbauprodukte eine cancerogene Wirkung? Die grundlegenden Untersuchungen von HUGGINS u. Mitarb. (1939—1941) über das Prostata-Ca des Hundes, seine Beeinflussung durch Hormone und die Übertragbarkeit dieser experimentellen Erfahrungen auf die Behandlung des Prostata-Ca des Menschen haben hierin weitgehende Klarheit geschaffen, indem sie die Abhängigkeit des Ca der Vorsteherdrüse von der Gegenwart androgener Hormone und seine Rückbildung durch diverse anti-androgene Maßnahmen (Kastration, Oestrogen-

---

31 Diese Autoren zeigten auch in vergleichenden Untersuchungen, daß nicht alle Androgene zur Umwandlung in Oestrogene durch das funktionierende Corpus luteum befähigt sind; für eine Aktivität in dieser Hinsicht müssen folgende Struktureigentümlichkeiten vorliegen: a) eine Doppelbindung in Δ_4 oder Δ_5; b) eine =O-Gruppe in C 3 oder eine -OH-Gruppe in 3β; c) eine =O-Gruppe in C 17 oder eine -OH-Gruppe in 17β. Die Veresterung hat keinen Einfluß. Die Wirksamkeit verschwindet bei Einführung einer =O-Gruppe an C 11 oder wenn die Substanz eine -CO-CH$_3$-Gruppe in 17β trägt oder auch wenn eine Methylgruppe in 17a neben einer -OH-Gruppe in 17β-Stellung vorhanden ist. Das freie Testosteron ist in einer Dosis von 100 μg, das Testosteronpropionat in Dosen von 50, 100 und 1000 μg wirksam, das Δ_5-Androsten-3β-17β-diol (-Dipropionat) mit 500 und 1000 μg, kaum mit 100 μg; hochaktiv sind Δ_4-Androsten-3,17-dion und Dehydroisoandrosteron; ganz unwirksam sind 17-Methyltestosteron, 17-Methyl-Δ_5-androsten-3β,17β-diol(-Dipropionat), Adrenosteron, alle Substanzen ohne Doppelbindung in den Ringen A und B, wie Androstanolon, Androsteron, Epiandrosteron und Ätiocholandion; ferner Progesteron, 17a-Hydroxyprogesteron, Δ_5-Pregnen-3β-ol,20-on, 17a-Hydroxy-Δ_5-Pregnen-3β-ol,20-on. Die aktiven Substanzen sind zwar alle Androgene, aber ihr Einfluß auf die Oestrogenbildung steht, wie aus den obigen Daten hervorgeht, in keiner Beziehung zur Stärke ihrer spezifisch-androgenen Aktivität. Das ist besonders deutlich beim Dehydroisoandrosteron (DHA) (ALLOITEAU, 1961), das bereits in einer einmaligen Dosis von 10 μg wirksam ist, während vom freien Testosteron 100 μg benötigt werden, um eine für die Nidation ausreichende Menge von Oestrogen [(entsprechend der Wirksamkeit von 0,05 μg Oestradiol) (DHA : T = 1 : 10)] zu produzieren, während im spezifisch-androgenen Test (nach Voss u. Mitarb., modifizierter lokaler Fußgänger-Test am Kapaunenkamm) etwa 40 μg DHA die gleiche Wirksamkeit haben wie etwa 4,0 μg T (DHA : T = 10 : 1, unveröffentlichte Versuche von Voss, 1962).

32 Vielleicht mit Ausnahme der Versuche von HOMBURGER u. Mitarb. (1957); vgl. aber dazu die Bemerkungen auf S. 381.

Behandlung) nachwiesen: nach HUGGINS (1958) „steht es fest, daß die anti-androgenen Methoden ungefähr 95% von Patienten mit ausgedehntem Carcinom (der Prostata) zugute kommen".

Die „Androgen-Abhängigkeit[33]" des Prostata-Ca ist noch kein Beweis dafür, daß diese körpereigenen Androgene cancerogen sind, d. h. daß das Ca unter dem Einfluß der Androgene entstanden ist. Die von verschiedenen Untersuchern (ANDREWS, 1949, 1951; BARNETSON, 1954; FRANKS, 1954) beschriebenen „latenten Carcinome" in der Prostata des Mannes sind, wie es scheint, so häufig, daß sie als eventueller spontaner Entstehungsort des Prostata-Ca des alternden Mannes in Anspruch genommen werden können. Die Androgene, endogene und exogene, würden somit nur die günstigen Bedingungen für die Entwicklung der ruhenden („latenten") genetischen Anlagen schaffen[34]. Daß sie aber nur *einen* unter einer Anzahl von begünstigenden Faktoren darstellen, scheint daraus hervorzugehen, daß das Prostata-Ca in den späteren Lebensabschnitten auftritt, in denen eher eine Abnahme als eine Zunahme der Androgenproduktion anzunehmen ist. Man muß daher das Prostata-Ca wohl als einen typischen „hormonabhängigen" Tumor bezeichnen, ohne daß man aber deswegen die physiologischen Androgene als cancerogen qualifizieren dürfte. Das gilt a fortiori auch für ihre normalen Abbauprodukte, die 17-Ketosteroide, deren physiologische Bedeutung im Körper (wenn sie eine solche überhaupt noch besitzen) wohl nicht auf dem spezifisch androgenen Sektor (also auch nicht der Stimulierung der accessorischen Geschlechtsdrüsen, darunter der Prostata) liegen dürfte, sondern vielleicht auf dem myotrophen Gebiet: darauf weisen die Untersuchungen über die anabole Wirkung der Androgene (vgl. JUNKMANN, 1955; hier weitere Literatur zu dieser Frage) und auch konstitutionsphysiologische Beobachtungen hin (s. TANNER u. Mitarb., 1959).

Zellwucherungen nach Applikation eines androgenen Wirkstoffes haben QUERNER u. WRBA (1953a, b) bei jungen Zahnkärpflingen (Lebistes reticulatus Pet.) beobachtet, wenn sie dem Kulturwasser das relativ schwach spezifisch androgen wirksame Dehydroepiandrosteronacetat [Dehydroisoandrosteronacetat (DIA)] zusetzten: innerhalb von 4 Tagen entstanden atypische Wucherungen in der Kiemenregion, dem lockeren Zwischengewebe des Kopfes, in der Retina, im Truncus arteriosus, in der Leber und in den Harnorganen (Abb. 59a, b, S. 386). Nach Auffassung der Verff. gehen diese Wucherungen sicher auf eine spezifische Wirkung des applizierten DIA zurück, denn alle anderen untersuchten androgenen Steroide zeigten diese Wirkung nicht.

Eine das experimentelle Tumorwachstum fördernde Wirksamkeit der Androgene kann man vielleicht aus den Versuchen von MILCU, ZIMEL u. RIVENZON (1960) herauslesen, in denen ein durch Methylcholanthren hervorgerufenes Sarkom IOB_9 zum Teil in den Hoden von Ratten, zum Teil s. c. oder i. m. überpflanzt wurde. Wenn bei diesen Ratten die Konzentration der Gonadotropine im Körper experimentell auf verschiedenen Wegen erhöht oder herabgesetzt wurde, so ergab sich, daß der Grad der gonadotropen Aktivität zum Zeitpunkt der Geschwulstübertragung für die Entwicklung des *in den Hoden* überpflanzten Sarkoms entscheidend für seine Entwicklung war: Eine Verminderung der gonadotropen Aktivität hemmte die Geschwulstentwicklung, während sie durch eine gonadotrope Aktivitätssteigerung gefördert wurde. Die Entwicklung des gleichen, aber s. c. oder i. m. überpflanzten Sarkoms wurde durch die gonadotrope Wirksamkeit der

---

33 Kürzlich hat RÖHL (1959) eine stimulierende Wirkung von Androsteron auf das Prostata-Ca in vitro nachgewiesen.

34 Vielleicht durch die stimulierende Wirkung auf die Zellatmung des neoplastischen Gewebes, wie sie von NAKAMURA u. ZUZUKI (1930) in vitro nachgewiesen werden konnte.

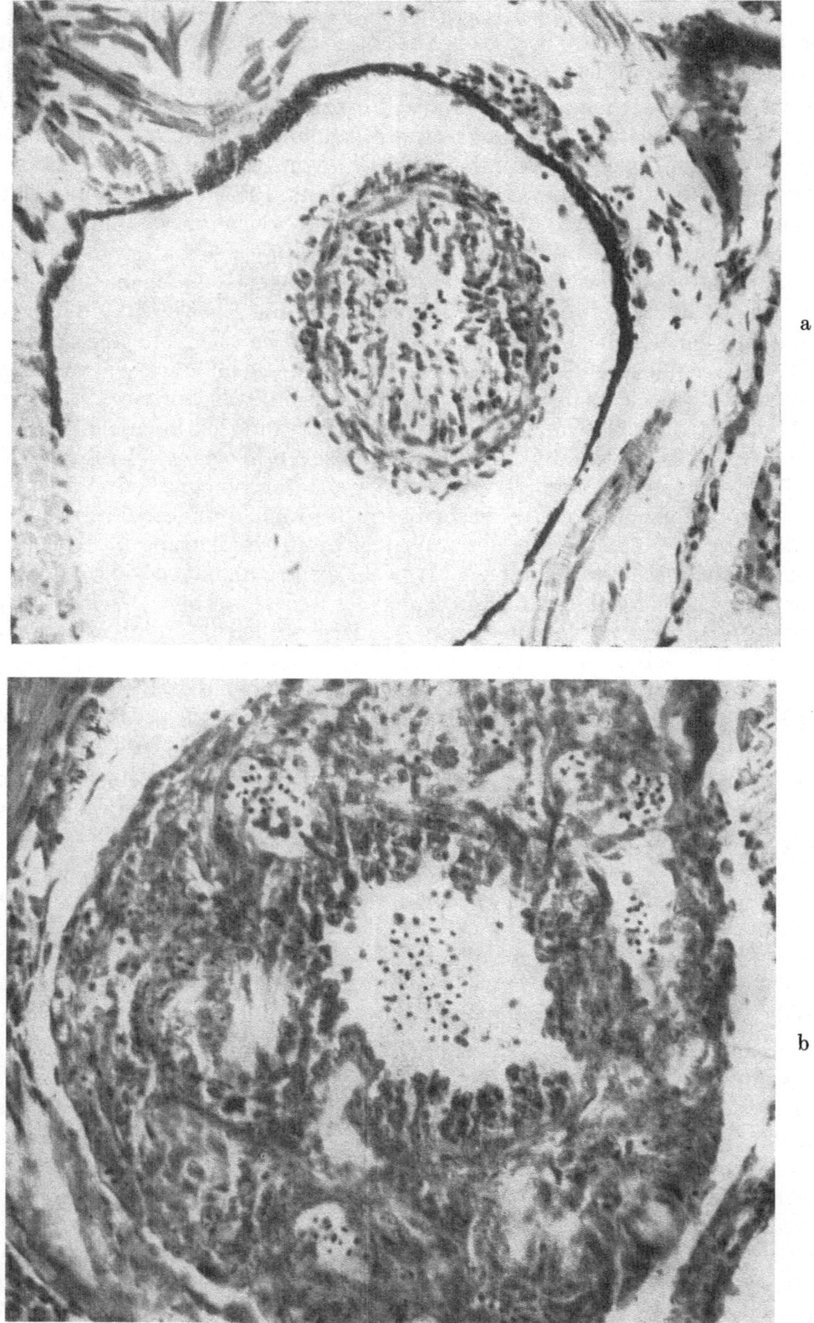

Abb. 59a u. b. Querschnitte durch den Truncus arteriosus vom Zahnkärpfling *(Lebistes reticulatus)*. a unbehandeltes Kontrolltier, b nach Behandlung mit Dehydroisoandrosteron-acetat (DIA), das dem täglich erneuerten Kulturwasser zugesetzt wurde (0,25 mg DIA/500 ml Wasser). Die Wandung des Truncus arteriosus (also des Gefäßes, das vom Herzen zu den Kiemen zieht) besitzt beim Normaltier (a) eine einfache Ringmuskelschicht, während sie beim Versuchstier (b) auf ein Vielfaches verdickt und von Knotenbildungen durchsetzt ist. Vergr. 360×. (Nach QUERNER u. WRBA, 1953b)

Hypophyse *nicht beeinflußt*. Einen Zusammenhang der Tumorentwicklung mit der durch die Gonadotropine geförderten Androgenproduktion im Hoden anzunehmen, liegt nahe.

Gewisse experimentelle Beobachtungen sprechen für eine tumorigene Wirkung von Testosteron bei seiner *Kombination mit anderen Hormonen*. So haben GILLMAN u. GILBERT (1957) bei kastrierten Rattenweibchen bei gleichzeitiger s. c. Implantation eines Progesteron- und eines Testosteronpropionat-Preßlings von 8—10 mg in 2 von 5 Fällen ein primäres hepato-celluläres Carcinom von trabeculärem Typus erzeugen können (696 Tage nach der Implantation, im Alter von etwa 740 Tagen); beim einen Tier wurde außerdem ein malignes Neoplasma des Epithels eines Bronchiolus gefunden. Eine der Tumorbildung vorausgehende Cholangio-Fibrose, Nekrose oder Cirrhose ließ sich nicht feststellen. Während die Verff. diese Beobachtung als „highly significant" bezeichneten, halten sie BÜNGELER u. DONTENWILL (1959) für nicht überzeugend.

Stilboestrol und Oestradiol vermögen (nach KIRKMAN, 1961) beide, in geeigneter Dosierung über längere Zeit appliziert, bei männlichen Goldhamstern Carcinome der Nieren hervorzurufen, auch wenn die Hypophyse vor Beginn der Behandlung exstirpiert wurde. In die Milz implantiertes Oestradiol ist unwirksam. Da beim Hamster, ebenso wie bei der Ratte die einseitige Nephrektomie nicht von einer kompensatorischen Hypertrophie der Niere in situ gefolgt ist, ist es unwahrscheinlich, daß die Entwicklung dieser Nierentumoren ausschließlich auf die das Wachstum stimulierende Eigenschaft des Oestrogens zurückzuführen ist. Andererseits führt Oestrogenbehandlung bei Hamsterweibchen, die keine Nierentumoren entwickeln, bei Gegenwart beider Nieren zu einem erhöhten Nierengewicht, sowohl relativ als auch absolut. Es erscheint daher möglich, daß diese oestrogeninduzierte Wachstumsstimulierung ein signifikanter Vorläufer für das neoplastische Wachstum in der männlichen Hamsterniere ist. Wenn Stilboestrol und Testosteron zusammen über eine gewisse Zeit beim Hamster subcutan injiziert werden, so entstehen multiple Leiomyome im Uterushorn bzw. Vas deferens und ebenso Haarfollikeltumoren (Epitheliome) in den cutanen Seitenorganen (KIRKMAN, 1957); diese Tumoren sind, ebenso wie die Organe, auf deren Boden sie entstehen (vgl. LIPKOW, 1953), hormonabhängig und können auch bei hypophysektomierten Tieren durch diese Behandlung hervorgerufen werden. Eine kurze Behandlung mit Stilboestrol allein und nachfolgende langdauernde Behandlung mit Testosteronpropionat allein ruft diese Seitenorgan-Tumoren auch hervor; eine Anfangsbehandlung mit Testosteronpropionat allein und anschließende Behandlung mit Stilboestrol allein ist dagegen offenbar nicht tumorigen. Es scheint, daß in dieser Versuchsanordnung das Oestrogen als der Auslöser der Tumorentstehung und das Androgen als Förderer des Tumorwachstums zu betrachten sind.

Unter dem Einfluß der langdauernden Zuführung exogener Oestrogene kann eine fibromyomatöse Umwandlung der Uteruswand eintreten (LACASSAGNE, 1935, beim Kaninchen; NELSON, 1937, 1939, beim Meerschweinchen; LIPSCHÜTZ u. IGLESIAS, 1938, beim Meerschweinchen). Den letztgenannten Autoren gelang der Nachweis, daß diese „fibromatogene" (fg-)Wirkung der Oestrogene sich nicht auf den Uterus beschränkt, sondern daß solche Fibrome überall und an allen Organen in der Bauchhöhle auftreten können, und zwar unter gewissen Bedingungen an allen Tieren eines gegebenen Versuches. Sie stellten ferner in über Jahrzehnte sich erstreckenden Versuchsreihen fest, daß andere Steroide, vor allem der Progesteron- und Testosteron-Reihe diese fg-Wirkung der Oestrogene antagonistisch beeinflussen („antifibromatogene" = afg-Wirkung), wobei sich Progesteron als das stärkstwirksame Steroid erwies (Schwellendosis 20 μg), während Testosteron erst in bedeutend höheren Dosen (100 μg) unter den gleichen Versuchsbedingungen wirksam war. Die afg-Wirkung dieser Steroide, die keinesfalls mit einer Anti-Tumor-Wirkung *im allgemeinen* identifiziert werden darf (LIPSCHÜTZ, 1957), fällt auch nicht mit der progestativen oder maskulinisierenden Wirkung der geprüften Steroide zusammen, wie aus den untenstehenden Tab. 81 und 82 hervorgeht:

Tabelle 81. *Beziehungen zwischen der progestativen und afg-Wirkung von Testosteron und seinen Derivaten am Meerschweinchen (nach* LIPSCHÜTZ, *1950)*

Steroid	Progestative Wirkung mg/IE	Afg-Wirkung pro Tag[a]
Testosteron	140—200	>150 ?
Testosteronpropionat	50	>130
17-Methyltestosteron	30	150
17-Vinyltestosteron	<20	(>350 ?)
17-Äthyltestosteron	—	(>210 ?)
17-Äthinyltestosteron	10	>190
Dihydrotestosteron	—	>110
17-Methyl-dihydrotestosteron	—[b]	>110
4Androstendion-3,17	140—200	(570)

[a] Aus s. c. Preßlingen resorbiert.
[b] Ähnlich wie Methyltestosteron, nach KLEIN u. PARKES.
? Anscheinend auch bei niedrigeren Dosen wirksam, aber nicht beständig.
() Keine Wirkung.

Tabelle 82. *Beziehungen bei verschiedenen Steroiden zwischen maskulinisierender und afg-Wirkung am Meerschweinchen (nach* LIPSCHÜTZ, *1950)*

Steroid	Maskulinisierende Wirkung pro Tag[1]	Länge der Clitoris mm	Afg-Wirkung pro Tag[a]
Progesteron	300	0	15—20
Desoxycorticosteronacetat	200	0	40—90
Testosteron	15—20	3	>150 ?
17-Methyltestosteron	47	2	150
17-Vinyltestosteron	350	2	(>350 ?)
17-Äthyltestosteron	210	1	(>210 ?)
17-Äthinyltestosteron	300	0	>190
Dihydrotestosteron	40	4	>110
17-Methyl-dihydrotestosteron	74	2	>110
Androstendion-3,17	230—570	5	(570)

[a] Aus s. c. Preßlingen resorbiert.
? Anscheinend auch bei niedrigeren Dosen wirksam, aber nicht beständig.
() Keine Wirkung.

JADRIJEVIĆ, GIRARDI, IGLESIAS u. LIPSCHÜTZ (1957) haben weitere synthetische Androgene auf ihre afg- und antihysterotrophe Wirksamkeit untersucht und fanden 19-Nor-testosteronphenylpropionat und 19-Nor-methyltestosteron etwa 6—10mal wirksamer als die Vergleichssubstanzen Testosteronpropionat und Methyltestosteron. Dagegen erwiesen sich Δ^1-Testosteron und Δ^1-Androstendion auch in hohen Dosen als unwirksam.

Gewebskulturen sind zur Untersuchung der gegenseitigen Beeinflussung von Hormonen besonders geeignet, da der störende Einfluß der endogenen Hormone fortfällt, der im Versuch am Ganztier zu berücksichtigen ist. Diese Verhältnisse machte sich SOMEYA (1960) zunutze: Gewebskulturen von Zellen des HeLa-Stammes (Cervix-Ca des menschlichen Uterus) wurden durch Zusatz von Testosteron zum Kulturmedium in ihrer Vermehrung gehemmt; Oestradiolbenzoat wirkte antagonistisch gegenüber der Hemmungswirkung von Testosteron, während „Robal", ein synthetisches Oestrogen (4,4′-Diacetoxy-α,β-diäthyl-benzyl) auch in hohen Dosen nur eine geringe antagonistische Wirkung entfaltete; auch Progesteron hatte eine antagonistische Wirkung, die aber bedeutend geringer war als diejenige von Oestradiolbenzoat.

Nicht unwichtig für die Beurteilung des Wirkungsmechanismus der afg-Wirkung der Androgene dürfte es sein, daß die 6a-Methylverbindung von 17a-Hydroxyprogesteronacetat („Provera") den anabolen Effekt gewisser C-19-Steroide aufhebt, dabei aber das Wachstum eines transplantablen benignen Fibroadenoms der Mamma etwa ebenso stark hemmt wie Testosteronpropionat; ein gegen Testosteronpropionat refraktäres Fibroadenom der Mamma wurde durch diese Methylverbindung gefördert, ein gegen Testosteronpropionat empfindliches aber durch sie gehemmt (GLENN, RICHARDSON u. BOWMAN, 1959).

Die gleichen Verff. (GLENN, RICHARDSON, LYSTER u. BOWMAN, 1959) haben in weiteren vergleichenden Untersuchungen ihre Auffassung bekräftigt, daß Steroide die Entwicklung benigner Fibroadenome der Mamma bei Rattenweibchen zu hemmen vermögen, ohne daß sie eine signifikante androgene oder oestrogene Wirksamkeit besäßen; sie führen diese Anti-Tumor-Aktivität auf die Fähigkeit der betr. Verbindungen zurück, gewisse sekretorische Funktionen des Hypophysenvorderlappens zu hemmen. So haben 11a-Hydroxy-17-methyltestosteron und 9,11-Epoxy-17-methyltestosteron, verglichen mit 17-Methyltestosteron, eine stark herabgesetzte spezifisch androgene Wirkung, während ihre Anti-Tumor-Wirksamkeit weitgehend die gleiche ist; verglichen mit 19-Nortestosteron besitzt 2-Methyl-19-nortestosteron eine bedeutend geringere maskulinisierende Aktivität, aber die gleiche Anti-Tumor-Wirksamkeit bei Rattenweibchen.

HUGGINS u. POLLICE (1958) machten die Beobachtung, daß ein Fibroadenom der Mamma beim Rattenweibchen, das gegenüber einer alleinigen Steroidtherapie refraktär war, in bemerkenswerter Weise auf die kombinierte Verabreichung von 3-Methylcholanthren reagierte. GLENN, LYSTER, BOWMAN u. RICHARDSON (1959) bestätigten diese Ergebnisse, die darauf hinweisen, daß die Verabreichung carcinogener Kohlenwasserstoffe die Sensibilität gewisser Zellen gegenüber den Steroidhormonen zu modifizieren vermag: Die orale Gabe der Carcinogene 3-Methylcholanthren, 2-Anthramin, Benz-a-pyren und 7-Methylbenzanthracen führte zu einer merklichen Verstärkung sowohl der spezifisch androgenen als auch der myotrophen (anabolen) Wirkungen von 17-Methyltestosteron; orale und direkte Verabreichung von 3-Methylcholanthren potenzierte die glykogenen und antiphlogistischen Wirkungen von Cortisol. Inaktive Kohlenwasserstoffe wie Anthracen und Phenanthren hatten diese Wirkung nicht. Sowohl in vivo- wie in vitro-Versuche wiesen darauf hin, daß diese Fähigkeit der carcinogenen Kohlenwasserstoffe, die biologischen Wirkungen von Steroiden zu verstärken, auf einem direkten Effekt des Carcinogens an den Zellen der Erfolgsorgane beruht und nicht etwa auf einer Herabsetzung des Steroidabbaus durch die Leber.

An dieser Stelle sei auch erwähnt, daß nach HORNING (1956) beim durch Diäthylstilboestrol erzeugten Nierenkrebs des Hamstermännchens Testosteronpropionat als Gegengabe wirkt.

DESTREM (1958) hat aufgrund eigener Erfahrungen und Angaben der Literatur die Annahme abgelehnt, daß Androgene beim alternden und alten Mann die Gefahr eines Prostata-Ca erhöhen; so weist er auf die Publikationen von Gerontologen hin, die Androgene bei mehr als 2000 alternden Patienten 6 Monate bis 8 Jahre lang laufend angewandt haben, ohne eine Zunahme der Krebshäufigkeit zu sehen, darunter auf die Beobachtungen von FRASCHINI, der in 1500 Hormonkuren mit Androgenen bei alternden Patienten keine Häufung des Prostata-Ca fand.

Ein gewisses Licht fällt auf die tumorigene bzw. antitumorigene Wirksamkeit der Androgene aus den Beobachtungen über ihre Wirkungen im Organismus der Frau. Einige Jahre nachdem DESMAREST u. CAPITAIN (1938) die Androgene als Therapeuticum bei der Frau eingeführt hatten (allerdings zunächst für andere Indikationen), begannen in den USA und anderen Ländern die Versuche einer Behandlung des Mamma-Ca mit Testosteron (s. Voss, 1950). Bei aller gebotenen Kritik kann man nach den vielfachen Erfahrungen auf diesem Gebiet (vgl. z. B. HORNYKIEWYTSCH, 1959; SCHEIFFARTH u. ZICHA, 1959) zum mindesten eine objektive hemmende Wirkung auf das Fortschreiten des Tumorwachstums und ein Absinken der alkalischen Phosphatase, neben den mehr subjektiven Besserungen des Allgemeinzustandes, der Beweglichkeitszunahme, der Schmerzlinderung und der Euphorie wohl nicht in Abrede stellen. Das gilt aber offenbar nur für die „hormonabhängigen" Mamma-Tumoren[35], die für ihre Entstehung und Entwicklung der Oestrogene bedürfen: es ist nicht ausgeschlossen, daß die antitumorigene Wirkung der Androgene in diesen Fällen über eine Hemmung der hypophysären Gonadotropinproduktion zustandekommt, die eine mehr oder weniger vollkommene Unterbindung der endogenen Oestrogenproduktion im Organismus der Ca-Trägerin zur Folge hat. Durch die Applikation der Androgene wird hier das gleiche erreicht, was frühere Therapeuten durch die Entfernung der Ovarien bezweckten[36].

Es ist allerdings anzunehmen, daß die antitumorigene Wirkung der Androgene bei der Hemmung des Mamma-Ca sich nicht auf diesen indirekten Weg beschränkt: BLACKBURN u. CHILD (1959) sahen bei der therapeutischen Anwendung von 2a-Methylandrosten-17β-ol-3-on in Fällen von fortgeschrittenem Mamma-Ca eine zeitweilige Regression der Metastasen bei 12 ihrer 27 Patientinnen; das Präparat verursachte eine gewisse Virilisierung, eine erhöhte Ausscheidung von 17-Ketosteroiden und hob die negative Bilanz für Kalium, Calcium, Phosphor und Stickstoff auf, *unterdrückte aber nicht die Ausscheidung von Gonadotropinen.* Das läßt an eine direkte Wirkung des Androgens auf den Tumor denken. In der gleichen Richtung weisen die Versuche von JÖCHLE (1961), der durch Testosteron (als Propionat täglich oder als Depotpräparat in Form des Oenanthats einmalig verabreicht) bei Ratten mit durch Methylcholanthren induzierten Mamma-Tumoren in geringem Umfang eine Regression der Tumoren, in größerem Umfang einen zeitweiligen Stillstand des Tumorwachstums erreichte. In der anschließenden Phase verlöschender Ansprechbarkeit kam es jedoch zu hormonunabhängigem Ca-Wachstum. Dabei gewannen anscheinend jene hormonal nicht beeinflußbaren

---

35 EHLERS u. HIENZ (1958) haben darauf aufmerksam gemacht, daß in etwa einem Drittel der Fälle von Mamma-Ca ein Gegensatz zwischen dem Zellkern-morphologischen Geschlecht des Tumors und der Tumorträgerin besteht: es gibt also Frauen mit „männlichem" und solche mit „weiblichem" Mamma-Ca. Es fiel auf, daß bei der Testosteronbehandlung der Krankheitsverlauf von Patientinnen mit einem „weiblichen" Mamma-Ca wesentlich günstiger war als bei solchen mit einem „männlichen" Mamma-Ca, und daß bei der Unterlassung der Testosteronbehandlung der Krankheitsverlauf bei einem „männlichen" Mamma-Ca günstiger war als bei einem „weiblichen". Die Zahl der beobachteten Fälle ist noch zu gering, um hier eine Gesetzmäßigkeit und etwa die Identität der „weiblichen" Mamma-Ca-Fälle mit den oestrogenabhängigen Tumoren zu vermuten. Auch sollte man bis auf weiteres besser nur von chromatinnegativen bzw. chromatin-positiven als von „männlichen" und „weiblichen" Tumoren sprechen. Der von EHLERS u. HIENZ (und in ähnlicher Weise auch von KIMEL (1957) und von REGELE (1962)) ausgesprochenen Hypothese, daß es zwei Arten von Tumoren mit unterschiedlichem Sex-Chromatin-Gehalt gibt, ist von GROPP, WOLF u. PERA (1965) aufgrund eigener Untersuchungen widersprochen worden.

36 Den ersten Hinweis auf diese Möglichkeit einer Bekämpfung des Mamma-Ca durch Ovariektomie hat SCHINZINGER auf dem 18. Chirurgenkongress (1889) gegeben und nicht G.T. BEATSON (1896), wie von mir (Voss, 1960) irrtümlicher Weise angegeben wurde; ich verdanke diese Richtigstellung Herrn Prof. BREUER, Bonn.

Tumorzellen die Oberhand, deren Anteil primär oder sekundär nach HUGGINS, BRIZIARELLI u. SUTTON (1959) Erfolg oder Mißerfolg der Hormontherapie bedingt.

Für die direkte hemmende Wirkung von Testosteron auf die Mamma-Tumoren sprechen sehr entschieden auch die Versuche von PARSONS (1965), der bei Mäusen des C_3H-Stammes einen hemmenden Einfluß von Testosteron auf die Mamma-Tumoren nicht feststellen konnte, wenn er die Tumorträgerinnen in vivo mit Testosteron behandelte, wohl aber wenn er das exstirpierte Tumorgewebe in vitro mit Testosteron zusammen kultivierte. Offenbar wird die Eiweiß-Synthese im Tumor durch Testosteron gehemmt; daß diese Hemmungswirkung in vivo nicht in Erscheinung tritt, liegt vermutlich am raschen Abbau des Hormons durch das Tumorgewebe unter den günstigen Stoffwechselbedingungen im lebenden Organismus. PARSONS (1965) machte es auch wahrscheinlich, daß der Ort der Hemmung der Eiweiß-Synthese im Gebiet der RNS-Synthese gelegen ist, denn diese wird durch die gleichen Testosterondosen wie beim Mamma-Tumor ebenfalls herabgesetzt.

In diesem Zusammenhang gewinnt die von WATSON u. TURNER (1959) inaugurierte Kombinationstherapie von Testosteron mit dem Cytostaticum Thiotepa (N,N',N''-Triäthylen-thio-phosphor-amid) erhöhtes Interesse, die eine Hemmung des Mamma-Ca-Wachstums in 88% ihrer Fälle (bei 30 von 34 Frauen) beobachteten, wobei eine verbesserte Verträglichkeit des Cytostaticums auch eine Rolle gespielt haben dürfte.

Eine direkte Wirkung der gonadalen Steroide auf das Gewebe in vitro ist mehrfach nachgewiesen worden (eine Literaturübersicht geben BENGMARK, INGEMANSON u. KÄLLÉN, 1959). In den in vitro-Versuchen von KULLANDER u. KÄLLÉN (1959), in denen experimentelle Rattentumoren (Granulosazellen-Luteom-Tumoren und Arrhenoblastome) dem Einfluß von Androsteron, Oestron und Progesteron ausgesetzt wurden, konnte mit Androsteron das beste Ergebnis erzielt werden, es hemmte 3 von den getesteten Tumoren, während Oestron nur in einem von 8 Fällen sicher, in einem anderen Fall unsicher wirkte und Progesteron in einem von 5 Fällen eine hemmende Wirkung ausübte. Demgegenüber beobachteten VAN NIE u. MÜHLBOCK (1956) an Ovarialtumoren der Maus, die in kastrierte und hypophysektomierte Mäuse transplantiert wurden, in vivo eine Förderung des Tumorwachstums nach Verabreichung von Testosteronpropionat.

Die *Androgenproduktion im Ovarium* (vgl. Kapitel über die Produktionsstätten der Androgene, S. 167 ff.) ist von DHOM (1954, 1954/1955) mit guten Gründen *in den Hiluszellen* des Ovariums lokalisiert worden, die rein morphologisch als Homologa der Leydigschen Zwischenzellen des Hodens aufzufassen sind. Es ist interessant, daß SHERMAN u. WOOLF (1959) bei 109 von 133 Patientinnen (= 81,9%) mit Endometriumcarcinom in den Ovarien eine Hiluszellenhyperplasie fanden, ja, bei verbesserter histologischer Technik erhöhte sich diese Zahl auf 100% in 29 neuerdings untersuchten Fällen. In den 86 Kontrollfällen war nur in 16,3% eine Hiluszellenhyperplasie vorhanden. Da eine Bestimmung der Androgene im Blut bei den Patientinnen offenbar nicht erfolgte, bleibt es offen, ob die Hiluszellenhyperplasie zu einer vermehrten Produktion von Androgenen führte oder ob es sich um die Bildung von nicht physiologischen „Sexagenen" handelt, welche nach Meinung der Verff. die Entstehung des Endometriumcarcinoms bewirken oder fördern.

NYIRI u. KOSTYA (1955, 1957), welche die Rolle der Androgene bei den Erfolgen der Röntgen-Therapie von Genitalcarcinomen der Frau zu klären versuchten, indem sie die Ausscheidung von 17-Ketosteroiden im Harn vor, während und nach einmaligen und wiederholten Bestrahlungen verfolgten, stellten fest, daß bei auf die Bestrahlung günstig reagierenden krebskranken Frauen die 17-Ketosteroid-Ausscheidung nach den einzelnen Bestrahlungsserien unverändert bleibt oder ansteigt, jedoch keinesfalls abnimmt; bei Frauen mit vorübergehender Besserung oder Stagnation des Prozesses sind die Ausgangswerte niedriger, die fortlaufend bestimmten Ausscheidungswerte zeigen keine regelmäßige, sondern abwechselnd eine steigende oder sinkende Tendenz und nach der 4. Bestrahlungsserie kommt die sinkende Tendenz eindeutig zum Ausdruck; bei ungünstig reagierenden Frauen sind die Ausgangswerte niedrig und die Ausscheidungskurve zeigt einen unregelmäßigen Verlauf mit vorherrschender Tendenz zur Abnahme. Nach Ansicht der Verff. ist die Milieuverschiebung in die androgene Richtung auf eine erhöhte Androgenproduktion in den Nebennieren zurückzuführen und als Ausdruck einer Abwehrreaktion des Organismus aufzufassen; in diesem Sinn besitzt sie auch eine prognostische Bedeutung.

Das Äthinyltestosteron oder Pregneninolon, ein Testosteronderivat, das zwar an erwachsenen Säugetieren und Vögeln keine androgene Wirkung zu entfalten scheint, aber zu einer Virilisierung der weiblichen Feten führt, wenn es unter gewissen zeitlichen und quantitativen Bedingungen schwangeren Tieren und Frauen gegeben wird, übt eine deutliche maskulinisierende Wirkung bei karpfenartigen Fischen aus (EVERSOLE, 1941; GALLIEN, 1946; MOHSEN, 1955 u 1958). STOLK (1959, 1961), der diese Befunde einer Maskulinisierung der Weibchen von Zahnkarpfen zunächst an Lebistes reticulatus und später an Xiphophorus helleri bestätigte, beobachtete in beiden Arten die Entwicklung von Hodentumoren bei einer gewissen Zahl der mit Pregneninolon behandelten Männchen (4 von 46 Männchen bei Lebistes bzw. 6 von 69 Männchen bei Xiphophorus): histologisch handelte es sich um Seminome mit großen runden oder polygonalen Zellen, deutlichen Zellgrenzen, großen blasigen Kernen, zahlreichen Mitosen, mit einem Stroma aus gefäßhaltigen bindegewebigen Strängen und lymphoiden Gebieten.

In diesem Zusammenhang interessieren die Ergebnisse von Versuchen, die von RIVIÈRE, CHOUROULINKOV u. GUÉRIN (1959) an Ratten angestellt wurden: sie injizierten den Tieren intratestikulär Zinksalze, allein oder in einer Kombination mit Injektion von 200 IE PMS oder der Implantation eines Preßlings von 25 mg Distilben oder 100 mg Testosteron. Nach sehr langen Inkubationszeiten traten Hodentumoren auf (Interstitialtumoren mit einer Latenzzeit bis zu 26 Monaten, Seminome von ca. 20 Monaten, ein Embryom von 40 Monaten Latenzzeit); früher als nach 15 Monaten wurde kein Tumor beobachtet; die mit-injizierten Hormone schienen keinen Einfluß auf die Tumorbildung zu haben.

Widerspruchsvoll sind die Ergebnisse der durch die Injektion von *Nickelsulfid* bei Ratten ausgelösten muskulären Tumoren, die zwar bei Weibchen häufiger waren als bei Männchen, aber durch die Kastration der Männchen in ihrer Häufigkeit nicht gesteigert wurden (JASMIN, BAJUSZ u. MONGEAU, 1963); dagegen schien Methandrostenolon, ein anaboles (myotropes) und androgenes Testosteronderivat, das Auftreten dieser Tumoren zu fördern (JASMIN, 1964). Wurde die Häufigkeit des Auftretens und das Wachstum der Nickeltumoren bei intakten, kastrierten bzw. hypophysektomierten Ratten beiderlei Geschlechts in verschiedenen Altersstufen verglichen, so ergab sich (JASMIN, 1965) das Maximum der Häufigkeit des Auftretens und des Wachstums bei den Weibchen von 60 Tagen, durch die Kastration eine deutliche Abnahme bei den Männchen, eine weniger deutliche bei den Weibchen und eine gewisse Hemmung, aber keine Verhinderung der Tumorigenese durch die Hypophysektomie.

Schwierigkeiten bereiten auch die von HOUSSAY u. Mitarb. (1948—1954; Übersicht 1955) beschriebenen durch Kastration in beiden Geschlechtern hervorgerufenen Nebennierenrinden-Tumoren für die Einordnung in die Beobachtungen über die Beziehungen zwischen Androgenen und Tumorgenese. Die NNR-Tumoren, die bei gewissen Rassen von Mäusen, Ratten, Meerschweinchen und Hamstern nach der Kastration gefunden werden, bei anderen Rassen vollkommen fehlen, können bei manchen Rassen auch spontan ohne vorausgegangene Kastration in höherem Alter auftreten. Die Entwicklung solcher NNR-Tumoren wird durch die Injektion von Diäthylstilboestrol, aber auch von natürlichen Oestrogenen oder Androgenen verlangsamt oder verhindert; das ist umso bemerkenswerter, als diese Tumoren in vielen Fällen selber Produzenten von Oestrogenen bzw. Androgenen sind, was sich in der Regeneration der nach der Kastration rückgebildeten Sexualorgane der Tumorträger in beiden Geschlechtern äußert; auch durch die Überpflanzung der Tumoren auf andere Kastraten kann ihre hormonale Funktion manifestiert werden. Die Tumoren sind von der Gegenwart des Hypophysenvorderlappens abhängig, seine Entfernung führt zu einer Atrophie der Nebennieren und ihrer Tumoren, eine vorausgehende Hypophysektomie verhindert das Auftreten der NNR-Tumoren nach der Kastration. Der Einfluß der Hypophyse auf diese NNR-Tumoren ist ein doppelter: das von ihr produzierte ACTH ermöglicht durch seine trophische Wirkung das Auftreten und die Erhaltung der Tumoren; die Gonadotropine des HVL rufen die sexogene Wirksamkeit der Tumorzellen hervor und erhalten sie aufrecht. Die hormonale Hemmung dieser postkastrativen NNR-Tumoren durch Sexualhormone studierten KIRSCHBAUM, LIEBELT u. FLETCHER (1956) unter Verwendung von Mäusen der NH-Rasse und bei s.c. Injektion von Testosteronphenylacetat (7,5 mg alle 3 Wochen in wäßriger Suspension), und zwar 1, 2, 3 und 4 Monate nach der Kastration: obgleich die Nebennierenrinde auch 2—3 Monate nach der Kastration noch histologisch normal ist (5 Monate nach der Kastration haben alle Mäuse dieser Rasse NNR-Adenome), wurde die Tumorentwicklung nicht verhindert, wenn die Androgenbehandlung zu diesem Termin einsetzte; die gleiche Androgendosis hemmte die Tumorentwicklung absolut, wenn die Behandlung 1 Monat früher begonnen wurde. Bemerkenswert ist es, daß trotz des Fehlens der Hemmungswirkung zum genannten Termin die Tumoren auch weiterhin hormonabhängig blieben, denn sie entwickelten sich bedeutend rascher bei den kastrierten als bei den genetisch identischen intakten Männchen dieser Rasse, bei der sich solche NNR-Tumoren auch unabhängig von der Kastration ausbilden.

Viele experimentell induzierte Tumoren bei Mäuse-Inzuchtstämmen sind stamm-beschränkt, indem der eine Stamm für den gleichen induzierenden Faktor genetisch empfänglich, der andere Stamm genetisch unempfänglich ist. So entwickeln sich z. B. interstitielle Hodentumoren als Folge einer langdauernden Behandlung mit Oestrogenen beim Stamm „A", nicht aber bei Stamm „C3H"; dagegen sind die F_1-Bastarde von C3H×A empfänglich. Um festzustellen, ob diese genetische Empfänglichkeit für die Oestrogen-induzierten Hodentumoren vom Hoden selbst oder von anderen Bedingungen genetischer Art im Träger abhängig ist, wurden Hoden von weniger als 24 h alten Männchen des „A"- bzw. des „C3H"-Stammes in Bastardmännchen (im Alter von 29—108 Tagen) subcutan implantiert, die gleichzeitig kastriert wurden und einen Preßling von Diäthylstilboestrol (7 mg einer Mischung von 25% Diäthylstilboestrol und 75% Cholesterin) implantiert erhielten. Tumoren entwickelten sich bei 62% der Fälle in den transplantierten „A"-Hoden (26 von 42) und nur bei 2% der „C3H"-Hoden (1 von 49). Dieses Ergebnis weist darauf hin, daß der Ort der Gen-Wirkung für Tumor-Empfänglichkeit bzw. -Unempfänglichkeit in der Hauptsache im reagierenden Endorgan selber gelegen ist, in dem eine gen-bestimmte Verschiedenheit darüber entscheidet, ob es zur Tumorbildung kommt oder nicht. Es muß aber betont werden, daß auch bei einem empfänglichen Endorgan und einem adäquaten carcinogenen Reiz eine erfolgreiche Unterbrechung des carcinogenen Mechanismus durch exogene Einflüsse möglich ist: so setzt z. B. die Behandlung mit Androgen oder Progesteron bei den unter Oestrogen-Einfluß stehenden Mäusen eines empfänglichen Stammes die Häufigkeit der Tumoren herab (TRENTIN u. GARDNER, 1958).

ROTH (1964) hat bei Mäusen von 2 krebsempfindlichen Stämmen (R III und C_3H) Preßlinge von Oestradiolbenzoat implantiert, das bei Mäusen carcinogen wirkt. Wenn 2 Gruppen dieser Mäuse einem Regime unterworfen wurden, das sich bei den beiden Gruppen nur durch das *pH des Trinkwassers* unterschied und in der einen Gruppe 8,5 und in der anderen 4,5 betrug, so wurde die Überlebenszeit der Mäuse in der „sauren" Gruppe zwar verlängert, doch konnte das Auftreten von Tumoren nicht verhindert werden. Wurden aber die Mäuse vorbeugend mit dem Anabolicum Nor-androstenolon-phenylpropionat s. c. injiziert, so wurde die Zahl der Tumoren im Vergleich zu den nicht mit dem anabolen Derivat des männlichen Hormons injizierten Tieren stark herabgesetzt (9 bzw. 60%): diese anti-tumorigene Wirkung von Nor-androstenolon-phenylpropionat führte ROTH auf die Phosphor- und besonders die Calcium-retinierende Wirksamkeit der Verbindung zurück.

COURRIER, RIVIÈRE u. COLONGE (1964a, b) haben bei Rattenmännchen des Wistarrattenstammes durch eine Behandlung mit PMS die Bildung von interstitiellen Tumoren des Hodens hervorgerufen, die sich als transplantabel erwiesen. Wurden sie auf infantile kastrierte Rattenmännchen überpflanzt, so ließ sich ihre androgene Aktivität durch die Entwicklung der accessorischen Geschlechtsdrüsen bei den infantilen Kastraten aufzeigen, die nur auf die Tätigkeit der tumoralen Leydig-Zellen bezogen werden konnte, da die Tumoren ausschließlich aus diesen Elementen bestanden. Die starke Proliferation dieser Tumoren ließ sich über zahlreiche Passagen erhalten. Wurden aber die Tumorträger hypophysektomiert, so hörte das Wachstum der Tumoren im Augenblick des Eingriffs auf, während ihre androgene Aktivität unverändert bestehen blieb. Diese durch PMS induzierten Tumoren verlieren hinsichtlich der endokrinen Aktivität ihre Abhängigkeit von den hypophysären Gonadotropinen, bleiben aber hinsichtlich ihres Wachstums hypophysenabhängig: vielleicht bedürfen sie dafür einer Stimulierung durch das hypophysäre Wachstumshormon (STH).

4. Androgene und Verhalten

Vorbemerkungen

Das Sexualverhalten des Menschen wird von mancher Seite als prinzipiell anders bedingt angesehen wie bei den sonstigen höheren Säugetieren; wir werden aber im folgenden zeigen, daß die Unterschiede nicht qualitativer, sondern nur quantitativer Natur sind und sich auf das *Verhältnis* der hormonalen und nervösen Triebfedern seiner Bedingtheit beschränken. Zweifelsohne lassen sich die Beobachtungen und Versuchsergebnisse an der einen Tierart nicht ohne weiteres auf eine beliebige andere, wenn auch noch so nah verwandte Tierart übertragen und noch viel weniger in jedem Fall vom Tier auf den Menschen. Es muß aber andererseits betont werden, daß gewisse grundlegende Erscheinungen für Tier und Mensch gemeinsam sind und daß die Annahme prinzipieller Unterschiede unberechtigt ist.

Zu diesen grundlegenden Erfahrungen gehört die Tatsache, daß normaler Weise bei den Wirbellosen wie bei den niederen und höheren Wirbeltieren einschließlich des Menschen das Geschlecht syngam, d. h. bei der Vereinigung der männlichen und weiblichen Gameten oder Keimzellen durch den Chromosomenbestand der befruchteten Eizelle festgelegt ist. Damit ist auch, wie an unzähligen tierischen, nicht-menschlichen Arten nachgewiesen, vom Beginn des individuellen Lebens der Zygote an das Geschlecht morphologisch und in seinem Verhalten fixiert oder „angeboren". Die Entwicklung des psychosexuellen Verhaltens beruht demnach auf angeborenen instinktiven Trieben. Im Gegensatz zu dieser Auffassung hat man schon früher die Existenz einer „asexuellen Embryonalform" (vgl. LIPSCHÜTZ, 1919) angenommen, und in neuester Zeit, beginnend 1955, hat eine Gruppe von Forschern um J. MONEY und J. G. und J. L. HAMPSON eine Theorie der „psychologischen sexuellen Neutralität des Menschen bei der Geburt" zu begründen versucht. Sie gründet sich auf Beobachtungen an Hermaphroditen und Pseudohermaphroditen, auf das Phänomen der Prägung („imprinting") und auf die Theorie des Lernens; psychologisch soll die Sexualität bei der Geburt des Menschen undifferenziert sein und eine Differenzierung in männlicher oder weiblicher Richtung soll erst aufgrund der verschiedenen Erfahrungen des heranwachsenden Individuums erfolgen, unabhängig von Genen und Hormonen. M. DIAMOND (1965) hat die Unhaltbarkeit dieser „Neutralitätstheorie" aufgrund der Zugehörigkeit des Menschen zum Evolutionsganzen, aufgrund der genetischen, hormonalen und neuralen Beweise für die Existenz der sexuellen Prädisposition und des Fehlens des Nachweises ausgedehnter Prägungswirkungen beim Menschen und unter Berücksichtigung anderer klinischer und experimenteller Tatsachen überzeugend dargetan: „In der Sexualität wie auf so vielen anderen Gebieten erweist sich das menschliche Wesen als äußerst flexibel und sein Verhalten in dieser Hinsicht ist ein Gemisch von pränatalen und postnatalen Einflüssen, wobei die postnatalen Faktoren auf eine inhärente bestimmte Sexualität einwirken".

Die lange Zeit vorherrschende Auffassung, daß die Sexualhormone die alleinigen Regler des Verhaltens im sexuellen Leben der Tiere darstellen und auch beim Menschen die ausschlaggebende Rolle in seinem Sexualverhalten spielen, hat in der letzten Zeit eine zunehmende Einschränkung erfahren, während die Bedeutung der Erbfaktoren und der Erfahrung, und damit einer neuralen Komponente der Regelung in steigendem Maße anerkannt wurde. Tatsächlich läßt sich z. B. bei verschiedenen Säugerarten das geschlechtsspezifische Verhalten, sei es das männliche oder das weibliche, durch die Verabreichung der entsprechenden Geschlechtshormone schon kurz nach der Geburt auslösen, so daß man annehmen muß, daß die Geschlechtshormone, wie ANTHONY (1959) es ausgedrückt hat, nur wie ein „Filmentwickler" wirken, d. h. daß sie ein vorbestimmtes angeborenes Verhalten zum tatsächlichen Ablauf kommen lassen. Er unterstreicht in diesem Zusammenhang, daß die Hormone für den *Typus* des Sexualverhaltens nicht verantwortlich sind, der vermutlich hereditäre Ursachen hat, und weist darauf hin, daß die Sexualhormone keine absolute Spezifität in dem Sinne besitzen, daß die Androgene ausschließlich das männliche, die Oestrogene ausschließlich das weibliche Sexualverhalten fördern: beide beeinflussen bis zu einem gewissen Grade auch die Manifestation des anderen Geschlechts in positivem Sinn. GOLDSTEIN (1957) hat die Vermutung geäußert, daß die Androgene und Oestrogene neben ihrer geschlechtsspezifischen Hauptwirkung eine unspezifische fördernde Nebenwirkung auf das Sexualverhalten im Allgemeinen beim gleichen Tier besitzen.

Auch M.-L. SOULAIRAC (1963) hat sich aufgrund ihrer langjährigen experimentellen Untersuchungen der Regelung des Sexualverhaltens beim Rattenmännchen dahingehend geäußert, daß bei der hormonal-nervösen Regulierung des Sexualverhaltens bei diesem Versuchstier den nervösen Einflüssen die überragende Bedeutung zukommt. Die nervösen Strukturen, die nach ihr für die integrative Realisierung des Verhaltens absolut notwendig sind, sind im Hypothalamus lokalisiert[37] und bilden ein doppeltes System in seinem vorderen und hinteren Teil, das synergistisch wirkt; auch mediane Strukturen dürften beteiligt sein. Die hormonalen Mechanismen, die diese nervösen Strukturen und Funktionen modulieren, beschränken sich nach SOULAIRAC einerseits auf den Spiegel der Androgene im Kreislauf (s. u. die Untersuchungen von LINDSAY u. ROBINSON, 1961), die in einer noch ungeklärten Art und Weise die Reizempfindlichkeit der hypothalamischen Sexualzentren verändern, und andererseits auf die Variationen der cholinergischen und adrenergischen Mittler, die in unspezifischer Weise die Empfindlichkeitsschwelle jener Zentren bestimmen. Als Beispiel für diese unspezifischen Modifikationen des Sexualverhaltens kann man die Beobachtungen von TUCHMANN-DUPLESSIS u. MERCIER-PAROT (1963) anführen, die durch die Verabreichung von 10 mg/kg einer Hemmungssubstanz für die Monoaminooxydasen, das Niamid (= (Pyridinyl-4)-1-phenyl-8-dioxo-1,6-triazo-2,3,7-octan), tägl. im chronischen Versuch über 6—15 Monate nicht nur eine starke Herabsetzung der Fertilität bei Rattenweibchen erreichten, sondern auch feststellten, daß die Abkömmlinge dieser Weibchen sich zwar gut entwickelten, aber im erwachsenen Zustand ein anomales sexuelles Verhalten aufwiesen; die Weibchen nahmen das Männchen nicht an, führten untereinander Begattungsversuche aus, d. h. sie zeigten eine verstärkte männliche Komponente des Sexualverhaltens, was bereits 15 Tage vor der Vaginalöffnung, also vor der Pubertät beginnen konnte.

Zu den unspezifischen Modifikationen des Sexualverhaltens kann man auch die Folgen einer Reserpin-Behandlung zählen, die zu Veränderungen in Hypophyse, Schilddrüse, Nebennieren, Ovarien und Hoden führen (vgl. dazu MERCIER-PAROT u. TUCHMANN-DUPLESSIS, 1955, und TUCHMANN-DUPLESSIS u. MERCIER-PAROT, 1957); die jeweiligen Veränderungen in diesen endokrinen Drüsen können alle Abweichungen von der Norm im Sexualverhalten bewirken. SOULAIRAC u. SOULAIRAC (1961) injizierten erwachsenen Rattenmännchen 25 μg Reserpin/100 g/Tag und prüften die Versuchstiere am 2., 4., 8. und 10. Tag auf ihr Sexualverhalten: sie fanden eine erhöhte Zahl von Ejakulationen, eine herabgesetzte Latenzzeit der Ejakulation und eine Herabsetzung der Zahl der Kopulationen bis zur ersten Ejakulation. Die Ergebnisse in diesen Versuchen von kurzer Dauer stehen in auffallendem Gegensatz zu den Resultaten, die FULLER (1963) erzielte, wenn er Rattenmännchen etwa 53 μg Reserpin/100 g/Tag mit dem Futter verabreichte, und zwar im Lauf von 7 Monaten: in diesen Versuchen von langer Dauer und mit peroraler Verabreichung kam es zu einer Abnahme der Zahl der Ejakulationen bei gleichzeitiger Vermehrung der Begattungsversuche (mit oder ohne Intromission); die Latenzzeit der Ejakulation und Kopulation nahm unter der chronischen Reserpin-Verabreichung zu. Da antihypertonische Mittel und Tranquillizer therapeutisch für gewöhnlich über lange Perioden gegeben werden, erscheinen die Ergebnisse der chronischen Reserpin-Versuche für die therapeutischen Belange bedeutungsvoller zu sein als die Versuche von kurzer Dauer. Auch ist bemerkens-

---

37 LARSSON u. HEIMER (1964), die das Verhalten von Rattenmännchen mit elektrolytischen Läsionen im präoptischen Gebiet bei der Begattung studierten, stellten fest, daß die mediane präoptische Region, im Gegensatz zu den lateralen präoptischen Gebieten, der Sitz von gewissen Hirnmechanismen ist, die für die sexuelle Aktivität des Rattenmännchens von Wichtigkeit sind; vgl. dazu auch LARSSON (1964) und besonders HEIMER u. LARSSON (1964a), die als Folge umfangreicher Läsionen im Grenzgebiet zwischen Mittel- und Zwischenhirn eine stark erhöhte sexuelle Aktivität bei Rattenmännchen beobachteten. Dagegen sind nach HEIMER u. LARSSON (1964b) die zum Gebiet des Hypothalamus posterior gehörenden Corpora mammilaria bei der Ratte offenbar ohne wesentliche Bedeutung für die Manifestation des männlichen Sexualverhaltens, das nach ihrer elektrolytischen Zerstörung keine signifikanten Veränderungen aufwies.

wert, daß das gleiche Mittel, über kurze Zeit gegeben, sich vollkommen anders auswirken kann als bei langdauernder Verabreichung.

Versuchstechnik bei der Prüfung des männlichen Sexualverhaltens am Säugetier

Als erster hat BEACH (1949 und früher) eine standardisierte Prüfmethode eingeführt: danach wird das Versuchsmännchen im Lauf von 15 min mit einem kopulationsbereiten Weibchen im Paarungskäfig zusammengebracht und die Dauer der Suche und Feststellungsphase des Weibchens durch das Männchen (Latenzperiode) vermerkt; dann wird die Zahl der folgenden Kopulationen und der eventuellen Ejakulationen notiert. Diese Methode ist von SOULAIRAC (1957 und früher) modifiziert worden und zwar speziell für die Verwendung an der Ratte: die Dauer des Tests wurde auf 60 min ausgedehnt, während derer die Zahl der Intromissionen insgesamt und pro Minute, ferner die Zahl der Ejakulationen und die Dauer der „refraktären Periode", d. h. der Ruhezeit zwischen dem Ende der einen Ejakulation und dem Beginn der erneuten Intromissionen zur Vorbereitung der nächsten Ejakulation vermerkt wird. Um die Tests möglichst homogen zu gestalten, werden die Weibchen durch die Injektion von 100 μg Oestradiolbenzoat in öliger Lösung (48 Std vor dem Test) in einen andauernden und gleichmäßigen oestralen Zustand versetzt[38]. Diese Verfahrenstechnik gestattet es das Sexualverhalten des Männchens in Gestalt von Kurven graphisch wiederzugeben, in denen die Variabilität der einzelnen Elemente des Verhaltens erfaßt werden kann: SOULAIRAC u. Mitarb. konnten zeigen, daß die Intromissionen, die Ejakulationen und refraktären Perioden, so eng sie mit einander in bestimmter zeitlicher Abhängigkeit verbunden sind, dennoch physiologischer Weise von verschiedenen Faktoren abhängig zu sein scheinen:

die *Intromissionen* stellen das Resultat der Gesamtheit der posturalen Anpassungen dar, wie sie für den Vollzug der Begattung notwendig sind; sie können experimentell durch erregende Substanzen, wie Coffein oder Strychnin, in ihrer Häufigkeit und mitunter in ihrem Charakter beeinflußt werden, während die Sexualhormone weder ihre Häufigkeit noch den Grad ihrer Vollkommenheit verändern sollen;

die *Ejakulationen*: die Zahl der innerhalb der Testdauer von 60 min vollzogenen Ejakulationen läßt den Stand und den regulären Ablauf der Genitalreflexe im engeren Sinn beurteilen. Jede Störung des hormonalen Gleichgewichts beim Normaltier, auch durch die Verabreichung von exogenem männlichen Hormon, ferner durch Oestrogene und Thyroxin, führt, vermutlich durch das Relais Hypophyse-Gonaden zu einer Herabsetzung der Zahl der Ejakulationen, während praktisch keines der anderen Elemente des männlichen Sexualverhaltens durch diese Substanzen angegriffen wird.

die *refraktären Perioden*: beim normalen Tier kommt es nach jeder Ejakulation zu einer fortschreitend zunehmenden Verlängerung der Dauer der refraktären Periode. Weder die Erregungssubstanzen des Nervensystems (Coffein, Strychnin), noch die hormonalen Substanzen (Testosteron, Thyroxin) vermögen sie abzuändern, während die den intermediären enzymatischen Stoffwechsel des Nerven-

---

38 LARSSON (1957) hat kopulationsbereite Rattenmännchen entweder mit Weibchen in spontanem physiologischen Oestrus oder mit Weibchen, die durch Verabreichung von 10 μg Oestradiolbenzoat 20 Std vor dem Versuch in künstlichen Oestrus versetzt waren, zusammengebracht und ihr sexuelles Verhalten studiert: er konnte keinerlei Verschiedenheiten in der Häufigkeit und den zeitlichen Verhältnissen der kopulatorischen und ejakulatorischen Reflexe der Männchen unter diesen verschiedenen Versuchsbedingungen feststellen. Vorausgesetzt daß das Weibchen zur Annahme des Männchens bereits ist, spielt also die Art und Weise, wie der Oestrus ausgelöst wurde, keine Rolle in der Intensität des kopulatorischen Verhaltens des Männchens.

gewebes verändernden Stoffe (Prostigmin, Thiamin) zu signifikanten Abänderungen des kurvenmäßigen Verlaufes führen.

Von diesen kurzdauernden refraktären Perioden nach der Ejakulation (auf die sich das bekannte Wort: „Triste est omne animal post coitum . . .“ bezieht) sind jene sexuellen Ruhezeiten im normalen Sexualcyclus zu unterscheiden, die auf die sexuelle Betätigung in der eigentlichen Fortpflanzungszeit folgen, beide Geschlechter betreffen und in den meisten Fällen mit der Aufzucht der Jungen zusammenfallen. Auch diese zeitlich sehr ausgedehnten Pausen in der Sexualbetätigung werden als „*refraktäre Perioden*“ bezeichnet, deren hormonale Bedingtheit besonders bei Vögeln experimentell untersucht wurde. LOFTS u. MARSHALL (1958) stellten Versuche an, in denen sie Tauben hypophysektomierten, mit Prolactin (LTH) bzw. FSH injizierten und sie einer intensiven Photostimulation aussetzten. Die Ergebnisse zeigten, daß LTH offenbar keine direkte Wirkung auf den Vogelhoden besitzt und nur über eine Hemmung der gonadotropen HVL-Funktion zur Wirkung gelangt (Sistieren der Spermatogenese, Cholesterin-positive Steatogenese in den Samenkanälchen, tubulärer Kollaps und Größenabnahme der Hoden); unter natürlichen Verhältnissen dürfte das endogene LTH nur zu einer zeitweiligen Herabsetzung und nicht zu einer absoluten Hemmung der Gonadotropinabgabe aus der Vogelhypophyse führen. Schon sehr geringe Mengen (0,6 IE) FSH bedingen eine Stimulierung der ruhenden (refraktären) Hoden, mit Verschwinden der Fetteinlagerungen und des Cholesterins in den Tubuli. Offenbar wird die Hypophyse und nicht der Hoden saisonbedingt refraktär gegenüber der Photostimulierung. Diese jahreszeitliche Hemmung des HVL und die von ihr abhängige regressive Metamorphose des Hodens beim männlichen Vogel dürfte im wesentlichen unter nervöser Kontrolle erfolgen und im Endeffekt durch äußere Reize bedingt sein. Die jahreszeitliche Erholung der HVL-Funktion und die dafür benötigte Zeit erscheint nach diesen Ergebnissen von LOFTS u. MARSHALL als einer der entscheidenden Faktoren in der Regulierung des Sexualcyclus der Vögel. ASSENMACHER u. TIXIER-VIDAL (1962) untersuchten die Reaktionsfähigkeit der hypophysär-testikulären Achse auf verschiedene Wirkstoffe bei dem am frühen Beginn der refraktären Periode des Sexualcyclus, d. h. zwischen Ende Juni und Anfang Juli behandelten 1jährigen Peking-Enterich. Das Reserpin, zu Beginn der refraktären Periode angewandt, ließ die das FSH produzierenden β-Zellen des HVL und die Samenkanälchen in vollkommene Ruhe übergehen; dagegen stimulierte es die LH-Produktion in den γ-Zellen, verhinderte aber gleichzeitig seine Abgabe und versetzte dadurch die Leydig-Zellen des Hodens ins Ruhestadium; die LTH-produzierenden ε-Zellen des HVL erfuhren eine leichte Anregung. Eine allein angewandte starke Belichtung (2 Lampen zu 150 W) stimulierte die β-Zellen (FSH) in hohem Grade und verhinderte dadurch die Involution der Samenkanälchen; die γ-Zellen (LH) wurden in geringerem Grade stimuliert und damit auch die Leydig-Zellen. Bei den unbehandelten Kontrollenterichen hatten die Hodeninvolution und ebenso diejenige des HVL, die zu Beginn des Versuches eben begonnen hatten, in der Versuchszeit (18 Tage) deutliche Fortschritte gemacht.

Die zeitliche Folge, in der im individuellen Leben die Auswirkungen der endogenen Androgene, seien sie morphologischer oder physiologischer Art, in Erscheinung treten, ist vom *Schwellenwert* der betr. Organe bzw. Funktionen abhängig, und es ist durchaus nicht so, daß etwa der Gesamtheit der morphologischen Wirkungen gegenüber der Gesamtheit der physiologischen Funktionen oder umgekehrt eine Priorität zukäme. Tatsächlich handelt es sich um ein chronologisches Gemisch der Manifestationen, wie man am Beispiel gewisser Wildhühnerarten besonders deutlich erkennen kann. Beim Birkhuhn (Tetrao tetrix) und Auerhuhn (Tetrao urogallus) zeichnen sich die Hähnchen *in ihrem Verhalten* schon sehr frühzeitig, d. h. *vor* dem Auftreten der bei diesen Arten sehr ausgeprägten Geschlechtsverschiedenheit im Gefieder dadurch vor den Junghennen aus, daß sie sich selbständig zu machen suchen, indem sie sich von dem von der Althenne geführten Volk auf mehr oder weniger große Strecken entfernen und „ihre eigenen Wege“ gehen, ohne aber etwa den Kontakt mit dem Volk ganz zu verlieren. Wenn dann bei den Hähnchen die ersten schwarz oder blau gefärbten Federn auf Rücken und Brust erscheinen, nimmt dieser Isolierungsdrang fortlaufend an Stärke zu und führt, noch ehe die männliche Ausfärbung abgeschlossen ist, zur vollkommenen Trennung von Mutter und Volk. Wir sehen also in der ersten Phase der endogenen Androgenwirkungen eine deutliche Priorität der Auswirkungen auf das Verhalten, dann eine gewisse Parallelität in der Entwicklung von männlichem Verhalten und männlichem Federkleid, bis schließlich dieses im Herbst seine endgültige Form (Schwanzfedern) und Farbe erreicht und nun erst eine neue Phase im männlichen Verhalten sich anmeldet, d. h. die ersten zaghaften *Proben des Balzgesanges* zu hören sind. Mit den einsetzenden Frösten hören diese Proben auf, nicht so wie im Frühjahr, wenn der Hahn sich auch durch stärkere Fröste in seinem Balzgesang nicht stören läßt. Es ist bemerkenswert, daß zu dieser Zeit, d. h. Ende September im nördlichen Teil Rußlands auch die *alten* Hähne einen unvollkommenen Balzgesang hören lassen, aber nicht *vor* Sonnenaufgang wie im Frühjahr, sondern im Lauf des Vormittags; er ist auch nicht vom typischen Balzgebahren begleitet und ist nicht an die traditionellen Stätten der Frühlingsbalz gebunden.

YOUNG (1957) hat hauptsächlich für das Meerschweinchen ein Bewertungsschema aufgestellt, das sich aus Noten für die einzelnen Teile des männlichen Sexualverhaltens vom Beschnüffeln des Weibchens bis zur Intromission und Ejakulation zusammensetzt und eine zahlenmäßige Qualifikation des Sexualverhaltens gestattet. YOUNG erwähnt auch andere Meßmethoden bzw. Kriterien, z. B. die Prozentzahl der ejakulierenden Männchen innerhalb von 10 min, ferner die Dauer der Erholungspause nach der sexuellen Erschöpfung u. a. Wichtig ist es, die Unterschiede im Sexualverhalten auch bei nah verwandten Versuchstierarten zu berücksichtigen, wie sie für die Ratte von BEACH u. Mitarb. und von SOULAIRAC, für das Meerschweinchen von YOUNG und für die Maus von LIPKOW (1960) beschrieben wurden.

Bedeutung des Zentralnervensystems

Daß die männlichen Sexualhormone einen *direkten* Angriffspunkt an speziellen Strukturen des ZNS haben, geht aus den Versuchen von FISHER (1956) hervor, der bei Ratten mit Hilfe einer Verweilkanüle im Gehirn eine wäßrige Lösung von Testosteronsulfatnatrium in minimalen Mengen (entsprechend 3—50 μg Testosteron) in eng umschriebene Hirngebiete injizieren oder elektrische Reize applizieren konnte, wodurch es zu signifikanten Steigerungen des Sexualverhaltens kam; eine geringe Lokalisationsänderung des Reizes genügte, um statt des männlichen Sexualverhaltens ein mütterliches Verhalten bei der gleichen Ratte auszulösen. Eine direkte Wirkung der Sexualhormone (speziell der Androgene) auf das ZNS ergibt sich für BEACH (1949) auch aus dem erhöhten Sexualtonus des Geisteslebens (vermehrte erotische Träume u. Ä.) nach Applikation von Androgenen beim Menschen. Auch die Untersuchungen von WEIL (1941) über die unterschiedliche chemische Zusammensetzung des männlichen und weiblichen Gehirns bei der Ratte und ihre Reaktion auf die Kastration könnten in dieser Richtung gedeutet werden.

Eine sehr klare Bestätigung der Annahme eines direkten Einflusses der Androgene auf das ZNS und damit auf das Sexualverhalten erbrachten die Versuche von LINDSAY u. ROBINSON (1961) an kastrierten Mutterschafen. Diese wurden (mit oder ohne Vorbehandlung mit Progesteron, was das Ergebnis nicht beeinflußte) mit wechselnden Dosen von Testosteronpropionat injiziert und die Reaktion des Sexualverhaltens und des Vaginalabstriches beobachtet (Tab. 83):

Tabelle 83. *Reaktionen des Sexualverhaltens und des Vaginalabstriches bei Schafen (Anzahl= n) auf die Injektion von Testosteronpropionat, mit oder ohne Vorbehandlung mit Progesteron (nach* LINDSAY u. ROBINSON, *1961); 12 Schafe pro Versuch*

	Testost.-Prop. mg	Mit Progest.-Vorbehandlung n	Keine Progest.-Behandl. n	Total n
Oestrale Reaktion	1,0	6	4	10
des Verhaltens	3,2	10	11	21
	10,0	12	12	24
	Insgesamt	28	27	55
Oestrale Reaktion	1,0	1	—	1
der Vagina	3,2	1	1	2
	10,0	—	—	—
	Insgesamt	2	1	3

Wie die Tab. 83 zeigt, bedingt Testosteronpropionat auch bei der kleinsten Dosis von 1,0 mg bereits ein oestrales Verhalten bei einem Teil der Tiere (10 von 24), einen Anstieg auf 21 von 24 Tieren bei 3,2 mg und auf 24 von 24 bei 10,0 mg. Demgegenüber ist eine vaginale Brunstreaktion nur bei 3 von 72 Tieren vorhanden und nur eines von diesen 3 Tieren wies gleichzeitig ein brünstiges Verhalten auf, was die Vermutung nahelegt, daß es sich bei diesen 3 Fällen um Artefakte handelt, umsomehr als bei der höchsten Dosis von Testosteronpropionat keines von 24 Schafen oestrale Veränderungen im Vaginalabstrich aufwies. Es scheint somit, daß *die oestrusauslösende Wirkung von Testosteronpropionat beim Schaf sich ausschließlich auf eine direkte Wirkung am ZNS beschränkt*. Eine Umwandlung von Testosteron in eine oestrogene Substanz kann nicht vorgelegen haben, weil sonst der Vaginalabstrich dementsprechende Brunstveränderungen hätte zeigen müssen.

Nach dem Ergebnis dieser Versuche können die beiden Komponenten der Brunst beim Schaf, die anatomische und die psychische, in ihrer Hervorrufung klar unterschieden werden: Oestrogene, allein gegeben, induzieren im allgemeinen einen vaginalen Oestrus ohne das begleitende Brunstverhalten (ROBINSON, 1955; ROBINSON, MOORE u. BINET, 1956; ROBINSON u. MOORE, 1956); Oestrogene, nach Vorbehandlung mit Progesteron, rufen sowohl vaginalen Oestrus als auch Brunstverhalten hervor (ROBINSON, 1954; ROBINSON, 1955; ROBINSON, MOORE u. BINET, 1956); Testosterongaben bedingen ein Brunstverhalten, aber ohne die Brunstveränderungen in der Vaginalschleimhaut. Daraus folgern die Verff. 1. daß das oestrale Verhalten auf die direkte Wirkung eines geeigneten Hormons auf das ZNS zurückzuführen ist und nicht auf ein „conditioning" peripherer Receptoren in Uterus oder Vagina; 2. daß die Reaktion der Verhaltensweise durch das Geschlecht des Hormonempfängers und nicht durch die Natur des Hormons bestimmt wird; 3. daß die Annahme abzulehnen ist, als seien die Androgene normalerweise für das cyclische brünstige Verhalten beim Schaf verantwortlich, das durch die Oestrogen+Progesteron-Wirkung gewährleistet wird. Es scheint aber, meinen LINDSAY u. ROBINSON, daß die Bezeichnungen „oestrogen" und „androgen", wie sie im allgemeinen im Gebrauch sind, in ihrer Anwendung auf das Verhalten ihren Sinn verlieren. Daß diese letzte Folgerung der Autoren wohl zu weitgehend sein dürfte, ergibt sich aus den zu Anfang dieses Kapitels angeführten Überlegungen von GOLDSTEIN (1957).

Aufgrund ihrer Versuche über die Wirkungen einer lokalisierten intracerebralen Implantation von Oestrogen (0,2 mg Oestradiol) auf die Fortpflanzungsfunktion beim Kaninchenweibchen haben DAVIDSON u. SAWYER (1961) die Existenz eines ganz lokalisierten Hirnzentrums für das Brunstverhalten angenommen, und zwar im Gebiet der Eminentia mediana posterior-Regio tuberalis basalis des Hypothalamus; orientierende Versuche am männlichen Hund mit Implantation von Testosteron in die Eminentia mediana posterior weisen auf ähnliche Verhältnisse auch beim männlichen Geschlecht hin. Vgl. dazu auch die Untersuchungen von HOHLWEG (1935), HOHLWEG u. JUNKMANN (1932), BORST, DÖDERLEIN u. GOSTIMIROVIC (1930), BORST u. GOSTIMIROVIC (1931) u. a.; Schrifttumsangaben bei VOSS (1960).

Auf die durch die verschiedenen Sinnesorgane vermittelten, das Fortpflanzungsverhalten regelnden Einflüsse des einen Geschlechts auf das andere kann hier nicht näher eingegangen werden. Neben den visuellen, akustischen und taktilen Reizen (Hochzeitskleid der Männchen bei Fischen, Amphibien, Vögeln; Balzgesang der männlichen Vögel; Umklammerungsreflex beim männlichen Frosch, Anhänge des männlichen Kopulationsorgans z. B. beim Meerschweinchen u. a.), deren morphologische Grundlagen zum Teil als Testobjekte für die Auswertung der androgenen Wirksamkeit dienen und im Kapitel über die biologische Auswertung der Androgene ausführlicher behandelt sind (vgl. Bd. XXXV, Teil 2), spielen *olfaktorische Eindrücke* offenbar eine ganz besonders ausgeprägte Rolle, worauf PARKES (1962), PARKES u. BRUCE (1962) aufgrund der in seinem Laboratorium ausgeführten Untersuchungen hingewiesen hat; hier sei speziell der „Bruce-Effekt" erwähnt, der darin besteht, daß bei frisch begatteten Mäuseweibchen die Gegenwart fremder Männchen die Eiimplantation und damit die Trächtigkeit verhindert. Aber auch die Benutzung eines Käfigs, in dem die fremden Männchen ihre Geruchsspuren hinterlassen haben, genügt zur Blockierung der Schwangerschaft.

Olfaktorische Einflüsse, aber positiver Art spielten auch in den Versuchen von MARSDEN u. BRONSON (1965) eine entscheidende Rolle: Wenn Mäuseweibchen in eine „männliche bzw. weibliche Umgebung" durch mehrfache Beträufelung der Schnauze mit männlichem bzw. weiblichem Harn versetzt wurden, so wurde der Eintritt des Oestrus durch arteigenen Männchenharn beschleunigt, nicht aber durch artfremden Männchenharn. Angeregt wurden diese Versuche offenbar durch Beobachtungen an Kaninchen der Arten Sylvilagus floridanus und Oryctolagus cuniculus, bei denen das Harnen des Männchens in Richtung des Weibchens oder direkt auf seine Schnauze eines der hauptsächlichen Reizmittel zur Herbeiführung der geschlechtlichen Annäherung ist (MARSDEN u. CONAWAY, 1963; MARSDEN u. HOLLER, 1964). DOMINIC (1966) zeigte, daß bei Mäusen, die durch den Coitus mit vasektomierten Männchen ihres Stammes scheinschwanger geworden waren, die Scheinschwangerschaft unterbrochen wurde, wenn sie an den Tagen 1 bis 3 post coitum dem Harn von Männchen eines fremden Stammes ausgesetzt wurden; die bloße Gegenwart solcher Männchen genügte nicht für diesen Effekt. DOMINIC (1967) wies ferner nach, daß ektopische Hypophysenimplantate, die von neuralen Beeinflussungen und daher auch von den olfaktorischen Reizen abgeschirmt waren, bei Mäusen die Blockierung der Schwangerschaft durch Fremdharn verhinderten, vermutlich dank ihrer Prolactin-Produktion, die für die Aufrechterhaltung der Funktion der Corpora lutea graviditatis genügt: diese Beobachtungen sprechen nach DOMINIC entschieden dafür, daß die Blockierung auf ein Versagen der luteotropen Funktion der eigenen Hypophyse der Versuchsweibchen zurückzuführen ist.

Die Natur dieser olfaktorisch wirkenden Stoffe (Pheromone) und die möglichen Quellen ihrer Bildung im männlichen Organismus sind noch ungeklärt, doch fanden die Beobachtungen von PARKES, MARSDEN u. MITARB. in den Versuchen von WHITTEN, BRONSON u. GREENSTEIN (1968) ihre Ergänzung durch den Nachweis der Produktion solcher Pheromone bei Mäusemännchen in einer Tunnelapparatur, in der die Luft entweder von den Männchen zu den von ihnen getrennten Weibchen oder umgekehrt von den Weibchen zu den Männchen strich: im ersten Fall war die Zahl der oestrischen Weibchen erhöht, im letzten Fall erniedrigt. Diese Beobachtungen zeigen, daß das Pheromon der Mäusemännchen von der Luft fortgetragen wird, und bestätigen, daß es über olfaktorische Receptoren wirkt.

Während früher ganz allgemein die Intensität und zeitliche Extensität der sexuellen Aktivität als unmittelbare Folgen des *Ausmaßes der endokrinen Produktion der Gonaden* aufgefaßt wurden, geht gegenwärtig die Meinung dahin, daß der Grad des Geschlechtstriebes nicht notwendig in quantitativer Beziehung zur Produktion der Sexualhormone steht und daß zwischen den einzelnen Tierklassen, aber auch zwischen den einzelnen Arten der gleichen Klasse und innerhalb der Art zwischen den einzelnen Individuen große Unterschiede bestehen können, sowohl hinsichtlich der Beteiligung der Sexualhormone als auch der Bedeutung der Erfahrung und anderer neuraler Komponenten. So hat z. B. YOUNG (1957) beobachtet, daß in einer größeren Gemeinschaft aufgezogene *Meerschweinchen* einen stärkeren Geschlechtstrieb aufweisen als isoliert aufgewachsene; auch fanden YOUNG u. GRUNT (1953), RISS, VALENSTEIN, SINKS u. YOUNG (1955) und VALENSTEIN, RISS u. YOUNG (1955), daß männliches Hormon zwar das Sexualverhalten kastrierter Meerschweinchenböcke wieder bis zur Höhe vor der Kastration restaurieren kann, aber nicht darüber hinaus, auch wenn die injizierte Dosis Testosteronpropionat auf das 20fache der Schwellendosis (d. h. der Menge, die den Geschlechtstrieb des Kastraten auf die Vorkastrationshöhe steigert) erhöht wird (Riss u. Young, 1954); auch sahen sie, daß der Kontakt mit Artgenossen einen aufbauenden Einfluß auf die Entwicklung des Kopulationsverhaltens beim Meerschweinchen besitzt und daß genetische Unterschiede im Ausmaß der sexuellen Erregbarkeit auch durch hohe Androgengaben nicht ausgeglichen werden können. Demgegenüber berichten Beach u. Holz-Tucker (1949), daß beim kastrierten *Rattenmännchen* Androgene das Paarungsverhalten nicht nur wiederherstellen, sondern über das präkastrative Maß steigern, wenn die applizierte Menge über die Erhaltungsdosis hinaus erhöht wird; auch beobachtete Beach (1958) keinen Unterschied im Sexualverhalten zwischen isoliert und in Gemeinschaft aufgezogenen Rattenmännchen bei Gelegenheit des ersten Tests des Sexualverhaltens[39]. Meerschweinchen und Ratte verhalten sich also diametral entgegengesetzt. Beim Kater fanden Rosenblatt u. Aronson (1958), daß das Paarungsverhalten von der kombinierten Wirkung der Sexualerfahrung und eines hohen Androgenspiegels abhängig ist. Andererseits schließen Schein u. Hale (1957) aus ihren Versuchen an Truthähnen, daß das Ausmaß des Paarungstriebes nicht vom Grad der vorausgehenden sozialen Erfahrung abhängt. Beach (1949) hat mit Recht darauf aufmerksam gemacht, daß alle Hormone, die metabolisch wirksam sind, einen indirekten Einfluß auf das Sexualverhalten auszuüben vermögen, der zum Teil auch über die Gonadenhormone zustandekommen kann: man denkt dabei in erster Linie an die Wirkstoffe der Nebennierenrinde und der Schilddrüse. Nach Melin u. Kihlström (1963) ergab sich bei Kaninchenmännchen eine signifikante Erhöhung des Geschlechtstriebes durch Injektionen von *Oxytocin* (0,15, 0,30, 0,60 IE/kg K.-Gew.), wenn die Beurteilung der Stärke des Geschlechtstriebes durch Messung der Latenzzeit bis zur ersten Ejakulation nach Einsetzen des Weibchens in den Käfig des Männchens und Bestimmung der Gesamtzahl der Ejakulationen im Lauf von 30 min nach Beginn des Versuches erfolgte. Es wäre möglich, daß dieser Oxytocin-Effekt auf die durch Oxytocin stimulierten Muskelkontraktionen in den Genitalorganen des Männchens zurückzuführen ist. Wie die gleichen Verff. in anderen Versuchen (ebenfalls an Kaninchenböcken) zeigten, ist die unmittelbare Folge der Oxytocin-Injektion eine erhöhte Ausscheidung von Flüssigkeit aus den accessorischen Geschlechtsdrüsen (Kihlström u. Melin, 1963); das dürfte einen erhöhten Druck in den Genitalorganen und dadurch einen vermehrten Detumescenztrieb hervorrufen.

a) Das Sexualverhalten beim männlichen Geschlecht und seine Veränderung durch die Kastration[40]

In Ergänzung zu dem, was über den Einfluß der Kastration auf die Morphologie und zum Teil auch auf die Physiologie des Männchens im Kapitel über die biologische Auswertung der Androgene gesagt wird (s. Bd. XXXV/2), sollen im folgenden einige Besonderheiten der Beeinflussung des Sexualverhaltens durch die Entfernung der männlichen Keimdrüsen beschrieben werden.

Werbung (Balz) und Paarung sind eines der besten Beispiele für den Einfluß von Hormonen auf das Verhalten der Tiere, woran nicht nur die steroiden Sexualhormone der Gonaden beteiligt sind, sondern auch Wirkstoffe der übergeordneten Hypophyse, der Nebennierenrinde und der Schilddrüse. Von diesem großen Gebiet,

---

39 Dagegen sah Soulairac (1950) einen Einfluß des aktiven Käfiggenossen (Rattenmännchen) auf den inaktiven im Sinne einer Auslösung des schlummernden Sexualverhaltens bei diesem durch das Beispiel von jenem [„effet du groupe" nach Grassé (1946)].

40 Wir stützen uns in diesem und den folgenden Abschnitten, was die ältere Literatur anbetrifft, auf die ausgezeichnete zusammenfassende Darstellung von Beach (1949).

welches das Verhalten beider Geschlechter umfaßt, haben wir hier ausschließlich die männlichen Wirkstoffe zu behandeln, diese allerdings in ihrer Wirkung sowohl bei den Männchen als auch bei den Weibchen. Es muß daran erinnert werden, daß in beiden Geschlechtern sowohl Androgene als auch Oestrogene normalerweise produziert werden, so daß man im Grunde nur dann die beobachteten Verhaltensweisen auf den Einfluß der einen oder anderen Hormongruppe zurückzuführen berechtigt ist, wenn entsprechende Versuche mit ihrer Ausschaltung bzw. ihrem Ersatz vorliegen, was bei weitem nicht immer der Fall ist.

a) Fische

Wir werden im Kapitel über die biologische Auswertung von Androgenen (vgl. Bd. XXXV, Teil 2) beschreiben, wie sich die Kastration auf die morphologischen Merkmale bei Fischen auswirkt, und sehen, daß manche Forscher die postkastrativen Veränderungen an den Flossen oder die Beeinflussung des Hochzeitskleides bei gewissen Fischen als Grundlage eines Testverfahrens für Androgene benutzen zu können glaubten.

Es ist nun bemerkenswert, daß im Gegensatz zu diesen Beobachtungen das männliche Sexualverhalten bei gewissen Fischarten durch die Kastration in keiner Weise beeinflußt zu werden scheint: So beobachteten NOBLE u. KUMPF (1936/ 1937), daß das Männchen des Juwelenfisches (Hemichromis bimaculatus) nach der Kastration für unbegrenzte Zeit das normale Werbungsspiel, die mit der Besamung der Eier zusammenhängenden Bewegungen und das Brutverhalten beibehält, Hochzeitskleid und Genitalröhre erscheinen in normaler Weise in jeder Laichzeit; das gleiche stellten die Verff. auch beim Kampffisch Betta splendens[41] fest. Soweit ersichtlich, scheinen diese Beobachtungen, die zu den sonstigen Erfahrungen über die Folgen der Kastration nicht nur bei Wirbeltieren im allgemeinen, sondern auch speziell bei Fischen in krassem Gegensatz stehen, nicht nachuntersucht zu sein; bei den bekannten Schwierigkeiten der Kastration an Fischen ist der Verdacht einer unvollkommenen Entfernung der (leicht zerreißlichen) Hoden nicht ganz von der Hand zu weisen. HOAR (1962) hat auf ein anderes Beispiel hingewiesen: beim Männchen von Bathygobius suporator unterbricht die Kastration nicht die Balzhandlungen und Laichtätigkeit (TAVOLGA, 1955), obgleich die Aggressivität vollkommen aufgehoben wird und die sekundären Geschlechtsmerkmale von der Hodenaktivität abhängen. Offenbar wird in solchen Species das Sexualverhalten auf andere Weise geregelt, wie überhaupt die Verhaltensweise bei Fischen eine große Variabilität aufweist. HOAR (1962) hat das folgende Schema für die hormonale Regelung des Fortpflanzungsverhaltens beim männlichen Stichling gegeben (Abb. 60):

β) Amphibien

Schon SCHRADER (1887) zeigte, daß der männliche Frosch sich nicht paart, wenn er vor Beginn der Fortpflanzungsperiode kastriert wird. Dieser Befund ist immer wieder bestätigt worden, so von NUSSBAUM (1905) oder in neuerer Zeit von NOBLE u. ARONSON (1942). Die Wirkung der Kastration auf das Verhalten, die sich auf den Umklammerungsreflex und den Brunstlaut bezieht, braucht nicht sofort einzutreten, sondern kann erst nach längerer Latenzzeit offenbar werden (vgl. STEINACH, 1894 und 1910), z. B. erst in der nächsten Brunstperoide. Das normale Brunstverhalten kann durch Einpflanzung oder Injektion von Hodengewebe bzw. Hodenextrakten sowohl nach der Kastration als auch beim intakten Froschmännchen außerhalb der Paarungszeit hervorgerufen werden (GREENBERG, 1942a, b).

---

41 Vgl. dazu aber S. 420.

26*

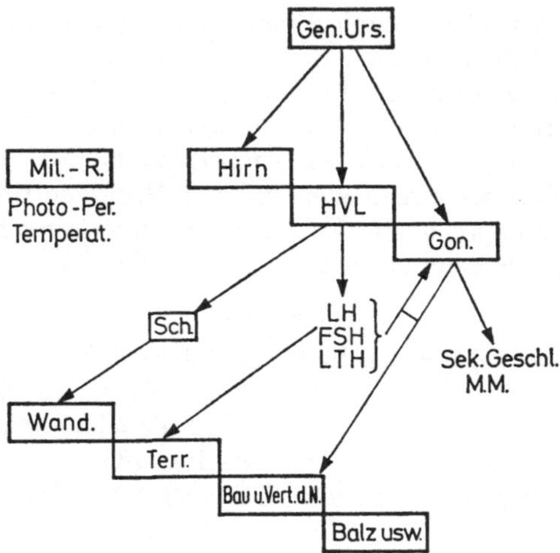

Abb. 60. Schema des Fortpflanzungsverhaltens beim männlichen Stichling *(Gasterosteus aculeatus)*. *Bau u. Vert. d. N.* Bau und Verteidigung des Nests; *FSH* Follikelstimulierendes Hormon; *Gen. Urs.* Genetische Ursachen; *Gon* Gonaden; *HVL* Hypophysenvorderlappen; *LH* Luteinisierungshormon; *LTH* Luteotropes Hormon; *Mil. R.* Milieu-Reize; *Photo-Per.* Photoperioden; *Sch* Schilddrüse; *Sek. Geschl. M. M.* Sekundäre Geschlechtsmerkmale; *Temper.* Temperatur; *Terr.* Territorialität; *TSH* Thyreotropin; *Wand.* Wanderungen. (Nach HOAR, 1962)

γ) Reptilien

REYNOLDS (1943) hat eine Beschreibung des normalen jahreszeitlichen Fortpflanzungscyclus bei der männlichen Eidechse Eumeces fasciatus gegeben, nebst zusätzlichen Beobachtungen über die Wirkung der Kastration (und Androgen-Applikation) auf das Sexualverhalten: der Eingriff verhindert dieses Verhalten oder hebt es auf, selbst wenn er auf der Höhe der Brunst ausgeführt wird; durch die Verabreichung von Androgenen kann diese Kastrationsfolge rückgängig gemacht werden. Beim männlichen „amerikanischen Chamäleon" Anolis carolinensis wird nach NOBLE u. GREENBERG (1940, 1941 a, b) durch die Kastration das normale Sexualverhalten ausgeschaltet.

δ) Vögel

Das sehr ausgesprochene Werbungsspiel des Kampfläufers Philomachus pugnax wird nach VAN OORDT u. JUNG (1936) durch die Entfernung der Hoden aufgehoben. Beim Truthahn (Meleagris gallopavo) schaltet die Kastration den Sexualruf und alle übrigen Komponenten des Geschlechtsverhaltens aus, das sich im Aufplustern des Gefieders und Senken der Flügel, in der fächerförmigen Ausbreitung des Schwanzes und den verschiedenen Lautäußerungen zeigt (SCOTT u. PAYNE, 1934). Das gleiche gilt für die verschiedenen Rassen des Haushahnes, bei dem nach der Kastration der typische Hahnenschrei aufhört, ebenso wie die Werbungsbewegungen und das Treiben der Hennen oder beim Täuberich das Schnäbeln, das normalerweise mitsamt dem Treiben des Weibchens zum präcopulatorischen Verhalten gehört (CARPENTER, 1933). In verschiedenen Mövenarten (Larus argentatus, L. atricilla) führt die Kastration beim Männchen zu einem Verlust der normalen Aggressivität, des männlichen Rufes und der typisch männlichen Haltung (Boss, 1943; Boss u. WITSCHI, 1941, 1942; NOBLE u. WURM, 1940).

ε) Säugetiere

Der technisch relativ einfache Eingriff der Kastration beim männlichen Säugetier mit scrotalen Hoden ist an 3 Gruppen von Versuchsobjekten schon seit langer Zeit ausgeführt worden: an männlichen Haustieren und am Menschen und später an Laboratoriumstieren. Hauptsächlich wegen des Einflusses auf das Verhalten wurde die Kastration bei den männlichen Haussäugetieren und beim Menschen von altersher geübt, und es hat sich wohl schon früh die Meinung herausgebildet, daß die Entfernung der Hoden die Einbuße aller Phasen des sexuellen Verhaltens zur Folge hat, obgleich z. B. schon Aristoteles bekannt war, daß ein zur Zeit seiner vollen Reife kastrierter Stier zu einer Begattung der Kuh imstande sein kann. Erst sehr allmählich hat sich die Erkenntnis durchgesetzt, daß bei der postpuberalen Kastration die sexuelle Erregbarkeit und Potenz zwar herabgesetzt sind, daß aber diese Verhaltensänderungen graduell sehr verschieden sind, mit der Zeit fortschreiten und daß der volle Verlust selten ist, indem gewisse, mehr oder weniger umfangreiche Reste einer sexuellen Aktivität für absehbare Zeit erhalten bleiben[42]. Aber auch präpuberal kastrierte Ratten- und Meerschweinchenmännchen können unvollkommene Begattungsversuche zur Zeit des normalen Eintritts der Pubertät ausüben (STEINACH, 1894; BEACH, 1942; MOORE u. GALLAGHER, 1930; SOLLEN-

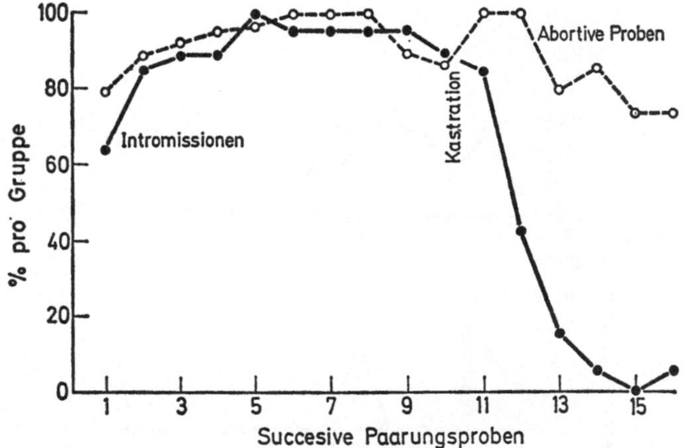

Abb. 61. Wirkung der Kastration auf das Verhalten bei der Begattung beim Goldhamster. Nach der Kastration nahm in der Tiergruppe die Prozentzahl der Männchen, die mindestens eine Intromissio/Test erreichten, ständig ab, wenn auch gleichzeitig keine prozentuale Abnahme der Zahl der abortiven Intromissio-Versuche innerhalb der Gruppe festzustellen war. ○ Abortive Versuche, ● Intromissionen. (Nach GOLDSTEIN, 1957)

BERGER u. HAMILTON, 1939; SEWARD, 1940); BEACH (1949) berichtet über Erektionen und Begattungsversuche auch bei präpuberal kastrierten Katern und GOLDSTEIN (1957) konnte in seinen Versuchen an Hunden 3 Gruppen von Rüden beobachten, von denen die eine sich nach der Kastration wie die Laboratoriumsnagetiere (Ratte, Meerschweinchen) verhielt, d. h. einen mehr oder weniger vollständigen Verlust des Sexualverhaltens aufwies, während die zweite Gruppe nach einer gewissen postoperativen Abnahme des Sexualverhaltens und nachfolgender Erholung die vor-kastrative Intensität des Sexualverhaltens wiedererlangte und

---

42 Die vollkommene Unkenntnis dieser biologischen Tatsachen erklärt die falsche Darstellung der beiden im reifen Alter kastrierten Männer im Schauspiel von DÜRENMATT, Der Besuch der alten Dame.

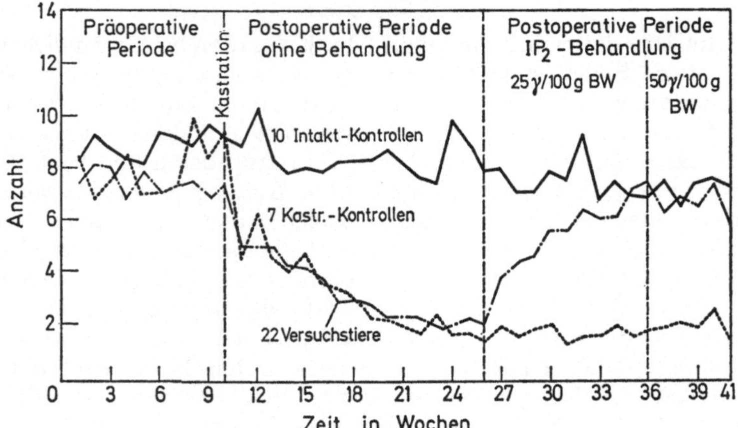

Abb. 62. Wirkung der Kastration auf das Verhalten bei der Begattung beim Meerschweinchen-Männchen. Nach der Kastration war eine ständige Abnahme im Gesamtbild des Sexualverhaltens zu verzeichnen, das nach der Behandlung mit Androgenen zur Norm zurückkehrte. (Nach Goldstein, 1957)

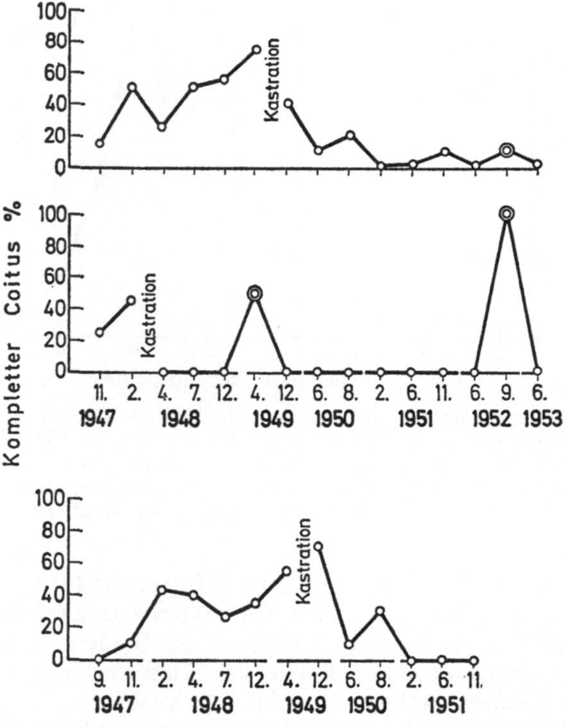

Abb. 63. Wirkung der Kastration auf das Verhalten bei der Begattung beim männlichen Hund. Jeder Punkt entspricht einer Serie von Tests. Bei allen drei Hunden kam es nach der Kastration zu einer Abnahme der Prozentzahl der Tests innerhalb der betr. Serie, in denen das komplette Verhaltensschema bei der Begattung abrollte (also einschließlich des „Hängens" beim Coitus). Die mit einem Kreis umgebenen Punkte beziehen sich auf Testserien, in denen die Hunde Androgene injiziert erhielten. Auf der Abszisse sind die Daten der Testserien verzeichnet. (Nach Goldstein, 1957)

die Rüden der dritten Gruppe sogar eine Intensivierung ihres Sexualverhaltens nach der Kastration zeigten, eine Verhaltensänderung, für die gegenwärtig eine Erklärung noch nicht gegeben werden kann: die bei allen Versuchshunden beobachtete hochgradig positive Korrelation zwischen dem Grad der vor-kastrativen Erfahrung und der Zahl der positiven Tests nach der Kastration reicht jedenfalls dafür nicht aus (Abb. 61—64). Auf die große individuelle Variabilität in der Manifestationszeit der Reaktion auf die Kastration hat STONE (1927) in einer speziellen Untersuchung aufmerksam gemacht: Die Fähigkeit zur Ausübung des Coitus war beim Rattenmännchen in 33% der Tiere am Schluß des ersten Monats post castrationem verschwunden, in 45% am Schluß des zweiten, in 57% des

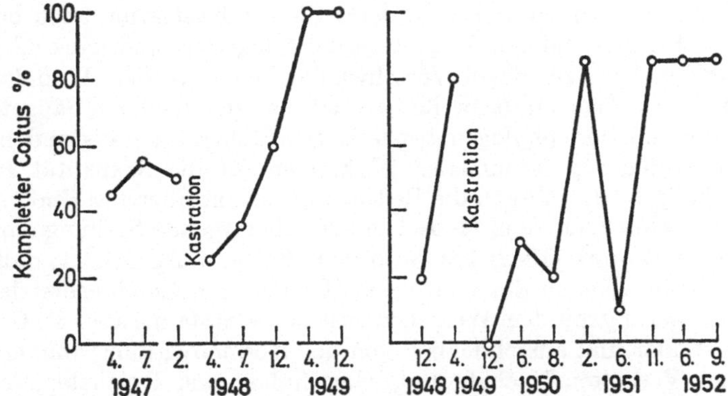

Abb. 64. Wirkung der Kastration bei männlichen Hunden, Bezeichnungen wie in Abb. 63. Bei diesen beiden Hunden war, wie bei denjenigen von Abb. 63, eine anfängliche prozentuale Abnahme der Tests mit komplettem Sexualverhalten zu verzeichnen; mit der Zeit (s. Abszisse) kehrte aber das Gesamtverhalten bei der Begattung zur Norm zurück oder übertraf sogar das Bild *vor* der Kastration, ohne daß eine Androgenbehandlung stattgefunden hätte (s. Text). (Nach GOLDSTEIN, 1957)

dritten, in 74% des vierten, in 79% des fünften und in 91% am Schluß des sechsten Monats nach der Kastration. Auch unterschieden sich die einzelnen Phasen des Coitus hinsichtlich des Zeitpunktes ihres Verschwindens: die Ejakulation hörte als erste auf, und zwar zu einer Zeit als das Bespringen noch weiterbestand (vgl. STONE, 1939; und BEACH, 1944) (Tab. 84).

Tabelle 84. *Allmähliches Verschwinden der Kopulations- und Ejakulationsfähigkeit bei in erwachsenem Zustand kastrierten Rattenmännchen. I (6) bis VI (36) fortlaufende 6 Tage-Perioden nach der Kastration. Normale ♂♂ : parallele Beobachtungen an intakten Männchen aus der gleichen Zucht. Nach STONE (1939)*

Tiergruppe		Mittlere Zahl der Kopulationen bzw. Ejakulationen					
	Vor der		Nach der Kastration				
	Kastration	I(6)	II(12)	III(18)	IV(24)	V(30)	VI(36)
Intakte							
Männchen	18,4	25,6	20,4	22,6	20,0	21,8	25,2
Kopulationen	20,8	9,9	5,5	5,8	6,5	3,6	0,8
Kastraten							
Intakte							
Männchen	2,4	3,0	2,4	2,6	2,4	2,6	3,0
Ejakulationen	2,5	1,0	0,2	0,2	0,3	0,1	0,0
Kastraten							

Ähnliche Reaktionen auf die präpuberale bzw. postpuberale Kastration wie das Rattenmännchen zeigt auch das Kaninchenmännchen (STONE, 1932). Auch beim Männchen des Rhesusaffen, Macaca rhesus, beobachtete THOREK (1924) eine allmähliche Abnahme der sexuellen Aktivität und ihr vollständiges Verschwinden erst zum Schluß des 6. Monats post castrationem. Dagegen hat CLARK (1945) beim Schimpansen nach der präpuberalen Kastration Fälle von klarer sexueller Erregbarkeit und ausgesprochener potentia coeundi beobachtet. Trotzdem besteht keine Veranlassung an der hormonalen Begründung durch Androgene weder bei diesen Menschenaffen noch auch beim Menschen selber zu zweifeln, bei dem das Weiterbestehen des sexuellen Verhaltens über Jahre nach der (postpuberalen) Kastration in zahlreichen Fällen beschrieben ist (vgl. dazu BEACH, 1949, wo eine Reihe von diesbezüglichen Literaturstellen angeführt ist). Die Tatsache bleibt bestehen, daß in der weit überwiegenden Mehrzahl der Fälle die Kastration auch beim Mann, genau so wie bei den anderen Vertretern der Säugetier- und ganz allgemein der Wirbeltier-Männchen, zu einem Verschwinden des sexuellen Verhaltens führt; andererseits ist es ebenso unbezweifelbar, daß von den niederen Säugetieren fortschreitend über mittlere phylogenetische Entwicklungsstufen bis zu den Primaten die relative Bedeutung hormonaler Wirkungen für die Sexualität zunehmend weniger auffällig wird, während die Bedeutung extrahormonaler Einflüsse ständig zunimmt, um schließlich beim Menschen eine überragende Stellung einzunehmen (BEACH, 1949); MOORE (1942) hat es in den Worten ausgedrückt, daß „bei den subprimaten Wirbeltieren das androgene Hormon den Geschlechtstrieb und die Neigung zur Paarung mit dem Weibchen auslöst, beim Manne aber der Geschlechtstrieb nicht so klar und ausschließlich von der Hormonwirkung abhängt, weil im menschlichen Verhalten Nachahmung, Gewohnheit und Psychologie eine solche entscheidende Rolle spielen".

Ein interessantes Licht werfen die Versuche von McGILL u. TUCKER (1964) auf die unterschiedlichen Folgen der Kastration auf das Sexualverhalten: Sie beobachteten Mäusemännchen aus 2 Inzuchtstämmen und 1 Bastardstamm im Lauf von 42 Tagen auf ihr Sexualverhalten, kastrierten dann die Hälfte der Versuchstiere und setzten die tägl. Beobachtung fort, bis bei den Kastraten der Ejakulationsreflex verloren ging. Sie stellten dabei Stammesunterschiede in der Häufigkeit der Ejakulationen sowohl vor als auch nach der Kastration fest; das Bestehenbleiben des Sexualtriebes variierte innerhalb der Art je nach dem Genotypus: genetische Homocygotie (Inzuchtstämme) war mit einem raschen Verlust des Ejakulationsreflexes beim kastrierten Männchen assoziiert, während die Heterocygotie (Bastardmännchen) mit einer Beibehaltung dieses Reflexes bis zu einem Maximum von 60 Tagen verbunden war. Diese Tatsache mag an der Beobachtung beteiligt sein, daß phylogenetisch ältere Arten in ihrem sexuellen Verhalten mehr hormonabhängig sind als phylogenetisch jüngere Arten.

YOUNG, GOY u. PHOENIX (1964) haben aufgrund ihrer ausgedehnten Versuche nicht nur an Laboratoriumsnagetieren sondern auch an Primaten (Rhesusaffen) die große Bedeutung der Sexualhormone für die Entwicklung und Manifestierung des geschlechtsspezifischen Verhaltens betont und auf den entscheidenden Einfluß ihrer Gegenwart oder Abwesenheit in der Periode der Differenzierung jener Teile des ZNS hingewiesen, die beim Erwachsenen das sexuelle Verhalten dirigieren. Diese Periode liegt beim Meerschweinchen prä-, bei der Ratte postnatal (zwischen dem 1. und 7. Lebenstag): Weibchen, die während dieser Periode mit Androgenen behandelt werden, zeigen im erwachsenen Zustand kein normales weibliches Sexualverhalten; andererseits beobachtet man bei Rattenmännchen, die in der ersten Lebenswoche kastriert wurden, infolge des Verlustes der Androgene ein feminines Sexualverhalten im Erwachsenenalter. FEDER u. WHALEN (1965), die diese Beobachtungen an am 4. Lebenstag kastrierten Rattenmännchen bestätigten, fanden bei intakten oder kastrierten Rattenmännchen, die neugeboren mit Oestrogenen injiziert wurden, nur geringe Anzeichen eines femininen Brunstverhaltens im erwachsenen Zustand. Die Feminisierung wird also durch das Fehlen der Androgene in der Neonatalperiode und nicht durch die Gegenwart von Oestrogenen bewirkt, ja, die Oestrogene unterdrücken eher die Feminisierung als daß sie sie förderten.

Auch KENNEDY (1964) untersuchte das Paarungsverhalten und die spontane Aktivität (s. S. 422 ff.) bei durch Androgen-Applikation (1,25 mg Testosteronpropionat am 2. oder 6. Lebenstag i. m. injiziert) sterilisierten Rattenweibchen (Beobachtungsperiode vom 30.—90. Lebenstag) und verglich sie mit normalen Weibchen im Alter von 3—12 Wochen. Die gleichen Prüfungen wurden an Weibchen vorgenommen, deren Mütter während der Gravidität die gleichen Injektionen tägl. erhalten hatten; die Behandlung der Mütter führte zu Anomalitäten der Genitalorgane bei den Töchtern, die offenbar eine Intromissio des Penis bei der Begattung unmöglich machten, ihre oestralen Cyclen und ihre spontane Aktivität waren aber nicht beeinflußt, jedoch schritt ein großer Teil von ihnen nicht zur Paarung. Die postnatal mit Testosteronpropionat injizierten Weibchen zeigten keine Herabminderung ihrer spontanen Aktivität, aber die Ovulation war vielfach blockiert. Aus diesen Ergebnissen wird eine Bestätigung der früher vertretenen Auffassung gefolgert, daß die endokrine Differenzierung des weiblichen Hypothalamus postnatal erfolgt und eng, wenn auch nicht untrennbar mit der Entwicklung des geschlechtsspezifischen Verhaltens verbunden ist. Die Störung des weiblichen Paarungsverhaltens durch die Androgenverabreichung setzt die spontane Aktivität nicht auf das männliche Maß herab: der Androgeneffekt führt in dieser und in anderen Hinsichten nicht zu einer vollkommenen Maskulinisierung.

b) Die Regeneration des Sexualverhaltens beim Kastraten

Der durch die Kastration verursachte Ausfall der Erscheinungen des Brunstverhaltens kann durch die Implantation oder Injektion von Hodengewebe bzw. von Hodenextrakten bzw. natürlichen oder synthetischen Androgenen rückgängig gemacht werden; aber das normale Sexualverhalten kann z. B. auch beim intakten Froschmännchen außerhalb der Paarrungszeit durch diese Eingriffe hervorgerufen werden (GREENBERG, 1942a, b). Das nach der Kastration des Männchens der Eidechse Eumeces fasciatus fehlende Brunstverhalten wird durch die Injektion von Androgenen regeneriert (REYNOLDS, 1943). Das gleiche gilt für Vögel, bei denen das komplizierte Brunstverhalten, die „Balz" durch die Kastration aufgehoben und durch die Behandlung mit Androgenen in allen ihren Teilen wieder aufgebaut wird: so beim Haushahn (PÉZARD, 1922; DAVIS u. DOMM, 1941, 1949; DOMM, DAVIS u. BLIVAISS, 1942), beim Täuberich (nach Ausfall durch Hirnverletzungen, BEACH, 1942). Auch bei kastrierten Wildvögeln (z. B. Möven, Larus atricilla, L. argentatus) kehrt das normale Brunstverhalten (Balzruf, Haltung usw.) nach Behandlung mit Testosteronpropionat wieder.

Das durch die Kastration mehr oder weniger vollkommen unterbundene Sexualverhalten bei männlichen Säugern erfährt durch die Behandlung der Kastraten mit Androgenen eine weitgehende Wiederherstellung. Beim präpuberal kastrierten Kaninchenbock beschrieben es DE FREMERY u. TAUSK (1937) nach Behandlung mit Testosteronpropionat, ebenso SOLLENBERGER u. HAMILTON (1939) und SEWARD (1940) beim Meerschweinchen und MOORE u. PRICE (1938) beim Rattenmännchen, bei dem STEINACH bereits 1910 die Wirksamkeit von Hodenimplantaten nachgewiesen hatte. BEACH u. HOLZ (1946) zeigten, daß das normale Sexualverhalten bei kastrierten Rattenmännchen aufrechterhalten werden kann, wenn sie mit täglichen Injektionen von 50 μg Testosteronpropionat behandelt werden. Damit übereinstimmende Ergebnisse ihrer sehr ausgedehnten Versuche hat M.-L. SOULAIRAC (1963, s. S. 397 ff.) mitgeteilt. 20—60 Tage nach der Kastration schwindet beim Rattenmännchen jedes Anzeichen eines sexuellen Verhaltens; 100 μg Testosteron tägl. stellen es, eventuell schon nach 3 Tagen, wieder her, bei anderen Individuen braucht man Gesamtdosen von 1000—1300 μg Testosteron, also eine Zeitspanne von 10—13 Tagen. Immer beobachtet man vom 4. oder 5. Tag der Behandlung an das Wiederauftreten, manchmal recht häufiger Intromissionen oder auch unvollkommener Intromissionen, die jedenfalls nicht zu einer Ejakulation führen. Zum Vergleich sei mitgeteilt, daß nach der gleichen Forscherin bei normalen Männchen kleine Dosen Testosteron (z. B. 50 μg, d. h. also etwa die tägl. Hormonproduktion des normalen Rattenmännchens) eine positive Wirkung besitzen: sie vermehren die Intensität des sexuellen Verhaltens, indem sie den Index der „neuromotorischen kopulatorischen Aktivität" erhöhen und gleichzeitig die Empfindlichkeitsschwelle für die zentralen Ejakulationsreflexe erniedrigen. Bei Verabreichung von hohen Dosen (z. B. 1,0 mg tägl.) an intakte Männchen gibt es zwei Phasen der Wirkung: in der ersten Phase von 5 Tagen kommt es zu einer Erhöhung der „neuromotorischen kopulatorischen Aktivität" und der Zahl der für die Auslösung der Ejakulation notwendigen Intromissionen (die Zahl der Ejakulationen ist schon in dieser ersten Phase herabgesetzt). In der zweiten Phase (nach Verabreichung von 5—15 mg Testosteron) gehen alle Erscheinungen des Sexualverhaltens auf normale Werte zurück, nur die Zahl der Ejakulationen weist eine signifikante Abnahme auf: die hohen Dosen haben offenbar eine hemmende Wirkung auf die Gonadotropinproduktion der Hypophyse.

Auch bei „senilen" Rattenmännchen, die im Alter von 18—28 Monaten das Interesse für die Weibchen und die Potentia coeundi vollkommen eingebüßt haben, kann das Sexualverhalten durch die Behandlung mit synthetischen Androgenen vollkommen wieder aufgebaut werden (STEINACH u. KUN, 1933; STONE, 1938; MINNIK u. WARDEN, 1946). BEACH (1940) beobachtete, daß manche Rattenmännchen, die nicht zur Begattung schreiten, obgleich sie anscheinend gesund sind, nach Behandlung mit Androgenen kopulieren: es liegt also scheinbar eine Insuffizienz der Androgenproduktion vor. Daß dem offenbar nicht so ist, zeigten Nachuntersuchungen von WHALEN, BEACH u. KUEHN (1961) an solchen „nicht kopulierenden" Männchen, wie sie in jeder Rattenkolonie vorkommen: wurden „normal kopulierende" und „nicht kopulierende" Männchen kastriert und anschließend ihre Reaktion auf exogenes Androgen geprüft, so ergab sich, daß die ehemals „normal kopulierenden" Kastraten schon bei geringen Dosen die Weibchen besprangen bei höheren Dosen kopulierten und bei noch höheren sogar ejakulierten, daß dagegen in der „nicht kopulierenden" Gruppe der Kastraten nur eines von 6 Männchen das Weibchen besprang und kopulierte, aber keine Ejakulation produzierte, während die übrigen 5 auch auf die höchste Dosis von 200 μg Testosteronpropionat/100 g nicht reagierten: es kann sich also bei der Mehrzahl der „nicht kopulierenden" Männchen nicht um eine reine Androgeninsuffizienz handeln, doch war die Verabreichung von Thyroxin, welches die allgemeine Erregbarkeit merklich steigerte, bei solchen „nicht kopulierenden" Männchen wirkungslos (BEACH, 1942)[43].

Interessant ist es, daß nicht nur zwischen den höheren (Primaten und Mensch) und niederen (allen übrigen) Säugetieren typische Unterschiede im Sexualverhalten bestehen, sondern daß auch innerhalb der großen Zahl von niederen Säugern

---

43 Vgl. dazu die Anmerkung auf S. 402 betr. den „effet du groupe" auf solche „inaktive" Rattenmännchen.

durchaus keine Gleichförmigkeit herrscht. Das gilt z. B. auch für so nah verwandte Nagerarten wie Ratte und Meerschweinchen: Während z. B. BEACH u. HOLZ-TUCKER (1949) beim kastrierten Rattenmännchen feststellten, daß das Sexualverhalten sich vervollkommnen konnte, wenn das Testosteronpropionat in Mengen gegeben wurde, die über die einfache Erhaltungsdosis (50—75 μg pro Tag) hinausgingen, sahen GRUNT u. YOUNG (1952) beim Meerschweinchenkastraten bei Überschreiten der androgenen Erhaltungsdosis keine weitere Verbesserung im Sexualverhalten, wenn einmal das präkastrative Niveau erreicht war.

Auch die individuellen Unterschiede innerhalb einer Art sowohl im Ausmaß der Kastrationsfolgen als auch im Grad der Regeneration des kompletten männlichen Sexualverhaltens unter dem Einfluß der verabreichten exogenen Androgene sind z. B. beim *Hund* sehr ausgesprochen (S. 406/407, GOLDSTEIN, 1957).

Jedenfalls ist die sexuelle Erregbarkeit von mehreren internen Komponenten abhängig, von denen das Hodenhormon nur eine ist (BEACH, 1949), doch scheint es in hohen Dosen, die über die physiologische Produktion hinausgehen oder sich zu ihr addieren, imstande zu sein den Mangel anderer Komponenten zu kompensieren, z. B. bei Ausfall oder Beeinträchtigung der Hirnrindenfunktion bei der Ratte, vielleicht indem es die Erregbarkeitsschwelle herabsetzt (DAVIS, 1939; BEACH, 1940); daß Androgene außerdem eine gewisse gonadotrope Funktion besitzen, und somit den Ausfall der Gonadotropine durch Hypophysektomie bis zu einem gewissen Grade zu kompensieren vermögen, geht aus einer Reihe von Untersuchungen hervor (z. B. DVOSKIN, 1943, 1944; NELSON, 1946; CHU u. VOU, 1946; s. auch NELSON u. GALLAGHER, 1936); vgl. dazu auch das Kapitel über die orchidotrope Wirkung der Androgene, S. 287 ff.).

Die *morphologische Geschlechtsumkehr*, sei es daß sie physiologischer Weise eintritt, wie z. B. bei verschiedenen wirbellosen Tieren, oder aus pathologischen Ursachen erfolgt, wie z. B. bei gewissen Vögeln und Säugetieren einschließlich des Menschen, oder schließlich auf experimentellem Wege herbeigeführt wird, z. B. durch Kastration und nachfolgende Überpflanzung einer heterologen Keimdrüse, hat häufig auch eine Umkehr im Sexualverhalten zur Folge. Seitdem es durch die Arbeiten von CHARNIAUX-COTTON und anderen Forschern (s. VOSS, 1961) gelungen ist, bei den Krebsen in einer endokrin funktionierenden androgenen Drüse ein Homologon der interstitiellen Hodendrüse der Wirbeltiere zu finden, können die Veränderungen, die sich z. B. bei der hermaphroditischen proterandrischen Crevette Lysmata seticaudata im Sexualverhalten abspielen, auf die Gegenwart bzw. auf das Verschwinden androgener Wirkstoffe zurückgeführt werden: dieser Krebs fungiert in seinem Entwicklungscyclus zunächst als Männchen, nämlich so lange wie eine vollentwickelte androgene Drüse vorhanden ist, und weist in dieser Zeit auch ein typisch männliches Verhalten auf; erst wenn sich die androgene Drüse, wohl infolge des holokrinen Sekretionstypus, in ihrer androgenen Produktionsfähigkeit erschöpft hat, kommt die vorher vom männlichen Hormon gehemmte Dotterbildung in Gang und es erfolgt ein Übergang zum vollfunktionierenden Weibchen, mit typisch weiblichem Verhalten. Ähnliches spielt sich auch bei der hermaphroditischen Schnecke Crepidula plana ab (GOULD, 1917; vgl. VOSS, 1961), nur daß wir hier die Quelle der androgenen Wirkstoffe noch nicht kennen. Als Beispiel einer Geschlechtsumkehr aus pathologischen Ursachen sei der Fall der Haushenne angeführt: diese besitzt normalerweise nur eine linke funktionierende Gonade, in der sich alle im Leben der Henne abgelegten Eier bilden, während die rechte Gonade in einem ruhenden infantilen Zustand verharrt. Wird nun, wie in dem berühmten Fall von CREW (1923), bei einer Henne, die als Brut- und Zuchthenne und Mutter zahlreicher Küken bekannt war, die linke, als Eierstock funktionierende Gonade durch eine Infektion zerstört, so kommt es zur

Hypertrophie der rudimentären rechten Gonade, die sich zu einem echten Hoden entwickelt, in dem sowohl voll funktionsfähige Spermatozoen erzeugt werden, nachgewiesen durch die Befruchtung der Eier einer normalen Henne, als auch androgene Wirkstoffe, wie es das typisch männliche Verhalten dieser „Henne" gegenüber den normalen Hennen bzw. die Entwicklung der morphologischen männlichen Merkmale zeigte. Ähnliches hat RIDDLE (1924) bei einer Taube (Streptopelia risoria) beschrieben, die nach einer anfänglichen Periode des Eierlegens damit aufhörte, ein typisch männliches Verhalten wie ein Täuberich zeigte und bei der man autoptisch zwei Hoden fand. Fälle von Geschlechtsumkehr in der Richtung vom Hahn zur Henne sind von CREW (1937) beschrieben worden.

Eine experimentelle Geschlechtsumkehr durch Überpflanzung der androgenen Drüse hat CHARNIAUX-COTTON (Literatur bei VOSS, 1961) bei verschiedenen Krebsarten erzielt: als Folgen dieser Überpflanzung kommt es beim Weibchen zu einer Umwandlung des Ovariums in einen voll funktionsfähigen Hoden mit ausgiebiger Spermatogenese, zur Ausbildung eines Vas deferens und eines Penis, auch das Verhalten dieser Weibchen ist typisch männlich und nach einigen Häutungen sind sie imstande, Weibchen, die vor der Eiablage stehen, als solche zu erkennen und sich in normaler Weise mit ihnen zu paaren. Eine Befruchtung der Eier auszuführen sind sie nur deswegen nicht fähig, weil das neu entstandene Vas deferens mit dem zum Hoden umgewandelten Ovarium keine anatomische Verbindung eingeht; dagegen können die Spermatozoen dieser „Weibchen", auf frisch gelegte Eier künstlich übertragen, diese durchaus befruchten. Auch bei Wirbeltieren ist eine experimentelle Umkehr der morphologischen und Verhaltens-Charakteristika des einen Geschlechts ins andere durch Gonadenüberpflanzung mehrfach beschrieben worden, zunächst von STEINACH (1911, 1912, 1913), später von MOORE (1920) und SAND (1919/1920), alles in der Hauptsache an Meerschweinchen.

Sehr viel umfassendere Studien betreffen die Geschlechtsumkehr durch die Applikation der heterologen Sexualhormone. Die steroiden Sexualhormone der Wirbeltiere sind bei Wirbellosen wirkungslos und die androgenen Hormone der Krebse sind zwar in ihrem Ursprung und ihren Wirkungen erkannt, aber in ihrer chemischen Natur noch weitgehend unerforscht. Dagegen beeinflussen die synthetischen Sexualhormone der Wirbeltiere schon bei deren niedersten Vertretern, den Fischen, Morphologie und Verhalten: so wird durch Testosteronpropionat das Sexualverhalten bei kastrierten Weibchen von Xiphophorus helleri ins männliche umgekehrt (NOBLE u. BORNE, 1940), ebenso bei Lebistes reticulatus (REGNIER, 1938); EVERSOLE (1941) hatte beim gleichen Fisch den gleichen Erfolg sowohl mit Testosteronpropionat als auch mit Pregneninolon (Äthinyltestosteron)[44], wenn er die Substanzen verfütterte, beginnend gleich nach der Geburt der Jungfische. COHEN (1942) bestätigte die Befunde von EVERSOLE an einer weiteren Poeciliden-Art, Platypoecilus maculatus, bei der er die Weibchen ab 2 Wochen post nat. mit Pregneninolon fütterte, die daraufhin normale Weibchen verfolgten und sich in typisch männlicher Weise mit ihnen paarten; GROBSTEIN (1940) beobachtete bei Weibchen der gleichen Art eine Umwandlung der Analflosse in männlicher Richtung unter Behandlung mit Testosteronpropionat, teilte aber über das Sexualverhalten dieser Weibchen keine Beobachtungen mit. BLAIR (1946) hat bei jugendlichen Krötenweibchen (Bufo fowleri) und GREENBERG (1942) beim erwachsenen weiblichen Frosch (Acris gryllus) durch Behandlung mit Androgenen gewiße Äußerungen des männlichen Verhaltens (Brunstlaut) hervorrufen können. Ebenso haben NOBLE u. GREENBERG (1941) beim erwachsenen Weibchen der

---

44 Diese Verbindung scheint weder bei Vögeln noch bei Säugetieren im erwachsenem Zustand eine androgene Wirkung zu haben.

Eidechse Anolis carolinensis durch Einpflanzung von Preßlingen aus Testosteronpropionat männliches Sexualverhalten auslösen können.

Umkehr des Sexualverhaltens erzielten durch Testosteronpropionat HAMILTON u. GOLDEN (1939) bei Behandlung von Küken; dasselbe erreichten ALLEE, COLLIAS u. LUTHERMAN (1939) bei erwachsenen Hennen, deren ins Männliche verändertes Sexualverhalten nach Aussetzen der Testosteronpropionat-Gaben wieder zum ursprünglichen weiblichen zurückkehrte. Grundsätzlich das gleiche beobachteten DAVIS u. DOMM (1941) und DOMM, DAVIS u. BLIVAISS (1942) bei Küken der Brown-Leghorn-Rasse. Der Gesang des Kanarienmännchens gehört in den Rahmen des männlichen Sexualverhaltens und entwickelt sich erst mit der sexuellen Reife; beim Weibchen wird er normalerweise nicht beobachtet, kann aber bei ihm durch Behandlung mit Androgenen ausgelöst werden: LEONARD (1939), SHOEMAKER (1939), VOSS (1940) und BALDWIN, GOLDIN u. METFESSEL (1940) gelang es in übereinstimmender Weise durch Behandlung mit Testosteronpropionat den typisch männlichen Gesang bei isolierten Weibchen oder bei Weibchen in rein weiblichen Kolonien (also ohne männliches Vorbild!) hervorzurufen, wobei die Intensität und Dauer des Gesanges von der zugeführten Testosteronmenge abhängig waren; Paarungsverhalten zwischen den behandelten und unbehandelten Weibchen wurde beobachtet, aber keine Kopulationen. HERRICK u. HARRIS (1957) haben diese Versuche mit einem Depot-Androgen, Testosteronphenylacetat, wiederholt, das sie in einmaliger Dosis von 5 mg injizierten: die Entwicklung des Gesanges ging ganz ähnlich wie beim jungen Männchen vor sich, mit zunächst ganz kurzen, wenige Sekunden dauernden Proben, dann nahm die Dauer rasch zu, bis sie nach wenigen Tagen vom echten Gesang des Männchens nicht zu unterscheiden war. Die Wirkung hielt etwa 1 Monat an und flaute dann allmählich ab, 5 Wochen nach der Injektion sang keines der Weibchen mehr. Es ist bemerkenswert, daß das Präparat auch klinisch eine etwa 30 Tage anhaltende Wirkung beim Patienten entfaltete. SHOEMAKER (1939b) hat beobachtet, daß unbehandelte Kanarienweibchen, hauptsächlich zu Beginn der Paarungszeit, männliches Sexualverhalten (Treiben) gegenüber anderen Weibchen zeigen, und glaubt es auf die Produktion androgener Hormone im Ovarium in diesem Stadium zurückführen zu sollen, da exogene Oestrogene in dieser Hinsicht unwirksam waren. BENNETT (1940) hat bei der Taube Streptopelia risoria unter dem Einfluß von zugeführtem Testosteronpropionat männliches Werbungs- und Kopulationsverhalten beobachtet, und NOBLE u. WURM (1940) induzierten beim Nachtreiherweibchen (Nycticorax nycticorax hoactli) durch Injektionen von Testosteronpropionat männliches Sexualverhalten. EMLEN u. LORENZ (1942) konnten bei der freilebenden kalifornischen Wachtel (Lophortyx californica vallicola) durch Implantation krystallinen Androgens die Ausübung männlichen Sexualverhaltens bei der Balz erzielen. HERRICK (1951) behandelte eine Truthenne mit Testosteron (Preßling-Implantation + i. m. Injektionen) im Lauf von 6 Monaten: als erstes beobachtete er eine beginnende Rötung der Haut in der Kopfgegend, aber noch bevor diese Veränderungen wirklich ausgesprochen waren, kollerte die Henne wie ein Männchen und blies ihr Gefieder auf; einige Wochen später waren die Kopfanhänge wie beim Truthahn ausgebildet, nur der „Bart" zeigte eine geringere Entwicklung.

Auch Säugetierweibchen können unter der Behandlung mit Androgenen ihr Sexualverhalten in männlicher Richtung verändern, wie BALL (1937), STONE (1939) und BEACH (1949) an Rattenweibchen mit Testosteronpropionat zeigen konnten; auch KOSTER (1943) sah eine Zunahme der männlichen Paarungskomponenten im Sexualverhalten weiblicher Ratten bei Verabreichung von Androgenen, ebenso wie bei Kaninchenweibchen (HU u. FRAZIER, 1940), sowohl bei intakten wie bei kastrierten Tieren. Nach BERG (1944) sollen auch infantile oder reife Hündinnen nach Injektionen von Testosteronpropionat männliches Sexualverhalten zeigen.

PHOENIX, GOY, GERALL u. YOUNG (1959) studierten das sexuelle Verhalten bei erwachsenen weiblichen und männlichen Meerschweinchen, deren Mütter während des größten Teiles der Schwangerschaft (die beim Meerschweinchen etwa 68 Tage dauert) mit Testosteronpropionat behandelt worden waren. Die höheren in der Schwangerschaft applizierten Androgendosen bewirkten die Entstehung von Pseudohermaphroditen, deren äußere Genitalorgane von denjenigen bei neugeborenen Männchen nicht zu unterscheiden waren. Wurden diese Pseudohermaphroditen kastriert und auf ihre Reaktionen gegenüber der Applikation von oestrogenen, gestagenen und androgenen Steroiden geprüft, so ergab sich eine sehr beschränkte Lordose-Reaktion auf Oestrogen + Progesteron, während männliches Verhalten (Besprung von Weibchen) bei vielen dieser Tiere beobachtet wurde; für die Unterdrückung der Lordose-Reaktion genügten sogar kleinere Androgendosen als die für die Umwandlung der äußeren Genitalien in männlicher Richtung erforderlichen Mengen. Wurden die Pseudohermaphroditen im erwachsenen Zustand mit Testosteronpropionat behandelt, so manifestierten sie einen Grad von männlichem Verhalten (Besprung) wie kastrierte Meerschweinchenmännchen, die mit den gleichen Androgendosen behandelt wurden. Die Ergebnisse sprechen in eindeutiger Weise dafür, daß ein pränatal appliziertes Androgen eine „organisatorische Wirkung" auf die Gewebe hat, die das Kopulationsverhalten regeln, und zwar in dem Sinne, daß sie eine Reaktionsbereitschaft auf exogene Hormone zeigen, die sich von derjenigen normaler erwachsener Weibchen unterscheidet. Das scheint den Schluß zu rechtfertigen, daß die pränatale Periode eine Zeit ist, in der fetale morphogene Substanzen eine solche „organisatorische oder differenzierende Wirkung" auf die nervösen Strukturen haben, die das geschlechtliche Verhalten lenken. Im erwachsenen Tier wirken die Hormone als Aktivatoren. Verff. lenken die Aufmerksamkeit auf die parallele Natur der Beziehungen, die einerseits zwischen Androgenen und der Differenzierung des Genitaltrakts bestehen, und andererseits zwischen den Androgenen und der organisatorischen Beeinflussung der nervösen Strukturen, die dazu bestimmt sind, beim erwachsenen Tier das Verhalten bei der Paarung zu lenken. Bei den männlichen Nachkommen der mit Testosteronpropionat behandelten Mütter wurden weder äußerlich noch im Verhalten Abweichungen von der Norm beobachtet. Es ist bei diesen Versuchen am Meerschweinchen zu beachten, daß bei dieser Art die Neugeborenen in einem stark entwickelten Zustand zur Welt kommen (z. B. mit vollständigem Haarkleid), so daß man sagen kann, daß die in der Schwangerschaft den Müttern applizierten Androgene die Nachkommen nicht nur im eigentlichen Fetalzustand treffen, sondern auch die erste Zeit ihrer „infantilen" Entwicklungsperiode beeinflussen.

In einer weiteren Untersuchung fanden die gleichen Verff. (GOY, BRIDSON u. YOUNG, 1964), daß bei Behandlung gravider Meerschweinchenweibchen mit Testosteronpropionat die Veränderungen im Sexualverhalten der Töchter (Zurückdrängung des weiblichen Brunstverhaltens und Entwicklung männlicher Verhaltensweisen, s. o. S. 414) am ausgesprochensten waren, wenn die Androgenbehandlung der Mütter in die Tage 30—35 der 67—71 Tage währenden Schwangerschaft fiel. Die gleichzeitig erfolgende Virilisierung des weiblichen Genitaltraktus bestand in einer verschieden starken Rückbildung der äußeren Genitalöffnung, Entwicklung der rudimentären Prostatadrüsen und Wiederaufbau des Genitalhöckers. Diese Veränderungen der äußeren Genitalien hatten eine Empfindlichkeitsperiode, die etwas früher in der Embryonalentwicklung einsetzte als diejenige der neuralen Strukturen, unter deren Einfluß das Sexualverhalten stand.

Etwas anders ist unter ähnlichen Versuchsbedingungen die Reaktion bei der Ratte, was vielleicht gerade mit der kürzeren Behandlungszeit in der nur 22 Tage währenden Gravidität zusammenhängen dürfte, wo die Feten viel weniger entwickelt (nackt) geboren werden. Rattenweibchen, die aus Würfen stammten, deren Mütter vom 15.—20. Tag der Gravidität mit 0,5—1,0 mg Testosteronpropionat tägl. injiziert worden waren, wiesen gewisse Maskulinisierungserscheinungen auf: sie besaßen eine gemeinsame Vaginal-Urethralöffnung und bei einigen lag die Urethralöffnung an der Spitze der leicht gespaltenen Clitoris. Trotzdem wurden diese Weibchen, die einen positiven Lordose-Test zeigten, von den Männchen als normale Partnerinnen beim Sexualakt betrachtet und nicht weniger häufig begattet als die normalen Weibchen; die maskulinisierten Weibchen besaßen einen normalen Geschlechtstrieb und widersetzten sich dem Besprung nicht. Daß die Männchen bei ihrer Begattung nicht ejakulierten, lag offenbar an der anatomischen Mißbildung der Vagina, die eine normale Einführung des Penis nicht gestattete (REVESZ, KERNAGHAN u. BINDRA, 1963).

Während PHOENIX u. Mitarb. (1959) bei Meerschweinchen und REVESZ u. Mitarb. (1963) bei Ratten offenbar keine Veränderungen des mütterlichen Verhaltens gegenüber den Jungen bei und nach dem Wurf beobachteten, wenn die trächtigen Mütter mit hohen Dosen von Androgenen behandelt wurden, fand CAMPBELL (1964), daß in der Schwangerschaft mit Testosteronpropionat injizierte Kaninchenweibchen weder den Nestbau vorbereiteten, noch sich um die Neugeborenen kümmerten und innerhalb von 24 Std nach dem Wurf sämtliche Jungen an- oder auffraßen. Zur Erklärung dieses sonst in der gleichen Zucht nie beobachteten kannibalen Verhaltens der Kaninchenmütter nimmt Verf. an, daß die Androgene jene Gebiete des Hypothalamus beeinflussen, die für das mütterliche Verhalten verantwortlich sind. Die gegensätzliche Wirkung der Androgene bei Meerschweinchen und Ratten einerseits und den nah verwandten Kaninchen andererseits läßt aber daran denken, daß bei den Kaninchen gewisse Enzyme fehlen dürften, die bei den Meerschweinchen und Ratten eine Umwandlung der Androgene in Oestrogene und damit ihre „Entgiftung" besorgen. Wir kennen solche Artverschiedenheiten im Enzymbestand als Ursache des Vorkommens bzw. Fehlens von freemartins bei Rindern bzw. Affen (vgl. Kapitel über freemartins, S. 327 ff.).

FEDER (1967) fragte sich bei der Durchführung seiner Versuche mit einmaliger Injektion von Testosteronpropionat bzw. Oestradioldipropionat bei neugeborenen Ratten, ob Testosteron und Oestradiol beim in der sexuellen Differenzierung befindlichen Tier mit ebenso viel Recht als „männliches" bzw. „weibliches" Hormon bezeichnet werden können wie beim Erwachsenen. Die Prüfung erfolgte im Alter von 94—131 Tagen. Solche Komponenten des Sexualverhaltens beim intakten reifen Männchen wie die Intromissio und die Ejakulation waren bei den als Neugeborene mit Oestradiol behandelten Männchen gehemmt, bei den mit Testosteron injizierten nicht. Dagegen war das weibliche Verhalten bei den erwachsenen Weibchen sowohl durch das im kritischen Alter applizierte Testosteron als auch Oestradiol gehemmt. Die Spermatogenese wurde durch Oestradiol, nicht durch Testosteron gehemmt, die Ovulation aber durch beide Hormone unterdrückt. Verf. schließt aus diesen Ergebnissen, daß die Gegenwart von Testosteron in der kritischen Zeit mit der normalen männlichen Entwicklung vereinbar ist, nicht aber die Gegenwart von Oestradiol mit der weiblichen Entwicklung des Sexualverhaltens (bei Zuführung beider Hormone in der kritischen Zeit). Die Spezifität des Verhaltens der erwachsenen Männchen gegenüber Androgenen dürfte (wenigstens zum Teil) auf die normale Gegenwart von Androgenen in der kritischen Periode zurückzuführen sein, während die Spezifität des Verhaltens der erwachsenen Weibchen gegenüber Oestrogenen von der normalen Abwesenheit sowohl von Androgenen als auch Oestrogenen in dieser kritischen Periode abhängen dürfte.

Eine interessante Parallele zu den Beobachtungen an Meerschweinchen und Ratten mit experimentellem Ovotestis (SAND, LIPSCHÜTZ, VOSS, u. Mitarb.) haben FEDER u. BRENNER (1970) beschrieben, die bei einem erwachsenen Sprague-Dawley-Rattenweibchen ihrer Zucht einen einseitigen Ovotestis aufdeckten, das durch eine vermehrte weibliche sexuelle anovulatorische Aktivität auffiel, wie sie z. B. von BARRACLOUGH u. GORSKI (1962) bei Rattenweibchen unter der Behandlung mit kleinen Androgendosen oder von WAGNER, ERWIN u. CRITCHLOW (1966) nach intracerebralen neonatalen Androgenimplantationen beobachtet wurde.

In diesem Zusammenhang sei auf die Entwicklung des männlichen Verhaltens beim Urinieren des Hundes hingewiesen (das sich in ähnlicher Form auch bei den wilden Verwandten des Hundes, Fuchs und Wolf, findet): während Hündinnen und Welpen beiderlei Geschlechts beim Harnlassen eine Hockstellung einnehmen, hebt der erwachsene Rüde in charakteristischer Weise das Hinterbein; die ersten Versuche des jungen Hundes zur Durchführung dieses männlichen Verhaltens beobachtete BERG (1944) im Alter von etwa 19 Wochen, aber es vergeht noch eine kürzere oder längere Zeit, bis der junge Rüde den Mechanismus vollkommen beherrscht. Im Welpenstadium kastrierte Hunde heben das Bein auch im erwachsenen Zustand nicht, dagegen kann man ein verfrühtes Auftreten (mit 8 Wochen) bei Behandlung der Welpen mit Androgen beobachten. Bei erwachsenen Kastraten hängt es von der applizierten Androgendosis ab, wie vollkommen der Mechanismus des Beinhebens sich entwickelt; er fixiert sich aber nicht, sondern setzt nach Aufhören der Androgenbehandlung wieder aus. Bei manchen Hündinnen beobachtet man Andeutungen des männlichen Verhaltens beim Urinieren, etwa in dem Maße wie bei jungen Rüden im Beginn der Entwicklung des Mechanismus. MARTINS u. VALLE (1947) konnten die obigen Beobachtungen von BERG bestätigen; sie beobachteten bei kastrierten weiblichen Welpen, die sie mit Testosteronpropionat behandelten, wohl eine Maskulinisierung, aber keine Entwicklung des männlichen Verhaltens beim Urinieren, die bei den in gleicher Weise behandelten männlichen kastrierten Welpen prompt einsetzte. HARTMAN (1957) erwähnte in einer Diskussionsbemerkung den Fall einer Hündin, die nach Behandlung mit Testosteron „den städtischen Feuerhahn nach der Art eines Rüden" beim Urinieren benutzte.

Es ist zu beachten daß in vielen Fällen das männliche Sexualverhalten beim Säugerweibchen, bei dem die neuro-muskulären Voraussetzungen dafür gegeben sind, auch ohne die Verabreichung von Androgenen beobachtet wird, so das Bespringen anderer (unbehandelter) Weibchen, z. B. bei der Kuh (BEACH, 1949), bei der Sau (ALTMANN, 1941), bei der LÖWIN (COOPER, 1942), beim Meerschweinchen (YOUNG, 1942; YOUNG, DEMPSEY, HAGQUIST u. BOLING, 1939), bei der Ratte (HEMMINGSEN, 1933; BALL, 1940; KOSTER, 1943; BEACH, 1952; BEACH u. RASQUIN, 1942), bei der Spitzmaus (Blarina brevicauda Say) (PEARSON, 1944), bei der brünstigen Katze (BEACH, 1949); auch beim Schimpansenweibchen beobachtet man gegenüber anderen Weibchen, die in Brunst sind und Schwellung der Genitalien zeigen, eine Ausübung des männlichen Paarungsverhaltens (YERKES, 1939).

Bei der Frau hat FOSS (1951) eine bedeutende, über das Normale hinausgehende Steigerung der Libido unter der Einwirkung sehr hoher Dosen Testosteronpropionat beobachtet, die diesen Patientinnen wegen Mamma-Carcinomatosis über längere Zeiten injiziert wurden (15 g in 52 Tagen, 14 g in 39 Tagen, 38,7 g in etwa 5 Monaten, 52,6 g in etwa 4 Monaten, 14,2 g in 71 Tagen, 39,2 g in 196 Tagen, 11,5 g in 96 Tagen). FOSS äußert die Vermutung, daß das Sexualverhalten der Frau normalerweise mehr von den adrenalen Androgenen abhinge als von den

ovariellen Oestrogenen. Im Gegensatz dazu halten NEUMANN, ELGER u. v. BERS-
WORDT-WALLRABE (1966) aufgrund ihrer Anti-Androgen-Untersuchungen die Annahme, daß „die Libido weiblicher Individuen von der Wirkung der Androgene
abhängig ist, für unwahrscheinlich, weil sich die mit dem Anti-Androgen ‚Cyproteron' behandelten weiblichen Tiere (Ratten) ganz normal decken ließen und
gravid wurden". Eine Verallgemeinerung der einen wie der anderen Auffassung
erscheint ungerechtfertigt.

ENGEL (1949) beobachtete bei Rattenweibchen, intakten oder kastrierten, die
er mit den enormen Dosen von 10 mg Oestron in Form von Mikrokrystallen injizierte, daß sie durch die Friktion bei Entnahme des Vaginalabstrichs in hohem
Grad sexuell erregt wurden und ein typisch männliches Sexualverhalten gegenüber anderen Weibchen zeigten, indem sie sie verfolgten und besprangen; sie
griffen dabei auch Weibchen im Pro- und Metoestrus und sogar Kastraten an
(während normale Männchen nur die normal oestrischen oder entsprechend injizierten Weibchen angriffen). Die hormonale Hyperexcitation durch die hohen
Oestrondosen ruft die nervösen Reaktionen des Sexualverhaltens hervor und veranlaßt diese Weibchen zum Angriff auf jedes beliebige Objekt: es handelt sich
also um eine allgemeine Hypersexualität und nicht um eine Transformation der
normalen Sexualität in eine homosexuelle Form. STONE (1924) beobachtete
übrigens bei besonders energischen Kopulatoren unter den Rattenmännchen
seiner Kolonie eine Tendenz zur Entwicklung gewisser Elemente des weiblichen
Kopulationsverhaltens, was auch BEACH (1938) bestätigen konnte, der in Ergänzung dazu mitteilte, daß hohe Dosen Testosteronpropionat ein weibliches Sexualverhalten bei Rattenmännchen auslösen können, besonders bei Tieren, die durch
Unterbrechung des Coitus vor der Ejakulation erregt waren (BEACH, 1941). Dieser
durch Testosteron ausgelöste Coitus übt, im Gegensatz zum Oestradiol-bedingten
nur sehr ausnahmsweise eine luteinisierende Wirkung aus: der signifikante Unterschied beruht offenbar auf einer hemmenden Wirkung des Testosterons auf die
ovarielle Aktivität, denn eine einmalige s. c. Injektion von 5 oder 10 mg Testosteron zwischen 15 und 16 Uhr am 1. Tag des Cyclus verhindert die Ovulationen
vollkommen, während die Injektion von 1 mg Testosteron nur ihre Zahl, allerdings
signifikant herabsetzt (ARON u. ASCH, 1963). Bei Frosch-(Rana pipiens-)Ovarien
in vitro wurde die durch Progesteron ausgelöste Ovulation durch Testosteron-
Zusatz zur Kultur nicht beeinflußt, während Cortison, Desoxycorticosteron und
19-Nortestosteron sie hemmten, allerdings in sehr hohen Dosen (100 μg/ml)
(EDGREN u. CARTER, 1963). ENGEL (1942) hat dann gezeigt, daß ähnliche Effekte
bei Mäusemännchen sowohl durch Testosteronpropionat als auch durch Oestradiolbenzoat oder Yohimbin erzielt werden können. WALLACE (1949), der die Wirkungen von Kastration und Oestrogen-(Stilboestrol-)Verabreichung beim Eber
verglich, fand den auffallendsten Unterschied im Verhalten: während die Kastration eine rasche und entscheidende Veränderung herbeiführte, ließ die Oestrogenbehandlung, auch wenn sie in frühester Jugendzeit begonnen wurde und merkliche
Veränderungen der Genitalorgane hervorrief, das Verhalten der Eber im wesentlichen normal verbleiben.

Wie bei den Weibchen einer Reihe anderer Tierarten wird auch beim Meerschweinchenweibchen durch Androgeninjektionen ein männliches Sexualverhalten
ausgelöst (YOUNG, 1961). Aber hohe Progesteronkonzentrationen, wie sie im
Körper des Weibchens durch Schwangerschaft, Scheinschwangerschaft oder durch
exogene Zuführung herbeigeführt werden, schützen das Weibchen vor dieser
„induzierten Maskulinisierung" (DIAMOND u. YOUNG, 1963). Neue Versuche von
DIAMOND (1966) zeigten, daß sowohl das natürliche Progesteron als auch das
synthetische Gestagen Medroxyprogesteronacetat (MPA) auch bei Meerschwein-

chenmännchen das normale männliche Sexualverhalten zu hemmen vermögen, und zwar in einem Ausmaß, das dem der Kastration entspricht. Die Hemmungswirkung von Progesteron kommt relativ langsam zur Entwicklung und verschwindet nach Sistieren der Injektionen rasch, während die Wirkung von MPA sich rasch entwickelt und länger anhält. Der Wirkungsmechanismus dieser Hemmung durch die Gestagene ist ungeklärt: da die Hoden der behandelten Männchen keine klaren Anzeichen einer schädigenden Beeinflussung aufweisen, scheint die Wirkung über den hypophysären feed-back-Mechanismus zustandezukommen oder durch den direkten Angriff am Nervensystem. Auch NEUMANN, ELGER u. v. BERS-WORDT-WALLRABE (1966) sind in ihren Untersuchungen über Anti-Androgene (s. S. 474 ff.) zur Überzeugung gelangt, daß das 6a-Methyl-17a-hydroxyprogesteron-acetat (MAP oder MPA) an Testosteron-Receptoren im Hypothalamus-Hypophysen-System seinen Angriffsort hat.

ERICSSON, DUTT u. ARCHDEACON (1964) behandelten Kaninchenmännchen über kürzere oder längere Perioden mit Progesteron (P.) (10 mg jeden 2. Tag s. c. 14 oder 28 Tage lang) oder mit dem oral gut wirksamen 6-Chlor-Δ^6-17-acetoxy-progesteron (CAP.) (10 mg jeden 2. Tag s. c. 30 Tage lang): die kürzere Verabreichung von P. hatte nur das vermehrte Auftreten unreifer Spermien im Ejakulat zur Folge, während die längere Behandlung mit P. oder CAP. die gelatinöse Substanz (ein Produkt der Vesiculardrüsen) aus dem Samen verschwinden und sowohl das Samenvolumen als auch die Zahl der Spermien signifikant (eventuell bis zur völligen Azoospermie) abnehmen ließ. Die Libido war in mehreren, aber nicht in allen Fällen herabgesetzt, stets aber reversibel, ebenso wie die Samenveränderungen.

c) Die männliche Homosexualität

In einer Reihe von Aufsätzen, die im Jahre 1966 im 19. Jahrgang des „Studium Generale", Heft 5 u. 6, S. 273—322 und S. 323—382, erschienen, haben sich Vertreter sehr verschiedener Wissenschaftszweige zu den Fragen des Problemkreises der männlichen Homosexualität (HS) geäußert. Vorauszuschicken ist, daß SCHUTZ, der in dieser Aufsatzreihe die HS bei Tieren behandelt, mit diesem Namen „jegliche Art von Verhalten sexuellen Charakters im weitesten Sinne, das im Gegensatz zum normalen Fall der Heterosexualität auf einen gleichgeschlechtlichen Artgenossen gerichtet wird", bezeichnet, wobei „eine sexuelle Betätigung im engeren Sinne des Wortes keineswegs erforderlich ist". Demgegenüber bezeichnet FREUND in seinem Aufsatz über die ätiologische Problematik der HS mit diesem Ausdruck „die chronische erotische Präferenz Gleichgeschlechtlicher", unter Ausschluß von durch außergewöhnliche Situationen oder anderweitige extreme Konstellationen bedingtem homosexuellen Verhalten.

Angefangen von FR. SCHUTZ, der die „HS bei Tieren", G. SCHWARZ, der die „Geschlechtsdifferenzierung des Menschen", K. FREUND, der die „Ätiologische Problematik der HS", W. BRÄUTIGAM, der die „Körperlichen Faktoren bei der sexuellen Partnerwahl und ihre Bedeutung für die HS" behandelt, und H. THOMÄ, der sich „Zur Psychoanalyse der HS" äußert, ferner F. HERRMANN, der die „Institutionelle HS", und H. H. JESCHECK, der die „Behandlung der männlichen HS im ausländischen Strafrecht" bespricht, ferner G. SCHMIDT, der über „HS und Vorurteil", K. DÖRNER, der über „HS und Mittelstandsgesellschaft (Ansätze zur Soziologie der männlichen HS" und H. BOLEWSKI, der über die „Evangelische Theologie und das Problem der HS" schreibt, beschließt endlich H. GIESE mit seinen „Schlußbemerkungen" die Reihe der zusammenfassenden kritischen Artikel, die alle mit einem reichen Literaturverzeichnis für das jeweilige Thema versehen sind.

Schon aus den Titeln der Aufsätze geht hervor, daß neben Naturforschern und Ärzten auch Juristen, Soziologen, Psychologen und Theologen unter den Autoren vertreten sind, und daß offenbar nur wenige dieser Aufsätze für eine genauere Betrachtung in unserem Kapitel über „Androgene und Verhalten" in Betracht kommen. Als wichtigstes Resultat ihres Studiums ergibt sich, daß Androgene oder auch andere Sexualhormone bei der Entstehung der männlichen HS wohl überhaupt keine Rolle spielen, weder bei Tieren (Säugetiere, Vögel, Fische), bei denen sie (allerdings fast immer unter den Bedingungen der absoluten bzw. relativen Domestikation, so daß sie der oben genannten Definition der HS von FREUND jedenfalls nicht vollkommen entsprechen!) häufig vorkommt, noch beim Menschen. In diesem Zusammenhang wirft SCHWARZ die Frage auf, ob es eine somatische Grundlage für ein abartiges Sexualverhalten wie die HS gibt, und fährt fort: ...,,Sollte eine Relation zwischen pathologischem Sexualverhalten und somatischen Störungen der Geschlechtsdifferenzierung bestehen, so müßte diese 1. mit einer gewissen Regelmäßigkeit bei den klar definierten somatischen Störungen zu beobachten sein und 2. eine Abhängigkeit zwischen der Schwere dieser und der Schwere des Verlaufs und der Häufigkeit des Auftretens der psychopathologischen Verhaltensweise bestehen. Beides ist mit Sicherheit nicht der Fall. Im Gegenteil, viele Endokrinologen folgen der Faustregel, die besagt: Besteht eine psychische Störung des Sexualverhaltens z. B. Transvestitismus oder Homosexualität usw. so schließt das eine somatische innersekretorische Störung nahezu aus".

Immerhin ist zu beachten, daß die HS im männlichen Geschlecht viel häufiger anzutreffen ist als im weiblichen, soweit unsere Kenntnisse über das letztgenannte in dieser Hinsicht reichen.

d) Tierwanderungen und Hormone

Die Auffassung, daß der Vogelzug im Frühling und Herbst von den androgenen Hormonen im männlichen und von den oestrogenen Hormonen im weiblichen Geschlecht abhinge, geht auf Versuche von ROWAN (1929) zurück, die er an verschiedenen Zugvögeln anstellte (Junco connectus, Corvus brachyrhynchos). Sie erfuhren eine gewisse Bestätigung durch die Beobachtungen von BULLOUGH (1942, 1943, 1945) an den verschiedenen Rassen des in England vorkommenden Stars, die teils Zug-, teils Standvögel sind. Im allgemeinen aber haben die Rowan'schen Auffassungen eher eine ablehnende als eine zustimmende Beurteilung erfahren, obgleich z. B. VANDERPLANK (1938) die Sexualhormone zum mindesten teilweise für die Laichwanderungen der Fische (Leuciscus leuciscus) verantwortlich macht, ebenso CHIDESTER (1924/1925), der das zeitliche Zusammenfallen einer erhöhten Gonadentätigkeit und der Wanderung der Fische zwar anerkennt, aber die Verursachung des migratorischen Verhaltens dennoch auf nicht hormonale Faktoren zurückführt. Zwischen den Balzhandlungen des Grottenolms (Proteus anguinus Laur.) und der Balz der europäischen Wassermolche besteht eine große Übereinstimmung (Duftwedeln, Watschelgang), aber, wohl bedingt durch den eigenartigen Fortpflanzungsraum in den unterirdischen Höhlen, auch eine gewisse Abweichung im Verhalten des Olms zur Fortpflanzungszeit: während er im allgemeinen (wenigstens in der Gefangenschaft) in großen Becken soziale Appetenz zeigt, sondern sich bei Einsetzen der Balz die Männchen im Gemeinschaftsbecken ab und bilden Reviere, aus denen die Rivalen verjagt werden; in kleinen Becken kommt es (auch ohne Geschlechtsreife) zu schweren Kämpfen. Nach der Begattung bilden die Weibchen in abgelegenen Winkeln des Beckens Laichreviere. Vermutlich verlassen auch in der Natur die fortpflanzungsfähigen Tiere die größeren, gelegentlich gestörten Reviere in den Fremdflußhöhlen und steigen unter dem Einfluß der einsetzenden Geschlechtsreife zu den Laichplätzen in den unberührten

Kluftsohlengewässern auf (Briegleb, 1961; Briegleb u. Schwartzkopff, 1961). In Versuchen an kastrierten männlichen Stichlingen (Gasterosteus aculeatus aculeatus L.) mit Verabreichung von Thyreotropin bzw. Testosteronpropionat konnte Baggerman (1962) zeigen, daß beide Hormone eine signifikante Zunahme der Schwimmbewegungen und das Auftreten von „Flatterbewegungen" („fluttering bouts") auslösen: da die Fischwanderungen ganz allgemein mit einer Zunahme der lokomotorischen Aktivität verbunden sind, nimmt Verf-in an, daß sowohl das Thyreotropin (oder die Schilddrüsenhormone) als auch die Androgene an der Induktion des migratorischen Verhaltens beteiligt sind.

e) Allgemeine Aggressivität

Eine Fülle von Beobachtungen spricht für die Abhängigkeit des aggressiven Verhaltens bei vielen Arten von hormonalen Einflüssen, speziell von den Androgenen, obgleich auch oestrogene Hormone daran beteiligt sein können (hauptsächlich beim Weibchen während der Aufzucht der Jungen oder während der Lactation). Die Erfahrungen mit Androgenen sind Jahrtausende alt und beziehen sich auf die größere Friedfertigkeit, Erziehbarkeit und Leitbarkeit des Wallachs gegenüber dem Hengst, des Ochsen gegenüber dem Stier, des Kapauns gegenüber dem Hahn. Einen in dieser Hinsicht sehr lehrreichen Fall beschreibt Whitehead (1908): einem Hengst, der eine unbezähmbare Aggressivität zeigte, wurde ein scrotaler und ein kryptorcher Hoden operativ entfernt, ohne daß die scheinbar totale Kastration einen Einfluß auf sein Verhalten hatte; erst als bei erneuter Operation ein zweiter kryptorcher Hoden gefunden und entfernt wurde, ließ die Aggressivität nach. Die hochgradige Aggressivität, welche die reifen Männchen des Siamesischen Kampffisches Betta splendens gegen einander aufweisen und die sich in einer Entfaltung der Brustflossen und Kiemenhäute und in heftigen Attacken mit manchmal tödlichem Ausgang äußert, wurde von Abramson u. Evans (1954), Evans u. Mitarb. (1956), Walaszek u. Abood (1956) und von Przić u. Stern (1961) zur Auswertung verschiedener Psychopharmaka (Tranquilizer, Antihistaminica, Sedativa, Hypnotica, Analgetica) benutzt. Die Tranquilizer scheinen eine charakteristische Reaktion auszulösen, indem sie die Aggressivität hemmen, ohne notwendiger Weise auch die Sensibilität und motorische Aktivität herabzusetzen (Walaszek u. Abood, 1956).

Bei Vögeln ist das Männchen häufig sehr aggressiv, was auf die Produktion von Androgenen zurückgeführt wird, da das Weibchen diese Eigenschaft nicht hat und sie beim Männchen nach der Kastration zurückgeht oder ganz schwindet. Bekannt dafür ist der Truthahn, bei dem sie durch die Kastration mehr oder weniger vollkommen ausgeschaltet wird (Scott u. Payne, 1934), ebenso wie beim Haushahn. Dagegen scheint beim Täuberich die Hypophysektomie und damit die indirekte Ausschaltung der Hodeninkretion die Kampffreudigkeit nicht zu beeinflussen (Collias, 1944). Die Behandlung mit Androgenen kann auch bei intakten Tieren die Aggressivität steigern, so z. B. bei den Eidechsen Sceloporus grammicus microlepidotus (Evans, 1946) und Anolis carolinensis (Noble u. Greenberg, 1941), ferner bei der kalifornischen Wachtel, Lophotryx californica vallicola (Emlen u. Lorenz, 1942), auch bei der weiblichen Ratte (Ball, 1940; Huffman, 1941; Beach, 1942). Eine spezielle Studie der Aggressivität bei der männlichen Maus und ihrer Beeinflussung durch Androgene hat Beeman (1947) veröffentlicht: Normale männliche Mäuse sind außerordentlich kampflustig; wenn sie in einem Käfig vereinigt sind, erheben sich infolge dieser Aggressivität heftige Kämpfe um die soziale Rangordnung, die nicht selten mit dem Tod des unterliegenden Partners enden (Crew u. Mirskaja, 1931; Greenwood, Hill, Topley u. Wilson, 1936; Retzlaff, 1938). Die prä- oder postpuberale Kastration führt regelmäßig zum

Ausfall der Aggressivität, bei der letztgenannten Gruppe etwa 25 Tage nach der Hodenentfernung. Die s. c. Implantation von Testosteronpropionat-Preßlingen läßt die Aggresivität in qualitativ und quantitativ normaler Form wieder aufleben bzw. neu entstehen: die Entfernung der Hormonpreßlinge ist nahezu sofort vom Schwund der Aggressivität bei der Mehrzahl der Kastraten gefolgt. BEEMAN vermerkt ausdrücklich, daß der Grad der Aggressivität eine positive Korrelation zur Größe der Vesiculardrüsen und Prostata aufweist. Abweichende Ergebnisse erzielten BEVAN, BEVAN u. WILLIAMS (1958), die junge kastrierte Mäusemännchen (C_3H-Agouti) mit 400, 600 oder 800 μg Methyltestosteron, tägl. oral gegeben, im Verlauf von etwa 40 Tagen behandelten. Sie bestätigten zwar die Abnahme der Aggressivität nach der Kastration, fanden aber keine Wiederherstellung des präkastrativen Zustandes durch die Hormongaben, die andererseits aber genügten, um das normale Gewicht der Vesiculardrüsen nach der Kastration aufrechtzuerhalten. Es ist wohl zu vermuten, daß die orale Gabe der Androgene nicht zu einer für die Auslösung der Aggressivität ausreichenden Höhe des Androgenspiegels im Blut führte. VANDENBERGH (1960) beobachtete bei Kämpfen um die Rangordnung unter den vereinigten Mäusemännchen des CFW-Stammes eine Hypertrophie der Nebennieren und eine Herabsetzung des Hodengewichts, nebst einer ausgesprochenen Eosinopenie, die aber beim herrschenden Männchen am wenigstens hervortrat. Eine Übersicht über das aggressive Verhalten hat COLLIAS (1944) gegeben, aus der die fördernde Rolle der Androgene und die neutrale oder hemmende Rolle der Oestrogene, aber auch einige Ausnahmen von dieser Regel sich klar ergeben. Auch beim Menschen, bei dem die Aggressivität sich in sehr verschiedenen Formen äußern und offenbar durch eine Reihe äußerer zivilisatorischer und sozialer Bedingungen modifiziert werden kann, scheinen manche Beobachtungen auf die hormonalen Einflüsse, speziell der Androgene hinzuweisen (vgl. dazu GORDON u. FIELDER, 1942; HELLER u. NELSON, 1945; PRATT, 1942).

f) Die soziale Über- bzw. Unterordnung

scheint in Wirbeltierarten durch hormonale Einflüsse geregelt zu werden [vielleicht auch bei manchen Wirbellosen, z. B. den sozialen Insekten, wie bei der Bienenkönigin und den Arbeiterinnen (HAYDACK, 1943)]. Darauf weisen Versuche mit Testosteron-Verabreichung beim Fisch Xiphophorus helleri, mit positiver Beeinflussung der sozialen Rangordnung an intakten oder kastrierten Weibchen hin (NOBLE u. BORNE, 1940) und an Weibchen von Anolis carolinensis (Eidechse) (NOBLE u. GREENBERG, 1940). Es ist zu beachten, daß bei den Weibchen von Xiphophorus helleri sich unter der Androgenbehandlung gleichzeitig auch die Analflosse zu einem schwertähnlichen Gebilde, wie beim Männchen, umwandelt, und daß der Besitz eines solchen „Schwertes" einen bestimmenden Einfluß auf die soziale Stellung des Trägers hat. Sehr ausgesprochen ist die positive Beeinflussung der sozialen Rangordnung bei Vögeln, wo in manchen Arten physiologischer Weise die Männchen an übergeordneter Stelle stehen, wie beim Silberfasan (Gennaeus nycthemerus) und beim Truthahn (Melleagris gallopavo), während bei manchen Sperlingsvögeln das Weibchen physiologischer Weise übergeordnet ist (BEACH, 1949); auch gibt es Arten, wie die Ente Anas platyrhynchos, bei denen das Männchen während der Paarungszeit und das Weibchen zur Zeit der Mauser dominiert. Beim Wellensittich (Melopsittacus undulatus) herrscht das Weibchen während der geschlechtlichen Ruhezeit vor, während in der Paarungszeit das Männchen die Führung übernimmt (ALLEE, 1936). Beim Kanarienvogel scheint nur zur Paarungszeit eine ausgesprochene Dominanz, und zwar des Weibchens zu bestehen, die von SHOEMAKER (1939b) auf die Produktion männlicher Hormone bezogen wird, da die Zuführung weiblicher Hormone keinen Einfluß auf die soziale

Rangordnung hat. Für die fördernde Wirkung der Androgene auf die Dominanz sprechen auch Versuche von BENNETT (1940) an der Taube Streptopelia risoria, von HIESTAND u. STULKEN (1943) und von HAMILTON u. GOLDEN (1939) am Küken mit Testosteronpropionat und mit Androsteron, ebenso von ALLEE, COLLIAS u. LUTHERMAN (1939) an erwachsenen Hennen; demgegenüber scheinen Oestrogene hier eher negativ auf die soziale Stellung zu wirken. Bei Säugetieren liegen zahlreiche Beobachtungen über das Vorhandensein einer sozialen Rangordnung vor, aber nur wenige Untersuchungen über ihre hormonale Beeinflussung; während beim Wildschaf der „Leithammel" in typischer Weise die Führung hat, ist es beim Elch stets die alte Kuh, die in gemischten Gruppen von Stieren, Kühen und Jungtieren die Leitung übernimmt. Die Dominanzverhältnisse beim Schimpansen untersuchten CLARK u. BIRCH (1945, 1946): die Verabreichung von Methyltestosteron hatte sowohl bei kastrierten Männchen wie Weibchen einen positiven Einfluß auf die Dominanz. Im Gegensatz zum Schimpansen war die Implantation von Testosteronpropionat- bzw. Oestradiol-Preßlingen bei Gruppen von Rhesus-Affen in keinem Fall von Veränderungen in der Hierarchie innerhalb der Gruppen oder einer Zunahme von Beispielen eines dominanten Verhaltens bei der Erlangung von Futter begleitet (MIRSKY, 1955).

g) Die spontane Aktivität

Die spontane Aktivität[45] oder allgemeine Motilität wird bei männlichen Ratten durch die Kastration, sei es daß sie im infantilen Alter, sei es postpuberal ausgeführt wird, merklich (bis um 75%) herabgesetzt, wie von den meisten Beobachtern mitgeteilt wird (WANG, RICHTER u. GUTTMACHER, 1925; RICHTER, 1927; RICHTER u. WISLOCKI, 1928; COMMINS u. STONE, 1932; RICHTER, 1933; RICHTER u. ECKERT, 1937). Es liegen jedoch auch Beobachtungen vor, die gegen eine Verallgemeinerung dieser Befunde sprechen, wie die Untersuchungen von ORLOV, NOVIKOV u. WOITKEVITSCH (1940), die bei Kastration von Brieftauben keine Abnahme der Fluggeschwindigkeit feststellten, oder von POTTS (1940), der beim Windhund keinen Einfluß der Kastration auf die Renngeschwindigkeit konstatierte; auch GANS (1927) beobachtete keinen Unterschied in der spontanen Aktivität wenn er die Ratten 10 Tage nach der Geburt kastrierte und bis zum Alter von 100 Tagen kontrollierte. Es liegt auch kein Beweis dafür vor daß die Höhe des Androgenspiegels den Grad der spontanen Aktivität beeinflußt; HELLER (1932) betonte die großen Unterschiede, die schon bei den normalen intakten Männchen hinsichtlich des Ausmaßes ihrer spontanen Aktivität bestehen, konnte aber diese Unterschiede mit den Unterschieden in der Größe und Funktion der accessorischen Geschlechtsorgane, die sicher vom Androgenspiegel abhängig sind, nicht in Korrelation bringen; auch konnte HELLER keine eindeutigen Zunahmen der Aktivität erreichen, wenn er normalen oder kastrierten Rattenmännchen bis zu 7 Kapaunen-Einheiten Androgen injizierte. HELLER kommt zum Schluß, daß das Androgen „jedenfalls nicht der einzige Faktor" ist, der die spontane Aktivität der männlichen Ratte regelt. Eine Bestätigung dieser Annahme von HELLER kann man in den Versuchsergebnissen von REISS, SIDEMAN u. PLICHTA (1967) erblicken, die einen Zusammenhang zwischen der Zelldichte und damit wohl auch der Hormonproduktion in der Epiphysis cerebri mit der Herabsetzung der spontanen Aktivität von Ratten im Laufrad konstatierten.

Nach SLONAKER (1924, 1925) zeigten Rattenmännchen im Gegensatz zu Rattenweibchen keine rhythmischen Änderungen mit Höchstwerten der spontanen Aktivität, wenn man sie über längere Perioden kontrollierte. HOSKINS

---

45 Vgl. dazu auch das Kapitel über Androgene und Muskulatur, S. 559.

(1925) konnte die spontane Aktivität von kastrierten Rattenmännchen durch die Injektion von maceriertem Hodengewebe nicht erhöhen, doch bietet diese Art der Applikation keine Gewähr für die ausreichende Höhe der verabreichten Hormonmengen; im Gegensatz zu HOSKINS gelang es STANLEY u. TESCHER (1931) die spontane Aktivität von Goldfischen um 400% durch die Verabreichung von Hodengewebe anstelle von Garneelen als Futter zu erhöhen. RICHTER u. WISLOCKI (1928) beobachteten als Folge der Hodenimplantation eine Zunahme der spontanen Aktivität bei Rattenkastraten beiderlei Geschlechts und COMMINS u. STONE (1932) haben in ihrer Übersicht ähnliche Befunde anderer Untersucher angeführt. RICHTER u. UHLENHUTH (1954) verglichen die Wirkung der Kastration auf die spontane Aktivität bei den domestizierten Laboratoriumsratten und bei wilden Ratten (R. norwegicus). Sie fanden, in Bestätigung der Beobachtungen von WANG (1923) und HOSKINS (1925), daß die spontane Aktivität bei den Laboratoriumsratten infolge der Kastration sehr stark abnahm; dagegen wurde sie bei den wilden Ratten nur wenig beeinflußt, obgleich die Vesiculardrüsen bei den Männchen und der Uterus bei den Weibchen bei wilden und zahmen Ratten in gleicher Weise atrophierten. Die Nebennieren, die bei den wilden Ratten normaler Weise schwerer sind als bei den zahmen, nahmen nach der Kastration bei den wilden Ratten noch weiter zu (stärker bei den Männchen, weniger bei den Weibchen), während sie bei den zahmen Rattenweibchen abnahmen und bei den zahmen Männchen nur eine geringe Zunahme aufwiesen. Verff. erklären diese Unterschiede zwischen den wilden und zahmen Rassen der Ratte durch die Annahme, daß bei den wilden Ratten die spontane Aktivität durch die Nebennierenrinden-Hormone, bei den domestizierten Ratten durch die gonadalen Hormone aufrechterhalten wird. Durch den Prozeß der Domestikation ist die Kontrolle von Funktionen, die im wilden Zustand vorwiegend durch die Nebennieren geregelt werden, in den Regelungsbereich der Gonaden übergegangen.

Diese Feststellung einer fördernden Wirkung von Testosteron auf die spontane Aktivität bei der Ratte legten DRORI u. FOLMAN (1969) der Erklärung ihrer Versuchsergebnisse über die Beeinflussung der Lebensdauer bei Ratten durch den Coitus zugrunde: Beim Vergleich von 28 Rattenmännchen, denen mindestens 1mal wöchentlich die Möglichkeit zum Coitus gegeben wurde, mit Männchen aus den gleichen Würfen, die diese Möglichkeit nicht hatten, fanden Verff. eine hochsignifikante Differenz (P $\leq$ 0,001) der Lebensdauer von 734 : 578 Tagen. Da, wie in früheren Untersuchungen gefunden wurde, Männchen mit Coitus mehr Testosteron produzieren als solche ohne ihn, liegt nach den Verff. die Vermutung nahe, daß die erhöhte Lebensdauer der Männchen mit Gelegenheit zum Coitus auf die vermehrte spontane Aktivität zurückzuführen ist, welche ihrerseits durch die vermehrte Testosteronproduktion bedingt ist.

An der Ratte haben ASDELL, DOORNENBAL u. SPERLING (1962) die Beobachtungen früherer Forscher (RICHTER u. HARTMAN, 1934; HOSKINS u. BEVIN, 1940) bestätigt, daß man durch Oestrogene in beiden Geschlechtern beim Kastraten einen starken Anstieg der spontanen Aktivität erreichen kann, nachdem diese infolge der Kastration stark abgenommen hat; auch die Implantation von Androgenpreßlingen löst bei den weiblichen Kastraten einen bedeutenden Zuwachs der spontanen Aktivität aus, während ihre Wirkung beim männlichen Kastraten viel geringer ist. Handelt es sich aber um kastrierte Männchen, die vorher unter dem Einfluß einer Oestrogen-Implantation gestanden haben, so wird die Wirkung der nachfolgenden Androgen-Implantation deutlich gesteigert. Es scheint, daß eine vorausgehende Sensibilisierung der in Frage kommenden Hirnzentren durch Oestrogene eine Voraussetzung für die Empfänglichkeit dieser Zentren für Androgene ist: sie reagieren dann auf Testosteron ebenso stark oder noch stärker als auf Oestrogene. Testosteron stimulierte in den Versuchen von Asdell, Doornenbal u. Sperling (1962) die Hirnzentren des weiblichen Kastraten, weil sie zur Zeit der Eierstocksentfernung bereits unter Oestrogeneinfluß gestanden hatten; die kastrierten Männchen reagierten kaum oder garnicht auf Testosteron, weil bei ihnen die Sensibilisierung durch Oestrogene nicht stattgefunden hatte. Bei einer Wiederholung dieser Versuche mit verschiedenen Dosierungen von Testosteron konnten Asdell u. Sperling (1963) ihre früheren Beobachtungen nicht voll bestätigen: vermutlich war bei den ersten Versuchen das Testosteron implantiert worden, bevor die direkte Oestrogenwirkung abgeklungen war. Aus den neuen Versuchen ergab sich, daß die Rattenweibchen sowohl auf Androgen- wie auf Oestrogengaben mit erhöhter motorischer Aktivität reagierten, während die Rattenmännchen paradoxer Weise auf Oestrogene deutlich in der gleichen Form reagierten wie die Weibchen, auf Androgene aber in der Regel nur eine schwache oder gar keine Reaktion zeigten. Im Zusammenhang mit diesen Ergebnissen erhebt sich eine Reihe von Fragen bezüglich des Mechanismus der Sensibilisierung der Hirnzentren: Wann ist sie stark genug, um eine Empfänglichkeit für Testosteron zu gewährleisten? Beruht sie auf einer enzymatischen Umwandlung der im Hoden erzeugten Androgene in oestrogen wirksame Substanzen? Wie lange hält die Sensibilisierung an? u. a. m.

h) Vorzeitige Auslösung des Sexualverhaltens

Ein vorzeitiges präpuberales männliches Paarungsverhalten *in der normalen Ontogenese* scheint bei niederen Wirbeltieren bis hinauf zu den Vögeln nicht beobachtet worden zu sein (Beach, 1949), wohl aber bei den Säugetieren, und zwar sowohl bei niederen Formen (Meerschweinchen: Stone, 1939; Louttit, 1929; Ratte: Beach, 1942; Goldhamster (Cricetus auratus): Bond, 1945; Kälber im Alter von $5^{1}/_{2}$ Monaten: Hooker, 1944), als auch bei den Primaten (Rhesusaffen: Hines, 1942; Schimpansen: Bingham, 1928). Die Auslösung des männlichen Paarungsverhaltens beim präpuberalen Männchen *auf experimentellem Wege* durch die Verabreichung von Androgenen ist von Eversole (1941) für den Fisch Lebistes reticulatus, von Evans (1936) für die Eidechse Anolis carolinensis beschrieben worden; männliche Küken, die, beginnend unmittelbar nach dem Schlüpfen, mit Testosteronpropionat injiziert wurden, krähten bereits am 4. Lebenstag und trieben die Hennen im Alter von 15 Tagen (Noble u. Titrin, 1942; Hamilton, 1938); infantile Nachtreiher (Nycticorax nycticorax hoactli) reagierten auf die Injektion von Testosteronpropionat mit der Ausbildung des Rufes des erwachsenen Männchens, mit Nestbau und Kopulation; auch bei der Möve Larus argentatus erscheint die männliche Stimmgebung bereits am 45. Lebenstag, wenn die Androgeninjektionen ins Ei erfolgen und nach dem Schlüpfen fortgesetzt werden; werden die Injektionen erst im Alter von 48 Tagen begonnen, so kommt es zur Stimmänderung 14 Tage später (Boss u. Witschi, 1941); normaler Weise hält das infantile Stadium beim Nachtreiher etwa 3 Jahre an, aber durch die Injektion von Androgenen konnten die Anzeichen eines reifen Sexualverhaltens (Aggressivität, Nestbau, Paarung) schon vor dem Ende des ersten Lebensjahres hervorgerufen werden (Boss, 1943), während die Injektionen von Gonadotropinen (und Thyroxin) in diesen Versuchen wirkungslos waren. Auch bei infantilen Rattenmännchen wird das Erscheinen des kompletten Paarungsverhaltens durch die Androgenbehandlung beträchtlich vorverlegt (Steinach u. Kun, 1928; Stone, 1940; Beach, 1942); nicht dagegen beim Meerschweinchen, wenn die Männchen vom 1. oder 2. Lebenstag an mit 500 μg Testosteronpropionat/100 g K.-Gew. tägl. s. c. oder i. p. injiziert wurden, und zwar gleichgültig ob sie intakt gelassen oder gleich zu Beginn des Versuches kastriert wurden; vielleicht hängt diese verschiedene Reaktion von Ratte und Meerschweinchen auf eine Androgenbehandlung in der ersten Lebenszeit mit der unterschiedlichen Dauer des intrauterinen Lebens (Ratte 22, Meerschweinchen 68 Tage) und der entsprechenden Entwicklungsdifferenz im Augenblick der Geburt zusammen (GERALL, 1958). Androgene oder auch Gonadotropine lösen in manchen Fällen auch bei Knaben eine vorzeitige Entwicklung des Sexualverhaltens aus, weswegen z. B. bei der Behandlung des Kryptorchismus vor der Verabreichung hoher Dosen dieser Stoffe gewarnt wird (BIZE u. MORICARD, 1937; GORDON, 1941; GORDON u. FIELDS, 1942).

Den Einfluß von FSH, LH und Testosteron auf das Sexualverhalten und die Hodenfunktionen beim Eber untersuchten ELLENDORF, ROTH u. SMIDT (1970); die Tiere waren bei Versuchsbeginn 72—105 Tage alt. Die Hypophysenhormone wurden von Tag 1 bis Tag 19 (Ende des Versuches) jeden 2. Tag gegeben (FSH 2,8 mg, LH 280 mg) und Testosteron am 1. und 9. Tag in einer Dosis von je 150 mg und am 15. Tag von 100 mg. Das Sexualverhalten erfuhr durch die verabreichten Hormonmengen eine mehr oder weniger starke Stimulierung, während die Hodenmorphologie und -histologie keine Förderung im Vergleich zu den unbehandelten Kontroll-Ebern aufwiesen. Verff. halten es für möglich, daß die verabreichten Dosen nicht hoch genug waren, um die sexuelle Reifung zu beschleunigen. Testosteron und LH (dieses durch seine Wirkung auf die LZ des Hodens) verursachten vermutlich beide das vorzeitige sexuelle Verhalten, FSH stimulierte bei den unreifen Versuchsebern die Spermatogenese nicht, wie es das bei reifen Tieren tut. Auffallend war der Unterschied gegenüber der Hormonwirkung bei Sauen, bei denen sich die sexuelle Reifung durch Hormonbehandlung deutlich vorverlegen läßt.

Daß, wie aus den angeführten Beobachtungen hervorgeht, die neuromuskulären Mechanismen, die dem männlichen Paarungsverhalten zugrunde liegen, schon sehr frühzeitig angelegt sind und auf den hormonalen Anstoß reagieren können, findet seine Bestätigung auch in anderen Versuchen: BEACH u. HOLZ (1946) kastrierten Rattenmännchen zu verschiedenen Zeiten, unmittelbar nach der Geburt und bis zu 350 Tagen nach ihr; jeweils 3 Monate nach der Kastration wurden sie tägl. mit Androgenen injiziert und im Paarungsversuch geprüft: Unmittelbar nach der Geburt kastrierte Männchen zeigten die gleiche Erregung durch das brünstige Weibchen und besprangen es ebenso viele Mal wie die Tiere, die im Erwachsenenalter kastriert wurden; allerdings war das Peniswachstum bei den frühzeitig operierten Männchen merklich gehemmt, und so gelang diesen Tieren die Intromissio nur selten und zur Ejakulation kam es bei ihnen nie (mit 1 Ausnahme).

Die Mannigfaltigkeit der oben geschilderten Einflüsse der Androgene auf das Verhalten legt die Vermutung nahe, daß die Wirksamkeit dieser Stoffe hinsichtlich des Verhaltens sich sicher nicht ausschließlich auf die Auslösung oder Aufrechterhaltung sexueller Manifestationen beschränkt, sondern daß z. B. durch ihre Stoffwechselwirkungen der Ablauf des Verhaltens unter verschiedenen Umständen in noch unbekannter Weise beeinflußt wird. Die Förderung der Ausscheidung von Creatin und der Retention von Kalium, Phosphor, Chloriden und Wasser dürften hier ebenso eine Rolle spielen wie die Erhöhung der Arbeitsleistung der quergestreiften Muskulatur (ENGLE, 1942), der Durchblutung des Gehirns durch die Erweiterung der Hirngefäße oder die regelnden Einflüsse auf den Blutdruck (STEINACH, PECZENIK u. KUN, 1936; STEINACH, KUN u. PECZENIK, 1936; STEINACH, 1940).

Die Annahme eines Einflusses der Sexualhormone auf nervöse Strukturen wird durch verschiedene Beobachtungen nahegelegt. So sah OKAMOTO (1960) eine

Beeinflussung der Patellar- und Analreflexe bei männlichen und weiblichen Versuchspersonen: Beide Reflexe wurden durch Progesteron und Choriongonadotropin bei den Frauen in ihrer Erregbarkeit herabgesetzt, während die gleichen Hormone bei den Männern unwirksam waren. Dagegen zeigte Oestradiol eine verstärkende Wirkung, wenn auch geringeren Grades bei Frauen, war aber bei den Männern ebenso wie Progesteron unwirksam. Testosteron übte eine sehr ausgesprochene verstärkende Wirkung aus, und zwar bei beiden Geschlechtern, bei den Frauen aber weniger deutlich als bei den Männern. Offenbar ist die Frau durch die hemmende Wirkung von Progesteron und Choriongonadotropin, die beide im Leben der Frau eine bedeutende Rolle spielen, gegenüber dem männlichen Geschlecht benachteiligt, bei dem Testosteron die Dynamik entscheidend beeinflußt; die relativ geringe antagonistische Wirkung von Oestradiol gegenüber dem Progesteron scheint nur wenig ins Gewicht zu fallen. Eine Verbesserung der Lernfähigkeit bei der Vermeidung eines elektrischen Schocks stellte DE WIED (1964) bei Rattenmännchen fest, denen der Hypophysenvorderlappen entfernt worden war, wenn er die operierten Tiere entweder mit 1,5 IE ACTH-Depot oder mit einer Hormonkombination aus 0,25 mg Cortisonacetat + 0,2 Testosteronpropionat + 10,0 μg Thyroxin jeden 2. Tag während der Lernperiode behandelte. Um die sensorischen und motorischen Reaktionsfähigkeiten zu prüfen, wurden die operierten Tiere auf die Geschwindigkeit ihrer Fluchtreaktion auf einem elektrisch geladenen Laufsteg untersucht, wobei sich eine starke Störung dieser Reaktion durch die Entfernung des Hypophysenvorderlappens ergab, die aber auch durch die erwähnten Substitutionsverfahren mit ACTH oder der Hormonkombination nahezu vollkommen behoben werden konnte. Es blieb aber unentschieden, inwieweit die beobachteten Ausfälle vielleicht auf dem Mangel an anderen Hypophysenvorderlappen-Hormonen außer dem ACTH beruhten.

In Untersuchungen, die sich mit der Frage beschäftigten, inwieweit hormonale Substanzen, die das Sexualverhalten regeln, auch Verhaltensweisen beeinflussen, die in keiner direkten Beziehung zur Fortpflanzung oder zum Geschlechtsleben im allgemeinen stehen, ist von VALENSTEIN, COX u. KAKOLEWSKI (1967a, 1967b) auf die bei Rattenweibchen ausgesprochene und bei Rattenmännchen nahezu fehlende Bevorzugung mit Glucose oder Saccharin gesüßter Trinklösungen vor nicht gesüßten hingewiesen worden. ZUCKER (1969) hat dann in Vergleichsversuchen an Ratten gezeigt, daß die Saccharin-Bevorzugung (S.B.) in der Hauptsache auf die stimulierenden Einflüsse der Ovarialhormone beim Weibchen zurückzuführen ist, denn beim kastrierten Weibchen ist die S.B. bedeutend geringer als beim intakten. Bei den Männchen ist die S.B. sehr gering und wird durch die Kastration kaum erhöht, woraus man schließen kann, daß ein hemmender Einfluß der Androgene auf die S.B. kaum eine Rolle spielen dürfte. Während Oestrogen und Progesteron, jedes für sich gegeben, auf die herabgesetzte S.B. bei den kastrierten Weibchen keine restituierende Wirkung haben, führt ihre Kombination zur Wiederherstellung der normalen S.B., aber nur bei den kastrierten Weibchen, während bei den kastrierten Männchen auch die Kombination unwirksam ist. Bei Weibchen mit fest verankerter S. B. wird diese funktionell autonom und unabhängig von den Hormonen, die zu ihrer Ausbildung notwendig waren. Darin unterscheidet sich die S.B. von anderen hormonal bedingten Verhaltensweisen (z. B. dem Sexualverhalten oder der spontanen Aktivität), deren Ausbildung und Erhaltung von der kontinuierlichen Gegenwart der betreffenden Hormone abhängig ist.

1. Anhang: Sexualcyclen beim Männchen

Die meisten Wirbeltiere, angefangen von den Fischen und bis hinauf zu den Säugetieren weisen im wilden Zustand nur *einen* jährlichen Sexualcyclus auf, *die*

Brunstzeit, in der die Geschlechtszellen in beiden Geschlechtern den Reifezustand erreichen und ihre Vereinigung bei der Befruchtung die Grundlage für die neue Generation schafft. Unter den Säugetieren sind es besonders die Nagetiere, bei denen mehrere Würfe im Jahr die Regel sind, was durch die relativ kurze Tragzeit ermöglicht wird; unter den Vögeln gibt es eine Reihe von Singvogelarten, die mehrere Bruten (meist 2) aufziehen, aber auch in anderen Ordnungen kann es zu erneuter Eiablage und Brut kommen, wenn das erste Gelege zerstört wird (z. B. bei den Wildhühnern).

WISLOCKI (1949) beschrieb die jahreszeitlichen Veränderungen histochemischer Art in den Hoden, Nebenhoden und Vesiculardrüsen („Samenblasen") beim Virginiahirsch (Odocoileus virginianus borealis), die als Beispiel für die Säuger mit jährlich einmaliger Brunstzeit hier wiedergegeben seien. Die Brunst fällt in den Herbst (Oktober), und zu dieser Zeit enthalten die *Leydig-Zellen* des Hodens sudanophile doppeltbrechende Lipidtropfen, die eine positive Plasmal-Reaktion geben, eine gelbe Fluorescenz aufweisen und in Aceton löslich sind. Die Kombination dieser 3 Reaktionen, die im Juni, also in der sexuellen Ruhezeit bedeutend weniger intensiv sind, deutet auf die Produktion von Steroidhormonen hin. Die aktiven Leydig-Zellen enthalten Spuren von alkalischer Phosphatase und eine gewisse cytoplasmatische Basophilie, aber kein Glykogen. Die Zellen der aktiven *Samenkanälchen* enthalten reichlich saure und alkalische Phosphatasen: die alkalische Phosphatase findet man im Cytoplasma der Samenzellen, besonders der Spermatiden, die auch am reichsten an sauren Phosphatasen sind. Die Wand der Arteriolen und die Basalmembran der Samenkanälchen sind in der Brunstzeit reich an alkalischer Phosphatase, die in der Ruhezeit verschwindet. Auch das Cytoplasma der *Sertoli-Zellen* enthält saure und alkalische Phosphatasen. Der Gehalt an diesen Enzymen sinkt in der Ruhezeit stark ab, während das Glykogen zunimmt. Die Zellen des *Ductus epididymidis* sind reich an sauren und alkalischen Phosphatasen, die in der Ruhezeit abnehmen. Diese jahreszeitlichen Schwankungen sind in den *Vesiculardrüsen* stark ausgesprochen, besonders was die sauren Phosphatasen anbetrifft, ihre Epithelzellen, deren Höhe im Juni nicht mehr als 18—20 μ beträgt, steigt im Oktober auf 40 μ an. Es ist bemerkenswert, daß die Hypophysektomie beim Virginiahirsch zu einem allgemeinen Wachstumsstillstand und zum Aufhören der jahreszeitlichen cyclischen Veränderungen von Geweih und Haarkleid führt, die durch eine Substitutionsbehandlung mit Androgenen, Nebennierenrindenhormonen und Rinderwachstumshormon nicht restituiert werden (HALL, GANONG u. TAFT, 1966); es müssen also außer STH, ACTH und den Gonadotropinen noch andere Hypophysenvorderlappen-Hormone nach der Hypophysektomie fehlen.

Als Beispiel für den Sexualcyclus bei Wildvögeln und seine Beeinflussung durch Belichtung und Hormone sei auf die Untersuchung von FERRAND (1962) am Grünling (Ligurinus chloris L.) hingewiesen. Der Cyclus dieses Singvogels umfaßt eine aktive Phase (vom März bis Juli) und eine Ruhephase (vom August bis Februar). Das Wachstum der Hoden zu Beginn der aktiven Phase ist von einer Appetitsminderung begleitet, die gleichzeitig zu einer Abnahme des Körpergewichts führt: es scheint also, daß die geschlechtliche Aktivität mit bedeutenden Änderungen im Stoffwechsel verknüpft ist. Eine künstliche Belichtung, im Oktober angewandt, ruft kein Wachstum der Hoden hervor, wohl aber wenn sie im November begonnen wird: Eine refraktäre Periode gegenüber der Lichtwirkung erstreckt sich also vom August bis zum November, doch ist auch in dieser Zeit die künstliche Zusatzbelichtung nicht ganz unwirksam, denn durch sie erhalten die Hoden eine höhere Empfindlichkeit gegenüber den Injektionen von PMS; außerdem wird bei einer Verlängerung der Belichtung auf 3 Monate eine Mauser ausgelöst, die der Mauser nach der Paarungszeit vergleichbar ist; es scheint also, daß ein abgeschwächter Sexualcyclus abläuft, der durch eine nur geringe, wenn überhaupt vorhandene Zunahme des Hodengewichts gekennzeichnet ist. Vom November bis März stimuliert eine tägliche Belichtung im Lauf von 17 Std die Hoden, ohne aber bei längerer Anwendung die Genitalentwicklung erhalten zu können, die unweigerlich in eine Rückbildung der Gonaden, begleitet von der Mauser übergeht. Injektionen von PMS, während der winterlichen Jahreszeit appliziert, rufen eine rasche Zunahme des Hodengewichts hervor, was darauf hinweist, daß der Belichtungsfaktor seine Wirkung durch Vermittelung der gonadotropen Funktion des HVL ausübt; seine Unwirksamkeit während der refraktären Periode beruht offenbar auf einer Unterfunktion des gonadotropen hypophysären Komplexes. Der normale Jahrescyclus beim Männchen bezieht sich sowohl auf die exokrinen als auch auf die endokrinen Hodenelemente. GIROD u. CURÉ (1965) untersuchten die cytologischen Veränderungen im Hypophysenvorderlappen des Igels, die den cyclischen Abwandlungen im Hoden parallel gehen, und stellten fest, daß 2 Zelltypen im Vorderlappen eine cyclische Entwicklung aufweisen, die den jahreszeitlichen Veränderungen im Hoden parallel geht; diese Zellen sind vermutlich als die gonadotropen Elemente mit Produktion von FSH bzw. ICSH aufzufassen, denn die Entwicklung des einen Zelltyps verläuft im Gleichlauf zu derjenigen der Leydig-Zellen im Hoden und der accessorischen Geschlechtsdrüsen, während die Entwicklung des anderen Zelltyps parallel zur Entwicklung des spermatogenen Gewebes vor sich geht.

Durch die *Domestikation*, die nur Repräsentanten der Vögel und Säugetiere betrifft, kommt es, zum mindesten im männlichen Geschlecht, zu einer grundlegenden Veränderung insofern, als der Hoden zu jeder Zeit des Jahres reife, kopulationsbereite Samenzellen (wenn auch in wechselnder Menge) beherbergt, so daß es, vorausgesetzt daß auch bei den Weibchen reife Geschlechtszellen vorhanden sind, zu jeder Zeit des Jahres zu einem quoad Befruchtung erfolgreichen Coitus kommen kann. Es ist aber schon lange bekannt, daß bei den Weibchen die Reifung der Geschlechtszellen *cyclisch* vor sich geht, wobei der Cyclus je nach der Tierart von kürzerer oder längerer Dauer sein kann (4—8 Tage bei der Maus, 4—10 Tage bei der Ratte, 16—18 Tage beim Meerschweinchen, 28 Tage beim Menschen) und die Befruchtung nur zu gewissen Tagen oder Stunden des Cyclus möglich ist.

Bis vor kurzem war es, wie es scheint, unbekannt, ob auch beim männlichen Haustier, das zu jeder Zeit kopulationsbereit ist, die Geschlechtstätigkeit trotzdem eine Cyclizität erkennen läßt. Das hat sich erst seit 1956 geändert[46], als DOGGETT ihre Untersuchungen über die Periodizität in der Fertilität beim männlichen Kaninchen veröffentlichte, in denen sie nachwies, daß die Spermienzahl im Ejakulat bis zu einem gewissen Maximum im Lauf von 2—7 Tagen (im Mittel 3,16 Tage) zunahm und dann wieder auf 79% oder weniger als 1% (im allgemeinen auf 50%) des vorausgehenden Maximums zurückging. Bei reifen Männchen war die Häufigkeit der Maxima signifikant verschieden von einer durch Zufall bedingten Verteilung und andererseits auch signifikant ähnlich unter den individuellen Tieren. Bei pubeszenten Männchen waren die Intervalle zwischen den Maxima beträchtlich länger oder kürzer als bei den reifen, aber auch hier signifikant verschieden von einer Zufallsverteilung; bei genügend langer Beobachtung entwickelte sich auch bei diesen Männchen mit Erreichung der Reife die gleiche Frequenz der Maxima wie bei den anderen reifen Männchen. Die Tage der Maxima fielen bei den verschiedenen Männchen nicht zusammen und waren daher nicht durch Milieueinflüsse bedingt. In der gleichen Weise wie die tägliche Spermienzahl anstieg und abfiel, stieg und fiel auch die Spermienmotilität und das Volumen des flüssigen Samenanteils, während die Menge der gelatinösen Komponente des Samens nicht dem gleichen Rhythmus zu folgen schien.

DEGERMAN u. KIHLSTRÖM (1961) und KIHLSTRÖM u. DEGERMAN (1963), die diese Cyclizitätsuntersuchungen am Kaninchenmännchen wieder aufnahmen, fanden, wenn sie ihre Versuchstiere einmal täglich ejakulieren ließen, cyclische Variationen mit einer mittleren Länge von 5 Tagen in der Zahl der Spermien, dem Ejakulatvolumen (Abb. 65) und der Stärke des Sexualtriebes, aber auch (im Gegensatz zu den Befunden von DOGGETT, s. o.) im Auftreten der gelatinösen Komponente des Samens, wobei die Cycluslänge zwischen 3 und 8 Tagen schwankte und ihre mittlere Länge der früher aufgrund anderer Kriterien festgestellten Cyclusdauer entsprach[47]. Da gerade von dieser gelatinösen Substanz im Ejakulat

---

46 Eine starke Veränderlichkeit des Fruktose-Gehalts im Samen von Kaninchenböcken, die im Lauf von 6 Wochen beobachtet wurden, fand schon PARSONS (1950), ebenso auch des Ejakulatvolumens, ohne daß die Verfn. jedoch auf eine Cyclizität in der Variabilität aufmerksam geworden wäre.

47 In den meisten Handbüchern wird die Länge des weiblichen Brunstcyclus beim Kaninchen mit 7—10 Tagen angegeben (ASDELL, 1946; PARKES, 1956). Dagegen hat HAMILTON (1951) eine Cyclusdauer von 4—6 Tagen beim Kaninchenweibchen gefunden, was mit der von KIHLSTRÖM u. DEGERMAN (1962) angegebenen Länge des männlichen Cyclus von 3—8 Tagen gut übereinstimmt. Es mag auch sein, daß die Dauer bei den einzelnen Rassen unterschiedlich ist.

des Kaninchenbocks bekannt ist, daß sie unter dem Einfluß der Menge der zirkulierenden Androgene steht (CHENG u. CASIDA, 1949; CHENG, ULBERG, CHRISTIAN u. CASIDA, 1950), kann man aus diesen Ergebnissen den Schluß ziehen, daß „der männliche Sexualcyclus beim Kaninchen von den regelmäßig wechselnden Mengen im Kreislauf befindlicher Sexualhormone (Androgene) abhängig ist".

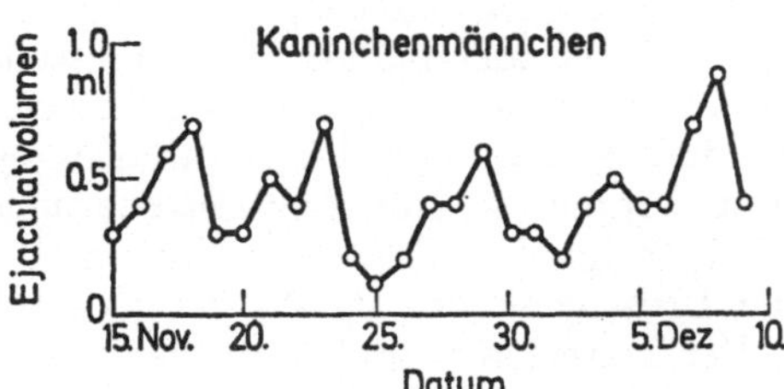

Abb. 65. Variationen des täglichen Ejaculatvolumens bei einem Kaninchenmännchen. (Aus KIHLSTRÖM, 1966)

In weiteren Arbeiten haben KIHLSTRÖM u. HORNSTEIN (1964) und HORNSTEIN, KIHLSTRÖM u. DEGERMAN (1964) geprüft, ob beim Kaninchenmännchen auch morphologische Anzeichen des nachgewiesenen Sexualcyclus vorhanden sind, die den cyclischen Veränderungen in der vaginalen Schleimhaut beim Nagerweibchen vergleichbar wären. Tatsächlich fanden sie bei täglichen Abstrichen der urethralen Schleimhaut beim Kaninchenmännchen eine cyclisch variierende Häufigkeit von 4 verschiedenen Typen abgestoßener Zellen im Urethrallumen; nur ein fünfter Zelltyp, der eine Verhornung und eine Kerndegeneration erfährt, weist keine solchen cyclischen Veränderungen auf. Die Dauer dieser cyclischen Vorgänge betrug im Durchschnitt 4 Tage. Das parallel bestimmte Samenvolumen zeigte eine gewisse Beziehung zum Cyclus der Zelldesquamation in der Urethra. Beim kastrierten Kaninchenbock fehlten die cyclischen Variationen der abgestoßenen Zellen der Urethralschleimhaut, auch war das zahlenmäßige Verhältnis zwischen den einzelnen Zelltypen gegenüber der Norm weitgehend verändert. Diese Befunde sprechen für die Abhängigkeit der Menge dieser Zellen und ihrer cyclischen Veränderungen von den Hodenhormonen. Der cyclische Wechsel der Körpertemperatur, die zwischen 38,60 und 40,20°C schwankte, schien zunächst eine gewisse Beziehung zum urethralen Zellcyclus aufzuweisen (DEGERMAN u. KIHLSTRÖM, 1964), behielt aber seinen Rhythmus auch nach der Kastration bei und muß daher als unabhängig von den Hodenhormonen betrachtet werden.

Nach den Beobachtungen von RAMASWAMI u. KUMAR (1962) scheint es beim lemuroiden Affenweibchen Loris tardigradus lydekkerianus Cabr. zwei Brunstperioden im Jahr zu geben, die in den Juni—Juli bzw. September—November fallen (ein Menstrualcyclus fehlt bei den Lemuroiden). Verff. konnten sich nicht davon überzeugen, daß sich auch beim Männchen dieser Art um die gleiche Zeit äußere Anzeichen der Brunst (Verlagerung der Hoden ins Scrotum) einstellen. Sie beobachteten aber fertile Paarungen mit Männchen mit suprascrotaler Lage der Hoden. OSMAN HILL (1935) glaubt dagegen auch bei den Männchen von Loris zwei entsprechende Brunstperioden mit Wachstum und scrotaler Verlagerung der Hoden festgestellt zu haben.

LEIDL, HOFFMANN u. KARG (1970) untersuchten die Gonaden, die Vesiculardrüsen und die sie stimulierenden Hormone beim Ziegenbock während und außerhalb der Paarungszeit und in der Pubertät; die Ziegen zählen neben Pferd und Schaf zu den Haustierarten, bei denen noch eine gewisse jahreszeitliche Bindung der Fortpflanzung zu beobachten ist, wobei die Ziege dem jahreszeitlichen Rhythmus am stärksten unterliegt. Bei den geschlechtsreifen Böcken zeigte keines der Kriterien (Hodengewicht, spermatogenetischer Anteil, Tubulusdurchmesser, histologischer Befund). Unterschiede in der Spermatogenese beim Vergleich innerhalb und außerhalb der Paarungszeit, während die in der Pubertät befindlichen Böcke deutlich das frühe Entwicklungsstadium im spermatogenetischen Anteil des Hodens erkennen ließen. Das Hodenzwischengewebe (als Ganzes betrachtet) war bei den geschlechtsreifen Tieren außerhalb der Paarungszeit vermehrt, während Leydigzellzahl und -kernvolumen keine signifikanten Unterschiede aufwiesen. Die Vesiculardrüsen zeigten in der Paarungszeit in ihrem histo-cytologischen Aufbau das Bild hoher Aktivität, während sie außerhalb der Paarungszeit inaktiv erschienen und in ihrem histo-cytologischen Bild den vor der Reife befindlichen Tieren glichen, bei denen die Drüsengewichte signifikant geringer waren als bei den anderen Tiergruppen. Der Testosteron- und Androstendiongehalt der Hoden war während der Paarungszeit signifikant ($P < 0{,}01$) höher als außerhalb derselben oder in der Pubertät; zwischen den Böcken außerhalb der Paarungszeit und den Böcken in der Pubertät waren in dieser Hinsicht keine signifikanten Unterschiede festzustellen. Die Ergebnisse zeigen, wie Verff. schreiben, daß der jahreszeitliche Rhythmus der Fortpflanzung beim Ziegenbock nur die Funktionsfolge „Androgene — accessorische Geschlechtsdrüsen — Samenplasma mit Einschlüssen (in der Hauptsache ein Produkt der Vesiculardrüsen) erfaßt", während das Germinativum, d.h. der spermatogenetische Anteil keine signifikanten Veränderungen aufweist. Sie schließen daraus, daß die Spermatogenese noch durch Androgenmengen oder -konzentrationen aufrecht erhalten wird, die nicht mehr ausreichen, um die accessorischen Geschlechtsdrüsen zur vollen Funktion zu stimulieren. Nach den gegenwärtig vorliegenden Beobachtungen dürften auch beim Schafbock und Hengst ähnliche Verhältnisse vorliegen. Es wäre aber auch möglich, daß „die Androgene — vielleicht speciesbedingt — die bisher angenommene Bedeutung für die Spermatogenese nicht hätten", geben Verff. zu bedenken: ob dieser immerhin vereinzelt dastehende Befund genügt, um die vielfach begründete Auffassung von der orchidotropen Wirkung der Androgene (s. Kapitel V, 5) in Frage zu stellen, erscheint mir zweifelhaft (H.E.V.).

KIHLSTRÖM (1963a, b) hat die Untersuchungen über die Cyclizität der männlichen Sexualfunktionen, die bis dahin nur das Kaninchenmännchen betrafen, auf das Vorkommen von wöchentlichen Variationen in der Fertilität bei Stieren einer Milchviehrasse (Rote Schwedische Rasse) ausgedehnt, die regelmäßig an einem Tag der Woche zum Coitus zugelassen wurden. Der Samen wurde in einer künstlichen Vagina aufgefangen und nur dann zur künstlichen Besamung verwendet, wenn er für mehr als 20 Besamungen ausreichte und allen Anforderungen für eine gute Qualität entsprach[48]. In 10 von 16 untersuchten Fällen wurden signifikant cyclische Variationen der Fertilität festgestellt; signifikante Cyclen traten in Testperioden auf, die in ihrer Länge zwischen 4 und 9 Wochen variierten, wobei häufig ein Cyclus von langer Dauer einem solchen von kurzer Dauer folgte (Abb. 66). Die Cyclusamplituden waren bei jungen Stieren am größten und verringerten sich mit zunehmendem Alter in einer nicht linearen Beziehung. Die Samenmenge, die in den ausführenden Geschlechtswegen gespeichert war, schien die Maxima-Frequenz nicht zu beeinflussen: diese blieb unverändert sowohl nach längerer Geschlechtsruhe als auch nach erschöpfender geschlechtlicher Betätigung, nur wurden die Maxima und Minima der Spermienzahl ausgesprochener. KIHLSTRÖM

---

[48] Es erscheint möglich, daß dieser Auswahlvorgang die tatsächlich vorhandene Cyclizität zum Teil maskierte.

(1963b) hat das enorme Material von Beobachtungen an Zuchtstieren über die Fertilität und die Kennzeichen des Samens, die von den mit der künstlichen Besamung beschäftigten Stellen in Schweden gesammelt wurden, statistisch ausgewertet und die cyclischen Variationen untersucht: er fand sie bei jungen Stieren regelmäßiger als bei älteren und stellte fest, daß die cyclischen Prozesse sowohl den Nebenhoden als auch die accessorischen Geschlechtsdrüsen betreffen.

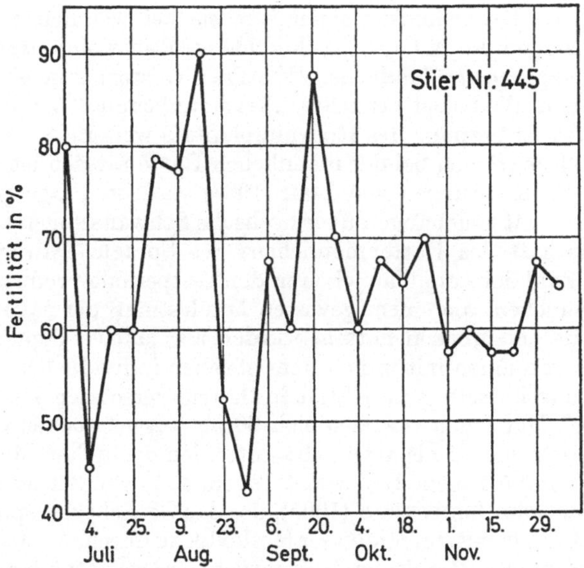

Abb. 66. Wöchentliche Variationen der Fertilität eines Stieres der Milchviehrasse. Die Fertilität ist angegeben als die Zahl der Graviditäten in Prozenten der Zahl der Kühe, die mit der gleichen Samenprobe künstlich besamt wurden. (Nach J. E. KIHLSTRÖM, Arch. Zool., 2. Ser. 15, 359—361, 1963)

BONS (1963) hat eine *cyclische sexuelle Aktivität der Männchen bei der Eidechse* Acanthodactylus erythrurus lineomaculatus beschrieben: Die Männchen dieser Art weisen 2 Maxima der Aktivität auf, die sich durch die große Zahl von Spermatiden und Spermatozoen im Hoden, sekretorische Reifungsvorgänge im Nebenhoden und im Sexualsegment der Nieren auszeichnen und von denen das eine im Mai, das andere im Juli auftritt; zwischen den beiden Maxima kommt es nicht zu einem vollständigen Stillstand, sondern nur zu einer bedeutenden Verlangsamung der Reifungsvorgänge. Vergleicht man diesen männlichen Cyclus mit dem Sexualcyclus der Weibchen dieser Eidechsenart, so findet man, daß die erste Phase der sexuellen Aktivität des Männchens im Mai mit der Zeit der ersten Eiablage der älteren Weibchen zusammenfällt; dagegen ist die Eiablage der jungen Weibchen und die zweite Ovulation der älteren Weibchen synchron mit der zweiten Phase der männlichen sexuellen Aktivität im Juli. SANYAL u. PRASAD (1965) beschrieben die Veränderungen im Cholesteringehalt des Hodens bei der indischen Eidechse Hemidactylus flaviviridis (Rüppel), die den jahreszeitlichen Fluktuationen der spermatogenetischen Aktivität parallel gehen; sein Maximum erreicht der Gehalt, wenn die Synthese der steroiden Sexualhormone gesteigert ist.

Den Widerspruch zwischen cyclischer weiblicher und acyclischer männlicher Sexualfunktion innerhalb einer Art (Ratte, Maus, Hund, Rind u. a.) und dem Vorhandensein cyclischer männlicher Sexualfunktionen bei anderen Arten (hauptsächlich bei Wildtieren, parallel zum Cyclus der arteigenen weiblichen Individuen) hat Jöchle (1963) aufgrund seiner Beobachtungen an Rattenweibchen unter langdauernder Belichtung zu lösen versucht: An sich sind alle biologischen Voraussetzungen dafür gegeben, auch bei der männlichen Ratte cyclische Sexualfunktionen zu induzieren; sie unterbleiben jedoch, „weil bei der männlichen Ratte anscheinend physiologischer Weise unmittelbar nach Geburt jene Desensibilisierung des Hypothalamus erfolgt, die als Ursache des Ausbleibens rhythmischer Sexualfunktionen belichteter Weibchen erkannt wurde". Als Beweis dafür kann gelten, daß gleiche Desensibilisierungen, wie sie bei weiblichen Tieren in den ersten 10 Lebenstagen durch C_{25}—C_{18}-Steroide auslösbar sind, durch Transplantation von Hoden *gleichalter* Männchen (Wurfgeschwister) erzielt werden können. Die damit bei den Weibchen erreichte „Vermännlichung" ist irreversibel und besteht auch nach Entfernung des Hodenimplantats weiter.

Ob die Sexualfunktionen bei der männlichen Ratte tatsächlich acyclisch sind, wird durch die Beobachtungen von Lisk (1969) stark in Frage gestellt: er verwandte bei seinen Untersuchungen über cyclische Schwankungen in der sexuellen Reaktionsbereitschaft des Rattenmännchens des Sprague-Dawley-Stammes als Gradmesser die Zahl der vom Männchen in der Testperiode produzierten Vaginalpfropfe. 107 Männchen, die einem gewissen Mindestmaß der sexuellen Aktivität in der Vorperiode entsprochen hatten, wurden als „aktive Copulatoren" ausgewählt und jedes von ihnen mit immer dem gleichen individuellen Partner, einem kastrierten und durch Oestrogeninjektion in Oestrus versetzten Weibchen getestet. Unter diesen 107 Männchen erwiesen sich 60 als ausgesprochen cyclisch, 20 als vermutlich cyclisch und 27 als acyclisch; unter den cyclischen Männchen hatten 6% einen Cyclus von 5 Tagen, 27% von 4 Tagen, 45% von 3 Tagen und 22% von 2 Tagen. Übrigens kam Kihlström (1965), der das Gewicht der spontanen Ejakulationen als Maßstab benutzte, mit dieser Methodik zu durchaus mit den Lisk'schen Befunden vergleichbaren Resultaten hinsichtlich der Cyclizität der sexuellen Aktivität beim Rattenmännchen, wie Lisk hervorhebt.

Die oben (S. 430 ff.) wiedergegebenen Untersuchungen von Kihlström (1963a, b) an Rindern sprechen auch bei dieser Art für eine Cyclizität der Sexualfunktionen bei den Männchen, und zwar aufgrund der cyclischen Fluktuationen in der Fertilität.

Zur Frage der Existenz einer cyclischen Aktivität im Hypothalamus des Männchens, die ja eine Voraussetzung für die Ausbildung cyclischen Sexualgeschehens ist, hat Campbell (1966) einen interessanten Beitrag geliefert: Rattenmännchen wurden entweder weniger als 20 Std nach der Geburt oder im Alter von 5—6 Tagen kastriert und erhielten gleichzeitig ein Wurfgeschwister-Ovarium ohne reife Follikel und Corpora lutea implantiert; die Tötung erfolgte 34—117 Tage später. Die Ovarien in den drei am 5. oder 6. Tag operierten Trägern enthielten im Alter von 114—122 Tagen nur gut entwickelte Follikel, aber keine Corpora lutea; die zwei am Tage der Geburt operierten und im Alter von 72 Tagen getöteten Männchen wiesen in den Ovarialimplantaten reife Follikel und frische Corpora lutea auf; alle 7 am 5. oder 6. Lebenstag operierten und zwischen dem 39. und 41. Lebenstag untersuchten Männchen enthielten in den Ovarialimplantaten ebenfalls reife Follikel und mehrere frische Corpora lutea. Aus diesem letztgenannten Versuchsresultat ist ersichtlich, daß die Gegenwart von Hoden (und somit von physiologischen Mengen von Testosteron) während der kritischen ersten drei Lebenstage das Auftreten von ovariellen Cyclen während der ersten 6 Lebenswochen nicht verhindert, wohl aber (was aus vielen Versuchen bekannt ist) beim erwachsenen Weibchen zum Ausbleiben der Ovulation und folglich auch des Cyclus führt. Daraus scheint sich zu ergeben, daß der Hypothalamus beim geneti-

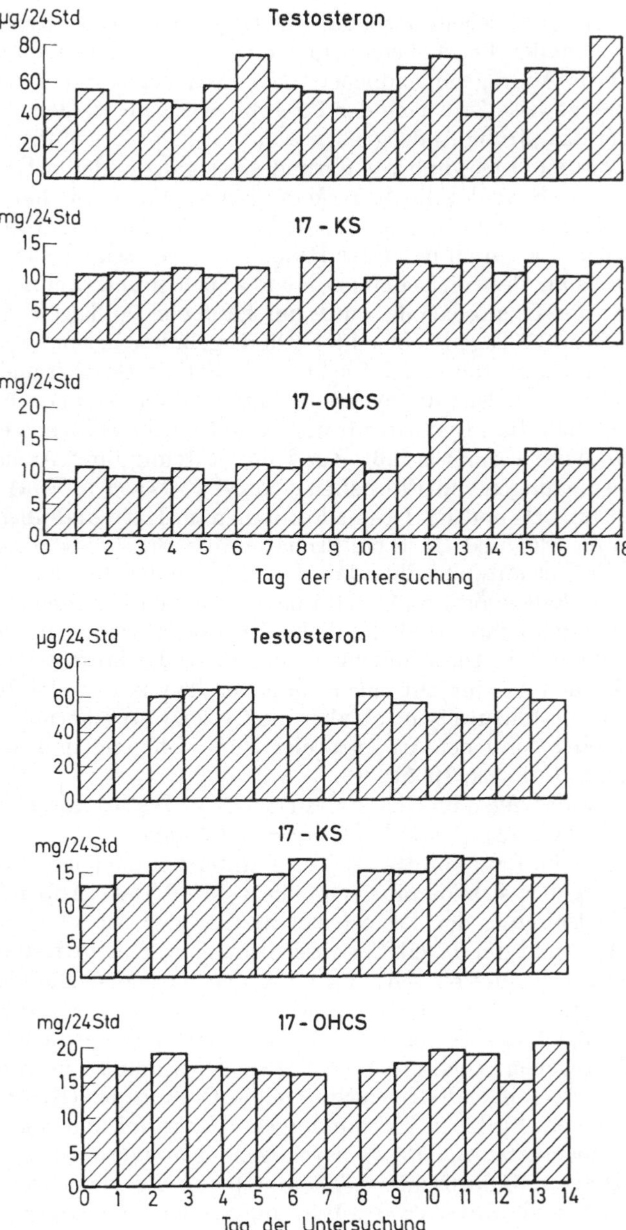

Abb. 67 u. 68. Ausscheidung von Testosteron, 17-Oxosteroiden *(17-KS)* und 17-Hydroxy-corticosteroiden *(17-OHCS)* im Harn normaler Männer von 21 bzw. 33 Jahren. (Nach ISMAIL u. HARKNES, 1967)

schen intakten Männchen im Lauf einiger Wochen nach der Geburt sich in der gleichen Weise verhält wie beim Weibchen, dann aber seine Cyclizität verliert und die gleichförmige, für das Männchen charakteristische Funktionsweise annimmt. SWANSON u. VAN DER WERFF TEN BOSCH (1964) haben beobachtet, daß kurz nach der Geburt mit Testosteron behandelte Rattenweibchen im Lauf weniger Wochen ovarielle Cyclen aufweisen, bevor sich bei ihnen das acyclische „frühe Androgen-syndrom" entwickelt. Es scheint also, daß alle Hypothalami (bei Ratten) während einer gewissen signifikanten Lebensspanne einen weiblichen Funktionstyp besitzen, und daß die Androgene, endogener oder exogener Natur in der Neonatal-Periode, erst eine gewisse Zeit nach der Pubertät wirksam werden. Vgl. dazu die Darstellung über das „frühe Androgensyndrom", s. Kap. I, S. 55 ff.

EXLEY u. CORKER (1965) haben aufgrund eines ganz anderen Kriteriums das Vorhandensein eines Sexualcyclus beim Mann angenommen; sie haben eine hoch spezifische, empfindliche und genaue Methode zur Bestimmung von Oestron im Harn entwickelt und konnten mit ihrer Hilfe einen gewissen Cyclus ($\pm$ 20%) im Gehalt des Harnes an Oestron bei einem homosexuellen und drei normalen Männern feststellen; der Homosexuelle wurde im Lauf von 90 Tagen, die normalen Männer im Lauf von 17 Tagen beobachtet. Die Ergebnisse ließen auf das Vorhandensein eines 8—10 Tage währenden Cyclus im Gehalt an Oestron und an 17-Oxosteroiden im Harn schließen; die cyclische Aktivität war statistisch signifikant. Verff. nehmen an, daß diese Cyclizität testiculären Ursprungs ist und einen sexuellen Cyclus beim Mann vermuten läßt. Zur Unterstützung ihrer Annahme weisen sie auf die Untersuchungen von FUKUSHIMA, STEVEN, GANTT u. VORYS (1964) hin über den Gehalt an LH- und FSH-Gonadotropinen im Harn und über den Gehalt an Oestrogenen im Blut und Harn bei Primaten: die Ergebnisse dieser Beobachtungen legten die Vermutung nahe, daß der Menstrualcyclus der Primaten aus zwei oder in vielen Fällen aus drei 8—11 Tage währenden Perioden aufgebaut sei; auch HAMILTON (1949) fand drei deutliche 10 Tage-Perioden im menstruellen 30 Tage-Cyclus des Affen. Die Ähnlichkeit im Ablauf der hormonalen Cyclen bei Männern und Frauen scheint auf einen ähnlichen Typus neuraler Regelung bei beiden Geschlechtern hinzuweisen; ob aber die Cyclen durch hormonale Einflüsse geregelt werden oder von einer Art „neuraler Uhr" abhängig sind, bleibt zu entscheiden (EXLEY u. CORKER, 1965).

Cyclische Veränderungen im Gehalt des Harnes an Testosteron beim Menschen wiesen ISMAIL u. HARKNES (1967) bei 6 normalen Männern im Alter von 20—34 Jahren nach, die sie im Lauf von 13—29 Tagen untersuchten (eigene Methodik der Verff., 1966): es ergaben sich Maxima etwa alle 4—5—6 Tage (Abb. 67 u. 68); eine zeitliche Übereinstimmung der Testosteron-Maxima der Ausscheidung mit denjenigen der 17-KS- und der 17-OHCS-Ausscheidung war nicht festzustellen. Die tägliche Testosteron-Exkretion schwankte bei den normalen Männern zwischen etwa 40 und 150 μg/24 Std. Verff. haben die von einem Tag zum anderen zu beobachtenden Variationen des Testosterongehalts im Harn zweier normaler Männer in Tab. 85 wiedergegeben. Auch untersuchten sie den Einfluß von Außenfaktoren, so z. B. von Eingriffen am endokrinen System des Organismus (Kastration, Adrenalektomie), von verschiedenen Erkrankungen (Unterfunktion der Hypophyse, Oligospermie, Nebennierenrinden-Ca, psychogene Unterernährung, TB, gastrointestinale Störungen, Chlorpromazin-Therapie) auf den Testosterongehalt im Harn (vgl. Tab. 86) und erörterten den Wirkungsmechanismus dieser Einflüsse.

Auch aus den Untersuchungen von DANCASIU u. Mitarb. (1968) über die Ultrastruktur der Hypophyse des Männchens der Schildkröte Emys orbicularis ergab sich ein deutlicher cyclischer Wechsel der Zellstruktur bei den FSH-, ICSH- und STH-produzierenden Elementen, während die TSH-Produzenten einen solchen Wechsel vermissen ließen.

Es sei an dieser Stelle darauf hingewiesen, daß DRAY, REINBERG u. SEBADOUN (1965) bei 5 gesunden Männern im Alter von 20—42 Jahren das freie Testosteron im Plasma bestimmt haben, und zwar ganztägig im Abstand von 6 Std, um 7, 13, 19 und 1 Uhr: sie fanden einen *Tagesrhythmus* mit einem Minimum um 1 Uhr, während das signifikant davon verschiedene Maximum in der Zeit zwischen 7 und

13 Uhr lag (die zu diesen Stunden festgestellten Werte zeigten untereinander keine signifikanten Differenzen). Dieser Rhythmus ist zum mindesten von vier Variablen abhängig: vom hypothalamischen Zentrum, von der Hypophyse, von den das Testosteron produzierenden Leydig-Zellen und vom Verbrauch in den peripheren Geweben, ohne daß man die relative Bedeutung der einzelnen Variablen einzuschätzen vermag[49].

Tabelle 85. *Von Tag zu Tag-Variationen des Testosterongehalts im Harn (in µg/24 Std) bei normalen Männern. Nach* ISMAIL *u.* HARKNES *(1957)*

Tag	Vpn H.	Vpn J.
1	74,2	97,8
2	79,7	102,0
3	79,8	94,6
4	85,9	149,5
5	70,7	105,0
6	74,4	115,8
7	68,5	118,3
8	79,5	140,6
9	92,5	103,3
10	54,6	106,5
11	39,2	61,4
12	71,3	78,9
13	108,2	116,0
14	113,3	100,9
15	96,1	105,0
16	85,4	103,0
17	79,3	92,6

Tabelle 86. *Durchschnittlicher Testosterongehalt im Harn bei Männern zwischen 17 und 67 Jahren, unter dem Einfluß verschiedener äußerer Faktoren. Nach* ISMAIL *u.* HARKNES *(1967)*

Klinischer Zustand	Alter in Jahren	Dauer der Harnsammlung in Tagen	Testosteron in µg/24 Std
Kastrat	57	12	4,8
Kastrat	52	12	2,7
Adrenalektomiert	60	2	38,4
Adrenalektomiert	22	12	41,1
Hypophysen-Unterfunktion	28	14	5,9
Oligospermie	30	7	43,3
Nebennierenrinden-Ca	51	2	323,7
Psychogene Unterernährung	17	10	6,2
Psychogene Unterernährung	17	10	11,2
Psychogene Unterernährung	20	10	31,2
TB und Unterernährung	67	2	30,5
Gastro-intestinale Störungen und Unterernährung	40	11	6,5
Chlorpromazin-Therapie	32	2	21,4
Chlorpromazin-Therapie	36	2	23,3
Chlorpromazin-Therapie	36	2	20,0

Auch RESKO u. EIK-NES (1966) fanden bei gesunden Männern einen Tagesrhythmus des Testosteronspiegels im Plasma, wobei höhere Werte (P < 0,01) um

---

49 KIHLSTRÖM (1966a) hat eine ausgezeichnete kritische Zusammenfassung der Ergebnisse seiner eigenen Untersuchungen und derjenigen anderer Forscher über die Existenz eines sexuellen Cyclus im männlichen Geschlecht gegeben, auf welche die Interessenten ausdrücklich verwiesen seien, da sie das Thema eingehender behandelt als es in der vorliegenden Darstellung möglich war, die durchzusehen er die große Freundlichkeit hatte.

8 Uhr gefunden wurden als am Nachmittag oder am Abend. Verff. nehmen an, daß Schwankungen in der Sekretion von Gonadotropin oder ACTH ursächlich an diesen Testosteron-Fluktuationen beteiligt sein dürften.

Übrigens hat KIHLSTRÖM (1966b) festgestellt, daß isolierte Rattenmännchen spontan ejakulieren mit einem Maximum zwischen 20 und 2 Uhr und einem Minimum zwischen 8 und 14 Uhr. Der Beleuchtungscyclus war: Licht von 8—20 Uhr und Dunkel von 20—8 Uhr, so daß die spontanen Ejakulationen in der Hauptsache gegen Ende der natürlichen sexuellen Aktivitätsperiode (Nacht, Dunkel) erfolgten.

2. Anhang: Einflüsse der Androgene auf das Nervensystem

Die psychischen (nervösen) Anteile der männlichen Prägung stehen ebenso unter dem stimulierenden bzw. hemmenden Einfluß der Androgene wie ihre physischen Komponenten; zahlreiche Beispiele dafür sind in den Kapiteln über die Folgen der Kastration, über die biologische Auswertung der Androgene und über das Verhalten[50] unter dem Einfluß der Androgene erwähnt worden. Der Schwund des Geschlechtstriebes nach der Kastration beim Erwachsenen bzw. seine Nicht-Entwicklung beim präpuberal Kastrierten, sein Wiederaufleben bzw. seine Erst-Ausbildung bei der Verabreichung exogener Androgene sind die markantesten Erscheinungen der Beziehungen zwischen Nervensystem und Androgenen. Auch bei Frauen kann es unter dem Einfluß hoher Dosen zu therapeutischen Zwecken verabreichter Androgene zu einer, auch wohl als lästig empfundenen Verstärkung des Geschlechtstriebes (neben den Anzeichen einer Virilisierung) kommen (Foss, 1951, 1956), der mitunter in solchen Fällen homosexuelle Tendenzen annimmt[51].

Eine *narkotische Wirkung* hoher, akut angewandter Dosen von Androgenen ist vorhanden, aber bedeutend geringer als die bei entsprechenden Dosierungen von Gestagenen oder Corticoiden beobachtete Wirksamkeit (SELYE, 1949). Eine experimentell angewandte Reihe von Steroiden, darunter auch Testosteron, hemmte die *aerobe Atmung* von Hirnrindehomogenaten, doch war Desoxycorticosteron das am stärksten wirksame Glied dieser Reihe, deren Hemmungswirkung ihrer narkotischen Wirkung parallel ging. EISENBERG, GORDAN u. ELLIOT (1947) zeigten, daß die O_2-Aufnahme von Rattenhirngewebe sich durch die Kastration erhöhte, während die unmittelbar an die Kastration sich anschließende Verabreichung von Androgenen diese Erhöhung verhinderte.

PIERRE, CAHN, HEROLD u. GEORGES (1958) haben das 21-Hydroxypregnandion und das spezifisch androgen hoch wirksame Methylandrostanolon an Ratten pharmakologisch untersucht: beide Substanzen potenzierten die Barbituratwirkung, beide wirkten als Antidot bei krampferzeugenden Mitteln und hemmten gewisse experimentelle Parkinson-Syndrome, auch verhinderten sie und heilten die elektro-encephalographischen Anzeichen der chronischen Intoxikation mit dem Diäthylamid der Lysergsäure. Dennoch sind ihre Wirkungen auf den Hirnstoffwechsel verschieden: das 21-Hydroxypregnandion ist ein Anästheticum, eine auf den Hirnstoffwechsel depressorisch wirkende Substanz, während das Methylandrostanolon als ein „Regulator" dieses Stoffwechsels wirkt; die Verschiedenheit ihrer Aktivität gegenüber den Störungen des Hirnstoffwechsels durch das Lysergsäure-Diäthylamid erklärt sich aus diesen Unterschieden.

---

50 Vgl. dazu besonders auch die Arbeit von YOUNG u. Mitarb. (1954).

51 KLEIN (1950) hat bei kastrierten Kaninchenweibchen, die erst nach Verabreichung hoher Oestrogendosen den Bock annahmen, festgestellt, daß Testosteron bei solchen Tieren eine bedeutend stärkere sexualisierende Wirkung ausübt als die Oestrogene: wenn er einem kastrierten Kaninchenweibchen einen Testosteronpreßling implantierte, so ließ es den Bock bis zu 6mal am Tage zu, bis zu etwa 7 Wochen lang, d.h. bis der Preßling vollkommen resorbiert war.

5. Syndrom der Maskulinisierung

Das Syndrom der Maskulinisierung wird klinisch in der Human- und Veterinärpathologie beobachtet und kann experimentell in sehr vielen verschiedenen Tierarten hervorgerufen werden. Sie beruht stets auf einer für den betroffenen Organismus über das Normale hinausgehenden Anwesenheit androgener Stoffe, seien sie endogener oder exogener Natur[52]. Sie tritt daher nur an solchen Individuen in Erscheinung, bei denen normaler Weise die Androgene, wenn auch nicht fehlen, so doch nur in unterschwelligen Konzentrationen vorhanden sind, also bei Feten beiderlei Geschlechts, bei präpuberalen Männchen und bei Weibchen aller Entwicklungsstufen; das Vorkommen einer Überproduktion von Androgenen bei postpuberalen Männern bzw. Tiermännchen ist theoretisch anzunehmen und kann sich in einer über das Normale hinausgehenden Konzentration der Androgene im Blut und/oder ihrer Abbauprodukte im Harn kundtun, ohne daß es äußerlich in Erscheinung getreten wäre.

Die Ursachen einer pathologischen *endogenen* Überproduktion von Androgenen werden im allgemeinen am häufigsten auf das Vorhandensein eines Androgene produzierenden Tumors zurückzuführen sein: von Leydig-Zellen-Tumoren im männlichen und von Arrhenoblastomen und anderen virilisierenden Lipoidzell-Tumoren („Maskulinoblastomen", DORFMAN u. SHIPLEY) im weiblichen Geschlecht, außerdem in beiden Geschlechtern von Nebennierenrinden-Tumoren oder -Hyperplasien mit vorwiegender Produktion adrenaler Androgene (adrenogenitales Syndrom, Cushing-Syndrom). Es kann sich aber auch um die pathologische Gegenwart einer funktionierenden männlichen Keimdrüse bzw. eines solchen Keimdrüsenanteils handeln, wie z. B. bei verschiedengeschlechtlichen Mehrlingsschwangerschaften (vgl. dazu das Kapitel über das Freemartin- oder Zwickensyndrom, S. 327 ff.[53]) bzw. beim Vorhandensein einer zwittrigen Keimdrüse, z. B. eines Ovotestis bei normaler Weise getrenntgeschlechtlichen Arten; die Gegenwart eines dritten Hodens neben den normalen paarigen Hoden ist als Quelle zusätzlicher Androgene möglich.

Die Entwicklung des Maskulinisierungssyndroms durch Zufuhr von *exogenen Androgenen* kann in jedem Lebensalter erfolgen: im pränatalen embryonalen Zustand durch Behandlung der tragenden Mutter mit Androgenen oder durch direkte Einführung der Androgene in Form von Kristallen oder Kristallpreßlingen der Reinsubstanzen oder von Injektionen in den Fetus, und im postnatalen präpuberalen oder postpuberalen Zustand durch Einführung der Androgene auf einem der bekannten Zuführungswege einschließlich der Hodentransplantation und der parabiotischen Vereinigung mit dem andersgeschlechtlichen Partner; in jedem Fall läßt sich die experimentelle Maskulinisierung am intakten oder am kastrierten Versuchstier durchführen.

Einige Beispiele der verschiedenen Formen der Maskulinisierung sollen das oben Gesagte illustrieren, ohne daß auf eine vollständige Wiedergabe der Literatur

---

52 Im Gegensatz zur Feminisierung, zu der es auch bei voller Abwesenheit *aller* Sexualhormone, sowohl der männlichen als auch der weiblichen, also bei Agenesie der Keimdrüsen kommen kann. Auf scheinbare oder tatsächliche Ausnahmen von der entscheidenden Rolle der Androgene bei der Entstehung des Maskulinisierungs-Syndroms wird auf S. 443 ff. eingegangen.

53 Man könnte in einem solchen Fall natürlich auch von einer exogenen Androgenzufuhr sprechen, da die Androgenquelle nicht im maskulinisierten Organismus liegt, sondern außerhalb, d. h. im Zwillingspartner, der aber *physiologisch* durch den gemeinsamen Kreislauf mit dem maskulinisierten Partner verbunden ist; logischer Weise sollten die Maskulinisierungen durch experimentelle Parabiose hier angeschlossen werden, die aber andererseits wegen ihres rein experimentellen Charakters besser mit den übrigen experimentellen Verfahren der Maskulinisierung besprochen werden sollen.

Anspruch erhoben wird, die einen besonderen Band dieses Handbuches erfordern würde; auf ausführliche Zusammenstellungen und kritische Bearbeitungen dieses Themas sei hingewiesen (s. besonders bei OVERZIER u. Mitarb., 1961, wo weitere Literaturangaben zu finden sind).

a) Die normale Differenzierung des Geschlechts und ihre Beeinflussung durch endogene oder exogene Faktoren

Die endogenen Ursachen der Maskulinisierung sind am besten zunächst an den Vorgängen der normalen Entwicklung des Geschlechts vom befruchteten Ei bis zum erwachsenen Männchen zu verfolgen. Es erweist sich dabei, daß die geschlechtliche Differenzierung, die Verteilung der sich entwickelnden Feten in cyto-morphologisch unterscheidbare Männchen und Weibchen schon im Augenblick der Befruchtung — syngam — vollzogen wird, durch die Vereinigung des geschlechtschromosomal homogametischen Eies mit einem geschlechtschromosomal heterogametischen männlich- bzw. weiblich-bestimmenden Spermium (wie bei den Säugetieren) oder durch die Vereinigung des geschlechtschromosomal heterogametischen weiblich oder männlich bestimmten Eies mit dem geschlechtschromosomal homogametischen Spermium (wie bei den Vögeln). Damit ist der *Genotypus* des Embryos, sein *genetisches* Geschlecht ein für alle Mal festgelegt, das zunächst die geschlechtliche Entwicklung der Sexualanlagen regelt (Abb. 69).

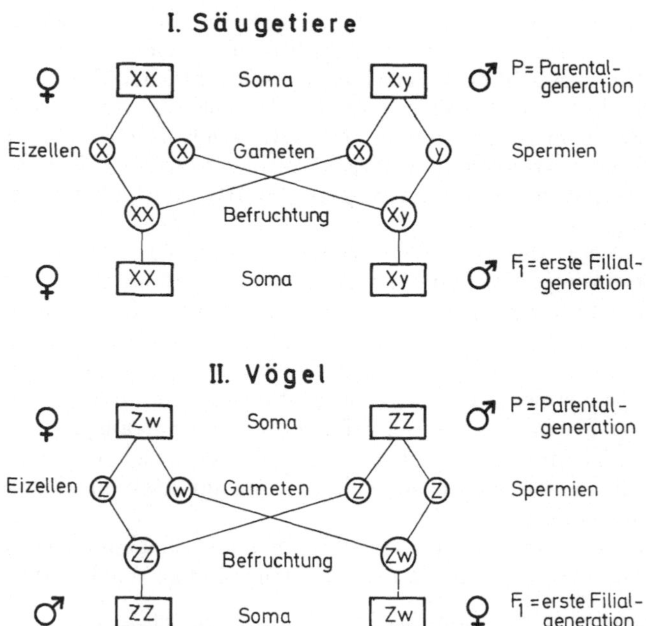

Abb. 69. Geschlechtschromosomen (X, Y bzw. Z, W) in den Keimzellen (○) und Somazellen (□) der Säugetiere (I) und Vögel (II)

Um zu erklären, wie es kommt, daß der an sich unveränderliche Genotypus in seinem *Erscheinungsbild (Phänotypus)* verschiedene Grade der Merkmale „Männlichkeit" bzw. „Weiblichkeit" aufweisen kann, ist von BRIDGES (1939) die quantitative Theorie aufgestellt worden, daß außer den Geschlechtschromosomen die Autosomen zusätzliche Gene für Männlichkeit und die Geschlechtschromosomen zusätzliche Gene für Weiblichkeit enthalten, die für den Grad der Ausprägung des Genotypus verantwortlich sind und deren Auswirkung im Phänotypus zum Ausdruck kommt. Sie würden in beiden Geschlechtern den glandulären Mechanismus der Geschlechtsprägung regeln und die quantitative Seite der Geschlechtshormonproduktion beherrschen, die für den Phänotypus der Geschlechtlichkeit verantwortlich ist. So kann es zur Entwicklung von besonders ausgeprägt maskulinen („supermales") bzw. von verweiblichten Männern und von über die Norm hinaus weiblichen Frauen („superfemales") bzw. Mannfrauen (Virago) kommen. Diese bisher allgemein angenommenen Vorstellungen einer quantitativen Geschlechtsbestimmung („genic balance") von BRIDGES müßten allerdings, wie WITSCHI (1961) schreibt, aufgrund neuerer Befunde teilweise revidiert werden, was hier darzustellen jedoch über den Rahmen dieses Handbuches hinausgehen würde.

Die erste Anlage der Keimdrüsen kann beiderseits als sogenannte Urogenitalfalte unterschieden werden, welche die Anlagen sowohl für die Gonaden als auch für die späteren Nieren (Mesonephros) enthält und vom Keimepithel an ihrer Oberfläche bedeckt ist. Sie differenziert sich in einen Rinden- und einen Markanteil, die als Induktoren der *postgenetischen weiblichen bzw. männlichen Differenzierung* fungieren und sich nach Einwanderung der Urgeschlechtszellen zu einem Ovarium bzw. Hoden entwickeln.

Bei gewissen primitiven Formen ohne genetische Geschlechtsbestimmung sind es stets Faktoren des äußeren oder inneren Milieus, welche die männliche oder weibliche Differenzierungsrichtung bestimmen (vgl. WITSCHI, 1961). Aber auch bei Arten mit genetischer Geschlechtsbestimmung können solche Faktoren einen Einfluß auf die Differenzierung haben, so z. B. hohe Wassertemperaturen, die zur Umwandlung genetisch weiblicher Froschlarven in Männchen führen; ebenso kann der Zusatz von steroiden Hormonen zum Kulturwasser bei Amphibien eine Geschlechtsumkehr hervorrufen. Beim Huhn ist die Entfernung des linken, allein funktionierenden Ovariums von einer Umwandlung der rechten, normaler Weise rudimentären Gonade in einen Hoden gefolgt, mit Produktion befruchtungsfähiger Spermatozoen und funktionierender Leydig-Zellen, bei unveränderter weiblicher Gen- und Chromosomenkonstitution. Nach WITSCHI, der diese Beispiele postgenetischer Geschlechtsumkehr anführt, zeigen sie, daß „in einem gewissen Stadium der Entwicklung die Induktoren der Rinde bzw. des Markes der Keimdrüsen die Leitung der geschlechtlichen Entwicklungsvorgänge übernehmen: Normaler Weise entscheidet die genetische Konstitution, ob der Rinden- oder der Markinduktor die Führung übernimmt, aber Benachteiligung oder Elimination des genetisch überlegenen (epistatischen) Induktors (durch Temperaturerhöhung, geeignete Hormonbehandlung oder chirurgischen Eingriff) gibt dem schwächeren (hypostatischen) Induktor Gelegenheit die Führung zu übernehmen. Eventuelle Rückschläge scheinen eher in der Unvollständigkeit der Unterdrückung des epistatischen Induktors als in der Stabilität der genetischen Konstitution begründet zu sein". Auch Parabiose- und Transplantationsversuche an Amphibien können zu ähnlichen Ergebnissen führen und zeigen, daß „identisches genetisches Material sich in der Rinde zu Eiern und gleichzeitig im Mark zu Spermien differenzieren kann".

a) Die experimentelle Maskulinisierung durch Androgene

Sie kann in allen Klassen der Wirbeltiere hervorgerufen werden. So hat ISHII (1960) beim lebendgebärenden *Teleostier* Ditrema temmincki durch Implantation von Testosteronpreßlingen während der Trächtigkeit eine Maskulinisierung der Analflossen mit Verlängerung der weichen Strahlen und einer Verdickung des vorderen Teils der Flossen, kurzum eine Veränderung in männlicher Richtung erzielt, wobei in den Ovarien Degenerationsvorgänge beobachtet wurden. ASHBY

(1959) fand bei der Forelle (Salmo trutta L.) unter dem Einfluß von zum Kulturwasser zugesetztem Oestradiol oder von Testosteron (das stärker wirkte) in niedrigen Dosen (5—15 µg/Liter) eine Verlängerung der intersexuellen Phase in der gonadalen Differenzierung.

Foote u. Foote (1959) beobachteten bei den Kaulquappen des anuren *Amphibiums* Rana catesbiana in vivo und in vitro unter dem Einfluß von i. p. injiziertem bzw. zum Kulturwasser zugesetzten Testosteron-17β-diäthylaminoäthylcarbonat-hydrochlorid, daß alle in vivo behandelten weiblichen Kaulquappen innerhalb von 42 Tagen in Männchen umgewandelt und ebenso in vitro einige Ovarien in Hoden verwandelt wurden. Unter gleichen Applikationsbedingungen verliefen die Versuche bei Xenopus laevis, dem Krallenfrosch, vollkommen negativ (allerdings wurden höhere Dosen in vitro schlecht vertragen).

Eine sehr eingehende Bearbeitung der Frage der experimentellen Maskulinisierung (und Feminisierung) bei Amphibien durch die hormonale Beeinflussung der Geschlechtsdifferenzierung hat Collenot (1965) an den Kaulquappen folgender Arten ausgeführt: Anuren: Bombina variegata L., Pelobates cultripes Cuvier, Pelodytes punctatus Daudin; Urodelen: Salamandra salamandra L., Triturus alpestris Laurenti, Tr. helveticus Razoumowsky; zu Vergleichszwecken wurden auch Larven von Rana temporaria L. und Pleurodeles waltlii Micha herangezogen. Die Verabreichung der hormonalen Substanzen (Oestradiol-Benzoat (OeB), Testosteronpropionat (TPr), Diäthylstilboestrol (DSt) u. a.) erfolgte durch Lösung im Kulturwasser, nur bei Pelobates erwiesen sich Injektionen einer öligen Lösung als notwendig. Die Ergebnisse zeigten eine ausgesprochene taxinomische Verschiedenheit in der Reaktion der einzelnen Arten auf die hormonale Behandlung: So feminisierte OeB die Gonaden der genetischen Männchen von Pelobates und Tr. helveticus, feminisierte nur partiell diejenigen der genetischen Männchen von Pelodytes, Tr. alpestris und Salamandra und war bei Bombina wirkungslos. TPr war ohne Wirkung auf die sexuelle Differenzierung bei Bombina, Pelobates, Pelodytes und Salamandra, bei Tr. alpestris und Tr. helveticus hemmte TPr die Organogenese des Mesonephros und der Gonaden; es führte zur Zeit der Metamorphose zu einer partiellen Maskulinisierung der ausführenden Genitalgänge bei Bombina und Pelodytes und verhinderte bei Tr. alpestris das Verschwinden der primären Ureteren, die sich verbreiterten. Beide Stoffe, das TPr und das DSt, bewirkten teratogene Veränderungen verschiedener Art bei Pelodytes und Pelobates einer- und bei den Urodelen andererseits. Bemerkenswert ist es, daß die Feminisierung der Larven der genetischen Männchen von Pelodytes und Tr. alpestris durch OeB (s. o.) bei fortschreitendem Wachstum eine rückläufige Entwicklung zum genetischen (männlichen) Geschlecht aufweist.

Charnier (1963) injizierte Eier des westafrikanischen *Reptils* Agama agama D. entweder *vor* der sexuellen Differenzierung oder zu einem fortgeschrittenen Stadium derselben mit Testosteron-hexahydrobenzoat: unabhängig vom Zeitpunkt der Injektion ließ sich nur eine geringe Einwirkung des Androgens auf die Ovarien der geschlüpften Jungweibchen feststellen, dagegen waren die Kopulationsorgane in männlicher Richtung beeinflußt, besonders als Folge der frühen Injektion; bei den Weibchen mit bereits differenzierten Müllerschen Gängen wurden diese nicht nur erhalten, sondern reiften heran, wie es auch bei anderen Reptilien unter dem Einfluß von Androgenen beobachtet wurde. Nach Raynaud u. Pieau (1964) reagiert der Wolffsche Gang bei den Embryonen der Reptilien (speziell bei der Blindschleiche, Anguis fragilis L.) zwar schon in frühen Entwicklungsstadien auf die stimulierende Wirkung exogener Androgene, aber nur wenn sie in hohen Dosen injiziert werden (336 µg/Ei); normaler Weise sieht man keine Unterschiede in der Entwicklung des Wolffschen Ganges bei männlichen und weiblichen Embryonen auch noch zu einer Zeit, in der die Müllerschen Gänge beim Männchen unter dem Einfluß der im embryonalen Hoden produzierten Androgene sich bereits rückzubilden beginnen. Allerdings ist zu berücksichtigen, daß die Empfindlichkeit der Embryonen bei den Reptilien gegenüber den Sexualhormonen (Androgenen wie Oestrogenen) je nach der Art, ja selbst in Abhängigkeit von den Rassen derselben Art außerordentlich stark wechseln kann; so werden z. B. die Phallus-Anlagen bei den Embryonen von Lacerta viridis L. im männlichen wie im weiblichen Geschlecht durch exogene Oestrogene vollkommen gehemmt, während sie bei Anguis fragilis L. in der Entwicklung nur etwas verzögert werden (RAYNAUD u. RAYNAUD, 1965).

Im allgemeinen hat das Testosteronpropionat eine maskulinisierende Wirkung auf die Müllerschen Gänge bei den *Vogelembryonen* (LUTZ-OSTERTAG, 1965); aber nach WOLFF, STRUDEL u. WOLFF (1948) und STOLL u. MARAUD (1952) ist eine feminisierende Wirkung auf die männlichen Embryonen des Hühnchens nicht ganz auszuschließen, und LUTZ-OSTERTAG (1965) sah sogar eine im wesentlichen feminisierende Wirkung von Testosteronpropionat auf die Müllerschen Gänge beim Embryo der Japanischen Wachtel Coturnix coturnix japonica: man findet beim männlichen Embryo eine Erhaltung dieser Organe in Form von mehr oder weniger bedeutenden Resten, die in manchen Fällen denjenigen beim weiblichen Embryo gleichen können; bei den weiblichen Embryonen scheint eine Grenzdosis vorhanden zu sein; mit Dosen bis zu 0,3 μg/Embryo erreicht man zum Teil, daß der rechte Müllersche Gang länger wird als normal, und in anderen Fällen, daß die Müllerschen Gänge mehr oder weniger rückgebildet werden; jenseits der erwähnten Grenzdosis tritt dieser maskulinisierende Effekt nicht auf.

Das Maskulinisierungssyndrom bei *Säugetieren* ist sowohl experimentell als auch klinisch vielfach untersucht worden, besonders die klinischen Aspekte im Hinblick auf die Möglichkeiten einer Verhinderung oder therapeutischen Beeinflussung dieser Mißbildungen. Es sei daher auf die Ausführungen im klinischen Kapitel des 2. Teil dieses Buches hingewiesen, aber auch auf das Kapitel über Freemartinismus (S. 327), ferner auf die einschlägigen Zusammenstellungen im Buch „Intersexualität" von OVERZIER u. Mitarb. (1961), wo sich zahlreiche Hinweise auf das Schrifttum dieses Gebietes finden. Hier seien nur einige tierexperimentelle Untersuchungen aus neuerer Zeit erwähnt, die speziellen Fragestellungen gewidmet waren.

GOY, BRIDSON u. YOUNG (1964) suchten die Periode der maximalen Empfindlichkeit weiblicher Feten für die maskulinisierenden Wirkungen von Testosteronpropionat in Versuchen am graviden Meerschweinchen festzustellen. Diese Art ist unter den gebräuchlichen Laboratoriumsnagetieren durch eine besonders lange und damit für die Untersuchungszwecke besonders geeignete Schwangerschaftsdauer (67—71 Tage) ausgezeichnet: die Weibchen wurden, beginnend am 15., 20., 25., 30. oder 50. Tag post coitum und abschließend nach 16—51 Behandlungstagen mit minimal 40 und maximal 75 mg Testosteronpropionat (Gesamtdosis) s. c. injiziert. Nur die weiblichen Nachkommen der injizierten Weibchen wurden weiter untersucht und beobachtet, da diese Injektionen auf die männlichen Nachkommen keinen Einfluß hatten. Die Veränderungen im geschlechtlichen Verhalten der Töchter waren am stärksten ausgesprochen, wenn der Beginn der Androgenbehandlung in die Tage 30—35 der Trächtigkeit fiel (Abb. 70). Die Maskulinisierung im Verhalten zeigte sich in einer Zurückdrängung des weiblichen Brunstverhaltens (Seltenheit der Brunst) und der Entwicklung männlicher Komponenten (Besprung); die Virilisierung des weiblichen Genitaltraktus bestand in einer verschieden starken Rückbildung der äußeren Vaginalöffnung, Entwicklung der rudimentären Prostatadrüsen und Wiederaufbau des Genitalhöckers. Diese Veränderungen der äußeren Genitalien hatten eine Empfindlichkeitsperiode, die etwas früher einsetzte als diejenige der neuralen Strukturen, unter deren Einfluß das Sexualverhalten beim reifen Tier steht. GOY, PHOENIX u. YOUNGH (1962) haben entsprechende Untersuchungen an der Ratte durchgeführt, also an einer Art mit im Vergleich zum Meerschweinchen kurzdauernder Schwangerschaft (ca. 21 Tage): die vorläufigen Ergebnisse der zur Zeit der Veröffentlichung noch nicht vollkommen abgeschlossenen Versuche sprechen dafür, daß auch bei dieser Art eine Periode maximaler Empfindlichkeit der weiblichen Feten für die Testosteronwirkungen existiert, die etwas früher zu beginnen scheint als beim Meerschweinchen; berücksichtigt man aber den Termin der Empfängnis als Vergleichspunkt, so dürfte der Unterschied nicht groß sein. Das Ende der empfindlichen Periode liegt bei der Ratte zwischen dem 25. und 35. Tag post coitum und fällt somit in die postnatale Zeit bei dieser Art mit kurzer Schwangerschaftsdauer. Mit dieser von GOY u. Mit-

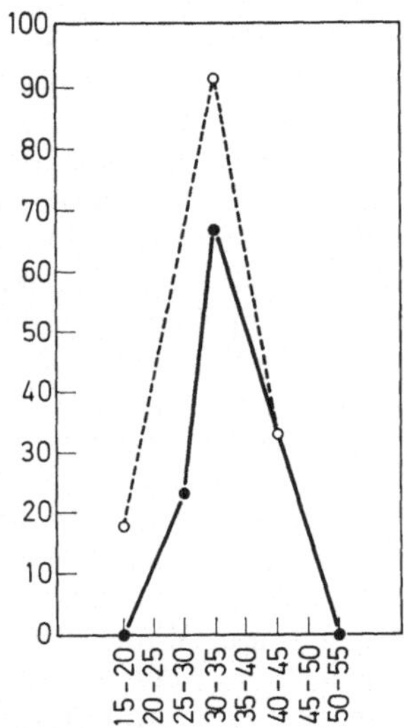

Abb. 70. *Ordinate:* Prozentzahl der selten (kein oder ein Mal in 3 Testperioden) brünstenden Meerschweinchenweibchen aus Gruppen mit pränataler Testosteronpropionat-Behandlung von gleicher Dauer. ------- 3 Gruppen mit 26 tägiger Behandlung; ——— 4 Gruppen mit 16 tägiger Behandlung. *Abszisse:* Hier sind die Gruppen entsprechend dem Schwangerschaftsintervall (Tage nach dem Coitus) angeordnet, in dem die Weibchen mit 5,0 mg Testosteronpropionat/Tag im Lauf von 6 Tagen injiziert wurden. (Aus GOY, BRIDSON u. YOUNG, 1964)

arb. (1962) festgestellten Dauer der kritischen Periode stimmen auch die Ergebnisse der Untersuchungen von FEDER, 1967 über die Entstehung der Reaktionsspezifität auf Androgene bzw. Oestrogene überein [vgl. dazu das Kapitel über geschlechtsverschiedene Reaktionen auf Hormone u. a., S. 454 und die Daten verschiedener Autoren zur Entwicklung des „early androgen syndrome" (S. 55 ff.)]

NEUMANN, KRAMER u. JUNKMANN (1964) prüften die maskulinisierende Wirkung von 17a-Äthinyl-19-nor-Testosteron (I) im Vergleich mit Testosteronpropionat und Methyltestosteron auf weibliche Rattenfeten, indem sie den Muttertieren vom 16.—19. Tag der Gravidität die zu prüfende Lösung injizierten bzw. per os zuführten und die Feten am 21. Tag durch Sectio gewannen: I erwies sich, s. c. appliziert, als etwa genau so stark maskulinisierend wie Testosteronpropionat und bei oraler Gabe nur wenig schwächer als Methyltestosteron; der Acetatester von I dagegen virilisierte nur 0,5mal so stark wie Testosteronpropionat und 0,2mal so stark wie Methyltestosteron.

Ein klares Beispiel für die Umwandlung der histologischen Struktur eines reifen weiblichen Organs in diejenige des entsprechenden Organs beim Männchen bietet die Submaxillaris der Maus (Abb. 72) nach einmaliger s. c. Injektion von 2,0 mg Testosteronpropionat in öliger Lösung und Tötung nach 6 Tagen: die Tubuli sind breiter geworden, haben sich vermehrt und zeigen Anfänge der Sekretion. In den Acini findet man Vakuolen: die Bedeutung dieses von DESCLIN JR. erstmalig beobachteten Phänomens ist unklar; „es könnte sich darum handeln, daß die Acini sich in Tubuluszellen verwandeln, ein Prozeß, der dem im Pankreas ähnlich sieht, wo die Zellen der Langerhansschen Inseln von den Acini abstammen (,,ilots de *Laguesse*")", wie mir der Autor schreibt.

Wir haben zu Beginn dieses Kapitels auf die Gegenwart eines erhöhten Androgenspiegels als conditio sine qua non der Entstehung des Maskulinisierungssyndroms hingewiesen, müssen aber jetzt auf einige scheinbare oder tatsächliche Ausnahmen von dieser Regel eingehen, auf die in Anmerkung 52 auf S. 437 bereits hingedeutet wurden.

β) Maskulinisierung durch Progestagene

MOHSEN (1958) zeigte in Versuchen mit dem Knochenfisch Lebistes reticulatus, daß orale Gaben von Pregneninolon[54] (von der Geburt an im Lauf von 6 oder 7 Monaten jeden 2. Tag 0,03 oder 0,015 mg der kristallinen Substanz, fein zerrieben, dem Futter beigemischt) zu einer totalen oder partiellen Maskulinisierung eines großen Teiles der so behandelten Jungfische führt, die nicht nur die sekundären Geschlechtsmerkmale betrifft, sondern auch eine mehr oder weniger tiefgehende Umwandlung der weiblichen Gonadenstruktur auslöst, die bis zur Ausbildung eines Ovotestis, also einer hermaphroditischen Gonade gehen kann, in der die reifen Eier sehr selten sind, während die verschiedenen Stadien der vorausgehenden Dotterbildung neben den Spermatocyten-Cysten beobachtet werden; auch die Spermatiden-Cysten sind relativ selten.

Im gleichen Jahr erschien die Übersicht von WILKINS u. Mitarb. (1958) über das Vorkommen von Maskulinisierung beim menschlichen Fetus im Zusammenhang mit therapeutischen Gaben von progestagenen Steroiden an die schwangere Mutter, wobei die Beteiligung der Nebennieren (das adreno-genitale Syndrom) ausgeschlossen werden konnte. Unter den 18 Fällen handelte es sich in 15 Fällen bei dem verabreichten Gestagen um das 17a-Äthinyltestosteron (s. Anmerkung 54), in 2 Fällen um Progesteron, in 1 Fall um Progesteron + Methyltestosteron; außerdem wurden 3 Fälle beschrieben, in denen keine Steroide verabreicht wurden. Die Struktur von 17a-Äthinyltestosteron weist Verwandtschaft zu 17a-Methyltestosteron und zu 17a-Hydroxyprogesteron auf, aber im Hinblick auf die β-Stellung der OH-Gruppe steht es der erstgenannten Verbindung näher (Abb. 71): Androgene Wirkungen sind bei ihm schon von REGNIER (1942) am Fisch Lebistes reticulatus nachgewiesen worden (0,8 μg/Liter Kulturwasser), ebenso von COURRIER u. JOST (1931) bei der Ratte und dem Küken, ferner von COURRIER u. BENNETZ (1942) an der kastrierten weiblichen Maus. WITSCHI (1951) zeigte, daß selbst so niedrige Konzentrationen wie 0,01—1,0 μg/Liter Kulturwasser bei den Kaulquappen von Rana silvatica eine Entwicklung in männlicher Richtung bei der Geschlechtsdifferenzierung auslösten; nach VOLLMER (1938) hat Pregneninolon

---

54 Synonyme sind Ethisteron, Anhydro-β-hydroxyprogesteron, 17a-Äthinyltestosteron.

bei s. c. Injektion ca. 7% der androgenen Wirksamkeit von Testosteron auf Prostata und Vesiculardrüsen beim kastrierten Rattenmännchen.

GREENE, BURRILL u. IVY (1939) sahen bei der Gabe von Progesteron in hohen Dosierungen androgene Wirkungen bei Versuchstieren (Clitoris-Hypertrophie); LAMAR (1938) beobachtete bei kastrierten Rattenmännchen eine androgene Wirkung von 1 mg Progesteron, die derjenigen von 0,03 mg Testosteronpropionat entsprach; ferner fand CLAUSEN (1942), daß tägliche s. c. Injektionen von 1 mg Progesteron im Lauf von 12 Tagen bei kastrierten Meerschweinchenmännchen einen Gewichtsanstieg der Vesiculardrüsen und der Prostata und eine Zunahme der Höhe ihrer Epithelzellen bewirkten; dagegen konnten REVESZ, CHAPPEL u. GAUDRY (1960) auch bei täglichen s. c. Gaben von 200 mg Progesteron an trächtige Rattenmütter vom 15.—20. Tag der Trächtigkeit bei den weiblichen Jungen dieser Würfe keinerlei Anzeichen einer Maskulinisierung feststellen. Demgegenüber waren in ihren Versuchen 2 synthetische Progestagene: 17a-Äthinyl-19-nortesto-

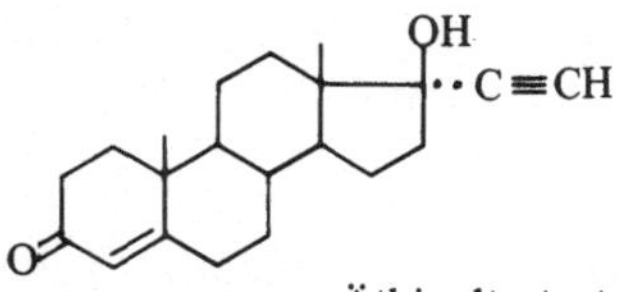

Äthinyltestosteron

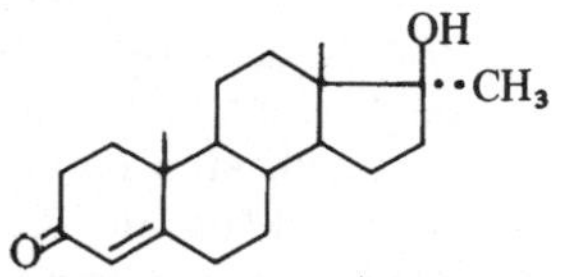

Methyltestosteron

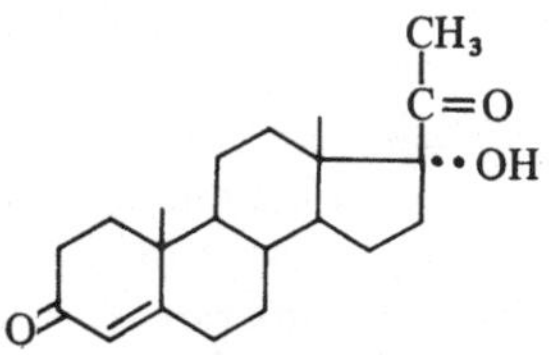

Hydroxyprogesteron

Abb. 71

steron und 6a-Methyl-17-acetoxy-progesteron, beide stark maskulinisierend wirksam, so daß bei der Gabe höherer Dosen an die Rattenmütter die Nachkommenschaft insgesamt aus Pseudohermaphroditen und Männchen oder sogar ausschließlich aus „Männchen" bestand, beurteilt äußerlich nach dem vergrößerten anogenitalen Abstand (3—4 mm statt wie beim Weibchen 1—2 mm) und der hypertrophierten Clitoris, mit maskulinisierten inneren Genitalien, d. h. mit einer blind endigenden Vagina oder einer urethrovaginalen Fistel. WILKINS u. Mitarb. (1958) beobachteten in 2 Schwangerschaften, in denen die Frauen ausschließlich mit Progesteron behandelt worden waren, einen vergrößerten Phallus bei den im übrigen normalen weiblichen Neugeborenen; eine operative Korrektur war in diesen Fällen nicht notwendig. Im Hinblick auf die Seltenheit des Maskulinisierungssyndroms bei alleiniger Gabe von Progesteron (das ja normaler Weise während jeder Schwangerschaft in hohen Konzentrationen im Körper der Gravida kreist) nehmen WILKINS u. Mitarb. an, daß in diesen seltenen Fällen ein pathologisch abgewandelter Abbau von Progesteron die Ursache der Maskulinisierungseffekte ist.

DESCLIN (1958, 1959) zeigte, daß bei graviden Mäuseweibchen im letzten Drittel der Trächtigkeit die Tubuli der Submaxillardrüsen hypertrophieren und der Tubulus-Index (T.I.) vom Normalwert des Weibchens (im Mittel $16,1 \pm 1,5$) auf einen mittleren Wert von $31 \pm 1,9$ ansteigt (Abb. 72 u. 73), also in den mittleren Bereich der Werte des normalen Männchens kommt. Noch bedeutender ist die Maskulinisierung des histologischen Bildes der Submaxillaris bei Weibchen, die die Jungen seit 15 Tagen (oder länger) säugen: der mittlere Wert des T.I. beträgt $45 \pm 1,9$, ist also dem des normalen Männchens gleich ($49,7 \pm 2,4$) (Abb. 74). Im Post-partum ist die Virilisierung vom Säugen abhängig, denn die Weibchen, die vor 15 Tagen geworfen haben und bei denen die Jungen unmittelbar nach dem Wurf entfernt wurden, haben einen mittleren T.I. von $24,0 \pm 2,5$, er ist also gegenüber der Gravidität in Abnahme begriffen (Abb. 75). Die Verabreichung von Prolactin beim Mäuseweibchen (40 I.E./Tag im Lauf von 21 Tagen) führt dank der luteotropen Wirkung von LTH zu einer starken Hypertrophie der Corpora lutea des Cyclus und gleichzeitig zu einer Maskulinisierung der Submaxillaris (mit mittlerem T.I. von $25,9 \pm 2,6$). Daß der Maskulinisierungseffekt während der Lactation über die Ovarien zustandekommt, ergibt sich aus Versuchen, in denen die Mäuseweibchen unmittelbar nach dem Wurf kastriert wurden, aber ihre Jungen normal säugten:

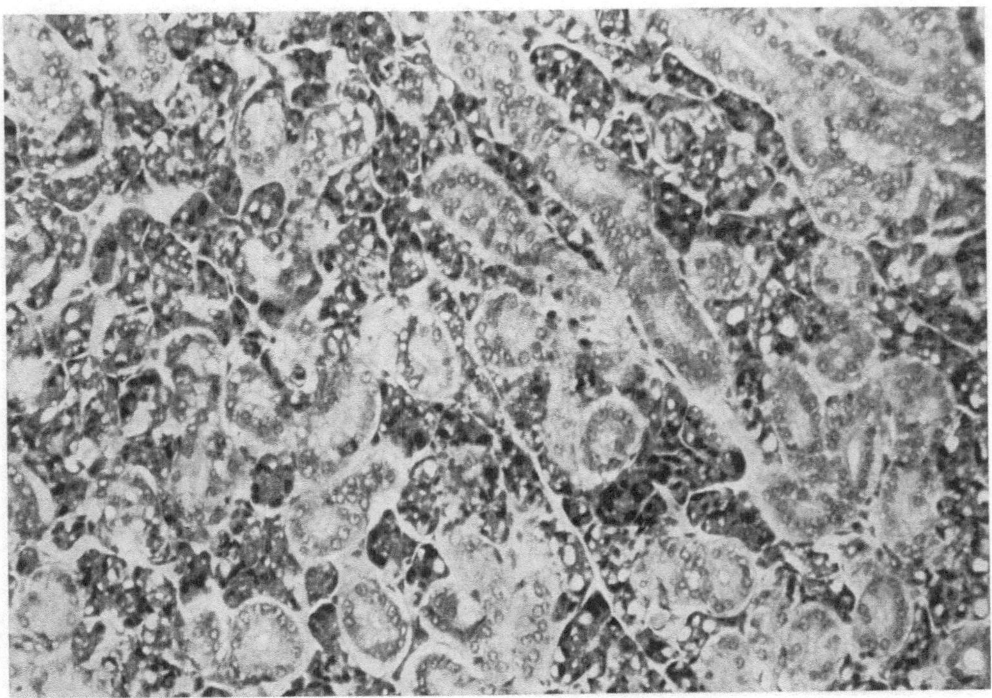

Abb. 72. Schnitt durch die Submaxillardrüse eines erwachsenen Mäuseweibchens, das 2,0 mg Testosteronpropionat in einer einmaligen s. c. Injektion in öliger Lösung erhielt und 6 Tage später getötet wurde. Tubuli breiter, vermehrt, Anfänge der Sekretion. Vergr. 208×; Fixierung in Stieve-Flüssigkeit, Färbung mit Hämatoxylin-Eosin. (Präparat und Aufnahme von J. DESCLIN JR.)

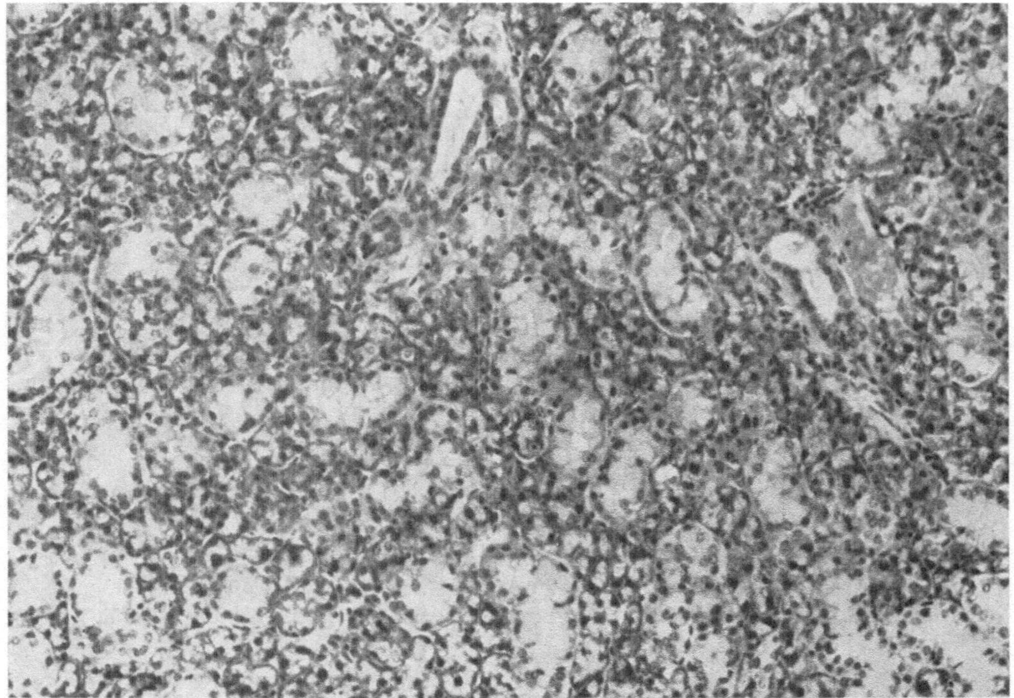

Abb. 73

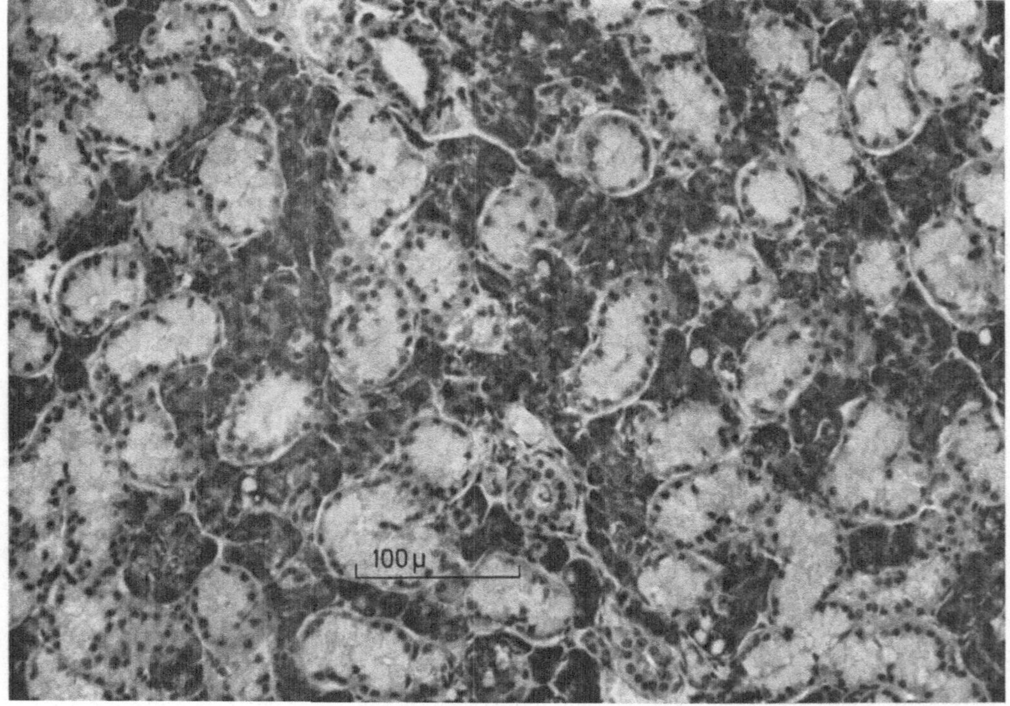

Abb. 74

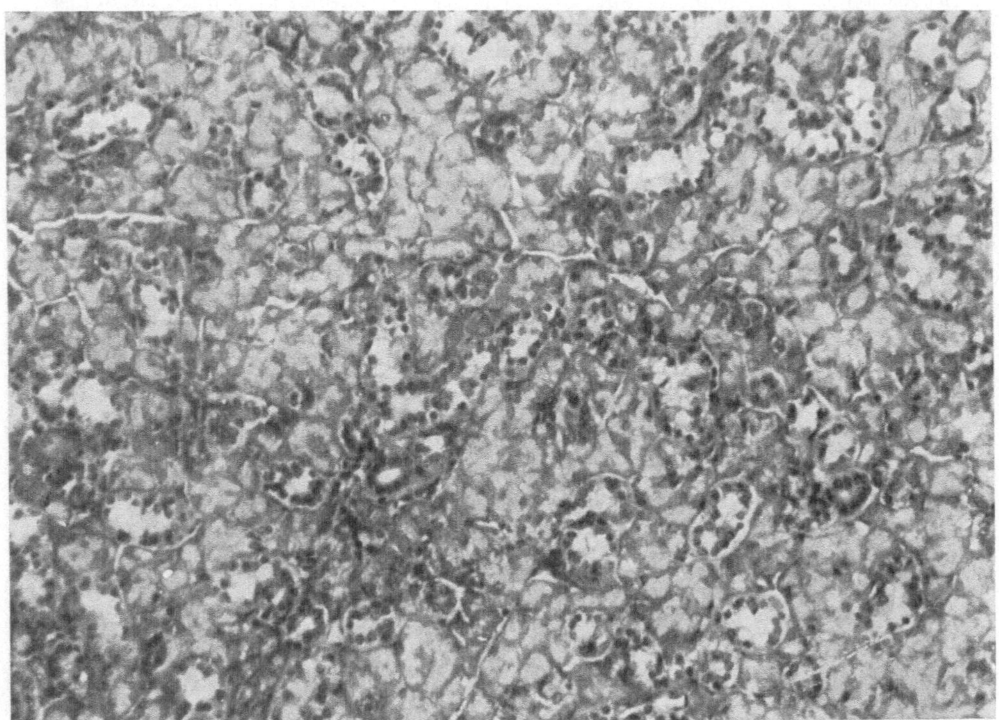

Abb. 75. Schnitt durch die Submaxillaris eines Mäuseweibchens am 15. Tag post partum;
die Jungen wurden unmittelbar nach dem Wurf entfernt, so daß die Lactation versiegte.
Tubuli viel schmäler als in der Drüse bei voller Lactation (vgl. Abb. 74). Vergr. 215×;
Hämatoxylin-Eosin. (Präparat und Aufnahme von J. DESCLIN JR.)

diese Tiere zeigten am 15. Post-partum-Tag kaum noch eine virilisierende Wirkung
der Lactation (Abb. 76). Eine Maskulinisierung der Submaxillaris kann bei der
weiblichen Maus auch unabhängig vom Ovarium durch eine vermehrte Produktion
von adrenalen Androgenen unter dem Einfluß von ACTH-Injektionen zustandekommen, und zwar auch dann, wenn die Ovarien am Tage vor Beginn der ACTH-
Behandlung (5 I.E./Tag im Lauf von 5 Tagen) entfernt werden: der T.I. stieg auf
$28,3 \pm 1,6$ im Mittel an; er unterschied sich also nicht signifikant vom T.I. bei
intakten Weibchen unter den gleichen ACTH-Gaben (T.I. = $30,4 \pm 1,8$).

SUCHOWSKY u. JUNKMANN (1961) haben eine Reihe progestagener Steroide 1.
auf ihre virilisierende Wirkung auf die Rattenfeten, 2. auf ihre androgenen Wirkungen an den Vesiculardrüsen der Ratte und auf den Kükenkamm, 3. auf ihre

---

Abb. 73. Schnitt durch die Submaxillaris eines Mäuseweibchens während des letzten Drittels
der Trächtigkeit. Die Tubuli sind hypertrophiert, breiter, ihre Zellen enthalten Sekretkörnchen; das Bild ähnelt dem der Drüse des Männchens („Maskulinisierung +"). Vergr. 215×;
Hämatoxylin-Eosin. (Präparat und Aufnahme von J. DESCLIN JR.)

Abb. 74. Schnitt durch die Submaxillaris eines Mäuseweibchens am 15. Tag post partum;
die Jungen wurden bei der Mutter gelassen und von dieser voll gesäugt. Das Bild der Drüse
ist von dem beim Männchen nicht zu unterscheiden („Maskulinisierung + +"). Vergr. 215×;
Hämatoxylin-Eosin. (Präparat und Aufnahme von J. DESCLIN JR.)

progestagene Wirksamkeit am Kaninchenuterus untersucht: ihre Ergebnisse sprachen dafür, daß 1. die Derivate von 17a-Hydroxyprogesteron, sogar in hohen Dosen keine maskulinisierenden Eigenschaften besitzen, 2. die Alkylierung dieser Derivate zu einem Maskuliniserungseffekt führen kann, 3. 17a-Äthinyltestosteron schwächer virilisierend wirksam ist als seine untersuchten Derivate und 4. die 17a-Methylverbindung das stärkst wirksame unter diesen virilisierenden Derivaten ist; dagegen ist die 17a-Äthinyl-Verbindung und ihr 17β-Acetat bemerkenswert wenig und das 17-Alkyl-estrenol von allen Verbindungen dieser Gruppe am wenigsten maskulinisierend wirksam. Die Verff. fordern aufgrund ihrer Befunde eine ähnliche vorausgehende tierexperimentelle Prüfung aller zur Therapie von Schwangerschaftsstörungen empfohlenen Verbindungen.

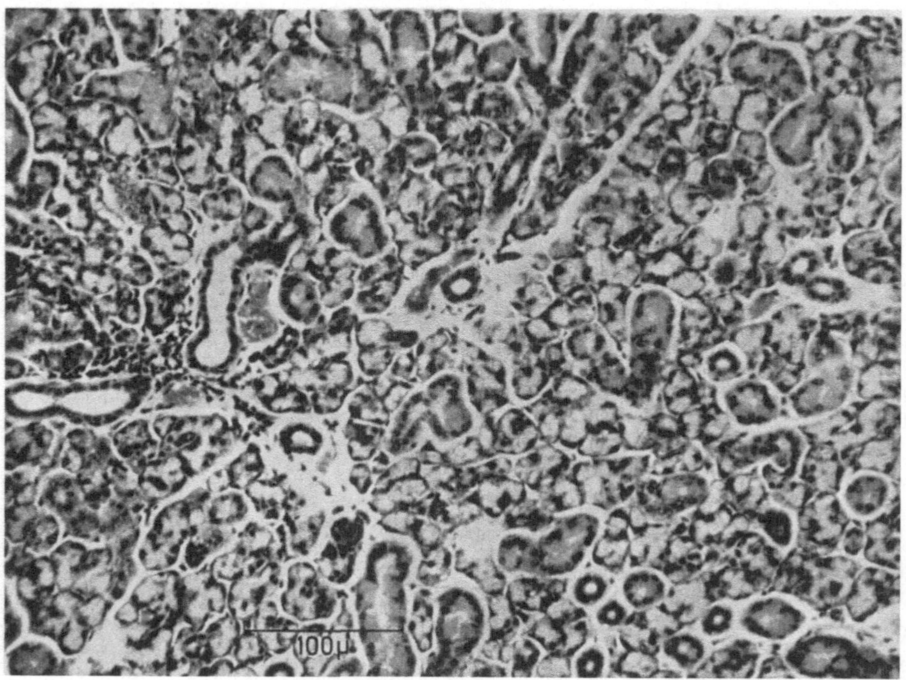

Abb. 76. Schnitt durch die Submaxillaris eines Mäuseweibchens am 15. Tag post partum. Die Jungen wurden bei der Mutter gelassen, aber diese wurde unmittelbar nach dem Wurf kastriert; die Jungen wuchsen normal weiter, die Lactation war also normal. Tubuli schmäler als bei Gegenwart der Ovarien (vgl. Abb. 74); Maskulinisierung fast ganz geschwunden. Vergr. 215×; Hämatoxylin-Eosin. (Präparat und Aufnahme von J. DESCLIN JR.)

Wie wichtig eine solche Untersuchung sein kann, geht sehr deutlich aus den Versuchen von MEY (1963) hervor, der das progestagene Chlormadinone(6-Chlor-6-dehydro-17a-acetoxyprogesteron) bezüglich seiner Wirkung auf den Rattenfetus im Vergleich zu dem chemisch sehr ähnlichen Gestagen Medroxyprogesteron (6a-Methyl-17a-acetoxyprogesteron) untersuchte: Wie die Formeln zeigen, unterscheidet sich das Chlormadinone vom Medroxyprogesteron (,,Provera'' bzw. ,,Farlutal'') lediglich dadurch, daß in Stellung 6 eine Doppelbindung besteht und sich hier anstatt einer Methylgruppe ein Chloratom findet (Abb. 77):

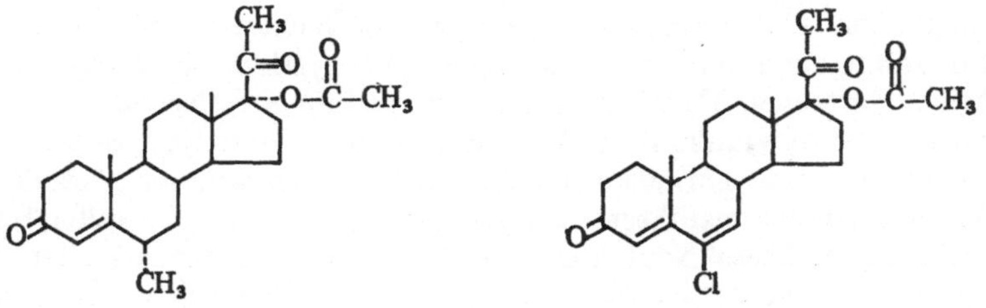

Medroxyprogesteron   Chlormadinone
Abb. 77

Das Medroxyprogesteron hat eine starke Maskulinisierungswirkung auf den weiblichen Fetus, während das Chlormadinone („Gestafortin") bei Dosen bis zu einer Gesamtmenge von 40 mg bei trächtigen Ratten frei von solchen Wirkungen ist und erst bei 60 mg, einer weit über das Therapeutische hinausgehenden Dosierung, eine leichte Vermännlichung hervorruft. Diese Angaben stimmen mit den klinischen Beobachtungen von Dominguez, Simowitz u. Greenblatt (1962) und den experimentellen Daten von Kincl u. Dorfman (1962) überein.

Eine abschließende Beurteilung des Mechanismus der Maskulinisierungswirkung der Progestagene (direkte Wirkung des unveränderten Progestagens oder Wirkung des in androgener Richtung umgewandelten Progestagens auf die weiblichen Anlagen) läßt sich gegenwärtig noch nicht geben.

γ) Maskulinisierung durch antithyreoidale Mittel

Iwasawa (1958a) zog die Kaulquappen einer höheren Anuren-Art, Rhacophorus schlegelii, in einer 0,002- bzw. 0,0125%igen Lösung von 1-Methyl-2-mercapto-imidazol auf, einer antithyreoidalen Verbindung, deren hemmende Wirkung stärker und deren Nebenwirkungen geringer sind als bei Thioharnstoff. Ihre die Metamorphose hemmende Wirkung war etwa 10mal so stark wie bei Thioharnstoff, aber qualitativ derselben entsprechend: es kam zu einer Beschleunigung der Gonadenentwicklung und einer Umwandlung der Ovarien in Hoden. Diese Folgeerscheinungen scheinen der Behandlung mit den verschiedenen antithyreoidalen Mitteln bei den Kaulquappen der höheren Anuren gemeinsam zu sein, denn dem gleichen Autor gelang es durch Aufzucht der Kaulquappen von Rana japonica in 0,1- oder 0,025%iger Lösung von Thioharnstoff eine Transformation der Ovarien in Richtung der Hodenstruktur zu erzielen (Iwasawa, 1958b), allerdings ergaben ähnliche Versuche bei einer anderen Anuren-Art (Rhacophorus schlegelii) widersprechende Resultate.

δ) Feminisierung durch Oestradiol und Re-Maskulinisierung

Bei Kaulquappen des urodelen Amphibiums Pleurodeles waltlii gelingt es, durch Zusatz von Oestradiolbenzoat zum Kulturwasser eine Feminisierung der genetisch männlichen Larven zu sogenannten Neo-Weibchen zu erreichen, mit Umwandlung der Hoden in Ovarien, in denen Eier produziert werden, die, von normalen Männchen befruchtet, sich ausschließlich zu Männchen entwickeln. Bei einem dieser Neo-Weibchen, das über 11 Jahre alt wurde, ein weibliches Sexualverhalten zeigte und bereits mehrfach Eier produziert hatte, beobachtete Gallien (1961) ein Sistieren der Eiproduktion und gleichzeitig eine äußerliche Umwandlung vom weiblichen zum vollkommenen männlichen Habitus (Daumenschwellungen, Kloake); in den folgenden Jahren wies es typisches männliches Brunstverhalten mit Paarung auf, doch blieben die Begattungen unfruchtbar. Die anatomische

Untersuchung im 11. Lebensjahr ergab auf der rechten Seite einen normalen Hoden mit zahlreichen reifen Spermatozoen, links cystische Reste des vor Jahren in Funktion gewesenen Ovarismus mit vereinzelten atretischen Ovocyten und einem gewundenen Ovidukt in inaktivem Zustand, rechts nur ostiale Reste des Ovidukts. Die Unfruchtbarkeit des Tieres in seiner maskulinen Periode beruhte auf Veränderungen der ausführenden Gänge, die den Austritt der reifen Spermatozoen verhinderten. Diese Neubildung von Hodengewebe nimmt offenbar ihren Ursprung von Spuren testiculären Gewebes, die man bei solchen Neo-Weibchen an den Ovarien findet und die vermutlich bei den genetisch männlichen Tieren zur Entwicklung kommen, wenn der Einfluß des exogenen weiblichen Hormons versiegt ist. Bei Pleurodeles waltlii wird dieser Umwandlungsprozeß vom Neo-Weibchen zum Männchen vermutlich durch die bedeutend raschere Entwicklung der männlichen Gonade begünstigt: die Spermatogenese wird normalerweise bereits im 10. Lebensmonat beobachtet, während die Produktion reifer Eier erst im 15. oder 16. Monat beginnt.

Ähnliche Beobachtungen an Hühnerembryonen hat WOLFF (1936) beschrieben.

ε) Physiologische Maskulinisierung unbekannter Genese

Die Fleckenhyäne, Crocuta crocuta, nimmt unter den Säugetieren eine Sonderstellung ein wegen der ungewöhnlichen Übereinstimmung der äußeren männlichen und weiblichen Geschlechtsorgane: das Weibchen hat einen Pseudopenis, der ebenso groß und erigierbar ist wie der Penis des Männchens; die Geburt erfolgt durch diesen Pseudopenis hindurch (WICKLER, 1965). Der Sinn dieser scheinbar ganz absurden Konstruktion wird erst erkennbar, wenn man sie als Teil einer Befriedungsgebärde betrachtet, die bei der sehr aggressiven Fleckenhyäne das Zusammenleben von Männchen und Weibchen sehr verschiedener Altersstufen erst ermöglicht. Die Vermutung, daß der weibliche Pseudopenis bei Crocuta auf die Gegenwart von für ein Weibchen ungewöhnlich hohen Androgenkonzentrationen zurückzuführen sei, ist zwar hin und wieder geäußert worden, aber ohne daß direkte Untersuchungen dazu angestellt worden wären (WICKLER, pers. Mitteilung, 1965). Die *experimentelle* Hervorbringung penisoider Bildungen bei weiblichen Individuen durch die Applikation exogener Androgene ist seit der ersten Mitteilung von VOSS u. LOEWE (1931) mehrfach beschrieben worden.

ζ) Maskulinisierung durch Gonadotropine

STEINACH u. KUN (1931) beobachteten bei erwachsenen intakten Rattenweibchen, die sie mit Choriongonadotropin (HCG) aus Schwangerenharn behandelten, eine Maskulinisierung, die sich in einer Hypertrophie der Clitoris äußerte; sie führten diese Virilisierung auf Stoffe mit androgener Wirkung zurück, die sich im unter dem Einfluß von HCG hypertrophierten Interstitialgewebe der Ovarien bilden sollten. ROSENBUSCH-WEIHS (1960) beschäftigte sich mit der Frage der engen hormonalen Beziehungen zwischen der Ovarialreaktion auf Gonadotropine und der Maskulinisierung, die sie bei ebenso behandelten Meerschweinchenweibchen feststellen konnte; sie fand, daß die Hypertrophie der Clitoris in ihrem Ausmaß und der Zeit ihres Auftretens von der applizierten HCG-Menge abhängig war und sich sowohl bei intakten als auch bei hypophysektomierten Weibchen auslösen ließ, bei diesen sogar rascher als bei jenen. Das interstitielle Gewebe der Ovarien ist offenbar der für die Maskulinisierung allein verantwortliche Gewebsanteil; nur bei den hypophysektomierten Tieren ist es möglich durch HCG-Injektionen eine reine „Hepatisierung" der Ovarien herbeizuführen, die dann ausschließlich aus dem „crinogenen" Gewebe bestehen und zu einer weitgehenden Maskulinisierung der betroffenen Weibchen führen.

Während also die beiden Nagetierarten, Ratten und Meerschweinchen, eine gute Übereinstimmung in der Reaktion auf HCG zeigen, waren die Ergebnisse, die BURGOS u. PISANÓ (1959) erhielten, sehr unterschiedlich, wenn sie jungen Kröten (Bufo arenarum) von 600 mg K.-Gew. im Laufe eines Monats nach der Metamorphose jeden 2. Tag 0,05 mg FSH aus Schweinehypophysen bzw. 0,05 mg LH aus Schafshypophysen i. p. injizierten: FSH maskulinisierte 100% der Versuchstiere (darunter auch ein genotypisches Weibchen), während durch LH 100% der Kröten feminisiert wurden. In diesem Zusammenhang ist zu erwähnen, daß DUFAURE (1964) mit einem gonadotropen Handelspräparat (Gonadormone Byla), das er Embryonen von Lacerta vivipara injizierte, eine Störung der normalen sexuellen Differenzierung erzielte, die ihm in vorausgehenden Versuchen mit Injektion von Oestrogenen nicht gelungen war: bei den Männchen kam es zur Ausbildung von kompletten Müllerschen Gängen und zur Fortdauer „heterosexueller Strukturen" auf der Hodenoberfläche; dabei fährt der Genitalhöcker fort sich in männlicher Richtung zu entwickeln (was wohl auf einen höheren Schwellenwert der Empfindlichkeit dieses Gebildes für Oestrogene hindeuten dürfte). Das negative Resultat der Oestrogeninjektionen ist vielleicht auf eine zu niedrige Dosierung zurückzuführen, denn DANTCHAKOFF (1938) gelang es bei der gleichen oder einer nah verwandten Eidechsenart durch Injektion von Follikelhormon intersexe Embryonen zu erzeugen. In einer späteren Versuchsreihe hat DUFAURE (1967) seine Ergebnisse bei der Anwendung des genannten Handelspräparats mit einer hochgereinigten Zubereitung von LH aus Schafshypophysen bestätigen können, allerdings mit sehr hohen Dosen (0,5 oder 1,0 mg), die bei der Reinheit des Präparats nicht mehr als physiologisch bezeichnet werden können; es handelt sich daher nach Meinung des Verf. wohl um eine Hemmungswirkung auf den endokrinen Teil des embryonalen Hodens, welche die Entwicklung und Erhaltung der Müllerschen Gänge erlaubt, ebenso wie eine gewisse Entwicklung der corticalen Strukturen auf der (männlichen) Gonade.

η) Spontane Virilisierung erwachsener kastrierter Meerschweinchenweibchen unter der Einwirkung einer cortico-adrenalen Dysfunktion

Bei multiparen oder alten Weibchen von Meerschweinchen (aber auch bei solchen Mäusen, Kühen und Sauen) beobachtet man nach PONSE (1956) in einer gewissen Zahl von Fällen eine *spontane Virilisierung:* die polycystischen Ovarien dieser Weibchen produzieren einen oestrogenen Stoff, der eine ausgesprochene stimulierende Wirkung auf die Nebennierenrinde besitzt, die direkt oder über die Hypophyse (ACTH) zustandekommt; die Nebennieren werden dank einer diffusen Hyperplasie riesengroß und wiegen 110—219 mg/100 g K.-Gew. statt 60—80 mg% in der Norm. Die Clitoris entwickelt sich zu einem hypospaden Penis, die Analdrüsen nehmen stark an Größe zu und das Verhalten dieser Weibchen verändert sich in männlicher Richtung. Im Harn findet sich eine stark erhöhte Menge von 17-Ketosteroiden.

Auch bei Tieren kennt man einen cortico-adrenalen tumoralen Virilismus, der mit dem adreno-genitalen Syndrom des Menschen vergleichbar ist; er kann experimentell auch bei erwachsenen Weibchen durch eine einfache Kastration hervorgerufen werden, vorausgesetzt daß man lange genug wartet, im Mittel 14—20 Monate bei Maus und Ratte, mehr als 2 Jahre beim Meerschweinchen (PONSE u. Mitarb., 1964). In manchen dieser Fälle scheint sein (relativ seltenes) Vorkommen im Zusammenhang mit der genetischen Konstitution zu stehen, worauf das Vorkommen in bestimmten Zuchten bei der Maus und bei strenger Inzucht von Ratte und Meerschweinchen schließen läßt. Die ein- oder mehrfachen Nebennierenrindenadenome dieser Tiere erreichen mitunter riesige Ausmaße (1,6

cm im Durchmesser bei der Maus gegenüber $\pm$ 2,5 mm der Drüse in der Norm).
Im Gegensatz zu den Kastraten ohne Tumorentwicklung zeigen die Vertreter
dieser Gruppe eine starke Virilisierung oder Feminisierung, die im Zusammenhang
mit der Bildung der Nebennierenrindenadenome auftritt und sich entsprechend
der Größenzunahme der Adenome entwickelt. Es scheint also, daß sich in relativ
nicht so seltenen Fällen eine cortico-adrenale Dysfunktion im Gefolge der Abnahme oder des Ausfalls der normalen Gonadenfunktion ausbildet.

PONSE u. Mitarb. (1964) beschrieben 3 Fälle von spontaner Virilisierung bei im
erwachsenen Zustand kastrierten Meerschweinchenweibchen; die Virilisierung war
sehr ausgeprägt, aber insofern abweichend als die Ausbildung der Stacheln an der
penisoiden Clitoris in einem dieser Fälle fehlte und in einem anderen unvollkommen war. Anzeichen einer Re-Feminisierung wurden bei diesen Kastraten vollkommen vermißt (im Gegensatz zu den Befunden bei den vergleichbaren Kastraten von Ratten und Mäusen). Im Harn fanden sich 70—290 µg 17-Ketosteroide/
24 Std, was nicht über der Norm liegt, aber die Aufarbeitung der Gesamt-17-
Ketosteroide ließ den reichlichen Gehalt an Ätiocholanolon und Epi-androsteron
erkennen, die beim normalen Weibchen praktisch fehlen und auf die virilisierende
Funktion hinweisen, die nach der Kastration sich in der Nebennierenrinde entwickelt hat. Die Metaboliten von Progesteron im Harn zeigten eine starke Zunahme: von 203 µg/24 Std vor der Kastration auf 565 µg/24 Std zum Schluß des
Versuches. Die Nebennieren dieser 3 Tiere waren weder hypertrophiert noch
zeigten sie eine diffuse Hyperplasie. Bei einem der Tiere waren in der Nebennierenrinde keine tumorösen Bildungen zu entdecken, wenn auch das Vorhandensein
„tumoraler Vorläufer" unter den Zellen der Fasciculata externa nicht auszuschließen war; bei den beiden anderen Tieren war ein echtes Adenom bzw. eine
ausgedehnte diffuse Adenomatisierung in einer Nebenniere festzustellen. Die
Bedeutung dieser Befunde erhellt daraus, „daß es hier zum ersten Mal gelang,
eine biochemische androgene und progestative Aktivität der Nebennierenrinde
nach lang dauerndem Kastratenzustand aufzuzeigen".

b) Maskulinisierung durch Androgen-produzierende Tumoren

Leydigzell-Tumoren werden bei einigen Tierarten angetroffen, z. B. beim Hund
(häufig), beim Pferd und wahrscheinlich auch bei der Maus (vgl. LIPSCHÜTZ, 1950).
Beim Mann bildeten diese Fälle nur einen geringen Teil (1%) der registrierten
Hodentumoren in einem Bericht über 922 Fälle von FRIEDMAN u. MOORE (1946).
Sie produzieren (wenn auch nicht in allen Fällen) Androgene und können dann
beim präpuberalen Knaben zur vorzeitigen Reifung der Geschlechtsmerkmale
führen, die aber nach Entfernung des Tumors zum Teil wieder rückgebildet
werden, zum anderen Teil (Makrogenitosomia) aber erhalten bleiben, doch reift
bei Kindern das Samenepithel nicht aus, so daß die häufig verwendete Bezeichnung
solcher Fälle als „Pubertas praecox" ungerechtfertigt erscheint und nach OVER-
ZIER (1961) durch „Pseudopubertas praecox" ersetzt werden müßte.

Bei Frauen[55] wurden verschiedene Formen von „*Androblastomen*" beschrieben,
die alle zu einer Maskulinisierung der Trägerinnen führen können. Von PICK (1905)
zuerst beschrieben wurden die *Arrhenoblastome* des Ovariums, die von *Meyer*
(1930) diesen Namen erhielten und von ihm auf „männlich gerichtete" Keimge-
websreste in Mark und Hilus des Ovariums zurückgeführt wurden. Sie sind relativ
selten, in der Literatur finden sich die Beschreibungen von etwa 200 Fällen. Alle
3 von MEYER unterschiedenen Formen können maligne entarten, doch beträgt

---

55 Wir gründen die Angaben in diesem Abschnitt zum Teil auf die von OVERZIER u.
HOFFMAN (1961) verfaßte Zusammenstellung.

die Malignitätsrate nur etwa 20%. Nach vorausgegangener Entweiblichung kommt es zu einer fortschreitenden Vermännlichung der Trägerinnen, zu einer zunehmenden Behaarung an Körper und Gesicht, Entwicklung des männlich-muskulösen Körperbaus, Vertiefung der Stimme u. a. Die Entfernung des Tumors läßt erneute Verweiblichung eintreten und die Virilisierungsanzeichen schwinden, wenn auch nicht alle: die „fixierten" männlichen Merkmale, die tiefe Stimme und die Hypertrophie der Clitoris bleiben bestehen. Die Ausschüttung von Androgenen kann hohe Werte (etwa wie beim normalen Mann) erreichen; als Produktionsort werden Zellen im Tumor vermutet, die morphologisch Leydigzellen bzw. Hiluszellen entsprechen.

Tumoren dieser *Hiluszellen des Ovariums* sind in einer geringen Zahl von Fällen (etwa 20) beschrieben worden, die in vorgeschrittenem Alter, meist im Klimakterium aufzutreten pflegen und sich sehr langsam entwickeln. Ihre Wirkungssymptome, die im allgemeinen die gleichen sind wie bei den Arrhenoblastomen, sind entsprechend dem höheren Alter der Patientinnen und dem langsamen Wachstum weniger in die Augen fallend als bei jenen und bilden sich nach Entfernung des Tumors auch langsamer zurück.

Als *Maskulinovoblastome* haben ROTTINO u. McGRATH (1939) gewisse vermännlichende Tumoren des Ovariums bezeichnet, die den Arrhenoblastomen nahestehen dürften, deren Histogenese aber im einzelnen unklar ist. Versprengte Nebennierenrindenkeime werden als Ursprungsort vermutet, umso mehr als in manchen Fällen die Anordnung der großen lipoidhaltigen Zellen in Strängen an die Nebennierenrinde erinnern. Nur etwa 13% dieser Tumoren sind maligne. Neben den typischen Vermännlichungserscheinungen werden in manchen Fällen auch Symptome beobachtet, die zum Cushing-Syndrom überleiten und somit die obige Vermutung über die Histogenese dieser Tumoren bekräftigen [vgl. dazu auch die Arbeiten von BAUER (1952) und von BAUER u. KARL (1952)].

Eine sehr seltene Form der maskulinisierenden Tumoren bei der Frau stellen die *Gynandroblastome* des Ovariums dar, die ein Arrhenoblastom mit Anteilen eines Granulosazelltumors darstellen und durch das Nebeneinander von Vermännlichungserscheinungen, hervorgerufen durch die Androgene des Arrhenoblastoms, und von Anzeichen einer Überproduktion von Oestrogenen durch den Granulosazelltumor (z. B. Hypertrophie des Uterus) gekennzeichnet sind (s. OVERZIER u. HOFFMANN, 1961).

Vielfach wurden die hormonal aktiven Tumoren des Ovariums bei der Frau hauptsächlich aufgrund ihres histologischen Aufbaus (und weniger aufgrund der begleitenden klinischen Erscheinungen) in feminisierende oder oestrogenproduzierende und in maskulinisierende oder androgenproduzierende Tumoren eingeteilt. So wurden die Granulosazell-Tumoren und die Thecome grundsätzlich als feminisierend, die Arrhenoblastome, Hiluszelltumoren, Luteome und Lipoidzelltumoren prinzipiell als maskulinisierend betrachtet; es haben sich aber zunehmend Ausnahmen von dieser Regel feststellen lassen. So haben NOKES, CLAIBORNE jr. u. REINGOLD (1959) 2 Thecoma-Fälle mit maskulinem Habitus, tiefer heiserer Stimme, vergrößerter Clitoris und Bartwuchs im einen bzw. Bartwuchs, vergrößerter Clitoris und einer Amenorrhoe von 8 Jahren im anderen Fall; in beiden Fällen kam es nach Entfernung des Tumors zum Wiedereinsetzen der Menses, zu Schwangerschaft und Geburt eines gesunden Kindes. Verff. erwähnen ähnliche Fälle von Thecomen mit Virilisierung und ebenso unzweifelhafte Granulosazell-Tumoren mit maskulinisierender Wirkung. Die Annahme eines sicheren Zusammenhangs zwischen histologischer Struktur und Art der endokrinen Wirksamkeit kann also nicht aufrechterhalten werden.

6. Inneres hormonales Milieu und exogene Einflüsse.
Geschlechtsverschiedene Reaktionen auf exogene Stoffe
(Hormone und andere Substanzen)

Eine geschlechtsverschiedene Reaktion auf exogene Stoffe[56] an beiden Geschlechtern gemeinsamen Erfolgsorganen (Skelet, Muskeln u. a.) oder im Verhalten wird nicht selten beobachtet, ohne daß wir in manchen Fällen den ursächlichen Zusammenhang mit der hormonalen Konstitution der beiden Geschlechter aufzuzeigen imstande wären; in anderen Fällen gelingt uns der Nachweis dieses sexualhormonalen Mechanismus und in noch anderen können wir im Gegensatz dazu andersartige Wirkungsmechanismen sicherstellen. Im folgenden sollen einige Beispiele für diese verschiedenen Gruppen dargestellt werden, ohne daß wir einen Anspruch auf Vollständigkeit erheben wollen.

Die bei den höheren Wirbeltieren (Vögeln und Säugetieren) das Weibchen im allgemeinen überragende *Körpergröße* der Männchen kann nach den Versuchen von BEATON, BANKY u. HAUFSCHILD (1957) an der Ratte mindestens zum Teil auf eine größere Empfindlichkeit der Männchen für das im Versuch s. c. verabreichte Wachstumshormon (STH) der Hypophyse zurückgeführt werden. Auf eine solche Abhängigkeit weisen auch die Beobachtungen von v. FABER (1964) über den extremen Geschlechtsdimorphismus im Wachstum der Moschusente, Cairina moschata Flemm., hin, bei der ein deutlicher Geschlechtsunterschied im Körpergewicht zu Gunsten der Männchen schon am Schluß der 2. Lebenswoche festgestellt wurde, der dann weiter zunahm, bis die Männchen mit 10 Wochen ca. 2850 g, die Weibchen ca. 2000 g wogen; nur die Männchen wuchsen weiter und erreichten mit 18 Wochen ein Endgewicht von 4100 g. Eine Hemmung der Hypophyse durch Injektionen von Diäthylstilboestrol im Alter von 10 Tagen und 4, 6 und 8 Wochen ließ das Wachstum der Männchen stillstehen, das aber nach Absetzen der Injektionen wieder in Gang kam. Anatomische Untersuchungen von KAMAR u. RASEK (1963) an Gruppen von rascher und langsamer wachsenden Hühnern zeigten, daß die Männchen in beiden Gruppen ein rascheres Wachstum aufwiesen als die Weibchen: auch hier besaß die Hypophyse den stärksten wachstumsfördernden Einfluß, in geringerem Ausmaß auch Schilddrüse, Thymus und Bursa Fabricii.

Geschlechtsunterschiede in der Wirkung von *Progesteron* auf das Körpergewicht von Mäusen beobachtete TRENTIN (1950), wenn er den männlichen und den (virginellen) weiblichen Mäusen im Alter von 2—5 Monaten Progesteron-Preßlinge s. c. implantierte und diese Behandlung alle 28 Tage im Lauf von bis zu $16^1/_2$ Monaten wiederholte. Bei den Weibchen erreichten die behandelten Tiere ein bedeutend höheres Körpergewicht als die aus den gleichen Würfen stammenden unbehandelten Kontrollen. Bei den Männchen, intakten und kastrierten, war eine solche Wirkung von Progesteron nicht festzustellen. Verf. vermutet, daß diese Wirkung von Progesteron über die Hypophyse geht, in der es die Bildung von follikelstimulierendem Hormon (FSH) und damit indirekt die Produktion von Oestrogen in den Ovarien hemmt; vom Oestrogen aber ist es bekannt, daß es das Wachstum hemmt.

Vorausgeschickt seien einige grundsätzliche Empfehlungen für das Studium geschlechtsverschiedener Reaktionen, die von BELL u. ZUCKER (1971) zwar für den Spezialfall der experimentellen Untersuchung von Geschlechtsunterschieden *im Verhalten* ausgearbeitet wurden, die aber für die Beurteilung auch anderer

---

56 Einige physiologische Beobachtungen über die Wirkungen geschlechtsunspezifischer endogener Hormone werden in diesem Zusammenhang miterörtert, z. B. über das Wachstumshormon des HVL.

Reaktionen auf Sexualhormone beachtenswert erscheinen. Bei der Untersuchung von Geschlechtsunterschieden im Verhalten ist es von Vorteil, wie BELL u. ZUCKER schreiben, zwischen 2 getrennten Wirkungen der Gonadenhormone zu unterscheiden: die chronologisch erste Wirkung ist eine organisatorische oder induktive auf das undifferenzierte neuroendokrine System des infantilen Organismus, wobei unter hormonaler Organisierung zu verstehen ist, daß die Empfindlichkeit gegenüber gonadalen Hormonen im Reifezustand ebenso wie die Wahrscheinlichkeit, daß ein besonderes sexuell dimorphes Verhalten im Erwachsenenzustand manifestiert wird, durch Hormone bestimmt wird, die während des fetalen oder frühpostnatalen Lebens wirken. Die hormonale organisatorische Periode endet bei der Ratte am 10. Tag des postnatalen Lebens. Der andere Wirkungstyp der Hormone ist aktivierender Art, d. h., die Hormone wirken auf den Organismus in der Richtung einer Manifestierung des zuvor organisierten Verhaltens. Gewisse Geschlechtsunterschiede im Verhalten der Erwachsenen, die von der hormonalen Organisierung abhängig sind, werden im Erwachsenenalter unabhängig von einer hormonalen Aktivierung manifest (Organisierung ohne Aktivierung), wie z. B. das sexuell dimorphe Verhaltensmuster des Rhesusaffen. Andere Geschlechtsunterschiede erfahren sowohl eine Organisierung als auch eine Aktivierung durch Hormone, wie z. B. das Ejakulationsverhalten bei Ratten, das im erwachsenen Zustand nur ausgeübt wird, wenn Androgene sowohl während des kritischen Entwicklungszustandes gegenwärtig sind, der am 10. Lebenstag endet, als auch im erwachsenen Zustand (Organisierung und Aktivierung). Manche Geschlechtsunterschiede im Verhalten können aber auch von einer hormonalen Organisierung unabhängig sein und im Reifezustand in sexuell dimorpher Form nur manifestiert werden, wenn die betreffenden Hormone anwesend sind (Aktivierung ohne vorherige Organisierung). Schließlich können Geschlechtsunterschiede im Verhalten eine genetische Grundlage haben oder erlernt sein, unabhängig von hormonalen Faktoren. Im Rahmen dieser Auffassungen wurden von BELL u. ZUCKER die folgenden Versuche angestellt. Experimentell unberührte Weibchen des Sprague-Dawley-Rattenstammes erhielten am 5. Lebenstag eine Injektion von Testosteronpropionat oder Oestradiolbenzoat, die Kontrollratten eine solche des öligen Lösungsmittels der Hormone: im erwachsenen Zustand wogen die hormonbehandelten Ratten mehr als die Kontrollen. Wurden die Ratten vor der Hormongabe am 5. Lebenstag ovariektomiert, so wurden die Geschlechtsunterschiede des Gewichts im reifen Alter herabgesetzt und ihr erstes Auftreten während der Entwicklung verzögert. Die neonatalen Gaben von Testosteronpropionat oder Oestradiolbenzoat erhöhten die Reaktionsfähigkeit auf die die K.-Gew.-Zunahme fördernde Wirkung der Androgene im Reifezustand und setzten im Reifezustand die Reaktionsfähigkeit auf die die Gewichtszunahme verringernde Wirkung der Ovarialhormone herab. Verff. nehmen an, daß die hormonale Stimulierung im infantilen Alter das K.-Gew. beeinflußt, indem sie die Empfindlichkeit der neuralen gewichtsregulierenden Mechanismen verändert; aber auch nicht-neurale Mechanismen und Verhaltenseffekte, die zu Änderungen des K.-Gew. führen können, müssen berücksichtigt werden. Die Geschlechtsunterschiede des K.-Gew. im Reifealter werden in vielfacher Hinsicht durch postnatale organisatorische und aktivierende Effekte der Gonadenhormone, ebenso aber auch durch nicht-hormonale genetische Faktoren und/oder durch eine pränatale testiculäre Sekretion beeinflußt. Aufgrund ihrer Versuche stellen BELL u. ZUCKER fest, daß die Geschlechtsunterschiede im Fressen von den frühen organisatorischen Hormonwirkungen weniger abhängig sind und primär auf die Verschiedenheit der von den männlichen bzw. weiblichen Gonaden produzierten Hormone zurückzuführen sind, deren Wirkungen etwa nach dem Ende der neonatalen organisatorischen Periode einsetzen dürften.

In den Versuchen von BURT, LEAKE u. DANNENBURG (1964) erhielten Hunde
und Hündinnen 10 mE *Oxytocin*/kg Körpergewicht i.v. injiziert; die Entnahmen
des Blutes und die Bestimmungen seines Gehalts an Glucose und an nicht verester-
ten Fettsäuren (NEFA) erfolgten vor und 30, 60 und 90 min nach der Injektion.
Bei den Männchen kam es zu einem prompten und signifikanten Abfall der NEFA,
bei den Weibchen zu einer ebensolchen Zunahme. Unabhängig vom Geschlecht
war dagegen eine anfängliche leichte Hyperglykämie, die 90 min nach der Injektion von einem Abfall des Blutzuckers unter die Ausgangswerte vor dem Versuch
gefolgt war. Die auch an Frauen festgestellte merkliche Zunahme des NEFA-
Gehalts im Plasma nach der Oxytocin-Injektion spricht dafür, daß ein entspre-
chender Geschlechtsunterschied wie beim Hund auch beim Menschen besteht und
somit art-unabhängig ist.

Geschlechts- und artverschiedene Geschwindigkeiten in der „*Konjugatbildung*"
während des Stoffwechsels von (4-^{14}C)-Progesteron in vitro fanden RAO u. TAYLOR
(1964), wenn sie das genannte Steroid zum Leberhomogenat von männlichen bzw.
weiblichen Ratten zusetzten: die Geschwindigkeit der Konjugatbildung ist in der
männlichen Leber größer als in der weiblichen, in 1 min sind beim Männchen etwa
80% des Progesterons umgewandelt, beim Weibchen nur 40%; die Konjugatbildung erreicht ihr Maximum von 90% in 3 min beim Männchen und erst in 15 min
beim Homogenat aus Weibchenleber. Dieser Geschlechtsunterschied ist aber nur
bei der Ratte vorhanden, nicht beim Kaninchen, bei dem die Konjugatbildung in
der Leber bei beiden Geschlechtern in gleicher Weise verläuft und derjenigen im
Leberhomogenat der weiblichen Ratte ähnlich ist.

Der Anteil von Oestriol im Gesamtgehalt an Oestrogenen im Harn kann beim
Menschen je nach dem Geschlecht, der Rasse und den Außenbedingungen verschieden sein. BARZILAI (1964) untersuchte vergleichend den Anteil der Umwandlung von Oestradiol in Oestriol durch die Leber in vitro bei männlichen, weiblichen
und kastrierten Ratten und den Einfluß einer Behandlung dieser Versuchsratten
mit Sexualhormonen auf die Umwandlung. Die Kastration erfolgte am 14. Lebenstag, die Hormoninjektionen begannen am 22. Lebenstag und wurden 13 Wochen
lang fortgesetzt (Gesamtmengen 65 mg Testosteronpropionat, 6,5 mg Oestradiol-
17β, 130 mg Progesteron). Während die Umwandlung von Oestradiol oder Oestron
in Oestriol (30—40%) durch Lebergewebe in vitro zweifelsfrei nachgewiesen werden konnte, ließen sich statistisch signifikante Wirkungen der Kastration oder
der Verabreichung von Sexualhormonen auf das Ausmaß dieser Umwandlung
nicht feststellen; dagegen war eine *signifikant höhere Umwandlung von Oestron in
Oestriol durch die Leber der Männchen* als durch die Leber der Weibchen zu
erkennen.

Die totale *Thymektomie* beim Goldhamster (Mesocricetus auratus) im Alter
von 1—4 Wochen führt nur bei den infantilen Männchen zur Entwicklung eines
kachektischen Zustands („wasting disease") mit weitgehendem Schwund des
Lymphgewebes, während die Weibchen unberührt davon bleiben (SHERMAN u.
DAMESHEK, 1963). Hinweise auf ein ähnliches geschlechtsverschiedenes Verhalten
beobachteten BALNER u. DERSJANT (1966) auch bei der unmittelbar nach der
Geburt thymektomierten Maus, gleichzeitig mit einer immunologischen Depression als Folge des Eingriffs.

Homogenate (auch Extrakte) aus der *Epiphysis cerebri* erwachsener Kühe
hemmten die Spermiationswirkung von HCG bei gleichzeitiger Injektion beider
Hormone am Frosch (Rana esculenta); nahezu ebenso intensiv war die Wirkung
von Homogenaten aus den Epiphysen von 2—4 Wochen alten weiblichen Kälbern;
dagegen waren die Zirbeldrüsen gleichalter männlicher Kälber unwirksam, ebenso

auch ein Gemisch von weiblichen und männlichen Epiphysen zu gleichen Teilen (JUSZKIEWICZ u. RAKALSKA, 1963).

Versuche von DE MOOR, MEULEPAS, HINNEKENS, GREVENDONCK u. HENDRIKX (1961) über den *Corticoid-Stoffwechsel* bei normalen männlichen und weiblichen Versuchspersonen, die einer maximalen Stimulierung durch ACTH-Infusion ausgesetzt wurden und gleichzeitig 25 ng Adrenalin/kg/min i.v. injiziert erhielten, zeigten bei den Männern eine merkliche Erhöhung der „removal rate", des Verschwindens der Corticoide aus dem Plasma, die bei den Frauen nicht beobachtet wurde. Diese Erhöhung geht offenbar ohne eine Änderung der Gesamtproduktion von Corticoiden vor sich, denn die Produktionsrate der Corticoide und die Ausscheidung der Metaboliten blieben unverändert. Die Abwesenheit dieses Adrenalin-Effekts bei praktisch oestrogen-freien (ovariektomierten oder postmenopausischen) Frauen läßt vermuten, daß es sich um einen direkten Einfluß von Testosteron auf dieses Phänomen handelt. Ein Einfluß des Geschlechts der Vpn ließ sich auch in den Tagesvariationen der Plasma-Corticoide während der ACTH-Infusion feststellen: die abendlichen ACTH-Test's an Männern ergaben im wesentlichen gleiche fluorimetrische Kurven wie die am Morgen ausgeführten ACTH-Adrenalin-Test's; dagegen waren bei Frauen die abendlichen Werte für Produktion und Verschwinden deutlich höher als am Morgen. Eine Vorbehandlung der Männer mit Regitin (Phentolamin-Methan-Sulfat) ergab den gleichen Kurventyp wie in den abendlichen Versuchen an Frauen: das läßt vermuten, daß die Ähnlichkeit der abendlichen ACTH-Test's und der ACTH-Adrenalin-Test's am Morgen bei Männern durch die endogene Adrenalin-Produktion im Lauf der wachen Stunden bedingt ist. Andere Geschlechtsunterschiede im Corticoid-Stoffwechsel, die in der Literatur beschrieben wurden (z. B. WALLACE u. CARTER, 1960; PETERSON, NOKES, GHEN u. BLACK, 1960), können zum Teil auf den Einfluß von Oestrogenen zurückgeführt werden und sind besonders deutlich bei Gegenwart übernormaler Konzentrationen exogener oder endogener (z. B. im letzten Trimester der Schwangerschaft) Oestrogene.

So fanden CRITCHLOW, LIEBELT, BAR-SELA, MOUNTCASTLE u. LIPSCOMB (1963) zwar in beiden Geschlechtern bei Ratten Anzeichen eines 24 Stunden-Rhythmus im Gehalt des Plasmas und der Nebennieren an Corticosteroiden, aber die maximalen beobachteten Spiegel und die durchschnittlichen 24 Stunden-Konzentrationen waren, im Ruhezustand gemessen, bei Ratten mit reifen Ovarien bedeutend höher als bei den Männchen. Nach KITAY (1961) ruft der durch Äthernarkose bedingte Streß-Zustand bei Rattenweibchen eine höhere und länger andauernde Corticosteron-Konzentration hervor als bei Männchen; das gleiche beobachtete KITAY bei Injektion von ACTH; auch ist nach seinen Untersuchungen die Konzentration von Corticosteron im Nebennieren-Venenblut bei den Rattenweibchen 2,5mal höher als bei den Männchen. SAKIZ (1960) hat die Unterschiede in der Wirkung der Kastration auf die NN bei männlichen und weiblichen Ratten klar herausgestellt (Tab. 87):

Tabelle 87. *Wirkung der Kastration auf die NN bei männlichen und weiblichen Ratten (nach* SAKIZ, *1960)*

Ratten	Zahl	Körpergewicht in g	NN-Gewicht[a] in mg	Corticosteron im Plasma in μg%
Männchen, intakt.	10	222 ± 6	$13,39 \pm 0,52$	$42,4 \pm 2,6$
Männchen, kastriert . . .	10	218 ± 7	$14,57 \pm 0,39$	$57,5 \pm 5,1$
Weibchen, intakt	10	212 ± 6	$20,59 \pm 0,72$	$98,1 \pm 6,6$
Weibchen, kastriert. . . .	10	216 ± 7	$20,71 \pm 0,97$	$79,2 \pm 3,6$

[a] Gewicht einer Nebenniere.

Das Gewicht der NN ist bei der intakten weiblichen Ratte etwa 1,5mal so hoch wie beim intakten Männchen, der Gehalt an Corticosteron im Plasma beim Weibchen mehr als 2mal so hoch wie beim Männchen. Nach der Kastration ändert sich das NN-Gewicht weder beim einen noch beim anderen Geschlecht signifikant; dagegen steigt der Corticosteron-Gehalt beim Männchen nach der Kastration signifikant an und nimmt beim Weibchen nach der Kastration ebenso signifikant ab.

HÁČIK (1966) beobachtete bei weiblichen Ratten, die zwischen dem 2. und 4. Lebenstag eine einmalige s. c. Injektion von Testosteronpropionat erhielten und im Alter von 120 Tagen untersucht wurden, eine nicht signifikante Gewichtszunahme der Nebennieren und eine signifikante Vermehrung der Corticosteronproduktion (sowohl pro 100 mg Nebennierengewicht als auch pro 100 g K.-Gew.) im erwachsenen Zustand. Die gleiche Behandlung mit Testosteronpropionat hatte bei den männlichen Geschwistern keine Wirkung, weder auf die adrenale Corticosteronproduktion noch auf das Nebennierengewicht, wenn sie zur gleichen Zeit wie die Weibchen injiziert bzw. untersucht wurden.

In beiden Geschlechtern nimmt bei Ratten die Überlebensdauer nach Adrenalektomie mit dem Alter zu, aber nur bis etwa zum 120. Lebenstag, dann scheint sie wieder abzunehmen (COWIE, 1949). Im Alter von 23 und 60 Tagen bestand anscheinend im Augenblick des Eingriffs kein Unterschied zwischen beiden Geschlechtern; bei 40, 120 und 365 Tagen überlebten die Weibchen signifikant länger als die Männchen[57].

Bei der systematischen Untersuchung der Schwierigkeiten, die der Erzeugung eines experimentellen Diabetes mellitus bei Ratten durch *Pankreatektomie* entgegenstehen, wurden von BEACH, CULLIMORE u. BRADSHAW (1957) zwei reine Rattenstämme verwendet, die nach der Methode von INGLE u. GRIFFITH pankreatektomiert wurden. Von den überlebenden Ratten des Wistar-Stammes wurde kein Tier diabetisch, dagegen wurden von den überlebenden jungen Osborne-Mendel-Ratten 84% der Männchen und 20% der Weibchen und von den ausgewachsenen Tieren dieses Stammes 37% der Männchen und 7% der Weibchen diabetisch: in beiden Gruppen war aber die Zahl der diabetischen Männchen signifikant größer als die Zahl der diabetischen Weibchen. — Bei hypophysektomierten Ratten änderten Insulininjektionen (Protamin-Zink-Insulin in steigender Dosis von 0,2—2,6 IE) bei den Weibchen das Blutbild nicht und erhöhten auch nicht das Körpergewicht, während sie bei den Rattenmännchen eine deutliche Erhöhung des Gewichts verursachten: es besteht also ein Geschlechtsunterschied in der Wachstumsreaktion hypophysektomierter Ratten auf Insulin (BOND u. LEONARD, 1957).

Die *Barbitursäureempfindlichkeit* wird durch Adrenalektomie (EICHHOLTZ, HOTOVY, COLLINHAM u. KNAUER, 1949) und Kastration bei männlichen Tieren (CAMERON, COORAY u. DE, 1948; CREVIER, D'IORIO u. ROBILLARD, 1950; GREWE, 1953) erhöht, die Schlafdauer verlängert. Substitution mit Nebennierenrindenhormonen bzw. Testosteron führt dementsprechend zur Normalisierung der verlängerten Narkosezeiten. Nach Hypophysektomie steigt die Pentothal-Schlafzeit innerhalb von 15 Tagen auf das 15—20fache an und übertrifft bei weitem diejenige nach Kastration männlicher Tiere (WALTZ, BARTELS u. MATTHIES, 1955). BRODIE (1956) zeigte, daß bei Ratten ein deutlicher Geschlechtsunterschied in der Schlafdauer besteht, die Weibchen schlafen länger als die Männchen; er beobachtete auch, daß die Verabreichung von Oestradiol bei intakten Männchen die Schlafdauer verlängerte, während Testosteron diejenige normaler Weibchen verkürzte. Auch EDGREN (1957) fand, daß die Schlafdauer nach Hexobarbitalverabreichung (100 mg/kg) bei weiblichen Ratten länger ist als bei männlichen Tieren; durch Kastration wurde sie bei den Männchen verlängert, bei den Weibchen verkürzt; bei ovariektomierten Ratten wurde sie durch Oestron verlängert, während Testo-

---

57 Daß in diesen Versuchen die Weibchen bei 60 Tagen aus der Reihe fallen, beruht vermutlich auf einem Fehler in der Versuchsdurchführung, wie der Verf. angibt.

steronpropionat bei ihnen unwirksam war; bei kastrierten männlichen Ratten wurde dagegen die Schlafdauer durch Testosteronpropionat verkürzt, während Oestron bei ihnen keine Wirkung hatte. Die Unfähigkeit von Testosteronpropionat, die Schlafdauer bei ovariektomierten Weibchen zu verkürzen und von Oestron sie bei kastrierten Männchen zu verlängern, läßt vermuten, daß die sexuelle Entwicklung vor der Kastration die Enzym-Systeme der Leber in der Weise beeinflußt hat, daß sie nur noch auf solche Hormone reagieren konnten, welche die frühe Sexualentwicklung stimulierten. Wenn diese Annahmen von EDGREN berechtigt sind, dann handelte es sich in den Versuchen von BRODIE (s.o.) um eine Hypophysenblockade durch Testosteron bei den Weibchen und durch Oestradiol bei den Männchen oder um einen peripheren Oestrogen-Androgen-Antagonismus, wie er von PELLERIN, D'IORIO u. ROBILLARD (1954) bei der Pentobarbital-Narkose vermutet wurde. Über geschlechtsspezifische Unterschiede in der Entgiftung von Evipan und Thiopental bei Ratten berichtete auch REMMER (1958).

Bei erwachsenen Mäusemännchen aus 2 Stämmen entwickelte sich eine ausgebreitete Nekrose der renalen Tubuli, wenn die Tiere geringen Konzentrationen von Chloroformdämpfen ausgesetzt wurden (CULLIFORD u. HEWITT, 1957), während erwachsene Weibchen keine Schädigung nach einer entsprechenden Beeinflussung zeigten; sie wurden aber hochempfindlich gegen die nekrotisierende Wirkung der Chloroformdämpfe nach Behandlung mit Androgenen. Die Empfindlichkeit der Männchen wurde dagegen durch eine Vorbehandlung mit Oestrogenen stark herabgesetzt. Die Kastration der Männchen hob die Empfindlichkeit in einem der benutzten Stämme voll auf, im anderen Stamm nur partiell, doch wurde die verbliebene Restempfindlichkeit durch eine zusätzliche Adrenalektomie ebenfalls beseitigt. Bis zum 11. Lebenstag waren die Mäusemännchen gegen die nekrotisierende Wirkung unempfindlich, sogar nach Applikation massiver Androgendosen; zwischen dem 11. und 30. Lebenstag reagierten sie mit Nekrose nur unter der Behandlung mit Androgenen, dann wurden sie spontan empfindlich. Eine Leberschädigung wurde bei nahezu allen Mäusen beobachtet, die den Chloroformdämpfen ausgesetzt wurden, unabhängig vom Sexualhormonstatus. Bei den gonadektomierten Mäusen konnte die Nekrose-Empfindlichkeit mit Methyltestosteron, Testosteronpropionat, Dehydroepiandrosteron und Progesteron, auch mit hohen Dosen von Cortisonacetat ausgelöst werden. Eine Vorbehandlung mit Tetrachlorkohlenstoff schützte empfindliche Männchen vollkommen gegen die Nierenschädigung durch Chloroform.

Geschlechtliche Unterschiede bestehen auch in der *Nierentoxizität von Quecksilber* bei Ratten: wie aus Tab. 88 ersichtlich, ist das Männchen bedeutend empfindlicher als das Weibchen:

Tabelle 88. *Auftreten einer Nekrose im geraden Teil der proximalen Nierentubuli unter dem Einfluß einer i. v. Injektion von 0,4 mg Hg/kg bei Rattenmännchen und -weibchen (nach* HABER *u.* JENNINGS, *1964)*

Umfang der Nekrose	Zahl der Männchen	Zahl der Weibchen
0 (Kontrollen)	4	4
0	2	18
1 +	11	13
2 +	12	0
3 +	9	0
4 +	6	0
Insgesamt	44	35

0 = keine Nekrose, 1 + = vereinzelte Zellnekrosen, 2 + = $^1/_4$ bis $^1/_2$ aller Zellen nekrotisch, 3 + = $^1/_2$ bis $^3/_4$ aller Zellen nekrotisch, 4 + = nahezu alle Zellen nekrotisch.

Bei der Fraktionierung der löslichen *Proteine der Rattenniere* mit Hilfe der Chromatographie auf DEAE-Cellulose wurden keine quantitativen Unterschiede in der Proteinverteilung zwischen den Chromatogrammen in der männlichen und in der weiblichen Niere gefunden (CHESANOW, SALVI u. ANGELETTI, 1964). Der Geschlechtsdimorphismus der Rattenniere spiegelt sich auch nicht in stärkeren qualitativen Unterschieden ihrer Proteinzusammensetzung wieder. Von den 4 untersuchten Enzymen (alkalische Phosphatase, saure Phosphatase, β-Glucuronidase, Glucose-6-Phosphat-Dehydrogenase) war nur bei der saueren Phosphatase ein Unterschied zwischen männlicher und weiblicher Niere in der Verteilung im Chromatogramm festzustellen: der erste Gipfel der saueren Phosphatase fehlte im weiblichen Chromatogramm, er trat aber auf, wenn die Weibchen mit Testosteronpropionat (3 mg i. m. jeden 2. Tag, 5 oder 12 Tage lang) behandelt wurden. In Bestätigung früherer Autoren (z. B. KOCHAKIAN u. ROBERTSON, 1950; RIOTTON u. FISHMAN, 1953) wurde festgestellt, daß Androgene die Gesamtaktivität von β-Glucuronidase und alkalischer Phosphatase fördernd beeinflussen.

Die bekannte klinische Erfahrung, daß *hyperthyreotische Zustände* bei Frauen häufiger sind als bei Männern könnte ihre Erklärung in den experimentellen Beobachtungen finden, daß bei Ratten die Empfindlichkeit der Schilddrüse gegen TSH durch die Verabreichung von Oestrogenen gesteigert wird (NOACH, 1955). In ihren Versuchen hatten HOOGSTRA u. PAESI (1957) den Eindruck gewonnen, daß das „gegengeschlechtliche" Hormon, d. h. das Oestrogen beim Männchen und das Androgen beim Weibchen, das Schilddrüsengewicht vergrößere. Die exakten Daten dieser Versuche wurden von JONKERS, MUYZERT, PAESI u. DE JONGH (1957) in ihrer Arbeit über die Geschlechtsunterschiede in der Wirkung der Steroid-Sexualhormone auf die Schilddrüse bekanntgegeben (Tab. 89):

Tabelle 89. *Schilddrüsengewichte in mg bei hormonbehandelten erwachsenen Ratten, nach den Versuchsergebnissen von* HOOGSTRA u. PAESI *(1957), aus* JONKERS u. *Mitarb. (1957). In Klammern die Anzahl der Versuchstiere*

Behandlung	Weibchen	Kastrierte Weibchen	Männchen	Kastrierte Männchen
Öl	$30,5 \pm 1,34$ (41)	$29,7 \pm 1,80$ (36)	$34,4 \pm 1,77$ (33)	$28,9 \pm 1,58$ (37)
Oestradiol-benzoat 2 μg tägl.	$30,6 \pm 1,50$ (40)	$28,6 \pm 1,46$ (36)	$36,1 \pm 2,00$ (34)	$32,4 \pm 1,86$ (37)
Testosteron-propionat 2 mg tägl.	$34,3 \pm 1,80$ (44)	$33,8 \pm 1,60$ (40)	$33,2 \pm 1,80$ (33)	$29,0 \pm 1,52$ (37)

JONKERS u. Mitarb. haben die Versuche an kastrierten Ratten wiederholt, wobei sie die Aufnahme von radioaktivem Jod als Kriterium der Schilddrüsenfunktion maßen: Oestradiolbenzoat bewirkte eine größere Körper-Gewichts-Zunahme und eine mehr verstärkte Jodaufnahme bei den Männchen als bei den Rattenweibchen; Testosteronpropionat stimulierte die Jodaufnahme bei den Weibchen, ohne das Gewicht der Drüsen zu verändern, und bewirkte bei den Männchen eine nicht signifikante Abnahme des Gewichts und der Funktion der Schilddrüsen.

Auch INOUE (1959) untersuchte an Ratten die Wirkungen der Kastration und der Verabreichung von Sexualhormonen auf die Schilddrüsenfunktion, gemessen an der Aufnahme von ^{131}J durch die Schilddrüse, in beiden Geschlechtern. Die Kastration bewirkte eine Hypofunktion der Schilddrüse, die etwa 14 Tage nach dem Eingriff beim Weibchen und 42 Tage nach der Kastration beim Männchen manifest wurde; die Veränderungen waren beim Weibchen ausgesprochener als beim Männchen und hielten mehr als 2 Monate post castr. an. Die Oestrogenbehandlung beschleunigte die ^{131}J-Aufnahme beim kastrierten Weibchen und die Abgabe von Schilddrüsenhormonen ins Blut beim Männchen. Progesteron war beim kastrierten Weibchen ohne Wirkung, während beim Männchen unter der Progesteronwirkung eine verringerte ^{131}J-Aufnahme 14 Tage nach der Kastration und keine Veränderungen nach 2 Monaten festgestellt wurden. Die Androgen-Verabreichung hatte keine konstante Wirkung auf die Schilddrüsenfunktion der kastrierten Ratten beiderlei Geschlechts. Es scheint also, daß die physiologischen Geschlechtsunterschiede in den Reaktionen der Schilddrüse auf Sexualhormone im wesentlichen auf die Oestrogene zurückzuführen sind, und zwar auf ihre direkte Wirkung auf die Schilddrüse, denn die Verabreichung von Oestrogenen bewirkte auch bei der hypophysektomierten Ratte eine merkliche Zunahme der ^{131}J-Aufnahme.

Die Behandlung intakter Meerschweinchen-Weibchen und -Männchen mit Stilboestrol übte eine hemmende Wirkung auf die Ausscheidung von radioaktivem Jod aus, wobei die Retention von ^{131}J beim Weibchen größer war als beim Männchen (SLEBODZENSKI, 1963); das galt aber nur für die höhere Dosis von Stilboestrol (1,25 mg), während durch die geringere Dosis (0,5 mg) das Männchen stärker beeinflußt wurde als das Weibchen.

Die Geschlechtsunterschiede im *Leberstoffwechsel* nach der s. c. Verabreichung von Testosteronpropionat in physiol. NaCl-Lösung untersuchten FUJII, KAMEL, NEGAMI u. FUJII (1963) an Wistar-Ratten verschiedenen Alters und Geschlechts: Der Gehalt der Leber an RNS und Stickstoff in der Mitochondrienfraktion war nach dem 40. Lebenstag, wenn die geschlechtliche Reifung begann, bei den Weibchen höher als bei den Männchen; Testosteronpropionat bewirkte eine Zunahme von RNS und Stickstoff in beiden Geschlechtern, besonders bei den Weibchen nach langdauernder Verabreichung. Die Succino-Dehydrogenase-Wirksamkeit in der Mitochondrienfraktion der Leber war 2 Wochen nach der Geburt etwa von der gleichen Höhe wie bei den erwachsenen Tieren, zeigte also nur geringe Altersdifferenzen, war aber bei den über 40 Tage alten Weibchen merklich höher als bei den gleichalten Männchen; Testosteronpropionat erhöhte die Wirksamkeit bei den Männchen und setzte sie bei den Weibchen herab. Die Fettsäuren-Dehydrogenasen-Wirksamkeit stieg nach dem 40. Lebenstag merklich an, wies aber keine Geschlechtsunterschiede auf; auch die Verabreichung von Testosteronpropionat war in beiden Geschlechtern unwirksam. Es ergibt sich also, daß die primäre Androgenwirkung nicht allein, wie von KOCHAKIAN angenommen wurde, in einer Steigerung der RNS-Bildung besteht, die für die Synthese sowohl von strukturellen Proteinen als auch von Enzymen und Spezialproteinen wesentlich ist, sondern auch respiratorische und energieliefernde Zellsysteme umfaßt.

Wenn erwachsene Ratten beiderlei Geschlechts (K.-Gew. etwa 250 g) kastriert und 2 Monate später mit 0,1, 0,2, 0,5 oder 2,0 µg *Oestradiolbenzoat* im Lauf von 4 Wochen tägl. s. c. injiziert wurden, waren die relativ geringen Dosen hinsichtlich der *K.-Gew.-Abnahme* bei den Männchen unwirksam, während bei den Weibchen 0,5 und 2,0 µg tägl. zu einer signifikanten Gewichtsabnahme führten. Das Gewicht der Hypophyse nahm in allen mit Oestradiolbenzoat behandelten Gruppen zu, aber auch hier war die Empfindlichkeit der kastrierten Weibchen größer als der kastrierten Männchen; dagegen war die Zunahme des Nebennierengewichts unter dem Einfluß von Oestradiolbenzoat bei den Männchen signifikant größer als bei den Weibchen, bei denen nur die beiden höchsten Dosierungen (0,5 und 2,0 µg) wirksam waren (GANS, VAN REES u. DE JONGH, 1962).

Nach Verabreichung von radioaktivem *Testosteron, Δ^4-Androstendion oder Dehydroepiandrosteron* bei normalen Versuchspersonen beiderlei Geschlechts wurden ihre radioaktiven Stoffwechselprodukte Androsteron (A) und Ätiocholanon (E), konjugiert mit Schwefel-(S) bzw. Glucuronsäure (G) im Harn bestimmt: Das Verhältnis SE/SA, GA/SA und E/A war beim Mann niedriger als bei der Frau, was auf einen Unterschied im Stoffwechsel der Hormone je nach dem Geschlecht hinweist (BAULIEU, ROBEL u. MAUVAIS-JARVIS, 1963).

GANS u. DE JONGH (1963) bestimmten den *FSH-Gehalt* im Serum und in der Hypophyse bei männlichen und weiblichen Ratten, die entweder im erwachsenen Zustand oder am 1. Lebenstag kastriert worden waren. Der Gehalt im Serum ist bei intakten männlichen und weiblichen Ratten praktisch gleich; die Kastration, früh oder spät ausgeführt, bewirkt einen ähnlichen Anstieg des FSH im Serum; bei den Männchen erreicht er einen höheren Stand: die gleiche Reaktion auf die späte und frühe Kastration läßt auf genetische Ursachen schließen. Der hypophysäre FSH-Gehalt ist beim intakten Männchen bedeutend höher als beim intakten Weibchen. Nach früher Kastration gleicht er sich beim Männchen demjenigen beim Weibchen an und stellt sich auf bedeutend niedrigerem Niveau ein als es bei den normalen Männchen vorliegt; ein ähnlicher Gehalt wird bei den Weibchen nach später Kastration gefunden, während er bei den Männchen höher ist und demjenigen normaler Männchen gleicht. Das weist darauf hin, daß der geschlechtsverschiedene hypophysäre FSH-Gehalt von Ratten, die im Erwachsenenalter kastriert wurden, *hormonal bedingt* ist und auf einer Fixierung der Wirkung endogener Androgene beruht.

BLACKWELL u. AMOSS (1971) machten auf einen Geschlechtsunterschied in der Rate des LH-Anstiegs im Plasma bei Ratten als Folge der Gonadektomie aufmerksam: Wenn sie Rattenmännchen und -weibchen des Holtzman-Stammes gonadektomierten und den Einfluß dieses Eingriffs auf den LH-Gehalt des Plasmas in den folgenden Stunden und Tagen bis zu 30 Tagen post castr. verfolgten, fanden sie, daß es bei den Männchen schon in den ersten 12 Std zu einer starken Erhöhung der LH-Konzentration im Plasma kam, die bis zum 20. Tag weiter zunahm, dann bildete sich ein Dauerzustand aus, der bis zum 30. Tag unverändert blieb. Bei den Weibchen trat dagegen bis zum 10. Tag nur eine leichte Erhöhung der LH-Konzentration im Plasma ein, sie war zu diesem Termin bedeutend geringer als bei den Männchen; dann erfolgte eine allmähliche Steigerung und zum 30. Tag waren die LH-Konzentrationen in beiden Geschlechtern im Plasma nahezu gleich. Es erscheint möglich, wie die Verff. vermuten, daß ein Einfluß der Nebennieren bei der anfänglichen Verschiedenheit in der Reaktion der beiden Geschlechter auf die Gonadektomie eine Rolle spielt.

Einen Geschlechtsunterschied in der *Sekretion von Luteinisierungshormon (LH)* nach Induktion durch die Injektion von Progesteron beobachteten TALEISNIK, CALIGARIS u. ASTRADA (1969) bei der Ratte. Vor längerer Zeit gonadektomierte Rattenmännchen und -weibchen wiesen einen erhöhten LH-Gehalt im Plasma auf. Eine einmalige Injektion von 20 μg Oestradiolbenzoat (OB) oder von 2,5 mg Testosteronpropionat (TPr) setzte innerhalb von 3 Tagen die erhöhten Werte signifikant herab. Eine Progesteroninjektion bei gonadektomierten, mit Sexualhormonen sensibilisierten („primed") Ratten übte eine positive feed-back-Wirkung auf die Sekretion von LH aus. Bei ovariektomierten Ratten löste die Injektion von Progesteron nach der einmaligen Verabreichung von OB oder TPr wenige Stunden später einen signifikanten Anstieg von LH im Plasma aus. Im Gegensatz dazu reagierten kastrierte Männchen auf die Progesteroninjektion mit einem LH-Anstieg im Plasma nur dann, wenn sie 3 Tage zuvor mit TPr sensibilisiert worden waren. Dieser Geschlechtsunterschied wurde durch eine Gonadektomie am ersten Lebenstag nicht aufgehoben. Androgen-sterilisierte ovariektomierte Weibchen wiesen keinen Anstieg von LH im Plasma nach Progesteroninjektion auf, wenn sie mit TPr sensibilisiert wurden, wohl aber nach Sensibilisierung mit OB. Bei männlichen, in der frühen neonatalen Periode mit TPr behandelten Ratten wurde die normalerweise durch Progesteron induzierte Steigerung der LH-Sekretion nach Sensibilisierung mit TPr aufgehoben. Diese Beobachtungen scheinen darauf hinzuweisen, daß besondere, männliche und weibliche Formen der durch Progesteroninjektion induzierten LH-Sekretion bei der Ratte vorliegen, deren Unterschiede nicht durch die postnatale Differenzierung im neuralen Mechanismus determiniert werden, der die LH-Sekretion regelt. Nach Auffassung der Verff. besteht die Möglichkeit, daß das Syndrom der Androgen-Sterilisierung auf einer Störung des feed-back-Mechanismus beruht, der die Sekretion von FSH bestimmt.

Geschlechtsgebundene qualitative Unterschiede in tierischen Geweben sind seit einiger Zeit bekannt; so haben EDGREN (1957) und BRODIE (1956) auf Unterschiede im Enzymgehalt und TANABE, ABE, KANEKO u. HOSODA (1961) auf solche bei gewissen Dotter-Proteinen hingewiesen. HEIM (1961) hat ein Protein im Serum von schwangeren Ratten und von Rattenfeten beschrieben, das nur in den ersten 3 Lebenswochen nachweisbar ist und vermutlich mit Wachstumsprozessen im Zusammenhang steht. BOND (1960, 1962) fand ein Protein mit unbekannter Funktion normaler Weise in hoher Konzentration in der Leber der männlichen Ratte, das in der weiblichen Rattenleber fehlte: es wird vermutet, daß dieses Protein an der Gewebsunverträglichkeit beteiligt ist, die sich darin äußert, daß Homotransplantate der Haut bei Ratten und Mäusen nicht angehen, wenn der Spender ein Männchen und der Empfänger ein Weibchen ist, wohl aber im umgekehrten Fall; eine Lokalisation verantwortlicher Gene im Y-Chromosom wird angenommen (BILLINGHAM u. KOPROWSKI, 1959; BILLINGHAM u. SILVERS, 1958, 1959). Eine hormonale Beeinflussung dieses Proteins ließ sich besonders deutlich durch Versuche an Weibchen demonstrieren, bei denen die Behandlung mit Testosteron das Erscheinen dieses sonst fehlenden Proteins in merklicher Konzentration bewirkte; im Gegensatz dazu war eine Hemmung der Produktion dieses Proteins beim Männchen durch eine Behandlung mit Oestradiol wahrscheinlich vorhanden (s. auch BOND, 1966)[58].

Gelegentlich von Untersuchungen über die Beeinflussung des hydro-elektrolytischen Gleichgewichts durch hormonale Faktoren stellten CIER u. MAULARD (1962) fest, daß der extracelluläre Na- und K-Gehalt und der intracelluläre K-Gehalt bei der Ratte in beiden Geschlechtern praktisch gleich waren, während der *intracelluläre Na-Gehalt* bei den Weibchen deutlich höher war als bei den Männchen. Dieser Befund könnte zur Erklärung der Beobachtung beitragen, daß es bei Weibchen bedeutend schwieriger ist einen experimentellen Hochdruck durch Überbelastung mit Desoxycorticosteron oder durch renale Ischämie oder sklerotische Perinephritis zu erzeugen als bei Männchen.

RUBIN (1957) zeigte, daß das Verhältnis von Epiandrosteron (3β-Hydroxy-) zu Androsteron ($3a$-Hydroxy-), das erhalten wird, wenn Δ^4-Androstendion und Androstandion mit Rattenleberhomogenat bebrütet werden, vom Geschlecht des Leberspenders abhängt. Mit männlicher Leber inkubiert, schwankt das Verhältnis zwischen 2,3 und 3,5, mit weiblicher Leber zwischen 0,12 und 0,16. Die erhaltene Gesamtmenge des Produkts ist in beiden Fällen die gleiche. Leberhomogenat von kastrierten Männchen ergibt ein Ausbeute-Verhältnis zwischen 0,30 (wie bei weiblicher Leber) und 1,1. Injektionen von Testosteronpropionat, Methyltesto-

---

58 BOND's Befunde wurden von BARZILAI u. PINCUS (1965) vollkommen bestätigt.

steron, Androstan-17β-ol-3-on und 17-Äthyl-19-nortestosteron bewirken eine Rückkehr zur männlichen Norm. Kastrierte Weibchen, die mit Testosteronpropionat injiziert werden, bedürfen einer größeren Menge Androgen als die kastrierten Männchen, um die Rückkehr zur Norm zu bewerkstelligen. Die Injektion von Oestradiol-17β bei Weibchen und Männchen hat keinen Einfluß auf das $3\beta : 3\alpha$-Verhältnis. Ähnliche Beziehungen scheinen bei Kaninchen, Mäusen und Goldhamstern vorzuliegen, Meerschweinchen- und Schildkröten-Lebern neigen zum entgegengesetzten Verhältnis. In weiteren Versuchen wiesen RUBIN u. STRECKER (1961) nach, daß dieser Geschlechtsunterschied auf einer stärkeren Aktivität der 3β-Hydroxysteroid-dehydrogenase beim Männchen beruht, die vom Mikrosomengehalt der Leberzellen abhängt. Diese Enzymaktivität kann in der Leber der weiblichen Ratten durch eine Behandlung mit Testosteronpropionat in vivo erhöht werden.

In einer Reihe von Arbeiten haben LEYBOLD u. STAUDINGER (1959a, 1959b, 1960) die Geschlechtsunterschiede im Steroidstoffwechsel der Rattenleber verfolgt. Anhand des optischen Test's, in dem die durch TPNH-Dehydrierung bedingte Extinktionsabnahme bei 366 mμ in 6 min als Maß für die Steroidhydrierung diente, und quantitativer papierchromatographischer Steroidbestimmungen wurden zunächst (1959a, 1959b) zwei Geschlechtsunterschiede im Steroidstoffwechsel von Rattenlebermikrosomen nachgewiesen:

1. Lebermikrosomen weiblicher Ratten hydrieren die $\varDelta^4$-3-Ketogruppen von Steroidhormonen (Testosteron, Progesteron, Cortexon, Corticosteron, Cortison, Cortisol, mit in dieser Reihenfolge abnehmender Geschwindigkeit) mit TPNH als Wasserstoffdonator signifikant schneller als Lebermikrosomen männlicher Ratten.

2. Männliche Rattenlebermikrosomen bilden aus Testosteron und Androstan-$3\alpha,3\beta$-diol unter TPNH-Verbrauch ein höher polares Steroid, dessen Konstitution bisher nicht geklärt wurde, das aber vermutlich durch zusätzliche Hydroxylierung entstanden ist: in Lebermikrosomen weiblicher Ratten wurde diese Eigenschaft nicht gefunden.

In einer weiteren Untersuchung (1960) wurde festgestellt, daß auch das von Mikrosomen befreite Cytoplasma der Rattenleberzellen eine Steroidhydrierungsaktivität aufweist, die aber bedeutend geringer ist als jene der Mikrosomen, während der Geschlechtsunterschied sich gerade umgekehrt verhält wie der von Mikrosomen, indem die männlichen Tiere eine relativ höhere Aktivität an Steroidhydrogenase im Cytoplasma haben, als die weiblichen. Bei beiden Geschlechtern aber überwiegt die Aktivität in den Mikrosomen die cytoplasmatische Aktivität so stark, daß für das Gesamtverhalten der Leber im wesentlichen nur die mikrosomale Aktivität verantwortlich ist.

Einen umfassenden Überblick über den Fragenkomplex „Geschlecht und Krankheit" hat BÜRGER (1958) in seinem gleichnamigen Buch gegeben. Es kann nicht die Aufgabe der vorliegenden Androgen-Monographie sein, auch würde es ihren Zuständigkeitsbereich bedeutend überschreiten, Bürger's Daten über den Sexualdimorphismus in der chemischen Zusammensetzung der Organe und Gewebe, über die Sexualdifferenzen im Bau und in den Funktionen des menschlichen Organismus oder gar die Ergebnisse seiner Studien über die sexual-dualistische Nosologie wiederzugeben; wir müssen uns darauf beschränken, einige seiner wichtigsten Folgerungen zu zitieren: „Schon der Lebenslauf mit seinen strukturellen und chemischen Wandlungen (von BÜRGER als „Biomorphose" bezeichnet) zeigt bei Mann und Frau einen verschiedenen Rhythmus und eine andere Zeitgestalt. Diese Lebenswandlungen sind seelisch, geistig und körperlich vom Geschlecht geprägt. In den ersten Abschnitten ... wurden die *physiologischen* Geschlechtsunterschiede besprochen. Da wir (BÜRGER) die Krankheiten als *Störungen* der physiologischen Funktion auffassen, müssen auch sie ein geschlechtsgemäßes Gepräge tragen ...".

FRANKE, SCHRÖDER u. GEUDER (1959) haben aufgrund ihres Krankengutes von 9437 Patienten aus der fachinternistischen Ambulanz der Jahre 1956 und 1957 über Häufigkeit, Ursachen und Bedeutung der Geschlechtsunterschiede bei inneren Erkrankungen berichtet und ihre Ergebnisse in einer Tabelle und einer graphischen Darstellung zusammengefaßt, die untenstehend wiedergegeben sind (Tab. 90, Abb. 78):

Tabelle 90. *Befunde und Diagnosen, die bei mehr als 1% der 9437 Patienten (d. h. bei 95 Patienten und mehr) festgestellt wurden. Nach* FRANKE *u. Mitarb. (1959)*

Befund bzw. Diagnose	Anzahl d. Pat. ($\male + \female$)	davon $\male$ in ‰ aller $\male$	davon $\female$ in ‰ aller $\female$	„Sex.-Quot." (Anzahl $\female$/ Anzahl $\male$)
1 Funktionelle Herzbeschwerden.	690	77,6	68,3	0,81
2 Hypotonie	626	52,9	80,8	1,41
3 Essentielle Hypertonie	1165	102,0	146,2	1,32
4 Angina pectoris	433	57,6	33,1	0,53
5 Herzmuskelinfarkt	105	18,1	3,5	0,18
6 Myodegeneratio cordis arteriosclerotica	208	14,3	30,5	1,97
7 EKG-Myokardschädigung als klinische Diagnose	223	19,6	28,2	1,75
8 Mitralklappenfehler	169	13,2	23,0	1,63
9 Emphysem	420	62,9	24,5	0,36
10 Chronische und Emphysem-Bronchitis	166	23,6	11,0	0,30
11 Asthma bronchiale und spastische Bronchitis	98	14,0	6,4	0,42
12 Hyperazidität	163	22,8	11,3	0,46
13 Hyp- und Anazidität	454	45,0	51,4	1,06
14 Gastritis u. Gastroduodenitis	654	100,0	36,0	0,32
15 Magengeschwür	172	25,5	10,4	0,38
16 Magenkarzinom	110	14,9	8,2	0,51
17 Magenkaskade	107	15,3	7,1	0,43
18 Duodenalgeschwür	190	29,5	9,5	0,31
19 Narbenbulbus	187	32,0	6,4	0,18
20 chronische Appendizitis	101	5,9	15,9	2,48
21 chron. Hepatitis u. Leberzirrhose	196	26,8	14,2	0,49
22 Cholezystopathie ohne Steine	308	19,5	46,8	2,21
23 Gallensteinleiden	154	6,1	27,3	4,14
24 chronische Cholangitis	118	5,1	20,5	3,73
25 Strumen ohne endokrine Wirksamkeit	223	14,0	34,0	2,23
26 Hyperthyreose	121	5,7	20,7	3,32
27 hypochrome (Eisenmangel-) Anämien	103	2,0	20,5	9,30
28 Arthrosen, Spondylosen, Osteochondrosen	257	25,5	29,2	1,06
29 Fettsucht	589	48,5	77,5	1,48
30 Diabetes mellitus	158	20,2	13,0	0,60
31 Tuberkulose von Krankheitswert (pulm. u. extrapulm.)	184	26,9	11,5	0,39
32 Vegetative Dystonie	655	48,9	92,1	1,74
	(9507)	(995,9)	(1019,0)	

Unter den berücksichtigten 32 häufigen Erkrankungen überwiegen bei den Männern: die Koronaraffektionen, sämtliche Lungenerkrankungen (auch das Asthma bronchiale), die große Mehrzahl der Magen-Darm-Störungen einschl. der

Hyperacidität, die chronischen Lebererkrankungen und sämtliche Tuberkulose-Formen; bei den Frauen: Myodegeneratio cordis arteriosclerotica, Strumen, Hyperthyreosen, sämtliche Formen von Gallenblasen- und Gallenwegserkrankungen, die essentielle hypochrome Anämie und die sogenannte vegetative Dystonie. Mit den Bürger'schen Angaben stehen die Befunde weitgehend im Einklang. Bei der Erforschung der Ursachen dieser Geschlechtsunterschiede wird festgestellt, daß eine physiologische Funktion in ihrer geschlechtsspezifischen quantitativen und qualitativen Ausprägung als Teilursache in Frage kommt, außerdem dürften aber geschlechtsbedingte Unterschiede in der äußeren Belastung und der Exposition eine Rolle spielen.

Erkrankung	Fälle	100%	♀/♂
Angina pectoris	433		0.53
Herzmuskelinfarkt	105		0.18
Bronchitiden, akut u. chron.	272		0.45
Bronchiektasen	52		0.33
Emphysem	420		0.36
Lungen-Tbc	152		0.43
Gastritis,Gastro-Duoden.	654		0.32
Magenulcus	172		0.38
Magencarzinom	110		0.51
Ulcus duodeni	190		0.31
Narbenbulbus	187		0.18
Duodenal-Divertikel	66		0.47
Leberzirrhose	44		0.22
Cholezystopathie	308		2.21
Cholelithiasis	154		4.14
Chron. Cholangitis	118		3.73
Operierte Gallenblase	58		7.30
Strumen	223		2.23
Hyperthyreose	121		3.32
Tetanie	39		5.50
Hypochrome Anämie	103		9.30
Primär chron.Polyarthritis	47		2.60
Veg. Dystonie	655		1.74

Abb. 78. Darstellung der Gesamt-Fallzahl und des Sexual-Quotienten bei einigen krankhaften Störungen mit deutlichen Geschlechtsunterschieden. (Nach FRANKE u. Mitarb., 1959)

Geschlechtsunterschiede im *Enzym-Haushalt* und ihre hormonale Beeinflussung sind mehrfach beschrieben worden. So besitzen weibliche Ratten eine um etwa 40% (signifikant) geringere Glucose-6-phosphatase-Wirksamkeit in der Leber als die Rattenmännchen; die 14tägige Behandlung der Weibchen mit 10 mg Testosteronpropionat tägl. in öliger Lösung s.c. ließ die Enzym-Wirksamkeit auf Werte ansteigen, die nahe bei den Männchenwerten lagen: die Verff. (SHULL u. BAUTISTA, 1962) schließen auf einen quantitativen Anstieg von Glucose-6-phosphatase und nicht auf eine bloße Zunahme der Wirkung ohne eine reale Veränderung des Enzyms.

Suzuki, Ogawa u. Shibata (1961) untersuchten die Carboanhydratase-Aktivität (CAA) in Leber, Niere, Pankreas und Blut von jungen erwachsenen Mäusen des dd-Stammes beiderlei Geschlechts und fanden sie in der Leber bei den Männchen höher als bei den Weibchen, während in den 3 anderen Organen kein Geschlechtsunterschied festzustellen war. Die Entfernung der Hoden löste zunächst eine passagere und bald wieder korrigierte Abnahme der CAA in der Leber aus, dagegen war die CAA im Blut von Beginn des Versuches bis zum Ende herabgesetzt; die Injektion von Testosteronpropionat erhöhte die CAA in der Leber bei beiden Geschlechtern, beeinflußte die Leber-CAA bei den kastrierten Männchen nicht und erhöhte sie im Blut dieser Kastraten. Die Entfernung der Ovarien erhöhte die CAA in der Leber und setzte sie im Blut herab; durch Injektion von Testosteronpropionat wurde das normale Gleichgewicht zwischen diesen beiden CAA bei den kastrierten Weibchen wieder hergestellt. v. Deimling u. Mitarb. (Baumann, v. Deimling u. Noltenius, 1964; v. Deimling u. Baumann, 1964; v. Deimling, Baumann u. Noltenius, 1965) haben geschlechtsspezifische Unterschiede im Enzymmuster der Niere erwachsener Ratten und Mäuse für die Verteilung der histochemisch dargestellten alkalischen Phosphatase, der Glucose-6-phosphatase, der unspezifischen Esterase, Succinodehydrogenase und Aminopeptidase beschrieben. Schiebler u. Mühlenfeld (1966) fanden neue Geschlechtsunterschiede in der Niere der Ratte beim Nachweis der β-Hydroxibuttersäuredehydrogenase und der sauren Phosphatase und bestätigten die Unterschiede für alkalische Phosphatase und Glucose-6-phosphatase. Nach diesen Autoren ist das Enzymmuster geschlechtsunabhängig von NAD, NADPH, Cytochromoxidase, Succinodehydrogenase, Lactatdehydrogenase, Glucose-6-phosphatdehydrogenase und ATPase.

Taylor (1958) hat angegeben, daß bei Vitamin E-Mangelratten, die abnorm hohen O_2-Drucken ausgesetzt wurden, die Männchen eine stärkere *Hämolyse* aufwiesen als die Weibchen. Um festzustellen, ob dieser Geschlechtsunterschied im Vitamin E-Bedarf nur auf die Größenunterschiede der beiden Geschlechter zurückzuführen wäre oder ein echtes Sexualmerkmal darstellte, untersuchte Ward (1958) die Wirkungen des E-Mangels im Hämolyse-Test in verschiedenen Lebensaltern und bei verschiedenem Körpergewicht von männlichen und weiblichen Ratten, beginnend von der Zeit der Entwöhnung bis zu einem Körpergewicht von 281 g für die Männchen und 188 g für die Weibchen: der größere Vitamin E-Bedarf der Männchen wurde für alle Lebensalter und Gewichtsstufen bestätigt und spricht somit für die Existenz eines echten Geschlechtsunterschiedes in der Hämolyse-Anfälligkeit der Ratte[59].

Ohno u. Lyon (1970) hatten gezeigt, daß Alkohol-Dehydrogenase (ADH) und β-Glucuronidase der Mäuseniere, die normalerweise durch Androgene induzierbar sind, bei mutierenden Männchen mit einem X-gebundenen Gen für testiculäre Feminisierung (Tfm) selbst durch hohe Dosen von Testosteron oder 5a-Dihydrotestosteron (Lyon u. Hawkes, 1970) nicht induzierbar werden. In einer weiteren Untersuchung (Ohno, Dofuku u. Tettenborn, 1971), in der sie die Wirkungsfähigkeit von 5a-Androstan-3a-17-β-diol als eines Induktors von Mäuse-Nieren-ADH und -β-Glucuronidase mit dieser Fähigkeit bei ihm nahestehenden Verbindungen verglichen (Versuche an +/Y♂ und +/+♀), haben sie dann gezeigt, daß dieses Androstandiol der wahre Induktor ist. Insoweit als dieser Induktor in die

---

59 Im Hinblick auf die zunehmende Verbreitung immunologischer Methoden für die Auswertung verschiedener Hormone sei hier erwähnt, daß Furusawa, Kotani u. Takeuchi (1963) nachwiesen, daß zu Injektionen benutzte Mäusehoden-Homogenate spezifisch männliche Antigene enthalten, gegen welche die weiblichen Empfängermäuse humorale Antikörper bilden können, welche die Blutkörperchen der männlichen Mäuse spezifisch agglutinieren.

Zellen der proximalen Nierentubuli durch Pinocytose aufgenommen wird, scheint es sich bei der Nicht-Induzierbarkeit bei den Tfm-Y-Männchen weder um eine defekte 5a-Steroidreductase noch um einen defekten 5a-Dihydrotestosteron-Receptor zu handeln. Tfm scheint vielmehr eine nicht induzierbare Mutation des X-gebundenen Regulator-Locus zu sein, der die Induktion des Wolffschen (mesonephrotischen) Ganges durch androgene Steroide vermittelt. Die Gegenwart spezifischen Receptor-Proteins („Permease") für diese Induktion ist zweifelhaft. Da nur solche Zellen, die eine Pinocytose aufweisen, inzuzierbare Zellen sind, wird vermutet, daß ein Induktor die embryonalen Zellen des embryonalen Wolffschen Ganges in der gleichen Weise erreicht.

Zur Charakterisierung von 5a-Dihydrotestosteron sei darauf hingewiesen, daß dieser Metabolit von Testosteron, der als die aktive Form von Testosteron betrachtet wurde, die das sexuelle Verhalten bei beiden Geschlechtern zu induzieren vermöge, beim kastrierten Kaninchenweibchen selbst in sehr hohen Dosen keinerlei Oestrus-induzierende Fähigkeit besitzt (BEYER, VIDAL u. MCDONALD, 1970) und auch beim kastrierten Rattenmännchen das Sexualverhalten nicht auszulösen vermag (MCDONALD u. Mitarb., 1970), vermutlich weil es nicht in vivo in oestrogene Metaboliten umgewandelt, d. h. aromatisiert wird, wie z. B. Testosteron (DORFMAN u. UNGAR, 1965).

Diese Vermutung wird durch die Untersuchungen von BEYER, VIDAL u. MCDONALD (1970) über die wahrscheinliche Rolle der Aromatisierung bei der Induktion von sexuellem Verhalten durch Androgene beim ovariektomierten Kaninchen voll bestätigt, in denen sie die Weibchen der Albino-Neuseeland-Rasse im Alter von 5 Monaten ovariektomierten und frühestens 7 Wochen nach dem Eingriff in Versuch nahmen. Die Prüfung auf positives Sexualverhalten (Lordose und pseudomännliches Verhalten = Besprung) wurde 1 Woche vor Versuchsbeginn alle 24 Std durchgeführt: Tiere, bei denen die Prüfung in dieser Vorperiode positiv ausfiel, wurden ausgeschaltet. Die zu untersuchenden Androgene wurden in öliger Lösung im Laufe von 6 Tagen 2mal täglich s. c. injiziert. Anschließend wurden die Weibchen 1mal täglich auf ihr Sexualverhalten geprüft, bis die Prüfung an 3 aufeinander folgenden Tagen negativ war. Die Bereitschaft zum Besprung wurde an Weibchenpaaren im Laufe von 10 min getestet, der Lordose-Reflex durch Vereinigung mit potenten Männchen für 5—15 min. Von den untersuchten Androgenen ergaben Testosteron, Androstendion, 19-Hydroxyandrostendion und Dehydroepiandrosteron einen positiven Lordosetest bei allen Versuchsweibchen und einen positiven Besprungtest bei einer prozentual hohen Anzahl. Dagegen waren Androsteron, Dihydrotestosteron und Chlortestosteron-Acetat unwirksam. Daß die in diesen Versuchen unwirksamen Androgene im Organismus keine Umwandlung in Oestrogene erfahren, bestätigt die oben geäußerte Vermutung, daß die Aromatisierung bei den positiv reagierenden Stoffen eine entscheidende Rolle bei der Auslösung des Brunstverhaltens durch Androgene beim (Kaninchen-) Weibchen spielt.

GREEN, HORNER, LOWE u. MORTON (1957) fanden einen Unterschied in der Wirkung der Cholesterinfütterung auf die *Vitamin A-Speicherung* bei männlichen und weiblichen Ratten: während weder bei jungen noch bei erwachsenen Rattenweibchen, die von der Entwöhnung an einen Cholesterinzusatz von 2% zur Nahrung erhielten, eine signifikante Erniedrigung der Vitamin A-Speicherung in der Leber beobachtet wurde, zeigten sowohl junge als auch erwachsene Männchen unter den gleichen Versuchsbedingungen einen signifikanten (P = 0,01) Abfall, stärker ausgesprochen (46%) bei den infantilen als bei den erwachsenen (16%) Männchen. Mehrfach festgestellt wurde ein höherer Bedarf der Männchen an essentiellen Fettsäuren (GREENBERG, CALBERT, SAVAGE u. DENEL, jr., 1950).

Bezüglich *Vitamin A* verhalten sich bei Ratten auch weibliche und männliche Nieren verschieden: männliche Nieren speichern mehr Vitamin A als weibliche; Männchen speichern es rascher, aber verbrauchen auch ihre Vitaminvorräte aus der Leber schneller als die Weibchen (Booth, 1952).

Wie vorsichtig man bei der Rückführung von Geschlechtsunterschieden auf geschlechtshormonale Ursachen sein muß, zeigte die Untersuchung der *Folsäure-Giftigkeit:*

Taylor u. Carmichael (1949) hatten beobachtet, daß Mäusemännchen mehr als die 5fache Dosis an Folsäure vertrugen, die für weibliche Tiere tödlich war. Grab (1956) konnte diese Angabe nicht bestätigen, Folsäure erwies sich in seinen Versuchen zunächst als gleich giftig für Mäusemännchen und -weibchen. Es zeigte sich aber, daß zumindest in einigen Versuchen sich die Weibchen als signifikant widerstandsfähiger gegen die Folsäure-Vergiftung erwiesen als die Männchen, ein Unterschied, der darauf zurückzuführen ist, daß die bei Weibchen in der Niere vorhandenen Mechanismen zur Ausscheidung von Folsäure wirksamer sind als die der Männchen: er ist also genetisch determiniert und nicht etwa durch die Sexualhormone.

Diese Beobachtungen schließen aber nicht aus, daß weibliche Tiere im allgemeinen eine größere Widerstandskraft gegenüber den verschiedensten Noxen besitzen, daß nach vielfachen Untersuchungen das endokrine System beim weiblichen Geschlecht aktiver ist und daß darin die Ursache für seine erhöhte Widerstandsfähigkeit gegenüber manchen Schädlichkeiten (auch bei Menschen) zu suchen ist.

Das an verschiedenen Arten (Mäusen, Ratten, Meerschweinchen) festgestellte je nach Geschlecht des Empfängers verschiedene Verhalten der *Ovarialtransplantate*, in denen bei den weiblichen Empfängern Corpora lutea gebildet werden, die bei den männlichen Empfängern fehlen, wurde zunächst allgemein auf eine ungenügende Produktion von LH, dem luteinisierenden Hormon, in der Hypophyse des Männchens zurückgeführt. Desclin, jr. (1963) zeigte aber, daß man die Bildung von Corpora lutea im transplantierten Ovarium auch beim Männchen erreicht, wenn man dem Transplantatträger (Ratte), beginnend 30 Tage nach der Überpflanzung des Ovariums, im Lauf von 30 Tagen tägl. 20 IE Prolactin (LTH) injiziert: das Fehlen der Corpora lutea in den Ovarialtransplantaten beim Männchen beruht also auf einem Fehlen der Prolactinsekretion und nicht auf einem Mangel an LH. Da die Prolactinsekretion sowohl beim Weibchen als auch beim Männchen durch zentralnervöse Einflüsse gehemmt wird (Zeilmaker, 1963), muß man annehmen, daß diese Einflüsse beim Männchen stärker ausgeprägt sind als beim Weibchen. Ältere Beobachtungen von Goodman (1934), denen zufolge auch die zusätzliche Behandlung mit Antuitrin S zur Corpus luteum-Bildung im Ovarialtransplantat beim Männchen führt, dürften wohl durch eine Beimengung von LTH in diesem Präparat zu erklären sein.

Wenn Swelheim (1964) Rattenovarien in etwa 70 g schwere gonadektomierte Ratten beiderlei Geschlechts i. m. transplantierte, fand er eine stärkere oestrogene Wirkung der Transplantate auf Hypophyse und Nebennieren bei den kastrierten Männchen als bei den gleichalten und gleichschweren kastrierten Weibchen. Er erörtert 3 Möglichkeiten einer Erklärung für diesen Geschlechtsunterschied:

1. eine stärkere Sekretion von FSH bei den Männchen;

2. eine Verschiedenheit im histologischen Bau der Transplantate bei Männchen und Weibchen hinsichtlich der Gegenwart von Corpora lutea und Follikeln;

3. die Cyclizität der hormonalen Transplantatfunktion bei den weiblichen Trägern und ihr Fehlen bei den Männchen; eine Entscheidung über die wahrscheinlichste Erklärung konnte nicht gefällt werden.

In diesem Zusammenhang ist an die Ovarialtransplantationsversuche von LIP-
SCHÜTZ u. TIITSO (1925), LIPSCHÜTZ (1926), PETTINARI (1925) und SMELSER (1933)
zu erinnern, die kastrierte männliche und weibliche Meerschweinchen als Transplantatträger benutzten und eine stärkere oestrogene Wirksamkeit der transplantierten Ovarien am jeweiligen Wachstum der Zitzen feststellten. SMELSER machte
die zusätzliche Beobachtung, daß die Zitzen bei Meerschweinchen-Männchen und
-Weibchen gegenüber Oestrogenen gleich empfindlich sind, so daß diese Versuche
deutlich für eine stärkere Oestrogensekretion der ovariellen Transplantate im
kastrierten männlichen als im kastrierten weiblichen Organismus sprachen.

Bemerkenswert ist es, daß, nach BLACKWELL u. AMOSS (1970), die den Gonaden
übergeordnete gonadotrope Aktivität des Hypophysenvorderlappens der Ratte
zunächst in sehr verschiedener Weise bei den beiden Geschlechtern auf die Entfernung der Gonaden reagiert, und erst nach Ablauf einer Frist von etwa 30 Tagen
der gleiche Grad der Aktivität bei Männchen und Weibchen erreicht wird: Während beim Männchen in den auf die Kastration folgenden 12 Std eine bedeutende
Steigerung der LH-Konzentration im Plasma erfolgt, diese Steigerung im Lauf
von 20 Tagen nach der Kastration in geringerem Maße anhält und es erst dann zu
einer Plateau-Bildung der LH-Aktivität kommt, findet man bei den Weibchen
während der 10 Tage post castr. im Vergleich zum Männchen nur eine geringe
Erhöhung der LH-Konzentration im Plasma, und erst nach diesem Termin kommt
es in den folgenden 20 Tagen zu einer verstärkten Zunahme der LH-Konzentration, die am 30. Tag post castr. ähnlich ist wie bei den Männchen zum gleichen
Termin. Es wird vermutet, daß der initiale Anstieg der LH-Konzentration im
Plasma bei den Männchen mit dem Ausfall der Hodenandrogene durch die Kastration und der Umwandlung der extragonadalen (Nebennierenrinden-) Androgene
in Oestrogene in Zusammenhang steht, denn die hemmende Potenz der Oestrogene
scheint bei den beiden Geschlechtern verschieden zu sein.

Bei der Prüfung der Frage, inwieweit die für die erwachsenen Individuen
gültige *Spezifität der Reaktion auf die Wirkung von Testosteron bzw. Oestradiol* im
männlichen bzw. weiblichen Geschlecht auch für die fetalen und neonatalen Entwicklungsstadien gilt, injizierte FEDER (1967) neugeborenen Ratten beiderlei
Geschlechts im Alter von 2, 5 oder 20 Tagen Testosteronpropionat (einmalig
1,25 mg) oder Oestradioldipropionat (einmalig 100 μg) und prüfte ihr Sexualverhalten und die Morphologie ihrer Geschlechtsorgane nach Ablauf von 3—4 Monaten.
Während bei den Männchen, wenn sie das Reifealter erreicht hatten, das typische
Sexualverhalten und die Spermatogenese nur durch die Oestradiol-, nicht aber
durch die Testosterongaben gehemmt waren, wurden bei den erwachsenen Weibchen die typischen Komponenten des Sexualverhaltens und die Ovulationen durch
beide Hormone unterdrückt; die Hemmungen traten aber nur ein, wenn die Hormongaben am 2. oder 5. Lebenstag erfolgten, am 20. Lebenstag waren sie wirkungslos. Offenbar ist die Gegenwart von Testosteron beim Männchen in der
kritischen Empfindlichkeitsperiode mit einer normalen Entwicklung der sexuellen
Prägung vereinbar, vermutlich weil auch physiologischer Weise bereits eine Androgenproduktion des fetalen oder neonatalen Hodens vorliegt: darauf würde, wenigstens zum Teil die Reaktionsspezifität für Androgene zurückzuführen sein; dagegen wäre die beim erwachsenen Weibchen sich entwickelnde Reaktionsspezifität
für Oestrogene von der während der kritischen Periode bestehenden Abwesenheit
sowohl der Oestrogene als auch der Androgene abhängig.

Der Serumspiegel von *Gesamtcholesterin, freiem und verestertem Cholesterin*
nahm bei Affen unter dem Streß einer Fesselung in beiden Geschlechtern ab
(MEIER, GREENHOOT, SHONLEY, GOODMAN u. PORTER, 1963), maximal 5—10 Tage
nach Einsetzen des Streß; der Abfall war bei den Männchen ausgesprochener als

bei den Weibchen (Männchen: Gesamtcholesterin von 159,6 mg% auf 103 mg% = 35,5%; Weibchen: von 162,3 auf 132,0 mg% = 19%). Es ist gegenwärtig schwer, die intermediären Mechanismen aufzuzeigen, die für die Geschlechtsunterschiede als Folge des Streß verantwortlich sind; durchaus möglich erscheint es, daß psychologische Faktoren, die den Streß der Fesselung begleiten, eine Hauptrolle in der Stimulierung von Stoffwechselfaktoren spielten, die zu den Änderungen im Cholesterinspiegel führten.

CRABTREE, WARD u. WELCH (1939) fanden, daß bei der Verfütterung der *roten Meerzwiebel* in Pulverform mit der Nahrung an Ratten die Männchen sich als mindestens doppelt so widerstandsfähig gegen ihre Giftwirkung erwiesen wie die Weibchen, gleichgültig ob diese intakt oder kastriert waren; dagegen war bei den Männchen die Gegenwart der Hoden bzw. eine Behandlung mit Testosteron bei den Kastraten die Voraussetzung für die erhöhte Widerstandsfähigkeit.

Eine gegenüber den Männchen vorübergehend erhöhte Toleranz der weiblichen Ratte für die narkotische Wirkung von oral verabreichtem *Äthylalkohol* beobachtete WALLGREN (1959) bei Erreichung der Fortpflanzungsreife, d. h. im Alter von etwa 14 Wochen, die etwa 8 Wochen anhielt und sich mit 22 Wochen derjenigen der Männchen wieder anglich. GOLDBERG u. STÖRTEBAKER (1943) haben bei kastrierten Kaninchenweibchen eine anti-narkotische Wirkung von Oestron gegen die Alkohol-Intoxikation beschrieben und daraus auf eine Abhängigkeit des ZNS vom hormonalen Status geschlossen. Eine verstärkte *Morphium*-Toleranz beobachtete ANGELUCCI (1958) bei Rattenweibchen im Vergleich zu den Männchen. Die Weibchen von Ratten, Hamstern und Erdhörnchen (Citellus tridecimlineatus) vertrugen die die Temperatur herabsetzende Wirkung von *Chlorpromazin* besser als die Männchen; bei den männlichen Ratten nahm die Verträglichkeit mit dem Alter ab (HOFFMAN u. ZARROW, 1958); auch die kombinierte Streßwirkung von Chlorpromazin und kalter Umgebungstemperatur wurde von den Hamsterweibchen besser vertragen als von den Hamstermännchen.

Untersuchungen zur Frage einer Geschlechtsabhängigkeit des *Strophanthineffekts* beim Menschen haben MICHEL u. HARTLEB (1958) an 140 Probanden angestellt, deren Verhalten nach einer einmaligen i. v. Injektion von $^1/_4$ mg Kombetin (Strophanthin K) geprüft wurde: es ergab sich eine echte Sexualdifferenz im Verhalten des diastolischen Blutdruckes nach der Injektion, der bei Frauen im Durchschnitt abfiel, bei Männern anstieg. Verff. halten es aber für mehr als fraglich, daß „diese nachgewiesene Geschlechtswendigkeit in direkte Beziehung zur hormonalen Struktur gebracht werden kann"; sie nehmen vielmehr an, daß „hierin eine verschiedene Ansprechbarkeit, die zwar mittelbar endokrin bzw. neural gesteuert sein dürfte, auf kurzfristige hämodynamische Verschiebungen zum Ausdruck kommt", also um extracardiale Effekte. In ähnlicher Weise dürfte wohl auch die stärkere Pulsverlangsamung beim weiblichen Geschlecht nach Strophanthin gedeutet werden; noch schwieriger sind die als wahrscheinlich echt anzunehmenden Geschlechtsunterschiede der Druckanstiegszeit (bei Frauen im Durchschnitt Abnahme, bei Männern Zunahme) und der relativen Austreibungszeit (bei Frauen stärkere Zunahme) zu interpretieren.

Unter den verschiedenen Wirkungen einer Verabreichung von *Äthionin* (= a-Amino-γ-äthylthiol-buttersäure), einem Analogon von Methionin, bei Ratten ist die Leberverfettung auf das weibliche Geschlecht beschränkt (FARBER, SIMPSON u. TARVER, 1950; FARBER, KOCH-WESER u. POPPER, 1951); der gleiche Geschlechtsunterschied besteht für die durch Äthionin bedingte Hemmung der Synthese von Leberproteinen (FARBER u. COHEN, 1958). Diese Geschlechtsunterschiede können auf die Gegenwart von Androgenen in erhöhter Konzentration beim Männchen bezogen werden, weil die Hodenentfernung das Männchen gegenüber der Athioninwirkung empfindlich machte und die Verabreichung von Androgenen das kastrierte Männchen und das intakte und ovariektomierte Weibchen vor ihr schützte (FARBER u. Mitarb., 1951; FARBER u. SEGALOFF, 1955), wobei die Stärke der spezifisch androgenen Wirkung der verschiedenen Androgenpräparate keine positive Korrelation zum Grad ihrer Schutzwirkung aufwies: RANNEY u. DRILL (1957) wiesen einen besonders ausgesprochenen Schutz vor Leberverfettung für das synthetische Norethandrolon (17-Äthyl-19-nortestosteron) nach, das in Dosen wirksam ist, die noch keine spezifisch androgene Wirkung ausüben. Die Schutzwirkung der Androgene wird daher auf die anabole Komponente ihres Wirkungsspektrums zurückgeführt, die sich primär am Protein-Stoffwechsel auswirkt und erst sekundär den Fett-Stoffwechsel beeinflußt [s. auch NATORI, TROWBRIDGE, TORESON u. TARVER (1961) und GOLDBERG, GOLDBERG u. GOLD (1961)]. In weiteren Untersuchungen zeigte NATORI (1963), daß der Einbau in vivo von L-Methionin-methyl-^{14}C und L-Äthionin-äthyl-^{14}C in die Leberproteine der Ratte, ebenso in die Ribonucleinsäure und in Phosphorlipidcholin beim Weibchen größer ist als beim Männchen: der Gehalt an Methionin-Methyl aktivierender Enzymwirksamkeit war in der Leber von Weibchen etwa doppelt so hoch wie bei den Männchen; die Kastration hatte beim Männchen eine starke Erhöhung der Enzymwirksamkeit zur Folge, während die anschließende Verabreichung von Norethandrolon (s. o.) sie wieder auf den Stand beim intakten Männchen reduzierte.

Den oben geschilderten Beispielen einer geschlechtsverschiedenen Reaktion hormonaler Genese seien untenstehend einige Fälle gegenübergestellt, in denen die geschlechtsverschiedene Reaktion auf andere, nicht immer geklärte Ursachen, jedenfalls aber *nicht auf den hormonalen Status sexualis der beiden Geschlechter zurückzuführen ist.*

Auf *Geschlechtsunterschiede in der psychologischen Reaktion* auf Resektionen am Schläfenhirn (wegen epileptischer Störungen) bei Männern und Frauen hat LANSDELL (1962) hingewiesen; er führt sie auf *anatomische Verschiedenheiten* in der ausgesprochenen Asymmetrie der Funktionen zurück, die das menschliche Gehirn auszeichnet, in dem die eine Hemisphäre, für gewöhnlich die linke, deutlich „dominiert" hinsichtlich der Sprache, während die andere möglicherweise von größerer Bedeutung für die Wahrnehmung ist. Mit den hormonalen Unterschieden zwischen Mann und Frau dürften die als Reaktion auf den neurochirurgischen Eingriff beobachteten Verschiedenheiten im künstlerischen Vermögen und seinen Störungen nichts zu tun haben LANDSELL hat in einer späteren Notiz (1964) auf eine Reihe von Beobachtungen aus dem neueren anatomischen und neurologisch-psychiatrischen Schrifttum hingewiesen, welche die Wichtigkeit einer Berücksichtigung des Geschlechts bei allen Untersuchungen über die Seitenverschiedenheit cerebraler Funktionen dartun.

Ob auch die Geschlechtsunterschiede zwischen Kaninchenmännchen und -weibchen in der *Speicherung des Farbstoffes T-1824 in der Leber* und ihre Beeinflussung durch Thorotrast rein anatomisch bedingt sind, haben die Versuche von BERNICK, HYMAN u. PALDINO (1956) nicht geklärt: der Farbstoff findet sich beim Weibchen vornehmlich in den Kupfferschen Sternzellen, kaum in Parenchymzellen, bei den Männchen dagegen liegen zahlreiche Farbkörnchen in den Leberzellen, nur wenige gelegentlich in den Sternzellen.

GROSCH u. PLUMB (1959) beobachteten an einer Kultur von Krebsen der Art Artemia salina in Seewasser mit Zusatz von ^{32}P, daß die Weibchen in einem bestimmten Zeitraum mehr radioaktiven Phosphor aufnahmen als die Männchen. Wie sich zeigte, erfolgt die ^{32}P-Aufnahme sozusagen indirekt über die Nahrung (Chlorella, Bakterien, Hefezellen). Bis zu 9—10 Std. nach Hinzufügung von ^{32}P zur Kulturflüssigkeit sind alle Artemien nur geringfügig radioaktiv, nach diesem

Termin sind alle hoch radioaktiv, die Weibchen aber stärker als die Männchen. Bei den Weibchen erreicht die Radioaktivität ein Maximum und fällt dann wieder ab, was vermutlich auf die Geburten der Jungen mit Abgabe von ^{32}P an diese zurückzuführen ist. Offenbar rührt die höhere Radioaktivität der Artemia-Weibchen von einer im Vergleich zu den Männchen erhöhten Nahrungsaufnahme her. Auffallend ist allerdings, daß auch in Versuchen mit der Hornisse Habrobracon GROSCH u. SULLIVAN (1953) und GROSCH (1956), ferner BABERS u. ROAN (1954) bei der Hausfliege, KING (1954) bei Drosophila und LORENZ, PERLMAN u. CHAIKOFF (1942) bei Stechmücken die Weibchen stets eine stärkere Aufnahme von ^{32}P aufwiesen als die Männchen. GROSCH u. PLUMB (1959), aus deren Arbeit wir diese Daten entnehmen, weisen übrigens darauf hin, daß auch bei Hennen ein außerordentlich hoher ^{32}P-Umsatz im Zusammenhang mit der Eiablage beobachtet wird, so daß diese physiologische Stoffwechsel-Besonderheit nicht auf den Arthropoden-Stamm beschränkt ist.

In dieses Kapitel der geschlechtsverschiedenen Reaktionen ist vielleicht am besten auch die Reaktion des hypophysären FSH auf den komplexen Vorgang der sexuellen Reifung aufzunehmen. Obgleich das FSH sicher bei beiden Geschlechtern einen regelnden Einfluß auf die sexuelle Reifung mit Einschluß des Gonadenwachstums ausübt, findet man bei einigen Arten der in dieser Hinsicht vielfach untersuchten Nagetiere z. B. folgende Unterschiede zwischen den Weibchen und Männchen der Laboratoriumsratte: Im Alter von 22 Tagen zeigt das Weibchen einen hohen Gehalt von FSH (ca. 275 μg/Drüse) in der Hypophyse, der im Lauf der nächsten 18 Tage (also bis zum 40. Lebenstag) auf etwa 1/10 heruntergeht, in einer Zeit in der das Ovarium ein starkes Wachstum aufweist. In der gleichen Zeit zeigt das Rattenmännchen eine starke Zunahme des FSH-Gehalts in der Hypophyse, parallel zu einer ausgesprochenen Gewichtszunahme des reifenden Hodens (PEARCE u. BROWN, 1970). Zu ähnlichen Resultaten gelangte BROWN (1971) bei Untersuchung des Hamsters (Mesocricetus auratus): Der Gehalt an FSH in der Hypophyse des Weibchens entsprach etwa 50 μg des Standards NIH.FSH SI/Drüse im Alter von 26 Tagen und fiel auf 12 μg/Drüse im Alter von 40 Tagen ab; dagegen zeigten die Hypophysen von Hamstermännchen mit 26 Tagen einen ähnlichen Gehalt wie die Weibchen, der aber bis zum 40. Lebenstag auf 105 μg/Drüse anstieg. Diese Ergebnisse bei Ratten und Hamstern entsprechen durchaus übereinstimmend der Annahme, daß die Unterschiede im FSH-Gehalt der Hypophyse auf die Verschiedenheit der Steroide zurückzuführen ist, welche die Produktion und Sekretion von FSH regeln, die Oestrogene beim Weibchen mit starker und die Androgene beim Männchen mit schwacher hemmender Wirkung auf die FSH-Aktivität. Man könnte sich vorstellen, daß der herabgesetzte FSH-Gehalt der weiblichen Hypophysen den starken Verbrauch durch das Ovarium und eine ungenügende Neu-Produktion durch die erschöpfte Hypophyse wiederspiegelt, während beim Männchen ein relativ geringerer Verbrauch im wachsenden und reifenden Hoden und eine lebhafte Neu-Produktion von FSH in der Hypophyse zum Anstieg des FSH-Gehalts in ihr führen.

Die Annahme einer Allgemeingültigkeit dieser Hypothese wird allerdings schon durch die Verhältnisse bei einer 3. Nagerart, dem Meerschweinchen (Cavia porcellus) stark in Frage gestellt, bei dem BROWN (1971) im Alter von 18 Tagen einen FSH-Gehalt von 45 μg/Drüse beim Männchen und von 40 μg/Drüse beim Weibchen fand und bei beiden Geschlechtern einen übereinstimmenden Abfall auf 15 bzw. 12 μg/Drüse am 88. Lebenstag feststellte, bei beiden Geschlechtern zur Zeit des starken Gonadenwachstums. Wenn auch das Meerschweinchen in seinen sexual-hormonalen Aktivitäten vielfach eine Sonderstellung unter den kleinen Laboratoriumsnagern einnimmt [man denke an die lange Dauer des östrischen

Cyclus (16 Tage) oder der Schwangerschaft (63 Tage)], so erscheint es doch notwendig die obige Deutung der FSH-Reaktion auf die sexuelle Reifung durchaus als hypothetisch zu betrachten.

7. Anti-Androgene
(einschließlich des Antagonismus der Sexualhormone)[60]

Unter den Begriff der „Anti-Androgene" fallen alle jene physiologischen körpereigenen Wirkstoffe, ihre Derivate oder sonstige chemische Verbindungen, die geeignet sind, die Gesamtheit oder einen Teil der physiologischen Androgenwirkungen herabzusetzen, zu hemmen oder gänzlich zu unterdrücken. Dabei sind begriffsgemäß solche Substanzen aus dem Kreis der Anti-Androgene auszuschließen, die nur dank ihren toxischen oder anderen Allgemeinwirkungen auf den Gesamtorganismus oder bestimmte Teile desselben die Manifestierung der Effekte endogener oder exogener Androgene verhindern, indem sie z. B. in die physiologische Regelung der Androgenproduktion via Hypothalamus und Hypophysenvorderlappen (Gonadotropinproduktion) störend eingreifen. Zufolge dieser Begriffsabgrenzung wären z. B. auch die Oestrogene aus der Gruppe der Anti-Androgene auszuschließen, wenn ihre anti-androgene Wirkung ausschließlich auf die Hemmung der Gonadotropinproduktion im Hypophysenvorderlappen zurückzuführen wäre; wir werden aber sehen, daß die antagonistischen Beziehungen zwischen Androgenen und Oestrogenen nicht nur auf dem indirekten hypophysären Wege verlaufen, sondern daß es auch einen direkten Wirkungsmechanismus gibt, dessen Vorhandensein die Einordnung der Oestrogene unter die Anti-Androgene auch nach unserer strengeren Begriffsfassung gestattet[61]. Schon die ersten einschlägigen Beobachtungen sprechen in diesem Sinne:

Die *anti-androgene Wirkung (a.-a.W.)* der Oestrogene wurde erstmalig von MORATÓ-MANARO, ALBRIEUX u. BUNO (1935) am Kamm des jugendlichen Hahnes festgestellt, insbesondere auch durch gleichzeitige lokale Applikation von Androgen und Oestrogen am Kamm des Kapauns (MORATÓ-MANARO u. ALBRIEUX, 1937; HOSKINS u. KOCH, 1938). Die a.-a.W. des Oestrogens, erstmalig expressis verbis von GLEY u. DELOR (1937) erwähnt, wurde von EMMENS (1939) am erwachsenen Brown-Leghorn-Hahn bestätigt und von MÜHLBOCK (1938a, 1938b, 1938c, 1938d) in Versuchen am Kapaun eingehend untersucht. Wie diese Versuche von MÜHLBOCK (Tab. 91) zeigten, bedurfte es einer Menge von 500 μg Oestron oder Oestradiol-17β, um die Kammwachstumswirkung von 0,4 μg Testosteron (beide auf den Kamm aufgetragen) zu unterdrücken; dagegen waren Oestriol, Equilenin und Pregnenolon (Δ^5-Pregnen-3β-ol-20-on) unwirksam; Progesteron bewirkte in der gleichen Dosis von 500 μg eine totale Hemmung der Testosteronwirkung am Kapaunenkamm. Das Fehlen der Wirkung beim Oestriol und Equilenin ist deshalb besonders bemerkenswert, weil nach MÜHLBOCK dadurch ausgeschlossen werden kann, daß es sich bei dieser Hemmung um eine unspezi-

---

60 Herr Prof. A. LIPSCHÜTZ, Santiago de Chile, hatte die große Freundlichkeit, das Kapitel über „Anti-Androgene" kritisch durchzusehen und einige wertvolle Ergänzungen vorzuschlagen, wofür ich ihm auch an dieser Stelle meinen herzlichen Dank aussprechen möchte. H. E. Voss.

61 NEUMANN u. Mitarb. haben in verschiedenen Veröffentlichungen [z. B. in einer der neuesten Arbeiten von NEUMANN, STEINBECK, ELGER u. VON BERSWORDT-WALLRABE (1968)] die Oestrogene und andere Hemmer der gonadotropen Partialfunktion der Hypophyse aus der Reihe der Anti-Androgene ausgeklammert, „da sie im allgemeinen als Antagonisten exogen zugeführter Androgene versagen". Angesichts der im folgenden zu schildernden direkten lokalen kompetitiven anti-androgenen Wirkung der Oestrogene am Kapaunenkamm können wir uns dieser Auffassung nicht anschließen.

fische Wirkung handelt. Die im weiblichen Organismus oestrogen wirksamsten Stoffe sind auch bei der Hemmung der Testosteronwirkung am stärksten wirksam. Prinzipiell die gleichen Ergebnisse einer Hemmung erzielte MÜHLBOCK (1938a) auch bei der i. m. Applikation des Androgens (Androsterons) und gleichzeitig der Oestrogene (Tab. 121), wobei die a.-a.W. von Oestradiolbenzoat besonders deutlich war, wenn die Versuchsdauer auf 14 Tage ausgedehnt wurde. Einer Vergrößerung des Kammes um 47% bei alleiniger Gabe von 100 μg Androsteron tägl. i.m. im Lauf von 4 Tagen steht nicht nur keine Vergrößerung, sondern eine weitere Verkleinerung des Kapaunenkammes um 17% gegenüber, wenn gleichzeitig mit dem Androsteron 5 mg Oestradiolbenzoat i. m. verabreicht werden. In besonderen Versuchen ließ sich zeigen, daß oestrogene Hormone tatsächlich den geschrumpften Kamm des Kapauns noch weiter verkleinern können: diese Rückbildung läßt es, nach MÜHLBOCK (1938c), fraglich erscheinen, ob die Unterdrückung der Androgenwirkung auf den Kamm durch Oestrogene bzw. durch Progesteron die Folge eines unmittelbaren Antagonismus ist; ihm erscheint es möglich, daß diese Hemmungswirkung über die Hypophyse verläuft. Uns will es scheinen, daß demgegenüber DORFMAN recht hat, wenn er bei Erwähnung dieser Versuche schreibt: "It is quite likely that the activity of adrenal androgens is suppressed under these conditions" (DORFMAN u. SHIPLEY, 1956, S. 134).

Tabelle 91. *Prüfung der anti-androgenen Wirksamkeit von Oestrogenen, Progesteron und Pregnenolon in Versuchen am Kapaun. Nach* MÜHLBOCK *(1938a)*

Versuche mit gleichzeitiger lokaler Auftragung auf den Kamm von 0,4 μg Testosteron und der Prüfsubstanz			
Gleichzeitige Applikation von	Dauer des Versuches Tage	Mittleres Kammwachstum in % bei 6 Kapaunen Versuch	Kontrolle	Ergebnis
Oestron				
100 μg	5	$+14^1/_2\%$	$+11\%$	Keine Hemmung
500 μg	5	$+ 4\%$	$+22\%$	Hemmung
500 μg	6	$- 4\%$	$+29\%$	Totale Hemmung
Oestradiol				
500 μg	5	$- 2\%$	$+23\%$	Totale Hemmung
Oestriol				
500 μg	5	$+34\%$	$+25\%$	Keine Hemmung
Equilenin				
500 μg	5	$+22\%$	$+27\%$	Keine Hemmung
Progesteron				
100 μg	5	$+16\%$	$+31\%$	Geringe Hemmung
500 μg	5	$+ 4\%$	$+30\%$	Totale Hemmung
Pregnenolon				
500 μg	5	$+26\%$	$+30\%$	Keine Hemmung
1000 μg	5	$+33\%$	$+23\%$	Keine Hemmung
Versuche mit gleichzeitiger intramuskulärer Injektion von 100 μg Androsteron und der Prüfsubstanz				
Oestron				
20 μg	5	$+ 9\%$	$+16\%$	Geringe Hemmung
100 μg	5	$+ 9\%$	$+17\%$	Geringe Hemmung
300 μg	5	$+ 8^1/_2\%$	$+19\%$	Geringe Hemmung
1000 μg	5	$+ 5,1\%$	$+11^1/_2\%$	Geringe Hemmung
Oestradiolbenzoat				
5000 μg	5	$+ 4\%$	$+17\%$	Fast vollständige Hemmung
5000 μg	5	$- 7\%$	$+ 8\%$	Hemmung
5000 μg	14	-17%	$+47\%$	Totale Hemmung
Progesteron				
200 μg	5	$+ 6^1/_2\%$	$+19^1/_2\%$	Hemmung

Nach HARSH, OVERHOLSER u. WELLS (1939) hatten s. c. Oestrogen-(Amnio-tin-)Injektionen in öliger Lösung in Dosen von 37,5—500 IE tägl. im Lauf von 30 Tagen bei Ratten und von 120—300 IE tägl. im Lauf von 21—32 Tagen bei Mäusen folgende pathologischen Reaktionen zur Folge: sie führten zu einer Meta-plasie in geschichtestes Plattenepithel in den Ausführungsgängen der Cowperschen Drüsen und der Vdr., in der Pars anterior und im Ausführungsgang der Prostata bei infantilen Rattenmännchen, ebenso in den Gängen der Vdr. bei erwachsenen Rattenmännchen; bei den Mäusen kam es zu einer Penisprotrusion, Blasenerwei-terung, Verdickung der Submucosa im intraprostatischen Teil der Vasa deferentia und zur metaplastischen Schichtbildung in den Gängen der Vdr. und der Prostata anterior. Bei intakten Versuchsmännchen waren die Veränderungen weniger auf-fällig als bei Kastraten. Testosteroninjektionen (5 IE täglich) verhinderten die Metaplasie in der Prostata anterior, unterdrückten aber die übrigen pathologi-schen Veränderungen nicht vollkommen.

Die Versuche von MORATÓ-MANARO u. ALBRIEUX (1938) über die a.-a.-W der Oestrogene durch lokale Applikation am Kamm des Kapauns wurden bereits oben erwähnt. EMMENS u. BRADSHAW (1939) verglichen nun den gegenseitigen Antago-nismus verschiedener Androgene und Oestrogene bei unterschiedlichen Verab-reichungsweisen am Kapaunenkamm. Wenn Oestron und Oestradiol-17β in öliger Lösung auf den Kapaunenkamm aufgetragen wurden, unterschieden sie sich nicht merklich in ihrer a.-a.W., während Diäthylstilboestrol auf diesem Zuführungsweg relativ unwirksam war. Bei Injektion erwies sich Oestradiol-17β als das stärkst wirksame dieser Anti-Androgene, gefolgt von Diäthylstilboestrol und dann erst von Oestron. Das Verhältnis der bei Injektion wirksamen Dosis zur bei lokaler Auftragung auf den Kamm wirksamen Dosis, die die Kammwirkung von 600 μg injizierten Androsterons um 50% verringerte, war etwa 470:1 bei Oestron, 180:1 bei Oestradiol und 2:1 bei Diäthylstilboestrol.

DORFMAN u. DORFMAN (1960) und DORFMAN (1962) haben eine *Testmethode für die a.-a.W.* am Kükenkamm angegeben: 1 oder 2 Tage alte männliche Küken werden s. c. mit 0,5 mg Testosteron-Oenanthat in 0,5 ml Sesamöl injiziert; die jeweilige Dosis der zu prüfenden Substanz wird in 0,7 ml Sesamöl gelöst und auf 7 Tage verteilt in Portionen von 0,1 ml tägl. s. c. injiziert. 24 Std. nach der letzten Injektion werden die Küken getötet, Kammgewicht in mg und Körpergewicht in g bestimmt und ihr Verhältnis (mg : g) berechnet, das als Maß der androgenen Wirkung dient; aus dem Vergleich mit den Kontrollen, die nur mit dem Androgen behandelt werden, ergibt sich die Stärke der a.-a.W. der Prüfsubstanz. Von den untersuchten Stoffen erwies sich in diesem Test Norethisteron als am stärksten antiandrogen wirksam, in einer Dosis von 0,1 mg hob es die stimulierende Wirkung von 0,5 mg Testosteron-Oenanthat auf den Kükenkamm auf; ebenso wirksam war auch das Phenanthrenderivat Ro-2-7239 (S. 494/495); von Cortisol bzw. Progesteron brauchte man 0,5 mg und vom synthetischen Oestrogen Mer-25 (1-(p-2-diäthyl-aminoäthoxyphenyl)-1-phenyl-2-p-methoxyphenyl-äthanol) 4,5 mg zur Errei-chung der gleichen Wirkung. LERNER, BIANCHI u. DZELZKALNS (1963) haben den Test für die Messung der a.-a.W. am Kükenkamm vereinfacht, indem sie tägl. 0,005 ml einer öligen Lösung von Testosteron mittels einer Mikroinjektionsspritze (Verfahren von Voss u. Mitarb., 1936) auf die eine Seite des Kammes auftrugen, auf die andere Seite des Kammes die auf ihre a.-a.W. zu prüfende Substanz, eben-falls in öliger Lösung; nach 7tägiger Applikation nahm das Kammgewicht direkt proportional zur angewandten Testosteronmenge zu (Kontrolltiere) und wurde durch die Prüfsubstanz (A-Norprogesteron) direkt proportional zu ihrer Dosierung gehemmt.

Bruzzone u. Lipschütz (1953) haben die a.-a.W. von Oestradiol an den Corpora cavernosa der Clitoris des kastrierten Meerschweinchens untersucht: Wenn 3mal wöchentlich 0,4 mg Testosteron (in Form des Propionats) injiziert werden, erreichen die Corpora cavernosa in $2^1/_2$ bzw. 4 Monaten eine Länge von 5,2 bzw. 6,3 mm; wird gleichzeitig 0,04 mg Oestradiol (in Form des Benzoats) injiziert, so wird die Länge von bloß 3,8 bzw. 4,4 mm erreicht. Der Unterschied ist statistisch hoch signifikant. Auch die Bildung von Stachelorganen, die für den Penis des Meerschweinchens charakteristisch sind, wird durch Testosteron beim weiblichen Meerschweinchen angeregt; durch gleichzeitige Zufuhr von Oestrogen wird ihr Wachstum verlangsamt, wenn auch in statistisch nicht signifikanter Weise.

Neumann u. Elger (1966) haben eine neue Methode zur Prüfung anti-androgen wirksamer Substanzen an infantilen kastrierten oder intakten Rattenweibchen beschrieben, wobei sie den durch Gaben von Testosteronpropionat stimulierten Uterus bzw. die Präputialdrüsen als Testorgan benutzten. Als Anti-Androgen verwendeten sie *Cyproteron* ($= 1,2a$-Methylen-6-chlor-$\varDelta^{4,6}$-pregnadien-$17a$-ol-3,20-dion). Der Test ist leicht durchführbar, relativ empfindlich und mit nur sehr geringen Streuungen behaftet (Uterus); die Versuchsdauer von 12 Tagen ließe sich möglicher Weise auf 1 Woche reduzieren. Eine Einschränkung erfährt der Test dadurch, daß a.-a. wirksame Verbindungen mit oestrogenen oder gestagenen Nebenwirkungen direkt fördernd auf das Uteruswachstum wirken: dadurch wird der a.-a. Effekt überlagert, z. B. beim Progesteron. Durch diese Versuche wurde der von Bruzzone u. Lipschütz (1953) grundsätzlich auch bei weiblichen Individuen nachgewiesene Androgen-Antagonismus von Anti-Androgenen an zwei weiteren weiblichen Organen bestätigt. In einer weiteren Arbeit (Neumann, Elger u. von Berswordt-Wallrabe, 1966) haben Verff. wahrscheinlich gemacht, daß die a.-a. Wirkung von Cyproteron über die Blockierung der Androgen-Receptoren im Hypothalamus zustande kommt.

Diese Auffassung vom Mechanismus der a.-a.W. von Cyproteron ist mit ihrem Vorhandensein auch bei hypophysektomierten Tieren (Neumann u. v. Berswordt-Wallrabe, 1966) nur vereinbar, wenn Cyproteron nicht nur an den zentralen Androgen-Receptoren im Hypothalamus wirksam ist, sondern auch die peripheren Receptoren hemmt: wenn es gleichzeitig mit TPr bei erwachsenen hypophysektomierten Rattenmännchen s. c. verabreicht wurde, hemmte es bestimmte TPr-Wirkungen, nämlich die Verhinderung des Hodengewichtsschwundes, die Aufrechterhaltung der Spermiogenese und die Vergrößerung von Prostata und Vesiculardrüsen. Wurde in Parallelversuchen Oestradiol gleichzeitig mit TPr gegeben, so störte es die Auswirkungen der TPr-Gaben nicht: nach Auffassung der Verff. schließen diese Versuchsergebnisse die Annahme eines direkten a.-a. Effekts von Oestradiol aus; wie Neumann (persönl. Mitteilung, 1966) schreibt: „Oestrogene können lediglich am intakten Tier über eine Hemmung der Gonadotropinsekretion die Testosteronsynthese herabsetzen. Antiandrogene dagegen (kompetitiver Antagonismus an den Receptoren der Erfolgsorgane) beeinflussen nicht die Testosteronsynthese, wohl aber die Wirkung von Testosteron, und zwar sowohl des endogen produzierten als auch des exogen zugeführten". Gegen die so postulierte *ausschließliche indirekte a.-a.W. der Oestrogene* sprechen die oben (S. 474 ff.) referierten Versuche mit lokaler Anwendung von Testosteron $+$ Oestradiol am kastrierten Tier (Kapaun), bei dem eine endogene Testosteronproduktion ausgeschlossen ist und die a.-a.W. von Oestradiol sich am exogen zugeführten Testosteron manifestiert, wohl auch auf kompetitivem Weg an den Androgen-Receptoren, nicht anders als das Cyproteron. Es gibt aber auch andere Beobachtungen, die für eine direkte a.-a.W. der Oestrogene sprechen. So haben Ramaswami u. Kumar (1962) beim erwachsenen lemuriden Affenmännchen Loris tardigradus lydekkerianus unter TPr-Behandlung eine merkliche Zunahme von Vesiculardrüsen, Prostata und des Ductus ejaculatorius, dagegen eine Abnahme des Gewichts von Hoden und Nebenhoden, also eine Hemmung der gonadotropen Funktion des HVL festgestellt, während die Behandlung mit Oestradioldipropionat eine Abnahme der accessorischen Geschlechtsdrüsen, aber *keine* Abnahme des Gewichts von Hoden und Nebenhoden bewirkte, d. h. es lag keine Hemmung der gonadotropen Funktion des HVL, sondern eine *direkte* a.-a.W. der Oestrogene auf die accessorischen Geschlechtsdrüsen vor. Warum die direkte a.-a.W. der Oestrogene in den Versuchen von NEUMANN u. v. BERSWORDT-WALLRABE nicht zum Ausdruck kam, läßt sich nicht ohne weiteres sagen; es mag sein, daß Speciesunterschiede (Ratten einerseits, Hähne und Affen andererseits) hierbei entscheidend waren.

In einem Vortrag auf dem 18. Colloquium der Ges. f. Physiologische Chemie (1967) haben NEUMANN, v. BERSWORDT-WALLRABE, ELGER u. STEINBECK eingehend über die a.-a.W. von Cyproteron berichtet und auch eine Aufzählung der in den Laboratorien der Schering A.G., Berlin, synthetisierten weiteren Anti-Androgene (Hydroxyprogesteronderivate und einige Androstenderivate mit einem Sechser-D-Ring) gebracht (Abb. 79). In der Hauptsache wurden die Versuche an hypophysektomierten Ratten durchgeführt.

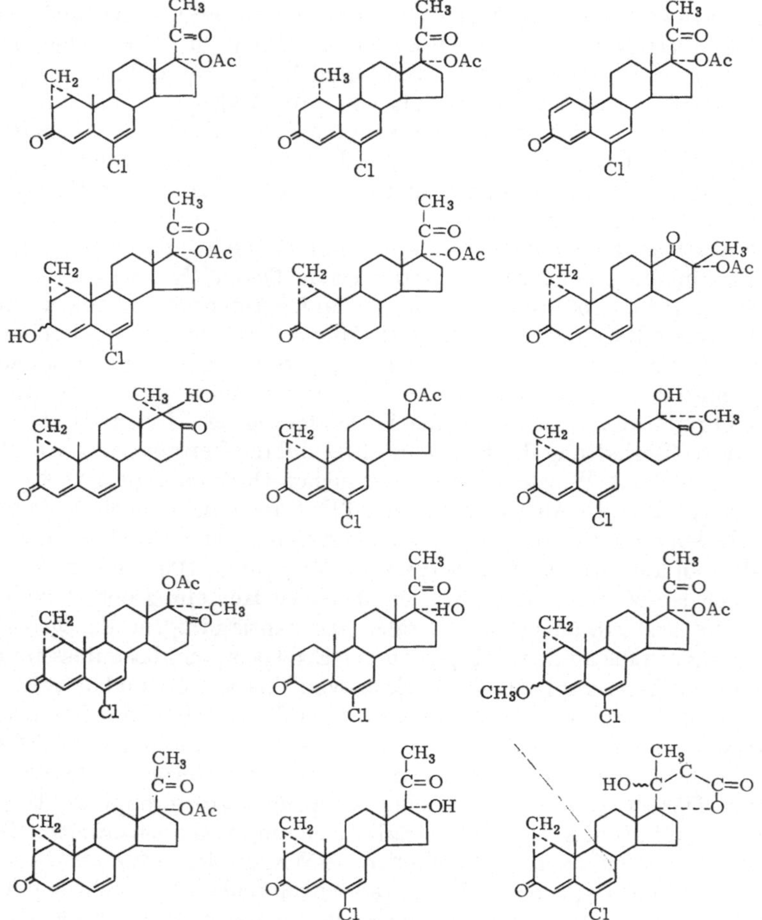

Abb. 79. Strukturformeln von Antiandrogenen. (Nach NEUMANN u. Mitarb., 1967)

Cyproteron und Cyproteron-Acetat werden im Hinblick auf ihre Bedeutung für die Therapie in Teil 2 dieses Bandes noch gesondert betrachtet; hier sei abschließend auf eine Untersuchung von VOSBECK u. KELLER (1971) hingewiesen, welche die Verschiedenheiten in den Wirkungen dieser beiden Anti-Androgene von einem, wie mir scheint, interessanten und neuen Standpunkt aus zu deuten unternehmen. Sie verfolgten in diesem Zusammenhang die Ausscheidung von FSH, LH und 17-Ketosteroiden (KS) im Harn bei gesunden Männern zwischen 22 und 48 Jahren vor, während und nach der Behandlung mit den genannten Anti-Androgenen und bestimmten FSH nach STEELMAN-POHLEY (1953), LH nach PARLOW (1958) und die KS nach PETERSEN-PIERCE (1960). Cyproteron-Acetat setzte die FSH-Aktivität herab (und in geringerem Grade auch die von LH) bei Vpn mit relativ hohen Werten vor der Behandlung und nur undeutlich bei anderen Vpn; die Beeinflussung der KS-Werte war nicht klar ausgesprochen. Im Gegensatz dazu neigte Cyproteron dazu, die Ausscheidung von FSH und LH bei einigen, diejenige von KS bei allen Vpn zu erhöhen. Diese sehr verschiedenen Wirkungen der beiden Anti-Androgene werden von den Verff. eingehend erörtert sowie die bereits vorliegenden Erklärungsversuche; abschließend entwickeln sie folgende eigene Auffassung der Ergebnisse: Die meisten Autoren stimmen darin überein, daß die beiden Anti-Androgene ihre Wirkungen durch kompetitive Blockierung der Androgen-Receptoren in den peripheren Erfolgsorganen und/oder in den hypothalamischen Zentren ausüben. Dieser Effekt von Cyproteron auf die Bindung von Testosteron und Epitestosteron an aus den Vesiculardrüsen der Ratte gewonnenen Makromolekülen wurde von STERN u. EISENFELD (1969) in in vitro-Versuchen aufgezeigt. BLOCH u. DAVIDSON (1967) wiesen einen Blockierungseffekt von krystallinen Cyproteron-Implantaten auf die hypothalamischen Receptoren nach. Auf der Basis dieser Beobachtungen könnte man annehmen, daß Cyproteron und Cyproteron-Acetat unterschiedliche Affinitäten zu den peripheren und zentralen Receptoren besäßen: Cyproteron-Acetat könnte vorwiegend die peripheren Receptoren blockieren, was von einem relativen Überschuß an Androgenen gefolgt wäre, die in nicht ausreichendem Grade in den peripheren Erfolgsorganen abgebaut würden; das führte zu einer Abnahme der hypophysären Gonadotropine und im Endeffekt zur Einstellung eines Gleichgewichts auf einem niedrigeren Niveau. Dagegen könnte Cyproteron in der Hauptsache die zentralen Receptoren besetzen, was, unter der Voraussetzung einer ständigen Versorgung mit den Verbindungen und einer passenden Ausscheidungsrate zur Einstellung eines Gleichgewichts auf einem höheren Niveau führen müßte.

Für die Beurteilung des Wirkungsmechanismus der antiandrogenen Aktivität von Cyproteron (und vielleicht auch anderer, nach der Definition von NEUMANN u. Mitarb. „echter" Antiandrogene) sind auch die Versuche von MIETKIEWSKI, MALENDOWICZ u. LUKASZYK (1969) zu berücksichtigen, die erwachsene Rattenmännchen entweder mit Cyproteron behandelten (s. c. Injektionen von 10 mg/Tag im Lauf von 12, 24 oder 44 Tagen) oder die Tiere kastrierten und nach 28 oder 42 Tagen untersuchten; als Kontrollen dienten unbehandelte oder mit dem reinen Lösungsmittel für Cyproteron injizierte Normaltiere. Die Cyproteronbehandlung führte zu einer Hypertrophie und Hyperplasie der mucoiden Zellen im Hypophysenvorderlappen, der eine Ausbildung von Kastrationszellen folgte, mit einer maximalen Zahl am 12. Versuchstag; es kam zu einer Degranulierung der mucoiden Zellen und einer verstärkten Reaktion auf saure Phosphatase und unspezifische Esterasen. *Wurden die Cyproteroninjektionen weiter fortgesetzt, so nahm die Zahl der Kastrationszellen ab und die Enzymreaktionen verloren an Intensität.* Demgegenüber führte die Gonadektomie zu dauernden charakteristischen Veränderungen im Hypophysenvorderlappen, die im wesentlichen im Auftreten von Kastrationszellen bestanden, begleitet von einer zunehmenden Intensität der Enzymreaktionen. Verff. vermuten, daß bei Fortdauer der Cyproteroninjektionen sich im Organismus der Ratte Anpassungserscheinungen entwickeln, welche die Wirkungen dieses Antiandrogens hemmen. Bevor man zu diesen Ergebnissen und den daraus gezogenen Schlußfolgerungen Stellung nehmen kann, wird man eine Bestätigung dieser Versuche unter abgewandelten Bedingungen und womöglich an verschiedenen Versuchstieren abwarten müssen (Abb. 80).

Einen weiteren Gesichtspunkt zur Beurteilung des Wirkungsmechanismus des Anti-Androgens Cyproteronacetat haben WHALEN u. LUTTGE (1969) herausgestellt, und zwar aufgrund ihrer Versuche, in denen sie bei intakten Rattenmännchen des Sprague-Dawley-Stammes den Einfluß von Cyproteronacetatgaben auf die Befruchtungsfähigkeit prüften: bei erwachsenen Männchen von bekannter Sexualität und erprobter Fertilität wurde 10 Tage nach

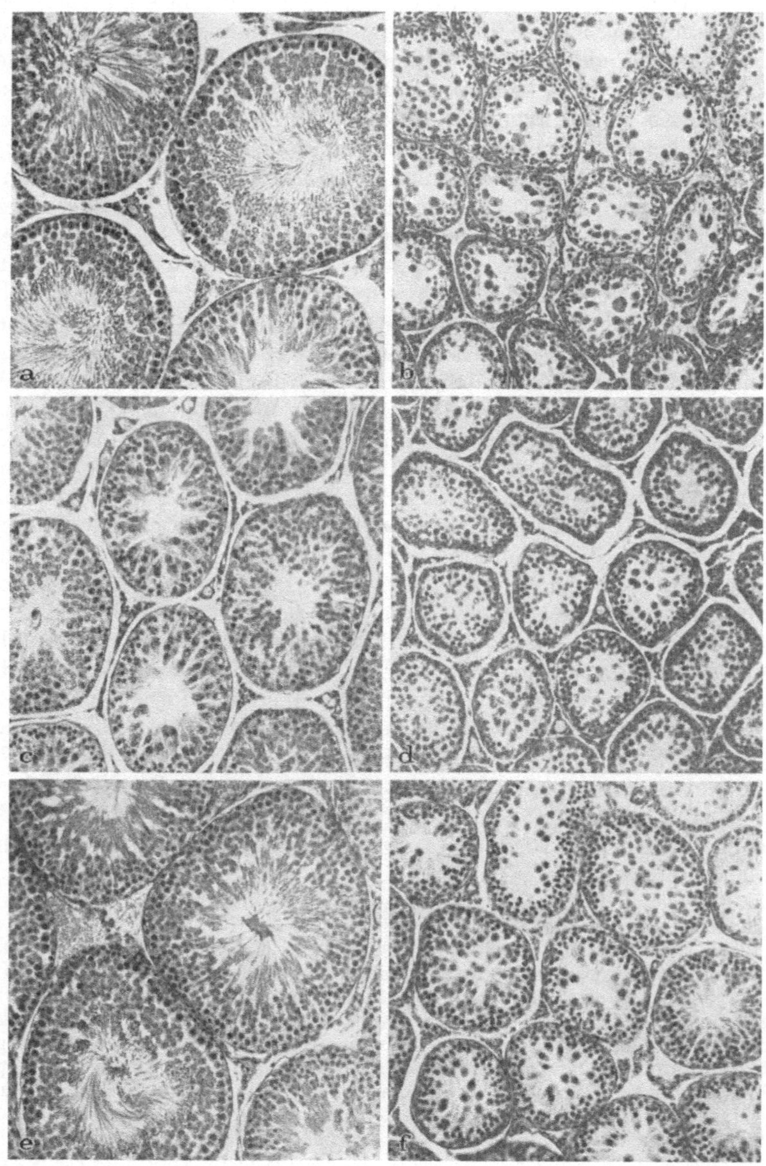

Abb. 80a—f. Histologische Hodenbilder hypophysektomierter erwachsener Ratten 22 Tage nach der Hypophysektomie. a Nichthypophysektomierte unbehandelte Kontrolle (normale Spermiogenese und Leydig-Zellfunktion. b Hypophysektomierte Kontrolle. c Täglich 0,05 mg FSH/100 g K.-Gew. d Wie c, zusätzliche Behandlung mit täglich 5 mg/100 g K.-Gew. Cyproteronacetat. e Täglich 0,5 mg FSH/100 g K.-Gew. f Wie e, zusätzlich tägliche Behandlung mit 5 mg/100 g K.-Gew. Cyproteronacetat. 10 mg des Schafshypophysen-FSH = 1 mg NIH-FSH-S$_1$. Vergr. etwa 140×. Hämatoxylin-Eosin. (Nach NEUMANN u. Mitarb., 1967)

einem letzten positiven diesbezüglichen Test mit der s. c. Cyproteronacetat-Behandlung begonnen und 16 bzw. 48 Tage nach ihrem Beginn der Test wiederholt; bereits 16 Tage nach Beginn wurde eine statistisch signifikante Abnahme der Befruchtungen und nach 48 Tagen eine vollkommene Befruchtungsunfähigkeit festgestellt (Abb. 81); nach einer 45tägigen Erholung (ohne Cyproterongaben) ergab ein neuer Test eine nahezu vollkommene Wiederherstellung der ursprünglichen Befruchtungsfähigkeit und somit die Reversibilität der Cyproteronacetat-Wirkungen. Verff. glauben die temporäre reversible Sterilität nach Cyproteronacetat-Behandlung auf eine für die Speicherung der Spermien schädliche Veränderung des Speichermilieus in der Samenflüssigkeit zurückführen zu sollen, die indirekt durch eine durch die Cyproteron-Behandlung induzierte Atrophie der Vesiculardrüsen und der ventralen Prostata bedingt ist.

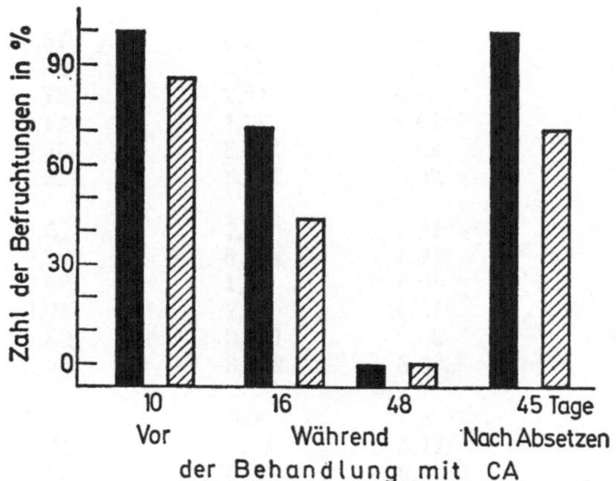

Abb. 81. Wirkungen einer Behandlung mit Cyproteronacetat (CA) auf die Befruchtungsfähigkeit männlicher Ratten. Die schwarzen Säulen bedeuten die Prozentzahlen der Männchen, die mindestens eine erfolgreiche Begattung bei Coitus mit zwei Weibchen erzielten. Die gestreiften Säulen bedeuten in Prozenten die Gesamtzahl der Weibchen, die trächtig wurden. 4 Serien von Befruchtungsversuchen sind wiedergegeben: die erste Serie (von links) fand 10 Tage vor dem Beginn der CA-Behandlung bei den intakten Männchen statt; die zweite und dritte Versuchsserie wurde 16 bzw. 48 Tage nach Beginn der CA-Behandlung durchgeführt; die vierte (Schluß-) Serie erfolgte 45 Tage nach Absetzen der CA-Behandlung. (Nach WHALEN u. LUTTGE, 1969)

SAUNDERS (1958) hat in ausgedehnten Versuchen an kastrierten Rattenmännchen die a.-a.W. von Oestron in verschiedenen Dosierungen auf die restituierenden Effekte von Testosteronpropionat, ebenfalls in abgestuften Dosierungen, untersucht und als Kriterium das Körpergewicht und das Gewicht von Vesiculardrüsen, ventraler Prostata und Musculus levator ani benutzt (Tab. 92).

Tabelle 92. *Wirkung von Oestron auf die Reaktion des kastrierten Rattenmännchens auf Testosteronpropionat (nach* SAUNDERS, *1958, etwas verkürzt)*

Oestron mg	Gesamtdosis Testosteron- Propionat mg	Körper- gewicht- zunahme g	Vesicular- drüsengewicht mg	Prostata- gewicht mg	Levator ani-Gewicht mg
0	0	31,4	11,8	14,1	74,5
0	0,05	35,9	16,0	20,6	83,4
0	0,1	33,6	30,2	26,4	79,2
0	0,2	31,0	56,1	54,0	101,1
0	0,5	38,0	95,7	106,0	139,6
0	1,0	37,3	130,1	114,5	120,9

Tabelle 92 (Fortsetzung)

| Oestron | Gesamtdosis Testosteron-Propionat | Körpergewicht-zunahme | Vesicular-drüsengewicht | Prostata-gewicht | Levator ani-Gewicht |
mg	mg	g	mg	mg	mg
0,05	0	14,8	21,0	13,2	61,2
0,05	0,05	21,1	24,7	17,8	56,0
0,05	0,1	27,4	38,2	25,0	73,9
0,05	0,2	24,8	70,9	47,8	91,1
0,05	0,5	26,3	135,4	92,5	115,8
0,05	1,0	29,8	178,5	144,0	156,7
0,1	0	18,1	22,8	16,5	77,6
0,1	0,05	18,6	39,2	28,4	81,0
0,1	0,1	18,9	42,2	27,5	65,1
0,1	0,2	19,9	77,1	44,6	85,4
0,1	0,5	26,1	130,3	89,5	132,8
0,1	1,0	25,6	174,3	142,5	147,6
0,2	0	14,4	25,7	15,0	60,8
0,2	0,05	18,8	35,6	22,0	72,7
0,2	0,1	10,5	43,1	28,2	55,1
0,2	0,2	15,9	86,7	59,8	99,8
0,2	0,5	20,8	139,0	103,4	128,1
0,2	1,0	25,8	216,3	146,5	184,0
0,5	0	8,4	30,5	18,3	65,9
0,5	0,05	11,5	31,2	17,3	64,5
0,5	0,1	8,9	51,3	33,9	65,7
0,5	0,2	14,6	87,8	51,8	94,8
0,5	0,5	9,8	133,6	84,0	105,8
0,5	1,0	22,8	180,6	118,8	127,7
1,0	0	9,4	30,7	14,8	57,6
1,0	0,05	8,5	32,3	21,1	63,3
1,0	0,1	5,3	59,5	40,1	85,2
1,0	0,2	6,8	77,7	52,5	64,5
1,0	0,5	15,1	143,7	100,1	119,5
1,0	1,0	24,4	171,0	106,0	139,1

Während Testosteronpropionat, allein gegeben, in allen Gesamtdosierungen zwischen 0,05 und 1,0 mg auf 7 Tage verteilt in öliger Lösung injiziert, die Körpergewichtszunahme deutlich, wenn auch nicht signifikant steigerte, hatte Oestron allein gegeben, auch in der niedersten Gesamtdosis von 0,05 mg eine deutliche Verringerung der normalen Körpergewichtszunahme zur Folge, die sich bei den höheren Gesamtdosen bis zu 1,0 mg merklich steigerte. In den Kombinationsversuchen verringerte Oestron die Androgen-bedingte Zunahme, während umgekehrt Testosteronpropionat bei jeder Dosis von Oestron die katabolen Effekte von diesem abzuschwächen vermochte.

Testosteronpropionat und Oestron hatten, jedes für sich gegeben, in allen Dosierungen eine Zunahme des durchschnittlichen Gewichts der Vesiculardrüsen des kastrierten Rattenmännchens zur Folge. Während aber die fördernde Wirkung von Oestron ausschließlich[62] auf die bindegewebigen und besonders auf die musku-

---

62 Dieser Auffassung ist auch SELYE (1949), wenn er schreibt: "... the seminal-vesicle-increasing effect of hormonally active estranes is merely due to disproportionate fibro-muscular growth"; doch scheint eine gewisse Wachstumswirkung der Oestrogene auf das sezernierende Epithel der Vesiculardrüsen nach den Beobachtungen von DIRSCHERL u. VOSS (unveröffentlicht) vorhanden zu sein (Mitosen), aber keine Förderung der Sekretion.

lären Anteile der Vesiculardrüsen gerichtet ist, und die Gewichtszunahme der Vesiculardrüsen unter Oestronverabreichung daher nur auf die Zunahme dieser Gewebsanteile zu beziehen ist, kommt es unter Androgenverabreichung sowohl zur Proliferation der sezernierenden Schleimhaut als auch (als Voraussetzung für die flächenhafte Ausbreitung des Drüsenepithels) des bindegewebig-muskulären Gerüsts der Vesiculardrüsen (vgl. dazu Voss, 1930a, 1930b, wo die histologischen Veränderungen nach der Kastration und die Restitution nach Androgenzufuhr im einzelnen beschrieben sind). Es gibt also keine reinliche Scheidung zwischen den Orten der Wachstumswirkung der Oestrogene und Androgene in den Vesiculardrüsen von Ratte und Maus, wie DORFMAN anzunehmen scheint (s. DORFMAN u. SHIPLEY, 1956, S. 170); daher läßt sich die a.-a.W. von Oestron an diesem Testobjekt durch eine ausschließliche Bestimmung der Gewichtszunahme nicht demonstrieren, sondern nur durch eine histo-cytologische Untersuchung der durch Testosteron stimulierten Sekretionsvorgänge, die durch Oestrogene gehemmt werden.

Anders, aber nicht günstiger liegen die Voraussetzungen für die Beobachtung der a.-a.W. von Oestron an der ventralen Prostata der Ratte, deren Gewichtszunahme durch Oestrogene nicht beeinflußt wird; man findet aber auch keinen Einfluß der Zugabe von Oestron zu den Testosterongaben.

Die stimulierende Wirkung von Testosteron auf das Gewicht des M. levator ani geht aus den Zahlen der Tab. 92 deutlich hervor, ebenso die katabole Wirkung von Oestron. Die hemmende Wirkung von Oestron auf die anabole Wirkung[63] von Testosteron ist im niedrigeren Dosenbereich von Testosteron merklich; die höheren Testosterondosen (0,5 und 1,0 mg) neutralisierten die a.-a.W. von Oestron auch in den höchsten Dosierungen vollkommen.

SAUNDERS (1958) hat auch andere Oestrogene [Diäthylstilboestrol, Oestradiol und Vallestril = 3-(6-Methoxy-2-naphthyl)-2,2-dimethylpentansäure] auf ihre Beziehungen zu gleichzeitig verabreichtem Testosteronpropionat (Standarddosis 0,5 mg) untersucht und seine Befunde am Oestron bestätigen können; weder Cortison (5,0 mg Gesamtdosis), noch Progesteron (0,5—10,0 mg Gesamtdosis) veränderten die Reaktion der Vesiculardrüsen, der ventralen Prostata und des M. levator ani auf Testosteronpropionat in signifikanter Weise. Das spezifisch-androgen geringfügig wirksame, dagegen signifikant anabole 17-Äthyl-19-nortestosteron wurde in seiner Wirkung auf den M. levator ani und die Prostata durch die gleichzeitige Gabe von Oestron nicht beeinflußt; dagegen wurde die allgemeine katabole Wirkung von Oestron und gleichzeitig die Reaktion der Vesiculardrüsen auf Testosteronpropionat verstärkt.

Die a.-a.W. der Oestrogene und ebenso die anti-oestrogene Wirkung verschiedener Steroide (s. u. S. 484ff.) haben eine grundlegende Bedeutung in der Therapie der Geschwülste gewonnen. Wir müssen uns hier darauf beschränken, auf die Untersuchungen von Huggins (1947, 1949) über die Behandlung des Prostatacarcinoms mit Oestrogenen hinzuweisen; ebenso auf die ausgedehnten experimentellen Untersuchungen über die Erzeugung von verschiedenen hormonabhängigen Geschwülsten beim Meerschweinchen durch chronische Zufuhr von Oestrogenen (Uterusfibrome, NELSON, 1937, 1939); Fibrome, Myome und Desmoide der Bauchhöhle, LIPSCHÜTZ u. IGLESIAS (1938), MORICARD u. CAUCHOIX (1938), CAUCHOIX (1939), VON WATTENWYL (1941), 1944); Wucherung des Endometriums, Polyposis, Adenomatosis, Endometriosis, Fibromyoepitheliom des Utriculus, der Prostata,

---

63 Die grundsätzliche Annahme einer „anti-anabolen Wirkung" wird auch durch die Versuche von ROHDEWALD u. GLASMACHER (1964) gestützt, denn die durch Glucocorticoidgaben verminderte Dipeptidase-Aktivität steht nicht im Einklang mit einem durch die Corticoide bewirkten erhöhten Eiweißabbau, sondern mit einer verminderten Eiweiß-Synthese.

verschiedene Autoren; Zusammenfassung insbesondere bei LIPSCHÜTZ, 1950, S. 67—87; Tumoren der Niere beim Hamster, KIRKMAN u. BACON (1952), KIRKMAN (1960), HORNING (1954, 1956). Diese experimentellen Untersuchungen sind in unseren Zusammenhängen von großem Interesse, weil sie die Veranlassung gegeben haben, die sich widerstreitenden Wirkungen verschiedener Steroide, wie Androgene, Oestrogene, Gestagene u. a. für *anti-tumorale* Zwecke zu verwerten (Zusammenfassungen: LIPSCHÜTZ, 1950, S. 125—170, 1957, S. 50—54; Sammelwerk „On Cancer and Hormones", 1962; s. auch S. 381 ff.).

BACON u. KIRKMAN (1955) unterwarfen Rattenmännchen im Alter zwischen 233 und 454 Tagen einer chronischen Behandlung mit Oestrogenen in Form s. c. implantierter Preßlinge aus Diäthylstilboestrol, 17a-Oestradiol, Äthinyloestradiol, Oestron oder Fenocyclin (17-Methyl-bisdehydrodoisynolsäure); die Dauer der Behandlung betrug 318—404 Tage. Mit Ausnahme von Fenocyclin (das keinerlei Einfluß auf die Hodenmorphologie hatte) führten alle Oestrogene zu einer starken Hypertrophie der Hypophyse und einer Herabsetzung des Hodengewichts auf etwa 7% der Norm; histologisch fand sich im Hoden eine extreme Tubulusatrophie und Schwund der Leydig-Zellen, nebst anderen Anzeichen eines allgemeinen Zusammenbruches der Hodenarchitektur, von denen die Verff. annehmen, daß sie zum Teil von einer direkten Wirkung der Oestrogene und nicht von einer indirekten Beeinflussung durch Hemmung der Hypophysenfunktion herrühren.

HERTTING u. SATKE-EICHLER (1955) berichteten über Veränderungen der Oestrogenwirkung bei infantilen Rattenmännchen nach Entfernung der Nebennieren. Intakte und adrenalektomierte Tiere erhielten einen Hexoestrolpreßling von 5,0 mg s. c. implantiert und tägl. 0,3—0,6 mg DOCA injiziert; Tötung der Tiere am 12. Versuchstag. Der Grad der Hoden- und Thymusatrophie sowie der Hypophysenvergrößerung nach Oestrogengaben war bei den adrenalektomierten Tieren unter DOCA-Behandlung gleich wie bei den Normaltieren. Die durch die Oestrogenimplantation hervorgerufene Zunahme des Vesiculardrüsengewichts war bei den intakten Tieren signifikant größer als bei den adrenalektomierten Ratten: ob das auf eine gesteigerte Androgenausschüttung aus den durch die Oestrogenwirkung hypertrophierten Nebennieren zurückzuführen ist, konnte nicht entschieden werden; vielleicht ist auch infolge des Verlustes der essentiellen, durch DOCA nicht völlig ersetzbaren Corticosteroide bei den adrenalektomierten Tieren die Ansprechbarkeit des Vesiculardrüsengewebes auf Oestrogengaben herabgesetzt.

In Ergänzung zu den angeführten Versuchen, welche die a.-a.W. der Oestrogene dartun, seien zur weiteren Beleuchtung der Wechselwirkungen zwischen Oestrogenen und Androgenen noch Versuche erwähnt, welche die *anti-oestrogene Wirkung der Androgene* zu zeigen geeignet sind. Injiziert man (VOSS, 1959) einer kastrierten weiblichen Ratte s. c. 0,25 μg Oestradiol-17β, so kommt es zu einem vaginalen Prooestrus mit Proliferation der Vaginalschleimhaut und anschließend zu einem vaginalen Oestrus, der sich in einer Verhornung der Vaginalschleimhautepithelien äußert; gleichzeitig gegebenes Testosteron hebt diese Verhornungswirkung auf, so daß es wohl zu einer Proliferation der Vaginalschleimhaut, zum Prooestrus kommt, aber das Kennzeichen des Oestrus, die Verhornung fehlt. Die Dosisabhängigkeit dieser Verhornungshemmung geht aus der Tab. 93 hervor:

Ähnliche Versuche wurden außer mit Testosteron auch mit Androsten-3,17-dion mit gleichem Erfolg angestellt (ROBSON, 1938). Der gleiche Verf. (ROBSON, 1937) hat die anti-oestrogene Wirkung von Testosteron und Progesteron, die sich in der Aufhebung der Verhornung der Vaginalschleimhaut äußert, mit einander verglichen. Der Brunstcyclus der normalen Maus wird durch die Injektion von 20 μg Testosteron tägl. vollkommen gehemmt, eine partielle Hemmung wird mit Dosen von 10 μg erreicht; dagegen braucht man 200 bzw. 100 μg Progesteron

Tabelle 93. *Verhornungshemmung durch Testosteron beim experimentellen Oestrus des kastrierten Rattenweibchens (nach* Voss, *1959)*

Oestradiol-dosis in μg	Testosteron-dosis in mg	Zahl der Ratten	Vaginalreaktionen Zahl der Ratten	
			nur mit Prooestrus	mit Oestrus
0,25	0	10	0	10
0,25	0,1	10	5	5
0,25	0,2	10	5	5
0,25	0,4	10	9	1
0,25	4,0	19	18	1
0,25	20,0	10	10	0
0,5	0	10	0	10
0,5	0,1	10	1	9
0,5	0,5	10	6	4
0,5	1,0	10	6	4
0,5	2,5	10	7	3
0,5	20,0	10	10	0

tägl., um den gleichen Effekt zu erzielen. Bei ovariektomierten Mäusen wird ein voller experimenteller Oestrus mit 0,2 μg Oestron erzeugt; bei gleichzeitiger Gabe von 100 μg Testosteron wird die Verhornung der Vaginalschleimhaut aufgehoben und auch 50 μg Testosteron ergeben noch einen partiellen Effekt; man muß aber 750 μg Progesteron injizieren, nur um einen gewissen Hemmungseffekt zu erzielen. 0,05 μg Oestradiol führen bei mehr als 50% der ovariektomierten Mäuse zur Verhornung der Vaginalschleimhaut; mit 15 μg gleichzeitig gegebenen Testosterons läßt sich die Verhornung vollkommen verhindern; aber selbst 250 μg Progesteron genügen nicht für den gleichen Erfolg. Aufgrund dieser Versuche ist Testosteron bei der Maus 10—20mal so wirksam wie Progesteron in der Verhinderung der Verhornung der Vaginalschleimhaut; bei der Ratte scheint die anti-oestrogene Wirkung von Testosteron nicht so stark ausgeprägt zu sein wie bei der Maus: vgl. dazu die Zahlen in der obenstehenden Tab. 93.

Im Gegensatz zu dieser die Verhornung hemmenden Wirkung von Testosteron (und anderen Androgenen) an der Vaginalschleimhaut von Säugetieren beobachtet man bei Reptilien eine die Verhornung fördernde Wirkung von exogenem Testosteron an der Cloacalschleimhaut, z. B. bei Lacerta-Embryonen beiderlei Geschlechts (DANTCHAKOFF, 1938) und bei intakten und gonadektomierten, infantilen und erwachsenen Männchen und Weibchen des amerikanischen Chamaeleons Anolis carolinensis (NOBLE u. GREENBERG, 1940): Da Testosteronpropionat auch noch andere oestrogen-ähnliche Wirkungen beim Chamaeleon ausübt (Hypertrophie des Oviducts und Auslösung des weiblichen Brunstverhaltens bei ovariektomierten und intakten Weibchen) erschiene es nicht ausgeschlossen, daß die exogenen Androgene im Reptilienorganismus eine besonders intensive Umwandlung in Oestrogene erfahren und als solche die genannten oestrogen-ähnlichen Wirkungen verrichten; dem widerspricht aber die Tatsache, daß dieselben Weibchen gleichzeitig auch männliche Komponenten des Sexualverhaltens (einschließlich der Kopulation) aufweisen können (Verschiedenheit der Schwellenwerte?).

Die vergleichende anti-oestrogene Wirkung von Testosteron und Progesteron hat ausgiebiges Interesse im Rahmen von Untersuchungen über die anti-fibromatogenen (a.-fg.) Wirkungen der Steroide beim Meerschweinchen wachgerufen (LIPSCHÜTZ, 1950, Cap. 13). Unter den natürlichen Steroiden ist das Progesteron die allerwirksamste a.-fg. Verbindung, es ist um ein vielfaches wirksamer als Testosteron und andere Androgene. Die Steigerung der progestativen Wirkung durch Verwandlung von Progesteron in 19-Nor-progesteron (MIRAMONTES, ROSENKRANZ u. DJERASSI, 1954; TULLNER u. HERTZ, 1953) geht mit einer gesteigerten a.-fg. Wirkung einher (MARDONES, IGLESIAS u. LIPSCHÜTZ, 1954). Andererseits läßt sich jedoch zeigen, daß die Steigerung der progestativen Wirkung keinesfalls mit einer Steigerung jedweder anti-oestrogenen Wirkung verbunden ist. KLEIN u,

Parkes (1937) haben gefunden, daß die progestative Wirkung von Testosteron durch Einfügung einer Seitenkette in C_{17} (17-Methyl-, 17-Äthyl-, 17-Vinyl- und insbesondere 17-Äthinyl-testosteron) gesteigert wird. Jedoch hat keine dieser Verbindungen eine größere a.-fg. Wirkung als Testosteron (Lipschütz, 1946, 1947). Ein anderes illustratives Beispiel ist das Δ^{11}-Dehydroprogesteron, das gleich dem 19-Nor-progesteron progestativ wirksamer ist als Progesteron (Meyestre, Tschopp u. Wettstein, 1948); seine anti-oestrogene Wirkung ist jedoch nicht größer als diejenige von Progesteron (Mardones, Iglesias u. Lipschütz, 1954). Auch die anti-oestrogene Wirkung von verschiedenen anderen Derivaten des Progesterons war Gegenstand von Untersuchungen (17a-Hydroxyprogesteron: Mardones, Jadrijevic u. Lipschütz, 1956; Lipschütz, Jadrijevic, Mardones, Figueroa u. Girardi, 1957; Fluor-Derivate von Progesteron: Lipschütz, Jadrijevic, Girardi, Bruzzone u. Mardones, 1956; Lipschütz, Figueroa, Jadrijevic u. Girardi, 1957).

Die anti-oestrogene Wirkung einer Reihe von Verbindungen wurde von Edgren, Calhoun, Elton u. Colton (1959) an der intakten infantilen weiblichen Maus untersucht, die mit insgesamt 0,3 μg Oestron in 3 Tagen behandelt wurde. Die zu prüfenden Verbindungen wurden mit dem Oestron gemischt s. c. injiziert. 24 Std nach der letzten Injektion wurde der Uterus entnommen und gewogen. Die anti-oestrogene Wirkung, die sich in der Hemmung des Uteruswachstums manifestierte, wurde in Prozenten der entsprechenden Progesteronwirkung ausgedrückt. In der 19-Nortestosteron-Reihe steht diese Wirksamkeit in Beziehung zur Kettenlänge am C-17 und nimmt bei unverzweigten Ketten bis zu einem Maximum beim Äthylderivat (1250 %) zu, um dann bis zum inaktiven Butylderivat abzunehmen. Die Verzweigung der Kette ist mit etwa einer Verdoppelung der Wirksamkeit verbunden. Auch der Grad der Sättigung beeinflußt die Wirksamkeit. Die 5(10)-Dehydroisomeren (Estrenolone), ebenso wie die Dihydro-19-nor-testosteron-Verbindungen sind bedeutend weniger wirksam als die erstgenannten Derivate; von den Dihydro-19-nortestosteronen sind nur die Methyl (35%)-, Äthyl (30%)- und Isopropyl (30%)-Derivate deutlich aktiv, und zwar nur wenn die Wasserstoffatome in Stellung 5 und 10 in der β-Konfiguration stehen.

Dorfman, Kincl u. Ringold (1961a, b) haben Auswertungsmethoden für die anti-oestrogene Wirksamkeit von Steroiden bei s. c. (1961a) und peroraler (1961b) Verabreichung ausgearbeitet. 20—22 Tage alte Albinomäuseweibchen des Swiß-Stammes wurden mit insgesamt 0,4 μg Oestron s. c. injiziert (tägl. 1mal, 3 Tage lang); die auf ihre anti-oestrogene Wirksamkeit zu prüfende Substanz wurde ebenfalls auf 3 Tage verteilt gleichzeitig mit den Oestrongaben in wäßriger Suspension s. c. injiziert, aber entfernt von den Oestrongaben, um die Möglichkeit einer Resorptionsbehinderung auszuschließen. Als Kriterium diente die Hemmung des durch das injizierte Oestron ausgelösten Uteruswachstums. Die Ergebnisse bei der Prüfung von insgesamt mehr als 20 Steroiden lassen folgende allgemeine Schlußfolgerungen zu: Die Reduktion der Δ^4-3-Ketogruppe in Ring A zu einer 5a-3-Ketogruppierung führte nur beim Testosteron zu einer Erhöhung der anti-oestrogenen Wirkung, nicht dagegen bei 3 anderen geprüften Substanzen. Die Bildung von 19-Nor-Steroiden erhöhte die anti-oestrogene Wirksamkeit sehr stark beim 17a-Äthyltestosteron und 17a-Äthinyltestosteron, nicht aber bei 4 anderen Steroiden. Der Ersatz des 17a-Wasserstoffatoms durch eine Methyl-, Äthyl- oder Äthinylgruppe führte im allgemeinen zur Bildung einer Verbindung mit erhöhter anti-oestrogener Wirksamkeit. Wie man sieht, ergaben sich zum Teil recht bedeutende Diskrepanzen mit den Resultaten der oben zitierten ähnlichen Untersuchung von Edgren u. Mitarb. (1959), was sicher zum Teil auf die unterschiedliche Methodik der Versuche zurückzuführen ist (Zahl der Injektionen, Lösungsmittel, Mäusestämme u. a.). Bei der Übertragung dieser s. c. Prüfungsmethode auf die perorale Zuführung (1961 b) wurde die zu prüfende Substanz gleichzeitig mit den s. c. Oestrongaben in wäßriger Lösung mit der Magensonde gegeben; folgende allgemeine Resultate lassen sich hervorheben: Die Reduktion der Δ^4-3-Ketogruppe in Ring A hatte entweder keine Wirkung auf den Grad der anti-oestrogenen Wirksamkeit oder führte zu einer Abnahme, nie zu einer Verbesserung. Der Verlust von C_{19} ergab bei 5 von 8 Verbindungen eine Erhöhung der anti-oestrogenen Wirksamkeit um das Doppelte (bei 17a-Methyl-17β-hydroxyandrostan-3-on) bis zu mehr als dem 100fachen (bei 17a-Äthyltestosteron). Die Einführung von 17a-Alkylgruppen anstelle der 17a-Wasserstoffatome erhöhte die anti-oestrogene Wirksamkeit bei 6 von 13 geprüften Steroiden. Der Erhöhungsfaktor für die Umwandlung von Testosteron in Methyltestosteron war hoch (16), was aufgrund der guten oralen androgenen Wirksamkeit der methylierten Verbindung zu erwarten war. Mit einer Ausnahme waren alle geprüften Steroide bei s. c. Gabe stärker wirksam als bei oraler Verabreichung, zum Teil in sehr hohem Grade; die Ausnahme betraf das 17a-Methyl-19-nortestosteron, von dem 32 μg s. c. etwa die gleiche Wirkung hatten wie 40 μg oral. Wenn die Verbesserungsquoten durch bestimmte strukturelle Veränderungen für die orale und s. c. Verabreichung verglichen wurden, waren die Ergebnisse zum Teil überraschend verschieden, zum Teil aber auch übereinstimmend.

Wie weitgehend das Manifestwerden des Hemmungseffekts der Oestrogene von dem Wirkungswert der im Organismus gleichzeitig kreisenden Androgene abhängig ist, geht aus den ausgedehnten Versuchen von PEYRE u. LAPORTE (1966) hervor, die sich auf die Bestimmung gewisser Stoffwechselvorgänge unter dem Einfluß von Oestrogenen und Androgenen stützten.

Wistarrattenmännchen wurden im Alter von 38 Tagen kastriert und erhielten, 4—5 Tage später beginnend, im Lauf von 7—8 Tagen tägl. eine Injektion von 0,2 mg Testosteronpropionat oder von 0,02 mg Oestradiolbenzoat oder von beiden Hormonen in Kombination. Am 49. oder 50. Lebenstag wurden die Tiere getötet und Körpergewicht, Gewicht der Vesiculardrüsen, der Coagulationsdrüsen und des Nebenhodenschwanzes bestimmt. Das letztgenannte Organ diente zur Bestimmung des Gehalts an Sialosäuren, während in den Coagulationsdrüsen der Gehalt an freier Fructose gemessen wurde.

Unter dem Einfluß von Testosteronpropionat oder von Testosteronpropionat + Oestradiolbenzoat kam es zu einer morphogenen Stimulierung an den Vesiculardrüsen, den Coagulationsdrüsen und am Nebenhodenschwanz, das Testosteron erhöhte die Produktion von Sialosäuren in den Epithelzellen der Epididymis und von Fructose in den Coagulationsdrüsen. Das Oestradiolbenzoat hatte nur eine schwache Stimulationswirkung auf die Vesiculardrüsen und den Nebenhodenschwanz und hemmte, allein gegeben die Produktion von Sialosäuren in den Coagulationsdrüsen; in der Kombination mit Testosteronpropionat wurde dieser hemmende Effekt nicht manifest, offenbar weil das Dosenverhältnis von Testosteron : Oestradiol (10 : 1) zu hoch war, denn seine Herabsetzung ließ die Hemmungswirkung in Erscheinung treten.

MASUI u. KONDO (1957) injizierten am 4. Bebrütungstag Oestradiolbenzoat in den Dottersack von Eiern verschiedener Hühnerzuchten. Es ergab sich, daß zur Erreichung des erwarteten Effekts, nämlich der Umwandlung des linken Hodens in ein Ovarium bei einem Inzuchtstamm der Weißen Leghorn-Rasse 400 IBE, bei einem anderen Stamm der gleichen Rasse 200 IBE notwendig waren, während bei der schweren japanischen Nagoya-Rasse 1000 IBE benötigt wurden. In einer späteren Untersuchung hat KONDO (1963) die Wirkung einer Injektion von 8,0 μg (= 400 IBE) Oestradiolbenzoat in die Eier der reziproken Kreuzungen von Black Minorca X New Hampshire- bzw. von New Hampshire X Black Minorca-Hühnern auf die männlichen Genitalien der Embryonen geprüft. Die stärksten Veränderungen wurden beobachtet, wenn die Injektion am 4. Bebrütungstag erfolgte; die männlichen Gonaden waren dann stark umgewandelt, der linke Hoden war von ovarienähnlicher Gestalt mit glatter Oberfläche, der rechte war verkleinert; der linke Müller'sche Gang persistierte oder hatte sich zu einem Ovidukt entwickelt, in manchen Fällen persistierten beide Müller'schen Gänge, wobei der rechte stets der kürzere war. Die Reaktion war in den männlichen Embryonen der beiden reziproken Kreuzungen sehr ähnlich und etwa intermediär zwischen den beiden Elternrassen. Die Rassenunterschiede in der Reaktion auf die Injektion von Oestradiolbenzoat sind offenbar genetisch bedingt und dürften sicher nur zum geringsten Teil von der Gegenwart endogener Oestrogene im Ei abhängen. Sie sind vermutlich durch multiple recessive Gene in den Autosomen bedingt.

Bei der Untersuchung der Hoden von Kükenembryonen-Einzelmännchen, die aus Doppeleiern, d. h. aus Eiern mit 2 Dottern hervorgegangen waren, fielen (RUCH, 1961) bei 16 von 22 solchen Embryonen im Alter von 15—18 Bebrütungstagen Hodenveränderungen auf, wie sie bei Küken-freemartins von LUTZ u. LUTZ-OSTERTAG (1959a, b, c) beschrieben wurden und wie sie bei Kükenembryonen-Männchen gefunden werden, wenn die Eier mit Oestrogenen behandelt werden: lokalisierte Verdickungen des Keimepithels, Knötchen von Corticalgewebe und nach dem Coelom offene Hodenkanälchen. Diese Veränderungen, die nur auf eine lokalisierte Hyperplasie des Keimepithels und den Anfang einer Entwicklung von sekundären Sexualsträngen zurückgeführt werden können, sind offenbar durch die Resorption einer feminisierenden Substanz durch den einen Embryo aus 2 Eidottern hervorgerufen, denn Oestrogene werden in nicht geringen und jedenfalls für die beschriebene Feminisierung ausreichenden Mengen im Eidotter gefunden. Ähnliche Hodenveränderungen findet man, wenn man Legehennen 12 mg Oestradiolbenzoat während der Legezeit injiziert, auch bei normalen eineiigen männlichen Embryonen in den während der Behandlungszeit abgelegten Eiern.

Auf die Arbeiten von IHRKE u. D'AMOUR (1931) und LENDLE (1931) brauchen wir an dieser Stelle nicht einzugehen, da die „anti-feminine" Wirkung von Hodenhormon (Brunsthemmung) in diesen Versuchen an intakten Ratten, also mit erhaltener Hypophyse und erhaltenen Ovarien in situ angestellt wurden und daher keine bindenden Schlüsse über die Existenz eines hormonalen Antagonismus mit direkter peripherer Wirkung zulassen. LENDLE, der einige Versuche auch an kastrierten Rattenweibchen anstellte, spricht sich aufgrund ihrer negativen Ergebnisse gegen die Existenz eines solchen Antagonismus aus, doch dürften seine Hodenextrakte wohl eine zu geringe androgene Aktivität besessen haben (vgl. auch die Besprechung dieser Versuche im Kapitel über die biologische Auswertung von Androgenen, s. Teil 2 dieses Bandes). Einen den oestrischen Cyclus bei der intakten Ratte hemmenden Einfluß hatte auch das 17a-Äthyl-19-nortestosteron (RICHTER, 1958).

MÜHLBOCK (1938d) schreibt in einer Kritik solcher Versuche, die Hemmung der durch Oestrogene erzeugten Brunst durch Testosteron sei nicht Ausdruck einer antagonistischen Wirksamkeit des Testosterons, weil das Oestrogen auch in diesen Versuchen das Vaginalepithel aufbaue, das gleichzeitig gegebene Testosteron aber eine Verschleimung der Epithelzellen herbeiführe, so daß sich das Schollenstadium nicht in der üblichen Weise aufzeigen lasse: Demgegenüber wäre zu sagen, daß es ja nicht auf den fehlenden *Nachweis* des Schollenstadiums ankommt, sondern auf das Fehlen der Verhornung der Epithelzellen, eines wesentlichen Teiles der Oestrogenwirkung, die, wie MÜHLBOCK selber schreibt, durch das Testosteron unterdrückt wird. Im übrigen ist, wenn man statt des Testosterons das Methylandrostendiol (in Form von Notandron-Depot = Methylandrostendiol-dioenanthoylacetat) als Anti-Oestrogen verwendet, das Fehlen der Verhornung genau so ausgesprochen wie beim Testosteron, die mucifizierende Wirkung aber nur angedeutet, was wohl daran liegen dürfte, daß Testosteron neben anderen Wirkungen von Progesteron auch die mucifizierende Wirksamkeit besitzt, während beim Methylandrostendiol mit den anderen Progesteron-ähnlichen Wirkungen auch die mucifizierende fehlt.

Nach DE JONGH (1935) hemmen 300 μg Androsteron die Wirkung von 1,0 μg Oestron auf das Epithel der Prostata bei der Ratte. Ebenso wirken andere Kombinationen von Androgenen + Oestrogenen (vgl. EMMENS u. PARKES, 1947). ROBSON (1936, 1937) konnte mit 400 μg Testosteron den mit 1,0 μg Oestron induzierten Oestrus bei der kastrierten Maus verhindern.

Nach EMMENS u. BRADSHAW (1939), deren Beobachtungen über die antiandrogene Wirkung von Oestrogenen wir oben (S. 476) erwähnten, sind Testosteron, Methyltestosteron, Androstendion und Androstandiol etwa gleich wirksam hinsichtlich der Hemmung der oestrogenen Wirkung von Oestron am kastrierten Mäuseweibchen: 0,5 mg von jeder dieser Substanzen bewirkten eine signifikante Hemmung; dagegen waren Androsteron und Dehydroepiandrosteron in Dosen bis zu 2,0 mg unwirksam.

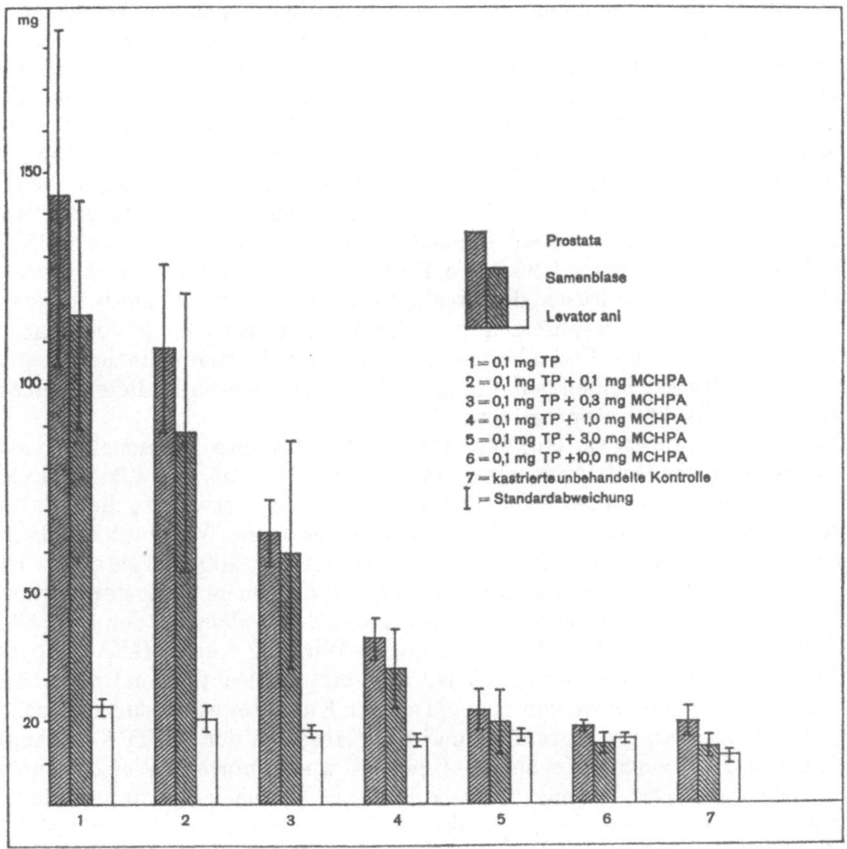

Abb. 82. Hemmung der Wirkung von Testosteronpropionat (TP) durch 1,2 α-Methylen-6-chlor-Δ^6-17α-hydroxyprogesteron-acetat (MCHPA); geprüft an männlichen kastrierten Ratten im Gewicht von etwa 100 g bei subcutaner Verabreichung über 7 Tage. (Nach NEUMANN, RICHTER u. GÜNZEL, 1965)

Auch Courrier u. Cohen-Solal (1937) konnten die oestrogen-induzierten Vaginalschleimhautveränderungen bei der kastrierten Ratte durch das gleichzeitig mit dem Oestrogen verabreichte Testosteron unterdrücken (vgl. dazu auch Hain, 1937). Auch die oestrogen-induzierte Metaplasie in den accessorischen Geschlechtsdrüsen von männlichen Ratten und Mäusen verhinderten Korenchevsky u. Dennison (1935, 1936a, 1936b) durch gleichzeitige Androgengaben. Vgl. dazu auch Rusch (1937) und Harsh, Overholser u. Wells (1939). An einem neuen Versuchstier, dem geschlechtsreifen Männchen des Goldhamsters Mesocricetus auratus auratus verglichen Jeffrey, Cavazos, Feagans u. Schmidt (1967) die Wirkungen von Äthinyloestradiol, Testosteron und HCG auf Hoden, Vesiculardrüsen, Bulbourethraldrüsen und Nebennieren. Das Oestrogen bewirkte eine Atrophie der Samenkanälchen, eine Erhöhung des Gehalts der Kanälchen an Lipiden und Phospholipiden und eine Abnahme des Zellglykogens und der RNS in den Sertoli-Zellen; die Leydig-Zellen atrophierten und zeigten Kernpyknosen, die basophile Reaktion des Cytoplasmas, ihr Gehalt an Lipiden und Phospholipiden und die Aktivität der Dehydrogenase nahmen ab. Dagegen verursachte die Verabreichung von Testosteron kaum Veränderungen in den Hoden der kurzfristig (10 Tage) behandelten Tiere und erst nach 90tägiger Behandlung kam es zu einer Hemmung der Spermatogenese und einer Störung der Funktion der Leydig-Zellen. HCG schützte nur in den kurzdauernden Versuchen gegen die Wirkungen der Oestrogene, während Testosteron keine solche Schutzwirkung besaß.

Andere Steroide außer den Oestrogenen besitzen ebenfalls eine a.-a.W., so vor allem das *Progesteron*, wie in Versuchen an Küken nachgewiesen werden konnte, die 20 mg/kg Testosteron verfüttert erhielten, während das Progesteron direkt auf den Kamm aufgetragen wurde (Dorfman u. Shipley, 1956, S. 135—136). 11a-Hydroxyprogesteron, das keinerlei biologische Sexualwirkung haben soll, wirkte unter den gleichen Versuchsbedingungen ebenfalls anti-androgen (Dorfman u. Shipley, S. 135), auch soll es nach Byrnes, Stafford u. Olson (1953) und nach Pincus u. Dorfman (1955) die Restitutionswirkung von Testosteronpropionat an den Vesiculardrüsen, der Prostata und dem M. levator ani beim kastrierten Rattenmännchen herabsetzen und die Wachstumswirkung von exogenem 17β-Oestradiol auf die Vesiculardrüsen kastrierter Rattenmännchen hemmen. Nahe Verwandte der beiden genannten Verbindungen waren in diesen Versuchen wirkungslos, z. B. 11-Ketoprogesteron.

Neumann, Richter u. Günzel (1965) haben für ihre Untersuchungen über die Wirkungen von Anti-Androgenen ein Pregnen-Derivat, das 1,2a-Methylen-6-chlor-Δ^6-17a-hydroxy-progesteron-17-acetat (MCHPA) verwandt; diese Substanz besitzt außer der a.-a.W. auch eine sehr starke gestagene Wirkung: im Clauberg-Test ist sie s. c. verabreicht 350mal und oral verabreicht 1000mal stärker wirksam als Progesteron. Die Hemmung der Wirkung von exogenem Testosteronpropionat geht aus Abb. 82, von den endogenen Androgenen des Hodens aus den Abb. 83a—d hervor; außerdem zeigt Tab. 94 die hemmende Wirkung von MCHPA in abgestuften Dosen auf das Gewicht der Vesiculardrüsen bei geschlechtsreifen Rattenböcken, das bei der höchsten Dosis von 10 mg/Tag auf Kastratenwerte zurückgeht, doch sind diese Veränderungen reversibel und nach Absetzen der MCHPA-Behandlung erreichen im Lauf einiger Wochen die Gewichte wieder normale Werte, wenn auch nicht vollständig. Das Hodengewicht ist in dieser Versuchsreihe unbeeinflußt, die Hemmungswirkung geht also nicht über die Hypophyse. Bei mit 10 mg MCHPA/kg/Tag i. m. injizierten Hunden sistiert die Prostatasekretion oder ist zumindest weitgehend eingeschränkt. Durch Behandlung gravider Ratten im letzten Viertel der Schwangerschaft mit MCHPA wird bei den männlichen Feten die Differenzierung des Genitale mehr oder weniger verhindert, sie erscheinen „feminisiert", die

Veränderungen sind irreversibel, und im einzelnen zeigt sich bei diesen Tieren im erwachsenen Zustand eine geringe Entwicklung der Prostata und der Vesiculardrüsen, der Penis ist verkümmert, clitorisähnlich und hypospadisch.

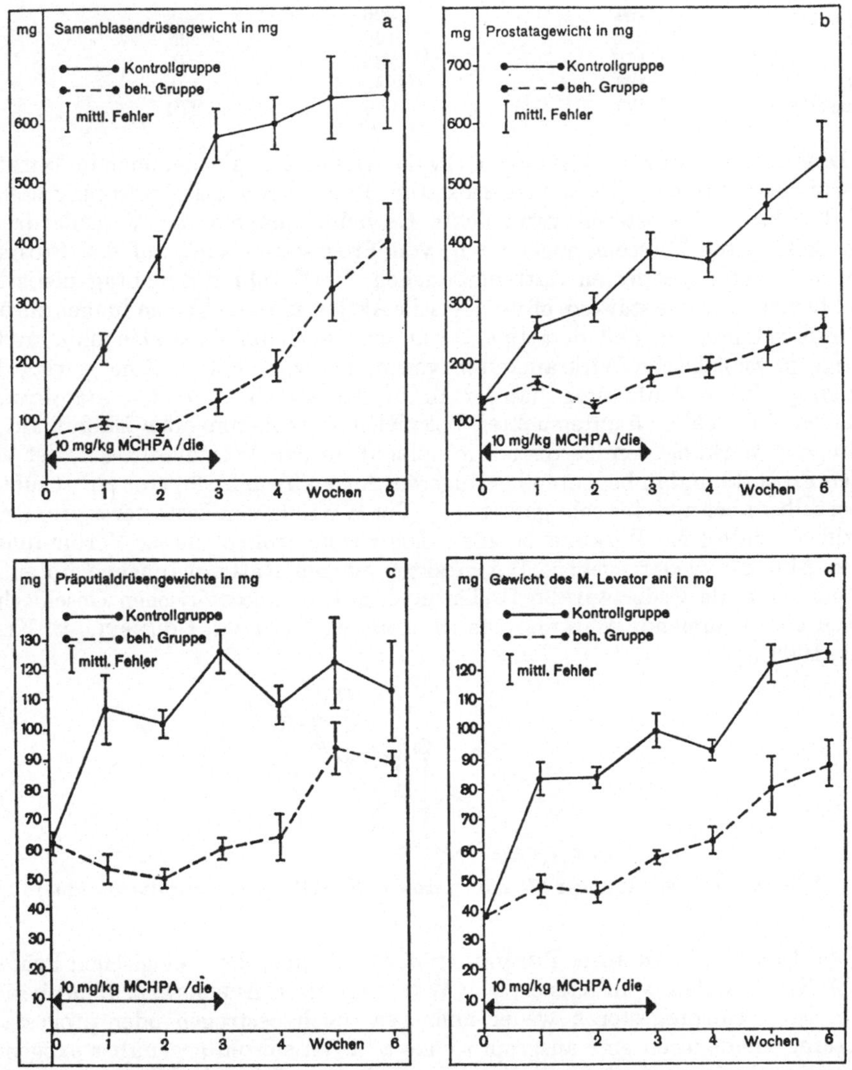

Abb. 83a—d. Einfluß von 1,2a-Methylen-6-chlor-Δ^6-17a-hydroxy-progesteronacetat (MCHPA) auf das Gewicht der accessorischen Geschlechtsdrüsen und des M. levator ani von wachsenden männlichen Ratten (Anfangsgewicht 150 g, Dauer der Behandlung 3 Wochen, Beobachtungszeit 6 Wochen). (Nach NEUMANN, RICHTER u. GÜNZEL, 1965)

NEUMANN u. ELGER (1965) fanden, daß bei männlichen Ratten, die in den ersten Lebenstagen mit dem Antiandrogen MCHPA injiziert wurden, die Differenzierung des hypothalamischen Sexualzentrums in männlicher Richtung unterblieb und als Folge davon auch das männliche Sexualverhalten im erwachsenen Zustand einem Verhalten Platz machte, das demjenigen normaler Weibchen ähnlich war; sie wurden auch von den normalen Männchen als Weibchen betrachtet.

Tabelle 94. *Einfluß von MCHPA auf die Gewichte von Vesiculardrüsen und Hoden männlicher Ratten (Behandlung über 3 Wochen, 5 Tiere/Dosis) (nach* NEUMANN, RICHTER *u.* GÜNZEL, *1965)*

Dosis MCHPA mg/Tier/Tag s. c.	Körpergewicht zum Tötungstermin in g	Organgewichte Hoden	(in mg/100 g K.-Gew.) Vesiculardrüsen
10,0	184	1026	21
3,0	212	1140	95
1,0	175	1235	81
0,3	184	1238	121
Kontrolle	177	1096	278

DOHAN, CORDRAY u. PALADINO (1951) weisen auf die hemmende Wirkung verschiedener Steroide (Desoxycorticosteron, Progesteron, 6-Dehydroprogesteron) auf die durch Testosteron verursachte Gewichtszunahme der Vesiculardrüsen beim kastrierten Mäusemännchen hin, von Progesteron auch auf das Prostatawachstum beim kastrierten Rattenmännchen; Verff. führen die antagonistischen Effekte nicht auf eine stärkere physiologische Aktivität dieser Verbindungen zurück, sondern nehmen an, daß derartige Wirkungen auch bei Steroiden ohne anderweitige physiologische Wirksamkeiten vorhanden sein sollten. Eine gewisse Bestätigung dieser Auffassung kann man in der *a.-a.-W. von 17-Iminosteroiden* erblicken, die in allen 5 untersuchten Beispielen einen hemmenden Einfluß auf die androgene Wirkung von Testosteronpropionat an den Vesiculardrüsen, der ventralen Prostata und in bedeutend geringerem Ausmaß am M. levator ani ausübten, dabei selber aber nur eine sehr geringe (1% der Wirkung von Testosteronpropionat) spezifisch androgene Wirkung besaßen. Die Grundstruktur dieser Verbindungen ist in Abb. 84 wiedergegeben. Bei intakten jungen Rattenmännchen übten die 17-Iminosteroide weder auf die Hoden noch auf die accessorischen Geschlechtsdrüsen eine hemmende Wirkung aus (SAUNDERS, NUTTING, COUNSELL u. KLIMSTRA, 1963).

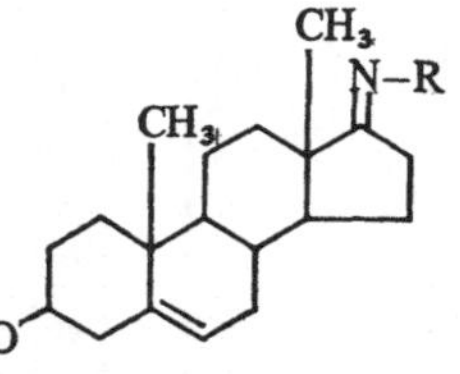

Abb. 84. Grundstruktur der 17-Iminosteroide. (Nach SAUNDERS u. Mitarb., 1963)

Wie LERNER, BIANCHI u. BORMAN (1960a) anläßlich der biologischen Prüfung von A-Norsteroiden (synthetisiert von WEISENBORN u. APPLEGATE, 1959) berichteten, ist A-Norprogesteron weder androgen, noch oestrogen oder progestativ wirksam, hat dagegen eine ausgesprochene a.-a.W., sowohl gegenüber exogenem als auch endogenem Androgen, wie in Versuchen an infantilen Rattenmännchen und an 2 Tage alten Küken der Weißen Leghorn-Rasse gezeigt werden konnte. Nach PINCUS u. DORFMAN (1955) hemmen Hydrocortison und Corticosteron die Wirkung von Testosteron, wenn sie in der 20fachen Dosis verabreicht werden. Die Hemmung des adreno-genitalen Syndroms durch die Cortisontherapie hat nichts mit einem echten Antagonismus Cortison-Androgen zu tun, denn die Cortisonwirkung geht über die Hypophyse, in der die ACTH-Produktion und auf diese Weise indirekt die Produktion adrenaler Androgene gehemmt wird: vgl. dazu die Übersicht von HOWARD u. MIGEON (1962) in diesem Handbuch und die kasuistische Mitteilung von WAJCHENBERG u. Mitarb. (1962), in der strittige Fragen der Therapie des adreno-genitalen Syndroms besprochen werden.

Die *Kombination mehrerer Androgene* hatte je nach den verwendeten Komponenten verschiedene Wirkungen: so wurde die Wirkung von reinem Androsteron signifikant herabgesetzt, wenn 95% Androsteron + 5% Dehydroepiandrosteron angewandt wurden, während die Mischung von 25% Androsteron + 75% Dehydroepiandrosteron eine starke Erhöhung der biologischen Wirkung ergab (GRAUER, STARKEY u. SAIER, 1948), verglichen mit dem reinen Androsteron. Andererseits konnten VOSS u. KRAUS (unveröff. Versuche) durch Kombination von Testosteron mit Androsteron (je $^1/_2$ Androgen-ME im Test am kastrierten Mäusemännchen) keine Verstärkung oder Abschwächung der Wirksamkeit beobachten. Ohne Bedeutung in den hier interessierenden Zusammenhängen sind solche Androgen-Kombinationen wie „Ultandren" oder „Testosid", in denen es im wesentlichen auf die Kombination *zeitlich* verschieden wirkender Androgene ankommt.

Die *Oestran-17-ol-3-one* sind, beurteilt nach ihrer chemischen Struktur, Androgene. CHEN u. SUSZKO (1964) haben 3 synthetische Vertreter dieser Verbindungen: Oestran-17β-ol-3-on (I: 5a, 10a; II: 5β, 10β; III: 5a, 10β) im Vaginalabstrich-, Uterusgewichts- und Kükenkamm-Test geprüft und festgestellt, daß sie trotz ihrer klassischen Androgenstruktur eine nur geringe (II und III) oder garkeine (I) spezifische Androgenwirkung besaßen. Dennoch hatten sie eine merkliche anti-oestrogene Wirkung sowohl im Vaginal- als auch im Uterus-Test, ähnlich wie die echten Androgene. Aber sie besaßen auch eine deutliche anti-androgene Wirksamkeit im Kükenkamm-Test, die vielleicht auf einer Verdrängung der Androgene von ihrem cellulären Erfolgsorgan beruhte.

17β-Hydroxy-9β, 10a-androsta-4,6-dien-3-on hat eine ausgesprochene a.-a.W., wie REERINK, SCHÖLER, WESTERHOF, QUERIDO, KASSENAAR, DICZFALUSY u. TILLINGER (1960) im Test an infantilen und an kastrierten Rattenmännchen feststellten, dagegen war es auch in Dosen von 2 mg tägl. s. c. androgen unwirksam.

Das $\varDelta^5$-Androsten-3β,17β-diol, in Form seines Dipropionates, hat bei der graviden Ratte eine starke hemmende Wirkung auf das Wachstum der Embryonen. Um den Wirkungsmechanismus dieser Hemmung aufzuklären, wurde es allein oder zusammen mit Testosteronpropionat infantilen kastrierten Rattenmännchen s. c. injiziert, und zwar im Lauf von 10 Tagen in Dosen, die bei der graviden Ratte wirksam waren: die anabole Wirkung von Testosteronpropionat wurde durch Androstendiol in keiner Weise gehemmt, noch wurde die Zellvermehrung beeinträchtigt (MAROIS 1957a); Verf. schließt daraus, daß die Hemmungswirkung nicht auf direktem Weg die Feten trifft, sie scheint vielmehr über das Ovarium zu gehen, denn die Substanz ist unwirksam, wenn die Ovarien der graviden Ratten entfernt werden und die Gravidität durch Progesteroninjektionen aufrecht erhalten wird. Parallel dazu beobachtet man, daß das Androstendioldipropionat eine starke virilisierende Wirkung am erwachsenen kastrierten Rattenweibchen hat, während es praktisch keine vermännlichende Wirkung auf die weiblichen Feten der normalen Ratte besitzt (Gaben von 10 mg tägl. vom 14. bis 20. Tag der Gravidität); werden aber die graviden Ratten am 14. Tag ovariektomiert und erhalten anschließend vom 14.—20. Tag tägl. 4 oder 10 mg Progesteron und 10 mg Androstendioldipropionat, so zeigen die weiblichen Feten eine deutliche Maskulinisierung mit Mißbildung des Sinus urogenitalis und Fehlen der Vagina: im Gegensatz zu den erwachsenen (mütterlichen) Ovarien haben also die fetalen Eierstöcke keine a.-a.W. entfalten können (MAROIS, 1957b). Es erscheint annehmbar, daß die a.-a.W. der erwachsenen Ovarien auf ihre Oestrogenproduktion zurückzuführen ist, die in den infantilen Ovarien fehlt oder quantitativ ungenügend ist. Allerdings zeigt das Dipropionat des Methyl-Androstendiols ein umgekehrtes Verhalten: Es hat bei der erwachsenen weiblichen Ratte so gut wie keine vermännlichende Wirkung, wirkt aber auf die weiblichen Feten des normalen graviden Rattenweibchens stark virilisierend; wir kennen aber auch sonst Beispiele dafür, daß die methylierten Steroide sich anders im Stoffwechsel verhalten als ihre nicht methylierten Ausgangsverbindungen, und dürfen vielleicht darauf ihre Widerstandskraft gegenüber der a.-a.W. der hier wie dort vorhandenen Ovarialoestrogene zurückführen.

Das Wachstum der rechten Gonade des weiblichen Hühnerembryos hört etwa am 9. Tag der Bebrütung auf: sie bleibt bei der Henne zeitlebens nur als funktionsloses Rudiment erhalten, das aber nach operativer Entfernung des linken, allein funktionierenden Ovariums (oder nach dessen aus pathologischen Gründen erfolgender Degeneration) hypertrophiert und als männliche Gonade funktioniert. KORNFELD (1958) hat in Versuchen in vivo gezeigt, daß Oestrogene das Wachstum des Rudiments hemmen, was zu der Vermutung führte, daß auch bei der physiologischen Wachstumshemmung des Rudiments die Oestrogene des linken Ovariums im Spiele seien. KORNFELD (1960) behandelte daher White Leghorn-Junghennen vom 60.—100. Lebenstag mit s. c. Injektionen von 17a-Äthyl-19-nortestosteron („Nilevar") einem Androgen, dessen anti-oestrogene Wirkung bekannt war, mit folgendem Ergebnis (Tab. 95):

Tabelle 95. *Beeinflussung des rechten Gonadenrudiments bei Junghennen durch die Behandlung mit einem anti-oestrogenen Androgen (17a-Äthyl-19-nortestosteron, „Nilevar") (nach* KORN-FELD, *1960)*

Zahl der Hennen	Behandlung vom 60.—100. Lebenstag	Gewicht des rechten Gonadenrudiments am 100. Tag
9	Lösungsmittel (Benzylalkohol)	5 ± 1 mg
10	1,5 mg 17a-Äthyl-19-nortestosteron tägl.	13 ± 1 mg
8	3,0 mg 17a-Äthyl-19-nortestosteron tägl.	20 ± 2 mg

Die Gewichtsunterschiede sind statistisch hoch signifikant. Auf diese Weise konnte scheinbar zum ersten Mal experimentell eine Proliferation der rechten rudimentären Vogelgonade bei der intakten Henne durch die anti-oestrogene Wirkung eines Androgens erzielt werden.

Gegen diese Schlußfolgerungen von KORNFELD haben sich WOOD, GARDNER u. TABER (1966) gewandt. Aufgrund früherer Versuche an ovariektomierten Vögeln (GARDNER, WOOD u. TABER, 1964) hatten sie die Hypothese aufgestellt, daß das Vogelovarium außer dem Oestrogen noch eine andere, nicht oestrogene Substanz produziere, die auch die Entwicklung der rechten rudimentären Vogelgonade hemme. Wenn diese Hypothese richtig war, mußte die rechte Gonade eines mit „Nilevar" (17a-Äthyl-19-nortestosteron) behandelten Hühnchens gehemmt bleiben, wenn „Nilevar" nur als ein Anti-Androgen wirksam war. Verff. wiederholten daher die Versuche von KORNFELD und fanden daß „Nilevar" 1. keine antioestrogene Wirkung auf die Entwicklung des weiblichen Federkleides ausübte; 2. eine deutliche androgene Wirkung auf die Entwicklung von Kamm, Bartlappen und männlichem Verhalten (Aggressivität, Krähen) besaß und 3. daß die nach der Beschreibung von KORNFELD hypertrophierte „rechte Gonade" des Hühnchens in der Hauptsache nichts anderes darstellte, als den hypertrophierten Wolff'schen Körper und nur zum geringsten Teil aus der in der Entwicklung gehemmten rechten Gonade bestand. Sie nehmen daher an, daß KORNFELD, der seine Versuchsvögel und ihre Gonaden nur makroskopisch untersuchte, eine Verwechslung unterlaufen ist und von einer Hypertrophie der rechten Gonade keine Rede sein kann; die hemmende Wirkung von „Nilevar" auf die rechte Gonade des Hühnchens ist auf seine androgenen Eigenschaften zurückzuführen.

GOLDBERG u. SCOTT (zit. noch LÄUPPI u. STUDER, 1959) haben ein Phenanthrenderivat mit anti-androgener Wirkung synthetisiert: 2-Acetyl-7-oxo-1,1,2,3,4,-

4a,5,6,7,9,10,10a-dodecahydrophenanthren (Ro-2-7239)[64] (Abb. 85). RANDALL u. SELITTO (1958) stellten fest, daß dieses Derivat die durch Testosteronpropionat induzierte Hypertrophie von Vesiculardrüsen und Prostata sowie des M. levator ani beim infantilen kastrierten Rattenmännchen zu verhindern vermag. Nach DORFMAN (1959) hemmt es bei direkter Auftragung auf den Kükenkamm die das Kammwachstum fördernde Wirkung von injiziertem Testosteronpropionat und hat etwa die gleiche a.-a.W. wie 19-Nor-17-äthinyltestosteron bei dieser Versuchsanordnung. LÄUPPI u. STUDER (1959) bestätigten die a.-a.W. von Ro-2-7239 im Versuch an der durch Testosteronpropionat (20 oder 40 mg/kg/Tag, an 4 aufeinanderfolgenden Tagen 2mal i. p. verabreicht) induzierten Epidermisproliferation bei der weiblichen Ratte: Die durch Testosteronpropionat hervorgerufene Acanthosis wurde nicht nur gehemmt, sondern es kam darüber hinaus zu einer beträchtlichen Verschmälerung der Epidermis und gleichzeitig wurde die Testosteronbedingte Kernproliferation, gemessen an der Zahl der Mitosen in der Epidermis völlig aufgehoben (Tab. 96 u. 97). Im Vergleich zu Cortison antagonisiert

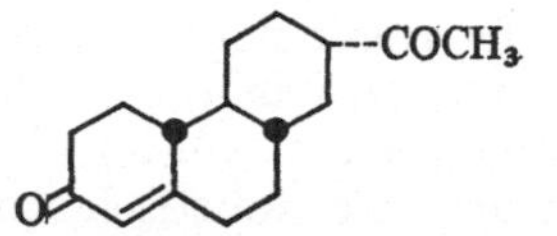

Abb. 85. Substanz Ro-2-7239

Ro-2-7239 mindestens doppelt so stark. Im Zusammenhalt mit den Beobachtungen von RANDALL u. SELITTO und von DORFMAN scheint sich die antagonistische Beeinflussung proliferativer Gewebstendenzen durch diese Verbindung nicht auf ein einzelnes Organ zu beschränken; nach LÄUPPI u. STUDER liegt daher die Vermutung nahe, daß diesem Phenanthrenderivat — ähnlich wie dem Cortison — eine antianabole Wirkung zukommt, die vielleicht selektiv auf Stoffwechselvorgänge gerichtet ist, die im wesentlichen durch Androgene gesteuert werden. Ro-2-7239 ist in gewisser Hinsicht mit anderen nicht steroiden Anti-Androgenen vergleichbar, einschließlich des Methylcholanthrens (HERTZ u. TULLNER, 1947) und des 20-Methyl-Δ^5-pregnen-3β,20-diol (USKOKOVIĆ, DORFMAN u. GUT, 1958): die ersten fanden, daß das durch s. c. appliziertes Testosteronpropionat hervorgerufene Kammwachstum bei weiblichen Roten New Hampshire-Küken durch die gleich-

Tabelle 96. *Wirkungen von Cortison, Testosteronpropionat und Ro 2-7239 (I) auf die Dicke der Epidermis bei 4tägiger intraperitonealer Verabreichung (nach LÄUPPI u. STUDER, 1959)*

Gruppen Dosierungen	Durchschnittliche Dicke der Epidermis in μ	Ratten Anzahl	t	p
1. Täglich 2×40 mg/kg Testosteronpropionat + 2×40 mg/kg Cortison	12,5 ± 1,15	6	3,74	<0,01
2. Täglich 2×40 mg/kg Testosteronpropionat + 2×10 mg/kg I	8,9 ± 0,96	6	7,77	<0,001
3. Täglich 2×40 mg/kg Testosteronpropionat + 2×20 mg/kg I	11,3 ± 1,56	6	4,32	<0,01
4. Täglich 2×40 mg/kg Testosteronpropionat	22,3 ± 3,04	6	4,15	<0,01
5. Unbehandelte Kontrollen	15,9 ± 1,79	6	—	—

64 Vgl. dazu das Kapitel über nicht-steroide Androgene, S. 150.

Tabelle 97. *Wirkungen von Cortison, Testosteronpropionat und Ro 2-7329 auf die Mitoseaktivität der Epidermis bei 4tägiger intraperitonealer Verabreichung (nach* LÄUPPI *u.* STUDER, *1959)*

Gruppen Dosierungen	Durchschn. Anzahl Mitosen in 20 Gesichtsfeldern bei einer Vergr. von 1:200	Ratten Anzahl	t	p
1. Täglich 2×40 mg/kg Testosteronpropionat + 2×40 mg/kg Cortison	143,0 ± 17,85	6	4,01	<0,01
2. Täglich 2×40 mg/kg Testosteronpropionat + 2×40 mg/kg I	84,5 ± 15,92	6	0,52	<0,61
3. Täglich 2×40 mg/kg Testosteronpropionat + 2×20 mg/kg I	105,5 ± 21,32	6	1,21	<0,22
4. Täglich 2×40 mg/kg Testosteronpropionat	241,0 ± 47,88	6	7,06	<0,001
5. Unbehandelte Kontrollen . .	91,0 ± 20,00	6	—	—

zeitige lokale Auftragung von Methylcholanthren auf den Kamm merklich gehemmt wurde, doch wurde die Hemmung nach 20tägiger Behandlung weniger deutlich und die Kämme zeigten ein unnormales Wachstum (während das allgemeine Körperwachstum nicht gestört wurde). USKOKOVIĆ u. Mitarb. (1958) stellten im Kükenkamm-Versuch eine statistisch signifikante a.-a.W. der genannten Verbindung fest.

Bei der Untersuchung von *Steviol und Dihydrosteviol*, zwei Diterpensäuren aus dem in Paraguay heimischen Gras Stevia Rebaudiana, wurde bei Steviol nur eine Andeutung einer a.-a.W. im Kükentest beobachtet, während Dihydrosteviol in höheren Dosen (3,0 mg) eine signifikante hemmende Wirkung gegenüber dem auf den Kamm aufgetragenen Testosteronoenanthat besaß; im Rattentest wirkte auch Dihydrosteviol, selbst in Dosen von 5 oder 20 mg nicht anti-androgen (DORFMAN u. NES, 1960).

Das durch Pilzeinfluß (Aspergillus flavus, Penicillium adametzi, P. chrysogenium) entstandene Progesteron-Abbauprodukt Δ^1-*Testololakton* erhöht das durch freies Testosteron oder durch Androsteron induzierte Wachstum der accessorischen Geschlechtsdrüsen beim infantilen kastrierten Rattenmännchen; dagegen übt es eine a.-a.W. auf das durch Testosteronpropionat hervorgerufene Wachstum der accessorischen Geschlechtsdrüsen aus und verhält sich antagonistisch gegenüber dem durch Fluoxymesteron stimulierten Kükenkammwachstum. Die Substanz ist selber weder androgen, noch oestrogen, gestagen, gonadotropinähnlich, anti-gestagen, anti-oestrogen oder anti-gonadotrop. Wodurch das verschiedene Verhalten gegenüber dem freien Testosteron und seinem Propionat zu erklären ist, ist ungewiß (LERNER, BIANCHI u. BORMAN, 1960b).

Ein cytotoxischer Metabolit, 6-Di-azo-5-oxo-nor-L-leucin (DON) unterbricht nach POULSON, ROBSON u. WANDER (1960) die Gravidität bei Ratten, Mäusen und Kaninchen durch seine antagonistische Wirkung gegenüber den Steroiden, die für die Erhaltung der Schwangerschaft notwendig sind (Progesteron, Oestradiol). Nach Behandlung mit 2,0 mg Testosteronpropionat und Gesamtdosen bis zu 500 μg DON bei kastrierten Rattenmännchen wurden keine signifikanten Veränderungen in den Reaktionen von Prostata und Vesiculardrüsen (Gewicht, Histologie) gegenüber den nur mit Testosteronpropionat behandelten Kontrollratten gesehen. In den verwendeten Dosen, die den Maximaldosen entsprachen, die antagonistisch gegenüber den untersuchten weiblichen Hormonen waren, übte DON also keine a.-a.W. aus; bei der höchsten Dosis (500 μg) trat bereits Körpergewichts- und Lebergewichtsverlust ein.

Gley, Mentzer, Delor, Molho u. Millon (1946) beschrieben bei dem von ihnen synthetisierten 3-p-Methoxy-phenyl-4-methyl-7-hydroxycumarin (Substanz M 80) eine a.-a.W., die sich in der Hemmung der Androgenwirkung auf die Vesiculardrüsen der Ratte äußert; diese Verbindung hat keine oestrogene Wirkung und scheint die gonadotrope Funktion des Hypophysenvorderlappens nicht zu hemmen, denn das Hodengewicht wird durch M 80 nicht beeinträchtigt, während andere nahverwandte Cumarinderivate (M 76, das sich nur durch eine Äthylgruppe anstelle der Methylgruppe von M 80 unterscheidet, oder M 84, das eine 4-n-Propylgruppe besitzt) nicht nur auf die Vesiculardrüsen, sondern auch auf den Hoden antagonistisch einwirken und oestrogen wirksam sind, deren Wirkung also über eine Hemmung der Hypophysenvorderlappenfunktion zustandekommt.

Eine a.-a.W., die ebenfalls über die Hypophyse gehen dürfte, haben Milin, Stern, Ciglar u. Huković (1959) beschrieben: Wenn sie erwachsene Rattenmännchen, Kampfhähne der Bantamrasse und Kampffische (Betta splendens) mit s. c. injiziertem bzw. zum Kulturwasser zugesetztem „Glanepine" (Extr. gland. pinealis) behandelten, fanden sie eine Verkleinerung der Zellen und Kerne der interstitiellen Drüse des Hodens, eine Verminderung der Zellhöhe im Epithel des Nebenhodens sowie involutive Veränderungen in der Zona reticularis der Nebennieren bei den Ratten und eine langdauernde Hemmung der Kampflust bei den Hähnen und Fischen. Verff. nehmen an, daß diese Veränderungen auf eine Abnahme der Gonadotropin-(ICSH-)Produktion im Hypophysenvorderlappen zurückzuführen sind, die nach ihnen über das Relais des Hypothalamus zustandekommen soll. Eine Hemmung der Gonadotropinproduktion im Hypophysenvorderlappen durch Extrakte aus der Zirbeldrüse ist auch aufgrund anderer Versuche (Loewe u. Voss, unveröffentlicht) als wahrscheinlich anzunehmen. Vgl. dazu auch die Untersuchungen von Juszkiewiecz u. Rakalska (1963) über die Hemmung der durch HCG induzierten Spermiation beim Frosch (Rana esculenta) durch Extrakte aus der Epiphysis cerebri weiblicher Rinder, nicht aber aus den Epiphysen männlicher Kälber (vgl. dazu aber andere Untersuchungen über die Wirkung der Epiphyse auf die Regelung der Hodenfunktion, S. 64ff.).

Einige ungesättigte polysubstituierte Säuren von der allgemeinen Formel R—CH=C—CH_2—$COOH$, in der das Radical R eine verzweigte Kette darstellt,

$$R'$$

haben eine anti-maskulinisierende Wirkung bei wachsenden Rattenmännchen. Die wirksamste der geprüften Substanzen, die 2,4-Dimethyl-hexen-(3)-säure-(6) (= β,δ-Dimethylhydrosorbinsäure, $C_8H_{14}O_2$ = $(CH_3)_2$-CH—CH= $(CH_3 \cdot CH_2$—$COOH)$, setzt die Entwicklung der Hoden auf die Hälfte herab, zugleich mit einer Hemmung der Entwicklung der accessorischen Geschlechtsdrüsen. Am Schluß einer einmonatigen Behandlung mit 8 mg tägl. ist das Verhältnis von Hodengewicht zu Körpergewicht bei den Kontrollen $1,3\pm0,1\%$ und bei den Versuchstieren $0,6\pm0,2\%$. Diese Verbindungen haben keine toxische Wirkung, das Wachstum ist kaum gestört, auch fehlt ihnen eine oestrogene Wirkung. Es könnte sein, daß die Wirkung dieser Säuren auf der Blockierung eines enzymatischen Systems beruht, das durch oxydative Abspaltung die Seitenkette des Cholesterins für die Synthese der männlichen Hormone abbaut (Zwingelstein u. Jouanneteau, 1958).

5-Fluoruracil (5-FU) besitzt eine hemmende Wirkung auf das hormoninduzierte Wachstum verschiedener Erfolgsorgane, darunter auch auf das durch Testosteron ausgelöste Wachstum der Vesiculardrüsen bei kastrierten Rattenmännchen (Cantarow u. Zagerman, 1964): Das Ausmaß der Hemmung verringert sich in Abhängigkeit von der Erhöhung der Hormondosierung oder von der Dauer der Hormonbehandlung; die hemmende Wirkung von 5-FU kann sogar durch entsprechende Erhöhung der Hormongaben bei jeder Dosis von 5-FU ganz aufgehoben werden, soweit diese 5-FU-Dosierungen vertragen werden.

DORFMAN (1964) hat bei *Tetra-n-butylblei* eine anti-androgene Wirksamkeit festgestellt, wenn er es im Vergleich mit Progesteron am kastrierten, mit Testosteron stimulierten Mäusemännchen untersuchte (Tab. 98):

Tabelle 98. *Anti-androgene Wirksamkeit von Progesteron (Vergleichssubstanz) und Tetra-n-butylblei am kastrierten, mit insgesamt 0,8 mg Testosteron stimulierten Mäusemännchen (nach DORFMAN, 1964)*

Verbindung	Gesamtdosis in mg	Gesamtzahl der Versuche (7—10 Mäuse pro Versuch)	Zahl der Versuche mit stat. signifikanter Hemmung der Testosteronwirkung
Progesteron.	2,5	1	0
	5,0	4	2
	10,0	4	3
	20,0	4	4
Tetra-n-butylblei	0,1	1	0
	1,0	1	0
	2,5	2	0
	5,0	2	1
	10,0	2	2
	20,0	1	1

Wie aus den Zahlen der Tab. 98 hervorgeht, hatte Tetra-n-butylblei eine anti-androgene Wirksamkeit etwa von der gleichen Größenordnung wie Progesteron. Die Verbindung besaß in Dosen bis zu 100 μg keine oestrogene Wirksamkeit, geprüft im Uteruswachstums-Test an der infantilen Maus, noch auch eine anti-oestrogene Aktivität in Dosen bis zu 3,0 mg, geprüft am gleichen mit Oestron stimulierten Erfolgsorgan.

Zwei Mitosegifte, das *Trypaflavin* und das *Narcotin*, haben sich als gegensätzlich in ihren Wirkungen erwiesen (SALZGEBER, 1960): Während Trypaflavin seinen hemmenden Einfluß im wesentlichen auf die Hodenstrukturen ausübt, ist Narcotin hauptsächlich an der Ovarialcortex wirksam. Werden die Gonaden von Hühnerembryonen vom 9.—11. Bebrütungstag in einem Medium mit Zusatz von 7—10 mg Trypaflavin/100 ml bebrütet, so bilden sich die testiculären Anteile der Gonaden in lacunäre Strukturen um; sie haben bei Überpflanzung ins Coelom eines jungen Hühnerembryos keinerlei hemmenden Einfluß auf die Müllerschen Gänge des Transplantatträgers, weil offenbar ihre normale Androgenproduktion gestört ist.

Nachdem wir auf den vorausgehenden Seiten dieses Kapitels eine Reihe experimenteller Ergebnisse kennen gelernt haben, welche die Wechselbeziehungen zwischen den Sexualhormonen, vor allem zwischen Androgenen und Oestrogenen beleuchten, können wir zum Abschluß noch speziell auf das historische *Problem des Antagonismus der Sexualhormone* mit einigen Worten eingehen. Es hat seinerzeit, in den 20er und 30er Jahren dieses Jahrhunderts zu lebhaften Diskussionen und Kontroversen den Anlaß gegeben, die sich nicht immer auf das wissenschaftliche Gebiet beschränkten, sondern in höchst unerfreulicher Weise persönliche, nationale und sozio-psychologische Gesichtspunkte und Gedankengänge hineinmanipulierten, auf die wir zum Glück nicht einzugehen brauchen, da sie von der objektiven Forschung längst erledigt sind.

Aufgrund seiner Versuche über die experimentelle Zwitterbildung durch Transplantation der Geschlechtsdrüsen war STEINACH (1916) zu der Auffassung gelangt, daß zwischen der männlichen und weiblichen Geschlechtsdrüse ein Antagonismus auf hormonaler Grundlage bestehe: Geschlechtsmerkmale, deren Entwicklung durch den Hoden gefördert wird, würden durch das Ovarium in ihrer Entwicklung gehemmt, und umgekehrt; das Überleben eines ovariellen Transplantats werde durch den Hoden in situ behindert, und ein experimenteller Hermaphroditismus durch Gonadentransplantation sei nur dann möglich, wenn die Hoden aus ihrer normalen Lage entfernt und gleichzeitig mit dem Ovarium transplantiert würden: Unter diesen Bedingungen sollte der Antagonismus zwischen den Geschlechtsdrüsen zum Teil aufgehoben werden, so daß nun beide Transplantate ihre hormonale Wirkung im Organismus ausüben könnten.

Als erster hat sich wohl SAND (1918) gegen diese Formulierung von STEINACH gewandt und gezeigt, daß man nicht nur durch die simultane Transplantation homologer und heterologer Gonaden auf dasselbe kastrierte infantile Tier, sondern auch durch die intratestikuläre Transplantation der Ovarien bei Meerschweinchen und Ratten ein Überleben und Funktionieren der Ovarien in Gegenwart der Hoden erreichen konnte. SAND baute auf den Ergebnissen seiner mannigfaltigen Versuche die Theorie von der „atreptischen Immunität" anstelle der Antagonismus-Hypothese von STEINACH auf und formulierte sie folgendermaßen: „In jedem Organismus finden sich gewisse, für die Geschlechtsdrüsen notwendige Stoffe, die dieselben in weitestmöglichem Umfang an sich ziehen. Die normal gelagerten, nicht transplantierten Drüsen haben die beste Aussicht, diese Stoffe aufzunehmen, weshalb heterologe — und vielleicht auch homologe — Gonaden, die auf normale Organismen verpflanzt werden, nicht genug von diesen unentbehrlichen Stoffen bekommen können und daher zugrunde gehen. Homologe und heterologe Gonaden, die gleichzeitig auf denselben (kastrierten) Organismus verpflanzt werden, können beide anwachsen, da sie einigermaßen die gleiche Möglichkeit haben, sich die genannten Stoffe anzueignen". Späterhin haben LIPSCHÜTZ u. PERLI (1925) gefunden, daß das in die Niere einseitig kastrierter männlicher Meerschweinchen verpflanzte Ovarium überlebt und, wenn auch mit sehr verlängerter Latenzzeit, die hormonale Funktion wieder aufnimmt. SEEMANN (1926), im Laboratorium von SAND, hatte auch in Versuchen Erfolg, in denen beide Testikel intakt belassen wurden; die Versuchstiere wurden vor und nach der Transplantation mit Nebenniere gefüttert. Schließlich zeigte LIPSCHÜTZ (1929), daß Meerschweinchen mit beiden intakten Hoden und einem hormonal funktionellen Ovarium, trotz der durch dasselbe erzeugten Milchsekretion, befruchtungsfähig bleiben können; LIPSCHÜTZ warf die Frage auf, ob nicht besondere, jedoch unbekannte Nahrungsverhältnisse zu diesem Erfolg beigetragen haben. Es hat sich jedoch später gezeigt, daß die hypothetischen Stoffe von SAND sehr wohl mit den gonadotropen Hormonen des Hypophysenvorderlappens identifiziert werden können, von denen z. B. ENGLE (1929) und MOORE u. PRICE (1932) nachweisen konnten, daß ihre Verabreichung an Rattenmännchen mit Ovarialtransplantaten den Widerstand des männlichen Organismus gegen die Einheilung der weiblichen Gonade aufzuheben vermag.

Aber schon SAND ist hier einer Verwechslung zum Opfer gefallen, wie viele andere nach ihm, welche die „Antagonismus-Hypothese" von STEINACH in Bausch und Bogen abgelehnt haben. Der Widerstand, den die Gonaden in situ, seien sie homolog oder heterolog, dem Einheilen und der Funktion einer transplantierten zusätzlichen Gonade entgegensetzen, und der durch die Gonadotropine überwunden werden kann, hat nichts zu tun mit jenem *peripheren Antagonismus der Sexualhormone*, der auf den quantitativen Mengenverhältnissen beruht und von dem wir eine Reihe von Beispielen auf den vorausgehenden Seiten dieses Kapitels gebracht haben (Versuche von MÜHLBOCK am Kapaun, S. 488ff., von SAUNDERS

an Rattenmännchenkastraten, S. 481 ff., von Voss an Rattenweibchenkastraten,
S. 485): Hier handelt es sich um den *direkten* Angriff der heterologen Sexualhormone am peripheren Erfolgsorgan und nicht um indirekte Wechselbeziehungen,
deren Wirkungsmechanismus über den Hypophysenvorderlappen verläuft. So sind
also die hormonalen Anti-Androgene bzw. Anti-Oestrogene die alleinigen Träger
des echten peripheren Antagonismus der Sexualhormone. Nur aufgrund jener
begrifflichen Verwechslung wie sie SAND und anderen nach ihm unterlief, ist es
möglich gewesen, daß z. B. SMELSER (1933), der die Versuche von LIPSCHÜTZ u.
Mitarb. (1925—1926) weitgehend bestätigte, in seinen Schlußfolgerungen zu einer
Ablehnung des Antagonismus der Sexualhormone kam, während LIPSCHÜTZ
(1950) die Ergebnisse der Smelser'schen Versuche mit Recht als „full corroboration
of our clearcut experimental statements" bezeichnete. Wir können daher darauf
verzichten, die historische Entwicklung des Antagonismus-Problems zu verfolgen,
und verweisen Interessenten auf die oben genannten Veröffentlichungen von LIP-
SCHÜTZ u. Mitarb. (1925—1926) und LIPSCHÜTZ (1950), in denen dieser Fragenkomplex erschöpfend dargestellt ist.

Über *therapeutische Erfolge bei der Behandlung von Sexualdelinquenten mit
einem Anti-Androgen (Cyproteronacetat)* berichtete STÄDTLER (1971). Die Patienten im Alter von 16—68 Jahren erhielten täglich 25—300 mg in Tablettenform
verabreicht. „Unter dieser Therapie war die Libido deutlich vermindert und die
Potentia erigendi reduziert, das sexuelle Interesse für visuelle und verbale Reize
ließ nach, 10—14 Tage nach Behandlungsbeginn war ein therapeutischer Erfolg
deutlich erkennbar". Hodenbiopsien wurden vor Behandlungsbeginn, nach 6 Monaten, nach einem Jahr und dann im Abstand von einem Jahr entnommen. Bei
regelmäßiger Medikamenteneinnahme zeigte sich nach 6 Monaten eine hochgradige
Tubulusatrophie, die samenbildende Epithelschicht war stark verschmälert, die
Leydig-Zellen waren atrophiert. Spermiogenesearrest bestand meist auf der Stufe
der Spermatocyten, selten wurden Spermatiden gebildet. Nur bei etwa einem Drittel der Pat. konnte man jedoch mit Sicherheit annehmen, daß sie das Medikament
regelmäßig einnahmen (s. Tab. 99 und 100). Reduzierte man nach längerer Zeit
die tägliche Cyproterondosis, kam es wieder zu einer vermehrten Ausreifung des
samenbildenden Epithels. Die Reduktion der Spermiogenese ist demnach vermutlich dosisabhängig. Jedoch fehlen bisher noch die Erfahrungen nach völligem
Absetzen des Medikaments, und es ist nur anzunehmen, daß es auch bei längerer
Behandlung zu keiner dauernden Tubulusschädigung kommt.

In den Tab. 99 u. 100 sind die Ergebnisse einer Behandlung von Sexualdelinquenten mit einem Anti-Androgen (Cyproteronacetat) nach STÄDTLER (1971) wiedergegeben:

Tabelle 99. *Korrelation zwischen der Behandlungsdauer und dem histologischen Hodenbefund*

	Kontrollen	$^1/_2$ Jahr	1 Jahr	2 Jahre	3 Jahre	
normale Spermiogenese	28	4	1	1		34
reduzierte Spermiogenese (noch Sperma vorhanden		6	6	2	1	15
Spermiogenesearrest auf der Stufe der Spermatiden		1	1	1		3
Spermiogenesearrest auf der Stufe der Spermatocyten		5	4		1	10
Vorschädigung des Hodens vor Therapiebeginn	3					3
Summa	31	16	12	4	2	= 65

Tabelle 100. *Korrelation zwischen täglicher Medikamentendosis und histologischem Hodenbefund*

	25 mg			50 mg			75 mg			100 mg			150 mg			200 mg			300 mg		
Medikamenten-einnahme	r.	f.	s.u.	r.	f.	s.u.	r.	f.	s.u.	r.	f.	s.u.	r.	f.	s.u.	r.	f.	s.u.	r.	f.	s.u.
normale Spermiogenese		1					1				2	1									
reduzierte Spermiogenese (noch Spermien vorhanden)				2		1	1			3	3	3		1							
Spermiogenese-arrest bei Spermatiden										1											
Spermiogenese-arrest bei Spermatocyten							1			4		4								1	
Summa		1		2		1	3			8	5	8		1						1	

r. = regelmäßig; f. = fraglich; s.u. = sehr unsicher.

Anhang: Zur Frage der Existenz von das zahlenmäßige Geschlechtsverhältnis beeinflussenden Faktoren

Das endgültige, im Augenblick der Geburt bestehende sogenannte sekundäre Zahlenverhältnis der Geschlechter liegt bei den meisten Säugetieren bei etwa 100♂ : 100♀, beim Menschen bei etwa 103—106♂ : 100♀[65,66]. Da eine größere Sterblichkeit der männlichen Embryonen der Säugetiere in Entwicklungsstadien festgestellt wurde, in denen das Geschlecht anatomisch bereits diagnostiziert werden kann, wird angenommen, daß eine höhere Sterblichkeit der männlichen Früchte auch schon für frühere Stadien gilt. Das würde voraussetzen, daß das primäre Geschlechtsverhältnis im Augenblick der Befruchtung bedeutend höher liegt, mit anderen Worten, daß die männchen-bestimmenden Befruchtungen mit Y-Spermatozoen viel häufiger zustandekommen als die weibchen-bestimmenden mit X-Spermatozoen. PARKES (1925) hat unter dieser Voraussetzung ein primäres Geschlechtsverhältnis von 150♂ : 100♀ angenommen. Um das tatsächliche primäre Zahlenverhältnis so kurz wie möglich nach der Befruchtung zu bestimmen, haben LINDAHL u. SUNDELL (1958) Weibchen des Goldhamsters (Cricetus auratus) 80—90 h nach der Begattung getötet und die befruchteten Eier im Stadium von 20—32 Zellen auf ihre chromosomale Kernstruktur (XX oder XY) untersucht: Unter 51 Keimen fanden sich 33 männliche (XY) und 18 weibliche (XX) Chromosomenbestände, was einem Geschlechtsverhältnis von 183♂ : 100♀ entspricht und signifikant ($p < 0,05$) verschieden vom Verhältnis 100♂ : 100♀ ist. Damit wurde die Gültigkeit der obigen Annahme von PARKES (1925) für ein Entwicklungsstadium der befruchteten Eier bestätigt, das dem Augenblick der Befruchtung sehr nahe liegt und daher mit großer Wahrscheinlichkeit das echte primäre Geschlechtsverhältnis widerspiegeln dürfte.

Wenige Jahre später haben TRICOMI, SERR u. SOLISH (1960) aufgrund von Placenta-Untersuchungen in Fällen von Fehlgeburten ein primäres Geschlechtsverhältnis beim Menschen von 111♂ : 100♀ angenommen. Diese Zahl scheint aber nach späteren Untersuchungen von SZONTAGH, JACOBOVITS u. MÉHES (1961) an den Placenten von 300 aus medizinischen Gründen eingeleiteten Fehlgeburten zu

---

65 Übersichten bei PARKES (1926) und CREW (1952).

66 Das gilt nicht nur für die Eutheria, sondern offenbar auch für die Marsupialia (CAUGHLEY u. KEAN, 1964), obgleich für diese allerdings nur wenige Untersuchungen vorliegen.

niedrig zu sein, denn sie fanden bei Feststellung des Geschlechtschromatins in den Placentazellen anscheinend normaler früher Schwangerschaften ein Zahlenverhältnis von 122♂ : 100♀. Damit wird auch für den Menschen eine häufigere Befruchtung durch Y-Spermatozoen wahrscheinlich gemacht.

Bei Untersuchungen über Faktoren, die das Geschlechtsverhältnis beim Menschen beeinflussen, glaubten RENKONEN, MÄKELÄ u. LEHTOVAARA (1962) feststellen zu können, daß die Geburt eines Knaben die Wahrscheinlichkeit einer weiteren Knabengeburt in der Zukunft bei dieser Mutter herabsetzt, und vermuteten, daß das Tragen eines männlichen Fetus manche Frauen gegen männliches Y-Antigen immunisiert und diese Immunität die Entwicklung nachfolgender männlicher Feten störend beeinflussen könnte. McLAREN (1962), die die Frage untersuchte, ob die mütterliche Immunität gegen männliche Antigene das Geschlechtsverhältnis der Nachkommen tatsächlich beeinflusse, prüfte die Hypothese von RENKONEN u. Mitarb. (1962) in Versuchen an Mäuseweibchen nach, die auf verschiedene Weise eine Immunisierung gegen Y-Antigen erfuhren (Injektion von Milzzellsuspensionen oder von Sperma, Transplantationen von Männchenhaut). Bestimmt wurde das Geschlechtsverhältnis im ersten Wurf nach der Immunisierung: es ergab sich keinerlei Beeinflussung im Vergleich zu den nichtimmunisierten Kontrollweibchen.

Experimentelle Untersuchungen liegen von HAHN u. HAYS (1963) vor, die durch Behandlung trächtiger Rattenweibchen mit Oestrogen und Progesteron signifikante Veränderungen des sekundären Geschlechtsverhältnisses erzielten. 31 unbehandelte intakte Weibchen hatten bei der Untersuchung am 20. Tag der Gravidität 340 Feten, 11 pro Wurf und ein Geschlechtsverhältnis von 101,2♂ : 100♀. 80 Weibchen, die am 8. Tag der Gravidität ovariektomiert wurden und anschließend tägl. Progesteron + Oestron erhielten, hatten 368 Feten, 4,6 pro Wurf und ein Geschlechtsverhältnis von 80,4♂ : 100♀. 64 intakte und mit den gleichen Progesteron + Oestron-Dosen behandelte Weibchen hatten 447 Feten, 7,0 pro Wurf und ein Geschlechtsverhältnis von 122,2♂ : 100♀. Diese Geschlechtsverhältnis-Zahlen sind signifikant verschieden von der Norm (P <0,05) und hochsignikant verschieden von einander (P <0,005). Offenbar führten die exogenen Hormone zu Entwicklungsbedingungen, die eine bevorzugte Mortalität des einen bzw. des anderen Geschlechts auslösten. Hierbei war die Abnahme der Wurfgröße ausreichend, um eine solche Veränderung des Geschlechtsverhältnisses plausibel zu machen.

Es ist nicht uninteressant, *Beobachtungen an Insekten* heranzuziehen, die auf rein genetische Beeinflussungen des Geschlechtsverhältnisses hinweisen. Das Verhältnis von Männchenzahl zu Weibchenzahl war beim tropischen Schmetterling Acraea encedon L. bei einer Fangausbeute aus den Jahren 1909/1912 96♂ : 54♀ (= 64%♂); dagegen betrug es bei der Ausbeute aus den Jahren 1963/1964 9♂ : 537♀ (= 1,6%♂). Der Unterschied ist statistisch hoch signifikant (P <0,001). Diese Veränderung des Geschlechtsverhältnisses ist im vorliegenden Fall in 50 Jahren mit etwa 150 Generationen vor sich gegangen. Hinweise auf das Auftreten rein parthenogenetischer Fortpflanzungsweisen, aus deren Gelegen nur Weibchen hervorgingen, waren vorhanden (OWEN, 1965).

BELLEC u. STOLKOWSKI (1965) untersuchten den Einfluß des Verhältnisses Kalium/Calcium (K⁺/Ca⁺⁺) der Kulturflüssigkeit auf die Geschlechtsverteilung beim anuren Batrachier Discoglossus pictus (OTTH), das unter normalen Bedingungen 50♂ : 50♀ beträgt, sowohl in der freien Natur als auch bei Aufzucht in normaler Ringer-Lösung. Anders bei der im Gleichgewicht veränderten Ringer-Lösung: Es besteht eine regelmäßige Beziehung zwischen der Geschlechtsverteilung und dem Wert des Verhältnisses K⁺/Ca⁺⁺ der Kulturflüssigkeit, die kurvenmäßig dargestellt werden kann. Werden die Konzentrationen in mÄq/1 ausgedrückt, so ist das K^+/Ca^{++}-Verhältnis der typischen Ringer-Lösung gleich 0,48. In der Variationskurve des Verhältnisses ♂ : ♀ in Abhängigkeit vom K^+/Ca^{++}-Verhältnis des Milieus gibt es eine Unterbrechung zwischen Werten von K^+/Ca^{++} = 0,11 und 0,14, von denen der erste einem Maximum an ♂, der zweite einem Maximum an ♀ entspricht. Verff. schließen aus diesen Beobachtungen, daß „die K^+ und Ca^{++}-Ionen die Geschlechtsbildung durch Einwirkung auf die Chromosomen beeinflussen". Ähnliches konnten sie auch bei der Geschlechtsbildung des Aales in holländischen Gewässern mit variablen Konzentrationen von K^+ und Ca^{++} in der Natur erheben.

Derselbe Autor (STOLKOWSKI, 1967) ist der Möglichkeit eines Einflusses von Mineralien auf das Geschlechtsverhältnis noch auf einem anderen Weg nachgegangen, indem er den Gehalt der Nahrung bei Kühen auf die Geburt von Stier- bzw. Kuhkälbern untersuchte: Aufgrund der retrospektiven Daten, die ihm von 134 landwirtschaftlichen Betrieben über die Nachkommenschaft von Kühen verschiedener Rassen in verschiedenen Gegenden Frankreichs in den letztvergangenen Jahren geliefert wurden, fand er unter Berücksichtigung des Mineralgehalts im Boden, im Futter, in eventuellen Zufütterungen usw., und unter Zusammenfassung der Ergebnisse nach Vorherrschen von Kalium bzw. Erdalkalien (Calcium), bei 25653 Geburten eine Überproduktion von Stierkälbern bei „Dominanz" von Kalium und eine Überproduktion von Kuhkälbern bei „Dominanz" der Erdalkalien in der Nahrung. Im Zusammenhang mit den Ergebnissen seiner früheren Versuche (s. o., 1965) betrachtet STOLKOWSKI diese Resultate seiner retrospektiven Untersuchung als nicht mehr als einen weiteren *Hinweis auf die Möglichkeit* eines Einflusses des Gehalts der Nahrung an unterschiedlichen Mineralien auf das Geschlechtsverhältnis (bei der Kuh): eine endgültige Entscheidung kann erst der unter allen Kautelen angestellte Versuch bringen. Andeutungen in dieser Richtung lieferten die Untersuchungen, die von einigen Autoren an marinen Würmern angestellt wurden, so von HERBST (1937) an Bonellia viridis, von TZONIS (1938) an Dinophilus apatris und von HARTMANN u. LEWINSKI (1938) an Ophryotrocha puerilis. Fütterungsversuche an Wirbeltieren (Huhn, Ratte, Maus) ergaben bisher (STOLKOWSKI, 1967) keine schlüssigen Resultate, wenn auch Änderungen des Geschlechtsverhältnisses erzielt wurden, die aber nicht signifikant waren.

8. Der Hoden als Transplantationsbett („Intratesticuläre Transplantation")

Der erste, der die intratesticuläre Transplantation als Methode zur Erforschung endokriner Vorgänge angewandt hat, war SAND, der Kopenhagener Pathologe und Physiologe, der in einer Reihe von Veröffentlichungen über die Ergebnisse seiner Methode berichtet hat (1918, 1919, 1922, 1933). Sie ist dann von vielen Untersuchern übernommen worden und als „Sand'sche Methode" in die Literatur eingegangen (s. z. B. LIPSCHÜTZ, KRAUSE u. VOSS, 1924). SAND ist wohl durch die Beobachtungen des natürlichen Vorkommens von „Ovariotestes", also von im Hodengewebe eingeschlossenem gut erhaltenen Ovarialgewebe in gewissen Fällen von Hermaphroditismus auf die Möglichkeiten eines „experimentellen Ovariotestis" aufmerksam geworden, wobei ihn die gute Erhaltung des eingeschlossenen Ovarialgewebes sicher besonders beeindruckt haben dürfte.

Diese gute Erhaltung des intratesticulär transplantierten Gewebes ist von allen Untersuchern, die mit der Sand'schen Methode arbeiteten, immer wieder bestätigt worden. So auch von KRAUSE (1926), der im Lipschütz'schen Laboratorium die Versuche von SAND an Ratten mit bestem Erfolg auf das Meerschweinchen übertrug und quantitative Probleme des experimentellen Hermaphroditismus mit Hilfe der Sand'schen Methode anging (LIPSCHÜTZ, KRAUSE u. VOSS, 1924). VOSS (1925a, b; 1926) hat das Krause'sche experimentelle Material eingehend histo-cytologisch bearbeitet und quantitativ ausgebeutet[67].

Auch ARON's Team in Strasbourg hat sich mit der Ausarbeitung der Sand'schen Methode und ihrer Ausdehnung auf andere zu überpflanzende Organe intensiv beschäftigt, worüber ARON (1955, 1959) zusammenfassend berichtet hat.

Zusammen mit seinem Schüler PETROVIC (1958) benutzte er den Hoden des Meerschweinchens als Transplantationsbett für die Hypophyse oder für ihre Teile, um ihre gonado-, thyreo- und corticotrope Funktion zu untersuchen.

GRENIER u. REBEL (1956), aus dem gleichen Institut, haben normales Placentagewebe der Frau aus verschiedenen Partien des fetalen Anteils des Organs von 3, 4, 4,5 und 5,5 Monaten und vom normalen Geburtstermin in das zentrale Gebiet im Hoden des erwachsenen Meerschweinchens von 350—600 g K.-Gew. mit Hilfe der Aron'schen Trocart-Methode (ARON, 1955) überpflanzt und die Transplantate nach 2 oder 4 Tagen oder zu späteren Terminen mitsamt dem umgebenden Hodengewebe zur histo-cytologischen Untersuchung entnommen. Sie fanden, daß das Placentagewebe in der Mehrzahl der Fälle nach einer Verweildauer von im Mittel 4 Tagen eine wenig veränderte histologische Struktur bewahrt hatte, das van Beneden'sche Syncytium war normal, umso mehr je jünger die Spender-Placenta war, aber auch die zu diesem Termin gut erhaltenen Transplantate (vor allem das van Beneden'sche Syncytium) verfielen nach spätestens 8 Tagen der Rückbildung. Bei den gut erhaltenen Transplantaten wies die in ihrer unmittelbaren Umgebung befindliche interstitielle Leydigzellen-Drüse eine bedeutende Hypertrophie auf, mit vereinzelten Mitosen und dichtem, stark färbbarem Cytoplasma, während der spermatogenetische Anteil, besonders die Spermatiden und Spermatozoen eine weitgehende strukturelle Desorganisation aufwiesen. Die Wirkungen der Placenta-Hetero-Transplantate auf den Hoden entsprachen offenbar weitgehend denjenigen von HVL-Homo-Transplantaten, wie sie von PETROVIC, DEMINATTI u. WEILL (1954) beschrieben wurden, so daß sie wohl in beiden Fällen auf die gleiche Ursache, die im Transplantat produzierten Gonadotropine zurückzuführen wären.

HUSSON (1971), der die Pars distalis der Hypophyse beim reifen Frosch Rana esculenta L. im Juni, also zur Zeit der Paarung, in den Hoden autotransplantierte[68] und 4—5 Wochen später den Transplantat-Träger-Hoden, das Transplantat und den intakten Hoden histo-cytologisch untersuchte, fand die Hypophysen gut eingeheilt, die gonadotrophen β- und γ-Zellen ausgezeichnet erkennbar, wenn auch verkleinert und in ihrer Farbstoff-Affinität beeinträchtigt (chromophob). Trotz dieser Veränderungen hatte die hormonale Aktivität der Hypophysentransplantate offenbar nicht gelitten, denn die Spermatogenese, die bei den hypophysekto-mierten, aber nicht mit einem Transplantat belegten Tieren nahezu vollkommen zum Stillstand gekommen war, war in den Hoden mit Transplantat in vollem Gange, besonders in der unmittelbaren Nachbarschaft des Transplantats, wo auch die interstitiellen Zellen des Hodens im allgemeinen hyperplastisch waren. Wenn auch die Dauer dieser Versuche relativ kurz war (4—5 Wochen), so ging doch die Fähigkeit der in den Hoden überpflanzten Hypophysen die Hodenstruktur, die Spermatogenese und die innersekretorische Aktivität über diese Zeitspanne nahezu vollkommen zu erhalten, deutlich hervor; Versuche von längerer Dauer sind nach den Worten des Verf. im Gange.

---

67 Das Lipschütz'sche Laboratorium ist später auf die intrarenale Transplantation der Ovarien übergegangen, weil die angegangenen Probleme intakte Hoden oder aber ihre totale oder partielle Entfernung verlangten (s. LIPSCHÜTZ u. VOSS, 1924, 1925, 1926).

68 Operativ entnommen und mittels Glaskanüle in den freigelegten Hoden versenkt.

Im Gegensatz zu diesen positiven Resultaten von Husson an Rana esculenta scheint sich der Hoden des Grünen Grasfrosches, Rana temporaria als Transplantationsbett für den HVL in den Versuchen von Dupont (1968) nicht bewährt zu haben. Dupont verglich die histo-cytologische und funktionelle Integrität des HVL nach Transplantation in die vordere Augenkammer, in den Musc. levator oculi, in den Hoden oder in die Nebenniere. Als Kriterium der Funktionsfähigkeit des hypophysären Transplantats diente die histo-cytologische Struktur der corticotropen Zellen im HVL und ihres Erfolgsorgans in der Nebennierenrinde. Am besten erhalten waren 4 Monate nach der Transplantation die betr. Zellen in dem in die vordere Augenkammer oder in den Augenmuskel überpflanzten HVL; dagegen wiesen die Transplantate im Hoden oder in der Nebennierenrinde deutliche Zeichen der Degeneration auf. Aus diesem Befund schließt Verf., daß die Menge des im Transplantat freigesetzten corticotropen Hormons (ACTH) umso geringer ist, je weiter das Transplantat von seinem ursprünglichen Sitz, d. h. von

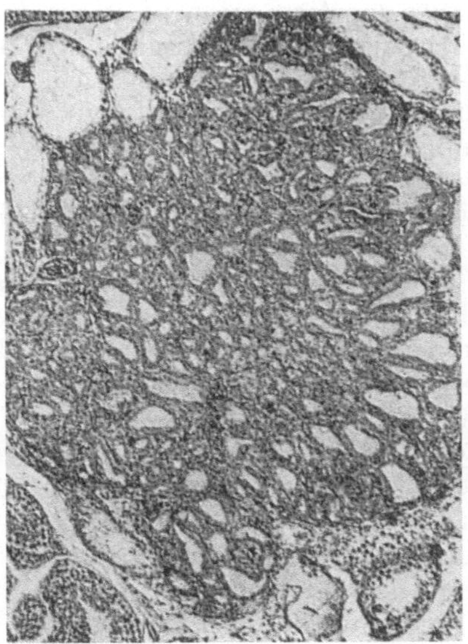

Abb. 86. Schnitt durch das intratesticuläre Schilddrüsen-Homotransplantat beim Meerschweinchen *(Cavia cobaya)*, 3 Monate nach der totalen Thyreoidektomie und gleichzeitigen Homotransplantation. Das Volumen des Transplantats hat seit der Überpflanzung etwa auf das 20fache zugenommen. Rechts am Rande einige Samenkanälchen des mit dem Transplantat beschickten Hodens. Vergr. etwa 40×. (Nach Marescaux u. Fabre, 1968)

seiner Lage bei den hypothalamischen Zentren entfernt ist. Diese Deutung gewinnt an Wahrscheinlichkeit, wenn man in Betracht zieht, daß der CRF (der Corticotropin Releasing Factor des Hypothalamus) bei den Amphibien eine sehr kurze Halbwertzeit besitzt, wie Jørgensen (1968) in seinem umfassenden Bericht dargelegt hat. Allerdings muß auch die nicht unwichtige Tatsache erwähnt werden, daß Dupont (1971) öfters die Transplantate im Hoden und in der Nebenniere von einer dichten bindegewebigen Kapsel eingeschlossen sah, die bei den beiden anderen Transplantationsbetten fehlte. Man muß wohl annehmen, daß diese reaktive Kapselbildung auf die operative Technik des Verf.'s zurückzuführen war, denn in der Husson'schen Arbeit ist nichts von solchen Kapselbildungen erwähnt.

Neuerdings haben aus dem gleichen Laboratorium MARESCAUX u. FABRE (1968) über ausgedehnte Versuche mit intratesticulärer Homo-Transplantation der Schilddrüse beim Meerschweinchen berichtet, wobei sie bei thyreoidektomierten Empfängern eine starke Hyperplasie und Hyperaktivität des Transplantats fanden (Abb. 86); die Hyperaktivität betraf sowohl die Fixierung als auch die Ausscheidung des injizierten radiomarkierten Jods, und die chemische Analyse zeigte, daß die hormonogene Aktivität dieser Homotransplantate qualitativ normal war. Die intratesticuläre Homotransplantation von Schilddrüsenfragmenten gelingt aber auch beim Empfänger mit intakter Schilddrüse: sie erweisen sich nach 3monatlichem Verweilen im Hoden als morphologisch und funktionell absolut intakt.

CLARKE (1969) untersuchte die Faktoren, welche das Wachstum von in den Hoden transplantiertem Trophoblast beim Mäusemännchen der CBA-Rasse im Alter zwischen 10 und 20 Wochen beeinflussen, die im Abstand von 2 Wochen zwecks Präimmunisierung mit 2 Hauttransplantaten von C57Bl-Männchen beschickt wurden; anschließend erhielten sie eine intratesticuläre Transplantation von ektoplacentarem Gewebe der Maus, während bei den Kontrolltieren die intratesticuläre Transplantation ohne Präimmunisierung erfolgte. Bei der Entnahme der Trophoblast-Transplantate nach 8 Tagen zeigte sich, daß das invasive Wachstum des intratesticulären Trophoblastgewebes durch die Präimmunisierung des Empfängers nicht beeinflußt wurde. In einer weiteren Versuchsreihe prüfte CLARKE, ob das Trophoblast-Transplantat auf fremde Antigene im Hoden reagiere; die Empfänger waren entweder (CBA X C57Bl)-Bastarde oder C57Bl-Männchen, die Placentagewebe von CBA- oder Bastard-Tieren intratesticulär injiziert erhielten: Das Ergebnis sprach nicht dafür, daß das Trophoblast-Transplantat-Wachstum durch die Gegenwart fremder Antigene im Hoden gefördert würde. CLARKE deutet diese Ergebnisse dahingehend, daß andere Faktoren als immunologische Einflüsse das Wachstum des verwendeten ektoplacentaren Gewebes bei der intratesticulären Transplantation bestimmen.

Für die Beurteilung des hormonalen Milieus der intratesticulären Transplantate sind die folgenden Untersuchungen von TAKEWAKI (1956) von Wichtigkeit. Wie er zeigen konnte, ähneln Vagina-Transplantate der Ratte unter die Abdominalhaut normaler Rattenmännchen weitgehend der Vagina kastrierter Weibchen, ihr Epithel ist 2 Zellen stark; bei intratesticulären Vagina-Transplantaten (am gleichen Tier!) ist das Epithel verdickt und mucifiziert. Tägliche Injektionen einer Schwellendosis von Oestron (0,4 μg) für die Verhornung von s.c. Vagina-Transplantaten konnten bei den intratesticulären Vagina-Transplantaten die Verhornung nicht herbeiführen. Während die Verhornung der s. c. Vagina-Transplantate mit täglichen Injektionen von 0,5 μg Oestradiol leicht zu bewerkstelligen war, bedurfte es bei den intratesticulären Transplantaten täglicher Injektionen von 25—50 μg; geringere Dosen verstärkten bloß die Mucifizierung des Epithels. Wurde die Vagina in die Milz oder in die Ohrmuschel eingepflanzt, so gelang ihre Verhornung mit täglicher Injektion von 0,5 μg Oestradiol im Lauf von 7 Tagen. Es gab keine Hinweise darauf, daß das s. c. injizierte Oestrogen für die intratesticuläre Lokalisierung des Vagina-Transplantats weniger leicht zugänglich wäre als für andere Stellen des Körpers. Bei kastrierten Rattenweibchen, die mit täglichen Dosen über 225 μg Testosteronpropionat behandelt wurden, wurde das Vaginalepithel ähnlich dem in intratesticulären Transplantaten bei normalen Männchen: es ist wahrscheinlich, daß die Verdickung und Mucifizierung der oberflächlichen Epithellagen in den intratesticulären Transplantaten durch die endogenen Hodenandrogene verursacht wurden. Bei kastrierten Weibchen wurde der Verhornungseffekt täglicher Injektionen von 25 μg Oestradiol durch gleichzeitige Injektionen von etwa 500 μg Testosteronpropionat aufgehoben (Abb. 87—90), woraus sich ergibt, daß der Androgenspiegel im Hodengewebe bedeutend höher liegt als in den peripheren Geweben.

ARON u. LUXEMBOURGER (1968) haben die intratesticuläre Transplantation von neo-natalem Hodengewebe der Ratte in den Hoden des erwachsenen reifen Rattenmännchens benutzt, um die Faktoren zu studieren, welche die Entwicklung des spermatogenen und des interstitiellen Gewebes vor der sexuellen Reife beeinflussen. Die Transplantate wurden mitsamt dem sie umgebenden Hodengewebe des Empfängers nach 8—12, 16—20, 30—40 bzw. 50—60 Tagen entnommen und histologisch untersucht; aus 140 Transplantationen wurden 69 Transplantate in einwandfreiem morphologischen Zustand gewonnen, womit

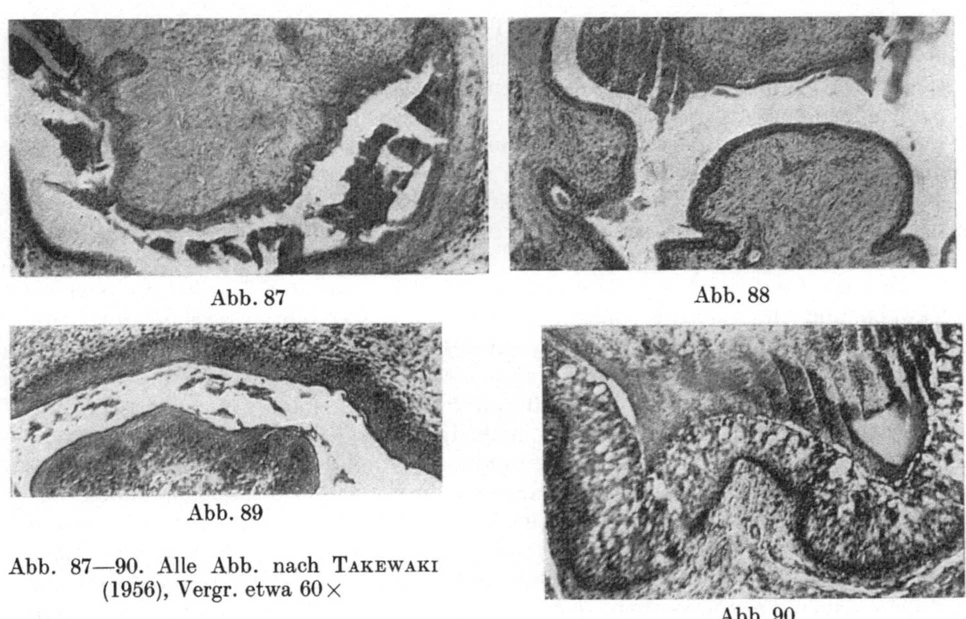

Abb. 87

Abb. 88

Abb. 89

Abb. 87—90. Alle Abb. nach TAKEWAKI (1956), Vergr. etwa 60 ×

Abb. 90

Abb. 87. Intratesticuläres Vagina-Transplantat bei der normalen männlichen Ratte; Epithel verdickt und mucifiziert

Abb. 88. Subcutanes Vagina-Transplantat beim gleichen Tier wie in Abb. 87

Abb. 89. Vaginalwand eines kastrierten Rattenweibchens nach gleichzeitiger Injektion von 25 μg Oestradiol und 300 μg Testosteronpropionat täglich an 7 Tagen. Das Epithel ist verhornt

Abb. 90. Vaginalwand eines kastrierten Rattenweibchens nach gleichzeitiger Injektion von 25 μg Oestradiol und 500 μg Testosteronpropionat täglich an 7 Tagen. Das Epithel ist stark mucifiziert.

die hohe Eignung des Hodens als Transplantationsbett erneut bestätigt wurde. Die Entwicklung der spermatogenetischen Anteile der Transplantate blieb bis zum Termin von 20—30 Tagen im Vergleich zu den Kontrollhoden gleichen Alters zurück, holte aber diese Verspätung bis zum Termin von 50—60 Tagen wieder auf; zu dieser Zeit fanden sich im Transplantat alle Entwicklungsstadien der Spermatogenese einschließlich der Spermatiden und reifen Spermatozoen in den Kanälchen, ungeachtet des Fehlens jeder Kommunikation nach außen in den Samenkanälchen des Transplantats. In der interstitiellen Drüse der Transplantate blieben die Dimensionen der Leydig-Zellen bis zum Termin von 30 Tagen hinter denjenigen beim Transplantatträger signifikant zurück, aber vom 40. Tag an war dieser Unterschied nicht mehr signifikant; auch bis zum 20. Tag vorhandene signifikante Unterschiede der Leydig-Zellen-Oberfläche zugunsten des Transplantats, verglichen mit derjenigen bei den gleichalten Kontrollen glichen sich bis zum 40. Tag aus. Was die Zahl der Leydig-Zellen anbetrifft, war sie zunächst in den Transplantaten geringer als beim Transplantatträger, aber höher als beim Kontrolltier; vom 20. Tag an kam es zu einer Hyperplasie der Leydig-Zellen im Transplantat, die aber um den 60. Tag wieder verschwand: ob es sich bei dieser passageren Hyperplasie um eine differentielle Empfindlichkeit dieser Zellen gegenüber den Gonadotropinen des Transplantatträgers hinsichtlich ihrer Teilungs- bzw. Wachstumspotenzen handelt, müssen weitere Untersuchungen lehren.

ASAKAWA (1963) zeigte mit Hilfe der intratesticulären Transplantation des embryonalen Mäusehodens (vom 11. Tag der Trächtigkeit) in den Hoden des erwachsenen Mäusemännchens, daß die primordialen Keimzellen im transplantierten Hoden unter diesen Bedingungen den spermatogenetischen Prozeß 7 Tage früher beginnen als in der Norm.

Es erhebt sich die Frage, ob der auf diese Weise höchst wahrscheinlich gemachte hohe Gehalt an Androgenen im intratesticulären Milieu für seine nicht zu leugnende Eignung als Transplantationsbett allein oder besonders oder nur wenig verantwortlich ist und ob anderen Faktoren dieses Milieus vielleicht eine entscheidende Bedeutung zukommt.

Daß die Gegenwart von Androgenen für Erhaltung und Wachstum gewisser Gewebe und Organe eine conditio sine qua non darstellt, ist schon durch die Existenz der androgen-abhängigen sekundären Geschlechtsmerkmale bewiesen, aber keines von ihnen bedarf des *erhöhten* Androgengehalts des intratesticulären Milieus. Andererseits wissen wir, daß von den im Transplantatversuch geprüften Organen sowohl die Hypophyse als auch die Schilddrüse beim Kastraten funktionsfähig ist, also auf die Androgene (und a fortiori die konzentrierten Androgene des intratesticulären Milieus) nicht angewiesen ist. Schon diese Feststellung läßt eine entscheidende Bedeutung der Androgene für die Eignung des intratesticulären Milieus als Transplantationsbett höchst fragwürdig erscheinen. Und das umso mehr, als wir im maximal entwickelten Gefäß- und vor allem Kapillarsystem des Hodens einen Faktor kennen, der das Angehen, die Erhaltung und Wachstum nebst Funktion des Transplantats aufs günstigste zu beeinflussen fähig ist. Wenn wir bedenken, daß andere, ähnlich gut wie der Hoden durchblutete Organe, wie z. B. die Nieren, einen ähnlich günstigen Transplantationsort darstellen wie der Hoden, dürfte am entscheidenden Einfluß der Durchblutung kein Zweifel bestehen. Das experimentum crucis mit der Ausschaltung der Androgenproduktion im mit dem Transplantat belegten Hoden steht noch aus.

Die obige Schlußfolgerung berührt aber nicht die klinischen Erfahrungen über die spezifische Beeinflussung der Spermiogenese durch exogenes Testosteron, wie sie sich aus den Untersuchungen von EZES u. Mitarb. ergibt: EZES (1948) implantierte 2mal Preßlinge zu 100 mg Testosteron in die Tunica vaginalis des Hodens und verbesserte damit die Qualität (nicht die Quantität) des Spermas beim sterilen männlichen Partner einer kinderlosen Ehe so weit, daß es zur Zeugung normaler Nachkommen kam, und nach LAFFONT u. EZES (1948) führte eine einseitige intratesticuläre Implantation eines Testosteronpreßlings bei sterilen Männern zu einer erheblichen Stimulierung der Spermiogenese im behandelten Hoden, während der kontralaterale Hoden bei der Biopsie sich als unverändert erwies; in einigen Fällen trat bei den Ehefrauen der behandelten Männer Schwangerschaft ein. Im Tierversuch sah CHEDID (1948) bei sterilen Kaninchenböcken, denen er

10 mg Testosteronpropionat ins Innere des Hodens injizierte, in 3 von 8 Fällen eine weitgehende Aufhebung der Sterilität, mit Auftreten zahlreicher fertiler Spermien in den Kanälchen, aber gleichzeitiger Atrophie der Leydig-Zellen; dabei nahm die Wirkung auf die Kanälchen von der Injektionsstelle nach der Peripherie graduell allmählich ab. Die rein lokale Wirkung der Injektion ergab sich aus der Tatsache, daß der behandelte Hoden allein an Größe zunahm, auch führte die s. c. Injektion der gleichen Dosen Testosteron zu einer Größenabnahme beider Hoden.

Auf ein weiteres Anwendungsgebiet der intratesticulären Implantation haben SUZUKI, TAKAHASHI, LIN u. ASANO (1970) aufmerksam gemacht, indem sie neue biologische Testsysteme für die Auswertung von LH und LRF in Vorschlag brachten, die sich auf eine lokale Technik im Rattenhoden stützen. Sie gingen von dem Bedürfnis nach einem biologischen Test für LH und LRF aus, der in seiner Empfindlichkeit dem immunologischen Testverfahren vergleichbar wäre, und wählten den Rattenhoden aus, der durch seine isolierte Lage, seine adäquate Größe, die getrennte Bahn von Arterie und Vene und die lockere Verteilung des inkretorischen Gewebes, das eine rasche und gleichmäßige Verteilung der intratesticulär applizierten Lösungen erleichtert, als besonders geeignet erschien, nicht nur für den speziellen Zweck der Verfasser, sondern ganz allgemein als Milieu für Auto- und Homotransplantationen aufgrund seiner relativ geringen Abwehrreaktionen gegen fremde Gewebe (BROOKS, 1970). Die Reaktion auf intratesticulär injiziertes LH wurde mit Hilfe der Bestimmung der Ausscheidung von Testosteron im Hodenvenenblut gemessen; eine signifikante Steigerung der Testosteronausscheidung wurde mit 5 ng von NIH-LH-S15 und 1/5000 Drüsenäquivalent des Extrakts aus der Hypophyse der Ratte erzielt. Für die Untersuchung der LRF-Aktivität wurde ein Extrakt aus Hypophysenstiel-Eminentia mediana der Ratte benutzt (rSME), der lokal in den Rattenhoden injiziert wurde, der ein Implantat von Ratten- oder Wachtel-Hypophyse enthielt; zur Bewertung des direkten Effekts von LRF diente der intrabursale OAAD-Test (TAKAHASHI u. SUZUKI, 1968). Es war bemerkenswert, daß das intratesticuläre Milieu des Rattenhodens eine starke Abgabe von LH aus dem Ratten-, nicht aber aus dem Wachtelhypophysenimplantat auslöste; die für diese Verschiedenheit verantwortlichen Faktoren (nicht ionärer Art) sind noch zu klären. Das verwendete rSME besitzt sowohl die Fähigkeit zur Förderung der Abgabe als auch der Synthese von LH in der Rattenhypophyse, dagegen stimuliert es in der Hypophyse der Wachtel nur die Sekretion von LH. So scheinen diese beiden Fähigkeiten bis zu einem gewissen Grade trennbar und von einander unabhängig zu sein.

Literatur

Freemartinismus

ALEXANDER, G., WILLIAMS, D.: Nature (Lond.) **201**, 1296—1298 (1964).
ANDERSEN, D., BILLINGHAM, R.E., LAMPKIN, G.H., MEDAWAR, P.B.: Heredity 5, 379—397 (1951).
ASDELL, A.S.: Cattle fertility and sterility, Boston 1956; zit. nach W. KOCH, Intersexualität bei Säugetieren. In: Die Intersexualität, hrsg. von CL. OVERZIER. Stuttgart: G. Thieme 1961.
BAKER, J.R.: Brit. J. exp. Biol. **6**, 56—64 (1928).
BASCOM, K.F.: Amer. J. Anat. **31**, 223—259 (1923); zit. nach HUGHES, 1929.
BATESON, W.: Problems of genetics. Yale University Press 1913. Zit. nach TH. H. BISSONNETTE, 1924.
BENIRSCHKE, K., BLOCH, E.: Acta endocr. (Kbh.) **34**, 65—68 (1960).
BENOIT, J.: C.R. Acad. Sci. (Paris) **178**, 881—883 (1924).
BILLINGHAM, R.E., LAMPKIN, G.H.: J. Embryol. exp. Morph. **5**, 351 (1957).
— — MEDAWAR, P.B., WILLIAMS, H.: Heredity **6**, 201 (1952).
BISSONNETTE, TH. H.: Amer. J. Anat. **33**, 267—345 (1924).

Bolté, E., Mancuso, S., Eriksson, G., Wipqvist, N., Diczfalusy, E.: Acta endocr. (Kbh.) **45**, 535—559 (1964).
Booth, P.B., Plaut, G., James, J.D., Ikin, E.W., Morres, P., Sanger, R., Race, R.E.: Brit. med. J. **1957** I, 1456.
Breuer, H., Grill, P.: Hoppe-Seylers Z. physiol. Chem. **324**, 254—261 (1961).
Burnet, F.M., Fenner, F.: The production of antibodies. Melbourne: Macmillan 1949.
Burns, R.K.: J. exp. Zool. **42**, 31—90 (1925).
— Amer. Naturalist **72**, 207—227 (1938).
— J. Morph. **65**, 79—119 (1939).
Buyse, A.: Anat. Rec. **66**, 43—48 (1936).
Chapin, C.L.: J. exp. Zool. **23**, 453—482 (1917).
Cole, H.H., Hart, G.H., Lyons, W.R., Catchpole, H.R.: Anat. Rec. **56**, 275—293 (1933).
Cole, L.J.: Science, **43**, 177 (1916).
Dantchakoff, V.: Bull. Biol. France et Belge **70**, 241—307 (1936).
— C.R. Soc. Biol. (Paris) **123**, 873—876 (1936).
— C.R. Soc. Biol. (Paris) **124**, 407—411 (1937).
Davies, J., Dempsey, E.W., Wislocki, G.B.: J. Histochem. Cytochem. **5**, 584 (1957).
Dunsford, I., Bowley, C.C., Hutchinson, A.M., Thompson, J.S., Sanger, R., Race, R.R.: Brit. med. J. **1953** II, 81.
Ewen, A.H., Hummason, F.A.: J. Hered. **38**, 149—152 (1947).
Forbes, Th.R.: Bull. Hist. Med. **20**, 3 (1946); zit. nach Lutz et Lutz-Ostertag, Bull. Soc. Zool. France **84**, 135—147 (1959b).
Gallien, L.: C.R. Acad. Sci. (Paris) **205**, 375 (1937).
— C.R. Acad. Sci. (Paris) **257**, 2890—2893 (1963).
Gomot, L.: Arch. Anat. micr. Morph. exp. **48**, 63 (1959); zit. nach Lutz-Ostertag et Dufaure, 1961.
Greene, R.R., Burrill, M.W., Ivy, A.C.: Amer. J. Obstet. **36**, 1038—1046 (1938a).
— — — Science **1938** II b, 130—131
— — — Amer. J. Anat. **65**, 415—469 (1939).
— — — J. exp. Zool. **87**, 211—232 (1941).
Hammar, J.A.: Upsala Läk.-Fören. Förh. **30**, 375—480 (1925).
Hart, D. Berry: Proc. roy. Soc. Edinb. B **30**, 230—241 (1910); zit. nach Lillie, J. exp. Zool. **23**, 371—452 (1917).
Hay, D.: Arch. Anat. (Strasbourg) **33**, 53—79 (1950); zit. nach R.K. Burns, in Sex and intern. secretions, 3rd ed., 1961.
Holyoke, E.A.: Anat. Rec. **127**, 470 (1957); zit. nach Holyoke u. Beber, 1958.
— Beber, B.A.: Science **128**, 1082 (1958).
Hughes, W.: Anat. Rec. **41**, 213—245 (1929).
Humphrey, R.R.: Biol. Bull. **55**, 317—338 (1928).
— Anat. Rec. **55**, Abstracts S. 60—61 (1933).
Hunter, J.: Phil. Trans. B. **69**, 279—293 (1779); Observations on certain parts of the animal economy, London 1786; zit. nach Lillie. J. exp. Zool. **23**, 371—452 (1917).
Jost, A.: Acta physiol. pharmacol. neerl. **4**, 97—103 (1955).
— Die Wirkung der Sexualhormone beim Embryo. In: Ammon-Dirscherl, Fermente, Hormone, Vitamine, 2. Bd., S. 382—389. Stuttgart: G. Thieme 1960.
— Chodkiewicz, M., Mauléon, P.: C. R. Acad. Sci. (Paris) **256**, 274—276 (1963).
— Colonge, R.A.: C. R. Soc. Biol. (Paris) **143**, 140—142 (1949).
Joyet-Lavergne, Ph.: C. R. Acad. Sci. (Paris) **207**, 1130—1132 (1938).
Keller, K., Tandler, J.: Arch. Entwickl.-Mech. Org. **31**, 289—306 (1911).
— — Wien. tierärztl. Mschr. **3**, 513—526 (1916).
Koch, W.: Fetale hormonale Störungen bei Tieren. In: Probleme der fetalen Endokrinologie, 3. Symp. Dtsch. Ges. Endokrinologie 1955. Berlin-Göttingen-Heidelberg: Springer 1956, S. 39—43.
Kondo, K.: J. exp. Zool. **141**, 1—14 (1959).
Lenz, W., Nowakowski, H., Prader, A., Schirren, C.: Schweiz. med. Wschr. **89**, 727—731 (1959).
Lillie, Fr.R.: Science **43**, 611—613 (1916).
— J. exp. Zool. **23**, 371—452 (1917).
Lindner, H.R.: Proc. Soc. Endocr., J. Endocr. (Lond.) **20**, V P—VI P (1960).
Lipschütz, A.: C. R. Acad. Sci. (Paris) **179**, 1625—1628 (1924).
Lutz, H., Lutz-Ostertag, Y.: Arch. Anat. micr. Morph. exp. **47**, 205—210 (1958).
— — Develop. Biol. **1**, 364—376 (1959a).
— — Bull. Soc. Zool. France **84**, 135—147 (1959b).
— — C. R. Soc. Biol. (Paris) **153**, 560—562 (1959c).

Lutz-Ostertag, Y., David, D.: C. R. Acad. Sci. (Paris) 254, 2227—2229 (1962).
— Didier, E.: C. R. Soc. Biol. (Paris) 155, 2332—2334 (1961).
— Dufaure, J.P.: C. R. Soc. Biol. (Paris) 155, 778—779 (1961).
— Nègre, Chr.: C. R. Soc. Biol. (Paris) 154, 2284—2286 (1960).
Macintyre, M.N.: Anat. Rec. 124, 27—46 (1956).
— Baker, L., Jr., Wykoff, T.W.: Arch. Anat. micr. Morph. exp. 48, Suppl. 141—154 (1959).
— Hunter, J.E., Morgan, A.H.: Anat. Rec. 138, 137—147 (1960).
Mahoney, J.J.: J. exp. Zool. 90, 413—439 (1942); zit. nach Peyre, 1962.
Mann, T., Rowson, L.E.A.: Proc. Soc. Endocr., J. Endocr. (Lond.) 20, IV P—V P (1960).
Marx, L.: J. exp. Zool. 91, 365—371 (1942).
Minoura, T.: J. exp. Zool. 33, 1—62 (1921).
Moore, C.R.: Physiol. Zool. 14, 1—45 (1941).
Moore, K.L., Graham, M.A., Barr, M.L.: Anat. Rec. 118, 442 (1955).
Moore, N.W., Rowson, L.E.A.: Nature (Lond.) 182, 1754—1755 (1958).
Nicholas, J., Jenkins, W.J., Marsh, W.S.: Brit. med. J. 1957 I, 1458.
Numan: Verhandeling over de onvruchtbaren runderen bekend onder den naams van kweenen
    in verband tot sommige anderen dieren mit misvormde geslachtsdeelen. Utrecht: W van
    der Monde 1843. Zit. nach Keller u. Tandler, 1916.
Owen, R.D.: Science 102, 400—401 (1945).
— Davis, H.P.; Morgan, R.F.: J. Hered. 37, 290—297 (1946).
Padoa, E.: Arch. ital. Anat. Embriol. 40, 122—172 (1938).
Pearl, R.: Ann. Rep. Maine Agr. exp. Stat. 1912, 259—282.
Pennetti, G.: Rif. med. 1939, 1471—1473.
Petskoi, P.G.: Proc. Severtsov Inst. Anim. Morphol. 14, 44, Moskau 1955; zit. nach Alexan-
    der and Williams, 1964.
Peyre, A.: Arch. Biol. (Liège) 73, 1—174 (1962).
Raynaud, A.: Bull. Biol. France et Belge 72, 297 (1938a).
— C. R. Acad. Sci. (Paris) 205, 1453—1456 (1938b).
— C. R. Soc. Biol. (Paris) 130, 1012—1015 (1939).
— C. R. Acad. Sci. (Paris) 211, 489—492, 572—574 (1940).
Regnier, M.-Th.: C. R. Acad. Sci. (Paris) 205, 1451—1453 (1937).
Roberts, J.A.F., Greenwood, A.W.: J. Anat. (Lond.) 63, 87—94 (1928).
Rotermund, H.: Über Zwillingsfruchtbarkeit einiger Wiederkäuer; Dissert. Tierärzt. Hoch-
    schule Hannover 1929.
Ryan, K.J.: J. biol. Chem. 234, 268—272 (1959).
— Benirschke, K., Smith, O.W.: Endocrinology 69, 613—618 (1961).
Salzgeber, B.: C. R. Acad. Sci. (Paris) 251, 1576—1577 (1960).
Smith, O.W., Ryan, K.J.: Endocrinology 69, 869—872 (1961).
Spiegelberg, O.: Z. f. rat. Med. III. Reihe, 11, 120—131 (1861); zit. nach Th. H. Bisson-
    nette, 1924.
Stormont, C., Weir, W.C., Lane, L.L.: Science 118, 695 (1953).
Suzuki, Y., Takahashi, M., Lin, Y.Ch., Asano, T.: Endocr. jap. 17, 431—440 (1970).
Tandler, J., Keller, K.: Dtsch. tierärztl. Wschr. 1911, 148—149.
Voss, H.E., Loewe, S.: Klin. Wschr. 10, 1957 (1931).
Weniger, J.-P.: C. R. Acad. Sci. (Paris) 253, 2410—2411 (1961).
White, M.R.: Anat. Rec. 99, 397—426 (1947).
— J. exp. Zool. 110, 153—181 (1949).
Willier, B.H.: J. exp. Zool. 33, 63—127 (1921).
— Gallagher, T.F., Koch, F.C.: Physiol. Zool. 10, 10 (1937).
Wislocki, G.B.: Amer. J. Anat. 64, 445—483 (1939).
— Hamlett, G.W.D.: Anat. Rec. 61, 97—107 (1934).
Witschi, E.: Biol. Bull. 52, 136—147 (1927).
— Biol. Rev. 9, 460—488 (1934).
Wolff, Et.: Arch. Anat. (Strasbourg) 22, 1—382 (1936).
— C. R. Acad. Sci. (Paris) 208, 1532—1534 (1939).
— Arch. Anat. micr. Morph. exp. 31, 237—310 (1946).
— Ginglinger, A.: Arch. Anat. (Strasbourg) 20, 219—278 (1935).
— Haffen, K.: Arch. Anat. micr. Morph. exp. 41, 184 (1952a).
— — Ann. Endocr. (Paris) 13, 724 (1952b); zit. nach Lutz-Ostertag et Dufaure, 1961.
— Weniger, J.P.: C. R. Acad. Sci. (Paris) 237, 936—938 (1953).
Womack, E.B., Koch, F.C.: Endocrinology 16, 267 (1932).

Fetale und adulte Androgene

Bloch, E., Benirschke, K.: Endocrinology 76, 43—51 (1965).
Jost, A.: Recent Progr. Hormone Res. 8, 379—418 (1953).

Jost, A., Chodkiewicz, M., Mauléon, P.: C. R. Acad. Sci. (Paris) **256**, 274—276 (1963).
— Colonge, R.A.: C. R. Soc. Biol. (Paris) **143**, 140—142 (1949).
Karg, H.: Naturwissenschaften **53**, 41 (1966).
Marois, M.: Bull. Ass. Anat. (Nancy) **103**, 542—548 (1959).
Salzgeber, B.: C. R. Acad. Sci. (Paris) **251**, 1576—1577 (1960).
— C. R. Acad. Sci. (Paris) **254**, 4352—4353 (1962).
— J. Embryol. exp. **11**, 91—105 (1963).
Weniger, J.-P.: Arch. Anat. micr. Morph. exp. **50**, 269—288 (1961a).
— C. R. Acad. Sci. (Paris) **253**, 2410—2411 (1961b).
— Arch. Anat. micr. Morph. exp. **52**, 497—506 (1963a).
— C. R. Soc. Biol. (Paris) **157**, 1057—1059 (1963b).
— C. R. Soc. Biol. (Paris) **157**, 640—641 (1963c).
— C. R. Acad. Sci. (Paris) **261**, 1427—1429 (1965).

Kryptorchismus

Allbrock, D.B., Harthoorn, A.M., Luck, C.P., Wright, P.G.: J. Physiol. (Lond.) **143**, 51P—52P (1958).
Antliff, H.R., Young, W.C.: Endocrinology **61**, 121—127 (1957).
Bartholomew, G.A., Hudson, J.W.: Physiol. Zool. **35**, 94—107 (1962).
Bayle, H.: Le traitement chirurgical des cryptorchidies, in La fonction endocrine du testicule. Paris: Masson & Cie 1957.
Bergstrand, C.G., Qvist, O.: Bilateral cryptorchism. In: Die Prognose chronischer Krankheiten. Berlin-Göttingen-Heidelberg: Springer 1960a, S. 254—256.
— — Acta paediat. (Uppsala) **49**, 786—794 (1960b).
— — Acta endocr. (Kbh.) **37**, 231—236 (1961)
Biddulph, Cl.: Anat. Rec. **73**, 447—463 (1939).
Bielschowsky, F., Hall, W.H.: Proc. Univ. Otago med. Sch. **32**, 16—17 (1954).
Biskind, M.S., Biskind, G.R.: Proc. Soc. exp. Biol. (N.Y.) **55**, 176—178 (1944).
Bligh, J.: Proc. Biochem. Soc., Biochem. J. **89**, 72P (1963).
Breipohl, W., Balzer, H.U.: Zbl. Gynäk. **69**, 1139 (1947).
Brimblecombe, S.I.: Brit. med. J. **1946 I**, 526.
Broek, A.J.P. van den: Urogenitalsystem. In: Handbuch d. vergl. Anatomie der Wirbeltiere, Bd. VI, S. 139ff. Berlin u. Wien: Urban & Schwarzenberg 1933.
Brouha, D., Desclin, L.: C. R. Soc. Biol. (Paris) **117**, 67—69 (1934).
Cendron, J., Canlorbe, P., Borniche, P., Pujol, J.: Les cryptorchidies. In: La fonction endocrine du testicule. Paris: Masson & Cie 1957.
Charny, Ch.W.: Anomalies du développement morphologique du testicule dans la puberté et la prépuberté. In: La fonction endocrine du testicule. Paris: Masson & Cie 1957.
— J. Urol. (Baltimore) **83**, 697—705 (1960).
— Persönliche Mitteilung, Februar 1961.
— Conston, A.S., Meranze, D.P.: Ann. N.Y. Acad. Sci. **55**, 597 (1952).
— Wolgin, W.: Surg. Gynec. Obstet. **102**, 177 (1956); zit. nach Cendron u. Mitarb., 1957.
Clegg, E.J.: J. Endocr. **20**, 210—219 (1960).
Colby, F.H.: Essential urology. Baltimore: Williams & Wilkins 1950; zit. nach Cendron u. Mitarb., 1957.
Cooper, E.R.A.: J. Anat. (Lond.) **64**, 5 (1929).
Crew, F.A.E.: J. Anat. (Lond.) **56**, 99 (1922).
— Verhandlung. I. Internat. Kongreß f. Sexualforschung, Berlin 1926.
Crooke, A.C.: Proc. roy. Soc. Med. **39**, 516 (1946).
Deming, C.L.: J. Urol. (Baltimore) **68**, 354 (1952); zit. nach Cendron u. Mitarb. 1957.
Doepfmer, R., Nienaber, W.: Münch. med. Wschr. **106**, 2096—2101 (1964).
Drake, C.B.: J. Amer. med. Ass. **163**, 626 (1957).
Eisentraut, M.: Mammalian hibernation; chapter 2. Ed. by Lyman and Dawe. Museum Comp. Zool. Harvard, Bull. Nr. 124, 31—43, 1960.
Enders, R.K., Davis, D.E.: J. Mammology **17**, 165—166 (1936).
Engberg, H.: Proc. roy. Soc. Med. **42**, 652 (1949).
Engle, E.T.: Endocrinology **16**, 513—520 (1932).
Esser, P.H.: Z. mikr.-anat. Forsch. **31**, 1 (1932); zit. nach H. Knaus, 1950.
Foncin, R.: C. R. Soc. Biol. (Paris) **107**, 1023—1024 (1931).
Fukui, S.N.: Jap. med. World **3**, 27 (1923a); zit. nach H. Knaus, 1950.
— Jap. med. World **3**, 160 (1923b); zit. nach H. Knaus, 1950.
— Acta Sch. med. Univ. Kioto **6**, (1923c); zit. nach H. Knaus, 1950.
Gavez, E.: Zbl. allg. Path. path. Anat. **98**, 18—38 (1958).
Glass, S.J.: J. clin. Endocr. **6**, 797 (1946).
Glover, T.D.: J. Endocr. **18**, P XI (1959).

GOSPODAROWICZ, D., LEGAULT-DÉMARE, J.: C. R. Acad. Sci. (Paris) 255, 3047—3049 (1962).
GRIFFITH, J.: J. Anat. Physiol. 27, 482 (1893); 28, 209 (1894).
GROSS, R., JEWETT, T.: J. Amer. med. Ass. 160, 634 (1956).
GUIEYSSE-POLLISSIER, A.: Arch. Anat. micr. Morph. exp. 33, 5—47 (1937).
HABERLAND, H.F.O.: Arch. klin. Chir. 163, 603 (1931); zit. nach H. KNAUS, 1950.
HAMILTON, J.B.: Proc. Soc. exp. Biol. (N.Y.) 35, 386—387 (1936).
— Anat. Rec. 70, 533—540 (1937/1938).
— HUBERT, A.G.: Proc. Soc. exp. Biol. (N.Y.) 39, 4—5 (1938).
HANES, F.M., HOOKER, C.W.: Proc. Soc. exp. Biol. (N.Y.) 35, 549—551 (1937).
HARRISON, R.G.: Facteurs vasculaires dans la physiologie normale de la spermatogénèse. In:
    La fonction spermatogénétique du testicule humain. Paris: Masson & Cie 1958.
HAYASHI, M., OGATA, K., SHIRAOGAWA, T., KAWASE, O.: Nature (Lond.) 181, 186 (1958).
HECKER, W.CH., BRAREN, FR.: Ärztl. Wschr. 13, 83 (1958).
HELLER, R.E.: Physiol. Zool. 2, 9—17 (1929).
HINMAN, F.: Fertil. and Steril. 20, 214 (1955); zit. nach Lancet 1956 II, 611.
ICHIKAWA, T., WAKU, M.: Verh. Ber. Dtsch. Ges. Urol., Wien 1957, Sonderbd. Z. Urol. 1958,
    146.
JEFFRIES, M.E.: Anat. Rec. 48, 131—139 (1931); zit. nach G.K. SMELSER, Physiol. Zool. 6,
    396—449 (1933).
JOHANSEN, K.: Physiol. Zool. 34, 126—144 (1961).
JOHNER, TH.: Helv. med. Acta 4, 699—709 (1937).
JOHNSON, W.W.: J. Amer. Med. Ass. 113, 25 (1939); zit. nach DRAKE (1957).
JOLLY, J., LIEURE, C.: C. R. Soc. Biol. (Paris) 117, 335—337 (1934).
JUNG, A., COMSA, J.: Presse méd. 64, 2015—2016 (1956).
KARG, H., KRONTHALER, O.: Endokrinologie 31, 1931 (1961).
KIMELDORF, D.J.: Endocrinology 43, 39 (1930).
KIRBY, A., HARRISON, R.G.: Proc. Soc. Study Fertil. 6, 129 (1954); zit. nach R.G. HARRISON,
    1958.
KLEIN, M., MAYER, G.: C. R. Soc. Phys. Biol. 16, 13 (1942).
KNAUS, H.: Die Physiologie der Zeugung des Menschen. Wien: W. Maudrich 1950.
KNORR, D.: Acta endocr. (Kbh.) 44, Suppl. 84, 1—76 (1963).
— Pädiat. Prax. 9, 299 (1970).
KRAINER, L.: Z. ges. exp. Med. 94, 329 (1934).
KUDRJASCHOV, B.A., IVANOVA, S.A.: Endokrinologie 9, 413—424 (1931).
KUNSTADTER, R.H.: Endocrinology 25, 661—669 (1939).
KYRLE: Verh. dtsch. path. Ges. 1912, 420.
LEWIS, LL. G.: J. Urol. (Baltimore) 60, 345—356 (1948).
LINZELL, J.L., BLIGH, J.: Nature (Lond.) 190, 173 (1961).
LIPSCHÜTZ, A.: Proc. roy. Soc. B 93, 132—134 u. 94, 83—84 (1922).
— Spezielle operative Methoden zur Untersuchung der inneren Sekretion der Geschlechts-
    drüsen bei Wirbeltieren. In: Handbuch d. biol. Arbeitsmethoden, hrsg. von E. ABDER-
    HALDEN, Abt. V, Teil 3B, 1926.
LIPTRAP, R.M., RAESIDE, J.I.: J. Reprod. Fertil. 21, 293—301 (1970); zit. nach Exc. med.,
    Endocrinology 24, 1016 (1970).
LOMBARD, P., GROS, G.: Mém. Acad. Chir. 65, 755 (1939); zit. nach M. SCHOOG u. H. WOLFERS,
    Z. Haut- u. Geschl.-Kr. 12, 70 (1952).
LUCK, C.P., WRIGHT, P.G.: J. Physiol. (Lond.) 147, 53P—54P (1959).
MACLEOD, J., HOTCHKISS, R.S.: Endocrinology 28, 780—784 (1941).
MAIER, W., SPANN, W.: Dtsch. med. Wschr. 87, 1697 (1962).
MARTINS, TH.: C. R. Soc. Biol. (Paris) 131, 299—302 (1939).
MOORE, C.R.: Anat. Rec. 25, 142 (1923).
— Science 59, 41 (1924a).
— Amer. J. Anat. 34, 269 (1924b).
— Amer. J. Anat. 34, 337 (1924c).
— Biol. Bull. mar. biol. Laborat. 51, 112—128 (1926).
— Yale J. Biol. Med. 17, 203 (1944).
— GALLAGHER, T.F.: Amer. J. Anat. 45, 39 (1930).
— OSLUND, R.M.: Amer. J. Physiol. 67, 595 (1924).
— QUICK, W.J.: Amer. J. Physiol. 68, 70 (1924).
MORRISON, P.: Biol. Bull. (Lancaster, Pa.) 116, 484—497 (1959).
— Biol. Bull. (Lancaster, Pa.) 123, 154—169 (1962).
— Aust. J. biol. Sci. 15, 386—394 (1962).
— PETAJAN, J.H.: Physiol. Zool. 35, 52—65 (1962).
MUSSIO-FOURNIER, J.C., ESTEFAN, J.C., GROSSO, O., ALBRIEUX, A.: Ann. Endocr. (Paris) 8,
    109—113 (1947).

NALBANDOV, A. V.: Reproductive Physiology. 2nd. Edition. San Francisco, London: Freeman 1964.
NELSON, W. O.: Cold Spr. Harb. Symp. quant. Biol. **5**, 123 (1937).
— Recent Progr. Hormone Res. **6**, 29 (1951).
OTTOW, B.: Biologische Anatomie der Genitalorgane und der Fortpflanzung der Säugetiere. Jena: G. Fischer 1955.
PASCHKIS, K.: Recent Progr. Hormone Res. **6**, 60 (1953). (Diskussionsbemerkung zum Vortrag von W. O. NELSON.)
PAWLIKOWSKI, T.: Endokr. pol. **11**, 279—288 (1960).
PERLMAN, PR. L.: Endocrinology **46**, 341—346 (1950a).
— Endocrinology **46**, 347—352 (1950b).
PIANA, G. P.: Clin. vet. (1891); zit. nach KN. SAND, 1933.
RABOCH, J., ZÁHOR, Z.: Schweiz. med. Wschr. **85**, 1196 (1955).
RAMAKRISHNA, P. A., PRASAD, M. R. N.: Curr. Sci. **31**, 468—469 (1962).
REA, CH. E.: Arch. Surg. **38**, 1054 (1939).
RICHARDSON, J. S.: Proc. roy. Soc. Med. **39**, 513 (1946).
ROBINSON, J. N., ENGLE, E. T.: J. Urol. (Baltimore) **71**, 726—734 (1954).
ROBINSON, K. W., MORRISON, P. R.: J. cell. comp. Physiol. **49**, 455—478 (1957).
RUOTOLO, A.: Boll. Soc. ital. Biol. sper. **14**, 118—120 (1939).
SAND, KN.: Die Physiologie des Hodens. In: Handbuch d. Inn. Sekr., Bd. 2, S. 2017. Leipzig: C. Kabitzsch 1933.
SCHAPIRO, B.: Harefuah **53**, 198—199 (1957).
SCORER, C. G.: Brit. J. Urol. **27**, 371 (1955); zit. nach CENDRON u. Mitarb., 1957.
SCOTT, L. ST.: Het Hormoon (Oss) **26**, Nr. 4, 41—46 (1962) dtsch. Ausgabe **15**, Heft 6, 1—6 (1962).
SELYE, H., FRIEDMAN, S.: Amer. J. med. Sci. **201**, 886 (1941).
SIMPSON, M. E., LI, CH. H., EVANS, H. M.: Endocrinology **35**, 96 (1944).
SIMPSON, S. L.: Proc. roy. Soc. Med. **39**, 512 (1946).
SLAUNWHITE, W. R., Jr., SAMUELS, L. T.: J. biol. Chem. **220**, 341—352 (1956).
SNIFFEN, R. C.: Arch. Path. **50**, 259 (1950).
— Ann. N. Y. Acad. Sci. **55**, 609 (1952).
SOBEL, E. H.: Recent Progr. Hormone Res. **6**, 59 (1951).
SOHVAL, A. R.: J. Urol. (Baltimore), **72**, 693—702 (1954).
— Amer. J. Med. **16**, 346 (1954).
STEINBERGER, E., NELSON, W. O.: Endocrinology **56**, 429—444 (1955).
STIEVE, H.: In: Handbuch d. mikroskop. Anat. d. Menschen, VII, 2. Berlin: Julius Springer 1930.
STILLING, H.: Zieglers Beiträge Pathol. Anat. **15**, 337 (1894).
SZCEPSKI, O., WALCZAK, M., MIKOLAJCSYK, J.: Endokr. pol. **13**, 555—558 (1962).
TAKEWAKI, K.: J. Fac. Sci. Univ. Tokyo IV, **3**, 485—490 (1934).
VOSS, H. E.: Ärztl. Wschr. **7**, 265—270 (1952).
WAGNER, R.: Naturwissenschaften **44**, 97—107 (1957).
WAITES, G. M. H.: Nature (Lond.) **190**, 172—173 (1961)
— VOGLMAYR, J. K.: Nature (Lond.) **196**, 965—967 (1962).
WARD, B., HUNTER, W. M.: Brit. med. J. **1960 I**, 1110—1111.
WEBER, H. J.: Wien, med. Wschr. **116**, 315—317 (1966).
WEBER, M.: Die Säugetiere, 2. Aufl., Jena: G. Fischer 1927.
WELLS, L. J.: Proc. Soc. exp. Biol. (N. Y.) **36**, 625—629 (1937).
— Anat. Rec. **79**, 79 (1941).
— Surgery **14**, 436—472 (1943).
WESTMAN, A.: Nord. méd. **41**, 1019 (1949); ref. in Schweiz. med. Wschr. **1949**, 877.
— Acta med. scand. **133**, 171 (1949); ref. in Endokrinologie **27**, 176 (1950).
WEYENETH, R.: Rev. suisse Méd. rom. **76**, 654 (1956); zit. nach CENDRON u. Mitarb., 1957.
WILLIAMS, P.: Lancet **1936 I**, 426.
WINTERSTEIN, O.: Chirurg **24**, 433 (1953).
WISLOCKI, G. B.: Quart. Rev. Biol. **8**, 385—396 (1933).
WITSCHI, E., LEVINE, W. T.: Anat. Rec. **55**, Abstracts S. 41 (1933).
WOLFRAM, W.: Z. Geburtsh. Gynäk. **125**, 110 (1943).
YOUNG, W. C.: Physiol. Zool. **2**, 1—8 (1929).

Androgene und Tumorgenese

ALLOITEAU, J.-J.: C. R. Acad. Sci. (Paris) **249**, 1718—1720 (1959).
— C. R. Acad. Sci. (Paris) **249**, 2410—2412 (1959).
— C. R. Acad. Sci. (Paris) **253**, 1494—1496 (1961).
— ACKER, G.: C. R. Acad. Sci. (Paris) **250**, 1566—1568 (1960).

ANDREWS, G.S.: J. clin. Path. 2, 197 (1949); J. Anat. (Lond.) 85, 44 (1951).
BAGGETT, B., ENGEL, L., SAVARD, K., DORFMAN, R.I.: J. biol. Chem. 221, 931—941 (1956).
BARNETSON, J.: Arch. Anat. path. 30, 129 (1954).
BEATSON, G.T.: Lancet 1896 II, 104, 162.
BENGMARK, S., INGEMANSON, B., KÄLLÉN, B.: Acta endocr. (Kbh.) 30, 459 (1959).
BLACKBURN, CH. M., CHILD, D.S.: Proc. Mayo Clin. 34, 113—126 (1959); zit. nach Chem. Abstr. 53, 1247 (1959).
BÜNGELER, W., DONTENWILL, W.: Dtsch. med. Wschr. 84, 1885—1894 (1959).
BURROWS, H.: Biol. actions of sex hormones. London: Cambridge Univ. Press, 1945; zit. nach HORNING, 1958.
CALLOW, N.H., CALLOW, R.K., EMMENS, C.W.: J. Endocr. 1, 99 (1939).
COURRIER, R., RIVIÈRE, M.-R., COLONGE, A.: C. R. Acad. Sci. (Paris) 259, 1347—1351 (1964a).
— — — C. R. Acad. Sci. (Paris) 259, 3607—3610 (1964b).
DESMAREST, CAPITAIN: Presse méd. 1938, 135.
DESTREM, H.: Concours méd. 1958, Nr. 5.
DHOM, G.: Ber. Phys.-Med. Ges. Würzburg 66, 227—240 (1954).
— Z. Geburtsh. Gynäk. 142, 182—313 (1954/1955).
EHLERS, P.N., HIENZ, H.A.: Langenbecks Arch. u. Dtsch. Z. Chir. 485—498 (1958).
EVERSOLE, W.: Endocrinology 28, 603 (1941).
FOSS, G.L.: LANCET 1939 I, 502.
FRANKE, L.M.: J. Path. Bact. 68, 603 (1954).
GALLIEN, L.: C. R. Acad. Sci. (Paris) 223, 52 (1946).
GILLMAN, J., GILBERT, CHR.: Experientia (Basel) 13, 160—161 (1957).
GLENN, E.M., LYSTER, S.C.: BOWMAN, B.J., RICHARDSON, S.L.: Endocrinology 64, 419—430 (1959).
— RICHARDSON, S.L., BOWMAN, B.J.: Metabolism 8, 265—285 (1959).
— — LYSTER, ST.C., BOWMAN, B.J.: Endocrinology 64, 390—399 (1959).
GROPP, H., WOLF, U., PERA, F.: Dtsch. med. Wschr. 90, 637—642 (1965).
HAMILTON, J.B., DORFMAN, R.I., HUBERT, G.R.: J. Lab. clin. Med. 27, 917 (1941); zit. nach BAGGETT u. Mitarb., 1956.
HEÁRD, R.D.H., JELLINCK, P.H., O'DONNELL, V.J.: Endocrinology 57, 200 (1955).
HILL, R.T.: Endocringlogy 21, 495 (1937).
HOMBURGER, F., BORGES, P., TREGIER, A.: Proc. Amer. Cancer Res. 2, 215 (1957).
HORNING, E.S.: Z. Krebsforsch. 61, 1—21 (1956); zit. nach Ref. in Endokrinologie 35, 335/336 (1958).
— Brit. J. Cancer 12, 414—417 (1958).
HORNYKIEWITSCH, TH.: Strahlentherapie 109, 5 (1959).
HOSKINS, W.H., COFFMAN, J.R., KOCH, F.C., KENYON, A.T.: Endocrinology 24, 702 (1939).
HOUSSAY, B.A., HOUSSAY, A.B., CARDEZA, A.F., PINTO, R.M.: Schweiz. med. Wschr. 85, 291—296 (1955).
HUGGINS. CH.: Klin. Wschr. 36, 1102—1106 (1958).
— u. Mitarb., 1939—1941, s. HUGGINS, 1958.
— BRIZIARELLI, G., SUTTON, H.: J. exp. Med. 109, 25, (1959); zit. nach JÖCHLE, 1961.
JADRIJEVIĆ, D., GIRARDI, S., IGLESIAS, R., LIPSCHÜTZ, A.: Proc. Soc. exp. Biol. (N.Y.) 96, 259—261 (1957).
JASMIN, G.: Brit. J. Cancer 17, 681 (1964); zit. nach JASMIN, 1965.
— Experientia (Basel) 21, 149—150 (1965).
— BAJUSZ, E., MONGEAU, A.: Rev. canad. Biol. 22, 113 (1963); zit. nach JASMIN, 1965.
JÖCHLE, W.: Naturwissenschaften 48, 481—482 (1961).
JUNKMANN, K.: Zweites Sympos. Dtsch. Ges. Endokrin. 1954. Berlin-Göttingen-Heidelberg: Springer 1955, S. 1—20.
KIRKMAN, H.: Cancer 10, 757 (1957).
— ROBBINS, M.: Proc. Amer. Ass. Cancer Res. 2, 125 (1956).
KULLANDER, ST., KÄLLÉN, B.: Acta endocr. (Kbh.) 32, 41—53 (1959).
LACASSAGNE, A.: C. R. Soc. Biol. (Paris) 120, 685 (1935).
— C. R. Soc. Biol. (Paris) 132, 365—368 (1939).
LIPKOW, J.: Z. Morphol. u. Ökol. Tiere 42, 333—372 (1954).
LIPSCHÜTZ, A.: Steroid hormones and tumors. Baltimore: The Williams A. Wilkins Comp. 1950, S. 147, 149.
— Steroid homeostasis, hypophysis and tumorigenesis. Cambridge: W. Heffer & Sons Ltd. 1957, S. 51.
— IGLESIAS, R.: C. R. Soc. Biol. (Paris) 129, 519 (1938).
McCULLAGH, E.P., ROSSMILLER, H.R.: J. clin. Endocr. 1, 496 (1941).
MILCU, ST.-M., ZIMEL, H.., RIVENZON, A.: Acta biol. med. germ. 4, 1—25 (1960).
MOHSEN, T.: C.R. Soc. Biol. (Paris) 149, 2232 (1955).

MOHSEN, T.: Nature (Lond.) **181**, 1074 (1958).
MYERS, W.P.L., WEST, CH.D., PEARSON, O.H., KARNOVSKY, D.A.: J. Amer. med. Ass. **161**, 127—131 (1956).
NAKAMURA, M., ZUZUKI, K.: Trans. jap. path. Soc. **20**, 677 (1930); zit. nach SIMONNET et ROBEY, 1941, S. 46.
NATHANSON, I.T., KELLY, R.M.: New Engl. J. Med. **246**, 135 (1952).
— TOWNE, L.E.: Endocrinology **25**, 754 (1939).
NELSON, W.O.: Anat. Rec. **68**, 99 (1937).
— Endocrinology **24**, 50 (1939).
VAN NIE, R., BENEDETTI, E.L., MÜHLBOCK, O.: Nature (Lond.) **192**, 1303 (1961).
— MÜHLBOCK, O.: Acta physiol. pharmacol. neerl. **4**, 572 (1956).
NOBLE, R.L.: J. Endocr. **1**, 184 (1939).
NYIRI, I., KOSTYA, K.: Z. ärztl. Fortbild. **10**, 342 (1955).
— — Zbl. Gynäk. **79**, 663—673 (1957).
PARKES, A.S.: Chem. and Industr. (Rev.) **54**, 928 (1935); zit. nach HORNING, 1958.
PARSONS, I.C.: Nature (Lond.) **206**, 717—718 (1965).
PASCHKIS, K.E., CANTAROW, A., RAKOFF, A.E., HANSEN, L.P., WALKLING, A.A.: Proc. Soc. exp. Biol. (N.Y.) **53**, 213—214 (1943).
QUERNER, H., WRBA, H.: Naturwissenschaften **40**, 466—467 (1953a).
— — Z. Krebsforsch. **59**, 546—551 (1953b).
RIVIÈRE, M.-R., CHOUROULINKOV, I., GUÉRIN, M.: C. R. Acad. Sci. (Paris) **249**, 2649—2651 (1959).
RÖHL, L.: Acta chir. scand. Suppl. **240** (1959); zit. nach ST. KULLANDER and B. KÄLLÉN; Acta endocr. (Kbh.) **32**, 41—53 (1959).
ROTH, P.C.J.: Ann. Endocr. (Paris) **25**, Suppl., 119—121 (1964).
RUDALI, G., B., DESORMEAUX, B., JULIARD, L.: Bull. Ass. franç. Cancer **43**, 445 (1956).
SCHEIFFARTH, F., ZICHA, L.: Dtsch. med. Wschr. **84**, 1373—1375 (1959).
SCHINZINGER: Cbl. f. Chirurgie 1889, Beilage 18. Chirurgenkongreß, S. 55—56.
SHELTON, E.K.: J. Amer. Geriat. Soc. **2**, 627 (1954); zit. nach WHEDON, 1956.
SHERMAN, A.J., WOOLF, R.B.: Amer. J. Obstet. Gynec. **77**, 233 (1959).
SIMONNET, H., ROBEY, M.: Les androgènes. Paris: Masson et Cie, éd. 1941.
SOMEYA, Y.: Jap. J. exp. Med. **30**, 193—199 (1960).
STEINACH, E., KUN, H.: Lancet **1937** II, 845.
— — PECZENIK, O.: Nature (Lond.) **138**, 49 (1936).
STOLK, A.: Naturwissenschaften **46**, 274 (1959).
— Experientia (Basel) **17**, 552 (1961).
TANNER, J.M., HEALY, M.J.R., WHITEHOUSE, R.H., EDGSON, A.C.: J. Endocr. **19**, 87 (1959).
TRENTIN, J.J., GARDNER, W.U.: Cancer Res. **18**, 110—112 (1958).
VOSS, H.E.: Fortschr. Med. **77**, 33—34 (1959).
— Med. heute **9**, 313—325 (1960).
WATSON, WHYTE, G., TURNER, R.S.: ref. in Dtsch. med. Wschr. **84**, 1158 (1959).
WEST, C.D., DAMAST, B.L., SARRO, S.D., PEARSON, O.H.,: J. biol. Chem. **218**, 409—418 (1956).
WHEDON, G.D.: In: Hormones and the aging process; Proc. Conf. Arden House, Harriman, N.Y. 1955; Acad. Press Inc., N.Y. 1956.
WOTIZ, H.H., DAVIS, J.W., LEMON, H.M., GUT, M.: J. biol. Chem. **222**, 487—495 (1956).

Verhalten

ABRAMSON, H.A., EVANS, L.T.: Science **120**, 990 (1954).
ALLEE, W.C.: Wilson Bull. **48**, 143—151 (1936); zit. nach BEACH, 1949.
— COLLIAS, N., LUTHERMAN, C.Z.: Physiol. Zool. **12**, 412—440 (1939); zit. nach BEACH, 1949.
ALTMANN, M.: J. comp. Psychol. **31**, 481—489 (1941); zit. nach BEACH, 1949.
ANTHONY, A.: Experientia (Basel) **15**, 325—328 (1959).
ARON, C., ASCH, G.: C. R. Soc. Biol. (Paris) **157**, 645—648 (1963).
ASDELL, S.A., DOORNENBAL, H., SPERLING, G.A.: J. Reprod. Fertil. **3**, 26—32 (1962).
— SPERLING, G.A.: J. Reprod. Fertil. **5**, 123—124 (1963).
ASSENMACHER, I., TIXIER-VIDAL, A.: C. R. Soc. Biol. (Paris) **156**, 267—272 (1962).
BAGGERMAN, B.: Progress in Comp. Endocr., Suppl.1 to Gen. comp. Endocr. **2**, 188—205 (1962).
BALDWIN, J.M., GOLDIN, H.S., METFESSEL, M.: Proc. Soc. exp. Biol. (N.Y.) **44**, 373—375 (1940).
BALL, J.: Psychol. Bull. **34**, 725 (1937); zit. nach BEACH, 1949.
— J. comp. Psychol. **29**, 151—165 (1940); zit. nach BEACH, 1949.
BARRACLOUGH, C.A., GORSKI, R.A.: J. Endocr. **25**, 175—182 (1962).
BEACH, F.A.: J. genet. Psychol. **53**, 329 (1938); zit. nach ENGEL, 1949.
— J. comp. Psychol. **29**, 193—239 (1940); zit. nach BEACH, 1949.

Beach, F.A.: Endocrinology 29, 409 (1941); zit. nach Engel, 1949.
— Psychosom. Med. 4, 173—198 (1942); zit. nach Beach, 1949.
— J. comp. Psychol. 34, 285—292 (1942); zit. nach Beach, 1949.
— Endocrinology 31, 673—678 (1942); zit. nach Beach, 1949.
— Endocrinology 31, 679—683 (1942).
— J. exp. Zool. 97, 249—285 (1944); zit. nach Beach, 1949.
— Hormones and Behavior. New York: P. Hoeber, Inc. 1949.
— Ciba Found. Coll. Endocrinol. 3, 3 (1952).
— J. comp. physiol. Psychol. 51, 37 (1958); zit. nach Anthony, 1959.
— Holz, A.M.: J. exp. Zool. 101, 91—142 (1946); zit. nach Beach, 1949.
— Holz-Tucker, A.M.: J. comp. physiol. Psychol. 42, 433 (1949); zit. nach Goldstein, 1957.
— Pauker, R.S.: Endocrinology 45, 211 (1949); zit. nach Goldstein, 1957.
— Rasquin, P.: Endocrinology 31, 393—409 (1942); zit. nach Beach, 1949.
Beeman, E.: Physiol. Zool. 20, 373ff., 396ff. (1947).
Bennett, M.A.: Ecology 21, 148—165 (1940); zit. nach Beach, 1949.
Berg, I.A.: J. exp. Psychol. 34, 343—368 (1944); zit. nach Beach, 1949.
Bevan, J.M., Bevan, W., Williams, B.F.: Physiol. Zool. 31, 284—288 (1958).
Bingham, H.C.: Comp. Psychol. Monogr. 5, 1—161 (1928); zit. nach Beach, 1949.
Bize, P.R., Moricard, R.: Bull. Soc. Pédiat. Paris 35, 38—47 (1947); zit. nach Beach, 1949.
Bond, C.R.: Physiol. Zool. 18, 52—59 (1945); zit. nach Beach, 1949.
Borst, M., Döderlein, A., Gostimirovic, D.: Münch. med. Wschr. 1930, 479, 1536.
— Gostimirovic, D.: Münch. med. Wschr. 1931, 19.
Boss, W.R.: J. exp. Zool. 94, 181—203 (1943); zit. nach Beach, 1949.
— Witschi, E.: Anat. Rec. 81, Suppl. 27, 28 (1941).
— — Anat. Rec. 84, 517 (1942); zit. nach Beach, 1949.
Briegleb, W.: Zool. Anz. 166, 87—91 (1961).
— Schwartzkopff, J.: Naturwissenschaften 48, 701—702 (1961).
Bullough, W.S.: Phil. Trans. B. 231, 165—265 (1942); zit. nach Beach, 1949.
— Nature (Lond.) 151, 531 (1943); zit. nach Beach, 1949.
— Biol. Rev. 20, 89—99 (1945); zit. nach Beach, 1949.
Campbell, H.J.: Nature (Lond.) 204, 809—810 (1964).
Carpenter, C.R.: J. comp. Psychol. 16, 25—57 (1933); zit. nach Beach, 1949.
Chidester, F.E.: Brit. J. exp. Biol. 2, 79—118 (1924/1925); zit. nach Beach, 1949.
Chu, J.P., Vou, S.S.: J. Endocr.. 4, 431—435 (1946); zit. nach Beach, 1949.
Clark, G.: Growth 9, 327—339 (1945); zit. nach Beach, 1949.
— Birch, H.G.: Psychosom. Med. 7, 321—329 (1945); zit. nach Beach, 1949.
Cohen, H.: Thesis in N.Y. Univ. 1942; zit. nach Beach, 1949.
Collias, N.: Physiol. Zool. 17, 83—123 (1944); zit. nach Beach, 1949.
Commins, W.D., Stone, C.P.: Psychol. Bull. 29, 493—508 (1932); zit. nach Beach, 1949.
Cooper, J.B.: Comp. Psychol. Monogr. 17, 1—48 (1942); zit. nach Beach, 1949.
Crew, F.A.E.: Proc. roy. Soc. B. 95, 256—278 (1923).
— Quart. Rev. Biol. 2, 427—441 (1927).
— Mirskaja, L.: Biol. gen. (Wien) 7, 239—250 (1931).
Davidson, J.M., Sawyer, Ch.H.: Acta endocr. (Kbh.) 37, 385—393 (1961).
Davis, C.D.: Amer. J. Physiol. 127, 374—380 (1939); zit. nach Beach, 1949.
Davis, D.E., Domm, L.V.: Proc. Soc. exp. Biol. (N.Y.) 48, 667—669 (1941); zit. nach Beach, 1949.
— — Essays in Biology. Berkeley, Calif.: Univ. California Press 1943; zit. nach Beach, 1949.
Diamond, M.: Quart. Rev. Biol. 40, 147—175 (1965).
— Nature (Lond.) 209, 1322—1324 (1966).
— Young, W.C.: Endocrinology 72, 429—438 (1963).
Dominic, C.J.: Experientia (Basel) 22, 534—535 (1966).
— Nature (Lond.) 213. 1242 (1967).
Domm, L.V., Davis, D.E., Blivaiss, B.B.: Anat. Rec. 84, 481—482 (1942).
Dorfman, R.I., Shipley, R.A.: Androgens. New York: Wiley and Sons, Inc. 1956.
Drori, D., Folman, Y.: Exp. Geront. 4, 263—266 (1969).
Dvoskin, S.: Proc. Soc. exp. Biol. (N.Y.) 54, 111—113 (1943).
— Amer. J. Anat. 75, 289—320 (1944).
Edgren, R.A., Carter, D.L.: Gen. comp. Endocr. 3, 526—528 (1963).
Ellendorff, F., Roth, E., Smidt, D.: J. Reprod. Fertil. 21, 347—352 (1970).
Emlen, J.T., Lorenz, F.W.: Auk 59, 369—378 (1942); zit. nach Beach, 1949.
Engel, P.: Endocrinology 44, 289—290 (1949).
Engle, E.T.: The testis and hormones. Chap. XVII in Problems of Ageing, Edit. 2. Baltimore: Williams & Wilkins 1942; zit. nach Beach, 1949.
Ericsson, R.J., Dutt, R.H., Archdeacon, J.W.: Nature (Lond.) 204, 261—263 (1964).

Evans, L.T.: Science (Lancaster, Pa.) **83**, 104 (1936); zit. nach Beach, 1949.
— Anat. Rec. **94**, 63 (1946); zit. nach Beach, 1949.
— Geronimus, L.H., Kornetsky, C., Abramson, H.A.: Science **123**, 26 (1956).
Eversole, W.J.: Endocrinology **28**, 603—610 (1941); zit. nach Beach, 1949.
Feder, H.H.: Anat. Rec. **157**, 79—86 (1967).
— Brenner, R.M.: J. Endocr. **47**, 393—394 (1970).
— Whalen, R.E.: Science **147**, 306—307 (1965).
Fisher, A.E.: Science (Lancaster, Pa.) **124**, 228—229 (1956).
Foss, G.L.: Lancet **1951** I, 667—669.
de Fremery, P., Tausk, M.: Acta brev. neerl. Physiol. **7**, 164—165 (1937).
Fuller, R.: Nature (Lond.) **200**, 585—586 (1963).
Gans, H.M.: Endocrinology **11**, 141—148 (1927); zit. nach Heller, 1932.
— Hoskins, R.G.: Endocrinology **10**, 56—63 (1926); zit. nach Beach, 1949.
Gerall, A.A.: Endocrinology **63**, 280—284 (1958).
Goldstein, A.C.: The experimental control of sex behavior in animals. In: Hormones, Brain
    Function and Behavior. Ed. by Hudson Hoagland. New York: Acad. Press Inc. Publ.
    1957, 99—123.
Gordon, M.B.: Urol. and Cutan. Rev. **45**, 3—7 (1941); zit. nach Beach, 1959.
— Fields, E.M.: J. clin. Endocr. **2**, 531—535 (1942); zit. nach Beach, 1949.
Gould, H.N.: J. exp., Zool. **23**, 1—70, 225—250 (1917).
Goy, R.W., Bridson, W.E., Young, W.C.: J. comp. physiol. Psychol. **57**, 166—174 (1964).
Greenberg, B.: Anat. Rec. **84**, 576 (1942); zit. nach Dorfman-Shipley, 1956.
— J. exp. Zool. **91**, 435—446 (1942); zit. nach Beach, 1949.
Greenwood, M., Hill, A.B., Topley, W.W.C., Wilson, J.: Med. Res. Counc. Spec. Rep.
    Ser. nr. 209, 1936; zit. nach Beeman, 1947.
Grobstein, C.: Proc. Soc. exp. Biol. (N.Y.) **45**, 484—486 (1940).
Grunt, J.A., Young, W.C.: Endocrinology **51**, 237 (1952); zit. nach Goldstein, 1957.
— — J. comp. physiol. Psychol. **46**, 138 (1953); zit. nach Goldstein, 1957.
Hamilton, J.B.: Endocrinology **23**, 53—57 (1938); zit. nach Beach, 1949.
— Golden, W.R.: Endocrinology **25**, 737—748 (1939); zit. nach Beach, 1949.
Hartman, C.G.: Diskussionsbemerkung. In: Hormones, Brain Function and Behavior. New
    York: Acad. Press Inc. Publ. 1957.
Haydack, M.H.: J. Econ. Entom. **36**, 778—792 (1943); zit. nach Beach, 1949.
Heimer, L., Larsson, K.: Experientia (Basel) **20**, 460—461 (1964a).
— Larsson, Kn.: Acta neurol. scand. **40**, 353—360 (1964b).
Heller, C.G., Nelson, W.O.: J. clin. Endocr. **5**, 27—33 (1945); zit. nach Beach, 1949.
Heller, R.E.: Endocrinology **16**, 626—632 (1932).
Hemmingsen, A.M.: Skand. Arch. Physiol. **65**, 97—250 (1933); zit. nach Beach, 1949.
Herrick, E.H.: Poultry Sci. **30**, 758—759 (1951).
— Harris, J.O.: Science (Lancaster, Pa.) **125**, 1299—1300 (1957).
Hiestand, W.A., Stulken, D.E.: Anat. Rec. **87**, 448 (1943); zit. nach Beach, 1949.
Hoar, W.S.: Progress in Comp. Endocr., Suppl. 1 to Gen. comp. Endocr. **2**, 200—216 (1962).
Hohlweg, W.: Klin. Wschr. **1935**, 1027.
— Junkmann, K.: Klin. Wschr. **1932**, 321.
Hooker, C.W.: Amer. J. Anat. **74**, 1—78 (1944); zit. nach Beach, 1949.
Hoskins, R.G.: Endocrinology **9**, 277 (1925).
— Amer. J. Physiol. **72**, 324—330 (1925).
— Bevin, S.: Endocrinology **26**, 829 (1940).
Hu, C.K., Frazier, C.N.: Proc. Soc. exp. Biol. (N.Y.) **42**, 820—823 (1940); zit. nach Beach,
    1949.
Huffman, J.W.: Endocrinology **29**, 77—79 (1941); zit. nach Beach, 1949.
Kennedy, G.C.: J. Physiol. (Lond.) **172**, 393—399 (1964).
Kihlström, J.E., Melin, P.: Acta physiol. scand. **59**, 363—369 (1963).
Koster, R.: Endocrinology **33**, 337—348 (1943); zit. nach Beach, 1949.
Larsson, Kn.: Acta endocr. (Kbh.) **26**, 366—370 (1957).
— J. exp. Zool. **155**, 203—214 (1964).
— Heimer, L.: Nature (Lond.) **202**, 413—414 (1964).
Leonard, S.L.: Proc. Soc. exp. Biol. (N.Y.) **41**, 229—230 (1939).
Lindsay, D.R., Robinson, T.J.: Nature (Lond.) **192**, 761—762 (1961).
Lipkow, J.: Z. Tierpsychologie **17**, 182—187 (1960).
Lipschütz, A.: Die Pubertätsdrüse und ihre Wirkungen. Bern: E. Bircher Verlag 1919.
Lofts, B., Marshall, A.J.: J. Endocr. **17**, 91—98 (1958).
Louttit, C.M.: J. comp. Psychol. **9**, 293—304 (1929); zit. nach Beach, 1949.
Marsden, H.M., Bronson, F.H.: J. Endocr. **32**, 313—319 (1965).

MARSDEN, H.M., CONAWAY, C.H.: J. Wildlife Mgmt. **27**, 161—170 (1963); zit. nach MARSDEN and BRONSON, 1965.
— HOLLER, N.R.: Wildl. Monog. **13**, 1—39 (1964); zit. nach MARSDEN and BRONSON, 1965.
MARTINS, T., VALLE, J.R.: Mem. Inst. Osw. Cruz **44**, 343 (1947); zit. nach Exc. med. Endocrinology **2**, 46 (1948).
McGILL, T.E., TUCKER, G.R.: Science **145**, 514—515 (1964).
MELIN, P., KIHLSTRÖM, J.E.: Endocrinology **73**, 433—435 (1963).
MERCIER-PAROT, L., TUCHMANN-DUPLESSIS, H.: C.R. Acad. Sci. (Paris) **240**, 1935—1936 (1955).
MINNICK, R.S., WARDEN, C.J.: SCIENCE (Lancaster, Pa.) **103**, 749—750 (1946); zit. nach BEACH, 1949.
MIRSKY, A.F.: J. comp. physiol. Psychol. **48**, 327—335 (1955).
MONEY, J., HAMPSON, J.G., HAMPSON, J.L.: Bull. Johns Hopk. Hosp. **97**, 284—300 (1955a).
— — — Bull. Johns Hopk. Hosp. **97**, 301—319 (1955b).
— — — Bull. Johns Hopk. Hosp. **98**, 43—57 (1956).
— — — A.M.A. Arch. Neurol. Psychiat. **77**, 333—336 (1957); zit. nach DIAMOND, 1965.
MOORE, C.R.: Anat. Rec. **20**, 194 (1920).
— J. Urol. (Baltimore) **47**, 31—44 (1942); zit. nach BEACH, 1949.
— GALLAGHER, T.F.: Amer. J. Anat. **45**, 39—70 (1930).
— PRICE, D.: Anat. Rec. **71**, 59—78 (1938).
NELSON, W.O.: Anat. Rec. **94**, 70 (1946).
— GALLAGHER, T.F.: Science (Lancaster, Pa.) **84**, 230—232 (1936).
NEUMANN, F., ELGER, W., VON BERSWORDT-WALLRABE, R.: Acta endocr. (Kbh.) **52**, 63—71 (1966).
NOBLE, G.K., ARONSON, L.R.: Bull. Amer. Mus. Nat. Hist. **80**, 127—142 (1942); zit. nach BEACH, 1949.
— BORNE, R.: Anat. Rec. **78**, Suppl. 147 (1940); zit. nach BEACH, 1949.
— GREENBERG, B.: Proc. Soc. exp. Biol. (N.Y.) **44**, 460—462 (1940); zit. nach BEACH, 1949.
— — J. exp. Zool. **88**, 451—474 (1941a); zit. nach BEACH, 1949.
— — Proc. Soc. exp. Biol. (N.Y.) **47**, 32—37 (1941b); zit. nach BEACH, 1949.
— KUMPF, K.F.: Anat. Rec. **67**, 113 (1936/1937).
— WURM, M.: Anat. Rec. **78**, Suppl. 50—51 (1940); zit. nach BEACH, 1949.
— — Endocrinology **26**, 837—850 (1940); zit. nach BEACH, 1949.
— ZITRIN, A.: Endocrinology **30**, 327—334 (1942); zit. nach BEACH, 1949.
NUSSBAUM, N.: Ergebn. Anat. Entwickl.-Gesch. **15**, 39—89 (1905).
OKAMOTO, M.: Kobe J. med. Sci. **6**, 105—119 (1960).
OORDT, G.J. VAN, JUNG, G.C.A.: Arch. Entwickl.-Mech. Org. **134**, 112—121 (1936).
ORLOV, A.P., NOVIKOV, B.G., WOITKEVITSCH, A.A.: C.R. Acad. Sci. de URSS **27**, 406—408 (1940); zit. nach BEACH, 1949.
PARKES, A.S.: Endocr. jap. **9**, 247—257 (1962).
— BRUCE, H.M.: J. Reprod. Fertil. **4**, 303—308 (1962).
PEARSON, O.P.: Amer. J. Anat. **75**, 39—93 (1944); zit. nach BEACH, 1949.
PÉZARD, A.: Ann. Sci. Nat. (bot. et zool.) **5**, 83—104 (1922).
PHOENIX, CH.H., GOY, R.W., GERALL, A.A., YOUNG, W.C.: Endocrinology **65**, 369—382 (1959).
POTTS, J.P.A.: Vet. Rec. **52**, 868 (1940); zit. nach BEACH, 1949.
PRATT, J.P.: J. clin. Endocr. **2**, 460—464 (1942); zit. nach BEACH, 1949.
PRZIĆ, R., STERN, B.: Naturwissenschaften **48**, 624 (1961).
REGNIER, H.: Bull. Biol. France et Belge **72**, 385—492 (1938); zit. nach BEACH, 1949.
REISS, M., SIDEMAN, M.B., PLICHTA, E.S.: J. Endocr. **37**, 475—476 (1967).
RETZLAFF, E.G.: Biol. Gen. (Wien) **14**, 238—265 (1938); zit. nach BEEMAN, 1947.
REVESZ, CL., KERNAGHAN, D., BINDRA, D.: J. Endocr. **25**, 549—550 (1963).
REYNOLDS, A.E.: J. Morph. **32**, 331—371 (1943); zit. nach BEACH, 1949.
RICHTER, C.P.: Quart. Rev. Biol. **2**, 307—343 (1927); zit. nach BEACH, 1949.
— Endocrinology **17**, 445—450 (1933); zit. nach BEACH, 1949.
— ECKERT, J.F.: Endocrinology **21**, 481—488 (1937); zit. nach BEACH, 1949.
— HARTMAN, C.G.: Amer. J. Physiol. **108**, 136 (1934).
— UHLENHUTH, E.H.: Endocrinology **54**, 311—322 (1954).
— WISLOCKI, G.B.: Amer. J. Physiol. **86**, 651—660 (1928); zit. nach BEACH, 1949.
RIDDLE, O.: Amer. Nat. **58**, 176—181 (1924).
RISS, W., VALENSTEIN, E.S., SINKS, J., YOUNG, W.C.: Endocrinology **57**, 139 (1955); zit. nach ANTHONY, 1959.
— YOUNG, W.C.: Endocrinology **54**, 232—235 (1954).
ROBINSON, T.J.: Endocrinology **55**, 403 (1954); zit. nach LINDSAY and ROBINSON, 1961.
— J. Endocr. **12**, 163 (1955); zit. nach LINDSAY and ROBINSON, 1961.
— MOORE, N.W.: J. Endocr. **14**, nr. 2 (1956); zit. nach LINDSAY and ROBINSON, 1961.

ROBINSON, T.J., MOORE, N.W., BINET, F.E.: J. Endocr. 14, nr. 1 (1956); zit. nach LINDSAY and ROBINSON, 1961.
ROSENBLATT, J.S., ARONSON, L.R.: Anim. Behav. 6, 171—182 (1958); zit. nach ANTHONY, 1959.
ROWAN, W.: Proc. Boston Soc. Nat. Hist. 39, 151—208 (1929); zit. nach BEACH, 1949.
— The Riddle of Migration. Baltimore: Williams & Wilkins 1931; zit. nach BEACH, 1949.
— Proc. nat. Acad. Sci. (Wash.) 18, 639—654 (1932); zit. nach BEACH, 1949.
SAND, KN.: J. Physiol. (Paris) 53, 255—263 (1919—1920).
SCHEIN, M.W., HALE, E.B.: Anat. Rec. 128, 617 (1957); zit. nach ANTHONY, 1959.
— — Poultry Sci. 37, 1240 (1958); zit. nach ANTHONY, 1959.
SCHRADER, M.E.G.: Pflügers Arch. ges. Physiol. 41, 75—90 (1887).
SCOTT, H.M., PAYNE, L.F.: J. exp. Zool. 69, 123—136 (1934).
SEWARD, J.P.: J. comp. Psychol. 30, 434—449 (1940); zit. nach BEACH, 1949.
SHOEMAKER, H.H.: Auk 56, 381—406 (1939); zit. nach BEACH, 1949.
— Proc. Soc. exp. Biol. (N.Y.) 41, 299—302 (1939).
SLONAKER, J.R.: Amer. J. Physiol. 68, 294 (1924).
— Amer. J. Physiol. 71, 362 (1925).
SOLLENBERGER, R.T., HAMILTON, J.B.: J. comp. Psychol. 28, 81—92 (1939); zit. nach BEACH, 1949.
SOULAIRAC, A.: In: Coll. Internat. O.N.R.S. sur la physiologie des sociétés animales; Paris 1950, S. 91—97.
— J. Physiol. (Paris) 44, 327—330 (1952).
— Psychol. Franç. 2, nr. 1 (1957).
— DESCLAUX, P., TEYSSEYRE, J.: C. R. Ass Anat., XL-ème réunion 1953.
— SOULAIRAC, M.-L.: Ann. Endocr. (Paris) 17, 731—745 (1956).
— — C. R. Soc. Biol. (Paris) 150, 1097—1100 (1956).
— — C. R. Soc. Biol. (Paris) 155, 1010—1012 (1961).
SOULAIRAC, M.-L.: Ann. Endocr. (Paris) 24, Suppl. 1—98 (1963).
STANLEY, L.L., TESCHER, G.L.: Endocrinology 15, 55 (1931).
STEINACH, E.: Pflügers Arch. ges. Physiol. 56, 304 (1894).
— Zbl. Physiol. (Wien) 24, 551 (1910).
— Zbl. Physiol. (Wien) 25, 723—725 (1911).
— Pflügers Arch. ges. Physiol. 144, 71—106 (1912).
— Zbl. Physiol. (Wien) 27, 717—723 (1913).
— Viking, N.Y., 1940; zit. nach BEACH, 1949.
— KUN, H.: Med. Klin. 24, 524 (1928).
— — Akad. Anz. d. Akad. Wiss., Wien, Nr. 18, 1933.
— — PECZENIK, O.: Wien. klin. Wschr. 49, 899 (1936).
— PECZENIK, O., KUN, H.: Wien. klin. Wschr. 51, 65, 102, 134 (1936).
STONE, C.P.: Amer. J. Physiol. 88, 39 (1924); zit. nach ENGEL, 1949.
— J. comp. Psychol. 7, 369—387 (1927); zit. nach BEACH, 1949.
— J. genet. Psychol. 40, 296—305 (1932); zit. nach BEACH, 1949.
— J. comp. Psychol. 25, 445—450 (1938); zit. nach BEACH, 1949.
— Endocrinology 24, 165—174 (1939).
— Endocrinology 26, 511—515 (1940); zit. nach BEACH, 1949.
— Sex drive. In: Sex and Internal Secretions, Chap. XXII, 2-nd ed., Williams & Wilkins; Baltimore; zit. nach BEACH, 1949.
THOREK, M.: Endocrinology 8, 61—90 (1924).
TUCHMANN-DUPLESSIS, H., MERCIER-PAROT, L.: C. R. Soc. Biol. (Paris) 151, 656—658 (1957).
— — C. R. Acad. Sci. (Paris) 256, 2235—2237 (1963).
VALENSTEIN, E.S., COX, V.C., KAKOLEWSKI, J.W.: Psychol. Rep. 20, 1231—1234 (1967a).
— KAKOLEWSKI, J.W., COX, V.C.: Science 156, 942—943 (1967b).
— RISS, W., YOUNG, W.C.: J. comp. physiol. Psychol. 48, 397 (1955); zit. nach ANTHONY, 1959.
VANDERPLANK, F.L.: Brit. J. exp. Biol. 15, 385—393 (1938); zit. nach BEACH, 1949.
VOSS, H.E.: Endokrinologie 22, 399—402 (1940).
— Hormone des Hypophysenvorderlappens. In: AMMON-DIRSCHERL, Fermente, Hormone, Vitamine, 3. Aufl., Bd. 2, S. 525—663, 1960.
— Arzneimittel-Forsch. 11, 302—307 (1961).
WAGNER, J.W., ERWIN, W., CRITCHLOW, V.: Endocrinology 79, 1135—1142 (1966).
WALASZEK, E., ABOOD, L.: Science 124, 440—441 (1956).
WALLACE, CH.: J. Endocr. 6, 205—217 (1949).
WANG, G.H.: Comp. Psychol. Monogr. 2, 1 (1923).
— RICHTER, C.P., GUTTMACHER, A.F.: Amer. J. Physiol. 73, 581—598 (1925); zit. nach BEACH, 1949.
WEIL, A.: Endocrinology 29, 150—154 (1941).

Whalen, R. E., Beach, Fr. A., Kuehn, R. E.: Endocrinology **69**, 373—380 (1961).
Whitehead, R. H.: Anat. Rec. **2**, 177—181 (1908); zit. nach Beach, 1949.
Whitten, W. K., Bronson, F. H., Greenstein, J. A.: Science **161**, 584—585 (1968).
Wied, D. de: Amer. J. Physiol. **207**, 255—259 (1964).
Yerkes, R. M.: Quart. Rev. Biol. **14**, 115—136 (1939); zit. nach Beach, 1949.
Young, W. C.: Anat. Rec. **84**, 519 (1942); zit. nach Beach, 1949.
— Genetic and psychological determinants of sexual behavior patterns. In: Hormones, Brain Function and Behavior. Ed. by Hudson Hoagland. New York: Acad. Press Inc. Publ. 1957, 75—98.
— In: „Sex and internal secretions", 3rd edit., Baltimore: Williams & Wilkins 1961.
— Dempsey, E. W., Hagquist, C. W., Boling, J. L.: J. comp. Psychol. **27**, 49—68 (1939); zit. nach Beach, 1949.
— Goy, R. W., Phoenix, Ch. H.: Science **143**, 212—218 (1964).
Zucker, I.: Physiol. Behav. **4**, 595—602 (1969).

1. Anhang: Sexualcyclen beim Männchen

Asdell, S. A.: Patterns of mammalian reproduction. London: Constable & Co., 1946; zit. nach Kihlström, 1966.
Bons, N.: C. R. Acad. Sci. (Paris) **256**, 1021—1023 (1963).
Campbell, H. J.: Nature (Lond.) **210**, 1060 (1966).
Cheng, F., Casida, L.: Endocrinology **44**, 38—48 (1949).
— Ulberg, L. C., Christian, R. E., Casida, L. E.: Endocrinology **46**, 447—452 (1950).
Dancasiu, M., Cîmpeanu, L., Petrovici, Al., Penea, C.: Rev. roum. Endocr. **5**, 125—127 (1968).
Degerman, G., Kihlström, J. E.: Acta physiol. scand. **51**, 108—115 (1961).
— — Acta physiol. scand. **62**, 46—50 (1964).
Doggett, V. C.: Amer. J. Physiol. **187**, 445—450 (1956).
Dray, F., Reinberg, A., Sebadoun, J.: C. R. Acad. Sci. (Paris) **261**, 573—576 (1965).
Exley, D., Corker, C. S.: Biochem. J. **95**, 54P (1965).
Ferrand, R.: Bull. Soc. Zool. France **87**, 22—31 (1962).
Girod, Chr., Curé, M.: C. R. Acad. Sci. (Paris) **261**, 257—260 (1965).
Hall, Th. C., Ganong, W. F., Taft, E. B.: Growth **30**, 383—392 (1966).
Hornstein, O., Kihlström, J. E., Degerman, G.: Acta endocr. (Kbh.) **46**, 608—612 (1964).
Ismail, A. A. A., Harkness, R. A.: Biochem. J. **99**, 717 (1966).
— — Acta endocr. (Kbh.) **56**, 469—480 (1967).
Jöchle, W.: Zbl. Vet.-Med. A, **10**, 653—706 (1963).
Kihlström, J. E.: Ark. Zool., 2. Ser., **15**, 359—361 (1963a).
— Acta physiol. scand. **59**, 370—377 (1963b).
— Acta physiol. scand. **65**, 61—64 (1965); zit. nach Lisk, 1969.
— Experientia (Basel) **22**, 630—632 (1966a).
— Nature (Lond.) **209**, 513—514 (1966b).
— Degerman, G.: Ark. Zool., 2. Ser., **15**, 357—358 (1963).
— Hornstein, O.: Acta endocr. (Kbh.) **46**, 597—607 (1964).
Leidl, W., Hoffmann, B., Karg, H.: Zbl. Vet.-Med., Reihe A, **17**, 623—633 (1970).
Lisk, R. D.: J. exp. Biol. **171**, 313—320 (1969).
Osman Hill, W. C.: Nature (Lond.) **136**, 107 (1935); zit. nach Ramaswami and Kumar, 1962.
Parkes, A. S.: Marshall's Physiology of Reproduction. London: Longmans, Green and Co. 1956.
Parsons, U.: J. Endocr. **6**, 412—422 (1950).
Ramaswami, L. S., Kumar, T. C. A.: Naturwissenschaften **49**, 115—116 (1962).
Resko, J. A., Eik-Nes, K. B.: J. clin. Endocr. **26**, 573—576 (1966).
Sanyal, M. K., Prasad, M. R. N.: Steroids **6**, 313—315 (1965).
Wislocki, G. B.: Endocrinology **44**, 167—189 (1949).

2. Anhang: Androgene und Nervensystem

Eisenberg, G., Gordan, G. S., Elliot, W. H.: Science **109**, 337—338 (1947).
Foss, G. L.: Lancet **1951 I**, 667—669.
— Lancet **1956 I**, 651—656.
Klein, M.: Symposion on steroid hormones; Ciba Found. (Lond.) 1950.
Pierre, R., Cahn, J., Herold, M., Georges, G.: Thérapie **13**, 460—463 (1958).
Selye, H.: Textbook of Endocrinology, 2-nd ed., Acta endocr. Inc., Montreal 1949, S. 619.
Young, W. C., Goy, R. W., Phoenix, Ch. H.: Science **143**, 212—218 (1964); s. Kapitel über Androgene und Verhalten, S. 394ff.

Maskulinisierungssyndrom

ASHBY, K. R.: Riv. biol. (N.S.) 11, 453—468 (1959).
BAUER, J.: Münch. med. Wschr. 94, 785—788 (1952).
— KARL, J.: Z. exp. Med. 118, 425—452 (1952).
BRIDGES, G. B.: The genetics of sex in Drosophila. In: Sex and Internal Secretions, 2nd ed., Baltimore: Williams & Wilkins 1939; zit. nach A. V. NALBANDOV, San Francisco and London: Freeman & Company.
BURGOS, M. H., PISANÓ, A.: C. R. Soc. Biol. (Paris) 153, 488—489 (1959).
CHARNIER, M.: C. R. Soc. Biol. (Paris) 157, 1470—1472 (1963).
CLAUSEN, H. J.: Endocrinology 31, 187 (1942); zit. nach WILKINS u. Mitarb., 1958.
COLLENOT, A.: Mém. Soc. Zool. France 33, 1—141 (1965).
COURRIER, R., BENNETZ, H.: Ann. Endocr. (Paris) 3, 118—121 (1942); zit. nach WILKINS u. Mitarb., 1958.
— JOST, A.: C. R. Soc. Biol. (Paris) 130, 1515—1517 (1939).
DANTCHAKOFF, V.: Arch. Entwickl.-Mech. Org. 138, 465—521 (1938).
DESCLIN, J., Jr.: C. R. Soc. Biol. Séance de la Soc. Belge du 20. déc. 1958.
— C. R. Acad. Sci. (Paris) 248, 597—600 (1959).
DOMINGUEZ, H., SIMOWITZ, F., GREENBLATT, R. B.: Amer. J. Obstetr. Gynec. 84, 1478 (1962); zit. nach MEY, 1963).
DORFMAN, R. I., SHIPLEY, R. A.: Androgens. New York. Willey & Sons, Inc. 1956.
DUFAURE, J.-P.: C. R. Acad. Sci. (Paris) 258, 3756—3760 (1964).
— C. R. Acad. Sci. (Paris) Sér. D, 265, 544—547 (1967).
FOOTE, CH. L., FOOTE, FL. M.: Arch. Anat. micr. Morph. exp., 48bis, Suppl. 71—81 (1959).
FRIEDMAN, N. B., MOORE, R. A.: Milit. Surg. 99, 573 (1946); zit. nach LIPSCHÜTZ, 1950.
GALLIEN, L.: C. R. Acad. Sci. (Paris) 252, 2768—2770 (1961).
GOY, R. W., BRIDSEN, W. E., YOUNG, W. C.: J. comp. physiol. Psychol. 57, 166—174 (1964).
— PHOENIX, C. H., YOUNG, W. C.: Anat. Rec. 142, 307 (1962), Abstract.
GREENE, R. R., BURRILL, M. W., IVY, A. C.: Endocrinology 24, 351 (1939); zit. nach REVECZ a. o., 1960.
ISHII, S.: Annot. zool. jap. 33, 172—177 (1960).
IWASAWA, H.: Endocr. jap. 5, 166—170 (1958a).
— Sci. Rep. Tohoku Univ., Ser. 4, 24, 55—58 (1958b).
KINCL, F. A., DORFMAN, R. I.: Acta endocr. (Kbh.) 41, 274—279 (1962).
LAMAR, J. K.: Anat. Rec. 70, Suppl. 45 (1938).
LIPSCHÜTZ, A.: Steroid hormones and tumors. Baltimore. Williams & Wilkins Comp. 1950.
LUTZ-OSTERTAG, Y.: C. R. Acad. Sci. (Paris) 261, 4501—4504 (1965).
MEY, R.: Arzneimittel-Forsch. 13, 906—908 (1963).
MEYER, R.: Zbl. Gynäk. 54, 2374 (1930).
MOHSEN, T. A.: C. R. Soc. Biol. (Paris) 151, 1744—1747 (1958).
NEUMANN, F., KRAMER, M., JUNKMANN, K.: Med. exp. (Basel) 11, Suppl. 1—36 (1964).
NOKES, J. M., CLAIBORNE, H. A., Jr., REINGOLD, W. N.: Amer. J. Obstet. Gynec. 78, 722—729 (1959).
OVERZIER, CL.: Die Intersexualität, hrsg. von CL. OVERZIER, Stuttgart: G. Thieme 1961.
— HOFFMANN, K.: In: Intersexualität, hrsg. von CL. OVERZIER. Stuttgart: G. Thieme 1961, S. 409—462.
PICK, L.: Arch. Gynäk. 76, 191 (1905).
PONSE, K.: 3. Réun. Endocr. de langue franç., Bruxelles 1955. Paris: Masson et Cie. 1956.
— HUGGEL, H.-J., SHAVER, J., ARGIZ, G.: Rev. europ. Endocr. 1, 105—125 (1964).
RAYNAUD, A., PIEAU, CL.: C. R. Acad. Sci. (Paris) 258, 4850—4853 (1964).
— RAYNAUD, J.: C. R. Acad. Sci. (Paris) 261, 4853—4856 (1965).
REGNIER, M. T.: C. R. Soc. Biol. (Paris) 136, 202—204 (1942).
REVESZ, CL., CHAPPEL, CL. I., GAUDRY, R.: Endocrinology 66, 140—144 (1960).
ROSENBUSCH-WEIHS, D.-E.: Rev. Suisse Zool. 67, 387—517 (1960).
ROTTINO, A., MCGRATH, J. F.: Arch. intern. Med. 63, 686 (1939); zit. nach OVERZIER u. HOFFMANN, 1961.
STEINACH, E., KUN, H.: Pflügers Arch. ges. Physiol. 227, 267—278 (1931).
STOLL, R., MARAUD, R.: Arch. Anat. micr. Morph. exp. 41, 260—280 (1952).
SUCHOWSKY, G. K., JUNKMANN, K.: Endocrinology 68, 341—349 (1961).
VOLLMER, E. P.: Persönliche Mitteilung, 1938.
VOSS, H. E., LOEWE, S.: Klin. Wschr. 10, 1957 (1931).
WILKINS, L., JONES, H. W., Jr., HOLMAN, G. H., STEMPFEL, R. S., Jr.: J. clin. Endocr. 18, 559 (1958).
WILLIS, R. A.: Pathology of tumours. London: Butterworth & Co. 1948; zit. nach LIPSCHÜTZ, 1950.

Wickler, W.: Naturwissenschaften **52**, 335—341 (1965).
— Persönliche Mitteilung, 1965.
Witschi, E.: Recent Progr. Hormone Res. **6**, 1—27 (1951).
— Grundlagen der Intersexualität. In: Intersexualität, hrsg. von Cl. Overzier, 1961.
Wolff, Et.: Arch. Anat. Hist., Embryol. **23**, 1 (1936); zit. nach Gallien, 1961.

Geschlechtsverschiedene Reaktionen auf Hormone und andere Substanzen

Angelucci, L.: Nature (Lond.) **181**, 967—968 (1958).
Babers, F.H., Roan, C.C.: J. Econ. Entom. **47**, 973 (1954); zit. nach Grosch and Plumb, 1959.
Balner, H., Dersjant, H.: Nature (Lond.) **209**, 815—816 (1966).
Barzilai, D.: Proc. Soc. exp. Biol. (N.Y.) **117**, 711—713 (1964).
— Pincus, Gr.: Proc. Soc. exp. Biol. (N.Y.) **118**, 57—59 (1965).
Baulieu, E.-E., Robel, P., Mauvais-Jarvis, P.: C. R. Acad. Sci. (Paris) **256**, 1016—1018 (1963).
Baumann, G., v. Deimling, O., Noltenius, H.: Histochemie **4**, 150—160 (1964); zit. nach Schiebler u. Mühlenfeld, 1966.
Beach, E.F., Cullimore, O.S., Bradshaw, Ph.J.: Amer. J. Physiol. **191**, 19—22 (1957).
Beaton, G.H., Banky, H.Z., Hauschild, A.M.: Canad. J. Biochem. **35**, 1113—1118 (1957).
Bell, D.D., Zucker, I.: Physiol. Behav. **7**, 27—34 (1971).
Bernick, S., Hyman, Ch., Paladino, R.L.: Anat. Rec. **126**, 213 (1958).
Beyer, C., Vidal, N., McDonald, P.G.: Endocrinology 87, 1386—1389 (1970).
Billingham, R.E., Koprowski, H.: Nature (Lond.) **184**, BA 6—10 (1959).
— Silvers, W.K.: Science **128**, 780—781 (1958).
— — J. Immunol. **83**, 667 (1959).
Blackwell, R.E., Amoss, M.S., Jr.: Proc. Soc. exp. Biol. (N.Y.) **136**, 11—14 (1971).
Bond, H.E.: Biochem. biophys. Res. Commun. **3**, 53—55 (1960).
— Nature (Lond.) **196**, 242—244 (1962).
— Nature (Lond.) **209**, 1026 (1966).
— Leonard, S.L.: Amer. J. Physiol. **191**, 296—300 (1957).
Booth, V.H.: J. Nutr. **48**, 13 (1952); zit. nach Grab, 1956.
Brodie, B.B.: J. Pharm. Pharmacol. **8**, 1—17 (1956).
Brown, P.S.: J. Reprod. Fertil. **27**, 187—192 (1971).
Bürger, M.: Geschlecht und Krankheit. München: Lehmanns Verlag 1958.
Burt, R.L., Leake, N.H., Dannenburg, W.N.: Nature (Lond.) **201**, 829—830 (1964).
Cameron, G.R., Cooray, G.H., De, S.N.: J. Path. Bact. **60**, 239 (1948).
Chesanow, R.L., Salvi, M.L., Angeletti, P.U.: Experientia (Basel) **20**, 212—214 (1964).
Cier, J.-F., Maulard, C.: C. R. Soc. Biol. (Paris) **155**, 1654—1656 (1962).
Cowie, A.T.: J. Endocr. **6**, 94—103 (1949).
Crabtree, D.Gl., Ward, J.C., Welch, J.F.: Endocrinology **25**, 629—632 (1939).
Crevier, M., d'Iorio, A., Robillard, E.: Rev. canad. Biol. **9**, 336 (1950).
Critchlow, V., Liebelt, R.A., Bar-Sela, M., Mountcastle, W., Lipscomb, H.S.: Amer. J. Physiol. **205**, 807—815 (1963).
Culliford, D., Hewitt, H.B.: J. Endocr. **14**, 381—393 (1957).
v. Deimling, O., Baumann, G.: Histochemie **4**, 213—221 (1964); zit. nach Schiebler u. Mühlenfeld, 1966.
— — Noltenius, H.: Histochemie **5**, 1—10 (1965); zit. nach Schiebler u. Mühlenfeld, 1966.
Desclin, J., Jr.: C. R. Acad. Sci. (Paris) **257**, 3042—3044 (1963).
Dorfman, R.I., Ungar, F.: Metabolism of Steroid hormones. New York: Academic Press 1960.
Eden, E., Moore, T.: Biochem. J. **47**, VIP—VIIP (1950).
Edgren, R.A.: Experientia (Basel) **13**, 86—87 (1957).
Eichholtz, F., Hotovy, R., Collinham, P., Knauer, H.: Arch. exp. Pathol. Pharmakol. **207**, 576—585 (1949).
Faber, H. v.: Acta endocr. (Kbh.) **45**, 114—121 (1964).
Farber, E., Corben, M.S.: J. biol. Chem. **233**, 625—630 (1958).
— Koch-Weser, D., Popper, H.: Endocrinology **48**, 205—210 (1951).
— Segaloff, A.: J. biol. Chem. **216**, 471—477 (1955).
— Simpson, M.V., Tarver, H.: J. biol. Chem. **182**, 91—99 (1950).
Feder, H.H.: Anat. Rec. **157**, 79—86 (1967).
Franke, H., Schröder, J., Geuder, I.: Dtsch. med. Wschr. **84**, 653—658 (1959).
Fujii, T., Kamel, T., Negami, S., Fujii, E.: Endocr. jap. **10**, 254—259 (1963).
Furusawa, M., Kotani, M., Takeuchi, H.: Nature (Lond.) **200**, 182 (1963).

GANS, E., DE JONGH, S. E.: Acta endocr. (Kbh.) **43**, 323—329 (1963).
— VAN REES, G.P., DE JONGH, S.E.: Acta physiol. pharmacol. neerl. **11**, 5—11 (1962).
GOLDBERG, G.M., GOLDBERG, S., GOLD, J.J.: Endocrinology **69**, 430—437 (1961).
GOLDBERG, L., STÖRTEBECKER, T.P.: Acta physiol. scand. **5**, 289 (1943); zit. nach WALLGREN, 1959.
GOODMAN, L.: Anat. Rec. **59**, 223—251 (1934).
GRAB, W.: Medizin u. Chemie **5** (1956).
GREEN, B., HORNER, A.A., LOWE, J.S., MORTON, R.A.: Biochem. J. **67**, 235—238 (1957).
GREENBERG, S.M., CALBERT, C.E., SAVAGE, E.E., DENEL, H.J., Jr.: J. Nutr. **41**, 473 (1950); zit. nach GREEN u. Mitarb., 1957.
GREWE, H.E.: Z. exp. Med. **121**, 497—502 (1953).
GROSCH, D.S.: Amer. Natur. **90**, 200 (1956).
— PLUMB, M.E.: Nature (Lond.) **183**, 122—123 (1959).
— SULLIVAN, R.L.: Biol. Bull. **105**, 296 (1953).
HABER, M.H., JENNINGS, R.B.: Nature (Lond.) **201**, 1235 (1964).
HÁČIK, T.: Arch. int. Physiol. Biochem. **74**, 1—8 (1966).
HEIM, W.G.: Amer. Zool. **1**, 359 (1961).
HOFFMAN, R.A., ZARROW, M.X.: Amer. J. Physiol. **193**, 547—552 (1958).
HOOGSTRA, M.J., PAESI, F.J.A.: Acta endocr. (Kbh.) **24**, 353—360 (1957).
INOUE, Y.: Folia endocr. jap. **35**, 670—695 (1959); japanisch, engl. Ref. in Endocr. jap. **7**, 173—174 (1960).
JONKERS, J.R., MUYZERT, J.W.E., PAESI, F.J.A., DE JONGH, S.E.: Acta physiol. pharmacol. neerl. **5**, 406—412 (1957).
JUSZKIEWICZ, T., RAKALSKA, Z.: Nature (Lond.) **200**, 1329—1330 (1963).
KAMAR, G.A.R., ABDEL RASEK, M.A.: Acta anat. (Basel) **54**, 145—156 (1963).
KITAY, J.I.: Endocrinology **68**, 818—824 (1961).
KOCHAKIAN, C.D., ROBERTSON, E.: Arch. Biochem. **29**, 114—123 (1950).
LANSDELL, H.: Nature (Lond.) **194**, 852—854 (1962).
— Nature (Lond.) **203**, 550 (1964).
LEYBOLD, K., STAUDINGER, HJ.: Biochem. Z. **331**, 389—398 (1959a).
— — Biochem. Z. **331**, 399—409 (1959b).
— — Med. exp. (Basel) **2**, 46—53 (1960).
LIPSCHÜTZ, A.: Pflügers Arch. ges. Physiol. **211**, 722—744 (1926).
— TIITSO, M.: C. R. Soc. Biol. (Paris) **92**, 143—145 (1925).
LORENZ, F.W., PERLMAN, I., CHAIKOFF, I.L.: Amer. J. Physiol. **138**, 318 (1942).
LYON, M.F., HAWKES, S.G.: Nature (Lond.) **227**, 1217—1219 (1970).
MCDONALD, P.G., BEYER, C., NEWTON, F., BRIEN, B., BAKER, R., TAN, H.S., SAMPSON, C., KITCHING, P., GREENHILL, R., PRITCHARD, D.: Nature (Lond.) **227**, 564—565 (1970).
MEIER, R.M., GREENHOOT, J.H., SHONLEY, I., GOODMAN, J.R., PORTER, R.W.: Nature (Lond.) **199**, 812—813 (1963).
MICHEL, D., HARTLEB, O.: Z. Kreisl.-Forsch. **47**, 580—589 (1958).
DE MOOR, P., MEULEPAS, E., HINNEKENS, M., GREVENDONCK, W., A. HENDRIKX, A.: Acta endocr. (Kbh.) **38**, 262—275 (1961).
NATORI, Y.: J. biol. Chem. **238**, 2075—2080 (1963).
— TROWBRIDGE, H.O., TORESON, W., TARVER, H.: J. biol. Chem. **236**, 2821—2823 (1961).
NOACH, E.L.: Acta endocr. (Kbh.) **19**, 127—138, 139—151 (1955).
OHNO, S., DOFUKU, R., TETTENBORN, U.: Clin. Genet. **2**, 128—140 (1971).
— LYON, M.F.: Clin. Genet. **1**, 121—127 (1970).
PEARCE, B.R., BROWN, P.S.: J. Reprod. Fertil. **21**, 195 (1970).
PELLERIN, J., IORIO, A.D., ROBILLARD, E.: Rev. canad. Biol. **13**, 257—263 (1954).
PETERSON, R.E., NOKES, G., GHEN, P.S., BLACK, R.L.: J. clin. Endocr. **20**, 495 (1960).
PETTINARI, V.: C. R. Soc. Biol. (Paris) **92**, 1228—1230 (1925).
RANNEY, R.E., DRILL, V.A.: Endocrinology **61**, 476—477 (1957).
RAO, L.G.S., TAYLOR, W.: Biochem. J. **90**, 30P—31P (1964).
REMMER, H.: Arch. exp. Pathol. Pharmakol. **233**, 173—183 (1958).
RIOTTON, G., FISHMAN, W.H.: Endocrinology **52**, 692—697 (1953).
ROSE, B.: Proc. Soc. exp. Biol. (N.Y.) **39**, 306—308 (1938).
RUBIN, B.L.: J. biol. Chem. **227**, 917—927 (1957).
— STRECKER, H.J.: Endocrinology **69**, 257—267 (1961).
SAKIZ, E.: C. R. Acad. Sci. (Paris) **251**, 2237—2239 (1960).
SCHIEBLER, T.H., MÜHLENFELD, E.: Naturwissenschaften **53**, 311 (1966).
SHERMAN, J.D., DAMESHEK, W.: Nature (Lond.) **197**, 469—471 (1963).
SHULL, K.H., BAUTISTA, E.: Endocrinology **70**, 842—845 (1962).
SLEBODZENSKI, A.: Nature (Lond.) **197**, 801—802 (1963).
SMELSER, G.K.: Physiol. Zool. **6**, 396—449 (1933).

Suzuki, Sh., Ogawa, E., Shibata, K.: Gunma J. med. Sci. 10, 228—236 (1961).
Swelheim, T.: Proc. kon. ned. Akad. Wet. C 67, 360—365 (1964).
Taleisnik, L., Caligaris, L., Astrada, I.I.: J. Endocr. 44, 313—321 (1969).
Tanabe, Y., Abe, T., Kaneko, Hosoda, T.: Proc. Soc. exp. Biol. (N.Y.) 106, 506—510 (1961).
Taylor, A., Carmichael, N.: Proc. Soc. exp. Biol. (N.Y.) 71, 544—546 (1949); zit. nach Grab, 1956.
Taylor, D.W.: J. Physiol. (Lond.) 140, 37—47 (1958).
Trentin, I.J.: Proc. Soc. exp. Biol. (N.Y.) 75, 267—269 (1950).
Wallace, E.Z., Carter, A.C.: J. clin. Invest. 39, 601—605 (1960).
Wallgren, H.: Nature (Lond.) 184, 726—727 (1959).
Waltz, H., Bartels, M., Matthies, H.: Arch. exp. Pathol. Pharmakol. 224, 523—527 (1955).
Ward, R.J.: Biochem. J. 69, 61P (1958).
Zeilmaker, G.H.: Acta endocr. (Kbh.) 246—254 (1963).

Anti-Androgene

Bacon, R.L., Kirkman, H.: Endocrinology 57, 255—271 (1955).
Bloch, G.J., Davidson, J.M.: Science 155, 593—595 (1967).
Bruzzone, S., Lipschütz, A.: Acta endocr. (Kbh.) 12, 28—34 (1953).
Byrnes, W.W., Stafford, R.O., Olson, K.J.: Proc. Soc. exp. Biol. (N.Y.) 82, 243 (1953).
Cantarow, A., Zagerman, A.J.: Proc. Soc. exp. Biol. (N.Y.) 115, 1052—1054 (1964).
Chen, Ch., Suszko, I.M.: Acta endocr. (Kbh.) 46, 563—570 (1964).
Courrier, R., Cohen-Solal, G.: C. R. Soc. Biol. (Paris) 124, 925 (1937).
Dantchakoff, V.: C. R. Soc. Biol. (Paris) 128, 895—898 (1938).
Dirscherl, W., Kraus, J., Voss, H.E.: Hoppe-Seylers Z. physiol. Chem. 241, 1—10 (1936).
Dohan, F.S., Cordray, A.F., Paladino, V.S.: J. clin. Endocr. 11, 783 (1951), abstract.
Dorfman, R.I.: Endocrinology 64, 464—466 (1959).
— Acta endocr. (Kbh.) 41, 268—273 (1962).
— Proc. Soc. exp. Biol. (N.Y.) 116, 1055—1057 (1964).
— Dorfman, A.S.: Acta endocr. (Kbh.) 33, 308—316 (1960).
— Kincl, Fr.A., Ringold, H.J.: Endocrinology 68, 17—24 (1961a).
— — Endocrinology 68, 43—49 (1961b).
— Nes, W.R.: Endocrinology 67, 282—285 (1960).
— Shipley, R.A.: Androgens. New York: J. Wiley & Sons, Inc. 1956, S. 134.
Edgren, R.A., Calhoun, D.W., Elton, R.L., Colton, Fr.B.: Endocrinology 65, 265—272 (1959).
Emmens, C.W.: J. Physiol. (Lond.) 95, 379 (1939).
— Bradshaw, T.E.T.: J. Endocr. 1, 378—386 (1939).
— Parkes, A.S.: Vitam. and Horm. 5, 264 (1947); zit. nach Dorfman and Shipley, 1956.
Engle, E.T.: Amer. J. Anat. 44, 121 (1929).
Gardner, W.A., Jun., Wood, H.A., Jun., Taber, E.: Gen. comp. Endocr. 4, 673 (1964).
Gley, P., Delor, J.: C. R. Soc. Biol. (Paris) 125, 52—53, 813—814 (1937).
— Mentzer, C., Delor, J., Molho, D., Millon, J.: C.R. Soc. Biol. (Paris) 140, 748 (1946).
Goldberg, M.W., Scott, W.E.: Unveröffentlicht; zit. nach Läuppi u. Studer, 1959.
Grauer, R.C., Starkey, W.F., Saier, E.: Endocrinology 42, 141 (1948).
Hain, A.M.: Quart. J. exp. Physiol. 27, 293 (1937).
Harsh, R., Overholser, M.D., Wells, L.J.: J. Endocr. 1, 261—267 (1939).
Herting, G., Satke-Eichler, I.: Acta endocr. (Kbh.) 20, 209—215 (1955).
Hertz, R., Tullner, W.W.: J. nat. Inst. Cancer 8, 121—122 (1947).
Ihrke, I., d'Amour, F.: Amer. J. Physiol. 96, 289—295 (1931).
de Jongh, S.E.: Arch. int. Pharmacodyn. 50, 348 (1935).
Juszkiewicz, T., Rakalska, Z.: Nature (Lond.) 200, 1329—1330 (1963).
Kondo, K.: J. exp. Zool. 154, 329—337 (1963).
Korenchevsky, V., Dennison, M.: J. Path. Bact. 41, 323 (1935); zit. nach A. Lipschütz, Steroid hormones and tumors. Baltimore: Williams & Wilkins Comp. 1950, S. 126.
— — J. Path. Bact. 42, 91—104 (1936a).
— — J. Path. Bact. 43, 345—356 (1936b).
Kornfeld, W.: Anat. Rec. 130, 619 (1958).
— Nature (Lond.) 185, 320 (1960).
Läuppi, E., Studer, A.: Experientia (Basel) 15, 264—265 (1959).
Lendle, L.: Arch. Pharmakol. exp. Ther. 159, 463—487 (1931).
Lerner, L.J., Bianchi, A., Borman, A.: Proc. Soc. exp. Biol. (N.Y.) 103, 172—175 (1960a).
— — — Cancer (Philad.) 13, 1201—1205 (1960b).
— — Dzelzkalns, M.: Acta endocr. (Kbh.) 44, 398—402 (1962).

LIPSCHÜTZ, A.: Pflügers Arch. ges. Physiol. **207**, 548—562 (1925).
— Pflügers Arch. ges. Physiol. **211**, 305—323 (1926).
— Pflügers Arch. ges. Physiol. **211**, 722—744 (1926).
— Pflügers Arch. ges. Physiol. **211**, 745—760 (1926).
— Steroid hormones and tumors. Baltimore: Williams & Wilkins Comp. 1950.
— ADAMBERG, TIITSO, M., VEŠNJAKOV, S.: Pflügers Arch. ges. Physiol. **211**, 682—696 (1926).
— LANGE, E., ŠVIKUL, D., TIITSO, M., VEŠNJAKOV, S.: Pflügers Arch. ges. Physiol. **208**, 293—317 (1925).
— TIITSO, M., ŠVIKUL, D., VEŠNJAKOV, S.: Pflügers Arch. ges. Physiol. **211**, 279—304 (1926).
— — VOSS, H.E., VEŠNJAKOV, S., ADAMBERG, L.: Pflügers Arch. ges. Physiol. **211**, 697—721 (1926).
— VOSS, H.E.: Pflügers Arch. ges. Physiol. **207**, 563—582 (1925).
— — Pflügers Arch. ges. Physiol. **207**, 583—595 (1925).
— — Pflügers Arch. ges. Physiol. **211**, 266—278 (1926).
— — VEŠNJAKOV, S.: Pflügers Arch. ges. Physiol. **208**, 272—292 (1925).
LOEWE, S., VOSS, H.E.: Unveröffentlichte Versuche 1932.
LUTZ, H., LUTZ-OSTERTAG, Y.: Arch. Anat. micr. Morph. exp. **47**, 205—210 (1958).
— — Develop. Biol. **1**, 364—376 (1959a).
— — Bull. Soc. Zool. France **84**, 135—147. (1959b).
— — C. R. Soc. Biol. (Paris) **153**, 360—362 (1959c).
MAROIS, M.: C. R. Soc. Biol. (Paris) **510**—**513** (1957a).
— C. R. Acad. Sci. (Paris) **245**, 1027—1029 (1957b).
MASUI, K., KONDO, K.: Proc. int. Genet. Symp. 1956, Suppl. Vol. zu „Cytologia“ 1957, 365—369.
MIETKIEWSKI, K., MALENDOWICZ, L., LUKASZYK, A.: Acta endocr. (Kbh.) **61**, 293—301 (1969).
MILIN, R., STERN, P., CIGLAR, M., HUKOVIĆ, S.: Naturwissenschaften **46**, 477—478 (1959).
MOORE, C.R., PRICE, D.: Amer. J. Anat. **50**, 13 (1932).
MORATÓ-MANARO, J., ALBRIEUX, A.: Endocrinology **24**, 518 (1938).
MÜHLBOCK, O.: Acta brev. neerl. Physiol. **8**, 50—52 (1938a).
— Acta brev. neerl. Physiol. **8**, 142—145 (1938b).
— Kongr.-Ber. XVI. Internat. Physiol. Kongr., Zürich 1938c.
— Kongr.-Ber. Internat. Kongr. Gynäkol., Amsterdam, Bd. II, 1938d.
NEUMANN, F.: Persönliche Mitteilung, 1966.
— VON BERSWORDT-WALLRABE, R.: J. Endocr. **35**, 363—371 (1966).
— — ELGER, W., STEINBECK, H.: In 18. Colloquium Ges. physiol. Chemie, 1967. Berlin-Heidelberg-New York: Springer 1967.
— ELGER, W.: Acta endocr. (Kbh.) Suppl. **100**, 174 (1965).
— — Acta endocr. (Kbh.) **52**, 54—62 (1966).
— — VON BERSWORDT-WALLRABE, R.: Acta endocr. (Kbh.) **52**, 63—71 (1966).
— RICHTER, K.-D., GÜNZEL, P.: Zbl. Vet.-Med. Reihe A, **12**, 171—188 (1965).
— STEINBECK, H., ELGER, W., VON BERSWORDT-WALLRABE, R.: Acta endocr. (Kbh.) **57**, 639—648 (1968).
NOBLE, G.K., GREENBERG, B.: Proc. Soc. exp. Biol. (N.Y.) **44**, 460—462 (1940).
PARLOW, A.F.: Fed. Proc. **17**, 402 (1958).
PETERSON, R.E., PIERCE, C.E.: In: F.W. Sunderman and F.W. Sunderman, Jr., Lipids and the Steroid Hormones in Clin. Med., Philadelphia: Lippincott 1960, p. 158; zit. nach VOSBECK and KELLER, 1971.
PEYRE, A., LAPORTE, P.: C. R. Soc. Biol. (Paris) **160**, 2178—2179 (1966).
PINCUS, G., DORFMAN, R.I.: Fed. Proc. **14**, 115 (1955).
POULSON, E., ROBSON, J.M., WANDER, A.C.E.: J. Endocr. **19**, 359—365 (1960).
RAMASWAMI, L.S., KUMAR, T.C.A.: Nature (Lond.) **193**, 696—697 (1962).
RANDALL, L.O., SELITTO, J.J.: Endocrinology **62**, 693 (1958).
REERINK, E.H., SCHÖLER, H.F.L., WESTERHOF, P., QUERIDO, A., KASSENAAR, A.A.H., DICZFALUSY, E., TILLINGER, K.C.: Nature (Lond.) **186**, 168—169 (1960).
RICHTER, R.: Experientia (Basel) **14**, 219 (1958).
ROBSON, J.M.: Proc. Soc. exp. Biol. (N.Y.) **35**, 49—50 (1936).
— J. Physiol. (Lond.) **90**, 15P—16P (1937).
— J. Physiol. (Lond.) **90**, 145P, 435 (1937).
— Quart. J. exp. Physiol. **28**, 71 (1938); zit. nach DORFMAN and SHIPLEY, 1956.
ROHDEWALD, M., GLASMACHER, H.: Enzymologia **28**, 49—55 (1964).
RUCH, J.V.: C. R. Soc. Biol. (Paris) **155**, 119—121 (1961).
RUSCH, H.P.: Endocrinology **21**, 511 (1937).
SALZGEBER, B.: Arch. Anat. micr. Morph. exp. **49**, 261—280 (1960).

SAND, KN.: Pflügers Arch. ges. Physiol. 173, 1—8 (1918).
— Die Physiologie des Hodens. In: Handb. d. inn. Sekr., Bd. 2, hrsg. von M. HIRSCH. Leipzig: Verlag C. Kabitzsch 1933.
SAUNDERS, FR. J.: Endocrinology 63, 498—500 (1958).
— NUTTING, E.F., COUNSELL, R.E., KLIMSTRA, P.D.: Proc. Soc. exp. Biol. (N.Y.) 113, 637—639 (1963).
SELYE, H.: Textbook of Endocrinology, 2-nd ed., Acta Endocrin. Inc., Montreal, Canada, 1949, S. 67.
SMELSER, G.K.: Physiol. Zool. 6, 396—449 (1933).
STAEDTLER, F.: 17. Symp. dtsch. Gesellschaft für Endokrinologie in Hamburg, März 1971: nach Referat in Med. Tribune 6, Nr. 13a, S. 16 (1971).
STEELMAN, S.L., POHLEY, F.M.: Endocrinology 53, 604—616 (1953).
STEINACH, E.: Arch. Entwickl.-Mech. Org. 42, 307—330 (1916).
STERN, J.M., EISENFELD, A.J.: Science 166, 233—235 (1969).
USKOKOVIĆ, M., DORFMAN, R.I., GUT, M.: J. org. Chem. 23, 1947—1951 (1958).
VOSBECK, K., KELLER, P.J.: Horm. metab. Res. 3, 273—276 (1971).
VOSS, H.E.: Z. Zellforsch. 11, 775—813 (1930a).
— Pflügers Arch. ges. Physiol. 226, 138—147 (1930b).
— Fortschr. Med. 77, 33—34 (1959).
WHALEN, R.E., LUTTGE, W.G.: Nature (Lond.) 223, 633—634 (1969).
WOOD, H.A., JUN., GARDNER, W.A., JUN., TABER, E.: Nature (Lond.) 211, 536—537 (1966).
ZWINGELSTEIN, G., JOUANNETEAU, J.: C.R. Acad. Sci. (Paris) 246, 1320—1321 (1958).

Zur Frage der Existenz von das Geschlechtsverhältnis beeinflussenden Faktoren

BELLEC, A., STOLKOWSKI, J.: Ann. Endocr. (Paris) 26, 51—64 (1965).
CAUGHLEY, G., KEAN, R.I.: Nature (Lond.) 204, 491 (1964).
CREW, F.A.E.: In: Marshall's Physiol. of Reproduct., Lond., 1952.
HAHN, E.W., HAYS, R.L.: J. Reprod. Fertil. 6, 409—411 (1963).
HARTMANN, M., LEWINSKI, G.: Zool. Jahrb. 58, 551 (1938).
HERBST, C.: Arch. Entwickl.-Mech. Org. 136, 147 (1937).
LINDAHL, P.E., SUNDELL, G.: Nature (Lond.) 182, 1392 (1958).
McLAREN, A.: Nature (Lond.) 195, 1323—1324 (1962).
OWEN, D.F.: Nature (Lond.) 206, 744 (1965).
PARKES, A.S.: J. Agricult. Sci. 15, 284 (1925).
— Biol. Rev. 2, 1 (1926).
RENKONEN, K.O., MÄKELÄ, O., LEHTOVAARA, R.: Nature (Lond.) 194, 308—309 (1962).
STOLKOWSKI, J.: 91. Congrès des Soc. savantes, Rennes, 1966, im Druck, zit. nach STOLKOWSKI, 1967.
— C.R. Acad. Sci. (Paris) Sér. D, 265, 1059—1062 (1967).
SZONTAGH, F.E., JACOBOVITS, A.: MÉHES, CH.: Nature (Lond.) 192, 476 (1961).
TRICOMI, V., SERR, D., SOLISH, G.: Amer. J. Obstet. Gynec. 79, 504 (1960).
TZONIS, K.: Zool. Jahrb. 58, 539 (1938).

Der Hoden als Transplantationsbett

ARON, M., LUXEMBOURGER, M.-M.: Arch. Anat. (Strasbourg) 51, 41—52 (1968).
— Rev. lyon. Méd. 4, 233—240 (1955).
— Science 1959, 53—63.
— PETROVIC, A.: C.R. Acad. Sci. (Paris) 246, 3277—3279 (1958).
ASAKAWA, H.: Amer. Zool. 3, 493—497 (1963).
BROOKS, J.R.: Endocrine tissue transplantation. Illinois/USA: Thomas Publisher 1962; zit. nach SUZUKI u. Mitarb., 1970.
CHEDID, L.: C.R. Soc. Biol. (Paris) 142, 1411—1413 (1948).
CLARKE, A.G.: J. Reprod. Fertil. 18, 539—541 (1969).
DUPONT, W.: Ann. Endocr. (Paris) 32, 639—652 (1971).
EZES, H.: Ann. Endocr. (Paris) 9, 272—273 (1948).
GRENIER, J., REBEL A.: C.R. Soc. Biol. (Paris) 150, 987—989 (1956).
HUSSON, A.: C.R. Soc. Biol. (Paris) 164, 2180—2182 (1971); Sitzung vom 10. Nov. 1970.
JØRGENSEN, C.B.: Central Nervous Control of Adenohypophysial Functions. In: „Perspectives in Endocrinology, Hormones in the Live of lower Vertebrates; E.J.W. BARRINGTON et C.B. JØRGENSEN éd. London and New York: Academic Press, 1968, 469—541.
KRAUSE, W.: Biol. Gener. (Wien) 2, 262—300 (1926).
LAFFONT, A., EZES, H.: Gynéc. et Obstét. 47, 769—775 (1948).
LIPSCHÜTZ, A.: Spezielle operative Methoden zur Untersuchung der inneren Sekretion der Geschlechtsdrüsen bei Wirbeltieren. In: Handb. d. biol. Arbeitsmethoden, hrsg. von E. ABDERHALDEN, Abt. V, Teil 3B, 1926.

Lipschütz, A., Krause, W., Voss, H.E.: J. Physiol. (Lond.) **58**, Nr. 6 (1924).
— Voss, H.E.: C. R. Soc. Biol. (Paris) **90**, 1139—1141 (1924a).
— — C. R. Soc. Biol. (Paris) **90**, 1239—1240 (1924b).
— — C. R. Soc. Biol. (Paris) **90**, 1333—1334 (1924c).
— — Pflügers Arch. ges. Physiol. **207**, 563—582 (1925a).
— — Pflügers Arch. ges. Physiol. **208**, 272—292 (1925b).
— — Pflügers Arch. ges. Physiol. **211**, 266—278 (1926).
Marescaux, J., Fabre, M.: Arch. Anat. (Strasbourg) **51**, 419—427 (1968).
Petrovic, A., Deminatti, M., Weill, C.: C. R. Soc. Biol. (Paris) **148**, 383—385 (1954).
Sand, Kn.: Pflügers Arch. ges. Physiol. **173**, 1—8 (1918).
— Studier og Kønskarakter (Kopenhagen) (1919).
— J. Physiol. Path. gén. **20** (1922).
— Physiologie des Hodens. In: Handb. Inn. Sekretion Bd. **2**. Leipzig: Curt Kabitsch 1933.
Suzuki, Y., Takahashi, M., Lin, Y.Ch., Asano, T.: Endocr. jap. **17**, 431—440 (1970).
Takahashi, M., Suzuki, Y.: Endocr. jap. **15**, 243 (1968).
Takewaki, K.: Fac. Sci. Univ. Tokyo, Ser. IV, **7**, 641—653 (1956).
Voss, H.E.: C. R. Soc. Biol. (Paris) **93**, 1069—1071 (1925a).
— C. R. Soc. Biol. (Paris) **93**, 1411—1413 (1925b).
— Virchows Arch. **261**, 425—483 (1926)·

VII. Einflüsse der Androgene auf Organe außerhalb der Genitalsphäre und des Endokriniums

H. E. Voss

1. Einflüsse der Androgene auf die Haut und deren Anhangsgebilde

Die Wirkung der Androgene auf gewisse Hautanhänge bei Vögeln (Kamm und Bartlappen bei Hühnern und Truthühnern, vgl. die Beschreibung dieser Wirkungen im Kapitel über die biologische Auswertung von Androgenen, s. Bd. XXXV/2) ließ die Frage nach einer ähnlichen *Wirkung auf die Haut von Säugetieren* aufwerfen. ALLALOUF u. BER (1961) trugen bei intakten Ratten 2—3 Tropfen einer 2%igen Lösung von Testosteronpropionat in Olivenöl tägl. im Lauf von 7 Tagen auf die Haut auf und fanden am Schluß des Versuches, beim Vergleich mit homologen Hautpartien bei den mit Öl behandelten Kontrollratten, eine signifikante Zunahme von Uronsäure und eine leichte Zunahme von Hexosamin in der Haut der Versuchsratten. Bei einer Versuchsdauer von 14 Tagen wurde eine leichte Zunahme der Uronsäure-Konzentration (nicht aber von Hexosamin) festgestellt. Im Gegensatz zu Testosteronpropionat schien die Applikation von Oestradiolbenzoat im 7 Tage-Versuch die Konzentration von Uronsäure in der Rattenhaut eher herabzusetzen. Diese Wirkungen der Sexualhormone auf die sauren Mucopolysaccharide in der Rattenhaut scheinen also mit ihrer Wirkung auf den Hahnenkamm übereinzustimmen.

Hohe Dosen von Oestron (von 100 bis zu 400 μg ansteigend), während der Postovulationsphase des Menstrualcyclus beim Affen Macaca nemestrina tägl. injiziert, führen zu einer auf der Retention von Wasser beruhenden Schwellung der Sexualhaut (ZUCKERMAN, 1939). Die Tatsache, daß eine solche Schwellung während dieser Cyclusphase im normalen Cyclus nicht vorkommt, zeigt, daß das Progesteron des Corpus luteum nicht imstande ist, das in der Präovulationsphase unter dem Einfluß der Oestrogene des Cyclus gespeicherte Wasser zu retinieren. Auch die Injektion von Testosteron und Corticoiden vermag beim kastrierten Affenweibchen nicht die Retention von Wasser in der Sexualhaut zu erreichen, das dort infolge einer vorausgegangenen Behandlung mit Oestrogenen gespeichert wurde, trotzdem die injizierte Dosis von Testosteronpropionat (300 mg in einer Woche) weit über derjenigen lag, die für die Hemmung des Menstrualcyclus bei diesem Affen notwendig ist (15 mg/Woche). Testosteron ist also, ebenso wie Progesteron, unfähig das Wasser in der Sexualhaut zu retinieren. Andererseits vermag es aber die Rötung der Sexualhaut beim Macacus rhesus-Affenweibchen herbeizuführen. Testosteron und Progesteron fördern also die Wasserretention im Endometrium, nicht aber in der Sexualhaut. Bei einem seit etwa 1 Jahr kastrierten Rhesusaffenmännchen, das ZUCKERMAN u. PARKES (1938) im Lauf von 3 Monaten mit insgesamt 242,5 mg Testosteronpropionat injizierten, beobachteten sie eine allmähliche Wiederkehr der roten Färbung der Sexualhaut, wie sie für das normale Männchen charakteristisch ist, aber auch am Schluß der Behandlung war die Färbung nicht so leuchtend rot wie bei manchen intakten Männchen. Der fördernde Einfluß der Androgene auf die *Pigmentierung der Haut* ist auch beim Menschen nachweisbar: nach Erreichung der sexuellen Reife wird die Haut des Knaben ganz allgemein dunkler, besonders aber im genitalen und perianalen

Bereich, wo sie sich von den umgebenden helleren Hautpartien deutlich abhebt. Übrigens verstärken die Androgene auch den Einfluß der Ultraviolett-Bestrahlung auf die Pigmentierung der Haut (HAMILTON u. HUBERT, 1938).

Die Meinungen darüber, ob eine Testosteronbehandlung mit so hohen Dosen, wie sie beim Mamma-Carcinom angewendet werden, ebenso zu *Ödemen* führt, wie die Behandlung mit Oestrogenen, sind geteilt. Dow u. ZUCKERMAN (1939) sind auf Grund ihrer Versuche an Axolotln, denen sie 25, 40 oder 50 mg Testosteronpropionat in öliger Lösung i.p. injizierten und bei denen sie eine signifikante Gewichtszunahme registrierten, die sie auf eine Wasserspeicherung im Körper zurückführten, zur Überzeugung gelangt, daß „die Sexualhormone bei Amphibien die gleiche Fähigkeit besitzen, eine Retention von Wasser zu bewirken, wie bei Säugetieren". Auch die Beobachtungen verschiedener Kliniker stimmen hinsichtlich der Ödembildung als Folge der Testosteronbehandlung nicht überein.

Der Einfluß der Androgene auf die Talgdrüsen der Haut wird weiter unten behandelt. Es ist bemerkenswert, daß die apokrinen *Axillardrüsen* früher in Funktion treten als die Axillarhaare erscheinen, also vor dem 13. oder 14. Lebensjahr beim Knaben; der charakteristische Achselhöhlengeruch des Erwachsenen ist vom Sekret dieser Drüsen abhängig.

a) Die hormonale Abhängigkeit des „Haar-Talgdrüsen-Systems"

Im Hinblick auf die engen anatomisch-histologischen und physiologischen Zusammenhänge zwischen Haaren und Talgdrüsen ist im angelsächsischen Schrifttum ihre Zusammenfassung zur „pilo-sebaceous unit", zum „Haar-Talgdrüsen-System" üblich und gerade hinsichtlich ihrer hormonalen Bedingtheit durchaus angebracht. Strukturelle und funktionelle Störungen der Haut, des gemeinsamen Mutterbodens dieses Systems, werden bei verschiedenen Endokrinopathien nicht selten angetroffen: die blasse, trockne, ödematöse Haut des Hypothyreotikers oder die Hyperpigmentation bei der Addisonschen Krankheit sind bekannte Beispiele dafür. Wir werden uns im folgenden mit den Einflüssen der Sexualhormone, speziell der Androgene auf das genannte System zu beschäftigen haben: es ist bekannt (vgl. BULLOUGH u. VAN OORDT, 1950), daß die mitotische Zellvermehrung in der Epidermis der Maus durch Oestron sowohl beim kastrierten Männchen als auch beim normalen Weibchen eine bedeutende Steigerung erfährt und gleichzeitig auch die Geschwindigkeit des Ablaufes der einzelnen Mitose beschleunigt wird; auch Testosteron vermehrt die Zahl der Mitosen in der Epidermis, setzt aber die Geschwindigkeit ihres Ablaufes herab. Vermutlich beruht die mitogenetische Wirkung von Oestron im wesentlichen, wenn auch nicht ausschließlich auf einer Mobilisierung und Verteilung von Glykogenreserven des Körpers. Demgegenüber scheint die mitogenetische Wirkung von Testosteron zwar auch den Gesamtkörper zu betreffen, wie bei den Oestrogenen; ob sie aber auch auf eine Glykogenmobilisierung zurückzuführen ist, wäre noch zu klären. Jedenfalls kann, im Hinblick auf die Beobachtungen bei der Oestronapplikation keinesfalls angenommen werden, daß die mitogenetische Androgenwirkung auf die Epidermis *allein* auf seine glykogenmobilisierende Fähigkeit zu beziehen wäre.

b) Die Beeinflussung der Talgdrüsen durch Androgene

Die erste Mitteilung[1] über den Einfluß von Androgenen auf Talgdrüsen stammt von Voss (1931), der die Präputialdrüsen der männlichen Maus in ihrer Abhängig-

---

1 GRANT (1951) hat die Vermutung ausgesprochen, daß "because "ionthoi" meant acne, and, "ionthos" the first growth of secondary sexual hair, the Greek physicians 2500 years ago recognised a relationship between the disease and the event." Ob diese etymologische Ableitung und damit die Vermutung von GRANT berechtigt ist, entzieht sich meiner Beurteilung.

keit vom Hormon des Hodens untersuchte, vor allem mit dem Zweck der Prüfung ihrer Eignung als Testobjekt für androgene Wirkstoffe. Durch Kastrations-, Implantations- und Injektionsversuche stellte er die Abhängigkeit ihres Wachstums und ihrer Funktion vom männlichen Hormon fest, sie reagierten sowohl im proliferativen Mitosentest als auch im cytologischen Regenerationstest positiv auf die Zufuhr von Androgenen; aber ihre Reaktion erfolgte, verglichen mit derjenigen der Vesiculardrüsen auf die gleichen Hormone, bedeutend langsamer und viel weniger intensiv, daher auch weniger eindeutig, und der Schwellenwert ihrer Empfindlichkeit für Androgene lag höher als der Schwellenwert der Vesiculardrüsen: die Präputialdrüsen der Maus erwiesen sich daher, trotz ihrer grundsätzlichen spezifischen Abhängigkeit vom Hormon des Hodens, als ungeeignet für die Auswertung von Androgenen (vgl. dazu den Abschnitt über die Präputialdrüsen im Kapitel über die biologische Auswertung).

BURDICK u. GAMON (1941) haben 10 Jahre später die Reaktion der Präputialdrüsen bei der jungen erwachsenen weiblichen Maus[2] auf Injektionen von Testosteronpropionat (2 mg in öliger Lösung tägl. im Lauf von 1—7 Tagen) untersucht, indem sie das Gewicht und das Volumen der Drüsen bestimmten: Bei der unbehandelten Maus betrug das Gewicht des Drüsenpaares im Durchschnitt 3,35 mg, nach der 7tägigen Behandlung 65 mg, das Volumen 2,75 bzw. 40 mm^3; die Erhöhung der Hormondosis auf 5 mg tägl. hatte nur in Einzelfällen eine weitere Zunahme der Hypertrophie zur Folge. Kastrierte Weibchen reagierten in der gleichen Weise wie intakte (Rattenversuche von SALMON, 1938).

Diese Beobachtungen an der Maus wurden an den Talgdrüsen des Goldhamsters von HAMILTON u. MONTAGNA (1950), an der Maus von LAPIÈRE (1953), am Kaninchen von MONTAGNA u. KENYON (1949) und an der Ratte von EBLING (1948, 1951, 1954, 1957a, 1957b) und HASKIN, LASHER u. ROTHMAN (1953) bestätigt. EBLING stellte an der Ratte, wie VOSS an der Maus, fest, daß das Wachstum der Talgdrüsen beim Kastraten unter dem Einfluß von exogenen Androgenen im wesentlichen auf einer Zellvermehrung, in geringerem Maße auch auf einer Zunahme der Zellgröße beruht; gleichzeitig scheint aber der Zellverschleiß beschleunigt zu sein. HAMILTON (1941) wandte Testosteroninjektionen bei kastrierten und eunuchoiden Männern an und fand neben der Größenzunahme der Drüsen eine Verstärkung ihrer Funktion, die sich in der vermehrten Öligkeit der Haut äußerte. RONY u. ZAKON (1943) behandelten den Kryptorchismus bei präpuberalen Knaben mit Testosteronpropionat und beobachteten unter der Behandlung eine Vergrößerung der Talgdrüsen in den Pubes[3].

Die qualitativen Ergebnisse dieser Untersucher wurden von STRAUSS u. KLIGMAN (1958, 1959, 1961a, 1961b) und von STRAUSS u. POCHI (1961, 1963, 1965) quantitativ erweitert: sie arbeiteten am Menschen eine gravimetrische Methode der Bestimmung der Talgsekretion aus, auf der sie einen Test für die Messung der Androgenproduktion beim klinischen Patienten aufbauten. Über die normale Talgproduktion beim Menschen orientiert die Tab. 101:

---

2 Die ersten Untersuchungen über die Wirkung von Androgenen auf die Präputialdrüsen des *Weibchens*, und zwar bei der Ratte, stammen von KORENCHEVSKY u. DENNISON (1936), die sie im Hinblick auf ihre ähnliche Lage, Gestalt und histologische Struktur wie beim Männchen und ihre Beeinflußbarkeit durch Androgene als „weibliche Präputialdrüsen" bezeichneten; diese Autoren räumten auch die Homologisierung dieser Drüsen mit der Prostata des Männchens (!) aus.

3 Die Wirkung der Oestrogene auf die Talgdrüsen beruht anscheinend in der Hauptsache auf einer Beschleunigung des Zellverschleißes und nicht auf einer Hemmung der Zellproliferation (EBLING, 1957b).

34*

Tabelle 101. *Durchschnittliche Talgproduktion an der Stirnhaut von intakten männlichen und weiblichen Individuen und bei kastrierten Männern (in mg Lipide/10 cm²/3 Std. Nach* STRAUSS *u.* POCHI, *1963)*

Alter in Jahren	Intakte Männer	Intakte Frauen	Kastr. Männer
7—11	0,38 (8)	—	—
20—29	2,55 ± 1,05 (44)	2,09 ± 0,88 (24)	—
30—39	2,45 ± 0,87 (37)	1,93 ± 0,89 (14)	1,23 ± 0,72 (28)
40—49	1,91 ± 0,97 (15)	1,84 ± 1,27 (15)	1,15 ± 0,99 (40)
über 50	2,00 ± 1,06 (32)	0,81 ± 0,13 (18)	0,64 ± 0,36 (17)

Bei Männern und Frauen beginnt die Zunahme der Talgproduktion mit dem Einsetzen der Pubertät, Maximalwerte werden zum Ende des zweiten oder zu Beginn des dritten Jahrzehntes erreicht; die Durchschnittswerte liegen bei Männern höher als bei Frauen. Nach dem 50. Jahr nimmt die Talgsekretion bei Frauen deutlich ab, bei Männern nur wenig oder garnicht, doch liegt die Sekretion bei alten Frauen immer noch höher als beim präpuberalen Kind. Bei Kastraten unter 50 Jahren ist die Sekretion signifikant geringer als bei intakten Männern oder Frauen im gleichen Alter; nach dem 50. Jahr geht bei ihnen die Sekretion auf Mengen zurück, die denjenigen bei Frauen im gleichen Alter entsprechen. Die orale Verabreichung von 100 mg Methyltestosteron tägl. im Lauf von 8 Wochen bei kastrierten Männern läßt die Talgproduktion merklich ansteigen:

	Vor der Behandlung mg Lipide/10 cm²/3 Std	nach der Behandlung
Patient 1	0,43	0,79
Patient 2	0,48	1,64
Patient 3	0,50	1,50
Patient 4	0,57	1,06

Dagegen setzt die orale Verabreichung eines Oestrogens (1 mg Äthinyloestradiol tägl. im Lauf von 8 Wochen) die Talgproduktion bei kastrierten Männern merklich herab:

	Vor der Oestrogenbehandlung mg Lipide/10 cm²/3 Std	nach der Behandlung
Patient 1	3,36	0,96
Patient 2	1,50	0,51
Patient 3	1,47	0,71
Patient 4	1,42	0,40
Patient 5	1,27	0,71
Patient 6	1,17	0,48
Patient 7	1,14	0,71
Patient 8	0,88	0,43

(nach STRAUSS u. POCHI, 1963)

Bei intakten erwachsenen Männern und Frauen bewirkte die orale Verabreichung von 1 mg Äthinyloestradiol tägl. im Lauf von 8—12 Wochen ein Absinken der Talgproduktion auf präpuberale Werte (unter 1 mg Lipide/10 cm²/3 Std) (Abb. 91). In ihrem oben erwähnten gravimetrischen Auswertungsverfahren für Androgene benutzten Verff. daher erwachsene Männer als Versuchspersonen, bei denen die Talgproduktion durch eine vorausgehende Behandlung mit Oestrogenen auf Minimalwerte herabgedrückt war. Beispiele der Auswertung verschiedener Steroide mit Hilfe dieses Verfahrens zeigt Tab. 102:

Tabelle 102. *Zunahme der Talgproduktion nach Verabreichung verschiedener Steroide bei erwachsenen Männern nach Vorbehandlung mit 1 mg Äthinyloestradiol tägl. peroral; die Oestrogenbehandlung wurde während der Steroidverabreichung fortgesetzt (nach* STRAUSS *u.* POCHI, *1963)*

Steroid	Dosierung	Anzahl der Vpn.	Durchschnittliche prozentuale Zunahme der Talgproduktion
Methyltestosteron	5 mg tägl. per os	3	154
Methyltestosteron	10 mg tägl. per os	5	140
Methyltestosteron	25 mg tägl. per os	2	124
Testosteronoenanthat . .	200 mg i.m./Woche	3	115
Norethindronacetat. . . .	20 mg tägl. per os	3	87
Methandrostenolon . . .	20 mg tägl. per os	3	54
Fluoximesteron	10 mg tägl. per os	5	11
Progesteron	50 mg tägl. i.m.	3	keine
17a-Hydroxyprogesteron-n-caproat	250 mg i.m./Woche	3	keine
Norethynodrel	20 mg tägl. per os	2	keine

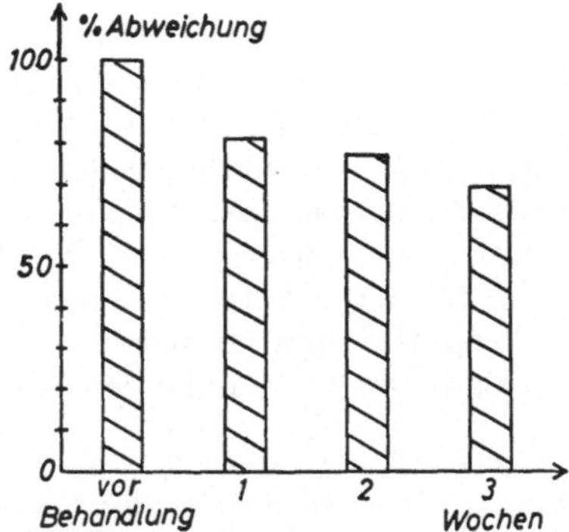

Abb. 91. Prozentuale Abnahme der Hautfettkonzentration (Mittelwerte) bei Pat. nach einmaliger Oestrogeninjektion (Depot-Oestromon). (Nach WÜST u. SUHRHOLT, 1966)

In einer weiteren Arbeit haben POCHI u. STRAUSS (1965) das progestativ wirksame Norethindrone (Äthinylnortestosteron), das nur eine geringe, beim Menschen kaum in Erscheinung tretende androgene und anabole Aktivität besitzt, auf diese Talgdrüsenwirkung untersucht und weder bei ihm noch bei seinem Acetat an 6 gesunden Männern nach oraler Vorbehandlung mit Äthinyloestradiol eine Steigerung der Talgsekretion mittels ihres „Cigarettenpapiertests" festgestellt. Das Fehlen einer Talgdrüsenwirksamkeit bei den Gestagenen, wie es schon in der obigen Tab. 102 zu Tage tritt, wird dadurch bestätigt.

SCHIRREN (1964) nimmt auf Grund von klinischen Akne-Studien an, daß im Normalfall offenbar ein Gleichgewicht der hormonalen Einflüsse auf die Talgdrüsen bestehen muß, der fördernden Androgene und Gestagene und der hemmenden Oestrogene. Eine Störung dieses Gleichgewichts zu Gunsten der fördernden Wirkungen würde zur Akne führen. Daraus ergibt sich, daß die isolierte Bestimmung eines der 3 Hormone im Harn niemals Rückschlüsse auf seine Bedeutung für die Akne zulassen kann. Die Bedeutung von Testosteron für die Akne ergibt sich vor allem durch Studien an Eunuchen und präpuberalen Kastraten, die niemals eine Akne aufweisen, bei denen sich jedoch nach Testosteronzufuhr eine Akne entwickeln kann. Das Auftreten der Akne in der Pubertät läßt sich bei beiden Geschlechtern durch eine Störung des oben genannten Gleichgewichts erklären. Die prä- oder postmenstruelle sogen. Acne sexualis der Frau entsteht nach Meinung des Verf. durch eine Vermehrung der Gestagene in dieser Zeit, neben einer Verminderung der Oestrogene. Man könnte sich aber auch vorstellen, daß es sich um eine Vermehrung der Androgene im Ovar zu dieser Zeit handelt.

Das Verhalten der Hautoberflächenfette (Stirnhaut) unter der i.m. Behandlung mit einem Oestrogen (Oestromon) bzw. der p.o. Behandlung mit einem anabolen Steroid (Dianabol) untersuchten WÜST u. SUHRHOLT (1965) bei Patienten mit normalen oder überdurchschnittlich hohen Hautfettwerten bzw. bei Kranken mit erniedrigten oder an der unteren Normgrenze liegenden Werten: Unter einmaliger Injektion von Depot-Oestromon sanken die Werte bei 6 von 7 Pat. innerhalb weniger Tage um 20—30 % der Ausgangswerte ab (Abb. 91), wobei der Effekt mindestens 2—3 Wochen anhielt; dagegen führte die orale[4] Gabe des Anabolikums bei 13 von 18 Pat. zu einer vermehrten Talgsekretion (Abb. 92), wobei dieser Anstieg der allgemeinen Besserung etwa parallel ging. Verff. lassen es offen, ob für diesen Effekt an den Talgdrüsen ursächlich die allgemein roborierende Wirkung des Anabolikums (mit relativ geringer spezifisch androgener Komponente) oder ein spezifischer Angriff an den Talgdrüsen ähnlich dem des Testosterons verantwortlich zu machen ist.

LORINCZ u. LANCASTER (1957) haben in einem Essigsäureextrakt aus Acetontrockenpulver von Schweinehypophysen eine Substanz nachgewiesen, die sie wegen ihrer fördernden Wirkung auf die cutanen Talgdrüsen, die Präputialdrüsen und Harderschen Drüsen bei Ratten als „Sebotropin" bezeichnen. Hypophysektomierte kastrierte Rattenmännchen des Sprague-Dawley-Stammes von 100—150 g K.-Gew. erhielten 0,25 ml der Sebotropin-Zubereitung tägl. im Lauf von 14 Tagen s.c. injiziert; die Präputial- und Harderschen Drüsen wurden gewogen, das Volumen der cutanen Talgdrüsen im Schnitt gemessen (Tab. 103):

Tabelle 103. *Beeinflussung von Talgdrüsen durch Injektionen von Sebotropin u.a.*
(nach LORINCZ u. LANCASTER, 1957)

Prüfsubstanz	Präputialdrüsen mg/100 g K.-Gew.	Hardersche Drüse mg/100 g K.-Gew.	Cut. Talgdrüsen mm$^3 \times 10^{-5}$/100 g K.-Gew.
Kontrollen	11,3 ± 0,6	82,5 ± 2,8	7,4 ± 0,8
Progesteron (1 mg/Tag) ...	12,2 ± 0,8	75,7 ± 2,0	4,8 ± 0,3
Sebotropin	17,0 ± 1,7	101,5 ± 6,1	7,6 ± 1,3
Sebotropin + Progesteron ...	42,9 ± 3,1	108,8 ± 5,1	18,6 ± 3,5
STH, TSH, ohne oder mit Progesteron	keine Wirkung		

Eine weitere Reinigung von „Sebotropin" aus Schweinehypophysen haben WOODBURY, ORTEGA u. LORINCZ (1965) beschrieben.

Die Hypophysektomie führt bei Ratten zu einer Atrophie der cutanen Talgdrüsen und zu Verlust oder starker Abnahme der Reaktionsfähigkeit dieser Drüsen auf den wachstumsfördernden Effekt von Testosteron (oder Progesteron). Es ist nicht ausgeschlossen, daß die Wirkung des sebotropen Extrakts auf einen ungewöhnlichen Kombinationseffekt geringer Verunreinigungen des Rohextrakts

---

4 Meßbare Unterschiede im Hautfettanstieg zwischen oral und parenteral gegebenen anabolen Hormonen wurden nicht beobachtet.

durch andere bekannte HVL-Hormone zurückzuführen ist. Nach EBLING (1957a) beruht der Einfluß der Hypophyse auf die Talgdrüsen nicht auf einem scharfen „Alles oder Nichts-Effekt", sondern eher auf einer Förderung der vollen Testosteronwirkung auf die Talgdrüsen, denn auch bei den hypophysektomierten Ratten waren die individuellen Talgdrüsenzellen und die Zellproliferation unter der Behandlung mit Testosteronpropionat größer als bei den nicht behandelten Tieren.

Besondere Verhältnisse liegen bei den Talgdrüsen des Goldhamsters (Mesocricetus auratus auratus Waterh.) und verwandter Arten vor, die wegen ihrer Lage am Körper als „Seitenorgan" bezeichnet werden (Abb. 93, aus LIPKOW, 1954).

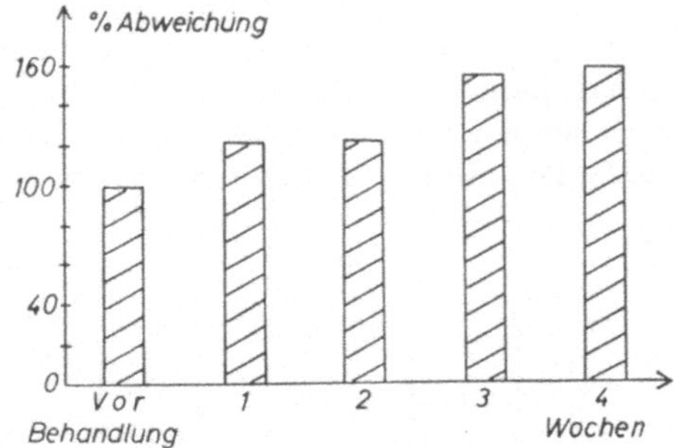

Abb. 92. Prozentuale Zunahme der Hautfettkonzentration (Mittelwerte) bei Pat. im Verlauf von 4 Wochen nach täglichen oralen Gaben eines Anabolikums (Dianabol). (Nach WÜST u. SUHRHOLT, 1966)

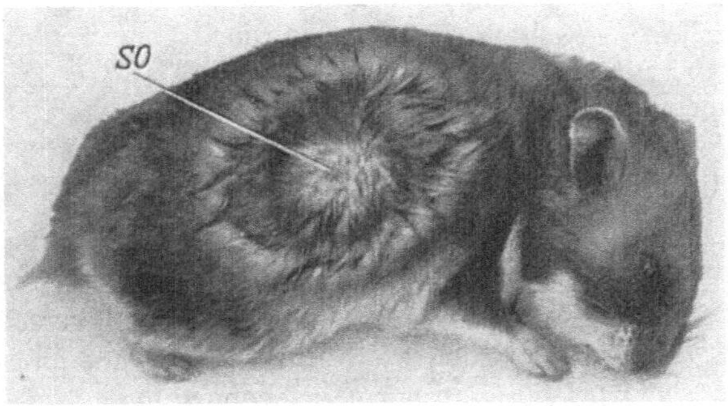

Abb. 93. Seitenorgan *(SO)* durch Entfernen des umgebenden Haarkleides freigelegt. Organlänge: 3,5 mm; Organbreite: 3 mm. Sieben Monate altes Weibchen. (Nach LYSKOTT, 1954)

Das Seitenorgan ist bei beiden Geschlechtern vorhanden, doch zeichnet es sich beim Männchen durch größere Drüsen und stärkere Sekretion gegenüber dem des Weibchens aus (LIPKOW, 1954). Histologisch ist das Seitenorgan eine Drüsenplakode, deren einzelne Drüsenkomplexe aus holokrinen Duftdrüsen gebildet werden. Der Bau des Organs läßt eine Entwicklungs- und Funktionsperiode unterscheiden; die letztgenannte setzt mit der Geschlechtsreife der Tiere ein. HAMILTON u. MONTAGNA (1950) haben die Reaktion der Drüsen des Seitenorgans des Goldhamsters auf verschiedene Hormone beschrieben: werden die Tiere vor der

Geschlechtsreife kastriert, so bleibt die Entwicklung des Organs zum funktionsreifen Zustand aus; nach Behandlung der Kastraten mit Androgenen entwickelt sich das Organ *bei beiden Geschlechtern* zum Zustand, wie er für das erwachsene Männchen kennzeichnend ist, die Verff. betrachten daher „die Talgdrüsen des Seitenorgans als männliche sekundäre Geschlechtsmerkmale", deren Sekret das Weibchen anzulocken und dessen Erregungszustand zu steigern vermag. Dagegen vermag das Weibchen durch das Sekret seines Seitenorgans offenbar nicht das Männchen anzulocken, doch zeigt das Verhalten des Weibchens z. B. beim Paarungsvorspiel, daß auch seinem Seitenorgan eine gewisse sexualbiologische Funktion zukommt (LIPKOW, 1954).

c) Die Beeinflussung des Haarwachstums durch Androgene

Obgleich die genetische Konstitution *beim Menschen* zweifelsohne einen starken Einfluß auf die Körperbehaarung, ihre Ausdehnung und Stärke, aber auch auf die Glatzenbildung hat, kann die volle Auswirkung dieser Veranlagung nur in Gegenwart einer entsprechenden Konzentration von Androgenen in den Muttergeweben der Haare zustandekommen. Es ist bemerkenswert, daß das Erscheinen

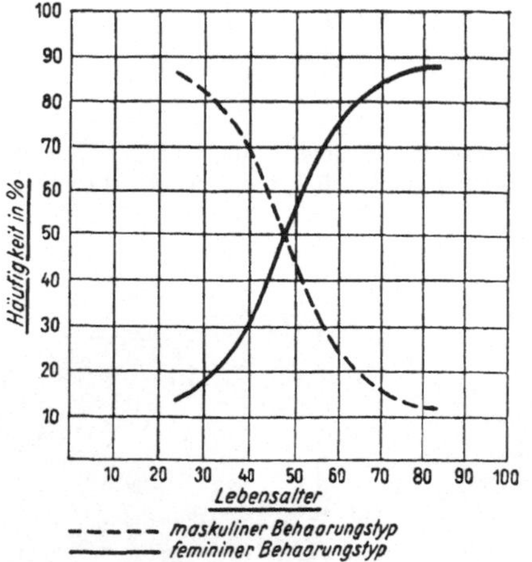

Abb. 94. Änderung des genitalen Behaarungstyps beim Manne im Laufe des Lebens, festgestellt an 1000 Untersuchten. (Nach BARTELSHEIMER, 1954)

der Haare in den verschiedenen Körperregionen bzw. ihr Verschwinden sehr große zeitliche Differenzen aufweist: es scheint, daß nicht nur die Konzentration (auch wenn sie maximal ist), sondern auch die Dauer ihrer Einwirkung von wesentlicher Bedeutung ist[5].

In der normalen Pubeszenz erscheinen als erste die *Pubes* bei Knaben im Alter von 11—12 Jahren, entwickeln sich in den folgenden Jahren weiter, erreichen ihre normale, für den erwachsenen Mann typische Ausbreitung und Konfiguration um

---

5 FRANCÉS (1965) hat darauf hingewiesen, daß auch bei vorzeitiger Pubarche die Reihenfolge des Erscheinens der Haare in den verschiedenen Lokalisationen unverändert bleibt: die Pubes treten stets als die ersten auf und die Axillarhaare folgen ihnen in wechselndem zeitlichen Abstand nach.

das 18.—20. Jahr und bleiben bis ins hohe Alter mehr oder weniger unverändert erhalten, ergrauen auch spät oder garnicht. Ihr Wachstum ist also ein getreues Spiegelbild der Zunahme der Testosteronproduktion; einmal fixiert, folgen sie der altersbedingten Testosteron-Abnahme nur wenig, aber vielleicht doch stärker als im allgemeinen angenommen wird: BARTELSHEIMER (1954) hat auf Grund der Beobachtungen seines Schülers GROSS an 1000 Männern aller Lebensjahrzehnte eine Störung des Gleichgewichts männlicher und weiblicher Prägungsstoffe festgestellt, die sich darin äußerst, daß beim älteren Mann nicht selten eine Änderung des männlichen Schambehaarungstyps in weiblicher Richtung eintritt, die etwa bei der Hälfte der Untersuchten schon im 48. Lebensjahr manifest ist (Abb. 94). Diese Änderung des Gleichgewichts liegt nach Auffassung vieler Forscher auch der so häufigen Hypertrophie der Prostata beim alternden Mann zu Grunde. Nach operativer Ausräumung beider Hoden + peroraler Behandlung mit sehr hohen Oestrogendosen wegen Prostata-Ca bei 75—80jährigen Männern kann es zu einer merklichen Beschränkung des Wiederwachsens der bei der Operation rasierten Pubes kommen, mit gleichzeitiger Ausbildung des weiblichen Behaarungstyps der Pubes.

Die ersten Andeutungen der *Axillarhaare* treten etwa 1—2 Jahre später als diejenigen der Pubes auf, d.h. mit 13—14 Jahren, erreichen ihre maximale Entwicklung etwa zur gleichen Zeit wie diese (18—20 Jahre), zeigen aber im Alter eine deutliche Abnahme. Sowohl ihr späteres Auftreten als auch ihre altersbedingte Abnahme weisen darauf hin, daß sie für ihre Entwicklung und Erhaltung auf ein höheres Androgenniveau angewiesen sind.

Eine weitere Verzögerung beobachtet man im Auftreten der *Schnurrbarthaare* (etwa im Alter von 15—16 Jahren) und der *Barthaare* (mit 17—18 Jahren), die häufig erst in den frühen 20er Jahren ihre volle Entwicklung erreichen. Sie behalten scheinbar bis ins hohe Alter ihre volle Wachstumsintensität bei; aber Versuche von CHIEFFI (1949) durch Wägung der täglich durch Rasur entfernbaren Barthaare ein quantitatives Maß der Bildung in den verschiedenen Perioden des späteren Alters zu erhalten, sprachen dafür, daß bei den unter 70jährigen Männern die Barthaarproduktion unter der Wirkung von täglichen Testosteronpropionat-Gaben höher war als bei den über 70jährigen Männern. Es ist natürlich nicht ausgeschlossen, daß zu den 3mal wöchentlich wiederholten Applikationen exogenen Testosteronpropionats sich in der jüngeren Gruppe (52—70 Jahre) mehr endogenes Testosteron addierte als in der älteren Gruppe (71—82 Jahre). Im allgemeinen Durchschnitt beider Gruppen stieg die tägliche Produktion von Barthaarsubstanz von 46 mg vor der Behandlung auf 67 mg nach 4 Wochen und auf 71 mg nach 8 Wochen Behandlung mit 25 mg Testosteronpropionat i.m. in öliger Lösung. Die Zahl der Versuchspersonen (11) war allerdings zu gering, um bindende Schlüsse zuzulassen.

Beachtenswert ist es, daß im gleichen Alter, in dem die ersten Schnurrbarthaare wachsen, auch die erste Andeutung der typisch männlichen *temporalen Regression der frontalen Haarlinie*[6] in Erscheinung tritt (15—16 Jahre), die sich in zahlreichen Fällen mit zunehmendem Alter (und zunehmender Konzentration von Testosteron in Blut und Geweben) zur mehr oder weniger ausgedehnten Glatze erweitern kann.

---

6 Die vielfach gebräuchliche Bezeichnung dieser Lokalisation des Haarschwundes als „Geheimratsecken" ist offenbar irreführend: einmal tritt sie, wie gesagt, viel früher auf und andererseits ist zur „Geheimratszeit" die Ausdehnung des Schwundes meist längst über das Eckenstadium hinausgewachsen!

Manche Gesichtshaarbildungen, wie die im äußeren Gehörgang[7] und in der Nase entwickeln sich erst im höheren Alter, wenn die sonstige Haarproduktion ein stationäres Maß erreicht hat oder bereits im Abfall begriffen ist. Eine starke Haarentwicklung am Oberkörper (Brust) und an den Armen findet auch erst relativ spät statt; sie kann mit einer ausgedehnten Glatzenbildung häufig korreliert sein.

Wir finden also beim Mann eine positive Beeinflussung des Haarwachstums durch Testosteron sowohl an den eigentlichen Genitalhaaren (Pubes, Axillarhaare, Bart) als auch an den Haaren des Rumpfes und der Extremitäten, während nur die Kopfhaare des Mannes durch das gleiche Testosteron in den gleichen Konzentrationen in ihrem Wachstum gehemmt werden. Auch *bei der Frau* werden die Körper- und Gesichtshaare durch Androgene, wenn diese in erhöhter Konzentration auftreten, in ihrem Wachstum gefördert (*Hirsutismus*), was besonders bei gewissen virilisierenden Tumoren des Ovariums oder der Nebennieren deutlich in Erscheinung tritt (ebenso wird bei diesen Frauen auch die Glatzenbildung durch die vermehrten Androgene gefördert): hier ist also der Hirsutismus nur eines, wenn auch ein besonders auffallendes Symptom der Virilisierung. Wie bei allen Virilisierungserscheinungen müssen wir auch hier zwei Ursachenkomplexe als möglicherweise verantwortlich für ihr Zustandekommen annehmen, nämlich eine erhöhte Produktion und Abgabe von Androgenen einerseits und eine erhöhte Empfindlichkeit ihrer Erfolgsorgane, in diesem Fall der Haarfollikel andererseits; jede dieser Ursachen kann für sich zum Hirsutismus führen, doch wird ihrer kombinierten Wirkung vermutlich besonders häufig die Verantwortung zuzuschreiben sein. Wir kennen z. B. Fälle von Hirsutismus, in denen andere Virilisierungssymptome fehlen (keine Vergrößerung der Clitoris, kein Tieferwerden der Stimme usw.) und eine Tumorbildung oder Hyperplasie der Nebennierenrinde als induzierende Ursache nicht festzustellen ist: bei diesem sogenannten „*idiopathischen Hirsutismus*", ohne offenbare Störungen der Ovarial- und Nebennierentätigkeit, wurde trotzdem schon früher, in Analogie zum Vorkommen von Hirsutismus bei Nebennierenerkrankungen, die mit einer übermäßigen Androgenproduktion einhergingen, auch hier ein Zusammenhang mit einer gestörten adrenalen Hormonproduktion vermutet, aber den Beweis erbrachten erst die mit verbesserten Bestimmungsmethoden durchgeführten Untersuchungen der Hormonausscheidung im Harn der Patientinnen: diese lieferten übereinstimmend den Befund zwar nicht excessiver Werte der 17-Ketosteroide, aber die immer wieder bestätigte Feststellung, daß diese Werte höher lagen als bei den normalen Frauen [vgl. die Zusammenstellungen bei DORFMAN u. SHIPLEY (1956) und bei BROOKS-

---

7 HAMILTON (1946) hat darauf hingewiesen, daß beim Menschen die Unterschiede in den sekundären Geschlechtsmerkmalen von Organen, die beiden Geschlechtern gemeinsam sind, im allgemeinen nur relativ sind: das Merkmal ist besser entwickelt oder erscheint häufiger beim einen Geschlecht, tritt aber auch bei normalen Vertretern des anderen Geschlechts auf, wenn auch weniger gut ausgebildet. Ein besonderes Interesse beansprucht daher ein Merkmal, das ausschließlich auf das eine Geschlecht beschränkt ist, und zwar auf das männliche: es ist das *Wachstum von groben Terminalhaaren auf dem äußeren Ohr*, das in seiner Entwicklung offenbar von drei Faktoren abhängig ist, vom Altern, von einer Stimulierung durch androgene Hormone und von einer genetischen Prädisposition. Solche Haare treten nicht vor dem 25. Lebensjahr auf, werden aber von da ab mit zunehmender Häufigkeit beobachtet (bei 30% von 35jährigen, bei 45% von 45jährigen und bei 75% von 55jährigen Männern). Bei normalen Frauen und bei Eunuchen fehlen sie stets, traten aber bei 3 von 5 Eunuchen auf, die im Alter von 35—62 Jahren mit tägl. i.m. Injektionen von 20 mg Testosteronpropionat behandelt wurden, ebenso bei 3 von 5 Frauen mit ausgesprochenem Virilismus im Alter von 35—57 Jahren. Dieses Merkmal scheint bei Angehörigen der chinesischen und indianischen Rasse zu fehlen, aber auch bei manchen Familien der kaukasischen Rasse.

BANK (1961)][8]. Das Fehlen anderweitiger Virilisierungserscheinungen beim idiopathischen Hirsutismus läßt eine isolierte Überempfindlichkeit der Haarfollikel für die relativ nur wenig vermehrten Androgene als wahrscheinlich annehmen. Auch in der neueren Arbeit von JAMES, PEART u. ILES (1962) wird eine erhöhte und in Ausnahmefällen sogar eine excessive Ausscheidung von 11-Desoxy-17-oxosteroiden und 11β-Hydroxyandrosteron und eine leichte Überempfindlichkeit der Nebennierenrinde für ACTH bei diesen Patientinnen festgestellt, wobei diese Erscheinungen, im Gegensatz zum adrenogenitalen Syndrom, mit einer absolut normalen Produktion von Cortisol vergesellschaftet sind.

SIMMER (1963) hat die Beziehungen zwischen den Androgenen polycystischer Ovarien und dem Hirsutismus, der in 50 % dieser Frauen angetroffen wird, untersucht, mit dem Ergebnis, daß an der Bildung und Sekretion von Androgenen durch polycystische Ovarien kein Zweifel mehr besteht, doch lassen sich über das Ausmaß dieser Sekretion gegenwärtig noch keine sicheren Aussagen machen. Ob nur quantitative oder auch qualitative Unterschiede in der Androgenproduktion solcher Ovarien dafür verantwortlich zu machen sind, daß nur 50 % dieser Patientinnen einen Hirsutismus aufweisen, ist noch ungeklärt. Manche Frauen erleben bei jeder erneuten Schwangerschaft ein excessives Haarwachstum im Gesicht und am Körper, das dann wenige Monate nach der Geburt wieder verschwindet; es ist bemerkenswert, daß die erhöhte Oestrogenproduktion und -zirkulation der Schwangerschaft den passageren Hirsutismus bei diesen Frauen nicht zu verhindern vermag. TURUNEN, PESONEN u. ZILLIACUS (1964), die mehrere solche Beobachtungen beschrieben, fanden bei ihren Patientinnen einen Androgen-Abbau, ähnlich wie bei den Fällen mit Stein-Leventhal-Syndrom, d.h. eine übernormale Ausscheidung von Androsteron und epi-Androsteron im Harn; bei beiden Patientinnen führte die enzymatische Dysfunktion zu einer vermehrten Synthese von 17-OH-Progesteron, die eine vermehrte Synthese von Androstendion und Testosteron[9] zur Folge hatte; dazu kam, daß die Testosteron-inaktivierende Aktivität der Placenta, in vitro bestimmt, geringer war als bei den Placenten normaler Frauen ohne Hirsutismus.

Tabelle 104. *Mittlere Ausscheidung von Testosteron und Epitestosteron im Harn in µg/24 Std bei 11 normalen Personen und 31 Personen mit Hirsutismus; Variationsbreite in Klammern (nach FRANCE u. KNOX, 1967)*

Androgen	Normale Männer	Normale Frauen	Frauen mit Hirsutismus		
			I Menses regulär	II Menses irregulär	III mit Virilisierung
Testosteron	67,3 (36,8—133,2)	11,2 (4,5—16,0)	20,7 (2,5—82,5)	34,6 (17,1—92,8)	56,7 (26,8—98,5)
Epitestosteron	28,1 18,5—47,4)	8,0 (5,9—10,9)	15,6 (5,1—34,7)	23,0 (9,9—37,8)	26,7 (12,0—45,9)

---

8 v. ZERSSEN, MEYER u. AHRENS (1960) haben auf Grund der Befunde einer vermehrten Androgenproduktion auch in vielen dieser Fälle die Bezeichnung als „idiopathischer Hirsutismus" abgelehnt und brauchen stattdessen die Bezeichnung „gewöhnlicher Hirsutismus". Bei der fließenden Bedeutung, die dem Ausdruck „gewöhnlich" anhaftet, erscheint der Vorteil einer solchen Umbenennung nicht sicher.

9 Einen erhöhten Gehalt von Testosteron im Plasma von Patientinnen mit Hirsutismus hatten FORCHIELLI u. DORFMAN (1962) nachgewiesen, während PESONEN (1963) auf Grund seiner Befunde an solchen Patientinnen den Hirsutismus als durch Dehydroepiandrosteron bedingt ansah.

Die eingehende Untersuchung von FRANCE u. KNOX (1967) an 31 Frauen mit Hirsutismus und 11 normalen Personen beiderlei Geschlechts bezog sich auf die Bestimmung von Testosteron und Epitestosteron im Harn. Eine Basis für die Analyse der Ergebnisse lieferte die Einteilung der Pat. mit Hirsutismus in 3 Gruppen, die sich durch das Vorhandensein I: regulärer Menses (10), bzw. II: irregulärer Menses (13) bzw. III: von Virilisierung (8) unterschieden; das Alter bewegte sich zwischen 14 und 45 Jahren (Tab. 104). Wie ersichtlich, lagen die Werte für Testosteron bei den Frauen mit Hirsutismus in fast allen Fällen über den Werten bei normalen Frauen im gleichen Alter; eine Ausnahme bildeten nur einige Pat. mit Hirsutismus und regulären Menses, bei denen normale oder sogar unternormale Mengen Testosteron im Harn gefunden wurden; es ist möglich, daß es sich bei diesen Frauen um einen konstitutionellen Hirsutismus, mit Überempfindlichkeit der Haarfollikel für normale, also relativ niedrige Testosteronmengen handelte. In Gruppe II lagen alle Testosteronwerte oberhalb der oberen Grenze der Norm und in Gruppe III war der Mittelwert bedeutend höher als in Gruppe II. Die Werte für Epitestosteron lagen bei den meisten Pat. über der Norm, zeigten aber nicht die exzessive Erhöhung, wie sie von DE NICOLA, DORFMAN u. FORCHIELLI (1966) bei Frauen mit Hirsutismus und Virilisierung gefunden wurden: FRANCE u. KNOX betrachten daher die Annahme einer ursächlichen Beziehung zwischen Epitestosteron und Hirsutismus zum mindesten als unbewiesen, umso mehr als die Ausscheidung von Epitestosteron, im Gegensatz zu derjenigen von Testosteron, keine Korrelation mit dem Vorhandensein von Virilisierungserscheinungen zeigte.

Es scheint, daß die anabole Steroidwirkung an der Beeinflussung des Haarwachstums nicht beteiligt ist; wenigstens sah VAN HERK (1962), der alte Frauen mit einem gewissen Haarwuchs auf Kinn und Oberlippe aus therapeutischen Indikationen mit dem Anabolicum Ethyl-estrenol ($= \Delta^4$-17a-Aethylestrenol-17β) im Lauf von 58 Tagen (tägl. 2 Tabletten zu 2 mg) behandelte, keine Förderung des Haarwachstums bei diesen Frauen.

Die chronische lokale Applikation geringer Dosen Testosteron, die bei allgemeiner („systemic") Verabreichung wirkungslos waren, an umschriebenen Stellen (Bart, Pubes, Unterarm) bei Frauen führte in Versuchen von MAGUIRE (1965) zu lokaler Terminalhaar-Entwicklung, also einem *lokalen Hirsutismus*.

Gegenüber den eindeutigen Befunden beim Menschen über die stimulierende Rolle der Androgene beim Haarwachstum, muß es erstaunlich erscheinen, daß die wenigen vorliegenden exakten Untersuchungen über die Wirkung von Testosteron auf das Haarwachstum bei Tieren (Ratten) ebenso eindeutig für eine Hemmung durch dieses Androgen sprechen. So hat JOHNSON (1958), die zunächst das normale Haarwachstum bei männlichen und weiblichen Ratten im Lauf der Entwicklung genau studierte, festgestellt, daß bei den Weibchen die Welle des Haarwachstums sich langsamer ausbreitet und die endgültige Länge der Körperhaare geringer ist als bei den Männchen, was von einer geringeren Geschwindigkeit des Haarwachstums bei den Weibchen abhängt: so schien es, daß die Hormonverhältnisse beim Männchen, von denen man annehmen muß, daß sie durch eine Präponderanz der Androgene ausgezeichnet sind, sich fördernd auf das Haarwachstum auswirken. Das ließ sich aber experimentell nicht bestätigen, im Gegenteil: die Kastration der 7 Wochen alten Männchen beschleunigte die Ausbreitung der Haarwachstumswelle und eine Implantation von Testosteron bei diesen Kastraten setzte diese Beschleunigung herab. Auch HOUSSAY, NALLAR u. SAURER (1959), die den Einfluß von s.c. in physiol. NaCl-Lösung injiziertem Testosteronpropionat auf das Haarwachstum bei normalen, kastrierten, hypophysektomierten und adrenalektomierten Ratten untersuchten, stellten fest, daß das Testosteronpropionat (vorausgesetzt daß genügend hohe Dosen gegeben wurden) das Haarwachstum sowohl bei normalen als auch bei kastrierten Rattenmännchen hemmte, bei diesen aber stärker; bei den Kastraten konnte eine Hemmung bereits mit täglichen Dosen von 150 und 300 µg erzielt werden, bei normalen Tieren waren 300 µg unwirksam, eine Hemmung trat erst bei 1000 µg/Tag auf. Hypophysektomierte Ratten waren besonders empfindlich, hier ergaben bereits 100 µg/Tag eine deutliche Hemmung, mit anderen Worten eine Dosis, die etwa physiologisch sein dürfte. Bei adrenalektomierten Ratten bedurfte es höherer Dosen für die Hemmung; durch die gleichzeitige Gabe von Cortisonacetat wurde die Hemmungswirkung von Testosteronpropionat bei adrenalektomierten Ratten potenziert.

In diesen beiden tierexperimentellen Untersuchungen setzte Testosteron bzw. Testosteronpropionat die Wachstumsgeschwindigkeit der Haare herab, im einen Fall (JOHNSON) bei Ausbreitung der physiologischen Haarwachstumswelle über den Körper, im anderen Fall (HOUSSAY u. Mitarb.) bei der Regeneration der geschorenen Haare. Ein Vergleich mit der hemmenden Wirkung von Testosteron auf die Kopfhaare des Mannes erscheint kaum angebracht, da es sich hier um eine radikale Hemmungswirkung von Testosteron auf die Haarfollikel handelt, die zum Untergang der Follikel führt.

· Anders als bei den Ratten reagieren die Haare bei manchen Affen auf die Ausschaltung bzw. Zuführung von männlichem Hormon. So konnten ZUCKERMAN u. PARKES (1938) beim männlichen Rhesusaffen zwar keinen Einfluß der Kastration bzw. der späteren Behandlung mit Testosteronpropionat (242,5 mg in 3 Monaten) auf das Haarkleid feststellen, obgleich die Wirkungen auf die Genitalorgane und auf das Verhalten deutlich ausgeprägt waren. Aber die gleichen Autoren (1936) beobachteten beim männlichen Affen Papio hamadryas (Baboon) nach der Kastration einen Übergang des Haarkleides vom männlichen zum weiblichen Typ und bei der nachfolgenden Behandlung mit Testosteronpropionat eine Rückkehr der Haarfarbe vom Graubraun des Weibchens zum Grau des Männchens und gleichzeitig eine Wiederausbildung des für das Männchen dieser Art charakteristischen Schulterhaarkragens, der nach der Kastration verschwunden war.

Eine Aufzählung zahlreicher Veröffentlichungen aus den letzten 20 Jahren über die hormonale Beeinflussung des Haarwachstums brachten EBLING u. JOHNSON (1964), die über eigene Versuche mit Hypophysektomie und mit Thyroxinbehandlung bei Ratten berichteten. Wir müssen uns hier mit dem Hinweis auf diese Zusammenstellung begnügen, ohne im Einzelnen auf ihren Inhalt einzugehen. Dagegen sei eine Veröffentlichung von PAPA u. KLIGMAN (1965) über die Stimulierung des Kopfhaarwachstums bei Männern durch die lokale Applikation von Androgenen erwähnt: sie hatten in früheren Untersuchungen eine Stimulierung der Axillar- und Unterarmhaare durch die lokale Anwendung von Testosteronpropionat bei alten Männern festgestellt und bestätigten dann diese Effekte bei der Ausdehnung ihrer Versuche auch an der Glatze. Sie fanden bei etwa 75 % ihrer Patienten unter dem Einfluß der örtlichen Hormonapplikation (0,5 g einer 1 %igen Testosteronpropionat-Salbe in einer hydrophilen Salbengrundlage einmal tägl. eingerieben) eine gewisse Stimulierung des Haarwachstums, die sich im Auftreten längerer, dickerer und stärker pigmentierter Haare an den behandelten Stellen der Kopfhaut äußerte. Nach einer 5 Monate währenden Behandlung wurde bei 10—15 % der Haarfollikel eine Förderung der Produktion von Terminalhaaren gefunden. Nach Auffassung der Autoren handelt es sich „nicht um eine hormonale Wirkung von Testosteron (dessen Anwesenheit ja eine Voraussetzung für die gewöhnliche Glatzenbildung ist), sondern eher um einen lokalen pharmakologischen Effekt auf die synthetische Aktivität des umgebenden Bindegewebes"; sie glauben daher, daß eine prophylaktische Anwendung der Testosteronsalbe mehr Aussicht auf Erfolg haben müßte.

In seinem, ausschließlich den Verhältnissen beim Menschen gewidmeten Vortrag über „Hormone und Behaarung" auf dem 17. Symp. d. Dtsch. Ges. Endocr. (1970/1971) hat LUDWIG betont, daß „im Gegensatz zu weit verbreiteten Anschauungen das menschliche Kopf- und Körperhaarkleid nur von einer geringen Zahl von Hormonen beeinflußt wird und daß größere und daher klinisch bedeutsame Veränderungen des Typus und der Verteilung von Haaren nur durch Testosteron und andere biologisch aktive Androgene induziert werden." Wir haben in den obigen Ausführungen dieses Kapitels eine Reihe von Beobachtungen erwähnt, die die Auffassung von LUDWIG bestätigen, aber andererseits auf tierexperimentelle Erfahrungen hingewiesen, die mit den Beobachtungen am Menschen nicht völlig im Einklang stehen und daher weitere vergleichende Untersuchungen geboten erscheinen lassen.

Anhang: Androgene und „Brutfleckenbildung" bei Vögeln

Bei vielen Vogelarten bilden sich in der Brutzeit die sogenannten „Brutflecken" an der Bauchseite aus, die durch die vollkommene Entfiederung eines beschränkten Gebietes der Bauchhaut, eine reiche Gefäßneubildung in diesem Gebiet und ein Ödem dieses Teiles der Bauchhaut ausgezeichnet sind. Da diese Brutflecken den bebrüteten Eiern direkt aufliegen, wird auf diese Weise die Wärmezufuhr zu den Eiern stark vermehrt. Es hat sich zeigen lassen, daß die Bildung der Brutflecken hormonabhängig ist, und zwar ist es die kombinierte Wirkung von Prolactin (LTH, Lactationshormon des Hypophysenvorderlappens der Säugetiere und Bruthormon des Hypophysenvorderlappens der Vögel) und von Oestradiol, dem weiblichen Follikelhormon, mit der man bei Vögeln außerhalb der Brutzeit die Ausbildung der Brutflecken auslösen kann. BAILEY (1952), der diese Verhältnisse bei einer Reihe von Vogelarten studierte, in denen nur das Weibchen die Eier bebrütet und dementsprechend allein auch Brutflecken ausbildet, hat als erster die Vermutung geäußert, daß bei den Vogelarten, bei denen nur das Männchen brütet und auch allein Brutflecken besitzt, die Kombinationswirkung von Prolactin und Testosteron die gleiche Rolle spielt wie bei den anderen Arten (z.B. vielen Sperlingsvögeln) die Kombination von Prolactin und Oestradiol. Den experimentellen Beweis dafür lieferten JOHNS u. PFEIFFER (1963) durch die Behandlung von zwei arktischen bzw. antarktischen Vogelarten, Steganopus tricolor und Lobipes lobatus, außerhalb der Brutzeit mit verschiedenen Hormonkombinationen, von denen nur die Kombination von Prolactin (20 IE/Tag) + Testosteron (1,0 mg Testosteronpropionat/Tag) wirksam war. Bei beiden Arten brüten in der Natur nur die Männchen und sie allein besitzen Brutflecken; die Weibchen, die ein auffallend männliches Sexualverhalten zeigen, produzieren reichlich Androgene, so daß das Fehlen des Brutinstinkts und der Brutflecken augenscheinlich auf eine ungenügende Prolactin-Produktion und nicht auf den Mangel an Androgenen in der Brutzeit zurückzuführen ist (DYRENFURTH u. HÖHN, 1963; HÖHN u. CHENG, 1965).

2. Androgene und Speicheldrüsen

LACASSAGNE (1940) entdeckte den sexuellen Dimorphismus der Glandula submaxillaris bei der Maus und stellte den Einfluß der Androgene auf Struktur und Funktion dieser Drüse fest; in weiteren Untersuchungen von LACASSAGNE u. Mitarb. wurden der Einfluß von Testosteron auf die nach der Hypophysektomie atrophierte Submaxillaris der Maus (LACASSAGNE u. CHAMORRO, 1940), die Wirkung der Durchschneidung der Chorda tympani auf die Speicheldrüsen (LACASSAGNE u. CAUSSE, 1941), der Dimorphismus der Gl. retrolingualis (LACASSAGNE

u. Causse, 1941) und die experimentelle Auslösung von Mitosen in den Speicheldrüsen der Maus (Lacassagne u. Causse, 1941) studiert.

Im Gefolge dieser Pionierarbeiten erschienen in der Zwischenzeit zahlreiche Veröffentlichungen über die verschiedenen Speicheldrüsen bei einer Reihe von Tierarten; über diese Literatur orientiert die monographische Bearbeitung der Submaxillaris der Maus durch Raynaud (1960), die neben einer Besprechung der vorausgegangenen Untersuchungen eine ausführliche Wiedergabe der eigenen morphologischen, physiologischen und experimentellen Studien der Verf-in enthält und an diesem Paradigma das wesentliche über die Beziehungen zwischen Androgenen und Speicheldrüsen darstellt.

Die Maus besitzt 4 paarige Speicheldrüsen, die Glandulae submaxillares, retrolinguales, parotideae und subparotideae; von diesen weisen die 3 ersten einen sexuellen Dimorphismus größeren oder geringeren Grades auf. Besonders ausgesprochen ist er in der Submaxillaris, bei der seine ersten Anzeichen bereits am 20. Lebenstag in Erscheinung treten, sich bis zum erwachsenen Zustand ständig verstärken und im Alter von 40—50 Tagen ihre endgültige Gestalt erreichen: Die Submaxillaris ist beim Männchen von gewölbter Form, fester Struktur und weißlicher Farbe und körnigem Aussehen, beim Weibchen von platter Form, glatter Struktur und rosiger Farbe, sie wiegt bei Männchen 50—60, bei Weibchen 35—45 mg; besonders kennzeichnend für die männliche Drüse ist ihr hohes Tubuli/Acini-Verhältnis (T:A im Mittel 1,50) im Gegensatz zur weiblichen Drüse mit einem Verhältnis T:A von 0,58; entsprechend messen die Tubuli beim Männchen

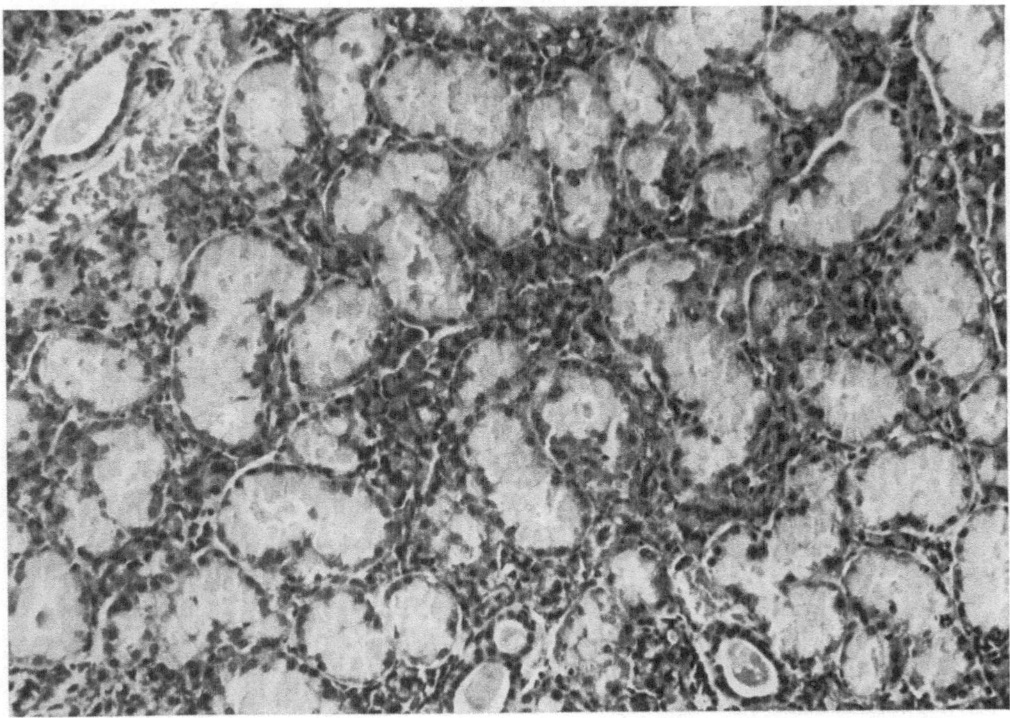

Abb. 95. Mäusemännchen, 4 Monate alt: Schnitt durch die Submaxillaris; die zahlreichen Tubuli sind hell, breit und enthalten viele Sekretkörnchen; die wenigen Acini sind dunkel. Vergr. 215×; Hämatoxylin-Eosin. (Präparat und Aufnahme von J. Desclin Jr.)

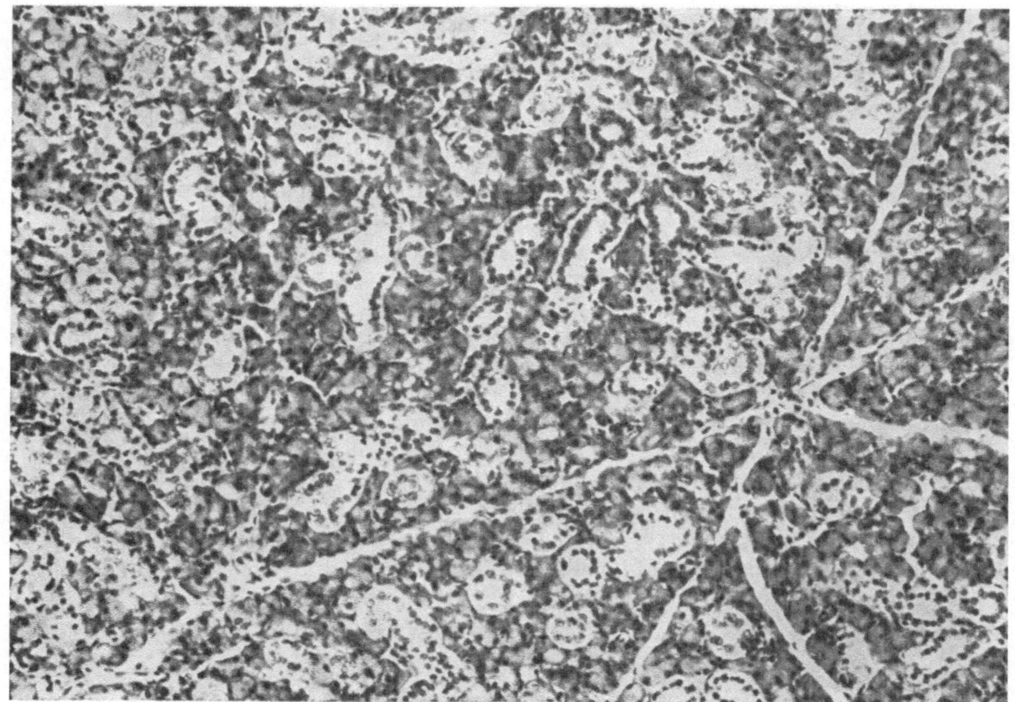

Abb. 96. Mäuseweibchen, 4 Monate alt: Schnitt durch die Submaxillaris: keine Sekretkörnchen, ihr Cytoplasma ist „leer" und daher schwierig in der Photoaufnahme darzustellen.
Vergr. 215×; Hämatoxylin-Eosin. (Präparat und Aufnahme von J. Desclin Jr.)

50—60 μ in der Breite, beim Weibchen 38—42 μ. Die sekretorische Aktivität ist
beim Männchen intensiv, beim Weibchen äußerst gering.

Desclin Jr. (1958) hat auf Grund von planimetrischen Messungen im histologischen Schnitt durch die Submaxillaris der Maus eine quantitative Methode
ausgearbeitet, die es gestattet den für jede Drüse charakteristischen „Tubulus-
Index" (T. I.) zu bestimmen. Für das normale erwachsene Mäusemännchen ist der
mittlere T. I. = 49,7 $\pm$ 2,4, für das normale erwachsene Weibchen beträgt er im
Mittel 16,1 $\pm$ 1,5; der Unterschied ist statistisch hochsignifikant (Abb. 95, 96).

Die *kurz nach der Geburt ausgeführte Kastration* behindert beim Weibchen
nicht die normale Entwicklung der Submaxillaris; beim Männchen geht nur bis
zum 20. Lebenstag die Entwicklung normal vor sich, die Hypertrophie der tubulären Anteile, die normaler Weise zu diesem Zeitpunkt einsetzt, kommt aber
nicht zustande. Die *im erwachsenen Zustand ausgeführte Kastration* beeinflußt
beim Weibchen im Lauf der anschließenden 2 Monate den Bau der Submaxillaris
nicht; beim Männchen tritt eine Rückbildung der tubulären Anteile ein, die nach
einem Monat ihren Höhepunkt erreicht. Bei etwa 60% der kastrierten Mäuse
beiderlei Geschlechts bildet sich etwa 2 Monate nach der Kastration eine gewisse
Maskulinisierung der Submaxillaris aus, die vermutlich auf eine verstärkte
Androgenproduktion in den zu dieser Zeit hypertrophierenden Nebennieren zurückzuführen ist (Abb. 97).

Auf exogenes Testosteron reagieren die Submaxillardrüsen bei den kastrierten
Mäusemännchen und -weibchen in der gleichen Weise mit einer Entwicklung in

männlicher Richtung, d.h. mit einer Zunahme des Gewichts und mit der Auslösung einer Reihe von Vorgängen im tubulären Anteil (zelluläre Proliferation in den Tubuluswänden und den Enden der Tubuli; Sekretionserscheinungen); die Dosis minima efficax liegt bei etwa 50—100 μg; eine einmalige Testosterondosis von 5—10 mg bzw. fraktionierte Gaben einer Gesamtdosis von 3—5 mg führen in 10 bzw. 15 Tagen zu einer Entwicklung der tubulären Anteile wie beim normalen Männchen. Die lokale Injektion des Androgens ins Gewebe der Submaxillaris verstärkt die Wirkung des Hormons, die also direkt an den Tubuluszellen angreift und nicht über eine andere endokrine Drüse geht, etwa über die Hypophyse oder Thyreoidea.

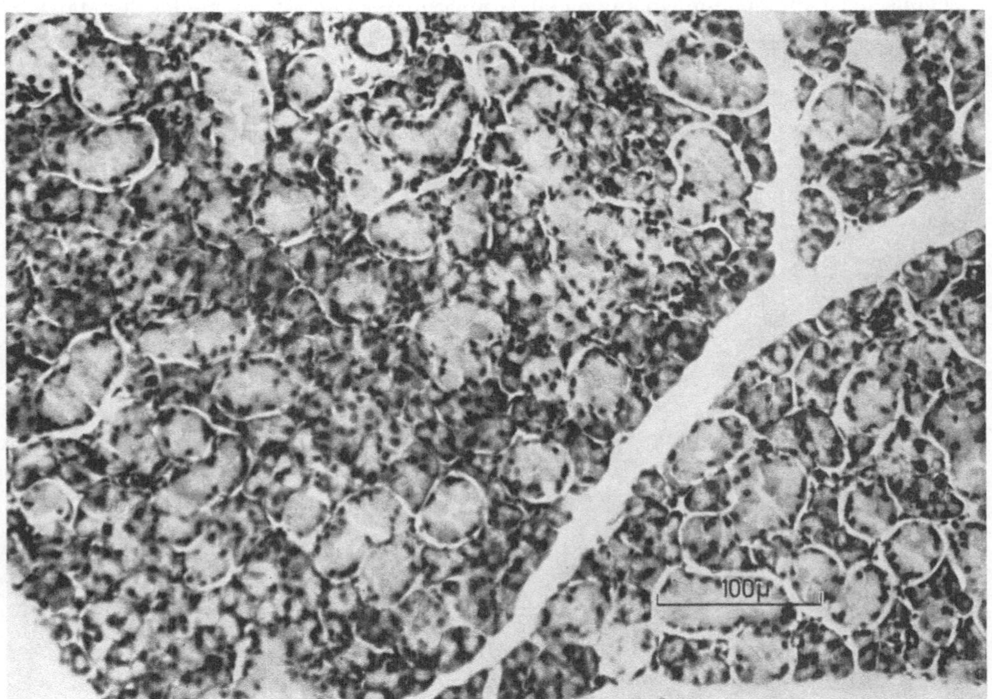

Abb. 97. Mäuseweibchen, 4,5 Monate alt, im Alter von 2,5 Monaten kastriert. Tubuli verbreitert, in den Tubuluszellen Sekretkörnchen anwesend. Vergr. 215×; Hämatoxylin-Eosin. (Präparat und Aufnahme von J. DESCLIN JR.)

Die *enzymale Aktivität* der Speicheldrüsen ist zum Teil hormonal geregelt. So ist die *Amylase*-Wirksamkeit im Speichel der männlichen Maus bedeutend (um 40—50 %) höher als beim Weibchen und wird durch die Kastration beim Männchen um 40—50 % auf das Niveau des Weibchens herabgesetzt; in gleicher Weise verhält sich die Amylase-Wirksamkeit im Gewebe der männlichen und weiblichen Drüsen. Die Befunde sprechen für die Produktion der Amylase in den Tubuli. In der Parotisdrüse der Maus findet sich kein Sexualdimorphismus der Amylase-Sekretion und bei der Ratte findet man weder in der Parotis noch in der Submaxillaris einen Sexualdimorphismus der Amylase-Sekretion. Die *alkalischen und sauren Phosphatasen* werden offenbar in den Acini der Drüsen produziert (oder jedenfalls nur zum geringsten Teil in den Tubuli), ein sexueller Dimorphismus ist nicht festzustellen. Die *Proteasen*-Aktivität der Submaxillaris bei der Maus untersuchten JUNQUEIRA, RABINOVITCH u. FAJER (1947) und fanden einen sexuellen Dimorphismus mit höherer Aktivität beim Männchen, einer Abnahme nach der Kastration und einer Wiederherstellung der Norm durch Testosteron. Demgegenüber stellten SREEBNY (1954) und SREEBNY, MEYER u. BACHEM (1955) bei der Ratte zwar eine Identität der tubulären Anteile der Submaxillaris in ihrer Entwicklung und der sekretorischen Aktivität bei Männchen und Weibchen fest, trotzdem aber einen sexuellen Dimorphismus in der Aktivität der Proteasen, deren Produktion auf Grund der histologischen Befunde von den Autoren in eben diesen tubulären Anteilen vermutet wird (Untersuchungen an jugendlichen und an hypophysektomierten Ratten), was von CHRÉTIEN (1965) auf Grund histochemischer Untersuchungen an den Gl. submaxillares und retrolinguales der Maus

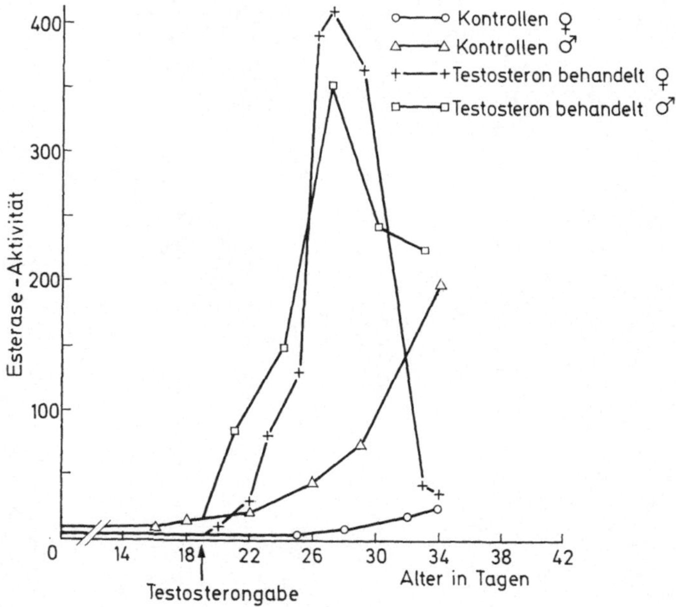

Abb. 98. Zeitlicher Verlauf der Esterase-Induktion durch Testosteron in den Submaxillardrüsen von männlichen und weiblichen Mäusen. Aktivität ausgedrückt in 1 von 0,2 M NaOH, titriert pro min pro mg Protein, mit Benzoylargininäthyl-Ester als Substrat. (Nach ANGELETTI u. ANGELETTI, 1967)

bestätigt wurde, die die gleiche histologische Lokalisation und die gleichen sexuellen Unterschiede wie bei der Amylase-Wirksamkeit (CHRÉTIEN u. ZAJDELA, (1965) auch für die proteasische Aktivität fand. Auch SHAFER, CLARK u. MUHLER (1956) arbeiteten mit hypophysektomierten Ratten und fanden, daß die durch diesen operativen Eingriff hervorgerufenen histologischen und enzymatischen atrophischen Veränderungen in der Submaxillaris nur durch die *gleichzeitige* Verabreichung von Testosteron und Thyroxin vollständig rückgängig gemacht werden können, während jedes dieser Hormone für sich nur eine schwache Wirkung hat, ebenso übrigens wie das hypophysäre Wachstumshormon (STH) und Cortison; Insulin, Oestradiol und Progesteron sind unwirksam; ein *direkt* an der enzymatischen Aktivität der Submaxillaris angreifender hypophysärer Faktor scheint nicht vorhanden zu sein, dessen Existenz von EARTLY u. LEBLOND (1954) vermutet wurde. Eine *Lipase*-Aktivität in der Submaxillaris der Maus wurde nur in den Zellen der Ausführungsgänge festgestellt, eine *Arginase*-Wirksamkeit (ohne sexuellen Dimorphismus) in der Submaxillaris von Maus und Ratte, die durch eine Behandlung mit Testosteron quantitativ herabgesetzt wurde (KOCHAKIAN, ENDAHL u. HALL, 1955).

Die *Esterase-Aktivität* in der Submaxillaris der Maus haben ANGELETTI u. ANGELETTI (1967) an Swiss-Mäusen untersucht (Abb. 98). Vor der Pubertät ist sie in beiden Geschlechtern praktisch nicht feststellbar und kann in dieser Periode auch durch Testosteron-Gaben nicht hervorgerufen werden. In meßbaren Mengen beginnt sie im Alter von 18—19 Tagen zu erscheinen, nimmt fortschreitend zu und erreicht im Alter von 35—40 Tagen die für die erwachsenen Männchen bzw. Weibchen charakteristischen Werte; bei 18- bis 19tägigen und älteren Mäusen werden die Esterase-Mengen durch Testosteroninjektionen auf das 40fache gesteigert, die Erhöhung hält dann etwa 1 Woche an und geht anschließend auf die für das betreffende Alter und Geschlecht typischen Werte zurück. Histologisch läßt sich die Hauptmenge der Esterase-Aktivität im tubulären Anteil der Drüse sowohl bei den Männchen als auch bei den Weibchen nachweisen, entsprechend der morphologischen Entwicklung der Tubuli. Bei erwachsenen Tieren findet sich die Esterase in den Tubuli, in den Sekretionsgranula und im Speichel, ihr Gehalt wird durch Pilocarpingaben gesteigert. Die Benzoylargininäthyl-Ester-spaltende Aktivität der Drüse geht auf den Einfluß mehrerer Enzyme zurück, von denen wenigstens zwei geschlechtsabhängig sind und durch Testosteron merklich stimuliert werden. Abb. 98 zeigt die Esterase-Aktivität in Abhängigkeit von Geschlecht und Alter und von Testosterongaben:

Gewisse Hinweise auf den *Mechanismus der Wirkung von Testosteron* an den Speicheldrüsen lassen sich aus den Versuchen von ANGELETTI, SALVI u. TACCHINI (1964) entnehmen, in denen festgestellt wurde, daß Actinomycin D (5,0 μg tägl.) bei gleichzeitiger Verabreichung mit Testosteron (1,0 mg tägl. 5 Tage lang) die vermännlichenden Wirkungen von Testosteron auf die tubulären Anteile der Submaxillaris der weiblichen Maus verhindert. Die Ergebnisse lassen den Schluß zu, daß die Testosteronwirkung sich auf dem Boden der Synthese von RNS abspielt, umso mehr als z. B. TATA (1963) eine Hemmung der biologischen Wirkung von Thyreoidea-Hormonen durch das gleiche Actinomycin D fand und die Hemmung der Proteinsynthese auf eine Unterdrückung der Synthese von messenger-RNS zurückführte. Die Beteiligung der RNS an den Testosteronwirkungen wird auch durch Versuche von BIXLER, MUHLER, WEBSTER u. SHAFER (1957) wahrscheinlich gemacht, die nach Hypophysektomie bei Rattenmännchen eine starke Abnahme der RNS in den 3 Hauptspeicheldrüsen (Submaxillaris, Sublingualis, Parotis) beobachteten und durch die Behandlung mit Testosteron + Thyroxin die normalen Verhältnisse wiederherstellten; die fortschreitende Ausschaltung der Schilddrüsenfunktion durch die Injektion steigender Dosen radioaktiven Jods führte zu einem zunehmenden Verlust an RNS im Cytoplasma von Submaxillaris und Sublingualis, während die Parotis durch die Ausschaltung der Schilddrüsenfunktion im wesentlichen unbeeinflußt blieb.

Anhang. Die Entfernung der Submaxillardrüsen (und/oder der Retrolingualdrüsen) bei der männlichen Maus hatte nach den Versuchen von RAYNAUD (1960) keinerlei Einfluß auf den Hoden, weder auf sein Gewicht, noch auf die histologische Struktur oder auf seine spermatogenetische und endokrine Funktion, wenn die Untersuchung 1—8 Monate nach der Entfernung der Speicheldrüsen stattfand. Dagegen stellte SUZUKI (1957) nach Entfernung der Submaxillardrüsen beim männlichen Meerschweinchen bereits *3 Tage nach der Operation* degenerative

Erscheinungen in einem Teil der Samenkanälchen, mit Ablösung der jugendlichen und reifen Stadien der Spermatogenese und ihrem Zugrundegehen im Kanälchenlumen fest; sehr bald schon setzten jedoch Regenerationserscheinungen am Samenepithel ein, und man konnte dann 3 Typen von Kanälchen unterscheiden, solche mit normaler Spermatogenese, mit atrophischen Epithelien und mit nach Degeneration wieder aufgenommener Spermatogenese. Es wäre somit möglich, daß RAYNAUD (1960), die ihre operierten Mäuse frühestens einen Monat nach Entfernung der Submaxillaris untersuchte, die anfänglichen Degenerationsvorgänge in den Samenkanälchen nicht zu Gesicht bekommen hat. Im Gegensatz zu den Kanälchen blieben die Leydig'schen Zwischenzellen des Hodens durch die Entfernung der Submaxillaris auch beim Meerschweinchen offenbar unberührt, denn die Vesiculardrüsen der operierten Männchen zeigten zu keiner Zeit atrophische Veränderungen (ebenso wenig übrigens auch bei den operierten Mäusemännchen von RAYNAUD).

3. Androgene und die Lacrymaldrüse von Loewenthal
(Glandula lacrimalis praeparotidea)

Die Ratte besitzt eine Lacrymal-(Tränen-)Drüse, die vor der Ohrwurzel gelegen ist und deren Ausführgänge im unteren Conjunctivalsack münden. Sie wurde erstmalig von LOEWENTHAL (1899) beschrieben und hat seitdem mehrfach eine anatomische und histologische Untersuchung erfahren, zuletzt durch BAQUICHE (1958), der die vorausgegangenen Mitteilungen kritisch bespricht und die eigenen anatomisch-histologischen und physiologisch-experimentellen Beobachtungen eingehend schildert. Diese (im deutschen Schrifttum auch als „Äußere Orbitaldrüse" oder als „Neben-Ohrspeicheldrüse", von den französischen Untersuchern als „Glande sus-parotidienne", in der anglo-amerikanischen Literatur als „Exorbital gland" oder als „Outer orbital gland" bezeichnete) Loewenthal'sche Drüse weist einen sexuellen Dimorphismus auf, der bei der infantilen Ratte noch fehlt, aber beim 3 Monate alten Tier bereits deutlich ausgesprochen ist und sich bis zum Alter von 8—10 Monaten zunehmend akzentuiert. Beim erwachsenen Tier ist der sexuelle Dimorphismus folgendermaßen charakterisiert:

a) Der Kernpolymorphismus ist beim Männchen sehr ausgesprochen, beim Weibchen nur wenig ausgeprägt;

b) die Drüsenacini sind beim Männchen umfangreich und gegeneinander gut abgegrenzt, beim Weibchen kleiner und eng zusammengedrängt;

c) das Cytoplasma der Drüsenzellen ist beim Männchen homogen und dicht, beim Weibchen heterogen und zonenmäßig differenziert und nur bei diesem sind die Zellgrenzen gut unterscheidbar;

d) nur beim Männchen sind die „plasmatischen Nukleolen", acidophile Gebilde im Kern, vorhanden, sie fehlen beim Weibchen vollkommen;

e) vakuoläre Formationen in Gestalt von Ringen oder Ketten sind beim Männchen häufig, beim Weibchen selten.

Alle diese Kennzeichen sprechen für eine vermehrte sekretorische Aktivität der Loewenthal'schen Drüse beim Rattenmännchen.

Die im 3. Lebensmonat ausgeführte Kastration läßt eine „neutrale" männlichweibliche Zwischenform der Loewenthal'schen Drüse entstehen: Während beim kastrierten Männchen die Größe der Acini und der Polymorphismus der Zellkerne sich verringern, geht bei den Weibchen nach der Kastration genau das Gegenteil vor sich, so daß im Ergebnis eben jene „neutrale" Zwischenform resultiert. Die Verabreichung von gleich- bzw. gegengeschlechtlichen Sexualhormonen führt bei den kastrierten Tieren zum Aufbau des männlichen bzw. weiblichen Drüsentyps, je nach dem ob Androgene bzw. Oestrogene angewandt wurden. Die Injektion hoher Dosen Testosteronpropionat ruft bei intakten Ratten beider Geschlechter die für das Männchen charakteristische Kernhypertrophie, die Vergrößerung der Acini und das Auftreten zahlreicher vakuolärer Formationen, kurz eine ausgesprochene Maskulinisierung hervor, die sogar über die Norm hinausgeht.

CAVALLERO u. MORERA (1960) haben Kernmessungen an den Exorbitaldrüsen intakter, kastrierter, intakter mit Testosteron behandelter und kastrierter mit Testosteron behandelter Rattenmännchen durchgeführt und ihre Ergebnisse in den untenstehenden Histogrammen (Abb. 99) dargestellt: die Abnahme der hohen Kernklassen bei den Kastraten und ihre Zunahme bei den mit Testosteron behandelten intakten und besonders bei den behandelten kastrierten Männchen kommt sehr deutlich zum Ausdruck.

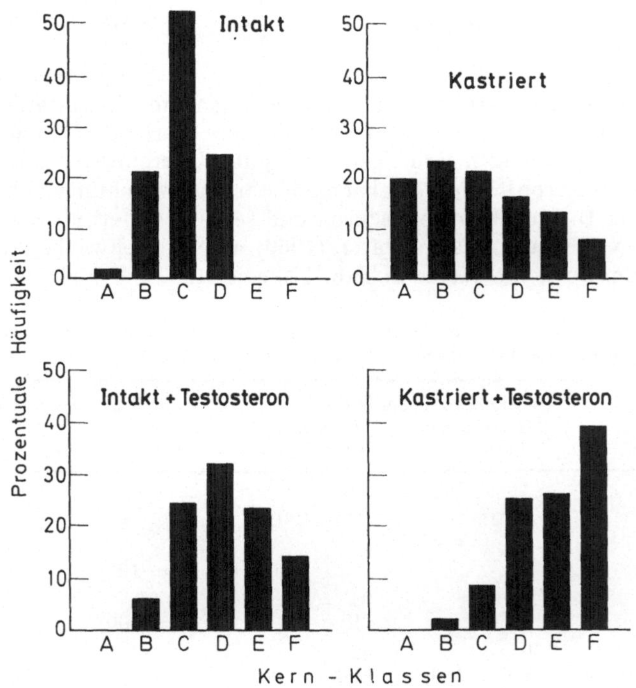

Abb. 99. Histogramme der Kernklassen in den Drüsenzellen der Exorbitaldrüse der Ratte. (Nach CAVALLERO u. MORERA, 1960)

BAQUICHE (1958) hat bei kastrierten Tieren das Auftreten von klaren Zellen, mit spärlichem Cytoplasma und einem oder zwei pyknotischen Kernen beschrieben, die zeitlich parallel zu den sogenannten Kastrationszellen des Hypophysenvorderlappens erscheinen und sich vielleicht unter dem direkten morphogenen Einfluß der Kastratenhypophyse ausbilden.

CAVALLERO (1967), der eine Reihe von Untersuchungen über die exorbitale Tränendrüse der Ratte in beiden Geschlechtern veröffentlichte, (1960, 1961, CAVALLERO u. MORERA, 1960; CAVALLERO u. OFNER, 1962; CAVALLERO, CHIAPPINO, MILANI u. CASELLA, 1960), hat neuerdings den Versuch gemacht, die Reaktion dieser Drüse auf Androgene zum Aufbau eines quantitativen biologischen Testverfahrens für diese Hormone zu benutzen. Als Kriterium diente ihm der Grad der blasig-schleimigen Umwandlung („vesicular-mucous change") der Drüsenzellen beim erwachsenen kastrierten Rattenmännchen unter dem Einfluß der Androgene; diese Umwandlung läßt nach ihm durch Zählung im histologischen Schnitt eine quantitative Abhängigkeit von der applizierten Dosis erkennen (Tab. 105):

Tabelle 105. *Vergleichende Auswertung abgestufter Dosen von Testosteron und Testosteronpropionat an der Exorbitaldrüse der Ratte (nach* CAVALLERO, *1967, leicht verkürzt)*

Testosteron Zahl der Drüsen	Dosis in mg/Tag 20 Tage	Prozentzahl der blasigen Acini	Testosteron-Propionat Zahl der Drüsen	Dosis in mg/Tag 20 Tage	Prozentzahl der blasigen Acini
10	0,3	1,3	10	0,3	4,6
10	0,6	6,7	10	0,6	14,9
10	1,2	19,5	10	1,2	38,0
10	2,4	42,4	10	2,4	49,9

Interessant ist der Vergleich der Auswertungen im Exorbitaldrüsentest mit den Ergebnissen der Auswertungen der gleichen Steroide in anderen Testverfahren: dabei ergaben sich zum Teil sehr gute Übereinstimmungen (z.B. für Dehydroepiandrosteron), zum Teil aber auch starke Abweichungen der androgenen Wirksamkeit (z.B. für 19-Nortestosteron und seine $17a$-Methyl- und $17a$-Aethyl-Derivate, die von SAUNDERS u. DRILL (1956) als sehr schwache Androgene bezeichnet wurden), wie die Werte in Tab. 106 zeigen:

Tabelle 106. *Relative Wirksamkeit verschiedener s.c. injizierter Androgene im Exorbitaldrüsentest und im Vesiculardrüsengewichtstest (nach* CAVALLERO, *1967)*

Steroid	Vesiculardrüsen-Test DESAULLES[a] (1960)	DORFMAN u. KINCL[a] (1963)	Exorbitaldrüsen-Test HILGAR u. HUMMEL[a] (1964)	CAVALLERO[a] (1967)
Testosteron-Propionat	—	168 (T = 100)	—	195 (T = 100)
Androst-4-en-3,17-dion	—	—	11 (T = 100)	14 (T = 100)
$17a$-Methyl-testosteron	—	94 (T = 100)	108-61 (T = 100)	162 (T = 100)
4-Hydroxy-$17a$-methyltestosteron	50 (MT = 100)	42 (MT = 100)	—	65 (MT = 100)
Δ^1-Dehydro-$17a$-methylteststeron	1,3 (MT = 100)	50 (MT = 100)	—	16 (MT = 100)
$17a$-Methyl-19-nortestosteron	—	25 (T = 100)	—	81 (T = 100)
$17a$-Aethyl-19-nortestosteron	50 (MT = 100)	118 (MT = 100)	—	77 (MT = 100)

[a] Untersucher. T = Testosteron als Vergleichsstandard, MT = Methyltestosteron als Vergleichsstandard.

Neben den Δ^4-3-Ketonen und den Δ^5-3β-Hydroxysteroiden, die von CAVALLERO (1967) im Exorbitaldrüsentest untersucht wurden, haben CAVALLERO u. OFNER (1967) auch C_{19}-Steroide der $5a$-Androstan-Reihe in diesem Test geprüft. Die relative Wirksamkeit von Androsteron und 13 Derivaten dieser Reihe wurde mit Testosteron als Vergleichsstandard bestimmt (s.c. Injektion von 1 mg/Tag im Lauf von 20 Tagen).

Bei den obigen Wirksamkeitsvergleichen ist zu beachten, daß im Exorbitaldrüsentest die Dauer der Androgenverabreichung sich über 20 Tage erstreckte, während sie in den anderen Testverfahren wohl niemals mehr als 7 Tage, eher weniger betrug. Diese Verschiedenheit der Verabreichungsdauer mag in manchen Fällen für die beobachteten Wirksamkeitsunterschiede verantwortlich sein. Ganz allgemein ist zu betonen, daß ein Test von 20tägiger Dauer nur für ganz spezielle Fragestellungen verwendbar ist, nicht aber für Routineuntersuchungen; Versuche mit dem Exorbitaldrüsentest von kurzer Dauer (nicht mehr als höchstens 7 Tage) wären erwünscht.

4. Nasenschleimhaut

Sowohl bei männlichen als auch bei weiblichen Macacus rhesus-Affen, die mit 3—15 mg Testosteronpropionat oder Testosteronacetat tägl. im Lauf von 30—60 Tagen injiziert wurden, trat nach Beobachtungen von HAMILTON (1937) bereits 1 Woche nach Beginn der Behandlung in der Nasenschleimhaut eine stärkere Durchblutung, Schwellung und Sekretion der die oberen zwei Conchen bedeckenden Mucosa auf. Wurden kleinere Dosen Testosteron oder Dosen in längeren Zeitintervallen verabreicht, so kam es zwar zu den gleichen Veränderungen in der Nasenschleimhaut, aber erst nach einem längeren Latenzstadium. Die am stärksten auf Testosteron reagierenden Gebiete der Nasenschleimhaut waren die gleichen, wie diejenigen, die von der vikariierenden Menstruationsblutung aus der Nase bei den Frauen betroffen werden. Auch bei 5 Knaben von 18 Monaten bis 15 Jahren und 3 Männern von 27, 29 und 43 Jahren wurden unter der therapeutischen Anwendung von Testosteronpropionat oder Testosteronacetat die gleichen Erscheinungen an der Nasenschleimhaut beobachtet wie bei den Affen; bei atrophischer Rhinitis kam es nach HAMILTON zu einer deutlichen Besserung der Symptome. Histologisch wurde bei den behandelten Affen ein ausgesprochenes perivasculäres Ödem festgestellt.

5. Androgene und Nieren (reno- oder nephrotrope Wirkung)

MACKAY u. MACKAY (1927) stellten fest, daß die Nieren bei männlichen Ratten signifikant größer sind als bei Rattenweibchen von gleichem Alter und Gewicht. Diese Befunde wurden 10 Jahre später von HALE u. MACGREGOR (1937) an Katzen bestätigt, und WALD (1937) und LATTIMER (1942) fanden die gleichen Unterschiede zugunsten der männlichen Nieren bei Hunden und auch bei Menschen im Alter von 20—40 Jahren, während sie bei Knaben und Mädchen vor der Sexualentwicklung, im Alter zwischen 1 und 10 Jahren, fehlten. SELYE (1940) konnte sie für die Maus bestätigen; er zeigte auch, daß die Kastration beim Mäusemännchen die Nierengröße auf die für das Weibchen charakteristische Größe reduziert und bestätigte damit Beobachtungen, die KORENCHEVSKY (1930) und KORENCHEVSKY u. DENNISON (1934a, 1934b) vor ihm an der Ratte gemacht hatten. KOCHAKIAN (1944) fand bei männlichen Mäusen nach der Kastration eine Herabsetzung der Nierengröße um 38% und stellte gleichzeitig fest, daß die Behandlung der Kastraten mit Androgenen je nach dem Zeitpunkt ihrer Applikation entweder den Verlust an Nierengewebe verhinderte oder ihn wieder zur Norm zurückführte, was auch SELYE (1940) beobachtet hatte, der feststellte, daß Testosteron in genügend hohen Dosen bei normalen (SELYE, 1939) und kastrierten Mäusen beiderlei Geschlechts die Nierengröße über die Norm hinaus zu steigern vermochte. Nach ihm sind die reno- oder nephrotropen Effekte der Androgene bei Ratten relativ geringer als bei Mäusen. Die Nierenvergrößerung durch Testosteron ist in der Hauptsache auf eine Hypertrophie und Hyperplasie der Zellen (SELYE,

1947) der proximalen und distalen Tubuli contorti zurückzuführen, daneben auch auf eine merkliche Zunahme der Zellhöhe im Epithel des parietalen Blattes der Bowman'schen Kapsel (diese aber in größerem Ausmaß nur bei Mäusen, während sie bei Ratten fast vollkommen fehlt). Nach LATTIMER (1942) beruht der renotrope Effekt von Testosteron bei Ratten und Hunden auf einer echten Zunahme der Trockensubstanz des Nierengewebes, und zwar mehr des Cytoplasmas als der nukleären Elemente; nach RABINOVITCH u. VALLRI (1952) stimuliert Testosteron auch die Zellkerne der Nierenrinde.

SELYE (1939) wie auch KOCHAKIAN (1948) zeigten, daß es nach der Kastration zu einer Nierenatrophie ohne jeden Zellverlust kommt, sowohl die Zellen als auch ihre Kerne werden kleiner. Entsprechend hypertrophieren die Nieren unter Androgen-Einfluß ohne jede Steigerung ihrer mitotischen Aktivität. Anders verhalten sich die Nieren nach einseitiger Nephrektomie: GOSS u. RANKIN (1960) wiesen nach, daß die Zahl der Zellteilungen in der zurückgebliebenen Niere 48 h nach einseitiger Nierenentfernung bei der Ratte etwa 6mal höher liegt als bei den Kontrollen.

HALPERN, COURNOT u. CAMUS (1951) haben in Versuchen an Ratten, denen die eine Niere entfernt wurde bei der kompensatorischen Hypertrophie der Niere in situ eine stärkere Zunahme des Nierengewichts und eine absolute Zunahme des Gesamt- und Kern-Stickstoffes in der Niere der mit Testosteronpropionat behandelten Ratten feststellen können; nach ihrer Ansicht deuten diese Befunde auf eine Protoplasma-Wirkung des Androgens bei wachsenden Geweben hin und es ist die Frage, ob nicht die sogenannte renotrope Wirkung der Androgene (oder zumindest gewisse Seiten derselben) bloß die renale Auswirkung des allgemeinen anabolen Prozesses darstellen. SELYE (1940) hat auf Grund seiner Versuche an Mäusen eher eine direkte trophische Wirkung von Testosteron auf die Niere angenommen, wenn er auch ausdrücklich einen indirekten Effekt des Hormons nicht ausschließt.

KOCHAKIAN (1947) hat eine große Zahl von Androgenen und anderen Steroiden auf ihre renotrope Wirkung am kastrierten Mäusemännchen untersucht und gleichzeitig auch die Wirkung auf die Vesiculardrüsen und ventrale Prostata und auf den Thymus notiert; in Tab. 107 ist ein Teil seiner Ergebnisse soweit es sich um Androgene handelt, wiedergegeben. KOCHAKIAN (1947) unterstreicht, daß die Wirkung auf die accessorischen Geschlechtsdrüsen und die renotrope Wirkung der Androgene einander nicht parallel gehen. Es scheint vielmehr, daß eher die renotrope und die anabole Wirkung der Androgene korreliert sind.

Praktisch-therapeutische Interessen waren die Veranlassung von SELYE's (1940) Versuchen, in denen er an Hand von Sublimatvergiftungen die Frage untersuchte, ob Testosterongaben geeignet seien, Schädigungen der Nierentubuli durch dieses Gift zu verhindern oder aufzuheben. Es zeigte sich, daß Testosterongaben die Widerstandsfähigkeit der Mäuse gegen die Sublimatvergiftung merklich erhöhen: die degenerativen Veränderungen, die sich normalerweise unter dem Einfluß einer Sublimatvergiftung in den Nieren entwickeln, werden bei Mäusen die gleichzeitig mit den Sublimatinjektionen auch Testosteron verabreicht erhalten, nicht beobachtet, während die gleichen Sublimatdosen bei den unbehandelten Kontrollmäusen in den meisten Fällen infolge der Nierenschädigung zum Tode führen. SELYE schließt daraus, daß Testosteron nicht durch die Vergrößerung der Nieren, also durch die Vermehrung des funktionierenden Nierenparenchyms wirkt, sondern tatsächlich („actually") die Tubuluszellen gegen die schädliche Wirkung des Sublimats schützt. COURNOT u. HALPERN (1950), die diese Versuche von SELYE an Mäusen wiederholten, konnten seine Resultate nicht reproduzieren, dagegen kam LONGLEY (1942) bei Verwendung von Ratten zu ähnlichen Ergeb-

Tabelle 107. *Wirkung verschiedener Steroide in Preßlingform auf die Nieren, die Vesicular-drüsen + Prostata und den Thymus bei Mäusen (nach* KOCHAKIAN, *1947). Auswahl*

Steroid	Zahl der Mäuse	Resorb. Steroid-Menge in mg	Veränderungen gegenüber den kastr. Kontrollmäusen in % des Mittels[a]		
			Nieren	Ves. dr. + Prost.	Thymus
30 Tage-Versuche					
Testosteron	9	8,3	108	2860	— 91
Testosteronpropionat . . .	11	4,4	99	2700	— 94
17-Methylandrostandiol-3a-,17a	7	2,6	98	1380	— 76
17-Methyltestosteron . . .	6	8,5	96	2700	— 97
Androstanol-17a, on-3. . .	6	2,6	79	2390	
Androstandiol-3a,17a . . .	11	1,7	77	1245	— 82
17-Vinyltestosteron . . .	8	8,1	53	1100	— 36
Testosteronacetat-3, propionat-17	2	1,3	42	1800	— 79
Δ^4-Androstendion-3,17 . .	6	10,6	32	1570	— 88
17-Äthyltestosteron . . .	9	5,1	32	700	— 24
17-Methylandrostandiol-3β,17a	5	0,4	29	—9	— 12
Androstandion-3,17. . . .	7	9,2	19	327	— 58
Androsteron	6	3,7	18	54	— 46
10 Tage-Versuche					
Testosteron	9	3,3	60	1130	— 61
17-Methyltestosteron . . .	3	3,1	56	1090	— 76
Testosteronpropionat . . .	5	1,7	55	1110	— 79

[a] Mittelwerte von 28 kastr. Mäusen: Nieren 263 (231—292) mg, Vesiculardrüsen + Prostata 11 (7—13) mg, Thymus 33 (23—43) mg.

nissen, deren Signifikanz (P < 0,01 bzw. = 0,02) einwandfrei war: er führt die günstige Wirkung der Androgene einerseits auf eine Beschleunigung der Tubulus-Regeneration durch den renotropen Effekt und andererseits auf eine Herabsetzung der durch die geschädigte Nierenfunktion bedingten Urämie zurück; diese die Urämie mindernde Wirkung von Testosteron konnte aus Versuchen von SELYE (1940) und von SELYE u. STEVENSON (1940) an beidseitig nephrektomierten Mäusen entnommen werden. Nach DUCASSOU (1951) übt Testosteron nicht nur eine Schutzwirkung auf die Nieren aus, sondern auch einen trophischen Einfluß; dieser bildet die Grundlage für seine erfolgreiche therapeutische Anwendung in Fällen von chronischer Niereninsuffizienz, doch mag auch seine Protein-sparende Wirkung dabei eine Rolle spielen. HENDERSON, SENECA, ABD EL MESSIH u. WEINBERG (1949) übertrugen die tier-experimentellen Erfahrungen auf die zusätzliche Testosteron-Behandlung der urämischen Erscheinungen bei der Cholera und konnten in einer 27 Patienten umfassenden Gruppe die Mortalität von 70% im gleichen Krankenhaus während derselben Epidemie ohne Testosterongaben auf 18,5% bei Testosteronverabreichung (25—50 mg tägl.) herabsetzen; auch sie nehmen eine direkte Wirkung des Androgens auf die Niere an. Diese wurde erneut in den Versuchen von KÁDAS u. ZSÁMBÉKY (1956, 1958) bestätigt, die an Ratten beiderlei Geschlechts unter akuter Sublimatvergiftung einen Schutz des Epithels der proximalen Nierenkanälchen bzw. die Förderung der Regeneration des bereits geschädigten Epithels durch die i.m. Verabreichung von 0,1 oder 3,0 mg Testosteron/Tag feststellten; diese Hormontherapie konnte selbst dann noch erfolgreich sein, wenn sie erst am 2. oder 3. Tag nach der Vergiftung begonnen wurde.

In den androgenen Steroiden ist die Hydroxylgruppe in 17β-Stellung für eine maximale renotrope (und die 3-Ketogruppe für die spezifisch androgene) Wirksamkeit von wesentlicher Bedeutung. Versuche mit Steroiden, die nur die eine dieser Gruppen besitzen, wurden dadurch erschwert, daß diese Verbindungen bei parenteraler Injektion sich als sehr wenig löslich in den Körperflüssigkeiten erwiesen. KOCHAKIAN (1952) versuchte daher eine orale Zuführung mit Hilfe einer Mischung mit dem Futter an kastrierte Mäusemännchen und fand hier bei solchen schlecht löslichen Verbindungen eine bedeutend verbesserte renotrope, androgene und thymushemmende Wirkung als bei parenteraler Gabe; das galt besonders für das parenteral unwirksame 17-Methyl-androstan-17β-ol, das sich per os renotrop hinsichtlich der Zunahme des Nierengewichts als hoch wirksam erwies.

KOCHAKIAN (1962), der auf Grund eigener und fremder Untersuchungen zur Überzeugung gelangte, daß der Wirkungsmechanismus der Androgene auf dem Gebiet der Wachstumsförderung, besonders auch der renotropen Wirkung[10] in den verschiedenen Tierarten unterschiedlich ist, hat eine Arbeitshypothese für den Wirkungsmechanismus der Androgene in der Niere der Maus aufgestellt, die im wesentlichen folgendes besagt: Die primäre Wachstumswirkung der Androgene scheint, zum mindesten in der Niere, am Nucleinsäuregehalt anzugreifen, vermutlich durch eine Induktion der DNS zu einer beschleunigten Produktion von nukleärer RNS und einer vermehrten Bildung von mikrosomaler RNS, mit einer erhöhten Produktion struktureller und verwandter Proteine und gewisser Enzymproteine. Diese Enzymproteine können in mindestens 3 Gruppen aufgeteilt werden: solche, deren Gesamtaktivität unverändert bleibt; solche, deren Konzentration (spezifische Aktivität) unverändert ist; und solche, deren Konzentration (spezifische Aktivität) verändert ist. Die Veränderungen in der letzten Gruppe müssen im Hinblick auf die Dosierung und Dauer der Androgenbehandlung und auf den sich ergebenden Wachstumsstatus der Nieren betrachtet werden. Es scheint, daß das „wearing-off"-Phänomen der Androgenwirkung auf die Stickstoff-Retention und Gewichtszunahme, d.h. ihr allmähliches Auslaufen, auf einen feed back-Mechanismus zurückzuführen ist, der eine weitere Zunahme der nuklearen und mikrosomalen RNS und den Einbau von Aminosäuren in Proteine hemmt, wenn die Gewebe ihr maximales Wachstumspotential erreicht haben.

Diese Arbeitshypothese von KOCHAKIAN wird durch die Befunde von JELINEK, VESELÁ u. VALOVA (1964) gestützt, die in ihren Versuchen an Mäusen sowohl durch die parallele Abnahme der DNS-Konzentration und der Zahl der Zellen pro g Nierengewebe als auch durch das Fehlen von Veränderungen in der DNS-Konzentration pro Zelle zu zeigen scheinen, daß nach einseitiger Nephrektomie und Behandlung mit dem stark anabolen Steroid 17-Nortestosteron-phenyl-propionat eine Zunahme der Zellgröße und keine Stimulierung der Zellteilung erfolgt. 48 Std nach der Nephrektomie lag sowohl bei den intakten als auch bei den kastrierten Mäusemännchen eine signifikante Zunahme des Gewichts der Niere in situ vor; die kompensatorische Hypertrophie der zurückgebliebenen Niere wurde durch die Behandlung mit dem anabolen Steroid signifikant stimuliert. Nach nicht-stimulierter kompensatorischer Hypertrophie änderte sich die RNS-Konzentration pro g Nierengewebe oder pro Zelle bei den kastrierten Mäusen nicht, während sie bei den intakten Mäusen eine Zunahme zeigte. Die Behandlung

---

10 So fand er, daß im Gegensatz zur Maus die Niere des männlichen Meerschweinchens weder auf die Kastration mit einer Verminderung noch auf die Zuführung von Androgen mit einer Erhöhung des Nierengewichts reagierte (KOCHAKIAN, 1964). KOCHAKIAN u. TILLOTSON (1957) betonen in ihren Untersuchungen an thyreoektomierten Meerschweinchen, daß die Gegenwart der Schilddrüse für den myotrophen Effekt der Androgene nicht notwendig ist, ebenso wenig wie bei der Ratte (KOCHAKIAN u. DOLPHIN, 1955), während sich das Rind anders zu verhalten scheint (BURRIS, BOGERT u. KRUEGER, 1953); dagegen ist die Gegenwart von Schilddrüse und Hypophyse für den renotropen Effekt der Androgene unumgänglich.

mit dem Anabolicum verursachte etwa die gleiche prozentuale Zunahme der RNS-Konzentration bei den intakten wie bei den kastrierten Mäusen während der Periode der kompensatorischen Hypertrophie.

Durch die massive Albuminurie bei der *Nephrose* kommt es zu einem weitgehenden Schwund der Proteinspeicher im Körper: eine Behandlung mit 25—50 mg Testosteronpropionat tägl. fördert angeblich den Proteinansatz bei dieser Erkrankung, doch stützt sich diese Feststellung auf einen einzigen Fall, in dem außerdem auch ein Anstieg des Proteinspiegels im Plasma nicht vorlag (BASSETT, KEUTMANN u. KOCHAKIAN, 1943). Auch muß berücksichtigt werden, daß unter gewissen Bedingungen Androgengaben den Plasmaproteinspiegel sogar herabzusetzen vermögen (ABELS, YOUNG u. TAYLOR, 1944).

FRIEDEN u. Mitarb. (1957) haben die Wirkung von Testosteronpropionat auf die Aufnahme von radioaktivem Glykokoll in Nierenschnitte von Mäusen in vitro gemessen und fanden, daß die Inkorporation unter der Einwirkung von Testosteronpropionat zunimmt, nach etwa 48 Std ein Maximum erreicht und in der Folge wieder zurückgeht. Die Wirkung war innerhalb eines weiten Bereiches dosisunabhängig. Da der Effekt von Testosteronpropionat mit steigender Glykokoll-Konzentration des Mediums relativ geringer wird, betrachten die Verff. es als wahrscheinlich, daß die Wirkung von Testosteronpropionat, mindestens zum Teil darauf beruht, daß es — durch Grenzflächenaktivität — den intracellulären Transport der Aminosäure verbessert.

Die Abnahme des Nierengewichts nach der Kastration ist von einer proportionalen Herabsetzung des Gehalts an *saurer Ribonuclease* im Nierengewebe begleitet (KOCHAKIAN, ELSAS u. HARRISON, 1964): die Verabreichung von Testosteronpropionat stellt gleichzeitig sowohl das Normalgewicht als auch den normalen Enzymgehalt in der Niere wieder her. Dagegen wurde die Gesamtmenge an *alkalischer Ribonuclease* weder durch die Kastration noch die Androgengaben verändert; infolgedessen änderte sich die Enzymkonzentration umgekehrt proportional zu den Gewichtsveränderungen.

Die meisten Steroide, die das Nierengewicht bei der kastrierten Maus erhöhen, lassen auch den *Arginasespiegel* im Nierengewebe ansteigen; so hat KOCHAKIAN (1945) gezeigt, daß bei Anstieg der aus den implantierten Preßlingen resorbierten Testosteronmengen das Gewicht der Niere bei der kastrierten Maus um etwa 100% zunahm, während die Arginasekonzentration im Nierengewebe sich um etwa 600% erhöhte; auch wurde eine maximale Wirkung auf das Gewicht der Niere bei der Resorption von insgesamt 2 mg Testosteron erreicht, dagegen setzte sich die Zunahme der Arginasekonzentration bis zu einer Resorption von insgesamt 18 mg Testosteron in der gleichen Periode von 30 Tagen fort. Die Gabe gewisser Androgene in geringer Konzentration läßt die Enzymkonzentration in der Periode der raschen kompensatorischen Hypertrophie der Niere nach einseitiger Nephrektomie abnehmen; wird aber die Androgendosis gesteigert, so kommt es zu einer raschen Zunahme der Arginasekonzentration.

CLARK JR., KOCHAKIAN u. FOX (1943) fanden bei der kastrierten Maus eine Abnahme der *Amino-Oxydase* in der Niere (jedoch weder in der Leber noch im Darm); die Behandlung der Kastraten mit Testosteronpropionat stellte die normalen Verhältnisse wieder her.

Alle Steroide, die das Nierengewicht erhöhen, führen zu einer Abnahme der *alkalischen Phosphatase* und einer Zunahme der *sauren Phosphatase* in der Niere. Die Kastration läßt die Gesamtmenge der alkalischen Phosphatasen in der Niere unbeeinflußt, erhöht aber den Gehalt pro g Nierengewebe; andrerseits kommt es nach der Kastration zu einer Abnahme der sauren Phosphatasen, die annähernd proportional der Herabsetzung des Nierengewichts ist (KOCHAKIAN, 1947).

Nach FISHMAN u. FARMELANT (1953) und RIOTTON u. FISHMAN (1953) lassen Androgene (Testosteronpropionat) den Gehalt der Niere an *β-Glucuronidase* bei intakten und kastrierten männlichen und weiblichen Mäusen ansteigen; auch der Gehalt im Harn wird vermehrt.

CHESANOW, SALVI u. ANGELETTI (1964) haben den Gehalt an alkalischer und saurer Phosphatase und an β-Glucuronidase bei intakten männlichen und weiblichen Ratten und bei mit Testosteron behandelten Weibchen chromatographisch vergleichend untersucht: die Verteilung der multiplen chromatographischen Formen jedes Enzyms war bei männlichen und weiblichen Nieren im wesentlichen gleich, mit Ausnahme der sauren Phosphatase, deren erstes Maximum im Chromatogramm bei den Weibchen fehlte, aber durch ihre Behandlung mit Testosteron hervorgerufen werden konnte, wenn auch im Vergleich zu den intakten Männchen quantitativ herabgesetzt.

6. Wirkung der Androgene auf den Knochen
(Wachstum, Reifung, Heilung)

Aus den Beobachtungen am Menschen, bei dem die präpuberale Kastration des Knaben zu einer vermehrten Längenzunahme der langen Extremitätenknochen führt (vergrößerte Armspanne, Überwiegen der Standhöhe über die Sitzhöhe), könnte man auf eine ausschließlich hemmende Wirkung der Androgene auf das Knochenwachstum schließen. Tatsächlich ist die zeitlich begrenzte puberale Längsstreckung des Knaben auf den erstmaligen erhöhten Androgenschub aus dem Hoden in dieser Periode zurückzuführen; gleichzeitig aber bzw. nachfolgend kommt es unter der Wirkung der fortlaufend ansteigenden zirkulierenden Androgenmengen zur Knochenreifung und damit zum Epiphysenschluß, der das weitere Längenwachstum der Knochen unterbricht. Beim menschlichen Kastraten geht das Knochenwachstum auch ohne die stimulierenden Androgene des Hodens im gleichen, d.h. niedrigeren Ausmaß, wie normalerweise vor der Pubertät, weiter, vermutlich unter der Wirkung des hypophysären Wachstumshormons (STH), das zu Beginn der Pubertät mit den erstmals in höheren Mengen produzierten Androgenen synergistisch zusammenwirkt, dessen Bildung dann aber beim Normalen durch die Sexualhormone gebremst wird.

Auch tierexperimentelle Beobachtungen sprechen für eine stimulierende Wirkung der Androgene auf das Knochenwachstum: So stellten LYONS, ABERNATHY u. GROPPER (1950) ein vermehrtes Knorpel- und Knochenwachstum unter dem Einfluß injizierten Testosteronpropionats am Penisknochen der Ratte fest, und VAN WAGENEN u. HURME (1950), die infantile Rhesusaffen mit Testosteronpropionat behandelten, beobachteten eine vorzeitige Entwicklung des Skelets und verfrühten Durchtritt der Dentes canini; die behandelten Affen hatten im Alter von 2 10/12 Jahren eine Skeletentwicklung wie normalerweise im Alter von 7 Jahren.

Seit den Arbeiten von GARDNER u. PFEIFFER (1939) weiß man, daß hohe Dosen Oestrogen bei parenteraler Applikation bei Mäusen (und nur bei diesen!) die Ablagerung von neuem Knochengewebe in den Markhöhlen, besonders der langen Röhrenknochen hervorrufen; diese Verff. fanden auch schon, daß ausschließlich Androgene bei parenteraler Injektion diese Neubildung von Knochengewebe unter Oestrogeneinfluß vollkommen abzuwenden vermögen. Später haben URIST, BUDY u. McLEAN (1950) „weder eine hemmende noch eine synergistische Wirkung von Testosteron auf die osteogene Wirkung hoher Oestrogendosen" festgestellt. Bei einer Nachuntersuchung bestätigten BARKER u. CROSSLEY (1962) die ersten Befunde von GARDNER u. PFEIFFER: die antagonistische Wirkung von Testosteron verhindert jedoch nicht die anfängliche Bildung von Oestrogen-Knochen, sondern scheint sich in einer Wiederaufnahme der Knochenresorption auszudrücken, die durch die Oestrogengaben gehemmt wurde.

HOWARD (1962) hat eine biologische Methode zur Messung der Wirkung von Steroiden auf die Knochenreifung bei infantilen, 2 Tage alten Swiss-Mäusen ausgearbeitet, die sich auf die Beobachtung und zahlenmäßige Bewertung der Ossifikationszentren in den Extremitätenknochen und Teilen des übrigen Skelets (Beckenwirbel, Schildknorpel) im Lauf einer 6tägigen Behandlung gründet. Wurde die Testosteronwirkung gleich 100 gesetzt, so hatte Dehydroepiandrosteron etwa 42 % und 11β-Hydroxy-$\varDelta^4$-androstendion etwa 2 % der Reifungswirkung von Testosteron. JOSS, ZUPPINGER u. SOBEL (1963), welche die Reifungswirkung von Testosteronpropionat und Methyltestosteron nach der gleichen Methode untersuchten und sie nach den Ossifikationszentren in Schwanz, 4 Extremitäten und Thoracal- und Beckengürtel bestimmten, fanden, daß zwar das Körpergewicht der behandelten Ratten signifikant zunahm; dagegen war die Wirkung der beiden Testosteronderivate auf die Länge der einzelnen Knochen sehr gering (nicht signifikant), wenn auch bei den kleineren Dosen (0,25 mg Testosteronpropionat/kg/Tag bzw. 15 mg Methyltestosteron) eine Neigung zur Verlängerung ganz allgemein festzustellen war; bei den mittleren Dosierungen (1,0 oder 2,5 mg bzw. 30 oder 75 mg) war diese Wirkung aufgehoben und bei den höchsten Dosen (6,0 mg bzw. 150 mg) in eine Hemmung der Längenzunahme umgewandelt. Die Skeletreifung wurde durch die 2 höheren Dosen von Testosteronpropionat und Methyltestosteron signifikant beschleunigt, die 2 niederen Dosen waren unwirksam. Diese Ergebnisse lassen nach Auffassung der Verff. vermuten, daß die Beziehung zwischen der anabolen und spezifisch androgenen Wirkung von der jeweiligen Dosis von Testosteronpropionat bzw. Methyltestosteron abhängig ist: Die Wachstumswirkung im niederen Dosenbereich spiegelt eine vorherrschend anabole Wirkung bei Abwesenheit einer Skeletreifung wieder, während die Wachstumshemmung durch die hohen Dosen ein Vorherrschen der spezifisch androgenen Wirkung mit merklicher Beschleunigung der Skeletreifung wiedergibt. Daß diese Wirkung auf die Skeletreifung ein spezifisch androgener Effekt ist, wird durch die gleichzeitige Clitorishypertrophie und die Haarveränderungen in männlicher Richtung bei den Weibchen nahegelegt, die genügend hohe Dosen der Androgene erhielten, um ein fortgeschrittenes Knochenalter zu bedingen. Die Feststellung, daß es bei beiden Hormonzubereitungen eine Dosis gab, die das Wachstum förderte, ohne die Skeletreifung zu beschleunigen (1,0 mg Testosteronpropionat/kg/Tag bzw. 15 mg Methyltestosteron/kg/Tag), könnte vielleicht von Bedeutung für die therapeutische Anwendung dieser Hormone sein.

Bei experimentellen Untersuchungen über die Wirkung einer langdauernden Verabreichung von Sexualhormonen und einer Diät mit hohem Ca/P-Verhältnis auf den Knochen bei der ovariektomierten Ratte kamen AHO, GRÖNROOS, RAIJOLA u. KAJANEN (1961) zum Ergebnis, daß von den geprüften Sexualhormonen besonders Androgen (1,0 mg Methylandrostendiol, 2mal wöchentlich s.c.) und bis zu einem gewissen Grad auch Progesteron den Gehalt des Knochens an Ca und N unter den gewählten Versuchsbedingungen herabzusetzen scheinen.

KOWALEWSKI u. MORRISON (1956) zeigten, daß der experimentell gebrochene, in Heilung begriffene Humerus der Ratte mehr ^{35}S aufnimmt als der gleiche, aber intakte Knochen der anderen Körperseite. In weiteren Untersuchungen (1957) mit der gleichen Methodik wurde die Wirkung von Testosteronpropionat und von 17-Äthyl-19-nortestosteron (NT), einem Androgen mit hoher anaboler und geringer spezifisch androgener Wirkung, auf die Aufnahme von ^{35}S in den in Heilung begriffenen gebrochenen Humerus der Ratte studiert. Das Verhältnis F/I von ^{35}S im gebrochenen (F) und im intakten (I) Humerus wurde als Maß der Wirkung bestimmt. Die Kastration setzte das F/I-Verhältnis signifikant herab; die mit NT behandelten Ratten zeigten einen signifikanten Anstieg der ^{35}S-Aufnahme im gebrochenen Knochen und dementsprechend ein hohes F/I-Verhältnis. Testosteronpropionat stellte die normalen F/I-Werte bei Kastraten wieder her, wenn auch nicht vollkommen, hatte aber keine Wirkung bei den normalen Tieren. Verff. vermuten, daß NT eine merkliche stimulierende Wirkung auf die Synthese von Chondroitinschwefelsäure im kollagenen Gewebe in Heilung begriffener Knochenbrüche besitzt. Eine ähnliche stimulierende Wirkung von NT auf den Einbau von ^{35}S in den wachsenden Knochen des 6 Tage alten Hähnchens der White-Rock-Broiler-Rasse stellte KOWALEWSKI (1958) fest; Cortison (Co) erniedrigte die Ablagerung von ^{35}S. Bei gleichzeitiger Injektion von Co und NT wirkte NT dem antianabolen Effekt von Co entgegen (bemerkenswerter Weise schien weder Methyltestosteron noch Testosteronpropionat diese Fähigkeit zur Neutralisierung des antianabolen Effekts von Co zu besitzen, auch hatten sie unter den gewählten Versuchsbedingungen keine signifikante Wirkung auf die Aufnahme von ^{35}S in den wachsenden Knochen des Hühnchens).

Ein toxischer Faktor aus der Wohlriechenden Wicke, Lathyrus odoratus, ruft bei Verfütterung an Ratten eine allgemeine Osteoporose und verbreitete Skeletdeformationen hervor, die auf eine Störung des Kollagenstoffwechsels zurückgeführt werden, wobei die Mucopolysaccharide betroffen sind; die Lathyrus-Diät führt zu einer signifikanten Herabsetzung des F/I-Verhältnisses (s.o.). NT übt eine signifikante Schutzwirkung gegenüber dem Einfluß des Lathyrus-Faktors aus, während Methyltestosteron diese Schutzwirkung nicht hat (KOWALEWSKI, COUVES u. LANG, 1959).

Bei Untersuchungen über die Kallusstärke nach experimenteller Humerusfraktur bei Ratten und ihre Beeinflussung durch Gaben von anabolen bzw. antianabolen Steroiden oder nach Verfütterung des Lathyrus-Faktors (β-Aminopropionitril-fumarat) bewirkte die Behandlung mit anabolen und androgenen Steroiden (1-Dehydro-17-methyl-testosteron bzw. 9-Fluor-11β-dehydro-17α-methyltestosteron) eine hochsignifikante Zunahme der Kallusstärke (WIANCKO u. KOWALEWSKI, 1961), die sich auch im histologischen Bild des in Heilung begriffenen Knochens bestätigen ließ. Auch PRINCIPI u. BELLUNI (1952) fanden, daß die Verabreichung von Testosteronpropionat bei Meerschweinchen mit experimentellen Knochenfrakturen eine frühzeitige Stabilisierung des Kallus bewirkt: innerhalb von 30 Tagen ist die Fraktur von Spongiosaknochengewebe bedeckt, während bei den unbehandelten Kontrolltieren der Kallus breite Zonen von Knorpelgewebe enthält.

KOLÁR, BABICKÝ, VYHNÁNEK u. JANEC (1965) bestätigten diese Befunde: sie beobachteten bei der Behandlung von Ratten mit experimentell gebrochener Tibia mit 17a-19-Nortestosteronphenylpropionat (insgesamt 500 μg in 39 Tagen) eine vermehrte Aufnahme von ^{35}S in den gebrochenen Knochen, die sie als Beweis für die positive anabole Beeinflussung der Bildung der organischen Matrix des Kallus durch die Androgene deuten und die eine Voraussetzung für die verbesserte Heilung und vermehrte Zugfestigkeit des gebrochenen Knochens ist. Gleichzeitig wurde eine fördernde Wirkung der Androgengaben „auf den Verlauf der allgemeinen Stoffwechselreaktion des Skelets" festgestellt: so liegt also eine allgemeine und eine lokale Wirkung des anabolen Androgens auf die Heilung des gebrochenen Knochens vor.

SAID, SOLIMAN, ABDO u. SOLIMAN (1963) machten die auffallende Beobachtung, daß es bei Ratten mit experimenteller Tibia-Fraktur während der 2. und 3. Woche nach Setzung der Fraktur zu einem Anstieg der Androgene im Serum kommt, mit vorausgehender oder gleichzeitiger Vermehrung der hypophysären Gonadotropine im Serum. Verff. nehmen an, daß diese Steigerung der Produktion von LH und FSH eher eine notwendige Voraussetzung für die vermehrte Bildung von Androgenen ist, als daß sie einen direkten Einfluß auf die Kallusbildung hätte, die ihrerseits von den Androgenen stimuliert wird.

Eine anti-katabole Wirkung von Androgenen (und Oestrogenen) am Knochen beobachtete EISENBERG (1966) in Fällen von Osteoporose.

7. Androgene und Muskulatur

a) Einfluß auf die Skeletmuskulatur

Die myotrophe Wirkung der Androgene ist aus klinischen Erfahrungen und aus experimentellen Beobachtungen bekannt. VEIL u. LIPPROSS (1938) haben über Untersuchungen am Menschen berichtet und HAMILTON (1948) hat neue Messungen an einer Gruppe von 150 Kastraten im Alter von 18—45 Jahren mitgeteilt, aus denen hervorgeht, daß nur 16% der Eunuchen einen Entwicklungsgrad der Skeletmuskulatur aufwiesen, der demjenigen bei einer Gruppe normaler Männer im gleichen Alter entsprach. Ein besonders demonstratives Beispiel aus der Klinik für die stimulierende Wirkung der Androgene auf Wachstum und Funktion der Skeletmuskulatur stellen die *Fälle von androgenproduzierenden Tumoren* bei präpuberalen Knaben (und Mädchen) und erwachsenen Frauen dar, die bei den Kindern zum Typ des „kindlichen Herkules" führen und bei den Frauen eine auffallende Entwicklung der Körpermuskulatur zur Folge haben (vgl. dazu das Kapitel über Maskulinisierung, S. 437 ff.).

Die experimentellen Arbeiten zur Frage der Beziehungen zwischen Androgenen und Muskulatur wurden von KOCHAKIAN (1935) eröffnet; er ist seitdem mit seinen Mitarbeitern in zahlreichen Untersuchungen an einer Reihe von Tierarten diesen Fragen nachgegangen und hat damit sehr wesentlich zur Aufklärung der anabolen Wirkung der Androgene beigetragen.

Unter den experimentellen Untersuchungen anderer Autoren sei die Arbeit von PEDERSEN-BJERGAARD u. TØNNESEN (1954) hervorgehoben, da sie die Frage der direkten oder indirekten Wirkung der Androgene auf die Muskulatur abweichend von anderen Untersuchern beantwortet haben. Sie bestätigten zwar die klinischen Erfahrungen in Versuchen an Ratten mit freiwilliger Laufradbenutzung und Messung der spontanen Aktivität (Tab. 108), fanden aber, daß die Sexual-

Tabelle 108. *Spontane Muskelaktivität: durchschnittliche Zahl der Umdrehungen des Laufrades/ Tag. (Nach* PEDERSEN-BJERGAARD u. TØNNESEN, *1954)*

	Weibchen		Männchen	
	Dioestrus	Oestrus	Minimum	Maximum
Normale Ratten.	1260	7347	1700	7800
Kastrierte Ratten				
Unbehandelt	340		267	
1 mg Oestronbenzoat s.c.	5107		3253	
20 mg Testosteron- propionat s.c.	4746		5678	
Kastr. und adrenal- ektom. Ratten				
Unbehandelt	53		71	
5 mg Oestradiolmono- benzoat s.c.	59		67	
20 mg Testosteron- propionat s.c.	87		46	

hormone (Oestrogene und Androgene) eine stimulierende Wirkung auf die spontane Aktivität nur dann ausübten, wenn die Nebennieren intakt waren, während diese Wirkung bei adrenalektomierten Tieren fehlte; Cortison und Hydrocortison stellten den Verlust an spontaner Aktivität sowohl bei kastrierten als auch bei adrenalektomierten Ratten wieder her. Die Wirkung der Sexualhormone auf die Skeletmuskulatur wäre nach PEDERSEN-BJERGAARD-TØNNESEN also eine indirekte, über die Nebennieren gehende (was aber im allgemeinen weder in den Beobachtungen am Menschen noch in den Tierversuchen zum Ausdruck kommt, die ja meist bei Gegenwart normaler Nebennieren angestellt werden). Soviel mir bekannt, ist eine Bestätigung der Befunde von PEDERSEN-BJERGAARD u. TØNNESEN nicht erfolgt[11]; im Gegenteil hat KOCHAKIAN in seinen zahlreichen Untersuchungen über den Einfluß der Androgene auf die Muskulatur immer wieder betont, daß diese fördernde Wirkung eine *direkte* ist und nicht über irgendwelche andere endokrine Drüsen zustandekommt: so schreibt er, um nur eine seiner neuesten Äußerungen zu dieser Frage zu erwähnen, die speziell den Nebennieren gilt (1964): ,,Die Entfernung der Nebennieren veränderte die Reaktion der Muskeln bei den Ratten auf die Verabreichung von Androgenen nicht‘‘, und bezieht sich dabei auf seine früheren diesbezüglichen Versuche. Auch in seinem zusammenfassenden Aufsatz über den Mechanismus der anabolen Wirkung der Androgene (1965) hat er sich ganz klar darüber geäußert, daß die anabole Wirkung der Androgene unabhängig von anderen endokrinen Drüsen erfolgt, wobei der endokrine Status der Versuchstiere nur gewisse Veränderungen der anabolen Wirkung speziell quantitativer Art zu bedingen vermag, und fügt dann hinzu, daß ,,die anabolen Wirkungen der Androgene und des Wachstumshormons bei Mäusen und Ratten additiver Natur sind‘‘. Worauf die aus dem Rahmen fallenden Ergebnisse von PEDERSEN-BJERGAARD u. TØNNESEN, die ihre Anschauung auf die Reaktion der spontanen Aktivität und nicht, wie die anderen Autoren, auf die Größenzunahme der Muskulatur gründeten, zurückzuführen sind, muß offen bleiben, solange keine exakte Nachuntersuchung unter den gleichen Bedingungen vorliegt. Es sei noch vermerkt, daß die Ergebnisse der Untersuchungen über die Einflüsse der Androgene auf die Nebennierenrinde sehr widerspruchsvoll sind und jedenfalls keine sichere Stimulierung erkennen lassen (vgl. dazu das Kapitel über Androgene und Nebennieren, S. 265ff.).

KOCHAKIAN, TILLOTSON, AUSTIN, DOUGHERTY, HAAG u. COALSON (1956) haben am Meerschweinchenmännchen die Wirkung der Kastration auf 48 individuelle Skeletmuskeln des Kopfes, des Rumpfes und der Extremitäten untersucht und eine Verzögerung der Entwicklung bei verschiedenen Muskeln gefunden, abgesehen von denen der Genitalsphäre, deren Beeinflussung durch die Kastration schon früher bekannt war (z.B. PAPANICOLAOU u. FOLK, 1938; KOCHAKIAN, HUMM u. BARTLETT, 1948). Anschließend haben KOCHAKIAN u. TILLOTSON (1957a) die Fähigkeit einer Reihe chemisch reiner Androgene untersucht, bei erwachsenen kastrierten Meerschweinchenmännchen das Wachstum dieser 48 individuellen Muskeln zu stimulieren (Tab. 109): Die Gesamtsumme der Gewichte der 48 Einzelmuskeln wies deutliche Veränderungen als Ergebnis der Steroidbehandlung auf, doch kam es nicht zu einer progressiven Zunahme mit steigender Dosis, wiewohl

---

11 G.A. OVERBEEK (1948) fand die Muskelleistung hypophysektomierter Ratten während der ersten Woche nach der Operation subnormal; wenn EVERSE u. OVERBEEK (1950) solchen Ratten eine Injektion von ACTH verabreichten, so stellten sie eine deutliche Steigerung der Leistung fest, selbst bei so geringen Dosen wie 0,01 mg ACTH. Wurden die hypophysektomierten Ratten auch adrenalektomiert, so bewirkte das ACTH keine Besserung der Muskelleistung. Aus dieser Untersuchung ergibt sich jedenfalls ein fördernder Einfluß der Corticosteroide auf die quergestreifte Muskulatur.

Tabelle 109. *Vergleich der Wirkung verschiedener C_{19}-Steroide auf das Gewicht von Gesamt-körper, Carcasse und Gesamtmuskulatur beim kastrierten Meerschweinchenmännchen[a]. (Nach* KOCHAKIAN u. TILLOTSON, *1957a, S. 608)*

Steroid	Tier-zahl	Zahl der Preß-linge	Resorb. Steroid-menge in mg/ 21 Tg.	Körper-Gew. in g zu Beginn	Ver-ände-rung in %[c]	Car-casse in g %[d]	Gesamt-musku-latur in g %[d]
Kontrollwerte	30			621	11	(486)	(119,90)[e]
Testosteronpropionat	8	1	3,2[f]	633	14	5	7
Testosteron	8	1	5,9	627[b]	13	— 6	13
	7	1	5,4	620	17	6	9
	8	2	9,5	627	14	3	7
	8	6	28,4	631	16	10	14
17-Methyltestosteron	8	1	7,0	611[b]	16	3	6
	8	2	10,2	626	17	6	8
	8	6	27,8	625	17	7	9
Androstan-17β-ol-3-on	8	1	1,5	627[b]	13	7	5
	7	4	3,4	621	18	6	9
	8	8	5,5	627	17	7	12
17-Methylandrostan-17β-ol-3-on	7	4	5,1	628	17	10	— 2
	7	8	8,4	623	14	7	9
Androstan-3a,17β-diol	8	1	1,1	629	10	3	— 4
	8	4	3,2	634	16	6	8
	8	8	6,0	631	13	4	5
17-Methylandrostan-3a,17β-diol	8	4	5,1	621	11	0	3
	8	8	8,9	629	16	6	4
17-Methylandrostan-3β,17β-diol	8	1	0,2	597[b]	10	— 1	— 9
	6	12	3,5	629	13	4	4
17-Methyl-5-Androsten-3β,17β-diol	8	1	0,4	597[b]	9	— 3	— 7
	8	12	6,5	628	12	3	0
4-Androsten-3,17-dion	8	1	7,9	616[b]	13	2	— 4
	7	3	16,3	629	13	4	5
	8	6	36,7	621	13	4	5
Androstan-3,17-dion	8	1	9,6	590[b]	16	2	4
	7	3	19,0	625	17	5	5
	9	9	39,9	628	16	4	9
Epiandrosteron	8	1	6,0	628[b]	8	4	0
	6	8	29,3	634	15	6	7
Dehydroepiandrosteron	6	8	38,0	641	13	7	8

[a] Die Tiere wurden bei einem Gewicht von im Mittel 510 g und einem Alter von 3—4 Monaten kastriert. Die Steroidpreßlinge wurden bei einem Tiergewicht von 610—640 g s.c. implantiert, das etwa 30 Tage (24—38 Tage) später erreicht wurde. Die Sektion erfolgte 21 Tage nach der Implantation.

[b] Diese Tiere und eine Gruppe der Kontrolltiere wurden bei einem Gewicht von 510 g kastriert und die Preßlinge genau 30 Tage später implantiert.

[c] Veränderung gegenüber dem respektiven Anfangsgewicht nach 21tägiger Steroid-behandlung.

[d] Veränderung gegenüber dem Kontrollwert, der in Klammern angegeben ist.

[e] Das Gesamtgewicht der Muskeln der rechten Körperseite, multipliziert mit 2, plus Gewicht des Zwerchfells.

[f] Äquivalent von 2,5 mg Testosteron.

mehrere Androgene bei niedriger Dosierung nur eine geringe oder gar keine Stimulierungsfähigkeit des Muskelwachstums besaßen. Im allgemeinen bestand eine positive Korrelation zwischen der Zunahme der Gesamtmuskulatur und den Veränderungen des Gewichts von Gesamtkörper und Carcasse. Alle in Form von Preßlingen s.c. implantierten Steroide (mit Ausnahme von Methylandrostan-3β,

17β-diol und 17-Methyl-5-androsten-3β,17β-diol) bewirkten eine geringe Zunahme des Gewichts von Gesamtkörper und Carcasse, jedoch nicht proportional zur applizierten Dosis. Die Muskeln von Kopf, Hals, Brust, Schultern, Rücken, Abdominalwand und einige wenige aus anderen Gebieten zeigten eine über diejenige des gesamten Körpergewichts hinausgehende Zunahme, die übrigen Muskeln nahmen entsprechend der allgemeinen Körpergewichtsvergrößerung zu. Die Erhöhung des Muskelgewichts war von einer entsprechenden Zunahme von Stickstoff (Protein) und Wasser begleitet. Die Fähigkeit zur Stimulierung nahm bei den geprüften Steroiden in folgender Reihenfolge ab (gelegentliche Abweichungen kamen vor): Androstan-17β-ol-3-on; Testosteron; 17-Methylandrostan-17β-ol-3-on; 17-Methyl-testosteron; Androstan-3a,17β-diol; 17-Methyl-androstan-3a,17β-diol; 4-Androsten-3,17-dion; Androstan-3,17-dion; Dehydroepiandrosteron; Epiandrosteron; 17-Methyl-androstan-3β,17β-diol und 17-Methyl-5-androsten-3β,17β-diol. Wie ersichtlich war die Einführung einer Methylgruppe stets von einer Wirksamkeitsverringerung gefolgt. Bei Aufstellung dieser Reihenfolge der Wirksamkeitsstärke ist offenbar der Einfluß der Applikationsform (s.c. implantierte Preßlinge) unberücksichtigt geblieben, er kann aber z.B. dank einer unterschiedlichen Resorption aus dem Unterhautzellgewebe nicht unbedeutend sein; eine Vergleichsuntersuchung mit anderen Verabreichungsmethoden wäre erwünscht.

In einer weiteren Untersuchung haben KOCHAKIAN u. TILLOTSON (1957b) im Hinblick auf die regulierende Rolle der Schilddrüse bei Wachstumsprozessen die myotrophen Effekte von Kastration und Testosteron bei thyreoidektomierten Meerschweinchen geprüft: Nach ihren Ergebnissen scheint die Gegenwart der Schilddrüse für den myotrophen Effekt der Androgene beim Meerschweinchen nicht notwendig zu sein, ebenso wenig wie bei der Ratte, während sich das Rind offenbar anders verhält (vgl. dazu das Kapitel über Androgene und Schilddrüse, S. 275 ff.).

SCOW u. HAGEN (1957) kamen bei ihren Untersuchungen über den Effekt von Testosteronpropionat auf das Myosin, Collagen und andere Proteinfraktionen in quergestreiften Muskeln gonadektomierter Ratten zu etwas anderen Ergebnissen als KOCHAKIAN u. TILLOTSON (1957a) in den Versuchen an Meerschweinchen: Nach SCOW u. HAGEN übt weder die Kastration noch eine 8wöchige Verabreichung von Testosteronpropionat einen Einfluß auf das Wachstum und die verschiedenen N-haltigen Anteile der Oberschenkelmuskulatur bei der Ratte aus; sie weisen darauf hin, daß die „sogenannte myotrophe Aktivität" androgener Hormone gewöhnlich an der perinealen Muskulatur von Nagetieren gemessen wird, demgegenüber ist jedoch die wachstumsfördernde und eiweißanabole Wirksamkeit an Muskeln anderer Körpergebiete meist gering bzw. statistisch insignifikant. Die dieser Folgerung von SCOW u. HAGEN widersprechenden Ergebnisse von KOCHAKIAN u. Mitarb. an einer großen Zahl auch außerhalb der Genitalsphäre gelegener Muskeln waren SCOW u. HAGEN noch unbekannt, da sie nahezu gleichzeitig veröffentlicht wurden (1957a, b).

Mit anderer Methodik ging BAJUSZ (1959) an die Frage des hormonalen Einflusses auf die Muskulatur heran: er fand, daß bei jungen Ratten nach Unterbrechung der nervösen Versorgung durch Abquetschung des Nerven (N. obturatorius, N. ischiadicus, N. femoralis) mit nachfolgender Atrophie der von diesen Nerven versorgten Muskeln von den untersuchten Hormonen (STH, Oestradiol, Thyroxin, Methyltestosteron) das letztgenannte den günstigsten Einfluß auf den Rückgang der Muskelatrophie besaß. Es ist bemerkenswert, daß bei dieser Versuchsanordnung das beim Menschen anabol hoch wirksame 17-Äthyl-19-nortestosteron nicht nur keine fördernde, sondern eine merkliche hemmende Wirkung auf den Rückgang der Muskelatrophie hatte; Verf. schließt daraus, daß die anabolen Wirkungen testoider Verbindungen nicht nur von der Dosierung und der Dauer der Behandlung abhängen, sondern auch von anderen, bisher unbekannten Bedingungen.

Die Behandlung der *erblichen Muskeldystrophie* bei Mäusen mit dem anabolen Androgen Methylandrostendiol-dienanthoylacetat „Notandron" verlängerte zwar die Lebensdauer der Mäuse, hatte aber sonst keinen Einfluß auf das Syndrom (BORGMAN, 1963): Das stimmt mit den oben angeführten Ergebnissen von KOCHAKIAN u. TILLOTSON (1957a) überein, die das Methylandrostendiol myotroph außerordentlich schwach oder nahezu unwirksam fanden (s. S. 562).

Die Beeinflussung des *Muskelstoffwechsels* durch Androgene ergibt sich aus Beobachtungen an menschlichen Vpn, deren Kreatin- und Kreatininausscheidung nach Androgengaben verfolgt wurde. DOWBEN (1958) gab gesunden Vpn tägl. im Lauf von 6 Wochen 30 mg 17a-Äthyl-19-nortestosteron per os, ein anaboles Androgen, dessen spezifisch androgene Wirkung (Hirsutismus, erhöhte Clitorissensibilität) zwar ausgesprochen, aber geringer als bei anabol äquivalenten Dosen von Testosteron war: Die durchschnittliche tägl. Ausscheidung von Kreatin stieg nach der Behandlung von 81,4 auf 473,3 mg an und diejenige von Gesamtkreatininchromogen von 1,58 auf 2,35 g/24 h. Den Wirkungstyp teilt diese Verbindung mit Methyltestosteron, die Veränderung des Kreatinstoffwechsels mag bei beiden Substanzen ein Teil ihrer allgemeinen anabolen Wirkungen sein. Auch STOKES, HORWITH, PENNINGTON u. CLARKSON (1959), die ihre Versuche mit der gleichen Verbindung an männlichen und weiblichen Vpn anstellten, denen sie 30—100 mg/Tag per os im Lauf von 5—20 Wochen verabreichten, fanden im Kreatinstoffwechsel nach einer längeren Latenzperiode einen starken Anstieg der Kreatinurie und einen geringeren Anstieg der Kreatininausscheidung, die aber unmittelbar nach Beginn der Behandlung einsetzte.

LORING, SPENCER u. VILLEE (1961) verfolgten einige Wirkungen verschiedener Steroide (Testosteron, Androsteron, Progesteron) auf den Intermediärstoffwechsel im Muskel bei kastrierten Rattenmännchen in vivo (nach 30tägiger Behandlung) und in vitro (an Homogenaten von Masseter-, Temporal- und Perinealmuskeln). Bestimmt wurde der O_2-Verbrauch, die a-Ketosäurenbildung, die Lactatbildung und der Einbau von ^{32}P in ATP. Die Ergebnisse der in vivo-Versuche sprachen dafür, daß Testosteron das Enzym DPNH-Cytochrom-c-Reductase stimuliert, während Androsteron und Progesteron dazu nicht imstande sind. In vitro schien Testosteron weder den O_2-Verbrauch, noch die a-Ketosäurenbildung noch den Einbau von ^{32}P in ATP zu steigern. Die Stimulierung von DPNH-Cytochrom-c-Reductase durch Testosteron könnte nach Auffassung der Verff. zu einer Erhöhung des Ausmaßes von oxydativer Phosphorylierung, zu einer erhöhten Produktion von ATP und sekundär zu einer Erhöhung von energieverbrauchenden Reaktionen führen, wie sie beim Muskelwachstum vorliegen.

Im Hinblick darauf, daß in den Versuchen von BORGMAN (1963) nicht nur die Lebensdauer der Mäuse verlängert war, sondern auch das Fortschreiten der Krankheit (der erblichen Muskeldystrophie) verlangsamt wurde, hat DOWBEN (1962) Versuche mit 1-Methyl-Δ^1-androstenolonazetat bzw. -oenanthat („Primobolan") bei Pat. mit hereditärer fortschreitender Muskeldystrophie durchgeführt: Nach 5—19monatiger Behandlung war bei 34 von 37 Pat. die Erkrankung nicht fortgeschritten, was bei dieser Erkrankung als therapeutischer Erfolg zu werten ist; bei einer Reihe von Pat. war eine Besserung eingetreten. Verff. führt diesen Erfolg darauf zurück, daß durch das Anabolicum die Proteinsynthese allgemein gefördert wird und in der dystrophischen Muskelzelle die Eiweißbildung länger erhalten bleibt als ohne das anabole Steroid. Ein möglichst früher Beginn der Behandlung ist auf Grund der Erfahrungen im Tierexperiment dringend zu empfehlen. Im Gegensatz zu den Erfahrungen mit anderen anabolen Steroiden wurde unter der Behandlung mit dem genannten Steroid *keine* Störung der Leberfunktion beobachtet.

Die Untersuchung von Muskeln aus der Hals- (M. brachiocephalicus) und Beckenmuskulatur (M. gracilis) geschlechtsverschiedener Rinder (Kühe, Bullen, Ochsen, Kälber) auf ihren Gehalt an *Hyaluronsäure* (nach einer leicht modifizierten Methode von LANGECKER, 1952) ergab erhebliche Geschlechtsverschiedenheiten: bei weiblichen Tieren waren meist hohe, bei männlichen niedere Werte nachzuweisen; bei Kastraten war die Hyaluronsäure nur in 3 von 20 Proben feststellbar und auch bei Kälbern (beiderlei Geschlechts?) waren positive Befunde selten (KOCH, HEIM u. ESCHWEILER, 1954).

Die Annahme von KOCHAKIAN, PEDERSEN-BJERGAARD und anderen Untersuchern[12], daß es sich bei der von ihnen gefundenen Zunahme des Muskelgewichts nach Androgengaben um eine echte *Muskelhypertrophie* handele, wurde durch Versuche von HETTINGER (1959) an Hunden, die auf einer Tretbahn einem Muskeltraining unterworfen wurden bzw. zweimal wöchentl. Injektionen von 0,3—0,4 mg Testosteron/kg/Tag erhielten, vollkommen bestätigt: nach einer Versuchsdauer von 10 bzw. 20 Wochen ergab die makro- und mikroskopische Analyse der Muskeln, daß unter beiden Versuchsbedingungen in gleicher Weise und praktisch in gleicher Intensität Muskelgewicht und Muskelquerschnitt sowie Kernzahl der Skeletmuskulatur zunahmen. Die chemische Analyse ergab eine Zunahme des Muskeleiweißes im gleichen Verhältnis wie die Gewichtszunahme, ferner eine Vergrößerung des Aschegehalts und eine starke Verringerung des prozentualen Fettgehalts der Muskulatur.

Den Glykogengehalt der Muskeln seiner Versuchshunde hat HETTINGER nicht untersucht, was im Hinblick auf die bereits mehrere Jahre zurückliegenden Versuchsergebnisse von SAUNDERS u. LEONARD (1955) wünschenswert gewesen wäre: diese Verff. prüften die Veränderungen im Glykogengehalt des M. rectus femoris, des Zwerchfells und des M. levator ani an kastrierten Ratten (I), kastrierten Ratten unter Testosteronbehandlung (II), intakten diabetischen (III), kastrierten diabetischen (IV) und kastrierten diabetischen Ratten unter Testosteronbehandlung (V). Keine Veränderungen im Glykogengehalt traten im Rectus femoris und Zwerchfell intakter Ratten auf, die mit Alloxan diabetisch gemacht wurden (III), dagegen nahm der Glykogengehalt im Levator ani ab. Die Kastration setzte den Glykogengehalt in diesen Muskeln herab (I), die Auslösung eines Diabetes bei den Kastraten (IV) erhöhte den Glykogengehalt im Rectus femoris und im Zwerchfell, nicht aber im Levator ani. Testosteron, das bei Kastraten (II) den Glykogengehalt in allen 3 Muskeln erhöhte, konnte den Glykogengehalt im Rectus femoris und im Zwerchfell von diabetischen Kastraten (V) nicht erhöhen, während es den Glykogengehalt im Levator ani merklich vermehrte.

Die Wachstumsreaktion des Levator ani auf Testosteron wurde durch den Alloxan-Diabetes nicht beeinflußt, wie die obigen Versuche von SAUNDERS u. LEONARD zeigten. Wenn MEYER u. HERSHBERGER (1957) die Wirkung von Testosteron auf das säurelösliche und -unlösliche Glykogen im M. levator ani getrennt untersuchten (1, 3, 5 und 7 Tage nach der Gabe von 0,1 bzw. 1,0 mg Testosteronpropionat/Tag bei 21 bzw. 54 Tage alten Ratten), so kam es initial (1—3 Tage) zu einer deutlichen Zunahme des Glykogengehalts; wurden aber die Injektionen fortgesetzt (5—7 Tage), so trat eine Abnahme des Glykogengehalts und gleichzeitig ein rasches Wachstum des M. levator ani auf. Diese Veränderungen betrafen ausschließlich den in Trichloressigsäure löslichen Anteil des Glykogens, während der säure-unlösliche Anteil quantitativ unverändert blieb. Die Verff. vermuten

---

12 HAMILTON (1948) wies nach, daß die Atrophie der Arm-Muskulatur beim männlichen Frosch in der geschlechtlichen Ruhezeit bzw. nach der Kastration auf der Größenabnahme der einzelnen Fasern, mit Verringerung des Proteingehalts im Sarcoplasma beruht und nicht auf einer Verringerung der Zahl der Fasern.

daher, daß die anabole Wirkung von Testosteronpropionat über eine primäre Wirkung auf den lokalen Kohlenhydratumsatz zustande kommt, und daß die Eiweiß-Synthese beschleunigt werden kann, wenn zusätzliche Energien in Form vermehrter, in Trichloressigsäure löslicher Glykogenreserven zur Verfügung gestellt werden. LEONARD hatte früher (1952a, b) gezeigt, daß gewisse Muskeln, wie der Cremaster, morphologisch empfindlicher für die Wirkung von Testosteronpropionat sind als die Muskeln der Extremitäten oder des Abdomens; die Kastration ist im Cremaster bereits nach 7 Tagen von einem Abfall des Glykogengehalts gefolgt, während es in weniger empfindlichen Muskeln erst nach 32 Tagen zu einem deutlichen Abfall kommt.

KOCHAKIAN, HILL u. COSTA (1964) verglichen die *Aminosäuren-Zusammensetzung* gewisser Muskeln und Organe bei intakten, kastrierten und mit Testosteron behandelten Meerschweinchen: jedes der Gewebe enthielt alle gewöhnlich anzutreffenden Aminosäuren, die Samenflüssigkeit darüber hinaus einige nicht identifizierte Verbindungen mit positiver Ninhydrinreaktion. Die Menge jeder einzelnen Aminosäure veränderte sich in direktem Verhältnis zu den Gewichtsveränderungen der Gewebe, die durch die Kastration bzw. durch die Androgenbehandlung ausgelöst wurden. Die 9 verschiedenen untersuchten Muskeln schwankten zwischen einem Fehlen der Androgenabhängigkeit und einer sehr hohen Abhängigkeit für das normale Wachstum, aber die Aminosäuren-Zusammensetzung war in allen praktisch identisch.

Die nach Verabreichung von Androgen erfolgende Zunahme des Körpergewichts beruht zum großen Teil auf einer Vermehrung der Muskelmasse (s. o. HETTINGER, 1954), doch ist diese Auswirkung des protein-anabolen Androgeneffekts je nach der Tierart unterschiedlich; sie wird am deutlichsten am Meerschweinchen beobachtet und ist bei diesem in den einzelnen Muskeln quantitativ verschieden (vgl. KOCHAKIAN u. Mitarb., 1956). COSTA, KOCHAKIAN u. HILL (1962) untersuchten die Wirkung von Testosteronpropionat auf den Einbau von Glycin-2-^{14}C in die Gewebe des Meerschweinchens: alle Gewebe enthielten markiertes Serin und Glycin, daneben geringe Mengen von markierter Asparagin- und Glutaminsäure. Das Verhältnis Glycin:Serin betrug etwa 1:1 für die Niere, 2:1 für die Leber und Prostata und 3:1 für die Vesiculardrüsen und Muskeln. Am höchsten war die Radioaktivität in Leber, Darm und Magen, demnächst in Harnblase, Niere und Milz und dann im Herzen; Kastration und Androgenapplikation beeinflußten die Radiaktivität in diesen Organen nicht. Die Kastration setzte den Einbau von ^{14}C in die Protein- und Nichtprotein-Fraktion der Vesiculardrüse und Prostata herab, die Androgengaben erhöhten ihn über das normale Maß hinaus, bei der Vesiculardrüse etwa doppelt so stark wie bei der Prostata. Die Proteine der Mm. obliqui und des Zwerchfells enthielten von allen Muskeln die höchste Radioaktivität. Die beiden Muskeln, der M. temporalis[13] und der M. retractor penis, welche die größten Gewichtsveränderungen nach Kastration bzw. Androgenapplikation aufwiesen, gehörten zur Muskelgruppe, die den geringsten Einbau von ^{14}C zeigte. Die Kastration führte nur beim Zwerchfell als einzigem Muskel zu einer Abnahme von ^{14}C in seinem Protein.

In Versuchen zur Wirkungsweise des anabolen 1-Methyl-Δ^1-androsten-17β-ol-3-on-17β-acetats („Primobolan"), die an jungen weiblichen Mäusen (Ausgangsgewicht 20 g) und an älteren männlichen Mäusen (Ausgangsgewicht 26,5 g) durchgeführt wurden, fanden HEIM, ESTLER, PAULUS, SCHWARZLOSE u. TILLIG (1963) deutliche Unterschiede in der Reaktion, die offenbar von Geschlecht und Alter,

---

13 Bei diesem Muskel des männlichen Meerschweinchens hatten KOCHAKIAN, HUMM u. BARTLETT (1948) gezeigt, daß er sich nach der Kastration zurückbildet und durch Gaben von Androgenen zur Norm zurückgeführt wird.

aber auch von der Beobachtungsdauer abhingen. So war bei der s.c. Gabe von 0,35 mg/Tier/Woche der Glykogengehalt von Muskeln und Leber *bei den Weibchen* nach 2 Wochen erniedrigt, kehrte aber anschließend in weiteren 2 Wochen auf die Kontrollwerte zurück; das nach 2 Wochen erniedrigte Nierenglykogen war nach 4 und 6 Wochen signifikant erhöht. *Bei den Männchen* war unter der gleichen Behandlung der Glykogengehalt in Muskeln und Leber in den ersten 4 Wochen vermehrt, während das Nierenglykogen in den ersten 4 Wochen unverändert blieb und nach 6 Wochen erniedrigt war. Da in den beiden Serien nicht nur das Geschlecht der Versuchstiere ein anderes war, sondern auch ein bedeutender Altersunterschied vorlag, läßt sich auf Grund dieser Versuche nicht entscheiden, welche von beiden Variabeln für die unterschiedliche Reaktion auf das Anabolicum verantwortlich war oder ob ihre Kombination dabei den Ausschlag gab.

Die Einflüsse eines anabolen Steroids: $1a,17a$-Dimethyl-androstan-17β-ol-3-on (DMA) auf *Ermüdung und Erholung* des denervierten M. gastrocnemius der Ratte untersuchte PALEČEK (1964): Die Folgen einer maximalen tetanischen Spannung, der Ermüdung infolge wiederholter tetanischer Krämpfe und der nachfolgenden Erholung wurden in vitro an normalen und denervierten Gastrocnemius-Muskeln verfolgt, wobei die Hälfte der Ratten in beiden Gruppen mit DMA vorbehandelt war. Der Einfluß von DMA auf das Gewicht der Muskeln und ihr Verhalten bei maximaler tetanischer Spannung war bei normalen und denervierten Muskeln nicht signifikant verschieden; bei mit DMA vorbehandelten denervierten Muskeln trat die Ermüdung langsamer ein, und in der Gesamtheit der denervierten Muskeln war die Ermüdung geringer als bei den normalen Muskeln; auch bei der Erholung ergaben sich Unterschiede zwischen den beiden Gruppen.

Im allgemeinen stimmen die verschiedenen Untersucher darin überein, daß Androgengaben sowohl die Zahl und Dicke der Muskelfasern als auch ihre Zugfestigkeit (tensile strength) und Arbeitsfähigkeit erhöhen.

b) Einfluß der Androgene auf die glatte Muskulatur des Genitaltraktus
a) Im männlichen Organismus

Das Wachstum der *Vesiculardrüsen* unter hormonalen Einflüssen beruht einerseits auf der Stimulierung des glatten Muskel- und Bindegewebsschlauches in der Wand der Drüse und andererseits auf der Zunahme des sezernierenden Epithels im Innern der Drüse. Sowohl die Androgene als auch die Oestrogene stimulieren das Wachstum der Vesiculardrüsen; während aber unter dem Einfluß der männlichen Hormone beide Anteile der Vesiculardrüsen beim kastrierten Männchen das nach der Kastration zum Stillstand gekommene Wachstum wieder aufnehmen, bewirkt die Gabe von Oestrogenen ein Wachstum im Wesentlichen nur der muskulären und bindegewebigen Elemente der Drüse und auch dieses Wachstum ist quantitativ beschränkter als unter dem Einfluß der Androgene, was sich schon aus der geringeren Zahl von Mitosen mit aller Deutlichkeit ergibt. (Vgl. dazu im Kapitel über die biologische Auswertung der Androgene den Abschnitt über den Vesiculardrüsentest).

Gelegentlich sind die Vesiculardrüsen als Testobjekt in pharmakologischen Versuchen verwendet worden; so haben LEITCH, LIEBIG u. HALEY (1954) über biologische Auswertungen von Adrenalin, Acetylcholin und Sympatholytica an der isolierten Vesiculardrüse der Ratte berichtet, die in der gleichen Weise reagierte wie das Vas deferens und der Uterus masculinus; sie hat den Vorteil, auch gegen hohe Dosen von Histamin vollkommen unempfindlich zu sein. Als ein geeignetes Testobjekt für gewisse Spasmogene haben STONE u. LOEW (1952) die Vesiculardrüse des erwachsenen Meerschweinchens bezeichnet; sie zeigt eine nur geringe oder gar keine rhythmische Aktivität in Locke'scher Flüssigkeit, wenn sie nicht stimuliert ist. Früher ist sie nur selten zu pharmakologischen Versuchen benutzt worden, so von ROTHLIN (1925), der zum ersten Mal die adrenalinhemmende Wirkung des Ergotamins an der isolierten Vesiculardrüse („Samenblase") des Meerschweinchens nachwies, ferner von BRÜGGER (1945), die Untersuchungen der methodischen Grundlagen für die Eignung der isolierten Vesiculardrüse als Testobjekt zum Nachweis der sympathikolytischen bzw. adrenalinhemmenden Substanzen veröffentlichte, und von MEIER (1950), der neben anderen Testobjekten auch die isolierte Vesiculardrüse des Kaninchens für die pharmakologische Prüfung von Antistin und verwandten Imidazolinen benutzte.

Alle diese Versuche wurden an den Vesiculardrüsen *intakter* Laboratoriumsnagetiere ausgeführt; ob die Kastration der Spender eine eventuelle Abänderung der Reaktion bewirken würde und ob diese Abänderung durch Androgengaben normalisiert werden könnte, scheint nicht untersucht zu sein.

β) Im weiblichen Organismus

Die Beeinflussung des *Uterus* durch Androgene ist im Kapitel über die Wirkungen von Androgenen am weiblichen Genitalapparat bereits erwähnt worden (S. 300ff.), wobei auch die Wachstumswirkung, die sich im wesentlichen am Myometrium abspielen dürfte, zur Sprache gekommen ist. Einige ergänzende Daten seien hier angeführt.

Da die Androgene, wie im oben genannten Kapitel berichtet, ausgesprochene Wirkungen auf das Ovarium und seine endokrine Funktion ausüben, die sich wiederum am Uterus auswirken, müssen Versuche über die direkte Wirkung der Androgene auf den Uterus am ovariektomierten Tier ausgeführt werden. Die als Folge der Kastration eintretende Rückbildung der muskulären und drüsigen Anteile des Uterus kann z.B. an der Ratte durch tägl. s.c. Gaben von 1,0 mg Testosteronpropionat verhütet oder wieder rückgängig gemacht werden (BOTTOMLEY u. FOLLEY, 1938; ASCHHEIM u. VARANGOT, 1939; KORENCHEVSKY u. HALL, 1937, 1940; NOBLE, 1939); s.c. Dosen von 2,0 mg/Tag, im Lauf von 2 Wochen verabreicht, ergeben, nach vorausgehender Sensibilisierung mit Oestrogen, bei der kastrierten Ratte deutliche progestative Veränderungen am Uterus (MAZER u. MAZER, 1940); ebenso reagiert der Uterus des kastrierten Kaninchenweibchens nach Oestrogenvorbehandlung und anschließender Behandlung mit 2—10 mg Testosteron/Tag (KLEIN u. PARKES, 1937; ROBSON, 1937). Wie der letztgenannte Autor zeigte, wird bei kastrierten Kaninchenweibchen, die mit Oestrogen vorbehandelt wurden, die normale Kontraktionsreaktion des Myometriums auf Oxytocin durch Testosterongaben gehemmt.

GARDNER u. VAN HEUVERSWYN (1940) berichteten, daß Testosteroninjektionen die Erschlaffung der Symphyse bei trächtigen Mäusen verhindern. BASSETT (1963), der diese Versuche erwähnt, nimmt daher eine eventuelle günstige Wirkung von Testosteron bei Vaginalprolaps (bei Schafen) an, der vermutlich auf einem außergewöhnlich schlaffen Zustand der Beckenmuskulatur und des Beckenbindegewebes beruhen dürfte.

c) Einfluß auf die Herzmuskulatur

Nach BLASIUS, KÄFER u. SEITZ (1956) wird Testosteron in der Therapie mit Erfolg zur Steigerung der Herzleistungsfähigkeit bei Myodegeneratio cordis und Coronarinsuffizienz angewandt. Es interessierte daher die Frage, ob Testosteron ebenso wie auf die quergestreifte Körpermuskulatur auch auf die spezifischen contractilen Herzmuskelproteine aufbauend und somit durch einen echten Substanzzuwachs fördernd auf die Leistung des Herzmuskels wirkt. Verff. injizierten normalen männlichen und weiblichen und kastrierten männlichen Kaninchen

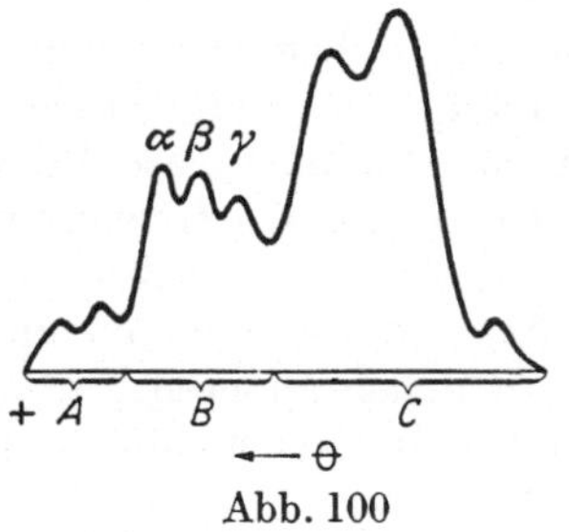

Abb. 100

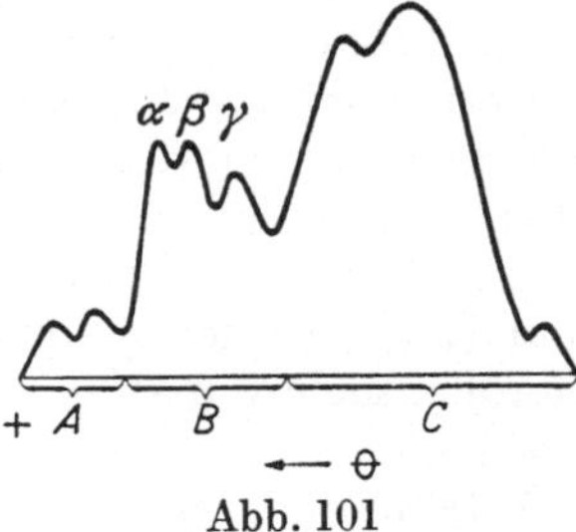

Abb. 101

Abb. 100. Herz eines normalen männlichen Kaninchens. Linke Ventrikelwand — Diastole

Abb. 101. Herz eines normalen weiblichen Kaninchens. Linke Ventrikelwand — Diastole

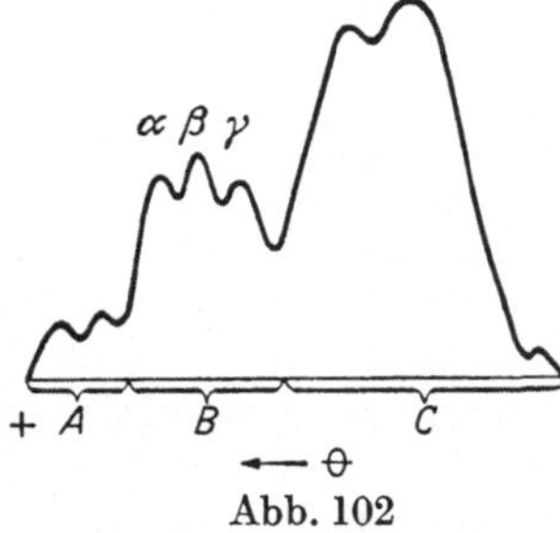

Abb. 102

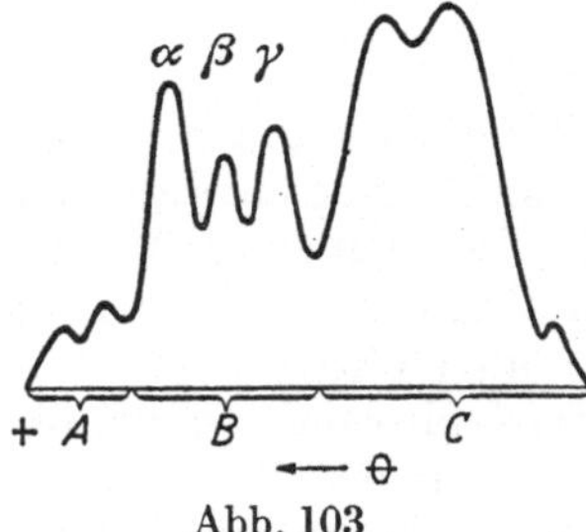

Abb. 103

Abb. 102. Herz eines normalen kastrierten männlichen Kaninchens. Linke Ventrikelwand — Diastole

Abb. 103. Kaninchenherz nach Gabe von 1 mg Testosteron täglich über 90 Tage. Linke Ventrikelwand — Diastole

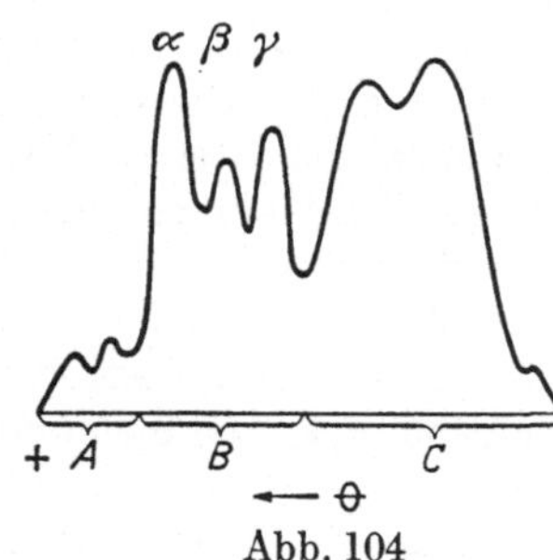

Abb. 104

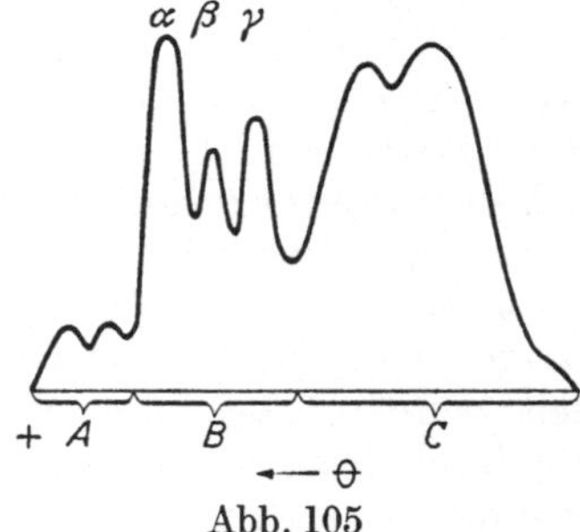

Abb. 105

Abb. 104. Kaninchenherz nach 18 Gaben von 25 mg Testosteron-Depot über 90 Tage verteilt. Linke Ventrikelwand — Diastole

Abb. 105. Kaninchenherz nach 18 Gaben von 50 mg Testosteron-Depot über 90 Tage verteilt — Diastole

i.m. Testosteronpropionat bzw. -oenanthat und verglichen die Elektrophorese-diagramme der unter standardisierten exakten Versuchsbedingungen gewonnenen Herzmuskelextrakte der verschiedenen behandelten Tiere mit den Diagrammen von normalen unbehandelten Kaninchen (Abb. 100—105): Wie ersichtlich sind die Myosine der zweiten elektrophoretischen Proteingruppe B, die als die eigentlichen Träger der contractilen Vorgänge in der Muskulatur anzusehen sind, sowohl bei den unbehandelten Herzen als auch bei den Herzen der mit Testosteron injizierten Tiere stets aufgeteilt in die 3 bekannten Unterfraktionen α, β und γ, wobei das α/β-Myosin das eigentliche Actomyosin darstellt; das α-Myosin ist bei den normalen männlichen oder weiblichen Kaninchen anteilmäßig etwa gleich mit dem β- und dem γ-Myosin, während sein Anteil beim kastrierten Tier etwas geringer im Vergleich zur β- und γ-Fraktion ist. Wesentlich anders liegen die Verhältnisse bei den Herzen der behandelten Kaninchen: hier ist nicht nur, gemessen an der Extrahierbarkeit der Gesamtproteine der Herzmuskulatur der gesamte Myosinanteil bedeutend größer, sondern das Actomyosin $(\alpha+\beta)$ überwiegt quantitativ bei weitem die γ-Fraktion. Dieser Effekt ist vom Geschlecht der Versuchstiere unabhängig und beim nur wenig protrahiert wirkenden Testosteron-

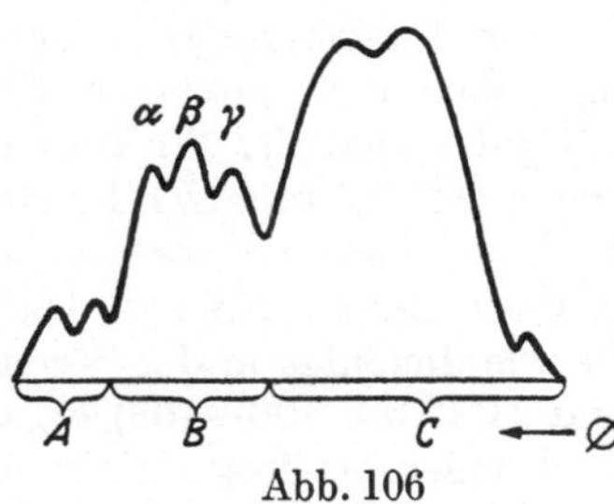

Abb. 106

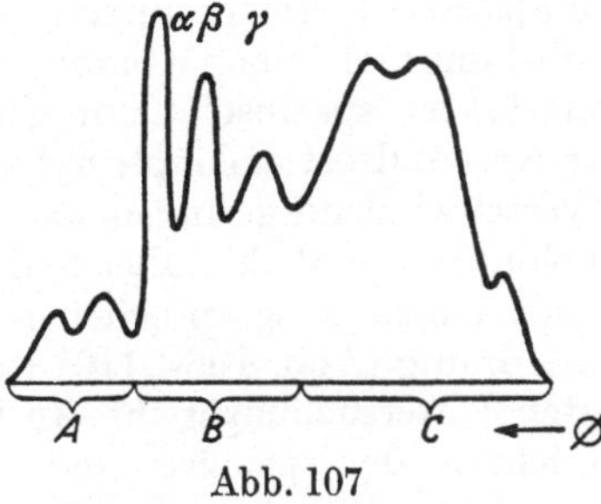

Abb. 107

Abb. 106. Herz eines normalen kastrierten männlichen Kaninchens — linke Ventrikelwand — Diastole

Abb. 107. Kaninchenherz — linke Ventrikelwand — Diastole. Versuchsgruppe I (Testosteronphenylpropionat)

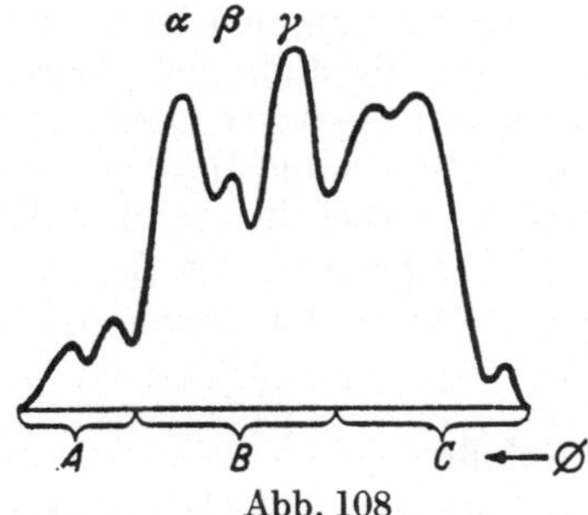

Abb. 108

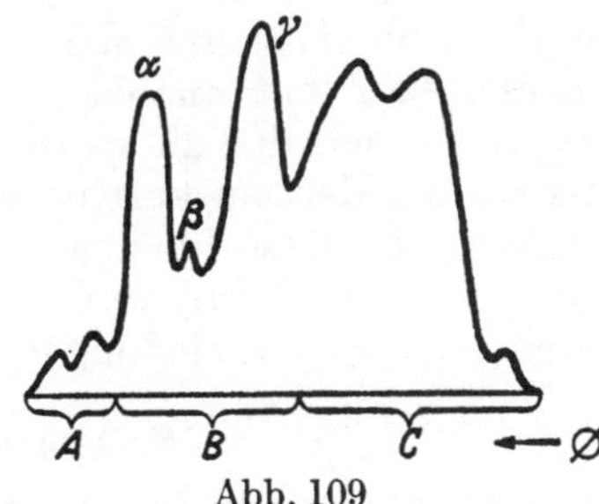

Abb. 109

Abb. 108. Kaninchenherz — linke Ventrikelwand — Diastole. Versuchsgruppe II (Komb. versch. Testosteronester)

Abb. 109. Kaninchenherz — linke Ventrikelwand — Diastole. Versuchsgruppe III (NOR-Androstenolonphenylpropionat)

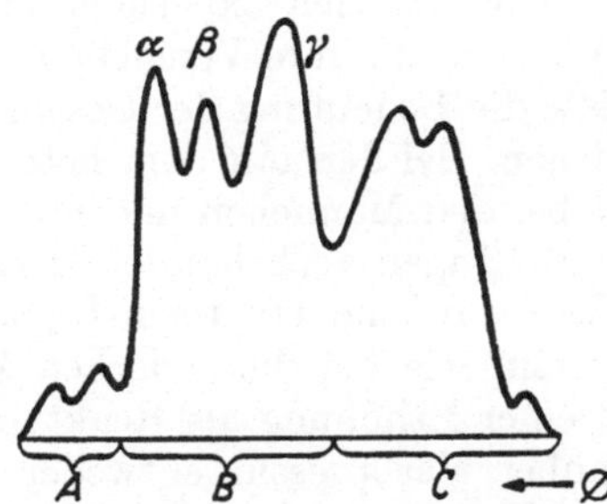

Abb. 110. Kaninchenherz — linke Ventrikelwand — Diastole. Versuchsgruppe IV (Methyloestrenolon)

propionat (Abb. 103) bedeutend schwächer als beim Depotpräparat Testosteronoenanthat (Abb. 104—106). Diese Ergebnisse können, so schließen Verff., als Beweis dafür angesehen werden, daß die Verabreichung von Testosteron tatsächlich den Anteil der spezifischen contractilen Herzmuskelproteine vermehrt und somit höchstwahrscheinlich einen echten Substanzzuwachs der Herzmuskulatur bewirkt.

In weiteren Versuchen haben die gleichen Verff. (1957) die Frage untersucht, ob überhaupt und gegebenenfalls inwieweit die spezifisch androgene mit der myotropen anabolen Wirkung der Androgene beim proteinaufbauenden Effekt am Herzmuskel gekoppelt sein muß. Verglichen wurden die Wirkungen I) des Depotpräparats Testosteronphenylpropionat (mit verstärkter spezifisch androgener Wirkung), II) einer Kombination verschiedener Testosteronester (ebenfalls mit verstärkter spezifisch androgener Wirkung neben dem anabolen Effekt), III) des Nor-Androstenolonphenylpropionats (mit guter anaboler Wirkung neben einem verschwindend geringen spezifisch androgenen Effekt) und IV) des Methyloestrenolon (mit anaboler, aber fehlender spezifisch androgener Wirksamkeit, dagegen mit einem ausgesprochenen gestativ-luteinisierendem Effekt). Die Versuchsanordnung (Abb. 106—110) war die gleiche wie diejenige in den Versuchen der ersten Untersuchungsreihe. In Gruppe I und II (Abb. 106—108) ergab die Verabreichung der spezifisch-androgen stark wirksamen Androgenderivate mit gutem anabolen Effekt die aus den früheren Versuchen bekannte erhebliche Zunahme des Actomyosins, in Gruppe II daneben auch eine starke Erhöhung des γ-Myosin- (Contractin-) Anteils. Gruppe III (Abb. 109), behandelt mit der NorVerbindung, die gut anabol, aber kaum spezifisch androgen wirksam ist, zeigt annähernd den gleichen Einfluß auf das Actomyosin und Contractin wie die stark spezifisch androgenen Derivate der Gruppen I und II. Aus den Versuchen der Gruppe IV (Abb. 110) mit Methyloestrenolon, ohne die androgene Wirkungskomponente, aber mit anaboler und gleichzeitig mit gestativ-luteinisierender Wirkung, ergibt sich, daß die spezifisch androgene Aktivität der Androgene bei der Wirkung auf die Herzmuskulatur anscheinend völlig entbehrlich ist und daß die anabole Aktivität allein für den Aufbau der Strukturproteine des Herzens ausschlaggebend ist; vielleicht wird sie durch die gestativ-luteinisierende Wirksamkeit der eingesetzten Verbindung unterstützt.

8. Androgene und Gefäße

Der günstige Einfluß der Androgene auf den erhöhten *Blutdruck*, über den manche Untersucher (z. B. STEINACH u. Mitarb., 1938) berichteten, konnte von späteren Nachprüfern nicht bestätigt werden. Die Klinik verhält sich daher im allgemeinen skeptisch gegenüber einer Anwendung der Androgen-Therapie bei cardio-vasculären Erkrankungen. Daß jedoch in dieser Frage das letzte Wort noch nicht gesprochen ist, geht aus den experimentellen Untersuchungen von LLOYD u. PICKFORD (1963) hervor, die ihre Versuche an Ratten und Hunden anstellten und deren Ergebnisse die Bedeutung der Geschlechtshormone für gewisse Gefäßreaktionen unterstreichen. Bei den mit dem heterosexuellen Hormon (d. h. mit Stilboestroldipropionat bei den Männchen und mit Testosteronpropionat bei den Weibchen) im Alter von 5 Tagen vorbehandelten Ratten reagierte der Blutdruck der erwachsenen Tiere auf eine Oxytocin-Injektion wie bei oestrischen Weibchen und auf Vasopressin wie bei dioestrischen Weibchen oder normalen Männchen, d. h. es kam zu einer Erhöhung als Reaktion auf Oxytocin, während die Empfindlichkeit gegenüber Vasopressin entweder herabgesetzt oder nicht erhöht war. Die kastrierten Hunde reagierten auf Oxytocin mit einer Herabsetzung des Blutflusses in der hinteren Extremität, obgleich der allgemeine Blutdruck beim männlichen Hund anstieg und bei der Hündin unverändert blieb; bei den intakten Hunden erhöhte Oxytocin den Blutfluß in der hinteren Extremität.

HONORÉ u. LLOYD (1961) hatten festgestellt, daß die Gefäße der Ratte in den ersten Tagen nach der Hodenentfernung gegenüber den Wirkungen von Vasopressin empfindlicher werden; auch gegenüber Oxytocin kommt es zu einer qualitativen Änderung der Gefäßreaktion nach der Orchidektomie. HONORÉ (1964) gab normalen und gonadektomierten Rattenmännchen und -weibchen eine einmalige i.m. Injektion von 1,0 mg Testosteronpropionat: Die Empfindlichkeit der normalen Weibchen gegenüber Vasopressin nahm ab; bei den ovariektomierten Weibchen hatte Testosteronpropionat zunächst keinen desensibilisierenden Effekt innerhalb der Periode verringerter Empfindlichkeit, die nach der Entfernung der Ovarien auftritt, aber wenn diese Periode abgelaufen war, wurde eine merkliche Desensibilisierung als Folge der Androgeninjektion deutlich. Auch die meisten normalen Männchen wurden unter der Einwirkung von Testosteronpropionat weniger empfindlich gegen Vasopressin; einige aber zeigten im Gegensatz dazu eine erhöhte Empfindlichkeit. Testosteronpropionat verhinderte das Auftreten qualitativer und quantitativer Veränderungen der Gefäßreaktionen bei den kastrierten Rattenmännchen. Die Injektion von Testosteronpropionat hatte meist das Auftreten pressorischer Wirkungen von Oxytocin bei Männchen wie bei Weibchen zur Folge; in vereinzelten Fällen wurde eine anfängliche depressorische Phase bei den mit Testosteronpropionat behandelten Tieren beiderlei Geschlechts beobachtet, die stets durch die Verabreichung von Dihydroergotamin unterdrückt werden konnte. Diese depressorische Wirkung zeigt ein übriges Mal, daß die Gefäßreaktion auf Vasopressin und Oxytocin durch das gleiche Hormon in entgegengesetzter Weise beeinflußt werden kann, vermutlich in Abhängigkeit von nicht identifizierbaren Veränderungen im jeweiligen Zustand der Versuchstiere.

Den Einfluß von Testosteronpropionat auf die *Capillarpermeabilität* prüften RICHTER u. ALBRICH (1953) am Kaninchen durch Kontrolle des Auftretens der Ehrlich'schen Linie im Auge nach s.c. Zufuhr von Fluoresceinnatrium: Sie hatten früher (1952) mit der gleichen Methodik eine beachtliche permeabilitätssteigernde Wirkung der Oestrogene nachweisen können, während die Verabreichung von Progesteron sich weder im Sinne einer Förderung noch einer Hemmung der Permeabilität bemerkbar machte. Es erwies sich nun, daß auch das Testosteronpropionat das Auftreten der Ehrlich'schen Linie im Auge des kastrierten männlichen Kaninchens in keiner Weise beeinflußte.

9. Androgene und Blut

Einen Einfluß der Sexualhormone auf das Blut anzunehmen liegt nahe, weil gewisse geschlechtsabhängige Unterschiede zwischen dem Blut männlicher und weiblicher Individuen bestehen[14]: So beträgt die Zahl der roten Blutkörperchen beim Mann im Mittel $5\,000\,000/mm^3$ gegenüber nur $4\,500\,000/mm^3$ bei der Frau; die Sedimentierungsgeschwindigkeit der Erythrocyten ist beim Neugeborenen (also vor der sexuellen Reife!) am geringsten und steigt beim Erwachsenen an, bleibt aber beim Mann stets etwas kleiner als beim Weib (bei dem sie während der Schwangerschaft noch eine weitere Erhöhung erfährt); dagegen beträgt der Hämoglobingehalt des Blutes bei der Frau nur etwa 90 % von dem des Mannes; dieser Unterschied im Hämoglobingehalt des Blutes zugunsten des Mannes bleibt das ganze Leben über bestehen (UNDERWOOD, 1956). REUTER u. KENNES (1966) fraktionierten die Prä-Albumin-Fraktion im Serum der Maus in 3 Teile: PA_1, das

---

14 Die folgenden Angaben sind zum Teil dem Lehrbuch der Physiologie des Menschen von R. HÖBER, VII. Aufl., Verlag Julius Springer, Berlin 1934, entnommen.

nur bei männlichen Mäusen vorhanden ist, und PA_3 und PA_9, die auch bei Weibchen, aber nur in Mengen von 55 bzw. 52 % des Gehaltes im männlichen Serum feststellbar sind.

Ausgesprochene hämatologische Veränderungen fand HAMILTON (1948) nach Kastration beim Mann: Die Erythrocytenzahl ging bei 5 Individuen von im Mittel 4900000 am 19. Tag nach der Kastration auf 4400000 (um 10 %), am 29. Tag auf 4490000 (um 8,4 %) und am 40. Tag auf 4440000 (um 9,4 %) zurück; auch der Hämatokritwert lag zu den gleichen Prüfungsterminen im Mittel um 6 % niedriger, der Hämoglobingehalt pro 100 ml Blut war um 9 % am 19. Tag und um 7 % am 29. und 40. Tag niedriger als vor der Kastration; dagegen erhöhte sich die Sedimentierungsgeschwindigkeit um 100—300 %, im Mittel um 174 %. McCULLAGH u. JONES (1942) sahen ein Ansteigen des bei eunuchoiden Männern erniedrigten Hämatokritwertes unter der Behandlung mit Methyltestosteron oder Testosteronpropionat. Diese Veränderungen entsprechen in ihrem Charakter den Erwartungen, die man an einen Fortfall der Androgene knüpfen muß, wenn die oben genannten Geschlechtsunterschiede auf der Präponderanz der Androgene beim Mann beruhen.

Die Kastration führt bei Ratten zu ähnlichen Ergebnissen wie beim Mann (SAHA, 1964); die Verabreichung von Androgenen läßt bei kastrierten oder hypophysektomierten Rattenmännchen (FINKELSTEIN, GORDON u. CHARIPPER, 1944; SAHA, 1964; VOLLMER, GORDON, LEVENSTEIN u. CHARIPPER, 1941), bei Vögeln (TABER, DAVIS u. DOMM, 1946; DOMM u. TABER, 1946), bei kastrierten Hamstern (STEIN u. CARRIER, 1945) und bei eunuchoiden Männern (McCULLAGH u. JONES, 1942; FLEISCHHACKER, 1964) die Erythrocytenzahl ansteigen. Nach VOLLMER u. Mitarb. (1941) nimmt bei kastrierten Rattenmännchen unter der Androgenbehandlung der herabgesetzte Hämoglobingehalt wieder bis auf Normalwerte zu.

Die *erythropoietische Funktion* des Knochenmarkes scheint in den einzelnen Wirbeltierklassen in verschiedener Weise auf die Zuführung von Androgenen zu reagieren: Während BOSSACK u. Mitarb. (1949) beim Frosch keine wesentliche Beeinflussung sahen, stellten CRAFTS (1946), DE BIAS (1951) und SAHA (1964) bei Ratten eine stimulierende Wirkung von Testosteron auf das Knochenmark fest. SCHERER, BRANDS u. OCHS (1954) untersuchten den Einfluß hoher Gaben (10mal 500 μg i.m. innerhalb von 25 Tagen) Methylandrostendiol („Notandron") auf die blutbildenden Organe bei der erwachsenen weiblichen Maus. Diese extrem hohe Dosierung (etwa das 12fache der üblichen therapeutischen Dosis beim Menschen) ergab in der Leukocytenreihe eine geringfügige, aber statistisch gesicherte Verschiebung zugunsten der frühen Stufen, in Form einer Zunahme der Megaloblasten und einer Abnahme der Stab- und Segmentkernigen. Innerhalb der Erythropoiese zeigte sich eine geringfügige Zunahme der Normoblasten, bei unveränderten Werten der Präerythroblasten und Makroblasten. Insgesamt also jedenfalls keine Hemmung der Blutbildung und nur ein sehr geringer stimulierender Effekt, wie er bei starken spezifisch androgenen Stoffen beschrieben wurde, aber bei diesem schwachen Androgen auch nicht erwartet werden konnte.

NAETS u. WITTEK (1964) sind den Möglichkeiten einer Erklärung der ihnen zufolge klinisch vielfach bestätigten stimulierenden Wirkung der Androgene auf die Erythropoiese in Versuchen an normalen bzw. polycythämischen Mäusen nachgegangen, die sie mit Testosteronpropionat oder mit ausgesprochen anabol wirkenden Androgenderivaten, zum Teil in Verbindung mit Erythropoietin[15]-Gaben behandelten. Nach ihrer Auffassung kommen die folgenden Wirkungsmechanismen in Frage:

15 Als Erythropoietin-Präparat diente der Standard vom Department of Biological Standards in London.

1) eine Stimulierung der Produktion von Erythropoietin durch die Androgene;

2) eine Potenzierung der Wirkung von Erythropoietin, d. h. die Differenzierung einer größeren Zahl von Hämatoblasten („cellules souches") in Erythroblasten bei der gleichen Menge zur Verfügung stehenden Erythropoietins;

3) eine Stimulierung der Differenzierung von Hämatoblasten in Erythroblasten;

4) eine Zunahme der Synthese von Hämoglobin durch die bereits differenzierten Zellen.

Die Ergebnisse der Versuche lassen den Wirkungsmechanismus nach 2) oder auch nach 4) möglich erscheinen, d. h. eine Potenzierung der Erythropoietin-Wirkung bzw. eine Stimulierung der Vorgänge in den Zellen nach der Differenzierung. Auch SCHOOLEY (1966) schließt aus seinen Versuchen, daß die durch Testosterongaben bei Mäusen induzierte Erhöhung der Erythropoiese auf eine vermehrte Erythropoietin-Produktion zurückzuführen sei, deren Mechanismus allerdings noch ungeklärt sei.

Auch MIRAND, GORDON u. WENIG (1965) halten die Auswertung des erythropoietischen Prinzips (ESF) an der polycythämischen Maus für die spezifischste und empfindlichste Methode für die Aufdeckung dieses Prinzips. Sie sind in ihren ausgedehnten Versuchen mit der Anwendung von Testosteroncyclopentylpropionat und Testosteronpropionat allein oder in Kombination mit Hypoxie bei Mäusen, Ratten, Kaninchen und einem Primaten (Tamarinus nigricollis) zum Ergebnis gekommen, daß der Mechanismus der stimulierenden Wirkung der Androgene auf die Erythropoiese vermutlich über die Beeinflussung der ESF-Bildung in der Niere, dem Hauptproduktionsort von ESF, geht und vielleicht mit der nephrotropen, eine renale Hypertrophie auslösenden Wirkung der Androgene in Zusammenhang steht. Auch FRIED u. GURNEY (1965) sind in ähnlichen Versuchen zum gleichen Ergebnis gekommen, daß die Androgen-(Testosteronpropionat-)Wirkung auf die Erythropoiese über die Stimulierung der ESF-Produktion in der Niere zustandekommt.

In diesem Zusammenhang sind die Versuche von JEPSON u. LOWENSTEIN (1964) zu erwähnen, die die Wirkung von Prolactin (LTH) auf die Erythropoiese am gleichen Versuchstier, nämlich an der polycythämischen Maus untersuchten: sie fanden, daß LTH die Erythropoiese bei der intakten Maus stimulierte (ebenso wirkte auch Blutplasma der lactierenden oder trächtigen Maus); bei Verabreichung über einen längeren Zeitraum (1 Monat) erhöhte LTH die Erythrocytengesamtmenge, nicht nur bei intakten, sondern auch bei kastrierten Mäusemännchen, so daß die Wirkung von LTH offenbar nicht über den Hoden geht. Die s.c. Injektion von Testosteron (50 μg in öliger Lösung an 2 oder 6 Tagen/Woche, im Laufe eines Monats) führte im akuten Versuch zu einer Vermehrung der Aufnahme von ^{59}Fe in die Erythrocyten oder im chronischen Versuch zu einer Erhöhung des Erythrocyten-Gesamtvolumens sowohl beim intakten als auch (noch ausgesprochener) beim kastrierten Mäusemännchen.

Nach neuen Versuchen von NAETS u. WITTEK (1966) hatte die chronische Verabreichung von Androgenen bei normalen Mäusen im Lauf von 7—60 Tagen eine gemäßigte, aber signifikante Zunahme der Erythrocytenzahl zur Folge. Die Verabreichung von Testosteronpropionat oder Nandrolonphenylpropionat während 1 Woche erhöhte den Einbau von ^{59}Fe in die Erythrocyten, in Bestätigung der obigen Befunde von JEPSON u. LOWENSTEIN (1964); wurde die Verabreichung über 4—5 Wochen ausgedehnt, so nahm der Einbau nach dem Maximum bei 1 Woche allmählich ab. Bei den transfundierten (i.p., homologes Blut) polycythämischen Mäusen rief die Androgenbehandlung keine erythropoietische Reaktion hervor; es wurde daraus geschlossen, daß Androgene keine Differenzierung von Stammzellen („stem cells", Hämatoblasten) in Normoblasten induzieren. Aus der Tatsache, daß die Reaktion der durch Hypoxie polycythämischen Mäuse auf eine einmalige Dosis von exogenem Erythropoietin oder die Reaktion auf eine kurzdauernde Stimulierung durch Hypoxie (endogenes Erythropoietin) in gleicher Weise erweitert wird, schließen Verff. daß die Androgene nicht die Produktion von Erythropoietin verbessern, sondern entweder die Wirkung von Erythropoietin durch Erhöhung der Zahl von Stammzellen potenzieren oder ihre Empfindlichkeit für Erythropoietin erhöhen oder einen Schritt in der Erythropoiese beeinflussen, der nach der Stammzellendifferenzierung erfolgt (s. o. S. 573).

Vielfach ist der Einfluß von Sexualhormonen auf die *Eosinophilen* untersucht worden. SCHWEIZER (1956) stellte einen eosinopenen Effekt von chronischen Testosterongaben beim Meerschweinchen fest, der sich darin äußerte, daß der Gehalt an zirkulierenden Eosinophilen 1) beim kastrierten Männchen auf den Wert wie beim normalen Weibchen anstieg, 2) beim kastrierten Männchen auf den Wert wie beim normalen Männchen herabsank, und 3) der Gehalt beim infantilen Männchen (17—26 Tage alt) ebenso hoch war wie beim Kastraten. Die Zahl der polymorphkernigen Leukocyten erfährt nach dem 30. Lebenstag beim Meerschweinchen eine merkliche Erhöhung (um 200 % oder mehr), die aber nicht auf die sexuelle Reifung zurückzuführen ist, denn sie wird weder durch die Kastration noch durch die Verabreichung von Testosteron beim Kastraten beeinflußt. Auch DWORETZKY, CODE u. HIGGINS (1950) und DEWS u. CODE (1951) fanden, daß die Zahl der zirkulierenden Eosinophilen beim Meerschweinchenmännchen kleiner ist als beim gleichalten Weibchen, auch kommt es beim Meerschweinchenmännchen zu einem stärkeren Anstieg der zirkulierenden Eosinophilen nach der Hypophysektomie als beim Weibchen (SCHWEIZER, 1955), was auch für die Ratte nach der Hypophysektomie gilt (CRAFTS, 1941, 1946).

HALBERG, HAMERSTON u. BITTNER (1957) fanden zwar bei der Maus in beiden Geschlechtern eine signifikante 24stündliche Periodizität der Eosinophilenzahl im strömenden Blut, stets aber zeigten die Weibchen im Mittel geringere Zahlenwerte als die Männchen (also umgekehrt wie beim Meerschweinchen).

Normale und adrenalektomierte Rattenweibchen des Long-Evans-Stammes dienten VANHA-PERTTULA (1962) zu ihren Versuchen über den Einfluß von androgenen (Testosteronpropionat, Testosteronphenylpropionat) und anabolen ($3\beta,17\alpha$-Dihydroxy-17α-methyl-androst-5-en, 17β-Hydroxy-17α-methyl-androsta-1,4-dien-3-on, 17β-Hydroxy-19-norandrost-4-en-3-on-17-phenylpropionat, 17β-Hydroxy-19-norandrost-4-en-3-on-17-decanoat) Hormonen auf die zirkulierenden Eosinophilen. Alle 6 untersuchten Verbindungen bewirkten eine signifikante Zunahme der Eosinophilenzahl im strömenden Blut; die höchste und rascheste Wirkung wurde bei den mit $3\beta,17\alpha$-Dihydroxy-17α-methyl-androst-5-en in wäßriger Suspension behandelten Ratten beobachtet; andere Hormone, die in öliger Lösung gegeben wurden, erreichten die Maxima ihrer Wirkungen erst später, beim 17β-Hydroxy-19-norandrost-4-en-3-on-17-decanoat sogar erst 72 Std nach der Verabreichung. Bei den adrenalektomierten Ratten wurden höhere Wirkungsgrade erzielt als bei den intakten Weibchen. Die Verf. nimmt an, daß die untersuchten androgenen und anabolen Hormone die Produktion von Eosinophilen stimulieren; bei den intakten Tieren wird die Wirkung zum Teil durch die endogenen Corticosteroide paralysiert, welche die Auswanderung der Eosinophilen aus dem Blut in die Gewebe fördern.

VOSS (1935) hat die Einwanderung von eosinophilen Leukocyten in die regenerierenden Vesiculardrüsen der Maus unter der Einwirkung exogener Androgengaben beschrieben und mit der Eosinophilen-Einwanderung in die Uterusmucosa bei weiblichen Ratten und Mäusen im Prooestrus und Oestrus des Brunstcyclus in Parallele gesetzt, wie sie von SAITO (1928), GANDER (1930) und BASSETT (1962; hier weitere Literatur) beobachtet wurde. Der Zustrom von Eosinophilen in das Vesiculardrüsenstroma geht von der Drüsenwand über die primären Falten im Lumen der Drüse zu den weiteren Verzweigungen und dürfte mit jenen Auflockerungs- und Abbauvorgängen, die sich im Bindegewebe des Stromas abspielen, im Zusammenhang stehen, wenn unter dem Einfluß des Androgens das vermehrte Bindegewebe der Kastraten-Vesiculardrüse einer Auflockerung und Auflösung verfällt; diese Vorgänge im Bindegewebe des Stromas treten erst dann in Erscheinung, wenn die Regeneration der Vesiculardrüsen bereits gewisse Fortschritte gemacht hat, und man findet dementsprechend auch die eosinophilen Leukocyten nicht in den Anfangsstadien der Regeneration, sondern gewöhnlich erst dann, wenn auch die sekretorischen Prozesse in den Epithelzellen der Vesiculardrüsen wieder eingesetzt haben. Diese Leukocyteneinwanderung in den Genitalschlauch tritt bei beiden Geschlechtern stets nach einer kürzeren oder längeren Periode der Hormonkarenz im Gefolge der Durchtränkung des Körpers und damit auch des Genitalschlauches mit dem spezifischen Sexualhormon auf, mit dem Oestrogen beim Weibchen und mit dem Androgen beim Männchen.

Zu diesen Befunden von Voss und seinen Schlußfolgerungen auf die Rolle der Eosinophilen stehen Beobachtungen von BAKER, BERGMAN, JOSEFSSON u. PAUL (1967) im Widerspruch: Diese Forscher kastrierten erwachsene Rattenmännchen und injizierten sie 18 Tage später einmalig mit 10 mg eines androgenen Depotpräparats (Testosteron-Cyclopentylpropionat in öliger Lösung); die Tiere wurden 2, 4, 6, 8 oder 10 Tage nach der Injektion getötet und ihre Vdr, der Vorderlappen der Prostata und der M. levator ani histologisch untersucht: trotz starker Zunahme des Gewichts aller 3 Testorgane war in keinem von ihnen und zu keinem Untersuchungstermin eine Vermehrung der Eosinophilen festzustellen. Dieser negative Befund steht nicht nur zu den positiven Befunden von Voss (s. o.), sondern auch zu den entsprechenden positiven Beobachtungen am Uterus des mit Oestrogen behandelten kastrierten Nagerweibchens in auffälligem Widerspruch; ob das eventuell auf die relativ kurzfristige Verwendung der Ratten nach der Kastration (18 Tage; bei Voss mindestens 28, meist 35—42 Tage) oder auf die abweichende Art und die relativ sehr hohe Dosis des verwendeten Androgenpräparats zurückzuführen ist, dürfte in weiteren variierten Versuchen zu entscheiden möglich sein.

Eine Reihe neutraler und saurer Steroide bewirkt Fieber und Entzündungsvorgänge bei ihrer Applikation am Menschen (KAPPAS u. PALMER, 1963). Die Entzündung dürfte die cytotoxische Wirkung dieser Verbindungen widerspiegeln, und da die *Hämolyse* eine der Auswirkungen der cellulären Toxizität ist, untersuchte PALMER (1964) verschiedene Steroide auf ihre hämolytischen Eigenschaften in vitro an menschlichen Erythrocyten (Tab. 110):

Tabelle 110. *Hämolytische Aktivität neutraler und saurer Steroide in vitro (nach* PALMER, *1964)*

Steroid	Δ O.D., 540
Glykolithocholsäure	0,590
Taurolithocholsäure	0,539
Lithocholsäure	0,533
Desoxycholsäure	0,517
Chenodesoxycholsäure	0,225
Progesteron	0,203
11-Ketopregnanolon	0,174
Testosteron	0,173
Cholsäure	0,139
Kontrolle	0,130

Steroidkonzentration: 0,04 μM/ml; Inkubation: 120 min bei 37,0°C; Δ O.D. von 0,320 entspricht einer 50 %igen Hämolyse.

Diese Ergebnisse stimmen mit den Befunden von TATENO u. KILBOURNE (1954) überein, die Progesteron stärker hämolytisch wirksam fanden als Testosteron; auch SEGALOFF (1954) fand eine gewisse hämolytische Wirkung von Testosteronderivaten in vitro und in vivo. Eine Beziehung zwischen den hämolytischen und pyrogenen Eigenschaften konnte bei den genannten Verbindungen nicht festgestellt werden; man kann daher annehmen, daß die cytotoxischen oder entzündungserregenden Eigenschaften der Steroide von ihrer pyrogenen Aktivität unabhängig sind (PALMER). Der Mechanismus der hämolytischen Aktivität der Steroide ist ungeklärt, doch konnte jedenfalls in den Versuchen von PALMER eine Bildung von Methämoglobin nicht nachgewiesen werden.

10. Wirkung der Androgene auf die Wundheilung (Granulationsgewebe)

TAUBENHAUS u. AMROMIN (1949) untersuchten die Bildung von Granulationsgewebe in der Wand von Terpentinabszessen bei normalen Ratten und bei Ratten, die sehr hohe Dosen verschiedener Steroide injiziert erhielten. Zum Vergleich wurden Ratten herangezogen, die durch Kastration und Adrenalektomie relativ arm an Steroiden endogener Herkunft waren; an sich beeinflußten diese Eingriffe die Bildung von Granulationsgewebe nur wenig im Vergleich zu den normalen unbehandelten Kontrollratten. Testosteronpropionat hemmte in hohen Dosen die Bildung von Granulationsgewebe, unter Entstehung von vereinzelten groben Collagenklumpen. Die hemmende Wirkung von Oestradioldipropionat war noch ausgesprochener als beim Testosteronpropionat, die gebildeten Collagenfasern zarter. Im Gegensatz zu diesen beiden Sexualhormonpräparaten stimulierte Desoxycorticosteronacetat die Fibroblasten und förderte die Ablagerung einer homogenen diffusen Collagenstruktur. Verff. nehmen an, daß die hemmende Wirkung der Sexualhormone über die Hypophyse geht und vermutlich auf einer Hemmung der Produktion (oder Wirkung?) des Wachstumshormons beruht[16].

Bei der isolierten s.c. Anwendung anaboler Steroide (17α-Methyl-17β-hydroxy-androsta-1,4-dien-3-on = Methandrostenolon = Dianabol; 17α-Aethyl-4-estren-17β-ol = Oestrenol = Orgabolin; 4-Hydroxy-17α-methyl-17β-hydroxy-androsta-4-en-3-on = Oxymesterone = Oranabol) zur Heilung experimentell gesetzter Hautwunden beim Kaninchen sahen CAVALLERO, MAURIZIO, BARONI u. LAMI (1963) keine Wirkung weder auf die Menge noch auf die Morphologie des Granulationsgewebes; bei einer Kombination mit an sich unwirksamen oder nur wenig wirksamen Dosen des Corticosteroids Fluprednisolon hatten die anabolen Steroide in hohen Dosen (20:1) eine potenzierende Wirkung auf den Hemmungseffekt des Corticosteroids, in kleinen Dosen (2:1) aber überhaupt keine Wirkung. Diese Ergebnisse mit anabolen Steroiden stehen im Gegensatz zu früheren Untersuchungen von LODDI u. MOGGI (1953) und von PEARCE, FOOT, JORDAN, LAW u. WANTZ (1960), die eine Förderung der reparativen Prozesse bei der Wundheilung

---

16 Gegen diese Theorie spricht aber die Tatsache, daß nach RASMUSSEN (1968) Testosteronpropionat im Gegensatz zu Oestradiol bei der Wundheilung eine leichte wachstumsfördernde Wirkung zeigt. Er untersuchte [nach früheren Versuchen mit Oestrogenen (1967)] die Wirkung von Testosteronpropionat und Methandrostenolon auf die bindegewebigen Komponenten der intakten Harnblase und des Ureters und auf die Heilung linearer Wunden der Harnblase beim Kaninchenmännchen und fand keine morphologischen Veränderungen, die als Folge der Hormonbehandlung anzusprechen gewesen wären, stellte dagegen biochemisch eine Abnahme im Gehalt an Wasser und an Mucopolysacchariden unter der Wirkung von Testosteronpropionat fest; Methandrostenolon bewirkte eine leichte Wachstumsförderung und eine zweifelhafte Abnahme des Wassergehalts in den heilenden Wunden, war aber ohne Wirkung auf den Gehalt an Collagen und Mucopolysacchariden.

durch die Anabolica fanden. Auch BARBERA, POLLICE u. MAZZARELLA (1962), die das Oranabol, also eine von CAVALLERO u. Mitarb. (s. o.) ebenfalls geprüfte Zubereitung verwendeten, stellten sowohl bei isolierter Gabe eine deutliche Förderung der Heilung von Hautwunden bei der Maus fest, als auch eine „Neutralisierung" der hemmenden Corticosteroidwirkung in der Kombination mit Prednisolon, auch bei einem Dosenverhältnis von 2:1, wie in CAVALLERO's negativen Versuchen. Ob die gegensätzlichen Ergebnisse auf die Verwendung verschiedener Versuchstiere (Kaninchen und Maus) zurückzuführen sind, wäre zu prüfen.

JOSEPH u. DYSON (1965) fanden bei Männchen eine signifikant raschere Regeneration von experimentell gesetzten Defekten am Kaninchenohr als bei Weibchen der gleichen Rasse und glauben diese Beschleunigung der regenerativen Prozesse an der relativ mobilen Oberhaut, am elastischen Knorpelgewebe, Bindegewebe, an den Nervenfasern und der immobilen Unterhaut des Ohres auf die Gegenwart von Androgenen beim Männchen zurückführen zu können. Sie fanden

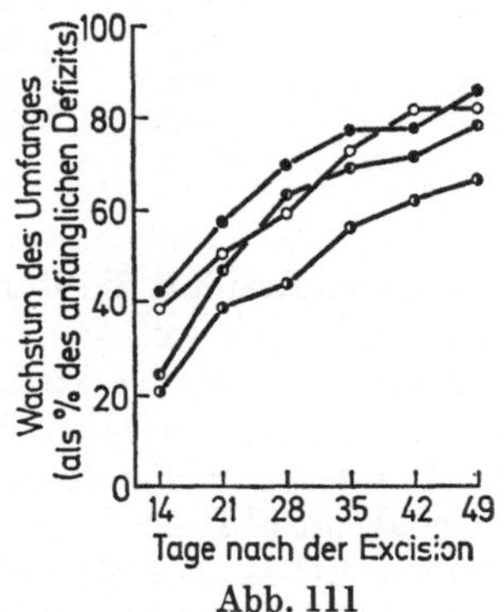 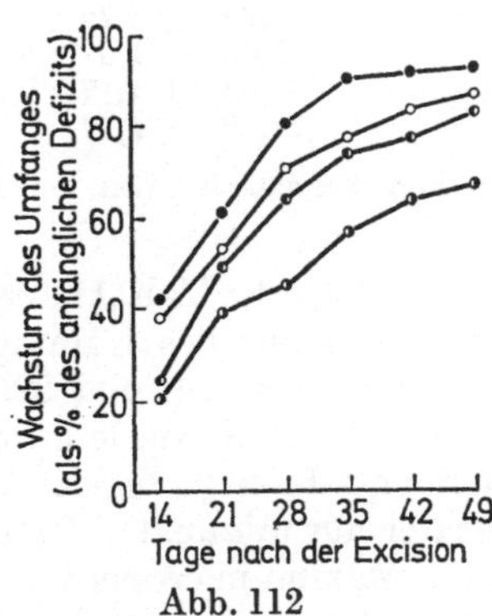

Abb. 111   Abb. 112

Abb. 111. Vergleich der Wachstumsrate von Ohrregeneraten bei stärkeren (●) und schwächeren (○) Dosen von mit Testosteronphenylpropionat behandelten Kaninchenweibchen und bei unbehandelten Weibchen (◑) und Männchen (◐). (Nach JOSEPH u. DYSON, 1966)

Abb. 112. Vergleich der Wachstumsrate von Ohrregeneraten bei mit stärkeren (●) und schwächeren (○) Dosen von Nandrolonphenylpropionat behandelten Kaninchenweibchen und bei unbehandelten Weibchen (◑) und Männchen (◐). (Nach JOSEPH u. DYSON, 1966)

in weiteren Versuchen (1966) eine Bestätigung dieser Auffassung, wenn sie die Kaninchenweibchen nach der Setzung des Defekts am Ohr mit Testosteronphenylpropionat (TPP, 1,0 mg/3 kg K.-Gew., 2mal oder 5mal wöchentl. s.c. injiziert) oder mit 19-Nor-androst-4-en-17β-3-on-phenylpropionat (NPP, 17,5 mg/ 3 kg 2mal oder 1,0 mg/3 kg 5mal wöchentl. s.c. injiziert) behandelten: die Injektionen sowohl von TPP als auch von NPP führten zu einer Beschleunigung der Regeneration des Ohrdefekts bei den Weibchen, die derjenigen bei den Männchen gleichkam oder sie übertraf (Abb. 111 und 112); hierbei war das vornehmlich anabole Androgenderivat NPP stärker wirksam als das TPP, bei dem die spezifisch androgene Wirksamkeit im Vordergrund steht. Die Wirkung einer Verringerung des Androgenspiegels beim Männchen (z.B. durch Kastration) ist noch in Prüfung.

Bei der Besprechung der Androgenwirkungen auf den Knochen (Kap. VII, 6, S. 556) haben wir die Untersuchungen von SAID u. Mitarb. (1963) kurz erwähnt, in denen eine vermehrte Androgen- und Gonadotropin-Bildung bei der Ratte nach

Setzung einer experimentellen Tibiafraktur beobachtet wurde. In der untenstehenden Tab. 111 sind die zeitlichen Verhältnisse der Hormonproduktion während des Heilungsprozesses wiedergegeben, die für die Beurteilung der Rolle der verschiedenen Hormone bei diesen Vorgängen offenbar entscheidend sind.

Tabelle 111. *Hormonbefunde im Serum von Ratten im Lauf des Heilungsprozesses nach experimenteller Tibiafraktur. Nach* SAID *u. Mitarb. (1963)*

Tage nach der Fraktur	Kükenkamm-Gewicht in mg/100 g K.-Gew. als Maß der Androgene	Corpora hämorrh. im Ovar der infantilen Maus als Maß des LH-Gonadotropins	Ovarial-Gew. in mg/100 g K.-Gew. bei der infantilen Ratte als Maß des FSH-Gonadotropins
Keine Fraktur, normale Kontr.-Rattenweibchen	19,28 ± 0,97	0,88 ± 0,22	14,45 ± 1,63
5 Tage	21,06 ± 0,91	1,88[a] ± 0,39	14,59 ± 1,05
10 Tage	21,86 ± 1,76	0,76 ± 0,16	16,50 ± 0,89
15 Tage	23,80[a] ± 1,02	0,71 ± 0,28	22,68[a] ± 1,78
22 Tage	23,69[a] ± 1,17	0,38 ± 0,18	16,72 ± 1,50
29 Tage	18,82 ± 1,77	0,50 ± 0,27	16,29 ± 1,63

[a] Signifikant verschieden von der Norm, P = 0,05.

Aus den Zahlen der Tab. 111 ergibt sich als wichtigstes Resultat die statistisch signifikante Zunahme des Kammgewichts bei den Küken, die mit den aus den Sera der Ratten vom 15. und 22. Tage nach Setzung der Fraktur extrahierten Androgenen behandelt wurden, im Vergleich zu den Sera der normalen Ratten. Der Gehalt an LH zeigt bereits 5 Tage nach der Fraktur eine signifikante Zunahme, später nur minimale Werte, während der Gehalt an FSH am Tage 15 sein signifikantes Maximum erreicht. Die Hauptwirkung von LH auf den Hoden ist die Stimulierung der Androgensekretion in den Leydig-Zellen; aus älteren Untersuchungen (FRAENKEL-CONRAT u. Mitarb., 1940) geht hervor, daß die Gegenwart von FSH die stimulierende Wirkung von LH auf die Androgensekretion der Leydig-Zellen zu intensivieren vermag: die Bedeutung des signifikanten Maximums der FSH-Sekretion am 15. Tag nach der Fraktur ist wohl in diesem Sinne zu verstehen.

11. Wirkung der Androgene auf die Bursa Fabricii

Die Bursa Fabricii (B.F.) ist ein lympho-epitheliales Organ an der dorsalen Wand der Kloake bei Vögeln, das seine maximale Entwicklung beim jugendlichen Vogel erreicht, beim Einsetzen der sexuellen Reifung sich zurückzubilden beginnt und bei den erwachsenen Vögeln vollkommen verschwindet. Eine vorzeitige Involution der B.F. bei jugendlichen Vögeln kann durch Bestrahlung (JOLLY, 1915), durch Verabreichung von Sexualhormonen (GLICK, 1957; KIRCKPATRICK u. ANDREWS, 1944), durch die Einwanderung von Parasiten (Trematoden) ins Lumen der B.F. (DOMINIC, 1962) und durch Nahrungsentzug (DOMINIC u. NAIK, 1962) ausgelöst werden. Die normale Entwicklung scheint nach den Untersuchungen von CAREY u. WARNER (1964) wesentlich zu sein, wenn die potentielle Antikörperbildungsfähigkeit beim Vogel zur vollen Ausbildung kommen soll. Aus der B.F. wandern, ebenso wie aus dem Thymus, Zellen in andere Immunitätsorgane, wie z.B. die Milz und die großen Lymphknoten ein, in denen aus diesen B.F.-Zellen rundliche Knoten, die Bursafollikel entstehen (GÜNTHER, 1966). Die Aussaat der B.F.-Zellen folgt der Aussaat der Thymuszellen in einem Abstand von mehreren Wochen (COOPER, PETERSON u. GOOD, 1965). Die Ausschaltung kann entweder auf chirurgischem Wege erfolgen (JANKOVIČ, ISVANESKI, MILOSEVIČ u. POPESKOVIČ, 1963) oder ihre Entwicklung kann durch die Applikation gewisser Steroidhormone am Vogelembryo gehemmt werden („hormonale Bursektomie"). ASPINALL, MEYER u. RAO (1961) injizierten solche Substanzen am 5. Bebrütungstag beim Hühnerembryo ins Eiklar; in ihrer hemmenden Wirksamkeit auf die Entwicklung der B.F. lassen sich die geprüften Steroide in folgender Reihenfolge mit absteigender Potenz anordnen: 1) Dihydrotestosteron; 2) Androsteron und Androstan-3,17-dion; 3) 19-Nortestosteron, Methylandrostendiol, Testosteroncyclopentylpropionat; 4) Testosteron. Nach den vorläufigen Ergebnissen an einer beschränkten Zahl von Verbindungen scheint das Vorhandensein einer Ketogruppe an C3 und einer Hydroxylgruppe an C17 für die hemmende Wirksamkeit von Wichtigkeit zu sein, ebenso die Reduktion des Steroidkernes. Testosteron und 19-Nortestosteron unterscheiden sich nur durch das Fehlen der 19-Methylgruppe in der Nor-Verbindung, wodurch ihre Wirksamkeit verstärkt wird; sehr stark hemmend wirkt das 17-Äthyl-19-nortestosteron, das mit 50 μg eine vollkommene und mit 1 μg eine etwa 50%ige Hemmung bewirkt (19-Nortestosteron ist erst in Dosen von 0,5 oder 1,5 mg wirksam).

In einer späteren Untersuchung variierten die gleichen Autoren (RAO, ASPINALL u. MEYER, 1962) sowohl die einmalige Dosis als auch den Termin der Applikation von 19-Nortestosteron am Hühnerembryo und stellten fest, daß die Entwicklung der B.F. zu jedem beliebigen Zeitpunkt zwischen dem 5. und 17. Tag der Bebrütung durch die Androgenapplikation unterbrochen werden kann, vorausgesetzt daß die Dosierung hoch genug ist[17].

Ergebnisse der histologischen Untersuchung sprachen dafür, daß die Wirkung der Androgene auf einer Mitosenhemmung im Gewebe der B.F. beruht.

Bei hormonal burs-ektomierten Vögeln können, je nach dem angewendeten Steroid und seiner Dosierung, gewisse lymphoide Organe und Funktionen entweder mit ausgeschaltet werden oder mehr oder weniger intakt bleiben, z.B. der Thymus, oder die Ausschaltung von Homoiotransplantaten erfolgt zur normalen Zeit. Diese potentielle Dissoziation deutet darauf hin, daß der Einfluß der Sexualhormone nicht in einer einfachen allgemeinen quantitativen Rückbildung aller immunologischen Reaktionen besteht, sondern in einer selektiven Depression einiger dieser Reaktionen, während die anderen, bei weniger stark betroffenen Vögeln, intakt bleiben (SZENBERG u. WARNER, 1962).

Über die Rolle der B.F. (und des Thymus) bei immunologischen Prozessen orientiert auf Grund der neuesten Literatur die zusammenfassende Darstellung von GOOD, GABRIELSEN, COOPER u. PETERSON (1966).

12. Einfluß der Androgene auf das R.E.S.

Die hormonale Beeinflussung des reticulo-endothelialen Systems ist noch wenig geklärt, und die bisherigen Ergebnisse sind widerspruchsvoll. So scheint es zwar, daß Verbindungen mit hoher oestrogener Aktivität auch eine Verstärkung der phagocytären Wirkung des R.E.S. bei Applikation hoher Dosen bewerkstelligen, und daß die stärksten Förderer des R.E.S. stets eine hohe oestrogene Wirksamkeit besitzen, wie z.B. das Diäthylstilboestrol (NICOL u. BILBEY, 1957; NICOL, BILBEY u. WARE, 1958). Aber die a-a-Dimethyl-β-äthyl-allenolsäure stimuliert das R.E.S. nicht, obgleich sie sehr stark oestrogen wirksam ist (COUR-

---

17 Die oben erwähnten Untersucher CAREY u. WARNER (1964) brauchten 4 mg Testosteronpropionat zur hormonalen Bursektomie, wenn sie das Hormon am 12. Tag der Bebrütung, also verhältnismäßig spät injizierten.

RIER, HOREAU u. JAQUES, 1947). In den Versuchen von SNELL u. NICOL (1956) und von BILBEY u. NICOL (1958) hatten Androgene im Gegensatz zu Oestrogenen und Corticoiden keine Stimulationswirkung auf das R.E.S. oder setzten sogar seine phagocytäre Wirksamkeit herab, aber JUHLIN u. MIQUEL (1961), die eine Reihe von Steroiden auf ihre das R.E.S. stimulierende Wirksamkeit untersuchten, fanden zwar Testosteron, in tägl. Dosen von 30, 300 oder 3000 μg im Lauf von 16 Tagen s.c. injiziert, bei Mäusemännchen unwirksam, während 17a-Methyl-19-nortestosteron, in tägl. Dosen von 1000 μg über die gleiche Zeit verabreicht, die phagocytäre Wirksamkeit des R.E.S. merklich erhöhte. Es ist nicht anzunehmen, daß die stimulierende Wirkung von 17a-Methyl-19-nortestosteron auf seine spezifische androgene Wirksamkeit (z.B. im Vesiculardrüsentest am kastrierten Mäusemännchen) zurückzuführen wäre, da das in dieser Hinsicht viel stärker wirksame Testosteron in dreimal höheren Dosen im R.E.S.-Test unwirksam war. Auch hatte die Kastration keinen Einfluß auf die phagocytäre Wirksamkeit der Mäusemännchen, und 17a-Methyl-19-nortestosteron war am intakten und am kastrierten Tier etwa gleich wirksam. Auch nach Versuchen von SNELL u. NICOL (1956) hatten Testosteron und Androsten-3β,17a-diol eine leicht depressive Wirkung auf die R.E.S.-Wirksamkeit beim männlichen Meerschweinchen, und BILBEY u. NICOL (1958) bestätigten das mit Testosteron und Ethisteron an der weißen Maus.

13. Narkotische Wirkung der Androgene

Auf die anaesthetische bzw. narkotische Wirksamkeit steroider Verbindungen machten als erste CASHIN u. MORAVEK (1927) aufmerksam, die bei der i.v. Injektion colloidaler Suspensionen von *Cholesterin* bei der Katze eine zwar passagere, aber doch auch für schwerere chirurgische Eingriffe genügend tiefe Narkose beobachteten. Einige Jahre später vermerkten STARKENSTEIN u. WEDEN (1936) beim Kaninchen eine bedeutende Vergrößerung der Dauer und Tiefe der Narkose mit gewissen gebräuchlichen Narkosemitteln (Äther, Chloroform, Barbiturate, Urethan und Diphenylhydantoin) durch die zusätzliche Verabreichung von Cholesterin.

Aber erst die ausgedehnte Untersuchung der Beziehungen zwischen chemischer Struktur, narkotischer Wirkung und spezifischer hormonaler Aktivität bei Oestrogenen, Androgenen, Gestagenen und Corticoiden führte SELYE (1941, 1942) zur Feststellung, daß eine Reihe hormonal wirksamer Verbindungen eine narkotische Wirksamkeit besaß, daß sich diese aber nicht auf Steroide beschränkte, welche die herkömmliche Hormonwirkung aufwiesen, wie früher angenommen wurde: unter 75 untersuchten Steroiden (geprüft an partiell hypophysektomierten Ratten, d.h. an Tieren mit erhöhter Empfindlichkeit für die durch Steroide induzierte Narkose) waren die Oestrogene am schwächsten wirksam, während Pregnandion die wirksamste Verbindung war; Desoxycorticosteron und Progesteron waren auch hoch aktiv, während Testosteron eine etwas weniger tiefe und erst nach einer längeren Latenz eintretende Narkose bewirkte. Andere aktive Verbindungen waren unter den physiologischen Metaboliten der Steroidhormone und unter den synthetischen Derivaten anzutreffen, wie Androsteron, 3β-Ätiocholanolon, Ätiocholanolon, 6-Hydroxyprogesteronacetat, Acetoxypregnenolon u.a. Die Veresterung verhinderte die narkotische Wirkung nicht, wenn durch sie eine bessere Löslichkeit der Steroide bewerkstelligt wurde. Die weiblichen Versuchstiere (Ratten, Mäuse) waren für die narkotische Wirkung empfindlicher als die Männchen, die Kastration ließ diese ebenso empfindlich werden wie jene, während eine chronische Behandlung mit kleinen Androgendosen bei Weibchen und kastrierten Männchen die Empfindlichkeit auf den Grad wie bei intakten Männchen herabsetzte. Es scheint, daß eine Vorbehandlung mit kleinen Dosen von Progesteron oder Desoxycorticosteron zu einer Gewöhnung der Tiere (Ratten) an die narkotische Wirkung der Steroide führt.

In der Folgezeit kam es auch zur klinischen Anwendung der Steroidnarkose, jedoch konzentrierte sich die Aufmerksamkeit der Untersucher, besonders seit dem Bericht von MERRYMAN u. Mitarb. (1954) über die narkotische Wirkung von *Progesteron* bei menschlichen Versuchspersonen fast ganz auf dieses physiologische Steroid, umso mehr als es anscheinend auch für die Müdigkeit und Somnolenz mancher Frauen in der Schwangerschaft wenigstens zum großen Teil verantwortlich zu machen war. Ein dem Progesteron nahestehendes synthetisches Steroid, das 21-Hydroxypregnandion-Natriumsuccinat („Viadril"), das bei Versuchstieren eine ausgesprochene depressive Wirkung auf das ZNS hatte, schien auch für die klinische Anwendung viel zu versprechen, wenigstens nach den Versuchen von P'AN u. Mitarb. (1955).

Die *Androgene* als solche oder als Ausgangsverbindungen für die Produktion von narkotisch wirksamen Verbindungen scheinen, nach dem zusammenfassenden Referat von KAPPAS u. PALMER (1963), dem wir einen Teil der obigen Daten entnommen haben, seit SELYE (s.o.) nicht mehr untersucht worden zu sein.

14. Nebenwirkungen der Androgene

Toxikologische Androgenwirkungen sind, soweit aus der Literatur ersichtlich, nicht bekannt geworden, auch scheint es einen Hyperandrogenismus bei erwachsenen männlichen Individuen weder beim Menschen noch beim Tier zu geben. So beschränkt sich die Beobachtung von Nebenwirkungen der Androgene auf solche Organismen, bei denen die Androgene zwar physiologischer Weise, aber nur in geringer Menge auftreten, wie bei infantilen männlichen und infantilen und erwachsenen weiblichen Individuen: m.a.W. handelt es sich bei den Androgen-Nebenwirkungen stets um *Folgen einer Überdosierung*, endogener oder exogener Natur. Sie sind daher in den Kapiteln dieses Bandes, die sich mit der Maskulinisierung weiblicher Individuen oder Pubertas praecox infantiler Männchen beschäftigen, eingehend behandelt worden; im vorliegenden Kapitel sollen nur einige ergänzende Beobachtungen im wesentlichen iatrogener Nebenwirkungen exogener Androgene erwähnt werden.

Die hauptsächlichsten Androgenreceptoren bei der Frau sind Talgdrüsen, Behaarungssytem, Clitoris und die Stimme. PESONEN (1963) hat bei vergleichenden Beobachtungen über den Abbau der Androgene bei normalen Frauen und bei Patientinnen mit Hirsutismus festgestellt, daß „manche Frauen mit Hypertrichose und dem Stein-Leventhal-Syndrom eine statistisch signifikante Erhöhung der Ausscheidung von Epiandrosteron aufwiesen: dieses war ein Anzeichen eines spezifisch männlichen Phänomens, das die Synthese oder Aktivierung eines Enzyms oder Co-Faktors fördert, der für die 3β-orientierte Reduktion des 3-Ketons notwendig ist: Der Hirsutismus beruht auf der Gegenwart eines typisch männlichen Reduktase-Systems".

Nach MAGGIOLO (1963) sind die *Virilisierungserscheinungen* beim Stein-Leventhal-Syndrom die Folge der gestörten Biosynthese von Oestrogenen aus Androgenen in den Ovarien; er hat bei solchen Frauen eine 6monatige Behandlung mit „Anovlar" durchgeführt, mit dem Ziel die übermäßige Bildung von Androgenen in den Ovarien zu hemmen, und erzielte in den meisten Fällen eine Besserung des Hirsutismus, wobei der Ausfall des unerwünschten Haarwuchses zum Teil schon nach dem zweiten Cyclus begann.

Eine bis vor kurzem wenig beachtete Nebenwirkung der Androgenbehandlung bei Frauen sind die *Störungen der weiblichen Stimme* (ARNDT, 1963; BAUER, 1963; DAMESTÉ, 1963; MULLER, 1963; APPAIX, HENIN-ROBBERT u. CODACCIONI, 1964), die meist als Folge einer Behandlung mit Androgenen oder Androgenen + Oestrogenen auftreten. Die hörbaren Stimmveränderungen bestanden in einer Vertiefung der Sprech- und Singstimme, einem Heiserwerden und in Störungen der Stimmintensität; subjektiv klagten die Frauen über rasche Ermüdbarkeit der Stimme, manchmal auch über ein brennendes oder klossiges Gefühl im Halse. Laryngoskopisch waren die Befunde häufig gleich Null, seltener ließ sich eine Hyperämie der Stimmbänder mit mehr oder weniger starken Sekretionszeichen feststellen, manchmal waren die Stimmbänder ödematös; stroboskopisch wurden Veränderungen der Vibrationsamplitude gesehen. Der Grad der Stimmveränderung und die Zeit bis zu ihrem Auftreten hängen nicht nur von der Dosis der Medikamente, sondern wahrscheinlich noch mehr von einer konstitutionellen hormonalen Labilität ab; sehr junge Frauen und solche kurz vor der Menopause sollen besonders empfindlich sein. Bei fortgeschrittenen Stimmveränderungen ist mit einer Regression der Symptome nach Absetzen der Behandlung nicht zu rechnen, bei frühzeitigem Absetzen können sich leichtere Grade zurückbilden; Zugaben von Oestrogenen sind wirkungslos. Einige Beobachter sind quoad Reversibilität der Stimmveränderungen optimistischer als z.B. BAUER (1963): so berichten VALLANCIEN u. DINVILLE (1964) und CALVET u. COLL (1964), daß bei ihren Patientinnen in den meisten Fällen die Stimme sich wieder normalisierte (nach Gaben von 900—1000 bzw. 700—1000 mg androgener Hormone); sie halten eine konsequente Stimmübungsbehandlung für besonders wichtig, die in fortgeschrittenen Fällen viele Wochen und Monate anhalten muß. CALVET u. COLL (1964) weisen darauf hin, daß Veränderungen der endokrinen Situation bei der Frau offenbar viel stärkere Wirkungen auf die Stimme haben als beim Mann, bei dem weder die postpuberale Kastration noch eine Oestrogentherapie zu Stimmveränderungen führen (offenbar weil die anatomische Struktur des Kehlkopfes zu den „fixierten", also nicht mehr veränderlichen sekundären Geschlechtsmerkmalen gehört). Auch diese Autoren haben strukturelle Veränderungen des Kehlkopfes bei der mit Androgenen behandelten Frau nicht gesehen, wohl aber eine starke Hyperämie der Stimmbänder und eine vermehrte Vaskularisierung der gesamten Larynxschleimhaut, wie man sie auch zur Zeit des Stimmbruches bei Knaben findet.

Es ist zu beachten, daß auch *Anabolica* mit geringer spezifisch androgener Wirkung bei längerem Gebrauch zu den gleichen Stimmveränderungen führen können wie die eigentlichen Androgene (ARNDT, BAUER). Auf diese Gefahr hat SCHLÖNDORF (1966) neuerdings besonders eindrücklich hingewiesen und eine sehr strenge Indikationsstellung bei der Anwendung anaboler Hormone bei der Frau verlangt, vor allem auch bei solchen mit Sprechberufen, also Sängerinnen und Schauspielerinnen, aber auch bei Telefonistinnen und Verkäuferinnen.

Daß man ärztlicherseits so spät erst auf diese Nebenwirkung der Androgenbehandlung auf die Stimme der Frau aufmerksam wurde, muß umso mehr wundernehmen, als der Einfluß der männlichen Hormone auf die *Stimmäußerungen bei Vögeln* seit langem bekannt ist und das Auftreten bzw. Verschwinden des Gesanges oder des Sexualrufes beim Männchen der Vögel bei Anwesenheit bzw. Fehlen der Androgene im Körper zu den auffallendsten Wirkungen dieser Stoffe im Vogelorganismus gehört. Es liegen aber auch experimentelle Beobachtungen an Säugetieren über geschlechtliche Einflüsse auf die Stimme vor: so haben VAN GILSE, DE JONGH, DE NOCY u. WIJNANS (1952), die Stimmäußerungen bei normalen und kastrierten Männchen und Weibchen von Ratten verglichen.

Normale Männchen haben eine tiefere Stimme als die Tiere in den 3 anderen Gruppen. Der Unterschied zwischen normalen Männchen und kastrierten Weibchen scheint größer zu sein als zwischen normalen und kastrierten Männchen; kastrierte Männchen haben eine tiefere Stimme als kastrierte Weibchen, was vielleicht auf einen vom Geschlechtshormon unabhängigen Geschlechtsunterschied hinweisen könnte (?). Normale Weibchen produzieren höhere Töne als die kastrierten Weibchen, woraus die Autoren einen Hinweis auf eine bisher unbekannte Wirkung der weiblichen Hormone auf die Stimme entnehmen zu können glauben. In einer weiteren Versuchsserie wurden die Stimmen von normalen erwachsenen Weibchen, von frühzeitig kastrierten erwachsenen Weibchen und von frühzeitig kastrierten erwachsenen Männchen, die alle mit 1,0 mg Testosteronpropionat tägl. behandelt waren und deren Stimmen jeden Tag auf Band aufgenommen wurden, mit einander verglichen: es kam zu einer allmählichen Änderung der Stimme, die sich nicht so sehr in einem allgemeinen Tieferwerden der Stimme als in der Beimengung eines heiseren Tones äußerte. Diese Veränderung ging zum Teil im Lauf von wenigen Wochen nach Absetzen der Behandlung wieder zurück. Eine gewisse Parallelität zu den Stimmveränderungen bei der Frau unter Androgeneinfluß ist unverkennbar.

Eine in ihrer ätiologischen Bedingtheit ungeklärte Nebenwirkung wird bei der oralen Verabreichung von 17a-Methyltestosteron (MT) in Form einer ausgesprochenen *Gelbsucht* in relativ seltenen Fällen beobachtet; Mitteilungen über solche Fälle erschienen nur so lange wie das MT das einzige bei oraler Zufuhr relativ gut wirksame Androgenpräparat war. Unter diesen kasuistischen Mitteilungen zeichnet sich diejenige von WERNER, HANGER u. KRITZLER (1950) durch ihre Genauigkeit und die Bemühungen einer ätiologischen Klärung aus; ihr liegen 7 Fälle zugrunde, deren Krankengeschichten in der untenstehenden Tab. 112 kurz wiedergegeben sind:

Tabelle 112. *Klinische Daten über 7 Patienten mit Gelbsucht nach Behandlung mit 17a-Methyltestosteron (aus* WERNER, HANGER u. KRITZLER, *1950)*

Name	Alter in Jahren	Geschlecht	Diagnose	MT-Verabreich.	Tägl. Dosis mg	Dauer der Behandlung mit MT vor Ausbruch der Gelbsucht	Dauer der Gelbsucht (Wochen)
J.M.	67	M.	Idiopathische Purpura ungeklärter Genese	oral	5×10	4 Monate	5
B.P.	17	M.	Eunuchoidismus	oral	4×20	3 Monate	12
M.N.	30	F.	Cushing-Syndrom	oral	3×10	8 Tage	12
M.P.	35	M.	Eunuchoidismus	oral	3×20	4 Monate	3
L.W.	39	M.	Psychogene Impotenz	sublingual	3×20	4¹/₂ Monate	9
F.T.	27	M.	Simmondsche Erkrankung durch Craniopharyngeom	oral	3×20 bis 3×30	4 Monate	9
R.A.	15	M.	Simmondsche Erkrankung durch Craniopharyngeom	oral	3×20	4 Monate	7—8

Die Laboratoriumsbefunde waren durch eine negative Cephalinflockungsreaktion, eine mäßige Erhöhung der alkalischen Phosphatase im Serum und eine merkliche Zunahme des Bilirubins im Serum gekennzeichnet. Die in mehreren Fällen ausgeführte Leberbiopsie ließ eine Stauung in den Gallenkanälchen und eine geringe Störung der benachbarten Zellen vermuten.

Die Begründung der Annahme, daß das MT das ätiologische Agens der Erkrankung war, ist mehr indirekter Natur: Eine interkurrente infektiöse Hepatitis kann sowohl auf Grund der klinischen als auch der histologischen Befunde ausgeschlossen werden; eine ursächliche Beteiligung der Hormonvehikel ist schon wegen ihrer Verschiedenheit in den einzelnen Fällen unwahrscheinlich, auch ist ihre Unschädlichkeit genugsam bekannt. Die Seltenheit des Syndroms trotz der breiten Anwendung des MT in der damaligen Zeit (1942—1949) läßt die Annahme, daß MT eine ausgesprochene hepatotoxische Wirkung besitzt, unwahrscheinlich erscheinen; eine personelle Idiosynkrasie der Patienten gegenüber MT ist wohl abzulehnen, da in 2 dieser Fälle nach Verschwinden der Gelbsucht eine Wiederaufnahme der MT-Therapie nicht zum Wiederauftreten der Gelbsucht führte. Eine hormonale Überdosierung ist auszuschließen, da selbst eine so geringe Tagesdosis wie 25 oder 30 mg in je einem Fall das Syndrom auslöste.

WESTLAKE (1956) bestätigte die Beobachtungen von WERNER u. Mitarb. (1950), an einem Eunuchen, bei dem sich die Gelbsucht nach 11monatlicher Behandlung mit tägl. 25 mg MT sublingual entwickelte; nach Absetzen von MT verschwand die Gelbsucht allmählich im Lauf von $2^1/_2$ Monaten: „Ein anderer ätiologischer Faktor als MT kam in diesem Fall nicht in Frage", schreibt der Verff.

In einem sehr lesens- und beherzigenswerten Aufsatz hat JUNKMANN (1964) sich zur tierexperimentellen Vorprüfung antikonzeptioneller Steroide geäußert, aus dem hier nur die Kontrolluntersuchungen der eventuellen androgenen Wirkungen hervorgehoben seien, um unliebsame Überraschungen bei der therapeutischen Anwendung dieser Mittel nach Möglichkeit zu vermeiden. JUNKMANN hält zwar die möglichen Nebenwirkungen dieser Antikonzeptionsmittel im allgemeinen in der erforderlichen Dosierung für unbedeutend, aber bei sehr hoher Dosierung der Gestagene, wie z.B. zur Schwangerschaftserhaltung kommen virilisierende oder feminisierende Einflüsse auf den Fetus in Betracht und bei langdauernder Anwendung können sich virilisierende und anabole Einflüsse auch auf die Patientin selbst bemerkbar machen; dieses gilt besonders für die Derivate des Nortestosterons. Man muß auch immer die Möglichkeit einer besonders hohen Empfindlichkeit der einzelnen Patientin im Auge behalten. JUNKMANN fordert daher die folgenden Prüfungen der Präparate:

1) auf die androgene Wirkung an der Ratte (Beeinflussung des Vesiculardrüsen-Frischgewichts und -Inhalts);

2) auf die anabole Wirkung an Ratten (M. levator-ani-Test);

3) auf die virilisierende Wirkung an Rattenfeten (Länge des Septum urethrovaginale, Ano-Genital-Abstand, Verlauf, Länge und Mündungsform der Urethra, Verhalten der Corpora cavernosa und Formveränderungen der Clitoris);

4) auf die feminisierende Wirkung auf Rattenfeten (Ano-Genital-Abstand, Verlauf, Länge und Mündungsform der Urethra, Formveränderungen des Penis und der Corpora cavernosa).

Für gewisse, das Vegetativum des Menschen betreffende Nebenwirkungen (Nausea u.a.) gibt es nach JUNKMANN vorläufig keine tierexperimentellen Analoga, so daß ausgedehnte genaue Beobachtungen am Menschen selbst notwendig sind.

Literatur

Einflüsse der Androgene auf die Haut

ALLALOUF, D.A., BER, A.: Endocrinology **69**, 210—216 (1961).
Dow, D., ZUCKERMAN, S.: J. Endocr. **1**, 387—398 (1939).
HAMILTON, J.B., HUBERT, G.: Science **88**, 481—482 (1938).
ZUCKERMAN, S.: J. Endocr. **1**, 147—155 (1939).
— PARKES, A.S.: J. Anat. (Lond.) **72**, 277—279 (1938).

Beeinflussung der Talgdrüsen durch Androgene

BULLOUGH, W.S., VAN OORDT, G.J.: Acta endocr. (Kbh.) **4**, 291—305 (1950).
BURDICK, H.O., GAMON, E.: Endocrinology **28**, 677—679 (1941).
EBLING, F.J.: J. Endocr. **5**, 297 (1948).
— J. Endocr. **7**, 288 (1951).
— J. Endocr. **10**, 147 (1954).
— J. Endocr. **15**, 297—306 (1957a).
— J. Embryol. exp. Morph. **5**, 74—82 (1957b).
— North Wing, Winter 1956/1957.
GRANT, R.N.R.: Proc. roy. Soc. Med. **44**, 647 (1951); zit. nach R.M.B. MacKENNA. Lancet **1957** I, 169—176.
HAMILTON, J.B.: J. clin. Endocr. **1**, 570 (1941).
— MONTAGNA, W.: Amer. J. Anat. **86**, 191 (1950).
HASKIN, D., LASHER, N., ROTHMAN, S.: J. invest. Derm. **20**, 207 (1953).
KORENCHEVSKY, V., DENNISON, M.: J. Path. Bact. **42**, 91 (1936); **43**, 345 (1936).
LAPIÈRE, C.: C.R. Soc. Biol. (Paris) **147**, 1302—1304 (1953).
LIPKOW, J.: Z. Morphol. u. Ökol. Tiere **42**, 333—372 (1954).
LORINCZ, A.L., LANCASTER, G.: Science (1957). **126**, 124—125.
MONTAGNA, W., KENYON, P.: Anat. Rec. **103**, 365 (1949).
POCHI, P.E., STRAUSS, J.S.: Amer. J. Obstet. Gynec. **93**, 1002—1004 (1965).
RONEY, H.R., ZAKON, S.J.: A.M.A. Arch. Derm. **48**, 601 (1943).
SALMON, U.J.: Endocrinology **23**, 779 (1938).
SCHIRREN, C.: Med. Klin. **59**, 1225—1229 (1964).
STRAUSS, J.S., KLIGMAN, A.M.: J. invest. Derm. **30**, 51 (1958).
— — J. invest. Derm. **33**, 9 (1959).
— — J. invest. Derm. **36**, 309 (1961).
— — J. clin. Endocr. **21**, 215 (1961).
— POCHI, P.E.: J. invest. Derm. **36**, 293—308 (1961).
— — Recent Progr. Hormone Res. **19**, 385—444 (1963).
— — Clin. Res. **13**, Nr. 2, 233 (1965).
Voss, H.E.: Z. Zellforsch. **14**, 200—221 (1931).
WOODBURY, L.P., ORTEGA, P., LORINCZ, A.L.: Clin. Res. **13**, Nr. 2, 234 (1965).
WÜST, H., SUHRHOLT, H.: Hautarzt **16**, 514—518 (1965).

Die Beeinflussung des Haarwachstums durch Androgene

BARTELSHEIMER, H.: Med. Klin. **49**, 245—250 (1954).
BROOKSBANK, B.W.L.: Physiol. Rev. **41**, 623 (1961).
CHIEFFI, M.: J. Geront. **4**, 200—204 (1949).
DeNICOLA, DORFMAN, R.I., FORCHIELLI, E.: Steroids **7**, 351 (1966); zit. nach FRANCE u. KNOX, 1967.
DORFMAN, R.I., SHIPLEY, R.A.: Androgens; New York: J. Wiley & Sons, Inc. 1956.
EBLING, F.J., JOHNSON, E.: J. Endocr. **29**, 193—201 (1964).
FORCHIELLI, E., DORFMAN, R.I.: Riv. ital. Ginec. **17**, Suppl. 1962; zit. nach TURUNEN u. Mitarb., 1964.
FRANCE, J.T., KNOX, B.S.: Acta endocr. (Kbh.) **56**, 177—187 (1967).
FRANCÉS, J.M.: Acta endocr. (Kbh.) Suppl. **101**, 24 (1965).
HAMILTON, J.B.: Anat. Rec. **94**, 466—467 (1946).
HERK, E.J. VAN: Acta endocr. (Kbh.) **41**, 407—410 (1962).
HOUSSAY, A.B., NALLAR, R., SAURER, E.S.: Acta physiol. lat. amer. **9**, 35—49 (1959).
JAMES, V.H.T., PEART, W.S., ILES, S.D.: J. Endocr. **24**, 463—470 (1962).
JOHNSON, E.: J. Endocr. **16**, 337—350, 351—359, 360—368 (1958).
MAGUIRE, H.C., JR.: Clin. Res. **13**, Nr. 2, 229 (1965).
PAPA, CHR.M., KLIGMAN, A.M.: J. Amer. med. Ass. **191**, Nr. 7, 521—527 (1965).
PESONEN, S.: Acta endocr. (Kbh.) **43**, 220—226 (1963).
SIMMER, H.: Dtsch. med. Wschr. **88**, 1661—1671 (1963).
TURUNEN, AA., PESONEN, S., ZILLIACUS, H.: Acta endocr. (Kbh.) **45**, 447—456 (1964).

ZERSSEN, D. VON, MEYER, A. E., AHRENS, D.: Dtsch. Arch. klin. Med. 206, 334—360 (1960).
ZUCKERMAN, S., PARKES, A.S.: Lancet 1936 I, 242ff.
— — J. Anat. (Lond.) 72, 278—279 (1938).

Androgene und Brutfleckenbildung bei Vögeln

BAILEY, R. E.: Condor 54, 121 (1952); zit. nach JOHNS u. PFEIFFER, 1963.
DYRENFURTH, I., HÖHN, E.O.: J. Physiol. (Lond.) 169, 42P—43P (1963).
HÖHN, E.O., CHENG, S.C.: Nature (Lond.) 208, 197—198 (1965).
JOHNS, J.E., PFEIFFER, E.W.: Science 140, 1225—1226 (1963).
LUDWIG, E.: Symp. Dtsch. Ges. Endokr. 17, 43—47 (1971).

Androgene und Speicheldrüsen

ANGELETTI, P.M., ANGELETTI, R.: Biochim. biophys. Acta (Amst.) 136, 187—189 (1967).
ANGELETTI, P.U., SALVI, M.L., TACCHINI, G.: Experientia (Basel) 20, 612—613 (1964).
BIXLER, D., MUHLER, J.C., WEBSTER, R.C., SHAFER, W.G.: Proc. Soc. exp. Biol. (N.Y.) 94, 521—524 (1957).
CHRÉTIEN, M.: C.R. Acad. Sci. (Paris) 261, 5633—5636 (1965).
— ZAJDELA, F.: C.R. Acad. Sci. (Paris) 260, 4263—4265 (1965).
DESCLIN, J., JR.: C.R. Soc. Belge, Séance 20 déc. 1958.
EARTLY, H., LEBLOND, C.P.: Endocrinology 54, 249—271 (1954); zit. nach SHAFER u. Mitarb., 1956.
JUNQUEIRA, L.C., RABINOVITCH, M., FAJER, A.: Rev. bras. Biol. 7, 435—438 (1947).
KOCHAKIAN, CH.D., ENDAHL, B.R., HALL, D.H.: Proc. Soc. exp. Biol. (N.Y.) 89, 289—291 (1955).
LACASSAGNE, A.: C.R. Soc. Biol. (Paris) 133, 180—182, 227—229, 529—531 (1940).
— CAUSSE, R.: C.R. Soc. Biol. (Paris) 135, 241—243, 525—528 (1941).
— CHAMORRO, A.: C.R. Soc. Biol. (Paris) 134, 223—225 (1940).
RAYNAUD, J.: Bull. Biol. France et Belg. 94, 399—523 (1960).
SHAFER, W.G., CLARK, P.G., MUHLER, J.C.: Endocrinology 59, 516—521 (1956).
SREEBNY, L.M.: Diss. Chicago 1954; zit. nach RAYNAUD, 1960.
— MEYER, L., BACHEM, E.: J. dent. Res. 34, 915 (1955); zit. nach RAYNAUD, 1960.
— — — WEINMANN, J.P.: Endocrinology 60, 200—204 (1957).
SUZUKI, K.: Cytologia (Tokyo) 24, 1—18 (1959).
TATA, J.R.: Nature (Lond.) 197, 1167—1168 (1963).

Androgene und die Lacrymaldrüse von Loewenthal

BAQUICHE, M.: Thèse Univ. Genève, 1958; hier weitere ältere Literatur.
CAVALLERO, C.: 1st Internat. Congr. Endocr., Kbh. 1960; Acta endocr. (Kbh.) Suppl. 51, 861 (1960).
— Minerva med. 52, 353 (1961); zit. nach CAVALLERO, 1967.
— Acta endocr. (Kbh.) 55, 119—130 (1967).
— CHIAPPINO, G., MILANI, F., CASELLA, E.: Experientia (Basel) 16, 429 (1960).
— MORERA, P.: Experientia (Basel) 16, 285—286 (1960).
— OFNER, P.: Intern. Congr. Horm. Ster., Milano, Excerpta med. (Amst.) 51, 208 (1962); zit. nach CAVALLERO, 1967.
— — Acta endocr. (Kbh.) 55, 131—135 (1967).
DESAULLES, P.A.: Helv. med. Acta 27, 479 (1960); zit. nach CAVALLERO, 1967.
DORFMAN, R.I., KINCL, F.A.: Endocrinology 72, 259—266 (1963).
HILGAR, A.G., HUMMEL, D.J.: In Androgenic and Myogenic Endocr. Assays Data, Issue 1, August 1964; zit. nach CAVALLERO, 1967.
LOEWENTHAL, N.: J. Anat. et Physiol. 35, 130—132 (1899).

Nasenschleimhaut

HAMILTON, J.B.: Proc. Soc. exp. Biol. (N.Y.) 37, 366—369 (1937).

Nieren

ABELS, J.C., YOUNG, N.F., TAYLOR, H.C.: J. clin. Endocr. 4, 198 (1944); zit. nach DORFMAN u. SHIPLEY, 1956.
BASSETT, S.H., KEUTMANN, E.H., KOCHAKIAN, CH.D.: J. clin. Endocr. 3, 400 (1943); zit. nach DORFMAN u. SHIPLEY, 1956.
BURRIS, M.J., BOGERT, R., KRUEGER, H.: Proc. Soc. exp. Biol. (N.Y.) 84, 181—183 (1953); zit. nach KOCHAKIAN u. TILLOTSON, 1957.
CHESANOW, R.L., SALVI, M.L., ANGELETTI, P.U.: Experientia (Basel) 20, 212—216 (1964).
CLARK, L.C., JR., KOCHAKIAN, CH.D., FOX, R.R.: Science 98, 89—90 (1943); zit. nach DORFMAN u. SHIPLEY, 1956.

COURNOT, L., HALPERN, B.N.: C.R. Soc. Biol. (Paris) Sitzung vom Juli, 1950.
DORFMAN, R.I., SHIPLEY, R.A.: Androgens; New York: J. Wiley and Sons, Inc. 1956.
DUCASSOU, J.: Maroc. méd. 30, 690—691 (1951); zit. nach Exc. med. III, vol. 6, 354 (1952).
FISHMAN, W.H., FARMELANT, M.H.: Endocrinology 52, 536—545 (1953).
FRIEDEN, E.H., LABY, M.R., BATES, F., LAYMAN, N.W.: Endocrinology 60, 290—297 (1957).
GOSS, R.J., RANKIN, M.: J. exp. Zool. 145, 209—216 (1960).
HALE, V.E., MACGREGOR, W.W.: Anat. Rec. 69, 319 (1937).
HALPERN, B.N., COURNOT, L., CAMUS, J.: C.R. Soc. Biol. (Paris) 145, 1080—1082 (1951).
HENDERSON, E., SENECA, H., GIRGIS ABD EL MESSIH, WEINBERG, M.: J. clin. Endocr. 9, 851—865 (1949).
JELINEK, J., VESELÁ, H., VALOVA, BL.: Acta endocr. (Kbh.) 46, 352—360 (1964).
KÁDAS, L., ZSÁMBÉKY, P.: Acta med. hung. 9, 363 (1956); zit. nach KÁDAS u. ZSÁMBÉKY, 1958.
— — Endokrinologie 35, 127—137 (1958).
KOCHAKIAN, CH.D.: Amer. J. Physiol. 142, 315—325 (1944).
— J. biol. Chem. 161, 115—125 (1945).
— Recent Progr. Hormone Res. 1, 177—214 (1947).
— Amer. J. Physiol. 152, 257—261 (1948).
— Proc. Soc. exp. Biol. (N.Y.) 80, 386—388 (1952).
— Amer. Zool. 2, 361—366 (1962).
— Acta endocr. (Kbh.) Suppl. 92, 1—16 (1964).
— DOLPHIN, J.: Amer. J. Physiol. 180, 317—320 (1955).
— ELSAS, FR., HARRISON, D.G.: Acta endocr. (Kbh.) 46, 179—184 (1964).
— TILLOTSON, C.: Amer. J. Physiol. 189, 425—427 (1957).
KORENCHEVSKY, V.: J. Path. Bact. 33, 607—610 (1930).
— DENNISON, M.: J. Path. Bact. 38, 231—246 (1934a).
— — Biochem. J. 28, 1486—1499 (1934b).
LATTIMER, J.K.: J. Urol. 48, 778—794 (1942).
LONGLEY, L.P.: J. Pharmacol. exp. Ther. 74, 61—69 (1942).
MACKAY, L.L., MACKAY, E.M.: Amer. J. Physiol. 83, 196—201 (1927).
RABINOVITCH, M., VALERI, V.: Rev. bras. Biol. 12, 417 (1952); zit. nach DORFMAN u. SHIPLEY, 1956.
RIOTTON, G., FISHMAN, W.H.: Endocrinology 52, 692—697 (1953).
SELYE, H.: J. Urol. 42, 637—641 (1939).
— J. Pharmacol. exp. Ther. 68, 454—457 (1940).
— Recent Progr. Hormone Res. 1, 215—216 (1947), Diskussion zum Vortrag von KOCHAKIAN, 1947.
— STEVENSON, J.: Canad. med. Ass. J. 42, 189—190 (1940).
WALD, H.: Arch. Path. 23, 439—445 (1937).

Androgene und Knochen

AHO, A.J., GRÖNROOS, M., RAIJOLA, E., KAJANEN, M.: Acta endocr. (Kbh.) 37, 63—70 (1961).
BARKER, D.J.P., CROSSLEY, J.N.: Nature (Lond.) 194, 1088—1089 (1962).
EISENBERG, E.: J. clin. Endocr. 26, 565—572 (1966).
GARDNER, W.O., PFEIFFER, C.A.: Anat. Rec. 73, 21, Suppl. (1939); zit. nach BARKER u. CROSSLEY, 1962.
HOWARD, E.: Endocrinology 70, 131—141 (1962).
JOSS, E.E., ZUPPINGER, KL.A., SOBEL, E.H.: Endocrinology 72, 123—130 (1963).
KOLÁR, J., BABICKÝ, A., VYHNÁNEK, L., JANEC, J.: Nature (Lond.) 206, 941—942 (1965).
KOWALEWSKI, K.: Endocrinology 63, 759—764 (1958).
— COUVES, C.M., LANG, A.: Acta endocr. (Kbh.) 30, 268—272 (1959).
— MORRISON, R.T.: Surg. Gynec. Obstet. 103, 38—48 (1956).
— — Canad. J. Biochem. 35, 771—776 (1957).
LYONS, W.R., ABERNATHY, E., GROPPER, M.: Proc. Soc. exp. Biol. (N.Y.) 73, 193—195 (1950).
PRINCIPI, U., BELLUNI, G.: Sperimentale 102, 266 (1952).
SAID, A.H., SOLIMAN, F.A., ABDO, M.S., SOLIMAN, M.K.: Nature (Lond.) 198, 294 (1963).
URIST, M.R., BUDY, A.M., MCLEAN, F.C.: Amer. J. Bone Joint Surg. 32a, 143 (1950).
WAGENEN, G. VAN, HURME, V.O.: Proc. Soc. exp. Biol. (N.Y.) 73, 296—298 (1950).
WIANCKO, K.B., KOWALEWSKI, K.: Acta endocr. (Kbh.) 36, 310—318 (1961).

Androgene und Muskulatur
a) Skeletmuskulatur

BAJUSZ, E.: Endocrinology 64, 262—269 (1959).
BORGMAN, R.F.: Nature (Lond.) 197, 1304—1305 (1963).
COSTA, G., KOCHAKIAN, CH.D., HILL, J.: Endocrinology 70, 175—181 (1962).

DOWBEN, R.M.: Proc. Soc. exp. Biol. (N.Y.) 98, 644—645 (1958).
— Vortrag klin. Tag. Amer. Med. Ass., Los Angeles, Calif., 26. 11. 1962.
ENGEL, P.: Endocrinology 29, 852 (1941).
EVERSE, J.W.R., OVERBEEK, G.O.: Acta physiol. pharmacol. neerl. 1, 327—330 (1950).
HAMILTON, J.B.: Recent Progr. Hormone Res. 3, 257—322 (1948).
HEIM, F., ESTLER, C.-J., PAULUS, D., SCHWARZLOSE, W., TILLIG, K.: Z. ges. exp. Med. 137, 61—67 (1963).
HETTINGER, TH.: Ärztl. Forsch. 13, I/570—I/574 (1959).
KOCH, W., HEIM, F., ESCHWEILER, J.: Acta endocr. (Kbh.) 16, 369—376 (1954).
KOCHAKIAN, CH.D.: Proc. Soc. exp. Biol. (N.Y.) 32, 1064—1066 (1935).
— Ala. J. med. Sci. 1, 24—37 (1964).
— In: Mechanisms of horm. action. Ed. by P. KARLSON. Stuttgart: Thieme, 1965, S. 192ff.
— HILL, J., COSTA, G.: Acta endocr. (Kbh.) 45, 613—622 (1964).
— HUMM, J.H., BARTLETT, M.N.: Amer. J. Physiol. 155, 242—250 (1948).
— TILLOTSON, C.: Endocrinology 60, 607—618 (1957a).
— — Amer. J. Physiol. 189, 425—427 (1957b).
— — AUSTIN, J., DOUGHERTY, E., HAAG, V., COALSON, R.: Endocrinology 58, 315—326 (1956).
LEONARD, S.L.: Endocrinology 50, 199—205 (1952a).
— Endocrinology 51, 293—297 (1952b); zit. nach MEYER u. HERSHBERGER, 1957.
LORING, J., SPENCER, J., VILLEE, CL.: Endocrinology 68, 501—506 (1961).
MEYER, R.K., HERSHBERGER, L.H.: Endocrinology 60, 397—402 (1957).
OVERBEEK, G.A.: Acta brev. neerl. 15, 105 (1948).
PALEČEK, F.: Acta endocr. (Kbh.) 46, 331—335 (1964).
PAPANICOLAOU, G.N., FOLK, E.A.: Science 87, 238—239 (1938).
PEDERSEN-BJIERGAARD, K., TØNNESEN, M.: Acta endocr. (Kbh.) 17, 329—337 (1954).
SAUNDERS, H.L., LEONARD, S.L.: Endocrinology 57, 291—295 (1955).
SCOW, R.O., HAGAN, S.N.: Endocrinology 60, 273—276 (1957).
STOKES, P.E., HORWITH, M., PENNINGTON, TH.G., CLARKSON, B.: Metabolism 8, 709—721 (1959).
VEIL, W.H., LIPPROSS, O.: Klin. Wschr. 17, 655—658 (1938).

b) Glatte Muskulatur

ASCHHEIM, S., VARANGOT, J.: C.R. Soc. Biol. (Paris) 130, 827—829 (1939a).
— — C.R. Soc. Biol. (Paris) 130, 830—832 (1939b).
BASSETT, E.G.: Proc. N.Z. Soc. Anim. Prod. 23, 107—119 (1963).
BOTTOMLEY, A.C., FOLLEY, S.J.: J. Physiol. (Lond.) 94, 26—39 (1938).
BRÜGGER, J.: Helv. physiol. Acta 3, 117—134 (1945).
GARDNER, W.U., VAN HEUVERSWYN, J.: Endocrinology 26, 833 (1940); zit. nach BASSETT, 1963.
KLEIN, M., PARKES, A.S.: Proc. roy. Soc. B 121, 574 (1937).
KORENCHEVSKY, V., HALL, K.: J. Path. Bact. 45, 681 (1937).
— — J. Path. Bact. 50, 295 (1940).
LEITCH, J.L., LIEBIG, C.S., HALEY, TH.J.: Brit. J. Pharmacol. 9, 236—239 (1954).
MAZER, M., MAZER, C.: Endocrinology 26, 662—666 (1940).
MEIER, R.: Ann. N.Y. Acad. Sci. 50, 1161—1170 (1950).
NOBLE, R.L.: J. Endocr. 1, 184—200 (1939).
ROBSON, J.M.: Quart. J. exp. Physiol. 26, 355 (1937).
ROTHLIN, E.: Klin. Wschr. 4, 1437—1443 (1925).
STONE, C.A., LOEW, E.R.: J. Pharmacol. (Kyoto) 106, 226—234 (1952).

c) Herzmuskulatur

BLASIUS, R., KÄFER, K., SEITZ, W.: Klin. Wschr. 34, 324—326 (1956).
— — — Klin. Wschr. 35, 308—310 (1957).

Gefäße

HONORÉ, L.H.: Quart. J. exp. Physiol. 49, 15—20 (1964).
— LLOYD, S.M.: J. Physiol. (Lond.) 159, 183—190 (1961).
LLOYD, S., PICKFORD, M.: J. Physiol. (Lond.) 168, 932—938 (1963).
RICHTER, K., ALBRICH, W.: Wien. klin. Wschr. 1952, 177—179.
— — Klin. Wschr. 31, 857—858 (1953).
STEINACH, E., PECZENIK, O., KLEIN, H.: Wien. klin. Wschr. 51, 65, 102, 134 (1938).

Blut

BAKER, A.P., BERGMAN, F., JOSEFSSON, B., PAUL, K.G.: Acta endocr. (Kbh.) **56**, 221—224 (1967).
BASSETT, E.G.: Nature (Lond.) **194**, 1259—1261 (1962).
DE BIAS, D.A.: Amer. J. Physiol. **165**, 476—480 (1951).
BOSSACK, E.T., u. Mitarb.: J. exp. Zool. **109**, 353—361 (1949).
CRAFTS, R.C.: Endocrinology **29**, 596—602 (1941).
— J. clin. Endocr. **6**, 401—406 (1946a).
— Endocrinology **39**, 401—408 (1946b).
DEWS, P.B., CODE, C.F.: Proc. Soc. exp. Biol. (N.Y.) **77**, 141—143 (1951).
DOMM, L.V., TABER, E.: J. exp. Zool. **101**, 258 (1946); zit. nach DORFMAN u. SHIPLEY, 1956.
DORFMAN, R.I., SHIPLEY, R.A.: Androgens; New York: J. Wiley & Sons, Inc. 1956.
DUTTA, BH., MUKHERJEE, A.K.: Indian J. exp. Biol. **2**, 94—97 (1964).
DWORETZKY, M., CODE, C.F., HIGGINS, G.M.: Proc. Soc. exp. Biol. (N.Y.) 201—204 (1950).
FINKELSTEIN, G., GORDON, A.S., CHARIPPER, H.A.: Endocrinology **35**, 267 (1944); zit. nach
    DORFMAN u. SHIPLEY, 1956.
FLEISCHHACKER, H.: Therapiewoche **14**, 348—354 (1954).
FRIED, W., GURNEY, CL.W.: Nature (Lond.) **206**, 1160—1161 (1965).
GANDER, G.: Z. exp. Med. **72**, 44—64 (1930).
HALBERG, F., HAMERSTON, O., BITTNER, J.J.: Science **125**, 73 (1957).
HAMILTON, J.B.: Recent Progr. Hormone Res. **3**, 257—322 (1948).
JEPSON, J.H., LOWENSTEIN, L.: Blood **24**, 726—738 (1964).
KAPPAS, A., PALMER, R.H.: Pharmacol. Rev. **15**, 123—167 (1963).
MCCULLAGH, E.P., JONES, R.: J. clin. Endocr. **2**, 243—248 (1942); zit. nach DORFMAN u.
    SHIPLEY, 1956.
MIRAND, E.A., GORDON, A.S., WENIG, J.: Nature (Lond.) **206**, 270—272 (1965).
NAETS, J.-P., WITTEK, M.: C.R. Acad. Sci. (Paris) **259**, 3371—3374 (1964).
— — Amer. J. Physiol. **210**, 315—320 (1966).
PALMER, R.H.: Nature (Lond.) **201**, 1134—1135 (1964).
REUTER, A., KENNES, F.: Nature (Lond.) **210**, 745 (1966).
SAHA, J.: Indian J. exp. Biol. **2**, 123—126 (1964).
SAITO, K.: Sci. Rep. Gov. Inst. inf. Dis. (Tokyo) **6**, 365—381 (1928).
SCHERER, E., BRANDS, K., OCHS, D.: Medizinische **1954**, 1100—1101.
SCHOOLEY, J.C.: Proc. Soc. exp. Biol. (N.Y.) **122**, 402—403 (1966).
SCHWEIZER, M.: Endocrinology **56**, 693—696 (1955).
— Endocrinology **59**, 642—645 (1956).
SEGALOFF, A.: J. clin. Endocr. **14**, 244—250 (1954).
STEIN, K.F., CARRIER, E.: Proc. Soc. exp. Biol. (N.Y.) **60**, 313—315 (1945).
TABER, E., DAVIS, D.E., DOMM, L.V.: Amer. J. Physiol. **146**, 440 (1946).
TATENO, I., KILBOURNE, E.D.: Proc. Soc. exp. Biol. (N.Y.) **86**, 186—188 (1954).
UNDERWOOD, E.J.: Trace elements in human and animal nutrition; New York: Academic
    Press Inc. 1956; zit. nach DUTTA u. MUKHERJEE, 1964.
VANHA-PERTTULA, T.P.J.: Acta endocr. (Kbh.) **41**, 107—115 (1962).
VOLLMER, E.P., GORDON, A.S., LEVENSTEIN, I., CHARIPPER, H.A.: Proc. Soc. exp. Biol.
    (N.Y.) **46**, 409—411 (1941); zit. nach DORFMAN u. SHIPLEY, 1956.
VOSS, H.E.: Transact. Dynam. Developm. (Moskau) **10**, 249—251 (1935).

Wundheilung

BARBERA, V., POLLICE, L., MAZZARELLA, L.: Experientia (Basel) **18**, 424—425 (1962).
CAVALLERO, C., MAURIZIO, A., BARONI, C., LAMI, V.: Experientia (Basel) **19**, 428—429 (1963).
FRAENKEL-CONRAT, H., LI, C.H., SIMPSON, M.E., EVANS, H.M.: Endocrinology **27**, 793 (1940).
JOSEPH, J., DYSON, M.: Nature (Lond.) **208**, 599—600 (1965).
— — Nature (Lond.) **211**, 193—194 (1966).
LODDI, L., MOGGI, L.: Acta chir. patav. **9**, 607 (1953); zit. nach BARBERA u. Mitarb., 1962.
PEARCE, C., FOOT, N.C., JORDAN, C.L., LAW, S.W., WANTZ, C.E.: Surg. Gynec. Obstet. **111**,
    274 (1960); zit. nach BARBERA u. Mitarb., 1962.
RASMUSSEN, F.: Acta endocr. (Kbh.) **55**, 346—360 (1967).
— Acta endocr. (Kbh.) **57**, 414—426 (1968).
SAID, A.H., SOLIMAN, F.A., ABDO, M.S., SOLIMAN, M.K.: Nature (Lond.) **198**, 294 (1963).
TAUBENHAUS, M., AMROMIN, G.D.: Endocrinology **44**, 359—367 (1949).

Bursa Fabricii

ASPINALL, R.L., MEYER, R.K., RAO, M.A.: Endocrinology **68**, 944—949 (1961).
CAREY, J., WARNER, N.L.: Nature (Lond.) **203**, 198—199 (1964).

590 Einflüsse der Androgene auf Organe außerhalb der Genitalsphäre und des Endokriniums

COOPER, M.D., PETERSON, R.D.A., GOOD, R.A.: Nature (Lond.) **205**, 143—146 (1965).
DOMINIC, C.J.: Naturwissenschaften **49**, 240—241 (1962).
— NAIK, D.R.: Science u. Culture **28**, 291—292 (1962).
GLICK, B.: Poultry Sci. **36**, 18 (1957); zit. nach DOMINIC u. NAIK, 1962.
GOOD, R.A., GABRIELSEN, A.E., COOPER, M.D., PETERSON, R.D.A.: Ann. N.Y. Acad. Sci. **129**, 130—154 (1966).
GÜNTHER, O.: Umschau **66**, 105—108 (1966).
JANKOVIČ, B.D., ISVANESKI, M., MILOSEVIČ, D., POPESKOVIČ, L.: Nature (Lond.) **198**, 298—299 (1963).
JOLLY, J.: Arch. anat. micr. **16**, 316 (1915); zit. nach DOMINIC u. NAIK, 1962.
KAPPAS, A., PALMER, R.H.: Pharmacol. Rev. **15**, 123—167 (1963).
KIRKPATRICK, C.M., ANDREWS, F.N.: Endocrinology **34**, 340 (1944).
RAO, M.A., ASPINALL, R.L., MEYER, R.K.: Endocrinology **70**, 159—166 (1962).
SZENBERG, S., WARNER, N.L.: Nature (Lond.) **194**, 146—147 (1962).

Einfluß der Androgene auf das R.E.S.
BILBEY, D.L.J., NICOL, T.: Nature (Lond.) **182**, 674 (1958).
COURRIER, R., HOREAU, A., JAQUES, J.: C.R. Soc. Biol. (Paris) **141**, 159—161 (1947).
JUHLIN, L., MIQUEL, J.P.: Acta endocr. (Kbh.) **36**, 87—97 (1961).
NICOL, T., BILBEY, D.L.J.: Nature (Lond.) **179**, 1137—1138 (1957).
— — WARE, C.C.: Nature (Lond.) **181**, 1538—1539 (1958).
SNELL, R.S., NICOL, T.: Nature (Lond.) **178**, 1405—1406 (1956).

Narkotische Wirkung der Androgene
CASHIN, M.F., MORAVEK, V.: Amer. J. Physiol. **82**, 294—298 (1927).
KAPPAS, A., PALMER, R.H.: Pharmacol. Rev. **15**, 123—167 (1963).
MERRYMAN, W., BOIMAN, R., BARNES, L., ROTHCHILD, I.: J. clin. Endocr. **14**, 1567—1569 (1954).
P'AN, N.V., GARDOCKI, J.F., HUTCHEON, D.E., RUDEL, H., KODET, M.J., LAUBACH, G.D.: J. Pharmacol. (Kyoto) **115**, 432—441 (1955); zit. nach KAPPAS u. PALMER, 1963.
SELYE, H.: Proc. Soc. exp. Biol. (N.Y.) **46**, 116—121 (1941).
— Endocrinology **30**, 437—453 (1942).
STARKENSTEIN, E., WEDEN, H.: Arch. exp. Pathol. Pharmakol. **182**, 700—714 (1936).

Nebenwirkungen der Androgene
APPAIX, A., HENIN-ROBERT, J., CODACCIONI, J.L.: J. franc. Oto-rhino-laryng. **13**, 303 (1964).
ARNDT, H.J.: Dtsch. med. Wschr. **88**, 2336—2339 (1963).
BAUER, H.: Münch. med. Wschr. **105**, 682—685 (1963).
CALVET, J., COLL, J.: J. franc. Oto-rhino-laryng. **13**, 287—290 (1964).
DAMESTÉ, P.H.: Need. T. Geneesk. **107**, 891—894 (1963).
VAN GILSE, P.H.G., DE JONGH, R.T., DE NOCY, H.F., WIJNANS, M.: Acta physiol. pharmacol. neerl. **2**, 237—241 (1952).
JUNKMANN, K.: Internist (Berl.) **5**, 237—242 (1964).
MAGGIOLO, J.: 1. Argent. Kongr. Endokrinologie u. Stoffwechsel, Buenos Aires, 20.—25. 10. 1963.
MULLER, A.: Schweiz. med. Wschr. **93**, 1599—1600 (1963).
PESONEN, S.: Acta endocr. (Kbh.) **43**, 220—226 (1963).
SCHLÖNDORFF, G.: Dtsch. med. Wschr. **91**, 555—557 (1966) (hier weitere, in der Hauptsache klinische Literatur).
VALLANCIEN, B., DINVILLE, C.: J. franç. Oto-rhino-laryng. **13**, 277—285 (1964).
WERNER, S.C., HANGER, FR.M., KRITZLER, R.A.: Amer. J. Med. **8**, 325—331 (1950).
WESTLAKE, E.K.: Lancet **1956 II**, 146.

VIII. Verschiedene Wirkungen der Androgene

H. E. Voss

1. Die Beeinflussung des Alterns durch Androgene; das Altern der männlichen Gonade; „Klimakterium virile"

Eine alle Teile befriedigende und alle Verhältnisse berücksichtigende Definition des Begriffes des „Alterns" zu geben, bereitet schon deswegen große Schwierigkeiten, weil es offenbar durch sehr viele verschiedene Faktoren endogener und exogener Natur beeinflußt wird, so daß die Definition von den individuellen Erfahrungen des Definierenden weitgehend abhängig ist. Unter diesen Umständen erscheint die Umschreibung des Begriffes, die SOBEL u. MARMORSTON (1958) ihrer Definition zugrundelegen, verhältnismäßig glücklich und unseren Absichten angepaßt; sie schreiben:

„Altern ist ein zeitabhängiges biologisches Phänomen, das von jeglichen Veränderungen begleitet ist, deren Fortschreiten zu einem Versagen der Lebensenergie und endlich zum Tode führt". Es ist offensichtlich, fügen die Verff. hinzu, „daß dieser Definition zufolge das Altern mit der Geburt seinen Anfang nimmt und daß die Auswirkungen des Alterns nicht vor der Zeit unmittelbar vor dem Tode in Erscheinung zu treten brauchen; und während der Gesamtprozeß des Alterns irreversibel ist, klingt doch ein Unterton an, der anzudeuten scheint, daß ein gewisser Bereich der Reversibilität vorhanden[1] und die Geschwindigkeit des Alterns beeinflußbar ist".

Wir werden uns im folgenden ausschließlich mit den Wirkungen der Androgene auf den Alternsprozeß und mit den Voraussetzungen dieser Wirkungen nur insoweit beschäftigen, als sie durch das Altern des Hauptproduzenten der Androgene im Organismus, des Hodens, betroffen werden. Es ist also ausdrücklich zu betonen, daß wir nur einen kleinen Ausschnitt aus den vielerlei hormonalen Beeinflussungen des Alternsprozesses behandeln; eine umfassendere Diskussion des Problems liegt in dem immer noch sehr lesenswerten Aufsatz von ROMEIS (1933) vor, und aus der neueren Zeit sind die Verhandlungen der Konferenz in Arden House (ENGLE u. PINCUS, 1956) und der Bericht über das V. Symposion der Dtsch. Ges. f. Endokrinologie (NOWAKOWSKI, 1958) hervorzuheben, ferner aus der neuesten Zeit besonders der Vortrag von HEIM (1965)[2].

Unter Hinweis darauf, daß die endokrinen Drüsen im allgemeinen bis ins hohe Alter hinein entweder eine unverändert hohe Aktivität (z. B. die Schilddrüse) oder mindestens eine für die an sie gestellten Ansprüche bei weitem ausreichende Funktionsfähigkeit (z. B. das innersekretorische Pankreas) aufweisen, hat MASTERS (1956) in seinem Vortrag auf einer Konferenz, die sich mit der Rolle der Hormone im Alternsprozeß beschäftigte, die Meinung geäußert, daß die Keimdrüsen als einzige das schwache Glied in der Kette der endokrinen Drüsen, die Achillesferse des gesamten innersekretorischen Regulationssystems darstellen. Nach MASTERS führt die langsame Abnahme der Sexualhormonproduktion mit

---

1 FACHINI u. GIANFRANCESCHI (1964) injizierten Hunden mit Alterstar Extrakte aus Rindersperma, die gewisse Mengen von Androgenen enthalten haben könnten, und stellten eine partielle Rückbildung des Stares fest, allerdings nicht in allen Fällen.

2 Vgl. dazu auch das Kapitel über Haarwachstum, S. 536.

zunehmendem Alter dazu, daß die alternden Individuen, beginnend in der Dekade von 55—65 Jahren, allmählich in einen Zustand hinübergleiten, den er als „neutral gender", als „neutrales Geschlecht" bezeichnet, der aber besser „geschlechtliche Neutralität" zu nennen wäre. Schuld daran soll der Umstand sein, daß die Gonaden nicht über jene Reserven der Organfunktion verfügen, die für die anderen endokrinen Drüsen charakteristisch sind und ihre Dauerfunktion gewährleisten.

Diese Auffassung von MASTERS kann bis zu einem gewissen Grad als für das weibliche Geschlecht gültig anerkannt werden, bei dem das Klimakterium eine wohl definierte, wenn auch zeitlich wechselnde Grenze zwischen dem funktionsfähigen und dem funktionslosen Zustand der weiblichen Keimdrüse bildet. Dagegen ist die Existenz eines „Klimakterium virile" sehr umstritten; auch MASTERS selber muß zugeben, daß seine Symptome häufiger auf psychischem als auf physischem Gebiet liegen und daher einer klaren Erfassung wenig zugänglich sind, umso mehr als solche Erscheinungen wie Reizbarkeit, Furchtsymptome, Schlaflosigkeit, Gedächtnisschwäche, rasche Ermüdung u. a., die als charakteristisch für das Klimakterium virile angegeben werden, auch auf rein nervöser oder psychischer Basis sich entwickeln können, ohne mit der Insuffizienz der Androgenproduktion das geringste zu tun zu haben.

Die für das weibliche Klimakterium so charakteristische Erhöhung der hypophysären Gonadotropinproduktion bzw. -ausscheidung wird auch bei männlichen Personen im Alter beobachtet, ist aber bezeichnender Weise viel häufiger als das Vorkommen von anderen Symptomen einer Androgeninsuffizienz, wie HELLER u. SHIPLEY (1951) bei der Untersuchung von Männern im Alter von 66—92 Jahren feststellten; es wäre möglich, daß sie mehr durch den Ausfall der Oestrogen- als der Androgenproduktion im Altershoden bedingt ist. Auch aus den Untersuchungen von RÖSSLE u. ROULET (1932) geht hervor, daß der Hoden mit fortschreitendem Alter keine wesentliche Reduktion weder der Größe noch des Gewichts erfährt; im höheren Alter ist die Spermiogenese herabgesetzt, aber eine stärkere Verödung des Tubulusepithels fehlt. Aus diesem Grund unterschied schon SPANGARO (1902) den „normalen senilen" vom „atrophischen senilen Hoden": der erste weist histologisch keine entscheidenden Unterschiede gegenüber den Hoden jüngerer geschlechtsreifer Männer auf, während beim senil-atrophischen Testis alle Zeichen der Atrophie zu finden sind, der sich damit histologisch von den primären Hodenatrophien in keiner Weise unterscheidet. Diese wichtige Tatsache ist von späteren Untersuchern meist unbeachtet geblieben und hat in der Folge in der Frage des Klimakterium virile zu unnötigen Verwirrungen Anlaß gegeben (NOWAKOWSKI u. SCHMIDT, 1958). Das einzige, was STIEVE (1921, 1923) beim Altershoden regelmäßig feststellte, war die Verdickung der Tunica propria der Tubuli contorti, welche somit als einzige und wirkliche Altersveränderung der spermatogenen Anteile des Hodens anzusehen ist.

Ein auf dem 17. Sympos. Dtsch. Ges. Endokrinologie abgehaltenes Podiumsgespräch „Klimakterium virile" (1971) kam trotz Berücksichtigung der neuen Erfahrungen über Androgenreceptoren in männlichen Geschlechtsorganen und der Tatsache, daß nicht Testosteron, sondern das wirksamere 5α-Dihydrotestosteron (Androstan-5α-3 on-17β-ol) im Zellkern wahrscheinlich die proliferierenden Prozesse auslöst, nicht zu einer endgültigen Fassung des Begriffes „Klimakterium virile". Testosteron müßte als zirkulierende (inaktive) Vorstufe des eigentlichen Hormons angesehen werden, das in der Zelle unter der Wirkung einer 5α-Reduktase entsteht. „Eine Hormonsubstitution zur Behandlung des Klimakterium virile muß solange als zweifelhaft betrachtet werden, als hormonelle Ursachen der Beschwerden fragwürdig sind. Die früher oft geübte „kontrahormonale" Therapie des sog. Prostataadenoms sollte zugunsten der wirksameren und technisch hoch entwickelten operativen Verfahren verlassen werden. Dagegen ist der positive Effekt der Keimdrüsenentfernung und der Gabe pharmakologischer Oestrogendosen als (postoperative) Behandlung des Prostata-Ca erwiesen," schreiben die Autoren und fügen hinzu: „Versuche, die mit unerwünschten Nebenwirkungen verbundene Oestrogentherapie durch Anti-Androgene zu ersetzen, stehen erst am Anfang. Für den Wirkungsmechanismus .... kommt im Falle des Anti-Androgens eine (nachgewiesene) Konkurrenz mit Dihydrotestosteron um die Receptorbindung in Betracht .... Nachgewiesen wurde ebenfalls, daß Oestrogene in hohen (pharmakologischen) Dosen die Bindung von Dihydrotestosteron an den Androgenreceptor hemmen .... Da die Receptorbindung Voraussetzung der proliferativen Hormonwirkung ist, kann ihre Verhinderung wachstumshemmend und sogar degenerativ wirken, wie morphologische Untersuchungen ergaben." (Eine von manchen Spezialisten geübte „Schaukeltherapie" des Prostata-Ca hat, soviel mir bekannt, keine weitere Verbreitung gefunden: diese abwechselnde Verabreichung von Androgenen und Oestrogenen beruhte auf der fördernden Wirkung des Androgens auf die Auslösung einer Zellvermehrung in der Prostata und der (angenommenen) stärkeren Angreifbarkeit der in Teilung begriffenen Zellen durch die Oestrogene.)

Die Leydig-Zellen des Hodens sollen nach den Untersuchungen von SPANGARO (1902), THALER (1904) und KASAI (1908) im Altershoden vermehrt sein, nach anderen (OIYE, 1928; STIEVE, 1925) ist ihre Zahl wechselnd. SARGENT u. McDONALD (1948) fanden bei genauer Zählung mit zunehmendem Alter eine merkliche Abnahme der Zahl der Leydig-Zellen, was auch von TILLINGER (1957) bestätigt wurde. CLARA (1930) stellte eine Größenabnahme, ROMEIS (1933) das reichlichere Vorkommen von Pigment in den Zwischenzellen des Altershodens fest. LYNCH u. SCOTT (1950) fanden eine Abnahme des Lipidgehalts in den Leydig-Zellen des menschlichen Hodens im Alter und eine Zunahme des Lipidgehalts in den Sertoli-Zellen; der Auffassung der Verff., daß es sich bei dieser Zunahme um die Speicherung eines Hormonkomplexes in den Sertoli-Zellen des Altershodens handle, ist ENGLE (1955) mit Recht entgegengetreten und hat die Zunahme der Lipide als eine Zelldegenerationserscheinung erklärt.

Mit chemischen Methoden haben PINCUS, ROMANOFF u. CARLO (1954) eine kontinuierliche Abnahme der Androgenausscheidung im Harn beim Mann mit zunehmendem Alter nachgewiesen. NOWAKOWSKI u. SCHMIDT (1958) machten sich die Feststellungen von MANN (1946) und von MANN u. PARSONS (1947, 1950) zunutze, daß der Fructosegehalt im Ejaculat in enger funktioneller Beziehung zur Leydigzellfunktion (Testosteronproduktion) stünde, so daß die Bestimmung des Fructosegehalts eine Beurteilung der Leydigzellfunktion gestatte; zusätzlich führten sie bei den gleichen Patienten, von denen sie das Ejaculat gewannen, auch Bestimmungen der Spermienzahl, ferner fraktionierte Steroidhormonanalysen, Gonadotropinbestimmungen im Harn und eingehende klinische Untersuchungen durch, zum Teil kontrollierten sie auch die Wirkung exogener Testosterongaben in chronischen Versuchen. Sie fanden eine auffällige Divergenz zwischen Leydigzellfunktion (Testosteronproduktion) und spermiogenetischer Aktivität: Während nach ihnen die inkretorische Funktion des Hodens mit zunehmendem Alter kontinuierlich abnimmt, bleibt die Spermienproduktion weitgehend intakt (Abb. 113). In der Mehrzahl der Fälle, in denen aufgrund einer verringerten Spermaplasmafructosekonzentration eine reduzierte Testosteronproduktion anzunehmen war, ergaben die Steroidhormonanalysen eine deutlich herabgesetzte Ausscheidung des Androsteron-Ätiocholanon-Anteils. Die Gonadotropinausscheidung im Harn hielt sich im Bereich der Norm. Durch exogene Androgenzufuhr ließ sich der Fructosegehalt des Ejaculats auf das 4—5fache des Ausgangswertes erhöhen; dabei kam

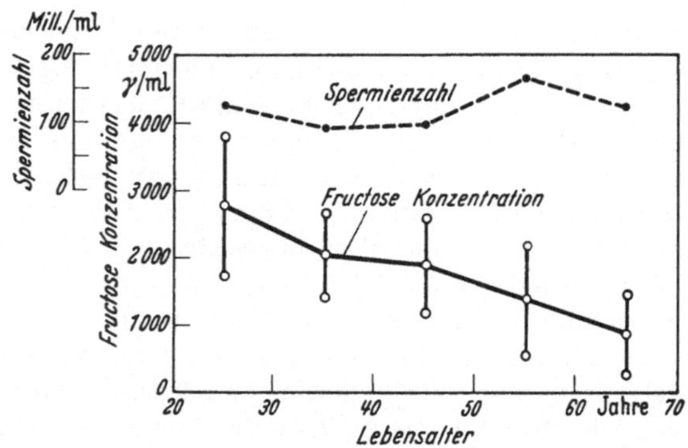

Abb. 113. Fructosekonzentrationen und Spermienzahlen in verschiedenen Altersgruppen. (Nach Nowakowski u. Schmidt, 1958)

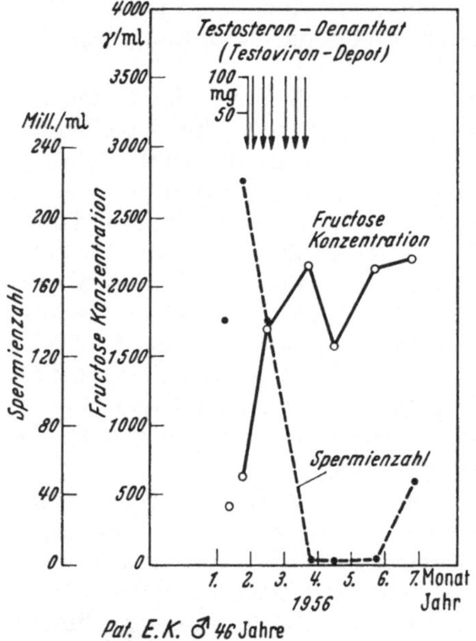

Abb. 114. Effekt der Testosteron-Oenanthat-Behandlung auf die Ejaculatfructose und Spermienquantität bei einem 46jährigen Mann: Normalisierung der Fructosekonzentration und typische Spermiendepression. (Nach Nowakowski u. Schmidt, 1958)

es gleichzeitig zu einer typischen Spermiendepression mit nachfolgendem „Rebound-Effekt", der sich nicht auf die Spermienproduktion beschränkte, sondern auch für die Funktion der Leydig-Zellen galt (Abb. 114).

Auch beim Hoden kommt es somit — wie beim Ovarium — zu einer Altersinvolution, nur beschränkt sie sich im wesentlichen auf die inkretorische Hodenleistung und ihre Träger, die Leydig-Zellen, und tritt makroskopisch oder gewichtsmäßig kaum in Erscheinung, da der Anteil der Leydig-Zellen am gesamten Hodenparenchym nur etwa 12% ausmacht (Nowakowski u. Schmidt, 1958).

Nach Weller (1961), der die Alternsvorgänge in der männlichen Keimdrüse und ihre Bedeutung für die Geriatrie untersuchte, beginnt die kontinuierliche Regression der Leydigzellfunktion nach dem 45. Lebensjahr; zwischen 65 und

75 Jahren beträgt die Androsteronmenge im Harn und der Fructosegehalt der Samenflüssigkeit nur noch etwa ein Viertel derjenigen Werte, die zwischen 20 und 40 Jahren gemessen werden. Morphologisch findet man zwischen dem 45. und 60. Lebensjahr selten, in späteren Jahren häufiger leichte degenerative Veränderungen im Hodenparenchym, mit Verkleinerung des Kanälchendurchmessers, Verdickung der Basalmembran und Verminderung der Zahl der Leydig-Zellen, d. h. das Bild des „normalsenilen Hodens" nach SPANGARO (s. S. 592). Bei 45—55jährigen Patienten, die über psycho-vegetative Störungen als Symptome des Klimakterium virile klagten, wurden die gleichen funktionellen und morphologischen Veränderungen beobachtet, wie sie als Ausdruck des physiologischen Alterns bei den 65—75jährigen Patienten festzustellen sind. Die Behandlung des Klimakterium virile mit Androgenen zeigte, daß in höherem Alter die Empfindlichkeit hormonabhängiger Erfolgsorgane oder Stoffwechselvorgänge (z. B. Längenwachstum der Terminalbehaarung, senile Osteoporose, Stickstoffretention) gegenüber den Androgenen stark herabgesetzt ist. Offenbar handelt es sich „um Involutionsvorgänge an den entsprechenden Geweben, die mit einer Verminderung des Reaktionsvermögens einhergehen und die sich mit der Einschränkung der Funktionsleistung der Keimdrüsen parallel entwickeln" (WELLER, 1961). *Das Fortschreiten der Alternsvorgänge läßt sich also nicht generell durch Androgenzufuhr aufhalten, auch nicht durch hohe Dosen.*

Wenn also, nach den oben besprochenen Untersuchungen des alternden Hodens, die involutiven Alternsveränderungen im wesentlichen die inkretorischen Elemente des Hodens betreffen, während die spermatogenetischen Anteile in größerem oder geringerem Umfang erhalten bleiben und funktionsfähig sind, muß aber ausdrücklich hervorgehoben werden, daß alle diese Untersuchungen ausschließlich die Verhältnisse beim Menschen betreffen. Mir liegt nur eine spezielle Untersuchung von WOODHEAD u. ELLETT (1969) der Alternsvorgänge im Hoden beim Knochenfisch Lebistes reticulatus (Peters) vor, die den Anspruch erheben kann, diese Prozesse an einem ausreichenden Tiermaterial, nämlich im Alter von $2^1/_2$—59 Monaten verfolgt zu haben. Mit dem Altern (ab $13^1/_2$ Monaten) begann ein allmählicher Rückgang des spermatogenen Gewebes und eine fortschreitende Bindegewebsinfiltration, mit beträchtlicher Verdickung der bindegewebigen Hülle des Hodens. Bei über 30 Monate alten Fischen wurden solche Alternsveränderungen regelmäßig beobachtet; sie vermehrten sich dann dauernd, wenn auch ihr Ausmaß eine starke individuelle Variabilität aufwies. Bei senilen Fischen fanden sich atrophische und degenerierende neben normalen spermatogenetischen Cysten und auch in extrem hohem Alter produzierten die Hoden anscheinend noch normale Spermatozoen, worin durchaus Ähnlichkeit mit den Verhältnissen beim Menschen bestand. Zum Unterschied vom menschlichen Hoden scheinen aber beim Fisch die interstitiellen Zellen im Lauf des Lebens bis ins hohe Alter hinein nur sehr geringe Veränderungen ihrer Zahl, ihrer Größe und ihrer cytologischen Eigenschaften aufzuweisen; es muß allerdings betont werden, daß eine Untersuchung der Leydig-Zellen mit Spezialmethoden am zur Verfügung stehenden Material nicht erfolgen konnte.

Anhang: Androgene und Lebensdauer

Die Tatsache, daß die Lebenserwartung im männlichen Geschlecht geringer ist als im weiblichen, ist speziell für den Menschen anerkannt und wird z. B. von den Gesellschaften für Lebensversicherung beim Vertragsabschluß weitgehend berücksichtigt. Sie beginnt sich bereits im vorgeburtlichen Leben auszuwirken, in dem die Sterblichkeit der männlichen Feten bedeutend höher liegt als die der weiblichen, und bleibt offenbar das ganze Leben hindurch bestehen (ALLEN, 1934) (Abb. 115).

HAMILTON (1948) hat die vorhandenen Daten über die Lebensdauer bei männlichen und weiblichen Individuen für 70 Arten zusammengestellt, die von den Wirbellosen (Nematoden, Crustaceen und Insekten) bis zu den Wirbeltieren (Fischen, Reptilien, Vögeln und Säugetieren einschl. des Menschen) reichen: in 62 (80%) dieser Arten ist die Lebensdauer bei den Männchen kürzer als bei den Weibchen[3]. Diese ubiquitäre Verbreitung der männlichen Kurzlebigkeit verbietet es, Geschlechtsunterschiede im Temperament, in den Lebensgewohnheiten oder den Beschäftigungen von Männern und Frauen beim Menschen als Ursachen der geringeren Lebenserwartung beim Mann in Erwägung zu ziehen.

Stoffwechseluntersuchungen sowohl bei Wirbellosen als auch bei Wirbeltieren haben übereinstimmend gezeigt, daß eine *Erhöhung der Stoffwechselrate* zu einer Verkürzung des Lebens führt. So ist beim Süßwasserkrebschen Daphnia der Geschlechtsunterschied der Lebensdauer zu ungunsten des Männchens gepaart mit einem rascheren Herzschlag und einer höheren Kohlendioxydproduktion (MAC-ARTHUR u. BAILLIE, 1929); erhöht man die optimale Wassertemperatur von 18°

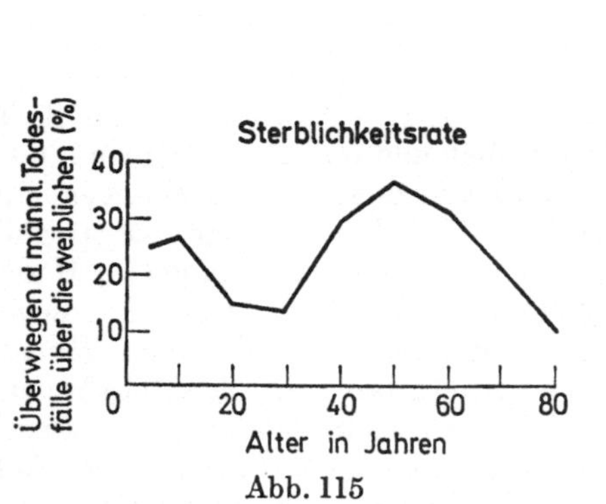

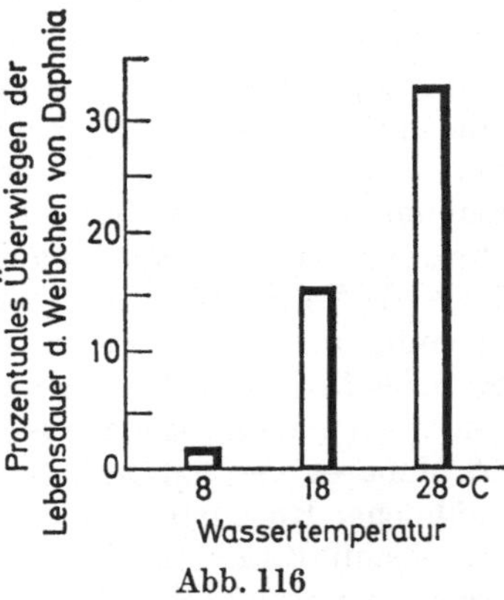

Abb. 115. Die Daten beziehen sich auf Zählungen in den USA in den Jahren 1933—1935. (Aus HAMILTON, 1948)

Abb. 116. Der Geschlechtsunterschied in der Lebensdauer beim Süßwasserkrebschen *Daphnia* bei normaler T° (18° C), bei erhöhter T° (+ 28° C) und bei erniedrigter T° (+ 8° C). (Nach MACARTHUR u. BAILLIE, 1929, aus HAMILTON, 1948)

in der Daphnienzucht auf 28°, so wird die Differenz zwischen den Geschlechtern noch ausgesprochener, sie verschwindet dagegen nahezu, wenn die Stoffwechselintensität durch Herabsetzung der Wassertemperatur auf 8° verringert wird (Abb. 116). Andererseits erhöht das Hungern bei Ratten die Lebensdauer in beiden Geschlechtern und verringert die höhere Sterblichkeitsquote wie sie in der Norm bei den Männchen beobachtet wird (MCCAY, SPERLING u. BARNES, 1943). Nun erhöhen die Androgene, neben ihren spezifischen Wirkungen auf die Fortpflanzungsorgane, durch die stimulierende Wirkung auf eine Vielzahl von Organen

---

3 Es ist hervorzuheben, daß die Natur der Geschlechtschromosomen offenbar keine Rolle bei der relativen Kurzlebigkeit des Männchens spielt, denn sie können bei diesen sowohl homogen, wie bei Tag- und Nachtschmetterlingen, Vögeln und einigen Fischen, oder heterogen wie bei der Mehrzahl der anderen Arten sein.

(z. B. die Skeletmuskulatur) den allgemeinen Stoffwechsel und verkürzen dadurch die Lebensdauer. Es ist bemerkenswert, daß nach HAMILTON die Kastration beim Mann, soweit sich das nach den spärlichen vorhandenen Daten beurteilen läßt, zu einer Verlängerung des Lebens zu führen scheint. Diese, immerhin mit einem nicht geringen Grad von Unsicherheit behafteten Beobachtungen am Menschen haben neuerdings eine ausgesprochene Stütze durch Untersuchungen an der Hauskatze erfahren: HAMILTON, HAMILTON u. MESTLER (1969) stellten fest, daß kastrierte Kater, verglichen mit intakten Katern ein höheres mittleres Alter erreichten und daß die Kastraten an der Zahl der lebenden alten Kater mit einem höheren Prozentsatz beteiligt waren. Dabei kam es zu einer Verlängerung der Lebensdauer auch dann, wenn die Kastration erst nach der sexuellen Reifung erfolgte, sie war aber entschieden ausgesprochener, wenn die Orchidektomie schon im infantilen Alter ausgeführt wurde: diese Tatsache spricht zweifellos dafür, daß die Kastration beim Hauskater lebenverlängernd wirkt.

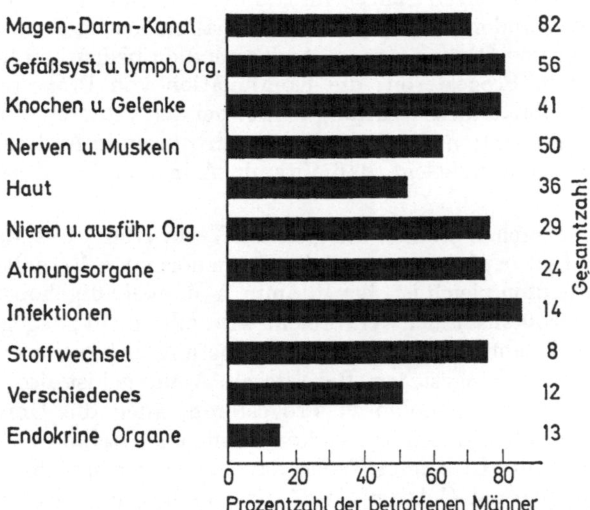

Abb. 117. Übersicht über 365 Fälle verschiedener Erkrankungen, in denen das eine oder das andere Geschlecht prozentual bevorzugt betroffen war. (Nach HAMILTON, 1948)

Eine ganze Reihe verschiedenartiger Erkrankungen befällt in bevorzugter Weise das männliche Geschlecht; ihre Häufigkeit verhält sich laut HAMILTON zu derjenigen von Krankheiten, die bevorzugt Frauen befallen, wie 2:1. Wie Abb. 117 zeigt, gilt diese selektive Bevorzugung des männlichen Geschlechts für alle Organsysteme mit Ausnahme der endokrinen Drüsen und (weniger deutlich) der Haut.

Paradoxer Weise nimmt mit dem Alter die Häufigkeit und Schwere der „männlichen Krankheiten" zu, obgleich zu dieser Zeit die Produktion der Androgene progressiv abnimmt. Eine gewisse Parallele dazu kann man in der späten Entwicklung gewisser männlicher Charakteristika erblicken, wie z. B. der groben Terminalhaare im äußeren Gehörgang, die nur beim Mann und auch bei ihm nur im höheren Alter angetroffen werden, wenn die anderen sekundären Geschlechtsmerkmale des Mannes sich schon auf dem absteigenden Ast der Entwicklung befinden. Diese paradoxen Erscheinungen warnen, wie HAMILTON mit Recht bemerkt, davor, die Ätiologie jener pathologischen Zustände allein auf die Gegenwart der Androgene zurückzuführen und die Bedeutung komplementärer Faktoren zu unterschätzen. Vielleicht könnte auch die längere Gesamtdauer der ununterbrochenen androgenen Beeinflussung des Organismus mit zunehmendem Alter einen entscheidenden Einfluß auf die Entwicklung dieser paradoxen Erscheinungen gewinnen. Vgl. dazu die Untersuchungen über den Einfluß des Coitus auf die Lebensdauer bei Rattenmännchen im Kap. VI, 4, S. 422 betr. spontane Aktivität.

2. Androgene und Vitamine

Beziehungen von *Vitamin A (Axerophthol)* zur Synthese von Steroidhormonen wurden durch eine Reihe experimenteller Daten wahrscheinlich gemacht. So ist die Corticosteronbildung bei der Vitamin A-Mangelratte bedeutend verzögert, ebenso wie die Umwandlung von Pregnenolon in Progesteron. Da aber die Substitutionswirkung von Progesteron für Vitamin A nur eine partielle ist, untersuchten GRANGAUD, CONQUY u. NICOL (1960) die Möglichkeit einer Anteilnahme von Vitamin A an der Umwandlung von Dehydroepiandrosteron in Δ^4-Androsten-3,17-dion — einem wichtigen Schritt im Stoffwechsel der Androgene der Nebennierenrinde — und fanden, daß die Gewichtszunahme der Vitamin A-Mangelratte bei Verabreichung von Progesteron + Androstendion bedeutend höher ist als bei alleiniger Gabe von Progesteron; die Kombination von Progesteron + Dehydroepiandrosteron hatte diese Wirkung nicht: bei der Vitamin A-Mangelratte ist offenbar die Transformation von Dehydroepiandrosteron in Androstendion behindert, was die Annahme nahelegt, daß Vitamin A in vivo für diese Umwandlung notwendig ist.

In weiteren Versuchen stellten die gleichen Verff. (1961) fest, daß die anabole Wirkung von Dehydroepiandrosteron, die unter normalen Verhältnissen derjenigen von Androstendion gleich ist, bei Vitamin A-Mangel aufgehoben wird, gleichgültig ob Progesteron zusätzlich verabreicht wird oder nicht; dagegen übt Androstendion auch bei Vitamin A-Mangel seine Wachstumswirkung aus, bei Gegenwart oder Abwesenheit von Progesteron. Bei Vitamin A-Mangel ist also, ebenso wie die Transformation von Pregnenolon in Progesteron, auch die Umwandlung von Dehydroepiandrosteron in Androstendion, den unmittelbaren Vorläufer von Testosteron, gehemmt. In beiden Fällen handelt es sich um die Oxydation der alkoholischen Gruppe am C-Atom 3 und eine Verlagerung der Doppelbindung. Vitamin A scheint hier wie dort die gleiche Rolle zu spielen, ein neues Beispiel für die Auswirkung eines Vitamins bzw. seines Fehlens auf einen enzymatischen Vorgang.

Den Einfluß von Sexualhormonen auf die Auswirkungen einer *Vitamin A-Hypervitaminose* am Skelet des jungen Rattenweibchens von 95—108 g K.-Gew. untersuchte SELYE (1957): Vitamin A allein rief in der Dosierung von 20000 bzw. 30000 IE tägl. nur leichte Resorptionserscheinungen am Knochen (Tibia, Femur, Mandibula, Scapula) hervor; die gleichzeitige Gabe von Oestradiol sensibilisierte das Skelet für seine Wirkung und es kam zu einer sehr intensiven Verstärkung der Resorptionserscheinungen, während die Kombination von Methyltestosteron und Vitamin A die Wirkungen der Vitamin A-Hypervitaminose vollkommen verhinderte. Die Zunahme des Gewichts wurde durch Oestradiol bzw. Vitamin A, jedes für sich gegeben, nicht vollkommen verhindert, aber immerhin bedeutend gehemmt; kombiniert führten Oestradiol + Vitamin A zu einem echten Körpergewichtsverlust, während die Kombination von Methyltestosteron + Vitamin A die Hemmung der Gewichtszunahme durch die Vitamin A-Hypervitaminose aufhob.

Ratten, die mit einer Vitamin A-Mangelkost ernährt wurden, die einen Zusatz von *Retinoidsäure (Vitamin A-Säure)* enthielt, waren unfähig zur Fortpflanzung, obgleich sie normales Wachstum aufwiesen und keine sonstigen Symptome eines A-Mangels zeigten: bei den Männchen kam es zum Verlust des Samenepithels, bei den Weibchen zu Placentaveränderungen und Resorption der Feten (THOMPSON u. HORRELL, 1964). Diese Fortpflanzungsstörungen können nicht auf eine toxische Wirkung der Vitamin A-Säure bezogen werden, sondern gehen auf den Mangel an Retinol (Vitamin A-Alkohol) zurück, von dem geringe Dosen für eine Heilwirkung genügen, auch wenn sie gleichzeitig mit der Säure gegeben werden. PALLUDAN (1966) zeigte in Versuchen mit Injektion verschiedener Formen von Vitamin A in den Hoden A-avitaminotischer Eber, daß die degenerativen Veränderungen im spermatogenen Gewebe infolge der A-Avitaminose nicht etwa indirekt durch Veränderungen im Hormonstatus (hervorgerufen durch die Avitaminose) bedingt sind, sondern *direkter* Natur sind, d. h. sie können auf Rechnung einer gestörten Funktion des spermatogenen Gewebes gesetzt werden, die durch den Vitamin A-Mangel hervorgerufen ist, und sie können daher auch durch eine *direkte* Applikation mittels intratesticulärer Injektion von Vitamin A-Alkohol oder Vitamin A-Aldehyd behoben werden (nicht aber durch Vitamin A-Säure). Hier Übersicht über ältere Untersuchungen.

Beim Epithelaufbau im Genitalbereich, und zwar am Modell der Rattenvagina haben BOGUTH u. WEISER (1961) einen Synergismus von Vitamin A und Testosteron nachgewiesen: Vitamin A potenziert die Wirkungen von Testosteron (und Progesteron) auf das Vaginalepithel der gonadektomierten Ratte; unter den gleichen Versuchsbedingungen erwies sich Testosteronpropionat 8,4mal wirksamer als Progesteron hinsichtlich der Hemmung der Vaginalschleimhautverhornung durch Oestrogene. Im Hinblick auf diese Versuchsergebnisse von BOGUTH u. WEISER (1961) hat KARG (1964) hervorgehoben, daß es „zwar verfrüht erscheint, aus diesem speziellen Modellversuch Verallgemeinerungen abzuleiten, daß es aber doch bemerkenswert ist, daß es extrem hohe Vitamin A-Dosierungen sind, die eine maximale Testosteron-sparende Wirkung ausmachen". Er weist gleichzeitig darauf hin, daß aus der Praxis bei Besamungsbullen bekannt ist, daß die günstige Wirkung eines gelegentlichen Vitamin A-Stoßes durch eine noch so gute Carotin-Versorgung nicht ersetzt werden kann.

Die Wirkungen eines Vitaminmangels auf die Fortpflanzungsorgane der Säugetiere sind vielfach untersucht worden, speziell auch auf den Hoden, doch ist die Wirkung auf seine innersekretorische Funktion in den älteren Arbeiten unberücksichtigt geblieben, hauptsächlich wohl wegen des Fehlens einer geeigneten Methode für ihren quantitativen Nachweis. Erst im Jahre 1931 stoßen wir auf eine Arbeit von MOORE u. SAMUELS, in der die Wirkung eines *Vitamin B_1 (Aneurin)-Mangels* und andererseits einer quantitativ ungenügenden Ernährung auf Hoden, Prostata und Vesiculardrüsen bei Ratten beschrieben ist; die unterernährten Ratten bekamen eine Überdosis von Vitamin B_1. In beiden Versuchsgruppen wiesen die Hoden eine normale Spermatogenese auf, aber die accessorischen Drüsen (Prostata und Vesiculardrüsen) waren von Kastratentyp. Verff. deuten ihre Ergebnisse dahingehend, daß die partielle Unterernährung, sei es daß sie durch einen Vitamin B_1-Mangel oder durch eine quantitativ ungenügende Diät bei reichlicher B_1-Zufuhr hervorgerufen ist, zu einer Schädigung der Hypophysenfunktion führt, die eine Minderproduktion von Gonadotropin und dadurch einen Ausfall der endokrinen Hodenfunktion zur Folge hat. Jedenfalls ist der Vitamin B_1-Mangel in keiner Weise spezifisch für das Fehlen der Androgenproduktion verantwortlich.

Die Verstärkung der steroiden Wirksamkeit der Nebennierenrinde der Ratte durch ACTH ist von einem Schwund der *Ascorbinsäure* (AS) *(Vitamin C)* in den Nebennieren begleitet; ähnliche Verhältnisse liegen auch bei anderen endokrinen Organen vor, in denen eine Beziehung zwischen der endokrinen Wirksamkeit und der AS-Konzentration festgestellt wurde (interstitielles Gewebe des Ovariums beim Kaninchen, Corpus luteum bei der Ratte). Hinsichtlich des Verhaltens der AS im Hoden sind die Versuchsergebnisse schwankend, doch konnten LLAURADO u. EIK-NES (1961) in ausgedehnten Versuchen an Ratten einen Schwund der AS im Hoden nach Applikation von Gonadotropinen weder in den akuten noch in den chronischen Versuchen feststellen; der experimentelle einseitige Kryptorchismus führte zwar zu einer Abnahme der AS im kryptorchen Hoden, doch wurde diese Wirkung der abdominalen Hodenverlagerung durch eine längere Gonadotropin-behandlung nicht verstärkt. Versuche an Hunden zeigten, daß die Verabreichung von Gonadotropinen (HCG) von einer starken Erhöhung des Testosterongehalts im Blut der V. spermatica gefolgt war, daß aber auch hier ein paralleler Schwund des AS-Gehalts im Hoden nicht eintrat.

Ausgehend von der klinischen Beobachtung, daß eine Behandlung mit *AS bei alten Personen* sehr wirksam war, vermuteten ASAGOE u. HIGUCHI (1959) eine latente Vitamin C-Insuffizienz bei diesen Patienten, hervorgerufen durch die erhöhte Sekretion von Gonadotropin im Alter; dieses wirke auf die Nebennieren-rinde, beschleunige die Produktion von Nebennieren-Androgenen und löse gleich-zeitig einen erhöhten Bedarf an AS aus. Tatsächlich konnten sie eine latente C-Avitaminose durch die Bestimmung von AS im Blut und mit Hilfe des AS-Sättigungstests bei alten Personen beiderlei Geschlechts und eine Abnahme von AS im Blut und im Harn bei Gaben von Gonadotropin unter den Bedingungen des AS-Sättigungstests feststellen.

Ob die Verringerung der Aufnahme der AS von der Haut und vom Knochen-mark bei Ratten mit zunehmendem Alter und der geringere Gehalt an AS in der Leber von älteren Meerschweinchen und menschlichen Versuchspersonen mit der abnehmenden Gonadentätigkeit im Alter zusammenhängt (KANUNGO u. PATNAIK, 1964), ist ungeklärt. Eine Stimulierung der endogenen AS-Synthese bei der Ratte durch androgene und anabole Hormone (10 und 20 mg Testosteronpropionat/kg K.-Gew., s. c. injiziert; 17β-Hydroxy-19-norandrost-4-en-3-on-17-phenylpropio-nat in Dosen von 1,25, 2,5 oder 5,0 mg/kg) beobachtete VANHA-PERTTULA (1963) bei jungen männlichen und jungen und erwachsenen weiblichen Ratten; erwach-sene Rattenmännchen hatten von Anfang an eine von der Gabe dieser Hormone unabhängige hohe AS-Ausscheidung im Harn.

Den *Gehalt an AS im Hypophysenvorderlappen und in den Hoden* von normalen Rattenmännchen oder von solchen, die durch Behandlung mit Oestron (12,5 μg vom 1.—10., 25 μg vom 11.—20. und 50 μg vom 21.—30. Lebenstag tägl.) sterili-siert waren, bestimmte KIMURA (1963); daneben wurden zum Vergleich auch Weibchen untersucht. Bei normalen Männchen ist der AS-Gehalt im Hoden be-deutend geringer als bei den normalen Weibchen in den Ovarien (vielleicht im Zusammenhang mit der hohen AS-Ausscheidung im Harn beim Männchen, s. o. VANHA-PERTTULA), er weist aber auch nicht die Veränderungen auf, die beim Weibchen im Zusammenhang mit dem Cyclus auftreten. Bei den durch Oestron-behandlung sterilisierten Männchen ist der AS-Gehalt in ihren kryptorchen Hoden etwa der gleiche wie bei den normalen Männchen in ihren scrotalen Hoden. Im Hypophysenvorderlappen der Männchen ist der AS-Gehalt etwa so hoch wie der mittlere Gehalt bei den Weibchen in den verschiedenen Stadien des Cyclus.

Nach DEB u. CHATTERJEE (1963) kommt es bei mit Alloxan diabetisch ge-machten Ratten zu einer Degeneration des spermatogenen Gewebes und zu einem Ausfall der endokrinen Funktion des Hodens, kenntlich an der Atrophie der Vesiculardrüsen. Eine Behandlung mit hohen Dosen (1,5 g/kg K.-Gew.) AS tägl. im Lauf von 3 Wochen, beginnend am 15. Tag nach der Alloxaninjektion, führt zu einer vollkommenen Wiederherstellung der normalen Struktur in Hoden und Vesiculardrüsen; mit 1,0 g AS/kg war die Restauration nicht total.

In den Versuchen von BISWAS (1969) wurden erwachsene Männchen der Kröte Bufo melanostictus von 50 g K.-Gew. hypophysektomiert und 10 Tage nach dem Eingriff in Versuch genommen, wobei sie entweder 200 mg Ascorbinsäure (AS) und 55 μg Luteinisierungshormon (LH) kombiniert oder nur den einen oder nur den anderen Wirkstoff s. c. in wäßriger Lösung injiziert erhielten. 18 Std nach der Injektion wurden die Hoden entnommen und der Gehalt an Δ^5-3β-Hydroxysteroid-Dehydrogenase, dem bei der Biosynthese von Androgen in den Leydig-Zellen des Hodens eine entscheidende Rolle spielenden Enzym, in den Samenkanälchen und in den Leydig-Zellen bestimmt. Die Injektion von AS erhöhte bei den intakten Männchen den Gehalt der Hodenschnitte an dem Enzym, das sowohl in den Zellen der Kanälchen als auch in den Leydig-Zellen festgestellt wurde. Die Hypophysektomie setzte den Enzymgehalt stark herab. Die Gabe von AS + LH stimulierte die Dehydrogenase-Aktivität bei den hypophysektomierten Kröten, während weder AS noch LH, jedes allein gegeben, eine solche Stimulierung bewirkten. Verf. glaubt den folgenden Mechanismus der Kombinationswirkung von AS + LH annehmen zu dürfen: AS stimuliert durch die Steigerung der Oxydationsrate von DPNH die Aktivität der DPN-abhängigen Dehydrogenase etwa in der gleichen Weise wie sie von FRUNDEN u. Mitarb. (1962) bei der Oxydation von DPNH in der Leber bereits beobachtet wurde, während LH die Synthese des Enzyms fördert. Wenn auch diese Annahme des Verf. eine gewisse Wahrscheinlichkeit besitzt, so wird man ihm wohl kaum folgen können, wenn er aus der Gegenwart des Enzyms außer in den Leydig-Zellen auch in den Samenkanälchen den Schluß zieht, daß die Androgene des Hodens auch in den generativen Zellen synthetisiert werden.

Die Atrophie der accessorischen Geschlechtsdrüsen, die sich unter dem Einfluß einer rachitogenen Diät, also eines *Mangels an Vitamin D (Calciferol)* bei Ratten entwickelt, kann durch eine bis zu 3 Wochen fortgesetzte Behandlung mit Testosteronpropionat rückgängig gemacht werden. Da die exogenen Androgene ihre Wirkung bei der rachitogenen Diät in normaler Weise ausüben, d. h. daß die Erfolgsorgane normal reagieren, muß man annehmen, daß die Atrophie auf einer Schädigung der Androgenproduzenten, der Leydig-Zellen im Hoden, durch den Vitamin D-Mangel beruht (CHAINCONE, 1937).

Die Wirkung einer *E-(Tokopherol-)Avitaminose* ist bei weiblichen und männlichen Tieren verschieden: Während beim Weibchen die Fortpflanzungsorgane normal funktionieren und die E-Avitaminose sich nur in der jederzeit durch Tokopherolgaben reversiblen Resorptionssterilität äußert, kommt es beim Männchen (Ratte) zunächst zu degenerativen Veränderungen an den Spermatozoen und anschließend allmählich zur Degeneration des männlichen Keimepithels in den Kanälchen, die vollkommen veröden und atrophieren. Die Leydigschen Zwischenzellen sollen durch Tokopherolmangel keine Veränderungen erfahren, doch spricht dagegen, daß der Geschlechtstrieb bei den E-Mangelratten erlischt. Die Anfangsstadien der Hodendegeneration sind durch Tokopherolgaben heilbar, in späteren Stadien hat selbst eine monatelang fortgesetzte hochdosierte Behandlung mit Tokopherol keinen Erfolg. Beim Mann soll eine über Monate oder Jahre fortgesetzte kombinierte Androgen + Vitamin E-Therapie zu einer Besserung der durch Ernährungsmangel verursachten Hodenatrophie führen (STAEHLER, 1953). Dieser Vorteil der Kombinationstherapie soll sich auch in einer Erhöhung der Wirksamkeit kleiner Androgen-Dosen am Kapaunenkamm durch den Zusatz von Vitamin E äußern, nach anderen soll Tokopherol die Wirkung von Androsteron aktivieren (STEPP, KÜHNAU u. SCHROEDER). YOSHIOKA (1965) hat infantile und erwachsene Mäuse beiderlei Geschlechts mit tägl. Injektionen eines wasserlöslichen Vitamin E-Präparats vom 23. bzw. 90. Lebenstag an für 5—20 Tage (20 mg/Tag) behandelt und danach Hypophysen und Gonaden histologisch untersucht: Im Hoden war bei den infantilen Tieren in den Samenkanälchen eine größere Menge von Reifestadien als bei den nur mit dem Lösungsmittel für Vit. E behandelten Kontrollen vorhanden und die L.Z. waren größer und reicher an Vakuolen (Sekretionsprodukten), ebenso die L.Z. bei den erwachsenen Männchen, die aber in den Samenkanälchen keine Unterschiede gegenüber den Kontrollmäusen aufwiesen. Im HVL waren unter dem Einfluß der Vit. E-Injektionen nur in den γ-Zellen wechselnde Schwankungen der Granulationenmenge festzustellen, in den übrigen Zellen keine Abweichungen von der Norm. In den Ovarien waren die histologischen Veränderungen nicht deutlich.

Das Hauptindikationsgebiet von *Vitamin H (Biotin)* ist die Seborrhoe; da die Androgene das Wachstum der Talgdrüsen fördern (s. S. 536), wäre es denkbar, daß die antiseborrhoische Wirkung von Biotin auf einer Hemmung der Androgenproduktion oder -abgabe beruht; das ist aber sehr unwahrscheinlich, weil sich die Wirkung von Biotin auch (und sogar besonders) beim Status seborrhoicus des Säuglings äußert, bei dem eine Androgenaktivität höheren Grades sicher nicht vorhanden ist.

Die zufällige Beobachtung von MELLETTE (1961), daß männliche Ratten bedeutend empfindlicher gegen einen *Vitamin K-(Phyllochinon-)Mangel* in der Kost sind als weibliche Ratten, erklärte sich durch eine Schutzwirkung der Oestrogene gegen die Folgen des Vitamin K-Mangels. Die Kastration der Ratten erhöhte bei den Weibchen die Empfindlichkeit und verringerte sie bei den Männchen, bei denen durch Oestrogengaben der Prothrombinspiegel gehoben und die Sterblichkeit gesenkt werden konnte; Testosterongaben hatten den entgegengesetzten Effekt.

Das *Niacin (Nikotinsäureamid)* scheint am Aufbau jener Enzymsysteme beteiligt zu sein, welche die männlichen (und weiblichen) Sexualhormone in der Leber inaktivieren (ABDERHALDEN, 1949)[4]; nach DIRSCHERL (1960) wurde die Fähigkeit der Leber bei der Ratte zur Inaktivierung von Testosteron durch Mangel an Tryptophan oder Niacin allein vermindert, durch Mangel an beiden auf die Hälfte herabgesetzt, während sich Thiamin-(Aneurin-)Mangel nur indirekt auswirkte.

3. Androgene und Histamin

Der *Histamin-Stoffwechsel* weist auffallende Geschlechtsunterschiede auf. Bei der Untersuchung der endogenen Histaminausscheidung im Harn bei männlichen und weiblichen Ratten stellten LEITCH, DEBLEY u. HALEY (1956) fest, daß die Weibchen etwa 9—10mal mehr Histamin ausschieden als die Männchen; das stimmte mit dem früheren Befund von ROSE (1938) überein, daß der Histamingehalt im Blut beim Rattenmännchen viel niedriger liegt als beim Weibchen. GUSTAFSON, KAHLSON u. ROSENGARTEN (1957) ergänzten diese Befunde durch die Feststellung, daß die Rattenweibchen fast das gesamte Histamin in freier Form ausschieden, die Männchen dagegen in der konjugierten Form. KIM (1959) fand eine tägliche Gesamt-Histaminausscheidung von 5,3 μg/100 g K.-Gew. beim Rattenmännchen gegenüber 34 μg/100 g beim Weibchen; der Unterschied betraf in der Hauptsache die Ausscheidung von freiem Histamin. Die Tatsache, daß kastrierte Männchen eine erhöhte Ausscheidung von freiem Histamin aufweisen und daß diese Erhöhung durch Testosteron-Gaben unterdrückt werden kann, läßt vermuten, daß Androgene den Histamin-Stoffwechsel beeinflussen, was

---

4 Das Niacin ist Baustein jener Cofermente (DPN), die in der Leber die Sexualhormone umbauen, z. B. zu 17-Ketosteroiden.

dadurch noch wahrscheinlicher wird, daß kastrierte Männchen Histamin in der gleichen Weise abbauen wie die Weibchen. Andererseits unterdrücken Testosterongaben beim Weibchen die Ausscheidung von freiem Histamin nicht und ebenso wenig erhöhen Oestradiolgaben eine solche Ausscheidung beim Männchen. Die Kim'schen Befunde sprechen dafür, daß die Geschlechtsunterschiede im Bilde der Histaminausscheidung im Harn in erster Linie auf Unterschiede im Histamin-Abbau zurückzuführen sind.

Bei weiterer Untersuchung der Frage nach dem Einfluß von Testosteron auf den Histamin-Stoffwechsel stellte KIM (1961 a u. b) fest, daß die Hodenentfernung zwar bei Männchen des Sprague-Dawley-Stammes der Ratte die Ausscheidung von freiem Histamin im Harn fördert, nicht aber bei Männchen des Wistar-Stammes; die einmalige s. c. Injektion von Testosteronpropionat (1,0 mg/Ratte) unterband zwar die Ausscheidung von freiem Histamin bei ovariektomierten, nicht aber bei intakten Rattenweibchen, bei denen sie erst nach mehrfacher Verabreichung wirksam wurde. Exogenes Histamin (100 μg im Lauf von 4 Std infundiert) wurde nur in minimalen Anteilen im Harn der Männchen, dagegen zu 23% im Harn der Weibchen in freier Form ausgeschieden. Wenn die Weibchen wiederholt mit Testosteron behandelt wurden, glich sich ihr Histamin-Stoffwechsel dem der Männchen an. Daß ein enger Zusammenhang zwischen Testosteron und dem Histamin-Stoffwechsel besteht, wurde in diesen Versuchen also eindeutig nachgewiesen, aber erst die folgenden Versuche klärten auch die Frage, ob die spezifisch androgene oder die anabole Testosteron-Wirkung an der Beeinflussung des Histamin-Stoffwechsels ursächlich beteiligt sei. Beim Vergleich von Testosteronpropionat, das neben seiner anabolen Wirkung auf den Eiweiß-Stoffwechsel auch eine hohe spezifisch androgene Wirkung auf die sekundären Geschlechtsmerkmale beim kastrierten Männchen besitzt, mit anabolen Steroiden, die neben der starken Wirkung auf den Eiweiß-Stoffwechsel nur eine relativ geringe spezifisch androgene Wirksamkeit haben (Durabolin = 19-Nor-androstenolon-phenylpropionat, Dianabol = 17a-methyl-17β-hydroxy-androsta-1,4-dien-3-on), zeigte sich, daß die anabolen Steroide die Ausscheidung von Histamin im Harn in der gleichen Weise beeinflussen, d. h. herabsetzen, wie Testosteron, obgleich ihnen die spezifisch androgene Wirkung nahezu abgeht, wobei Durabolin stärker und Dianabol schwächer histaminaktiv sind als Testosteron. Es erscheint daher möglich, daß die anabolen Steroide die Ausscheidung von Histamin im Harn durch eine Potenzierung des Enzymsystems beeinflussen, das Histamin inaktiviert. Dieses Enzymsystem könnte sowohl für die Proteinsynthese als auch für die Histamin-Inaktivierung zuständig sein. Danach wäre nicht die spezifisch androgene Wirkungskomponente der Androgene am Histamin-Stoffwechsel beteiligt, sondern ihre anabole Wirksamkeit.

In Unterstützung dieser Beobachtungen zeigten WESTLING u. WETTERQVIST (1962), daß das Geschlecht bei jungen Ratten vor dem 26. Lebenstag keinen Einfluß auf den Histamingehalt im Harn hat; etwa von diesem Termin ab scheiden die Männchen weniger Histamin aus; die Kastration ließ auch hier den Gehalt an freiem Histamin im Harn ansteigen, aber nur bei den Männchen, nicht bei den Weibchen. Testosteron erhöhte den Grad der Methylierung von Histamin, und Verff. nehmen daher an, daß die Androgene eben durch die Erhöhung der Methylierung die Abnahme des Histamins im Harn der Männchen herbeiführen.

Nach Versuchen von HERSHBERG u. HUIDEBRO (1952) verändert die Kastration bei jugendlichen Meerschweinchenmännchen den Histamingehalt (HG) in Leber und Lunge nicht; im Gegensatz zu den intakten Männchen, bei denen die Injektion von 10 mg Testosteronpropionat/kg keine Änderung des HG bewirkte, wurde der HG bei Kastraten durch eine solche Testosteronpropionat-Injektion in der Lunge und in der Leber gesenkt, nicht aber im Skeletmuskel. Oestradiolbenzoat (1,0 mg/kg) wirkte beim männlichen kastrierten Tier ebenso wie bei weiblichen und männlichen intakten Meerschweinchen erhöhend auf den HG in der Lunge, wenn auch in geringerem Grade; der HG in der Leber schien beim Kastraten unverändert zu bleiben.

DERRICK u. THATCHER (1962) machten darauf aufmerksam, daß die Aufnahmen männlicher Patienten in die Krankenhäuser von Brisbane (Australien) wegen Status asthmaticus in der Altersgruppe von über 10—11 Jahren gegenüber der Häufigkeit in der Altersgruppe bis zu 10 Jahren signifikant abnimmt, um erst bei den Männern über 60 Jahren wieder scharf anzusteigen. Im weiblichen Geschlecht fehlte diese Periodizität des Auftretens des Status asthmaticus vollkommen. TRETHEWIE (1962) hat diese Verhältnisse auf dem gleichen medizinischen Kongreß (1962) auf die depressorische Beeinflussung der Empfindlichkeit für Histamin und Histamin-ähnliche Substanzen durch Testosteron zurückgeführt und diese Auffassung in weiteren Untersuchungen (1963, 1964) untermauert: Im in vitro-Versuch hebt der Zusatz von Testosteron zum Tyrodebad die Reaktion des isolierten Meerschweinchen-Jejunums auf Histamin und „S.R.S." („slow reacting substance" aus normaler Meerschweinchenleber mit Histamin-ähnlicher Wirkung) auf; vergleichbare Dosen von weiblichen Hormonen (Oestradiol, Oestron, Oestriol) haben keine hemmende Wirkung auf die Reaktion auf Histamin und verstärken sie sogar unter gewissen Versuchsbedingungen. Die relative Häufigkeit des Status asthmaticus bei Knaben unter 10 Jahren, seine Seltenheit nach dieser Altersgrenze (mit Minimum des Vorkommens um das 27. Lebensjahr) und seine wieder zunehmende Häufigkeit bei den über 60jährigen Männern mit fortschreitendem Alter wird von TRETHEWIE auf das relative Fehlen der Androgenproduktion bei den Knaben unter 10 Jahren bzw. auf ihre Maximalproduktion im Reifealter bzw. ihre fortschreitende Abnahme bei Männern über 60 Jahren zurückgeführt. Die bei den Frauen auch im geschlechtsreifen Alter relativ geringere Androgenproduktion wäre daher für das Fehlen der Periodizität im Auftreten des Status asthmaticus im weiblichen Geschlecht verantwortlich. TRETHEWIE (1966) führte Messungen des Testosteron-Gehalts im Blut bei Asthmatikern aus, deren Ergebnisse ihn dazu veranlaßten anzunehmen, daß der Testosteron-Gehalt bei diesen Patienten im allgemeinen niedrig sei, aber unmittelbar im Anschluß an den Streß des Asthma-Anfalles einen starken Anstieg zeige, der vielleicht mit der Anoxie und Hyperkapnie im Zusammenhang stünde.

Es ist bemerkenswert, daß das im wesentlichen anabole Testosteronderivat 19-Nor-androstenolon-phenylpropionat-(„Durabolin"), mit bedeutend verminderter spezifisch androgener Wirksamkeit, die Reaktion auf Histamin und S.R.S. beim Meerschweinchen nicht hemmt (TRETHEWIE, 1964).

4. Die anti-hypercholesterinämische Wirkung der Androgene

Die erste Forscherin, die auf die anti-hypercholesterinämische (hypocholesterinämische) Wirkung von Steroiden aufgrund von Beobachtungen an mit Oestrogenen behandelten Patienten aufmerksam gemacht hat, war EILERT (1953): sie stellte eine signifikante Abnahme des Serumcholesterinspiegels (SCL) fest. Da durch die feminisierenden Wirkungen der Oestrogene der Verwendbarkeit einer solchen Therapie beim Menschen enge Grenzen gesetzt sind, prüften HELLMAN, BRADLOW, ZAMOFF, FUKUSHIMA u. GALLAGHER (1959) das endogene Androsteron bei der gleichen Indikation und erreichten bei parenteraler Verabreichung eine Herabsetzung des SCL, wenn auch geringeren Grades als bei Verwendung von Oestrogenen. Die besten Resultate hatten sie bei hypothyreotischen (myxödema-

tösen) Patienten mit dem typischen erhöhten SCL, und nahmen daher eine —
etwas unklar definierte — „thyreomimetische" Wirksamkeit des Androsterons an,
die aber von den Nachuntersuchern COHEN, HIGANO, ROBINSON u. LEBEAU (1961)
im Hinblick auf den Mangel einer Wirkung von Androsteron auf das eiweißgebundene Jod im Serum abgelehnt wurde, trotzdem sie die Herabsetzung des SCL bei
ihren Patienten bestätigen konnten.

Da Androsteron bei oraler Verabreichung im allgemeinen unwirksam ist,
wandten ABEL u. MOSBACH (1962) das oral gut wirksame Methyltestosteron an
und fanden eine deutliche anti-hypercholesterinämische Wirkung bei oraler Gabe
von etwa 30 mg/kg/Tag, die den SCL auf etwa 46% des Kontrollwertes senkte,
wenn es im Lauf von 21 Tagen gegeben wurde. Diese Beobachtung wurde von
RANNEY u. SAUNDERS (1964) bei Anwendung von Methyltestosteron bestätigt,
auch was die notwendige Dosierung und das Ausmaß der Wirkung anbetraf.
Störend bei der Anwendung von Methyltestosteron erwies sich in manchen Fällen
die starke spezifisch androgene Wirksamkeit dieser Verbindung, und RANNEY u.
SAUNDERS (1964) richteten daher ihre Hauptaufmerksamkeit auf ein synthetisches
Androgen, SC-12790 (3a-Methoxy-17a-methyl-5a-androstan-17-ol), das im Vergleich
zu Methyltestosteron eine bedeutend geringere spezifisch androgene Wirksamkeit
besaß: sie konstatierten eine deutliche anti-hypercholesterinämische Wirkung von
SC-12790, ohne aber seine etwaige „thyreomimetische" Wirksamkeit zu prüfen.

BEN-DAVID, DIKSTEIN, BISMUTH u. SULMAN (1967) gingen im Tierversuch den
Zusammenhängen zwischen dem anti-hypercholesterinämischen Effekt und der
„thyreomimetischen" Wirkung nach, indem sie an erwachsenen Rattenmännchen
und infantilen Rattenweibchen die Wirkungen von SC-12790 und Dehydroepiandrosteron (DHA), einem bei oraler Gabe relativ schwach spezifisch androgen
wirksamen endogenen Androgen verglichen. DHA (5,0 mg/kg/Tag oral im Lauf
von 10 Tagen) erwies sich als anti-hypercholesterinämisch wirksam, indem es die
Zunahme des SCL bei durch Propylthiouracil (PTU) hypercholesterinämisch
gemachten Ratten verhinderte. Die gleiche Menge DHA, über 21 Tage verabreicht,
verhinderte den SCL-Anstieg auch bei Ratten, die durch eine kombinierte PTU +
Cholesterindiät hypercholesterinämisch gemacht wurden. Dagegen setzte SC-
12790, unter den gleichen Bedingungen wie DHA verabreicht, den SCL der hypercholesterinämischen Ratten nicht herab. DHA setzte den SCL nur bei hypothyreotischen Tieren herab; es ist bekannt, daß bei Myxödem der Spiegel der 17-Ketosteroide (KS) niedrig ist und eine Behandlung mit Schilddrüsenhormonen eine
Erhöhung der KS-Sekretion im Harn nur bei sekundären myxödematösen Zuständen bewirkt. Es ist daher, nach Meinung von BEN-DAVID u. Mitarb., möglich,
daß die Schilddrüsenhormone den Metabolismus von endogenem DHA in der
Weise beeinflussen, daß bei hyperthyreotischen Zuständen die Herabsetzung des
Spiegels von DHA es ist, die die Hypocholesterinämie bewirkt: „das würde
erklären, warum die zusätzliche exogene Verabreichung von DHA einen hohen
SCL erniedrigt." DHA hatte keinerlei Wirkung auf das Schilddrüsengewicht, die
der Wirkung von exogenem TSH und Trijodthyronin vergleichbar gewesen wäre.
Es scheint also, daß der anti-hypercholesterinämische Effekt von DHA keinesfalls
durch eine „thyreomimetische" Wirksamkeit zu erklären ist. Den Verff. erscheint
es möglich, daß DHA, dessen spezifisch androgene Wirksamkeit nur etwa $^1/_5$ derjenigen von SC-12790 beträgt[5], eine höhere anti-hypercholesterinämische Wirksamkeit entfaltet, weil es einen geringeren spezifisch androgenen Effekt ausübt.

---

5 DHA hat etwa 3% der Wirksamkeit von Testosteron an den Vesiculardrüsen und
Prostatae infantiler Ratten, SC-12790 hat die gleiche spezifisch androgene Wirksamkeit wie
Androsteron, dessen Aktivität an den genannten accessorischen Geschlechtsdrüsen etwa 15%
derjenigen von Testosteron beträgt (RANNEY u. SAUNDERS, 1964).

Daß auch andere Hormone außer den Androgenen einen cholesterinämischen Effekt besitzen, der stets zu berücksichtigen ist, ergibt sich aus den Untersuchungen von BYERS, FRIEDMAN u. ROSEMAN (1970), die Versuche an hypophysektomierten und an thyreoidektomierten Rattenmännchen des Long-Evans-Stammes anstellten. Die Hypercholesterinämie, die sich bei hypophysektomierten Ratten entwickelt, wird durch tägliche Gaben von 300 µg Rinder-Wachstumshormon (STH) vermindert, durch 900 µg/Tag vollkommen verhindert. Auch bei thyreoidektomierten Ratten ist STH ebenso wirksam wie Thyroxin bei der Verhinderung der Hypercholesterinämie: Wenn dieses Ergebnis mitsamt der Beobachtung in Betracht gezogen wird, daß die Sekretion von STH durch Thyreoidektomie merklich herabgesetzt wird, erscheint es möglich, daß die Hauptursache des Auftretens von Hypercholesterinämie nach Thyreoidektomie in der Wirkung dieses Eingriffs auf die Sekretion von STH zu suchen ist. Thyroxin ist ohne Zweifel an der Regelung des Cholesteringehalts im Serum beteiligt, denn seine Verabreichung bei hypophysektomierten Ratten, die kein STH produzieren, mildert die Hypercholesterinämie bei diesen Tieren.

5. Androgene und anorganische Stoffe

SANDBERG, PERLA u. HOLLY (1939) untersuchten den Einfluß der Kastration auf den Stoffwechsel von Stickstoff, Schwefel, Chlor, Natrium und Kalium und auf das Körpergewicht und die Nahrungsaufnahme bei männlichen und weiblichen Albinoratten. Erfolgte die Kastration nach der Pubertät, so blieb der Stoffwechsel der genannten Elemente unverändert oder wurde nur leicht herabgesetzt; wurde aber die Entfernung der Gonaden vor der Pubertät durchgeführt, so nahm die Ausscheidung von Stickstoff (Harnstoff) im Harn bedeutend zu, dagegen blieb die Exkretion von Ammonium-Stickstoff, Harnsäure, Kreatin, Kreatinin und fäkalem Stickstoff unverändert. Der Stoffwechsel von endogenem und exogenem Schwefel war gestört, die Ausscheidung von Gesamtschwefel und auch von neutralem Schwefel stieg zunächst an, aber nach etwa 7 Monaten begann der endogene S-Stoffwechsel zur Norm zurückkehren. Die Retention von Chloriden, Natrium und Kalium war herabgesetzt. Körpergewichtszunahme und Nahrungsaufnahme unterschieden sich bei den präpuberal kastrierten Tieren nicht wesentlich von denen bei normalen Männchen und Weibchen. Bei den postpuberal kastrierten Männchen bildete sich ein Übergewicht von etwa 10% erst im Alter von etwa 40 Wochen aus; die Nahrungsaufnahme war zunächst bei den intakten Tieren etwas größer, glich sich aber bei über 270 g schweren Tieren aus.

KAR u. SARKER (1960) kastrierten 70—80 g schwere Rattenmännchen und begannen 15 Tage später die Versuche, in denen *Metallsalze in wäßriger Lösung* s. c. injiziert wurden (4 Tage lang, 0,04 mM/kg K.-Gew./Tag); gleichzeitig erhielten die Tiere 62,5 µg Testosteronpropionat/Tag/Ratte i. m. eingespritzt: Molybdän steigerte die spezifisch androgene und anabole Wirkung von Testosteronpropionat, die erste bedeutend stärker als die letzte; Magnesium, Silicium, Chrom, Nickel und Blei setzten diese Wirkungen eher herab; Cobalt hemmte die spezifisch androgene Wirkung von Testosteronpropionat auf die ventrale Prostata und die Wirkung auf den „M. levator ani", schien aber die Wirkung auf die Vesiculardrüsen zu stimulieren (?). Verff. führen die Veränderungen der Wirkungen von Testosteronpropionat auf eine Beeinflussung (Hemmung oder Beschleunigung) des Hormonstoffwechsels durch die Metalle zurück, halten aber auch eine Steigerung bzw. eine Herabsetzung der Empfindlichkeit der Erfolgsorgane für das Hormon für möglich.

In Versuchen aus dem gleichen Laboratorium (KAR, DAS u. BANERJEE, 1963) wurde der Einfluß von *Natriummolybdat* auf die Wirkung von Testosteronpropionat bei kastrierten Rattenmännchen geprüft. Der potenzierende Einfluß von Natriummolybdat auf die spezifisch androgene Wirkung von Testosteronpropionat trat nur in einem engen Dosenbereich (0,02—0,04 mM/kg K.-Gew.) auf; der fördernde Einfluß auf die anabole Wirkung des Hormons war nur gering, so daß die Wirksamkeit des schwach androgenen, aber ausgesprochen anabol wirkenden 19-Nortestosterons durch Natriummolybdat nicht erhöht wurde; seine Wirksamkeit schreiben Verff. den Molybdat-Ionen zu.

Die Regelung des *Zinkgehalts* der Prostata durch Sexualhormone untersuchten MILLAR, ELCOATE u. MAWSON (1957). Von der Tatsache ausgehend, daß die Zn-Konzentration in den Zellen der dorso-lateralen Prostata bei der Ratte zwischen dem 35. und 100. Lebenstag um das 6- bis 10fache zunimmt und gleichzeitig die Entwicklungsrate der Drüse maximal ist, schlossen sie auf eine entscheidende Beteiligung der endogenen Androgene bei der Speicherung von Zn und der Aufrechterhaltung einer hohen Zn-Konzentration in der Drüse. Die Aufnahme von ^{65}Zn in die Drüse nahm mit dem Alter der Ratten zu und war bei den erwachsenen Tieren sehr hoch, während die Kastration zu einem merklichen Absinken der ^{65}Zn-Aufnahme führte. Unter dem Einfluß von exogenem Gonadotropin (HCG oder PMS) kam es bei eben entwöhnten Rattenmännchen zu einer merklichen Zunahme der Zn-Konzentration in der Drüse, aber auch eine Behandlung mit 0,5 mg Testosteronpropionat/Tag im Lauf von 7 oder 14 Tagen verursachte eine merkliche Zunahme der Prostata-Größe, der Zn-Konzentration und der ^{65}Zn-Aufnahme; im Gegensatz dazu setzte eine Oestrogen-Behandlung (10 μg Oestradiolbenzoat/Tag, s. c., 7 Tage lang) die Größe der Drüse herab, schien aber keinen Einfluß auf die Zn-Konzentration oder die ^{65}Zn-Aufnahme zu haben.

Zu ähnlichen Resultaten, die eine Regelung der ^{65}Zn-Aufnahme in die dorsolaterale Prostata der Ratte durch Androgene bzw. ICSH-Gonadotropin klarlegten, kamen auch GUNN u. GOULD (1956, 1957) und GUNN, GOULD u. ANDERSON (1961); sie stellten auch fest, daß die Hypophysektomie schon nach 11 Tagen die Fähigkeit des Hodens zur Speicherung von Zn merklich herabsetzt, obgleich zu dieser Zeit erst eine leichte Abnahme der Zahl der epithelialen und interstitiellen Zellelemente im Hoden vorlag; 5 μg ICSH/Tag, vom 5.—10. Tag nach dem Eingriff injiziert, verhinderten den Abfall der ^{65}Zn-Aufnahme vollkommen, während FSH offenbar nur entsprechend seiner Verunreinigung mit ISCH wirksam zu sein schien und STH und LTH in jedem Fall unwirksam waren.

Die einzige spezifische Folge des Zn-Mangels in den männlichen Geschlechtsorganen von Zn-Mangelratten war der Stop der Spermatogenese und die Atrophie des Keimepithels. Das verzögerte Wachstum und die Hemmung der Entwicklung der Geschlechtsorgane scheint auf eine Einschränkung der Ausschüttung von Gonadotropinen aus dem Hypophysenvorderlappen zurückzuführen zu sein, die wiederum eine Folge der schweren Unterernährung bei den Zn-Mangelratten sein dürfte (MILLER, ELCOATE, FISCHER u. MAWSON, 1960).

Die meisten Untersucher stimmen darin überein, daß beim Menschen ein geschlechtlich bedingter *Unterschied in den Serum-Eisenwerten zwischen Mann und Frau* zu Gunsten des Mannes besteht. Untersuchungen an verschiedenen anderen Säugerarten konnten jedoch diesen Unterschied zwischen Männchen und Weibchen nicht bestätigen (PLANAS u. DE CASTRO, 1960), obgleich andererseits ein Einfluß der Gonaden auf den Eisenstoffwechsel bei gewissen Arten sehr wahrscheinlich ist: so soll die Kastration bei Ratten (KALDOR, 1954) und Kaninchen (MEDURI u. PETRONIO, 1957) den Serum-Eisenspiegel verändern und bei Ratten (im Gegensatz zu den Befunden von MEDURI) auch die Eisenspeicherung in der Leber beeinflussen (WIDDOWSON u. McCANCE, 1948). Aber PLANAS (1963) konnte bei Pferden, Eseln, Schafen und Schweinen diesen Einfluß der Kastration nicht bestätigen; nur bei Rindern fand er einen signifikanten Unterschied in der totalen Eisenbindungsfähigkeit des Serums, mit geringeren Werten beim Ochsen als beim Stier. Der Einfluß der Kastration auf den Eisengehalt des Serums schwankt also von Art zu Art, und es ist gegenwärtig schwierig, eine Erklärung für den auffallenden Unterschied zwischen den Befunden beim Menschen und bei anderen Säugern zu finden. In dieser Hinsicht sind vielleicht die neueren Untersuchungen von DUTTA u. MUKHERJEE (1964) über den Einfluß von Testosteronpropionat auf den Gesamteisengehalt im Blut und in anderen Geweben der Ratte von Bedeutung: sie behandelten männliche und weibliche erwachsene Ratten mit 0,5, 1,0 oder 2,0 mg Testosteronpropionat/Ratte/Tag im Lauf von 3 oder 10 Tagen und verfolgten die Veränderungen im Eisengehalt von Blut, Plasma und anderen Geweben, daneben die hämatologischen Veränderungen, alles bei beiden Geschlechtern. Die Hormongaben stimulierten bei Männchen und Weibchen den Eisenstoffwechsel und die Hämopoiese; der Anstieg des Bluteisens und des Hämoglobingehalts war bei den Weibchen merklicher und höher signifikant als bei den Männchen, was vielleicht auf den an sich höheren Androgengehalt in den Geweben des Männchens zurückzuführen ist. Die Mobilisierung des Eisens aus verschiedenen Geweben nach Verabreichung von Testosteronpropionat führt zu einer allgemeinen Abnahme in den Geweben und zu einem signifikanten Anstieg des Eisenspiegels im Plasma. So scheint aufgrund dieser Befunde das Androgen eine regelnde und erhaltende Rolle bei der Erythrocytenbildung und im Zusammenhang damit bei der Eisenmobilisierung aus verschiedenen Geweben (Leber, Knochenmark, Milz, Nieren) zu spielen.

Die Frage der *Regelung des Calcium-Stoffwechsels* (Autoregulationsmechanismus durch den Ca- und P-Serumspiegel; hormonale Regelung) ist weder bei den niederen Wirbeltieren (Amphibien und Reptilien) noch bei Vögeln und Säugetieren als gelöst zu betrachten. TIGYI, MONTSKÓ, LISSÁK u. MAJOR (1959) wiesen bei Ratten und Tauben eine Beziehung zwischen dem Ca-Stoffwechsel und den Gonaden nach: nach Entfernung der Hoden bzw. der Ovarien sank bei Ratten der Ca-Spiegel von der Norm (13,25 mg%) auf 8,5 (Männchen) bzw. 8,2 mg% (Weibchen) ab, bei Tauben von 11 mg% auf 8,5 mg% bei beiden Geschlechtern. Neben dem erwähnten Autoregulationsmechanismus scheint also auch das endokrine System an der Regelung des Ca-Stoffwechsels beteiligt zu sein.

Eine geschlechtsbedingte *Nierenverkalkung* beobachteten COUSINS u. GEARY (1966) in 100% der Weibchen ihres Laboratoriums-Rattenstammes (Wistar), ferner in reinen Linien schwarzer Wistar-Weibchen, nicht aber bei Mäuseweibchen, die auf der gleichen Kost gehalten wurden. Die Verkalkung scheint nach den Erfahrungen der Verff. von der Gegenwart von Oestrogenen und einem Diätfaktor aus der verfütterten Ratten-Nahrung (in Form eines Handelspräparates) abhängig zu sein, dessen Natur noch nicht feststeht. Bei kastrierten Weibchen kommt es nicht zur Nierenverkalkung, die im übrigen weder die Nierenfunktion noch den allgemeinen Gesundheitszustand ungünstig zu beeinflussen scheint, im Gegensatz zur Nierenmineralisation im Gefolge der Verabreichung von hypercalcämischen Agentien wie Parathyreoidea-Hormon, Dihydrotachysterol oder Vitamin D. Die Nierenverkalkung fehlt bei den Männchen vollkommen und tritt nur dann bei ihnen auf, wenn sie kastriert und anschließend mit Oestradiolbenzoat behandelt werden. Die endogenen Androgene scheinen also eine Schutzwirkung gegen den vermuteten Diätfaktor auszuüben.

Anhang: Verschiedene toxikologische Wirkungen

Mäuse des CF Nr. 1- und des C57 Schwarz-Stammes erhielten eine 30%ige Lösung von *D₂O als Trinkwasser*, wurden nach 5—55tägiger Verabreichung getötet und Hoden und Nebenhoden histologisch untersucht: eine Degeneration der spermiogenen Elemente unter Bildung multinucleärer Zellen im Hoden und vollkommenes Fehlen der Spermatozoen im Nebenhoden waren die Folge, während die Leydig-Zellen nicht betroffen zu sein schienen. Auch bei einem Hund wurden unter einer solchen Behandlung ähnliche Veränderungen konstatiert (AMAROSE u. CZAJKA, 1962).

FARBER, KOCH-WESER u. POPPER (1951) sahen einen Schutzeffekt der endogenen und exogenen Androgene gegen die Ausbildung einer fettigen Metamorphose der Leber, wie sie in den ersten 2 Tagen nach *Verabreichung von Äthionin* auftritt; sie führten diesen Schutzeffekt auf die proteinsparende Wirkung von Testosteron zurück.

BENGMARK u. OLSSON (1962) bestimmten die Glutamin-Bernsteinsäure-Transaminase und den Fettgehalt der Leber bei männlichen und weiblichen Ratten zu verschiedenen Zeiten nach einmaliger *Injektion von Tetrachlorkohlenstoff*. Die Weibchen erwiesen sich als empfindlicher gegen die toxische Wirkung der Substanz, sowohl in der degenerativen als auch in der regenerativen Phase; die Vorbehandlung weiblicher Ratten mit Testosteronpropionat setzte die größere Empfindlichkeit herab und förderte die Regeneration. Diese Ergebnisse werden durch ältere Beobachtungen bestätigt: Bei experimenteller Leberläsion durch Vergiftung mit Tetrachlorkohlenstoff (nach KAUFMANN) starben nach KULCSÁR u. KULCSÁR-GERGELY (1960) von 50 intakten Rattenweibchen 35 im Lauf von 9 Wochen, von den 50 kastrierten Weibchen nur 16; der Unterschied war signifikant. Diese Schutzwirkung wurde auch durch Versuche bestätigt, in denen leberkranke intakte Rattenweibchen die Injektion von Follikelhormon schlechter vertrugen als die kastrierten Weibchen.

6. Androgene und parasitäre bzw. bakterielle Infektion

ADDIS (1946) untersuchte den Einfluß verschiedener Hormone auf das Wachstum der parasitären Cestoden (Bandwürmer) bei der Ratte und fand, daß das Testosteron für ihr Wachstum notwendig war. Angeregt durch diese Ergebnisse von ADDIS verglich BERG (1953) den Erfolg einer experimentellen Infektion mit dem Trematoden Schistosoma mansoni beim intakten und kastrierten erwachsenen Mäusemännchen und stellte fest, daß 9 Wochen nach der Infektion die Zahl der männlichen Würmer bei den kastrierten Mäusemännchen signifikant geringer war als bei den intakten Tieren, während die Zahl der weiblichen Würmer bei den Kastraten zwar erniedrigt war, aber nicht in signifikantem Ausmaß. Es scheint also, daß die Männchen von Sch. mansoni in direkter oder indirekter Weise durch die Androgene des Hodens beim Albinomäusemännchen fördernd beeinflußt werden. Die Annahme einer Beziehung zwischen der Leber als Hauptaufenthaltsort der Parasiten und der Leber als wichtigsten Inaktivierungsort von Testosteron bietet sich an, etwa in dem Sinn daß das Testosteron oder seine Abbauprodukte eine Rolle im normalen Stoffwechsel von Sch. mansoni spielen.

In diesem Zusammenhang ist es von Interesse, daß LEES u. BASS (1960) bei den Männchen von Rana temporaria vor und während der Laichperiode einen bedeutend stärkeren Befall mit gewissen Trematoden (aber auch mit Nematoden und Acanthocephalen) fanden als bei den Weibchen. Nach Abschluß der Laichzeit waren die Unterschiede weniger ausgesprochen. Eine Behandlung der Froschmännchen mit weiblichem Hormon (Oestradiolbenzoat) im Lauf von 12 Tagen und ihre Untersuchung 3 Wochen später ergab durchgehends einen schwächeren Befall mit den parasitischen Würmern bei den mit Oestradiolbenzoat behandelten als bei den unbehandelten Männchen. Während dieser Versuch anscheinend für eine depressive Wirkung des Oestrogens auf den Wurmbefall spricht, können die Befunde in der Laichzeit auch im Sinn einer fördernden Wirkung der zu dieser Zeit vermehrt produzierten Androgene auf den Wurmbefall gedeutet werden; ja, auch die Wirkung der exogenen Oestrogene kann eine indirekte sein und durch eine über die Hypophyse gehende Hemmung der Androgenproduktion erklärt werden.

Bei der Untersuchung der Veränderungen der chemischen Verhältnisse im Organismus, die bei einer *Infektion mit Staphylococcus aureus* zum Tode führen, fand SMITH (1966), daß verschiedene chemische Bestandteile der Carcasse bei Mäusen, die an der Infektion zugrundegingen, starke Abweichungen von der Norm aufweisen. SMITH, LINDELL u. HAZARD (1966) prüften daraufhin wäßrige Extrakte („Suspensionen") aus den Organen gesunder Mäuse auf ihre eventuelle therapeutische Wirkung bei mit St. aureus infizierten Mäusen. Von den 12 verwendeten Organen ergaben nur die s. c. injizierten Extrakte aus Leber, Nebennieren und Hoden einen partiellen Schutz gegen die Infektion; da auch Testosteroninjektionen wirksam waren, nehmen Verff. an, daß dieses Hormon das wirksame Agens in den Hodenextrakten war.

Nach WEINSTEIN (1939) übte bei der experimentellen s. c. *Anthrax-Infektion* der Maus neben den merklich wirksamen Parathyreoidea- und verschiedenen Hypophysenextrakten auch s. c. injiziertes Testosteronpropionat eine partielle Schutzwirkung aus, wobei hohe Dosen weniger günstig wirkten als niedrige: 0,12 mg TPr/Tag/Maus, im Lauf von 14 Tagen gegeben, schützten besser als 1,25 mg/Tag über die gleiche Zeit verabreicht.

7. Die Speicherung der Androgene im Körper
(mit Einschluß des initialen Metabolismus von exogenem Testosteron)

Beginnend 1961 haben DIRSCHERL u. Mitarb. in mehreren Veröffentlichungen (DIRSCHERL u. MOSEBACH, 1961[6]; MOSEBACH, DIRSCHERL u. EL-ATTAR, 1963; EL-ATTAR, MOSEBACH u. DIRSCHERL, 1964; EL-ATTAR, DIRSCHERL u. MOSEBACH, 1964; MOSEBACH u. DIRSCHERL, 1964) über den initialen Metabolismus von Testosteron-4-^{14}C nach i. p. oder s. c. Injektion beim intakten jungen Rattenmännchen berichtet; die Injektionsmenge betrug 35 μc (443 μg) Testosteron/100 g; gemessen wurde nach 10, 20 und 240 min (Tab. 113):

In einer späteren Arbeit (EL-ATTAR, MOSEBACH u. DIRSCHERL, 1964) wurden die initialen Metaboliten des injizierten Testosterons in Leber, Blutplasma, Vesiculardrüsen und ventraler Prostata der infantilen Ratten exakt identifiziert: 10 min nach der i. p. Injektion fanden sich die radioaktiven Metaboliten 5β-Androstan-3a,17β-diol, 5a-Androstan-3a,17β-diol in der Leber, 5β-Androstan-3a-ol-17-on in der Leber, den Vesiculardrüsen und der Prostata, Testosteron in Blutplasma, Vesiculardrüsen und Prostata. Nicht identifizierte hochpolare Metaboliten waren in allen 4 untersuchten Organen anwesend.

---

6 In ihrer ersten diesbezüglichen Arbeit (1961) haben DIRSCHERL u. MOSEBACH bei kastrierten Mäusemännchen und einer jungen nicht kastrierten männlichen Ratte die Verteilung von Radio-C nach i. p. Verabreichung von Testosteron-4-^{14}C in *physiologischen* Dosen während der ersten 4 Std nach der Injektion studiert. Die spezifischen Aktivitäten nc/mg Kohlenstoff wurden bestimmt. 10 min nach der Injektion traten erhebliche Aktivitätsunterschiede in den einzelnen Organen auf, die nach etwa 2 Std einer gewissen Gleichverteilung wichen. Das Blut enthielt von Anfang an eine unterdurchschnittliche Radioaktivität. Die Beobachtung anderer Forscher, daß die Leber das Hauptabfangorgan des Testosterons ist, konnten die Verff. bestätigen. Das gleiche galt auch für die Annahme eines enterohepatischen Kreislaufes. Bestimmt wurden auch die Aktivitäten der aus verschiedenen Organen gewonnenen Proteinfraktionen. Hier auch frühere Untersuchungen zur Frage der Verteilung von Testosteron im Organismus.

Tabelle 113. *Spezifische Aktivitäten in verschiedenen Organen etwa 40 Tage alter intakter männlicher Ratten nach Injektion von 35 μc (443 μg) Testosteron-4-^{14}C/100 g nach 10, 20 und 240 min, spezifische Aktivitäten der Leber gleich 1 gesetzt (nach* MOSEBACH, DIRSCHERL *u.* EL-ATTAR, *1963)*

Organ	10 min		20 min	240 min
	Tier A	Tier B	Tier C	Tier D
Penis	3,87	—	0,39	—
Hoden	3,33	(2,37)	0,16	0,21
Vesiculardrüse	1,37	—	0,60	0,17
Leber	1,00	(1,00)	1,00	1,00
Niere	0,87	(0,79)	0,50	0,50
Duodenum	0,84	—	—	—
Magen	0,65	—	—	0,16
Prostata	0,60	—	—	0,19
Herz	0,55	—	—	0,14
Hirn	0,50	(0,40)	0,15	0,18
Blut	0,47	(0,42)	0,18	0,12
Milz	0,30	(0,57)	0,19	0,14
Fettgewebe	0,23	—	—	—
Muskel	—	(0,15)	0,16	—
Haut	0,14	—	0,09	—

10 min nach der Injektion können in gewissen Sexualorganen (Hoden, Vesiculardrüsen, Penis) spezifische Aktivitäten (nc/mg C) auftreten, die über denen aller übrigen Organe liegen (Tier A und B). Diese spezifischen Aktivitäten fallen sehr schnell ab (Tier C nach 20 min). Nach 240 min (Tier D) waren die spezifischen Aktivitäten in den Geschlechtsorganen weder auffallend hoch noch auffallend niedrig; eine Speicherung in ihnen war nicht nachzuweisen.

Wenn die Testosteron-Metaboliten in der Leber 5, 10, 20 und 30 min nach der i. p. Injektion von Testosteron-4-^{14}C bei 45 Tage alten Rattenmännchen untersucht wurden, konnten zwar zu jedem dieser Termine Metaboliten in freier und konjugierter Form festgestellt werden, jedoch lag ihre höchste Aktivität bei den 10 min-Werten (EL-ATTAR, DIRSCHERL u. MOSEBACH, 1964); nach 30 min überwogen die konjugierten Formen die freien bei weitem.

In Untersuchungen zur primären Stoffwechselwirkung von Testosteron bestimmten BUTENANDT, GÜNTHER u. TURBA (1960) die Verteilung von percutan in alkoholischer Lösung appliziertem Testosteron-4-^{14}C im Körper bei juvenilen Rattenmännchen und bei Küken. Die Vesiculardrüsen der Ratten und der Kükenkamm zeigten die höchste spezifische Aktivität der untersuchten Organe (Vesiculardrüsen, Leber, Bauchmuskulatur der Ratte, Kamm und Leber des Kükens). Das Wiederabsinken der ^{14}C-Aktivität in den Vesiculardrüsen auf ein niedriges Niveau erfolgte schon sehr bald (Verschwinden der Hauptmenge 7 Std nach der Applikation), noch bevor die hormoninduzierte Wachstumssteigerung des Organs 16—18 Std nach der Injektion begann; der Abfall im Kammgewebe erfolgte wesentlich langsamer. Testosteron wurde weder von den Vesiculardrüsen noch von den Proteinen des Kükenkammes irreversibel fixiert. Die auffallende selektive Konzentrierung des Testosterons in den Vesiculardrüsen gibt einen Hinweis auf eine mögliche Teilursache der Spezifität seiner Organwirkung.

Auch PEARLMAN u. PEARLMAN (1961) fanden eine erhöhte Konzentration von Androgenen im Erfolgsorgan, und zwar in der ventralen Prostata nach i. v. Infusion von Δ^4-Androsten-3,17-dion-7-^{3}H bei erwachsenen Rattenmännchen, verglichen mit dem Gehalt der Muskeln oder des Blutplasmas. Immerhin war es beachtlich, daß auch in nicht-sexuellen Geweben (z. B. in Muskeln) radioaktive Androgenmetaboliten gefunden wurden, im Hinblick auf den proteinanabolen Effekt der Androgene, der direkter Natur ist und nicht über die Hypophyse, die Nebennieren oder den Hoden geht. Die Konzentration von steroiden radioaktiven

Metaboliten im peripheren Blutplasma und in der Prostata (Testosteron, 5α- und 5β-Androstan-3α-ol-17-on, Δ^4-Androsten-3,17-dion, 5α-Androstan-3,17-dion) lag in der Größenordnung von 10^{-6}M; es ist zu vermuten, daß die Konzentration der endogenen Androgene in der ventralen Prostata bedeutend niedriger liegt.

Frisch entnommene Proben von menschlichen Geweben (normalem und Mastitis-Brustdrüsengewebe, Gewebe maligner Brustdrüsentumoren, benigner hyperplastischer Prostatagewebe, Fettgewebe, Gewebe willkürlicher Muskeln) wurden in vitro auf ihre Fähigkeit zur Aufnahme von markierten Steroidhormonen (Testosteron, Progesteron, 17β-Oestradiol in Kochsalzlösung) untersucht (BRAUNS-BERG u. JAMES, 1964). Am höchsten war die Aufnahme im Fettgewebe[7]; die Aufnahme in die Muskulatur war etwa ebenso hoch wie in Prostata- und Mammagewebe; nur einer von 8 malignen Tumoren zeigte eine außergewöhnlich hohe Aufnahme; der gleichzeitige Zusatz von 17β-Oestradiol (4,0 μg/100 ml) zum Kulturmedium setzte die fördernde Wirkung von Testosteron (0,1 μg/100 ml) auf die Aufnahme in einer Probe von Mammatumor eines männlichen Patienten signifikant herab.

HISHIDA (1962) stellte eine selektive Speicherung der Radioaktivität in den in der Differenzierung begriffenen Gonaden beider Geschlechter des Fisches Oryzias latipes fest, dem Testosteron-4-^{14}C-Propionat mit der Nahrung zugeführt wurde. Der Hauptanteil der Radioaktivität wurde in der Mitochondrienfraktion und im Überstand mit Mikrosomen festgestellt[8]. Wenn die Fischlarven nach Verfütterung der markierten Nahrung wieder auf normales Futter gesetzt wurden, war die Abnahme der Radioaktivität zunächst sehr langsam, bis zur Erreichung einer Länge von 16 mm, während der Schwund der Radioaktivität bei den erwachsenen Fischen sehr rasch vor sich ging und in etwa 96 Std beendet war. Da das die Radioaktivität tragende Steroid nicht identifiziert wurde, wäre es verfrüht zu entscheiden, ob die in den Gonaden gefundene spezifische Aktivität sich auf Testosteron oder ein anderes physiologisch aktives Testosteronderivat bezog.

Die *Entwicklung der Syrinx*, des zukünftigen Stimmorgans, beim Entenembryo ist von weiblichen Hormonen abhängig: die Syrinx des Männchens ist stark asymmetrisch gebaut und stellt die neutrale Form dar, wie sie sich in Abwesenheit aller Sexualhormone entwickelt; die symmetrische Form des Weibchens kommt unter dem Einfluß endogener oder exogener weiblicher Hormone zustande (WOLFF, 1961). Differenzierte weibliche Syrinx-Teile des Embryos vom 12.—14. Tag wurden in vitro mit einer linken undifferenzierten Gonade des Entenembryos von $7^1/_2$—8 Tagen bebrütet; zur Bestimmung des genetischen Geschlechts wurde die rechte Gonade für sich bebrütet; Dauer des Versuches 7 Tage: In allen Fällen, in

---

7 Ein besonderes Verhalten des Fettgewebes der Ratte gegenüber dem exogenen Testosteron fanden auch PARRA u. REDDY (1962), wenn sie die intracelluläre Verteilung von markiertem Testosteron in vitro verfolgten: bei gleichzeitigem Zusatz von Testosteron-4-^{14}C und Cortisol kam es zu einer Herabsetzung der Radioaktivität in den Geweben, mit Ausnahme des Fettgewebes, in dem die Radioaktivität anstieg, was darauf hinweist, daß die Speicherung im Fett in anderer Weise erfolgt wie in den übrigen Geweben, wohl infolge abweichender Löslichkeitsverhältnisse.

8 MOSEBACH u. DIRSCHERL (1964) studierten die initiale Verteilung von radioaktivem C in den Zellfraktionen von Leber, Niere, Hoden und Oberschenkelmuskeln nach i. p. Injektion von Testosteron-4-^{14}C bei 40 Tage alten Rattenmännchen: Sowohl nach 10 als auch nach 20 min besitzen die Cytoplasma-Fraktionen die höchsten Aktivitäten. Lediglich die spezifische Aktivität des Lebercytoplasmas macht 10 min nach Injektion hiervon zugunsten der spezifischen Aktivität der Lebermikrosomen eine Ausnahme. Nach 20 min besitzen unter den korpuskulären Fraktionen die Mitochondrien die höchsten spezifischen Aktivitäten. Bei allen 4 Organen fallen die spezifischen Aktivitäten in den Mikrosomen beim Übergang von 10 auf 20 min ab. Es wird vermutet, daß hierin die initiale Konjugatbildung in den Mikrosomen zum Ausdruck kommt.

denen die weiblichen Syrinxteile mit einer genetisch männlichen Gonade assoziiert wurden, zeigten diese Gonaden mehr oder weniger ausgesprochene Anzeichen von Intersexualität, indem sie von einer breiten ovariellen Cortex umgeben waren und der testiculäre Kern wenig entwickelt war; ein ausgebildetes Keimepithel, mehr oder weniger entwickelt, war vorhanden. Somit ist die Beeinflussung der genetisch männlichen Gonade durch weibliches Hormon, das nur aus den assoziierten Teilen der weiblichen Syrinx stammen kann, deutlich. Werden die linken Müllerschen Gänge von 7 Tage alten Hühnerembryonen explantiert und in ihrer ganzen Länge mit Syrinxteilen männlicher Entenembryonen umgeben, so kommt es zur Rückbildung der undifferenzierten Müllerschen Gänge, gleichgültig ob ihr genetisches Geschlecht männlich oder weiblich ist, was nur unter dem Einfluß der in den Gewebsteilen der männlichen Syrinx gespeicherten Androgene zustandekommen kann. Durch diese Versuche konnte gezeigt werden, daß ein Erfolgsorgan der Sexualhormone, die Syrinx, imstande ist während der embryonalen Entwicklung die ihm mit dem Blut zugeführten Sexualhormone zu speichern.

Über eine anscheinend selektive Speicherung von Testosteron im Brustdrüsengewebe der Frau berichteten DESHPANDE, BULBROOK u. ELLIS (1963), die bei 5 Frauen mit Mamma-Ca 6 Std vor der radikalen Mastektomie 2 oder 6 μc Testosteron-1,2-^{3}H i. v. injizierten. In Fall 1 fand sich eine überzeugende selektive Speicherung der Radioaktivität sowohl im normalen Brustdrüsengewebe als auch im Tumor, in den Fällen 3 und 5 war die Speicherung im Tumor kaum größer als in den übrigen Geweben (Muskeln, Fett, Haut, Lymphknoten), während im Fall 2 das Tumorgewebe kein selektives Speicherungsvermögen der Radioaktivität aufwies. Es muß ergänzend bemerkt werden, daß sich diese Angaben nur auf die mit organischen Lösungsmitteln extrahierte Radioaktivität beziehen, sie enthalten somit keinen Beweis, daß sie in Form von Testosteron vorlag.

Literatur

Beeinflussung der Alternsvorgänge

CLARA, M.: Z. mikr.-anat. Forsch. **20**, 51—97 (1930).

ENGLE, E.T.: J. Urol. (Baltimore) **73**, 654—657 (1955).

— PINCUS, GR.: edit., Hormones and the aging process. Proc. Conference Arden House 1955. New York: Academic Press Inc. 1956.

FACHINI, F., GIANFRANCESCHI, G.: Experientia (Basel) **20**, 404—405 (1964).

HEIM, F.: Vortrag Therapie-Kongreß Karlsruhe, August 1965.

HELLER, A.L., SHIPLEY, R.A.: J. clin. Endocr. **11**, 945—962 (1951).

KASAI, K.: Virchows Arch. path. Anat. **194**, 1—17 (1908).

LYNCH, K.M., Jr., SCOTT, W.W.: J. Urol. (Baltimore) **64**, 767 (1950).

MANN, T.: Biochem. J. **40**, 481 (1946).

— PARSONS, U.: Nature (Lond.) **160**, 294 (1947).

— — Biochem. J. **46**, 440—450 (1950).

MASTERS, W.H.: Hormones and the aging Process. Proc. Conference Arden House 1955. New York: Academic Press Inc. 1956, S. 241—251.

NOWAKOWSKI, H.: (Herausg.), V. Sympos. Dtsch. Ges. Endokr., Berlin-Göttingen-Heidelberg: Springer 1958.

— SCHMIDT, H.: Das Altern der männlichen Keimdrüsen. In: V. Sympos. Dtsch. Ges. Endocr., Berlin-Göttingen-Heidelberg: Springer 1958, S. 207—212.

OIYE, T.: Mitt. Path. u. path. Anat. **4**, 393 (1928).

PINCUS, GR., ROMANOFF, L.P., CARLO, J.: J. Geront. **9**, 113—132 (1954).

Podiumsgespräch „Klimakterium virile": Symp. Dtsch. Ges. Endokr. **17**, 175—177 (1971), unter Teilnahme von P.W. JUNGBLUT (Moderator), H. KLOSTERHAFEN, H. NOWAKOWSKI, P. OFNER, H. SCHMIDT, A. VERMEULEN, J. WILSON.

ROMEIS, B.: Altern und Verjüngung. In: Handb. Inn. Sekr. II, 1745—1986, 1933, Leipzig: Verlag Curt Kabitzsch.

RÖSSLE, R., ROULET, F.: Maß u. Zahl in der Pathologie. Berlin: Julius Springer 1932; zit. nach NOWAKOWSKI u. SCHMIDT, 1958.

SARGENT, J.W., MCDONALD, J.R.: Proc. Staff Meet. Mayo Clin. **23**, 249 (1948); zit. nach
NOWAKOWSKI u. SCHMIDT, 1958.
SOBEL, H., MARMORSTON, J.: Recent Progr. Hormone Res. **14**, 457—482 (1958).
SPANGARO, S.: Anat. H. **18**, 593 (1902).
STIEVE, H.: Ergebn. Anat. Entwickl.-Gesch. **23**, 1 (1921).
— Arch. mikr. Anat. **99**, 390—570 (1923).
— Z. mikr.-anat. Forsch. **2**, 111—162 (1925).
THALER, H.A.: Zieglers Beitr. **36**, 528—573 (1904).
TILLINGER, K.G.: Acta endocr. (Kbh.) Suppl. **30** (1957).
WELLER, O.: Ther. d. Gegenw. **100**, 487—490 (1961).
WOODHEAD, A.D., ELLETT, S.: Exp. Geront. **4**, 17—25 (1969).

Androgene und Lebensdauer

ALLEN, E.: Ann. intern. Med. **7**, 1000—1012 (1934); zit. nach HAMILTON, 1948.
HAMILTON, J.B.: Recent Progr. Hormone Res. **3**, 257—322 (1948).
— HAMILTON, R.S., MESTLER, G.E.: J. Geront. **24**, 427—437 (1969); zit. nach Exc. med. Endocrinology **24**, 1015 (1970).
MACARTHUR, J., BAILLIE, W.: J. exp. Zool. **53**, 243—268 (1929); zit. nach HAMILTON, 1948.
MCCAY, C., SPERLING, G., BARNES, L.: Arch. Biochem. **2**, 469—479 (1943).

Androgene und Vitamine

ABDERHALDEN, R.: Umschau (Frankfurt/Main) **49**, 373—374 (1949).
— Vitamine, Hormone, Fermente. 4. Aufl. Basel: B. Schwabe 1953.
ASAGOE, Y., HIGUCHI, M.: Yonago Acta med. **4**, 57—62 (1959).
BISWAS, N.M.: Endocrinology **85**, 981—983 (1969).
BOGUTH, W., WEISER, H.: Int. Z. Vitamin-forsch. **31**, 317—320 (1961).
CHAINCONE, F.M.: Arch. Ist. biochim. ital. **9**, 325 (1937); zit. nach DORFMAN and SHIPLEY, 1956.
DEB, C., CHATTERJEE, A.: Experientia (Basel) **19**, 595—596 (1963).
DIRSCHERL, W.: Die männlichen Sexualhormone (Androgene); in: AMMON/DIRSCHERL, Fermente, Hormone, Vitamine, Bd. 2, 3. Aufl. Stuttgart: G. Thieme 1960, S. 347
DORFMAN, R.I., SHIPLEY, R.A.: Androgens; New York: J. Willey & Sons, Inc. 1956.
GRANGAUD, R., CONQUY, TH., NICOL, M.: C. R. Acad. Sci. (Paris) **250**, 3725—3727 (1960).
— — — Arch. Sci. physiol. **15**, 263—275 (1961).
KANUNGO, M.S., PATNAIK, B.K.: Biochem. J. **90**, 637—640 (1964).
KARG, H.: Tierärztliche Umschau **1964**, Nr. 6, S. 292ff.
KIMURA, T.: Annotat. zool. jap. **36**, 1—6 (1963).
LLAURADO, J.G., EIK-NES, K.B.: Gen. comp. Endocr. **1**, 154—160 (1961).
MELLETTE, S.J.: Amer. J. clin. Nutr. **9**, 109—116 (1961).
MOORE, C.R., SAMUELS, L.T.: Amer. J. Physiol. **96**, 278—288 (1931).
PALLUDAN, B.: Nature (Lond.) **211**, 639—640 (1966).
SELYE, H.: Rev. suisse Zool. **64**, 757—761 (1957).
STEPP, W., KÜHNAU, J., SCHROEDER, H.: Die Vitamine. 6. Aufl. Stuttgart: F. Enke 1944.
THOMPSON, J.N., MCC. HOWELL, J.: Biochem. J. **90**, 37P (1964).
YOSHIOKA, I.: Okajimas Folia anat. jap. **41**, 73—93 (1965).

Androgene und Histamin

DERRICK, E.H., THATCHER, R.H.: Austr. New Zealand Ass. Adv. Sci., Meeting Sydney
August 1962, Section 1.
GUSTAFSON, B., KAHLSON, G., ROSENGARTEN, E.: Acta physiol. scand. **41**, 217—228 (1957).
HERSHBERG, A.D., HUIDEBRO, H.: C. R. Soc. Biol. (Paris) **146**, 1850—1852 (1952).
KIM, K.S.: Amer. J. Physiol. **197**, 1258—1260 (1959).
— Nature (Lond.) **191**, 1368—1370 (1961a).
— Amer. J. Physiol. **201**, 740—742 (1961b).
LEITCH, J.L., DEBLEY, V.G., HALEY, T.J.: Amer. J. Physiol. **187**, 307—311 (1956).
TRETHEWIE, E.R.: Austr. New Zealand Ass. Adv. Sci., Meeting Sydney August 1962, Section 1.
— Nature (Lond.) **198**, 290 (1963).
— Arch. int. Pharmacodyn. **149**, 366—373 (1964).
— Nature (Lond.) **209**, 1136 (1966).
WESTLING, H., WETTERQVIST, H.: Brit. J. Pharmacol. **19**, 64—73 (1962).

Anti-hypercholesterinämische Wirkung der Androgene

ABEL, L. L., MOSBACH, E. H.: J. Lipid Res. **3**, 88 (1962); zit. nach RANNEY u. SAUNDERS, 1964.
BEN-DAVID, M., DIKSTEIN, S., BISMUTH, G., SULMAN, F. G.: Proc. Soc. exp. Biol. (N.Y.) **125**, 1136—1140 (1967).
BYERS, S. O., FRIEDMAN, M., ROSEMAN, R. H.: Nature (Lond.) **228**, 464—465 (1970).
COHEN, W. D., HIGANO, N., ROBINSON, R. W., LEBAU, R. J.: J. clin. Endocr. **21**, 1208 (1961).
EILERT, M. L.: Metabolism **2**, 137—145 (1953).
HELLMAN, L., BRADLOW, H. L., ZAMOFF, B., FUKUSHIMA, D., GALLAGHER, T. F.: J. clin. Endocr. **19**, 936 (1959).
RANNEY, R. E., SAUNDERS, F. J.: Proc. Soc. exp. Biol. (N.Y.) **116**, 596—599 (1964).

Androgene und anorganische Stoffe

AMAROSE, A. P., CZAJKA, D. M.: Exp. Cell Res. **26**, 43—61 (1962).
BENGMARK, S., OLSSON, R.: J. Endocr. **25**, 293—297 (1962).
COUSINS, F. B., GEARY, C. P. M.: Nature (Lond.) **211**, 980—981 (1966).
DUTTA, BH., MUKHERJEE, A. K.: Indian J. exp. Biol. **2**, 94—97 (1964).
FARBER, E., KOCH-WESER, D., POPPER, H.: Endocrinology **48**, 205—212 (1951).
GUNN, S. A., GOULD, Th. C.: Endocrinology **58**, 443—452 (1956).
— — J. Endocr. **16**, 18—27 (1957).
— — ANDERSON, W. A. D.: J. Endocr. **23**, 37—45 (1961).
KALDOR, I.: Aust. J. exp. Biol. med. Sci. **32**, 437—440 (1954); zit. nach PLANAS, 1963.
KAR, A. B., DAS, R. P., BANERJEE, A. K.: Ann. Biochem. **23**, 15—22 (1963).
— SARKER, S. L.: J. sci. industr. Res. C. **19**, 241—243 (1960).
KULCSÁR, A., KULCSÁR-GERGELY, J.: Naturwissenschaften **47**, 183 (1960).
MEDURI, D., PETRONIO, L.: Haematologica **42**, 911—1010 (1957); zit. nach PLANAS, 1963.
MILLAR, M. J., ELCOATE, P. V., FISCHER, M. I., MAWSON, C. A.: Canad. J. Biochem. **38**, 1457—1466 (1960).
— — MAWSON, C. A.: Canad. J. Biochem. **35**, 865—868 (1957).
PLANAS, J.: Nature (Lond.) **197**, 186—187 (1963).
— DE CASTRO, S.: Nature (Lond.) **187**, 1126—1127 (1960).
SANDBERG, M., PERLA, D., HOLLY, O. M.: Endocrinology **24**, 503—509 (1939).
TIGYI, A., MONTSKÓ, I., LISSÁK, K., MAJOR, A.: Acta biol. Acad. Sci. hung. **9**, 355—362 (1959).
WIDDOWSON, E. M., McCANCE, R. A.: Biochem. J. **42**, 577—582 (1948).

Androgene und parasitäre bzw. bakterielle Infektion

ADDIS, C. J., JR.: J. Parasit. **32**, 574—580 (1946).
BERG, E.: Proc. Soc. exp. Biol. (N.Y.) **83**, 83—85 (1953).
LEES, E., BASS, L.: Nature (Lond.) **188**, 1207—1208 (1960).
SMITH, I. M.: Ann. N. Y. Acad. Sci. **128**, 335 (1965); zit. nach SMITH, LINDELL u. HAZARD, 1966.
— LINDELL, SH. S., HAZARD, E. CH.: Nature (Lond.) **211**, 722—723 (1966).
WEINSTEIN, L.: Yale J. Biol. Med. **11**, 369 (1939); zit. nach SMITH, LINDELL u. HAZARD, 1966.

Speicherung der Androgene

BRAUNSBERG, H., JAMES, V. H. T.: Biochem. J. **90**, 15P (1964).
BUTENANDT, A., GÜNTHER, H., TURBA, F.: Z. physiol. Chem. **322**, 28—37 (1960).
DESHPANDE, N., BULBROOK, R. D., ELLIS, F. G.: J. Endocr. **25**, 555—556 (1963).
DIRSCHERL, W., MOSEBACH, K. O.: Acta endocr. (Kbh.) **36**, 115—125 (1961).
EL-ATTAR, T., DIRSCHERL, W., MOSEBACH, K. O.: Acta endocr. (Kbh.) **45**, 527—534 (1964).
— MOSEBACH, K. O., DIRSCHERL, W.: Acta endocr. (Kbh.) **45**, 437—446 (1964).
HISHIDA, T.-O.: Embryologia (Nagoya) **7**, 56—67 (1962).
MOSEBACH, K. O., DIRSCHERL, W.: Acta endocr. (Kbh.) **47**, 51—57 (1964).
— — EL-ATTAR, T.: Acta endocr. (Kbh.) **44**, 416—429 (1963).
PARRA, F., REDDY, W. J.: Amer. J. Physiol. **202**, 340—342 (1962).
PEARLMAN, W. H., PEARLMAN, M. R. J.: J. biol. Chem. **236**, 1321—1327 (1961).
WOLFF, E.: C. R. Soc. Biol. (Paris) **154**, 2184—2186 (1961).

Namenverzeichnis

Kursive Seitenzahlen beziehen sich auf die Literaturverzeichnisse

Handbuch der experimentellen Pharmakologie/Handbook of Experimental Pharmacology

14. Band: The Adrenocortical Hormones. Their Origin, Chemistry, Physiology and Pharmacology.

> *Part 1:* Editor H.W. Deane. 224 figures. XXIV, 738 pages. 1962. Cloth DM 260,—; US $ 96.20
>
> *Part 2:* Editors: H.W. Deane, B.L. Rubin. XII, 214 pages. 1964. Cloth DM 75,—; US $ 27.80
>
> *Part 3:* Editors: H.W. Deane, B.L. Rubin. 36 figures. XII, 452 pages. 1968. Cloth DM 152,—; US $ 56.30

15. Band: **Cholinesterase and Anticholinesterase Agents.** Editor: G.B. Koelle. 176 figures. 1220 pages. 1963. Cloth DM 328,—; US $ 121.40

16. Band: **Erzeugung von Krankheitszuständen durch das Experiment.** Herausgeber: O. Eichler

> *1. Teil:* **Blut.** In Vorbereitung
>
> *2. Teil:* **Atemwege.** Bearbeitet von J.E. Alberty, O. Eichler, H. Friebel, K. Karzel, J. Lulling, J. Prignot. 59 Abb. XI, 308 Seiten (18 Seiten in Englisch). 1969. Geb. DM 124,—; US $ 45.90
>
> *3. Teil:* **Herz und Kreislauf.** In Vorbereitung
>
> *4. Teil:* **Niere, Nierenbecken, Blase.** Bearbeitet von H. Haase, K.O. Rother, H. Uebel. 167 Abb. XII, 415 Seiten. 1965. Geb. DM 152,—; US $ 56.30
>
> *5. Teil:* **Leber.** In Vorbereitung
>
> *6. Teil:* **Schilddrüse.** Bearbeitet von F. Kemper, M. Höbel. In Vorbereitung
>
> *7. Teil:* **Zentralnervensystem.** Bearbeitet von Ch. Stumpf, H. Petsche. 56 Abb. XII, 316 Seiten. 1962. Geb. DM 123,—; US $ 45.60
>
> *8. Teil:* **Stütz- und Hartgewebe.** 56 Abb. XII, 270 Seiten. 1969. Geb. DM 98,—; US $ 36.30
>
> *9. Teil:* **Infektionen I.** Bearbeitet von A. Erhardt, E. Hinz, W. Klöne, G. Lämmler, Ch. Meske, G. Piekarski, H. Themann, W.-H. Wagner. 181 Abb. XII, 483 Seiten. 1964. Geb. DM 152,—; US $ 56.30
>
> *10. Teil:* **Infektionen II.** Bearbeitet von U. Berger, F.-H. Caselitz, H. Hartwigk, G. Linzenmeier, R. Wigand. 80 Abb. XVI, 563 Seiten. 1966. Geb. DM 169,—; US $ 62.60
>
> *11. Teil:* A: **Infektionen III.** Bearbeitet von G. Gillissen, H.P.R. Seeliger, H. Werner. 252 Abb. VIII, 381 Seiten. 1967. Geb. DM 150,—; US $ 55.50
>
> *11. Teil:* B: **Infektionen IV.** Bearbeitet von B. Babudieri, U. Ullmann, R.-E. Bader, H. Werner, H. Winkler. In Vorbereitung
>
> *12. Teil:* **Tumoren I.** Bearbeitet von H. Bielka, D. Bierwolf, A. Graffi, T. Schramm. 184 Abb. XX, 563 Seiten. 1966. Geb. DM 150,—; US $ 55.50
>
> *13. Teil:* **Tumoren II.** Bearbeitet von W. Dontenwill, F. Squartini. 72 Abb. VIII, 234 Seiten (73 Seiten in Englisch). 1966. Geb. DM 90,—; US $ 33.30
>
> *14. Teil:* **Tumoren III.** Bearbeitet von H. Osswald, H. Wrba. In Vorbereitung
>
> *15. Teil:* **Kohlenhydratstoffwechsel, Fieber/Carbohydrate Metabolism, Fever.** Bearbeitet von E. Eichenberger, P.P. Foà, T.A.I. Grillo. 94 Abb. XII, 472 Seiten (214 Seiten in Englisch). 1966. Geb. DM 150,—; US $ 55.50
>
> *16. Teil:* **Statistische Methoden.** Bearbeitet von H. Immich. In Vorbereitung

18. Band: **Histamine and Anti-Histaminics.** Editor: M. Rocha e Silva

> *Part 1:* **Histamine.** Its Chemistry, Metabolism and Physiological and Pharmacological Actions. 175 figures. XXXVI, 991 pages. 1966. Cloth DM 202,—; US $ 74.80
>
> *Part 2:* **Anti-Histaminics.** In preparation

22. Band: **Die Gestagene.** Herausgeber: K. Junkmann

> *1. Teil:* 115 Abb. XXVIII, 1178 Seiten. 1968. Geb. DM 320,—; US $ 118.40
>
> *2. Teil:* 228 Abb. XII, 1334 Seiten. 1969. Geb. DM 320,—; US $ 118.40

23. Band: **Neurohypophysial Hormones and Similar Polypeptides.** Editor: B. Berde. 150 figures. XX, 967 pages. 1968. Cloth DM 192,—; US $ 71.10

24. Band: **Diuretica**. Herausgeber: H. Herken. 124 Abb. XIX, 764 Seiten (263 Seiten in Englisch). 1969. Geb. DM 248,—; US $ 91.80

25. Band: **Bradykinin, Kallidin and Kallikrein**. Editor: E.G. Erdös. Technical Editor: A.F. Wilde. 117 figures. XIX, 768 pages. 1970. Cloth DM 248,—; US $ 91.80

26. Band: **Vergleichende Pharmakologie von Überträgersubstanzen in tiersystematischer Darstellung**. Bearbeitet von H. Fischer. 261 Abb. XVIII, 1074 Seiten. 1971. Geb. DM 148,—; US $ 54.80

27. Band: **Anticoagulantien**. Bearbeitet von E. Deutsch, K.-O. Haustein, J.E. Jorpes, H. Landmann, E.F. Mammen, F. Markwardt. Herausgeber: F. Markwardt. 75 Abb. XVI, 598 Seiten. 1971. Geb. DM 198,—; US $ 73.30

28. Band: **Concepts in Biochemical Pharmacology**. Editors: B.B. Brodie, J.R. Gillette. Assistant Editor: H.S. Ackermann
    Part 1:   143 figures. XVI, 471 pages. 1971. Cloth DM 174,—; US $ 64.40
    Part 2:   137 figures. XXIV, 778 pages. 1971. Cloth DM 248,—; US $ 91.80

29. Band: **Oral wirksame Antidiabetika**. Herausgeber: H. Maske. 103 Abb. XIX, 732 Seiten (12 Seiten in Englisch). 1971. Geb. DM 296,—; US $ 109.60

30. Band: **Modern Inhalation Anesthetics**. Editor: M.B. Chenoweth. 90 figures. XVI, 591 pages. 1972. Cloth DM 198,—; US $ 73.30

31. Band: R. Charlier: **Antianginal Drugs**. Pathophysiological, Haemodynamic, Methodological, Pharmacological, Biochemical and Clinical Basis for Their Use in Human Therapeutics. 54 figures. X, 442 pages. 1971. Cloth DM 168,—; US $ 62.20

32. Band:
    1. Teil: **Insulin I**. Herausgeber: E. Dörzbach. 116 Abb. XVI, 434 Seiten. 1971. Geb. DM 248,—; US $ 91.80
    2. Teil: **Insulin II**. Herausgeber: E. Hassel, F. von Bruchhausen. In Vorbereitung

33. Band: **Catecholamines**. Editors: H. Blaschko, E. Muscholl. 167 figures. XX, 1054 pages. 1972. Cloth DM 396,—; US $ 146.60

34. Band: **Secretin, Cholecystokinin-Pancreozymin and Gastrin**. Editors: J.E. Jorpes, V.P. Mutt. 133 figures. Approx. 350 pages. 1973. Cloth DM 165,—; US $ 61.10

36. Band: **Uranium, Plutonium and the Transplutonic Elements**. Editors: H.C. Hodge, J.V. Stannard, J.B. Hursh. Approx. 300 figures. Approx. 1000 pages. 1973. In preparation

37. Band: **Angiotensin**. Editors: I.H. Page, F.M. Bumpus. Approx. 70 figures. Approx. 780 pages. 1973. In preparation